装备科技译著出版基金

机器视觉与导航

Machine Vision and Navigation

［墨西哥］Oleg Sergiyenko（奥列格·谢尔吉延科）
Wendy Flores – Fuentes（温迪·弗洛里斯－富恩特斯） 著
［德］Paolo Mercorelli（保罗·莫科雷利）

王 平 李秋红 黄文浩 译
薛 开 主审

国防工业出版社
·北京·

著作权合同登记　图字:01-2022-5454号

图书在版编目(CIP)数据

机器视觉与导航／(墨西哥)奥列格·谢尔吉延科,
(墨西哥)温迪·弗洛里斯-富恩特斯,(墨西哥)保罗·
莫科雷利著;王平,李秋红,黄文浩译. -- 北京:国
防工业出版社,2025.3. -- ISBN 978-7-118-13366-0
Ⅰ.TP302.7
中国国家版本馆 CIP 数据核字第 20253LQ342 号

First published in English under the title
Machine Vision and Navigation
edited by Oleg Sergiyenko, Wendy Flores Fuentes and Paolo Mercorelli
Copyright © Springer Nature Switzerland AG, 2020
This edition has been translated and published under licence from
Springer Nature Switzerland AG.
本书简体中文版由 Springer 授权国防工业出版社独家出版。
版权所有,侵权必究。

※

国防工业出版社出版

(北京市海淀区紫竹院南路23号　邮政编码100048)
雅迪云印(天津)科技有限公司印刷
新华书店经售

※

开本 710×1000　1/16　插页 36　印张 46½　字数 830 千字
2025年3月第1版第1次印刷　印数 1—1500 册　定价 259.00 元

(本书如有印装错误,我社负责调换)

国防书店:(010)88540777　　书店传真:(010)88540776
发行业务:(010)88540717　　发行传真:(010)88540762

前言

基于空间坐标测量的机器视觉技术,已经广泛应用于多个领域,如机器人导航、医疗扫描和结构健康监测等。机器视觉方法在搜索、分类、工业过程机器人(能够可视化工业过程中发生的各种现象的监控工具)、救援、警戒、绘图、危险物体/物体检测以及其他基于视觉的机器控制等领域发挥着重要作用。机器视觉在计算机视觉引导下,具有复制人类视觉能力的趋势,通过电子方式感知和理解高维数据的图像,并优化数据存储和处理时间(由于算法的复杂性),以提取其中重要模式和趋势,从而理解数据的含义。

自主移动机器人的应用越来越普遍,因其集成机器视觉功能,广泛应用于监视、三维重建、基于立体视觉的定位和映射、清洁、医疗援助,以及帮助残疾人和帮助老年人等各种领域。自主移动机器人也可以在市场上买到。所有这些机器人都要求具有人机交互和在线学习的能力。具有机器视觉的移动机器人可以检测、跟踪和避开障碍物,可实现最佳导航;还可以估计障碍物的姿态并构建三维结构的场景。移动机器人的视觉可以基于独立传感器或基于传感器、过滤器、镜头、电子和机械聚焦的摄像头。通常,摄像机在研究中更受重视,因为它们价格适宜、成本低廉、坚固耐用、结构紧凑。它们可以通过捕获的大量数据,反映观测场景的光度和几何特性;但是这需要相当大的计算能力,并受到所使用的许多传感器及其整个光路设计的相关限制。

因此,有必要通过创新算法和系统来提高其性能。虽然我们主要的研究兴趣是控制系统和导航与机器视觉在科研和工业领域的应用,但是研究地球上自然和人为灾害后的污染区以及其他星球上未知地形同样很重要。这些技术和自动系统的联合应用是可行的。从这个意义上讲,本书对于现代科学和工业的实际应用非常重要。

本书主要讲述机器视觉在应用中的主要贡献。书中每一章都展示了机器视觉中独立传感器、摄像机、方法、3D 和 2D 技术的最新发展,以及导航性能的新策略。

这些贡献集中在光电传感器、3D 和 2D 机器视觉技术、机器人导航、控制方案、运动控制器、智能算法和视觉系统方面,尤其是无人机、自主和移动机器人、工业检测、和结构健康监测的应用;还有最近在 3D 和 2D 机器视觉和机器控制发挥重要作用的测量,以及有关机器视觉应用在其他领域的前沿研究的重要调研和综述。

　　本书包括机器视觉和导航主题的理论和应用,对潜在的消费者/引用者应该很有吸引力,因为它是机器视觉和导航领域新技术的一个很好的资源,对最新出现的系统进行了的综述,对其特点、优缺点进行了比较分析。这些话题迎合了来自不同专业领域的读者的兴趣,如电气、电子和计算机工程、技术专家和非专业读者。本书可作为机器视觉和导航的前沿主题的文献和参考工具书。它致力服务于学者、研究人员、高年级学生和技术开发人员。本书有助于他们进一步研究机器视觉与导航的相关主题,并帮助他们在该领域进行未来的研究工作。

机器视觉与导航综述

机器视觉和导航是目前最有发展前途的领域之一。近年来,我们看到了新型民用设备的不断涌现,如扫地机器人、老人辅助机器人等。由以往的经验得知,这是该领域新竞争性技术需求即将激增的最好标志。本书由于篇幅有限不可能包含所有研究主题,因此,本书筛选了一些最重要的主题。本书共 26 章,分为 5 个部分:①图像和信号传感器;②检测、跟踪和立体视觉系统;③姿态估计、目标回避、导航控制和数据交换;④航空影像处理;⑤机器视觉在科学、工业和民用方面的应用等。

第 1 章专门介绍目前机器视觉系统中使用的图像传感器和信号传感器。其中一些产品动态范围低,颜色稳定性差,脆弱且拓展性不好,限制了其在未来有大量需求的应用场景中的使用。为了解决这些不足,大多数研究侧重于改进照明,围绕光电传感器(如滤波器)的软件(处理算法)或硬件的研究也有提及。本章还讨论了改变图像传感器和感光材料结构的其他策略,这两方面的研究最近都取得了成功。尽管尚未完全进入市场,但已经开发出来如有机半导体和有机卤化物钙钛矿等替代溶液加工材料制造的图像传感器,这在解决上述问题和"突破"机器视觉技术瓶颈方面具有巨大潜力。

第 2 章提出了一种新颖的用于移动机器人的 360°水平视场被动视觉传感器。通过该传感器,机器人能够以周边和中心视觉快速检测物体。周围/中心凹的典型视觉系统和脊椎动物的视觉协同启发了该传感器的研发。该设备是基于反射折射摄像机开发的,其中旋转透视摄像机的运用能通过混合视场视觉系统的简单校准方法,实现测量距离,将注意力集中在已检测物体上。该传感器已设定为一个独立的实时传感器,它是一个独立的单元,位于单板嵌入式计算机中,具有并行处理能力,可以安装在任何移动机器人上,也适用于那些计算能力有限的机器人。

第 3 章重点介绍了颜色和深度传感技术,并分析了它们在非结构化环境中定位和导航中的重要作用。本章讨论了扫描技术在机器人和机器视觉可信自治系统开发中的重要作用,展望了需要进一步研究和开发的领域。其中包括特定环境传感器技术的回顾,特别侧重于选择特定的扫描技术来处理室内或室外环境。详细讨论了诸如立体视觉、飞行时间测距(ToF)、阴影结构光等深度图像技术(RGB-D)的基本原理、优势和局限性。详细评估了处理照明、颜色恒定性、遮挡、散射、薄雾和多重反射的策略。还通过讨论新兴技术发展的潜力，如动态视觉和聚焦光致发光，介绍了这一领域的最新进展。

第4章研究了混合图像处理器(IP)的构建、神经网络(NN)、图像强度变换和基于电流镜(CM)的具有初步模拟处理功能的连续逻辑单元设计(CLC)的基础理论。作者的目的是创建视频传感器和处理器，用于并行(按像素同步)图像处理，具有高级功能和多通道图像输出，特别适用于具有高性能神经网络、卷积神经结构、并行矩阵-矩阵乘法器和特殊处理器系统。本章分析了它们的理论基础；描述了矩阵和连续逻辑的数学装置、基本运算以及函数完备性；评价了它们在生物激励装置和系统设计中处理和分析阵列信号的优势和应用前景。研究表明，连续逻辑的某些功能，包括向量和矩阵信号的归一化等价操作，以及连续逻辑中有限差分的操作，是设计用于模拟变换和模拟数字编码的改进型智能微单元的有力基础。

第5章提出了使用机器人全站仪辅助摄像机检测和跟踪无反射器信号的目标。本章介绍了标准全站仪的原理，将其定义为"使用飞行时间测距方法测量水平和垂直角度以及距离的现代大地测量多传感器系统，从而为静态和移动物体提供三维坐标。"本章着重于介绍了带有摄像机系统的设备以及摄影测量技术在开发静态和动态物体的机器人图像辅助全站仪方面的应用，还介绍了一些应用实例，并给出了质量控制研究结果。

第6章清晰地介绍了使用雷达技术进行坐标估计的方法和数学模型，以及与移动自主机器人目标特征(地标)识别相关的问题。基本上，本章目标是分析在没有GPS的未知地形内移动自主机器人导航的实际问题。如果机器人能够检测到地标并估计自身相对于地标的坐标，则认为该问题已解决。解决该问题的可靠方法是同时使用多个在不同物理原理下工作的测量系统。传统雷达不可能可靠地检测到来自固定地标的回波信号，因为这些信号与周围区域反射的回波信号几乎没有区别。本章针对不同地形、不同电磁波长度的信号进行了比较，发现它们之间可能唯一的区别是从地标反射的信号幅度跳变。这种跳变发生在机器人移动或通过机器人天线扫描空间的过程中。本章基于开发的随机微分方程系统，分析了检测到这种跳变的概率、幅度估计的精度以及设备运行的速度等。

第7章综述了不同的机器视觉系统在农业上的应用。几种不同的应用都有呈现，但文中详细讨论了一个估计水果产量的机器视觉系统，一个果园管理应用的例子。从农民的角度来看，早期产量预测可作为早期收入估计。根据这种预测，可以更有效地分配资源，如员工和存储空间，并更好地规划未来的季节。产量估计是通过使用一个带有滤色器的照相机来完成的，滤色器可以在果树花期时分离出树上的花朵，计算出结果图像中的花朵数量并估计产量。与从果实开始成熟时相比,开花期的估计可提前几个月提供作物产量预测。此外,本章还讨论了一个可以引导机器人穿过果园的机器视觉系统。该系统可与产量估算系统结合使用,但也有其他用途,如结合水或农药系统,可以在经过树木时对其进行处理。为了保证有效性,这种类型的系统必须考虑操作场景,因为它可以限制或约束系统的有效性。这种系统往往是操作环境所特有的,仅适用于某一操作环境。

第8章对立体视觉系统(SVS)进行了深入的回顾,并阐述了它们的定义、分类(几何配置、照相机数量等与数学和计算机处理相关的其他特征)、优点、缺点,以及在当前技术状态下的应用。还应注意,本章所示的SVS的几何形状是理想的,不被视为可能影响测量精度的因素。本章的目的是为希望实施自动SVS,并需要介绍几种可用选项的人提供信息,以便根据具体应用使用最方便的选项。

第9章重点介绍了机器人机器视觉的发展、机器人姿态估计,以及通过一系列匹配的对应关系和从多幅图像中提取特征对场景进行三维重构。本章为图像过滤和图像特征提取提供了现代和先进的策略。本章集中讨论了导致场景三维重建的立体视觉噪声源。描述了基于卡尔曼滤波(KF)、扩展卡尔曼滤波(EKF)和无迹卡尔曼滤波(UKF)等技术的图像滤波和特征提取策略。这些滤波器的提出是为了提高视觉同步定位和映射(VSLAM)算法的效率。描述了机器人视觉研究领域的实例,如使用UKF的姿态跟踪和基于二维地标地图的立体视觉和定位方法。

第10章重点介绍了位姿估计的数学基础的发展。姿态估计需要对平移和旋转进行最优估计。本章主要关注旋转,因为它涉及非线性分析。它展示了如果利用旋转集构成的一个变换群(称为"特殊正交群")这一事实,计算就可以系统地完成。定义了一个由无穷小旋转生成的线性空间,称为"李代数"。描述了基于李代数公式的最小化旋转优化函数的计算方法,并应用于3个计算机视觉问题:①给定两组3D点,在非均匀各向异性噪声的情况下,对它们之间的平移和旋转做出最优估计;②给定两幅图像之间的对应点,对基本矩阵进行优化计算;③描述了光束调整(bundle adjustment)的过程,即通过多个相机拍摄的场景中多个点的图像来计算所有点的3D位置,以及所有相机的姿态及其内部参数。

第11章介绍了一种通过机器人精确生成和跟踪未知几何体任意大表面上的闭合轨迹的方法,该机器人的控制基于未校准的视觉系统。所提出的称为相机空间操纵的技术与测地线映射方法相结合,目的是生成和跟踪存储为CAD模型的任意曲面上的轨迹,以及用户定义的位置和方向。本章介绍了一种用于减小由映射过程引起的失真的措施,以及一种用于在大型不可展曲面上跟踪给定闭合路径时实现闭合的技术。使用具有大工作空间的工业机器人结合结构化照明来降低图像分析过程复杂性以评估该方法的性能,该大工作空间的几何形状事先未知。

第 12 章基于无源性理论及其应用,研究了基于图像的机载摄像机视觉伺服控制结构。文中给出了一个数学方法和详细的、包含最近的出版物的贡献的文献综述。作者证明了在 L_2 增益性能下控制误差的收敛性和鲁棒性。针对安装在机器人上的视觉系统,提出了一种统一的基于无源性的视觉伺服控制结构。该控制器适用于机械臂、移动机器人以及移动机械手。所提出的控制律使机器人能够在其工作空间内进行运动目标跟踪。利用控制系统的无源性,并考虑目标速度的精确信息,证明了控制误差渐近收敛于零。随后,基于 L_2 增益性能进行了鲁棒性分析,从而证明了即使目标速度估计中存在有界误差,控制误差最终也是有界的。数值模拟和实验结果都说明了该算法在机器人、移动机器人和移动机械手中的性能。

第 13 章是关于机器人群的数据交换和导航任务。在密集杂乱地形中的机器人群协作是移动机器人控制的主要问题之一。本章描述了在使用并行映射的分布式搜索对象(目标)过程中,机器人群体行为模型中解决的基本任务集。导航方案利用了作者基于动态三角测量原理的原始技术视觉系统(TVS)的优点。根据 TVS 输出数据,实现了分辨率稳定的模糊逻辑规则,以改善数据交换。对动态通信网络模型进行了修改,并采用反馈方法实现了机器人群体内部的数据交换。为了形成连续且节能的轨迹,作者提出使用多边形逼近的两步后处理路径规划方法。将我们的集体 TVS 扫描融合和改进的动态数据交换网络形成方法与已知路径规划方法相结合,可以改善机器人在未知复杂地形中的运动规划和导航。

第 14 章提出了一种结合感知空间局部规划和以空间为中心的全局规划优点的分层导航系统。感知空间技术允许计算高效的 3D 碰撞检查,在不满足基于平面激光扫描的传统导航系统假设条件的环境中安全导航。其贡献包括在感知空间中对轨迹进行评分和碰撞检查的方法。基准测试结果表明,在实时局部规划的环境下,感知空间碰撞检查优于流行的备选方案。在几种环境中,多机器人平台的仿真实验证明了三维碰撞检测的重要性和混合表示分层导航系统的实用性。

第 15 章对轮式自动地面移动车辆进行了深入的概述。探讨了车辆的不同自主水平。介绍了路径规划的主要概念,包括自主车辆必须具备的基本组件,以及对周围环境的感知,包括障碍物、标志和路线的识别。讨论了开发这些车辆最常用的硬件。在本章的最后一部分,结合了一个"智能校园中自动驾驶车辆的智能交通方案"的案例研究,说明了本章的目的。最后,本文还介绍了商业模式创新如何改变汽车未来的见解。

第16章介绍了被动组合相关-极值系统的方法,该方法实现了对从飞行机器人机器视觉系统获得的图像进行识别和分析的调查比较方法,该方法能够显著提高图像各帧中目标的正确定位。提出了相关极值导航系统辐射信道工作的基本模型。分配了导致飞行机器人组合相关极限导航系统在已开发的基础设施中形成的关键功能的失真的因素。提出了在相关物体的立体角远大于部分天线方向图的尺寸(ADD)时,使用辐射通道极端相关导航系统(CENS)在已开发的基础设施中自主低空飞行机器人导航问题的解决方案。

第17章重点描述了一种解析图像稳定方法,该方法对来自相机焦平面的像素信息在全局参考帧中进行稳定和地理配准。对空中拍摄的视频进行稳定,保持移动平台和场景之间的固定相对位移。提出了能够利用其可用的弱/噪声GPS和IMU测量值来稳定航空图像的算法,该算法基于图像之间解析定义的单应图和最小化2D方程空间上的代价函数。该算法已应用于美国国防高级研究计划局(DARPA)的视频和图像检索与分析工具(VIRAT)数据集和广域运动图像(WAMI)。

第18章描述了一种专门跟踪蔬菜路径的无人驾驶飞行器设计的视觉伺服控制器。在对大片农田(如农田)进行检查和数据收集中,飞行器应准确地跟随物体的路线,自主飞行是无人飞行器的理想特征。为了达到这个目标,提出了3种视觉伺服控制器;其中之一是基于位置的,另外两个是基于图像的,分别使用逆雅可比矩阵和无源性概念。所有控制器均基于车辆的运动学模型开发,并设计了与运动学模型串联的动态补偿。通过仿真结果比较了控制系统的性能。主要贡献是利用系统的无源性特性开发基于图像的控制器,稳定性和鲁棒性分析,以及用于沿植物线飞行的无人机时与其他控制器的比较性能。这些比较结果对于为特定应用选择合适的驱动器很有价值。

第19章是对多媒体压缩进展进行深入研究的结果,重点介绍了整数离散余弦变换、小波变换和中心凹的使用。数据压缩关注的是将给定数据集表示为尽可能少的信息承载单元。这种较小的表示可以通过应用编码算法来实现。编码算法可以是完全重构原始数据集的无损算法,也可以是重构原始数据集的近似表示的有损算法。这两种方法可以一起使用,以实现更高的压缩比。无损压缩方法既可以利用数据的统计结构,也可以通过为数据集中出现的每个字符串使用较少符号的字典来压缩数据。另一方面,有损压缩使用数学变换,将当前数据集投影到频域。从变换中获得的系数被量化并存储。量化系数需要更少的存储空间。

第20章介绍了一种利用卷积神经网络技术解决室内和室外楼梯定位和识别问题的方法。这项工作的出发点在于,对于盲人和视力受损者来说,这种辅助技术的应用对他们的日常生活有着重要的影响。该算法应能解决室内外场景的楼梯分类问题。提出的想法描述了引入一种价格合理的方法的策略,该方法可以在不考虑环境的情况下识别楼梯。该方法首先利用卷积神经网络,利用阶梯特征对图像进行分类。其次,利用线性滤波器加博滤波器提取楼梯候选。再次,通过两个连续帧之间的行为距离测量,去除属于基准平面的线集。最后,从该步骤中提取楼梯的踏板深度和高度。

第21章深入回顾了科研和工业应用中用于三维形状测量的全新的和先进的相位三角测量方法。介绍了相位三角测量的数学方法,这些方法能够在扫描表面不同的光散射特性、外部照明变化以及光源和接收器光学元件有限景深的条件下,实现对3D数据的精确测量。本章提供了一个关于解码相位图像的稳态方法的深入数学方法,并提出了一种在三维测量中对光辐射的源-接收路径进行非线性补偿的方法。所提出方法的应用提供了测量系统更高的计量特性,并扩展了用于生产环境中几何控制的光电系统的功能和应用范围。

第22章介绍了使用红外热成像技术监测吹塑粉末沉积过程中移动熔池的热图像处理方法。通过激光和电动工作台在基体材料上创建移动熔池,将材料(不锈钢316)以层层交替的顺序沉积在基体材料上。将钢以粉末形式放置在基底上,并通过波长为1064nm的1kW光纤激光器使其达到熔点。通过在闭环配置中控制固定的熔炉尺寸,确保材料沉积和沉积材料的层厚度一致。对于闭环控制的反馈,使用能量管理系统和高度控制系统来跟踪熔池的总光谱辐射,并跟踪沉积材料的顶部。本章给出了使用红外热成像技术的吹塑粉末沉积工艺的良好和实用的概述,并列举了实施熔化和跟踪工艺所使用的技术。它使用普朗克定律来定义能量管理系统熔池的光谱辐射。它还提供了红外热像图来检测熔池的不同温度区域。

第23章描述了被噪声污染的测量信号的图像处理对于准确检测和隔离机器故障的重要性。本章介绍用于检测燃气轮机噪声诊断信号阶跃变化的处理滤波器,作者将其用作这些信号单一故障开始的指示器。通过使用过程滤波器,降低燃气轮机诊断信号的噪声,然后检查阶跃变化。描述和比较了各种线性和非线性过程滤波器,其中强调了加权递归中值滤波器具有良好的降噪效果。此外,还使用蚁群优化方法计算加权递归中值滤波器的整数权重。

第24章提出了一种新方法来控制和自动化处理纳米探针的三轴压电纳米操纵器的位置,以确保探针在被测基板上的精确定位。该方法基于一个测量装置,该装置由一个向量网络分析仪组成,该分析仪通过同轴电缆连接到小型国产共面波导探头(一个信号触点和两个接地触点),这些探头本身安装在三轴压电纳米操纵器 SmarActTM 上。被测设备(DUT)放置在样品架上,样品架上还配有纳米定位器和μ度分辨率的旋转系统。可视化是通过扫描电子显微镜进行的,而不是通常在晶圆探针站中常见的常规光学元件。本研究克服了与纳米操纵器控制相关的挑战,以确保探针尖端与待表征 DUT 之间的精确接触。

第25章介绍了塑料零件工业检测系统的设计。介绍了基于 MATLAB 的卷积神经网络(CNN)和支持向量机(SVM)应用开发环境的用户友好设计与训练工具的开发。作为第一次试验,开发了一种用于异常检测的深度 CNN(DCNN)应用程序,并使用大量图像对其进行训练,以区分树脂模塑制品生产过程中出现的不良小缺陷,如裂纹、毛刺、突起、缺口、斑点和断裂现象。然后,作为第二次试验,分别设计并训练了一个与 AlexNet 结合的支持向量机(SVM)和另一个与原始 sssNet 结合的支持向量机,以将样本图像分成接受为 OK 或拒绝为 NG 的类别,分类率较高。对于这些支持向量机,只能使用 OK 类别的图像进行训练。AlexNet 和 sssNet 是不同类型的 DCNN,其压缩特征向量分别有 4096 个和 32 个元素。这两种长度的压缩特征向量分别用作这两种支持向量机的输入。通过训练和分类实验,验证和评估了开发的 DCNN 和 SVM 设计和训练工具的可用性和可操作性。

第26章专门介绍结构健康监测应用。其中描述到,由于商业船舶在水道中航行的频率和重量的增加,桥梁比以往任何时候都更容易发生船-桥碰撞事故。本章还解释说,全世界有大量此类案件的报告,导致数百万经济损失。对于古桥来说,除了经济损失外,文化价值上可能会造成无法弥补的损害。基于计算机视觉技术的发展为提前预防损伤提供了一种主动防御方法。本章针对中国杭州京杭大运河上的一座古拱桥,提出了一种基于计算机视觉的船桥碰撞评估和预警方法。分析了该拱桥的结构特点和现状。调查了过往船舶的交通量和参数,包括速度和重量。大桥两侧水域划分为 3 个不同的安全区,对应不同的警戒级别。利用图像处理技术识别跟踪的船舶类型。评估船桥碰撞的可能性,并根据安全评估生成警告。

墨西哥,墨西卡利　奥列格·谢尔吉延科

墨西哥,墨西卡利　温迪·弗洛里斯-富恩特斯

德国,吕讷堡　保罗·莫科雷利

致 谢

很高兴在此向所有对本书做出贡献的作者表示感谢。每一位作者都尽了最大的努力来撰写他最新的研究成果。我们感激这些具有国际视野的学术成果。全球有100多名研究人员参与了这一项目，他们来自19个国家：阿根廷、澳大利亚、加拿大、中国、厄瓜多尔、埃及、法国、德国、印度、日本、墨西哥、巴拿马、波兰、俄罗斯、韩国、西班牙、叙利亚、乌克兰以及美国。

我们很感激获得了机器视觉、导航、机器人、控制和人工智能领域研究人员的支持。我们感谢所有在阅读每一章并提出改进建议中做出出色工作的审阅者：Alexander Gurko, Daniel Hernández – Balbuena, Danilo Cáceres – Hernández, Fabián N. Murrieta – Rico, Julio C. Rodríguez – Quiñonez, Lars Lindner, Moisés Rivas – López, Moisés J. Castro – Toscano, Vera Tyrsa 和 Wilmar Hernández Perdomo。

还要感谢编辑委员会和 Springer International AG 的官员，感谢他们为本书的成功出版而对此项目付出的宝贵努力、大力支持和有益建议。还要感谢我们的学校下加利福尼亚自治大学和吕讷堡勒法那大学为我们提供了开发该项目的场所和时间。

下加利福尼亚州，墨西卡利　奥列格·谢尔吉廷科
德国，吕讷堡　保罗·莫科雷利
下加利福尼亚州，墨西卡利　温迪·弗洛里斯 – 富恩特斯

目 录

第一部分　图像和信号传感器

第1章　计算机和机器视觉的图像和信号传感器：满足未来发展的需要 …… 3
- 1.1　引言 …… 3
  - 1.1.1　机器视觉系统中的图像采集 …… 3
  - 1.1.2　数码相机的图像采集 …… 4
  - 1.1.3　图像传感器光电二极管的性能指标 …… 7
- 1.2　当前无机成像系统的局限性 …… 8
  - 1.2.1　弱光吸收 …… 8
  - 1.2.2　低动态范围 …… 8
  - 1.2.3　小型柔性设备的复杂加工和制造的不兼容 …… 9
  - 1.2.4　无法适应光照变化 …… 9
  - 1.2.5　低带隙 …… 10
  - 1.2.6　串扰 …… 10
- 1.3　替代感光材料系统克服常规成像的局限性 …… 10
  - 1.3.1　图像传感中的有机光电探测器 …… 10
  - 1.3.2　金属卤化物钙钛矿（MHP）/有机卤化物钙钛矿（OHP）光电探测器 …… 16
- 1.4　光电晶体管 …… 18
- 1.5　结论和展望 …… 20
- 参考文献 …… 21

第2章　移动机器人的仿生实时被动视觉 …… 29
- 2.1　引言 …… 29
- 2.2　相关工作 …… 31
- 2.3　传感器的硬件 …… 32
- 2.4　基础软件和校准 …… 33
  - 2.4.1　子系统的校准 …… 34
  - 2.4.2　全景图像 …… 35

	2.4.3	虚拟相机	36
	2.4.4	子系统之间的校准	37
2.5	混合传感器中的周边视觉	38
	2.5.1	目标检测	38
	2.5.2	目标跟踪	39
	2.5.3	避障	40
2.6	混合式传感器中的中心视觉	42
2.7	实验结果	43
	2.7.1	周边视觉	43
	2.7.2	中心视觉	45
2.8	结论	48
参考文献	49

第3章　机器人和机器视觉的颜色和深度感知传感器技术　52

3.1	引言		52
3.2	三维图像构建		53
	3.2.1	图像传感器	53
	3.2.2	立体视觉	54
	3.2.3	明暗恢复形状	57
	3.2.4	动态视觉	59
3.3	主动3D成像		61
	3.3.1	飞行时间测距	62
	3.3.2	结构光	65
	3.3.3	运动重构	68
3.4	3D视觉中的深度学习方法		69
3.5	结论		70
参考文献			71

第4章　机器视觉中强度变换和模数编码的混合传感器处理器阵列单元的设计与仿真　77

4.1	引言	77
4.2	图像强度变换的阵列单元模拟和理论数学背景	80
	4.2.1 自学习等效卷积神经结构(SLECNS)中设计并行非线性图像强度变换装置的必要性	80
	4.2.2 神经元实现数学运算的综述	83
	4.2.3 图像强度非线性变换的数学模型	84
	4.2.4 图像强度变换的阵列单元模拟	85

4.3 连续逻辑(CL)变换与等效 CL ADC ……………………………………… 95
 4.3.1 SMC_CL_ADC 的基本理论基础、等效模型及其修正 …………… 95
 4.3.2 基于直流电(格雷码)的连续逻辑模数转换器的设计(迭代不变量) …… 97
 4.3.3 基于并行输送机 CL_ADC(P_C)的仿真八路并行串行输出的
   8 – DC –（G）……………………………………………………… 103
4.4 结论 …………………………………………………………………… 108
参考文献 ……………………………………………………………………… 108

第二部分 检测、跟踪和立体视觉系统

第5章 基于图像辅助的机器人全站仪目标检测与跟踪 …………… 115
5.1 引言 …………………………………………………………………… 115
5.2 机器人图像辅助全站仪的原理 ……………………………………… 117
 5.2.1 标准全站仪的工作原理 ………………………………………… 120
5.3 自动反射器的目标识别与跟踪 ……………………………………… 123
 5.3.1 自动目标识别与检测 …………………………………………… 123
 5.3.2 目标跟踪 ………………………………………………………… 125
 5.3.3 目标跟踪时间 …………………………………………………… 126
5.4 基于图像的目标识别、位置确定和跟踪 …………………………… 127
 5.4.1 图像处理基础 …………………………………………………… 127
 5.4.2 用于特征提取的图像处理算法 ………………………………… 128
 5.4.3 目标识别与匹配 ………………………………………………… 131
 5.4.4 目标位置确定 …………………………………………………… 132
 5.4.5 基于图像的目标跟踪原理 ……………………………………… 133
5.5 应用 …………………………………………………………………… 133
 5.5.1 静态目标识别和定位的例子 …………………………………… 133
 5.5.2 基于运动图像的目标跟踪实例 ………………………………… 137
5.6 利用激光跟踪仪进行全站仪运动模式的质量控制 ………………… 139
5.7 结论 …………………………………………………………………… 142
参考文献 ……………………………………………………………………… 143

第6章 移动自主机器人雷达地标探测方法 …………………………… 145
6.1 引言 …………………………………………………………………… 145
6.2 自主移动机器人导航问题 …………………………………………… 146
6.3 不同频率范围周围地区的 EMW 反射 ……………………………… 149
6.4 分布式对象回波信号幅度的随机过程数学模型 …………………… 152

XV

6.5　描述集中目标回波信号幅度的随机过程数学模型 …………… 157
6.6　移动自主机器人地标探测信号幅度跳变的测量 ……………… 160
参考文献 ………………………………………………………………… 164

第7章　果园管理的机器视觉系统 ……………………………… 166
7.1　引言 ………………………………………………………………… 166
7.2　机器视觉系统 ……………………………………………………… 168
　　7.2.1　场景约束 ……………………………………………………… 168
　　7.2.2　图像采集 ……………………………………………………… 168
　　7.2.3　图像处理 ……………………………………………………… 169
　　7.2.4　驱动 …………………………………………………………… 169
7.3　农业机器视觉应用 ………………………………………………… 170
　　7.3.1　植物识别 ……………………………………………………… 170
　　7.3.2　过程控制 ……………………………………………………… 171
　　7.3.3　机器制导与控制 ……………………………………………… 172
7.4　机器视觉在水果产量评估中的应用——植物识别案例 ………… 173
　　7.4.1　花卉隔离的图像处理 ………………………………………… 175
　　7.4.2　结果产量估算 ………………………………………………… 184
　　7.4.3　其他项目的通用图像处理技术 ……………………………… 189
7.5　目标隔离的另一种方法 …………………………………………… 191
　　7.5.1　引言 …………………………………………………………… 191
　　7.5.2　空间制图 ……………………………………………………… 192
　　7.5.3　立体相机操作 ………………………………………………… 193
　　7.5.4　空间映射隔离对象的难点 …………………………………… 194
　　7.5.5　目标隔离结论 ………………………………………………… 194
7.6　桃园导航的机器视觉 ……………………………………………… 195
　　7.6.1　引言 …………………………………………………………… 195
　　7.6.2　导航视觉反馈系统 …………………………………………… 195
　　7.6.3　实验地面车辆平台 …………………………………………… 197
7.7　结论 ………………………………………………………………… 198
参考文献 ………………………………………………………………… 198

第8章　机器视觉、模型和应用中的立体视觉系统 ……………… 202
8.1　引言 ………………………………………………………………… 202
8.2　双目视觉系统 ……………………………………………………… 203
　　8.2.1　人工生物视觉模型 …………………………………………… 204
　　8.2.2　其他双目视觉模型 …………………………………………… 208

8.3 多目视觉系统 ·· 209
    8.3.1 三目视觉模型 ·· 209
    8.3.2 多相机模型 ·· 213
8.4 应用 ·· 214
    8.4.1 双目视觉系统的应用 ·· 214
    8.4.2 多目视觉系统应用 ··· 216
8.5 结论 ·· 217
参考文献 ··· 218

第9章 基于无损卡尔曼滤波的图像滤波与三维重构 ············· 223
9.1 引言 ·· 223
9.2 基于卡尔曼滤波框架的概率推理 ······································· 224
    9.2.1 最大似然估计 ·· 225
    9.2.2 概率推理和贝叶斯规则 ·· 226
    9.2.3 贝叶斯滤波和置信度更新 ······································· 227
9.3 立体视觉系统 ··· 231
    9.3.1 透视投影与共线性约束 ·· 232
    9.3.2 极线几何与共面性约束 ·· 233
9.4 立体视觉系统中的不确定性 ··· 235
9.5 示例 ·· 236
    9.5.1 基于UKF和立体视觉的姿态跟踪 ····························· 236
    9.5.2 基于定位方法的2D地标地图 ·································· 238
9.6 结论 ·· 239
参考文献 ··· 239

第三部分 面向导航的姿态估计、避碰、控制与数据交互

第10章 位姿优化计算的李代数方法 ································ 243
10.1 引言 ·· 243
10.2 小旋量和角速度 ··· 244
10.3 旋量指数表达 ·· 245
10.4 无穷小旋量的李代数 ··· 246
10.5 旋转优化 ·· 248
10.6 最大似然旋转估计 ·· 251
10.7 基本矩阵计算 ·· 256
10.8 光束平差法 ··· 260

10.9　结论 264
参考文献 264

第11章　基于非标定视觉的大尺度任意曲面的封闭轨迹优化 266
11.1　引言 266
11.2　路径生成和轨迹跟踪综述 268
11.3　相机空间运动学 269
11.4　表面特征 272
11.5　路径跟踪 275
11.6　实验验证 279
11.7　结论 284
参考文献 284

第12章　运动目标跟踪的统一无源视觉控制 287
12.1　引言 287
12.2　系统模型 289
　　12.2.1　机器人机械手的动力学模型 289
　　12.2.2　移动机器人的动力学模型 290
　　12.2.3　移动机械手的动力学模型 290
　　12.2.4　视觉系统的运动模型 290
12.3　无源性的视觉控制设计 291
　　12.3.1　视觉系统的无源性 292
　　12.3.2　基于运动学的控制器设计 292
　　12.3.3　动态补偿控制 295
　　12.3.4　鲁棒性分析 296
12.4　仿真和实验结果 297
　　12.4.1　移动机器人 298
　　12.4.2　移动机械手 304
　　12.4.3　机器人机械手 311
12.5　结论 315
参考文献 320

第13章　机器人群体的数据交互与导航任务 323
13.1　引言 323
13.2　机器人集群 324
　　13.2.1　自然群体适应 324
　　13.2.2　机器人集群的任务 325
　　13.2.3　机器人集群项目 327

- 13.3 机器人视觉系统 ······ 330
  - 13.3.1 技术视觉系统 ······ 331
- 13.4 路径规划方法 ······ 335
  - 13.4.1 使用视觉系统的路径规划 ······ 335
  - 13.4.2 地表测绘的次级目标放置 ······ 338
- 13.5 机器人群体的数据交互网络和局部信息交换 ······ 338
  - 13.5.1 群体机器人的生成树 ······ 339
  - 13.5.2 中心节点沟通 ······ 340
  - 13.5.3 反馈实施 ······ 342
- 13.6 三维重构 ······ 345
  - 13.6.1 仿真系统 ······ 345
  - 13.6.2 系统建模 ······ 346
  - 13.6.3 数据交换对路径规划的影响 ······ 347
  - 13.6.4 目标提取 ······ 351
  - 13.6.5 机器人群体的有效性 ······ 352
- 13.7 结论 ······ 354
- 参考文献 ······ 355

第14章 基于3D传感的自中心实时导航 ······ 361
- 14.1 引言 ······ 361
- 14.2 全局规划 ······ 363
  - 14.2.1 离散空间中路径规划 ······ 363
  - 14.2.2 连续空间中的路径规划 ······ 364
- 14.3 局部规划 ······ 365
  - 14.3.1 3D 环境表示 ······ 367
- 14.4 基于神经科学的导航 ······ 368
- 14.5 感知空间规划：自中心导航 ······ 369
  - 14.5.1 感知空间中的碰撞检查 ······ 372
  - 14.5.2 增强意识的椭圆感知空间 ······ 378
  - 14.5.3 圆形表示和轨迹评分 ······ 381
  - 14.5.4 立体摄像机 ······ 388
- 14.6 基准导航方法 ······ 389
  - 14.6.1 场景综合 ······ 389
  - 14.6.2 场景配置 ······ 390
  - 14.6.3 基准 ······ 392
- 14.7 导航实验 ······ 393

- 14.7.1 有激光可靠检测和不可靠检测障碍物的区段场景 394
- 14.7.2 校园场景和办公场景 395
- 14.7.3 结果讨论 396
- 14.7.4 立体相机实现 399
- 14.8 结论 401
- 参考文献 402

第15章 轮式地面自主移动车辆系统概述 409
- 15.1 引言 409
- 15.2 自主移动车辆基本原理 410
  - 15.2.1 自主级别 410
  - 15.2.2 主要部件 412
  - 15.2.3 应用 416
- 15.3 感知 418
  - 15.3.1 环境感知 418
  - 15.3.2 障碍物检测和跟踪 421
  - 15.3.3 交通标志 423
  - 15.3.4 地标 424
- 15.4 定位与地图构建 425
  - 15.4.1 测绘传感器 427
  - 15.4.2 定位传感器 430
  - 15.4.3 导航控制 433
- 15.5 路径规划 437
  - 15.5.1 算法 438
- 15.6 案例研究:智慧校园自主车辆智能交通方案 440
  - 15.6.1 同步定位和绘图 441
  - 15.6.2 机械设计和运动模型 443
- 15.7 商业模式的创新将如何改变汽车的未来 444
  - 15.7.1 滥用豪华车辆 444
  - 15.7.2 Z世代消费者概况和汽车的未来 444
  - 15.7.3 汽车出行的商业模式画布 445
  - 15.7.4 创新商业模式下的自动驾驶汽车 446
- 15.8 结论 447
- 参考文献 447

第四部分 航空图像处理

第 16 章 面向飞行机器人基础装备的辐射与光电高精度导航方法 ········ 453
16.1 引言 ········ 453
16.1.1 自动降噪 FR 导航系统 ········ 454
16.1.2 具有 CENS、辐射和光电传感器的 FR 基本模型 ········ 456
16.1.3 分析影响相关极值导航系统的决策函数失真的因素 ········ 459
16.1.4 FR 空间位置的变化对 CI 的影响分析 ········ 460
16.2 基于 3D 实体映射的低空飞行的 FR 辐射 CENS 关键函数的组成特征 ········ 465
16.2.1 三维实体映射参考图像的形成 ········ 466
16.2.2 辐射测量 CEN 单峰决策函数的形成 ········ 470
16.3 飞行机器人导航中虚假目标下的 CENS 决策函数特征 ········ 474
16.3.1 当前图像与参考图像模型:开发图像对象绑定定位方法 ········ 474
16.3.2 当前图像中目标对象的检测问题及多阈值选择 ········ 476
16.3.3 构建单峰决策函数问题的解决方案 ········ 480
16.4 结论 ········ 481
参考文献 ········ 482

第 17 章 基于解析单应模型的方位传感器的机载稳像 ········ 485
17.1 引言 ········ 485
17.1.1 相关工作 ········ 486
17.2 特征点跟踪 ········ 487
17.3 图像建模 ········ 487
17.4 优化 ········ 489
17.5 实验 ········ 493
17.6 结论 ········ 496
参考文献 ········ 497

第 18 章 UAV 跟踪植物路径的视觉伺服控制器 ········ 500
18.1 引言 ········ 500
18.2 无人机模型 ········ 501
18.2.1 运动学模型 ········ 502
18.2.2 动态模型 ········ 502
18.3 视觉系统 ········ 503
18.3.1 图像处理 ········ 503

18.3.2　视觉系统的运动学 ·············· 505
18.4　运动视觉伺服控制器 ·············· 506
　　18.4.1　位置控制器 ·············· 506
　　18.4.2　图像控制器 ·············· 508
　　18.4.3　无源控制器 ·············· 509
18.5　UAV 动态补偿 ·············· 510
　　18.5.1　控制器分析 ·············· 511
18.6　仿真结果 ·············· 512
18.7　结论 ·············· 518
参考文献 ·············· 522

第五部分　图像和信号传感器

第 19 章　基于小波变换和中心凹的图像和视频压缩研究进展 ·············· 527
19.1　引言 ·············· 527
19.2　数据压缩 ·············· 529
　　19.2.1　中央凹 ·············· 531
19.3　小波变换 ·············· 532
19.4　图像压缩 ·············· 534
　　19.4.1　注视点图像 ·············· 535
19.5　视频压缩 ·············· 536
19.6　基于 ROI 和中央凹的图像压缩方法 ·············· 537
　　19.6.1　FVHT 算法 ·············· 538
　　19.6.2　仿真结果 ·············· 538
19.7　基于小波的编码方法:分区嵌入式编解码器与自适应小波/中央凹编解码器 ·············· 539
　　19.7.1　自适应二进制算术编码 ·············· 540
　　19.7.2　AFV - SPECK 算法 ·············· 542
　　19.7.3　仿真结果 ·············· 542
19.8　结论 ·············· 544
参考文献 ·············· 544

第 20 章　基于单目立体运动的盲人与视障者楼梯检测 ·············· 548
20.1　引言 ·············· 548
20.2　算法表述 ·············· 549
　　20.2.1　卷积神经网络模型描述 ·············· 550

20.2.2	楼梯检测	550
20.3	实验结果	554
20.4	结论	561
参考文献		562

第21章 科学和工业应用中 3D 形状测量的相位三角测量方法 ………… 564
- 21.1 引言 …………………………………………………………… 564
- 21.2 任意相移相位图像稳态法解码方法 …………………………… 565
- 21.3 基于相位三角测量的三维光辐射源 – 接收器路径非线性
  补偿方法 ………………………………………………………… 572
- 21.4 光辐射源 – 接收路径非线性条件下结构图像解码方法的比较 … 577
- 21.5 扩大相位三角测量动态范围的方法 …………………………… 586
- 21.6 相位三角测量中空间调制最优频率估计方法 ………………… 588
- 21.7 结论 …………………………………………………………… 592
- 参考文献 ……………………………………………………………… 592

第22章 基于红外图像数据的喷粉沉积熔池的检测与跟踪 …………… 594
- 22.1 引言 …………………………………………………………… 594
- 22.2 反馈系统的影响 ……………………………………………… 596
  - 22.2.1 能量管理系统 ……………………………………… 597
  - 22.2.2 高度控制系统 ……………………………………… 598
  - 22.2.3 高温区域的变化 …………………………………… 601
- 22.3 熔池识别 ……………………………………………………… 603
  - 22.3.1 灵敏度和重复性 …………………………………… 607
- 22.4 结论 …………………………………………………………… 608
- 参考文献 ……………………………………………………………… 609

第23章 机器故障检测与分离的图像滤波 ………………………………… 612
- 23.1 引言 …………………………………………………………… 612
- 23.2 图像处理中值滤波器 ………………………………………… 615
- 23.3 气路测量图像 ………………………………………………… 616
  - 23.3.1 目标函数 …………………………………………… 618
- 23.4 蚁群优化算法 ………………………………………………… 619
  - 23.4.1 蚁群算法 …………………………………………… 621
  - 23.4.2 滤波器权重优化 …………………………………… 622
- 23.5 数值实验 ……………………………………………………… 623
- 23.6 结论 …………………………………………………………… 625
- 参考文献 ……………………………………………………………… 626

第 24 章　小型化微波 GSG 纳米探针的控制与自动化　628
24.1　引言　628
24.1.1　背景　628
24.1.2　扫描电镜(SEM)的简介　629
24.1.3　使用说明　631
24.2　基于 LabVIEW™ 的线性纳米定位器的建模与控制　631
24.2.1　这项研究的中心思想　631
24.2.2　建模　632
24.2.3　LabVIEW™ 实现控件　636
24.3　角度控制：基于 Matlab 的可行性分析　637
24.4　纳米定向器设定点三坐标轴的确定　638
24.4.1　检测模式　639
24.4.2　检测要到达的点　639
24.5　结论　641
参考文献　641

第 25 章　深度卷积神经网络与支持向量机的设计开发与训练　643
25.1　引言　643
25.2　深度卷积神经网络和支持向量机 SVM 的设计与训练　645
25.3　反向传播算法实现综述　647
25.4　深度神经网络的设计与训练　649
25.4.1　二进制分类器 DCNN 的设计与训练试验　649
25.4.2　五大类设计培训试行　652
25.5　基于深度卷积神经网络的支持向量机　653
25.6　结论　656
参考文献　657

第 26 章　基于计算机视觉的桥梁碰撞风险评估的船舶导航监控　659
26.1　引言　659
26.2　工程背景　661
26.2.1　桥梁介绍　661
26.2.2　通航条件　662
26.2.3　碰撞事件分析　662
26.2.4　系统的重要意义　663
26.3　船桥防撞系统　664
26.3.1　监控和跟踪系统　665
26.3.2　风险评估和预警系统　667

26.3.3	触发记录系统	669
26.4	现场测试	670
26.4.1	系统概述	670
26.4.2	监控界面	670
26.4.3	警示系统	672
26.4.4	船舶识别	672
26.5	结论	674
	参考文献	674

缩略语 ································· 677
关于作者 ································ 693
拓展阅读 ································ 718

第一部分

图像和信号传感器

第 1 章

计算机和机器视觉的图像和信号传感器：
满足未来发展的需要

Ross D. Jansen–van Vuuren，Ali Shahnewaz，
Ajay K. Pandey[①]

1.1 引言

1.1.1 机器视觉系统中的图像采集

与传统的图像技术相比，数码相机有更多的优势，如不需要处理胶片、易于编辑和经济实惠。在世界范围内它们越来越受欢迎。近年来，图像传感器市场经历了巨大的增长，预计到2023年其价值将达到239.7亿美元[1-2]。这一增长主要包括数码相机和录像机，同时也包括将数字成像扩展到手机、笔记本电脑和个人计算机（如基于互联网的视频会议）、安全和监控以及汽车、医疗和娱乐业。数码相机还广泛用于机器视觉系统（MVS）中的图像捕获，该系统依靠对象识别和图像分析/索引来提取数据，然后用于控制过程。MVS 的应用范围广泛，从自动化工业应用，如产品检查和质量评估[3-5]，到机器人引导和控制[6]、自动驾驶[7-9]、精细葡萄栽培[10]、水果和蔬菜的采摘与分拣[11]以及色度分拣系统[12]。

通常认为，传统的图像传感器足以满足消费者对数字摄影的要求，但却不足以满足 MVS 应用所需的成像水平，MVS 应用要求准确、快速地捕获彩色图

---

① R. D. Jansen – van Vuuren
Department of Chemistry, Queen's University, Kingston, ON, Canada
e – mail: rdjv@ queensu. ca

A. Shahnewaz, A. K. Pandey
School of Electrical Engineering and Computer Science, Queensland University of Technology, Brisbane, QLD, Australia
e – mail: shahnewaz. ali@ hdr. qut. edu. au; a2. pandey@ qut. edu. au

像[6,13]，一般应用于大动态光范围的非受控照明场景中[14]。此外，鉴于成像在快速发展的应用(如自动驾驶、军事应用、机器人技术)中出现的条件，目前正在进行研究，如何开发一种光电探测系统，该系统成本不高，具有所需的尺寸、亮度、与柔性和小型化基板的兼容性以及耐久性。为了尝试满足这些要求，可以对传感系统进行修改，包括使用不同的光电探测器材料和图像处理技术，改变分色系统的设计和布置，改变图像传感器结构或单个像素传感器布置(通常为被动或主动)或将"智能功能"集成到图像传感器芯片上。

本章旨在回顾当前 MVS 的局限性以及为解决这些局限性而进行的研究。重点主要放在依靠彩色图像捕获进行对象识别和图像索引的应用上。MVS 依靠颜色识别所以需要满足更加复杂的要求，因为"彩色图像不仅包括亮度，还包括颜色信息，如色调和饱和度"[15-16]。从文献中可以看出，改善 MVS 中颜色识别的默认方法包括修改图像处理算法(包括颜色分割技术)[15,17]以更好地控制颜色感应发生的环境条件[3,7,18]。本章的一个主要目标是详细说明提出的替代方法，即可以对图像传感器的结构和图像传感器内的光电传感器材料进行更改。

1.1.2 数码相机的图像采集

首先，考虑相机在使用图像传感器捕获图像时执行的一般操作。所有数码相机执行的基本操作，无论其具体功能和应用如何，基本上是相同的，由 5 个单独的步骤组成[19]。这些包括：①光子收集，通常用透镜完成，在通过光学系统传输之前需要聚焦光；②通过能量/波长分离入射光子(颜色辨别)通常使用滤色器系统，如 Bayer 滤色器阵列[20]；③光电流的形成和结果信号的读出(由图像传感器执行)；④以数字形式对数据进行解释和处理，以便再现彩色图像；⑤在数据存储和输出之前，由微处理器执行颜色管理和图像压缩过程。

图像传感器在捕获图像方面有着至关重要的作用，其基本实现方法可归纳为 4 个步骤[21]。

(1)构成像素的光敏材料吸收光子，产生电子-空穴对。

(2)电子和空穴在外加电场作用下向相反电极方向运动，并被提取出来，产生信号电荷，在每个像素处收集并积累信号电荷。

(3)然后，从二维阵列中的每个像素读出累积电荷。实现这一点的各种方法导致了一系列不同的体系结构，从而在当前市场上形成了一系列图像传感器，如电荷耦合器件(CCD)传感器、互补金属氧化物半导体(CMOS)传感器。MOS $x-y$ 使用寻址设备和帧传输(FT)设备。

(4)最后，检测电荷的方式基本上与传感器类型无关。虽然不同的图像传感器结构，本质都是光子到电子的转换，但它们的电荷收集方式不同。最常见的图像传感器有 CCD 和 CMOS 结构(图 1.1)。一般来说,20 世纪 60 年代末开发的 CCD 将电荷(通过光吸收产生)通过芯片传输到光电二极管阵列的一角,然后由模数转换器(ADC)将其转换为数字信号,而在 CMOS 图像传感器(CIS) (20 世纪 90 年代开发)中,光生电荷在每个像素处收集,然后使用传统布线进行放大和传输(图 1.1)[22]。

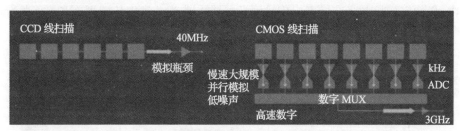

图 1.1 CCD 与 CMOS 图像传感器的工作原理(图片由文献[23]提供)

因此,与 CCD 相比,CIS 具有以下优势:"易于系统集成、低功耗和设备架构自由"[22]。此外,考虑到机器视觉系统在成像期间需要在低噪声下高速运行,CMOS 图像传感器"可设计为具有比高速 CCD 低得多的噪声",如图 1.1 所示[23]。配置 CIS 的方法有多种,两种主要方法在光接收光电二极管的位置上有所不同:在前照 CIS 中,入射光需要在到达光电二极管之前通过滤色器和金属布线,而在后照 CIS 中,光更有效地到达光电二极管[22,24]。最初,由于其简单的像素布局,CCD 使每单位面积的像素更多,因此像素个数和分辨率更高,这是他们对数码相机的发展和普及做出贡献的主要原因[22,25]。然而,当 CMOS 图像传感器出现在市场上时,由于"像素内晶体管"的加入支持低功耗的快速图像捕获,因此它们迅速得到了普及[22,26]。其 CCD 和 CMOS 图像传感器的发展历史已在其他地方详细介绍过[27-29]。

尽管各种传感器的结构和操作在使用光电探测器产生的信号的方法上存在重大差异,但最终决定图像质量的是相机内光电探测器材料的类型和颜色识别方法,因为这对传感器的光谱灵敏度和分辨率影响最大。使用传统(宽带)感光材料拍摄彩色图像有很多种方法。这些传感器通常可分为两大类,包括:①使用不构成像素活性层的辅助结构的传感器,如传感器单元顶部的滤色器;②将分色系统集成在成像阵列中的传感器(图 1.2)。虽然有几种过滤器的布置,其选择取决于应用,但一个通用系统采用 Bayer 过滤器[20],其由红(R)、绿(G)和蓝(B)过滤器组成,因此模拟人类视觉系统的 G 数量是 R 和 B 数量的 2 倍。第二种方法是在组合三幅单独的图像形成最终图像(图 1.2(b))之前,先进行 3 次连续曝光,每次曝光都带有安装在色轮[30]中的不同滤光片(RGB)。第三种方法涉及使用分束器,通常是三棱镜组件(图 1.2(c)),在将光聚焦到 3

个离散图像传感器("3-CCD"或"3-CMOS")之前,将光分离为 R、G 和 B 分量。尽管人们认为 3-CCD 相机在图像质量和分辨率方面稍有优势,但通常比单传感器更昂贵,相机小型化的潜力也有限[30]。图 1.2(d)为一种称为集成彩色像素(ICP)的新兴技术,该技术涉及用特定图案的金属条阵列替换彩色滤光片阵列(CFA),从而在图像采集期间实现分色。图案化金属层放置在每个像素内,以便它们控制光在像素内传输到光电探测器[31]。

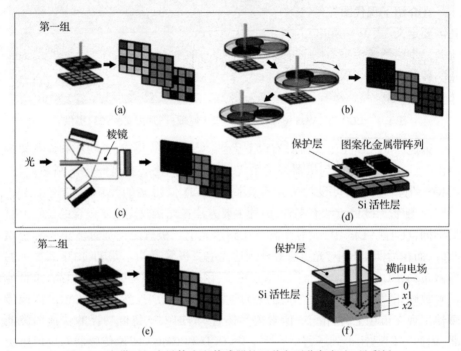

图 1.2 宽带无机半导体光电传感器的两种主要分色方法(见彩插)

第一组:(a)镶嵌 Bayer 滤纸;(b)用 R、G 和 B 滤光片连续三次曝光;(c)棱镜分离系统和 3 个传感器阵列(3MOS 或 3CCD);(d)集成彩色像素(ICP)。

第二组为通过内部机制实现分色的图像传感器:(e)Foveon X3 图像传感器;(f)横向场探测器(TFD)(经 Jansen van Vuuren RD、Armin A、Pandey AK、Burn PL 和 Meredith PM(2016)许可使用有机光电二极管:全色检测和图像传感的未来。先进材料,284766-4802,版权所有(2018)美国化学学会,摘自文献[39]的图2)。

在第二组中,可以采取两种方法。第一种方法是通过将彩色像素堆叠成三层结构[32],在每个位置直接吸收红光、绿光和蓝光,如图 1.2(e)所示。例如,该系统应用于 Foveon X3 直接图像传感器[33-34],在许多方面与包含彩色胶片的化学乳液层相似。Foveon X3 图像传感器有三层像素,每一层都嵌入硅中,这有利于红光、绿光和蓝光穿透硅到不同的深度,因此,使图像传感器能够捕获图像中每个点的全彩。尽管堆叠式图像传感器能够增加传感器表面积的填充系数,但每种颜色不再需要单独的接收器,这些图像传感设备的光谱灵敏度和由此产生的颜色再现性不足以满足现代应用的要求,层间串扰是一个主要的设备挑战[35-36]。最后,图1.2(f)显示了一种依赖于在装置上施加电场的方法,能够在收集之后在不同但特定的深度产生载流子[37-38]。

1.1.3 图像传感器光电二极管的性能指标

在介绍了现代图像传感器的基本结构和可以进行分色的各种系统之后,现在需要定义(表1.1)光电探测器的性能指标(即绩效指标),该内容将在下文中提及。不论图像传感器内的光电二极管是用什么材料制造的,这些指标都适用。传统上光电二极管是用无机半导体材料制造的,但这些半导体在MVS使用中受到限制。

表1.1 光电探测器的性能指标

指标	单位	基本定义	影响
增益(G)	无	系统内循环光生载流子数除以入射光子数	材料的活性层光学常数;电荷传输;设备光学
光电流(J_{ph})	A	照明设备中的电流	材料吸收系数;迁移率,捕获和掺杂;电极功函数
暗电流(J_d)	A 或 nA/cm^2	无照明设备中的电流	迁移率,捕获和掺杂;电极功函数
响应率(R)	W/A	光电流与入射光功率的比率(探测器对光信号的响应效率)	材料吸收系数;迁移率,捕获和掺杂;电极功函数
外量子效率(EQE)	%	收集的光生载流子数除以入射光子数	材料的活性层光学常数;电荷传输;设备光学
线性动态范围(LDR)	dB	光电探测器线性响应的入射光强度范围	J_d,载体迁移率,双分子复合率,设备厚度
噪声等效功率(NEP)	W/Hz	检测到最低光功率 – 本质上是测量器件灵敏度	形态;噪声流,响应度
光谱检测率(D^*)	Jones(J)	光强检测的下限(对应于归一化到器件面积的NEP和噪声测量的电气带宽),D^*可由下式计算得到: $$D^* = \frac{\sqrt{A}}{NEP}$$ 式中 A = 装置面积	形态;噪声流,响应率和器件面积

续表

指标	单位	基本定义	影响
光谱选择性	nm	光谱响应的半峰全宽	光活性生色团的性质(光学间隙工程);腔(器件)内的轻物质相互作用
响应速度/带宽(BW)	Hz	响应速度,也称为检测信号的"工作频率"或"工作带宽"	电荷载流迁移率;电荷俘获缺陷;光响应的光强范围和调制频率;材料层厚度
柔韧性(机械应变)	(°)	器件能够弯曲而不重复减小的 J_{ph} 角度	厚度,形态

1.2 当前无机成像系统的局限性

MVS 中的当前图像传感器是基于传统的硅或锗技术,其中硅(Si)(或锗(Ge))是感光材料在图像传感器中的使用。当需要不同带隙时,也使用 III – V 化合物,如 InSb、GaN、AlN 和 InN。硅是光电器件中最常用的半导体,因为它的普及率和完善的技术使其能够与各种大型器件集成[40-41]。当前,彩色图像传感应用中使用的光电探测器就是由氢化非晶硅(a – Si:H)[42]或晶体(c – Si)硅[28]制成的。它通常放置在专用集成电路(ASIC)的顶部,然后,由 ASIC 读出和处理光信号。光电二极管通过光吸收将光信号转换为电信号,从而形成电子–空穴对,随后在整个功能上形成分离的电荷载流子。电荷分离发生的很快,不需要额外的动力,从而产生大的电荷迁移率(大于 $10^2 cm^2 \cdot V \cdot s^{-1}$)和纳秒级的瞬变时间[43],这导致了非常高的内部量子效率和灵敏度[44]。然而,硅(无定形硅和晶体硅)在 MVS 的光检测方面存在以下重要问题。

1.2.1 弱光吸收

硅在可见光谱上吸收光相对较弱[45],尤其是在 400~460nm 的蓝色区域[32,46]。氮化镓探测器的紫外光探测能力优于硅。它们的实际应用仍然受到成本和实现高检测率所需的复杂体系结构的限制[47]。在极低的照明条件下,传统 PDS 需要低温来降低 J_d[48]。

1.2.2 低动态范围

首先,用硅光电传感器制作的图像传感器无法应对高动态范围(DR)的照明。当尝试拍摄由非常明亮的组件以及完全阴影中的对象组成的场景图像时，会遇到这种情况，从而形成亮白色或深黑色饱和的图像。这可以理解为通过考虑光电二极管产生的光电流线性依赖于附带光功率的范围(公差为±1%)。该范围称为线性动态范围(LDR)。在 LDR 之外，器件在任何入射光功率水平下都会完全饱和，光电二极管为非线性的。LDR 取决于吸收的光的波长、光电二极管的固有特性(载体移动性、器件厚度和产生的噪声电流)、施加的反向偏置以及产生光电二极管电流的电路的电阻，收集的硅光电二极管的 DR 为 100 ~ 120dB[49]，对应于约 6 个数量级的 J_{ph}/J_d。尽管在后续章节中对此进行了更详细的讨论，但有机光电探测器 DRO 的最高值为 160dB[50]，金属卤化物钙钛矿光电探测器 DRO 的最高值为 230dB[51]。

1.2.3 小型柔性设备的复杂加工和制造的不兼容

对于许多 MVS 应用，传统无机半导体与读出集成电路(ROIC)的不兼容性是实现光传感器件紧凑性(同时保持高检测率和灵敏度)的主要障碍[52]。此外，由于传统无机半导体吸收的波长范围很广，因此，需要使用彩色滤光片阵列(以及用于彩色传感应用的波长截止滤光片)，导致此类器件的设计复杂化。由 c - Si、Si/Ge 异质结或 Ⅲ - Ⅴ 半导体合金(如 InGaAs)组成的光电探测器通常在刚性衬底上制造，这使得其无法应用于新型器件，如可拉伸器件和可弯曲相机[53]。符合各种表面形状的能力可以简化光学系统，并将光电二极管集成到小型设备和地面机器人中[54]。

1.2.4 无法适应光照变化

一般来说，由于照明的不可预测和不可控制的变化，MVS 在室外环境中使用时面临许多挑战[55-57]。这个系统无法应对可变照度的核心原因可能是图像传感器的光电探测器部分存在缺陷。硅光电探测器是全色的，因此，无法分辨在不同波长的光子之间，依赖于滤色器或深度 - 依赖吸收形成彩色图像[58]，这导致图像颜色特征与实际情况不同[7,59-60]。此外，彩色滤波器的需求使得成像设备的结构和制造更加复杂[61]。人类拥有一种称为"颜色恒常性"的内在能力，这种能力使得人类能够在合理的波长范围内，无论照明器是什么，都能真实感知到物体的颜色[7]。许多研究都关注处理软件的开发，这些软件能通过使用算法从捕获的光中获取物体的真实颜色，从而弥补这些缺陷。事实上，还有其他物理方法来处理光源变化，如将数字滤波器应用于光电传感器输出的示例[62]，而本文重点介绍了使用不同的图像传感器材料来实现在光源不变的条件下生成图像。

1.2.5 低带隙

硅的带宽往往比可见光探测所需的带宽小,因此,光电探测器需要红外(IR)滤波器以避免不必要的干扰导致过量噪声的红外灵敏度[43,63]。Ⅲ-Ⅴ族化合物具有不同的带宽,因此,可以选择由不同的化合物制成的晶片;然而,它们也面临着已经强调的大多数相同问题——缺乏灵活性、在微型或弯曲设备上制造复杂等。

1.2.6 串扰

尽管硅的迁移率和载流子寿命很高,但这也可以被视为其不利之处,因为它会导致相邻像素之间的光信号串扰和失真,对像素化过程提出了很高的要求,像素化过程已经在分辨率和灵敏度之间进行了微妙的平衡[43,64]。像素串扰可归因于光电流泄漏和/或相邻像素对光子的偏转和散射;这两种效应(电学和光学)都有助于降低颜色的分辨率和最终图像的分辨率[39]。

1.3 替代感光材料系统克服常规成像的局限性

开发替代半导体材料以弥补传统无机半导体在光电检测中存在的一些缺点,这本身就形成了一个研究领域。本章后续章节所强调的材料包括可以通过"湿化学"技术在低温下加工的半导体,这些"湿化学"技术包括3D打印、喷涂涂层、旋涂、喷墨打印和刮刀等[52]。这些方法为大面积沉积以及与不同形状、尺寸和柔性表面的基底兼容性提供了可能性[53]。此外,与无机物指标进行比较,这些可供选择的半导体中有许多表现出相似甚至优越的性能指标。已研究的两类主要材料包括有机半导体(OSC)和最近研究的有机卤化物钙钛矿(OHP)。虽然胶状的量子点(CQD)也受到了研究者的关注,但它们在图像传感器的生产方面尚未取得有意义的进展,因此,本章不会对CQD进行探讨。对有机半导体的研究已非常详细,接下来将对OHP进行介绍。

1.3.1 图像传感中的有机光电探测器

有机半导体已经在许多领域取代了无机材料市场上的应用,如光伏电池(NanoFlex 电力公司,Infinitypv.com)、发光二极管 LED(索尼 OLED 电视、松下 OLED 电视、LG OLED 电视)和薄膜晶体管(NeuDrive)。其主要原因可能是出现了更便宜的加工方法,如溶液沉积或喷墨打印。事实上,它们可以是轻质、纤薄且灵活的,并且存在广泛选择的有机材料,允许调节物理和光电特性。因此,OPD 是 MVS 和大面积数字成像仪的"颠覆性技术",因为它们能够实现"轻巧、灵活、坚固,甚至可适形成像仪"[65]。

1981年,人们使用染料展示了第一个有机光电探测器(OPD)[66],随后,在1994年,Yu及其同事展示了具有高灵敏度的本体异质结OPD,其灵敏度高于紫外线增强的商用硅光电二极管[67]。从那时起,有机光电探测器的发展取得了与传统的无机光电二极管相当甚至更优异的性能指标[39,49,52,68-70]。

与无机半导体结构(如硅片)中发现的三维共价键网络相比,有机半导体的活性薄膜具有共价分子内键,但分子间范德华力较弱。键合系统的这种差异导致电子波函数局限于单个分子(而不是延伸到整个结构),从而影响有机半导体中电子-空穴对的分离及其电子带宽[71]。有机半导体受到光激发后,会形成束缚电子-空穴对(称为"激子"),这种束缚的电子-空穴对只能在具有不同电子亲和力的两种材料的异质结处有效分离。电子之间的能量差必须为0.4~0.5eV[72]才克服激子结合能[73]。然后,分离的空穴和电子分别穿过电子供体(D)和电子受体(A)材料,并在其中被提取到电极。为了使该过程起作用,激子需要扩散到D/A界面(激子移动的距离称为激子扩散长度,通常为5~10nm)[74]。在此过程中,电子-空穴对可能发生辐射或非辐射复合。因此,激子扩散和分离必须比其他结合过程进行得更快。这些步骤如图1.3(c)所示,对于图1.3(a)中所示的化合物来说,它们是光在激子(基于有机半导体的光电二极管)中转换为电能的基本步骤。

图1.3(b)说明了光电探测器内J_d的起源。因此,有机半导体可能在减少像素间串扰方面发挥作用,因为从一个像素到下一个像素的激子运动通常较低且易于控制。

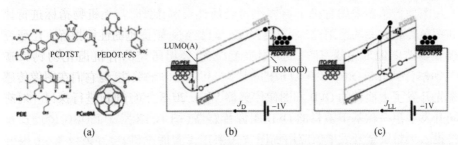

图1.3 (a)PCDTBT(电子供体,D)、PEDOT的化学结构:PSS(顶电极)、PEIE(ITO改性剂)和PC60BM(电子受体,A);(b)光电探测器在黑暗中的工作原理,说明暗电流的来源,以及(c)在照明下显示光伏效应。填充圆代表电子,空圆代表空穴(摘自文献[85],图2,通过知识共享署名4.0国际许可证使用)

D或A化合物化学结构的改变会影响它们在薄膜中的堆积(形态)以及电子和光学能级,这反过来会导致BHJ界面行为的改变和不同的感光度[75]。因此,可以根据应用要求对OPD进行调谐,使OPD能够克服无机半导体中普遍存在的低带宽问题。

OPD可以是"宽带"或"窄带",这取决于半导体材料是吸收宽光谱波长的光还是更窄的光谱(通常从光谱中吸收一种颜色)。宽带光电二极管可与使用滤光片或堆叠的无机光电传感器(或图1.2中所示的任何其他方法)[76-77]以相同的方式并入颜色传感系统中,具有前面所述的两个主要后果,即复杂的器件制造和在不同的照明条件下,颜色精度较低。Deckman等(2018年)报告了宽带OPD和宽带滤波器的组合如何成功地检测与重建RGB系统中的颜色,平均准确度为98.5%[78];相反,窄带吸收有机半导体能够构建无滤光片光电探测器[79-81]。发现使用4个窄带吸收器(每个吸收器的半高宽<100nm)足以实现MVS中物体识别应用的颜色恒定性[82]。已经开发了其他实现窄带和无滤波器吸收的方法,包括操纵厚(μm)光电二极管的内部量子效率[50,83-84]。因此,正是通过这种方式,OPD能够克服传统无机半导体面临的一个主要限制——无法应对不受控制和可变照明的场景(如在室外环境中)。

尽管使用有机材料作为光电探测器的概念相对较新,但已经取得了显著的进展,有机半导体具有优越的光电探测能力,如在735nm波长和正偏压+1bias情况下,能量为1.03×10^{14} J[86];在宽光谱范围内具有更高的线性动态响应,如宽带光电探测器(OPD)[86]的线性动态响应为160dB,窄带光电探测器(OPD)[50]的线性动态响应也为160dB;类似的暗电流(J_ds),如其暗电流为1.2×10^{-10} A/cm^2,这一性能与传统无机光电二极管相比时,表现出相似的水平。因此,OPD能够克服传统光电探测器的弱光吸收和低动态范围。此外,有机材料的电光特性可以通过对化学结构的简单修改进行微调[93]。

图像传感器采用有机半导体作为光活性层制作[81,94-98],证明了其在成像和颜色传感方面的适用性和可行性。三星已经报道了使用颜色选择性光电二极管制造图像传感器[81,99-101]。据报道,松下公司已开发出有机感光技术,将OPD整合到AK-SHB 810型相机中[102]。ISORG(总部位于法国格勒诺布尔)率先开发了大面积的OPD和图像传感器,并于2013年与Plastic Logic合作,共同开发了第一款基于塑料的OPD图像传感器(图1.4)[103]。ISORG最近宣布将投入大量资金开发增值应用程序,"主要用于智能手机、可穿戴设备、平板电脑和笔记本电脑等个人电子设备、国土安全生物识别和医疗成像"[104]。

最后,与c-Si光电二极管相比,OPD还显示出优越的温度稳定性[68]。这是MVS设计中的一个重要因素,即相机设备暴露在可变环境条件下的应用。

1.3.1.1　光电探测以外的OPD

当前的机器视觉系统利用CMOS技术进行成像、测量、定位、识别、检查或导航。新兴应用将CMOS图像传感器用于基于视觉的航空成像和导航。在后

图1.4 柔性有机薄膜晶体管背板上的有机图像传感器(经许可使用的图像[103])

一种应用中,摄像技术必须重量轻且功耗低,以确保经济可行性,并能够持续很长的飞行时间。这需要开发超越分立器件的全新材料,以实现成熟的成像系统。上一节展示了有机半导体在进一步简化当前相机技术的2D布局方面的巨大潜力。在本节中,我们将展望有机材料和其他先进材料家族在许多新领域的潜在应用,特别关注如何将这一新兴技术的研究目标整合到先进的3D成像系统中。OPD技术的固有优势尚未实现,与光谱选择性、在相对较小的形状因子下多色检测的可维持性、机械灵活性和制造优势相关的功能都准备在像素级增加智能。无须复杂制造协议即可定制传感器响应的能力意味着OPD技术适合在硬件和软件层面结合共享智能。这些是实现下一代智能、轻巧、低功耗需求的机器人和物联网成像系统的一些重要属性。

通过将发射器和接收器系统集成到集成电路中,电子产品的成本大幅降低。并排打印发光二极管和有机光电探测器的能力将进一步允许光信号及其检测的更密集集成。最近出现的有机光电器件的双功能和多功能性能,通过减少对复杂互连的需求,简化了发射器和接收器功能的制造和集成,从而降低了有效形状因子[105-109]。

传统的视觉技术将3D信息投影到2D平面,而没有深度信息。对于能够实时将2D成像扩展到3D场景视图的稳健成像技术的需求日益增长[110-111]。例如,一个具有3D视觉的机器人可以不仅检测一个物体的方向,它实际上可以识别这个物体。这允许进行智能、实时的决策,并且可以用于向机器人添加智能,以快速学习并感知它所处的环境。[112-113]。微软已经申请了一项专利,用于一种手持设备,该设备可以在真实环境中检测材料属性,如反射率、真彩色和表面的其他属性[114]。该设备利用了照明条件、表面法线、真实颜色和图像强度之间的已知关系。

深度信息提高了系统的可靠性和效率,如自动驾驶车辆需要从其传感器感知 3D 场景中的对象,以便安全地规划其运动。必须强调的是,当前最先进的成像技术仍然缺乏处理许多因素的能力,如对具有低纹理对象或柔软且可变形对象的处理。照明条件在场景成像能力中起着重要作用,而设计仅对部分光谱具有选择性的检测器在减少环境照明引入的伪影方面具有巨大潜力。在这方面,光谱或颜色选择性 OPD 在改善受限(室内)或非受限(室外)环境下的图像捕获方面具有巨大潜力。因此,OPD 具有理想的属性,可以满足各种成像环境的特定应用要求,包括自主系统、采矿、医疗、社会、航空和海洋机器人。

当前的深度传感器技术可分为两大类,如图 1.5 所示。被动估计技术依赖于机器学习算法和数学方法,用于从二维图像或多幅图像中推断深度信息。另一类是主动深度估计技术,它依靠传感器技术或深度传感设备来估计距离。本节的目的之一是为 OPD 和相关技术提供一条路径,以设计能够使用被动或主动方法测量或估计深度的设备。

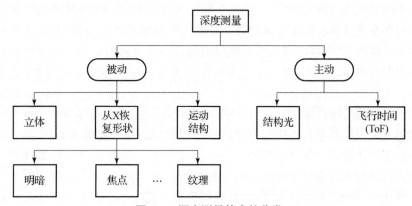

图 1.5 深度测量技术的分类

被动和主动深度测量技术都可以提供场景的深度感知。主动测量技术主要局限于图像阵列大小,因此产生低分辨率图像。被动成像技术使用自然或环境照明来捕捉场景。大多数被动图像传感器是基于电荷耦合器件(CCD)或互补金属氧化物半导体(CMOS)的。

基于立体视觉进行深度测量的 OPD

人类视觉是观察环境和提取位置信息的最复杂、最强大的视觉系统。与人类视觉系统类似,机器人立体视觉形成了一种可靠的深度感知技术,用于在未知和非结构化环境中成功导航机器人[115]。立体视觉技术需要两台摄像机从不同的位置观察场景,从而产生物体的不同图像位置。系统的视差和基线用于距离估计和该层的三维(3D)重建。获得深度信息最简单的方式就是,建立一组被称为"基线"的已知距离分隔的 OPD 阵列。目前,还没有基于 OPD 的立体相机,但这些相机可以很容易地制造出来,从 2D 图像推断出深度。计算机视觉算法用于从单个或多个图像重建深度。单视图三维重建方法仅使用一幅图像。另外,多视图三维构造考虑两个或多个图像来重建深度信息,当使用两幅图像时,该系统被称为双目立体视觉系统,并且可能是计算机视觉中最广泛关注的研究领域。

立体匹配是立体视觉的核心技术。立体匹配是将参考图像中的每个像素匹配到目标并感知每个像素深度的过程。进行密集比较以找到目标图像上的对应像素。预配置和预处理总是在实际立体匹配之前进行。在立体视觉系统中,参考摄像机和目标摄像机以稍微不同的视点同时捕获相同的场景点。立体视觉算法以视觉为基础。因此,术语同步始终用于传达这样一种感觉,即图像采集系统在同一时间捕获相同的场景点,没有时间延迟。当物体运动时,这一前提条件对减少重建噪声起着关键作用。

相机标定是减少图像失真的过程。立体校正是一种变换过程,将两幅图像对齐到同一平面,使同一水平线平行于两个相机中心。深度是通过查找一对图像中的视差来计算的。视差是指立体对左右图像中两个对应点之间的距离。它与深度成反比,反之亦然。在立体视觉系统中,深度和视差之间的关系可以用以下等式表示:

$$d = b * f/z \tag{1.1}$$

式中:b 表示基线;f 表示焦距;z 表示深度;视差用字母 d 表示。视差计算的基本思想是将左图像到右图像的每个像素进行匹配。在某些情况下,场景的某些部分可能无法通过一个或两个摄影机看到。场景的这一部分有时称为缺少的部分。当该匹配过程结束时,右图像中的像素位置相对于左图像的差异称为视差。利用三角测量的几何原理,从视差估计深度。

OPD 三维主动成像系统

除了光电探测器的成像阵列外,3D 主动成像系统还包括一个称为投影仪的光源。投影仪的目的是发射信号。对接收到的反射信号进行分析,以构建周围环境的三维结构。最常见的发射信号来自激光光源、超声波信号或近红外光。有许多术语用来描述三维主动成像技术,如测距仪、距离成像和三维扫描仪。有几种方法可用于测量距离,但最实用的原理可能是飞行时间测距、三角测量和相移。本节简要介绍 OLED 和 OPD 技术可用于从场景推断深度信息的 3 个原理。密集的深度图具有较少的模糊度和最小的深度误差是最大、报道最多的三维成像技术优势。然而,深度图的分辨率是有限的。小型化、高分辨率和低功耗的有源深度传感器在医疗和航空机器人等领域有着潜在的需求。

在其他系统中,飞行时间测距(ToF)系统通过测量辐射到达目标并返回扫描仪的时间来测量扫描仪到表面点的距离。这项技术与有机半导体中的迁移率测量非常相似,但它在这里的应用却是利用一组 OPD 阵列对现实世界中的物体进行成像。

在本节中,我们将重点介绍 OPD 的飞行时间测距原则。主动传感技术的基本思想是发射光子作为信号。当兼容的 OLED 投影仪发出信号时,基于 OPD 的成像系统内的时钟系统可以设置为开始计数。这种方法称为直接飞行时间测距。如果物体存在于成像系统的范围内,则它会向相机反射潜在的信号量。当 OPD 接收器接收到该信号时,它会计算往返时间,并且根据光源或电磁源的基本原理,使用以下关系估计物体与摄像机的距离:

$$d = \delta T * light \tag{1.2}$$

在定义的范围内,ToF 提供高质量的深度贴图。精确的时钟是这种方法最具挑战性的部分,而 OPD 系统将受到用于制造这种探测器的有机材料的固有移动性的限制。例如,当一个物体被放置在离相机很近的位置时,如毫米距离,设计一个可以测量纳秒时间间隔的时钟具有挑战性。因此,应开发基于高迁移率聚合物且具有极高灵敏度的 OLED 和 OPD,以满足有源深度测量的需要。然而,为了保留高精度时钟,发射机或投影仪可以使用调制信号。这种方法称为间接飞行时间测距。发射器可以包含 OLED 的信号发射器阵列,以产生调制信号。调制有不同种类,如正弦、平方等。将接收信号与原始信号进行比较。不同的信号特征(如信号相位)可用于探测距离,由此产生的相位差可用于测量时间和距离。这是一个连续的过程,更适合于 OPD 和有机光电子。这里描述的深度传感技术同样适用于有机卤化物钙钛矿或类似材料。

1.3.2 金属卤化物钙钛矿(MHP)/有机卤化物钙钛矿(OHP)光电探测器

MHP 和 OHP 是具有 ABX_3 形式晶体结构的化合物,其中 A 和 B 代表不同尺寸的阳离子,X 是阴离子,通常为卤化物离子。在用于制造光电器件的钙钛矿中,A 在 OHP 中代表有机阳离子(如甲基铵、$CH_3NH_3^+$),在 MHP 中代表无机阳离子(如 Cs^+),B 是无机阳离子(通常为 Pb^{2+} 或 Sn^{2+}),X 是卤化物离子(I^-、Br^- 或 Cl^-)。B 和 X 一起形成一个八面体:$[BX_6]^{4-}$。一个常见的例子是甲基铵碘化铅 $CH_3NH_3PbI_3$:该化合物的每个单元由一个中心甲基铵($CH_3NH_3^+$)与 12 个 PbI_6 阴离子(占据每个角落)配位组成,如图 1.6(ⅰ)[116]所示。离子"A"(CH_3NH_3)需要能够适应 8 个八面体之间的空间,每个八面体通过"角共享"[117]相互连接。"A"具有永久电偶极子,并且能够在钙钛矿结构内定向。

这种定向(和再定向)能力本身有助于钙钛矿材料的高介电性能,赋予钙钛矿高迁移率和大扩散长度[118-120]。钙钛矿具有良好的溶液加工性能和相对较低的成本,再加上它们的电性能,使得材料可以与传统的晶体硅和Ⅲ-Ⅴ族半导体相媲美[121]。此外,溶液可加工钙钛矿的吸收系数约为 $105cm^{-1}$ 在光谱的紫外-可见部分[122],因此可以制作成薄膜,具有快速响应时间[123]。钙钛矿还具有高比探测率,其带隙可根据卤化物比率进行调谐(图1.6(ⅱ))[61],使其成为能够探测特定波长光的无滤波器窄带光电探测器的有力候选[123-127]材料。

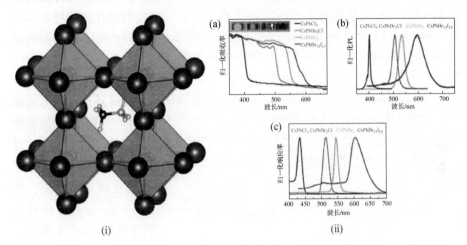

图1.6 (ⅰ)甲基铵阳离子($CH_3NH_3^+$)占据中心"A"位,在角落共享$[PbI_6]^{4-}$中被12个最近邻碘离子包围——八面体(取自文献[116],图1;通过知识共享署名4.0国际许可证使用)。(ⅱ)基于 MHP:CsPbX 卤化物成分的带隙可调谐性,通过(a)薄膜器件内 MHP 的可调谐吸收证明(插图:器件照片);(b)$CsPBX_3$薄膜的光致发光光谱和(c)$CsPBX_3$光电探测器的归一化响应。经 J. Xue、Z. Zhu、X. Xu、S. Wang、L. Xu、Y. Zou、J. Song 和 Q. Chen(2018)许可改编,基于窄带钙钛矿光电探测器的图像阵列,用于人工视觉的潜在应用(Nano Letters,18(12):7628-7634。美国化学学会版权所有(2018))(见彩插)

第一个 OHP 光电二极管仅在2015年实现[51,128-129]。与 OPD 类似,OHP 被设计为宽带或窄带吸收,与无机半导体和光电二极管使用滤色片的含义相同(图1.2)。从那时起,密集研究已经生产出具有与 OPD 和无机光电传感器相当或优于它们的优值系数的光电二极管。例如,由 Dou 等(2014)开发的一个宽带 OHPD,具有 $10^{-10}A/cm^2$(0V 时)和 10^{14} Jones 的探测率[128]。Lin 等证明了窄带无滤光 OHP(吸收波长为 610~690nm 的光),具有 120dB 的线性动态范围(LDR),在 -5V 偏压下,暗电流密度为 $J_d = 5 \times 10^{-8} A/cm^2$(在 -5V)和在波长 650nm 电压偏置小于 -0.5bias[130]的条件下检测率为 1.9×10^{11} Jones。Hu 等采用"汽-液"工艺制造了一种柔性有机光电探测器(OHP),在电压偏置1V 下,表现出极低的暗电流密度 J_d(约为 $3 \times 10^{-5} A/cm^2$),在 1V 下的开关比为 100,检测率(D^*)大于 10^{11} Jones,并且在波长 680nm 和电压偏置 1V 下,对入射光功率具有跨越4个数量级的线性响应[131]。

OHP已经证明,通过改变底部和顶部照明,能够在宽带和窄带光探测之间切换[118]。此外,根据本文的内容,OHP已集成到图像传感器中,并证明了合理的性能[132-135]。例如,Wu及其同事[133]制造了一种10×10柔性$CH_3NH_3PbI_{3-x}Cl_x$,以聚对苯二甲酸乙二醇酯(PET)衬底上的OHP阵列作为图像传感器演示。这种灵活的OHP图像传感器演示了以下内容:①光照下开/关电流比为$1.2 \times 10^3 mW/cm^2 (38.3 mW/cm^2)$;②探测率($D^*$)在光强度为$0.033 mW/cm$时,为$9.4 \times 10^{11}$ Jones(对应于响应度$=2.17 A/W$);③在反复弯曲下($0° \sim 150°$),仅观察到轻微的光电流降低(由于弯曲时电极电阻增加)。

尽管OHP仍然相对不发达(自构思出第一个OHP只有4年),但已经取得了长足的进步,正如已经实现的表现指标所示。与OPD能够克服无机光电探测器所面临的限制一样,OHP也提供了可调谐性和在柔性衬底上制造的机会。更重要的是,在使用这些材料的有机光电探测领域仍有许多有待发现的地方。

1.4 光电晶体管

到目前为止,我们已经讨论了两个终端光电二极管器件,第二种结构由3个端子组成,是一个光电晶体管。额外的终端使设备能够感应光强度,并根据接收到的光强度改变发射器和光电传感器(以及光子收集器)之间的电流。因此,由于晶体管的电场效应,光电晶体管(PT)或场效应晶体管(FET)将二极管的光敏功能与高增益相结合,使其更加灵敏,能够提供快速输出,并且能够产生比PD更高的电流。因此,PT广泛应用于编码器、智能卡、活动矩阵显示和人工视觉光电检测等应用领域[136-138]。

有机PT(OPT)作为器件平台是更广泛建立的有机场效应晶体管(OFET)器件的自然延伸。它由Tsumuraetal首先提出[139],随后由Horowitz等[140]开发。OFET现在用于不同的设备平台,开发从有机半导体到化学和生物电子传感器[141]电子特性的基本理论。图1.7(a)显示OPT的典型布局[105]。图1.7(b)显示了作为薄膜器件制造时材料的典型光学吸收光谱,在这种情况下,说明了吸收曲线如何随半导体混合物中施主和受主比例的变化而变化。

在OPT/OFET的操作中,饱和漏电流($I_{d,sat}$)是指栅极源为0时,OPT漏极所能承载的最大电流,由霍洛维茨方程[141]给出:

$$I_{d,sat} = \frac{W}{2L} C_i \mu_{FE} (V_g - V_t)^2 \quad (1.3)$$

式中:W为沟道宽度;L为沟道长度;C_i为栅极电介质单位面积电容;μ_{FE}为场效应迁移率;V_t为栅极电压;V_g为阈值电压。

第1章 计算机和机器视觉的图像和信号传感器:满足未来发展的需要

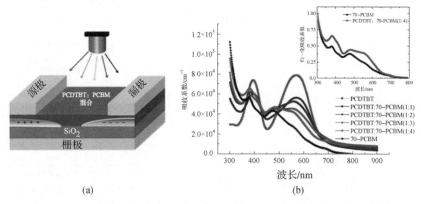

图1.7 (a)典型的有机光电晶体管(OPT)的设备架构,光吸收层混合聚酯纤维与[6,6]-苯基C61丁酸甲酯(PCBM);(b)吸收光谱纯聚合物多氯联苯双酯、70-PCBM和多氯联苯双酯/70-PCBM混合物(即薄膜)的比例为1:1~1:4玻璃基板上的比率(重量)(经A. K. Pandey、M. Aljada、A. Pivrikas、M. Velusamy、P. L. Burn、P. Meredith 和 E. B. Namdas (2014)许可,使用光电场效应晶体管架构阐明了聚合物-富勒烯混合物中电荷生成和传输的动力学[105])(见彩插)

在有光的情况下产生的光电流是通过取照明和黑暗的I_d差值来计算的。OPT的响应度可通过采用OPT的P或N通道模式中的光电流密度(J_{ph})估算,使用以下方程式[105]:

$$J_{ph} = \frac{1}{S}\int_{\lambda=300nm}^{\lambda=700nm}\varphi(\lambda) \cdot EQE(\lambda)d\lambda \quad (1.4)$$

式中:S为光电场效应管沟道的有效表面积;φ为光源的光子通量;EQE为OPT沟道操作的外部量子效率;λ为感光材料(或组合物)的吸收起始波长和截止波长。

Narayan 和 Kumar 于2001年首次报告了OPT平台中显著光感知的证据[142]。然后,Meijer 等[143]对经处理的OFET溶液的双极操作进行了演示,大大促进了OPT的广泛应用。从那时起,将OFET的感光能力与其操作相结合的研究兴趣显著增长,并且它本身就成为一种新型的有机光电器件。与OPD一样,OPT通常需要一个D-a网络来进行有效的感光,并且这些不同的组件可以通过标准的旋涂、喷墨打印或真空升华过程(在前面的章节中描述)来制造。Lombardo 和 Dodabalapur 使用双极OFET几何形状评估了P3HT:PCBM光伏混合物中的非孪生复合率[144]。主要吸收体的光学间隙和传输特性通常决定OPT的感光效率。Pandey 等证明了聚合物中一些最有效成分:富勒烯共混物通过在P和N通道模式操作OPT,受益于富勒烯的光响应性和良好的电荷传输能力[105]。在OPT中,有机-电介质界面的表面状态对这种界面性质起着重要作用,决定了OFET的性能,从而决定了OPT中光传感的效率[105,145]。此外,OPT的高光导增益加上"对辐照度的次线性响应",使得LDR比基于光电二极管的图像传感器更宽[146-147]，这将对机器和机器人视觉系统明显有利。

使用有机-无机杂化层对感光层的变化被视为 OPT 的又一延伸；例如，这可能包括 OHP PT 或混合有机卤化物钙钛矿 PT(混合 OHP PT)[148-149]。

Baeg 等简要概述了 OPT[150]。Pelayo 等[52]和 Gasparini 等[98]对用于光传感的溶液处理材料的多样性进行了更全面的综述，以用于光传感和光传感技术。Qian 等在 OPT 中使用真空升华小分子薄膜(酞菁铜和对六苯基)证明了在紫外光照射下具有高增益的令人印象深刻的光敏性能[151]。Li 等报道了基于 $CH_3NH_3PbI_3$ 的有机-无机杂化钙钛矿(OPH)光电探测器(PT)，在广泛的照明光谱范围内展现出了高达 320A/W 的高光电响应度(R)值[148]。

OPT 已集成在图像传感器中，并已证明其完全能够克服传统无机图像传感器的一些局限性。例如，Pierre 等开发了一种在柔性基板上处理的 OPT 解决方案，能够为视频捕获(30 帧/s)实现 103dB 的动态范围[146]。Milvich 等设计并测试了 16 个基于二萘并[2,3-b:2′,3′-f]噻吩并[3,2b]噻吩的 OPT 阵列的性能，其覆盖面积为 $2×4cm^2$，位于柔性 PEN 基板上[152]。

图像传感器和 MVS 中 OPT 的应用范围预计将扩大，并且光传感和切换功能将进一步向现实世界的应用方向发展。

1.5 结论和展望

当涉及机器视觉和机器人技术的现代应用需求时，目前的 MVS 有很大的局限性。这些问题包括可见光范围内的弱光线吸收、低动态范围、存在串扰、无法应对光源变化以及与柔性小型化设备上的复杂加工和制造不兼容。使用在图像传感器 ROIC 上制造的替代光活性材料可以克服这些限制。

我们对用于数字成像、颜色恒定性和深度测量的 OPD 系统的进一步发展进行了展望。OPD 柔软、可塑和可扩展性为设计成像系统提供了前所未有的可能性，这些成像系统不仅功耗低、重量轻，而且在各种应用中的选择性传感方面具有很高的智能化。

虽然 OHP 仍处于研究和开发的早期阶段，但已经取得了很大的成就，它们在机器人系统中改变机器视觉和人工视觉的潜力肯定会在不久的将来实现。

知识转换[153-154]是实现商用机器和机器人视觉系统中 OPD 和 OHP 潜力的关键。此外，需要实施更跨学科的方法来利用 OPD 和 OHP 在 MVS 中的潜力；目前，该领域缺乏对图像传感、机器视觉和未来市场趋势具有丰富知识的化学家和材料科学家。类似地，一些相机专家在开发能够替代 Si 或 InGaAs 的半导体材料方面所取得的进展基本一无所知。作者希望本章有助于弥合这一差距，并启动化学家、物理学家、材料科学家和机电工程师之间的对话。

参考文献

1. ResearchandMarkets.com. (2018). *Global image sensors market analysis, growth, trends & forecast 2018-2023*. Retrieved February 21, 2019, from https://www.businesswire.com/news/home/20180530005711/en/Global-Image-Sensors-Market-Analysis-Growth-Trends
2. IC insights. (2018). *CMOS image sensor sales stay on record-breaking pace*. Retrieved February 21, 2019, from http://www.icinsights.com/data/articles/documents/1065.pdf
3. Cubero, S., Aleixos, N., Moltó, E., Gómez-Sanchis, J., & Blasco, J. (2011). Advances in machine vision applications for automatic inspection and quality evaluation of fruits and vegetables. *Food and Bioprocess Technology, 4*(4), 487–504.
4. Patel, K., Kar, A., Jha, S., & Khan, M. (2011). Machine vision system: A tool for quality inspection of food and agricultural products. *Journal of Food Science Technology, 49*(2), 1–19.
5. Kaur, H., Sawhney, B. K., & Jawandha, S. K. (2018). Evaluation of plum fruit maturity by image processing techniques. *Journal of Food Science and Technology, 55*(8), 3008–3015.
6. Sridharan, M., & Stone, P. (2009). Color learning and illumination invariance on mobile robots: A survey. *Robotics and Autonomous Systems, 57*, 629–644.
7. Marchant, J. A., Tillett, N. D., & Onyango, C. M. (2004). Dealing with color changes caused by natural illumination in outdoor machine vision. *Cybernetics and Systems: An International Journal, 35*(1), 19–33.
8. Buluswar, S. D., & Draper, B. A. (1998). Color machine vision for autonomous vehicles. *Engineering Applications of Artificial Intelligence, 11*, 245–256.
9. Maddern, W., Stewart, A. D., McManus, C., Upcroft, B., Churchill, W., & Newman, P. (2014). Illumination invariant imaging: Applications in robust vision-based localisation, mapping and classification for autonomous vehicles. In *Proceedings of the Visual Place Recognition in Changing Environments Workshop, IEEE International Conference on Robotics and Automation*.
10. Fernández, R., Montes, H., Salinas, C., Sarria, J., & Armada, M. (2013). Combination of RGB and multispectral imagery for discrimination of cabernet sauvignon grapevine elements. *Sensors (Basel, Switzerland), 13*(6), 7838–7859.
11. Bloss, R. (2013). Robots use machine vision and other smart sensors to aid innovative picking, packing and palletizing. *Industrial Robot: An International Journal, 40*(6), 525–529.
12. Oestreich, J. M., Tolley, W. K., & Rice, D. A. (1995). The development of a color sensor system to measure mineral compositions. *Minerals Engineering, 8*(1/2), 31–39.
13. Schmittmann, O., & Lammers, P. S. (2017). A true-color sensor and suitable evaluation algorithm for plant recognition. *Sensors, 17*(8), 1823.
14. Yamada, K., Nakano, T., & Yamamoto, S. (1998). A vision sensor having an expanded dynamic range for autonomous vehicles. *IEEE Transactions on Vehicular Technology, 47*(1), 332–341.
15. Xiong, N. N., Yang, S., Kangye, Y., Changhoon, L., & Chunxue, W. (2018). Color sensors and their applications based on real-time color image segmentation for cyber physical systems. *EURASIP Journal on Image and Video Processing, 2018*, 23.
16. Pathare, P. B., Opara, U. L., & Al-Said, F. A. (2013). Colour measurement and analysis in fresh and processed foods: A review. *Food and Bioprocess Technology, 6*(1), 36–60.
17. Ratnasingam, S., & Collins, S. (2008). An algorithm to determine the chromaticity under non-uniform illuminant. In *ICISP 2008: Image and signal processing* (pp. 244–253).
18. Logvinenko, A. D., Funt, B., Mirzaei, H., & Tokunaga, R. (2015). Rethinking colour constancy. *PLoS One, 10*(9), e0135029.
19. Lukac, R., Plataniotis, K. N., & Hatzinakos, D. (2005). Color image zooming on the Bayer pattern. *IEEE Transactions on Circuits and Systems for Video Technology, 15*(11), 1475–1492.
20. Bayer, B. E. (1975). *Color imaging array*. U.S. Patent No. 3,971,065.
21. Nakamura, J. (2006). Basics of image sensors. In *Image sensors and signal processing for digital still cameras* (pp. 55–61). Boca Raton, FL: Taylor & Francis.

22. Suzuki, T. (2010). Challenges of image-sensor development. In *2010 IEEE International Solid-State Circuits Conference—(ISSCC)* (pp. 28–30).
23. *Teledyne Dalsa, CCD vs CMOS*. Retrieved March 30, 2019, from https://www.teledynedalsa.com/en/learn/knowledge-center/ccd-vs-cmos/
24. Lahav, A., Fenigstein, A., & Strum, A. (2014). Backside illuminated (BSI) complementary metal-oxide-semiconductor (CMOS) image sensors. In *High performance silicon imaging fundamentals and applications of CMOS and CCD sensors* (pp. 98–123).
25. Nomoto, T., Oike, Y., & Wakabayashi, H. (2016). Accelerating the sensing world through imaging evolution. In *2016 Symposium on VLSI Circuits Digest of Technical Papers* (pp. 1–4).
26. Fossum, E. R. (1997). CMOS image sensors: Electronic camera-on-a-chip. In *IEEE Proceedings of International Electron Devices Meeting*.
27. Fossum, E. R., & Hondongwa, D. B. (2014). A review of the pinned photodiode for CCD and CMOS image sensors. *IEEE Journal of the Electron Devices Society, 2*(3), 33–43.
28. Bigas, M., Cabruja, E., Forest, J., & Salvi, J. (2006). Review of CMOS image sensors. *Microelectronics Journal, 37*(5), 433–451.
29. Lesser, M. (2014). Charge coupled device (CCD) image sensors. In *High performance silicon imaging: Fundamentals and applications of CMOS and CCD sensors* (pp. 78–97).
30. Hamilton, G., Brown, N., Oseroff, V., Huey, B., Segraves, R., Sudar, D., Kumler, J., Albertson, D., & Pinkel, D. (2006). A large field CCD system for quantitative imaging of microarrays. *Nucleic Acids Research, 34*(8), e58, 1–e58,14.
31. Catrysse, P., & Wandell, B. A. (2003). Integrated color pixels in 0.18-μm complementary metal oxide semiconductor technology. *Journal of the Optical Society of America A, 20*(12), 2293–2306.
32. Knipp, D., Herzog, P. G., & Stiebig, H. (2002). Stacked amorphous silicon color sensors. *IEEE Transactions on Electron Devices, 49*(1), 170–176.
33. Hubel, P. M. (2005). Foveon technology and the changing landscape of digital cameras. In *13th IS&T Color Imaging Conf., Scottsdale, AZ, USA* (pp. 314–317).
34. Lyon, R., & Hubel, P. M. (2002). Eyeing the camera: Into the next century. In *IS&T/TSID 10th Color Imaging Conference Proceedings Scottsdale, AZ* (p. 349).
35. Blockstein, L., & Yadid-Pecht, O. (2010). Crosstalk quantification, analysis, and trends in CMOS image sensors. *Applied Optics, 49*(24), 4483–4488.
36. Anzagira, L., & Fossum, E. R. (2015). Color filter array patterns for small-pixel image sensors with substantial cross talk. *Journal of the Optical Society of America A, 32*(1), 28–34.
37. Langfelder, G., Longoni, A., & Zaraga, F. (2009). Further developments on a novel color sensitive CMOS detector. In *Proceedings Volume 7356, Optical Sensors 2009; 73562A*.
38. Longoni, A., Zaraga, F., Langfelder, G., & Bombelli, L. (2008). The transverse field detector (TFD): A novel color-sensitive CMOS device. *IEEE Electron Device Letters, 29*(12), 1306–1308.
39. Jansen-van Vuuren, R. D., Armin, A., Pandey, A. K., Burn, P. L., & Meredith, P. M. (2016). Organic photodiodes: The future of full color detection and image sensing. *Advanced Materials, 28*, 4766–4802.
40. Moloney, A. M., Wall, L., Mathewson, A., Healy, G., & Jackson, J. C. (2006). Novel black silicon PIN photodiodes. In *Proceedings Volume 6119, Semiconductor Photodetectors III; 61190B*.
41. Tut, T., & Dan, Y. (2014). Silicon photodetectors integrated with vertical silicon nitride waveguides as image sensor pixels: Fabrication and characterization. *Journal of Vacuum Science & Technology B, 32*, 031201.
42. Theil, J. A., Snyder, R., Hula, D., Lindahl, K., Haddad, H., & Roland, J. (2002). a-Si:H photodiode technology for advanced CMOS active pixel sensor imagers. *Journal of Non-Crystalline Solids, 299–302*, 1234–1239.
43. Konstantatos, G., & Sargent, E. H. (2010). Nanostructured materials for photon detection. *Nature Nanotechnology, 5*, 391–400.

44. Konstantatos, G., & Sargent, E. H. (2009). Solution-processed quantum dot photodetectors. *Proceedings of the IEEE, 97*(10), 1666–1683.
45. Goetzberger, A., & Hebling, C. (2000). Photovoltaic materials, past, present, future. *Solar Energy Materials and Solar Cells, 62*(1–2), 1–19.
46. Lule, T., Benthien, S., Keller, H., Mutze, F., Rieve, P., Seibel, K., Sommer, M., & Bohm, M. (2000). Sensitivity of CMOS based imagers and scaling perspectives. *IEEE Transactions on Electron Devices, 47*(11), 2110–2122.
47. Liu, L., Yang, C., Patanè, A., Yu, Z., Yan, F., Wang, K., Lu, H., Liab, J., & Zhao, L. (2017). High-detectivity ultraviolet photodetectors based on laterally mesoporous GaN. *Nanoscale, 9*, 8142–8148.
48. Haddadi, A., Dehzangi, A., Adhikary, S., Chevallier, R., & Razeghi, M. (2017). Background–limited long wavelength infrared InAs/InAs1- xSbx type-II superlattice-based photodetectors operating at 110 K. *Applied Physics Letters Materials, 5*, 035502.
49. Gong, X., Tong, M., Xia, Y., Cai, W., Moon, J. S., Cao, Y., Yu, G., Shieh, C.-L., Nilsson, B., & Heeger, A. J. (2009). High-detectivity polymer photodetectors with spectral response from 300 nm to 1450 nm. *Science, 325*(5948), 1665–1667.
50. Armin, A., Jansen-van Vuuren, R. D., Kopidakis, N., Burn, P. L., & Meredith, P. (2015). Narrowband light detection via internal quantum efficiency manipulation of organic photodiodes. *Nature Communications, 6*, 6343.
51. Lin, Q., Armin, A., Lyons, D. M., Burn, P. L., & Meredith, P. (2015). Low noise, IR-blind organohalide perovskite photodiodes for visible light detection and imaging. *Advanced Materials, 27*(12), 2060–2064.
52. Pelayo de García de Arquer, F., Armin, A., Meredith, P., & Sargent, E. H. (2017). Solution-processed semiconductors for next-generation photodetectors. *Nature Reviews Materials, 2*(16100), 1–16.
53. Xie, C., & Yan, F. (2017). Flexible photodetectors based on novel functional materials. *Small, 13*(43), 1701822(1 of 36).
54. Ng, T. N., Wong, W. S., Lujan, R. A., & Street, R. A. (2009). Characterization of charge collection in photodiodes under mechanical strain: Comparison between organic bulk heterojunction and amorphous silicon. *Advanced Materials, 21*(18), 1855–1859.
55. Vasavi, V., Shaik, A. F., & Sunkara, P. C. K. (2018). Moving object classification under illumination changes using binary descriptors. In M. Rivas-Lopez, O. Sergiyenko, W. Flores-Fuentes, & J. C. Rodríguez-Quiñonez (Eds.), *Optoelectronics in machine vision-based theories and applications* (pp. 188–189). Hershey, PA: IGI Global.
56. Ji, W., Zhao, D., Cheng, F., Xu, B., Zhang, Y., & Wang, J. (2012). Automatic recognition vision system guided for apple harvesting robot. *Computers and Electrical Engineering, 38*(5), 1186–1195.
57. Son, J., Kim, S., & Sohn, K. (2015). A multi-vision sensor-based fast localization system with image matching for challenging outdoor environments. *Expert Systems with Applications, 42*(22), 8830–8839.
58. Antognazza, M. R., Musitelli, D., Perissinotto, S., & Lanzani, S. (2010). Spectrally selected photodiodes for colorimetric application. *Organic Electronics, 11*(3), 357–362.
59. Xiong, J., Liu, Z., Lin, R., Bu, R., He, Z., Yang, Z., & Liang, C. (2018). Green grape detection and picking-point calculation in a night-time natural environment using a charge-coupled device (CCD) vision sensor with artificial illumination. *Sensors, 18*(969), 1–17.
60. Ratnasingam, S., & McGinnity, T. M. (2012). Chromaticity space for illuminant invariant recognition. *IEEE Transactions on Image Processing, 21*(8), 3612–3623.
61. Xue, J., Zhu, Z., Xu, X., Wang, S., Xu, L., Zou, Y., Song, J., Zeng, H., & Chen, Q. (2018). Narrowband perovskite photodetector-based image array for potential application in artificial vision. *Nano Letters, 18*(12), 7628–7634.
62. Flores-Fuentes, W., Miranda-Vega, J. E., Rivas-López, M., Sergiyenko, O., Rodríguez-Quiñonez, J. C., & Lindner, L. (2018). Comparison between different types of sensors used in the real operational environment based on optical scanning system. *Sensors, 18*(1684), 1–15.

63. Guo, W., Rage, U. K., & Ninomiya, S. (2013). Illumination invariant segmentation of vegetation for time series wheat images based on decision tree model. *Computers and Electronics in Agriculture, 96*, 58–66.
64. Estribeau, M., & Magnan, P. (2005). CMOS pixels crosstalk mapping and its influence on measurements accuracy for space applications. In *Proceedings of SPIE, Volume 5978, Sensors, Systems, and Next-Generation Satellites IX; 597813.*
65. Natali, D., & Caironi, M. (2016). Organic photodetectors. In *Photodetectors, materials, devices and applications* (p. 233).
66. Kudo, K., & Moriizumi, T. (1981). Spectrum-controllable color sensors using organic dyes. *Applied Physics Letters, 39*, 609–611.
67. Yu, G., Pakbaz, K., & Heeger, A. J. (1994). Semiconducting polymer diodes: Large size, low cost photodetectors with excellent visible-ultraviolet sensitivity. *Applied Physics Letters, 64*, 3422–3424.
68. Biele, M., Benavides, C. M., Hürdler, J., Tedde, S. F., Brabec, C. J., & Schmidt, O. (2019). Spray-coated organic photodetectors and image sensors with silicon-like performance. *Advanced Materials Technologies, 4*(1), 1800158:1–6.
69. Yang, D., & Ma, D. (2019). Development of organic semiconductor photodetectors: From mechanism to applications. *Advanced Optical Materials, 7*(1), 1800522:1–23.
70. Cai, S. (2019). Materials and designs for wearable photodetectors. *Advanced Materials, Early View, 31*(18), 1808138.
71. Natali, D., & Sampietro, M. (2003). Detectors based on organic materials: Status and perspectives. *Nuclear Instruments and Methods in Physics Research Section A: Accelerators, Spectrometers, Detectors and Associated Equipment, 512*(1–2), 419–426.
72. Arkhipov, V. I., & Bässler, H. (2003). Exciton dissociation and charge photogeneration in pristine and doped conjugated polymers. *Physica Status Solidi A, 201*(6), 1152–1187.
73. Gregg, B. A. (2003). Excitonic solar cells. *Journal of Physical Chemistry B, 107*(20), 4688–4698.
74. Thompson, B. C., & Fréchet, J. M. J. (2007). Polymer–fullerene composite solar cells. *Angewandte Chemie International Edition, 47*(1), 58–77.
75. Rauch, T., Henseler, D., Schilinsky, P., Waldauf, C., Hauch, J., Brabec, C. J. (2004). Performance of bulk-heterojunction organic photodetectors. In *4th IEEE Conference on Nanotechnology.*
76. Yu, G., Wang, J., McElvain, J., & Heeger, A. J. (1999). Large-area, full-color image sensors made with semiconducting polymers. *Advanced Materials, 10*(17), 1431–1434.
77. Seo, H., Aihara, S., Watabe, T., Ohtake, H., Sakai, T., Kubota, M., Egami, N., Hiramatsu, T., Matsuda, T., & Furuta, M. (2011). A 128×96 pixel stack-type color image sensor: Stack of individual blue-, green-, and red-sensitive organic photoconductive films integrated with a ZnO thin film transistor readout circuit. *Japanese Journal of Applied Physics, 50*, 024103.
78. Deckman, I., Lechêne, P. B., Pierre, A., & Arias, A. C. (2018). All-printed full-color pixel organic photodiode array with a single active layer. *Organic Electronics, 56*, 139–145.
79. Jansen-van Vuuren, R. D., Pivrikas, A., Pandey, A. K., & Burn, P. L. (2013). Colour selective organic photodetectors utilizing ketocyanine-cored dendrimers. *Journal of Materials Chemistry C, 1*, 3532–3543.
80. Jansen-van Vuuren, R. D., Johnstone, K. D., Ratnasingam, S., Barcena, H., Deakin, P. C., Pandey, A. K., Burn, P. L., Collins, S., & Samuel, I. D. W. (2010). Determining the absorption tolerance of single chromophore photodiodes for machine vision. *Applied Physics Letters, 96*, 253303.
81. Han, M. G., Park, K.-B., Bulliard, X., Lee, G. H., Yun, S., Leem, D.-S., Heo, C.-J., Yagi, T., Sakurai, R., Ro, T., Lim, S.-J., Sul, S., Na, K., Ahn, J., Jin, Y. W., & Lee, S. (2016). Narrow-band organic photodiodes for high-resolution imaging. *Applied Materials and Interfaces, 8*(39), 26143–26151.
82. Ratnasingam, S., & Collins, S. (2010). Study of the photodetector characteristics of a camera for color constancy in natural scenes. *Journal of the Optical Society of America A, 27*(2), 286–294.

83. Yoon, S., Koh, C. W., Woo, H. Y., & Chung, D. S. (2018). Systematic optical design of constituting layers to realize high-performance red-selective thin-film organic photodiodes. *Advanced Optical Materials, 6*(4), 1701085.
84. Yazmaciyan, A., Meredith, P., & Armin, A. (2019). Cavity enhanced organic photodiodes with charge collection narrowing. *Advanced Optical Materials, Early View, 7*(8), 1801543.
85. Kielar, M., Dhez, O., Pecastaings, G., Curutchet, A., & Hirsh, L. (2016). Long-term stable organic photodetectors with ultra low dark currents for high detectivity applications. *Scientific Reports, 6*(39201), 1–11.
86. Nie, R., Deng, X., Feng, L., Hu, G., Wang, Y., Yu, G., & Xu, J. (2017). Highly sensitive and broadband organic photodetectors with fast speed gain and large linear dynamic range at low forward bias. *Small, 13*(24), 1603260.
87. Hu, L., Han, J., Qiao, W., Zhou, X., Wang, C., Ma, D., Li, Y., & Wang, Z. H. (2018). Side-chain engineering in naphthalenediimide-based n-type polymers for high-performance all-polymer photodetectors. *Polymer Chemistry, 9*(3), 327–334.
88. *Si image sensor S1336-18BK, Hamamatsu Photonics KK*. Retrieved February 28, 2019, from https://www.datasheets360.com/part/detail/s1336-18bk/1668072914334887650/
89. *InGaAs image sensor G10899-03K, Hamamatsu*. Retrieved February 28, 2019, from https://www.hamamatsu.com/us/en/product/type/G10899-03K/index.html
90. *Si (S6428-01) blue light absorbing image sensor, Hamamatsu*. Retrieved February 28, 2019, from https://www.hamamatsu.com/us/en/product/type/S6428-01/index.html
91. *Si (S6429-01) green light absorbing image sensor, Hamamatsu*. Retrieved February 28, 2019, from https://www.hamamatsu.com/us/en/product/type/S6429-01/index.html
92. *Si (S6430-01) red light absorbing image sensor, Hamamatsu*. Retrieved February 28, 2019, from https://www.hamamatsu.com/us/en/product/type/S6430-01/index.html
93. Jansen-van Vuuren, R. D., Deakin, P. C., Olsen, S., & Burn, P. L. (2014). Tuning the optoelectronic properties of cyanine and ketocyanine dyes by incorporation of 9,9-di-*n*-propylfluorenylindolenine. *Dyes and Pigments, 101*, 1–8.
94. Jahnel, M., Tomshcke, M., Fehse, K., Vogel, U., An, J. D., Park, H., & Im, C. (2015). Integration of near infrared and visible organic photodiodes on a complementary metal–oxide–semiconductor compatible backplane. *Thin Solid Films, 592*(Part A), 94–98.
95. Zalar, P., Matsuhisa, N., Suzuki, T., Enomoto, S., Koizumi, M., Yokota, T., Sekino, M., & Someya, T. (2018). A monolithically processed rectifying pixel for high-resolution organic imagers. *Advanced Electronic Materials, 4*(6), 1700601.
96. Swathi, K., & Narayan, K. S. (2016). Image pixel device using integrated organic electronic components. *Applied Physics Letters, 109*, 193302.
97. Baierl, D., Pancheri, L., Schmidt, M., Stoppa, D., Betta, G.-F. D., Scarpa, G., & Lugli, P. (2012). A hybrid CMOS-imager with a solution-processable polymer as photoactive layer. *Nature Communications, 3*, 1175.
98. Gasparini, N., Gregori, A., Salvador, M., Biele, M., Wadsworth, A., Tedde, S., Baran, D., McCulloch, I., & Brabec, C. J. (2018). Visible and near-infrared imaging with nonfullerene-based photodetectors. *Advanced Materials Technologies, 3*(7), 1800104.
99. Lim, S.-J., Leem, D.-S., Park, K.-B., Kim, K.-S., Sul, S., Na, K., Lee, G. H., Heo, C.-J., Lee, K.-H., Bulliard, X., Satoh, R.-I., Yagi, T., Ro, T., Im, D., Jung, J., Lee, M., Lee, T.-Y., Han, M. G., Jin, W. Y., & Lee, S. (2015). Organic-on-silicon complementary metal–oxide–semiconductor colour image sensors. *Scientific Reports, 5*, 7708.
100. Lee, K.-H., Leem, D.-S., Castrucci, J. S., Park, K.-B., Bulliard, X., Kim, K.-S., Jin, Y. W., Lee, S., Bender, T. P., & Park, S. Y. (2013). Green-sensitive organic photodetectors with high sensitivity and spectral selectivity using subphthalocyanine derivatives. *ACS Applied Materials and Interfaces, 5*(24), 13089–13095.
101. Leem, D.-S., Lim, S.-J., Bulliard, X., Lee, G. H., Lee, K.-H., Yun, S., Yagi, T., Satoh, R.-I., Park, K.-B., Choi, Y. S., Jin, Y. W., Lee, S. (2016). Recent developments in green light sensitive organic photodetectors for hybrid CMOS image sensor applications (conference presentation). In *SPIE Proceedings, 9944, Organic Sensors and Bioelectronics IX; 99440B*.

102. Panasonic Corporation. (2018). *Panasonic develops industry's first 8K high-resolution, high performance, global shutter technology using organic-photoconductive-film cmos image sensor*. Press Release. Retrieved February 28, 2019, from https://news.panasonic.com/global/press/data/2018/02/en180214-2/en180214-2.pdf
103. Editor. (2019). *The OSA direct newsletter. ISORG and plastic logic co-develop the world's first organic image sensor on plastic*. Retrieved February 28, 2019, from http://www.osadirect.com/news/article/980/isorg-and-plastic-logic-co-develop-the-worlds-first-organic-image-sensor-on-plastic/
104. Andrew Lloyd & Associates. (2018). *Isorg raises €24M to finance the ramp up of large-scale commercialization*. Retrieved February 28, 2019, from http://ala.com/isorg-raises-e24m-to-finance-the-ramp-up-of-large-scale-commercialization/
105. Pandey, A. K., Aljada, M., Pivrikas, A., Velusamy, M., Burn, P. L., Meredith, P., & Namdas, E. B. (2014). Dynamics of charge generation and transport in polymer-fullerene blends elucidated using a PhotoFET architecture. *ACS Photonics, 1*(2), 114–120.
106. Ullah, M., Yambem, S. D., Moore, E. G., Namdas, E. B., & Pandey, A. K. (2015). Singlet fission and triplet exciton dynamics in rubrene/fullerene heterojunctions: Implications for electroluminescence. *Advanced Electronic Materials, 1*(12), 1500229.
107. Pandey, A. K. (2015). Highly efficient spin-conversion effect leading to energy up-converted electroluminescence in singlet fission photovoltaics. *Scientific Reports, 5*, 7887.
108. Lee, W., Kobayashi, S., Nagase, M., Jimbo, Y., Saito, I., Inoue, Y., & Yambe, T. (2018). Nonthrombogenic, stretchable, active multielectrode array for electroanatomical mapping. *Science, 4*(10), eaau2426.
109. Rogers, J., Malliaras, G., & Someya, T. (2018). Biomedical devices go wild. *Science Advances, 4*(9), eaav1889.
110. Bock, R. D. (2018). Low-cost 3D security camera. In *Proceedings Volume 10643, Autonomous Systems: Sensors, Vehicles, Security, and the Internet of Everything; 106430E*.
111. Semeniutaa, O., Dransfeld, S., Martinsena, K., & Falkmanc, P. (2018). Towards increased intelligence and automatic improvement in industrial vision systems. In *11th CIRP Conference on Intelligent Computation in Manufacturing Engineering—CIRP ICME'17* (pp. 256–261).
112. Smith, L. N., Zhang, W., Hansen, M. F., Hales, I. J., & Smith, M. L. (2018). Innovative 3D and 2D machine vision methods for analysis of plants and crops in the field. *Computers in Industry, 97*, 122–131.
113. Haouchine, N., Kuang, W., Cotin, S., & Yip, M. (2018). Vision-based force feedback estimation for robot-assisted surgery using instrument-constrained biomechanical three-dimensional maps. *IEEE Robotics and Automation Letters, 3*(3), 2160–2165.
114. Hilliges, O., Weiss, H. M., Izadi, S., Kim, D., & Rother, C. C. E. (2018). *Using photometric stereo for 3D environment modeling*. US Patent Application US9857470B2.
115. Murray, D., & Little, J. J. (2000). Using real-time stereo vision for mobile robot navigation. *Autonomous Robots, 8*(161), 161–171.
116. Eames, C., Frost, J. M., Barnes, P. R. F., O'Regan, B. C., Walsh, A., & Islam, M. S. (2015). Ionic transport in hybrid lead iodide perovskite solar cells. *Nature Communications, 6*, 7497.
117. Saparov, B., & Mitzi, D. B. (2016). Organic–inorganic perovskites: Structural versatility for functional materials design. *Chemical Reviews, 116*(7), 4558–4596.
118. Saidaminov, M. I., Haque, M. A., Savoie, M., Abdelhady, A. L., Cho, N., Dursun, I., Buttner, U., Alarousu, E., Wu, T., & Bakr, O. M. (2016). Perovskite photodetectors operating in both narrowband and broadband regimes. *Advanced Materials, 28*(37), 8144–8149.
119. Xiao, Z. (2016). Thin-film semiconductor perspective of organometal trihalide perovskite materials for high-efficiency solar cells. *Materials Science and Engineering: R: Reports, 101*, 1–38.
120. Strainks, S. D., Eperon, G. E., Grancini, G., Menelaou, C., Alcocer, M. J. P., Leijtens, T., Herz, L. M., Petrozza, A., & Snaith, H. J. (2013). Electron-hole diffusion lengths exceeding 1 micrometer in an organometal trihalide perovskite absorber. *Science, 342*(6156), 341–344.

121. Brenner, T. M., Egger, D. A., Kronik, L., Hodes, G., & Cahen, D. (2016). Hybrid organic—Inorganic perovskites: Low-cost semiconductors with intriguing charge-transport properties. *Nature Reviews Materials, 1*, 15007.
122. Burschka, J., Pellet, N., Moon, S.-J., Humphry-Baker, R., Gao, P., Nazeeruddin, M. K., & Grätzel, M. (2013). Sequential deposition as a route to high-performance perovskite-sensitized solar cells. *Nature, 499*, 316–319.
123. Ahmadi, M., Wu, T., & Hu, B. (2017). A review on organic–inorganic halide perovskite photodetectors: Device engineering and fundamental physics. *Advanced Materials, 29*(41), 1605242.
124. Zhou, J., & Huang, J. (2017). Photodetectors based on organic–inorganic hybrid lead halide perovskites. *Advanced Materials, 5*(1), 1700256.
125. Wang, H., & Kim, D. H. (2017). Perovskite-based photodetectors: Materials and devices. *Chemistry Society Reviews, 46*, 5204–5236.
126. Wang, X., Li, M., Zhang, B., Wang, H., Zhao, Y., & Wang, B. (2018). Recent progress in organometal halide perovskite photodetectors. *Organic Electronics, 52*, 172–183.
127. Tian, W., Zhou, H., & Li, L. (2017). Hybrid organic–inorganic perovskite photodetectors. *Small, 13*(41), 1702107.
128. Dou, L., Yang, Y. M., You, J., Hong, Z., Chang, W.-H., Li, G., & Yang, Y. (2014). Solution-processed hybrid perovskite photodetectors with high detectivity. *Nature Communications, 5*, 5404.
129. Sutherland, B. R., Johnston, A. K., Ip, A. H., Xu, J., Adinolfi, V., Kanjanaboos, P., & Sargent, E. H. (2015). Sensitive, fast, and stable perovskite photodetectors exploiting interface engineering. *ACS Photonics, 2*(8), 1117–1123.
130. Lin, Q., Armin, A., Burn, P. L., & Meredith, P. (2015). Filterless narrowband visible photodetectors. *Nature Photonics, 9*, 687–694.
131. Hu, W., Huang, W., Yang, S., Wang, X., Jiang, Z., Zhu, X., Zhou, H., Liu, H., Zhang, Q., Zhuang, X., Yang, J., Kim, D. H., & Pan, A. (2017). High-performance flexible photodetectors based on high-quality perovskite thin films by a vapor–solution method. *Advanced Materials, 29*(43), 1703256.
132. Lee, W., Lee, J., Yun, H., Kim, J., Park, J., Choi, C., Kim, D. C., Seo, H., Lee, H., Yu, J. W., Lee, W. B., & Kim, D.-H. (2017). Perovskite thin films: High-resolution spin-on-patterning of perovskite thin films for a multiplexed image sensor array. *Advanced Materials, 29*(40), 1702902.
133. Wu, W., Wang, X., Han, X., Yang, Z., Gao, G., Zhang, Y., Hu, J., Tan, Y., Pan, A., & Pan, C. (2018). Flexible photodetector arrays based on patterned $CH_3NH_3PbI_{3-x}Cl_x$ perovskite film for real-time photosensing and imaging. *Advanced Materials, 31*(3), 1805913.
134. Lyashenko, D., Perez, A., & Zakhidov, A. (2016). High-resolution patterning of organohalide lead perovskite pixels for photodetectors using orthogonal photolithography. *Physica Status Solid A, 214*(1), 1600302.
135. Gu, L., Tavakoli, M. M., Zhang, D., Zhang, Q., Waleed, A., Xiao, Y., Tsui, K.-H., Lin, Y., Liao, L., Wang, J., & Fan, Z. (2016). 3D arrays of 1024-pixel image sensors based on lead halide perovskite nanowires. *Advanced Materials, 28*(44), 9713–9721.
136. Kim, M. S., Lee, G. J., Kim, H. M., & Song, Y. M. (2017). Parametric optimization of lateral NIPIN phototransistors for flexible image sensors. *Sensors, 17*(8), 1774:1–13.
137. Tomioka, K., Miyake, K., Misawa, K., Toyoda, K., Ishizaki, T., & Kimura, M. (2018). Photosensing circuit using thin-film transistors for retinal prosthesis. *Japanese Journal of Applied Physics, 57*, 1002B1.
138. Kimura, M., Miura, Y., Ogura, T., Ohno, S., Hachida, T., Nishizaki, Y., & Shima, T. (2010). Device characterization of p/i/n thin-film phototransistor for photosensor applications. *IEEE Electron Device Letters, 31*(9), 984–986.
139. Tsumura, A., Koezuka, H., & Ando, T. (1986). Macromolecular electronic device: Field-effect transistor with a polythiophene thin film. *Applied Physics Letters, 49*, 1210.
140. Horowitz, G., Fichou, D., Peng, X., Xu, Z., & Garnier, F. (1989). A field-effect transistor based on conjugated alpha-sexithienyl. *Solid State Communications, 72*(4), 381–384.

141. Horowitz, G. (2004). Organic thin film transistors: From theory to real devices. *Journal of Materials Research, 19*(7), 1946–1962.
142. Narayan, K. S., & Kumar, N. (2001). Light responsive polymer field-effect transistor. *Applied Physics Letters, 79*, 1891.
143. Meijer, E. J., Leeuw, D. M. D., Setayesh, S., Van Veenendaal, E., Huisman, B.-H., Blom, P. W. M., Hummelen, J. C., Scherf, U., & Klapwijk, T. M. (2003). Solution-processed ambipolar organic field-effect transistors and inverters. *Nature Materials, 2*, 678–682.
144. Ooi, Z.-E., Danielson, E., Liang, K., Lombardo, C., & Dodabalapur, A. (2014). Evaluating charge carrier mobility balance in organic bulk heterojunctions using lateral device structures. *Journal of Physical Chemistry C, 18*(32), 18299–18306.
145. Unni, K. N. N., Dabos-Seignon, S., Pandey, A. K., & Nunzi, J.-M. (2008). Influence of the polymer dielectric characteristics on the performance of pentacene organic field-effect transistors. *Solid-State Electronics, 52*(2), 179–181.
146. Pierre, A., Gaikwad, A., & Arias, A. C. (2017). Charge-integrating organic heterojunction phototransistors for wide-dynamic-range image sensors. *Nature Photonics, 11*, 193–199.
147. Hwang, I., Kim, J., Lee, M., Lee, M.-W., Kim, H.-J., Kwon, H.-I., Hwang, D. K., Kim, M., Yoon, H., Kim, Y.-H., & Park, S. K. (2017). Wide-spectral/dynamic-range skin-compatible phototransistors enabled by floated heterojunction structures with surface functionalized SWCNTs and amorphous oxide semiconductors. *Nanoscale, 9*, 16711–16721.
148. Li, F., Ma, C., Wang, H., Hu, W., Yu, W., Sheikh, A. D., & Wu, T. (2015). Ambipolar solution-processed hybrid perovskite phototransistors. *Nature Communications, 6*, 8238.
149. Cao, M., Zhang, Y., Yu, Y., & Yao, J. (2018). Improved perovskite phototransistor prepared using multi-step annealing method. In *Proceedings Volume 10529, Organic Photonic Materials and Devices XX; 105290I*.
150. Baeg, K.-J., Binda, M., Natali, D., Caironi, M., & Noh, Y.-Y. (2013). Organic light detectors: Photodiodes and phototransistors. *Advanced Materials, 25*(31), 4267–4295.
151. Qian, C., Qian, C., Sun, J., Kong, L.-A., Gou, G., Zhu, M., Yuan, Y., Huang, H., Gao, Y., & Yang, J. (2017). Organic phototransistors: High-performance organic heterojunction phototransistors based on highly ordered copper phthalocyanine/para-sexiphenyl thin films. *Advanced Functional Materials, 27*(6), 1604933.
152. Milvich, J., Zaki, T., Aghamohammadi, M., Rödel, R., Kraft, U., Klauk, H., & Burghartz, J. N. (2015). Flexible low-voltage organic phototransistors based on air-stable dinaphtho[2,3-b:2′,3′-f]thieno[3,2-b]thiophene (DNTT). *Organic Electronics, 20*, 63–68.
153. Hayter, C. S., Rasmussen, E., & Rooksby, J. H. (2018). Beyond formal university technology transfer: Innovative pathways for knowledge exchange. *The Journal of Technology Transfer*, 1–8.
154. Jessop, P. G., & Reyes, L. M. (2018). GreenCentre Canada: An experimental model for green chemistry commercialization. *Physical Sciences Reviews, 3*(6), 20170189.

第 2 章

移动机器人的仿生实时被动视觉

Piotr Skrzypczyński, Marta Rostkowska, Marek Wasik[①]

2.1 引言

我们正见证着机器人融入日常生活中,商用移动机器人的数量逐渐增加,移动机器人执行监视、清洁或帮助残疾人等任务。然而,只有这些机器人拥有令人满意的自主性时,才能可靠地感知环境中的物体和事件。同时,机器人必须价格合理且易于维护。因此,设计适合导航相关任务的传感器变得非常重要。

如今,相机作为小巧、价格实惠的外部感知传感器在机器人技术中广泛应用。被动视觉捕获大量数据,反映所观察场景的光度和几何特性,但需要相当大的计算能力,并且与所使用的传感器有关,存在许多限制。单目相机的视野有限,只能提供观察到的特征/地标的角度,但没有范围信息。立体装置上的摄像机可以测量未知场景中的深度,但其视野也受到限制。

然而,自然进化已经开发出了完全适合特定动物种类的环境和环境的视觉感知系统。其中有些令人难以置信,如飞虫的视觉[37]。这些昆虫有着广阔且复杂的视野,从而有效地降低了它们的嗅觉。类似地,一些移动机器人使用全方位摄像机,从单一视角观察周围的环境[33]。这种摄像机确保机器人在合理的时间内收集有关环境的必要知识。遗憾的是,利用全方位摄像机的数据计算

[①] P. Skrzypczyński, M. Rostkowska, M. Wasik
Institute of Control, Robotics, and Information Engineering, Poznań University of Technology, Poznań, Poland
e-mail:piotr.skrzypczynski@ put. poznan. pl ; marta. a. rostkowska@ doctorate. put. poznan. pl;
marek. s. wasik@ doctorate. put. poznan. pl

机器人或物体的位置并不容易。在更复杂的动物身上发展起来的视觉包括周边视觉和中心凹视觉。动物的大脑可以利用两个系统的线索对环境做出正确的解释。一般来说,这是可能的,因为眼睛注视着周围的视觉线索。然而,精确的距离感知需要中心凹分析,包括中心视觉。最终,需要两个或多个场景视图来生成未知对象的三维位置,因为动物具有双目视觉,所以可以实现这种效果。

根据最有效的生物视觉示例,我们决定在构建中结合全方位和周边/中心凹视觉机制。通过这种方式,我们提供了一个结合了两种摄像机类型优点的系统:360°视野和精确的环境数据(机器人和物体的位置)。我们创建了一个视觉传感器,该传感器通过组合一个向上看向曲面镜的摄像头和一个安装在曲面镜顶部的典型透视摄像头,从而具有混合视野(图2.1)。该传感器在文献[21]中首次出现,而障碍物检测算法是单独开发的,仅使用全向相机[36]。在本章中,我们统一介绍了与中心凹视觉相关的周边视觉部分,以及距离测量和障碍物检测算法。此外,还介绍了传感器的新版本,该传感器将透视摄像机安装在伺服装置上。由于这种设计,透视相机可以水平旋转,这使我们能够创建传感器的新功能。因此,我们描述了目标跟踪,这反过来使我们能够主动选择透视相机的视野,类似于自然的眼睛注视机制。传感器中的实时图像处理由Nvidia Jetson嵌入式计算机保证。

图2.1 带驱动中心视觉传感器的混合视野被动相机

第一个原型基于TK-1板[12,21],改进版本使用了更新的Jetson TX-1。Nvidia Jetson计算机节能、紧凑、功能强大,使我们的传感器成为一个独立的感知单元。这种设计适合小型、低成本和资源受限的移动机器人(图2.2)。

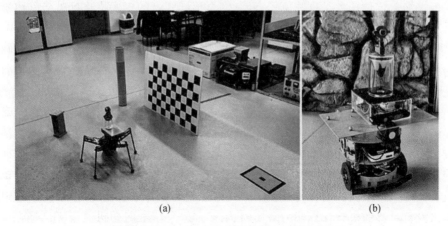

图 2.2 带有独立视觉传感器的移动机器人
(a)小型步行机器人的第一个原型;(b)轮式机器人的改进版。

2.2 相关工作

文献中给出了受自然启发的视觉感知系统的不同例子。文献[30]中介绍系统创建场景的全局描述,并计算移动机器人的粗略定位。然后,在提取图像局部特征的基础上对结果进行改进。这种方法从周边/中心凹视觉方案中获得灵感,但仍然依靠单个摄像头进行感知,并且不控制视野。文献[34]中介绍了一种不同的中心凹实例,一个主动视觉系统的拟人机器人,每只眼睛安装一个摄像机。这种设计确保了广阔的视野,观察对象始终保持在中心凹视觉区域。Santos Victor 等[24]描述了一种受昆虫视觉的启发,基于大视场和简单的光学信息处理的机器人导航系统。

20 年来,全向相机在各种应用中都很流行[38],主要用于相对简单的机器人导航[39]。最近,它们融入多相机系统中,例如,获得全向立体图像[23]。全方位和透视相结合的概念在足球机器人中得到了广泛的应用。在足球领域,赛场上可用定义良好的视觉标记[15],然而,这在其他应用领域中是不存在的。

此外,在中型联盟机器人足球[11]的背景下,分析了使用混合摄像机系统进行立体距离测量的问题。研究表明,如果摄像机校准不当,基于立体的物体位置计算通常会导致高度不确定的测量结果。因此,在文献[11]中提出了一种简单的目标定位方案,该方案结合了反射镜的方位信息和透视相机到已知目标(如足球中使用的球)的距离。在文献[20]中,我们提出了一个类似的系统,解决了小型移动机器人的实时定位任务。我们的系统使用位于物体上的二维码地标来简化定位任务。这些例子表明,完全不同视野的摄像机之间的合作可能有利于各种机器人任务。

在机器人文献中,只有少数作品解决了比典型足球机器人更紧密、更直接的方式集成全方位和透视摄像头的问题。Cagnoni 等[6]提出了一种混合全向针孔传感器,但他们只关注传感器描述和校准程序。支持移动机器人障碍物检测的系统如文献[1]所示。本章介绍的混合解决方案在概念上类似于文献[6]和文献[13]中讨论的设计,但与我们的系统相反,文献[6]和文献[13]中的解决方案需要对图像进行外部处理。这种方法几乎不可能对全方位图像进行实时处理。因此,这些传感器很难应用于需要对各种视觉刺激做出实时响应的移动机器人导航中。我们已将传感器的第一个原型用在一个小型腿部机器人,该机器人没有足够的机载计算能力来实时构建环境[36]。虽然全向摄像机已经在少数步行机器人上使用[19],但我们的应用表明,使用了带机载处理的视觉传感器会因此获得一些好处。尽管我们在最新会议论文[22]中已经描述了周边视觉软件的第一个版本,但本章不仅提供了更详细的描述,还介绍了基于粒子滤波的对象跟踪模块。该模块是传感器机载处理能力的一个很好的例子。

2.3 传感器的硬件

我们提出的新型被动视觉传感器由 3 个子系统组成。第一个子系统是承载其他组件并提供车载计算资源的单板计算机。第二部分是一个全方位子系统,由一个具有适当弯曲镜的向上摄像头组成。照相机和它的镜子由一个透明的管子组合在一起。最后一个子系统是由伺服旋转且带有 USB 接口的标准透视相机组成。我们已经制造了两个传感器原型,它们具有相同的总体设计,但所使用的组件有所不同。在两个传感器中,都使用了一个由铝合金加工而成的双曲面镜,然后手动抛光。镜子形状的选择应确保单有效视点成像几何体[2]。生成几何上正确的图像所必需的是利用该几何体,采集图像中的每个像素接收沿一个特定方向通过公共点的光。

这两种传感器的全向子系统都使用 Jetson 单板计算机专用的摄像头,并配备 CSI-2 MIPI 接口。在第一个原型中,它是 E-Con 制造的 E-Cam130 CUTK1,以 30 FPS 的帧速率生成 1920×1080 图像。第二个原型具有 Leopard Imaging LI-IMX274-MIPI-CS 相机,分辨率为 3864×2196 像素。在这两款相机中,分辨率和帧速率都可以通过软件进行更改,但我们选择了最适合应用的参数,并且在高分辨率、高帧速率和与可用软件的兼容性之间进行了权衡。

第一个和第二个原型中最不同的组件是透视相机子系统。在旧版本中,一个简单的网络摄像头用一个打印的塑料部件固定在镜子的顶部。在升级设计中,摄像头连接到 Robotis 的小型 MX12 – W 伺服系统[4]。因此,透视相机可以水平旋转。灵活的 USB 电缆可以覆盖整个 360°视野,但相机无法旋转 $n \times 360°$。该设计的第一个版本使用了分辨率为 1280×1024 像素的 Logitech 500 网络摄像头,而改进版则配备了更紧凑的 Microsoft Lifecam,分辨率为 1280×720 像素。

我们传感器设计最重要的一方面是使用现代单板计算机作为基础。第一个原型使用 Nvidia Jetson TK – 1 和 Tegra K1,其主要计算能力由具有计算统一设备体系结构(CUDA)支持的开普勒体系结构图形核心提供。Jetson TK – 1 在单精度模式下达到 300GFLOP/s。第二个版本基于最新的 Jetson TX – 1,它具有改进的 Maxwell 体系结构的 256 核 GPU。这些改进使 TX – 1 版本的计算能力达到约 1TFLOP/s。然而,标准 TX – 1 型号的一个缺点是占地面积增加,这需要增加整个传感器单元的尺寸。Jetson 板上的两种型号都为摄像头提供了 CSI – 2 MIPI 接口,允许在摄像头和 GPGPU 之间进行直接数据传输。但是,此接口仅用于全向相机,而透视摄像头通过典型的 USB 接口连接。

2.4 基础软件和校准

开发的传感器需要对其组件进行适当校准,以及对立体图像对参数进行校准,立体图像对是由透视相机和由软件从全向图像创建的虚拟相机组成。所有外部参数(旋转和平移)均根据折反射相机的坐标系进行估计,该坐标系被视为整个传感器的参考系。

由于全向图像的几何畸变,混合系统的标定比标准立体视觉系统更加复杂。在从全向部件获取的图像中提取度量信息之前,必须去除几何失真。文献[6]中描述了立体图像对的校准,其中一个摄像头是透视的,另一个是全向的。在这种方法中,两个摄像机在已知相对位置的几个平行表面上观察校准模式。这种假设是该方法的一个缺点,因为它使实现变得复杂,并且容易由于校准面位置不准确而产生误差。因此,我们决定在现有开源校准工具的基础上使用一种更简单的方法,这些工具在视觉研究中有很好的文档记录和使用。该方法首先对全向相机和透视相机进行独立标定,并从全向图像中定义虚拟相机视图。然后,在不同的位置和角度向两个摄像机(透视和虚拟)显示校准模式。当采集到所需数量的图像时,这两个摄像头将作为标准立体图像对进行校准。

子系统和立体图像对的校准程序高度自动化,除了简单的 63 场棋盘模式外,不涉及任何外部设备。我们在所有校准程序中使用了相同的模式,并使用了相同大小的校准数据库(20 幅图像)。

2.4.1 子系统的校准

使用流行的 Matlab 工具箱[5]或 OpenCV 库程序[16]可以完成透视相机的校准。相比之下,全方位视觉系统的已知校准方法通常特定于摄像机类型[3],或者需要精确的镜面几何规格和执行校准程序的附加设备[10]。在文献中已知的全向相机校准方法中,Scaramuzza 等[26]提出的方法似乎是最普遍和实用的方法,因为它只使用标准棋盘图案,并且不采用任何特定的镜子或相机类型。该方法在 OCamCalib 工具箱中实现,我们已将其用于所介绍的传感器。

校准过程首先确定透视相机的模型。采用五系数畸变模型,描述图像的径向和切向畸变。透视摄影机矩阵的计算公式如下:

$$K_p = \begin{bmatrix} f_{c_1} & a_c f_{c_1} & c_{c_1} \\ 0 & f_{c_2} & c_{c_2} \\ 0 & 0 & 1 \end{bmatrix} \quad (2.1)$$

式中:f_{c_1} 为水平焦距;f_{c_2} 为垂直焦距;c_{c_1} 和 c_{c_2} 定义图像中心;a_c 为像素倾斜系数。

如前所述,使用 Scaramuzza[25]提出的方法和相机模型校准全向相机。几何模型如图 2.3 所示,由以下公式表示:

$$\begin{bmatrix} x \\ y \\ z \end{bmatrix} = \begin{bmatrix} u \\ v \\ f(u,v) \end{bmatrix} - \begin{bmatrix} u \\ v \\ f(\rho) \end{bmatrix} \quad (2.2)$$

式中:u 和 v 表示 3D 点 p 到完美(即未失真)图像的投影,该点在镜面上的 x、y 和 z 是图像坐标,而 ρ 表示投影点 p' 和未失真图像中心之间的距离。

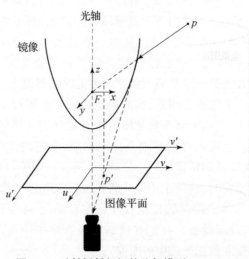

图 2.3 反射折射相机的几何模型

为了求解 Scaramuzza 方程并定义摄像机模型,需要计算 $z=f(\rho)$,定义为四阶多项式 $z=a_0+a_1\rho+a_2\rho^2+a_3\rho^3+a_4\rho^4$。为了得到最优解,迭代计算系数并观察重投影误差。我们使用文献[26]中描述的实验程序。在准备校准数据时,通过棋盘图案覆盖摄像机的整个视野非常重要,因为校准数据还用于补偿镜子和摄像机中心之间存在的任何偏差。校准过程分为两个阶段。首先,计算全向图像的中心 $o_c=[u_c,v_c]^T$ 和仿射矩阵 $A_{(2\times2)}$;然后,仿射矩阵 $A_{(2\times2)}$ 确定理想图像的 (u,v) 坐标与实际图像坐标 (u',v') 之间的关系;最后,应用迭代 Levenberg – Marquardt 非线性优化技术对校准结果进行优化。

2.4.2 全景图像

通常情况下,从折反射照相机拍摄的照片中看到的环境视图是高度失真的。虽然可以使用原始全向图像检测、粗略定位或跟踪对象,但无法计算这些对象或点特征的准确位置。对于精确距离和几何关系的计算,校正(即几何校正)360°全景图像是必要的。有了这样的图像,传感器不仅可以检测障碍物,还可以在广阔的视野中测量到物体的精确距离。

Scaramuzza[25]提出了一种基于几何逆投影和折反射相机校准模型的简单图像校正方法。根据图像的几何结构和尺寸(图2.4),计算全向图像像素坐标 (u,v):

$$u=\frac{2\pi v_p R_{\max}}{h}\cos\left(\frac{2\pi u_p}{w}\right), \quad v=\frac{2\pi v_p R_{\max}}{h}\sin\left(\frac{2\pi u_p}{w}\right) \quad (2.3)$$

式中:h 是全景的高度;w 是全景的宽度;$R_{\max}$ 表示全向图像外圆的半径;(u_p,v_p) 是重建的全景图像的各个像素。

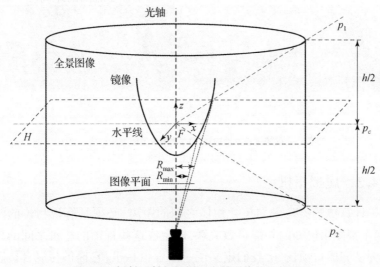

图 2.4 折射反射相机周围全景图像的几何测量

然而,式(2.3)不考虑折射反射照相机的校准参数。因为全景图像与透视相机图像的视野不兼容。为了实现这种兼容性,我们的校正算法必须定位全景图像的水平线(图2.4中的p_c点)。正确定位的水平线应与曲面镜的光学中心位于同一标高上。实际上,这意味着从全景图像的中心行获取的像素应该具有零Z坐标。半直线p_1和p_2分别穿过圆柱体的上沿和下沿。为了进行进一步处理,特别是为了创建立体对,圆柱体的高度h(以像素为单位)等于透视相机图像的高度分辨率这一点非常重要。接下来,全景图柱面上的所有像素(即它们的坐标)被重新投影回未失真的全向图像。为了实现这一点,使用了式(2.2)中提出的一种基于逆映射的方法。全景图像创建校正过程的最后一步是通过公式计算全向图像中的像素坐标:

$$u = \rho_v(v_p)\cos\left(\frac{2\pi u_p}{w}\right), \quad v = \rho_v(v_p)\sin\left(\frac{2\pi u_p}{w}\right) \tag{2.4}$$

式中:$\rho_v = f(v_p)$表示点的投影与全向图像中心之间的距离。对于全景图的每一行,分别计算此参数。在$R_{\min}$和$R_{\max}$之间的范围内考虑坐标u和v。最小半径$R_{\min}$由全向图像中的盲区确定。

正确的图像校正是一个耗时的过程。因此,为了实时完成所有计算,将使用Jetson平台上CUDA支持的OPenCV函数remap( )。在这个并行版本中,全景图像的重建只需要0.85ms。全景图像重建的示例结果如图2.5所示。与简单方法(图2.5(a))不同的是,考虑系统校准参数和正确水平线位置(图2.5(b))构建的图像看起来更自然,并且图像中看到的特定物体高度之间的关系得到保留。

图2.5 校正全景图像
(a)仅使用逆投影构建;(b)使用改进的方法构建。

2.4.3 虚拟相机

为了计算传感器与未知尺寸物体之间的距离,必须具有该物体的两个视图,这两个视图由已知的外部参数关联,即生成这些视图的相机之间的旋转和平移。为了完成这项任务,我们定义了一个虚拟相机,它提供与混合传感器的实际透视相机相似的视野。虚拟相机的坐标系原点位于曲面镜的光学中心(图

2.6)。焦距和分辨率的选择是有目的的,以产生与透视图像几何相似的图像。与文献[13]中的想法类似,我们的虚拟相机图像直接从实时构建的全景图像中定义,这使得计算速度大大加快。我们利用传感器中实时重建的全景图像,在360°视场中轻松获得类似透视的场景视图。因此,我们只需要从全景图中创建一个几何上与实际透视图相符的虚拟图像。虚拟图像是通过将光线从曲面镜的中心投影到柱面来创建的。该光线确定全景图像上由虚拟相机(与物理相机兼容)的请求分辨率定义的区域。在全景图像上定义的来自适当相机的像素被作为虚拟相机图像中像素的表示。

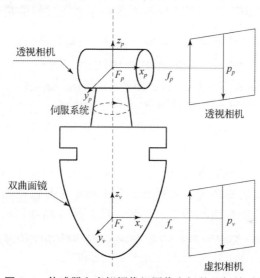

图 2.6 传感器和虚拟摄像机图像之间的几何关系

虚拟相机的校准程序与我们用于物理透视相机的校准程序相同。我们使用相同的工具箱[5]来获取摄像机矩阵 K_v。

2.4.4 子系统之间的校准

为了了解立体距离测量所需的两个子系统之间的几何关系,我们在透视图和虚拟相机之间执行外部校准。结果是立体图像对的外部参数。我们将透视相机和虚拟相机视为一对立体相机,不像文献[6]中的透视相机和全向相机一起校准。我们的方法避免使用任何特殊校准设备,并允许使用标准校准软件。因此,在定义了虚拟相机之后,我们假设有一对相机,它们根据其固有参数进行了适当校准,并且已经计算了 K_p、K_v 矩阵和失真模型。校准的下一步是计算立体图像对的外部参数。为此,我们再次使用相机校准工具箱[5]。我们拍摄了一系列新的图像,其中包含了在两台相机的公共视野内的许多不同位置看到的棋盘图案。透视图和虚拟相机之间的坐标系变换是从校准模式的对应点计算出来的。这种关系由旋转矩阵 $\boldsymbol{R}_{s(3\times3)}$ 和平移向量 $\boldsymbol{t}_s=[t_x,t_y,t_z]^T$ 描述。混合视觉传感器校准的最后一步是计算基本矩阵[9]。基本矩阵通过两个相机的图像之间的旋转和平移计算得出：

$$E = R_s \begin{bmatrix} 0 & -t_z & t_y \\ t_z & 0 & -t_x \\ -t_y & t_x & 0 \end{bmatrix} \tag{2.5}$$

2.5 混合传感器中的周边视觉

独立被动视觉传感器的概念来源于观察，一些移动机器人(如小型步行机)无法为感知和环境建模任务分配足够的计算能力。因此，他们可能会从传感器中受益，该传感器为机器人提供预处理的导航提示，如障碍物的位置或碰撞自由运动的方向。本章中描述的软件将多方向相机的原始帧转换为几何正确的全景和虚拟相机图像，但不直接支持导航。因此，本节描述了如何使用全方位图像支持机器人选定的导航相关功能，为机器提供了动物周边视觉的粗略类比。我们的周边视觉使机器人能够检测障碍物和移动物体，跟踪物体，并将透视相机聚焦在选定的物体上。最后一个功能演示了我们的混合传感器中周边和中心视觉功能之间的协作带来的好处。虽然这些函数背后的算法通常很简单，但我们使用它们来证明我们的传感器是实现各种图像处理算法的有效平台，这些算法也从 GPGPU 上的并行处理中受益匪浅。

2.5.1 目标检测

快速检测环境中发生的变化对动物至关重要，因为这与动物的捕食行为或躲避其他捕食者和各种自然灾害的能力有关。移动机器人还可以从快速检测观察到的场景变化的能力中获益。因此，在我们的传感器中实现的主要周边视觉功能是在全方位图像中检测运动物体。使用背景减法库(BGSLibrary)[32] 从背景中实时分割运动对象。该功能支持人机交互(如检测接近机器人的人)、监控应用和多机器人系统，其中需要快速检测障碍物和其他机器人[14,28]。BGSLibrary 提供了一个与 OpenCV 集成的易于使用的软件框架。如果相机在获取一对图像时处于静止状态，则可以从背景中区分运动物体。该库包含支持不同任务(如视频分析)的若干算法的实现。从这些算法中，我们选择了两种计算复杂度相对较低的技术，即 FrameDifferenceBGS 和 SigmaDeltaBGS。

FrameDifferenceBGS 非常简单，因为它只将查询图像与前一时间实例中获取的图像进行比较，然后通过标记颜色差异大于给定阈值的区域来提取移动对象。SigmaDeltaBGS 算法是一种更复杂、更容易估计观测背景参数的算法,该背景被假定为近似均匀的(如平坦的地板)。该算法产生的伪影比简单的帧差少,但计算要求稍高。默认情况下,BGSLibrary 在 CPU 上运行,与 CUDA 不兼容,因此无法从 GPGPU 中获益。因为在机器人应用程序中,实时处理是必需的,所以我们采用了使用过的 BGSLibrary 算法,以使用 CUDA 支持的 OpenCV 版本。最终,我们能够利用 Jetson 平台上现成的 GPGPU。

2.5.2 目标跟踪

通过我们的变化检测功能从背景中提取的一些运动对象可能更加重要,并且可以跟踪更长的时间,如确定它们的速度和轨迹。为了跟踪一个物体,传感器必须确定它的一些感知特性,使这个物体与其他物体区分开来。颜色是最简单的、易于区分的属性。文献[22]中介绍了在混合视场传感器上实现这一概念的方法。为了提高速度,在色调饱和度值(HSV)颜色空间中应用阈值,在原始全向图像上检测具有特定用户定义颜色的对象。然后,将定义颜色区域的位置转换为极坐标系,原点位于移动摄影机伺服的旋转中心。这将为透视摄影机提供其参考角度,该角度与摄影机伺服的当前旋转角度进行比较。计算出的旋转角度是使相机在最短时间内到达目标航向的角度。

由于简单的跟踪过程只能应用于鲜艳的物体,其在移动机器人上的实际应用受到限制。因此,我们在混合视场传感器上实现了一个更先进的跟踪器,采用光流和粒子滤波器进行跟踪。此功能可以跟踪以前未知的任意形状和颜色的对象,只要它们以合理的速度移动,并在视觉上从背景中脱颖而出(图 2.7)。新的跟踪器是基于文献[29]中提出的算法,并进行了一些改进。光流计算采用了 Farnebäck 算法[7]的并行化版本,该算法可快速生成一个向量场,其中检测到的像素速度向量在两个连续帧之间移动。然后,在目标对象周围初始化一个 60 个粒子的过滤器,该过滤器必须由用户使用边界框进行设计。

(a) (b)

图 2.7 简单的、基于颜色的对象跟踪(见彩插)

(a)在原始图像中检测到的对象(红色桶);(b)聚焦该对象位置后拍摄的透视相机图像。

与原始算法[29]一样,粒子是在极坐标中描述的,极坐标是全向图像的自然坐标。重量粒子的计算考虑了粒子的水平向量之间的差异粒子(即粒子所在的图像像素)和水平向量从上一次迭代中已知的目标。此外,相似性在计算颜色时,考虑了HSV颜色模型的色调分量重量。重采样步骤从加权粒子中绘制一组新粒子,有利于重量较高的粒子,以取代重量最低的粒子。结果说明,过滤器在几次迭代中收敛,最佳粒子跟踪移动目标。

2.5.3 避障

避障是每个移动机器人的基本功能。当机器人试图朝给定目标移动时,必须检测到任何可能构成危险的物体。障碍物可以通过距离传感器或视觉传感器检测到,但如果机器人在没有障碍物的情况下感知到其身体周围的物体,则回避任务将变得更加有效。因此,传感器摄像头的单向部分提供的外围设备非常适合实时指示机器人周围障碍物的存在。这一概念已经在一个紧凑、低成本的腿部机器人[36]上实现,该机器人配备了我们视觉传感器的第一个原型。

障碍物检测和回避方法的灵感来源于流行的向量场直方图(VFH)算法[35]。该算法可直接用于测量机器人与周围物体之间距离的传感器,如声呐或2D激光扫描仪。基于此数据,将创建本地环境的本地地图。然而,我们的算法版本只使用来自混合传感器全向部分的数据。所有的计算都应该实时进行,这样机器人才能完成避障任务。

通过背景清除,可在全景图上实时识别潜在的障碍物。接下来,直接从这些图像计算到它们的大致距离,以创建周围环境的占用栅格表示。在全景图中,距离传感器较近的对象位于图像的下部,而上部则描绘较远的对象,所以上述情景完全有可能实现。

同样,由于速度要求,全景图像的构建方式与一般情况略有不同(见2.4.2节)。也就是说,使用颜色信息从原始全向图片(图2.8(a))中去除背景信息,并且只有这些表示障碍物的像素被转移到全景图中。在HSV颜色空间中使用已定义的颜色是一个非常快速的背景移除方法,并且不需要对机器人的自我运动进行很好的估计,而这在腿式机器人中是不可用的。在缺点方面,我们必须假设背景具有近似均匀的外观。尽管将这个函数与BGSLibrary函数相结合是可能的,但我们发现,这种简单的方法在室内运行良好,而使用CUDA进行并行化要快得多,也更容易。在腿式机器人上,可以显示身体或机器摆动腿的区域在全向图像上直接用适当的形状遮盖机器的表面[36]。然后,可以将具有遮罩背景的全向图像和被视为近距离物体的机器人元素进行二值化并转换为全景图像(图2.8(d))。

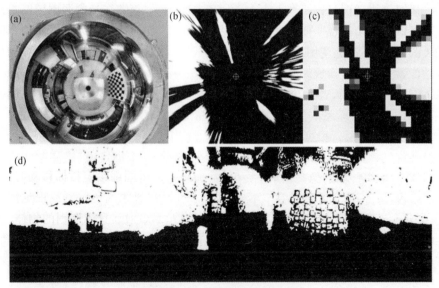

图 2.8　从全向图像构建占用网格

(a)原始图像;(b)投影到水平 2D 图像的数据;(c)最终占用网格;(d)过滤后的二值全景图像。

为了消除小的孤立像素斑点,对二元全景进行侵蚀处理,然后进行膨胀形态学算子。下一步是用准备好的图像信息填充环境的 2D 本地占用网格。在图片中,障碍物标记为白色区域,自由区域标记为黑色。用于查找网格中单元占用信息的全景图像坐标定义为

$$\begin{bmatrix} x_p \\ y_p \end{bmatrix} = \begin{bmatrix} \dfrac{\alpha \omega_{pan}}{360°} \\ x_{pan0} - g_{pan}\gamma \end{bmatrix} \quad (2.6)$$

式中:w_{pan} 为全景图像的宽度(像素);g_{pan} 为全景图像的垂直分辨率(像素/(°));x_{pan0} 定义了地平线的高程(图 2.9(a))。角度 α 和 γ 由公式给出:

$$\alpha = \arctan\left(\dfrac{x_{map}}{y_{map}}\right), \quad \gamma = \arctan\left(\dfrac{h_{camera}}{\sqrt{x_{map}^2 + y_{map}^2}}\right) \quad (2.7)$$

式中:x_{map} 和 y_{map} 是占用网格的坐标;h_{camera} 是从地板测量的传感器中心的高程。这个参数由机器人的控制器产生,因为在有腿机器中,它取决于腿的配置(图 2.9(b))。

图 2.9　(a)步行机器人的传感器配置和(b)全景图像数据投影到 2D 局部环境中的表达

局部栅格地图是以机器人为中心的环境表示,它累积了从准备好的全景图像中提取的占用信息。使用这种中间表示可以在短时间窗口内积累与障碍物相关的信息,并避免使用高度不确定的数据计算控制命令的必要性。代表障碍物的像素坐标被转换成瞬时和局部水平图像———一种简单地图的形式(图2.8(b))。然后,利用障碍物坐标更新以机器人为中心的占用网格。占用网格附着在视觉传感器坐标系的原点,其尺寸为5m×5m,每个小格的尺寸为0.2m×0.2m(图2.8(c))。根据原始VFH的思想,每当代表占用区域(即障碍物)的像素被转移到该特定单元时,我们将单元占用率增加一个固定值(在实验中应用了值3)。如果传输的像素表示空白区域,则单元占用率将减少较小的值(使用值1)。但是,占用计数器对每个单元格都有界:它不能超过25或降到零以下。然后,将一维极性组织图构建在等库曼网格上,恰好就像原来的VFH一样。该柱状图也附着在传感器坐标系的原点(与机器人的中心重合),从而可以选择避开所有障碍物的转向方向,但该方向最接近目标方向。

2.6 混合式传感器中的中心视觉

动物和人类的中心视觉主要为了满足与环境中特定物体的精确交互的需要,如抓取物体。然而,我们的传感器专用于移动机器人,而中心视觉主要用于导航任务,如基于地标的定位[20]。因此,主要功能是精确测量到选定对象的距离。

距离的测量采用非正统立体视觉设置,其中立体图像对中的一幅图像由指向所选对象的透视相机生成,而另一幅图像由虚拟相机从全向图像合成。假设两个相机都根据固有参数进行校准,我们需要通过外部校准将透视相机坐标与虚拟相机的坐标系联系起来,如2.4.4节所述,已知外部参数后,我们计算立体图像对中两个相机的投影矩阵。虚拟相机的投影矩阵减少到 $P_v = K_v[I|0]$,因为我们假设该相机的坐标系附着在立体图像对坐标帧的原点。然后,计算透视相机的投影矩阵。该矩阵说明了两个相机之间的旋转和平移: $P_p = K_p[R_s|t_s]$。3D 场景中的一个点 p 通过投影矩阵与其对应方 p'_v 和 p'_p 关联,分别为从虚拟相机和透视摄像机获得2D图像,即

$$p'_v = P_v p, \quad p'_p = P_p p \tag{2.8}$$

因此,我们可以从两台摄像机的未失真图像上的投影重建点的三维位置,使用最佳三角测量方法[8]完成立体距离计算,该方法在我们的传感器的Jetson板上实时运行。选择这种方法主要是因为它的计算速度优势和简单的实现,也有更先进的方法,如G基于神经网络[18]。我们的传感器中的GPGPU在未来也可能实现这种方法。

在立体计算之前,我们必须确定匹配点特征。这些特征位于两个摄影机的图像上,但它们在 3D 中表示相同的点。计算机视觉文献列出了在立体视觉中确定点对应关系的许多方法[9]。考虑到虚拟相机产生的图像分辨率相对较低,因为它们只被采样到与透视相机兼容的分辨率,所以我们使用点描述符来找到相应的特征。描述符向量捕捉每个特征的局部邻域的外观。它们通常用于匹配机器人导航中的点特征,其特点是在计算效率和计算功率要求之间进行权衡[27]。我们使用 SIFT、SURF 或 ORB 检测器/描述符对实现了 3 种可选的特征匹配过程。使用稀疏点特征会产生"稀疏"的立体信息,因为位置仅针对一定数量的特征进行计算。对于大多数本机使用稀疏特征映射的导航算法来说,这也在计算误差范围内[31]。

在两幅图像中检测点特征,然后使用其中一个检测器/描述符对进行描述。特征点的坐标是不失真和标准化的。然后,我们尝试匹配两幅图像中的点,最小化与这些点相关的描述符向量之间的距离(在 SIFT 和 SURF 的情况下为欧几里得距离,在 ORB 的情况下为汉明距离)。建立初始关联后,计算对称重投影误差:

$$e_{\text{rep}} = \max\{d(e_j,(u_i^v,v_i^v)), d(e_i,(u_j^p,v_j^p))\} \tag{2.9}$$

式中:u_i^v 和 v_i^v 表示第 i 个点 p_v' 的归一化坐标;u_j^p 和 v_j^p 表示第 j 个点 p_p' 坐标;$d(x,y)$ 表示点 y 到线 x 的欧几里得距离;e_i、e_j 表示极线,由基本矩阵式(2.5)计算得出:

$$\begin{aligned}[e_{i_x}, e_{i_y}, e_{i_z}]^T &= \boldsymbol{E}[(u_i^v, v_i^v, 1)]^T \\ [e_{j_x}, e_{j_y}, e_{j_z}] &= [(u_j^p, v_j^p, 1)]\boldsymbol{E}\end{aligned} \tag{2.10}$$

如果重投影误差 e_{rep}(式(2.9))小于一个固定的阈值,匹配就会被接受。然后,配对特征用于计算 3D 场景中的距离。

2.7 实验结果

2.7.1 周边视觉

周边视觉功能已在避障、动态物体检测、特定颜色和任意形状/颜色物体跟踪等任务中进行了测试。其中一些实验记录在附带的视频材料中。

基于 Jetson TK-1 板的更紧凑型传感器在腿部机器人上进行了测试。机器人在平坦的地板上行走,避免了不同类型的障碍物,包括特制的纸板盒和管子,以及普通的实验室设备。实验过程中,机器人中心的栅格地图更新序列如

图 2.10 所示,图中显示了操作员定义的目标方向。图 2.10 通过蓝色箭头,绿色箭头表示从 VFH 算法获得的转向方向,极坐标直方图中用于检测障碍物的距离用红色圆圈表示。由于在 Jetson 的 GPGPU 上使用了并行处理,该算法的处理速度得到了显著提高。也就是说,如果在 Jetson 的 KT-1 CPU 上实现了将检测到的障碍物从全景图像投影到以机器人为中心的地图,则此操作需要 3min。对于单个图像为 3.01ms,但是使用开普勒 GPGPU 的 CUDA 实现只需要 0.45ms 的相同操作。

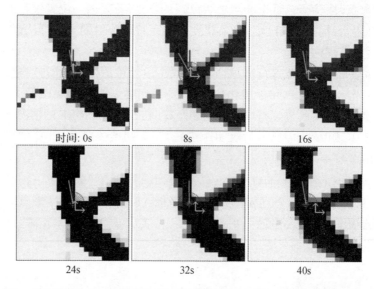

图 2.10 在传感器中生成的栅格地图,同时计算到目标的一系列转向方向(见彩插)

此外,在 Jetson TK-1 型传感器上测试了通过背景识别对运动物体的实时检测。Jetson TK-1 CPU 上实现的 FrameDifferenceBGS 算法每帧需要 19.8ms。这足以检测缓慢移动的对象,然而,嵌入式 Jetson 平台在这项任务中比台式计算机(i7 为 2.3GHz 的 PC)慢得多,台式计算机只需 8.5ms/帧。缺点是:当使用 CUDA 重新实现 FrameDifferenceBGS 算法并在 Jetson 的 GPGPU 上运行时,执行时间仅略有减少,降至 13.7ms。这一结果的原因是:与相对简单的计算相比,所考虑的算法中包含了大量的数据传输操作。此类任务从并行处理架构中获益不多。对于更复杂的 SigmaDeltaBGS 算法,Jetson TK-1 实现与其台式机 PC 版本之间的处理速度差异较小——分别需要 239.6ms 和 198.7ms 来处理单帧。但是,在该算法中,数据传输仅占操作的一小部分。图 2.11 显示了 SigmaDeltaBGS 算法检测到的人和玩具车的示例图像。请注意,存在很少的离群值(图 2.11(b))。

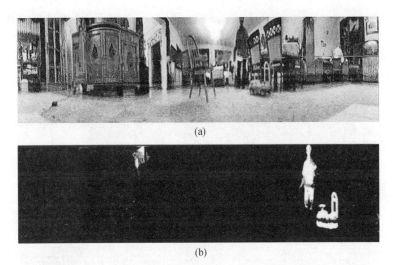

图 2.11 通过 SigmaDeltaBGS 方法从背景中分割出的动态对象(见彩插)
(a)全景图像;(b)白色像素表示的检测对象,橙色矩形圈出一些错误识别的像素。

在几个对象上进行了跟踪测试,包括简单的球、玩具和传感器周围的人[17]。图 2.12(a)演示了粒子过滤器的行为:从计算的光流场(左)到会聚粒子(显示为粉红色矩形)。跟踪形状和颜色复杂的物体的能力如图 2.12(b)所示,过滤器跟踪玩具长颈鹿(用绳子拉)。通过在 GPGPU 上并行实现光流和粒子过滤器,可实现实时性能。

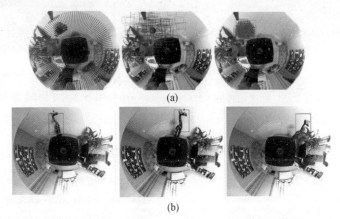

图 2.12 (a)粒子过滤器跟踪球和(b)边界框表示的玩具的跟踪位置(见彩插)

2.7.2 中心视觉

为了评估主要的中心视觉功能,即基于立体的距离测量,我们在类似家庭的环境中进行了一系列实验。

首先,确定了距离测量的精度。然后,我们对基于描述符的特性匹配进行了扩展测试,以确定哪个检测器/描述符符合传感器的要求。我们设置了4个简单的场景,将家具和其他常见物品(盒子、枕头)收集成2~3组(图2.13)。场景对象和传感器之间的地面真值距离使用米尺测量,假设坐标原点位于曲面镜的中心。

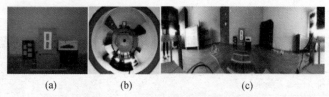

图2.13　一个场景中的不同图像

(a)透视相机图像;(b)全向相机图像;(c)全景图像。

首先,我们使用SIFT检测器/描述符对(图2.14(a))评估距离测量,因为如果实时性能不受关注,SIFT被认为是点特征描述符的"黄金标准"[20]。我们测量了在观察对象上检测到的许多特征的距离(图2.14(b))。场景中对象的前垂直曲面都很平坦。因此,我们对出现在特定垂直表面上的所有特征的距离测量取平均值,以产生图2.15所示的定量结果。

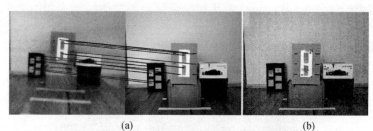

图2.14　同一场景中的稀疏立体

(a)关联的SIFT特征;(b)场景中的3D特征点。

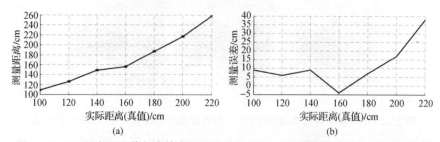

图2.15　(a)距离测量值与真值之间的相关性和(b)真值与测量误差之间的相关性

从这些图可以很容易地推断出距离测量误差取决于到被观测物体的距离。还可以看到,这些误差在测量距离的中间范围内变得最小。该结果与全景图像中插值误差最小的范围一致。显然,正确匹配的数量取决于到对象的距离。在

图 2.13 描绘的场景中,正确匹配的 SIFT 特征的数量从 5 到 17 不等。在距离中间物体 1.8m 处观察到最大数量的正确匹配。在 1.6~1.8m 的测量距离中,匹配次数最多。这与最小距离误差范围一致。对于距离较远的物体,检测到的特征数量通常更高。

表 2.1 显示了 SIFT、SURF 和 ORB 检测器/描述符对、4 个不同场景和 3 个代表性测量距离的正确匹配特征数。图 2.16 中显示了示例匹配距离 1.4m 的第三幕。

表 2.1　正确匹配次数测量稀疏立体中检测器/描述符对的性能

检测器/描述符	场景 1	场景 2	场景 3	场景 4
SIFT 1.2m	5	22	19	33
SURF 1.2m	7	10	13	9
ORB 1.2m	3	0	0	3
SIFT 1.6m	15	36	25	36
SURF 1.6m	14	21	51	25
ORB 1.6m	2	3	4	4
SIFT 2.0m	16	10	24	14
SURF 2.0m	40	18	8	3
ORB 2.0m	2	4	1	2

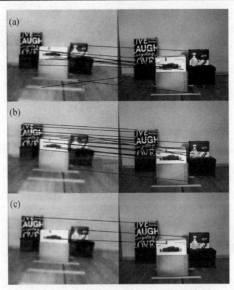

图 2.16　3 个场景中使用的关联特征
(a)SIFT;(b)SURF;(c)ORB。

在相同的实验中,评估了处理一对图像(透视图像和虚拟图像)和计算距离所需的时间。测量的时间(以秒为单位)包括虚拟图像的创建、点特征检测、描述和匹配以及三角测量,但不包括全景图像的重建。处理时间如表2.2所列,在Cortex – A15 CPU上对所有检测器/描述符对进行测量。对于SURF和ORB特性,其OpenCV实现支持CUDA,时间t_g和表2.2中的LSO,在GPGPU上进行测量。只有使用GPGPU,传感器才能实时完成中心视觉过程。处理时间主要取决于检测器/描述符类型,但匹配时间也取决于检测到的特征数量。

表2.2 基于Jetson TK – 1 CPU和GPGPU的立体距离测量的总处理时间

检测器/描述符	场景1		场景2		场景3		场景4	
	t_c	t_g	t_c	t_g	t_c	t_g	t_c	t_g
SIFT 1.2m	7.94	—	7.90	—	7.92	—	7.65	—
SURF 1.2m	5.70	0.44	2.51	0.22	2.72	0.21	2.99	0.23
ORB 1.2m	2.75	0.11	0.59	0.02	1.02	0.04	1.00	0.04
SIFT 1.6m	7.64	—	7.79	—	7.62	—	7.52	—
SURF 1.6m	2.22	0.17	2.86	0.22	2.45	0.19	2.46	0.19
ORB 1.6m	1.75	0.07	1.50	0.06	1.27	0.05	1.23	0.04
SIFT 2.0m	768	—	7.54	—	7.54	—	7.54	—
SURF 2.0m	2.34	0.18	2.35	0.18	2.61	0.20	2.33	0.18
ORB 2.0m	1.72	0.07	1.25	0.05	1.05	0.04	1.29	0.05

2.8 结论

本章介绍了由昆虫和动物的视觉系统中获得灵感而研发的一种独立、被动的混合视场视觉传感器。这种传感器依托于一台最新的具有足够的计算能力单板计算机,以支持机器人导航的各种图像处理算法。此外,传感器的高计算能力及其开源软件体系结构,利用通用的CUDA和OpenCV库,使得实现当前任务所需的新功能成为可能。

集成全向相机和透视相机的传感器概念并不特别新颖,但我们加入了新的想法。

(1)在昆虫特有的大视场上实现外围和中心视觉概念选定功能的软件。

(2)在低功耗嵌入式视觉系统中使用GPGPU进行实时图像处理。

（3）简单而高效的混合视场系统标定方法。

此外，本章还对算法进行了改进，并对结果进行了大量的实验评估。例如，全景图像的重建得到了改进，以确保这些图像与透视相机图像之间更好的兼容性。在实验的基础上，我们选择了 SURF 检测器/描述子对作为混合视场传感器中的稀疏立体视觉函数。CUDA 支持下的高效 PencVim 实施可确保在 Jetson 平台上实时使用 SURF。

致谢：我们要感谢 Nvidia 在学术 GPU 资助计划中捐赠 Jetson TX–1 主板。此外，非常感谢在移动机器人实验室攻读学位的学生的参与，他们协助实验并准备视频材料。

参考文献

1. Adorni, G., Bolognini, L., Cagnoni, S., & Mordonini, M. (2001). *A non-traditional omnidirectional vision system with stereo capabilities for autonomous robots, AIIA 2001: Advances in artificial intelligence*. LNCS (Vol. 2175, pp. 344–355). Berlin: Springer.
2. Baker, S., & Nayar, S. K. (1999). A theory of single-viewpoint catadioptric image formation. *International Journal of Computer Vision, 35*(2), 175–196.
3. Bakstein, H., & Pajdla, T. (2002). Panoramic mosaicing with a 180 field of view lens. In Proceeding of IEEE Workshop on Omnidirectional Vision (pp. 60–67).
4. Biadala, A., & Czukin, G. (2017). *A hybrid vision system with active field of view selection*. Engineer's degree Thesis, Poznań: Poznań University of Technology (in Polish).
5. Bouguet, J.-Y. *Camera calibration toolbox for Matlab*. http://www.vision.caltech.edu/bouguetj/calib_doc/
6. Cagnoni, S., Mordonini, M., & Mussi, L. (2007). Hybrid stereo sensor with omnidirectional vision capabilities: Overview and calibration procedures. In Proceeding International Conference on Image Analysis and Processing, Modena (pp. 99–104).
7. Farnebäck, G. (2003). Two-frame motion estimation based on polynomial expansion. In J. Bigun & T. Gustavsson (Eds.) *Image analysis, SCIA 2003*. LNCS (Vol. 2749, pp. 363–370). Heidelberg: Springer.
8. Hartley, R. I., & Sturm, P. (1995). *Triangulation, computer analysis of images and patterns*. LNCS (vol. 970, pp. 190–197). Heidelberg: Springer.
9. Hartley, R. I., & Zisserman, A. (2004). *Multiple view geometry in computer vision*. Cambridge: Cambridge University Press.
10. Kang, S. B. (2000). Catadioptric self-calibration. In *CVPR* (pp. 201–207).
11. Käppeler, U.-P., Höferlin, M., & Levi, P. (2010). 3D object localization via stereo vision using an omnidirectional and a perspective camera. In Proceeding of 2nd Workshop on Omnidirectional Robot Vision (pp. 7–12).
12. Kozlowski, P., & Drankiewicz, W. (2016). *Hybrid field of view vision for a mobile robot*. Engineer's degree Thesis. Poznań: Poznań University of Technology (in Polish).
13. Lin, H.-Y. & Wang, M.-L. (2014). HOPIS: Hybrid omnidirectional and perspective imaging system for mobile robots. *Sensors, 14*, 16508–16531.
14. Lindner, L., Sergiyenko, O., Rodríguez-Quiñonez, J. C., Rivas-Lopez, M., Hernandez-Balbuena, D., Flores-Fuentes, W., & et al. (2016). Mobile robot vision system using continuous laser scanning for industrial application. *Industrial Robot: An International Journal, 43*(4), 360–369.
15. Menegatti, E., & Pagello, E. (2002). Cooperation between omnidirectional vision agents and perspective vision agents for mobile robots. In M. Gini, et al. (Eds.), *Intelligent autonomous systems* (vol. 7, pp. 231–235). Amsterdam: IOS Press.

16. OpenCV Documentation. http://docs.opencv.org.
17. Plucinska, N. (2018). *Object tracking on omnidirectional images*. Engineer's degree Thesis. Poznań: Poznań University of Technology (in Polish).
18. Rodríguez-Quinonez, J. C., Sergiyenko, O., Flores-Fuentes, W., Rivas-Lopez, M., Hernández-Balbuena, D., Rascon, R., & et al. (2017). Improve a 3D distance measurement accuracy in stereo vision systems using optimization methods' approach. *Opto-Electronics Review, 25*(1), 24–32.
19. Roennau, A., Kerscher, T., Ziegenmeyer, M., Zöllner, J., & Dillmann, R. (2009). Adaptation of a six-legged walking robot to its local environment. In *Robot motion and control*. LNCIS (Vol. 396, pp. 155–164). Heidelberg: Springer.
20. Rostkowska, M., & Skrzypczyński, P. (2015). Improving self-localization efficiency in a small mobile robot by using a hybrid field of view vision system. *Journal of Automation, Mobile Robotics & Intelligent Systems, 9*(4), 28–38.
21. Rostkowska, M., & Skrzypczyński, P. (2016). Hybrid field of view vision: From biological inspirations to integrated sensor design. In *Proceeding IEEE international conference on multisensor fusion and integration for intelligent systems, Baden-Baden* (pp. 653–658).
22. Rostkowska, M., Wąsik, M., & Skrzypczyński, P. (2018) Implementation of peripheral vision in a hybrid field of view sensor. In R. Szewczyk, et al. (Eds.), *Automation 2018, advances in automation, robotics and measurement techniques, AISC 743, Zürich* (pp. 584–594). Heidelberg: Springer.
23. Salinas, C., Montes, H., Fernandez, G., Gonzales de Santos, P., & Armada, M. (2012). Catadioptric panoramic stereovision for humanoid robots. *Robotica, 30*, 799–811.
24. Santos-Victor, J. A., Sandini, G., Curotto, F., & Garibaldi, S. (1995). Divergent stereo in autonomous navigation: From bees to robots. *International Journal of Computer Vision, 14*, 159–177.
25. Scaramuzza, D. (2008). Omnidirectional vision: from calibration to robot motion estimation, PhD Dissertation. Zurich: ETH Zürich.
26. Scaramuzza, D., Martinelli, A., & Siegwart, R. (2006). A toolbox for easy calibrating omnidirectional cameras. In *Proceeding IEEE International Conference on Intelligent Robots & Systems, Beijing* (pp. 5695–5701).
27. Schmidt, A., Kraft, M., Fularz, M., & Domagala, Z. (2013). Comparative assessment of point feature detectors and descriptors in the context of robot navigation. *Journal of Automation, Mobile Robotics & Intelligent Systems, 7*(1), 11–20.
28. Sergiyenko, O. Y., Ivanov, M. V., Tyrsa, V. V., Kartashov, V. M., Rivas-Lopez, M., Herández-Balbuena, D., & et al. (2016). Data transferring model determination in robotic group. *Robotics and Autonomous Systems, 83*, 251–260.
29. Shu-Ying, Y., Wei Min, G., & Cheng, Z. (2009). Tracking unknown moving targets on omnidirectional vision. *Vision Research, 49*, 362–367.
30. Siagian, C., & Itti, L. (2009). Biologically inspired mobile robot vision localization. *IEEE Transaction on Robotics, 25*(4), 861–873.
31. Skrzypczyński, P. (2009). Simultaneous localization and mapping: A feature-based probabilistic approach. *International Journal of Applied Mathematics and Computer Science, 19*(4), 575–588.
32. Sobral, A. (2013). BGSLibrary: An OpenCV C++ background subtraction library. In *Proceeding WVC 2013, Rio de Janeiro*.
33. Soria, C., Carelli, R., & Sarcinelli-Filhot, M. (2006). Using panoramic images and optical flow to avoid obstacles in mobile robot navigation. *Proceeding IEEE ISIE 2006, Montreal* (pp. 2902–2907).
34. Ude, A., Gaskett, C., & Cheng, G. (2006). Foveated vision systems with two cameras per eye. In *Proceeding IEEE International Conference Robotics & Automation, Orlando* (pp. 3457–3462).
35. Ulrich, I., & Borenstein, J. (1998). VFH+: Reliable obstacle avoidance for fast mobile robots. In *Proceeding IEEE International Conference on Robotics & Automation, Leuven* (pp. 1572–1577).

36. Wąsik, M., Rostkowska, M., & Skrzypczyński, P. (2016). Embedded, GPU-based omnidirectional vision for a walking robot. In M. O. Tokhi & G. S. Virk (Eds.). *Advances in cooperative robotics* (pp. 339–347). Singapore: World-Scientific.
37. Wehner, R., & Wehner, S. (1990). Insect navigation: use of maps or Ariadne's thread? *Ethology, Ecology, Evolution 2*, 27–48.
38. Yagi, Y. (1999). Omnidirectional sensing and its applications. *IEICE Transaction on Information and Systems, 82*(3), 568–579.
39. Yagi, Y., Kawato, S., & Tsuji, S. (1994). Real-time omnidirectional image sensor (COPIS) for vision-guided navigation. *IEEE Transaction on Robotics and Automation, 10*(1), 11–22.

第 3 章

机器人和机器视觉的颜色和深度感知传感器技术

Ali Shahnewaz, Ajay K. Pandey[①]

3.1 引言

传统的视觉技术将三维世界信息投影到缺乏 Z 轴信息,即场景的深度信息的二维平面上。获取深度信息对于捕捉真实世界空间至关重要,因此,三维视觉系统成为机器人和自主系统的重要研究课题。例如,路径规划和避障是自动驾驶车辆的关键部分,在很大程度上依赖于传感器提供系统准确性的态势感知。在安全和避障方面正在进行大量研究,3D 视觉技术仍然是机器人系统的一个组成部分[1-3]。除了通常的红色、绿色和蓝色(RGB)颜色视觉之外,大多数先进的机器人视觉系统已经使用称为 RGB-D 的视觉技术部署了一种主动或被动深度信息,其中 D 代表深度。在机器人技术中,基于飞行时间测距(ToF)的传感器和立体视觉系统被广泛用于提取深度信息。ToF 传感器特别适用于自动驾驶汽车和自动航空系统或无人驾驶飞机。基于 ToF 的深度传感器是最有前途的远程主动深度传感形式,德州仪器、索尼、松下、意法半导体、AMS 等科技巨头目前正在开发对智能手机等便携式设备兼容的用于距离成像的微深度传感器。

实时物体识别是机器人视觉中另一个活跃的研究领域,RGB-D 传感器用于三维物体重建是很常见的。体素中包含的信息用于比较和识别不同对象和特征[4-7]。这种方法的优点在于,可以从 3D 空间中提取许多显著特征,以提高对象识别性能[4-7]。难怪对能够提供深度的新型高分辨率相机的需求正在上

[①] A. Shahnewaz, A. K. Pandey
School of Electrical Engineering and Computer Science, Queensland University of Technology, Brisbane, QLD, Australia
e-mail: shahnewaz.ali@hdr.qut.edu.au; a2.pandey@qut.edu.au

升。目前,市场上存在许多商用 3D 图像传感器,成像系统供应商正在开发新一代 3D 图像传感器[8-10]。监控系统、车辆识别、交通控制系统、人员计数系统、活动和手势识别等属于此类子领域,其中 3D 信息可提高系统效率[1-2,4,12,109]。深度信息的获取对计算机图形学有很大影响,尤其是在游戏、内容和图像检索以及考古学中[13-15]。

在医疗机器人中,深度信息对感知分配有很大的影响。在计算机辅助外科(CAS)或机器人辅助微创外科(MIS)中,深度起着重要作用。在传统的 MIS 程序中,3D 手术世界被投影到 2D 屏幕上,因此,进行 MIS 的外科医生比开放手术面临更多的挑战。外科医生必须在没有触觉的情况下,在 2D 空间中操作 3D 世界,使得 MIS 系统更加复杂。据报道,意外的组织损伤可能会导致其他问题,如关节炎或骨关节炎。在 MIS 情况下,视力是提高手术安全性和意外伤害的最关键因素[11]。在没有深度信息的情况下,MIS 很难跟踪手术空间内的手术工具。据报道,当将 3D 视觉被集成到跟踪系统时,有望实现改进[16]。最近的研究表明,通过呈现 3D MIS 与 2D MIS 的综合结果,MIS 程序有了显著的改进。根据他们的记录,3D 手术与 2D 手术的 MIS 中位误差分别为 27 和 105,这意味着中值误差减少了 25.72%[17]。另一项研究表明,3D MIS 减少了 71% 的执行时间和 63% 的错误率[18-19]。因此,在一些熟练外科医生较少的国家,3D 视觉系统提供了很大的优势。

本章中,我们通过回顾机器人和机器视觉应用领域的特定扫描技术来介绍各种视觉技术。我们还旨在扩展此讨论,以关注在立体视觉、飞行时间和结构光中使用的主动与被动深度传感技术的优势和局限性,特别关注如何处理受限(室内)或非受限(室外)环境。

3.2 三维图像构建

深度估计技术主要面临两大挑战,即深度精度和时间计算成本[20-23,106-107]。传感器技术和计算机视觉这两个不同的分支积极参与研究,以满足这些限制条件。基于成像技术,当前深度估计技术可分为两大类,主动或被动,如图 3.1 所示。被动估计技术依赖于机器学习算法和从 2D 图像中推断深度信息的数学方法。另一类为主动深度传感技术,依赖于主动控制信号源和传感器技术来估计距离。本章的目的是全面综述各种深度估算方法及其优缺点。

3.2.1 图像传感器

成像技术使用自然或环境照明来捕捉场景。大多数图像传感器基于电荷耦合器件(CCD)或互补金属氧化物半导体(CMOS)。另一方面,光学扫描传感

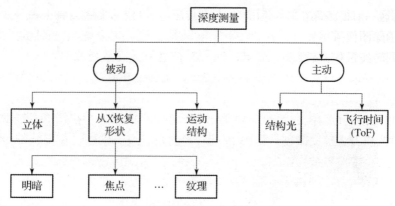

图3.1 深度测量技术的分类

器用于估计深度[24]。Wendy Flores–Fuentes 等提出了一种由电子处理单元和光电二极管组成的新型电子传感器。为了测量距离,他们提出的工作推断出光接收信号的能量中心。在下一节中,我们将介绍最有前途的被动立体技术来推断3D结构。

3.2.2 立体视觉

立体视觉是从一组图像推断深度的最常用方法。计算机视觉算法用于从单个或多个图像重建深度,而单视图三维重建方法仅使用一幅图像来重建深度。另一方面,多视图三维构造考虑两个或多个图像来重建深度信息,称为立体视觉。当使用两幅图像时,该系统称为双目立体视觉系统,可能是计算机视觉中最广泛关注的研究领域。

双目立体视觉最初模仿人类视觉系统。在双目立体视觉中,同时从两个不同的摄像机处拍摄两幅图像[25]。基本要求是将两个摄像头放置在已知距离处。在该布置中,左摄像机为参考摄像机,其中右摄像机为目标摄像机。这两个摄像机的光学中心之间的距离称为基线。立体视觉系统使用视差的概念,并使用视差作为视觉线索。图3.2 概述双目立体视觉以及如何使用双目立体视觉计算深度。

如图3.2 所示。立体匹配是立体视觉的核心技术。立体匹配是将参考图像中的每个像素与目标图像进行匹配以感知每个像素的深度的过程[26]。生成的输出图像通常称为深度贴图。需要大量比较才能找到目标图像中相应的像素。离线摄像机校准和预处理总是在实际立体匹配过程之前进行[27-29]。理想情况下,参考摄像机和目标摄像机以稍微不同的视点同时捕获相同的场景点,该过程是立体视觉算法的基础[28]。因此,同步这个词总是用来传达这样的含义,即图像采集系统同时捕捉到同一场景的点,没有时间延迟[30-31]。当物体运动时,这一前提条件在减少重建噪声方面起着关键作用,而摄像机标定过程可用于消除图像采集失真[27,32]。立体校正基本上是一种将两个图像对齐到同一平面的转换过程,该过程使得相同的水平线与两个相机中心平行[33-34]。

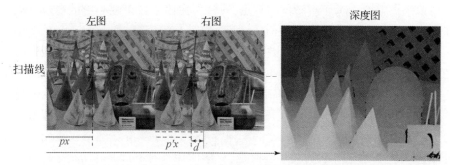

图 3.2 双目立体视觉系统概述:左右摄像机拍摄相同的场景图像,然后进行立体匹配以找到对应点;根据对应点提供关于左图像的视差信息;根据视差计算深度图(见彩插)

深度是通过在一对图像中查找视差来计算的。视差是指立体图像对中左右图像中两个对应点之间的距离。它在整个过程中所占的比例是相反的。在立体视觉系统中,深度和视差之间的关系可以表示为[35-37]

$$d = \frac{bf}{Z} \quad (3.1)$$

式中:b 表示基线;f 表示焦距;Z 表示深度;d 表示视差。当立体匹配处理完成时,右图像中的像素位置相对于左图像的差指该像素的视差。视差计算的基本思想是将每个像素从左图像匹配到右图像。在某些情况下,对一个或两个相机来说可能捕捉不到场景的某一部分,场景的这一部分称为缺失部分。换句话说,立体匹配过程无法找到最佳匹配。这些结果通常称为漏洞[38]。因此,在计算深度图之后,需要使用后处理算法来细化噪声[35],利用三角测量的几何原理从视差估计深度,图 3.3 总结了一些常用的方法。

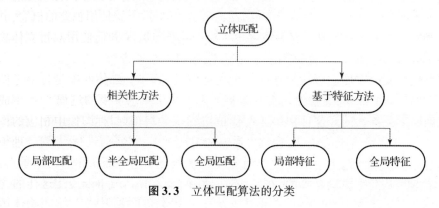

图 3.3 立体匹配算法的分类

立体匹配算法一般分为两类。像素匹配算法是一种基于相关性的方法。它可以进一步分为两大类,即局部匹配和全局匹配。在局部匹配和全局匹配之间,半全局匹配结合了这两种算法的优点。立体匹配变得非常模糊,特别是当考虑单个像素时。为了缓解这一特点,通常考虑固定或可变长度的窗口。局部匹配算法包括绝对差异之和(SAD)、固定窗口(FW)等[39-40]。

局部方法可以快速估计视差,但会降低估计精度和计算量。局部匹配算法的缺点是视差图通常包含模糊性。尽管基于窗口的方法提高了总体精度,但定义通用窗口大小以平衡速度和精度是一项具有挑战性的任务。局部匹配算法的主要限制可能是由于缺乏全局信息而无法处理遮挡。此外,由于局部窗口通常无法在低频率下捕获平滑变化的纹理特征,因此这类算法通常仅适用于低纹理图像[13,21]。这组算法的基本假设是,对应的像素存在于同一水平扫描线上。因此,校正是提高视差估计精度的关键步骤。然而,精确的图像校正在实践中是一项艰巨的任务。一些算法还考虑了一种估计视差的额外路径[41]。但是,这种额外的路径聚合函数再次增加了视差计算成本。

另一方面,全局匹配算法提供改进且高度准确的深度图[102]。全局方法不考虑局部相邻像素,而是考虑所有图像像素。平滑函数是全局方法中最关键的一步,这一步的目的是最小化整体深度贴图的能量消耗,目标是以最低能量重建深度图。与局部立体匹配算法不同,这组算法需要非常高的计算成本。通常,能量最小化函数定义为[1,42]

$$E(d) = E_D(d) + E_S(d) \quad (3.2)$$

式中:$E_S(d)$ 称为平滑函数。

局部方法对噪声不具有鲁棒性,并且精度与速度有关。另一方面,全局方法消耗高计算成本,对噪声具有鲁棒性,并且提供了高精度的结果。在实时系统中自适应调整全局方法是一项具有挑战性的任务。Hirschmuller[41]最初提出的半全局方法平衡了这两种方法。根据这种方法,匹配过程是在一组像素上进行的,基本上是基于窗口的方法。因此,首先,立体匹配方法从局部立体匹配过程开始。Census 变换和绝对差值之和(SAD)可能是执行此任务最常用的算法,而 Census 变换比 SAD 更稳健[43]。在这里,窗口大小或内核大小在识别无纹理或低纹理属性方面起着重要作用。较大窗口尺寸的缺点是增加了计算成本。为了估计匹配成本,通常使用汉明距离。相对于总视差水平,每个像素的最低汉明距离是首选的。这种初始匹配代价遇到了与局部匹配算法相同的问题。因此,由于纹理有限或较低,它包含错误的对应关系。为了在一定程度上缓解这些问题,半全局方法引入了进一步的成本聚合函数,称为路径成本聚合。路径成本是从几个方向计算的,在实践中,使用了 8~16 个方向。尽管半全局方法提高了局部方法的匹配精度,但该方法在完全克服上述局限性方面仍然存在不足。半全局方法的路径成本聚合可以描述如下：

$$E(D) = \sum_p \left(C(p, Dp) + \sum_{q \in N_p} P_1 T[|Dp - Dq| = 1] + \sum_{q \in N_p} P_2 T[|Dp - Dq| = 1] \right)$$
(3.3)

被动立体匹配技术面临一系列挑战。图像可能被噪声污染。由于遮挡或自遮挡导致的点缺失、纹理缺失以及同一水平扫描线对齐的完善是利用立体图像重建三维结构的基本问题。主要使用3个关键指标来描述立体匹配算法的整体性能：①稳健性；②准确性；③计算成本。基于特征匹配的算法也被广泛用于估计图像中被动深度。在该方法中，通过计算特征来构造特征向量。该过程可称为特征描述符过程，其中，特征从图像中提取。然后，利用特征匹配算法寻找对应特征，并根据匹配结果计算视差。最常见的图像特征是边和角。但这些特征通常易受噪声影响，计算成本较低。其他广泛使用的图像特征包括尺度不变特征变换(SIFT)、梯度差分(DoG)和加速鲁棒特征(SURF)[42,44-47]。特征选择是一个至关重要的过程。鲁棒性特征总是更优，但会增加计算成本。根据定义，特征是一幅图像中最有趣的点，它承载着重要的图像信息。因此，基于特征的方法创建稀疏矩阵。与密集深度图构造相比，基于特征的立体匹配算法只能实现部分重建深度。

3.2.3 明暗恢复形状

双目立体是建立在寻找对应点的基础上的。然而，图像还包含许多视觉线索，如阴影、纹理等，在计算机视觉中，这些视觉线索用于构造对象的形状。这些都是用于单目立体系统的经典方法。其中，从明暗处理得到的形状和光度立体是仍然可行的最突出的领域，并且可能是从单个图像重建三维结构的最广泛使用的研究方法。这种方法有许多应用。考虑到人们对这种方法越来越感兴趣，我们更详细地关注了来自明暗处理和光度立体的形状。

最初，从明暗恢复形状的方法是由霍恩[48]和他的博士生 Woodham 提出的。Woodham 在他的博士论文中提出了一种光度法，它是从明暗中延伸形状[49]。虽然这似乎是一种非常古老的方法，但从单目或单视图推断深度仍然是计算机视觉中一个活跃的研究领域。

物体的明暗模式表达其表面的信息和视觉线索。在受控光源下，物体表面的反射光强度与其表面形状密切相关。它在明暗到曲面坡度之间创建了一座桥梁。然而，来自明暗处理的形状通常被标记为不适定问题，指的是代表两个不同表面的相同数值解，一个是另一个的反转。光度立体技术是从明暗处理中获得形状的一个更进一步的方法，使用更多的光源解决了这个问题[112]。如图3.4所示，光度立体测量的原理是估算表面的反射系数、反照率和表面法线。

当估计这些参数时,通过积分曲面法线或通过求解非线性偏导数方程来计算曲面的深度,其中一个重要定义是地表反照率。反照率决定了一个表面可以反射的光的数量,反照率值在 1 和 0 之间,用 ρ 表示。明暗形状的局限性在于该方法基于一些假设,如朗伯曲面、曲面平滑度和不连续性。另一方面,光度立体通常受限于复杂的照明环境和曲面的镜面反射性质。利用辐射测量学知识、数值解和恰当的系统,特别是已知光源,光度立体能够从纹理、无纹理或无纹理图像中捕获深度。

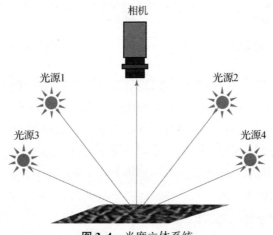

图 3.4 光度立体系统

(此图取自 S. Ali 等的文献[50], 4 个不同的光源从不同的角度拍摄, z 是这个点的深度)

表面强度或表面辐照度可以表示为

$$I(x,y) = R(p,q) \tag{3.4}$$

Horn 利用这一关系从辐射度学出发,结合相关文献,对明暗形状进行建。式(3.4)表明,图像强度与其反射率(R)图(也称为辐照度图)成正比。反射贴图是一种关系贴图,它将场景亮度、表面反射特性、表面方向和观察到的亮度联系起来[51]。如果正确估计曲面反射特性,则曲面辐射度就取决于曲面形状。式(3.4)中的 Horn 方法所说的 p 和 q 代表表面梯度点,可以表示为

$$p = \frac{\mathrm{d}z}{\mathrm{d}x} \tag{3.5}$$

$$q = \frac{\mathrm{d}z}{\mathrm{d}y} \tag{3.6}$$

此形状从明暗扩展为光度控制立体,其基本思想是推断在不同角度照亮的场景的深度。在光度立体中,相机放置在固定位置。通常,三个或更多光源用于构建光度立体。通过改变光照方向,一个接一个地拍摄图像。从不同的照明方向捕捉表面方向。然后对采集的图像进行处理,以构建深度图。

一个反射图对应一个光源,所以 l 个光源会产生 l 个反射图。光度立体计算表面特性,如反照率,这与阴影的形状不同。光度立体是一种超定系统,其中未知的数量小于方程式的数量。因此,它消除了明暗对形状的限制。曲面法线可以定义为三维空间中在曲面上与曲面垂直的向量。基本原理是通过计算灯光的表面法线和方向,以辐射度为基础。假设 s 是光源向量,而 n 代表曲面法线,则图像辐照度可以表示为

$$\begin{bmatrix} I_1 \\ I_2 \\ I_3 \end{bmatrix} = \rho \begin{bmatrix} s_1^T \\ s_2^T \\ s_3^T \end{bmatrix} n \quad (3.7)$$

最后,通过数值积分从曲面法线计算深度贴图。文献中已有一些著名的数值方法,主要基于快速行进法和积分法[52-53]。根据积分法,深度可通过以下等式计算[54]:

$$z(x,y) = z(x_0,y_0) + \int p(x_0,y_0)\mathrm{d}x + q(x_0,y_0)\mathrm{d}y \quad (3.8)$$

朗伯曲面特性是通过明暗或光度控制立体对形状的初步假设。对于非朗伯表面属性的动态估计或光度立体方法是一个非常活跃的领域,有很多研究成果。近年来,在使用结构光、彩色图像强度以及光度立体与其他方法融合的情况下,做出了许多贡献[55-56]。光度立体的优点在于它提供了精细的表面形状和精细的深度信息。2018年报告了最近的专利,其中使用光度立体过程重建了3D环境模型[57]。这种方法的缺点是:与被动立体系统不同,它使用外部光源来估计深度。因此,它仅限于环境光源,或者说复杂的光源使该方法难以估计深度。

3.2.4 动态视觉

与其他传统成像系统或摄像机不同,事件摄像机满足了高速视觉传感器的需求。事件摄影机或动态视觉传感器背后的原理是在事件发生时生成图像。换句话说,即使单个像素的亮度值发生变化,也会生成图像。事件摄影机不以固定速率生成图像,而是基于事件,它以高速生成图像。事件可以转换为时间序列元组 $\langle t_k,(X_k,Y_k),p_k \rangle$[58-59],其中 t_k 表示时间,(X_k,Y_k) 是引发事件的像素坐标,p_k 为定义优先级。事件摄影机可以在几毫秒内生成事件[58-59]。在机器人里程计中,事件摄像机能够解决许多基于特征的前沿问题,如视觉同步定位和映射(SLAM)[60-61]。另一方面,事件摄影机对被动深度估计有很大影响。图3.5给出了基于事件的场景检测的示例。

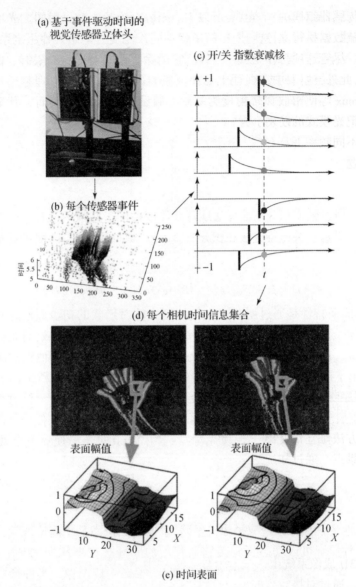

图 3.5 基于事件的动态视觉(通过动态视觉摄像机捕捉场景中的事件,并从图像中获得深度构造。图取自 Ieng 等[62])(见彩插)

(a)基于动态视觉相机的立体系统;(b)输出事件和捕获的场景;(c)提取的邻域,允许构建事件上下文;(d)最近事件的时间背景;(e)空间域的指数衰减核。

N. Julien 等使用动态视觉传感器的主动方法估计深度[63]。在研究中,他们利用事件数据解决了被动立体匹配问题。他们利用透镜和激光产生了一个被观察场景的事件,即所谓的光点,并通过平移激光束进行扫描。图 3.5 显示由动态视觉传感器组成的立体装备的输出,该传感器产生重叠立体图像。每个事件中对稀疏数据执行立体匹配,缓解了立体匹配问题。活动像素阵列用于捕捉视觉场景。尽管这项工作解决了立体匹配问题,但扫描视场区域的所有像素会消耗时间,此外,他们的方法仅限于几米的范围。

T. Leroux 等使用数字结构光投影和事件相机来估计场景的深度[64],依赖于频率标记光模式的使用,方法如图 3.6 所示。它生成一个连续的事件。由于结构光在不同频率下具有模式的可分辨特性,因此,它有助于基于事件的数据的匹配问题。

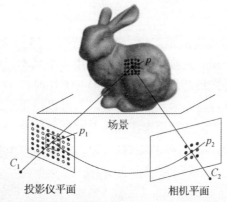

图 3.6 动态的视觉与结构化光(在两个视图 p_1 和 p_2 之间进行匹配,通过已知的三角测量法从光学中心 C_1 和 C_2 中恢复深度。图取自 T. Leroux 等的文献[64])(见彩插)

基本方法是基于这样一种原理,即唯一的投影仪像素触发图像传感器捕获的唯一场景点。通过知道这两个中心点 C_1 和 C_2,可以使用三角剖分方法恢复深度。

3.3 主动 3D 成像

主动 3D 成像系统由一个称为投影仪的附加信号源组成。投影仪的目的是发射信号。通过对接收到的反射信号进行分析,可以构建周围环境的 3D 结构。发射的信号可以是激光、超声波信号、近红外光等。许多术语用于描述 3D 主动成像技术,如测距仪和距离成像。有几种方法可以用来测量距离,但最常用的方法可能基于飞行时间测距(ToF)、三角测量法和相位偏移法。本节简要介绍主动传感方法和技术。密集深度图、降低歧义性和最小深度误差是主动 3D 成像技术最被广泛报道的优势。然而,深度图的分辨率是有限的。小型化、高分辨率、低功耗的有源深度传感器在医疗机器人等领域有着潜在的需求。

3.3.1 飞行时间测距

飞行时间测距系统测量从扫描仪到地面点的距离。主动传感技术的基本思想是发射诸如激光之类的信号。当投影仪发出信号时,主动成像系统旁边的锁定系统开始计数,这种方法称为直接飞行时间测距。如果物体存在于成像系统的范围内,则它将潜在的信号量反射到接收器,当摄像头的接收器部分接收到该信号时,它会计算往返时间,然后根据光源或电磁源的基本原理估算距离,如下所示:

$$d = \frac{\Delta t * c}{2} \tag{3.9}$$

式中:d 表示物体与摄像机的距离;Δt 表示总行程时间;c 表示光速。图 3.7 显示了上述基本工作程序。直接 ToF 成像系统由 4 个基本元件组成:①光源或发射器;②光学元件;③光检测器或接收器;④电子计时器[65]。该系统的信号传输单元由光源或发射器与光学元件一起组成。可以使用不同的光源或信号源,如近红外光或激光。光学透镜用来在表面上漫反射信号,光学透镜还用于收集光线并将其投射到接收器,它限制了视场范围,以避免阳光等其他室外照明。

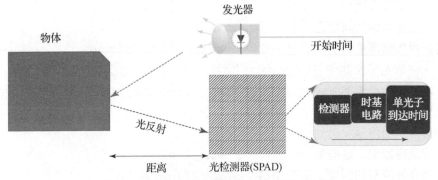

图 3.7 基于 ToF 的传感器的工作原理

另一方面,接收器单元通常由两个系统元件组成:①光电传感器;②电子计时器。在指定范围内,ToF 提供高质量的深度图。高精度时钟是这种方法的挑战。当一个物体放置在离相机非常近的位置时(如毫米级距离内),设计一个能够测量纳米级或皮米级时间间隔的时钟是一个具有挑战性的任务。这使得主动直接 ToF 相机的距离非常短。

光电传感器必须在很短的时间内感应反射光。一些半导体元件,如雪崩光电二极管(APD)和单光子雪崩二极管(SPAD),具备在皮秒范围内感知信号的能力,可用于制造 ToF 传感器[66]。为了提高分辨率、效率并缩小整个成像系统的尺寸,目前领先的制造商正在开发固态 3D 有源成像系统[9]。在间接方法中,发射机或投影仪发送连续信号,而不是单次信号,以避免小规模时钟设计。发射器包含一个信号发射器阵列,能生成所需信号。使用不同类型的信号,如正弦、平方等,将接收到的信号与原始信号进行比较。使用不同的信号特征(如信号相位)来估计距离。这是一个连续的过程,对于硅技术来说更加灵活。

一站式方法可以测量短距离和长距离,但有一定的距离限制。长距离测量需要更强的光源,大多数情况下是相干光源,比较危险。此外,强而复杂的光源可以屏蔽反射信号。实际上,多镜头的方法可以解决这个问题,但在这种情况下需要考虑的主要缺点是光源功率过高。连续脉冲信号可用于克服这一关键问题。从信号处理的基本理论来看,目标信号被包装成一个频率相对较低的载波信号。该领域通常使用调幅连续波(AMCW)或调频连续波(FMCW),在调频连续波(FMCW)中,高频信号被组合成相对低频信号后进行传输,这种机制提高了系统的鲁棒性。假设发射信号 St_x 被发射,反射信号 Sr_x 被接收。如果发射信号为正弦信号,则它们可以表示为

$$St_x = \cos 2\pi\omega t \tag{3.10}$$

$$Sr_x = \cos(2\pi\omega t + \varphi) \tag{3.11}$$

式中:φ 包含相移信息,最终表示信号在发射后经过的时间和距离。基本的电子学和滤波方法用于估计传输和接收信号之间的相移。多路径传播是 ToF 技术中需要考虑的问题之一。当光线照射到表面点时,散射光可能通过不同的路径落在探测器平面上。对此类事件的多次检测可能会产生噪声。

在单光子探测中,特别是在固态雪崩光电二极管被广泛应用的情况下,将光能转换为电流能时,强光源会产生强电流。当光源经过长路径时,信号变弱,产生的电流变小。类似地,当信号投射到漫反射表面或粗糙面时,会反射较弱的信号。当信号投射到锐利边缘时,信号会分散到不同的方向,光电二极管的响应变得较弱。这些是飞行时间技术特别针对激光雷达(光检测和测距)而言,需要良好应对的问题。基于激光雷达的系统使用 ToF 的基本原理[67]。激光是一种更可取的光源。当激光从表面点反射回来时,激光雷达可以估计表面距离。正如 ToF 部分所述,由于光照射在表面上,表面特性和其他因素也会污染反射光。

点扫描仪一次扫描一个点。这种类型的激光雷达将激光投射到表面点上,反向传播的光被捕获并投影到光检测传感器上,用这种方法测量单点距离。为了恢复视场(FOV)覆盖的整个几何体,使用常规转向扫描所有点。

除脉冲法外,还采用了调幅连续波(AMCW)、调频连续波(FMCW)和三角测量技术。近年来,目前存在一种将 ToF 相机(尤其是激光雷达)集中在固态上的无体积迭代法。单光子测距技术被广泛采用。一些固态材料,如雪崩光电二极管(APD)和单光子雪崩光电二极管(SPAD)广泛用于该研究领域,以检测非

常小的时间间隔下的入射光[68]。由于能够在皮米级范围内探测和辨别入射光,这些材料成为发展固体激光雷达最先进的选择(表3.1)。

表3.1 有源深度测量传感器及其特性的综合列表

产品名	特征	供应商
REAL3	尺寸 68mm×17mm×725mm 测量范围 0.1~4m 最大帧率 45fps 分辨率 224×172 像素(38k) 视角(H×V)62°×45°	Infineon REAL3™
PMD PhotonICs® 19k-S3	ToF测距技术3D芯片 尺寸 12mm×12mm 像素阵列 160×120	PMD
OPT9221,OPT8241, OPT3101 OPT8320	ToF测距技术 测量距离范围大 传感器分辨率 80×60~320×240 帧率 120~1000	Texas Instruments
PX5	替代空间相位图像三维传感器 高达500万像素的分辨率 帧率 90	Photon-x
BORA	ToF测距技术 分辨率 1.3M像素 测量距离范围 最小 0.5m 最大 500m	Teledyne e2v

续表

产品名	特征	供应商
IMX456QL back-illuminated ToF	ToF 测距技术图像传感器 VGA 分辨率 10μm 正方形像元 测量距离为 30~10m	Sony DepthSense™
Epc660	ToF 测距技术 分辨率 320×240 像素(QVGA) 在提前操作模式下每秒 1000 张 ToF 图像 测量范围最大 100m	ESPROS Photonics Corporation
MESA 4000	ToF 测距技术 距离 0.8~8m 分辨率 640×480	MESA Imaging
SR300	结构光(IR) 距离 0.2~1.5m 分辨率 640×480	Intel RealSense™
ASUS Xtion	结构光(IR) 距离 0.8~4m 分辨率 640×4800	Asus

3.3.2 结构光

结构光可以估计表面的深度,广泛用于构建3D图像[69-71,105]。与飞行时间测距机制类似,它使用投影仪生成光的图案。根据图案生成过程,结构光可以进一步分为两类:①单激发结构光;②多激发结构光。当投影图案时,图像传感器将捕获表面场景。根据使用的图像传感器数量,结构光深度估计程序有两个得到充分研究的方向:①单目结构光;②双目结构光[71-72]。

深度估计程序分析捕获的结构光图案以估计深度。到目前为止,已经建立了几种不同方法,可以分为空间邻域模式方法、时间复用模式方法、直接编码模式方法[23]。结构光深度估计的基本方法是计算视差,可以定义为 $d = U_a - U_c$,U_a 来自投影仪坐标系,U_c 来自相机坐标系。

如图 3.8 所示,在此布置中,深度估计可定义为由特定光图案照亮的场景的模式匹配问题。

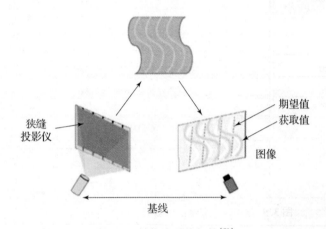

图 3.8 结构光系统架构[73]

有些方法基于接收图案的变形,考虑到被动立体视觉的对应问题,它在纹理和无纹理区域表现出显著改善的结果,并减少了模糊度[19,74]。在结构光三角测量方法中,摄像仪标定可以作为估计摄像机内禀矩阵的第一个构建块。估计将投影仪坐标映射到摄像机坐标系(称为立体校准)的外部参数也很重要。编码的光图案投射到表面上,反射的图案被图像传感器捕获。变形取决于曲面的平面特征。通过使用不同的方法(如全局优化)对解码模式进行匹配[75-76],然后使用三角测量推断深度[77-79]。大量的图案生成和结构光技术存在于文献中,并在实践中使用。詹森·耿(Jason Geng)在《光学和光子学的进展》(*Advances in Optics and Photonics*)中发表了一份结构光技术的综合清单[80]。根据他们的研究,结构光技术分为五大类:①序列投影(多镜头);②连续变化模式;③条纹索引;④网格索引;⑤混合方法。

结构光和光度立体技术都是主动深度传感技术。固态物理和微透镜技术正在进步,深度传感器现在有可能小型化,并且该技术有望在图像分辨率方面进一步提高。深度传感成像技术的综合比较如图 3.9 所示。

参数	主动			被动	
	ToF(扫描)	ToF(闪光)	结构光	立体	空间相位成像(SPI)
工作波长	近红外光	近红外光	近红外光	可见光	紫外线到无线电波
分辨率 像素计数 波长	低:10k~100k	中:2MP	低:10k~100k	低:10k~100k	高:5~20MP
像素计数约束	发射器数量 发射器强度 扫描速度 处理速度	发射器数量 发射器强度 扫描速度 处理速度	发射器数量 发射器强度 扫描速度 处理速度	孔径数量 环境光强度 对应点数 处理速度	环境光强度
范围	2.5~50m	10~100m	50cm~6m	2.5cm~10m	0.01μm~100km
功耗	中	高	高	低	低
颜色	否	否	否	是	是
计算量	高/中	高/中	高/中	高	低
硬件	简易照明 复合传感器	复杂照明 复合传感器	复杂照明 复杂系统	偶尔需要照明 简易相机 简易系统	极少需要照明 简易传感器 简易系统

图3.9 3D成像技术的比较(图源为 Photon – X[8])

也可以修改 CMOS 以外的图像传感技术的主干以估计深度。最近的研究表明,新形式的图像传感器能够直接根据入射光估算深度[81]。通过评估像素孔径和离焦深度来构建相机传感器。这种传感器设计的一个优点是像素孔径可控的像素阵列设计。单片集成的方法可以捕捉模糊和清晰的图像。在一定距离上,相机可以产生清晰的图像,这取决于相机的焦距设置;否则,由于散焦,会产生模糊图像。图像模糊程度可用于估算深度[82-83],这种方法称为离焦深度。它需要两幅图像:一幅是清晰图像;另一幅是模糊图像。使用两个不同的滤波器构建的图像传感器,一个彩色滤波器用于构建模糊图像,一个白色滤波器用于产生清晰图像。然后使用这两幅图像来估计深度。像素光圈控制入射光。它可以阻挡、部分阻挡或将全部光线传递到图像平面。

Pekkola Oili 等提出了聚焦诱导光响应技术来测量距离[84]。他们的方法基于光响应材料,如染料敏化太阳能电池(DSSC)和光学元件。光传感器的光响应取决于入射光子的数量及其落下的表面积[84]。作者称其为聚焦诱导光致发光(FIP)效应。在他们的技术中,将这一特性与透镜相结合,成功地从 FIP 效应中推导出距离。如图 3.10 所示,他们提出了一种单像素测量技术,为了获取物体的完整几何结构,需要对整个表面进行扫描。

当光线落在光电二极管上时,它就会产生光电流。FIP 效应用光电流表示光量。然而,当光辐射功率未知时会出现歧义。他们的系统布置由两个光电二极管组成,一个透镜放在系统前面收集光线,如图 3.10 所示。他们的方法不是单光电流,而是使用两个传感器的光电流比来缓解这种情况。此外,他们的研究表明,这个比值随距离而变化。

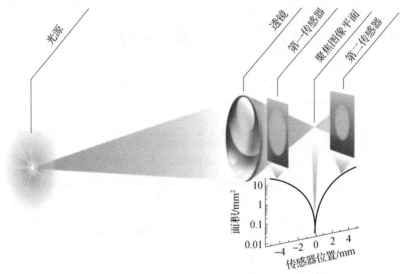

图 3.10　基于距离的测量技术[84]（见彩插）

3.3.3　运动重构

基于运动重构(SfM)是从一系列图像中重建形状的成熟技术之一。一些商业 3D 渲染软件已经采用这种方法来构建对象的 3D 形状[11,85-86,103]。在这种技术中,运动被用来推断场景的深度。SfM 背后的概念如图 3.11 所示。这里的运动意味着从不同的视角观察场景。通常,在正交相机模型下,至少使用 3 个图像序列来估计深度。虽然存在各种运动形状算法,但本章仅关注运动管道形状的最新技术。

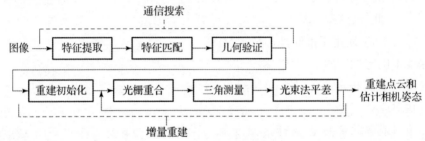

图 3.11　运动增量管线的结构概述(从不同的视角捕获输入图像,图来自 S. Bianco 等[87])

利用运动、多视图图像,从运动重建结构是重建物体 3D 形状和同时估计相机姿态的技术。SfM 从不同的摄影机视图(运动)获取一系列输入图像。它是一个连续处理流水线,通过迭代估计运动和形状。第一个阶段对应特征提取过程。从每帧图像中提取局部特征,提取的特征在重叠图像对中匹配。通过随机样本一致性(RANSAC)和捆绑调整过滤出对应异常值。射影几何用于验证匹配特征。不同的几何图形和参数,如单应性、相机基本矩阵、极线几何图形、透视点和三角测量,用于重建形状。高度重叠的图像是提高效率的一个很好的选择。

然后,对重叠图像执行特征提取和匹配操作。从不同角度拍摄观测图像,视角和照明条件会影响重叠图像。因此,从一个视角观察到的特征可能由于失去照明特性(如边缘特征)而从另一个视角看不到。从一个视角移动到另一个视角,相同的特征有可能破坏其维度特征。缩放因子可能会影响匹配过程。特征点是描述场景的关键元素,因此,需要更多的特征点。在过去的 10 年里,我们已经广泛采用了尺度不变特征转换[88]的方法,因为它对噪声有很好的鲁棒性。

3.4 3D 视觉中的深度学习方法

深度学习在复杂的计算机视觉问题上取得了很大的成功[86,89-94],最近,它被用于解决三维重建问题[104,108,110-111]。多层感知及其在三维重建领域的推理知识的能力被有意应用于以不同的方法解决不同的问题。从运动角度考虑形状,图像序列的特征有很大的影响。通常低纹理和显著特征很难提取。卷积神经网络(CNN)已用于该领域,与其他特征提取方法相比(如 SIFT 和 DoG),该方法在不同环境下中显示出更好的性能[86]。类似的问题已经在深度学习环境中得到解决,并且在估计姿势方面有了显著的改进[89,93]。然而,我们已经研发了一种更复杂的方法,并开发了一个完整的网络来解决运动问题中的结构问题[90-91]。此外,这些方法从运动方面解决了传统结构,如小型摄像机平移问题[91,95]。CNN 还用于推断来自技术的深度,如来自散焦的深度[95]。主要改进了深度不确定性问题。立体匹配问题也称为寻找对应关系的问题。深度学习已经得到了很好的研究,以解决与被动立体视觉相关的两个问题:①寻找特征;②寻找对应[96-98]。

单目或单深度图像对计算机视觉以及机器人技术也有很大的影响。SLAM 被广泛用于解决机器人的定位问题。传统上,SLAM 的深度信息是基于运动结构来获取的,但这种方法通常局限于低纹理和小平移的情况[90,99]。我们已经发现,使用深度学习来估计深度可以提高性能,尤其是考虑低纹理区域时[99]。卷积神经网络-条件随机场(CNN-CRF)框架可以在真实内窥镜图像上以0.152和0.242的相对误差估计深度[92]。

光度立体光和结构光已被广泛应用在许多领域。但是,运动中的物体或相机以及表面特性估计(如朗伯或非朗伯)是光度立体的挑战和限制。深度学习用于估计表面法向量,是计算深度之前光度立体的基本步骤[51,90,94]。深度学习也用于有监督和无监督的方式估计深度[51,90,94,100]:在有监督的情况下,需要使用已知数据集及其地面真实深度图对网络进行训练;在无监督的情况下,可以从单目和双目视图估计深度。这开辟了一种自由的使用方式,即使立体布局失效,网络仍然可从任意单幅图像中获得深度信息。这种方法的思想是预测立体图像,即对于输入图像(如左图像L),网络的训练方式可以预测视差图[101]。深度可以通过使用三角测量法和用于训练网络的已知基线从预测的视差计算出来。还采用了多种平滑函数来减小预测误差和噪声。

虽然深度网络有高精度[101]结果,但它无法预测训练期间未使用的未知物体形状的深度[90]。此外,深度网络需要一个训练有素的网络来估计现实环境中的深度。

3.5 结论

当前的传感器能够实时实现从几厘米到100m的深度分辨率,而ToF、结构光和立体视觉等传感器技术在很大程度上构成了机器人及自主系统中目标检测和测距应用的支柱。从计算技术中提取深度信息是另一个不断增长的研究领域,像从明暗中提取形状和从运动中提取结构等方法在传感器设计中具有一些优势。在获取密集深度图方面,环境光谱和光强平面异常重要,但复杂环境中的光照条件往往会影响深度估计求解。因照明模式和计算方法,某些深度感知机制受限于静态或弱移动性平台,且单传感器也不一定适合该场景。新传感架构和传感器设计的神经形态方法已经在进行中,以简化其中的一些挑战。理想情况下,首选具有低功耗和计算要求的微型传感器,这些传感器可以结合深度和准确的颜色信息。在深度传感器上添加多光谱成像功能是另一个热点领域,不同传感器技术的深度融合可为空中、海洋和医疗机器人提供鲁棒视觉感知解决方案。

参考文献

1. Schauwecker, K., & Zell, A. (2014). On-board dual-stereo-vision for the navigation of an autonomous MAV. *Journal of Intelligent and Robotic Systems: Theory and Applications, 74*(1–2), 1–16.
2. Di Stefano, L., Clementini, E., & Stagnini, E. (2017). Reactive obstacle avoidance for multicopter UAVs via evaluation of depth maps. In *13th International Conference on Spatial Information Theory*.
3. Massimiliano, I., & Antonio, S. (2018). Path following and obstacle avoidance for an autonomous UAV using a depth camera. *Robotics and Autonomous Systems, 106*, 38–46.
4. Elaiwat, S., Bennamoun, M., Boussaid, F., & El-Sallam, A. (2014). 3-D face recognition using curvelet local features. *IEEE Signal Processing Letters, 21*, 172–175.
5. Maturana, D., & Scherer, S. (2015). VoxNet: A 3D convolutional neural network for real-time object recognition. In *2015 IEEE/RSJ International Conference on Intelligent Robots and Systems (IROS)* (pp. 922–928).
6. Schwarz, M., Schulz, H., & Behnke, S. (2015). RGB-D object recognition and pose estimation based on pre-trained convolutional neural network features. In *2015 IEEE International Conference on Robotics and Automation (ICRA)* (pp. 1329–1335).
7. Song, S., Lichtenberg, S. P., & Xiao, J. (2015). SUN RGB-D: A RGB-D scene understanding benchmark suite. In *2015 IEEE Conference on Computer Vision and Pattern Recognition (CVPR)* (pp. 567–576).
8. Retrieved from http://www.photon-x.co/
9. ToF sensors. Retrieved from http://www.ti.com/sensors/specialty-sensors/time-of-flight/
10. NanEye Stereo web. Retrieved from https://ams.com/3d-sensing
11. Vélez, A. F. M., Marcinczak, J. M., & Grigat, R. R. (2012). Structure from motion based approaches to 3D reconstruction in minimal invasive laparoscopy. In A. Campilho & M. Kamel (Eds.), *Image analysis and recognition*. Berlin: Springer.
12. Xia, Y., Xu, W., Zhang, L., Shi, X., & Mao, K. (2015). Integrating 3d structure into traffic scene understanding with RGB-D data. *Neurocomputing, 151*, 700–709.
13. Wang, D., Wang, B., Zhao, S., & Yao, H. (2017). View-based 3D object retrieval with discriminative views. *Neurocomputing, 151*, 612–619.
14. Kokkonis, G., Psannis, K. E., Roumeliotis, M., et al. (2017). Real-time wireless multisensory smart surveillance with 3D-HEVC streams for internet-of-things (IoT). *The Journal of Supercomputing, 73*, 1044.
15. Santana, J. M., Wendel, J., Trujillo, A., Suárez, J. P., Simons, A., & Koch, A. (2017). Multimodal location based services—Semantic 3D city data as virtual and augmented reality. In G. Gartner & H. Huang (Eds.), *Progress in location-based services 2016*. Berlin: Springer.
16. Du, X., Allan, M., Dore, A., et al. (2016). Combined 2D and 3D tracking of surgical instruments for minimally invasive and robotic-assisted surgery. *International Journal of Computer Assisted Radiology and Surgery, 11*, 1109–1119.
17. Alaraimi, B., El Bakbak, W., Sarker, S., et al. (2014). A randomized prospective study comparing acquisition of laparoscopic skills in three-dimensional (3D) vs. two-dimensional (2D) laparoscopy. *World Journal of Surgery, 38*, 2746–2752.
18. Sørensen, S. M. D., Savran, M. M., Konge, L., et al. (2016). Three-dimensional versus two-dimensional vision in laparoscopy: A systematic review. *Surgical Endoscopy, 30*, 11–23.
19. Velayutham, V., Fuks, D., Nomi, T., et al. (2016). 3D visualization reduces operating time when compared to high-definition 2D in laparoscopic liver resection: A case-matched study. *Surgical Endoscopy, 30*, 147–153.
20. Hirschmuller, H., & Scharstein, D. (2007). Evaluation of cost functions for stereo matching. In *IEEE Conference on Computer Vision and Pattern Recognition, Minneapolis* (pp. 1–8).
21. Hosni, A., Bleyer, M., Rhemann, C., Gelautz, M., & Rother, C. (2011). Real-time local stereo matching using guided image filtering. In *IEEE International Conference on Multimedia and Expo* (pp. 1–6).

22. Domański, M., et al. (2015). Fast depth estimation on mobile platforms and FPGA devices. In *3DTV-Conference: The True Vision—Capture, Transmission and Display of 3D Video (3DTV-CON)* (pp. 1–4).
23. Fan, Y., Huang, P., & Liu, H. (2015). VLSI design of a depth map estimation circuit based on structured light algorithm. *IEEE Transactions on Very Large-Scale Integration (VLSI) Systems, 23*, 2281–2294.
24. Flores-Fuentes, W., Rivas-Lopez, M., Sergiyenko, O., Rodríguez-Quiñonez, J. C., Hernández-Balbuena, D., & Rivera-Castillo, J. (2014). Energy center detection in light scanning sensors for structural health monitoring accuracy enhancement. *IEEE Sensors Journal, 14*(7), 2355–2361.
25. Bleyer, M., & Breiteneder, C. (2013). Stereo matching—State-of-the-art and research challenges. In G. Farinella, S. Battiato, & R. Cipolla (Eds.), *Advanced topics in computer vision. Advances in computer vision and pattern recognition*. London: Springer.
26. Ding, J., Du, X., Wang, X., & Liu, J. (2010). Improved real-time correlation-based FPGA stereo vision system. In *IEEE International Conference on Mechatronics and Automation* (pp. 104–108).
27. Zhang, Z. (2000). A flexible new technique for camera calibration. *IEEE Transactions on Pattern Analysis and Machine Intelligence, 22*(11), 1330–1334.
28. Liu, X., Li, D., Liu, X., & Wang, Q. (2010). A method of stereo images rectification and its application in stereo vision measurement. In *Second IITA International Conference on Geoscience and Remote Sensing* (pp. 169–172).
29. Santana-Cedrés, D., et al. (2017). Estimation of the lens distortion model by minimizing a line reprojection error. *IEEE Sensors Journal, 17*, 2848–2855.
30. Sousa, R. M., Wäny, M., Santos, P., & Morgado-Dias, F. (2017). NanEye—An endoscopy sensor with 3-D image synchronization. *IEEE Sensors Journal, 17*, 623–631.
31. Ascensão, B., Santos, P., & Dias, M. (2018). Distance measurement system for medical applications based on the NanEye stereo camera. In *International Conference on Biomedical Engineering and Applications (ICBEA)* (pp. 1–6).
32. Rodríguez-Quiñonez, J. C., Sergiyenko, O., Flores-Fuentes, W., Rivas-lopez, M., Hernandez-Balbuena, D., Rascón, R., & Mercorelli, P. (2017). Improve a 3D distance measurement accuracy in stereo vision systems using optimization methods' approach. *Opto-Electronics Review, 25*(1), 24–32.
33. Fusiello, A., & Trucco, E. (2000). Verri, a compact algorithm for rectification of stereo pairs. *Machine Vision and Applications, 12*, 16–22.
34. Kumar, S., Micheloni, C., Piciarelli, C., & Foresti, G. L. (2010). Stereo rectification of uncalibrated and heterogeneous images. *Pattern Recognition Letters, 31*, 1445–1452.
35. Hamzah, R. A., Ibrahim, H., & Hassan, A. H. A. (2016). Stereo matching algorithm for 3D surface reconstruction based on triangulation principle. In *1st International Conference on Information Technology, Information Systems and Electrical Engineering (ICITISEE)* (pp. 119–124).
36. Rivera-Castillo, J., Flores-Fuentes, W., Rivas-López, M., Sergiyenko, O., Gonzalez-Navarro, F. F., Rodríguez-Quiñonez, J. C., et al. (2017). Experimental image and range scanner datasets fusion in SHM for displacement detection. *Structural Control and Health Monitoring, 24*(10), e1967.
37. Real-Moreno, O., Rodriguez-Quiñonez, J. C., Sergiyenko, O., Basaca-Preciado, L. C., Hernandez-Balbuena, D., Rivas-Lopez, M., & Flores-Fuentes, W. (2017, June). Accuracy improvement in 3D laser scanner based on dynamic triangulation for autonomous navigation system. In *Industrial Electronics (ISIE), 2017 IEEE 26th International Symposium on* (pp. 1602–1608). IEEE.
38. Atapour-Abarghouei, A., & Breckon, T. P. (2018). A comparative review of plausible hole filling strategies in the context of scene depth image completion. *Computers & Graphics, 72*, 39–58.
39. Yoon, K. J., Member, S., & Kweon, I. S. (2006). Adaptive support-weight approach for correspondence search. *IEEE Transactions on Pattern Analysis and Machine Intelligence, 28*, 650–656.

40. Hamzah, R. A., Rahim, R. A., & Noh, Z. M. (2010). Sum of absolute differences algorithm in stereo correspondence problem for stereo matching in computer vision application. In *3rd International Conference on Computer Science and Information Technology* (pp. 652–657).
41. Hirschmuller, H. (2005). Accurate and efficient stereo processing by semi-global matching and mutual information. In *IEEE Computer Society Conference on Computer Vision and Pattern Recognition* (pp. 807–814).
42. Joglekar, J., Gedam, S. S., & Mohan, B. K. (2014). Image matching using SIFT features and relaxation labeling technique—A constraint initializing method for dense stereo matching. *IEEE Transactions on Geoscience and Remote Sensing, 52*, 5643–5652.
43. Hafner, D., Demetz, O., & Weickert, J. (2013). Why is the census transform good for robust optic flow computation? In A. Kuijper, K. Bredies, T. Pock, & H. Bischof (Eds.), *Scale space and variational methods in computer vision*. Berlin: Springer.
44. Huang, F., Huang, S., Ker, J., & Chen, Y. (2012). High-performance SIFT hardware accelerator for Real-time image feature extraction. *IEEE Transactions on Circuits and Systems for Video Technology, 22*, 340–351.
45. Garstka, J., & Peters, G. (2015). Fast and robust keypoint detection in unstructured 3-D point clouds. In: *12th International Conference on Informatics in Control, Automation and Robotics (ICINCO)* (pp. 131–140).
46. Kechagias-Stamatis, O., & Aouf, N. (2016). Histogram of distances for local surface description. In *IEEE International Conference on Robotics and Automation (ICRA)* (pp. 2487–2493).
47. Prakhya, S. M., Lin, J., Chandrasekhar, V., Lin, W., & Liu, B. (2017). 3D HoPD: A fast low-dimensional 3-D descriptor. *IEEE Robotics and Automation Letters, 2*, 1472–1479.
48. Brooks, M. J., & Horn, B. K. P. (1985). Shape and source from shading. In *Proc. Int. Joint Conf. Artificial Intelligence* (pp. 932–936).
49. Woodham, R. J. (1980). Photometric method for determining surface orientation from multiple images. *Optical Engineering, 19*, 139–144.
50. Sohaib, A., Farooq, A. R., Atkinson, G. A., Smith, L. N., Smith, M. L., & Warr, R. (2013). In vivo measurement of skin microrelief using photometric stereo in the presence of interreflections. *Journal of the Optical Society of America. A, 30*, 278–286.
51. Woodham, R. J. (1978). Photometric stereo: A reflectance map technique for determining surface orientation from image intensity. In *Image Understanding Systems and Industrial Applications*.
52. Mostafa, M. G., Yamany, S. M., & Farag, A. A. (1999). Integrating stereo and shape from shading. In *Int. Conf. on Image Processing* (pp. 130–134).
53. Prados, E., & Soatto, S. (2005). Fast marching method for generic shape from shading. In N. Paragios, O. Faugeras, T. Chan, & C. Schnörr (Eds.), *Variational, geometric, and level set methods in computer vision. VLSM. Lecture notes in computer science* (Vol. 3752). Berlin: Springer.
54. Lu, S., & Yuanyuan, W. (2017). Three-dimensional reconstruction of macrotexture and microtexture morphology of pavement surface using six light sources–based photometric stereo with low-rank approximation. *Journal of Computing in Civil Engineering, 31*, I. 2.
55. Antensteiner, D., Štole, S., & Pock, T. (2018). Variational fusion of light field and photometric stereo for precise 3D sensing within a multi-line scan framework. In *24th International Conference on Pattern Recognition (ICPR)* (pp. 1036–1042).
56. Ju, Y., Qi, L., Zhou, H., Dong, J., & Lu, L. (2018). Demultiplexing colored images for multispectral photometric stereo via deep neural networks. *IEEE Access, 6*, 30804–30818.
57. Hilliges, O., Weiss, M. H., Izadi, S., & Kim, D. (2018). *Using photometric stereo for 3D environment modeling*. US Patent.
58. Piatkowska, E., Kogler, J., Belbachir, N., & Gelautz, M. (2017). Improved cooperative stereo matching for dynamic vision sensors with ground truth evaluation. In *IEEE Conference on Computer Vision and Pattern Recognition Workshops (CVPRW), Honolulu*.
59. Zhu, A. Z., Chen, Y., & Daniilidis, K. (2018). *Realtime time synchronized event-based stereo, arxiv*. arXiv:1803.09025.

60. Censi, A., & Scaramuzza, D. (2014). Low-latency event-based visual odometry. In *IEEE International Conference on Robotics and Automation (ICRA)* (pp. 703–710).
61. Gallego, G., Lund, J. E. A., Mueggler, E., Rebecq, H., Delbruck, T., & Scaramuzza, D. (2018). Event-based, 6-DOF camera tracking from photometric depth maps. *IEEE Transactions on Pattern Analysis and Machine Intelligence, 40*, 2402–2412.
62. Ieng, S. H., Carneiro, J., Osswald, M., & Benosman, R. (2018). Neuromorphic event-based generalized time-based stereovision. *Frontiers in Neuroscience, 12*, 442.
63. Martel, J. N. P., Müller, J., Conradt, J., & Sandamirskaya, Y. (2018). An active approach to solving the stereo matching problem using event-based sensors. In *IEEE International Symposium on Circuits and Systems (ISCAS)*.
64. Leroux, T., Ieng, S. H., & Benosman, R. (2018). *Event-based structured light for depth reconstruction using frequency tagged light patterns, arxiv*. arXiv:1811.10771.
65. Piatti, D., Remondino, F., & Stoppa, D. (2013). State-of-the-art of TOF range-imaging sensors. In F. Remondino & D. Stoppa (Eds.), *TOF range-imaging cameras*. Berlin: Springer.
66. Edoardo, C., Matt, F., Richard, W., Robert, K. H., & Cristiano, N. (2013). Spad-based sensors. In *TOF range-imaging cameras* (pp. 11–38). Berlin: Springer.
67. Behroozpour, B., Sandborn, P. A. M., Wu, M. C., & Boser, B. E. (2017). Lidar system architectures and circuits. *IEEE Communications Magazine, 55*, 135–142.
68. Beer, M., Schrey, O. M., Nitta, C., Brockherde, W., Hosticka, B. J., & Kokozinski, R. (2017). 1×80 pixel SPAD-based flash LIDAR sensor with background rejection based on photon coincidence. *IEEE Sensors*, 1–3.
69. Albitar, C., Graebling, P., & Doignon, C. (2007). Robust structured light coding for 3D reconstruction. In *IEEE 11th Int. Conf. on Computer Vision* (pp. 1–6).
70. Lee, D., & Krim, H. (2010). 3D surface reconstruction using structured circular light patterns. In J. Blanc-Talon, D. Bone, W. Philips, D. Popescu, & P. Scheunders (Eds.), *Advanced concepts for intelligent vision systems. ACIVS*. Heidelberg: Springer.
71. Ma, S., Shen, Y., Qian, J., Chen, H., Hao, Z., & Yang, L. (2011). Binocular structured light stereo matching approach for dense facial disparity map. In D. Wang & M. Reynolds (Eds.), *AI 2011: Advances in artificial intelligence. AI 2011. Lecture notes in computer science* (Vol. 7106). Berlin: Springer.
72. Zhao, L., Xu, H., Li, J., & Cai, Q. (2012). Binocular stereo vision measuring system based on structured light extraction algorithm. In *2012 International Conference on Industrial Control and Electronics Engineering, Xi'an* (pp. 644–647).
73. Retrieved from https://www.aniwaa.com/best-3d-scanner/
74. Choo, H., Ribera, R. B., Choi, J. S., & Kim, J. (2011). Depth and texture imaging using time-varying color structured lights. In *2011 International Conference on 3D Imaging (IC3D)* (pp. 1–5).
75. Pages, J., Salvi, J., Collewet, C., & Forest, J. (2005). Optimised De Bruijn patterns for one-shot shape acquisition. *Image and Vision Computing, 23*(8), 707–720.
76. Tyler, B., Beiwen, L., & Song Z. (2016). *Structured light techniques and applications*. Wiley Online Library.
77. Slysz, R., Moreau, L., & Borouchaki, H. (2013). On uniqueness in triangulation based pattern for structured light reconstruction. In *International Conference on 3D Imaging* (pp. 1–6).
78. Rodrigues, M., Kormann, M., Schuhler, C., & Tomek, P. (2013). Structured light techniques for 3D surface reconstruction in robotic tasks. In R. Burduk, K. Jackowski, M. Kurzynski, M. Wozniak, & A. Zolnierek (Eds.), *8th International Conference on Computer Recognition Systems CORES*.
79. Van, L. T., & Huei, Y. L. (2018). A structured light RGB-D camera system for accurate depth measurement. *Hindawi International Journal of Optics*.
80. Geng, J. (2011). Structured-light 3D surface imaging: A tutorial. *Advances in Optics and Photonics, 3*, 128–160.
81. Choi, B.-S., et al. (2017). Pixel aperture technique in CMOS image sensors for 3D imaging. *Sensors and Materials, 29*(3), 235–241.
82. Pentland, A. P. (1987). A new sense for depth of field. *IEEE Transactions on Pattern Analysis and Machine Intelligence, 9*, 523–531.

83. Rajagopalan, A. N., Chaudhuri, S., & Mudenagudi, U. (2004). Depth estimation and image restoration using defocused stereo pairs. *IEEE Transactions on Pattern Analysis and Machine Intelligence, 26*, 1521–1525.
84. Oili, P., Christoph, L., Peter, F., Anke, H., Wilfried, H., Stephan, I., Christian, L., Christian, S., Peter, S., Patrick, S., Robert, S., Sebastian, V., Erwin, T., & Ingmar, B. (2017). *Focus-induced photoresponse: A novel optoelectronic distance measurement technique, arXiv.* arXiv:1708.05000.
85. Xu, X., Che, R., Nian, R., He, B., Chen, M., & Lendasse, A. (2016). Underwater 3D object reconstruction with multiple views in video stream via structure from motion. *OCEANS*, 1–5.
86. Aji, R. W., Akihiko, T., & Masatoshi, O. (2018). *Structure-from-Motion using Dense CNN Features with Keypoint Relocalization, arXiv.*, arXiv:1805.03879.
87. Bianco, S., Ciocca, G., & Marelli, D. (2018). Evaluating the performance of structure from motion pipelines. *Journal of Imaging, 4*(8), 98.
88. Lowe, D. G. (1999). Object recognition from local scale-invariant features. In *Proceedings of the Seventh IEEE Int. Conf. on Computer Vision* (pp. 1150–1157).
89. Arjun, J., Jonathan, T., & Yann, L., & Christoph, B. (2014). *MoDeep: A deep learning framework using motion features for human pose estimation, arXiv.* arXiv:1409.7963.
90. Benjamin, U., Huizhong, Z., Jonas, U., Nikolaus, M., Eddy, I., Alexey, D., & Thomas, B. (2017). DeMoN: Depth and motion network for learning monocular stereo. *Benjamin Ummenhofer, arXiv.* arXiv:1612.02401.
91. Sudheendra, V., Susanna, R., Cordelia, S., Rahul, S., & Katerina, F. (2017). *SfM-Net: Learning of structure and motion from video, arXiv.* arXiv:1704.07804.
92. Faisal, M., & Nicholas, J. D. (2018). *Deep learning and conditional random fields-based depth estimation and topographical reconstruction from conventional endoscopy* (pp. 230–243).
93. Gyeongsik, M., Ju, Y. C., & Kyoung, M. L. (2018). *V2V-PoseNet: Voxel-to-voxel prediction network for accurate 3D hand and human pose estimation from a single depth map, arXiv.* arXiv:1711.07399.
94. Liang, L., Lin, Q., Yisong, L., Hengchao, J., & Junyu, D. (2018). Three-dimensional reconstruction from single image base on combination of CNN and multi-spectral photometric stereo. *Sensors, 18*(3).
95. Marcela, C., Bertrand, L. S., Pauline, T.-P, Andrés, A, & Frédéric, C. (2018). *Deep depth from defocus: How can defocus blur improve 3D estimation using dense neural networks? arXiv.* arXiv:1809.01567.
96. Jure, Ž., & Yann, L. (2016). *Stereo matching by training a convolutional neural network to compare image patches, arXiv.* arXiv:1510.05970.
97. Luo, W., Schwing, A. G., & Urtasun, R. (2016). Efficient deep learning for stereo matching. In *The IEEE Conference on Computer Vision and Pattern Recognition (CVPR)* (pp. 5695–5703).
98. Sameh, K., Sean, F., & Christoph, R. (2018). *StereoNet: Guided hierarchical refinement for real-time edge-aware depth prediction, arXiv.* arXiv:1807.08865.
99. Tateno, K., Tombari, F., Laina, I., & Navab, N. (2017). CNN-SLAM: Real-time dense monocular SLAM with learned depth prediction. In *IEEE Conference on Computer Vision and Pattern Recognition (CVPR)* (pp. 6565–6574).
100. Zhan, H., Garg, R., & Weerasekera, C. S. (2018). *Unsupervised learning of monocular depth estimation and visual odometry with deep feature reconstruction.*
101. Godard, C., Aodha, O. M., & Brostow, G. J. (2017). *Unsupervised monocular depth estimation with left-right consistency clement godard, arXiv.* arXiv:1609.03677.
102. Srivastava, S., Ha, S. J., Lee, S. H., Cho, N. I., & Lee, S. U. (2009). Stereo matching using hierarchical belief propagation along ambiguity gradient. In *16th IEEE International Conference on Image Processing (ICIP)* (pp. 2085–2088).
103. Westoby, M., Brasington, J., Glasser, N. F., & Hambrey, M. J. (2012). Structure-from-Motion photogrammetry: A low-cost, effective tool for geoscience applications. *Geomorphology, 179*, 300–314. Elsevier.
104. Yichuan, T., Ruslan, S., & Geoffrey, H. (2012). *Deep Lambertian networks, arXiv.* arXiv:1206.6445.

105. Visentini-Scarzanella, M., et al. (2015). Tissue shape acquisition with a hybrid structured light and photometric stereo endoscopic system. In X. Luo, T. Reichl, A. Reiter, & G. L. Mariottini (Eds.), *Computer-assisted and robotic endoscopy*. CARE, Springer.
106. Wang, W., Yan, J., Xu, N., Wang, Y., & Hsu, F. (2015). Real-time high-quality stereo vision system in FPGA. *IEEE Transactions on Circuits and Systems for Video Technology, 25*, 1696–1708.
107. Ttofis, C., Kyrkou, C., & Theocharides, T. (2016). A low-cost Real-time embedded stereo vision system for accurate disparity estimation based on guided image filtering. *IEEE Transactions on Computers, 65*, 2678–2693.
108. Xie, J., Girshick, R., & Farhadi, A. (2016). Deep3D: Fully automatic 2D-to-3D video conversion with deep convolutional neural networks. In B. Leibe, J. Matas, N. Sebe, & M. Welling (Eds.), *Computer vision*. Berlin: Springer.
109. Jalal, A., Kim, Y. H., Kim, Y. J., Kamal, S., & Kim, D. (2017). Robust human activity recognition from depth video using spatiotemporal multi-fused features. *Pattern Recognition, 61*, 295–308. Elsevier.
110. Ma, F., & Karaman, S. (2018). Sparse-to-dense: Depth prediction from sparse depth samples and a single image. In *IEEE International Conference on Robotics and Automation (ICRA), Brisbane* (pp. 1–8).
111. Li, R., Wang, S., Long, Z., & Gu, D. (2018). UnDeepVO: Monocular visual odometry through unsupervised deep learning. In *IEEE International Conference on Robotics and Automation (ICRA), Brisbane* (pp. 7286–7291).
112. Yuanhong, X., Pei, D., Junyu, D., & Lin, Q. (2018). *Combining SLAM with multi-spectral photometric stereo for real-time dense 3D reconstruction, arxiv*. arXiv:1807.02294.

第 4 章

机器视觉中强度变换和模数编码的混合传感器处理器阵列单元的设计与仿真

Vladimir G. Krasilenko, Alexander A. Lazarev,
Diana V. Nikitovich[①]

4.1 引言

生物识别系统是通过计算机视觉技术识别图像中的物体来实现的。目前,已有很多方法和手段来解决识别问题[1-2]。在大多数识别算法中,最常用的方法是比较同一物体或其片段的两幅不同图像。相互2D函数也最常用作参考片段与当前偏移图像片段相互比较的判别依据。如文献[3]所示,为提高当前噪声片段和参考图像之间比较质量的精度和准度,考虑图像数据集中图像之间的强相关性,推荐使用基于相互等效的二维空间函数变换和自适应相关权重的方法用于图像测量比较和选择。各种神经网络模型(NN)被广泛用作图像识别和聚类的工具。后者还广泛用于模式识别、生物特征识别、联想记忆(AM)和机器人设备控制的建模。文献[4-5]提出了自联想记忆(AAM)和异联想记忆(HAM)的等效模型。相对于神经元数量(4096个或更多)而言,EM的记忆容量(比神经元数量高3~4倍)更大,而且能够比较、存储和检索以识别强相关性和大尺寸噪声图像,如文献[6-8]所述。这些模型能够识别出损坏像素百分比高达25%~30%的片段(64×64或更多)[5,7,9-10]。文献[7-8]研究了用于联想图像存储和识别的多端口AAM(MAAM)和多端口异联想记忆(MHAM)模型,其主要观点最初发表在文献[4]中。基于EM的数学模型和AM实现始于文献[4],并在文献[7-9]中详细描述,在文献[11-13]中进行了改进。为了分析和识别,各种物体的聚类问题必须解决。这种先前的聚类允许组织处理数据的

---

① V. G. Krasilenko, A. A. Lazarev, D. V. Nikitovich
Vinnytsia National Technical University, Vinnytsia, Ukraine

正确自动分组,进行聚类分析,根据一组属性评估每个聚类,放置类别标签,并改进后续的分类和识别程序。EM 在其基础上创建 MAAM 和 MHAM[8,11-12] 及改进的神经网络[5-9]方面的显著优势,使得用于并行聚类图像分析的 MHAM 的新改进和在并行结构、矩阵张量乘法器、时空整合等效器上的硬件得以实现[8,9,12-14]。文献[8,12]中考虑了空间非不变模型和它们在图像识别和聚类中的实现,文献[1-2,9,11]中仅考虑了空间不变图像识别模型,而没考虑聚类。更广义的空间不变(SI)等效模型(EM)对空间位移具有不变性,可用于图像及其片段进行聚类,因此,研究此类模型是一项紧迫的任务[14-17]。此外,正如我们的分析所示,这些模型(在我们的著作[1-10]中有所描述,且已有超过 20 年的历史)与图像卷积运算密切相关。在深度学习卷积神经网络(CNN)最有前景的范例中[18-24],主要运算是卷积。它们揭示了基于现有模式或滤波器的规律需要在训练中使用复杂的计算程序。加州大学戴维斯分校的 Jim Crutchfield 和他的团队正在探索一种基于模式发现的机器学习新方法。科学家们创造算法来识别数据中以前未知的结构,包括那些复杂性超过人类理解的结构。文献[25]中考虑了基于这些高级模型的全新自学方法。它在理解生物神经结构功能原理的基础上,解释了一些重要的基本概念、联想识别机制以及转换和学习的建模过程。在这些模型中,对数字化多层面图像的二值切片进行了模式识别,并提出了它们的实现方法,对于没有事先二值化的多层面图像,请参阅文献[26]。但是,如下文所述,对于所有渐进模型和概念以及信号的非线性变换,图像像素强度是必要的。

处理器和存储器或多个处理器之间的瓶颈是互连速度非常慢。随着器件集成密度的增加进一步加剧了这个问题,因为在晶体之外需要更多的通道进行通信。为解决上述问题,研究者们讨论了替代方案光互连。文献[27]演示了光学或光电子技术在晶体外部和内部互连的使用。在 OE-VLSI 中的这个问题是通过实现外部互连来解决的,外部互连不是通过芯片边缘实现的,而是通过光学探测器和光发射器阵列实现的,这允许实现三维芯片的堆栈结构[28]。但在这种情况下,将各种无源光学元件与有源光电和电子电路组合在一个系统中也是一个尚未解决的问题。智能探测器电路可以看作是 OE-VLSI 电路的一个子集。它们只包括光电探测器阵列,可以与硅中的数字电子器件和用于模拟数字转换的电路进行单片集成。这大大简化了 OE-VLSI 电路设计,电路中必须只包含发光器件,后者也可以在硅中实现[29]。这种带有框架的智能探测器[30]显示出巨大的应用范围和市场潜力。在这方面,我们的方法还依赖于信号并行检测与单个电路中信号的并行处理相结合的智能像素结构。为了实现快速处理,每个像素都有自己的模拟和模拟数字节点。解决各种科学问题的重要方向之一是使用非传统计算 MIMO 系统和矩阵逻辑(多值、符号、模糊、连续、神经模糊等)以及相应的数学[31-34]对大型阵列(1D 或 2D)数据进行并行处理。为了实现 2D 结构的光学习神经网络(NN)[31],连续逻辑等效模型(CLEM)NN[32-34]需要矩阵逻辑元素以及向量矩阵计算程序的适当结构。带时间脉冲信号处理的高级并行计算结构和处理器[35]需要并行处理和并行输入/输出。矩阵形式的标量二值逻辑的总结促进了二进制图像代数(BIA)[36]和用于光学和光电处理器二维阵列的逻辑元素的深入发展[33,35,37-39]。有前景的研究领域之一是使用时间脉冲编码体系结构(TPCA),文献[40-41]考虑了这一点,通过两级光信号的使用,不仅增加了功能性(达到通用性),提高抗噪性和稳定性,降低对准要求和光学系统,同时,简化了所需控制电路和设置功能,并保持这些通用要素的整个方法论基础的完整性,而不考虑代码长度和逻辑类型。文献[42-43]中考虑了具有快速可编程设置的矩阵逻辑设计的通用(多功能)逻辑元件(ULE)的数学和其他理论基础,其中功能基础的统一是有利的,并且需要使用 ADC 阵列。ADC 是一种连续离散自动化系统,它通过与离散输出代码中的标准尺寸交互来执行模拟值 x 的转换。设计并使用 ADC 和 DAC 理论与实践的总结非常宽泛,所以很难选择通用器件。同时,在过去 20~30 年中,并行数字图像处理的光学方法和手段得到了深入研究,并行数字图像处理比模拟方法具有更高的精度和许多其他显著优势,在创建二维矩阵逻辑器件、为并行信息系统和数字光电处理器(DOEP)存储图像类型数据方面取得了一定的成功[38],其性能为每秒 $10^{12} \sim 10^{14}$ 位。大多数向量矩阵和矩阵乘法器[39]使用 1D 线性与 2D 矩阵多通道 ADC[43-45]。并行 DOEP 中的一个瓶颈是 ADC,与具有扫描或顺序并行读取和输出的传统输入系统不同,ADC 必须并行地完全执行大量信号(256×256 像素或更多)的 ADC 转换,并提供高达每秒 $10^6 \sim 10^7$ 帧的输入速度。因此,需要具有多个并行输入和输出的多通道 ADC,并具有向量或矩阵结构(VMO)[43-45],通道并行运行,并提供低功耗、简单的电路实现、短转换时间、低输入电平,可接受的字长等。此外,这种 VMO ADC 还可以执行其他功能,如逻辑矩阵运算的计算、数字滤波和图像的数字加减。对于多通道多传感器测量系统,特别是无线测量系统,需要低功耗、高精度和高速度的 ADC。文献[46-52]中考虑了 ADC、电流比较器及其应用的设计。但是这些比较器速度非常快,由许多晶体管组成,并具有高功耗。文献[43-45,51]中考虑的等效(EQ)连续逻辑(CL)ADC,由于其由 n 系列连接的模拟数字基本单元(ABC)组成,因此,在设备数量较少的情况下提供了高性能。这种单元在以电流模式工作的 CMOS 晶体管上实现 CL 功能。此类 CL ADC 的参数和性能(包括输出代码的类型)受模数转换所需连续逻辑功能的选择和相应 ABC 方案的影响。这些 CL ADC 的简单性使得实现大量用于光学并行和多传感器系统的多通道转换器成为可能。建议的 CL ADC 方案尤其适用于需要并行性和大容量的应用。在此基础上,本章的目的是设计和模拟基于电流镜(CM)的连续逻辑干细胞(CL BC)与多通道感知模数转换器(SMC ADC)技术实现的各种变体,具有图像处理器的初步模拟和后续模拟数字处理功能(IP)。此外,在我们之前的工作中,没有考虑 ADC 的精度特性,也没有针对这些基本单元和 ADC 整体的不同可能模式和修改进行转换误差的估计。这就是为什么目前工作的目的也是评估 ADC 误差,通过具体的实验结果加以证明这类 ADC 及其基本单元的增强功能,从而显著扩展了它们的功能和解决问题的范围。

4.2 图像强度变换的阵列单元模拟和理论数学背景

4.2.1 自学习等效卷积神经结构(SLECNS)中设计并行非线性图像强度变换装置的必要性

对于神经网络和联想记忆系统,利用矩阵和张量的非线性归一化等效函数建立了广义等效模型。它们使用归一化空间相关等效函数(SD_NEF)[6],定义如下:

$$\tilde{e}(A,B) = \frac{A \tilde{*} B}{I \times J} = \frac{1}{I \times J} \sum_{i=1}^{I} \sum_{j=1}^{J} (a_{\zeta+i,\eta+j} \sim b_{i,j}) \qquad (4.1)$$

式中:$\tilde{e} = [e_{\zeta,\eta}] \in [0,1]^{(N-I+1) \times (M-J+1)}$ 和符号($\tilde{*}$)表示空间卷积,但采用非乘法而是"等效"的元素操作。根据"强者生存"原则和组件非线性作用的增强,取决于其值的水平,矩阵 $\tilde{e}(\tilde{e})$ 和其他中间 SD_NEF 的元素使用具有不同参数 p_1、p_2 的自动等效运算[13]转换。研究表明,参数 p_1、p_2 阶跃自动等效越高,即非线性变换越"冲突",识别和状态稳定的过程越快,这是借助于能量等效函数实现的[6,26,53]。成功识别所需的迭代次数取决于模型参数,实验表明,与其他模型相比,迭代次数要小得多,而且不会超过几个。通过改变参数 p_1、p_2 可以获得所有先前已知的 EM[5-13]。为了实现所提出的联想神经系统的新子类,需要某些新的或改进的已知设备,这些设备能够以必要的速度和性能计算归一化空间等效函数(NSEqF)[1,6,10]。我们称这种专用设备为图像等效器[4,6,9-10,13],本质上是一个双相关器[54]或双卷积器。对于输入图像 S_{inp}、学习阵列矩阵 A(一组参考图像),提出了通用 SI EM AM[11,14-15],并对其进行建模,其中在算法的第一步和第二步之后,计算了元素等效卷积和非线性变换。广义 SI EM AM 的研究结果证实了其优点和改进的特性,以及识别高达 20%~30% 干扰的可能性[14-15]。文献[12,14]描述了一种基于同时计算所有簇之间相应距离的聚类神经元的方法 d 和所有使用 MAAM 和 MHAM 的训练向量。我们使用广义非线性归一化向量等效函数作为度量,并提供了良好的收敛性和高速的模型,见文

第4章　机器视觉中强度变换和模数编码的混合传感器处理器阵列单元的设计与仿真

献[12,14-17]。所提出的模型描述了一个迭代学习过程,该过程使用学习矩阵,并包括计算所有集群神经元的最优权重向量集。最优模式是通过这样一个迭代过程形成的,该过程基于对训练图像集中的模式和对象的有形片段的搜索。文献[25-26]中提出了将学习过程与识别过程相结合的图像识别和聚类模式。对于 EM 和所有已知的卷积神经网络,有必要在学习过程中确定来自标准集的大量模式与每层中的当前图像片段的卷积。研究表明,大型图像需要大量的过滤器进行图像处理,而且过滤器的大小通常也很大。因此,迫切的问题是要显著提高这种 CNN 的计算性能。在过去的十年中,旨在创建专门的神经加速器的工作被激活,该加速器计算两个二维阵列的比较函数,并使用乘法和加法累加运算。与大多数论文不同,在我们的工作中,使用了规范化等效函数,其中没有乘法运算。但是,我们的研究表明,等效模型也允许我们构造卷积等效结构和自学习系统。因此,利用我们构建一维神经元等效物的方法[55-58],我们考虑了二维神经元等效物的结构,该结构一般用于处理二维阵列。自学习等效卷积神经结构(SLECNS)[26]如图 4.1(a)所示。所需的卷积数 $e_0 - e_{n-1}$,取决于筛选器模板的数量 $W_0 - W_{n-1}$,它可以从矩阵 X 中提取。卷积由具有多级值的矩阵表示,这与我们之前使用的二进制矩阵不同。将每个滤波器与矩阵的当前片段进行比较,并将近似的等效度量或其他度量(如直方图)用作矩阵片段与滤波器的相似性度量。因此,空间不变的情况下解释方法需要计算空间特征卷积类型 $\vec{E^m} = W^m \tilde{\otimes} X$,式中 $E_{k,l}^m = 1 - \text{mean}(|\text{submatrix}(X, k, k+r_0-1, l, l+r_0-1) - \vec{W^m}|)$,由式 $EN_{k,l}^m = G(a, E_{k,l}^m) = 0.5[1 + (2E_{k,l}^m - 1)^\alpha]$ 非线性处理,相互比较以确定索引表达式的获胜者: $\max(EN_{k,l}^{m=1}, EN_{k,l}^{m=2}, \cdots, EN_{k,l}^{m=M-1})$ 和 $EV_{k,l}^m = f_{\text{nonlinear}}^{\text{activ}}(EN_{k,l}^m, \text{MAX}_{k,l})$,因此,在第一步和第二步中,需要计算大量的卷积。

根据上述公式,有必要计算两个矩阵的分量差的平均值。同样,计算所有滤波器的归一化非等效函数,并对其分量进行非线性变换: $EN0_{k,l} = 0.5[1 + (2E0_{k,l} - 1)^\alpha]255$,式中 α 是非线性系数。基于 SLECNS 的这些变换,我们需要实现不同的 α 非线性变换。对这个表达式的分析表明,有必要进行幂和乘法运算,因此,我们建议用近似这种依赖关系,如三段线性逼近。在文献[26]中进行的实验表明,所提出的图像(包括多级图像和彩色图像)自学习识别方法和模型非常有前景。但是,考虑到对性能和计算量的巨大要求,为了实现实时工作,有必要配备相应的高性能、节能的光线和图像处理器,这些处理器具有并行的操作和图像输入输出原理,其设计在文献[9,12-13,58-64]中得到了部分考虑。图 4.1(b)展示了文献[65]中提出的一种新结构,该结构有望用于机器视觉和人工智能、神经结构以及各种高性能测量系统[66-68]。所提出的结构使得能够在单个周期内以高速同时计算等效卷积的所有分量(元素)的集合。循环时间等于从其移位的当前片段的处理图像中选择的时间。使用神经元等效器阵列

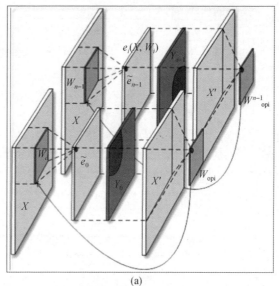

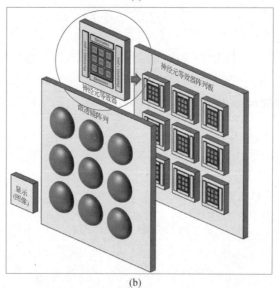

图 4.1 SLECNS 的基本单元(结构)(见彩插)

(a)基于多端口存储器学习神经网络模型以查找质心簇元素的功能原理；

(b)使用神经元等效器阵列的基本单元。

的系统结构包括动态显示当前片段的微显示器、具有光学透镜的微透镜阵列(MLA)的光学节点以及具有光学输入的二维等效器(Eq)阵列。每个等效器(Eq)以模块化分层方式实现，并且可以由类似的较小子像素，也是 2D 类型的基本节点组成。等效器具有一个光电探测器矩阵，在该矩阵上使用(MLA)投影碎片的半色调图像。电模拟输入的数量等于光电探测器的数量,滤波器组件从采样和保持装置(SHD)或模拟存储器馈送至光电探测器,随后使用任何已知方法进行数模转换。

这些元件以微电流的形式呈现。经过训练后,每个等效器都有来自滤波器集的自己的过滤器掩码。模拟各种模式下的 1.5μm 晶体管(CMOS)表明,这种等效电路及其基本模块可以在低功耗和高速模式下工作,据估计,它们的能源效率至少为每瓦 10^{12} op/s,并且可增加一个数量级,特别是考虑到 FPAA[69]。但这在很大程度上取决于电流镜的精度和特性。因此,在每个等效器的输入端,有两个模拟电流阵列(向量),表示被比较的电流片段和相应的滤波器标准,等效器的输出是一个根据激活函数进行非线性变换的模拟电流信号,并表示它们的相似性、接近性的度量。此外,如文献[65]所示,即使没有 WTA 网络,非线性分量转换允许分配具有最大活性的最多神经元(NE)。综上所述,对于 SI EM 的所有优点的硬件实现来说,一个重要的问题是并行非线性变换的设计,即强度级别的变换。如下所示,使用执行硬件而非 PC 的单元阵列,足以进行自动等价运算的非线性变换,允许不执行搜索 SD_NEF(用于聚类和学习的地图)中极值的费力计算过程,但需要几个变换步骤自动选择这些极值,并消除所有不必要的级别,使得这些级别的像素在后续算法步骤中保持中性。

4.2.2 神经元实现数学运算的综述

神经网络(NN)和 CNN 的几乎所有概念、模型和结构都使用神经元的信息数学模型,这些模型简化为两个基本的数学分量运算符:W 和 X。X 是神经元输入信号的向量,W 是权重向量,第二个分量对应于第一个分量的输出值到输出信号的某种非线性变换。输入运算符可以实现为求和、最大值或最小值,即自加权输入的乘积[55-56]。但最近,此类运算符的集合在文献[6,9,13,56]中明显扩展。神经网络的等效模型有一些优点,需要计算这样的算子:归一化等效(NEq)、非线性归一化非等效(NnEq)和向量的自等效。在文献[9,13,57]中,我们考虑了当向量的分量 X 和 W 是归一化和单极编码的。在文献[58]中,我们仅使用归一化等效,但时间脉冲编码用于模拟信号。这项工作的积极方面是使用了模块化原理,允许计算向量的归一化等效运算符,从而计算归一化等效子向量及其输出信号。在文献[58]中,运用模块化原理详细描述了创建等效神经元计算 NEq 函数的数学基础。要增加互补双 NE(CDNE)的输入数量或比较向量的维数,可以使用更小维数的基本模拟 CDNE 的组合。特别是当它们组合在复杂的层次结构中时,大大扩展了这种基本 CDNE 的功能。结果表明,NN 和 AM 的等效范式中的所有算法过程都简化为从两个向量或矩阵计算 NEQ,以及对应于激活函数的元素非线性变换,对于 NN 的上述 EM,简化为自动等效的计算(自动非等效)。但是,在上述工作中,没有对激活函数进行仿真和说明。对实现神经元激活功能的硬件设备的设计做了大量的工作,但没有考虑 EMS 的自等效变换函数的设计和最常见的任意类型与非线性变换类型。因此,本文的目标是设计用于图像强度级硬件并行变换的单元。文献[65]解决了部分关于等效函数的最简近似问题(带有 3 个浮动阈值的片段)。这种近似的基本单元仅由 18~20 个晶体管组成,并且允许转换的时间为 1~2.5μs。同时,论文的目的是不需要考虑任何非线性强度变换设计的一般理论方法。电流的加减法运算最容易在电流镜上实现。

4.2.3 图像强度非线性变换的数学模型

像素的输入模拟强度用 x 表示,其中 $x \in [0,D]$,D 是所选范围的最大强度,用 y 表示输出模拟转换强度,其中 $y \in [0,D]$。然后,非线性强度变换的算子可以写成以下形式:$y = F_{trans}(x)$。由于这些函数可以是阈值处理函数、指数函数、sigmoid 函数和许多其他函数,特别是在构造、合成神经元和网络时都被用作激活函数。为了形成所需的非线性强度变换,可以使用所选函数的分段线性近似。对于分段线性近似,将输入电平 D 的范围分解为 N 个相等的子带,宽度为 $p = D/N$。用文献[6,13]中已知的有界差分函数,定义为 $a \dotdiv b = \begin{cases} a-b, & a>b \\ 0, & a \leq b \end{cases}$。输入信号 x 和每个上层子带电平的格式 $pD_i = i \times p$,$i=1$,式中 $i=1,2,\cdots,N$,下列信号:$s_i = (x \dotdiv (i-1)p) \dotdiv (x \dotdiv i \cdot p)$。对于 $i=1$,我们得到 $s_1 = x \dotdiv (x \dotdiv p)$,这是 x 和 p 之间的最小值,并且有一个阶跃信号,强度为 p,对于 $I=2$,我们可以得到 $s_i = (x \dotdiv (i-1)p) \dotdiv (x \dotdiv i \cdot p)$,它对应于强度为 p 的一个阶跃信号,但从 p 开始。当 $i=N$ 时,可以得到 $s_N = (x \dotdiv (N-1)p) \dotdiv (x \dotdiv N \cdot p) = (x \dotdiv (N-1)p)$,它对应于强度为 p 的一个阶跃信号,从 $(N-1)p = D-p$ 开始,将这些步骤的权重系数 k_i 相加,我们可以形成一个分段近似强度,即

$$y_a = \sum_{i=1}^{N} k_i s_i = \sum_{i=1}^{N} k_i [(x \dotdiv (i-1)p) \dotdiv (x \dotdiv i \cdot p)] \quad (4.2)$$

近似强度的标准范围为 $y_a \in [0,D]$,阶梯信号的加权系数从以下条件中选择:$\sum_{i=1}^{N} k_i = N$。分析式(4.1)表明,通过改变步长的增益,可以形成任何所需的分段连续强度转换函数。如果系数 k_i 为负值,则表示减去相应的步长。因此,为了实现变换,需要一组用于实现有界差分、加权(乘法)和简单求和运算的节点。如果输入像素强度由光电流设置,则具有电流镜像(CM),其中有限差分和光电流总和的操作很容易实现,具有多个有限差分方案和指定的上子带级 pD_i 就足够了。通过选择电流镜晶体管的参数,将电流除以或乘以所需的固定 k_i。如果有必要动态地改变视图、转换函数,即组件的权重,那么需要编码的放大器。

当使用电流和 CM 时,一组按键和一个具有离散权重(二进制)的乘法镜起到代码控制放大器的作用,本质上是 DAC,唯一的区别在于,它们不是使用参考模拟信号,而是使用模拟信号 s_i。经过一些转换后,式(4.2)转换为以下形式:

$$y_a = \sum_{i=1}^{N} k_i [(x \dotdiv pD_{i-1}) \dotdiv (x \dotdiv pD_i)] = \sum_{i=1}^{N} k_i \cdot \min(x \dotdiv pD_{i-1}, p) \quad (4.3)$$

式(4.3)表明,为了实现强度转换,必须有类似的最小电路,但它是以两种有界差运算的形式实现的:$a \dotdiv (a \dotdiv b) = \min(a,b)$。除上述式(4.2)和式(4.3)外,还可以通过三角信号实现所需功能:

$$y_a = \sum_{i=1}^{N} k_i \cdot t_i = \sum_{i=1}^{N} k_i [(x \dotdiv (i-1) \cdot p) \dotdiv 2(x \dotdiv i \cdot p)] \quad (4.4)$$

对于常数 s_i 和 t_i 的形式,输入信号 x 可以乘以 N,然后在每个子部件中同时生成所有部件。另一方面,在每个子部件中,一个信号 $(x \dotdiv pD_i)$ 这被反馈到流水线的下一个子组件中,用于形成信号和组件。这对应于具有大延迟但不需要输入信号乘法的传送电路。方案和元素库的选择取决于对合成节点的需求。

4.2.4 图像强度变换的阵列单元模拟

4.2.4.1 用 Mathcad 模拟图像强度变换

使用两个基本元件组成 lambda 函数 fspΔs2,如图 4.2 所示,表达式描述为

$$\text{fsp}\Delta s2(xs, p\Delta x, p\Delta, k) = k \times \text{obs}(\text{obs}(xs, p\Delta x), \text{obs}(xs, p\Delta) \times 2) \quad (4.5)$$

式中:xs 是函数参数;pΔx 表示下限级别的参数 xs(初始值);pΔ 是第二个参数,指示最大值的水平;k 是表示标量增益乘法器的第三个参数;并且 $\text{abs}(a,b) = a \dotdiv b$,我们提出了一个函数组合 fspΔsS,可由下式计算得出:

$$\text{fsp}\Delta sS(xs, \Delta k, VK) = \sum_{i=1}^{\Delta k} \text{fsp}\Delta s2 \left[xs, \frac{255}{\Delta k} \times (i-1), \frac{255}{\Delta k}(i), VK_i \right] \quad (4.6)$$

式中:Δk 是组件数(lambda 函数);xs 是函数的参数;VK 是增益因子的向量。在 Mathcad 环境中使用这些函数构造某些类型的传输特性(TC)的结果如图 4.2 所示。为了逼近自动等效,我们还提供了更简单(两阶)的基本函数:

$$\text{af}(xs, xp) = [\text{obs}(xs, \text{obs}(xs, xp)) + \text{obs}(xs, (DP - xp))] \cdot \left(\frac{DP}{xp \cdot 2} \right) \quad (4.7)$$

并将其组成增加 3 倍:

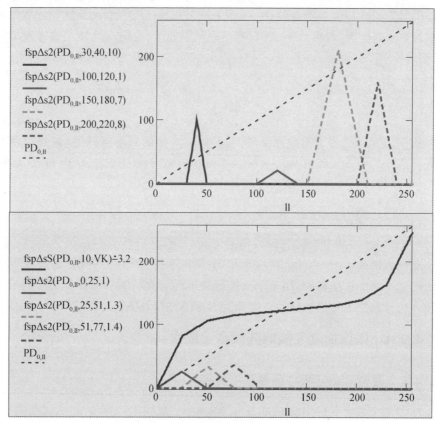

图 4.2　合成变换函数图(见彩插)

$$\text{afS}(\text{xs}, \text{VaF}, \text{KaF}) = \sum_{iv=0}^{2} \text{af}(\text{xs}, \text{VaF}_{iv}) \cdot (\text{KaF}_{iv}) \quad (4.8)$$

一般来说,合成中的成分数量可以是任意的,但为了建模,我们使用了8个和16个分量合成与调整向量。合成 TC 的此类功能和组成的示例如图 4.3 所示。图 4.4 中给出了另一种功能。图 4.5 给出了使用这种 TC 制备原始 PIC 图像的结果。

4.2.4.2　使用 OrCad PSpice 设计和模拟用于图像强度变换的阵列单元

在使用基于三角形信号的四片逼近的例子(根据式(4-4))中,我们首先考虑任意变换的图像强度的单个基本单元的设计和模拟。图 4.6 给出了建模方案,图 4.7 为基本子节点的示意图。为了从输入信号形成 4 个三角形信号,我们使用 4 个相同的子节点,每个子节点由 14(13)个晶体管和一个附加的电流镜(两个晶体管 Q18 和 Q19)组成,为了传输输入光电流和阈值电平,辅助电路由 17(14)个晶体管组成。

第4章 机器视觉中强度变换和模数编码的混合传感器处理器阵列单元的设计与仿真

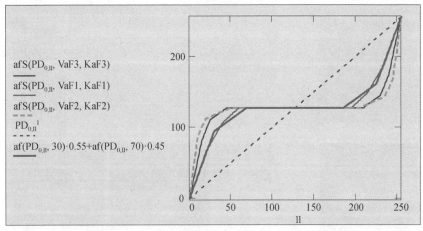

图 4.3 自动等效函数的综合传输特性示例(见彩插)

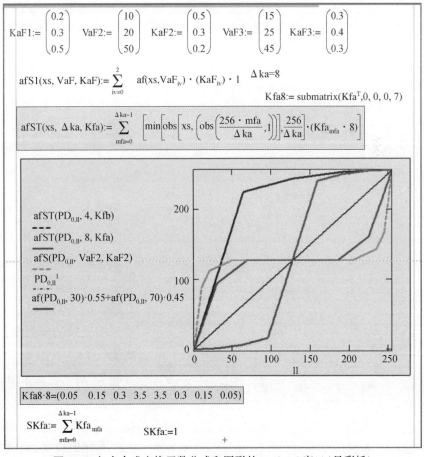

图 4.4 包含合成变换函数公式和图形的 Mathcad 窗口(见彩插)

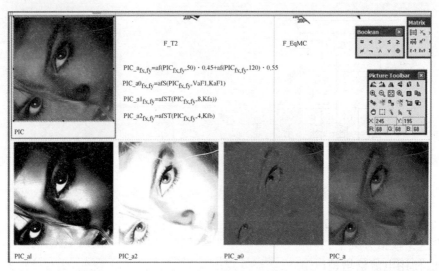

图 4.5　MathCAD 窗口显示图像强度变换公式和结果(其中 2D 从左到右:输入图像 PIC、计算自动等效函数、非线性(激活后)输出图像(底行))

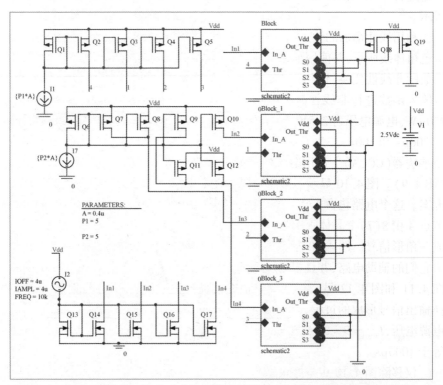

图 4.6　基于 4 段线性近似和 4 个子节点的非线性变换器单元仿真电路(见彩插)

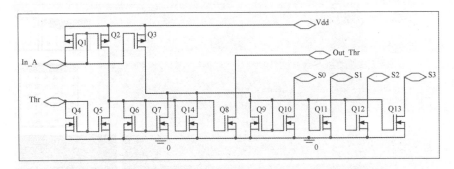

图4.7 4段线性近似的基础子节点电路(示意图2)(见彩插)

由电流发生器I2模拟输入光电流。通常,该单元布局由68个晶体管组成。在这个模拟方案中,我们对每个三角形信号使用4个固定的不同增益值。为此,使用电流倍增镜(CMM)对子节点的输出信号进行倍增,并通过使用求和输出电流镜或电源线固定输出连接 $S_0 \sim S_3$,我们选择了权重 k_i。因此,我们通过选择一组系数来建模不同的系数 k_i。各种输入信号的仿真结果如图4.8所示。

利用线性增加的输入信号(红色实线)和转换函数,其形式如图4.8(a)中绿色粗体线所示,并使用辅助信号(以不同颜色显示),我们获得了类似于ReLu函数的非线性变换(饱和)。如图4.8(b)所示,结果信号(绿色粗体线)在通过该输入函数进行非线性转换后显示正弦信号(以蓝色显示)。电池的功耗为 $150\mu W$,电源电压为 $2.5V$, $I_{max}=D=8\mu A$, $N=4$, $p=2\mu A$,输入信号的周期分别为 $200\mu s$ 和 $100\mu s$。为了动态切换图像像素强度转换函数的视图,我们在电流镜乘法器(CCCA)上使用电流控制的电流放大器,并具有二进制加权电流输出(图4.9)。图4.10显示了采用8段线性近似实现动态强度转换的单元的总体方案。这个电路包含170~200个晶体管,由8个基本节点(A+CCCA)组成。节点 A 由8(7)个晶体管组成,并根据每个子带 pD_i 的给定阈值处的输入信号生成三角形信号。图4.10左侧显示出了用于生成上子带电平并从输入信号中减去它们的辅助电路,并且根据所选的元件基础和方法,可采用不同的方式实现。图4.11和图4.12显示了从所有辅助元件的输入信号、三角形波形、非线性变换输出信号形成的过程,以及该电路在不同模式下的仿真结果。对于 $2.5V$ 的电源电压, $I_{max}=D=8\mu A$, $N=8$, $p=1\mu A$,输入线性递增递减三角形信号的周期等于 $1000\mu s$。

仅移除图4.10中电路的节点 A 中的1个晶体管即可,在可调非线性变换的基础上进行修改和实现,根据式(4.1),而不是式(4.3),即借助于 s_i,而非 t_i。

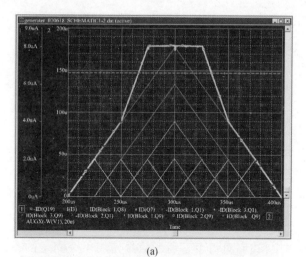

图 4.8 图 4.6 中电路的模拟结果(见彩插)

(a)输入线性上升信号;(b)输入正弦信号。

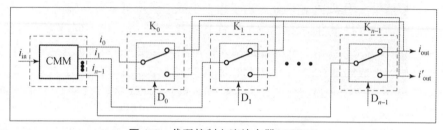

图 4.9 代码控制电流放大器(CCCA)

(由带乘法的电流镜(CMM)和 n 个键(K)组成)

第4章 机器视觉中强度变换和模数编码的混合传感器处理器阵列单元的设计与仿真

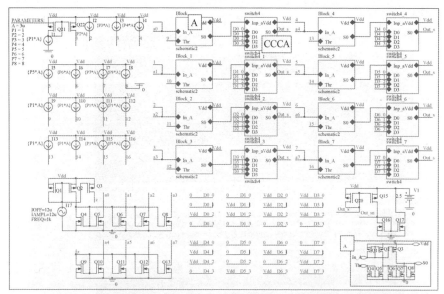

图 4.10 基于 8 段线性近似和 8 个基本子节点的非线性变换器单元仿真电路(见彩插)

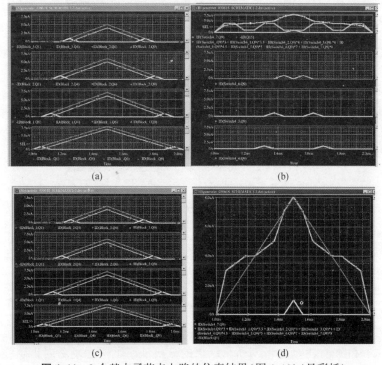

图 4.11 8 个基本子节点电路的仿真结果(图 4.10)(见彩插)

(a)形成用于线性上升输入信号的三角形信号(红线),输出信号(黄线)(前 4 个信号);(b)形成三角形信号(红线),输出信号(黄线)(第二个 4 个信号)和 2 个特性输出(蓝线和绿线);(c)形成用于线性上升输入信号的三角形信号(红线),输出信号(黄线)(前 4 个信号);(d)输入信号(红线),输出信号(蓝线))。

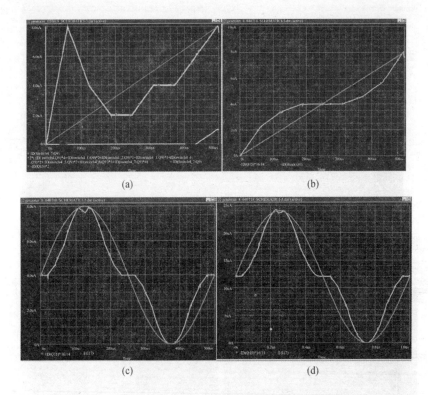

图4.12 8个子节点电路的仿真结果(图4.10)(见彩插)
(输入信号红色、输出信号绿色)
(a)N形转换特性;(b)自动等效传输特性;(c)输入电流范围0~8μA、周期500μs的自动等效传输特性;(d)输入电流范围0~24μA和周期1ms的自动等效传输特性。

图4.13、图4.14和图4.15显示了建模的结果,如具有基本阶跃信号 s_i 组成的转换方案,图4.14和图4.15显示四级近似的情况,图4.13为八级近似。结果证实了合成具有特定或需要的变换定律精度的转换器单元的可能性,特别是自动等效函数、它们消耗的微伏功率和高速(微秒及以下)。对于最简单且近似的逼近函数,虽然简单,但通常足以通过激活函数选择获胜函数,单元电路仅由17~20个晶体管组成,具有非常高的速度($T=0.25\mu s$)和较小的功耗(小于100μW)。模拟这种简单(3~4分段近似)单元的结果(图4.16)在4.2.4.3节中分别介绍了Eq等效器在小规模网络中的组成,以及用于输入运算符的节点,如图4.17和图4.18所示。对所得结果的分析证实了所选概念的正确性,以及在此基础上为图像强度变换和MIMO结构创建CLC的可能性,作为紧凑型高性能机器视觉、CNN和自学习生物启发设备的硬件加速器。

第4章 机器视觉中强度变换和模数编码的混合传感器处理器阵列单元的设计与仿真

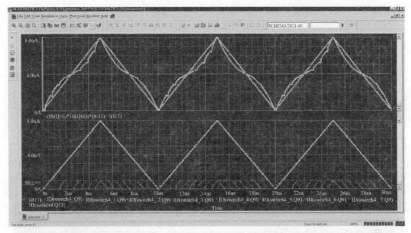

图 4.13 具有阶跃信号和输入电流信号八电平近似的电路的仿真结果(见彩插)
(输入信号(绿线)、输出信号(蓝线)和其他信号(彩色线))

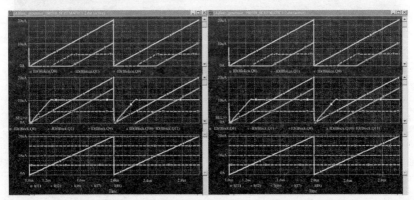

图 4.14 四级近似的模拟结果,实现的非线性变换是自学习卷积网络($I_{max} = 20\mu A$, $T = 1\mu s$)的归一化自等效函数 A(见彩插)

4.2.4.3 模拟 64 输入和 81 输入神经元等效器中非线性变换的模拟

为了模拟 64 输入和 81 输入神经元等效器[65]中的非线性变换,我们使用了 1 个节点,其电路如图 4.16 所示。以分段线性近似的形式形成激活函数(自动等效)。图 4.17 和图 4.18 中显示了周期 $T = 2.5\mu s$ 的线性上升(下降)电流,输出信号响应的非线性转换的 64 输入 NE 的模拟结果。同时,给出了线性和非线性归一化 NEq 形成过程的模拟结果。将两个向量与电流信号进行比较,64 输入神经元等效器在低电源电压下的总功耗为 2~3 mW,包含少于 1000 个 CMOS 晶体管,并提供良好的时间特性。该电路对电流镜上模拟电流进行加法、减法和乘法运算。

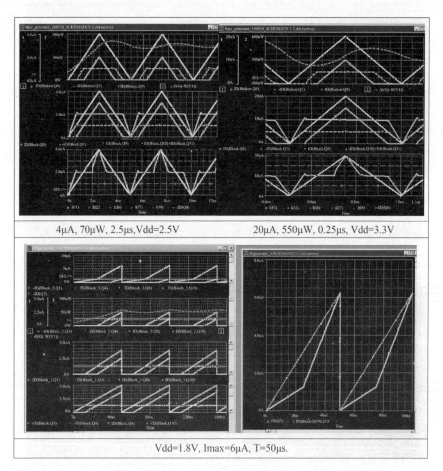

图 4.15 四级近似的仿真结果,实现的非线性变换是自学习卷积网络(见彩插)

(对于不同的输入电流和变换周期)的归一化自等价函数:输入信号(黄线)、输出信号(蓝线)和功耗(红线)

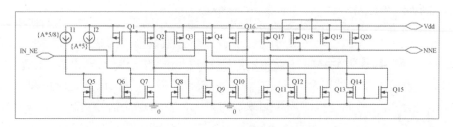

图 4.16 电流镜上的激活功能电路

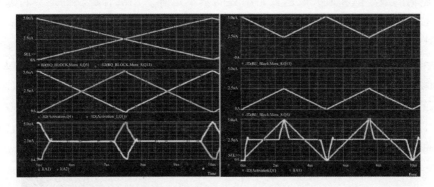

图 4.17 电流 $I_{max}=5\mu A$ 和周期 $T=2.5\mu s$ 的线性上升（下降）电流的 64 输入 Eq 建模结果（左侧，上面两个信号（粉红色，最大；蓝色，两个输入电流的最小值），绿色，等效信号；黄色，非等效，低于非线性转换后的信号；右侧，上面的两个信号是最大值和最小值，下面的蓝色是归一化等效值，黄色是非线性归一化等效值）（见彩插）

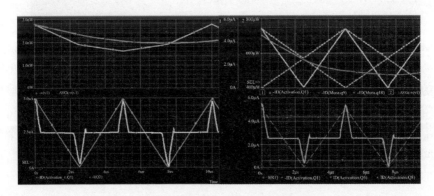

图 4.18 电流 $I_{max}=5\mu A$ 和周期 $T=2.5\mu s$ 的电流线性上升（下降）的 64 输入 Eq 建模的结果（见彩插）

（左侧：对线性（绿色）和非线性归一化 NEX（黄色）的形成；在上图上：峰值以及平均消耗功率；右边：形成过程建模的结果线性（在上迹线上为黄色）和非线性归一化的 NEX（在下迹线上的绿色），红线表示消耗的功率。蓝色，最多两个信号；绿色，至少两个 $V=3.3V$ 的信号）

4.3 连续逻辑（CL）变换与等效 CL ADC

4.3.1 SMC_CL_ADC 的基本理论基础、等效模型及其修正

这些转换器显著减少（甚至消除）经典 ADC 固有的数字化（量化）误差。文献[30,45,51]中给出了 CL 变换，其中定义了变换 CL 函数（CLF），并且表明连

续逻辑的最小值和最大值运算是函数的基本运算。用混合逻辑的运算符来形成 CLF 是可能的：$D_1[P(x_1,x_2)] = \max(x_1,x_2)$，$D_2[P(x_1,x_2)] = \min(x_1,x_2)$，式中 P 和 D 分别是阈值与非阈值运算符，它们以各种方式实现。在许多用于图像识别的神经网络模型中，特别是在许多分级的模型中，希望具有二进制位平面图像，以灰度编码图像矩阵[41]。此外，在文献[32-35,40,45-46]中，证明了连续逻辑的一些运算，如等效和非等效，以及它们的广义族，在所谓的等效范式中提供了许多优势。文献[32-33]在 $x,y \in [0,1]$ 中定义了这些等效 $eq(x,y)$ 和非等效 $neq(x,y)$ 的标量运算，即

$$eq(x,y) = x \wedge y + \bar{x} \wedge \bar{y} = \min(x,y) + \min((1-x),(1-y)) = 1 - |x-y| \tag{4.9}$$

$$neq(x,y) = |x-y| = 1 - eq(x,y) = \max(x,y) - \min(x,y)$$
$$= \max(\bar{x},\bar{y}) - \min(\bar{x},\bar{y}) = (x \dot{-} y) + (y \dot{-} x) \tag{4.10}$$

式中：$\dot{-}$ 是有限差分操作。如果我们考虑 $y = 1 \dot{-} x = \bar{x}$，这些方程转换为

$$eq(x,\bar{x}) = 2(x \wedge \bar{x}) = 2\min(x,\bar{x}) \tag{4.11}$$

$$neq(x,\bar{x}) = \max(x,\bar{x}) - \min(x,\bar{x}) = 1 - 2\min(x,\bar{x}) \tag{4.12}$$

如文献[45]所示，这些函数可成功用在 CL ADC。为了形成与格雷码中编码的图像类别相对应的二进制位平面，我们对每个像素使用了在前几个阶段中获得的等效和非等效矩阵上的迭代过程：$eq_{i+1}(eq_i(\cdots),neq_i(\cdots))$ 和 $neq_{i+1}(eq_i(\cdots),neq_i(\cdots))$。很容易看出，将段 $[0,1]$ 划分为 $2^n = N$ 个子区间，每个子区间都是一个集合，一个符号向量，对应于通过标度 x 测量的格雷码。因此，代码的位置数字 d_{n-i} 定义为

$$d_{n-i}(eq_{i-1},neq_{i-1}) = \{1, \text{ if } eq_{i-1} > neq_{i-1}, 0, \text{ if else}\} \tag{4.13}$$

式中：$i \in 1,2,\cdots,n$，$eq_0 = x$，$neq_0 = \bar{x}$。由此可知，为了实现光信号的 ADC，我们需要合成实现所需运算 eq_i、neq_i 和阈值运算符的 BC CLS。我们将这种 ADC 称为等效连续逻辑互补的一对，因为其中的信号 x 和 $\bar{x}$ 是互补的，CL 函数是等效的(非等效的) CL ADC[45]。由于这些 ADC 是在电流镜(CM)上实现的，并且 ADC 的输入信号是电流，因此，我们将这种 ADC 指定为 ADC CM[30]。在这项工作中，作为转换 CLF，我们使用以下函数：

$$eq_{i+1}(eq_i,D/2) = 2(eq_i \dot{-} 2(eq_i \dot{-} D/2))$$
$$(\text{或 } neq_{i+1}(neq_i,D/2) = 2|neq_i - D/2|) \tag{4.14}$$

式中：$eq_0 = x$，$neq_0 = \bar{x}$，允许我们用一个信号，而不是用两个信号，从而简化了单元的实现。IP 的 SMC CL ADC 结构如图 4.19 所示。

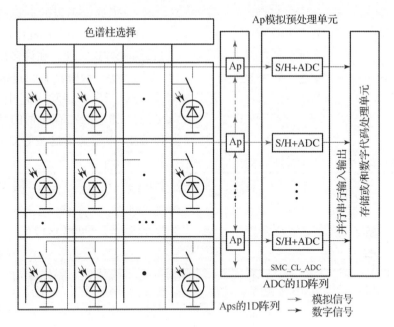

图4.19 具有 CL_ADC 的 1D 阵列和存储或/和数字代码处理单元的 2D 图像传感器的结构

4.3.2 基于直流电(格雷码)的连续逻辑模数转换器的设计(迭代不变量)

图 4.20 显示了一个 SMC_ADC 通道的电路。结构如图 4.20(a)所示，基本单元如图 4.20(b)所示。该电路由采样保持器(SHD)、单个数字模拟 DC-(G)单元(块 A)和附加元件(块 B)组成。要转换的输入模拟电流信号记录在 SHD，然后传输至模拟 DC-(G)，该模拟 DC-(G)将生成输出代码的下一个数字位和 CL 功能。

该函数反馈给 SHD，以形成下一个连续位。采样保持器(SHD)由 18 个晶体管组成。DC-(G)由一个基准电流发生器和 15 个或 17 个晶体管组成。由于一个通道的电路仅由 33(35)个晶体管组成，因此，它在多传感器系统应用中很有前景。DC 使用 CLF(4.3.1 节)过电流信号将输入模拟信号转换为另一输出电流信号，同时将其与阈值电流进行比较。这种连续逻辑转换的优点是，这种转换的形式可以非常多样化，用于这种转换的连续逻辑的操作本身也非常多。

但是，考虑到所需的目标，有多种选择搜索和优化此类单元。为了最大限度降低设备成本，电池可以非常简单，用 10~20 个晶体管组成。此外，使用其他已知的、改进的动态电流比较器和精度指示器[50-52]，包括浮栅等，大大扩展

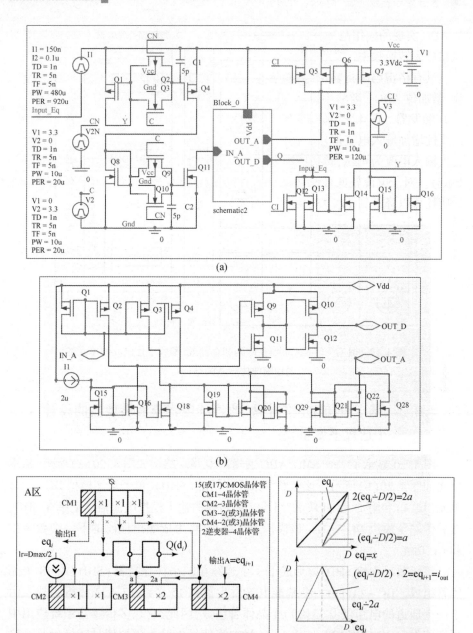

图 4.20 具有迭代变换的多通道 CL ADC CM-6(8)(G)-iv 的
一个通道的电路和基本单元 DC-(G)

(a) CL ADC CM-6(8)(G)-iv 的功能图;(b) 电路图 A;(c) A 区的功能图;
(d) 模拟信号通过有限差分和乘 2 的连续逻辑变换图,实现信号上的等效函数。

第4章 机器视觉中强度变换和模数编码的混合传感器处理器阵列单元的设计与仿真

了 ADC 实现的应用范围,将功耗降低到微瓦,或显著扩展了输入信号的动态范围和最大转换频率。

具有格雷码串行输出结构的优点是:可在结构不变的情况下增加迭代次数,增加位 ADC。要将串行格雷码转换为二进制码,只需要一个模加法器和一个 D 触发器。图 4.21 和图 4.22 显示了一个 6 位 CL ADC CM - 6(G) - iv 通道在线性增加输入电流信号。这款 ADC6(8)(G) - iv 的总功耗不超过 $70\mu W$,其最大输入电流为 $4\mu A$,转换周期为 $120\mu s$(6 位为 $6\times20\mu s$)及 $160\mu s$(8 位为 $8\times20\mu s$)。对于电流较低且 Vdd = 1.5 ~ 1.8V 的工作模式时,ADC - 6(8)(G) - iv 的功耗可以降低到 $10 \sim 15\mu W$。

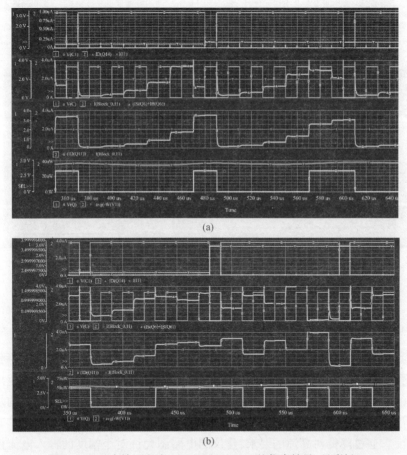

图 4.21 两个输入电流 100mA 和 150mA 的仿真结果(见彩插)

(a)两个输入电流 100mA 和 150mA 的仿真结果,对应的输出格雷码|000001|和|000011|(第三道中的蓝线是 6 位 ADC 模块的输出电流,紫线是阈值电流;第 4 条记录道中的黄线是对应于输出代码块的输出电压(第一个代码 370 ~ 490μs 的时间间隔(6 位数乘以 20μs),第二个代码 490 ~ 610μs 的时间间隔;红线是约 $40\mu W$ 的功耗);(b)两种输入电流和相应的输出格雷码|000111|和|010101|的仿真结果,功耗约为 $40\mu W$。

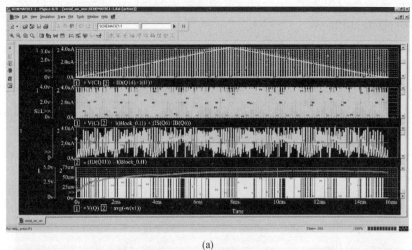

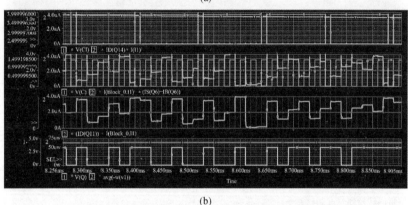

图 4.22 三角形电流信号(第一道中的黄线)的 6 位 ADC 仿真结果(见彩插)

(a)整个时间间隔;(b)对于输入电流减小的 5 个时间间隔和相应的输出格雷码{100101},{100100},{100100},{101101},{101111}(第四道中的黄线),红线是大约 70μW 的功耗。

我们早期工作的缺陷是缺乏对此类结构的最终能力及其精度特征的研究。因此,在本文中,我们在 8 位码的形成过程中预先观察这种结构,确定了使用非常小的输入电流(10mA ~ 1μA)运行的可能性,并将 DAC 和转换器的结构从格雷码添加到二进制码(图 4.23),并确定了不同模式下 ADC 误差的大小及其精度特征。通过降低对高速的要求,建议的电路图允许对小幅度的输入电流使用模拟 – 数字转换,并且当 D_{max} = 1μA 时,这种单一 ADC 通道的功耗可以小于 50μW。所有电路均以 1.5μm 晶体管建模,模拟 – 数字转换误差的仿真结果如图 4.24 所示。图中对 D_{max} = 4μA、6 位 ADC、转换周期 T = 120μs 进行了仿真。图 4.24 显示了仅对于最大输入电流,最大误差约为 1 个最低有效位(LSB),8

位 ADC 的误差约为 2 个 LSB。同时,仿真结果表明,将转换时间减少到 10～20μs 时,误差是相同的。

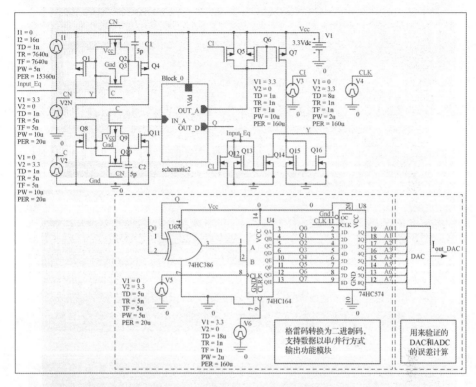

图 4.23　CL ADC CM-(8)(G)-iv 的功能图
(格雷码转换到二进制码并支持数据以串行/并行输出,用来验证的 DAC 和 ADC 的误差计算)

在图 4.23 中显示了 CL ADC CM-(8)(G)-iv 的功能图,其中包括格雷码到二进制码的转换,以及用于误差计算的带有代码转换器和 DAC 的串行/并行输出。实际上,与图 4.20 中的电路相比,ADC 本身(将为其制作传感器或图像处理器的 1D 或 2D 阵列)可能还包含一些数字元件,如逻辑元件、触发器或寄存器。这取决于有关的可能模式和要求代码数组的输出和存储格式。因此,在图 4.23 中,这些附加可选单元用虚线标记。为了测试动态中的精度和时序特性,我们使用了两个寄存器和 DAC。图 4.24 部分显示了使用 OrCAD 对该电路进行建模的结果。当线性增加(减少)和正弦电流信号应用于 ADC 输入时,它们确认了正确的操作以及模数和代码转换。对于 8 位 ADC,即使在高速(I_{max} = 16～24μA)和低压低频节能模式(I_{max} = 1μA,4μA)下,最大误差也不超过 4～5 个量化量子,平均误差也不超过 2LSB。

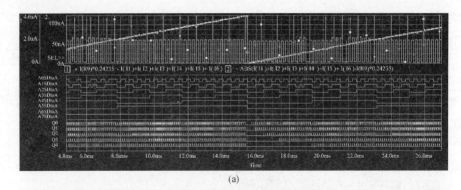

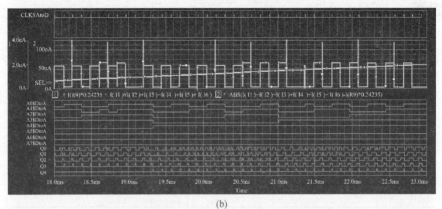

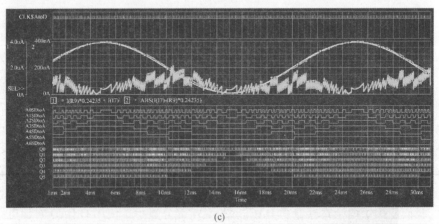

图 4.24 具有格雷码到二进制码转换和串行/并行输出的 8 位 ADC 的仿真结果(见彩插)

(a)蓝色线为 DAC 输出电流,黄色线为 8 位 ADC 输入电流,红色线为 ADC 电流误差(< 70nA);$Q_0 \sim Q_7$ 移位寄存器的输出数字信号,$A_0 \sim A_7$ 锁存寄存器处输出二进制并行码的数字信号;(b)蓝色线是 DAC 输出电流,黄色线是 ADC 输入电流,绿色线是 ADC 电流误差(< 70nA),$A_0 \sim A_7$ – 二进制并行码的输出数字信号,$Q_0 \sim Q_4$ 移位寄存器的部分输出数字信号;(c)蓝线为 DAC 输出电流,黄线为 ADC 输入电流,绿线为 ADC 电流误差(< 200nA),$A_0 \sim A_6$ 部分输出 8 位二进制并行码的数字信号,$Q_0 \sim Q_5$ 移位寄存器 8 个数字信号的部分输出。

4.3.3 基于并行输送机 CL_ADC(P_C)的仿真八路并行串行输出的 8 – DC – (G)

图 4.25 显示了基于 8 – DC – (G)(带格雷码)并行串行输出的并行输送机 CL_ADC(P_C)的框图。PSpice OrCAD 的模拟结果如图 4.26 所示。研究表明,在这种 CL_ – ADC(P_C)6(8) – DC – (G)中,当 I_{max} 从 16μA 变化到 24μA 时,在 3.3V 下的功耗为 1~2μW(6 位)和 3μW(8 位)。实验中的转换频率适用于这些电流:16μA 为 32MHz、40MHz 和 50MHz,24μA 和 40μA 为 64MHz。

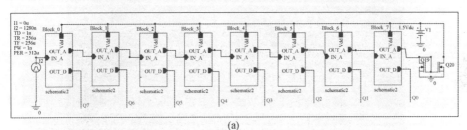

(a)

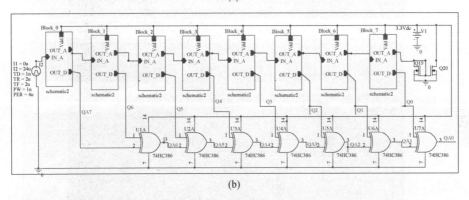

(b)

图 4.25 8 位 ADC 的结构

(a)有格雷码的并行输出($Q_0 \sim Q_7$);(b)具有格雷码到二进制码转换和并行输出(QA0 ~ QA7)。

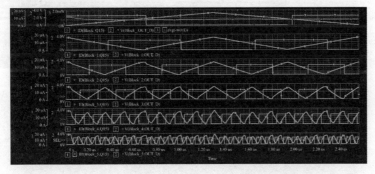

(a)

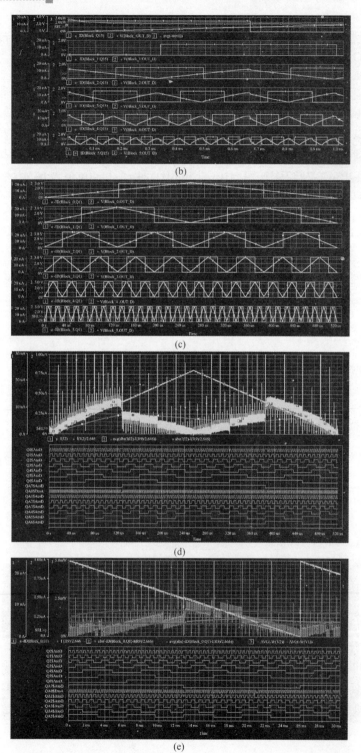

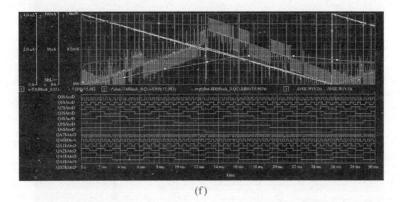

(f)

图4.26 多通道8位ADC(1D阵列8位CL_ADC)的结构和仿真结果(见彩插)

(a)6位CL_ADC数字转换单元模式下的信号时序图(转换频率$F=50\text{MHz}$,输入电流$I_{max}=16\mu\text{A}$,$Vdd=3.3\text{V}$,耗电功率$P\approx1\text{mW}$);(b)6位CL_ADC数字转换单元模式下的信号时序图(转换频率$F=50\text{kHz}$,输入电流$I_{max}=64\text{nA}$,$Vdd=1.5\text{V}$,耗电功率$P\approx2\mu\text{W}$);(c)8位ADC的数字转换单元(显示了8个单元中的6个单元)模式下的信号时序图(转换频率$F=1\text{MHz}$,输入电流$I_{max}=24\mu\text{A}$,$Vdd=3.3\text{V}$);(d)模拟$I_{input\_max}=24\mu\text{A}$,ADC转换时间为$1\mu\text{s}$时,8位并行CL_ADC信号的时序图(蓝色线为DAC输出电流,黄色线为ADC输入电流,紫色线为平均ADC电流误差($<250\text{nA}$),绿色线为ADC电流误差;QA0~QA7二进制并行码的输出数字信号,Q0~Q7(Q7=QA7)格雷并行码的输出数字信号);(e)模拟$I_{input\_max}=24\mu\text{A}$时8位并行CL_ADC信号的时序图(蓝色线是DAC输出电流,黄色线是ADC输入电流,紫色线为平均ADC电流误差($<250\text{nA}$),绿色线是ADC电流误差,蓝色线是功耗(3mW));(f)模拟$I_{input\_max}=4\mu\text{A}$,转换频率为10kHz时,8位并行CL_ADC信号的时序图(蓝色线是DAC输出电流,黄色线是ADC输入电流,紫色线为平均ADC电流误差($<40\text{nA}$),绿色线是ADC电流误差,蓝色线是功耗(1.3mW))。

它们对应不同的模式:不同的I_{max},即$1\mu\text{m}$、$4\mu\text{m}$、$16\mu\text{m}$、$24\mu\text{m}$、$40\mu\text{m}$;各种各样的1.5V、1.8V、2.5V、3.3V;不同的转换周期$T(0.02\mu\text{s}$、$0.025\mu\text{s}$、$1\mu\text{s}$、$20\mu\text{s}$、$100\mu\text{s})$等。这些研究表明,在规定的I_{max}值(等于$1\mu\text{s}$和1.8V、64nA和1.5V)下,ADC的功耗相应地达到$40\mu\text{W}$和$2\mu\text{W}$,当$I_{max}=4\mu\text{m}$时,量化步长为15.625nA,当$I_{max}=16\mu\text{m}$时为62.5nA,量化频率为40MHz。

模拟预处理的本质是从不同的1D和2D窗口的几个相邻通道的信号中找到函数。在这种情况下,1D窗口的大小为3(可以是5、7、9等),并且处理类型是找到3个信号的平均值函数。作为一种功能,可以使用在4.3.1节和文献[41]中描述的任何连续逻辑函数,如最大值、最小值等。

在这种情况下,模拟预处理单元(图4.19)由4(6)个CMOS晶体管(图4.27)组成。对于min、max等功能,Ap单元由10~20个CMOS晶体管组成。单通道8位ADC Ap单元的功耗小于$250\mu\text{W}$。不同输入信号(线性增加(减少)和正弦信号)的模拟信号预处理(从3个相邻通道信号中选择平均信号)的仿真结果如图4.28所示。

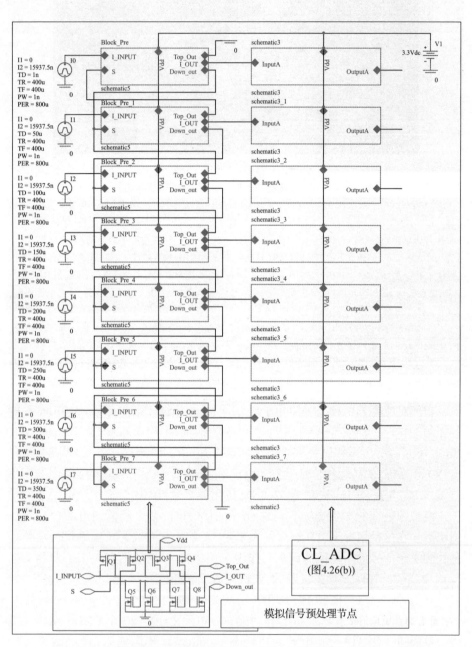

图4.27 模拟信号预处理的多通道8位ADC(1D阵列8位CL_ADC)结构

第4章 机器视觉中强度变换和模数编码的混合传感器处理器阵列单元的设计与仿真

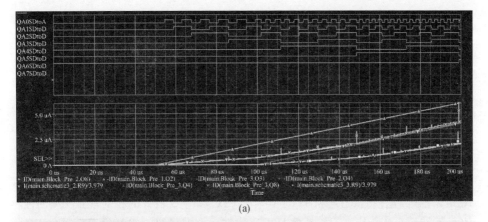

(a)

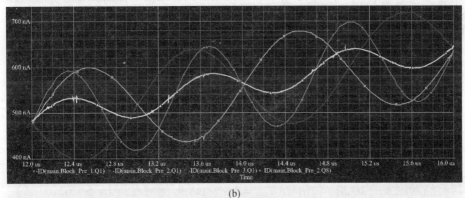

(b)

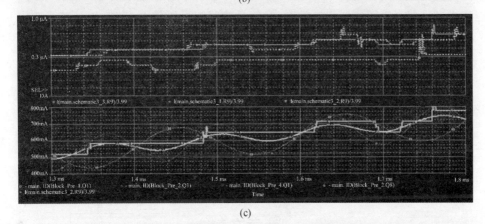

(c)

图 4.28 模拟信号预处理的多通道 8 位 ADC(1D 阵列 8 位 CL_ADC)结构(见彩插)

(a)模拟信号预处理仿真结果(选择 3 个相邻通道信号中的平均信号,绿线、蓝线、紫线为 3 个输入信号,黄线为输出信号);(b)模拟信号预处理仿真结果(选择 3 个相邻通道信号中的平均信号,绿线、蓝线、红线为 3 个输入信号,黄线为输出信号);(c)模拟信号预处理仿真结果(选择 3 个相邻通道信号中的平均信号,绿线、蓝线、紫线为 3 个输入信号,黄线为输出信号,浅蓝色为 DAC 输出信号)。

4.4 结论

为了构建混合图像处理器(IP)、神经网络(NN)和图像强度变换,提出了基于电流镜(CM)的具有初步模拟处理功能的连续逻辑单元(CLC)设计的基本原理。已经开发了几种有效的方案,并对 CLC 和光电互补双模拟神经元等效器作为硬件加速器进行了建模。该系统采用模块化分层结构原理,易于扩展。测量出它们的主要特性:低电源电压为 $1.8 \sim 3.3V$,不超过 1mW 的小功耗,$0.1 \sim 1\mu s$ 的处理时间转换,不显著的相对计算误差($1\% \sim 5\%$),可在低功率模式(小于 $100\mu W$)和高速模式($1 \sim 2MHz$)下工作。CLC 和等效装置的相对能源效率估计值每瓦特不小于 10^{12} an. op/s,并且可以增加一个数量级。神经元等效器(NEQ)和基于它们的 MIMO 结构的设计与创建所获得的结果证实了所选概念的正确性。这样的神经元等效器可以构成有前途的自学习生物启发设备 SLECNS 和 CNN 的基础,其中并行运行的 NEq 数量为 1000。因此,我们提出了 ADC CM 的数字模拟单元(DC)和 CL 结构的实现方案。这种 ADC 很简单,迭代类型只需要一个 DC,并辅以采样保持装置。ADC 的优点是能够轻松实现并行代码以及串并行输出代码。给出了使用 OrCAD 进行电路仿真的结果。这种结构简单的 CL-ADC-CM 具有低功耗($\leqslant 3mW$),电源电压 $1.8 \sim 3.3V$,同时具有良好的动态特性(即使对于 $1.5\mu m$ 的 CMOS 技术,数字化频率也能达到 40MHz,并且可以提高到原来的 10 倍)和精度($I_{max} = 4 \sim 16\mu A$ 时的量化 $= 15.6 \sim 62.5\ nA$)。考虑到现代光电探测器的灵敏度,光信号的范围可以是 $1 \sim 200\mu W$。对于迭代型 ADC,一个通道由一个 DC-(G)和 SHD 组成,并且只有 $35 \sim 40$ 个 CMOS 晶体管。因此,这种连续 ADC 的一维和二维阵列对于传感器与 IP 非常有前景。在这种情况下,如果最大输入电流为 $4\mu A$,则一个 ADC 的总功耗仅为 $50 \sim 70\mu W$。对于高性能和频率转换,最好使用基于具有并行-串行输出的 8-DC-(G)集合的并行管道 CL_ADC(P_C)方案。最大误差约为 1 LSB,对于 8 位 CL-ADC,最大输入电流仅为 2 LSB。具有模拟信号预处理的 CL ADC CM 为实现神经网络、数字光电处理器、神经模糊控制器所需的线性和矩阵(带图像操作数)微型光电结构开辟了新的前景。

参考文献

1. Krasilenko, V. G., Nikolskyy, A. I., & Bozniak, Y. A. (2002). Recognition algorithms of multilevel images of multi-character identification objects based on nonlinear equivalent metrics and analysis of experimental data. *Proceedings of SPIE, 4731*, 154–163.

2. Krasilenko, V. G., Nikolskyy, A. I., & Bozniak, Y. A. (2012). Recognition algorithms of images of multi-character identification objects based in nonlinear equivalent metrics and analysis of experimental data using designed software. In *Proceedings of Eleventh All-Ukrainian International Conference* (pp. 107–110).
3. Krasilenko, V. G., Boznyak, Y. A., & Berozov, G. N. (2009). Modelling and comparative analysis of correlation and mutual alignment equivalent images. Science and learning process: Scientific and methodical. In *Proceedings Scientific Conference of the VSEI Entrepreneurship University "Ukraine"* (pp. 68–70).
4. Krasilenko, V. G., & Magas, A. T. (1997). Multiport optical associative memory based on matrix-matrix equivalentors. *Proceedings of SPIE, 3055*, 137–146.
5. Krasilenko, V. G. (2010). Research and design of equivalence model of heteroassociative memory. *The Scientific Session of MIFI-2010, 2*, 83–90.
6. Krasilenko, V. G., Saletsky, F. M., Yatskovsky, V. I., & Konate, K. (1998). Continuous logic equivalence models of Hamming neural network architectures with adaptive-correlated weighting. *Proceedings of SPIE, 3402*, 398–408.
7. Krasilenko, V. G., Nikolskyy, A. I., Yatskovskaya, R. A., & Yatskovsky, V. I. (2011). The concept models and implementations of multiport neural net associative memory for 2D patterns. *Proceedings of SPIE, 8055*, 80550T.
8. Krasilenko, V. G., Lazarev, A., & Grabovlyak, S. (2012). Design and simulation of a multiport neural network heteroassociative memory for optical pattern recognitions. *Proceedings of SPIE, 8398*, 83980N-1.
9. Krasilenko, V. G., & Nikolskyy, A. I. (2001). Optical pattern recognition algorithms based on neural-logic equivalent models and demonstration of their prospects and possible implementations. *Proceedings of SPIE, 4387*, 247–260.
10. Krasilenko, V. G., Kolesnitsky, O. K., & Boguhvalsky, A. K. (1997). Application of non-linear correlation functions and equivalence models in advanced neuronets. *Proceedings of SPIE, 3317*, 211–223.
11. Krasilenko, V. G., & Nikitovich, D. V. (2014). Experimental studies of spatially invariant equivalence models of associative and hetero-associative memory 2D images. *Systemy obrobky informaciji Kharkivsjkyj universytet Povitrjanykh Syl imeni Ivana Kozheduba, 4*(120), 113–120.
12. Krasilenko, V. G., Lazarev, A. A., Grabovlyak, S. K., & Nikitovich, D. V. (2013). Using a multi-port architecture of neural-net associative memory based on the equivalency paradigm for parallel cluster image analysis and self-learning. *Proceedings of SPIE, 8662*, 86620S.
13. Krasilenko, V. G., Nikolskyy, A. I., & Flavitskaya, J. A. (2010). The structures of optical neural nets based on new matrix_tensor equivalently models (MTEMs) and results of modeling. *Optical Memory and Neural Networks (Information Optics), 19*(1), 31–38.
14. Krasilenko, V. G., Lazarev, A. A., & Nikitovich, D. V. (2014). Experimental research of methods for clustering and selecting image fragments using spatial invariant equivalent models. *Proceedings of SPIE, 9286*, 928650.
15. Krasilenko, V. G., & Nikitovich, D. V. (2015). Researching of clustering methods for selecting and grouping similar patches using two-dimensional nonlinear space-invariant models and functions of normalized equivalence. In *VII Ukrainian-Polish Scientific and Practical Conference Electronics and Information Technologies (ELIT-2015)* (pp. 129–134). Lviv: Ivan Franko National University of Lviv.
16. Krasilenko, V. G., & Nikitovich, D. V. (2014). Modeling combined with self-learning clustering method of image fragments in accordance with their structural and topological features. *Visnyk Khmeljnycjkogho Nacionaljnogho Universytetu, 2*, 165–170.
17. Krasilenko, V. G., & Nikitovich, D. V. (2014). Sumishhenyj z samonavchannjam metod klasteryzaciji fraghmentiv zobrazhenj za jikh strukturno-topologhichnymy oznakamy ta jogho modeljuvannja. In *Pytannja prykladnoji matematyky i matematychnogho modeljuvannja* (pp. 167–176).
18. LeCun, Y., & Bengio, Y. (1995). Convolutional networks for images, speech, and time-series. In M. A. Arbib (Ed.), *The handbook of brain theory and neural networks*. Cambridge, MA: MIT Press.

19. Lecun, Y., Bottou, L., Bengio, Y., & Haffner, P. (1998). Gradient-based learning applied to document recognition. *Proceedings of the IEEE, 86*(11), 2278–2324. https://doi.org/10.1109/5.726791.
20. Krizhevsky, A., Sutskever, I., & Hinton, G. E. (2012). ImageNet classification with deep convolutional neural networks. In F. Pereira, C. J. C. Burges, L. Bottou, & K. Q. Weinberger (Eds.), *Proceedings of the 25th International Conference on Neural Information Processing Systems (NIPS'12)* (pp. 1097–1105). New York: Curran Associates Inc.
21. Shafiee, A., et al. (2016). ISAAC: A convolutional neural network accelerator with in-situ analog arithmetic in crossbars. In *2016 ACM/IEEE 43rd Annual International Symposium on Computer Architecture (ISCA)* (pp. 14–26). Seoul: IEEE. https://doi.org/10.1109/ISCA.2016.12.
22. Zang, D., Chai, Z., Zhang, J., Zhang, D., & Cheng, J. (2015). Vehicle license plate recognition using visual attention model and deep learning. *Journal of Electronic Imaging, 24*(3), 033001. https://doi.org/10.1117/1.JEI.24.3.033001.
23. Taylor, G. W., Fergus, R., LeCun, Y., & Bregler, C. (2010). Convolutional learning of spatio-temporal features. In K. Daniilidis, P. Maragos, & N. Paragios (Eds.), *Proceedings of the 11th European Conference on Computer Vision: Part VI (ECCV'10)* (pp. 140–153). Berlin: Springer.
24. Le, Q. V., Zou, W. Y., Yeung, S. Y., & Ng, A. Y. (2011). Learning hierarchical invariant spatio-temporal features for action recognition with independent subspace analysis. In *CVPR 2011, Providence, RI* (pp. 3361–3368). https://doi.org/10.1109/CVPR.2011.5995496.
25. Krasilenko, V. G., Lazarev, A. A., & Nikitovich, D. V. (2017). Modeling and possible implementation of self-learning equivalence-convolutional neural structures for auto-encoding-decoding and clusterization of images. *Proceedings of SPIE, 10453*, 104532N.
26. Krasilenko, V. G., Lazarev, A. A., & Nikitovich, D. V. (2018, 8 March). Modeling of biologically motivated self-learning equivalent-convolutional recurrent-multilayer neural structures (BLM_SL_EC_RMNS) for image fragments clustering and recognition. In *Proc. SPIE 10609, MIPPR 2017: Pattern Recognition and Computer Vision, 106091D*. https://doi.org/10.1117/12.2285797
27. Fey, D. (2001). Architecture and technologies for an optoelectronic VLSI. *Optic, 112*(7), 274–282.
28. Yi, L., Shan, G., Liu, S., & Xie, C. (2016). High-performance processor design based on 3D on-chip cache. *Microprocessors and Microsystems, 47*, 486–490,. ISSN 0141-9331. https://doi.org/10.1016/j.micpro.2016.07.009.
29. Maier-Flaig, F., Rinck, J., Stephan, M., Bocksrocker, T., Bruns, M., Kübel, C., Powell, A. K., Ozin, G. A., & Lemmer, U. (2013). Multicolor silicon light-emitting diodes (SiLEDs). *Nano Letters, 13*(2), 475–480. https://doi.org/10.1021/nl3038689.
30. Krasilenko, V. G., Nikolskyy, A. I., & Lazarev, A. A. (2013, January 3). Multichannel serial-parallel analog-to-digital converters based on current mirrors for multi-sensor systems. In *Proc. SPIE Vol. 8550, Optical Systems Design 2012*, 855022. https://doi.org/10.1117/12.2001703.
31. Mori, M., & Yatagai, T. (1997). Optical learning neural networks with two dimensional structures. In *Proceedings of SPIE* (Vol. 3402, pp. 226–232).
32. Krasilenko, V. G., Bogukhvalskiy, A. K., & Magas, A. T. (1996). Designing and simulation optoelectronic neural networks with help of equivalental models and multivalued logics. *Proceedings of SPIE, 2824*, 135–146.
33. Krasilenko, V. G., Nikolskyy, A. I., & Lazarev, A. A. (2011). [*Design and simulation of time-pulse coded optoelectronic neural elements and devices, optoelectronic devices and properties*]. InTech . ISBN: 978-953-307-204-3. https://doi.org/10.5772/16175.
34. Krasilenko, V. G., Nikolskyy, A. I, & Lazarev, A. A. (2013). [*Design and modeling of optoelectronic photocurrent reconfigurable (OPR) multifunctional logic devices (MFLD) as the universal circuitry basis for advanced parallel high- performance processing, optoelectronics—Advanced materials and devices*]. InTech. ISBN: 978-953-51-0922-8. https://doi.org/10.5772/54540.
35. Krasilenko, V. G., Bardachenko, V. F., Nikolsky, A. I., & Lazarev, A. A. (2007). Programmed optoelectronic time-pulse coded relational processor as base element for sorting neural networks. In *Proceedings of SPIE* (Vol. 6576, p. 657610). Bellingham, WA: SPIE.

36. Huang, K. S., Yenkins, B., & Sawchuk, A. (1989). Image algebra representation of parallel optical binary arithmetic. *Applied Optics, 28*(6), 1263–1278.
37. Wang, J., & Long, Y. (2017). M-ary optical computing. In *Cloud computing-architecture and applications*. InTech.
38. Guilfoyle, P., & McCallum, D. (1996). High-speed low-energy digital optical processors. *Optical Engineering, 35*(2), 436–442.
39. Pituach, H. (2003). *Enlight256. White paper report*. Israel: Lenslet Ltd.
40. Krasilenko, V. G., Bardachenko, V. F., Nikolsky, A. I., Lazarev, A. A., & Kolesnytsky, O. K. (2005). Design of optoelectronic scalar-relation vector processors with time-pulse coding. *Proceedings of SPIE, 5813*, 333–341.
41. Krasilenko, V. G., Nikolskyy, A. I., Lazarev, A. A., & Lazareva, M. V. (2010). Design and simulation of programmable relational optoelectronic time-pulse coded processors as base elements for sorting neural networks. *Proceedings of SPIE, 7723*, 77231G.
42. Krasilenko, V. G., Nikolskyy, A. I., & Lazarev, A. A. (2014). Simulation of reconfigurable multifunctional continuous logic devices as advanced components of the next generation high-performance MIMO-systems for the processing and interconnection. *Proceedings of SPIE, 9009*, 90090R.
43. Kolesnitsky, O. K., & Krasilenko, V. G. (1992). Analog-to-digital converters with picture organization for digital optoelectronic processors. *Autometric, 2*, 16–29.
44. Kozshemjako, V. P., Krasilenko, V. G., & Kolesnitsky, O. K. (1993). Converters of halftone images in binary slices for digital optoelectronic processors. *Proceedings of SPIE, 1806*, 654–658.
45. Krasilenko, V. G., Nikolskyy, A. I., Krasilenko, O. V., & Nikolska, M. A. (2011). Continuously logical complementary: Dual equivalently analog-to-digital converters for the optical systems. *Proceedings of SPIE*, 8001–8030.
46. Chakir, M., Akhamal, H., & Qjidaa, H. (2017). A design of a new column-parallel analog-to-digital converter flash for monolithic active pixel sensor. *The Scientific World Journal, 2017*. Article ID 8418042, 15 pages. https://doi.org/10.1155/2017/8418042.
47. Salahuddin, N. S., Wibowo, E. P., Mutiara, A. B., & Paindavoine, M. (2011). Design of thin-film-transistor (TFT) arrays using current mirror circuits. In *Livre/Conférence Journal of Engineering, Computing, Sciences & Technology, Asian Transactions* (Vol. 1, pp. 55–59).
48. Musa, P., Sudiro, S. A., Wibowo, E. P., Harmanto, S., & Paindavoine, M. (2012). Design and implementation of non-linear image processing functions for CMOS image sensor. In *Optoelectronic Imaging and Multimedia Technology II, Proceedings of SPIE* (Vol. 8558). Retrieved from http://spie.org/Publications/Proceedings/Paper/10.1117/12.2000538
49. Długosz, R., & Iniewski, K. (2007). Flexible architecture of ultra-low-power current-mode interleaved successive approximation analog-to-digital converter for wireless sensor networks. *VLSI Design, 2007*. Article ID 45269, 13 pages.
50. Roy, I., Biswas, S., & Patro, B. S. (2015). Low power high speed differential current comparator. *International Journal of Innovative Research in Computer and Communication Engineering, 3*(4), 3010–3016. https://doi.org/10.15680/ijircce.2015.0304089.
51. Krasilenko, V. G., Nikolskyy, A. I., Lazarev, A. A., Krasilenko, O. V., & Krasilenko, I. A. (2013). Simulation of continuously logical ADC (CL ADC) of photocurrents as a basic cell of image processor and multichannel optical sensor systems. *Proceedings of SPIE, 8774*, 877414.
52. Rath, A., Mandal, S. K., Das, S., & Dash, S. P. (2014). A high speed CMOS current comparator in 90 nm CMOS process technology. *International Journal of Computer Applications*. (0975-8887) International Conference on Microelectronics, Circuits and Systems (MICRO-2014).
53. Krasilenko, V. G., Nikolskyy, A. I., & Parashuk, A. V. (2001). Research of dynamic processes in neural networks with help of system energy equivalence functions. In *Proceedings of the 8-th STC Measuring and Computer Devices in Technological Processes №8* (pp. 325–330).
54. Perju, V., & Casasent, D. (2012). Optical multichannel correlators for high-speed targets detection and localization. *Proceedings of SPIE, 8398*, 83980C.
55. Rudenko, O. G., & Bodiansky, E. V. (2005). *Artificial neural networks*. Kharkov: OOO SMIT Company. 408p.

56. Krasilenko, V. G., Nikolskyy, A. I., & Pavlov, S. N. (2002). The associative 2D-memories based on matrix-tensor equivalental models. *Radioelektronika Informatics Communication, 2*(8), 45–54.
57. Krasilenko, V. G., Nikolskyy, A. I., Lazarev, A. A., & Lobodzinska, R. F. (2009). Design of neurophysiologically motivated structures of time-pulse coded neurons. *Proceedings of SPIE, 7343*.
58. Krasilenko, V. G., Nikolskyy, A. I., Lazarev, A. A., & Magas, T. E. (2010). Design and simulation of optoelectronic complementary dual neural elements for realizing a family of normalized vector 'equivalence-nonequivalence' operations. *Proceedings of SPIE, 7703*, 77030P.
59. Krasilenko, V. G., Nikolskyy, A. I., Lazarev, A. A., & Sholohov, V. I. (2004). The concept of biologically motivated time-pulse information processing for design and construction of multifunctional devices of neural logic. *Proceedings of SPIE, 5421*, 183–194.
60. Krasilenko, V. G., Nikolskyy, A. I., Lazarev, A. A., & Magas, T. E. (2012). Simulation results of optoelectronic photocurrent reconfigurable (OPR) universal logic devices (ULD) as the universal circuitry basis for advanced parallel high-performance processing. *Proceedings of SPIE, 8559*, 85590K.
61. Krasilenko, V. G., Nikolskyy, A. I., Lazarev, A. A., & Mihalnichenko, N. N. (2004). Smart time-pulse coding photo-converters as basic components 2D-array logic devices for advanced neural networks and optical computers. *Proceedings of SPIE, 5439*.
62. Krasilenko, V. G., Nikolskyy, A. I., & Lazarev, A. A. (2015). Designing and simulation smart multifunctional continuous logic device as a basic cell of advanced high-performance sensor systems with MIMO-structure. *Proceedings of SPIE, 9450*, 94500N.
63. Krasilenko, V. G., Ogorodnik, K. V., Nikolskyy, A. I., & Dubchak, V. N. (2011). Family of optoelectronic photocurrent reconfigurable universal (or multifunctional) logical elements (OPR ULE) on the basis of continuous logic operations (CLO) and current mirrors (CM). *Proceedings of SPIE, 8001*, 80012Q.
64. Krasilenko, V. G., Nikolskyy, A. I., Lazarev, A. A., & Pavlov, S. N. (2005). Design and applications of a family of optoelectronic photocurrent logical elements on the basis of current mirrors and comparators. *Proceedings of SPIE, 5948*, 59481G.
65. Krasilenko, V. G., Lazarev, A. A., & Nikitovich, D. V. (2018). Design and simulation of optoelectronic neuron equivalentors as hardware accelerators of self-learning equivalent convolutional neural structures (SLECNS). *Proceedings of SPIE, 10689*, 106890C.
66. Rodríguez-Quiñonez, J. C., Sergiyenko, O., Hernandez-Balbuena, D., Rivas-Lopez, M., Flores-Fuentes, W., & Basaca-Preciado, L. C. (2014). Improve 3D laser scanner measurements accuracy using a FFBP neural network with Widrow-Hoff weight/bias learning function. *Opto-Electronics Review, 22*(4), 224–235.
67. Flores-Fuentes, W., Sergiyenko, O., Gonzalez-Navarro, F. F., Rivas-López, M., Rodríguez-Quiñonez, J. C., Hernández-Balbuena, D., et al. (2016). Multivariate outlier mining and regression feedback for 3D measurement improvement in opto-mechanical system. *Optical and Quantum Electronics, 48*(8), 403.
68. Flores-Fuentes, W., Rodriguez-Quinonez, J. C., Hernandez-Balbuena, D., Rivas-Lopez, M., Sergiyenko, O., Gonzalez-Navarro, F. F., & Rivera-Castillo, J. (2014, June). Machine vision supported by artificial intelligence. In *Industrial Electronics (ISIE), 2014 IEEE 23rd International Symposium on* (pp. 1949–1954). IEEE.
69. Schlottmann, C. R., & Hasler, P. E. (2011). A highly dense, low power, programmable analog vector-matrix multiplier: The FPAA implementation. *IEEE Journal on Emerging and Selected Topics in Circuits and Systems, 1*(3), 403–411. https://doi.org/10.1109/JETCAS.2011.2165755.

第二部分

检测、跟踪和立体视觉系统

第5章

基于图像辅助的机器人全站仪目标检测与跟踪

Volker Schwieger, Gabriel Kerekes, Otto Lerke[①]

5.1 引言

自古以来,人类就对测量角度和距离感兴趣。将几何学从理论(计划)转化为实践(现场)所需的仪器和工具,为比较提供了基础或标准。一方面,必须定义测量单位;另一方面,必须创建能够再现测量结果的真实仪器。图像辅助全站仪的研究和开发经历了几个世纪,因此,这里简要概述了最先进的图像辅助全站仪的重要历史进程。

许多技术的发展促进了角度测量的仪器的发展,如经纬仪。最早的研究,可追溯到1571年,Leonard Digges 在一次测绘活动中使用了经纬仪[1]。机械的发展也促进了这些仪器的不断改进,1787年,Jesse Ramsden 改良的经纬仪由于其精确的读数等级达到了里程碑式的进步,被视为第一台现代经纬仪[2]。下一个重要历程是19世纪初采用凌日经纬仪,垂直和水平角度测量现已通过双面测量进行了验证。光学和机械方面的不断进步以及20世纪的工业化使得大规模生产精确经纬仪成为可能。其中脱颖而出的制造商之一如瑞士工程师 Heinrich Wild[3]。20世纪60年代末,随着激光的实际应用,新一代经纬仪是带有测距单元的设备。这彻底地改变了测量的许多方面,并产生了所谓的测距仪(全站仪)。1969年,Carl Zeiss 生产了第一个商用测距仪 Reg – Elta 号[4]。它除了测量所有极坐标外,还可以存储数据并进行初步计算,从而为即将到来的全站仪设定趋势。

自那时以来,研究的重点主要放在提高这些仪器的准确性和缩小其尺寸

[①] V. Schwieger, G. Kerekes, O. Lerke
Institute of Engineering Geodesy, University of Stuttgart, Stuttgart, Germany
e – mail: volker. schwieger@ iigs. uni – stuttgart. de; gabriel. kerekes@ iigs. uni – stuttgart. de;
otto. lerke@ iigs. uni – stuttgart. de

上,这一目标在短期内就实现了。20 世纪 70 年代,人们越来越重视测量过程的自动化。20 世纪 80 年代以来,目标识别和跟踪一直是地面测量仪高度关注的话题[5],并在大学和工业测量系统的几个研究项目中得到了实施[6]。推动这一进展源于军事目的的目标识别和跟踪是原因之一。这类仪器的首次出现在第二次世界大战期间,用于跟踪平滑移动的物体的 Askania 电影经纬仪,如导弹或飞机等。战后,Contravers(EOS)生产了类似的电影经纬仪,至今仍用于类似目的[7]。

然而,出于民用目的,跟踪过程中使用了无源或有源反射器(棱镜)以及机动型测距仪相结合。从 20 世纪 90 年代中期开始,这些技术已经在机器控制和导航、变形监测或机器人轨迹定义等方面得到了应用[8]。从那时起,所有大型大地测量仪器制造公司都开始生产机器人全站仪(RTS)。在 2000 年,不同的研究机构开始了下一个有前景的改进,将外部数码相机整合到 RTS 上。这为源自摄影测量学的另一种定位方法开辟了新的可能性范围。这开辟了一个来源于摄影测量学的替代定位方法的新的可能性。这种协同作用也让人想起了 1865 年由 Porro 在意大利发明的历史性的摄影经纬仪[9],它被认为是现代图像辅助全站仪(IATS)的前身之一[9]。

在获得科学界的积极认可后,将同轴传感器、CCD 或 CMOS 传感器纳入仪器的望远镜[10]已成为高端 IATS 的标准。这导致了新一代仪器的诞生,最初称为视频经纬仪[6],如目前最先进的仪器 Trimble SX10,它没有目镜(光学望远镜轴),完全依赖于几个望远镜集成的相机[11]。这些结合了测距仪与图像捕获系统的精确 3D 定位能力[12],并通过已知的 IATS 坐标,始终自动给出内置摄像头的方向[13]。图 5.1 表示了一些上述仪器的时间轴。

图 5.1　不同代经纬仪/全站仪示例

这些促进了一些 IATS 的重要里程碑的出现。在第二部分中,简要说明了这些多传感器系统的功能原理。5.3 节介绍了使用反射器时的自动目标识别方法和跟踪原理。5.4 节给出了使用图像识别目标所需的方法,以及进一步的目标跟踪。之后,在 5.5 节中介绍了两个应用程序,最后一节提供了定位应用程序的质量评估方法。

5.2 机器人图像辅助全站仪的原理

机器人全站仪也称为测距仪。根据 Joeckel 等[14]的研究,装配结构可细分为以下元件组:传感器、执行器、存储器、电源和人机界面(键盘、触摸屏和手持设备)。这些组件与处理和协调各种数据的通用微处理器相连。每个元件组由多个系统项组成。例如,"传感器"元件组包含测角度装置、测距装置、跟踪目标的光学传感器、电子水平仪、补偿器、温度和压力传感器。在全站仪最新的发展阶段,已经对摄像机和激光扫描仪进行了扩展。因此,全站仪已成为一种多功能仪器,可用于多种应用。它也可以定义为多传感器系统(图 5.2)。

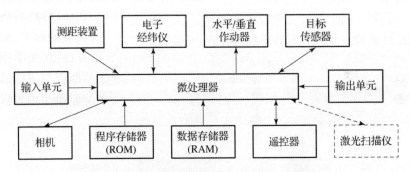

图 5.2　全站仪原理布置图(由文献[14]修改)

图像辅助全站仪(IATS)将标准机器人全站仪与相机结合在一起。因此,他们通过摄影测量技术扩展了经典大地测量的应用范围。此外,相机模块还可进行记录。集成 CCD(电荷耦合器件)芯片以前用于目标跟踪,以实现单人工作站。在 IATS 中,附加的 CCD 承担相机功能。

因此,相机模块在全站仪内有不同的组装布局。这些布局包括同轴布局、偏心布局和有单独的图像光束的偏心布局,是由仪器制造商设计的。下文示意性地给出了 3 种不同的布局设计。

同轴布局(图 5.3)中,望远镜的光轴与相机的光轴对齐。因此,根据图 5.3,这里安装了一个半透明镜,半透明镜可偏转相机轴线,从而将使两个光束路径成一束。这种实现方式的优点是两个视场互为中心,缺点是光学复杂性高[15]。

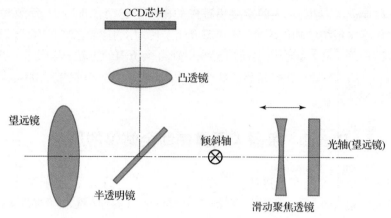

图 5.3 同轴布局[15]

偏心布局(图 5.4)中,两条光束路径在空间上是分开的。因此,光学相机轴与光学望远镜轴平行。

与同轴布局相比,这种布局的优点是光学布局简单,缺点是偏心率会导致与距离相关的方向误差。为了纠正这个错误,像素域中的测量(5.4.5 节)必须通过行和列方向上的校正项或函数进行扩展。这些术语和功能必须由制造商通过校准来确定。校准对特定仪器有效,不能通用。

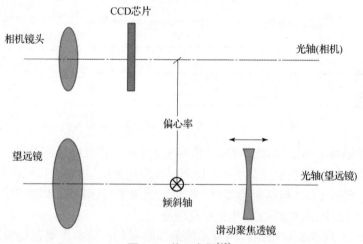

图 5.4 偏心布局[15]

对于每个缩放级别,必须知道十字线目标点和摄影机中心之间的差异。如图 5.5 所示,给出了全景相机的 1 个分辨率和 3 个距离的示例。

可以看出,随着距离的增加,由视差引起的差异在减小。

采用偏心布局的全站仪 Trimble S7 已经确定了一个校正项。校准程序显示恒定偏移 $k_h = -6$ 即行方向(水平方向)为 6 像素,列方向(垂直方向)为形状为

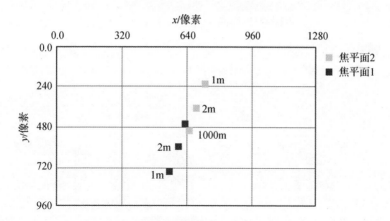

图 5.5 十字线和图像中心之间的差异[16]

$k_v = a \cdot x^b + c$ 的函数。通过校准测量估算参数 a、b 和 c 后,可建立以下校正函数:

$$k_v(s) = -278.8 \cdot s^{-1.051} + 27.61 \quad (5.1)$$

式中:k_v 为修正项;s 为距离。

图 5.6 描述了修正值的过程,取决于测量的目标距离。

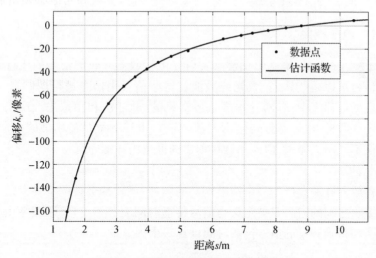

图 5.6 像素域垂直方向的校正函数

为了获得偏心布局的益处,同时又不产生与距离相关的方向误差的情况下,可以采用第三种布局。因此,两个光轴相对于彼此倾斜一定角度 Δ(图 5.7)。两轴的交点位于望远镜的倾斜点(轴)。夹角 Δ 会导致高度指数误差。误差被定义为测速仪垂直刻度盘读数在指向天顶时的偏差。另一个缺点是两条光束路径成像的视场不同(FoV)。根据孔径角的不同,视场 FoV 也可能不同[15]。

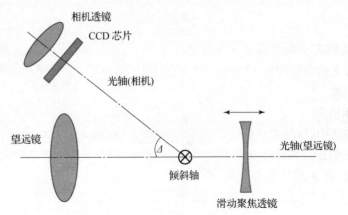

图 5.7 有单独图像光束的中心布局[15]

5.2.1 标准全站仪的工作原理

关于经典(非基于图像)位置确定的基本组件是电子经纬仪,可测量水平和垂直角度以及距离的装置。角度和距离测量值的结合可以计算 3D 点坐标。然而,同样的原则也适用于 IATS。

5.2.1.1 电子测距

电子测距(EDM)是基于发射器发射并由接收器接收的信号的飞行时间测量[8]。信号可以是红外光、激光或微波。这些信号用信息进行调制[14]。在不同的静态测量程序中,有两种程序是最常见的:脉冲法和相位法。现代气象站分开使用这两种方法。然而,使用干涉仪进行干涉测量是最精确的方法,但由于全站仪不使用该原理,因此不会在本文的框架内详细介绍。

1) 脉冲法

被释放的脉冲会产生一个清晰定义的脉冲,该脉冲会被调制并发送。信号发射和接收之间的时间差被定义为信号传播时间 t(图 5.8)。距离 d 由波 c 的传播速度和精确测量的信号传播时间计算得出[14],即

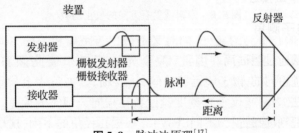

图 5.8 脉冲法原理[17]

$$d = \frac{c \cdot t}{2} \tag{5.2}$$

式中：d 为距离；c 为光速；t 为传播时间。

分母 2 的合理性在于发射信号传播到目标并返回仪器。因此，测量结果表示双倍距离。

2）相位法

相位法中，信号的载波由长周期振荡调制。距离 d 由未知数量的完整波或长度为 λ 的振荡和长度为 λ 的剩余波段定义（图 5.9）。$\Delta\lambda$ 由精密相位计测量。因此，由下式[14]获得距离，即

$$d = \frac{n \cdot \lambda + \Delta\lambda}{2} \tag{5.3}$$

式中：n 为波数；λ 为波长；$\Delta\lambda$ 为剩余波。

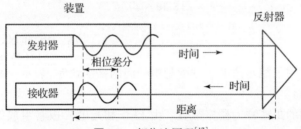

图 5.9 相位法原理[17]

基于不同波长 λ_1 和 λ_2 的组合测量（包括粗略测量和精细测量）来确定。使用波分 $\Delta\lambda_2$ 进行粗略测量，以确定 λ_1 的完整波长数或相移。对于距离，以下有效的关系为[14]

$$2 \cdot d = n \cdot \lambda_1 + \Delta\lambda_1 \tag{5.4}$$

$$2 \cdot d \approx \Delta\lambda_2 \tag{5.5}$$

因此，波数可近似如下[14]：

$$n \approx \frac{\Delta\lambda_2 - \Delta\lambda_1}{\lambda_1} \tag{5.6}$$

式中：n 约等于最接近的近似值。

5.2.1.2 电子测角

角度测量通过望远镜的手动或自动目标瞄准以及刻度盘上方向的后续读数进行。通过不同的方法实现读数，如下所述。

1）代码法

代码法把刻度盘进行编码（图 5.10）。因此，在每个磁盘位置分配一个唯一的编码输出信号[8]。分区由一条或多条相邻的径向车道组成。车道由交替

的半透明和不透明区域组成。因此,这种分隔是通过二进制编码实现的。读数由上述位置的发光二极管(LED)和下面的光电二极管实现,光电二极管接收信号并将其转换为电信号。

图 5.10　刻度盘

(a)编码刻度盘;(b)二进制代码示例[14]。

2)增量法

增量法适用于相对角度。刻度盘用径向网格线绘制,表示一系列透明和不透明字段(增量)。

字段之间的距离称为栅格常数。由 LED 和光电二极管组成的扫描系统捕获并计数明暗场的顺序数量。

此外,磁盘转动方向很重要,以便具有唯一的方向以保持彼此之间的相互关系,需要由两个读取设备组成的方向鉴别器[14](图5.11)。

目前,大多数全站仪采用增量法。

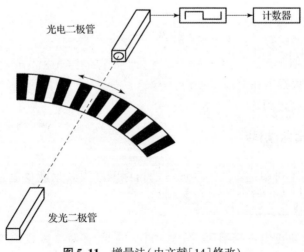

图 5.11　增量法(由文献[14]修改)

5.3 自动反射器的目标识别与跟踪

5.3.1 自动目标识别与检测

自动目标识别的目的是全站仪能够实现自动测量目标。因此,它的主要优点是工作流程的变革产生了单人工作站。此外,还消除了与观察者相关的聚焦误差。在实现自动目标识别之前,必须满足以下先决条件。

(1)全站仪必须自动化。
(2)目标必须由反射器发出信号。
(3)需要特殊传感器(基于图像或其他传感器)。
(4)在某些情况下,需要无线连接。

整个过程包括两个步骤,按粗指向/粗搜索和精指向/精瞄顺序排列。

5.3.1.1 粗指向/粗搜索

粗指向不需要预处理信息,如果目标在望远镜的视场范围内,粗指向就完成了。粗指向法有不同的实现方式。

方法 A 要求在测距仪和无源目标反射器内使用特殊传感器进行粗略指向。该技术基于仪器上反射器的反射。为此,激光平面垂直地呈扇形展开,开口角约为 36°。同时,仪器进行水平旋转。仪器检测到反射器的反射光后,旋转停止。在下文中,仪器从垂直运动开始,激光束在垂直运动中聚焦。如果仪器再次检测到反射器的反射,则垂直移动停止。随后,可以轻敲设置的水平和垂直角度。

方法 B 与方法 A 类似,但激光器以 10°的开启角呈扇形展开。因此,每次扫描需要更多的转数。每次水平旋转后,垂直角度都会改变。

方法 C 类似于方法 A,但是有源反射器通过调制激光或红外信号向仪器发射一个扇形光束投射在矩形区域内(60.3°×19.8°)。该信号还包含有关反射器唯一 ID 的信息(图 5.12)。

5.3.1.2 精指向/精瞄

精指向瞄准的目的是确定望远镜十字线和反射器中心之间的偏差。前提条件是目标由位于望远镜视场内的反射器发出信号。因此,第 2 个先决条件已经通过粗指向满足。根据仪器制造商的不同,一般执行两个程序:图像处理和象限检测。

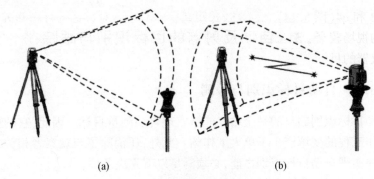

图 5.12　粗指向原理图

(a)方法 A+B 采用被动棱镜;(b)用有源棱镜的方法 C(由文献[18]修改)。

程序 A 基于使用 CCD 阵列或互补金属氧化物半导体(CMOS)阵列的仪器检测无源反射器的反射红外光。通过确定反射图像的几何中心,可以确定反射镜场景的位置。几何中心由照明单元的加权强度值导出。因此,反射器的中心分别在光学系统和 CCD 阵列系统 Y' 中确定。测速仪 V–Hz 系统和 CCD 阵列系统 X'、Y' 中十字准线之间的差异通过校准预先知道,并用转换参数表示。这个校准由制造商提前完成。通过使用已知的变换参数,在 $Y'–X'$ 和 V–Hz 系统之间进行变换。结果,确定了相对于已知十字线位置 V 和 Hz 的偏差 ΔV 与 ΔHz(图 5.13)。

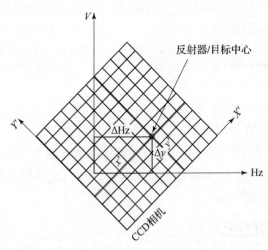

图 5.13　$V–Hz$ 系统和 CCD 系统原理图(程序 A)(由文献[14]修改)

程序 B 基于有源反射器发出的红外光检测。为此,可以使用四象限或双象限探测器,每个象限都需要获取光。当光斑在所有象限中都可见后,可以通过检测强度的线性函数计算棱镜中心的方向。如果所有象限强度相等,望远镜和棱镜的校准完成。双象限探测器增强了目标搜索和瞄准操作。因此,精细象限

q1、q2、q3 和 q4(图 5.14)允许在较长距离(>25m)上对目标进行精确瞄准,因为它们的视场较窄。粗象限 Q1、Q2、Q3 和 Q4(图 5.14)用于搜索目标和精确瞄准靠近仪器的目标[18]。

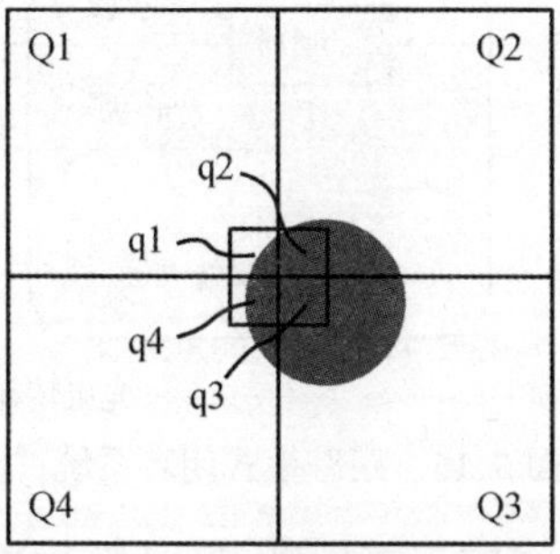

图 5.14 双象限探测器原理图

该程序还允许使用无源反射器,其中红外激光从全站仪发射并由无源反射器反射[18]。在确定 ΔV 和 ΔHz 后,如果偏差大于规定阈值,则可以校正 V 和 Hz 的读数[18]。

一般来说,伺服电机可以实现望远镜对目标的精确调整,首先观察者可以进行视觉控制,其次可以进行距离测量。这对于所提出的两种精细定点程序都是有效的。

5.3.2 目标跟踪

本文中,"目标跟踪"一词的含义是指仪器以预定义的采样率跟踪目标的能力。这既适用于基于反射器的跟踪程序,也适用于无反射器的跟踪程序。在目标跟踪程序,可以定义主动或被动目标[8]。在自动跟踪过程中,望远镜会持续跟踪目标。棱镜相对于测距仪轴系(十字线)(图 5.15)的测量偏差 ΔV 和 ΔHz,可通过执行器引起的望远镜水平和垂直运动降至最小[8]。

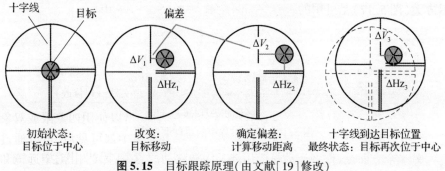

图 5.15 目标跟踪原理(由文献[19]修改)

跟踪模式可通过闭环系统实现,包括精确指向程序和执行器操作。

图 5.16 所示为闭合回路中的操作顺序:通过使用精确指向程序确定偏差。控制器计算电机的调节变量,以消除偏差,即十字线和反射器中心之间的差异。

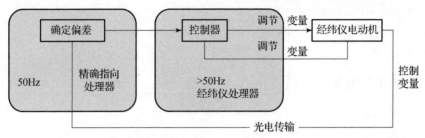

图 5.16 跟踪模式闭环系统[20]

如果仪器和反射器之间的连接中断,并且随后由于障碍物导致目标丢失,则无法再确定偏差。在这种情况下,控制器通过使用运动预测模型来计算调节模型,如使用水平和垂直方向的恒定速度信息来计算调节变量。速度信息是从目标丢失前的运动中导出的。通过该程序,可以进行几秒钟的预测。如果预测未成功,则需要一个新的粗指向[8]。

5.3.3 目标跟踪时间

大多数研究都使用寻找和跟踪对象的反射角立方棱镜。此外,如果借助目标识别装置跟踪棱镜,则可以测量反射器和仪器之间的距离;因此,极坐标是直接可用的。

如何识别和跟踪反射器在 5.3.1 节已经讲述了。影响所有跟踪过程的一个重要方面是单个测量的时间同步。需要时间的事件包括获取角度读数、测量距离和计算三维坐标,而同步这些事件对于准确定位至关重要。同样,获取图像、处理图像坐标并将其转换为伺服电机的角度增量也需要时间。如今,即使处理能力达到了惊人的水平,最先进的全站仪(IAT)仍然有延迟性,并且通用延迟方案(图 5.17)是可用的。

图 5.17 跟踪过程中的事件顺序[21]

另一个方面是,许多运动学应用涉及缓慢移动的对象;因此,上述影响可以忽略不计。使用这些原理的一些示例主要出现在施工机械的指导和控制中。

5.4 基于图像的目标识别、位置确定和跟踪

本节介绍图像辅助全站仪(IATS)在静态目标识别、位置确定和跟踪方面的应用。在这种情况下,应充分利用 IATS 集成图像模块的潜力,而不仅仅限于记录目的。

5.4.1 图像处理基础

根据 Luhmann[22],数字图像处理可细分为不同的步骤:图像捕获、预处理、分割、检测、聚类、配置和结果评估。

像素坐标系在图像处理任务中具有基本功能,被定义为一个左手二维 $x-y$ 坐标系,由行和列描述,其中 x 轴为行的方向,y 轴为列的方向[23]。一般来说,图像中的物体覆盖图像中的多个像素。这些覆盖像素是相关的,它们的灰度值非常相似。

为了提高图像处理的效率,使用了图像金字塔。图像金字塔是一系列图像,其中下一幅图像的分辨率和大小与前一幅图像相比减少了因子 n。此外,缩小后的图像通过滤波器进行平滑处理。因此,随着分辨率的降低,小图像结构由于信息内容的减少而消失[22]。这允许首先搜索分辨率降低的图像中的粗糙特征。之后,通过使用分辨率更高的金字塔图像,可以将搜索集中在先前发现的图像中感兴趣的区域。

滤波器可以通过空间卷积和频域乘法实现。对于频域操作,必须首先使用傅里叶变换等[22-23]将图像转换为频域。

卷积是通过卷积核在图像上的逐步"滑动"来实现的。内核下的像素值乘以相应的过滤器内核值。这些乘积随后相加并乘以内核值之和。然后,将所得值分配给像素,该像素与滤波器内核的平均值相一致[22]。

数字图像处理中使用了不同的平滑滤波器。最重要的平滑滤波器是盒子滤波器和高斯滤波器。有关平滑滤波器的详细信息,请参见 Luhmann[22]。

除平滑滤波器外,边缘检测滤波器在图像处理中发挥着优秀的作用。它们基于灰度值函数的数值推导,用于定位灰度值的急剧变化,从而指示边缘。边缘是像素,其中灰度函数的一阶导数突然变化[23]。

最简单的边缘检测器是基于像素平面在 x 和 y 方向上的一阶导数的 Roberts 检测器[24]。Sobel 运算符将求导与平滑相结合。这有助于抵消由派生引起的噪声放大。为了获得关于边缘曲率的更多信息,可以应用拉普拉斯算子。它是基于 GrayValue 函数的第二个导数。因此,边缘由显著变化表示。另一方面,二阶导数对噪声灵敏度有负面影响。为了抵消这种不利影响,可以在

推导之前使用高斯滤波器对图像进行平滑。平滑和微分的结合导致了高斯-拉普拉斯运算符。

边缘检测器的主要缺点是位置不稳定。边仅在一个方向上稳定。相比之下,大多数图像处理算法需要具有稳定位置的特征。因此,角点更合适,因为它们在两个方向上都具有固定定位。最常见的角点检测器之一是 Hessian 检测器。检测器基于 Hessian 矩阵的确定器的使用[25]。Hessian 矩阵的定义如下[26]:

$$\mathcal{H}_f = \frac{\partial^2 f}{\partial x_i \partial x_j}(x) = \begin{pmatrix} \frac{\partial^2 f}{\partial x_1 \partial x_1}(x) & \cdots & \frac{\partial^2 f}{\partial x_1 \partial x_n}(x) \\ \vdots & & \vdots \\ \frac{\partial^2 f}{\partial x_n \partial x_1}(x) & \cdots & \frac{\partial^2 f}{\partial x_n \partial x_n}(x) \end{pmatrix} \quad (5.7)$$

特征检测是通过分析行列式来完成的。特征位于行列式指示最大值的位置。根据 Merziger 和 Wirth[26],行列式定义如下:

$$\det \mathcal{H} = D_{xx} \cdot D_{yy} - (\omega \cdot D_{xy})^2 \quad (5.8)$$

式中: D_{xx}、D_{yy} 和 D_{xy} 单元是图像点 x 处的所谓水滴过滤器响应,它们代表一个 9×9 盒滤波器; w 表示权重因子。

下节介绍常见图像处理算法中的图像处理工具的用法。

5.4.2 用于特征提取的图像处理算法

源于计算机视觉领域,并用于此类目的图像处理方法有很多[27]。这些方法可分为三类:基于边缘的、基于模式的和基于点的[12]。顾名思义,"基于边缘的方法"意味着识别物体的边缘,然后在必要时计算其几何中心。这样,如果几何体不变,背景也显示出对比度,那么,就可以很容易根据物体的边缘检测到物体。基于模式的方法涉及使用算法识别的已知模式。因此,模式总是与参考模式进行比较,如果找到匹配项,则该物体可被视为搜索到的物体。基于点的方法意味着查找某些特征(点),这些特征(点)与基于模式的特征(点)类似,与已知图像匹配。下面详细介绍两种著名的基于点的特征提取算法。特征提取过程一般包括两个步骤:检测和描述。

5.4.2.1 尺度不变特征变换(SIFT)算法

根据 Lowe[28],现实世界中基于图像的物体识别的要求是图像目标,即特征,在空间中随机排列并被部分覆盖的物体可被唯一识别和检测。特征应在平移、旋转、缩放和照度变化方面保持不变。此外,特征应不受图像失真和噪声的影响。为了满足这些要求,图像特征必须具有特征形状,才能被唯一识别。

SIFT算法将图像分解为有限数量的局部向量描述对象。

图像捕获后需确定特征图像特征的位置属性,其位置属性在空间域中必须满足不变性,具体的求解步骤由检测器来实现。

检测器基于图像与高斯核的两次卷积以及随后形成的高斯差分来检测曲率(参见5.4.1节)。为了缩短处理时间,高斯差分近似为高斯拉普拉斯算子,以缩短处理时间。通过使用双线性插值[22]对图像进行重采样后,在图像金字塔的不同级别内搜索局部最大值和最小值,其中图像的相邻像素相互比较。

检测器后接描述符步骤,用来表征图像。为此,下面计算特征梯度和方向。对每个像素 $A_{i,j}$ 计算梯度幅度 $M_{i,j}$ 和方向 $R_{i,j}$,有

$$M_{i,j} = \sqrt{(A_{i,j} - A_{i+1,j})^2 + (A_{i,j} - A_{i,j+1})^2} \tag{5.9}$$

$$R_{i,j} = \arctan\left(\frac{A_{i,j} - A_{i+1,j}}{A_{i,j+1} - A_{i,j}}\right) \tag{5.10}$$

图5.18举例说明了特征描述符。为每个特征创建描述符向量,其尺寸为 $n = 128$。它包含特征在图像中的稳定位置、比例和方向。说明符还可以包含颜色或纹理(可选)。

Lowe[28]提供了SIFT算法的详细内部视图。

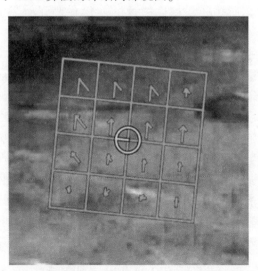

图5.18 特征描述符(黄色:方向 R_{ij};幅值: M_{ij})(见彩插)

5.4.2.2 SURF(加速鲁棒特征)算法

根据Bay等[25],探测器最重要的特性是可重复性。在这种情况下,可重复性意味着探测器的可靠性。具体来看,就是探测器需要在不断变化的视觉条件下识别和查找相同的物理对象。因此,每个相关图像点的邻域由描述符描述。

描述符必须对噪声、平移以及几何变形和摄影测量失真具有独特性和鲁棒性。通过使用来自两个不同图像的特征描述符,这些特征甚至图像(使用多重特征)可以被分配到另一个。例如,这些特征的分配基于两个描述符之间的欧几里得距离。描述符的维数直接影响分配时间,从而影响计算持续时间。因此,一方面,描述符向量的小尺寸是可取的;另一方面,小描述符维度的唯一性较差,因此有较少独特性[25]。SURF 算法在短处理时间和足够的描述符维数之间提供了良好的折中,以确保区分性。SURF 使用尺度和旋转不变的探测器和描述符,另外使用了无色素信息。

探测器使用 Hessian 矩阵行列式(参见 5.4.1 节),也引入了积分图像。积分图像用于快速计算矩形截面内的像素[25]。在坐标 $x = (x, y)^T$ 处积分图像 $I_\Sigma(x) = \sum_{i=0}^{i \leqslant x} \sum_{j=0}^{j \leqslant y} I(i, j)$ 的输入是输入图像 I 内所有像素值之和,这些像素值位于图像原点和图像点 x 之间的矩形区域内。

Blob 滤波响应(可用于局部计算最大值和最小值)存储在 Blob 响应映射中。该贴图表示图像比例空间。尺度空间由图像金字塔实现,并划分为八度音阶。倍频程表示由卷积确定的一系列滤波器响应。每个倍频程细分为恒定数量的缩放级别。因此,探测器包含使用 Hessian 行列式通过所述过程抑制输入图像以及确定特征的步骤。积分图像的使用提高了计算速度并增强了鲁棒性[25]。

这个描述符使用强度值来描述特征,它基于 Haar 小波在 x 和 y 方向上的一阶响应分布的。Haar 小波的详细信息可从 Talukder 和 Harada[29]中提取。基于 Haar 小波的描述符,首先,在感兴趣点周围建立一个矩形区域。每个区域方向的确定由探测器完成。然后,将这些区域细分为较小的矩形区域。计算这些较小区域的 Haar 小波响应,其中 dx 是 x 方向的响应,dy 是 y 方向的响应。有关极性和强度变化的信息可从 $|dx|$ 和 $|dy|$ 获得。对于每个子像素区域的强度结构的描述,四维描述符向量,形如 $v = (\sum dx, \sum dy, |\sum dx|, |\sum dy|)$,然后建立。然后,计算所有子区域的局部子区域描述符向量,总共为 $4 \times 4 = 16$。因此,每个特征的描述符向量的维数为 $n = 16 \times 4 = 64$。

关于 SURF 算法的更多详细信息可从文献[25](表 5.1)中提取。

表 5.1　SIFT 和 SURF 之间的比较

	SIFT	SURF
算法输入	灰度图像	图像强度
用滤波器	原始滤波	近似滤波
尺度空间金字塔结构	不同分辨率图像	不同分辨率过滤器

续表

	SIFT	SURF
描述符	梯度	Haar 小波滤波器响应
描述符维度	128 维	64 维
一般属性	更可靠	更快

5.4.3 目标识别与匹配

5.4.2 节特征提取完成后，用一种预先描述的算法完成。图像处理序列中的下一个操作是对象识别。该程序基于参考图像和测试图像之间的比较，定义为匹配步骤。详细地说，将参考图像和测试图像中提取的关键点（参见 5.4.2 节）相互比较。为了进行比较，n 维特征向量（SIFT n = 128，SURF n = 64）被定义为 n 维空间中关键点的位置。根据 Muja 和 Lowe[30] 的说法，要解决的任务是通过使用 Best Bin – First 算法，在两个特征向量（参考图像和测试图像）之间找到相邻点。Best Bin First 算法适用于在高维空间中高效地找到最近邻搜索问题的近似解[31]。该过程基于特征向量的二进制编码描述。必须说明，该解决方案仅为近似解决方案。

通过 SIFT 或 SURF 生成的特征向量表示的关键点被细分为 k 个簇。因此，k 个随机选择点构成聚类中心。剩余的点分配给特定的簇，它们与该簇之间的距离最小。如果集群大于预定义的阈值，则选择新的集群中心，并重新启动算法。如果事先选择了不利的群集中心，这有助于防止不同的群集大小。每个簇形成一个 k 维树，即所谓的 $k-d$ 树。由于不同树的并行和同步处理，这个算法在树构建和搜索操作中具有优势。从上到下搜索树中的最近邻居，在每个分支上标记距离起点最近的节点。未标记的节点存储在单独的优先级列表中。所有树搜索一次后，搜索将从最接近起点的下一个点开始。现在比较优先级列表中特定 $k-d$ 树的次近邻。选择具有最小距离的点，选定点的数量定义近似等级。等级越高，发现的相似项越多，但处理时间会增加。

通过使用识别出的点对，可以确定两幅图像之间的变换矩阵。该矩阵允许像素/点从参考图像到测试图像的相应点的变换。此过程称为像素到像素变换。

为了避免点云中的严重错误并提高鲁棒性，采用了 MSAC（M 估计器样本一致）算法的滤波。有关 MSAC 的详细信息，请参见 Torr 和 Zisserman[32]。根据 Lowe[28]，变换本身可以用仿射变换表示：

$$\begin{bmatrix} u \\ v \end{bmatrix} = \begin{bmatrix} m_1 & m_2 \\ m_3 & m_4 \end{bmatrix} \cdot \begin{bmatrix} x \\ y \end{bmatrix} + \begin{bmatrix} t_x \\ t_y \end{bmatrix} \tag{5.11}$$

式中:u、v 为测试图像点坐标;x、y 为参考图像点坐标;t_x、t_y 为平移参数;m_1、m_2、m_3、m_4 为旋转和缩放参数。

因此,必须解决两项任务。第一项任务是确定变换参数。根据 Niemeier[33],通过最小二乘法确定。为了估计 6 个参数,参考图像和测试图像之间必要的最小匹配数必须为 3 个。在第二项任务中,可以通过估计的变换参数将参考图像的所有点变换为测试图像。

5.4.4 目标位置确定

在根据 5.4.3 节成功匹配和识别测试图像中的对象后,下一个挑战是确定特定物体的位置。

一般来说,目标坐标系中(在这种特定情况下为测速仪系统)确定目标位置需要水平和垂直望远镜角度,以及通过无反射镜距离测量(EDM)获得的距离测量。因此,从图像中获取水平和垂直望远镜角度是必要的,并将在下文中详细阐述。

在每个参考中,定义图像关键点,其中参考图像中的像素坐标以及它们在对象坐标系中的坐标是已知的。对象的几何图形在对象坐标系中也是完全已知的。通过使用来自 5.4.3 节的预先描述的像素到像素转换,可以获得参考图像和测试图像之间的变换参数。下一步是从图像系统过渡到测速仪系统。因此,必须从适当点的当前像素坐标确定望远镜的瞄准方向(以 Hz 和 V 角表示)。为此,需要像素和角度之间的关系。该关系(由传递系数 i 描述)对于每种仪器都是不同的,要么给定,要么必须通过校准确定。该关系描述了特定望远镜角度 α 与像素系统中诱导位移 p 之间的函数。因此,转移系数 i 可以表示为

$$i = \frac{p}{\alpha} \tag{5.12}$$

重新考虑 5.2 节中针对偏心相机望远镜布局引入的修正术语(参考图 5.4),使用下式计算当前成像点的水平和垂直望远镜角度,即

$$\text{Hz} = i \cdot (\text{hpix}_g - (\text{hpix}_m + k_h)) \tag{5.13}$$

$$V = i \cdot (\text{vpix}_g - (\text{vpix}_m + k_v)) \tag{5.14}$$

式中:hpix_g、vpix_g 为图像中被测物体的像素坐标;hpix_m、vpix_m 为图像中心的像素坐标;Hz 为水平望远镜角度;V 为垂直望远镜角度;k_h 为水平校正项(仅适用于偏心布局);k_v 为垂直校正项(仅适用于偏心布局)。

通过使用式(5.13),现在可以计算出关键点的望远镜方向。这些方向可以

通过测速计的执行器进行调整。通过额外使用无反射器距离测量,可获得坐标计算所需的所有元素。根据 Torge[34],坐标计算如下:

$$x = s \cdot \cos Hz \cdot \sin V \quad (5.15)$$

$$y = s \cdot \sin Hz \cdot \sin V \quad (5.16)$$

$$z = s \cdot \cos V \quad (5.17)$$

5.4.5 基于图像的目标跟踪原理

在使用图像时,一般必须先识别特定的感兴趣对象,并且需要提取一些特征进行进一步处理。在 5.4.2.1 节和 5.4.2.2 节对基于点的算法 SIFT 和 SURF 进行了详细描述,在此不再强调。不同算法之间的主要区别在于计算时间,这在基于图像的跟踪过程中起着重要的作用。

与反射器跟踪过程类似,十字线点和对象中心之间的差异需要持续最小化。因此,若检测到物体的变化或移动,则之前提到的差异(参见 5.3.2 节)将被缩小为零。在连续序列中应用此项将创建基于图像的跟踪过程。这一过程的质量主要取决于图像分辨率、光学变焦能力、数据传输速率、处理速度、物体速度和望远镜旋转速度。

5.5 应用

5.5.1 静态目标识别和定位的例子

本例为基于图像的方法确定无人地面车辆(UGV)的位置。图 5.19 所示为一个比例为 1∶14 的履带式装载机模型。

图 5.19 履带式装载机型号(单位:mm)

所用仪器是 Trimble S7 机器人全站仪,内含一台视场为 20.3°×15.2°的数码相机[35]。

通过嵌入控制程序中的操作步骤,自动控制全站仪。大多数最先进的全站仪都可以通过定义的接口从笔记本电脑或 PC 机接收命令进行外部控制。这允许用户创建应用程序和面向问题的程序。转向可能性几乎涉及测距仪的每个元件组(参见 5.2 节)。接口还允许将图像处理算法和其他算法外包给外部设备,以避免全站仪的内部处理器过度紧张。在当前配置中,Trimble S7 全站仪的转向程序用编程语言 C#实现;图像处理算法用 Matlab ©实现;上位控制程序是用 NationalInstrument 的图形编程语言 LabView 实现,它协调和同步各个编程组件之间的数据流。

实施的转向程序使全站仪能够在垂直和水平方向按预定义的角度自动移动望远镜,捕获图像,并部署无反射镜距离测量。

用于目标识别和定位的特定全站仪转向程序的流程图如图 5.20 所示。

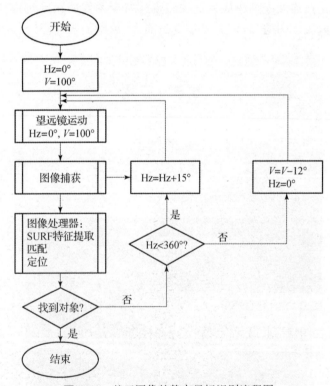

图 5.20　基于图像的静态目标识别流程图

在相机模块捕获图像后,根据 5.4.2 节,使用 SURF 算法进行特征提取,参考图像中的提取结果如图 5.21 所示。

图 5.21 参考图像中检测和提取的特征(绿色圆圈)(见彩插)

因此,图5.22为测试图像中显示提取结果。这个图像是从参考图像外的另一个角度拍摄的。这应该强调SURF算法的性能,其中测试图像可能是从不同的角度拍摄的,但匹配的鲁棒性仍然存在。

图 5.22 检测和提取测试图像中的特征(绿色圆圈)(见彩插)

在图5.22中看到,既不是物体的一部分也不是参考图像的一部分的特征也已经被检测并提取。随后,根据5.4.3节,执行匹配步骤,匹配结果如图5.23所示。

可以看出,许多特征是匹配错误的。这是应用MSAC算法得到的第一个匹配结果。在MSAC过滤之后,显然剩下的匹配项更少。这些匹配是唯一正确的(图5.24)。

图5.23 MSAC过滤前的匹配结果(左:参考图像;右:测试图像)(见彩插)

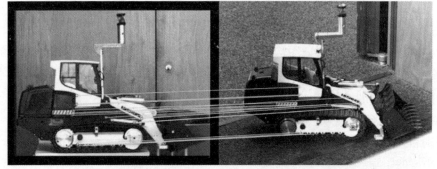

图5.24 MSAC过滤后的匹配结果(左:参考图像;右:测试图像)(见彩插)

现在,可以使用像素到像素的变换来进行目标识别,如5.4.3节所述。在这一步之后,物体在测试图像中被唯一识别(图5.25)。

图5.25 测试图像中识别的目标(见彩插)

在最后一步中,根据5.4.4节,从测试图像的像素坐标计算望远镜的Hz和V角度。自动瞄准后(由伺服电机设定Hz和V角),触发无反射距离测量,通过式(5-4)~式(5-9)获得位置。

5.5.2 基于运动图像的目标跟踪实例

在工程测量学中,跟踪通常被理解为以一定的采样率跟踪运动目标的过程。5.3节对完整的过程进行了全面的解释,并进一步强调了同样的过程,使用图像进行扩展。与使用反射器对目标进行信号识别相比,使用图像提供了多功能性和灵活性,可以通过获取目标的图像来选择跟踪目标。这意味着,对象不一定是可访问的。类似的尝试和原理描述可以在Bayer等[36]中找到。

具体来说,在用于目标跟踪的IATS的情况下,图像被处理成不断识别和跟踪所需的目标。接下来,本节将深入了解基于图像的跟踪原则,即使用SURF算法在每一帧(图像)中识别目标,然后跟踪它。

最近,工程测量研究所正在开发一个由徕卡TS16i IATS和Matlab ©运行的控制软件组成的系统。TS16i是一款高精度转速计,包括一个带有500万像素CMOS传感器的摄像头,其视场为15.5°×11.7°,捕捉速度高达每秒30帧,目标识别和跟踪采用SURF算法。在这种情况下有四种光学变焦级别,可以用于不同距离的跟踪。

在外部计算机上进行每帧(图像)的处理,这台计算机不断地接收和发送数据给IATS。通过无线网络实现物理连接,所开发的程序使用Matlab中的图像处理工具箱中的功能。其中一些功能的例子是图像读取、检测SURF特征、提取特征和匹配特征。

徕卡仪器只能通过使用特殊命令从外部源进行控制,这些命令以ASCII信息发送,并由GeoCOM协议[37]定义。根据集成到IATS中的硬件,只有一些命令可用。目前,CAM和MOT命令用于控制IATS的摄像机和伺服电机。

在第一阶段,用户需要选择要跟踪的目标。这可以通过直接捕捉物体的图像,然后用物体裁剪区域来实现,也可以从之前拍摄的图像中实现。

一旦确定目标,目标上的独特特征(点)就被识别出来,并将其作为跟踪环路的基础。在这种情况下,具有丰富纹理和变化的几何体的对象是最适合的。这一点可以从图5.26中看出,IIGS标志中的字母不具有与标志中心中的建筑相同数量的特征点。

然后,确定目标中心,从这一点开始,根据每个处理过的帧引导望远镜。从硬件的角度来看,这可以达到30帧/s(或30Hz)的速率,但由于处理速度的实际原因,选择了10帧/s的速率。此外,可以进行距离测量(无反射器),并获得物

图 5.26　原始图像(左)和识别的特征点(右)

体的绝对坐标。目前,整个跟踪过程的更新速率被限制在 0.5 Hz,这主要是由于传输和处理速度造成的。最后,这个过程总结如图 5.27 所示。

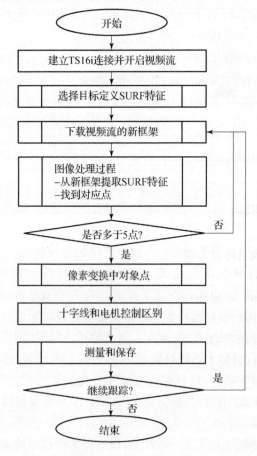

图 5.27　跟踪过程流程图

5.6 利用激光跟踪仪进行全站仪运动模式的质量控制

全站仪测量过程中,无法对测量质量和精度进行内部评估。因此,需要通过具有更高精度的仪器进行外部测量。激光跟踪仪就是这样的仪器。不同的制造商提供的激光跟踪系统,通常与附加配件结合使用。

激光跟踪仪 API Radian 已用于以下实验示例。激光跟踪仪在运动模式下的测距精度比机器人全站仪高了 250 倍,在静态模式下是其 500 倍。角度测量精度提高约 1.5 倍。主动目标具有与跟踪器的激光束永久对准的能力,从而始终保持视线,而不受平台方向的影响。对准的机械实现基于两个设置在水平和垂直方向的伺服致动器。图 5.28 描述了仪器及其性能。

	徕卡TCRP 1201	API弧度激光跟踪器	运动目标
测量精度	角度: $5\frac{\mu m}{m}$ 静态模式距离: 2mm+2ppm 动态模式距离: 5mm+2ppm	角度: $3\frac{\mu m}{m}$ IFM(静态)距离: 10μm 或 5ppm ADM距离: 10ppm(关~开)	定心精度: ±3μm 角速度: $50\frac{°}{s}$ 质量: 0.9kg
采样率	≤10Hz	IFM: 连续 ADM: 无细节	

图 5.28 用于质量评价的测量系统概述[38-39]

例 5.1 与运动目标结合使用,而例 5.2 是用常规激光跟踪器反射器 SMR(球形固定反射器)[38]。

制造商未发布关于运动目标功能的详细信息。然而,Kyle[40] 提出了一种对准功能的方法。作者描述了一种用于确定室内运动目标方向的光学方法。这种方法基于针孔反射器和 CCD 阵列。从而,入射激光光线的一部分通过针孔反射器入射到 CCD 阵列。射线所遇到的 CCD 的 x、y 坐标,取决于发射光源的方向。由此可知反射镜的位置和激光跟踪仪的坐标系,并可直接确定或测量。

例 5.1 应用场景是无人地面或空中飞行器(UGV,UAV)制导领域中机器人全站仪的质量控制。在这种情况下,无人驾驶车辆由全站仪控制,全站仪在闭环系统中以运动模式运行。全站仪作为传感器。这个特定的实验进行了基于反射器的距离测量。全站仪为控制算法提供位置。在控制算法中,这些位置作为控制变量。制导性能取决于控制质量,主要受制导算法和全站仪测量精度的影响。由此得到的组合精度是这两个量的二次和。因此,既不知道制导算法性能的质量,也不知道测量精度的信息。如果没有一个外部的高精度测量装置,就不可能把这两个量从组合测量中分离出来。激光跟踪器有助于克服这个缺点。

图 5.29 举例说明了解决潜在问题的测量设置。

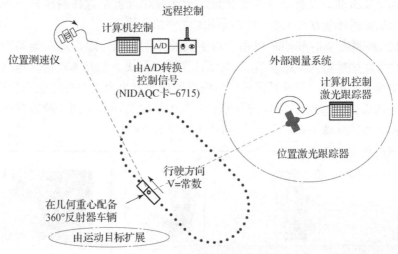

图 5.29　质量控制的测量设置

环路执行如下:测速仪安装在无人地面车辆(UGV)上的棱镜位置上进行测量,并将其发送到控制计算机。计算机计算出 UGV 位置和参考轨迹之间的垂直距离/横向偏差。基于这些信息,算法计算出最佳的转向角度,使 UGV 尽可能快地回到参考轨道上。UGV 配备了有源激光跟踪器目标,此外,还配备了360°无源测距仪反射器(图 5.30)。

图 5.30　运动目标和360°被动反射器组合[41]

360°反射器与全站仪结合用于车辆导航系统位置的确定。运动目标结合激光跟踪器提供外部独立的位置测量。这两个反射镜在一条垂直线上依次排列。因此,记录水平坐标指向唯一的参考点。两个质量参数,即控制质量和测量精度,可以表示为均方根值(RMS)。

为了实现测量精度与导向质量的分离,根据 Beetz[42]给出了以下定义。

(1)测量精度为测速仪轨迹与激光跟踪仪轨迹之间的均方根误差。

(2)控制质量是参考轨迹和记录的激光跟踪器轨迹之间的均方根值。

(3)组合测量、参考轨迹之间的 RMS 和记录的测速仪轨迹也可以确定。

实例 5.1 的结果显示,快速计测量精度的均方根值为 0.0028mm,UGV 控制质量的均方根值为 0.0031mm[41]。

例 5.2 为测试系统的性能,跟踪放置在微型铁路上移动小推车上的目标。参考值由放置在小车同轴上的激光跟踪器反射器测量(图 5.31)。手动移动两个目标,来进行运动学测量。

图 5.31 带激光跟踪反射器的移动小车(SMR)(左)和带 IATS 识别的特征点的目标(右)

进一步给出了测量结果,从激光跟踪器和 IATS 获得的坐标之间的差异如图 5.32 所示。与跟踪器测量相比,首先系统偏差是明显的。在 X 方向将跟踪器坐标移动 5mm(手动校正)后,可以进行看似合理的比较。因此,跟踪器坐标被拟合到四次多项式函数,并且计算从 IATS 坐标到该回归线的个体距离。横向偏差的平均值为 0.6mm。

未来的改进预计将识别这种系统效应,并使用更高效的图像处理工具与实时工业控制器单元相结合,如 National Instruments 公司的 CompactRIO 系统,这将有助于减少延迟时间。

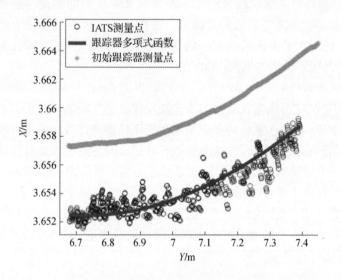

图5.32　同一参考线的IATS和激光跟踪器测量之间的差异(见彩插)

5.7　结论

本章旨在向机器视觉领域介绍大地测量仪器测距仪,有时也称为全站仪。作者们关注自动化全站仪,即可以在没有用户干预的情况下跟踪移动的物体。到目前为止的限制是,被跟踪的物体需要配备反射镜(反射器),反射是由测距仪发射的激光束。在突出显示内置摄像头等新功能之前,总结了这些原理。这些相机为图像处理和物体识别,换句话说,为机器视觉开辟了道路。在这篇文章中,介绍了使用图像处理技术(如著名的SURF和SIFT算法)进行目标检测和跟踪的进展。该算法已经在高端市场上提供的高端全站仪上实现。结果令人鼓舞,尤其是在测量精度方面。

如果消除评估程序的系统影响,在跟踪模式下,预期精度将小于1mm。由激光跟踪器来确定的距离测量的测量精度为10μm左右。未来需要提高跟踪速率,以确保连续的均匀实时跟踪。当算法以10~20Hz的跟踪速率实时运行时,任何物体,即使它们没有配备反射器,也可能被跟踪。

其余的挑战是全站仪与融合算法中的传感器的同步性问题。作者将进一步研究这些悬而未决的问题,并将这些结果视为DFG卓越研究组"建筑一体化计算设计与施工"研究的宝贵投入,这个项目2019年在德国斯图加特大学启动。

参考文献

1. Rogers, L. (2004). *Leonard and Thomas Digges: 16th century mathematical practitioners, script to oral presentation*. Retrieved from November 11, 2018, from http://numerisation.irem.univ-mrs.fr/
2. McConnell, A. (2013). Jesse Ramsden: The craftsman who believed that big was beautiful. *The Antiquarian Astronmer*, (7), 41–53.
3. Mark, R.-P. (2009). Von Zeiss zu Trimble – 100 Jahre Entwicklung und Bau geodätischer Instrumente in Jena. *Allgemeine Vermessungsnachrichten, 3*, 83–88. Berlin.
4. Leitz, H. (1969). Zwei elektronische Tachymeter von Zeiss. *Allgemeine Vermessungsnachrichten, 1/69*, 73–79. Karlsruhe.
5. Matthias, H. (1982). Der Topomat, Vermessung, Photogrammetrie. *Kulturtechnik, 80*(4), 123–128.
6. Kahmen, H., & Reiterer, A. (2006*). Videotheodolite Measurement Systems—State of the Art in ISPRS Commission V Symposium 'Image Engineering and Vision Metrology'*.
7. Wagner, A., Wasmeier, P., Wunderlich, T., & Ingesand, H. (2014). Vom selbstzielenden Theodolit zur Image Assisted Total Station. *Allgemeine Vermessungsnachrichten, 121*(5).
8. Möser, M., Hoffmeister, H., Müller, G., Staiger, R., Schlemmer, H., & Wanninger, L. (2012). *Handbuch Ingenieurgeodäsie*. Berlin: Grundlagen.
9. Luhmann, T., Robson, S., Kyle, S., & Harley, I. (2006). *Close range photogrammetry: Principles, methods and applications*. Caithness, Scotland: Whittles, Dunbeath.
10. Ehrhart, M., & Lienhart, W. (2017a). Accurate measurements with image-assisted total stations and their prerequisites. *Journal of Surveying Engineering, 143*(2), 2017.
11. Lachat, E., Landes, T., & Grussenmeyer, P. (2017). Investigation of a combined surveying and scanning device: The Trimble SX10 scanning total station. *Sensors, 17*(4).
12. Reiterer, A., & Wagner, A. (2012). System considerations of an image assisted total station—Evaluation and assessment. *Allgemeine Vermessungsnachrichten, 3*, 83–94. Berlin.
13. Scherer, M., & Lerma, J. L. (2009). From the conventional total station to the prospective image assisted photogrammetric scanning total station: Comprehensive review. *Journal of Surveying Engineering, 135*(4), 173.
14. Joeckel, R., Stober, M., & Hueb, W. (2008). *Elektronische Entfernungs- und Richtungsmessung und ihre Integration in aktuelle Positionierungsverfahren, 5. Auflage*. Heidelberg: Wichmann-Verlag.
15. Vogel, M. (2006). *Vom Pixel zur Richtung – Die räumlichen Beziehungen zwischen Abbildungsstrahlen und Tachymeterrichtungen*. Dissertation, Technischen Universität Darmstadt.
16. Leica Geosystem AG. (2018c). *The MS60 GeoCOM reference manual*. Retrieved November 11, 2018, from www.myworld.leica-geosystems.com
17. Rüeger, J. M. (1990). *Electronic distance measurement—An introduction*. Berlin/Heidelberg: Springer.
18. Ehrhart, M., & Lienhart, W. (2017b). Object tracking with robotic total stations: Current technologies and improvements based on image data. *Journal of Applied Geodesy, 11*(3). https://doi.org/10.1515/jag-2016-0043.
19. Deumlich, F., & Staiger, R. (2002). *Instrumentenkunde der Vermessungstechnik*. Heidelberg: Wichmann. ISBN 3-87907-305-8.
20. Zeiske, K. (1999). TPS 1100 Professional Series—Eine neue Tachymetergeneration von Leica. *VR 61/2*.
21. Gojcic, Z., Kalenjuk, S., & Lienhart, W. (2017). Synchronization routine for real-time synchronization of robotic total stations. In *INGEO 2017 7th International Conference on Engineering Surveying, Lisbon, Portugal* (pp.183–191).
22. Luhmann, T. (2010). *Nahbereichsphotogrammetrie. 3. Auflage, Wichmann*. Berlin und Offenbach: VDE Verlag GmbH.

23. Sonka, M., Vaclav, H., & Boyle, R. (1994). *Image, processing, analysis and machine vision*. London: Chapman & Hall Computing.
24. Girod, B. (2013). *Digital image processing: Edge detection*. Retrieved October 12, 2018, from https://web.stanford.edu/class/ee368/Handouts/Lectures/2016_Autumn/12-Edge-Detection_16x9.pdf
25. Bay, H., Ess, A., Tuytelaars, T., & Van Gool, L. (2006). Speeded-up robust features. In *9th European Conference on Computer Vision, 7–13 May 2006*.
26. Merziger, G., & Wirth, T. (2010). *Repetitorium Höhere Mathematik. 6. Auflage*. Barsinghausen: Binomi Verlag.
27. Shapiro, L. G., & Stockman, G. C. (2001). *Computer vision*. Upper Saddle River: Prentice Hall.
28. Lowe, G. (1999). Object recognition from local scale-invariant features. In *International Conference on Computer Vision, Corfu 1999, Proceedings*.
29. Talukder, K. H., & Harada, K. (2007). Haar wavelet based approach for image compression and quality assessment of compressed image. *IAENG International Journal of Applied Mathematics, 36*(1). ISSN 1992-9978.
30. Muja, M., & Lowe, D. (2012). Fast matching of binary features. In *2012 Ninth Conference on Computer and Robot Vision—CRV'12, IEEE Computer Society, Washington D.C., USA. Proceedings*. ISBN 978-0-7695-4683-4.
31. Kybic, J., & Vnucko, I. (2010). *Approximate best bin first k-d tree all nearest neighbor search with incremental updates*. Research Reports of CMP, Czech Technical University in Prague, No. 10, 2010. Center for Machine Perception, Department of Cybernetics, Faculty of Electrical Engineering, Czech Technical University. ISSN 121 3-2365.
32. Torr, P., & Zisserman, A. (2000). MLESAC: A new robust estimator with application to estimating image geometry. *Computer Vision and Image Understanding, Jahrgang 78*. ISSN: 1077-3142.
33. Niemeier, W. (2008). *Ausgleichsrechnung*. Berlin/New York: Walter De Gruyter Verlag.
34. Torge, W. (1980). Drei- und zweidimensionale Modellbildung. In H. Pelzer (Ed.), *Geodätische Netze in Landes- und Ingenieurvermessung*. Stuttgart: Konrad Wittwer.
35. Trimble Inc. (2018). *Datasheet Trimble S7 total station*. Retrieved November 11, 2018, from https://geospatial.trimble.com/products-and-solutions/trimble-s7#product-support
36. Bayer, G., Heck, U., & Mönicke, H.-J. (1989). Einsatz einer CCD-Kamera bei der Objektführung mittels Motortheodolit. *Allgemeine Vermessungsnachrichten, 96*(11–12), Karlsruhe.
37. Leica Geosystem AG. (2018b). *The GeoCOM reference manual*. Retrieved November 9, 2018, from www.myworld.leica-geosystems.com
38. Automated Precision Inc. (2018). *Laser tracker specifications*. Retrieved November 10, 2018, from https://apisensor.com/download/radian-spec-sheet/
39. Leica Geosystems. (2018). *Technische Daten TPS1200*. Retrieved November 10, 2018, from https://w3.leica-geosystems.com/downloads123/zz/gps/general/brochures/GPS1200_brochure_de.pdf
40. Kyle, S. (2008). *Roll angle in 6DOF tracking. 2008 Coordinate Metrology Society Conference, Charlotte-Concord*.
41. Lerke, O., & Schwieger, V. (2015). Evaluierung der Regelgüte für tachymetrisch gesteuerte Fahrzeuge. *zfv—Zeitschrift für Geodäsie, Geoinformation und Landmanagement*, Heft 4/2015 – 140. Jahrgang. https://doi.org/10.12902/zfv-0078-2015.
42. Beetz, A. (2012). *Ein modulares Simulationskonzept zur Evaluierung von Positionssensoren sowie Filter- und Regelalgorithmen am Beispiel des automatisierten Straßenbaus*. Dissertation, Universität Stuttgart.

第 6 章

移动自主机器人雷达地标探测方法

Oleksandr Poliarus, Yevhen Poliakov[①]

6.1 引言

现代移动自主机器人理论与实践的发展,为地球或其他星球等未知地形的精确导航提供必要的支持。机器人在地球表面的位置由 GPS 或其他导航系统定性地确定,但在某些情况下,GPS 的效能可能会降低,如卫星的能见度有限。在这种情况下,使用各种类型的车载传感器来确定环境[1]的各种对象或重要导航地标的坐标是方便的。这些地标用于测量机器人的角坐标,并解决其定位问题[2]。合理的方法是将车载传感器放置在不同波段(微波、光波等)的电磁波(EMW)中。它们扫描环境空间,发现机器人前进路径上出现的障碍物。对于机器人来说,并非所有位于其路径之外的物体都会引起极大的兴趣,但是如果在地面上这些物体清晰可辨,并且已知坐标,那么,它们就是机器人的潜在地标。如果机器人可以准确地检测到这些障碍物,并以期望的精度确定它们的坐标,那么,它们可作为实际地标使用。通常,这些地标只反射位于机器人处的雷达发射器产生的电磁波,可以说是被动的。在这些地标附近,有许多次级发射器(独立维度的物体、树木、茂密的灌木丛、植被、地球表面的不规则性等),它们产生反射信号的背景,其幅度可能超过从地标反射的信号的幅度。机器人通常在光波长[3-4]范围内或在频率的其他带宽内对周围空间进行探测[5]。本章仅在波的射频范围内讨论探测地标和确定它们的坐标。波长作为基本项或附加项,其具体范围取决于机器人的任务。本章还讨论了同时使用不同波长来解决机器人主要任务的可能性。在无法检测到地标的回波信号的情况下,提出了一种在扫描特殊形式的地标时检测信号幅度突变的方法。

[①] O. Poliarus, Y. Poliakov
Kharkiv National Automobile and Highway University, Kharkiv, Ukraine

6.2 自主移动机器人导航问题

在无 GPS 信号的情况下,让移动自主机器人在未知地形中导航。一个雷达或几个以不同频率工作的小雷达安装在机器人的板上,这些频率相差很大。该系统可以与激光、超声波和其他测量系统一起工作,并且可以复制技术视觉系统的功能。智能数据分析系统对来自所有测量人员的信息汇总处理,从而决定机器人在地面上的位置、地形的类型、地貌形状,这些信息也是导航所必需的。本章讨论无线电导航问题的综合方法,并讨论与测量信息集成相关的一些问题。

我们相信机器人会扫描周围的空间,以确定机器人在该地形上的位置、地形类型以及地貌形状。所有环境目标可以分为集中对象和分布对象。集中对象的例子是人类活动的对象(汽车、柱状物、独立的建筑物),以及自然对象(一棵独立的树、平原地带的一座小山)。分布对象大部分是城市、森林、越野等连续的建筑物。移动机器人的无线电导航通常可以使用已知坐标的集中对象来完成。如果单个对象的坐标是在测量过程中确定的,那么,在某些情况下,这个对象可以被认为是参考对象。特定形式的分布对象在环境背景下非常突出,也可以用来导航机器人。雷达方法包括用不同频率的 EMW 辐射物体。让我们考虑一个没有植被的平坦表面边缘的俯视图,它被机器人的雷达照射(图6.1)。

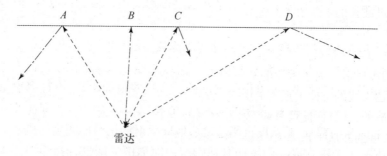

图6.1 扫描平坦表面时反射信号的形成方案

反射电磁波在平坦的表面上形成,其中心是点 A、B、C、D,但是在朝向雷达天线的方向上,仅来自点 B 的反射信号(回波信号)。它携带关于从雷达到点 B 的距离的信息,但是对于图6.1的情况,这是到整个表面的距离。

如果平坦的(整体意义上的)表面具有小尺度不规则性,如平均高度 h 或植被(草、灌木)等的。反射信号从该表面的所有点到达天线雷达(图6.2)。

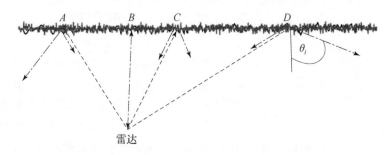

图 6.2 小尺度不规则均匀表面回波信号形成方案

B 点反射的信号幅度最大。在扫描过程中,在雷达接收机的输入端,回波信号的幅度会有一个随机过程,在通过雷达天线方向图主瓣方向的时刻,幅度会突然增加。随机振幅在某个时间点的这种急剧增加称为振幅的"跳跃"。进一步对这种跳跃进行了分析,并估计了它们应用于导航机器人的可能性。

在满足瑞利准则的情况下,图 6.2 中所示的方案,在满足瑞利准则[6]的情况下,将转换成图 6.1 中的方案,即

$$h < \frac{\lambda}{8\cos\theta_i} \tag{6.1}$$

式中:h 是小尺度表面粗糙度的最大高度;λ 是辐射的波长;θ_i 是波在表面某点 i 的入射角(图 6.2)。

在 B 点,波的入射角 $\theta_i = 0$,然后 $h < \lambda/8$。因此,如果表面不规则的最大高度不超过波长的 1/8,B 点的 EMW 反射就是镜像反射。当 $\lambda = 1\text{m}$ 时,这个高度达到 12.5cm,在这样不平坦的表面上会产生镜面反射。其他点 A、C 和 D 周围的区域(通常这是第一个菲涅耳区)在朝向机器人接收雷达天线的方向上形成 EMW 的漫反射。为了术语的方便和简单,我们将点 B 周围的区域称为镜像点,它在雷达天线的方向上反射 EMW。如果不满足瑞利准则,则点 B 处的 EMW 反射是扩散的,并且回波信号的幅度以及幅度跳变的概率可以大大降低。一般来说,小长度的波从平坦表面的反射是漫反射的,因为在真实的表面上,几乎总是存在小尺度的不规则和植被。因此,根据瑞利准则,有必要使用波长相对较长的辐射,以从粗糙表面获得 EMW 的镜面反射。对于图 6.1 和图 6.2 所示的条件,不能获得来自域 A、C 和 D 的镜像点;然而,如果地球或其他表面是弯曲的,那么,如果 $\theta_i = 0$,即弯曲表面的部分是平坦的并且垂直于入射波的波向量,那么,来自相似点的回波信号的出现就成为可能。此外,可能有几个点 B_1、B_2 和 B_3,这些点上有一个朝向雷达天线的方向的 EMW 镜面反射,雷达天线安装在移动机器人上(图 6.3)。

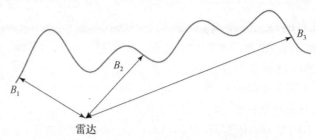

图6.3 不平坦光滑表面形成回波信号的方案

这里主要有两种情况。第一种情况,机器人用窄天线方向图(AP)通过天线扫描周围空间。这可以使用小波长(厘米或毫米波长范围)来实现。点 B_1、B_2 和 B_3 是照射依次进行,雷达接收器在不同时刻从每个镜像点获取回波信号,并且这些点通过角坐标来区分。第二种情况,使用具有大波长的 EMW,并且天线具有宽的 AP。

来自点 B_1、B_2 和 B_3 的 EMW 反射变成镜像,但是回波信号没有按照角坐标来区分。在天线孔径中,有一个干扰电磁场。通过使用该场,很难区分关于来自每个镜像点的反射信号的信息,镜像点的数量可能是未知的。在许多情况下,确定角度位置需要一个带有窄 AP 天线的雷达。尽管扩散 EMW 散射占优势,但信号振幅的镜像分量可能足以在电磁波的漫反射背景下区分扫描过程中的镜像点。

此前,人们对波从地球表面散射的过程进行了启发式分析。有很多种计算散射波特性的方法,但由于在扫描和机器人运动过程中位置条件的变化,很难描述估计的情况,因此在实践中无法使用。然而,在机器人的导航过程中,这个方法是权宜之计,特别是当关于该区域的先验信息有限时,如当机器人在另一个星球上移动时。来自地形的回波信号包含地形形状、植被、森林以及人工和自然形成的集中物体的信息。对于机器人导航的典型情况,可以使用现代分析方法预先计算信号的特征。此外,安装在机器人上的智能系统很可能能够确定其移动区域的性质。

根据 Rischka 和 Conrad [7] 的观点,地标为由人或自然创建的物理对象,这很容易通过技术手段识别。移动机器人的地标识别包括使用地标视频图像与先前识别的参考图像的顺序比较[8]。用严密的几何方法确定地标形状是不合理的,因为它的真实形状可能是模糊的,如覆盖着树木的柱子,不同地标的数量可能很大。在文献[7]中,据说已经创建了 900 个地标的数据库。这里重要的是确定地标的特征,并将其归属于任何群体,当然,除非它不是唯一的。因此,存在构建地标模型以及未知地形模型的问题,这些模型可用于构建地图。地标和未知环境模型不仅可以基于视频观测,还可以利用雷达观测来构建,因为在许多情况下,很难获得地标和周围地形的高质量视频图像,如在夜间、雾中等。

目前,现存的自主机器人可以探测到障碍物,并自动消除与障碍物碰撞的可能性。为此,超声波和其他传感器与相应的软件一起在机器人上使用[9]。这些传感器的感应范围很小,因此,它们很小巧且消耗的能量很少。对于速度较低的机器人,不需要增加传感器的范围。对于高速机器人,如自动汽车,对障碍物感知的范围,要求越来越高。实现这些要求的可靠方法是在机器人上使用雷达。

通过将不同类型的传感器(如超声波、雷达和机械传感器)获得的测量信息关联起来是获得有关周围空间的可靠和定性信息的一种更有效的方法。这涉及从不同物理原理构建的传感器收集测量值或混合信息的问题[10]。地面上移动机器人最常使用三角测量法定位[11],这种方法也使用不同波长的辐射,尤其是基于动态三角测量的激光[12]和用于改善3D激光扫描仪测量的神经网络[13]。为了分析雷达信息,有必要知道周围区域的反射特性。

6.3 不同频率范围周围地区的 EMW 反射

有许多学术论文中分析了计算物体散射波参数的方法。我们简单地考虑它们,并从理论和实验研究的结果中得出主要结论,这些结论可能对机器人的导航有用。

计算散射波特性的方法应根据 EMW 的频率范围、波的偏振、反射面的形状和状态以及其他未考虑的因素来选择。为了计算小尺度不规则表面上的散射波的特性,使用了小扰动法,如果表面的曲率半径明显大于波长,则首选基尔霍夫近似[6]。为了确定所需的特性,需要有关 EMW 从表面的反射系数的信息,而反射系数又取决于复介电常数 $\dot{\varepsilon} = \varepsilon - j60\lambda\sigma$,其中 ε 是土壤介电常数的真实值,λ 是波长,σ 是土壤的电导率。对于不同类型的土壤,如表 6.1 所列[14]。

表 6.1 给出了一些均质土壤的电学特性。在地面存在异质分布物体的情况下,复杂系统的介电特性被等效或有效值所替代。如果在黑土地表面有植被覆盖,那么,波长 $\lambda = 3.2\text{cm}$ 的介电常数的有效值在夏季为 $\varepsilon_{ef} = 4 \sim 9.5$,在冬季为 $\varepsilon_{ef} = 12$。

表 6.1 不同类型土壤的复介电常数分量值

序号	土壤类型	介电常数分量的值	
		介电常数的实部 ε	土壤的电导率 $\sigma, \dfrac{Cm}{m}$
1	雪地	1.2	2×10^{-4}
2	干土	2.5~4	$10^{-2} \sim 10^{-1}$

续表

序号	土壤类型	介电常数分量的值	
		介电常数的实部 ε	土壤的电导率 $\sigma,\dfrac{Cm}{m}$
3	湿土	4~20	10^{-2}~3
4	结晶岩	5~10	10^{-6}~10^{-4}
5	水	60	10^{-3}~10
6	海水	80	4~6.6

带灌木的草甸在相同波长下的相似特征是夏季 ε_{ef} = 10~12,冬季 ε_{ef} = 2.3~2.7,森林地区 ε_{ef} = 2.5~5,波长为 1.25~70cm。植被丰富的土壤电导率更难模拟,因为影响它的因素很多。

从给出的数据来看,土壤的介电特性是多种多样的,因此,很难创建单一的模型。因此,在应用麦克斯韦方程之后,我们通常通过使用传输方程、格林函数和表面电流积分方程的近似解来估计散射波的场[14]。从任意表面反射的波的电磁场由从某些平均光滑表面反射的场(不一定相等)和由小尺度不规则体对波的散射引起的扰动场的和确定。边界条件从一般曲面转移到平均光滑曲面,这是一个复杂的过程。因此,在确定一般散射场时,同时使用小扰动法和基尔霍夫法。

从瑞利判据可以看出,小尺度和大尺度不规则性的概念与波长密切相关。由某个复函数 $h(x,y)$ 决定的曲面形状,可以表示为随机系数上的正交函数的乘积之和,如系数软件用户系列。对于曲面类型,随机系数是按照一定的规律分布的。出于实用目的,描述表面形状的函数通常表示为 3 个函数的和[15]。第一个函数描述大尺度的不规则性,第二个函数描述小尺度的不规则性,第三个函数描述由植被元素形成的结构的有效高度。对于机器人导航来说,从表面到雷达天线的波反射需要关于 EMW 在这个方向上的反射系数的信息。在这种情况下,表面以一组小平面的形式建模,每个小平面都被小尺度的不规则体覆盖[15]。产生的场是所有面的相干和非相干表示的总和。决定波场的主要因素是部分反射波之间的相位关系,尤其是当这些波的数量很小的时候。

在接近于零的角度(垂直于在给定点与表面相切的平面的波矢)情况下,统计各向同性不平滑表面特定有效 EMW 反射面(散射面),由下式确定[15],即

$$\sigma_0 = K_{f_0}^2 \frac{l_h^2}{4\sigma_h^2} e^{-\frac{l_h^2}{4\sigma_h^2}\tan^2\theta} \qquad (6.2)$$

式中:K_{f_0} 为频率是 f_0 的复数系数;σ_h^2 为小尺度不规则体高度的方差;l_h 为不规

则体的相关半径;θ 为波对表面的入射角(已知 $\theta = 0$,如果波在雷达天线方向反射)。

对不同表面结构散射波的分析表明[15],σ_0 以复杂的方式依赖于 EMW 频率。在表面的大尺度不规则处,具体反射面积实际上与频率无关。由于不规则性的尺度大大超过波长,波的镜面反射占主导地位。这是因为随着波表面入射角的增加,镜面反射向雷达和 σ_0 的部分迅速急剧减少。小尺度不规则性的存在导致散射比有效表面的变化,这种变化取决于从 λ^0 到 λ^{-4} 的频率规律。因此,如果机器人的雷达配备了不同频率工作的发射器和接收器,则它可以区分表面上是否存在不规则类型。雷达设备校准后,不同频率的反射信号振幅会很接近,如果波从镜像点反射,在表面会有大规模的起伏不规则。在机器人移动过程中,地形的性质和回波信号的幅度可能会发生变化,这是由于 σ_0 对地球表面上分布物体的存在有很大的依赖性。表 6.2 描述了不同波长下地球表面波反射的一些具体有效面积[15]。

表 6.2 地球表面波反射的具体有效面积

序号	地形类型	参数值	
		波长 λ/cm	有效面积 σ_0
1	密林	3.2	0.1~0.8(夏季),0.6~0.7(冬季)
2	林地	0.86	0.08
		1.25	0.02~0.05
		3.3	0.003~0.06
3	森林	8	0.8
		70	0.6
4	带灌木的草地	3.2	3~7(夏季)
5	不均匀地形	0.32	0.4
		0.86	0.9
6	沙漠	8	2.2
		70	0.5

因此,基于来自表面类型的回波信号幅度的频率相关性,可以确定其上的粗糙度的性质(大尺度和小尺度)。基于这种方法,很难获得有关不规则性的更多信息。如果在扫描过程中表面的区域是不均匀的,那么,回波信号的分析就

会导致关于不规则性质变化的错误结论,而实际上地形的类型已经改变。例如,波长为0.86cm的特定散射面积,与无森林的不均匀地形相比,有森林的区域散射面积要小一个数量级[15]。从表面反射毫米波的实践有一些重要的特征,文献[16]中考虑到了这一点。

在光学范围内,光波对物体的漫反射对机器人导航很重要。反射波的能量与散射系数 ρ_d 成正比,即反射光通量与下落光通量的比率[17]。

在大多数情况下,在光学范围内,ρ_d 的较低值对应于较小波长,较高值对应于较大波长。针叶树的反射没有这种依赖性。因此,在 $\lambda = 0.6 \sim 0.7 \mu m$ 的范围内,随着波长的增加,系数 ρ_d 先减小再增大。

本节内容可用于构建机器人雷达天线扫描表面期间出现的回波信号幅值的随机过程模型。

6.4 分布式对象回波信号幅度的随机过程数学模型

机器人移动的同时,在雷达的天线扫描周围空间的过程中,雷达接收机的输入端形成回波信号幅值的随机过程。即使是静止的机器人,雷达天线照射到分布的、集中的物体表面的某一部分后,也会产生一个随机过程。在扫描过程中,由于地形、植被等的变化,机器人观察到的表面类型也会随机变化。相应地,随机回波信号的特性在雷达接收机的输入和输出端发生变化。

表面被照射部分的大小取决于雷达 AP 的宽度和机器人与表面之间的距离(图6.4)。反射信号从表面的所有辐射区域到达天线。它们的幅值是由 AP 的宽度、具有小尺度不规则性的表面类型以及植被类型决定的。由于不规则性和植被的均匀分布特征,接收器输入端的回波信号幅值存在一定的平稳随机过程(图6.5)。AP 越宽,就有越多的反射元素参与特定方向回波信号的产生,这导致了回波信号波动幅度的均值和方差的减小。如果地形发生剧烈变化,如从草原向林区过渡,回波信号会发生很大变化。这是机器人导航的一个重要特征。

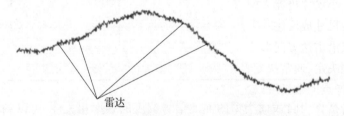

图6.4 窄天线模式雷达天线照射粗糙面方案

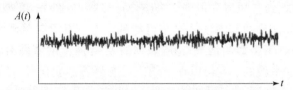

图 6.5 扫描过程中从粗糙表面反射的回波信号振幅的平稳随机过程的例子

上述过程指的是信号从表面的漫反射。由于镜面分量,在某些时刻表面上存在镜面点时,来自表面的回波信号在某个方向上的幅度可能会急剧增加,即出现幅值跳跃(图6.6)。

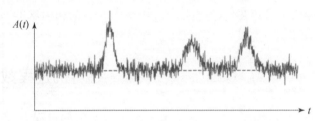

图 6.6 存在镜像点的情况下在粗糙表面扫描期间,实现从粗糙表面反射的回波信号振幅的随机过程的示例

这种现象也可以用于机器人导航。跳跃的幅度完全由反射信号的镜像分量决定,后者取决于周围区域的类型。跳跃的持续时间由天线扫描空间的速度决定。仿真中幅值跳变的形状可以用高斯定律来描述。为了可靠地检测跳跃,它必须具有良好的能量特性,即幅值和持续时间。跳跃的持续时间由 EMW 从表面的完全漫反射到混合漫反射的过渡性质决定,当然,也取决于空间扫描的速度。快速扫描时,幅度跳变很难检测到。慢速扫描益于我们检测幅值跳跃。

因此,在具有窄 AP 的天线的扫描扇区中,随机过程由平稳随机过程和随机函数的和来表示,随机函数在随机时刻描述振幅的跳跃(图6.7)。

如果 EMW 的长度很大(分米、米波),即实行镜面反射(式(6.1))的条件,那么,漫反射回波信号幅值与镜面信号幅值相比小得多,在某些情况下可以忽略不计。小尺寸机器人的雷达接入点不能窄,因为它的宽度与波长成正比,与线性天线尺寸成反比。因此,天线照射大面积的表面。来自表面的回波信号仅从镜像点沿雷达方向形成。这些点的数量由接入点的宽度和表面大尺度不规则的类型决定,通常决定其形状。对于平面,应该有一个镜像点。对于复杂的曲面,镜像点的数量可以达到几个单位。如果镜像点为1,则在接收器输入端观察到扩散信号,其幅度取决于粗糙度和易于发现的大幅度跳变。在存在两个镜像点的情况下,形成了具有不同相位的两个振荡的干涉图案,也就是说,总振荡可以具有来自两个镜像点的从零到两倍幅度的幅值。这种情况下,在 AP 宽度内扫描的过程中,我们可以先得到一个镜像点,然后是两个,再然后是一个镜像点。形成总回波信号的其他变体也是可能的。对于几个镜像点落入接入点宽度的情况,观察到了类似的情况。在这种情况下,描述粗糙表面回波信号的随机过程可能是非平稳的。它可以在平均值上有显著的变化,但是方差可以以复杂的方式表现:一方面,由于小的漫射散射,它应该很小;另一方面,由于具有深度衰落的随机干扰效应,它可以达到大的值。

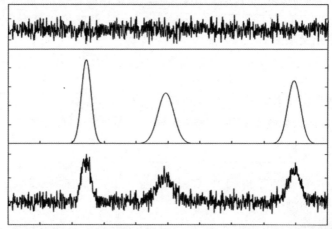

图 6.7 在表面上存在 3 个镜像点的情况下,扫描期间从粗糙表面反射的回波信号振幅的总随机过程的形成方案

当镜像点的数量为零时,还有另一种从表面反射 EMW 的选择。这对应于扫描倾斜表面的情况(图 6.8),此时,在接收器的输入端仅存在漫反射信号。这是机器人雷达识别表面的另一个特征,但只有使用与表面粗糙度大小相关的大波长才有可能。

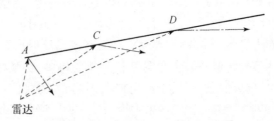

图 6.8 辐照平面上没有镜像点的图示

值得注意的是,这种波的特性在地球的对流层中不会失真,即介质对无线电波传输的影响可以忽略不计;否则,它发生在光波、毫米甚至厘米波段的 EMW 中,这些 EMW 在对流层中由于降水、雾、气体等的影响而失真。我们将假设该位置的范围相对较小,因此,在一定距离上,回波信号特性的这种失真不会达到大的值,也就是说,它们可以忽略。

第6章 移动自主机器人雷达地标探测方法

现在我们考虑分布和集中的(点)物体的有效表面积,即这些物体的后向散射回波区域。机器人的雷达在角度范围内照射周围区域,角度范围由两个正交平面中的角度 θ、φ 决定。发射机功率为 P,发射机天线增益为 $G = G_m F^2(\theta,\varphi)$,其中 G_m 为最大天线增益,$F^2(\theta,\varphi)$ 为归一化天线方向模式。接收天线具有有效孔径面积 A_{ef_m} 的最大值。

利用文献[18],可以得到 EMW 沿法线方向照射散射表面的雷达截面积 σ_e 的计算公式。当与法线成 θ 角时,则有

$$\sigma_e(\theta) = 4S_e R_{h,v} \cos^2\theta \tag{6.3}$$

其中,在两个正交平面 $2\theta_{0.5P}$ 和 $2\varphi_{0.5P}$ AP 宽度内的范围 r 上的散射表面上的照射区域为

$$S_e \approx r^2 \cdot 2\theta_{0.5P} \cdot 2\varphi_{0.5P} \tag{6.4}$$

EMW 从表面反射系数 $R_{h,v}$ 是有效的系数,也就是考虑了表面上存在的植被等因素。如果接收天线有效孔径面积的最大值为 A_{ef_m},则接收器输出端的信号功率为

$$P_r = \frac{PG_m A_{ef_m} F^4(\theta,\varphi) R_{h,v} 2\theta_{0.5P} 2\varphi_{0.5P} \cos\theta}{(4\pi r)^2} \tag{6.5}$$

我们认为,周围空间的区域同时有两个频率不同但天线宽度相同的天线辐射。通过选择天线的尺寸和孔径中电磁场的幅度 – 相位分布,可以很容易地检测到。使用前,在同一范围内均匀导电表面的照射过程中,通过改变参数 P、G_m、A_{ef_m} 来校准两个频率下的测量通道。校准的结果是从接入点的主瓣方向看,两个频道中反射信号幅度的一致性。

我们考虑以下模型情况:机器人以两种明显不同的频率扫描周围空间。假设第一频道中水平偏振的波长不超过3cm,第二频道在米范围内。通过使用两个频率的 EMW 对平面进行扫描,获得雷达接收机输入端反射信号的幅度实现的时间相关性,如图6.9所示。

振幅的时间相关性完全重复了 AP 的形式,在米范围(第二通道)内,由于米范围内土壤的 EMW 反射系数的模比厘米范围内的高,所以第一通道内的场振幅更大。当土壤湿度增加时,红色曲线和蓝色曲线在振幅上的差异减小。由于厘米 EMW 的扩散散射,第一频率通道(红线)中的零振幅值消失,振幅向 AP 的主最大值方向下降。因此,表面上小尺度粗糙度的存在可以通过所呈现的特征来定性地识别。

在表面存在镜像点的情况下,上述相关性被破坏(图6.10)。在米范围内,EMW(瑞利准则)的镜面反射条件仍然保留,因此,在某些方向上,会出现场的干涉极值。在 EMW 的厘米波段,总场对时间的依赖关系是复杂的,与先前推导的依赖关系有本质区别(图6.10)。

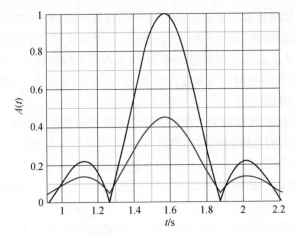

图6.9 从平坦粗糙表面反射的信号的归一化幅度的时间依赖性的例子(红线:第一频率信道;蓝色:第二频率信道)(见彩插)

不难看出,EMW在不平坦粗糙表面上的反射在两个频率上形成了复杂的电磁场结构。这种依赖恰恰是表面不平整的证据。然而,这里应该注意的是,如果大尺度不规则的相关半径明显大于 $r \cdot 2\theta_{0.5P}$ 或 $r \cdot 2\varphi_{0.5P}$ 的值,如图6.4所示,这种情况类似于前面的情况,因为镜像点的数量趋于1。

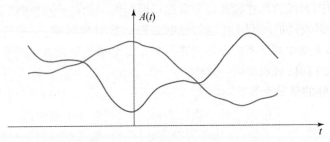

图6.10 有3个镜像点的粗糙表面反射的信号幅度的时间依赖性的例子(棕色:第一频率信号通道;蓝色:第二频率信号通道)(见彩插)

实践中经常遇到如图6.8所示的情况。在这种情况下,如果满足瑞利准则,米波段的EMW几乎不在雷达方向上反射。相反,厘米EMW在雷达方向上扩散散射,如图6.11所示。

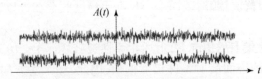

图6.11 粗糙表面反射的信号幅度随时间变化的例子(红色:第一频道的信号幅度;蓝色:第二频率的信号幅度)(见彩插)

根据这些数字的分析表明,对从太阳反射的信号的振幅进行比较,可以大致估计出周围地区的地形类型。所获得的结果形成了机器人关于环境的先验信息。

迄今为止,人们一直在考虑地形扫描过程中反射信号幅度的时间相关性。回波信号也可以在不扫描环境的情况下获得。在这种情况下,机器人的天线是固定的,接入点的最大值垂直于机器人的运动线。因此,应该预期依赖关系(图6.9)将被转换成类似于图6.5的其他依赖关系。

因此,地面上的集中物体可以作为自主移动机器人的地标,这对检测这些物体及其相对于其他地标的坐标提出了挑战。由于大多数地标的不稳定性,在有静止地形反射信号的情况下,无法使用多普勒方法分离来自地标的回波信号。唯一的方法是开发检测来自地形的回波信号能量特性突变的方法,这些突变在扫描周围区域或用固定天线沿该区域移动机器人时出现。如果地标位于复杂地形的背景上,那么,扫描地形确实会导致回波信号幅度的急剧变化("跳跃"),这是因为在添加信号时受到了干扰效应的影响,这些信号是从镜像点反射回来的,同时也是照射区域内出现可用作地标的集中物体的结果。在这种情况下,可靠地检测幅度跳变信号是不可能的。然而,对于图6.10所示的情况,两个频道中来自地形的反射信号的等级显著降低。因此,最方便探测地面地标的地点是森林和灌木较少的坡地方向。这种情况可以认为是机器人导航的主要情况。因此,有必要估计集中目标的雷达截面,并决定它们的选择是否可以用作地标。

我们根据条件把所有实际情况分成两组:第一组包括所有情况,在这种情况下,来自反射表面的EMW能量的大部分被引导到机器人的天线雷达上(如图6.1和图6.2);第二组包括仅EMW从表面漫反射的情况(如图6.8)。反射单色信号复振幅的最简单数学模型为

$$\dot{A}(t) = \sum_{k=1}^{m} \dot{A}_k(t) e^{j\varphi_k(t)} + n(t) \qquad (6.6)$$

式中:$\dot{A}_k(t)$、$\varphi_k(t)$分别是从雷达接收机输入端的第k个镜像点反射的回波信号的随机复振幅和相位;m是这种镜像点的随机数;$n(t)$是白噪声。

模型式(6.3)描述了第一组反射信号的振幅。在第二组中,有许多具有低能量特征的扩散成分的总和。由于物理原因,只有在第二组中才能可靠地检测到回波信号幅度的突变。对于这种可能性的数值估计,有必要知道来自作为集中对象的地标的回波信号的模型。

6.5 描述集中目标回波信号幅度的随机过程数学模型

可以将具有各种散射特性的自然和人工来源的不同集中对象作为地标。因为它们的大小比分布式对象的大小要小得多,通常称为点对象。

例如,在文献[19]中给出了集中物体的雷达截面(RCS)。因此,完全导电表面和半径 $r \gg \lambda$ 的球 RCS 为

$$\sigma = \pi r^2 \qquad (6.7)$$

半径为 r、长度为 L 的圆柱形金属柱的 RCS 由下式[20]确定:

$$\sigma_{\max} = \frac{2\pi r L^2}{\lambda} \qquad (6.8)$$

尺寸为 a 和 b 的金属矩形板的 RCS,其波长要大得多,即

$$\sigma_{\max} = \frac{4\pi S^2}{\lambda^2} \qquad (6.9)$$

式中:S 是板的面积,其最大尺寸明显小于机器人和板之间的距离 r。式(6.9)给出雷达的方向——地表的区域。

分析式(6.7)~式(6.9)可知,集中对象的雷达截面随 EMW 波长而变化。这可能是先前机器人识别地标类型的基础。然而,主要任务是识别第一组和第二组反射信号的特殊情况。如前所述,这可以在描述不同频率回波信号的随机过程中使用本质差异的基础上完成,这些频率有很大的不同。机器人在给时间范围内判断第二组是否存在,这就需要对有用物体(地标)的回波信号进行分析。从式(6.4)~式(6.9)中看出,这些物体在厘米范围内的雷达散射截面超过了米范围内的类似指数。对于第一组的信号,一切都是相反的。因此,RCS 的这一特征可用于识别第一组特有的情况。

独立的抽象集中对象正则坐标通常采用类型为 $\sin\alpha/\alpha$ 的形式,也就是说,它有一个主瓣和几个副瓣。为了检测回波信号的幅度跳变,只有主瓣具有实际值。值得注意的是,雷达的 AP 也有类似的形状。那么,角度 α 可以表示为 $\Omega \cdot t$,其中 Ω 是天线角度扫描速度。这就是为什么来自地标的回波信号的幅度应该由高斯相关性来近似,即

$$A(t) = \frac{A_0}{\sigma_\alpha \sqrt{2\pi}} e^{-\frac{(\Omega \cdot t)^2}{2\sigma_\alpha^2}} \qquad (6.10)$$

式中:A_0 是反射信号的某个振幅,在模拟过程中选择或在实验研究过程中确定;σ_α 是表征高斯相关性宽度的参数。还应考虑 $\alpha \le \alpha_{\max}$,其中 $\alpha_{\max}$ 是辐射和接收回波信号的角度的最大值。

因此,回波信号幅度的最大跳跃与最大雷达截面值 $\sigma_{\max}$ 成正比,并且与频率有关。在接收机的第一和第二频率信道中,来自环境的回波信号的统计特性应该用白噪声来描述,白噪声在厘米范围内的电平通常高于米范围内的电平。在第一和第二频率信道中来自圆柱形金属柱的回波信号的幅度跳跃比由接收器测量系统评估,并由该公式估计,即

$$\frac{\Delta A_1}{\Delta A_2} \approx \frac{f_1}{f_2} \qquad (6.11)$$

式中:f_1 和 f_2 分别是第一和第二频道的信号频率。如果地标是一个平坦的矩形板,则这两个频率通道中这些回波信号的幅度之比为

$$\frac{\Delta A_1}{\Delta A_2} \approx \left(\frac{f_1}{f_2}\right)^2 \qquad (6.12)$$

式(6.12)是根据式(6.11)[20]得出的。

所描述的方法使得不仅可以在某些情况下识别地标,而且可以找到 MAR 坐标与这些地标的联系。如果机器人的轨迹离地标 L_1 和 L_2 不远(图 6.12),那么,在不同的时间点 S_1 和 S_2,机器人可以检测到这些地标。由于这些点之间的距离 d 和角度 β_{ij} 是预先已知的,机器人轨迹的每个点到地标的距离由三角测量方法确定。这里索引 i 表示机器人轨迹上当前位置的编号,索引 j 是地标编号。

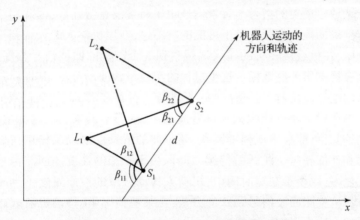

图 6.12 机器人相对于两个地标的运动轨迹

假设确定机器人轨迹的当前点之间的距离 d 的误差很小。然后,通过测量角度坐标 β_{ij} 的误差来确定估计机器人相对于地标的位置的精度。因此,确定工作机器人的空间误差将分布在具有轴 $k\sigma_\xi$ 和 $k\sigma_\eta$ [21]的椭圆内,其中 $k = \sqrt{-2\ln(1-p_0)}$,p_0 是机器人的位置误差进入具有指示轴的椭圆的概率。

当 $p_0 = 0.90$ 时,系数 $k = 2.15$;当 $p_0 = 0.99$ 时,系数 $k = 3$。一个地标的误差椭圆的尺寸由以下公式来估计[21]:

$$\sigma_\xi = \left(\sum_{i=1}^{2} \frac{\cos^2\beta_i}{\rho_i^2 \sigma_i^2}\right)^{-0.5} \qquad (6.13)$$

$$\sigma_\eta = \left(\sum_{i=1}^{2} \frac{\sin^2\beta_i}{\rho_i^2 \sigma_i^2}\right)^{-0.5} \qquad (6.14)$$

式中:ρ_i 是从机器人天线(点 S_1 或 S_2)到地标的距离;σ_i^2 是机器人天线确定角度坐标的误差方差。

机器人位置的空间误差 σ_ξ、σ_η 本质上取决于机器人与地标之间的距离 ρ_i,

并且在短距离时减小。如果在距离 $\rho_i \approx 300m$ 处,以不超过 10m 的误差确定地标定向,则角坐标的测量误差约为 1°,这对于机器人的无线电工程系统来说不是问题。

使用两个或两个以上的频率通道,处理完全不同的信号(微波、超声波、激光等)。可以相互处理隐藏在回波信号中的测量信息。测量回波信号参数的最佳系统的发展和对机器人有用的物体坐标是一个非常重要的问题,但是通常经典方案将信号幅度跳跃感知为干扰尖峰并将其消除。

6.6 移动自主机器人地标探测信号幅度跳变的测量

由于从地标反射的信号与背景信号相比通常没有特殊性,因此用传统方法对其进行准确的检测实际上是不可能的。不过,在用机器人的天线扫描周围空间的过程中,在机载接收机的输入端观察到一个随机的回波信号幅度过程中,还是有机会检测出一些地标。这个过程的实现包含波动分量,其性质是由地形背景元素的电磁波反射条件造成的。除非该地标存在 EMW 的共振散射;否则,来自地标的反射信号可能隐藏在这些波动中,检测不出来。在这种情况下,在地形扫描期间,可能会出现幅度跳跃、超过波的背景反射以及作用在接收器输入的内部和外部噪声。跳跃的持续时间取决于扫描的速度。回波信号振幅的数量如此之多,以至于在短时间内,机器人移动区域的性质发生了本质上的变化。本节讨论检测回波信号跳跃的方法,在某些情况下,移动机器人利用这种检测跳跃的方法来识别可能的地标。

在文献[1]中阐述了检测发生在未知时刻的动力系统突变的详细方法(未知时间点的突变)。为了确定文献[1]中的突然(急剧)变化,在质量控制、信号处理、自动信号分割和导航监控系统的一般统计理论中提出了一种统一的方法。它基于似然比算法的使用和对系统统计特性的估计。在突变前后,分析了随机过程的两个主要模型,确定了库尔贝克信息。为了检测突变,使用了非参数贝叶斯方法,并认为变化后的信号参数值是已知的,不评估这一变化的概率特征。

一般情况下,通过观察所述参数的条件后验概率密度的最大值来获得信号参数的估计,如福克-普朗克-科尔莫戈罗夫方程。这个偏导数中的随机方程描述了马尔可夫过程的条件后验概率密度的演化。它非常复杂,无法通过分析来解决[22]。对于高频信号,类似的方程由文献[23]得到。Maltsev 和 Silaev[24-25]开发了用于评估动态系统状态、识别其参数的随机跳跃式变化并确定其发生时刻的最佳算法。获得了随机过程参数概率后验密度的微分方程组,通过近似方法求解该微分方程组可以得到实时尺度上参数的当前估计和跳跃矩的中值估计。

对相关系数在随机时刻跳变的自回归过程描述的系统进行分析。在文献[26]中,开发了一个实时检测和估计机器振动幅度急剧变化(跳跃)的最佳系统。这种检测移动机器人地标的方法的主要方面发表在文献[27-29]中。

根据文献[1],如果信号参数的变化几乎是瞬时发生的或者小于采样周期(MAR 的采样周期取决于天线的旋转速度),则将其视为突变。机器人的天线在很大的角度范围内扫描地形。地标的角度尺寸很小,被天线辐射的时间也很少。这表明,从地标反射的信号存在的时间间隔很短,也就是说,它会产生一个振幅急剧变化的信号,我们称为跳跃。振幅跳跃的形式类似于天线方向图的形状,在模拟中,它将由例如从金属柱反射的高斯脉冲来表示。可在环境回波信号的背景下观察到电磁波,由一些随机过程描述它们在时间上的振幅。我们将参考随机过程进行模拟。该过程表征特定地形的反射特性,并由已知的随机微分方程(SDR)描述,如以下类型:

$$\frac{dA(t)}{dt} = -\alpha \cdot t + n(t) \qquad (6.15)$$

$$\frac{dA(t)}{dt} = a(A,t) + b(A,t) \cdot n(t) \qquad (6.16)$$

式中:参数 α 表征了随机过程的相关性质和谱宽;$n(t)$ 是白噪声;函数 $a(A,t)$、$b(A,t)$ 用来构成非平稳随机过程。必须选择所有功能,以便随机过程类似于来自地形的反射信号的行为。

来自地形的反射信号的幅度取决于许多因素,如发射功率和接收灵敏度、天线特性、到地形反射元素的距离、该区域中物体散射的有效表面等。为了不处理大范围的回波信号幅度,我们将把获得的幅度值归一化为 1,并相应地模拟不同强度、持续时间的跳跃,这些跳跃发生在不同噪声水平 $n(t)$ 下的随机时刻。跳跃不应明显超过回声信号背景。时间刻度应与扫描周围区域的速度一致。可以使用不同数量的跳跃来进行研究。

通常,最佳信号幅度测量系统也无法定性地估计幅值的快速突变(幅度的跳跃)。有必要合成一个最优系统,综合考虑未知(预先)瞬时振幅跳变特性。这样的系统是基于福克-普朗克微分方程的。文献[27]给出了估计跳跃幅度及其方差的随机微分方程组的推导,最终结果用式(6.17)~式(6.20)描述,即

$$\frac{dp_1}{dt} = P_{\tau_{jump}}(t) \cdot e^{-z}$$

$$+ \frac{1}{N} \cdot p_1 \cdot (1-p_1) \left\{ \begin{array}{l} A \cdot \Delta A_1 [1 - \cos(\varphi_0 - \varphi_1)] + \frac{1}{2}(A_1^2) \\ -\sigma_{\Delta A_1}^2 + 2 \cdot n(t) \cdot \Delta A_1 \cdot \sin(\omega \cdot t + \varphi_1) \end{array} \right\}$$

$$(6.17)$$

$$\frac{dz}{dt} = \frac{p_1}{N}\left\{ \begin{array}{l} A \cdot \Delta A_1 [1 - \cos(\varphi_0 - \varphi_1)] \\ + \frac{1}{2}(\Delta A_1^2 A - \sigma_{\Delta A_1}^2) + 2 \cdot n(t) \cdot \Delta A_1 \cdot \sin(\omega \cdot t + \varphi_1) \end{array} \right\} \quad (6.18)$$

$$\frac{d\Delta A_1}{dt} = \frac{1}{p_1} P_{\tau_{\text{jump}}}(t) \cdot e^{-z}(\Delta A_0 - \Delta A_1)$$
$$+ V_1(t) \cdot \frac{1}{N} \cdot [2 \cdot y(t) \cdot \sin(\omega \cdot t + \varphi_1) - A \cdot \cos(\varphi_0 - \varphi_1) - \Delta A_1]$$
$$(6.19)$$

$$\frac{dV_1}{dt} = \frac{1}{p_1} P_{\tau_{\text{jump}}}(t) \cdot e^{-z} \cdot [(\Delta A_0 - \Delta A_1)^2 + V_0 - V_1] - \frac{1}{N} \cdot V_1^2 \quad (6.20)$$

式中：p_1 为检测信号幅度跳变的后验概率；z 为系统的相对速度运行；ΔA_0、ΔA_1 为先验和后验幅度跳变估计；$V_1(t)$ 为后验振幅跳跃分布的方差；$V_0(t)$ 为先验振幅跳跃分布的方差；t 为时间；τ_{jump} 为信号幅度从值 $A_0(\tau_{\text{jump}})$ 跳变到另一个值 $A_1(\tau_{\text{jump}})$ 的时刻；$\varphi_0(t)$、$\varphi_1(t)$ 分别为跳跃前后信号的相位；$n(t)$ 为具有零均值和频谱强度 n 的白高斯噪声。

在相应的初始条件下，从微分方程式（6.17）~式（6.20）的解可以获得地标探测系统的重要特征。图 6.13 显示了检测到信号振幅随时间跳变的概率的相关性。如果跳跃不存在，那么概率接近于零（图 6.13，虚线）；如果跳跃确实存在，则这个例子中的概率接近于 1（图 6.13，实线）。

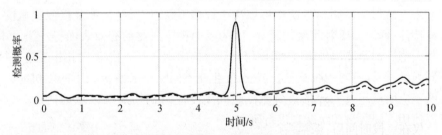

图 6.13 随机过程检测振幅跳跃的概率（振幅跳跃不存在（虚线）和存在（实线））

幅度跳变检测的概率本质上取决于跳变的能量特征，即其幅度和持续时间。图 6.14 描述了这种概率对恒定持续时间的幅度跳变的依赖关系。对于前面给出的条件，即使振幅跳跃超过从地形反射的信号平均振幅的 1/2，概率也达到 0.8（图 6.14）。

通过解方程式（6.17）~式（6.20）得到的振幅跳变的估计，如图 6.15 所示。系统无法确定跳变形状，但可以很好地确定其值的大小。

从系统式（6.17）~式（6.20）的方差方程（第四个方程式（6.20））确定估计振幅跳跃的精度。方差的时间相关性如图 6.16 所示。

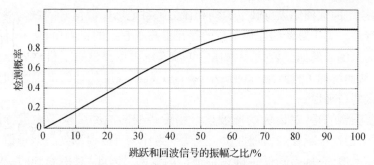

图6.14 从振幅跳跃与来自地形的回波信号平均振幅之比中检测振幅跳跃的概率

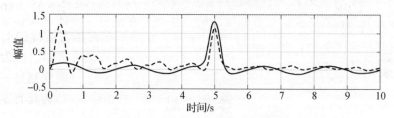

图6.15 振幅跳变随机过程的实现(实线)及其估计结果(虚线)

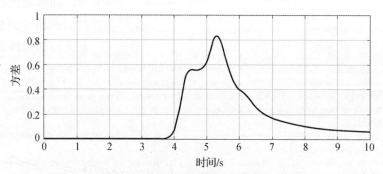

图6.16 振幅跳变方差的时间相关性示例

仅在一段时间后,振幅跳跃的方差减小到最小值。这个时间取决于系统的运算速度,由系统的第二个方程式(6.17)~式(6.20)确定,如图6.17所示。

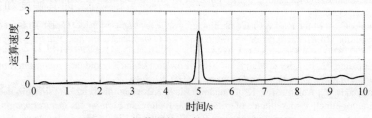

图6.17 操作系统速率的时间相关性示例

因此,确定振幅跳变需要一些时间,这对于相对较慢的 MAR 来说并不重要。仿真结果是在缺少关于振幅跳变发生时间的先验信息的情况下获得的,这意味着，给定的数值结果反映了检测和评估来自地标回波信号的振幅跳变系统的最差特性。关于跳跃的任何信息的存在提高了它们的检测质量，并且扩展了该方法的范围。例如，[1,4]中描述的导航系统可以提供关于机器人位置的先验信息，从而增加了检测地标的概率，提高了跳跃幅度估计的准确性和机器人坐标测量的精确性。

需要强调的是，对地标的回波信号幅度跳变的检测是基于能量特性的评估，而不考虑这种跳变的物理性质。这就是为什么可以检测到类似于信号幅度跳变的噪声浪涌，从而降低正确识别地标的概率。因此，对检测到的跳跃参数的可靠性的要求增加了，跳跃参数与噪声浪涌的参数有很大不同。

所开发的检测回波信号振幅跳跃的方法基于在福克－普朗克－科尔莫戈罗夫方程的应用范围之外。例如，我们开发了一种类似的方法，检测经济过程中的突然变化[27]。

参考文献

1. Colle, E., & Galerne, S. (2017). A multihypothesis set approach for mobile robot localization using heterogeneous measurements provided by the internet of things. *Robotics and Autonomous Systems, 96*, 102–113. Elsevier.
2. Garulli, A., & Vicino, A. (2001). Set membership localization of mobile robots via angle measurements. *IEEE Transactions on Robotics and Automation, 17*(4), 450–463.
3. Lindner, L., Sergiyenko, O., Rivas-Lopez, V., Hernandez-Babluena, D., Flores-Fuentes, W., Rodríguez-Quiñonez, J. C., Murrieta-Rico, F. N., Ivanov, M., Tyrsa, V., & Basaca, L. C. (2017). Exact laser beam positioning for measurement of vegetation vitality. *Industrial Robot, 44*(4), 532–541.
4. Sergiyenko, O. Y. (2010). Optoelectronic system for mobile robot navigation. *Optoelectronics, Instrumentation and Data Processing, 46*(5), 414–428.
5. Prorok, A., Gonon, L., & Martinoli, A. (2012). Online model estimation of ultra-wideband TDOA measurements for mobile robot localization. In *IEEE International Conference on Robotics and Automation (ICRA)* (8 p). Saint Paul, USA.
6. Ishimaru, A. (1978). *Wave propagation and scattering in random media. Vol. 2: Multiple scattering, turbulence, rough surfaces and remote sensing* (317 p). New York: Academic.
7. Rischka, M., & Conrad, S. (2014). Landmark recognition: State-of-the-art methods in a large-scale scenario. In *Proceedings of the 16th LWA Workshops: KDML, IR and FGWM* (pp. 10–17). Aachen, Germany.
8. Schmid, C., & Mohr, R. (1996). Combining greyvalue invariants with local constraints for object recognition. In *Proceedings of the Conference on Computer Vision and Pattern Recognition* (pp. 872–877). San Francisco, CA, USA.
9. Hanumante, V., Roy, S., & Maity, S. (2013). Low cost obstacle avoidance robot. *International Journal of Soft Computing and Engineering (IJSCE), 3*(4), 52–55.
10. Kandylakis, Z., Karantzalos, K., Doulamis, A., & Karagiannidis L. (2017). Multimodal data fusion for effective surveillance of critical infrastructure. In *Frontiers in spectral imaging and 3D technologies for geospatial solutions*, 25–27 October 2017 (pp. 87–93). Jyväskylä, Finland.
11. Borenstein, J., Everett, H. R., Feng, L., & Wehe, D. (1997). Mobile robot positioning- sensors and techniques. *Journal of Robotic Systems, 14*(4), 231–249.

12. Real-Moreno, O., Rodriguez-Quiñonez, J. C., Sergiyenko, O., Basaca-Preciado, L. C., Hemandez-Balbuena, D., Rivas-Lopez, M., & Flores-Fuentes, W. (2017). Accuracy improvement in 3D laser scanner based on dynamic triangulation for autonomous navigation system. In *Industrial Electronics (ISIE). 2017 IEEE 26th International Symposium on IEEE* (pp. 1602–1608).
13. Rodriguez-Quiñonez, J. C., Sergiyenko, O., Basaca-Preciado, L. C., Hemandez-Balbuena, D., Rivas-Lopez, M., Flores-Fuentes, W., & Basaca-Preciado, L. C. (2014). Improve 3D laser scanner measurements accuracy using a FFBP neural network with Widrow-Hoff weight/bias learning function. *Opto-Electronics Review, 22*(4), 224–235.
14. Krasiuk, N. P., Koblov, V. L., & Krasiuk, V. N. (1988). Influence of the troposphere and underlying surface on radar. In *Radio and communication* (216 p). (in Russian).
15. Zubkovich, S. G. (1968). Statistical characteristics of radio signals reflected from the earth's surface. In *Sov radio* (224 p). (in Russian).
16. Kulemin, G. P., & Razskazovsky, V. B. (1987). The scattering of millimeter radio waves by the earth at low angles. *(Scientific thought)* (232 p). (in Russian).
17. Lukianov, D. P., et al. (1981). Laser measuring system. In *Radio and communication* (456 p). (in Russian).
18. Skolnik, M. I. (1990). *Radar handbook* (846 p). New York: McGraw-Hill.
19. Grishin, J. P., Ignatov, V. D., Kazarinov, J. M., & Ulianitskiy, J. A. (1990). Radio engineering systems. In *High school* (496 p). (in Russian).
20. Rajyalakshmi, P., & Raju, G. S. N. (2011). Characteristics of radar cross section with different objects. *International Journal of Electronics and Communication Engineering, 4*(2), 205–216.
21. Shirman, J. D. (1970). Theoretical foundation of radar. *Sov radio* (560 p). (in Russian).
22. Sharma, S. N. (2008). A Kolmogorov-Fokker-Planck approach for a stochastic Duffing-van der pol system. *Differential Equations and Dynamical Systems, 16*, 351–377.
23. Stratonovich, R. L. (1968). *Conditional Markov process and their application to the theory of optimal control* (367 p). Amsterdam: Elsevier.
24. Maltsev, A. A., & Silaev, A. V. (1985). Detection of jump-shaped parameter changes and optimal estimation of the state of discrete dynamic systems. *Automation and Telemechanic*, 45–58. in Russian.
25. Maltsev, A. A., & Silaev, A. V. (1989). Optimal estimation of moments of random jump changes of signal parameters. *Radio Engineering and Electronics, 34*(5), 1023–1033. in Russian.
26. Poliarus, O. V., Barchan, V. V., Poliakov, Y. O., & Koval, A. O. (2009). The optimal system for detecting and estimating the jumps of amplitudes of dynamic objects vibrations. *East European Journal of Advanced Technology, 6/6*(42), 21–23. (in Ukrainian).
27. Poliarus, O. V., Poliakov, Y. O., Nazarenko, I. L., Borovyk, Y. T., & Kondratiuk, M. V. (2018). Detection of jumps parameters in economic processes (on the example of modelling profitability). *International Journal of Engineering & Technology, 7*(4.3), 488–496.
28. Poliarus, O. V., Poliakov, Y. O., & Lindner, L. (2018). Determination of landmarks by mobile robot's vision system based on detecting abrupt changes of echo signals. In *Proceedings of the 44th Annual Conference of the IEEE Industrial Electronics Society* (pp. 3165–3170). Washington, DC, USA.
29. Poliarus, O., Poliakov, Y., Sergiyenko, O., Tyrsa, V., Hernandez, W., & Nechitailo, Y. (2019). Azimuth estimation of landmarks by mobile autonomous robots using one scanning antenna. In *Proceedings of IEEE 28th International Symposium on Industrial Electronics* (pp. 1682–1687). Vancouver, BC, Canada.

第 7 章

果园管理的机器视觉系统

Duke M. Bulanon, Tyler Hestand, Connor Nogales,
Brice Allen, Jason Colwell[①]

7.1 引言

机器视觉是一种为机器系统提供视觉传感器的技术。机器视觉可以应用在许多行业,如农业[1]、汽车[2]和工业[3],每个行业都有一套自己的应用体系。在工业上,机器视觉首先应用在质量检测和机械手控制方面;在农业上,机器视觉主要应用在拖拉机导航、产品检测和水果收获预测方面。本章着重研究机器视觉在果园管理方面的应用,内容如下。

1. 机器视觉的定义

机器视觉系统的 4 个主要元素如下。

(1)场景限制。机器视觉系统运行环境的物理限制。评估场景约束时需要考虑几个因素,包括照明、工作平面的颜色以及其他因素[4]。

(2)图像采集。所用摄像机的属性和特征,包括彩色相机、立体相机、近红外相机、红外相机等。这些相机类型中的每一种都有不同的特性,因此决定采用哪种相机取决于应用。

(3)图像处理和分析。修改采集图像以提取所需信息的过程。在图像处理和分析单元中有几个子步骤,包括预处理图像、将区域分割成有用区域、提取有用特征和对这些特征进行分类。

---

① D. M. Bulanon, T. Hestand, C. Nogales, B. Allen
Department of Physics and Engineering, Northwest Nazarene University, Nampa, ID, USA
e-mail: dbulanon@nn.edu; thestand@nnu.edu; cnogales@nnu.edu; beallen@nnu.edu
J. Colwell
Department of Mathematics and Computer Science, Northwest Nazarene University, Nampa, ID, USA
e-mail: jcolwell@nnu.edu

(4)制动。系统对识别出的物体而采取的物理动作。在农业应用中,如从树上采摘水果,根据等级对已经摘下的水果进行分类,以及杂草控制[5-6]。

2. 机器视觉在不同农业领域的应用

如引言所述,机器视觉能应用在几个不同的领域,但每个领域的应用也各有特点。具体而言,在农业领域,存在3种主要应用,分别如下。

(1)植物识别。分析图像中物体的颜色、大小和形状,进而对植物进行分类。

(2)过程控制。在农业上,机器视觉常用于评估水果。通过分析水果的大小、形状和颜色来确定等级和分类的质量。

(3)机器导航和控制。机器视觉最常见的应用是过程管理。有许多应用形式,常见的例子是地面车辆,可以是有人驾驶的,也可以是无人驾驶的。在农业应用中,这种车辆使用几个不同的输入和传感器穿过田地或果园,如GPS、超声波传感器和视觉系统[5]。视觉系统可以识别地面车辆前方有什么物体,并帮助地面车辆决定采取什么行动。

3. 果园管理中的机器视觉系统

果园应用中的机器视觉系统演示了提取有用信息的不同图像分析技术。在机器视觉系统中分析图像涉及几个不同的步骤,这些步骤取决于当前的任务。本章讨论的案例是机器视觉系统根据苹果和桃树的开花量预测果实产量。据推测,作物产量可以通过作物上的花朵数量来估计,因此,创建一个可以数树上开花数目的机器系统。因为果树上每朵花基本都是相同的颜色,所以从采集的图像中得到的 RGB 数据可以用来过滤掉场景中除了花朵之外的所有东西。然后,对剩下的花的信息进行计算和处理,以预测果实总产量。同样,根据项目的不同,可能需要应用不同的机器视觉,但是本章提供的各种方法可以扩展到农业以外的应用。

4. 立体成像识别树木结构并改进单个树的检测

估计苹果树和桃树产量的机器视觉系统的主要问题之一是图像包含多棵树的花,因为所获取的图像中的每朵花都被计数,甚至包含这棵树后面另一棵树上的花。这是因为开发的视觉系统仅使用图像 RGB 数据来去除场景。因此,这需要增加一个额外的关注距离的过滤器。用立体成像来解决这个问题,这样获取图像既有 RGB 参数又有距离参数。利用距离参数,可以剔除掉其他树上的花,因此,可以仅计算感兴趣树上的花朵数量,从而提高产量估计的准确性。

5. 在果园里导航机器人的机器视觉系统

机器视觉系统的另一个应用是地面车辆,该车辆可以在一排排果树中行驶。当将机器视觉应用于该配置时,场景约束变得极其重要。为了成功地在果园中导航,系统必须考虑行的对称性、树的大小和行间距。地面车辆尺寸适合在这些限制条件下运行。例如,如果树木相对较大且行间距足够大,小型地面车辆可以利用树木行与行之间可见的天空进行导航。

7.2 机器视觉系统

Awcock 和 Thomas[7]定义了一个通用的机器视觉系统,如图 7.1 所示。定义的系统由 4 个元素组成,这些元素可以在任何应用领域的典型机器视觉系统中找到。这 4 个要素是场景约束、图像采集、图像处理和分析以及执行机构。

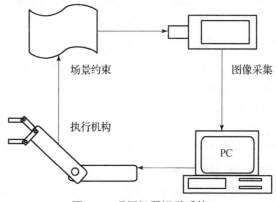

图 7.1 通用机器视觉系统

7.2.1 场景约束

场景约束是指放置机器视觉设备的环境和获取信息的地方。该系统的主要目的是通过适当控制影响数据采集的因素,如照明和机器视觉设备的正确安装,从环境中提取所需信息。有些环境是可以控制的,如产品检验的分拣线[8],而其他环境参数,如光照条件、树上的水果位置和树枝的非结构化特性,在苹果园里很难控制[9]。

7.2.2 图像采集

图像采集是将落在相机光电传感器上的光转换成数字化数据的元件,通常是 512×512 像素的图像,然后可以对其进行处理。相机可以是取决于光强度的黑白相机,也可以是取决于可见光谱的彩色相机,或基于所需相关信息进行选择的红外相机。随着传感器技术的进步,对可见光谱之外敏感的相机也可以使用。高光谱和多光谱成像技术已经成为食品和农产品安全和质量检测的重要工具[1]。

7.2.3 图像处理

图像处理就是将获取的数字图像作为输入,处理后输出已经增强的图像,从而可以提取期望的信息。数据提取涉及几个步骤,下面章节中将讨论各个步骤。

7.2.3.1 预处理

对图像进行预处理是修改和准备数字化图像的像素值,从而产生可以在后续操作中更容易分析的输出。图像预处理可能包括对比度增强、滤除硬件噪声和校正相机失真[10]。

7.2.3.2 分割

分割是将数字化图像分解成有意义区域的过程。它被认为是图像分析的第一步,因为已经进行了识别前景和背景的决策过程。最简单的分割过程是前景和背景区域的识别,这通常很容易通过阈值化来实现。一种非常流行的阈值技术是 Ohtsu 方法[11]。

7.2.3.3 特征提取

在图像被划分成区域之后,特征提取过程使用描述符识别该区域中的对象。基本描述符通常是标量,包括面积、质心、周长、大直径、紧凑性和薄度[12]。为了获得感兴趣对象的良好描述,这些描述符经常同时使用。

7.2.3.4 分类

分类是将图像中的物体放入一些预定义的类别中。这个过程可能是一种模板匹配方法。模板匹配是为了识别该对象,将未知对象与一组已知模板进行比较。人工智能或机器学习在农业应用中被越来越多地用作最小分类。在许多这样的应用中,使用了监督机器学习,用户可以输入和标记几个"训练样本",神经网络会识别它们之间的联系。然后,用以前没有见过的"测试样本"测试神经网络,并对网络进行评估。迄今为止,农业应用主要涉及植物识别,即在不同的光照条件下对植物进行分割[13],并已应用于杂草管理[14]。

7.2.4 驱动

一旦机器识别出物体,决定机器将做什么就称为驱动过程。这是机器与环境或原始场景直接或间接的交互。这将关闭图 7.1 所示的机器视觉系统。通常,机器视觉与机器人系统相连,机器人系统是自动化操作的基本组成部分[15]。

7.3 农业机器视觉应用

机器视觉系统通常使用复杂的电子传感器。计算机技术和光电传感器的快速发展拓宽了机器视觉的应用领域。目前，工业上，机器视觉主要集中在产品检测领域，但其他领域，如军事科学、天文学、医学和农业领域，现在正在研究机器视觉的其他用途[16]。农业上，研究人员一直在研究机器视觉在提高产量方面的潜力，可分为以下3类。

(1) 植物识别。

(2) 过程控制。

(3) 机器导航和控制。

这3类应用的最新研究如下所述。

7.3.1 植物识别

植物识别是指通过准确识别某一植物的组成部分的几何形状、大小和颜色来对其进行分类的过程。图7.2显示了植物识别的机器视觉系统的示意图。系统分析的重要参数是尺寸、颜色、形状和表面温度。机器视觉的一个优点是可以在不损坏设备的情况下进行识别和分类。

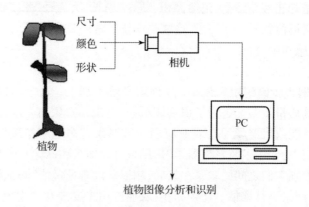

图7.2 植物识别的机器视觉系统

目前已经进行了几个利用机器视觉进行植物识别的研究项目。Guyer等[17]开发了一种机器视觉系统，可以利用空间参数识别植物种类，如玉米、大豆、西红柿和一些生长早期的杂草种类。图像处理阶段评估了叶片和土壤表面辐射反射的差异，以及不同杂草种类的叶片数量和形状的差异。因此，这种植物识别视觉系统可以用于选择性喷洒除草剂。开发了一个基于机器人视觉的系统来检测作物和杂草的位置,杀死杂草,并不损伤作物[18]。该视觉系统利用形状特征来识别不同的植物叶片,这些形状特征包括面积、长轴、短轴、面积与长度之比、紧密度、伸长率、长度与周长之比以及周长与宽度之比。当该系统安装在地面车辆如拖拉机上时,可以区分番茄子叶和杂草,原型机器人杂草控制系统可以同时识别和处理杂草。

随着航空系统的进步,机器视觉系统也可以在无人机(UAV)上使用,进行植物识别。为了识别苹果树并监控灌溉类型[19],开发了作物监测和评估平台。这个无人机机器视觉系统由一个多光谱相机(近红外、绿色、蓝色)和一个图像处理和分析单元组成。图像处理计算增强的归一化差异植被指数,以识别树木作物和估计灌溉水平,并能够区分全滴灌和50%喷灌的树木。当在无人机系统上识别植物时,图像可能是用彩色相机获取的,但是使用彩色相机导航无人机有潜在的问题。关于导航,使用激光三角测量系统比其他彩色相机导航有几个优点。主要优势是距离测量,激光三角测量系统可以测量到很高的精度,其中彩色相机系统将估计距离[20]。当然,在使用激光三角测量系统进行 UAV 导航时会有误差,如系统中使用的 DC 电机内部的静态和动态摩擦。但是,这些误差是可以估计和计算的,从而提高了系统的整体精度[21]。

7.3.2 过程控制

当控制依赖于视觉参数时,工业应用依赖于视觉系统进行过程控制,如生产线中的电路板检查[22]。该系统能够做出智能的动作,发现并剔除异常产品。通常,在视觉感知中,被评估的参数是颜色、形状和大小。

在农业中,对颜色信息的评估表明了诸如成熟、甜味和健康等品质。如图7.3 所示,机器视觉系统可以用于水果的检查,通过让水果在摄像机前通过,从而可以评估其质量。

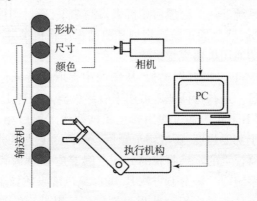

图 7.3 过程控制的机器视觉

Miller 和 Delwiche[23]研究了一种颜色视觉系统,可以检查新鲜的桃子并对其进行分级。桃子在传送带上移动时拍摄的数字彩色图像分析了桃子的颜色、大小和表面特征。与人类感官视觉检测相比,该系统具有高输出率、高可靠性和高一致性,并且还能够进行关键测量。

有些机器视觉系统可以检测可见电磁波谱之外的波长。Bulanon 等[24]开发了一种利用高光谱成像检测柑橘黑斑病的机器视觉系统。高光谱成像允许跨越覆盖宽波长范围的一系列单个波段获取空间信息,产生具有非常高光谱分辨率的三维图像数据。对柑橘黑斑病等 5 种不同的表面状况进行了评价,然后使用 493nm、629nm、713nm 和 781nm 的波长开发线性鉴别分析和人工神经网络。两种模式识别方法的总体检测准确率均为 92%。Rehkugler 和 Throop[25]开发了一种可以检测苹果的缺陷机器视觉系统。

除了农产品的光谱特性之外,尺寸、形状、形式、新鲜度和无视觉缺陷通常也要进行评估。Costa 等[26]开发了一种可用于科学和工业目的的自动化形状处理系统。这个工具对于农业产品的分级和分类非常有用,特别是在它们与模式识别技术相结合时[27]。与传统和机械分拣设备相比,它具有许多优势。此外,评估农产品的形状是分配包装和运输资源的关键参数[28]。

7.3.3 机器制导与控制

机器人收获系统的一个重要特征是识别和定位水果。常用的照相机能给出二维图像。由于需要三个坐标来完全定位物体,因此缺少距离维度。该第三维通常通过使用另一个传感器获得,如测距传感器、声学、射频或立体视觉系统。

研究人员正在通过利用物体的几何形状特性、反射强度、色度和发射率来开发信息范围,从而试图消除新的附加传感器。目标是拍摄物体的数字图像,然后使用图像处理来识别和定位物体的位置。Parrish 和 Goksel[29]开发了第一个苹果收获实验系统。用一台黑白相机来检测苹果,通过图像处理确定苹果及其质心的图像坐标,然后通过轨迹规划和驱动程序将机械臂指向苹果。图 7.4 显示了水果采摘的通用机器视觉系统。

与 Parrish 和 Goksel 的开发类似,从图像中提取的特征包括颜色、形状、质心位置和深度信息。这些特征随后被用来引导机器人手臂走向水果并采摘它。后来,Slaughter 和 Harrel[30]通过使用彩色相机替代了黑白相机。这一次,苹果的检测不仅依赖于灰度强度,还依赖于颜色。颜色因子是区分物体和背景的重要参数。基于机器视觉的水果收获的另一个例子是 Bulanon 和 Kataoka 开发的苹果机器人收获系统[9]。该分割方法基于红、绿色度系数,结合决策理论方法,在不同光照条件下从背景中提取苹果果实阈值。视觉系统被用来引导一个定制的末端执行器,它以类似于人类采摘苹果的方式采摘水果。

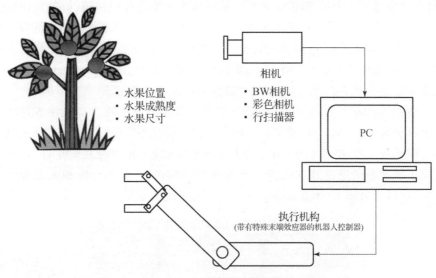

图 7.4　水果收获的机器视觉

其中一个问题遇到了一个机器人视觉系统中物体与其背景,特别是树叶之间的光谱反射率相似。最近的研究集中在利用水果的热特性将其与叶子分离。Bulanon 等[31]研究了柑橘树的热特性。获得了果实和叶片之间的 24h 温度曲线,发现夜间果实的表面温度高于叶片。因此,开发了一种结合彩色和热图像使用模糊逻辑的独特的图像处理方法。

另一个可以由机器视觉导航的机器人系统是农业地面车辆,即无人驾驶车辆。如果车辆被驾驶,机器视觉系统用于帮助驾驶员在驾驶时操纵系统,无人驾驶车辆将完全自主。本章的最后一节讨论了一种机器视觉系统的开发,该系统用于在商业桃园驾驶无人驾驶地面车辆。

7.4　机器视觉在水果产量评估中的应用——植物识别案例

7.3 节讨论了机器视觉的不同应用,包括工厂识别、过程控制以及机器引导和控制。本节将讨论机器视觉在果园管理中的植物识别应用。这一发展是在西北拿撒勒大学机器人视觉实验室的一个研究项目下创造的,该项目的目标是早期水果产量估计。产量估计对种植者帮助水果的生产计划和销售很重要。估计水果产量的方法有很多[32-33],机器视觉是一种流行的工具[34-38]。这些基于视觉的产量估计器[39]大多在果实快要收获的时候进行计数;然而,早期产量估计[40]对种植者来说更重要。这个项目的假设是:通过计算果树开花的数量,可以得出早期的产量估计。这个项目中感兴趣的水果是苹果和桃子:具体来说,在高密度果园中种植的粉红女士苹果和在标准果园中种植的雪巨人桃子。这两个果园都位于爱达荷州的考德威尔市,种植方向都为南北方向。从每个果园的一个区块中随机选择 30 棵树,并在 2018 年生长季节的整个花期进行拍摄。一台 1200 万像素的 24 位数码彩色相机被用来拍摄东西两侧的每一棵树。在果实成熟的季节后期,通过人工计数所选树上的果实,获得真实产量。

使用 Matlab 及其数字图像处理工具箱对图像进行处理[41]。图 7.5 显示了高密度果园中一棵盛开的苹果树的示例图像。每棵苹果树的高度约为 8ft,每棵树之间约有 4ft。在这个果园里,图像是在离树大约 10ft 的地方获得的。图 7.6 显示了标准果园里盛开的桃树。每棵桃树的高度约为 15ft,每棵树之间约有 10ft。在这个果园里,图像是在离树大约 13ft 的地方获得的。

图 7.5　高密度果园开花苹果树样图(见彩插)

图 7.6　标准果园开花桃树样图(见彩插)

7.4.1 花卉隔离的图像处理

图像采集完成后,下一步是对每棵苹果和桃树的花朵进行隔离和计数。

7.4.1.1 数据转换方法

在隔离花朵之前,需要收集一组样本数据来确定图像中每个类别的颜色属性,这样就可以根据这些数据创建一个滤色器来隔离花朵。该样本数据是手动收集的,其中每类图像有 600 个不同的像素手动选择,并记录这些像素的 RGB 值。在为每个类别选择的 600 个像素中,从树的东侧拍摄的图像中选择 300 个像素,从树的西侧拍摄的图像中选择 300 个像素。苹果和桃子图像在每个图像中的 5 个主要分类类别是天空、花朵、树叶/草、树枝和泥土。图 7.7 显示了显示苹果图像的记录 RGB 值的三维散点图。如图 7.7 所示,不包括天空的 RGB 值。这是因为通过手动分析图像,已经注意到天空在大小上是一个相对较大的类别,并且像素都是连接的。因为天空的像素都是连通的,所以可以很容易地实现区域特征提取方法,这将在本节后面解释,这将从图像中去除天空。

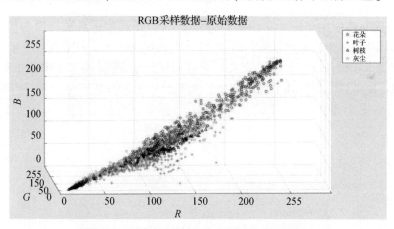

图 7.7 苹果园物体的 RGB 样本值(见彩插)

目标是隔离代表花朵 RGB 值的红圈数据点,以便在分析整个图像时,可以隔离花朵。Matlab 中有几个图像分析函数可以用来隔离花朵,但是因为 Matlab 不是开源软件,所以最好不使用这些函数的隔离方法。

所研究的一种花朵隔离方法是将变换矩阵应用于每个样本数据点,数学上写成

$$Ax = b \tag{7.1}$$

式中:b 是样本数据点的新值;A 是变换矩阵;x 是样本数据点的红、绿、蓝值。在这种形式下,这些矩阵具有以下形式:

$$A = \begin{bmatrix} a_{1,1} & a_{1,1} & a_{1,3} \\ \vdots & \vdots & \vdots \\ a_{n,1} & a_{n,1} & a_{n,3} \end{bmatrix} \quad (7.2)$$

$$x = \begin{bmatrix} R \\ G \\ B \end{bmatrix} \quad (7.3)$$

$$b = \begin{bmatrix} Ra_{1,1} + Ga_{1,2} + Ba_{1,3} \\ Ra_{2,1} + Ga_{2,2} + Ba_{2,3} \\ \vdots \\ Ra_{n,1} + Ga_{n,2} + Ba_{n,3} \end{bmatrix} \quad (7.4)$$

式中:元素 $a_{n,3}$ 是 A 中占据第 n 行第 3 列的元素。当变换矩阵 A 应用于样本数据矩阵 x 时,图像为 R^n。

由 $T(x) = Ax$ 定义的一个变换例子 $T: \mathbb{R}^3 \to \mathbb{R}^1$ 是求和变换,它将每个像素的红色、绿色和蓝色值相加。矩阵 A 采用方程式中所示的形式,即

$$A = \begin{bmatrix} 1 & 1 & 1 \end{bmatrix} \quad (7.5)$$

将该矩阵应用于图 7.7 中显示的散点图会导致数据点被转换为单个轴。这很难显示,因为数据点是聚集的,所以结果转换在图 7.8 中用直方图显示。

$T: \mathbb{R}^3 \to \mathbb{R}^2$ 由 $T(x) = Ax$ 定义一个变换的例子,旋转图 7.7 中显示的三维散点图,使得只能看到其中的两个轴。如果希望显示红色和蓝色轴,矩阵 A 将采用以下形式,即

$$A = \begin{bmatrix} 1 & 0 & 0 \\ 0 & 0 & 1 \end{bmatrix} \quad (7.6)$$

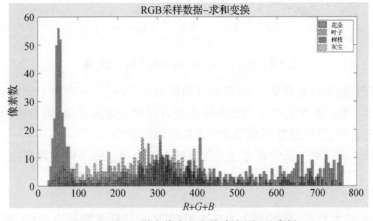

图 7.8 RGB 样本值求和变换直方图(见彩插)

将该矩阵应用于图 7.7 所示的散点图,结果是 2D 散点图如图 7.9 所示。由 $T(x) = Ax$ 定义的变换 $T:\mathbb{R}^3 \to \mathbb{R}^3$ 是将 3D 散点图中的数据点移动到同一 3D 散点图上的不同位置。这方面的一个例子是进行比率变换,即获取每个像素的红色、绿色和蓝色分量,并将其除以其各自的红色、绿色和蓝色分量之和。矩阵 A 将采用以下形式,即

$$A = \begin{bmatrix} (R+G+B)^{-1} & 0 & 0 \\ 0 & (R+G+B)^{-1} & 0 \\ 0 & 0 & (R+G+B)^{-1} \end{bmatrix} \quad (7.7)$$

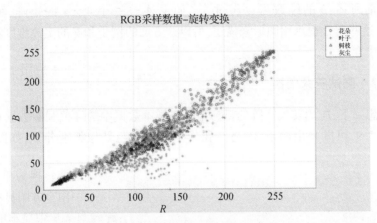

图 7.9　RGB 样本值的旋转变换(见彩插)

这会将每个样本数据点转换到平面上,即

$$x + y + z = 1 \quad (7.8)$$

将该矩阵应用于图 7.7 所示的散点图,结果是 3D 散点图如图 7.10 所示。

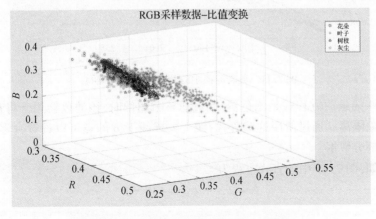

图 7.10　RGB 样本值的比值变换(见彩插)

177

有无限多的变换可以应用于样本数据集,如变换矩阵 A 产生新的数据点 b,即

$$A = \begin{bmatrix} 2 & 3 & 7 \\ 5 & 8 & 1 \\ 4 & 6 & 9 \end{bmatrix} \quad (7.9)$$

$$b = \begin{bmatrix} 2R+3G+7B \\ 5R+8G+1B \\ 4R+6G+9B \end{bmatrix} \quad (7.10)$$

如前所述,b 的维数可以超过 3。如果 A 是一个 4×3 的矩阵,那么,b 在 $\mathbb{R}^4$。这些通常很难用图形来描述,所以这方面的例子和 b 的更高维度将不会在本章中介绍。

7.4.1.2 测试花朵隔离

回想一下,应用转换矩阵的目标是隔离样本数据中的红色圆圈数据点。回头看图 7.9,可以画出两条线,将开花样本数据点与其他类别分开,如图 7.11 所示。

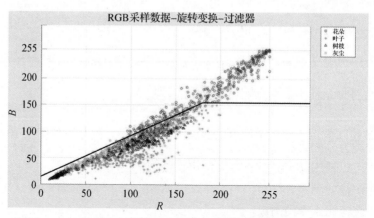

图 7.11 旋转变换中的开花隔离(见彩插)

这些线条的方程式是滤色器,当过滤整个图像时,该滤色器用于将花朵与其他对象隔离。通过使用这些等式,线上方或线下方的点可以设置为零,从而隔离一部分数据。

例如,图 7.11 中的直线方程为

$$7 \times 红 - 9 \times 蓝 - 135 = 0 \quad (7.11)$$

和

$$蓝 = 155 \quad (7.12)$$

因此，可以通过应用伪代码来隔离红圈数据点：

$$\text{如果}(7\times\text{红}-9\times\text{蓝}-135>0)\text{和}(\text{蓝}<155)\begin{Bmatrix}\text{红}=0\\\text{蓝}=0\end{Bmatrix}$$

将该代码用于图 7.11 中的数据集，得到图 7.12 中显示的图。

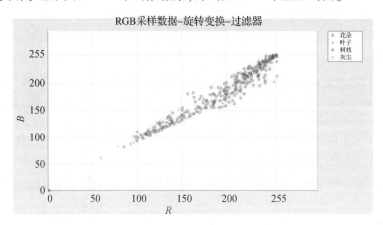

图 7.12 花朵隔离滤色器的结果(见彩插)

7.4.1.3 树木隔离

如图 7.5 中显示的苹果树样本图像所示，图像的前景中有 3 棵树，背景中有多个其他树。这种情况对高密度果园来说很常见，树木之间的距离只有大约 4ft。因为目标是计算中心树上的花朵，所以必须导出一种隔离中心树的方法。图 7.8 显示了直方图下部区域的大量数据聚类，应用求和变换后，RGB 值小于 100，被分类为分枝或污垢。这意味着，树枝可以作为树木隔离的一种方法，特别是树干可以使用，因为它们彼此之间的隔离程度最高。

使用图像的副本，可以创建树木隔离算法。在应用花隔离算法之前，该算法的结果将应用于原始图像。因为树干是树木隔离的手段，所以树干隔离算法的第一步是裁剪出复制图像的前 2/3。如 7.2 节所述，第一步是树干图像处理算法中的预处理。算法的下一步是隔离主干，这可以通过对图像的每个像素应用以下伪代码来完成：

$$\text{如果}(\text{红}+\text{绿}+\text{蓝}<100)\begin{Bmatrix}\text{红}=0\\\text{绿}=0\\\text{蓝}=0\end{Bmatrix}$$

这导致图像显示每棵树的树干，因为一些污垢样本仍然存在，所以存在一些噪声。为了移除这些样本，可以应用大小过滤器，因为通过变换过滤器的污垢像素的数量比通过变换过滤器的分支像素的数量少得多。在这个过程中，剩下的主要是 3 根前景树干。

下一步是隔离中心树干。对于这个任务,使用了一个称为"regionprops(区域道具)"的 Matlab 数据结构。尽管前面说过不希望使用 Matlab 的特定特性,但还是使用了这个函数。这是因为这个函数也可以通过开源方法获得,如 OpenCV 库[42]或者 ImageJ 包、Fiji[43]。

Matlab 的区域道具测量图像区域的属性——面积、质心、长轴和短轴长度——然后将边界框应用于该区域。区域道具的质心特征可用于确定每个树干的位置,从而给出每棵树的中心位置。由于高密度果园的性质,树木往往是垂直的,几乎没有树枝重叠,中心树现在可以被隔离。利用树的位置,通过在中心树的中点和中心左右的树之间画一条垂直线来裁剪左右树。

这种方法适用于苹果树,因为它们在一个高密度的果园里,但是桃树种植得比较远。在每个图像中并不总是能看到 3 条中继线,如图 7.6 所示。由于没有"中心"树,垂直干线隔离不是一个可行的选择。相反,桃树的自然几何形状被用作隔离的方法。

桃树有 4 个从树干上长出的主枝,在 4 个主枝内的空地上形成了一个类似倒置金字塔的形状。因此,当拍摄树的图像时,4 个主要分支具有"V"形。因此,中心树可以通过从图像的顶角到底部中心画一条线来隔离,裁剪出底部的两个角。图 7.13 显示了应用于原始苹果树和桃树图像的树隔离算法的结果。

图 7.13　苹果树和桃树的树隔离过程结果(见彩插)

7.4.1.4　苹果树的开花隔离与计数

现在中心树已被隔离,7.4.1.2 节中描述的花朵过滤器可应用于苹果图像中的每个像素,如图 7.11 所示,将花朵与图像中的其他类别隔离的线非常接近于其他类别的数据点。因为花朵和其他类别的分离没有明显的间隙,所以在对图像应用花朵隔离滤色器之后,可以预期在应用滤色器之后的结果图像中有大量的噪声,这正是图 7.14 中所看到的。

如图 7.14 所示,几片树叶中的像素像整个天空一样通过了滤色器。这两个问题都可以通过应用专注于移除小像素组和大像素组的大小过滤器来解决。这个大小过滤器使用了前面章节中提到的区域道具数据结构。如果区域在指定的像素计数范围之外,则该像素被重置为零。它应该根据图像的大小而变化。1200 万像素相机(用于获取这些图像)中的像素比 800 万像素相机中的像素多,因此,1200 万像素相机的图像允许区域应该高于 800 万像素相机的图像允许区域。需要注意将滤波器参数与图像中的像素数相匹配,应用尺寸过滤器后,生成的二值图像显示在图 7.15 中。

图 7.14　应用于苹果树图像的滤色器(见彩插)

图 7.15　应用于苹果树图像的大小过滤器(见彩插)

剩下的区域是树上已识别的花朵。区域道具数据结构现在将用于标记每个区域,并获得总开花数。此外,可以在每个区域周围应用一个边界框,这些框可以覆盖在原始图像上,以直观地检查程序。该图像显示在图7.16中,可以看出图像中的假阳性和假阴性非常少。

图7.16　覆盖在原始图像上的已识别花朵的边界框(见彩插)

7.4.1.5　桃树的花隔离与计数

识别桃树上的花的过程实际上与识别苹果树的过程相同。最大的区别是可以应用不同的变换矩阵,并且将不同的等式应用于每个像素以应用滤色器。在识别花的情况下,应用的变换矩阵为

$$A = \begin{bmatrix} 1 & 0 & 0 \\ 0 & 1 & 0 \end{bmatrix} \tag{7.13}$$

其旋转3D散点图以显示红色和绿色颜色值。图7.17~图7.20显示了一棵桃树的花隔离的整个过程。图7.17显示了样本RGB数据的旋转变换和显示滤色器的线条,图7.18显示了用于图7.6中样本图像的树木隔离算法和滤色器,图7.19显示了尺寸滤波器去除噪声的结果,图7.20显示了覆盖在原始图像上的边界框,分析图7.20后,出现了大量的假阴性。这种观察可能会导致这样的结论:这个算法在识别桃花方面不是很成功;然而,图7.20中看到的假阴性是有意产生的。这种特殊类型的桃子经历了密集的疏枝过程。因此,为了产生更好的最终产量估计,需要更少的区域。如果果园没有明显变稀疏,那么,应该使用不同尺寸的过滤器。

第7章 果园管理的机器视觉系统

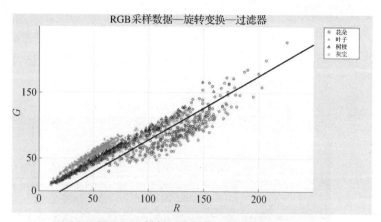

图 7.17 桃树花朵隔离过程(见彩插)

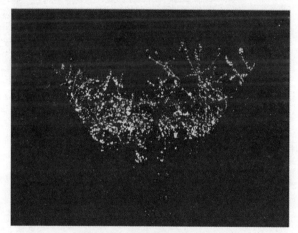

图 7.18 滤色器应用于桃树

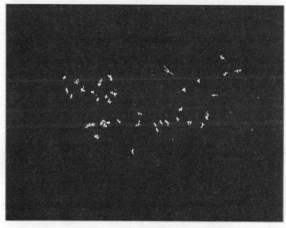

图 7.19 大小滤波器应用于桃树

图7.20 覆盖在桃树原始图像上的已识别花朵的边界框

7.4.2 结果产量估算

到目前为止,一种分离和计算苹果树和桃树上的花朵算法已经开发出来了。还有很多步骤影响果实产量最终估算结果。

7.4.2.1 从开花数到产量估计的转变

一旦每个图像应用了花朵隔离过程,就获得了树的每一侧的花朵计数。回顾7.4节的开篇,解释了获得感兴趣的树的两幅图像,一幅图像来自东侧,另一幅来自西侧。这是很重要的,从树的每一边计算的开花数不能简单地计算到一起,因为重复计算开花有很大的风险。

考虑这个问题,"如果在树的东侧,每棵树之间的开花数是一致的,但是在西侧的每棵树之间的开花数有很大的差异呢?"直觉会说,东侧的开花数应该在产量估计中发挥更大的作用,因为开花数更一致。开花数的一致性很重要,假设每棵树的总开花数应该只有很小的差异,因为果园中的每棵树都有相同的年龄和相同的大小。

这种情况下,直觉是正确的,因为从一组两次开花计数中确定产量的正确方法是计算将应用于东侧开花计数的权重和西侧的开花数不同。两个权重的推导在7.4.2.2节中描述,可以看出,这两个权重取决于东侧开花数、西侧开花数和结果实数的方差与协方差[44]。

7.4.2.2 权重值的推导

在下面的推导中,随机变量用大写字母表示,这些变量的实际值用小写字母表示,向量用黑斜体表示。确定了来自图像的开花数和实际果实数之间的相关性。有30棵选中的树,编号为#1到#30。对于树#i,东侧看得见的花朵为

$$X_E = x_{E,i} \tag{7.14}$$

西侧看得见的花朵为

$$X_W = x_{W,i} \tag{7.15}$$

#i号树最终的果实产量为

$$Y = y_i \tag{7.16}$$

数据用R^n中的向量表示为

$$\boldsymbol{x}_E = (x_{E,1}, x_{E,2}, \cdots, x_{E,n}) \tag{7.17}$$

$$\boldsymbol{x}_W = (x_{W,1}, x_{W,2}, \cdots, x_{W,n}) \tag{7.18}$$

$$\boldsymbol{y} = (y_1, y_2, \cdots, y_n) \tag{7.19}$$

选择权重α_E和α_W,其中$\alpha_E, \alpha_W \geq 0, \alpha_E + \alpha_W = 1$,然后构造一个公式

$$Y' = m(\alpha_E X_E + \alpha_W X_W) + c \tag{7.20}$$

这将是最小二乘回归线

$$X = \alpha_E X_E + \alpha_W X_W \tag{7.21}$$

$Y \approx Y'$的均方根误差为

$$s_Y \sqrt{1 - r_{x,y}^2} \tag{7.22}$$

式中:$r_{x,y}$为数据$x = a_E x_E + a_W x_W$和y的相关系数,因此,如果选择a_E和a_W使相关系数$r_{x,y}$最大化,线性模型的均方根误差将最小化。

我们写出

$$x_i = \alpha_E x_{E,i} + \alpha_W x_{W,i} \tag{7.23}$$

$$\boldsymbol{x} = (x_1, x_2, \cdots, x_n) \tag{7.24}$$

和

$$\boldsymbol{x} = \alpha_E \boldsymbol{x}_E + \alpha_W \boldsymbol{x}_W \tag{7.25}$$

定义方法:

$$\bar{x}_E = \frac{\sum_{i=1}^{n} x_{E,i}}{n} \tag{7.26}$$

$$\bar{x}_W = \frac{\sum_{i=1}^{n} x_{W,i}}{n} \tag{7.27}$$

$$\bar{x} = \frac{\sum_{i=1}^{n} x_i}{n} \tag{7.28}$$

$$\bar{y} = \frac{\sum_{i=1}^{n} y_i}{n} \tag{7.29}$$

平均向量:

$$\bar{\boldsymbol{x}}_E = (\bar{x}_E, \cdots, \bar{x}_E) \tag{7.30}$$

$$\bar{\boldsymbol{x}}_W = (\bar{x}_W, \cdots, \bar{x}_W) \tag{7.31}$$

$$\bar{\boldsymbol{x}} = (\bar{x}, \cdots, \bar{x}) \tag{7.32}$$

$$\bar{\boldsymbol{y}} = (\bar{y}, \cdots, \bar{y}) \tag{7.33}$$

偏差向量:

$$\tilde{\boldsymbol{x}}_E = \boldsymbol{x}_E - \bar{\boldsymbol{x}}_E \tag{7.34}$$

$$\tilde{\boldsymbol{x}}_W = \boldsymbol{x}_W - \bar{\boldsymbol{x}}_W \tag{7.35}$$

$$\tilde{\boldsymbol{x}} = \boldsymbol{x} - \bar{\boldsymbol{x}} \tag{7.36}$$

$$\tilde{\boldsymbol{y}} = \boldsymbol{y} - \bar{\boldsymbol{y}} \tag{7.37}$$

以至于

$$\bar{\boldsymbol{x}} = \alpha_E \bar{\boldsymbol{x}}_E + \alpha_W \bar{\boldsymbol{x}}_W \tag{7.38}$$

和

$$\tilde{\boldsymbol{x}} = \alpha_E \tilde{\boldsymbol{x}}_E + \alpha_W \tilde{\boldsymbol{x}}_W \tag{7.39}$$

然后

$$r_{x,y} = \frac{\tilde{\boldsymbol{x}} \cdot \tilde{\boldsymbol{y}}}{\sqrt{\tilde{\boldsymbol{x}} \cdot \tilde{\boldsymbol{x}}} \cdot \sqrt{\tilde{\boldsymbol{y}} \cdot \tilde{\boldsymbol{y}}}} \tag{7.40}$$

当

$$\tilde{\boldsymbol{x}} = \alpha_E \tilde{\boldsymbol{x}}_E + \alpha_W \tilde{\boldsymbol{x}}_W \tag{7.41}$$

第一个表达式是角度的余弦

$$\theta_{\tilde{x},\tilde{y}} \tag{7.42}$$

在 $\tilde{x}$ 和 $\tilde{y}$ 之间,由 $\tilde{x}_E$ 和 $\tilde{x}_W$ 跨越的平面中的所有向量 $\tilde{x}$ 都被最大化。为此,必须将 $\tilde{y}$ 投影到该平面上,并且需要该平面的正交基。使用格-施密特方法[45]在正交基上

$$\{\tilde{\boldsymbol{x}}_E, (\tilde{\boldsymbol{x}}_E \cdot \tilde{\boldsymbol{x}}_E)\tilde{\boldsymbol{x}}_W - (\tilde{\boldsymbol{x}}_E \cdot \tilde{\boldsymbol{x}}_W)\tilde{\boldsymbol{x}}_E\} \tag{7.43}$$

为获得

$$\text{span}\{\tilde{\boldsymbol{x}}_E, \tilde{\boldsymbol{x}}_W\} \tag{7.44}$$

将 $\tilde{y}$ 投影到这两个正交基向量中的每一个上,并将投影相加以获得

$$\frac{\tilde{\boldsymbol{x}}_E \cdot \tilde{\boldsymbol{y}}}{\tilde{\boldsymbol{x}}_E \cdot \tilde{\boldsymbol{x}}_E}\tilde{\boldsymbol{x}}_E$$

$$+\frac{(\tilde{\boldsymbol{x}}_E \cdot \tilde{\boldsymbol{x}}_E)(\tilde{\boldsymbol{x}}_W \cdot \tilde{\boldsymbol{y}}) - (\tilde{\boldsymbol{x}}_E \cdot \tilde{\boldsymbol{x}}_W)(\tilde{\boldsymbol{x}}_E \cdot \tilde{\boldsymbol{y}})}{(\tilde{\boldsymbol{x}}_E \cdot \tilde{\boldsymbol{x}}_E)^2(\tilde{\boldsymbol{x}}_W \cdot \tilde{\boldsymbol{x}}_W) - 2(\tilde{\boldsymbol{x}}_W \cdot \tilde{\boldsymbol{x}}_W)(\tilde{\boldsymbol{x}}_E \cdot \tilde{\boldsymbol{x}}_W)^2 + (\tilde{\boldsymbol{x}}_E \cdot \tilde{\boldsymbol{x}}_W)^2(\tilde{\boldsymbol{x}}_E \cdot \tilde{\boldsymbol{x}}_E)}$$

$$((\tilde{\boldsymbol{x}}_E \cdot \tilde{\boldsymbol{x}}_E)\tilde{\boldsymbol{x}}_W - (\tilde{\boldsymbol{x}}_E \cdot \tilde{\boldsymbol{x}}_W)\tilde{\boldsymbol{x}}_E)$$

$$=\frac{\tilde{\boldsymbol{x}}_E \cdot \tilde{\boldsymbol{y}}}{\tilde{\boldsymbol{x}}_E \cdot \tilde{\boldsymbol{x}}_E}\tilde{\boldsymbol{x}}_E + \frac{(\tilde{\boldsymbol{x}}_E \cdot \tilde{\boldsymbol{x}}_E)(\tilde{\boldsymbol{x}}_W \cdot \tilde{\boldsymbol{y}}) - (\tilde{\boldsymbol{x}}_E \cdot \tilde{\boldsymbol{x}}_W)(\tilde{\boldsymbol{x}}_E \cdot \tilde{\boldsymbol{y}})}{(\tilde{\boldsymbol{x}}_E \cdot \tilde{\boldsymbol{x}}_E)^2(\tilde{\boldsymbol{x}}_W \cdot \tilde{\boldsymbol{x}}_W) - (\tilde{\boldsymbol{x}}_E \cdot \tilde{\boldsymbol{x}}_E)(\tilde{\boldsymbol{x}}_E \cdot \tilde{\boldsymbol{x}}_W)^2}$$

$$((\tilde{\boldsymbol{x}}_E \cdot \tilde{\boldsymbol{x}}_E)\tilde{\boldsymbol{x}}_W - (\tilde{\boldsymbol{x}}_E \cdot \tilde{\boldsymbol{x}}_W)\tilde{\boldsymbol{x}}_E) \tag{7.45}$$

由于 $r_{\tilde{x},\tilde{y}}$ 不受标量乘以 $\tilde{x}$ 的影响,所以将最后一个向量乘以分母

$$(\tilde{\boldsymbol{x}}_E \cdot \tilde{\boldsymbol{x}}_E)^2(\tilde{\boldsymbol{x}}_W \cdot \tilde{\boldsymbol{x}}_W) - (\tilde{\boldsymbol{x}}_E \cdot \tilde{\boldsymbol{x}}_E)(\tilde{\boldsymbol{x}}_E \cdot \tilde{\boldsymbol{x}}_W)^2 \tag{7.46}$$

为了简化表达式

$$((\tilde{\boldsymbol{x}}_E \cdot \tilde{\boldsymbol{x}}_E)(\tilde{\boldsymbol{x}}_W \cdot \tilde{\boldsymbol{x}}_W)(\tilde{\boldsymbol{x}}_E \cdot \tilde{\boldsymbol{y}}) - (\tilde{\boldsymbol{x}}_E \cdot \tilde{\boldsymbol{x}}_W)^2(\tilde{\boldsymbol{x}}_E \cdot \tilde{\boldsymbol{y}})$$

$$- (\tilde{\boldsymbol{x}}_E \cdot \tilde{\boldsymbol{x}}_W)(\tilde{\boldsymbol{x}}_E \cdot \tilde{\boldsymbol{x}}_E)(\tilde{\boldsymbol{x}}_W \cdot \tilde{\boldsymbol{y}}) + (\tilde{\boldsymbol{x}}_E \cdot \tilde{\boldsymbol{x}}_W)^2(\tilde{\boldsymbol{x}}_E \cdot \tilde{\boldsymbol{y}}))\tilde{\boldsymbol{x}}_E$$

$$+ ((\tilde{\boldsymbol{x}}_E \cdot \tilde{\boldsymbol{x}}_E)^2(\tilde{\boldsymbol{x}}_W \cdot \tilde{\boldsymbol{y}}) - (\tilde{\boldsymbol{x}}_E \cdot \tilde{\boldsymbol{x}}_E)(\tilde{\boldsymbol{x}}_E \cdot \tilde{\boldsymbol{x}}_W)(\tilde{\boldsymbol{x}}_E \cdot \tilde{\boldsymbol{y}}))\tilde{\boldsymbol{x}}_W \tag{7.47}$$

可以取消两个项,以获得以下内容:

$$[(\tilde{\boldsymbol{x}}_E \cdot \tilde{\boldsymbol{x}}_E)(\tilde{\boldsymbol{x}}_W \cdot \tilde{\boldsymbol{x}}_W)(\tilde{\boldsymbol{x}}_E \cdot \tilde{\boldsymbol{y}}) - (\tilde{\boldsymbol{x}}_E \cdot \tilde{\boldsymbol{x}}_W)(\tilde{\boldsymbol{x}}_E \cdot \tilde{\boldsymbol{x}}_E)(\tilde{\boldsymbol{x}}_W \cdot \tilde{\boldsymbol{y}})]\tilde{\boldsymbol{x}}_E$$

$$+ [(\tilde{\boldsymbol{x}}_E \cdot \tilde{\boldsymbol{x}}_E)^2(\tilde{\boldsymbol{x}}_W \cdot \tilde{\boldsymbol{y}}) - (\tilde{\boldsymbol{x}}_E \cdot \tilde{\boldsymbol{x}}_E)(\tilde{\boldsymbol{x}}_E \cdot \tilde{\boldsymbol{x}}_W)(\tilde{\boldsymbol{x}}_E \cdot \tilde{\boldsymbol{y}})]\tilde{\boldsymbol{x}}_W \tag{7.48}$$

最后,除以标量 $n^2 \tilde{\boldsymbol{x}}_E \cdot \tilde{\boldsymbol{x}}_E$,可得

$$\left(\left(\frac{\tilde{\boldsymbol{x}}_W \cdot \tilde{\boldsymbol{x}}_W}{n}\right)\left(\frac{\tilde{\boldsymbol{x}}_E \cdot \tilde{\boldsymbol{y}}}{n}\right) - \left(\frac{\tilde{\boldsymbol{x}}_E \cdot \tilde{\boldsymbol{x}}_W}{n}\right)\left(\frac{\tilde{\boldsymbol{x}}_W \cdot \tilde{\boldsymbol{y}}}{n}\right)\right)\tilde{\boldsymbol{x}}_E$$

$$+ \left(\left(\frac{\tilde{\boldsymbol{x}}_E \cdot \tilde{\boldsymbol{x}}_E}{n}\right)\left(\frac{\tilde{\boldsymbol{x}}_W \cdot \tilde{\boldsymbol{y}}}{n}\right) - \left(\frac{\tilde{\boldsymbol{x}}_E \cdot \tilde{\boldsymbol{x}}_W}{n}\right)\left(\frac{\tilde{\boldsymbol{x}}_E \cdot \tilde{\boldsymbol{y}}}{n}\right)\right)\tilde{\boldsymbol{x}}_W \tag{7.49}$$

然后,有

$$\beta_W = \left(\frac{\tilde{\boldsymbol{x}}_W \cdot \tilde{\boldsymbol{x}}_W}{n}\right)\left(\frac{\tilde{\boldsymbol{x}}_E \cdot \tilde{\boldsymbol{y}}}{n}\right) - \left(\frac{\tilde{\boldsymbol{x}}_E \cdot \tilde{\boldsymbol{x}}_W}{n}\right)\left(\frac{\tilde{\boldsymbol{x}}_W \cdot \tilde{\boldsymbol{y}}}{n}\right)$$

$$= \mathrm{var}[\boldsymbol{x}_W]\mathrm{cov}[\boldsymbol{x}_E,\boldsymbol{y}] - \mathrm{cov}[\boldsymbol{x}_E,\boldsymbol{x}_W]\mathrm{cov}[\boldsymbol{x}_W,\boldsymbol{y}] \tag{7.50}$$

和

$$\beta_W = \left(\frac{\tilde{\boldsymbol{x}}_E \cdot \tilde{\boldsymbol{x}}_E}{n}\right)\left(\frac{\tilde{\boldsymbol{x}}_W \cdot \tilde{\boldsymbol{y}}}{n}\right) - \left(\frac{\tilde{\boldsymbol{x}}_E \cdot \tilde{\boldsymbol{x}}_W}{n}\right)\left(\frac{\tilde{\boldsymbol{x}}_E \cdot \tilde{\boldsymbol{y}}}{n}\right)$$

$$= \mathrm{var}[\boldsymbol{x}_E]\mathrm{cov}[\boldsymbol{x}_W,\boldsymbol{y}] - \mathrm{cov}[\boldsymbol{x}_E,\boldsymbol{x}_W]\mathrm{cov}[\boldsymbol{x}_E,\boldsymbol{y}] \tag{7.51}$$

设

$$\alpha_E = \frac{\beta_E}{\beta_E + \beta_W} \tag{7.52}$$

和

$$\alpha_W = \frac{\beta_W}{\beta_E + \beta_W} \tag{7.53}$$

得到预期向量

$$x = \alpha_E x_E + \alpha_W x_W \tag{7.54}$$

当然

$$\bar{x} = \alpha_E \bar{x}_E + \alpha_W \bar{x}_W \tag{7.55}$$

已知 $\alpha_E + \alpha_W = 1$,最后,取 y 在 x 上的最小二乘回归线,写作

$$m = \frac{\text{cov}[x, y]}{\text{var}[x]} \tag{7.56}$$

就斜率而言,该线为

$$y' = m(x - \bar{x}) + \bar{y} \tag{7.57}$$

考虑到来自东侧的 X_E 和来自西侧的 X_W,对水果产量的预测是 Y,即

$$Y' = m(\alpha_E X_E + \alpha_W X_W - \bar{x}) + \bar{y} \tag{7.58}$$

7.4.2.3 统计和概率结果

苹果园和桃园的权重值(α_E 和 α_W)如表 7.1 所列。从这个表可以看出,应用于桃花计数的权重非常相似,其中应用于苹果花计数的权重差异很大。这是因为这些图像是在早上 9 点采集的,在采集苹果园图像时,有一点曝光过度。所以对于苹果园来说,西侧的图像是看着太阳,从而增加了每棵树之间的开花数差异,降低了权量。对于桃园来说,那是阴天,所以东西两侧的图像是一致的,因此权重是一致的。

表 7.1 开花数的权重值

	苹果园	桃园
东侧	0.639	0.475
西侧	0.361	0.525

表 7.2 详细说明了苹果园和桃园的结果。在这个表中,低估的概率反映了程序在预测时,对其不会给出超过实际水果数量的置信度。这个数字是通过执行一个右尾二元假设检验计算出来的,通过使用每个果园的两个平均值和样本标准偏差来确定一个 Z 分数,然后可以用来确定一个显著性水平[44]。重要的

是,要有较高的低估概率,这样农民就不会在他/她拥有的水果数量上被误导,同时保持较低的百分比误差,这样农民就可以有一个准确的收入估计,在资源分配上也是准确的。

表7.2 早期产量估算程序的附加结果

	苹果园	桃园
真实产量与预测产量之间的相关系数	0.699	0.606
每棵树的真实产量平均值	114.17	66.733
每棵树的估计产量平均值	103.47	61.440
误差百分比/%	-9.37%	-7.93%
低估的概率/%	97.19%	95.25%

7.4.3 其他项目的通用图像处理技术

在前几节中描述的流程中,有哪些要点可以省略? 如果正在处理的图像具有相同的对象集,则可以使用RBG数据来隔离图像中的对象。通过手动收集一组样本数据并对其应用不同的转换,可以确定最能隔离感兴趣对象的转换。然后,在对样本数据应用 n 维变换矩阵之后,可以确定具有 n 个独立变量的方程,该方程过滤掉图像中的其他对象。

在7.4.1节中介绍的隔离苹果树和桃树开花的例子,对数据集应用了一个变换 $T:R^3 \rightarrow R^2$。这种转换在很大程度上取决于场景约束和系统的应用。张等[46]使用了一个转化 $T:R^3 \rightarrow R^1$,他们在那里监测茶叶以确定最佳收获时间。在这项研究中,从绿色平面中减去蓝色平面。$R^3 \rightarrow R^1$ 变换比 $R^3 \rightarrow R^2$ 或 $R^3 \rightarrow R^3$ 变换效果更好的主要原因是场景限制。因此,当将机器视觉应用于系统时,场景约束应该对应用哪种类型的变换有很大影响。

7.4.3.1 样本数据过度约束的潜在问题

详细阐述有 n 个独立变量的方程来分离感兴趣的对象,这个方程可能会非常复杂,但通常最好使用简单的线性方程。与隔离花朵的示例一样,使用了线性方程,因为如果使用高度抛物线方程,则有可能过度约束样本数据,在处理整个图像时没有用。

假设有一组包含两个对象的图像。获取一组RGB样本数据,并应用旋转变换来显示红色和绿色值。在这个假设的情况下,这个2D散点图可能看起来像图 7.21 中显示的散点图。此时,将绘制一条将两个对象分开的线,这条线的等式是将应用于整个图像的滤色器。

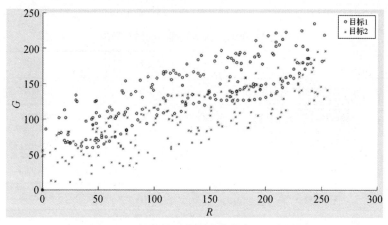

图 7.21　假设情况的样本数据集(见彩插)

如果在图 7.21 的样本数据集中画一条直线,会有一些误差,如图 7.22 所示。所以画一个高度的抛物线函数,把两个物体完全分开是很有诱惑力的。这种高次多项式线,在图 7.22 中可以看到,这是一个过度约束样本数据的例子,由于其复杂性,用于图像时可能不太成功。

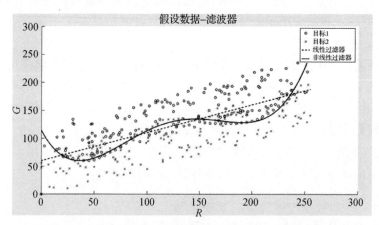

图 7.22　应用于样本数据集的过度约束和线性方程(见彩插)

假设两个对象的每个像素的 RGB 值都是已知的。当然,这是一项不可能完成的任务,因为必须对集合中的每幅图像分析每个单独的像素,确定像素属于哪一类,这可能是数百万像素。无论如何,假设这些数据集存在。如果线性抛物线函数被应用于这个完整的数据集,如图 7.23 所示,由此可见,为什么使用线性方程比抛物线方程更好。

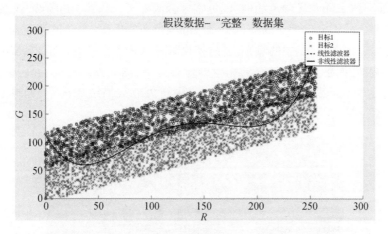

图7.23 "完整"数据集的过度约束和线性方程(见彩插)

但这只是一个假设的情况,用来证明线性方程有时比抛物线方程更好的观点。这是怎么证明的?回头看图7.21,与图7.23中看到的完整数据集相比,样本数据点并不多。当应用完整数据集时,小样本数据的大小是错误的原因。收集的样本数据点越多,复杂的非线性滤波器的可信度就越高。回到苹果树和桃树,图像中有1200万像素每个果园60张图片。由此很容易看出,收集足够的像素以有足够的信心证明用高级函数是非常耗时的,这也说明为什么使用简单的线性函数更好。

7.5 目标隔离的另一种方法

7.5.1 引言

将机器视觉用于农业的最大挑战之一是目标隔离。户外拍摄的图像或视频的背景很少是单一的。感兴趣的目标周围总是有些物体和特征。例如,当捕捉果园树的图像时,相邻的树或不同行的树将出现在背景中。如果一个人正在拍摄玉米地,背景中可能会出现相邻的不同作物的田地。在任何情况下,大多数图像都有天空或地面,这些不需要的元素对图像处理提出了独特的挑战。

人类很容易识别和隔离图像中的物体;然而,机器必须得到更多的指导。例如,考虑图7.24中的汽车。在背景中隔离汽车和建筑物的一个简单方法是应用颜色阈值过滤器。但是,这种方法需要固定的RGB阈值,并且根据照明(或汽车和建筑物的颜色),可能需要为每个图像调整阈值,以有效地隔离对象。

再者,如果汽车和背景颜色相似,就更难区分两者了。注意:在图像的右上角有一部分灰色的天空。天空的颜色与汽车的颜色非常匹配,简单的滤色器可能无法区分两者。图 7.24 中的汽车,通过使用某种面积或尺寸的过滤器,隔离是可能的。然而,如果天空和汽车有相似的像素区域,图像处理可能会将天空归类为银色汽车。当然,在农业中,玉米秆或果树可能被描绘成汽车,但概念是一样的。

图 7.24　建筑物前的汽车

7.5.2　空间制图

与使用滤色器相比,将目标从其背景中分离出来的更有效的方法是使用空间映射。空间映射是从传感器数据创建给定环境的 3D 地图的过程。这种传感器数据通常以图像或从某个任意点到环境中不同点的距离测量阵列的形式出现。例如,立体摄像机会产生两幅图像形式的传感器数据,光探测和测距设备(LIDAR)会产生一系列距离测量值[47]。

通过使用目标的物理几何形状,空间映射可用于将目标与其背景隔离。例如,图像中的汽车比背景中的建筑物更靠近摄像机,因此,如果图像的 3D 地图可用,则可以应用距离过滤器,将汽车隔离。此外,汽车的尺寸如长度、宽度和高度可用于进一步隔离或分类汽车。

为了使用空间映射,必须获取图像的 3D 地图。如前所述,可以从立体相机或通过使用激光雷达技术获得 3D 地图。这两种技术都很有用,具体取决于应用。

然而,对于这一部分,焦点将在立体相机上。图 7.25 显示了一个立体相机的例子。照片中的相机是立体实验室设计的 ZED 相机。

第7章 果园管理的机器视觉系统

图 7.25 ZED 立体相机

7.5.3 立体相机操作

立体相机是用两个固定的 RGB 相机来生成图像的 3D 地图的设备。立体相机背后的一般概念是：靠近的物体在两个相机之间会有很大的像素偏移，而远离的物体在两个相机之间的像素偏移非常小。除了 3D 地图之外，还从立体相机获得 RGB 图像。通常，RGB 图像中的每个像素将被分配一个 $X-Y-Z$ 笛卡儿值，并且从这些值可以生成点云形式的 3D 地图。立体相机可以非常快速地执行 3D 渲染，因此它们在机器人和机器视觉等实时应用中非常有利[48-49]。

立体相机在果园应用中特别有效。拍摄果园中的一棵树时，中心树（感兴趣的树）、左侧和右侧的树，以及无意中包含在图像中的下一行的树，如图 7.26 所示，显示了一个未经过滤的苹果园图片。通过应用简单的距离过滤器，可以从图像中移除天空和背景树，而无须任何手动选择。然后，可以处理过滤后的图像，而不会遇到来自背景的任何负面影响。立体相机是有优势的，因为它们不依赖像素颜色值来隔离对象。如果使用图像处理来隔离图 7.26 中的树，则可能必须调整颜色阈值考虑阴天或一天中不同时间太阳从树叶上反射的方式。然而，立体相机使用的距离过滤器仅依靠相机到树的距离，并且独立于不断变化的光线条件运行。

图 7.26 (a)未过滤果园照片和(b)背景过滤果园照片

注意图 7.26 背景中的树是如何被过滤掉的,只留下感兴趣的行中的树。使用颜色和区域过滤器将很难隔离这两行。这是因为两行颜色相同,两行中的树混合在一起,很难区分它们。然而,立体相机提供了树木的空间位置信息,并使区分两行变得相对简单。

立体相机的另一个优点是:它可以获得树木的基本尺寸,如高度和宽度。该信息可用于确定给定树木的健康状况和树冠体积[50]。计算水果产量估计值时,树的几何形状也很有用。

7.5.4 空间映射隔离对象的难点

使用立体相机进行特殊映射和对象隔离带来了一些独特的挑战。例如,使用立体相机存在固有的错误,人们应该始终检查设备规格,并进行一些基本测试,以验证相机是否符合设计标准。映射较远的对象会比映射较近的对象引入更大的误差。

此外,立体相机偶尔会测量几个误差非常大的点。这将在 3D 阵列中产生数据峰值,如果不加以考虑,可能会产生巨大的有害影响。为了减少这些数据峰值的影响,建议收集更多快照,甚至环境快照,并对收集的数据进行平均。一些立体相机甚至能够跟踪摄像机相对于环境的位置。如果该功能可用,移动相机在不同角度进行测量会很有帮助。

此外,立体相机在对复杂物体成像时效果最好。复杂性有助于立体相机确定物体的大小在它的两个 RGB 相机之间移动。例如,考虑使用立体相机测量到空白白墙的距离。如果立体成像仪上的两个 RGB 相机采集的图像相同,那么,相机将确定墙壁很远,因为它无法检测到两个 RGB 相机之间的任何偏移。这是一个完全不可靠的测量,因为相机可能离墙 1in 远,而相机仍然会确定墙很远。复杂性很重要;然而,它不必以几何或纹理复杂性的形式出现。简单的颜色复杂性将使立体相机正常工作。例如,如果白墙上画有绿色条纹,相机将能够检测到条纹如何在两个 RGB 相机之间移动,并可以制作准确的墙的 3D 地图。

7.5.5 目标隔离结论

传统的目标隔离方法是使用颜色和区域过滤器来发现感兴趣的对象。本节介绍了一种使用环境的空间信息来区分目标新的隔离方法。此方法不依赖目标颜色来隔离物体。在农业应用中,感兴趣的目标与其背景相似的颜色经常出现,应用这种方法特别有利。

7.6 桃园导航的机器视觉

7.6.1 引言

果园修剪或收获等农业操作的自动化过程需要一个能够自主导航果园的平台。农业应用的自主导航研究是通过使用嵌入地面的指南开始的[51-52]。随着计算机和传感器技术的发展,自主导航利用了限位开关、超声波传感器、激光雷达、机器视觉和全球定位系统等传感器[53]。在这一部分中,介绍了一种桃园自主导航的机器视觉系统。先前关于机器视觉导航的研究依赖于地面特征来用作导航指南。在本研究中,使用了一种独特的仰视相机的方法,利用天空特征作为无人地面车辆准线。

7.6.2 导航视觉反馈系统

在图7.27中,无人地面车辆(UGV)的视觉反馈系统的框图有3个主要组件:无人地面车辆平台、视觉传感器和控制器。导航输入是所需的车辆位置,视觉反馈系统用于校正车辆位置。控制器使用期望位置和当前位置之间的误差来计算车辆在树行之间移动时的位置。

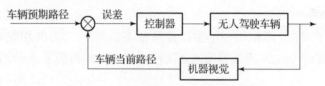

图 7.27 无人地面车辆导航视觉反馈系统

视觉反馈控制系统是一个基于图像的位置伺服系统[12],其中图像的特征被用作控制变量来估计车辆的航向。这个视觉反馈系统的图像处理不依赖于地面特征,而是依赖于天空特征。该方法是一种基于天空的方法[54],图像处理如图7.28所示。获取图像后,对图像进行裁剪,以去除视野中最靠近相机的天空部分。这样做是为了提高控制系统的灵敏度。发现当使用远离相机的中心点时,车辆方向的微小变化会被放大。此外,裁剪图像减少了需要处理的数据,导致地面车辆平台更快的处理时间和更快的响应。由于绿色平面提供了天空和树冠之间更高的对比度,因此提取绿色平面用于分割。由于树冠和天空之间的高对比度,采用简单的阈值方法来提取车辆的路径平面。通过过滤阈值图像,去除了"黑白相间"的噪声。最后,通过寻找路径平面的质心来计算车辆的航向。

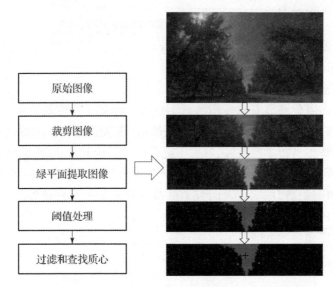

图7.28 求路径平面质心的图像处理(见彩插)

提取路径平面后,路径平面被反转,并使用质心和设定点之间的差异位置来找到车辆的航向,并使用它来驱动电机执行器,如图7.29所示。比例积分控制器用于处理位置误差,并用于车辆的差动转向。PI控制器的比例和积分常数 K_P 和 K_I 是通过先将积分增益设置为零并调整比例增益直到系统的响应稍微过阻尼来确定的[55]。调整积分增益以消除稳态误差。一旦PI控制器已经被调谐,被调整到最大值的30%的前进速度被用作前进控制信号。

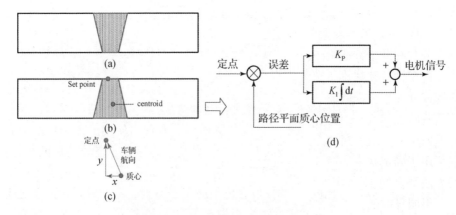

图7.29 导航的路径平面操纵和PI控制器
(a)从天空提取路径平面;(b)反向路径平面;(c)车辆航向向量;(d)比例积分控制器。

7.6.3 实验地面车辆平台

在美国爱达荷州考德威尔的一个商业桃园中,评估了导航控制系统。果园维护良好,随机选择其中一行作为试验行。为了评估视觉反馈系统的性能,使用超声波传感器测量从车辆到其中一排树的距离,并将纸箱放置在离一排树的固定距离处。当车辆沿着这一排行驶时,通过超声波传感器测量与纸箱的距离。在最初的 27m 行程中进行了超声波测量,并在车辆完成整个行程时对其进行了目视观察。

如图 7.30 所示,UGV 在 27m 的行程中,偏离起始点最大值为 3.5cm。根据测试结果,确定车辆引导系统的图像处理算法足以引导车辆沿着果树行行驶。

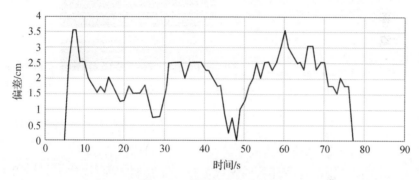

图 7.30 桃园评价起点偏差

开发用于户外应用的机器视觉系统的挑战包括不一致的照明、阴影和特征的颜色相似性。通过使用基于天空特征的方法消除了这些困难,其中图像仅包含树冠和天空,从而简化了分割过程。这是简化场景约束的一个非常好的例子,场景约束是机器视觉模型的第一个组成部分,用于帮助分割。简单有效的图像分割有助于特征检测。除了在设定的距离内采集超声波数据的测试之外,还允许车辆行驶整排。车辆以很小的误差完成了整排;然而,当车辆接近由于缺树或叶片生长受限而导致树冠断裂的区域时,与行中心的偏差较大。树冠上的这些断裂导致 UGV 偏离了行的中心,但当车辆经过那部分时,它会自行修正并返回中心。缺失树的结果会影响路径平面的形状。这意味着,路径平面的形状可用于确定缺失的树或行结束条件。现场试运行的结果表明,基于天空特征的方法结合 PI 控制器在引导车辆下行方面是有效的。

果园导航的基于天空的进场机器视觉展示了引导地面车辆直线运动的潜力。然而,基于天空的方法有一些缺点:只有当树木的树冠完全发育时,这个方法才有效。全年都有树冠的果树,如柑橘,将从这个系统中获益。另一方面,在冬季落叶并一直休眠到春季的果树在这个季节将没有树冠。在树木休眠期,进行修剪和其他果园作业。为了帮助实现这些操作的自动化，地面车辆应依靠地面特征。在这种情况下，地面图像处理将是有效的。此外，当树冠存在时，阴影的问题可以忽略。因此，对于有落叶树的果园，可以开发自适应图像处理方法来处理变化的环境条件。例如，当有树冠时，将使用基于天空的图像处理；当没有树冠时，将使用基于地面的图像处理。所提出方法的另一个缺点是：它只处理直线运动，而不处理行的结束条件。行结束条件可以用几种方式处理。超声波传感器可以用来检测一系列树木的缺失。另一种方法是观察路径平面的基于天空法。路径平面的形状在行的末端会有所不同，这可用于触发车辆处于行的末端。未来的研究将包括应对不断变化的环境，如有无冠层条件，检测行结束条件，并转换到下一行。

7.7 结论

本章介绍了机器视觉在农业中的不同应用。视觉应用分为以下几类：植物识别、过程控制和机器控制。讨论了有关植物识别的问题，这是一种为在季节早期估计水果产量而开发的机器视觉系统。所开发的水果产量估计器识别和计数花朵，并将其与树上的水果总数相关联。苹果园和桃园的相关系数约为0.70。还讨论了一种结合立体成像的树木个体识别算法。该算法去除了背景中的树，这可能会提供花朵计数的误报。在机器控制方面，描述了一种用于无人地面车辆原型导航的机器视觉系统。地面车辆能够成功自主导航整排商业桃树。这些应用实例展示了机器视觉在果园生产领域的潜力。以机器视觉为工具，农业生产自动化前景十分光明。

参考文献

1. Chen, Y., Chao, K., & Kim, M. S. (2002). Machine vision technology for agricultural applications. *Computers and Electronics in Agriculture, 36*, 173–191. https://doi.org/10.1016/s0168-1699(02)00100-x.
2. Buluswar, S. D., & Draper, B. A. (1998). Color machine vision for autonomous vehicles. *Engineering Applications of Artificial Intelligence, 11*(2), 245–256. https://doi.org/10.1016/s0952-1976(97)00079-1.
3. Deac, G. C., Deac, C. N., Popa, C. L., Ghinea, M., & Cotet, C. E. (2017). Machine vision in manufacturing processes and the digital twin of manufacturing architectures. *DAAAM Proceedings of the 28th International DAAAM Symposium, 2017*, 0733–0736. https://doi.org/10.2507/28th.daaam.proceedings.103.
4. Sharan, R. V., & Onwubolu, G. C. (2014). Automating the process of work-piece recognition and location for a pick-and-place robot in a SFMS. *International Journal of Image, Graphics and Signal Processing, 6*(4), 9–17. https://doi.org/10.5815/ijigsp.2014.04.02.
5. Emmi, L., Gonzalez-De-Soto, M., Pajares, G., & Gonzalez-De-Santos, P. (2014). Integrating sensory/actuation systems in agricultural vehicles. *Sensors, 14*(3), 4014–4049. https://doi.org/10.3390/s140304014.

6. Matache, M., Persu, C., Nitu, M., & Gabriel, G. (2017). Vision system for spraying machines adaptive control. *Engineering for Rural Development—International Scientific Conference, 24*, 358–363. https://doi.org/10.22616/erdev2017.16.n071.
7. Awcock, G. J., & Thomas, R. (1995). *Applied image processing*. New York: McGraw-Hill.
8. Chao, K., Park, B., Chen, Y. R., Hruschka, W. R., & Wheaton, F. W. (2000). Design of a dual-camera system for poultry carcasses inspection. *Applied Engineering in Agriculture, 16*(5), 581–587.
9. Bulanon, D. M., & Kataoka, T. (2010). Fruit detection system and an end effector for robotic harvesting of Fuji apples', International commission of Agricultural and. *Biosystems Engineering Journal, 12*(1), 203–210.
10. Ni, Z., & Burks, T. F. (2013). Plant or tree reconstruction based on stereo vision. In *Annual meeting of the American Society of Agricultural and Biological Engineers*, 2013.
11. Bulanon, D. M., Burks, T. F., & Alchanatis, V. (2008). Study on temporal variation in citrus canopy using thermal imaging for citrus fruit detection. *Biosystems Engineering, 101*(2), 161–171.
12. Corke, P. (2011). Robotics, Vision and Control: Fundamental Algorithms in MATLAB. *Springer Tracts in Advanced Robotics, 73*(6), 2011.
13. Sabzi, S., Abbaspour-Gilandeh, Y., & Javadikia, H. (2017). Machine vision system for the automatic segmentation of plants under different lighting conditions. *Biosystems Engineering, 161*, 157–173. https://doi.org/10.1016/j.biosystemseng.2017.06.021.
14. Partel, V., Kakarla, S. C., & Ampatzidis, Y. (2019). Development and evaluation of a low-cost and smart technology for precision weed management utilizing artificial intelligence. *Computers and Electronics in Agriculture, 157*, 339–350. https://doi.org/10.1016/j.compag.2018.12.048.
15. Ruiz-Altisent, N., Ruiz-Garcia, L., Moreda, G. P., Lu, R., HernandezSanchez, N., Correa, E. C., et al. (2010). Sensors for product characterization and quality of specialty crops—A review. *Computers and Electronics in Agriculture, 74*, 176–194.
16. Davies, E. R. (1997). *Machine vision: Theory, algorithms, practicalities*. New York: Academic Press.
17. Guyer, D. E., Miles, G. E., Schreiber, M. M., Mitchell, O. R., & Vanderbilt, V. C. (1986). Machine vision and image processing for plant identification. *Transactions of ASAE, 29*(6), 1500–1507.
18. Lee, W. S., Slaughter, D. C., & Giles, D. K. (1999). Robotic weed control system for tomatoes. *Precision Agriculture, 1*, 95–113.
19. Bulanon, D. M., Lonai, J., Skovgard, H., & Fallahi, E. (2016). Evaluation of different irrigation methods for an apple orchard using an aerial imaging system. *ISPRS International Journal of Geo-Information, 5*, 79.
20. Lindner, L., Sergiyenko, O., Rivas-López, M., Valdez-Salas, B., Rodríguez-Quiñonez, J. C., Hernández-Balbuena, D., et al. (2016, November). Machine vision system for UAV navigation. In *Electrical Systems for Aircraft, Railway, Ship Propulsion and Road Vehicles & International Transportation Electrification Conference (ESARS-ITEC), International Conference on IEEE* (pp. 1–6).
21. Lindner, L., Sergiyenko, O., Rivas-López, M., Ivanov, M., Rodríguez-Quiñonez, J. C., Hernández-Balbuena, D., et al. (2017, June). Machine vision system errors for unmanned aerial vehicle navigation. In *Industrial Electronics (ISIE), 2017 IEEE 26th International Symposium on IEEE* (pp. 1615–1620).
22. Wu, W. Y., Wang, M. J., & Liu, C. M. (1996). Automated inspection of printed circuit boards through machine vision. *Computers in Industry, 28*(2), 103–111.
23. Miller, M. K., & Delwiche, M. J. (1989). A color vision system for peach grading. *Transactions of ASAE, 32*(4), 1484–1490.
24. Bulanon, D. M., Burks, T. F., Kim, D. G., & Ritenour, M. A. (2013). Citrus black spot detection using hyperspectral image analysis. *Agricultural Engineering International: CIGR Journal, 15*(3), 171–180.
25. Rehkugler, G. E., & Throop, J. A. (1986). Apple sorting with machine vision. *Transactions of ASAE, 29*(10), 1388–1397.

26. Costa, C., Antonucci, F., Pallottino, F., Aguzzi, J., Sun, D. W., & Menesatti, P. (2011). Shape analysis of agricultural products: A review of recent research advances and potential to computer vision. *Food and Bioprocess Technology, 4*, 673–692.
27. Morimoto, T., Takeuchi, T., Miyata, H., & Hashimoto, Y. (2000). Pattern recognition of fruit shape based on the concept of chaos and neural networks. *Computers and Electronics in Agriculture, 26*, 171–186.
28. Pallottino, F., Menesatti, C., Costa, C., Paglia, G., De Salvador, F. R., & Lolletti, D. (2010). Image analysis techniques for automated hazelnut peeling determination. *Food and Bioprocess Technology, 3*(1), 155–159.
29. Parrish, E., & Goksel, A. K. (1977). Pictorial pattern recognition applied to fruit harvesting. *Transactions of ASAE, 20*, 822–827.
30. Slaughter, D., & Harrel, R. C. (1987). Color vision in robotic fruit harvesting. *Transactions of ASAE, 30*(4), 1144–1148.
31. Bulanon, D. M., Burks, T., & Alchanatis, V. (2009). Image fusion of visible and thermal images for fruit detection. *Biosystems Engineering, 103*(1), 12–22.
32. Ehsani, R., & Karimi, D. (2010). Yield monitors for specialty crops. *Landbauforschung Völkenrode, Special Issue, 340*, 31–43.
33. Maja, J. M., Campbell, T., Neto, J. C., & Astillo, P. (2016). Predicting cotton yield of small field plots in a cotton breeding program using UAV imagery data. In *Proc SPIE 986, Autonomous Air and Ground Sensing Systems for Agricultural Optimization and Phenotyping*, 98660C. Retrieved May 17, 2016.
34. Tumbo, S. D., Whitney, J. D., Miller, W. M., & Wheaton, T. A. (2002). Development and testing of a citrus yield monitor. *Applied Engineering in Agriculture, 18*, 399–403.
35. Annamalai, P., & Lee, W. S. (2003). *Citrus yield mapping system using machine vision, 2003 ASAE Annual Meeting*. American Society of Agricultural and Biological Engineers.
36. Stajnko, D., Rakun, J., & Blanke, M. (2009). Modelling apple fruit yield using image analysis for fruit colour, shape and texture. *European Journal of Horticultural Science, 74*(6), 260–267.
37. Lee, W. S., Alchanatis, V., Yang, C., Hirafuji, M., Moshou, D., & Li, C. (2010). Sensing technologies for precision specialty crop production. *Computers and Electronics in Agriculture, 74*, 2–33.
38. Zaman, Q. U., Swain, K. C., Schumann, A. W., & Percival, D. C. (2010). Automated, low-cost yield mapping of wild blueberry fruit. *Applied Engineering in Agriculture, 26*(2), 225–232.
39. Wang, Q., Nuske, S., Bergerman, M., & Singh, S. (2012). Automated crop yield estimation for apple orchards. In *Proceedings of the International symposium on Experimental Robotics*, June 2012, Quebec City.
40. Cheng, H., Damerow, L., Sun, Y., & Blanke, M. (2017). Early yield prediction using image analysis of apple fruit and tree canopy features with neural networks. *Journal of Imaging, 3*, 6.
41. MATLAB. (2016). *MATLAB and image processing toolbox release*. Natick, MA: The MathWorks.
42. Khodaskar, H. V., & Mane, S. (2017). Human face detection & recognition using raspberry Pi. *International Journal of Advanced Engineering, Management and Science*, 1–2. https://doi.org/10.24001/icsesd2017.50.
43. Schindelin, J., Arganda-Carreras, I., Frise, E., Kaynig, V., Longair, M., Pietzsch, T., et al. (2012). Fiji: An open-source platform for biological-image analysis. *Nature Methods, 9*(7), 676–682. https://doi.org/10.1038/nmeth.2019.
44. Bertsekas, D. P., & Tsitsiklis, J. N. (2008). *Introduction to probability* (2nd ed.). Belmont: Athena Scientific.
45. Lay, D. C. (2003). *Linear algebra and its applications* (3rd ed.). Boston: Addison-Wesley.
46. Zhang, L., Zhang, H., Chen, Y., Dai, S., Li, X., Imou, K., Liu, Z., & Li, M. (2019). Real-time monitoring of optimum timing for harvesting fresh tea leaves based on machine vision. *International Journal of Agricultural & Biological Engineering, 12*(1), 6–9.
47. Llorens, J., Gil, E., Llop, J., & Escolà, A. (2011). Ultrasonic and LIDAR sensors for electronic canopy characterization in vineyards: Advances to improve pesticide application methods. *Sensors, 11*(2), 2177–2194. https://doi.org/10.3390/s110202177.

48. Geiger, A., Ziegler, J., & Stiller, C. (2011). StereoScan: Dense 3d reconstruction in real-time. In *2011 IEEE Intelligent Vehicles Symposium (IV)*. https://doi.org/10.1109/ivs.2011.5940405.
49. Rovira-Más, F., Zhang, Q., & Reid, J. F. (2008). Stereo vision three-dimensional terrain maps for precision agriculture. *Computers and Electronics in Agriculture, 60*(2), 133–143. https://doi.org/10.1016/j.compag.2007.07.007.
50. Lee, K., & Ehsani, R. (2008). A laser-scanning system for quantification of tree-geometric characteristics. In *2008 Providence*, Rhode Island, June 29–July 2, 2008. https://doi.org/10.13031/2013.25003
51. Richey, C. B. (1959). "Automatic pilot" for farm tractors. *Agricultural Engineering, 40*(2), 78–79, 93.
52. Tillet, N. D. (1991). Automatic guidance sensors for agricultural field machines: A review. *Journal of Agricultural Engineering Research, 50*, 167–187.
53. Reid, J. F., Zhang, Q., Noguchi, N., & Dickson, M. (2000). Agricultural automatic guidance in North America. *Computers and Electronics in Agriculture, 25*(1/2), 154–168.
54. Radcliffe, J., Cox, J., & Bulanon, D. M. (2018). Machine vision for orchard navigation. *Computers in Industry, 98*, 165–171. https://doi.org/10.1016/j.compind.2018.03.008.
55. Bolton, W. (2001). *Mechatronics, electronic control systems in mechanical and electrical engineering* (2nd ed.). Boston: Addison Wesley Longman.

第8章

机器视觉、模型和应用中的立体视觉系统

Luis Roberto Ramirez – Hernandez, Julio Cesar Rodriguez – Quinonez, Moises J. Castro – Toscano, Daniel Hernandez – Balbuena, Wendy Flores – Fuentes, Moises Rivas – Lopez, LarsLindner, Danilo Caceres – Hernandez, Marina Kolendovska, Fabian N. Murrieta – Rico[①]

8.1 引言

目前,有几种数字场景重建的方法可以精确测量表面几何形状、物体检测以及在研究和工程领域的其他应用。这些方法中的大多数可以被识别为主动或被动方法,其中主动方法从外部作用于场景,而被动方法不在场景上起作

[①] L. R. Ramírez – Hernández, . C. Rodríguez – Quinonez, M. J. Castro – Toscano
D. Hernández – Balbuena · W. Flores – Fuentes
Facultad de Ingeniería Mexicali, Universidad Autónoma de Baja California, Mexicali, Baja California, Mexico
e – mail: luis. ramirez16@ uabc. edu. mx; julio. rodriguez81@ uabc. edu. mx;
moises. jesus. castro. toscano1@ uabc. edu. mx; dhernan@ uabc. edu. mx; flores. wendy@ uabc. edu. mx
M. Rivas – López · L. Lindner
Instituto de Ingeniería Mexicali, Universidad Autónoma de Baja California, Mexicali, Baja California, Mexico
e – mail: mrivas@ uabc. edu. mx; lindner. lars@ uabc. edu. mx
D. Cáceres – Hernández
Facultad de Ingeniería Eléctrica, Universidad Tecnológica de Panamá, Panamá, Republic of Panama
e – mail: Danilo. caceres@ utp. ac. pa
M. Kolendovska
National University of Radioelectronics, Kharkiv, Ukraine
e – mail: marina. kolendovska@ nure. ua
F. N. Murrieta – Rico
Facultad de Ingeniería, Arquitectura y DisenoUniversidad Autónoma de Baja California, Mexicali, Baja California, Mexico
e – mail: fabian. murrieta@ uabc. edu. mx

用[1]。主动方法的例子是飞行时间测距仪,它是通过激光或超声波测量波的返回时间来获得物体的距离。被动方法的例子是视觉系统,其用于分析特定场景中特定目标的应用中,其中分析对象可以离开或不离开场景,如行人检测和交通控制等。视觉系统已应用于不同的领域,如机器人视觉、自动导航、物体识别、材料检测、结构健康监测,特别是在三维坐标测量方面,在过去的几十年里获得了相当大的关注[2]。

不同原理的三维测量方法用于 3D 坐标测量,如惯性测量单元(IMU)使用惯性传感器(加速度计和陀螺仪)来计算移动物体的 3D 坐标[3-4];三维激光扫描仪应用动态三角测量原理[5-7];多摄像机技术对图像进行分析和处理以获得物体的形状,形状是由物体相对于视觉系统的距离和角度决定的[8]。构成本章研究的特殊视觉系统之一是立体视觉系统(SVS)。SVS 从多个视觉输入(两个或更多相机)中获得三维信息。这是通过搜索数字图像中的相似性并确定场景之间的对应点或同源对象来执行的[9]。

立体视觉系统(SVS)过程包括 5 个主要步骤[10]。

(1)图像采集。采集包括拍摄特定 SVS 中使用的每个相机的图像,并考虑每个图像中的相同场景,由于相机之间的相对位移,图像会有轻微的场景差异。

(2)系统结构。SVS 系统结构由相机的数量和位置决定。

(3)特征提取。特征提取是寻找用于模式匹配的图像之间的相似性。特征提取技术可以是基于区域的,其中在图像的像素强度中寻找相似性。另一种是基于特征的,其中信息是从图像中孤立的边缘点、边缘点链或由边缘界定的区域提取的。

(4)模式匹配。模式匹配是将 3D 场景中的点的投影定位在从特定 SVS 的不同相机拍摄的每个图像中的过程。

(5)距离计算。距离计算是使用模式匹配信息来找到 3D 场景的点与图像中这些点的二维投影之间的测量关系的过程。

本章介绍了目前研究的立体视觉系统的相关信息,并分成两大类:双目视觉系统和多目视觉系统。从理论、结构、基本方程以及这些系统在不同工程领域的应用等方面阐述了每个系统。

8.2 双目视觉系统

深度信息是场景重建的一个重要特征。由于立体角信息的每个像素中发生的积分和光敏设备中像素的物理限制,当通过相机捕捉场景时,会出现丢失。这个深度信息可以通过立体视觉系统进行检索。本节介绍了双目立体视觉系统,其中视觉信息是通过两个相机获得的,从人工生物视觉模型开始,延续到文献中经常使用的其他双目视觉模型。双目视觉系统是最常用的立体视觉系统,在研究和工程领域有许多应用,下面就双目视觉系统的应用进行展示。

8.2.1 人工生物视觉模型

立体视觉系统模拟由双眼产生的深度感知的生物立体视觉过程,通常由具有双眼视觉的生物形成。然而,具有双目视觉的生物之间有特定的差异,这主要是由眼睛在头部的水平位置不同而导致对图像的感知不同。图 8.1(a)中描述了一个例子,其中生物立体视觉获得了每只眼睛中不同深度的物体的图像。如果投影的图像与眼睛的视网膜重叠(图 8.1(a)),则获得相对位置的反比关系,如图 8.1(b)所示[11]。

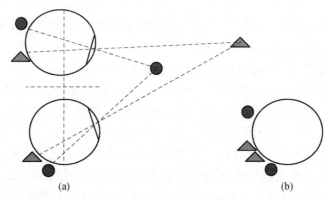

图 8.1 (a)生物 SVS 在 3D 场景的不同视角观察物体和(b)双眼图像重叠(见彩插)

为了模拟生物立体视觉,人工生物立体视觉使用放置在不同视点的两个相机,引起系统特性的变化,如视野、深度感知和水平差异等。通常,人工生物立体视觉使用针孔相机几何模型。考虑一个外壳,只有通过针孔的光线才能到达像平面,这样物体发射或反射的光线就会穿过针孔,并在像平面上形成该物体的倒立图像。

这个模型定义了图像平面上 3D 点和 2D 点投影之间的几何关系。图 8.2 显示了针孔相机的几何模型。针孔相机模型中从 3D 到 2D 的几何映射称为透视投影,其由像平面和焦平面上的光学中心点 C 组成。点 C 与像平面的距离为焦距 f,光轴为通过点 C 并垂直于像平面的直线[11]。针孔相机模型用于通过使图像的每个点穿过光学中心点 C 来找到它们的 3D 坐标的投影。

为了分析具有场景中一个特定点的针孔相机模型的几何形状,图 8.3 给出了 2D 平面中的模型。想象场景中的一个真实点 P 和它在图像中的投影点 Q,它们由场景和图像平面之间的投影通道结合在一起。在这个投影中,可以将两个相似三角形共享投影线视为斜边。C 左侧三角形的垂线是由 f 和 oc' 给出的

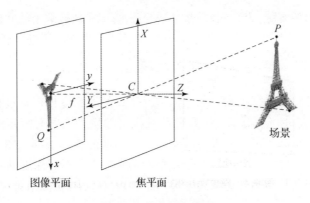

图 8.2 针孔相机模型

(与垂线相反),而 C 右侧的则由 d 和 oc 给出。式(8.1)显示了场景中 C 左侧的三角形和 C 右侧的三角形之间的关系,其中负号表示反转图像。长度 oc 取决于距离 d 和距离 CP(斜边),而长度 oc′ 取决于焦距 f 和光学中心 C 与投影点 Q 之间的距离,即

$$\frac{oc}{d} = -\frac{oc'}{f} \tag{8.1}$$

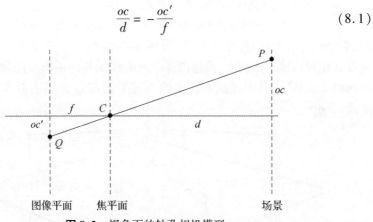

图 8.3 视角下的针孔相机模型

考虑到齐次坐标系,图 8.4 显示了使用理想针孔相机模型的 3D 点的透视投影。光学中心 C 位于 3D 坐标系的原点,其中 (u,v) 表示场景中坐标为 (X,Y,Z) 的点的投影点坐标。

式(8.2)和式(8.3)显示了像素位置 (u,v) 处的 3D 点 (X,Y,Z) 在图像平面上的投影[12],即

$$u = \frac{Xf}{Z} \tag{8.2}$$

$$v = \frac{Yf}{Z} \tag{8.3}$$

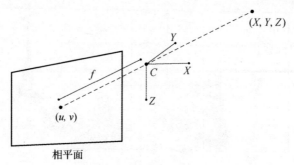

图 8.4 理想针孔相机模型的 3D 点的透视投影

使用投影几何,可以公式化前面的关系,并以矩阵表示,即

$$\lambda \begin{bmatrix} u \\ v \\ 1 \end{bmatrix} = \boldsymbol{P}_n \begin{bmatrix} X \\ Y \\ Z \\ 1 \end{bmatrix} = \begin{bmatrix} f & 0 & 0 & 0 \\ 0 & f & 0 & 0 \\ 0 & 0 & 1 & 0 \end{bmatrix} \begin{bmatrix} X \\ Y \\ Z \\ 1 \end{bmatrix} \tag{8.4}$$

式中:λ 是齐次比例因子;$\boldsymbol{P}_n$ 是相机的透视投影矩阵[12]。

另一个需要考虑的几何形状是图 8.5 所示的极线几何形状。极线几何是两幅图像之间固有的投影几何,它与场景结构无关,只取决于摄像机的内部参数及其相对位置。本质上,两幅图像之间的极线几何由每幅图像的平面与一组平面的交点给出,其中该组平面中的所有平面都包含连接摄像机光学中心的基线。

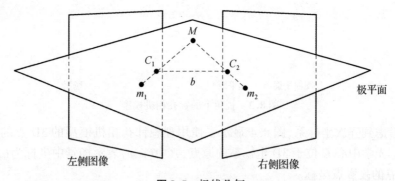

图 8.5 极线几何

这种几何形状分别用于第一个和第二个相机的人工生物视觉中心 C_1 和 C_2。点 m_1 和 m_2 表示点 M 在 3D 真实场景上的投影,距离 b 为基线。极线几何中最重要的特征是:投影点 m_1 和 m_2、光学中心 C_1 和 C_2 以及点 M 位于一个称为极线平面的同一平面中[13]。

人工生物 SVS 的光轴相互平行或会聚。在这些系统中,相机之间的位移允许通过三角测量过程获取目标的深度,该过程由每个相机[14]中的场景对象生成视觉信息。图8.6显示了一对来自水平排列的两个相机的人工生物SVS的原始图像,其中仅获得物体的水平位移而非垂直位移。

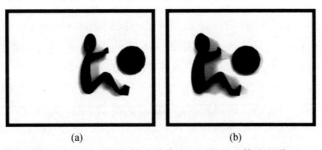

图8.6 (a)原始立体左图像和(b)原始立体右图像

这些位移称为视差,被人工生物SVS用来寻找真实3D点的深度[15]。图8.7显示了使用人工生物SVS和极线几何对特定3D点的定位。坐标(x_L,y_L)和(x_R,y_R)分别是由坐标(X,Y,Z)表示的3D点上左右相机中投影点的位置。这种SVS的几何模型使得在真实场景中定位3D点坐标的三角测量过程成为可能。

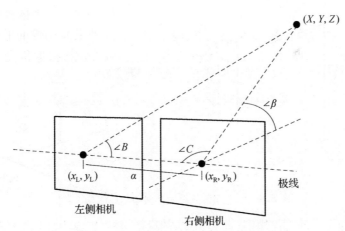

图8.7 人工生物SVS获得的角度和坐标

下式显示了角度B、C和β与三维点的坐标X、Y和Z的关系,这些坐标是从正弦定律导出的[16],即

$$X = a\frac{\sin C * \sin B}{\sin(B+C)} \tag{8.5}$$

$$Y = a\left(\frac{1}{2} - \frac{\sin C * \cos B}{\sin(B+C)}\right) \tag{8.6}$$

$$Z = a\frac{\sin C * \sin B * \tan\beta}{\sin(B+C)} \tag{8.7}$$

8.2.2 其他双目视觉模型

不同于 SVS 的另一种方法是使用两个不同的平面中的相机,来获得参考笛卡儿空间的 3D 点云(图 8.8)。考虑笛卡儿空间中由(x,y,z)给出的点,投影在图像平面中的屏幕上。投影将具有真实 3D 点的两个坐标,这两个坐标对应于平行于平面(x,z)的一个相机和位于平行于平面(x,y)的第二个相机。以这样的方式,对于第一个相机,获得真实的 3D 点的投影坐标(y_1,y_2),并且对于第二相机,获得真实的 3D 点的投影坐标(y_1',y_3),注意 y_1 和 y_1' 共享同一投影轴[17]。这种配置的优点是视野开阔,避免了场景中的遮挡。当在一幅图像中观察到场景的特定区域而在另一幅图像中没有观察到时,SVS 就会发生遮挡[18]。

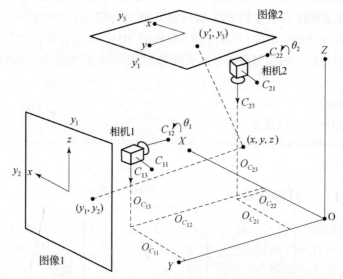

图 8.8 两个相机在不同平面的双目视觉模型

对于相机 1 的几何模型,真实 3D 点的投影坐标(y_1,y_2)如下式所示:

$$\begin{bmatrix} y_1 \\ y_2 \end{bmatrix} = \alpha\lambda_1 \begin{bmatrix} -\cos(\theta_1) & \sec(\theta_1) \\ -\sec(\theta_1) & -\cos(\theta_1) \end{bmatrix} \begin{bmatrix} x - O_{c_{11}} \\ z - O_{c_{13}} \end{bmatrix} + \begin{bmatrix} u_{01} \\ v_{01} \end{bmatrix} \tag{8.8}$$

式中:α 是转换因子(m/像素);λ_1 是图像 1 中的焦距;θ_1 是相机 1 的旋转角度;向量 $[u_{01},v_{01}]$ 是相机 1 的光学中心的图像偏移。因此,$\alpha\lambda_1$ 用下式计算:

$$\alpha\lambda_1 = \frac{\alpha_1\lambda_1}{O_{c_{12}} - y - \lambda_1} \tag{8.9}$$

投影坐标(y_1',y_3),真实 3D 点相对于相机 2 的几何模型的位置如下式

所示:

$$\begin{bmatrix} y'_1 \\ y_3 \end{bmatrix} = \alpha\lambda_2 \begin{bmatrix} -\cos\theta_2 & 0 \\ 0 & -1 \end{bmatrix} \begin{bmatrix} x - O_{c_{21}} \\ y - O_{c_{23}} \end{bmatrix} + \begin{bmatrix} v_{02} \\ u_{02} \end{bmatrix} \quad (8.10)$$

式中: λ_2 是图像 1 中的焦距; θ_2 是相机 2 的旋转角度; 向量 $[u_{02}, v_{02}]$ 是相机 2 的光学中心的图像偏移。因此, $\alpha\lambda_2$ 使用下式计算:

$$\alpha\lambda_2 = \frac{\alpha_2\lambda_2}{O_{c_{23}} - z - \lambda_2} \quad (8.11)$$

结合式(8.8)和式(8.10),式(8.12)~式(8.14)用于描述两个相机的几何模型以及投影坐标与真实 3D 点坐标的关系[19],即

$$y_1 = -\alpha\lambda_1\cos\theta_1(x - O_{c_{11}}) + \alpha\lambda_1\sin\theta_1(z - O_{c_{13}}) + u_{01} \quad (8.12)$$

$$y_2 = -\alpha\lambda_1\sin\theta_1(x - O_{c_{11}}) + \alpha\lambda_1\cos\theta_1(z - O_{c_{13}}) + v_{01} \quad (8.13)$$

$$y_3 = -\alpha\lambda_2(y - O_{c_{22}})u_{02} \quad (8.14)$$

式中: λ_1、λ_2 和 λ_3 分别表示图像平面中的坐标 x、z 和 y。

8.3 多目视觉系统

本节将介绍由 3 个或更多相机获取视觉信息的 SVS 的模型。在文献中,大量的多视角模型可以建立依赖于几何构型的数量。本节将多目视觉系统分为两组:由 3 个摄像头组成的 SVS 三目视觉模型;由 3 个以上摄像头组成的 SVS 多目视觉系统。

8.3.1 三目视觉模型

三目视觉模型是 SVS 用 3 个摄像头来获取真实场景的视觉信息。与双目 SVS 不同,三目 SVS 使对应问题更容易解决,并克服了双目系统在模式匹配中的局限性,因为通过第三个相机获得了更多的视觉信息[20]。本节将分 5 组介绍三目视觉模型:直角三角形、平行、环绕、发散和任意。

8.3.1.1 直角三角形模型

直角三角形模型是把 3 台相机分别设置在直角三角形的顶点上。这确保了中心图像的极线垂直于右侧和顶部相机[21]。图 8.9 显示了直角三角视觉模型,其中 C_1、C_2 和 C_3 分别是上部、角落和右侧相机的光学中心。I_1、I_2 和 I_3 是真实 3D 点 P 的投影点。f_1、f_2 和 f_3 是相机的焦距。角图像 I_2 中每个点 P 的投影相对于右侧和上部相机有视差 d_r 和 d_u,其中 d_r 是 d_{r3} 和 d_{r2} 之间的视差;否则,d_u 就是 d_{u1} 和 d_{u2} 的视差。左上角和右上角相机的基线距离 b_{uc} 和 b_{rc} 分别相等。

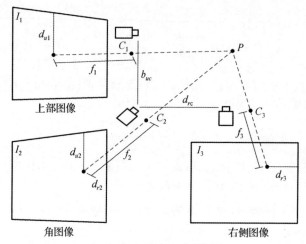

图 8.9 直角三角视觉模型

在这种配置中,场景的一个 3D 点产生三对同源对极线。由于使用了第三个相机,增强了几何约束,减少了匹配过程中启发式方法的影响,提高了系统的准确性[22]。

8.3.1.2 平行模型

平行式三目立体视觉模型由 3 台相距一定距离的相机组成,这 3 台相机的光轴平行于空间参考系的 X 轴[23]。图 8.10 显示了用于在真实场景中定位 3D 点的平行式三目视觉模型。h_1 和 h_2 是相机的间距。坐标 (x_1,y_1)、(x_m,y_m) 和 (x_r,y_r) 分别是左、中和右图像平面中的投影点。变量是相机的焦距,P 是真实场景中特定的 3D 点。由于相机以三目配置平行排列,3 个图像位于相同的 XZ 平面,并且每个图像平面上相应投影点的 y 坐标值相同。

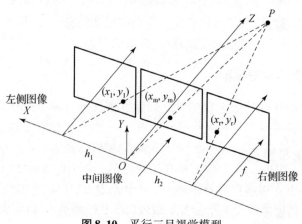

图 8.10 平行三目视觉模型

式(8.15)~式(8.18)显示了任意点 P 与左、中、右图像平面上坐标(X,Y,Z)的关系,即

$$x_\mathrm{m} - x_\mathrm{l} = \frac{h_1 f}{Z} \tag{8.15}$$

$$x_\mathrm{r} - x_\mathrm{m} = \frac{h_2 f}{Z} \tag{8.16}$$

$$x_\mathrm{r} - x_\mathrm{l} = \frac{h_3 f}{Z} \tag{8.17}$$

$$y_\mathrm{l} = y_\mathrm{m} = y_\mathrm{r} = y \tag{8.18}$$

式中:距离 h_3 等于距离 h_1 和 h_2 之和;Z 是 3D 点的深度[24]。

8.3.1.3 汇聚模型

汇聚式三目视觉模型由围绕待建模对象的 3 台相机组成。为了生成场景的密集精确的深度图,该模型被分成两个独立的对,使用像对 1 这样的左和中心相机以及像对 2 这样的中心和右相机,其中每对相机的极线平行。图 8.11 显示了汇聚式三目视觉模型。对 1 由分别代表左侧和中间相机的 L 和 C_L 表示,对 2 由分别代表中间和右侧相机的 R_L 和 R 表示。变量 b_L 是左侧和中间相机之间的基线,而 b_R 是中间和左侧相机之间的基线。坐标$(u_\mathrm{L},v_\mathrm{L})$和$(u_\mathrm{R},v_\mathrm{R})$是左右相机中的投影点。左相机对中的视差和右相机对中的视差可以投射到 C 和图像 C_L 中。该模型的目的是计算每个相机对[25]的投影点和视差点上每个$[u_\mathrm{L},v_\mathrm{L},d_\mathrm{L}]$的相应$[u_\mathrm{R},v_\mathrm{R},d_\mathrm{R}]$。

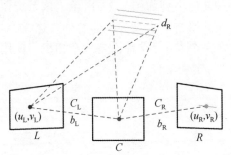

图 8.11 汇聚式三目视觉模型

8.3.1.4 发散模型

相机系统由 3 台相机组成,其中边缘相机具有发散光轴和广角镜头,可提供场景的概览。中央摄像机有一个长焦距镜头,用于获取中央视野中更详细的信息。图 8.12 显示了发散的三目视觉模型。$\mathrm{FOV_L}$、$\mathrm{FOV_C}$ 和 $\mathrm{FOV_R}$ 分别表示

左、中和右相机的视野。FOV_{LCR} 是 3 个相机看到的重叠区域,在这里可以进行立体三角测量[26]。

这个模型提高了场景中 3D 点定位的准确性,因为用于三角测量的特征在图像边界比在中心更近。图像边界中的像素实现了视场中更小的扇区,这改善了测量和计算[27]。

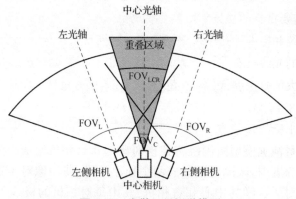

图 8.12　发散三目视觉模型

8.3.1.5　自由模型

与自由三目视觉模型相比,前文提到的三目视觉系统有确定的几何形状。这些模型的几何形状对于每个特定的目标是特定的。在文献[28]中,被称为 CardEye 系统的自由三目视觉模型用来模拟人类视觉系统的功能,而不限于其组件。CardEye 系统的几何模型如图 8.13 所示。该系统使用主动照明设备来辅助表面重建过程,并采用技术来改善机器感知。这 3 个相机连接在一起,执行相同的动作,固定在一个点上,或者说是一个相机。使用任意三维模型的应用在"三目 SVS 应用"一节中解释。

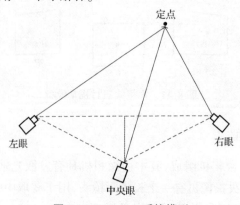

图 8.13　CardEye 系统模型

8.3.2 多相机模型

与双目或三目 SVS 不同,具有 4 个或更多相机的多目视觉系统可以设置成最大化视野的配置。可视化所有环境意味着可以检测和跟踪更多的图像特征。多相机系统中的公制比例可以直接从极线几何中获得,这种配置具有很大的灵活性,因为不需要重叠的视场来检索公制比例[29]。

多相机系统和标准针孔相机之间的主要区别是没有单一的投影中心,所以穿过这些系统的光线具有非中心投影。具有非中心投影相机的视觉系统允许系统设计有更大的自由度,因为它们消除了构建共享一个节点的相机系统的挑战性任务。图 8.14 显示了一个覆盖 360°全景环境的多视角系统。

对于具有坐标的场景点 P_{Fc} 坐标是 $[X,Y,Z]^T$ 参考帧 F_c,它的投影可以转换成另一个参考帧 F_0,幅度为 M,如下式所示:

$$P_{F0} = \frac{P_{Fc}}{P_{Fc}} + [0 \quad 0 \quad M]^T \tag{8.19}$$

通过将 P_{F0} 投影到归一化的无失真图像平面上并计算坐标 (x_u, y_u),获得图像点,如下式所示:

$$[X \quad Y \quad Z]^T = \frac{P_{F0}}{Z_{P_{F0}}} \tag{8.20}$$

式中:$Z_{P_{F0}}$ 是 P_{F0} 的 z 分量。由此,点坐标被投影到 360°的全景环境中。

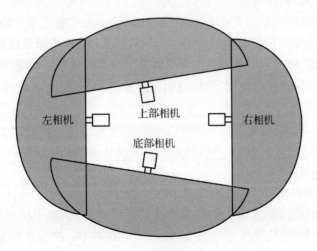

图 8.14 360°全景覆盖的多视角系统

8.4 应用

本节介绍了本章所述 SVS 系统的一些应用。对于每个应用过程,都从简要描述研究领域、研究人员以及如何实现 SVS 的方面来介绍。

8.4.1 双目视觉系统的应用

8.4.1.1 人工生物 SVS 应用

目前,自动导航中使用双目 SVS 来解决不同的问题。研究人员 Emiliano Statello 等实现了一种实时视觉里程计的方法,使用立体图像结合全球定位系统获得的信息,在地理参考地图上进行定位[30]。此外,研究人员 Monica Ballesta 等在视觉同步定位和绘图(SLAM)中创建了一个多机器人地图对准。研究人员在多个机器人中使用 SVS,每个机器人构建自己的场景地图,然后将数据地图合并成一个全局地图,以获得广泛的环境信息[31]。

在机器人的视觉应用领域,研究人员 Kwang Ho Park 等实现了一种立体视觉的多量程方法,该方法在不确定环境中很有用,障碍物的检测是基于视觉的移动机器人的基本功能[32]。研究人员 Calixia Cai、Nikhil Somani 和 Alois Knoll 提出了一种使用主动 SVS 控制六自由度机械手的方法,解决了为物体检测选择合适的图像特征和执行跟踪过程的挑战[33]。

在三维测量中,研究人员 J. C. Rodriguez Quionez 等提出了一种使用优化方法提高 SVS 三维距离测量精度的方法。他们从多幅 2D 图像中提取三维信息,进行模式匹配,以找到左右相机拍摄的图像之间的对应点。相应的点位置被用于执行三角测量过程以绘制三维坐标,并且通过神经网络,三维坐标的测量精度得到提高[16]。

在计算机视觉中,研究人员 U. Castellani 等提出了一种使用 SVS 进行 3D 人脸识别的新方法,其中 3D 人脸图像使用多级 B 样条系数建模,并随后用于支持向量机(SVM)分类系统[34]。

在目标识别方面,Ling Cai 等提出了一种新颖的用 SVS 进行多目标检测和目标跟踪的监控的方法。该模型解决了光照变化、阴影干扰和物体遮挡等问题,通过投影到基准平面上的前景体积定位物体,并搜索投影点的密度空间[35]。

在制造过程中,研究人员 Sotiris Malassiotis 和 Michael G. Strintzis 介绍了一种用于工业部件表面孔的高精度三维测量的 SVS。这种应用对于装配厂的在线质量检测很有用[36]。

在结构健康监测中,用 SVS 测量三维结构位移,正如 Kim 等的研究人员在土木工程建筑中监测振动测量的情况[37]。在同一领域,研究人员 P. F. Luo 和 F. C. Huang 提出了一个用于评估材料在应力作用下的断裂参数[38]。

在农业领域,研究人员 Francisco Rovira‑Más、Qin Zhang 和 John F. Reid 描述了一种通过捕获的信息与 SVS、定位传感器和惯性测量单元相结合来创建 3D 地形图的方法,所有这些都安装在移动设备平台上。感知引擎包括一个紧凑的立体相机,用于捕捉现场场景并生成 3D 点云,这些点云被转换为大地坐标并组装在全局现场地图中[39]。

在自动导航中,研究人员张硕等提出了一种使用双目 SVS 的拖拉机路径跟踪控制。该系统控制拖拉机,实现作物识别和路径规划[40]。

对于显微外科手术,研究人员 S. Rodríguez Palma、B. C. Becker 和 C. N. Riviere 为机器人显微外科手术实现了立体视觉和 3D 光学跟踪器的同时校准。他们将这种校准应用于两个大约 $2 \times 3mm$ 的相机,安装在一个带有压电致动器的手持显微操作器中,以实现显微手术[41]。

在机器人技术方面,研究人员 Walter A. Aprile 等构建了一个移动机器人平台,该平台的特点是一个带有两个高分辨率摄像头的主动机器人头部,可以产生全景虚拟环境和立体图像[42]。

在生物医学领域,研究人员 Ki‑Chul Kwon 等开发了一种高清 3D 立体成像显示系统,用于操作显微镜或在动物身上进行实验。该系统由立体摄像机、记录立体视频的图像处理设备和立体显示器[43]组成。

对于腹腔镜手术,研究人员辛康等开发了一个实时立体增强现实系统,该系统通过立体视频实现实时腹腔镜超声。该系统通过理解解剖结构之间的 3D 空间关系来创建真实的深度感知,并对内部结构进行可视化,同时对手术视野进行更全面的可视化[44]。

8.4.1.2 其他双目视觉模型应用

在视觉伺服控制领域,SVS 有不同的几何参数模型。在这一领域中,可以通过从一个或多个相机获得的视觉信息来控制机器人相对于物体的位置或方向,或根据机器人所必须执行任务的视觉特征来控制。研究人员 M. A. Pérez 和 M. Bueno 开发了一种用于机械手的 3D 视觉伺服控制。该模型的主要特点是不需要任何系统的动态模型就能直接利用图像坐标进行反馈,同时设计观测器进行速度估计[17]。

8.4.2 多目视觉系统应用

8.4.2.1 三目 SVS 应用

在自动导航中,研究人员 Don Murray 和 James J. Little 提出了一种基于视觉的自主探索环境移动机器人,同时,它能使用三目立体算法构建环境的占用网格图。Don Murray 和 James J. Little 开发的三目 SVS 有 3 个相同的广角相机。在平行共面的相机坐标框架下,相机对的极线沿着图像的行和列[45]。在同一领域,研究人员 A. Rieder 创建了一个三目发散 SVS。SVS 安装在车辆上方可平移和倾斜的平台上。它覆盖了环境中所有重要部分,具有广泛的前瞻范围,对特殊感兴趣区域有高分辨率,以及可以很好地估计所有距离[26]。

在物体识别方面,研究人员 Yasushi Sumi 等提出了一种新的使用 3 个相机的 SVS 识别 3D 物体的方法。可识别平面的、多面的和任意形状的物体,并可通过对表征目标位置和方向的局部特征点集进行迭代计算实现目标位置与方向的检测。三目立体图像是从具有 3 个精确校准的电荷耦合器件照相机的立体相机模块获得的。第三个相机用于立体对应关系测试,并使用双基线立体算法提高 3D 测量的精度[46]。

在机器人视觉方面,研究人员 Jens Christian Andersen、Nils A. Andersen 和 Ole Ravn 描述了一种用三目 SVS 提取物体的可见特征的视觉传感器,用于智能机器人导航。他们专注于自主机器人在室内的导航,在这种环境中,机器人能够找到并识别一些基本类型的物体。该项目用 3 个直角三角形配置的相机来消除错误的相关性,预先提取一些特征,并为正在进行的导航存储这些点[47]。

在计算机视觉中,目标定位和跟踪是主要问题;因此,三目 SVS 来解决这些问题。研究人员 Rafael Garcia、Joan Batlle 和 Joaquim Salvi 认为,在不使用物体特征的像平面坐标的情况下,三目 SVS 可以估计已知物体的位置和速度。位置测量工具使用每个相机捕获的表面积来定位物体,最后,预测工具完善了定位物体的估计[48]。

在机器人学方面,研究人员 Elsayed Hemayed、Moumen Ahmed 和 Aly Farag 设计了一个控制机械臂自由的三目视觉模型,称为 CardEye。该系统具有主动视觉平台的基本机械特性:平移、倾斜、滚动、聚焦、变焦、光圈、聚散度和基线[28]。

在计量学中,研究人员 A. Blake 等设计了一种用于机械扫描和快速图像捕获的三目 SVS。这种 SVS 的优点是使错误匹配的发生率最小化,预测图像测量容差,并保持消除模糊[49]。

在人体运动分析中,研究人员岩泽雄一郎等提出了一种利用三目 SVS 实时估计三维人体姿态的新方法。他们通过基于遗传算法的学习过程估计主要关节位置[50]。

8.4.2.2 多目 SVS 的应用

在自主导航中,研究人员 Christian Häne 等构建了一个覆盖汽车周围的全部 360°视野的多相机系统,他们采用标准视觉管道进行三维绘图、视觉定位和障碍物检测,以充分利用多台相机。视觉系统能够精确校准多相机系统,构建视觉导航的稀疏 3D 地图,根据这些地图对汽车进行视觉定位,生成精确的密集地图,以及基于实时深度图检测障碍物[29]。自主导航的其他应用见文献[51-55]。

在计算机视觉领域,研究人员 Andreas Geiger 等展示了一个有网络接口的工具箱,用于自动相机对距离的校准。该系统易于设置和恢复相机的内部和外部参数,以及相机和距离传感器之间的转换[56]。在同一领域,研究人员 Megumu Ueda 等提出了一种使用多个摄像头和一个计算机集群实时生成自由视点视频的系统。这个系统通过视锥相交方法重建物体的形状模型,将根据体素形式表示的形状模型转换成三角形面片形式,并最终从用户引导的虚拟视点显示形状-颜色模型[57]。

在 3D 重建中,研究人员 Kensuke Hisatomi 等实现了一种利用图形切割来保存非物质文化遗产的 3D 重建方法。他们用一个由 24 台高清相机组成的系统来捕获多视频,然后实施了一种基于图形切割的 3D 重建方法,该方法使用了轮廓边缘约束的照片一致性,并通过体积交叉点的自适应侵蚀过程获得核心[58]。

在目标识别方面,研究人员陈宽文等提出了一种跨多个相机的目标跟踪自适应学习方法。该方法跨多个相机执行目标跟踪,同时还考虑环境变化,如突然的照明变化。此外,该方法通过使用相机网络拓扑的先验知识改进了时空关系的估计[59]。

8.5 结论

目前已经开发了许多 SVS,所有这些都是为了使用视觉信息来模拟真实 3D 场景的具体特征。本章介绍了现有文献中的不同 SVS 模型,重点是基本配置方案和主要几何方程。需要注意的是,所提出的 SVS 的几何形状是理想的。在这些情况下,不考虑影响测量精度的因素。为了提高测量和计算的准确性,有必要执行校准过程,其中对相机的外部和内部参数进行建模。在内部参数中,对相机的焦距和光学失真(径向和切向失真)进行了建模;在外部参数中,则对相机的位置和方向进行了建模。要了解有关相机校准方法的更多信息,双目 SVS

可参考文献[60-63],而多目 SVS 可参考文献[64-65]。

SVS 的一个基本问题是如何识别和解决遮挡关系,以便在不同深度的表面之间正确划分图像区域。在文献[66]中,作者集中讨论了遮挡问题,并通过一种新的改进的几何映射技术提供了避免遮挡的解决方案。在 SVS 出现的其他问题是照明因素、图像质量和数字噪声,它们会在图像之间的模式匹配搜索中造成困难。使用预处理图像技术来解决这些问题;如文献[67]所示,其中对图像进行分解,分离其结构、纹理和数字噪声,以独立地改善它们中的每一个,并最终将它们结合起来,以获得校正后的结果图像。可以理解,每个 SVS 都有几个优点和缺点,例如,相对于三目或多目视觉系统,双目模型具有更简单的几何形状,这导致更简单的分析和更低的计算处理;然而,这些系统中遮挡的存在使得在场景中某一时刻的特征变得很难。另一方面,与双目模型相比,由于视觉信息量更大,三目或多视觉模型克服了遮挡问题。

另一个优势是多视觉系统可以覆盖高达 360°的环境。而所使用的几何模型可进行更详尽的分析和高水平的处理。如上所述,SVS 已应用在许多领域,以实用的方式解决问题是研究和工程领域的共同主题,这些系统的性能不断更新和提高。

致谢 这项工作得到了墨西哥下加利福尼亚自治大学、墨西哥国家科学和技术委员会和巴拿马国家科学、技术和创新秘书处的部分支持。

参考文献

1. Gonzalo, P. M., & de la CruzJesus, M. (2008). *Vision por computador. Imagenes digitales y aplicaciones* (No. 006.37 P 15100637 P 151).
2. Li, J., Zhao, H., Fu, Q., Zhang, P., & Zhou, X. (2009, June). New 3D high-accuracy optical coordinates measuring technique based on an infrared target and binocular stereo vision. In *Optical Measurement Systems for Industrial Inspection VI* (Vol. 7389, p. 738925). International Society for Optics and Photonics.
3. Castro-Toscano, M. J., Rodríguez-Quiñonez, J. C., Hernández-Balbuena, D., Lindner, L., Sergiyenko, O., Rivas-Lopez, M., & Flores-Fuentes, W. (2017, June). A methodological use of inertial navigation systems for strapdown navigation task. In *Industrial Electronics (ISIE), 2017 IEEE 26th International Symposium on* (pp. 1589–1595). IEEE.
4. Castro-Toscano, M. J., Rodríguez-Quiñonez, J. C., Hernández-Balbuena, D., Rivas-Lopez, M., Sergiyenko, O., & Flores-Fuentes, W. (2018). Obtención de Trayectorias Empleando el Marco Strapdown INS/KF: Propuesta Metodológica. *Revista Iberoamericana de Automática e Informática Industrial, 15*(4), 391–403.
5. Lindner, L., Sergiyenko, O., Rivas-López, M., Hernández-Balbuena, D., Flores-Fuentes, W., Rodríguez-Quiñonez, J. C., et al. (2017). Exact laser beam positioning for measurement of vegetation vitality. *Industrial Robot: An International Journal, 44*(4), 532–541.
6. Lindner, L., Sergiyenko, O., Rodríguez-Quiñonez, J. C., Rivas-Lopez, M., Hernandez-Balbuena, D., Flores-Fuentes, W., et al. (2016). Mobile robot vision system using continuous laser scanning for industrial application. *Industrial Robot: An International Journal, 43*(4), 360–369.

7. Real-Moreno, O., Rodriguez-Quiñonez, J. C., Sergiyenko, O., Basaca-Preciado, L. C., Hernandez-Balbuena, D., Rivas-Lopez, M., & Flores-Fuentes, W. (2017, June). Accuracy improvement in 3D laser scanner based on dynamic triangulation for autonomous navigation system. In *Industrial Electronics (ISIE), 2017 IEEE 26th International Symposium on* (pp. 1602–1608). IEEE.
8. Rivera-Castillo, J., Flores-Fuentes, W., Rivas-López, M., Sergiyenko, O., Gonzalez-Navarro, F. F., Rodríguez-Quiñonez, J. C., et al. (2017). Experimental image and range scanner datasets fusion in shm for displacement detection. *Structural Control and Health Monitoring, 24*(10), e1967.
9. López Valles, J. M., Fernández Caballero, A., & Fernández, M. A. (2005). Conceptos y técnicas de estereovisión por computador. *Inteligencia Artificial. Revista Iberoamericana de Inteligencia Artificial, 9*(27), 35–62.
10. Barnard, S. T., & Fischler, M. A. (1982). Computational stereo. *ACM Computing Surveys, 14*(4), 553–572.
11. Hernández, J. M., Sanz, G. P., & Guijarro, M. (2011). *Técnicas de procesamiento de imágenes estereoscópicas*. Revista del CES Felipe II.
12. Xu, G., & Zhang, Z. (2013). *Epipolar geometry in stereo, motion and object recognition: A unified approach* (Vol. 6). Springer.
13. Zhang, Z., Deriche, R., Faugeras, O., & Luong, Q. T. (1995). A robust technique for matching two uncalibrated images through the recovery of the unknown epipolar geometry. *Artificial Intelligence, 78*(1-2), 87–119.
14. Quiroga, E. A. C., Martín, L. Y. M., & Caycedo, A. U. (2015). La estereoscopía, métodos y aplicaciones en diferentes áreas del conocimiento. *Revista Científica General José María Córdova, 13*(16), 201–219.
15. Carabias, D. M., Garcıa, R. R., & Salor, J. A. R. (2010). Sistema de Visión Estereoscópica para Navegación Autónoma de vehıculos no tripulados.
16. Rodríguez-Quiñonez, J. C., Sergiyenko, O., Flores-Fuentes, W., Rivas-lopez, M., Hernandez-Balbuena, D., Rascón, R., & Mercorelli, P. (2017). Improve a 3D distance measurement accuracy in stereo vision systems using optimization methods' approach. *Opto-Electronics Review, 25*(1), 24–32.
17. Pérez, M. A., & López, M. (2015). 3D visual servoing control for robot manipulators without parametric identification. *IEEE Latin America Transactions, 13*(3), 569–577.
18. Anderson, B. L. (1999). Stereoscopic occlusion and the aperture problem for motion: a new solution. *Vision Research, 39*(7), 1273–1284.
19. López, M. B., Pérez, M. A., & Leite, A. C. (2013). Modelado de sistemas de visión en 2D y 3D: Un enfoque hacia el control de robots manipuladores. *Tecnura: Tecnología y Cultura Afirmando el Conocimiento, 17*(37), 12–21.
20. Gurewitz, E., Dinstein, I., & Sarusi, B. (1986). More on the benefit of a third eye for machine stereo perception. In *Proceedings of the 8th International Conference on Pattern Recognition, Paris, France* (pp. 966–968).
21. Agrawal, M., & Davis, L. S. (2002). Trinocular stereo using shortest paths and the ordering constraint. *International Journal of Computer Vision, 47*(1–3), 43–50.
22. Ayache, N., & Lustman, F. (1991). Trinocular stereovision for robotics. *IEEE Transactions on Pattern Analysis and Machine Intelligence, 13*(1).
23. Ohya, A., Miyazaki, Y., & Yuta, S. I. (2001). Autonomous navigation of mobile robot based on teaching and playback using trinocular vision. In *Industrial Electronics Society, 2001. IECON'01. The 27th Annual Conference of the IEEE* (Vol. 1, pp. 398–403). IEEE.
24. Cheng, C. C., & Lin, G. L. (2008). Acquisition of translational motion by the parallel trinocular. *Information Sciences, 178*(1), 137–151.
25. Mulligan, J., & Kaniilidis, K. (2000). Trinocular stereo for non-parallel configurations. In *Pattern Recognition, 2000. Proceedings. 15th International Conference on* (Vol. 1, pp. 567–570). IEEE.
26. Rieder, A. (1996, August). Trinocular divergent stereo vision. In *Pattern Recognition, 1996., Proceedings of the 13th International Conference on* (Vol. 1, pp. 859–863). IEEE.

27. Fang, H., & Nurre, J. H. (1993, April). Analysis of three-dimensional point position for skewed-axes stereo vision systems. In *Vision geometry* (Vol. 1832, pp. 256–266). International Society for Optics and Photonics.
28. Hemayed, E. E., Ahmed, M. T., & Farag, A. A. (2001, July). The CardEye: A trinocular active vision system. In *International conference on computer vision systems* (pp. 157–173). Berlin, Heidelberg: Springer.
29. Häne, C., Heng, L., Lee, G. H., Fraundorfer, F., Furgale, P., Sattler, T., & Pollefeys, M. (2017). 3D visual perception for self-driving cars using a multi-camera system: Calibration, mapping, localization, and obstacle detection. *Image and Vision Computing, 68*, 14–27.
30. Statello, E., Verrastro, R., Robino, B., Gomez, J. C., & Tapino, S. (2016). Navegación por Visión Estereoscópica Asistida por GPS. In *IEEE Argencon 2016 Congreso Bienal de IEEE Argentina*. Buenos Aires, Argentina: Universidad Tecnológica Nacional Facultad Regional de Buenos Aires.
31. Ballesta, M., Gil, A., Reinoso, O., Juliá, M., & Jiménez, L. M. (2010). Multi-robot map alignment in visual SLAM. *WSEAS Transactions on Systems, 9*(2), 213–222.
32. Park, K. H., Kim, H. O., Baek, M. Y., & Kee, C. D. (2003). Multi-range approach of stereo vision for mobile robot navigation in uncertain environments. *KSME International Journal, 17*(10), 1411.
33. Cai, C., Somani, N., & Knoll, A. (2016). Orthogonal image features for visual servoing of a 6-DOF manipulator with uncalibrated stereo cameras. *IEEE Transactions on Robotics, 32*(2), 452–461.
34. Castellani, U., Bicego, M., Iacono, G., & Murino, V. (2005). 3D face recognition using stereoscopic vision. In *Advanced studies in biometrics* (pp. 126–137). Berlin, Heidelberg: Springer.
35. Cai, L., He, L., Xu, Y., Zhao, Y., & Yang, X. (2010). Multi-object detection and tracking by stereo vision. *Pattern Recognition, 43*(12), 4028–4041.
36. Malassiotis, S., & Strintzis, M. G. (2003). Stereo vision system for precision dimensional inspection of 3D holes. *Machine Vision and Applications, 15*(2), 101–113.
37. Kim, S. C., Kim, H. K., Lee, C. G., & Kim, S. B. (2006, October). A vision system for identifying structural vibration in civil engineering constructions. In *SICE-ICASE, 2006. International Joint Conference* (pp. 5813–5818). IEEE.
38. Luo, P. F., & Huang, F. C. (2000). Application of stereo vision to the study of mixed-mode crack-tip deformations. *Optics and Lasers in Engineering, 33*(5), 349–368.
39. Rovira-Más, F., Zhang, Q., & Reid, J. F. (2008). Stereo vision three-dimensional terrain maps for precision agriculture. *Computers and Electronics in Agriculture, 60*(2), 133–143.
40. Zhang, S., Wang, Y., Zhu, Z., Li, Z., Du, Y., & Mao, E. (2018). Tractor path tracking control based on binocular vision. *Information Processing in Agriculture, 5*(4), 422–432.
41. Palma, S. R., Becker, B. C., & Riviere, C. N. (2012, March). Simultaneous calibration of stereo vision and 3D optical tracker for robotic microsurgery. In *Bioengineering Conference (NEBEC), 2012 38th Annual Northeast* (pp. 351–352). IEEE.
42. Aprile, W. A., Ruffaldi, E., Sotgiu, E., Frisoli, A., & Bergamasco, M. (2008). A dynamically reconfigurable stereoscopic/panoramic vision mobile robot head controlled from a virtual environment. *The Visual Computer, 24*(11), 941–946.
43. Kwon, K. C., Lim, Y. T., Kim, N., Yoo, K. H., Hong, J. M., & Park, G. C. (2010). High-definition 3D stereoscopic microscope display system for biomedical applications. *Journal on Image and Video Processing, 2010*, 2.
44. Kang, X., Azizian, M., Wilson, E., Wu, K., Martin, A. D., Kane, T. D., et al. (2014). Stereoscopic augmented reality for laparoscopic surgery. *Surgical Endoscopy, 28*(7), 2227–2235.
45. Murray, D., & Little, J. J. (2000). Using real-time stereo vision for mobile robot navigation. *Autonomous Robots, 8*(2), 161–171.
46. Sumi, Y., Kawai, Y., Yoshimi, T., & Tomita, F. (2002). 3D object recognition in cluttered environments by segment-based stereo vision. *International Journal of Computer Vision, 46*(1), 5–23.

47. Andersen, J. C., Andersen, N. A., & Ravn, O. (2004). Trinocular stereo vision for intelligent robot navigation. *IFAC Proceedings, 37*(8), 502–507.
48. Garcia, R., Batlle, J., & Salvi, J. (2002). A new approach to pose detection using a trinocular stereovision system. *Real-Time Imaging, 8*(2), 73–93.
49. Blake, A., McCowen, D., Lo, H. R., & Lindsey, P. J. (1993). Trinocular active range-sensing. *IEEE Transactions on Pattern Analysis and Machine Intelligence, 15*(5), 477–483.
50. Iwasawa, S., Ohya, J., Takahashi, K., Sakaguchi, T., Ebihara, K., & Morishima, S. (2000). Human body postures from trinocular camera images. In *Automatic Face and Gesture Recognition, 2000. Proceedings. Fourth IEEE International Conference on* (pp. 326–331). IEEE.
51. Häne, C., Sattler, T., & Pollefeys, M. (2015, September). Obstacle detection for self-driving cars using only monocular cameras and wheel odometry. In *Intelligent Robots and Systems (IROS), 2015 IEEE/RSJ International Conference on* (pp. 5101–5108). IEEE.
52. Lee, G. H., Pollefeys, M., & Fraundorfer, F. (2014). Relative pose estimation for a multi-camera system with known vertical direction. In *Proceedings of the IEEE Conference on Computer Vision and Pattern Recognition* (pp. 540–547).
53. Heng, L., Bürki, M., Lee, G. H., Furgale, P., Siegwart, R., & Pollefeys, M. (2014, May). Infrastructure-based calibration of a multi-camera rig. In *Robotics and Automation (ICRA), 2014 IEEE International Conference on* (pp. 4912–4919). IEEE.
54. Heng, L., Furgale, P., & Pollefeys, M. (2015). Leveraging image-based localization for infrastructure-based calibration of a multi-camera rig. *Journal of Field Robotics, 32*(5), 775–802.
55. Lee, G. H., Fraundorfer, F., & Pollefeys, M. (2013, November). Structureless pose-graph loop-closure with a multi-camera system on a self-driving car. In *Intelligent Robots and Systems (IROS), 2013 IEEE/RSJ International Conference on* (pp. 564–571). IEEE.
56. Geiger, A., Moosmann, F., Car, Ö., & Schuster, B. (2012, May). Automatic camera and range sensor calibration using a single shot. In *Robotics and Automation (ICRA), 2012 IEEE International Conference on* (pp. 3936–3943). IEEE.
57. Ueda, M., Arita, D., & Taniguchi, R. I. (2004, November). Real-time free-viewpoint video generation using multiple cameras and a PC-cluster. In *Pacific-Rim Conference on Multimedia* (pp. 418–425). Berlin, Heidelberg: Springer.
58. Hisatomi, K., Tomiyama, K., Katayama, M., & Iwadate, Y. (2009, September). Method of 3D reconstruction using graph cuts, and its application to preserving intangible cultural heritage. In *Computer Vision Workshops (ICCV Workshops), 2009 IEEE 12th International Conference on* (pp. 923–930). IEEE.
59. Chen, K. W., Lai, C. C., Hung, Y. P., & Chen, C. S. (2008, June). An adaptive learning method for target tracking across multiple cameras. In *Computer Vision and Pattern Recognition, 2008. CVPR 2008. IEEE Conference on* (pp. 1–8). IEEE.
60. Chen, S., Zuo, W., & Zheng, L. (2009, March). Camera calibration via stereo vision using tsai's method. In *Education Technology and Computer Science, 2009. ETCS'09. First International Workshop on* (Vol. 3, pp. 273–277). IEEE.
61. Liliang, L., Ping, A., Zhuan, Z., & Zhaoyang, Z. (2011). Effective camera calibration in free-viewpoint systems. In *IET International Communication Conference on Wireless Mobile and Computing (CCWMC 2011), Shanghai, China*. IET.
62. Zhang, Z. (2000). A flexible new technique for camera calibration. *IEEE Transactions on Pattern Analysis and Machine Intelligence, 22*.
63. Zhao, J., Zhao, D., & Zhang, Z. (2013). Calibration and correction of lens distortion for two-dimensional digital speckle correlation measurement. *Optik-International Journal for Light and Electron Optics, 124*(23), 6042–6047.
64. Li, B., Heng, L., Koser, K., & Pollefeys, M. (2013, November). A multiple-camera system calibration toolbox using a feature descriptor-based calibration pattern. In *Intelligent Robots and Systems (IROS), 2013 IEEE/RSJ International Conference on* (pp. 1301–1307). IEEE.
65. Svoboda, T., Martinec, D., & Pajdla, T. (2005). A convenient multicamera self-calibration for virtual environments. *Presence: Teleoperators & Virtual Environments, 14*(4), 407–422.

66. Priya, L., & Anand, S. (2017). Object recognition and 3D reconstruction of occluded objects using binocular stereo. *Cluster Computing*, 1–10.
67. Lim, J., Heo, M., Lee, C., & Kim, C. S. (2017). Contrast enhancement of noisy low-light images based on structure-texture-noise decomposition. *Journal of Visual Communication and Image Representation, 45*, 107–121.

第 9 章

基于无损卡尔曼滤波的图像滤波与三维重构

Abdulkader Joukhadar, Dalia Kass Hanna, Etezaz Abo Al – Izam[①]

9.1 引言

最近,解决重构环境的 3D 模型问题的技术引起了机器人视觉和计算机视觉领域的极大关注。这些技术的许多变体已经开始在机器人的广泛应用中产生影响,如机器人导航、避障和基于立体视觉的视觉同步定位和映射(VS-LAM)[1]。运动结构问题(SFM)被定义为利用一组二维图像和一些几何约束进行 3D 重构的技术[2]。

SFM 方法对整个几何图形进行光束平差法(BA)优化,以获得场景的精确 3D 模型。然而,计算成本非常昂贵,并且不能在实时应用中实现[3]。另一方面,同步定位和映射(SLAM)是机器人领域最近面临的问题,本质上是通过结构和运动的"序列"交互式局部估计来解决难以实时映射和导航问题[4]。

SLAM 问题试图回答以下核心问题:"自主机器人能否有可能在未知环境中,从未知位置开始构建环境地图,同时利用该地图计算车辆位置?"解决这个问题可以开发出真正的自主机器人,并在环境中安全导航[5]。

带有噪声测量数据的移动机器人运动的随机性使 SLAM 固有的导航和地

---

① A. Joukhadar, D. Kass Hanna
Department of Mechatronics Engineering, Faculty of Electrical and Electronic Engineering,
University of Aleppo, Aleppo, Syria
e – mail:ajoukhadar@ alepuniv. edu. sy; daliakasshanna@ alepuniv. edu. sy
E. Abo Al – Izam
Department of Computer Engineering, Faculty of Electrical and Electronic Engineering,
University of Aleppo, Aleppo, Syria

图之间的耦合变得复杂[6]。许多成功的SLAM算法通过以概率方式构建问题，跟踪机器人姿态和地图的联合后验来解决这些问题。

概率贝叶斯滤波器是一种将所有可能的机器人姿态的不确定性与概率密度函数(pdf)相结合的策略，概率密度函数是机器人移动的置信度(Bel)[7]。

估计问题可以通过基于KF的方法或用于实时应用的粒子滤波(即在线VSLAM)或用于离线应用的光束平差法(即标准SFM)来解决[7]。在医学领域，立体视觉获得了3D视觉，提高了手术的准确性，减少了手术所需的时间和可能出现的误差。文献[8]提出了一种新的SLAM算法，旨在利用随机模型和KF框架推进图像引导手术的发展，从而利用立体视觉递归估计高度自由的外科手术机器人的构型。VSLAM通过在静态特征对应上实现极线几何来实现估计相机位姿，如图9.1所示。动态特征被视为异常值并排除在计算之外。

图9.1 特征对应提取(见彩插)

从图9.1中可以看出，静态角点已经被提取作为对应点，以便估计相机方位。计算机视觉领域已经开发了大量的特征提取技术(如Harris角点检测器、尺度不变特征变换(SIFT)和加速鲁棒特征(SURF)。不幸的是，这些特征匹配技术不能保证完美的对应，尤其是当数据包含异常值时[3]。稳健估计量RANSAC(随机样本一致性)的实现有助于拒绝异常值和处理虚假对应。另一方面，深度学习技术可以直接处理图像序列，实时计算对应关系[3]。

本章结构如下：9.1节介绍基本的估计技术；9.2节介绍立体视觉、摄像机校准、投影和极线功能的简介；9.3节展示视觉系统中的不确定性和误差源；9.4节介绍基于UKF算法和立体视觉的VSLAM示例。

9.2 基于卡尔曼滤波框架的概率推理

下面的问题通常在计算机视觉和自主机器人算法重复出现：在给定大量测量值(感官数据、图像、特征点等)的情况下，估计未知参数的值(机器人姿态、相机方向等)。这类问题称为反问题,因为它们涉及估计未知模型参数,而不是模拟正向方程组[9]。然而,为了有一个合理的算法,需要引入一个不确定性来源的模型。这种来自噪声数据的推理问题称为概率推断[10]。本节中,KF、EKF 和 UKF 的测量更新方程从最大似然(联合概率密度函数(pdf))开始推导的,通过贝叶斯规则、高斯 – 牛顿迭代非线性最小二乘法和实用的非线性贝叶斯滤波器(即标准卡尔曼滤波器(SKF)、基于泰勒线性化的扩展卡尔曼滤波器(EKF)和基于无迹卡尔曼滤波器(UKF)的随机线性化)。

9.2.1 最大似然估计

噪声测量模型的一般形式由下式给出:

$$z_k = h(x_k) + v_k \tag{9.1}$$

式中:z_k 是噪声测量向量;x_k 是未知状态向量;$h(\cdot)$ 是相关的非线性测量模型,它将未知映射到特定的测量中;$v_k \sim N(0, R)$ 是均值和协方差矩阵为零的正态高斯随机变量(GRV)。给定所有噪声测量值 $z = \{z_k\}$,在给定 x 的特定值的情况下,观测到 $\{z_k\}$ 的似然值由下式给出:

$$L = p(z \mid x) = \prod_k p(z_k \mid x_k) = \prod_k p(z_k \mid h(x_k)) = \prod_k p(v_k) \tag{9.2}$$

式中:$p(z \mid x)$ 是测量值 z 与未知向量 x 的联合概率分布。为了求解反问题(如果分布是单峰高斯分布),在没有任何先验模型的情况下,未知状态向量 x 的最优估计值是最大化似然函数。然而,如果概率是多模态的,则需要更加小心,它可能有几个局部最大值[11]。

高斯噪声的似然函数可以写成

$$L = \prod_k |2\pi R|^{-1/2} \exp\left(-\frac{1}{2}(z_k - h(x_k))^T R^{-1}(z_k - h(x_k))\right)$$

$$= \prod_k |2\pi R|^{-1/2} \exp\left(-\frac{1}{2} \| z_k - \bar{z}_k \|_{R^{-1}}^2\right) \tag{9.3}$$

范数 $\| z_k - \bar{z}_k \|_{R^{-1}}^2$ 被称为马氏距离[9]。它用于测量步长为 k 的测量值 z_k 和高斯分布的平均值 $\bar{z}_k$ 之间的距离。通常,使用负对数似然作为代价函数更方便[12]:

$$E = -\log L = \frac{1}{2} \sum_k (z_k - \bar{z}_k)^T R^{-1} (z_k - \bar{z}_k) + \log |2\pi R|$$

$$= \frac{1}{2} \sum_k \| z_k - \bar{z}_k \|_{R^{-1}}^2 + K \tag{9.4}$$

式中:$K = \sum_k \log |2\pi R|$ 是独立于 x 的常数,可以去掉。逆协方差矩阵 R^{-1} 对每个测量误差残差(即实际测量值 z_k 和预测平均值 $\hat{z}_k = \bar{z}_k$ 之间的差值)加权。

负对数似然的另一种形式可以写成

$$E = -\log L = \sum_k \|z_k - \hat{z}_k\|_{R^{-1}} \tag{9.5}$$

考虑测量噪声是高斯的，测量方程是线性的：

$$z_k = h(x_k) = Hx_k \tag{9.6}$$

式中：H 是测量矩阵；在这种情况下，最大似然估计由二次函数式(9.7)的最小化给出，该函数是线性最小二乘算法求解 x_k 中的简单二次形式：

$$E = \sum_k \|z_k - h(x_k)\|_{R^{-1}} = \sum_k (z_k - Hx_k)^T R^{-1} (z_k - Hx_k) \tag{9.7}$$

9.2.2 概率推理和贝叶斯规则

在某些情况下，与测量值一致的可能解决方案的范围太大而没有用处，因此无法取得任何进展[11]。例如，MLE 仅根据噪声版本来单独估计每个像素，以解决图像滤波问题[13]。贝叶斯推理和 MLE 方法的区别在于，贝叶斯推理的出发点是将未知向量 x_k 形式上视为先验分布 $p(x_k)$ 的随机向量，称为置信度，然后通过将测量似然 $p(z_k|x_k)$ 乘以先验 Bel 来计算 x_k 的后验分布[14]。

由下式给出的噪声测量模型为

$$z_k = h(x_k) + v_k \tag{9.8}$$

式中：$x_k \sim N(\bar{x}, P)$ 是未知的高斯随机状态向量，具有均值 $\bar{x}$ 和状态协方差矩阵 P。贝叶斯规则的形式由下式给出：

$$p(x_k|z_k) = \eta p(z_k|x_k) p(x_k) \tag{9.9}$$

式中：η 是归一化常数[10]。问题是找到最大化后验估计(MAP)的 x_k。

假设 x_k 和 z_k 的高斯分布如下式所示：

$$p(z_k|x_k) = |2\pi R|^{-1/2} \exp\left(-\frac{1}{2}(z_k - h(x_k))^T R^{-1}(z_k - h(x_k))\right)$$

$$p(x_k) = |2\pi P_k|^{-1/2} \exp\left(-\frac{1}{2}(\hat{x}_k - \hat{x}_k^-)^T P_k^{-1}(\hat{x}_k - \hat{x}_k^-)\right) \tag{9.10}$$

最大化 $p(x_k|z_k)$ 的解是随机向量的最大可能值，并等效为最小化它的负对数，简化为二次型[11]，如下式所示：

$$L = \frac{1}{2}((z_k - h(x_k))^T R^{-1}(z_k - h(x_k)) + (\hat{x}_k - \hat{x}_k^-)^T P_k^{-1}(\hat{x}_k - \hat{x}_k^-))$$

$$\tag{9.11}$$

最大化后验似然的代数等效方法是将先验估计视为伪观测，并编写一个新的观测向量[12]：

$$Z_k = \begin{bmatrix} z_k \\ \hat{x}_k \end{bmatrix}, g(x_k) = \begin{bmatrix} h(x_k) \\ \hat{x}_k^- \end{bmatrix}, C = \begin{bmatrix} R & 0 \\ 0 & P_k \end{bmatrix} \tag{9.12}$$

其中,给出:

$$L = \frac{1}{2}(Z_k - g(\boldsymbol{x}_k))^{\mathrm{T}} \boldsymbol{C}^{-1}(Z_k - g(\boldsymbol{x}_k)) \quad (9.13)$$

这是下式的非线性最小二乘问题:

$$E = -\log L = \sum_k \|z_k - \hat{z}_k\|_{\boldsymbol{R}^{-1}}^2 \quad (9.14)$$

小残差问题的一个有用的近似是在线随机高斯 – 牛顿方法,将迭代序列定义为[12]

$$\hat{\boldsymbol{x}}_k = \hat{\boldsymbol{x}}_k^- - (\boldsymbol{G}_k^{\mathrm{T}} \boldsymbol{C}^{-1} \boldsymbol{G}_k)^{-1} \boldsymbol{G}_k^{\mathrm{T}} \boldsymbol{C}^{-1} (z_k - h(\boldsymbol{x}_k)) \quad (9.15)$$

式中: $\boldsymbol{G}_k = \dfrac{\partial g(\boldsymbol{x}_k)}{\partial \boldsymbol{x}_k}\bigg|_{x=\bar{x}}$ 是 $g(\boldsymbol{x}_k)$ 相对于状态向量 $\boldsymbol{x}_k$ 的雅可比。

高斯 – 牛顿法简化使用矩阵求逆引理[11],如下式所示:

$$(\boldsymbol{H}^{\mathrm{T}} \boldsymbol{R}^{-1} \boldsymbol{H} + \boldsymbol{P}_k^{-1})^{-1} \boldsymbol{H}^{\mathrm{T}} \boldsymbol{R}^{-1} = \boldsymbol{P}_k \boldsymbol{H}^{\mathrm{T}} (\boldsymbol{H} \boldsymbol{P}_k \boldsymbol{H}^{\mathrm{T}} + \boldsymbol{R})^{-1}$$

$$(\boldsymbol{H}^{\mathrm{T}} \boldsymbol{R}^{-1} \boldsymbol{H} + \boldsymbol{P}_k^{-1})^{-1} = \boldsymbol{P}_k - \boldsymbol{P}_k \boldsymbol{H}^{\mathrm{T}} (\boldsymbol{H} \boldsymbol{P}_k \boldsymbol{H}^{\mathrm{T}} + \boldsymbol{R})^{-1} \boldsymbol{H} \boldsymbol{P}_k \quad (9.16)$$

利用式(9.16),卡尔曼方程由下式给出:

$$\hat{\boldsymbol{x}}_k = \hat{\boldsymbol{x}}_k^- - \boldsymbol{K}(z_k - h(\boldsymbol{x}_k)) \quad (9.17)$$

式中: $\boldsymbol{K}_k$ 是卡尔曼增益,即

$$\boldsymbol{K}_k = \boldsymbol{P}_k \boldsymbol{H}^{\mathrm{T}} (\boldsymbol{H} \boldsymbol{P}_k \boldsymbol{H}^{\mathrm{T}} + \boldsymbol{R})^{-1} \quad (9.18)$$

使用下式近似更新协方差矩阵:

$$\boldsymbol{P}_{k+1} = (\boldsymbol{G}_k^{\mathrm{T}} \boldsymbol{C}^{-1} \boldsymbol{G}_k)^{-1} = (\boldsymbol{H}^{\mathrm{T}} \boldsymbol{R}^{-1} \boldsymbol{H} + \boldsymbol{P}_k^{-1})^{-1} \quad (9.19)$$

式中:Hessian 矩阵 $\boldsymbol{H}_k = \dfrac{\partial h(\boldsymbol{x}_k)}{\partial \boldsymbol{x}_k}\bigg|_{x=\bar{x}}$ 是 $h(\boldsymbol{x}_k)$ 与状态向量 $\boldsymbol{x}_k$ 的期望的雅可比。

使用矩阵反演引理式(9.16)的后验协方差矩阵由下式给出:

$$\boldsymbol{P}_{k+1} = (\boldsymbol{I} - \boldsymbol{K}_k \boldsymbol{H}) \boldsymbol{P}_k \quad (9.20)$$

许多应用需要对这种估计中的不确定性进行估计,如 KF,这需要将这种不确定性计算为后验协方差矩阵,以便将新的测量值与先前计算的估计值最优地整合[9]。

9.2.3 贝叶斯滤波和置信度更新

本节提出最优递归离散时间贝叶斯滤波器(如 KF、EKF 和 UKF)的公式为贝叶斯滤波器的实用估计器。

贝叶斯滤波器的基本元素是包含未知向量($\boldsymbol{x}_{k-1}$)的初步信息的初始置信度 $\mathrm{Bel}(\boldsymbol{x}_{k-1})$,作为离散时间状态空间的概率模型的运动模型 $p(\boldsymbol{x}_k|\boldsymbol{x}_{k-1},\boldsymbol{u}_k)$,以及确定从状态向量到测量的随机映射的测量模型 $p(z_k|\boldsymbol{x}_k)$,其中:

(1) $\boldsymbol{x}_k \in \mathfrak{R}^n$ 是时间步长 k 上的未知状态空间向量;

(2) $u_k \in \mathcal{R}^L$ 是时间步长 k 上的控制向量；

(3) $z_k \in \mathcal{R}^m$ 是时间步长 k 上的观测向量。

基于马尔可夫假设，这些向量与过去的值有条件地相互独立。贝叶斯过滤器连续用两个规则来预测系统状态[10]：

$$\text{预测：} \overline{\text{Bel}}(x_k) = \sum_k p(x_k | x_{k-1}, u_k) \text{Bel}(x_{k-1}) \tag{9.21}$$

$$\text{校正：} \text{Bel}(x_k) = \eta p(z_k | x_k) \overline{\text{Bel}}(x_k)$$

在测量 z_k 之前用控制向量 u_k 计算先验预测 $\overline{\text{Bel}}(x_k)$，这一步称为预测（或运行阶段）。接下来，在运行阶段用传感器测量来校正状态估计的置信度，这一步称为校正（或感知阶段）。

9.2.3.1 KF 框架

在许多视觉应用中，移动的物体会被逐帧跟踪。卡尔曼滤波器被认为是许多视觉运动跟踪和数据预测任务的最佳解决方案[13]。

在概率推理的实际应用中，这里给出了标准的 KF 推导[15]。下式给出的噪声线性系统为

$$\begin{aligned} x_k &= Ax_{k-1} + B_1 u_k + B_2 \omega_k \\ z_k &= Hx_k + v_k \end{aligned} \tag{9.22}$$

式中：x_k、x_{k-1} 为当前和前一个的状态向量；$A_{n \times n}$ 为动态模型的线性状态转移矩阵；$B_{1n \times L}$ 为控制矩阵；$B_{2n \times L}$ 为输入噪声矩阵；$H_{n \times m}$ 为测量模型矩阵；$\omega_k \sim N(0, Q)$ 为加性高斯噪声；$v_k \sim N(0, R)$ 为高斯测量噪声。KF 方程可以推导如下[16]。

(1) 预测阶段。运动模型导致先前估计的漂移，而附加噪声增加了系统的不可置信性。

首先，应用运动模型并计算初始状态 $x_{k-1} \sim N(\bar{x}_{k-1}, P_{k-1})$ 和输入 u_k 下高斯状态 x_k 的联合分布：

$$\hat{x}_k^- \sim N(A\bar{x}_{k-1} + B\bar{u}_k, AP_{k-1}A^T + Q) \tag{9.23}$$

然后，应用测量模型并计算给定预测状态 $\hat{x}_k^-$ 时测量值 z_k 的联合分布：

$$\hat{z}_k \sim N(H\hat{x}_k^-, HP_k^- H^T + R) \tag{9.24}$$

(2) 校正阶段。来自当前帧的新测量引入了更新先前估计值 $\hat{x}_k^-$ 的附加信息，并通过计算卡尔曼增益 K_k 和更新协方差矩阵，更新先验估计值 x 并恢复一些置信度：

$$\begin{aligned} K_k &= P_k^- H^T [HP_k^- H^T + R]^{-1} \\ \hat{x}_k &= \hat{x}_k^- + K_k(z_k - \hat{z}_k) \\ P_k &= (I - K_k H) P_k^- \end{aligned} \tag{9.25}$$

9.2.3.2 EKF 线性化技术

对于诸如 SLAM 这样的非线性问题,使用 EKF 将当前估计周围的运动和测量模型线性化。EKF 方法的重要缺点是它用了泰勒线性化动态模型[17]。然而,如果机器人沿着直线路径行驶,则可以通过"香蕉形状分布"来观察移动模型在平面内的分布。随着不确定性的增加,由于正态假设的破坏,算法变得不一致[18]。下式给出了噪声非线性系统:

$$x_k = f(x_{k-1}, u_k, \omega_k)$$
$$z_k = h(x_k) + v_k \tag{9.26}$$

式中:$f(\cdot)$ 为非线性运动模型,由非加性高斯噪声 $\omega_k \sim N(0, Q)$ 引起的噪声;$h(\cdot)$ 是非线性测量模型,噪声为 $v_k \sim N(0, R)$。

表 9.1 说明了贝叶斯滤波器的 EKF 算法的伪代码。

表 9.1 扩展卡尔曼滤波器 $(x_{k-1}, P_{k-1}, u_k, z_k)$

初始化
初始化先验知识 x_{k-1}, P_{k-1}, Q, R $x_{k-1} = [x_0]^T$ $P_{k-1} = \mathrm{diag}(P_0) \in \mathfrak{R}^n, Q = \mathrm{diag}(Q) \in \mathfrak{R}^L, R = \mathrm{diag}(R) \in \mathfrak{R}^m$ 对每个采样时间 k,则
预测
1. 应用运动模型并计算平均值和协方差: $\bar{x}_k^- = f(x_{k-1}, u_k, w_k); w_k \sim N(0, Q)$ $P_k^- = J_x P_{k-1} J_x^T + J_u Q J_u^T$ 其中,雅可比矩阵 J_x, J_u 是通过 $f(x_{k-1}, u_k, w_k)$ 分别对 x_{k-1}、u_{k-1} 微分获得: $J_x = \dfrac{\partial f(x_{k-1}, u_k, w_k)}{\partial x_{k-1}} \bigg|_{x = \hat{x}}, J_u = \dfrac{\partial f(x_{k-1}, u_k, w_k)}{\partial u_k} \bigg|_{u = \hat{u}}$ 2. 应用测量模型 $\hat{z}_k = h(\hat{x}_k^-, v_k); v_k \sim N(0, R)$
校正
使误差最小化并更新后验均值和协方差 $(\hat{x}_k, P_k)$ 的 EKF 增益 K_k $K_k = P_k^- H^T [H P_k^- H^T + R]^{-1}$ $\hat{x}_k = \hat{x}_k^- + K_k(z_k - \hat{z}_k)$ $P_k = (I - K_k H) P_k^-$ 返回 $(\hat{x}_k, P_k)$

续表

计算置信度(Bel)
行列式 Pk 提供了一个好的不确定性测量[10]： $Bel_k = 1 - \|P_k\|_2^{0.5}, 0 \leq Bel \leq 1$ 结束函数

9.2.3.3 UKF 随机线性化技术

UKF 算法是一种高斯递归贝叶斯滤波算法,用于解决概率推理的实际问题。它使用一组确定性选择的、称为西格玛点的点来传输和更新系统状态[11]。这些点捕捉状态分布的均值和协方差。通过非线性运动和测量模型[14]使用无迹变换对每个点进行滤波,并确定非线性系统三阶的后验状态均值和状态协方差。这是统计局部线性化的一种形式,它比 EKF[19]采用的解析局部线性化产生更精确的估计。UKF 算法包括 3 个主要阶段。表 9.2 显示了 UKF 算法的伪码[16]。

表 9.2 无迹卡尔曼滤波器($x_{k-1}, P_{k-1}, u_k, z_k$)

初始化
初始化状态空间向量 χ_0 和协方差矩阵 P_{k-1}, Q, R $\chi_0 = [x_0, 0, 0]$ $P_{k-1} = \text{diag}(P_0, Q, R)$ 对每个采样时间 k 运行
预测
1. 计算 $2n-1$ 西格玛点： $\chi_{k-1} = [x_{k-1} \quad x_{k-1} + \gamma\sqrt{P_{k-1}} \quad x_{k-1} - \gamma\sqrt{P_{k-1}}]^T$ 其中, γ 是一个标量参数,用于确定西格玛点离平均值的距离,并且使用 Cholesky 分解[20]计算 $\sqrt{P_{k-1}}$。 2. 运动模型应用： $\chi_k = f(\chi_{k-1}, u_k, w_k); w_k \sim N(0, Q)$ 3. 计算西格玛点均值和协方差的预测： $\hat{\chi}_k^- = \sum_{i=0}^{2n} \omega_m^{[i]} \chi_k^{[i]}$ $P_{\chi\chi}^- = \sum_{i=0}^{2n} \omega_c^{[i]} (\chi_k^{[i]} - \hat{\chi}_k^-)(\chi_k^{[i]} - \hat{\chi}_k^-)^T$ 4. 由测量模型传递新的西格玛点。 5. 计算新的西格玛点均值;预测测量协方差、状态和测量交互协方差。
结束

9.3 立体视觉系统

立体视觉被认为是最近最重要的应用之一[21],并且仍在发展中,尤其是在机器人视觉应用方面[22]。立体视觉重构机器人环境的3D地图,并利用地标在地图中进行定位和探索[21]。

图9.2解释了低级和高级图像处理阶段。在低级图像处理阶段,执行带有失真消除的相机校准。相机校准包括确定相机的内部和外部参数。为了将图像信息与外部世界坐标系相关联,需要对这种几何形状进行精确的估计。另一方面,在高级图像处理阶段,基于特征提取的高级算法来确定某些对应点[23]。因此,使用一组相对坐标和相应图像点已知的控制点,这些点被用于计算相对方向(RO)和绝对方向(AO)。使用基于SLAM算法的立体视觉的系统,使机器人能够感知机器人游戏区域周围和内部的环境[24]。相对相机姿态的计算可以通过对未校准的相机使用7点对应关系,或者对校准的相机使用5点对应关系,从两个视图通过强制极线几何来完成。如果图像对应关系已知,两个图像之间的相对姿态可以恢复到一定的比例因子[13]。当恢复相机姿态时,可以通过三角测量交叉两条投影线,轻松重建场景的3D点[25]。由于错误的对应关

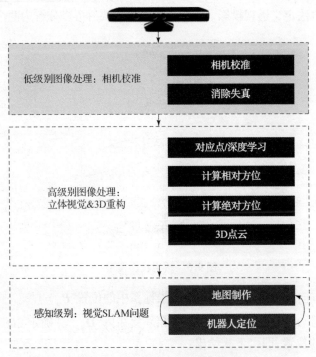

图9.2 立体视觉三维重构阶段

系,光线不能一直相交,因此,提出了中点法或基于最小二乘法的交点估计方法。然后,为了避免漂移问题,采用 UKF 通过最小化重投影误差来细化相机姿态和 3D 点[26]。

9.3.1 透视投影与共线性约束

相机将 3D 物体映射到图像上的过程近似于共线性约束[13]。

图 9.3 显示了透视投影几何图形。从图 9.3 可以看出,假设落在像面上的光已经通过了小针孔。因此,每个物点 P_ω 映射到图像平面 P_u 上的单个点。定义透视相机模型[23]需要 3 个坐标系。①3D 世界坐标系 $\{W\}$。②连接到相机的投影中心的相机坐标系 $\{C\}$,传感器平面平行它的 xy 平面,并在正 z 方向上移动。该轴在作为图像平面原点的主点 (u_0,v_0) 穿透像平面。③2D 图像坐标系 $\{I\}$,它的原点位于图像的左上角。透视相机建模用到两组参数[13]。

(1) 外部参数(Extrinsic)。这些参数描述了环境中相机的姿态。Extrinsics 包含投影中心外部方向的 6 个参数(即 3 个平移参数和 3 个旋转参数),它们都随着环境中相机的运动而变化。

(2) 内部参数(Intrinsic)。这些参数对相机进行物理建模,并描述相机的内部方向(IO)。内部参数由校准决定,通常是固定的。现在这些参数已经到位,可以用数学方法定义透视投影。理想透视相机的映射可以分解为两个步骤[23]。

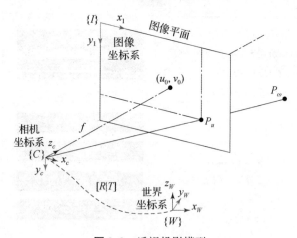

图 9.3 透视投影模型

① 外部方向。给出 3D 对象在世界坐标系中的位置 $^W P_\omega = \begin{bmatrix} ^\omega x_\omega & ^\omega y_\omega & ^\omega z_\omega \end{bmatrix}^T$,使用同构符号 $^C T_{W 4\times 4}$(旋转矩阵 $^C R_{W 3\times 3}$ 和平移矩阵 $^C D_{W 3\times 1}$)确定 3D 对象相对于相机坐标系的位置,即由下式给出:

$$^C P_\omega = {}^C T_W^W P_\omega \tag{9.27}$$

②内部定向。使用校准矩阵 κ 和固有参数(焦距 f、水平和垂直比例向量 k_u、k_v)从相机帧到图像帧的投影,是由下式给出:

$$\kappa = \begin{pmatrix} \alpha_u & 0 & u_0 & 0 \\ 0 & \alpha_v & v_0 & 0 \\ 0 & 0 & 1 & 0 \end{pmatrix} \quad (9.28)$$

式中:$\alpha_u = 1 - k_u f$,$\alpha_v = 1 - k_v f$。如果存在剪切参数 s 和比例差 m,它们相当于图像帧的仿射失真。将失真建模校正为透视相机的图像坐标 Δu、Δv,校准矩阵变为

$$\kappa = \begin{pmatrix} \alpha_u & s\alpha_v & u_0 + \Delta u & 0 \\ 0 & \alpha_v(1+m) & v_0 + \Delta v & 0 \\ 0 & 0 & 1 & 0 \end{pmatrix} \quad (9.29)$$

如果 κ 已知,则认为相机已经校准。从物体到图像帧的带畸变透视投影的最终数学形式的共线性约束由下式给出:

$$^I P_u = \kappa^C P_\omega \quad (9.30)$$

9.3.2 极线几何与共面性约束

无法从未知场景的单个图像中导出 3D 测量值,因为在投影过程中会丢失沿 Z 轴的深度。解决这一问题的原理是测量从两个不同视点获取的对应点,并通过三角测量重建 3D 坐标。其中一些点被认为是控制点[27]。现在有两个问题需要解决。

(1)确定图像对方向(相对和绝对方向)。

(2)重建 3D 场景坐标。

图 9.4 显示了所谓的极线几何。e_L 是左相机中右相机中心的图像的极点。e_R 是右相机中左相机中心图像的极点。由 P 和两个相机中心 O_L、O_R 形成的平面是极平面。

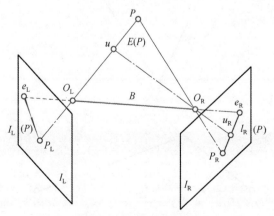

图 9.4 极线几何形状

平面与极线 l_L、l_R 中的图像平面相交;这些线可用于匹配点,B 是基线,即投影中心 O_R 和 O_L 之间的距离。所有的极线都会聚在极点。首先,匹配过程似乎需要跨图像搜索,但极线限制将这种搜索减少到一行[13]。两条投影光线必须共面,因为它们在3D点 P 相交。对于任何对应的点 P,三重积共面性可以用下式表示:

$$[O_L\ P_L\ O_L\ O_R\ O_R\ P_R] = 0 \tag{9.31}$$

也就是说,3 条射线在一个平面上。使用未校准相机的共面性约束从一对图像中提取第三维,如下式所示:

$$p_R^T \underbrace{\kappa_R^{-T} R_R^{-T} S_b R_L^{-1} \kappa_L^{-1}}_{F} p_L = 0 \tag{9.32}$$

式中:S_b 是式(9.31)中给出的三重乘积得到的斜对称矩阵;κ_R、κ_L 是左右校准矩阵;R_R、R_L 是左右相机的旋转矩阵。基本矩阵 $F_{3\times3}$ 汇总了关于两个未校准相机之间关系的所有已知信息。使用 $F_{3\times3}$,可以计算另一个图像中的点相关联一个图像中的极点和极线的位置。在使用基本矩阵 $E_{3\times3}$ 校准相机的情况下,极线几何的另一种形式由下式给出:

$$p_R^T \underbrace{R_R S_b R_L^T}_{E} p_L = 0 \tag{9.33}$$

使用如图 9.5 所示的三角测量原理计算 3D 点的深度。

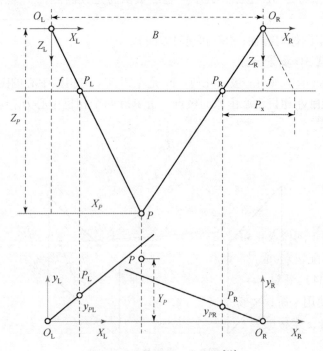

图 9.5　立体视觉三角测量[13]

地标的 3D 坐标可以通过下式从左右图像中的两个匹配点来计算：

$$X = x_R \frac{B}{p_x}, Y = \frac{y_L + y_R}{2} \frac{B}{p_x}, Z = f \frac{B}{p_x} \tag{9.34}$$

式中：$x_{R,L}$、$y_{R,L}$ 为图像中的兴趣坐标点；X、Y、Z 代表字框中的物体坐标；B 为基线；f 为焦距；X 为视差；$p_x = x_R - x_L$ 是两个图像叠放在一起时相同像素之间的距离[13]。

9.4 立体视觉系统中的不确定性

图像采集和处理过程中总是存在不确定性。图像因各种类型的随机噪声而失真，如高斯噪声、泊松噪声、量化噪声、椒盐噪声（专业术语）等。这些噪声可能是由噪声源引入的，例如，不准确的图像捕获设备，如相机、未对准的镜头、弱焦距、错误的存储位置等[28]。错误类别主要有两种，即确定性和不确定性[29]。相机内部参数的不确定性是确定的，因为相机应该被校准。如图 9.6 所示，具有平行光轴的立体视觉系统中，极线约束可简化为核查两幅图像中各自的特征点是否位于同一行。

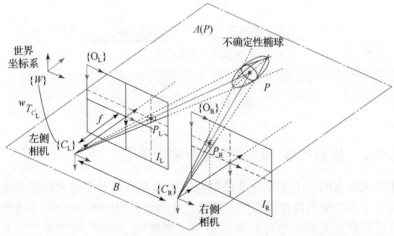

图 9.6 立体视觉不确定性（见彩插）

考虑由于图像量化和特征检测过程中的误差导致的 3D 地标位置的不确定性。一旦匹配建立，通过将地标投影回环境来估计地标最可能的 3D 坐标[30]。参考式(9.34)，变量 x、y、p_x 中的误差通常被建模为不相关的零均值高斯随机变量[13]。使用一阶误差传播将式(9.34)中的变量分布近似为多变量高斯分布，得到 x、y、z 坐标的如下协方差矩阵：

$$\Sigma \approx J \mathrm{diag}(\sigma_x^2, \sigma_x^2, \sigma_x^2) J^T \tag{9.35}$$

式中:J 表示式(9.34)中函数的雅可比矩阵;$(\sigma_x^2,\sigma_x^2,\sigma_x^2)$ 是相应变量的方差。

3D 点的理论精度取决于相对方位的不确定性和测量对应点的不确定性。假设相对方位的不确定性可以忽略不计。通过使用下式的方差传输:

$$\sigma_X^2 = \frac{Z}{p_x}\sigma_{px} = \frac{fB}{p_x^2}\sigma_{px} = \frac{Z^2}{fB}\sigma_{px} = \frac{Z}{f}\frac{1}{B/Z}\sigma_{px} \tag{9.36}$$

式中:Z 坐标为点 P 距主平面的距离;B 为基线;f 为焦距;p_x 为 x 视差;σ_{px} 为点 P 的标准差,结果显示对于给定的几何点 P,不确定度与距基线 B 的距离 Z^2 成正比,如图9.7 所示。

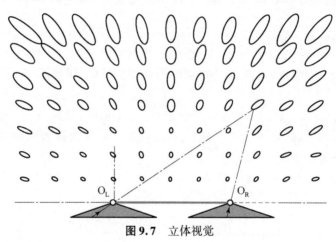

图 9.7 立体视觉

9.5 示例

9.5.1 基于 UKF 和立体视觉的姿态跟踪

手术机器人的一个重要改进是提取关于机器人相对于患者位置的姿态信息。由于手术环境的高度动态性和机器人运动学模型的不确定性,手术机器人无法直接观察到患者的绝对姿态[31]。为了解决这一问题,将虚拟空间光调制器用到内窥镜立体摄像机中,对机器人的运动进行估计。在许多应用中,KF 框架估计目标对象从前一帧到新帧的运动[32]。在这个例子中,UKF 方法被用来估计机器人的姿态。假设特征点在整个序列中是可观察的,UKF 公式如下:

状态向量 X_k 由下式给出:

$$X_k = [x_k \ \dot{x}_k \ y_k \ \dot{y}_k \ z_k \ \dot{z}_k \ \alpha_k \ \dot{\alpha}_k \ \beta_k \ \dot{\beta}_k \ \varphi_k \ \dot{\varphi}_k] \tag{9.37}$$

式中:x_k、y_k、z_k、α_k、β_k、φ_k 分别表示物体沿 x、y 和 z 轴的姿态与方向,$\dot{x}_k$、$\dot{y}_k$、$\dot{z}_k$、$\dot{\alpha}_k$、$\dot{\beta}_k$、$\dot{\varphi}_k$ 分别是它们相应的速度。

第9章 基于无损卡尔曼滤波的图像滤波与三维重构

动态系统方程由下式给出：

$$X_k = AX_{k-1} + \omega_k$$

$$A = \text{diag}\left[\begin{bmatrix} 1 & T_s \\ 0 & 1 \end{bmatrix}, \cdots, \begin{bmatrix} 1 & T_s \\ 0 & 1 \end{bmatrix}\right] \quad (9.38)$$

式中：T_s 是采样时间；ω_k 是零均值高斯噪声。

非线性测量模型定义为

$$z_k = h(X_k) + v_k \quad (9.39)$$

式中：v_k 是施加在捕获图像上的 $4m \times 1$ 零均值高斯噪声向量；m 是从被跟踪机器人中提取的特征点的数量；$h(X_k)$ 是 $4m \times 1$ 输出立体图像对点传递函数。采样时间 k 时特征点的估计坐标由下式给出：

$$h(X_k) = [u^L_{1,k} v^L_{1,k} \cdots u^L_{m,k} v^L_{m,k} \cdots u^R_{1,k} v^R_{1,k} \cdots u^R_{m,k} v^R_{m,k}]^T \quad (9.40)$$

相应的点具有如下的共面性约束：

$$p_R^T E p_L = 0 \quad (9.41)$$

单个特征点的标准透视投影由下式给出：

$$z_k = \begin{bmatrix} u^L_k \\ v^L_k \\ u^R_k \\ v^R_k \end{bmatrix} = \begin{bmatrix} fx_x/z_x \\ fy_x/z_x \\ f(B - x_x)/z_x \\ fy_x/z_x \end{bmatrix} \quad (9.42)$$

式中：$z_k = [u^L_k \quad v^L_k \quad u^R_k \quad v^R_k]^T$ 是左右图像中的测量像素；B 是基线；f 是焦距。UKF 算法可以使用表 9.2 导出，给出运动模型式(9.38)和测量模型式(9.39)。如图 9.8 所示，使用带有位置传感器的立体相机拍摄机器人。

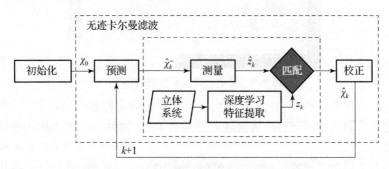

图 9.8 使用 UKF 和立体视觉进行机器人跟踪

提取机器人的重要特征，并将其传递给深度学习网络。然后，使用 UKF 方法将机器人相对于图像帧的姿态与预测的姿态进行匹配。该算法使前两幅图像的极线几何初始化，并使用 5 点算法加上鲁棒估计器深度学习网络计算本质

矩阵 E。从 E 中提取初始姿态参数[33]。这是对姿势的初步猜测,将用于 UKF 方法。

9.5.2 基于定位方法的 2D 地标地图

地标是机器人从输入感知中识别的自然或人工环境特征[34],并保持不确定性边界。考虑 4 - WDDMR 在全局帧 $\{G\}$ 中的预定义环境中移动,如图 9.9 所示。机器人作为外部接收传感器的立体视觉系统能够识别地标[36]。全局坐标系 $\{G\}$ 中预定义的地标有助于机器人自身正确地定位。4 - WDDMR 离散运动学方程由下式给出:

$$x_k = f(x_{k-1}, u_k) = \begin{bmatrix} x_{k-1} + v_k T_s \cos(\theta_{k-1}) \\ y_{k-1} + v_k T_s \sin(\theta_{k-1}) \\ \theta_{k-1} + \omega_k T_s \end{bmatrix} \qquad (9.43)$$

式中:T_s 是采样时间;$f(x_k, u_k)$ 是一个非线性函数;与 4 - WDDMR 的姿态 $x_k = [x_k \ y_k \ \theta_k]^T$ 在 $\{G\}$ 帧;输入向量 $u_k = [v_k \ w_k]^T$,它表示机器人框架 $\{L\}$ 中的平移和角速度。然而,具有非加性高斯噪声 w_k 的噪声 4 - WDDMR 运动模型为

$$x_k = f(x_{k-1}, u_k, w_k) \qquad (9.44)$$

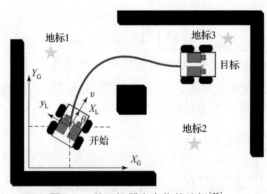

图 9.9 基于机器人定位的地标[35]

作者在前期工作[37]中,假设地标具有已知的固定位置 (m_x, m_y)。

给定机器人 x_k 的位置,从机器人的角度来看,地标 m_k 的位置 z_k 的测量模型定义为

$$\begin{aligned} z_k &= h(x_k, m_k) = \begin{bmatrix} h_x(x_k, m_k) \\ h_y(x_k, m_k) \end{bmatrix} \\ &= \begin{bmatrix} (m_{xk} - x_k)\cos\theta_k + (m_{yk} - y_k)\sin\theta_k \\ -(m_{xk} - x_k)\sin\theta_k + (m_{yk} - y_k)\cos\theta_k \end{bmatrix} \end{aligned} \qquad (9.45)$$

式中:$h(x_k, m_k)$ 是校正级的非线性测量函数。

9.6 结论

本章为图像过滤和图像特征提取提供了现代与先进的策略。针对移动机器人的姿态跟踪和定位辅助 2D 地标地图，详细描述并实现了包括 EKF 和 UKF 的卡尔曼滤波器。本章为移动机器人定位和地图绘制领域做出了贡献，详细介绍了基于视觉的定位和地图绘制的不同方法。已经指出，UKF 算法在偏移消除和提供更高精度的移动机器人姿态估计方面优于 EKF 算法。

参考文献

1. Goliaei, S., Ghorshi, S., Manzuri, M. T., & Mortazavi, M. (2011). A Kalman filter techniques applied for medical image reconstruction. In *8th International Multi-Conference on Systems, Signals & Devices*.
2. Ling, L. (2013). *Dense real time 3D reconstruction from multiple images*. PhD thesis, College of Science, Engineering and Health, RMIT University.
3. Saputra, M. R. U., Markham, A., & Trigoni, N. (2018). Visual SLAM and structure from motion in dynamic environments: A survey. *ACM Computing Surveys, 51*, 2.
4. Klančar, G., Teslic, L., & Skrjanc, I. (2014). Mobile robot pose estimation and environment mapping using an extended Kalman filter. *International Journal of Systems Science, 45*(12), 2603–2618.
5. Basaca-Preciado, L. C., Sergiyenko, O. Y., Rodríguez-Quinonez, J. C., Garcia, X., Tyrsa, V. V., Rivas-Lopez, M., & Tabakova, I. (2014). Optical 3D laser measurement system for navigation of autonomous mobile robot. *Optics and Lasers in Engineering, 54*, 159–169.
6. Park, J., & Lee, S. (2009). Correction robot pose for SLAM based on extended Kalman filter in rough surface environment. *International Journal of Advanced Robotic System, 6*(2), 67–72.
7. Moreno, F. A., Blanco, J. L., & Gonzalez, J. (2009). Stereo vision-specific models for particle filter-based SLAM. *Robotics and Autonomous Systems, 57*(9), 955–970.
8. Tully, S. T. (2012). *BodySLAM: Localization and mapping for surgical guidance*. PhD thesis, Garnegir Mellon University, Pittsburgh.
9. Szeliski, R. (2010). *Computer vision: Algorithms and applications*. Springer.
10. Thrun, S., Fox, D., & Burgard, W. (2006). *Probabilistic robotics*. Massachusetts Institute of Technology.
11. Merwe, R. (2004). *Sigma point Kalman Filter for probabilistic inference in dynamic state space models*. PhD thesis, Oregon Health & Science University.
12. Sibley, G., Sukhatme, G., & Matthies, L. (2006). *The iterated sigma point Kalman filter with applications to long range stereo*. Robotics Science and Systems.
13. Förstner, W., & Wrobel, B. P. (2016). *Photogrammetric computer vision statistics, geometry, orientation and reconstruction*. Cham, Switzerland: Springer.
14. Särkkä, S. (2011). *Bayesian filtering and smoothing* (Vol. 3). Cambridge University Press.
15. Corke, P. (2011). Robotics vision and control fundamental algorithms in MATLAB. In *Springer tracts in advanced robotics* (Vol. 73). Springer.
16. Haykin, S. M. (2001). *Kalman filtering and neural networks*. Wiley.
17. Joukhadar, A., & Kass Hanna, D., (2018). UKF and adaptive optimal control-based localization enhancement of 4WDDMR, ROS framework-based design and implementation. In *Cogent engineering, System and Control Research Article*.

18. Long, A. W., Wolfe, K. C., Mashner, M. J., & Chirikjian, G. S. (2013). *The banana distribution is Gaussian: A localization study with exponential coordinates* (pp. 265–272). Cambridge, MA: Robotics: Science and Systems VIII; MIT Press.
19. Mahmoudi, Z., Poulsen, N. K., Madsen, H., & Jorgensen, J. B. (2017). Adaptive unscented Kalman filter using maximum likelihood estimation. *IFAC-Papers Online, 50*(1), 3859–3864. https://doi.org/10.1016/j.ifacol.2017.08.356.
20. Press, W. H., Teukolsky, S. A., Vetterling, W. T., & Flannery, B. P. (2007). *Numerical recipes. The art of scientific computing*. Cambridge, UK: Cambridge University Press.
21. Rodríguez-Quiñonez, J. C., Sergiyenko, O., Flores-Fuentes, W., Rivas-lopez, M., Hernandez-Balbuena, D., Rascón, R., & Mercorelli, P. (2017). Improve a 3D distance measurement accuracy in stereo vision system using optimization methods' approach. *Opto-Electronics Review, 25*(1), 24–32.
22. Hu, Y., Chen, Q., Feng, S., Tao, T., Asundi, A., & Zuo, C. (2019). A new microscopic telecentric stereo vision system—Calibration, rectification, and three-dimensional reconstruction. *Optics and Lasers in Engineering, 113*, 14–22.
23. Bergamini, M. L., Ansaldo, F. A., Bright, G., & Zelasco, J. F. (2017). Digital camera calibration, relative orientation and essential matrix parameters. *WSEAS Transaction on Signal Processing, 13*.
24. Hayet, J. B., Lerasle, F., & Devy, M. (2002). A visual landmark framework for indoor mobile robot navigation. In *International Conference on Robotics & Automation*. Washington, DC.
25. Florczyk, S. (2005). *Video-based indoor exploration with autonomous and mobile robots*. Wiley.
26. Hartmann, G., Huang, F., & Klette, R. (2013). *Landmark initialization for unscented Kalman filter sensor fusion in monocular camera localization*. Auckland, New Zealand: The University of Auckland.
27. Parnian, N., & Golnaraghi, F. (2010). Integration of multi-camera vision system and strap down inertial navigation system (SDINS) with a modified Kalman filter. *Sensors Journal, 10*(6), 5378–5394.
28. Boyat, A. K., & Joshi, B. K. (2015). A review paper: Noise models in digital image processing. *Signal & Image Processing: An International Journal (SIPIJ), 6*(2).
29. Siegwart, R., & Noubakhsh, I. R. (2004). *Introduction to autonomous mobile robots*. Cambridge, MA, London: The MIT Press.
30. Beinhofer, M. Müller, J., Krause, A., & Burgard, W. (2013). Robust landmark selection for mobile robot navigation. In *Intelligent Robots and Systems (IROS), IEEE/RSJ International Conference*.
31. Haghighipanah, M., Miyasaka, M., Li, Y., & Hannaford, B. (2016). Unscented Kalman filter and vision to improve cable driven surgical robot joint angle estimation. In *IEEE International Conference on Robotics and Automation (ICRA), Stockholm, Sweden*.
32. Yu, Y. K., Wong, K. H., Or, S. H., & Chang, M. M. Y. (2006). Recursive camera motion estimation with trifocal tensor. *IEEE Transaction on System, Man and Cybernetics B, 36*(5), 1081–1090.
33. Yu, Y. K., Wong, K. H., Or, S. H., & Chang, M. M. Y. (2008). Robust 3D motion tracking from stereo images: A model-less method. *IEEE Transaction on Instrumentation and Measurement, 57*(3).
34. Negenborn, R. (2003). *Robot localization and Kalman Filters on finding your position in a noisy word*. MSc thesis, Utrecht University.
35. Joukhadar, A., Kass Hanna, D., Müller, A., & Stöger, C., (2017). UKF-Assisted SLAM for 4WDDMR Localization and Mapping. In *1st International Congress for the Advancement of Mechanism, Machine, Robotics and Mechatronics Sciences, Beirut, Lebanon, 17–19 October*.
36. Kelly, J., & Sukhatme, G. S. (2009). *Visual-inertial simultaneous localization, mapping and sensor-to-sensor self-calibration*. Korea: CIRA.
37. Kass Hanna, D., & Joukhadar, A. (2015). A novel control-navigation system-based adaptive optimal controller & EKF localization of DDMR. *International Journal of Advance Research in Artificial Intelligence, 4*(25), 29–37.

第三部分

面向导航的姿态估计、避碰、控制与数据交互

第 10 章

位姿优化计算的李代数方法

Kenichi Kanatani[①]

10.1 引言

从相机图像和 3D 传感器提供的数据中计算 3D 姿态是涉及三维数据分析的最基本问题之一,其中包括计算机视觉和机器人控制。这个问题通常表示为形式是 J 的函数的最小化,如下式所示:

$$J = J(\cdots, R_1, R_2, \cdots, R_M) \qquad (10.1)$$

式中: $R_1, R_2, \cdots, R_M$ 是旋转矩阵;"$\cdots$"表示指定平移、物体形状和其他属性的其他参数。此后,我们用黑斜体大写字母表示矩阵(3×3,除非另有说明),黑斜体小写字母表示向量(3D,除非另有说明)。对矩阵 A,我们把它的行列式和 Frobenius 范数写成 $|A|$ 和 $\|A\|$。对向量 a 和 b,我们把 $\langle a, b \rangle$ 称为内积,$a \times b$ 称为向量积。

为了最小化式(10.1)形式的函数 J,可以立即想到的标准方法是:首先,将旋转矩阵参数化为轴角、欧拉角或四元数;然后,我们将 J 相对于参数微分,并随着它们的递增减小 J;对此进行迭代。这种方法通常称为"梯度法",在此基础上还提出了许多改进收敛性的变体,包括"最速下降法""共轭梯度法""牛顿迭代法""高斯 – 牛顿迭代法"和"Levenberg – Marquardt 法"。

本章的目的是对这种类型的问题进行优化,旋量参数化不是必要的。毕竟"微分"是指对变量微小变化的函数值变化的评估。因此,当一个小的旋量加到 R 上时,关于旋转矩阵 R 的微分,我们只需要评估函数值的变化。要做到这一点,将一个小的旋量参数化就足够了。具体来说,我们计算一个小旋量,减少函

[①] K. Kanatani
Professor Emeritus, Okayama University, Okayama, Japan
e – mail:kanata – k@ okayama – u. ac. jp

数 J,将其添加到当前旋转矩阵 R,将得到的旋转视为新的当前旋转 R,并迭代这个过程。因为矩阵 R 在每次迭代时都会在计算机内存中更新,所以不需要对矩阵 R 本身进行参数化。我们称之为"李代数方法"(这个术语将在后面解释)。

李代数方法比参数化方法有更大的优势,因为任何旋量参数化都有一些奇异性,如轴角、欧拉角和四元数;尽管参数值恰好处于奇点的情况很少发生,但可能会出现数值不稳定等计算问题。使用李代数方法,我们不需要担心参数化的任何奇点,因为我们所做的只是通过添加一个小的旋量来更新当前的旋量。从某种意义上说,这是显而易见的,但了解这个事实的人并不多。

我们首先研究微小旋量和角速度之间的关系。然后,我们导出了旋量的指数表达式,并形式化了"李代数"的概念,描述了一些计算机视觉问题的实际计算过程,以演示李代数方法在实践中是如何工作的。最后,我们概述了李代数在各种计算机视觉应用中的作用。

10.2 小旋量和角速度

如果 R 表示绕某个轴旋转一个小角度 $\Delta\Omega$,我们可以用泰勒展开的形式表示:

$$R = I + A\Delta\Omega + O(\Delta\Omega)^2 \tag{10.2}$$

式中:A 代表矩阵;I 是单位矩阵;$O(\Delta\Omega)^2$ 代表 $\Delta\Omega$ 二阶或高阶项。因此,R 表示旋转矩阵为

$$\begin{aligned} RR^T &= (I + A\Delta\Omega + O(\Delta\Omega)^2)(I + A\Delta\Omega + O(\Delta\Omega)^2)^T \\ &= I + (A + A^T)\Delta\Omega + O(\Delta\Omega)^2 \end{aligned} \tag{10.3}$$

对于任意 $\Delta\Omega$ 都一定恒等于 I。因此,$A + A^T = O$,也可以写成

$$A^T = -A \tag{10.4}$$

这意味着,A 是反对称矩阵,所以可以把它写成

$$A = \begin{pmatrix} 0 & -l_3 & l_2 \\ l_3 & 0 & -l_1 \\ -l_2 & l_1 & 0 \end{pmatrix} \tag{10.5}$$

对于 l_1、l_2 和 l_3,如果一个向量 $a = (a_i)$(第 i 个分量为 a_i 的向量缩写)被旋转到 a',由式(10.2)可得

$$\begin{aligned} a' &= (I + A\Delta\Omega + O(\Delta\Omega)^2)a = a + \begin{pmatrix} 0 & -l_3 & l_2 \\ l_3 & 0 & -l_1 \\ -l_2 & l_1 & 0 \end{pmatrix}\begin{pmatrix} a_1 \\ a_2 \\ a_3 \end{pmatrix}\Delta\Omega + O(\Delta\Omega)^2 \\ &= a + \begin{pmatrix} l_2 a_3 - l_3 a_2 \\ l_3 a_1 - l_1 a_3 \\ l_1 a_2 - l_2 a_1 \end{pmatrix}\Delta\Omega + O(\Delta\Omega)^2 = a + l \times a \Delta\Omega + O(\Delta\Omega)^2 \end{aligned} \tag{10.6}$$

其中,令 $\boldsymbol{l} = (l_i)$。假设其描述了在很小的时间间隔 Δt 内的连续旋转运动,它的速度由下式给出:

$$\dot{\boldsymbol{a}} = \lim_{\Delta t \to 0} \frac{\boldsymbol{a}' - \boldsymbol{a}}{\Delta t} = \omega \boldsymbol{l} \times \boldsymbol{a} \tag{10.7}$$

其中,角速度 ω 的定义如下:

$$\omega = \lim_{\Delta t \to 0} \frac{\Delta \Omega}{\Delta t} \tag{10.8}$$

式(10.7)表明,速度 $\dot{\boldsymbol{a}}$ 与 $\boldsymbol{l}$ 和 $\boldsymbol{a}$ 都正交,它的大小等于 ω 乘以由 $\boldsymbol{l}$ 和 $\boldsymbol{a}$ 组成的平行四边形的面积。考虑到几何因素,速度 $\dot{\boldsymbol{a}}$ 与旋转轴和 $\boldsymbol{a}$ 本身正交(图 10.1)。如果令 θ 为 $\boldsymbol{a}$ 和该轴形成的角度,$\boldsymbol{a}$ 的端点到轴的距离是 $\|\boldsymbol{a}\|\sin\theta$,角速度 ω 的定义为 $\|\dot{\boldsymbol{a}}\| = \omega \|\boldsymbol{a}\| \sin\theta$。因为 $\|\dot{\boldsymbol{a}}\|$ 与 $\boldsymbol{l}$ 和 $\boldsymbol{a}$ 正交,所以 $\|\dot{\boldsymbol{a}}\| = \omega \|\boldsymbol{a}\| \sin\theta$ 等于由 $\boldsymbol{l}$ 和 $\boldsymbol{a}$ 构成的平行四边形的面积。我们得出结论:$\boldsymbol{l}$ 是沿旋转轴的单位向量。在物理学中,向量 $\boldsymbol{\omega} = \omega \boldsymbol{l}$ 为角速度向量,是已知的。由此可得

$$\dot{\boldsymbol{a}} = \boldsymbol{\omega} \times \boldsymbol{a} \tag{10.9}$$

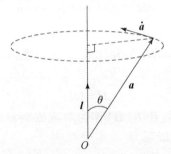

图 10.1 向量 $\boldsymbol{a}$ 以角速度 ω 绕单位向量 $\boldsymbol{l}$ 方向的轴旋转(速度向量为 $\dot{\boldsymbol{a}}$)

10.3 旋量指数表达

如果将 $\boldsymbol{R}_l(\Omega)$ 用角度 Ω 来表示绕 $\boldsymbol{l}$ 轴(单位向量)的旋转,式(10.2)为 $\boldsymbol{R}_l(\Delta\Omega)$。我们把它加到旋转 $\boldsymbol{R}_l(\Omega)$ 中,就可以得到 $\boldsymbol{R}_l(\Delta\Omega)\boldsymbol{R}_l(\Omega) = \boldsymbol{R}_l(\Omega + \Delta\Omega)$。因此,$\boldsymbol{R}_l(\Omega)$ 关于 Ω 的导数可以表示为

$$\frac{\mathrm{d}\boldsymbol{R}_l(\Omega)}{\mathrm{d}\Omega} = \lim_{\Delta\Omega \to 0} \frac{\boldsymbol{R}_l(\Omega + \Delta\Omega) - \boldsymbol{R}(\Omega)}{\Delta\Omega} = \lim_{\Delta\Omega = 0} \frac{\boldsymbol{R}_l(\Delta\Omega)\boldsymbol{R}_l(\Omega) - \boldsymbol{R}_l(\Omega)}{\Delta\Omega}$$

$$= \lim_{\Delta\Omega \to 0} \frac{\boldsymbol{R}_l(\Delta\Omega) - \boldsymbol{I}}{\Delta\Omega} \boldsymbol{R}_l(\Omega) = \boldsymbol{A}\boldsymbol{R}_l(\Omega) \tag{10.10}$$

重复计算,可得

$$\frac{\mathrm{d}^2 \boldsymbol{R}_l}{\mathrm{d}\Omega^2} = \boldsymbol{A}\frac{\mathrm{d}\boldsymbol{R}_l}{\mathrm{d}\Omega} = \boldsymbol{A}^2 \boldsymbol{R}_l, \frac{\mathrm{d}^3 \boldsymbol{R}_l}{\mathrm{d}\Omega^3} = \boldsymbol{A}^2 \frac{\mathrm{d}\boldsymbol{R}_l}{\mathrm{d}\Omega} = \boldsymbol{A}^3 \boldsymbol{R}_l, \cdots \tag{10.11}$$

其中省略了参数(Ω)。由于 $R_l(0) = I$，$R_l(\Omega)$ 的泰勒展开在 $\Omega = 0$ 可以表示为

$$R_l(\Omega) = I + \frac{dR}{d\Omega}\bigg|_{\Omega=0} \Omega + \frac{1}{2}\frac{d^2R}{d\Omega^2}\bigg|_{\Omega=0} \Omega^2 + \frac{1}{3!}\frac{d^3R}{d\Omega^3}\bigg|_{\Omega=0} \Omega^3 + \cdots$$

$$= I + \Omega A + \frac{\Omega^2}{2}A^2 + \frac{\Omega^3}{3!}A + \cdots = e^{\Omega A} \tag{10.12}$$

其中我们通过以下级数展开来定义矩阵的指数：

$$e^X = \sum_{k=0}^{\infty} \frac{X^k}{k!} \tag{10.13}$$

在式(10.12)中，矩阵 A 以式(10.5)的形式指定轴的方向。因此，式(10.12)表示轴线为 l，角度为 Ω 的旋量 $R_l(\Omega)$。这种旋转的显式表达式，称为罗德里格斯公式，已知（如见文献[11,14]）

$$R_l(\Omega) = \begin{pmatrix} \cos\Omega + l_1^2(1-\cos\Omega) & l_1 l_2(1-\cos\Omega) - l_3\sin\Omega & l_1 l_3(1-\cos\Omega) + l_2\sin\Omega \\ l_2 l_1(1-\cos\Omega) + l_3\sin\Omega & \cos\Omega + l_2^2(1-\cos\Omega) & l_2 l_3(1-\cos\Omega) - l_1\sin\Omega \\ l_3 l_1(1-\cos\Omega) - l_2\sin\Omega & l_3 l_2(1-\cos\Omega) + l_1\sin\Omega & \cos\Omega + l_3^2(1-\cos\Omega) \end{pmatrix}$$

$$\tag{10.14}$$

下面我们把 l 轴和角度 Ω 结合起来，在角速度向量的情况下，作为单位向量的形式：

$$\boldsymbol{\Omega} = \Omega l \tag{10.15}$$

我们称其为旋转向量，让 $R(\boldsymbol{\Omega})$ 作为对应的旋转矩阵。由 $\Omega_1 = \Omega l_1$，$\Omega_2 = \Omega l_2$，$\Omega_3 = \Omega l_3$，式(10.5)可以写为

$$\Omega A = \Omega_1 A_1 + \Omega_2 A_2 + \Omega_3 A_3 \tag{10.16}$$

其中，矩阵 A_1、A_2 和 A_3 分别为

$$A_1 = \begin{pmatrix} 0 & 0 & 0 \\ 0 & 0 & -1 \\ 0 & 1 & 0 \end{pmatrix}, A_2 = \begin{pmatrix} 0 & 0 & 1 \\ 0 & 0 & 0 \\ -1 & 0 & 0 \end{pmatrix}, A_3 = \begin{pmatrix} 0 & -1 & 0 \\ 1 & 0 & 0 \\ 0 & 0 & 0 \end{pmatrix} \tag{10.17}$$

因此，式(10.12)也可以写为

$$R(\boldsymbol{\Omega}) = e^{\Omega_1 A_1 + \Omega_2 A_2 + \Omega_3 A_3} \tag{10.18}$$

表达式(10.14)中的罗德里格斯公式。

10.4 无穷小旋量的李代数

考虑旋量 $R(t)$ 随参数 t 连续变化，可以解释为旋转时间或角度或某些控制参数。假设它是一个具有适当的归一化无量纲参数。我们认为，$t = 0$ 对应于恒等式 I，称 $R(t)$ 围绕 $t = 0$ 的"线性"变化为无限小的旋量。具体来说，我们针对

t 的微小变化 δt 扩展 $R(t)$ 并忽略 δt 中二阶和更高阶的项。从式(10.2)上可以看到一个无穷小旋量用以下形式表示：

$$I + A\delta t \qquad (10.19)$$

对于一些反对称矩阵 A，我们称为无穷小旋量的生成元。如果我们连续地累加这个无穷小的旋量，得到一个有限的旋量 e^{tA}，如前一节所述。

注意：无穷小旋量的任何倍数也是无穷小旋量。这听起来可能违反常识，但这是我们把无穷小的旋量定义为"线性"旋转变量的结果。如果把参数 t 看作时间，生成元乘以常数 c 意味着瞬时速度乘以 c。

我们看到无穷小旋量的合成也是无穷小旋量。事实上，如果无穷小旋量 $I + A\delta t$ 和 $I + A'\delta t$ 合成后，就可以得到

$$(I + A'\delta t)(I + A\delta t) = I + (A + A')\delta t(\ = (I + A\delta t)(I + A'\delta t)) \qquad (10.20)$$

回想一下，δt 中的二阶及更高阶项总是被忽略。由此，我们看到这与有限性不同，有限性的位置是一个常数，它不依赖于组成的顺序；合成无穷小旋量的生成元是它们的生成元之和。如果我们把一个无穷小的旋量和它的生成元联系起来，我们会看到无穷小旋量的集合构成了一个线性空间。

如果一个线性空间在某种乘积运算下是关闭的，那么它称为代数。如果我们用下式定义生成元 A 和 B 的乘积，那么无穷小旋量的所有生成元的集合都可以看作一个代数，即

$$[A, B] = AB - BA \qquad (10.21)$$

称为 A 和 B 的换向。根据定义，反变换如下：

$$[A, B] = -[B, A] \qquad (10.22)$$

换向是双线性的：

$$[A + B, C] = [A, C] + [B, C], [cA, B] = c[A, B], c \in R \qquad (10.23)$$

以下雅可比恒等式成立：

$$[A, [B, C]] + [B, [C, A]] + [C, [A, B]] = O \qquad (10.24)$$

式中：$[\,\cdot\,,\,\cdot\,]$ 是一种运算，它将两个元素映射到另一个元素，称为李氏括号。式(10.22)、式(10.23)和式(10.24)也相同。显然，相对于式(10.21)定义了一个李括号。带有李代数括号的代数称为李代数。

在交换子运算下，无穷小旋转的集合构成了一个李代数。由于生成元 A 是反对称矩阵，所以它有3个自由度。因此，无穷小旋量的李代数是三维的，具有矩阵 A_1、A_2 和 A_3 以式(10.17)作为其依据，即

$$[A_2, A_3] = A_1, [A_3, A_1] = A_2, [A_1, A_2] = A_3 \qquad (10.25)$$

在这个基础上，一个任意的生成元 A 表示为

$$A = \omega_1 A_1 + \omega_2 A_2 + \omega_3 A_3 \qquad (10.26)$$

对于某些 ω_1、ω_2 和 ω_3。由式(10.17)中 A_1、A_2 和 A_3 的定义，式(10.26)可

以写为

$$A = \begin{pmatrix} 0 & -\omega_3 & \omega_2 \\ \omega_3 & 0 & -\omega_1 \\ -\omega_2 & \omega_1 & 0 \end{pmatrix} \tag{10.27}$$

这定义了生成元 A 和向量 $\boldsymbol{\omega} = (\omega_i)$ 之间 1 对 1 的对应关系。令 $\boldsymbol{\omega}' = (\omega_i')$ 作为向量对应于生成元 A'。因此，A 和 A' 的运算为

$$\begin{aligned}[][A, A'] &= \begin{pmatrix} 0 & -\omega_3 & \omega_2 \\ \omega_3 & 0 & -\omega_1 \\ -\omega_2 & \omega_1 & 0 \end{pmatrix} \begin{pmatrix} 0 & -\omega_3' & \omega_2' \\ \omega_3' & 0 & -\omega_1' \\ -\omega_2' & \omega_1' & 0 \end{pmatrix} \\ &\quad - \begin{pmatrix} 0 & -\omega_3' & \omega_2' \\ \omega_3' & 0 & -\omega_1' \\ -\omega_2' & \omega_1' & 0 \end{pmatrix} \begin{pmatrix} 0 & -\omega_3 & \omega_2 \\ \omega_3 & 0 & -\omega_1 \\ -\omega_2 & \omega_1 & 0 \end{pmatrix} \\ &= \begin{pmatrix} 0 & -(\omega_1\omega_2' - \omega_2\omega_1') & \omega_3\omega_1' - \omega_1\omega_3' \\ \omega_1\omega_2' - \omega_2\omega_1' & 0 & -(\omega_2\omega_3' - \omega_3\omega_2') \\ -(\omega_3\omega_1' - \omega_1\omega_3') & \omega_2\omega_3' - \omega_3\omega_2' & 0 \end{pmatrix} \end{aligned} \tag{10.28}$$

由此可见，向量 $\boldsymbol{\omega} \times \boldsymbol{\omega}'$ 对应的转换为 $[A, A']$。

显然，所有关于式(10.22)、式(10.23)和式(10.24)成立，如果 $[A, B]$ 被向量积 $\boldsymbol{a} \times \boldsymbol{b}$ 代替，换句话说，向量积是一种李括号，而在这种李括号 $[\boldsymbol{a}, \boldsymbol{b}] = \boldsymbol{a} \times \boldsymbol{b}$ 的运算下，向量的集合也构成了一个李代数。如上所述，向量的李代数与无穷小旋转的李代数是相同的，或者更准确地说，它们是同构的。事实上，式(10.17)中的矩阵 A_1、A_2 和 A_3 分别表示围绕 x 轴、y 轴和 z 轴的无穷小旋量，式(10.25)对应的关系为 $\boldsymbol{e}_2 \times \boldsymbol{e}_3 = \boldsymbol{e}_1$，$\boldsymbol{e}_3 \times \boldsymbol{e}_1 = \boldsymbol{e}_2$ 和 $\boldsymbol{e}_1 \times \boldsymbol{e}_2 = \boldsymbol{e}_3$，在坐标基向量中 $\boldsymbol{e}_1 = (1, 0, 0)^\mathrm{T}$，$\boldsymbol{e}_2 = (0, 1, 0)^\mathrm{T}$，$\boldsymbol{e}_3 = (0, 0, 1)^\mathrm{T}$。10.2 节和 10.3 节中讨论的内容表明了用向量 $\boldsymbol{\omega} = (\omega_i)$ 识别式(10.27)的生成元 A 只不过是用瞬时角速度向量来识别一个无穷小旋量。换句话说，我们可以把无穷小旋量的李代数看作所有角速度矢量的集合。关于李代数的更一般的处理见文献[11]。

10.5 旋转优化

给定旋转矩阵 R 的函数 $J(R)$，假设最小值存在，我们现在考虑如何最小化。一般来说，可以通过对 $J(R)$ 和 R 求微分并求出导数消失的 R 的值来得到。但是，我们应该如何解释关于 R 的微分呢？

众所周知，函数 $f(x)$ 的导数是当自变量 x 无穷小地递增到 $x + \delta x$ 时函数值

$f(x)$ 的变化率。我们所说的"无穷小增量"是指考虑"线性"变化,忽略 δx 中的高阶项。换句话说,如果函数值变为 $f(x+\delta x)=f(x)+a\delta x+\cdots$,我们把 δx 的系数 a 称为微分系数,或称为导数,$f(x)$ 关于 x 则可以写为 $a=f'(x)$。同样,这也可以被写成 $a=\lim_{\delta x\to 0}(f(x+\delta x))-f(x))/\delta x$。显然,如果函数 $f(x)$ 在 x 取最小值,函数值不会因通过无限小地递增 x 而改变;所产生的变化是高阶增量。这就是我们如何通过求函数导数的零点来最小化(或最大化)函数的原理。因此,为了 $J(R)$ 最小化,我们只需要找到一个 R,使得除了高阶项外,其无穷小变化不会改变 $J(R)$ 的值。

这种考虑说明,当一个无穷小的旋量加到 R 上时,$J(R)$ 相对于 R 的"微分",表示对 $J(R)$ 变化率的评估。在无穷小的旋量下将式(10.19)加到 R 上,我们得到

$$(I+A\delta t)R = R + AR\delta t \qquad (10.29)$$

生成元 A 在式(10.27)中由向量 ω 表示。在下文中,我们将向量 ω 和无穷小变化的参数 δt 组合为一个向量,即

$$\Delta\omega = \omega\delta t \qquad (10.30)$$

我们称其为小旋转向量,式(10.15)的有限旋转向量的无穷小情况。我们也表示对应的反对称矩阵中的向量 $\omega=(\omega_1,\omega_2,\omega_3)^T$ 通过式(10.27)中 $A(\omega)$[①]。根据式(10.6)对于任意向量 a,以下等式成立:

$$A(\omega)a = \omega\times a \qquad (10.31)$$

根据这个公式,我们可以将式(10.29)写为 $R+A(\Delta\omega)R$,其中 $\Delta\omega$ 代表一个小的旋转向量。我们把它代入 $J(R)$ 中,则 $J(R+A(\Delta\omega)R)$ 可以写为

$$J(R+A(\Delta\omega)R) = J(R) + <g,\Delta\omega> \qquad (10.32)$$

对于某些向量 g 通过忽略 $\Delta\omega$ 中的高阶项($\langle a,b\rangle$ 表示向量 a 和 b 的内积),我们称为 $J(R)$ 相对于 R 的梯度,即一阶导数。

由于 g 应该消失在 $J(R)$ 取最小值的 R 处,我们需要求解 $g=0$,但这通常并不容易。所以,我们进行迭代搜索,从初始值 R 开始,依次修改,使 $J(R)$ 减小。注意:梯度 g 的值取决于 R,即 g 是 R 的函数。如果在 $g(R)$ 中将 R 替换为 $R+A(\omega)R$ 后,我们可以将其写为

$$g(R+A(\Delta\omega)R) = g(R) + H\Delta\omega \qquad (10.33)$$

对于某些忽略 $\Delta\omega$ 中的高阶项对称矩阵 H,我们称矩阵 H 为 Hessian 或者是 $J(R)$ 关于 R 的二阶导数。如果给出了梯度 g 和 Hessian 值,$J(R+A(\Delta\omega)R)$ 的值可以写成以下形式,通过忽略 $\Delta\omega$ 的高阶项,即

[①] 有些作者写成 $[\omega]_\times$ 或 $(\omega\times)$ 形式。

$$J(R+A(\Delta\omega)R) = J(R) + \langle g, \Delta\omega \rangle + \frac{1}{2}\langle \Delta\omega, H\Delta\omega \rangle \qquad (10.34)$$

我们把"当前"R看作不变的常量,并将上述表达式视为$\Delta\omega$函数。因为$\Delta\omega$是一个二次多项式,关于$\Delta\omega$的导数是$g+H\Delta\omega$。因此,这个多项式在$\Delta\omega$的最小值为

$$\Delta\omega = -H^{-1}g \qquad (10.35)$$

也就是说,式(10.34)取其最小值的旋转$\Delta\omega$近似为$(I+A(\Delta\omega))R$(当前R的值被视为不变常数)。然而,尽管差异在δt中是高阶的,但$I+A(\Delta\omega)$不是精确的旋转矩阵。为了使它成为精确的旋转矩阵,我们添加高阶校正项作为无穷级数展开形如式(10.12)。因此,式(10.34)的旋转矩阵,取其最小值近似为$e^{A(\Delta\omega)}R$。将此视为当前旋转的"新"值,我们重复此过程。程序描述如下。

(1)提供R的初始值。
(2)计算梯度g和$J(R)$的Hessian值。
(3)解下面的线性方程$\Delta\omega$:

$$H\Delta\omega = -g \qquad (10.36)$$

(4)更新式中的R:

$$R \leftarrow e^{A(\Delta\omega)}R \qquad (10.37)$$

(5)如果$\|\Delta\omega\| \approx 0$,返回$R$然后停止;否则,返回步骤(2)。

这只是众所周知的牛顿迭代。对于牛顿迭代,我们在当前参数的邻域内用二次多项式来逼近目标函数,继续到给出二次逼近最小值的值,并重复这一过程。上述过程与通常的牛顿迭代的不同之处在于,我们不是在旋转空间中而是在无穷小旋转的李代数中分析二次近似的最小值。正如我们前面提到的,R的空间和它的李代数是不一样的,有更高阶的差异。

我们可以这样看待这种情况。想象所有旋转的集合,通过"非线性"约束$R^\mathrm{T}R=I$和$|R|=1$($|R|$代表行列式),我们把这个称为三维的特殊①正交群,或者简称为旋转组,用$SO(3)$来表示。这是R元素9维空间中的一个"弯曲空间"。由"线性"约束$A+A^\mathrm{T}=O$定义的无穷小旋转的李代数可以认为是在当前R处与其"平"相切的空间,我们用$T_R(SO(3))$来表示。R被$(\Delta\omega_1, \Delta\omega_2, \Delta\omega_3)$参数化的原点在$(0,0,0)$。我们把李代数$T_R(SO(3))$中的一点"投影"到式(10.12)(图10.2)中指数映射的$SO(3)$的一个邻近点$e^{A(\Delta\omega)}$。此后,我们称这种优化方案为李代数方法。

$\|\Delta\omega\| \approx 0$收敛的标准由预定阈值设定。如果$\Delta\omega$为0,式(10.35)说明$g=0$,产生$J(R)$的局部最小值。一般来说,当从任意初始值开始时,这种类型

---

① "特殊"的意思是行列式赋值为1。

的迭代方法不一定保证收敛(尽管有些方法是有保证的)。因此,我们需要从接近目标解的一个值开始迭代。

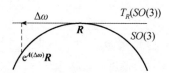

图10.2 无穷小旋量的李代数可以认为是 R 旋转群 $SO(3)$ 的切线空间 $T_R(SO(3))$,李代数中的增量 $\Delta\omega$ 被投影到点 $SO(3)$ 的 $e^{A(\Delta\omega)}R$

10.6 最大似然旋转估计

给定两组3D点 $x_1, x_2, \cdots, x_N$ 和 $x'_1, x'_2, \cdots, x'_N$,通过3D传感,我们想知道它们之间的刚性(或欧几里得)运动(图10.3)。刚性运动由平移 t 和旋转 R 组成。通过比较运动前后 N 个点的质心,可以很容易地计算出平移:

$$x_C = \frac{1}{N}\sum_{\alpha=1}^N x_\alpha, \quad x'_C = \frac{1}{N}\sum_{\alpha=1}^N x'_\alpha \tag{10.38}$$

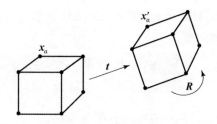

图10.3 观察 N 个点 $\{x_\alpha\}$ 移动到 $\{x'_\alpha\}$ 过程,我们想知道它们的旋转和平移 R

设 a_α 和 a'_α 是来自 x_α 和 x'_α 各自的质心:

$$a_\alpha = x_\alpha - x_C, \quad a'_\alpha = x'_\alpha - x'_C \tag{10.39}$$

这个变换是通过 $t = x'_C - x_C$ 得到的,旋转 R 被估计为 $a'_\alpha \approx Ra_\alpha, \alpha = 1, 2, \cdots, N$,尽可能保持准确。我们把这个问题表述如下。

我们认为,数据向量 a_α 和 a'_α 可以由它们的真值 $\bar{a}_\alpha$ 和 $\bar{a}'_\alpha$ 误差表示:

$$a_\alpha = \bar{a}_\alpha + \Delta a_\alpha, \quad a'_\alpha = \bar{a}'_\alpha + \Delta a'_\alpha, \quad \alpha = 1, 2, \cdots, N \tag{10.40}$$

我们把 Δa_α 和 $\Delta a'_\alpha$ 视为独立的高斯随机变量具有均值0和协方差矩阵 $V[a_\alpha]$ 和 $V[a'_\alpha]$,可以分别写为

$$V[a_\alpha] = \sigma^2 V_0[a_\alpha], \quad V[a'_\alpha] = \sigma^2 V_0[a'_\alpha] \tag{10.41}$$

我们把 $V_0[a_\alpha]$ 和 $V_0[a'_\alpha]$ 称作归一化协方差矩阵,把 σ 称为噪声级。归一

化协方差矩阵描述了反映3D传感测特性的方向噪声特性,我们假设它是已知的,而表示绝对噪声幅度的噪声水平是未知的。因此,概率密度为 Δa_α 和 $\Delta a'_\alpha$, $\alpha = 1,2,\cdots,N$,则写成

$$p = \prod_{\alpha=1}^{N} \frac{e^{-\langle \Delta a_\alpha, V_0[a_\alpha]^{-1}\Delta a_\alpha\rangle/2\sigma^2}}{\sqrt{(2\pi)^3 |V_0[a_\alpha]|}\sigma^3} \frac{e^{-\langle \Delta a'_\alpha, V_0[a_\alpha]^{-1}\Delta a'_\alpha\rangle/2\sigma^2}}{\sqrt{(2\pi)^3 |V_0[a_\alpha]'|}\sigma^3}$$

$$= \frac{e^{-\sum_{\alpha=1}^{N}(\langle a_\alpha - \bar{a}_\alpha, V_0[a_\alpha](a_\alpha - \bar{a}_\alpha)\rangle + \langle a'_\alpha - \bar{a}'_\alpha, V_0[a_\alpha](a'_\alpha - \bar{a}'_\alpha)\rangle)/2\sigma^2}}{\prod_{\alpha=1}^{N}(2\pi)^3\sqrt{|V_0[a_\alpha]||V_0[a_\alpha]'|}\sigma^6} \quad (10.42)$$

当把 a_α 和 a'_α,$\alpha = 1,2,\cdots,N$,视为观察函数时,这个表达式称为它们的似然。最大似然估计的意思就是计算 $\bar{a}_\alpha$、$\bar{a}'_\alpha (\alpha = 1,2,\cdots,N)$、$R$ 数值,使这个问题能最小化,即

$$\bar{a}'_\alpha = R\bar{a}_\alpha, \quad \alpha = 1,2,\cdots,N \quad (10.43)$$

这相当于最小化

$$J = \frac{1}{2}\sum_{\alpha=1}^{N}(\langle a_\alpha - \bar{a}_\alpha, V_0[a_\alpha](a_\alpha - \bar{a}_\alpha)\rangle + \langle a'_\alpha - \bar{a}'_\alpha, V_0[a_\alpha](a'_\alpha - \bar{a}'_\alpha)\rangle)$$

$$(10.44)$$

受式(10.43)的影响,该距离称为马氏距离,在计算机视觉领域通常称为重投影误差。引入拉格朗日乘子来约束式(10.43)。消除 $\bar{a}_\alpha$ 和 $\bar{a}'_\alpha$,我们可以重新把式(10.44)写成新的形式:

$$J = \frac{1}{2}\sum_{\alpha=1}^{N}\langle a'_\alpha - Ra_\alpha, W_\alpha(a'_\alpha - Ra_\alpha)\rangle \quad (10.45)$$

其中

$$V_\alpha = RV_0[a_\alpha]R^T + V_0[a'_\alpha] \quad (10.46)$$

并通过下式定义矩阵 W_α,即

$$W_\alpha = V_\alpha^{-1} \quad (10.47)$$

我们看到,对于最大似然估计,不需要知道未知的噪声水平 σ,也就是说,知道按比例的协方差矩阵就足够了。

如果所有数据的噪声特性都相同,则认为分布是均匀的,否则就是不均匀的。如果噪声在所有方向上是相同的,则称分布是各向同性的,否则为各向异性的。当噪声分布均匀且各向同性时,我们可以让 $V_0[a_\alpha] = V_0[a'_\alpha] = I$,这说明 $V_\alpha = 2I, W_\alpha = I/2$。因此,最小化式(10.45),等于最小化 $\sum_{\alpha=1}^{N}\|a'_\alpha - Ra_\alpha\|^2$,称为最小二乘估计或 Procrustes 问题。在这种情况下,可以获得解析解。对于非退化数据分布,Arun 等[1]的结论是利用奇异值分解直接给出解,Kanatani[12]将其推广到退化分布。Horn[10]提出了一种也适用于退化分布的使用四元数表示旋转的替代方法。

然而,计算机视觉应用的 3D 传感的噪声分布很难是均匀的或各向同性的。如今,可供选择的 3D 传感器有多种类型,包括立体视觉和激光或超声波发射,它们可用于制造检查、人体测量、考古测量、相机自动聚焦和自主导航等方面[3,20-21]。最近,一种名为"kinect"的易于使用的设备开始流行。这种设备的特点是:深度方向(如照相机镜头轴或激光/超声波发射的方向)的精度不同于垂直方向的精度。通过立体视觉 3D 传感的协方差矩阵可以从相机设置配置来进行分析评估。许多 3D 传感器制造商提供设备的协方差。这里,对于具有已知(按比例)协方差矩阵的非均匀和各向异性噪声分布,我们考虑用式(10.45)的最小化。

这个问题最初由 Ohta 和 Kanatani[18]通过旋转的四元数表示法结合归一重算迭代特征值计算方案得以解决。后来,Kanatani 和 Matsunaga[15]用一种称为扩展 FNS(基本数值格式)的方法解决了同样的问题,该方法也迭代特征值计算,但不仅可以应用于旋转,还可以应用于仿射变换的所有子群,包括刚性运动和相似性。他们用 GPS 全球定位系统测量,用他们的方案进行土地变形分析。政府机构的网站上提供了 GPS 全球定位系统地面测量数据及其协方差矩阵。在这里,我们展示了李代数方法如何最小化等式(10.45)。

用 $R + A(\Delta\omega)R$ 代替式(10.45)中的 R,将 J 的线性增量用式(10.48)表示:

$$\Delta J = -\sum_{\alpha=1}^{N} \langle A(\Delta\omega) Ra_\alpha, W_\alpha(a'_\alpha - Ra_\alpha) \rangle$$
$$+ \frac{1}{2}\sum_{\alpha=1}^{N} \langle a'_\alpha - Ra_\alpha, \Delta W_\alpha(a'_\alpha - Ra_\alpha) \rangle \quad (10.48)$$

我们注意到式(10.45)的右侧相对于表达式中的两个 R 是对称的,因此我们只需要考虑 R 的增量,并且将结果乘以 2,通过恒等式(10.31),我们可以把第一项写在式(10.48)的右侧,即

$$-\sum_{\alpha=1}^{N} \langle \Delta\omega \times Ra_\alpha, W_\alpha(a'_\alpha - Ra_\alpha) \rangle = -\left\langle \Delta\omega, \sum_{\alpha=1}^{N} (Ra_\alpha) \times W_\alpha(a'_\alpha - Ra_\alpha) \right\rangle$$
$$(10.49)$$

我们曾用等式 $\langle a \times b, c \rangle = \langle a, b \times c \rangle$ 去评估 ΔW_α 在式(10.48)右侧的第二项中的情况。我们可以把式(10.47)写成 $W_\alpha V_\alpha = I$,由此可以得到 $\Delta W_\alpha V_\alpha + W_\alpha \Delta V_\alpha = O$。再次利用式(10.47),可以将 ΔW_α 写成

$$\Delta W_\alpha = -W_\alpha \Delta V_\alpha W_\alpha \quad (10.50)$$

从式(10.46)可以得到

$$\Delta W_\alpha = -W_\alpha(A(\Delta\omega)RV[a_\alpha]R^T + RV[a_\alpha](A(\Delta\omega)R)^T)W_\alpha \quad (10.51)$$

我们把它代入式(10.48)右边的第二项中。注意:式(10.51)右侧的两个项

彼此互相转置,式(10.48)右侧的第二项是 $a'_\alpha - Ra_\alpha$ 的二次型。因此,我们只需要考虑式(10.51)的一个项,并将结果乘以 2。然后,式(10.48)右边的第二项就可以写成

$$-\sum_{\alpha=1}^{N} \langle a'_\alpha - Ra_\alpha, W_\alpha A(\Delta\omega)RV[a_\alpha]R^T W_\alpha(a'_\alpha - Ra_\alpha)\rangle$$

$$= -\sum_{\alpha=1}^{N} \langle W_\alpha(a'_\alpha - Ra_\alpha), \Delta\omega \times RV[a_\alpha]R^T W_\alpha(a'_\alpha - Ra_\alpha)\rangle$$

$$= \sum_{\alpha=1}^{N} \langle \Delta\omega, (W_\alpha(a'_\alpha - Ra_\alpha)) \times RV[a_\alpha]R^T W_\alpha(a'_\alpha - Ra_\alpha)\rangle \quad (10.52)$$

将上式和式(10.49)结合起来,可以把式(10.48)写成

$$\Delta J = -\sum_{\alpha=1}^{N} \langle \Delta\omega, (Ra_\alpha) \times W_\alpha(a'_\alpha - Ra_\alpha) - (W_\alpha(a'_\alpha - Ra_\alpha)) \times RV[a_\alpha]R^T W_\alpha(a'_\alpha - Ra_\alpha)\rangle \quad (10.53)$$

因此,根据式(10.32),式(10.45)中方程的函数 $J(R)$ 的梯度可以给出:

$$g = -\sum_{\alpha=1}^{N} ((Ra_\alpha) \times W_\alpha(a'_\alpha - Ra_\alpha) - (W_\alpha(a'_\alpha - Ra_\alpha))\\ \times RV[a_\alpha]R^T W_\alpha(a'_\alpha - Ra_\alpha)) \quad (10.54)$$

接下来,我们考虑由 $R + A(\Delta\omega)R$ 代替 R 产生的线性增量。既然我们在计算 R 时以 $a'_\alpha - Ra_\alpha \approx 0$ 的程度进行,那么,我们可以忽略式(10.54)右侧第一项中第一个 R 的增量。假设随着迭代的进行,$a'_\alpha - Ra_\alpha \approx 0$,$a'_\alpha - Ra_\alpha$ 中第二项是二次的,所以我们可以忽略第二项。仅考虑第一项中第二个 R 的增量,于是得到

$$\Delta g = \sum_{\alpha=1}^{N} (Ra_\alpha) \times W_\alpha A(\Delta\omega)Ra_\alpha = \sum_{\alpha=1}^{N} (Ra_\alpha) \times W_\alpha(\Delta\omega \times (Ra_\alpha))$$

$$= -\sum_{\alpha=1}^{N} (Ra_\alpha) \times W_\alpha((Ra_\alpha) \times \Delta\omega) \quad (10.55)$$

现在,我们引入新的符号。对于向量 ω 和矩阵 T,我们定义

$$\omega \times T \equiv A(\omega)T, \quad T \times \omega \equiv TA(\omega)^T, \quad \omega \times T \times \omega \equiv A(\omega)TA(\omega)^T$$
(10.56)

最后一个是前两个的组合;无论我们先评估哪个,我们都会得到相同的结果。显然,$\omega \times T$ 表示的是"一个矩阵,其列由 ω 与 T 的 3 列分别进行向量积运算得到",而 $T \times \omega$ 则表示"一个矩阵,其行由 T 的 3 行分别与 ω 进行向量积运算得到"(关于此记号的更多信息,请参阅文献[13,16])。用这个符号,式(10.31)可以写成式(10.55),即

$$\Delta g = -\sum_{\alpha=1}^{N}(Ra_\alpha) \times W_\alpha A(Ra_\alpha)\Delta\omega = \sum_{\alpha=1}^{N}(Ra_\alpha) \times W_\alpha \times (Ra_\alpha)\Delta\omega \tag{10.57}$$

我们注意到 $A(\omega)$ 是反对称的。$A(\omega)^T = -A(\omega)$ 将这个与式(10.33)相比较,可以得到 Hession 的形式:

$$H = \sum_{\alpha=1}^{N}(Ra_\alpha) \times W_\alpha \times (Ra_\alpha) \tag{10.58}$$

现在梯度 g 和 Hessian 值可由式(10.54)和式(10.58)给出。我们可以通过牛顿迭代最小化 $J(R)$,如前一节所述。

然而,在最小化这些量的计算过程中,我们通过让一些量为零来近似 Hessian 值。这种惯例称为高斯-牛顿近似,使用高斯-牛顿近似的牛顿迭代称为高斯-牛顿迭代。由式(10.35)我们可以看出,如果 $\Delta\omega$ 在融合时为 0,$g = 0$ 成立,不考虑 H 的值,返回精确解。换句话说,只要梯度 g 计算正确,H 值就不需要精确。但是,H 的值会影响收敛速度。

如果 Hessian 值不合适,我们可能会超过 $J(R)$ 的最小值,$J(R)$ 的值可能会增加。或者我们可能进行得太慢,无法有意义地减少 $J(R)$。应对这种情况的一个众所周知的方法是将恒等式矩阵 I 的倍数加到 H 上,并调整 $H + cI$ 的常数 c。具体来说,只要 $J(R)$ 减少,我们就减少 c,如果 $J(R)$ 增加我们就增加 c。这种修改称为 Levenberg – Marquardt 方法。程序编写如下(如参见文献[19])。

(1)初始化 R,让 $c = 0.0001$。
(2)计算梯度 g 和 $J(R)$ 的(高斯-牛顿近似)Hessian 值。
(3)求解下面的线性方程 $\Delta\omega$:

$$(H + cI)\Delta\omega = -g \tag{10.59}$$

(4)暂时将 R 更新为

$$\tilde{R} = e^{A(\Delta\omega)}R \tag{10.60}$$

(5)如果不满足 $J(\tilde{R}) < J(R)$ 或 $J(\tilde{R}) \approx J(R)$,则让 $c \leftarrow 10c$,返回步骤(3)。
(6)如果 $\|\Delta\omega\| \approx 0$,返回 $\tilde{R}$ 并且停止;否则,更新 $R \leftarrow \tilde{R}$,$c \leftarrow c/10$,返回步骤(2)。

如果我们让 $c = 0$,这就简化为高斯-牛顿迭代。在步骤(1)、(5)和(6)中,值 0.0001、$10c$ 和 $c/10$ 都是取经验值。为了开始迭代,我们需要适当的初始值,为此,我们可以使用解析的均匀各向同性噪声解[1,10,12]。在大多数实际应用中,初始解是足够精确的,因此,上面的 Levenberg – Marquardt 法迭代通常在几次迭代后收敛。

10.7 基本矩阵计算

考虑由两个相机拍摄的场景的两个图像。假设场景中的一个点在第一个相机图像的(x,y)处成像,并且(x',y')在第二个相机图像中。从透视成像的几何学来看,下面的极线方程成立[9]:

$$\left\langle \begin{pmatrix} x/f_0 \\ y/f_0 \\ 1 \end{pmatrix}, \mathbf{F} \begin{pmatrix} x'/f_0 \\ y'/f_0 \\ 1 \end{pmatrix} \right\rangle = 0 \quad (10.61)$$

式中:f_0是任意比例常数。理论上,我们可以将其设置为1,但为了有限长度计算的数值稳定性,最好让它具有x/f和y/f的大小[8]。矩阵$\mathbf{F}$称为基本矩阵,由两个相机的相对配置及其内部参数(如焦距)决定。

由点(x_α, y_α),(x'_α, y'_α),$\alpha = 1, 2, \cdots, N$,对应关系计算基本矩阵$\mathbf{F}$,是计算机视觉最基本的步骤之一(图10.4)。根据计算出的$\mathbf{F}$,我们可以重建场景的3D结构(如参见文献[9,16])。其计算的基本原理是最小化下面的函数:

$$J(\mathbf{F}) = \frac{f_0^2}{2} \sum_{\alpha=1}^{N} \frac{\langle \mathbf{x}_\alpha, \mathbf{F}\mathbf{x}'_\alpha \rangle^2}{\|\mathbf{P}_k \mathbf{F} \mathbf{x}'_\alpha\|^2 + \|\mathbf{P}_k \mathbf{F}^T \mathbf{x}'_\alpha\|^2} \quad (10.62)$$

定义如下:

$$\mathbf{x}_\alpha = \begin{pmatrix} x_\alpha/f_0 \\ y_\alpha/f_0 \\ 1 \end{pmatrix}, \mathbf{x}'_\alpha = \begin{pmatrix} x'_\alpha/f_0 \\ y'_\alpha/f_0 \\ 1 \end{pmatrix}, \mathbf{P}_k = \begin{pmatrix} 1 & 0 & 0 \\ 0 & 1 & 0 \\ 0 & 0 & 0 \end{pmatrix} \quad (10.63)$$

通过最小化式(10.62),我们能得到高精度的最大似然,假设噪声项Δx_α、Δy_α、$\Delta x'_\alpha$和$\Delta y'_\alpha$在坐标(x_α, y_α)与(x'_α, y'_α)中是均值为0且方差恒定的高斯变量。式(10.62)的方程$J(\mathbf{F})$称为桑普森误差[9,16]。

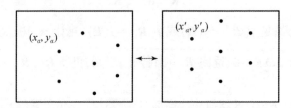

图10.4 由两幅图像的点对应关系计算基本矩阵$\mathbf{F}$

显然,基本矩阵$\mathbf{F}$具有尺度不确定性,如果$\mathbf{F}$乘以任意非零常数,式(10.61)和式(10.62)都没有改变。我们将其标准化为$\|\mathbf{F}\|^2 \left(\equiv \sum_{i,j=1}^{3} F_{ij}^2 \right) = 1$。此

外,还有一个重要的要求,称为秩约束[9,16]:F 必须秩为 2。已经有许多策略来施加这种约束(见文献[16]),但是最直接的方法是通过 SVD(奇异值分解)表示 F:

$$F = U \begin{pmatrix} \sigma_1 & 0 & 0 \\ 0 & \sigma_2 & 0 \\ 0 & 0 & 0 \end{pmatrix} V^T \tag{10.64}$$

式中:U 和 V 为正交矩阵;$\sigma_1 \geq \sigma_2 (>0)$ 是奇异值;让第三个奇异值 σ_3 为 0 是秩约束。从标准化 $\|F\|^2 = 1$,我们得到 $\sigma_1^2 + \sigma_2^2 = 1$,所以可以让

$$\sigma_1 = \cos\phi, \sigma_2 = \sin\phi \tag{10.65}$$

将式(10.64)代入式(10.62)中,我们相对于 U、V 和 ϕ 最小化 $J(F)$。这个参数化首先是由 Bartoli 和 Sturm [2] 提出的,Sugaya 和 Kanatani [25] 应用了李代数方法。

注意:U 和 V 是正交矩阵;根据行列式的符号,它们可能不代表旋转。然而,正交矩阵的小变化就是小旋转。因此,我们可以用这种形式表达 U 和 V 的微小变化,即

$$\Delta U = A(\Delta \boldsymbol{\omega}_U) U, \Delta V = A(\Delta \boldsymbol{\omega}_V) U \tag{10.66}$$

就小旋转向量而言,$\Delta \boldsymbol{\omega}_U = (\Delta \omega_{iU})$ 和 $\Delta \boldsymbol{\omega}_V = (\Delta \omega_{iV})$,递增式(10.64)中的 U、V 和 ϕ 到 $U + \Delta U, V + \Delta V, \phi + \Delta \phi$。我们可以把 F 的线性增量,忽略高阶项,写成

$$\Delta F = A(\Delta \boldsymbol{\omega}_U) U \text{diag}(\cos\phi, \sin\phi, 0) V^T + U \text{diag}(\cos\phi, \sin\phi, 0)(A(\Delta \boldsymbol{\omega}_V) V)^T$$
$$+ U \text{diag}(-\sin\phi, \cos\phi, 0) V^T \Delta\phi \tag{10.67}$$

去掉单个元素,我们得到

$$\Delta F_{11} = \Delta\omega_{2U} F_{31} - \Delta\omega_{3U} F_{21} + \Delta\omega_{2V} F_{13} - \Delta\omega_{3V} F_{12}$$
$$+ (U_{12} V_{12} \cos\phi - U_{11} V_{11} \sin\phi) \Delta\phi$$

$$\Delta F_{12} = \Delta\omega_{2U} F_{32} - \Delta\omega_{3U} F_{22} + \Delta\omega_{3V} F_{11} - \Delta\omega_{1V} F_{13}$$
$$+ (U_{12} V_{22} \cos\phi - U_{11} V_{21} \sin\phi) \Delta\phi \tag{10.68}$$
$$\vdots$$
$$\Delta F_{33} = \Delta\omega_{1U} F_{23} - \Delta\omega_{2U} F_{13} + \Delta\omega_{1V} F_{32} - \Delta\omega_{2V} F_{31}$$
$$+ (U_{32} V_{32} \cos\phi - U_{31} V_{31} \sin\phi) \Delta\phi$$

我们认为,ΔF 是由 9 维向量的分量组成 $\Delta F_{11}, \Delta F_{12}, \cdots, \Delta F_{33}$,可以写成

$$\Delta F = F_U \Delta\boldsymbol{\omega}_U + F_V \Delta\boldsymbol{\omega}_V + \boldsymbol{\theta}_\phi \Delta\phi \tag{10.69}$$

其中,我们定义了 9×3 矩阵 F_U 和 F_V 以及 9 维向量 $\boldsymbol{\theta}_\phi$,表示为

$$\boldsymbol{F}_U = \begin{pmatrix} 0 & F_{31} & -F_{21} \\ 0 & F_{32} & -F_{22} \\ 0 & F_{33} & -F_{23} \\ -F_{31} & 0 & F_{11} \\ -F_{32} & 0 & F_{12} \\ -F_{33} & 0 & F_{13} \\ F_{21} & -F_{11} & 0 \\ F_{22} & -F_{12} & 0 \\ F_{23} & -F_{13} & 0 \end{pmatrix}, \quad \boldsymbol{F}_V = \begin{pmatrix} 0 & F_{13} & -F_{12} \\ -F_{13} & 0 & F_{11} \\ F_{12} & -F_{11} & 0 \\ 0 & F_{23} & -F_{22} \\ -F_{23} & 0 & F_{21} \\ F_{22} & -F_{21} & 0 \\ 0 & F_{33} & -F_{32} \\ -F_{33} & 0 & F_{31} \\ F_{32} & -F_{31} & 0 \end{pmatrix} \quad (10.70)$$

$$\boldsymbol{\theta}_{\phi} = \begin{pmatrix} \sigma_1 U_{12} V_{12} - \sigma_2 U_{11} V_{11} \\ \sigma_1 U_{12} V_{22} - \sigma_2 U_{11} V_{21} \\ \sigma_1 U_{12} V_{32} - \sigma_2 U_{11} V_{31} \\ \sigma_1 U_{22} V_{12} - \sigma_2 U_{21} V_{11} \\ \sigma_1 U_{22} V_{22} - \sigma_2 U_{21} V_{21} \\ \sigma_1 U_{22} V_{32} - \sigma_2 U_{21} V_{31} \\ \sigma_1 U_{32} V_{12} - \sigma_2 U_{31} V_{11} \\ \sigma_1 U_{32} V_{22} - \sigma_2 U_{31} V_{21} \\ \sigma_1 U_{32} V_{32} - \sigma_2 U_{31} V_{31} \end{pmatrix} \quad (10.71)$$

式(10.62)的函数 $J(\boldsymbol{F})$ 的线性增量 ΔJ 可以表示为

$$\Delta \boldsymbol{J} = \langle \nabla_F J, \Delta \boldsymbol{F} \rangle = \langle \nabla_F J, \boldsymbol{F}_U \Delta \boldsymbol{\omega}_U \rangle + \langle \nabla_F J, \boldsymbol{F}_V \Delta \boldsymbol{\omega}_V \rangle + \langle \nabla_F J, \boldsymbol{\theta}_\phi \Delta \phi \rangle$$
$$= \langle \boldsymbol{F}_U^{\mathrm{T}} \nabla_F J, \Delta \boldsymbol{\omega}_U \rangle + \langle \boldsymbol{F}_V^{\mathrm{T}} \nabla_F J, \Delta \boldsymbol{\omega}_V \rangle + \langle \nabla_F J, \boldsymbol{\theta}_\phi \rangle \Delta \phi \quad (10.72)$$

式中: $\nabla_F J$ 是由 $\partial J/\partial F_{ij}$ 分量组成的9维向量。为此,我们获得了 J 相对于 $\boldsymbol{U}_U$、$\boldsymbol{U}_V$ 和 ϕ 的梯度,如下所示:

$$\nabla_{\omega_U} J = \boldsymbol{F}_U^{\mathrm{T}} \nabla_F J, \quad \nabla_{\omega_V} J = \boldsymbol{F}_V^{\mathrm{T}} \nabla_F J, \quad \frac{\partial J}{\partial \phi} = \langle \nabla_F J, \boldsymbol{\theta}_\phi \rangle \quad (10.73)$$

接下来,考虑式(10.62)中二阶导数 $\partial^2 J/\partial F_{ij} \partial F_{kl}$,我们采用高斯-牛顿近似,忽略了 $\langle \boldsymbol{x}_\alpha, \boldsymbol{F} \boldsymbol{x}'_\alpha \rangle$,即式(10.61)中极限方程的左侧,因此,我们不需要考虑在一阶导数中包含 $\langle \boldsymbol{x}_\alpha, \boldsymbol{F} \boldsymbol{x}'_\alpha \rangle^2$ 项,即不需要区分式(10.62)中的分母,一阶导数可以近似为

$$\frac{\partial J}{\partial F_{ij}} \approx \sum_{\alpha=1}^{2} \frac{f_0^2 x_{i\alpha} x'_{j\alpha} \langle \boldsymbol{x}_\alpha, \boldsymbol{F} \boldsymbol{x}' \rangle}{\| \boldsymbol{P}_k \boldsymbol{F} \boldsymbol{x}' \|^2 + \| \boldsymbol{P}_k \boldsymbol{F}^{\mathrm{T}} \boldsymbol{x}'_\alpha \|^2} \quad (10.74)$$

式中: $x_{i\alpha}$ 和 $x'_{j\alpha}$ 分别表示 $\boldsymbol{x}_\alpha$ 和 $\boldsymbol{x}'_\alpha$ 的第 i 部分。为了与 F_{kl} 进行区分,我们不需要区分分母,因为分子包含 $\langle \boldsymbol{x}_\alpha, \boldsymbol{F} \boldsymbol{x}'_\alpha \rangle$,只求分子的微分,我们得到

$$\frac{\partial^2 J}{\partial F_{ij} \partial F_{kl}} \approx \sum_{\alpha=1}^{2} \frac{f_0^2 x_{i\alpha} x'_{j\alpha} x_{k\alpha} x'_{l\alpha}}{\| P_k F x'_\alpha \|^2 + \| P_k F^T x'_\alpha \|^2} \qquad (10.75)$$

我们来计算成对的指数 $(i,j) = (1,1),(1,2),\cdots,(3,3)$,使用单一指数 $I = 1,2,\cdots,9$。同样,我们使用单一指数 $J = 1,2,\cdots,9$ 为 (k,l) 成对。把上面等式的右边看作 9×9 矩阵的 (I,J) 元素,我们把它写成 $\nabla_F^2 J$。然后,和式(10.72)相同,在式(10.69)中我们写成 J 相对于 U、V 和 ϕ 的第二种推导形式:

$$\begin{aligned}
\Delta^2 J &= \langle \Delta F, \nabla_F^2 J \Delta F \rangle \\
&= \langle F_U \Delta\omega_U + F_V \Delta\omega_V + \theta_\phi \Delta\phi, \nabla_F^2 J (F_U \Delta\omega_U + F_V \Delta\omega_V + \theta_\phi \Delta\phi) \rangle \\
&= \langle \Delta\omega_U, F_U^T \nabla_F^2 J F_U \Delta\omega_U \rangle + \langle \Delta\omega_V, F_U^T \nabla_F^2 J F_V \Delta\omega_V \rangle \\
&\quad + \langle \Delta\omega_V, F_V^T \nabla_F^2 J F_U \Delta\omega_V \rangle + \langle \Delta\omega_V, F_V^T \nabla_F^2 J F_V \Delta\omega_V \rangle \\
&\quad + \langle \Delta\omega_U, F_U^T \nabla_F^2 J \theta_\phi \rangle \Delta\phi + \langle \Delta\omega_V, F_V^T \nabla_F^2 J \theta_\phi \rangle \Delta\phi \\
&\quad + \langle \Delta\omega_U, F_U^T \nabla_F^2 J \theta_\phi \rangle \Delta\phi + \langle \Delta\omega_V, F_V^T \nabla_F^2 J \theta_\phi \rangle \Delta\phi \\
&\quad + \langle \theta_\phi, \nabla_F^2 J \theta_\phi \rangle \Delta\phi^2 \qquad (10.76)
\end{aligned}$$

由此我们得到 J 的下列二阶导数:

$$\nabla_{\omega_U \omega_U} J = F_U^T \nabla_F^2 J F_U, \ \nabla_{\omega_V \omega_V} J = F_V^T \nabla_F^2 J F_V, \ \nabla_{\omega_U \omega_V} J = F_U^T \nabla_F^2 J F_V,$$

$$\frac{\partial \nabla_{\omega_U} J}{\partial \phi} = F_U^T \nabla_F^2 J \theta_\phi, \ \frac{\partial \nabla_{\omega_V} J}{\partial \phi} = F_V^T \nabla_F^2 J \theta_\phi, \ \frac{\partial^2 J}{\partial \phi^2} = \langle \theta_\phi, \nabla_F^2 J \theta_\phi \rangle \qquad (10.77)$$

现在给出了一阶和二阶导数,Levenberg – Marquard 方法最小化 J 的步骤如下。

(1) 初始化 F,使 $|F| = 0$ 并且 $\|F\| = 1$,并计算式(10.64)的奇异值分解。评估式(10.62)的 J 值。设 $c = 0.0001$。

(2) 计算 J 相对于 F 的一阶和二阶导数 $\nabla_F J$ 和(高斯-牛顿近似)$\nabla_F^2 J$。

(3) 计算式(10.70)中 9×3 矩阵 F_U 和 F_V 与式(10.71)的 9 维向量 θ_ϕ。

(4) 计算式(10.73)中的一阶导数 $\nabla_{\omega_U} J$、$\nabla_{\omega_V} J$ 和式(10.77)中 $\partial J / \partial \phi$ 关于 J 的二阶导数 $\nabla_{\omega_U \omega_U} J$、$\nabla_{\omega_V \omega_V} J$、$\nabla_{\omega_U \omega_V} J$、$\partial \nabla_{\omega_U} J / \partial \phi$、$\partial \nabla_{\omega_V} J / \partial \phi$ 和 $\partial^2 J / \partial \phi^2$。

(5) 解下面的线性方程 $\Delta\omega_U$、$\Delta\omega_V$ 和 $\Delta\phi$,即

$$\left(\begin{pmatrix} \nabla_{\omega_U \omega_U} J & \nabla_{\omega_U \omega_V} J & \partial \nabla_{\omega_U} J / \partial \phi \\ (\nabla_{\omega_U \omega_V} J)^T & \nabla_{\omega_V \omega_V} J & \partial \nabla_{\omega_V} J / \partial \phi \\ (\partial \nabla_{\omega_U} J / \partial \phi)^T & (\partial \nabla_{\omega_V} J / \partial \phi)^T & \partial^2 J / \partial \phi^2 \end{pmatrix} + cI \right) \begin{pmatrix} \Delta\omega_U \\ \Delta\omega_V \\ \Delta\phi \end{pmatrix}$$

$$= - \begin{pmatrix} \nabla_{\omega_U} J \\ \nabla_{\omega_V} J \\ \partial J / \partial \phi \end{pmatrix} \qquad (10.78)$$

(6) 暂时将 U、V 和 ϕ 更新为

$$\tilde{U} = e^{A(\Delta\omega_U)} U, \ \tilde{V} = e^{A(\Delta\omega_V)} V, \ \tilde{\phi} = \phi + \Delta\phi \qquad (10.79)$$

(7) 暂时将 F 更新为

$$\tilde{F} = \tilde{U} \begin{pmatrix} \cos\tilde{\phi} & 0 & 0 \\ 0 & \sin\tilde{\phi} & 0 \\ 0 & 0 & 0 \end{pmatrix} \tilde{V}^{\mathrm{T}} \tag{10.80}$$

(8) 让 $\tilde{J}$ 的值变为式(10.62)中 $\tilde{F}$ 的值。

(9) 如果 $\tilde{J} < J$ 或者 $\tilde{J} \approx J$ 不被满足,让 $c \leftarrow 10c$ 并且进行步骤(5)。

(10) 如果 $\tilde{F} \approx F$,返回 $\tilde{F}$ 并且停止;否则,$F \leftarrow \tilde{F}$,$U \leftarrow \tilde{U}$,$V \leftarrow \tilde{V}$,$\tilde{\phi} \leftarrow \phi$,$c \leftarrow c/10$ 和 $J \leftarrow J'$,并且返回步骤(2)。

我们需要初始化 F 后开始这些迭代。已知各种简单的方法中,最简单的是"最小二乘法",它使式(10.61)的极线方程左侧的平方和最小。这相当于忽略了式(10.62)左侧的分母。由于平方和在 F 中是二次的,如果不考虑秩约束,则通过特征分析立即得到解。秩约束可以通过计算所得 F 的奇异值分解并用0替换最小奇异值来施加。这个方案称为 Hartley 8 点法[8]。Hartley 的 8 点法在大多数实际应用中足够精确,因此上述迭代通常在几次迭代后收敛。Kanatani 等[16]的方法比 Hartley 的 8 点法提高了精度,通常有效位数至少增加一位。

10.8 光束平差法

我们考虑多个相机拍摄的多个图像重建场景的3D结构的问题。最基本的方法之一是光束平差法:我们以最佳方式估计我们正在观察这些点的所有 3D 位置和所有相机的姿态以及它们的内部参数,以这种方式射线束或视线将适当地穿过图像。

点 $(X_\alpha, Y_\alpha, Z_\alpha)$,$\alpha = 1, 2, \cdots, N$,假设在 k 相机的图像中 $(x_{\alpha\kappa}, y_{\alpha\kappa})$ 处观察第 α 点,$\kappa = 1, 2, \cdots, M$(图10.5)。当今,大多数相机的成像几何形状都是通过透视投影充分建模的,对于透视投影,以下关系成立[9]:

$$\begin{aligned} x_{\alpha\kappa} &= f_0 \frac{P_{\kappa(11)}X_\alpha + P_{\kappa(12)}Y_\alpha + P_{\kappa(13)}Z_\alpha + P_{\kappa(14)}}{P_{\kappa(31)}X_\alpha + P_{\kappa(32)}Y_\alpha + P_{\kappa(33)}Z_\alpha + P_{\kappa(34)}} \\ y_{\alpha\kappa} &= f_0 \frac{P_{\kappa(21)}X_\alpha + P_{\kappa(22)}Y_\alpha + P_{\kappa(23)}Z_\alpha + P_{\kappa(24)}}{P_{\kappa(31)}X_\alpha + P_{\kappa(32)}Y_\alpha + P_{\kappa(33)}Z_\alpha + P_{\kappa(34)}} \end{aligned} \tag{10.81}$$

式中:f_0 是我们在式(10.61)中使用的比例常数。$P_\kappa(ij)$ 是由位置、方向和第 κ 处相机内部参数决定的常数(如焦距、主点位置和图像失真描述),我们把 (i,j) 元素为 $P_\kappa(ij)$ 的 3×4 矩阵写成 P_κ,称为第 κ 个相机的相机矩阵。由透视投影

的几何学,我们可以把它写成

$$P_\kappa = K_\kappa R_\kappa^T (I - t_\kappa) \tag{10.82}$$

式中:K_κ 是 3×3 矩阵,称为本征参数矩阵,由第 κ 个相机的内部参数组[9]。

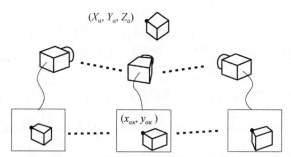

图 10.5 场景中 N 个点由 M 个摄像头观看,第 α 个点 $(X_\alpha, Y_\alpha, Z_\alpha)$ 在第 κ 个相机图像中的点 $(x_{\alpha\kappa}, y_{\alpha\kappa})$ 处成像

矩阵 R_κ 表示第 κ 个相机相对于固定到场景的世界坐标系的旋转,而 t_κ 是第 κ 个相机的镜头中心的位置。光束平差法的原则是最小化

$$E = \sum_{\alpha=1}^{N} \sum_{\kappa=1}^{M} \left(\left(\frac{x_{\alpha\kappa}}{f_0} - \frac{P_{\kappa(11)}X_\alpha + P_{\kappa(12)}Y_\alpha + P_{\kappa(13)}Z_\alpha + P_{\kappa(14)}}{P_{\kappa(31)}X_\alpha + P_{\kappa(32)}Y_\alpha + P_{\kappa(33)}Z_\alpha + P_{\kappa(34)}} \right)^2 + \left(\frac{y_{\alpha\kappa}}{f_0} - \frac{P_{\kappa(21)}X_\alpha + P_{\kappa(22)}Y_\alpha + P_{\kappa(23)}Z_\alpha + P_{\kappa(24)}}{P_{\kappa(31)}X_\alpha + P_{\kappa(32)}Y_\alpha + P_{\kappa(33)}Z_\alpha + P_{\kappa(34)}} \right)^2 \right) \tag{10.83}$$

关于所有 3D 位置 $(X_\alpha, Y_\alpha, Z_\alpha)$ 和来自观察到的 $(x_{\alpha\kappa}, y_{\alpha\kappa})$ 的所有相机矩阵 $P_\kappa, \alpha = 1, 2, \cdots, N, \kappa = 1, 2, \cdots, M$,作为输入,以便式(10.81)保持尽可能准确。表达式 E 称为重投影误差[9],测量由透视投影几何预测的图像位置和它们实际观察到的图像位置之间的差异的平方和得到。

目前,已经提出各种算法用于光束平差法,并且可在网络上获得。最著名的是 Lourakis 和 Argyros 的 SBA[17]。Snavely 等[23-24]将其与图像对应提取过程相结合,并提供了一种称为集束的工具。这里,我们在 Kanatani 等[16]的基础上稍微修改了这些算法,明确使用李代数方法进行相机旋转优化,即

$$\begin{aligned} p_{\alpha\kappa} &= P_{\kappa(11)}X_\alpha + P_{\kappa(12)}Y_\alpha + P_{\kappa(13)}Z_\alpha + P_{\kappa(14)} \\ q_{\alpha\kappa} &= P_{\kappa(21)}X_\alpha + P_{\kappa(22)}Y_\alpha + P_{\kappa(23)}Z_\alpha + P_{\kappa(24)} \\ r_{\alpha\kappa} &= P_{\kappa(31)}X_\alpha + P_{\kappa(32)}Y_\alpha + P_{\kappa(33)}Z_\alpha + P_{\kappa(34)} \end{aligned} \tag{10.84}$$

我们可以重新将式(10.83)写成下面的形式:

$$E = \sum_{\alpha=1}^{N} \sum_{\kappa=1}^{M} \left(\left(\frac{p_{\alpha\kappa}}{r_{\alpha\kappa}} - \frac{x_{\alpha\kappa}}{f_0} \right)^2 + \left(\frac{q_{\alpha\kappa}}{r_{\alpha\kappa}} - \frac{y_{\alpha\kappa}}{f_0} \right)^2 \right) \tag{10.85}$$

用单个指数 $k = 1, 2, \cdots$ 来解决所有的未知数,即所有 3D 位置 $(X_\alpha, Y_\alpha, Z_\alpha)$ $(\alpha = 1, 2, \cdots, N)$,所有的相机矩阵 P_κ $(\kappa = 1, 2, \cdots, M)$,我们把所有的未知数写

成 $\xi_1,\xi_2,\cdots$, 重投影误差 E 相对于 ξ_k 的一阶导数为

$$\frac{\partial E}{\partial \xi_k} = \sum_{\alpha=1}^{N} \sum_{\kappa=1}^{M} \frac{2}{r_{\alpha\kappa}^2} \left(\left(\frac{p_{\alpha\kappa}}{r_{\alpha\kappa}} - \frac{x_{\alpha\kappa}}{f_0} \right) \left(r_{\alpha\kappa} \frac{\partial p_{\alpha\kappa}}{\partial \xi_k} - p_{\alpha\kappa} \frac{\partial r_{\alpha\kappa}}{\partial \xi_k} \right) \right.$$
$$\left. + \left(\frac{q_{\alpha\kappa}}{r_{\alpha\kappa}} - \frac{y_{\alpha\kappa}}{f_0} \right) \left(r_{\alpha\kappa} \frac{\partial q_{\alpha\kappa}}{\partial \xi_k} - q_{\alpha\kappa} \frac{\partial r_{\alpha\kappa}}{\partial \xi_k} \right) \right) \quad (10.86)$$

接下来,我们考虑二阶导数。注意:随着式(10.85)在迭代过程中减小,我们预测 $p_{\alpha\kappa}/r_{\alpha\kappa} - x_{\alpha\kappa}/f_0 \approx 0$ 和 $q_{\alpha\kappa}/r_{\alpha\kappa} - y_{\alpha\kappa}/f_0 \approx 0$。因此,我们选择忽略它们的高斯-牛顿近似值。然后,E 的二阶导数写成

$$\frac{\partial^2 E}{\partial \xi_k \partial \xi_l} = 2 \sum_{\alpha=1}^{N} \sum_{\kappa=1}^{M} \frac{1}{r_{\alpha\kappa}^4} \left(\left(r_{\alpha\kappa} \frac{\partial p_{\alpha\kappa}}{\partial \xi_k} - p_{\alpha\kappa} \frac{\partial r_{\alpha\kappa}}{\partial \xi_k} \right) \left(r_{\alpha\kappa} \frac{\partial p_{\alpha\kappa}}{\partial \xi_l} - p_{\alpha\kappa} \frac{\partial r_{\alpha\kappa}}{\partial \xi_l} \right) \right.$$
$$\left. + \left(r_{\alpha\kappa} \frac{\partial q_{\alpha\kappa}}{\partial \xi_k} - q_{\alpha\kappa} \frac{\partial r_{\alpha\kappa}}{\partial \xi_k} \right) \left(r_{\alpha\kappa} \frac{\partial q_{\alpha\kappa}}{\partial \xi_l} - q_{\alpha\kappa} \frac{\partial r_{\alpha\kappa}}{\partial \xi_l} \right) \right) \quad (10.87)$$

最后,为了计算一阶和二阶导数 $\partial E/\partial \xi_k$ 和 $\partial^2 E/\partial \xi_k \partial \xi_l$ 的 E,我们只需要计算一阶导数 $\partial p_{\alpha\kappa}/\partial \xi_k$、$\partial q_{\alpha\kappa}/\partial \xi_k$ 和 $\partial r_{\alpha\kappa}/\partial \xi_k$ 的 $p_{\alpha\kappa}$、$q_{\alpha\kappa}$ 与 $r_{\alpha\kappa}$。

现在,我们把李代数方法应用在关于旋转 $\boldsymbol{R}_\kappa$ 的微分的方程(10.82)[①]中。对于其他未知($(X_\alpha,Y_\alpha,Z_\alpha)$的3D位置,相机位置 $\boldsymbol{t}_\kappa$,以及本征参数矩阵 $\boldsymbol{K}_\kappa$ 中的所有参数),我们可以直接应用通常的链式法则。

式(10.82)中线性增量 $\Delta \boldsymbol{P}_\kappa$ 是由 $\boldsymbol{R}_\kappa$ 的 $A(\Delta \boldsymbol{\omega}_K)\boldsymbol{R}_K$ 一个小变化引起的,可以写成

$$\Delta \boldsymbol{P}_\kappa = \boldsymbol{K}_\kappa (A(\Delta \boldsymbol{\omega}_\kappa)\boldsymbol{R}_\kappa)^{\mathrm{T}}(\boldsymbol{I} - \boldsymbol{t}_\kappa) = \boldsymbol{K}_\kappa \boldsymbol{R}_\kappa^{\mathrm{T}}(A(\Delta \boldsymbol{\omega}_\kappa)^{\mathrm{T}} - A(\Delta \boldsymbol{\omega}_\kappa)^{\mathrm{T}} \boldsymbol{t}_\kappa)$$
$$= \boldsymbol{K}_\kappa \boldsymbol{R}_\kappa^{\mathrm{T}} \begin{pmatrix} 0 & \Delta\omega_{\kappa 3} & -\Delta\omega_{\kappa 2} & \Delta\omega_{\kappa 2}t_{\kappa 3} - \Delta\omega_{\kappa 3}t_{\kappa 2} \\ -\Delta\omega_{\kappa 3} & 0 & \Delta\omega_{\kappa 1} & \Delta\omega_{\kappa 3}t_{\kappa 1} - \Delta\omega_{\kappa 1}t_{\kappa 3} \\ \Delta\omega_{\kappa 2} & -\Delta\omega_{\kappa 1} & 0 & \Delta\omega_{\kappa 1}t_{\kappa 2} - \Delta\omega_{\kappa 2}t_{\kappa 1} \end{pmatrix} \quad (10.88)$$

式中:$\Delta\omega_{\kappa i}$ 和 $t_{\kappa i}$ 分别是第 i 个 $\Delta\boldsymbol{\omega}_\kappa$ 和 $\boldsymbol{t}_\kappa$ 的组成,将上面的等式改写成

$$\Delta\boldsymbol{P}_\kappa = \frac{\partial \boldsymbol{P}_\kappa}{\partial \omega_{\kappa 1}} \Delta\omega_{\kappa 1} + \frac{\partial \boldsymbol{P}_\kappa}{\partial \omega_{\kappa 2}} \Delta\omega_{\kappa 2} + \frac{\partial \boldsymbol{P}_\kappa}{\partial \omega_{\kappa 3}} \Delta\omega_{\kappa 3} \quad (10.89)$$

我们获得了关于小旋转向量 $\Delta\boldsymbol{\omega}_\kappa$ 的 $\boldsymbol{P}_\kappa$ 的梯度 $\partial \boldsymbol{P}_\kappa/\partial \omega_{\kappa 1}$、$\partial \boldsymbol{P}_\kappa/\partial \omega_{\kappa 2}$ 和 $\partial \boldsymbol{P}_\kappa/\partial \omega_{\kappa 3}$。将向量 $\boldsymbol{\omega}_\kappa$ 的各分量纳入 ξ_i 集合中,可以得到旋转式(10.84)中关于 ξ_k 的一阶导数旋量 $\partial p_{\alpha\kappa}/\partial \xi_k$、$\partial q_{\alpha\kappa}/\partial \xi_k$ 和 $\partial r_{\alpha\kappa}/\partial \xi_k$。注意:没有定义 ω_k 的值,但定义了它的微分。通过式(10.86)和式(10.87)我们可以计算一阶和二阶导数 $\partial E/\partial \xi_k$ 和 $\partial^2 E/\partial \xi_k \partial \xi_l$ 重投影误差 E。Levenberg-Marquardt 光束平差法程序有以下形式。

(1)初始化3D位置 $(X_\alpha,Y_\alpha,Z_\alpha)$ 和相机矩阵 $\boldsymbol{\kappa}$,设 $c = 0.0001$,并计算相关

[①] 当前大多数可用的开放软件中使用旋转四元数表示法。

的重投影误差 E。

(2) 计算一阶导数 $\partial E/\partial \xi_k$ 和二阶导数 $\partial^2 E/\partial \xi_k \partial \xi_l$ 所有的未知数。

(3) 求解 $\Delta \xi_k$ 下面的线性方程,$k = 1,2,\cdots$:

$$\begin{pmatrix} \partial^2 E/\partial \xi_1^2 + c & \partial^2 E/\partial \xi_1 \partial \xi_2 & \partial^2 E/\partial \xi_1 \partial \xi_3 & \cdots \\ \partial^2 E/\partial \xi_2 \partial \xi_1 & \partial^2 E/\partial \xi_2^2 + c & \partial^2 E/\partial \xi_2 \partial \xi_3 & \cdots \\ \partial^2 E/\partial \xi_3 \partial \xi_1 & \partial^2 E/\partial \xi_3 \partial \xi_2 & \partial^2 E/\partial \xi_3^2 + c & \cdots \\ \vdots & \vdots & \vdots & \end{pmatrix} \begin{pmatrix} \Delta \xi_1 \\ \Delta \xi_2 \\ \Delta \xi_3 \\ \vdots \end{pmatrix} = - \begin{pmatrix} \partial E/\partial \xi_1 \\ \partial E/\partial \xi_2 \\ \partial E/\partial \xi_3 \\ \vdots \end{pmatrix}$$

(10.90)

(4) 临时更新未知数 ξ_k 为 $\tilde{\xi}_k = \xi_k + \Delta \xi_k$,旋转 $\boldsymbol{R}_\kappa$ 更新为 $\tilde{\boldsymbol{R}}_k = e^{A(\Delta \omega_k)} \boldsymbol{R}_k$。

(5) 计算相应的重投影误差 $\tilde{E}$。如果 $\tilde{E} > E$,设 $c \leftarrow 10c$,并且返回到步骤(3)。

(6) 将未知数更新为 $\xi_k \leftarrow \tilde{\xi}_k$,如果 $|\tilde{E} - E| \le \delta$,则停止($\delta$ 是小常数);否则,设 $E \leftarrow \tilde{E}$ 和 $c \leftarrow c/10$,并且返回到步骤(2)。

在通常的数值迭代中,变量被连续更新,直到它们不再变化。然而,用光束平差法的未知数的数量是几千甚至几万,如果要求所有变量都收敛到有效数字以上,则不切实际的长计算时间是必要的。另一方面,光束平差法的目的是找到具有小的再投影误差的解决方案。因此,如果重投影误差几乎停止减小,则停止是一种实用的折中方案,如上述过程中所述。

但在实际执行中,会出现许多问题。其中之一是规模和方向的不确定性。这是由于世界坐标系可以任意定义,并通过附近的相机对小目标成像,将产生与由远处的相机对大型目标相同的图像。为了解决这种不确定性,我们通常定义世界坐标系,使其与第一个相机框架重合并固定比例,使第一和第二相机之间的距离为1。像这样的归一化减少了方程(10.90)的未知数。还有,场景中的所有点不一定都能在所有图像中看到,所以我们必须相应地调整式(10.90)的方程数和未知数。

另一个问题是计算时间。直接求解式(10.90)将需要数小时或数天的计算。减少这种情况的一种众所周知的技术是将未知数分离为3D点矩阵和相机矩阵;我们用另一部分的未知量来求解一部分的未知量,并将结果代入剩余的线性方程,得到一个更小的系数矩阵,称为舒尔补码[26]。内存空间是另一个问题。我们需要在迭代过程中保留所有相关信息,而不在内存数组中写入所有中间值,这可能会耗尽内存资源。有关使用实现细节和数值示例,请参见文献[16]真实图像数据。

10.9　结论

本章描述了如何使用图像和传感器数据优化旋转的姿态计算，已经指出，我们不需要旋转的任何参数化（轴角、欧拉角、四元数等）。我们只需要将无穷小旋量参数化，这就形成了一个称为李代数的线性空间。我们展示了旋转矩阵 R 是如何连续更新的，而不涉及 Levenberg – Marquardt 框架中的任何参数化。我们用最大似然旋转估计、基本矩阵计算和 3D 重建的光束平差法演示了李代数方法。

我们在这里展示的问题已经众所周知，也可以通过许多其他方法解决，通常是启发式和特殊处理。此过程应用道德软件工具都可以在网上找到，性能一般都能令人满意。我们并不是断言李代数的使用大大提高了它们的性能。因为李代数是基本的数学原理，我们的目的是强调李代数在视觉应用中的作用，可以广泛地应用在非线性优化问题。

李代数已用于连续变化的 3D 姿态的机器人控制[4,6]。最近，一些研究人员正在使用李代数方法进行"运动平均"：通过不同的方法和传感器计算 3D 姿态，导致不同的值，并通过迭代优化计算它们的最佳平均值[5,7]。类似的方法用于通过优化相机方向来创建无缝的圆形全景图[22]。在 10.7 节中，我们讨论了如何最佳地计算基本矩阵。如果相机内部参数都已知，则基本矩阵称为"本征矩阵"，也用李代数方法来优化它[27]。

因此，李代数在计算机视觉问题中有着广泛的重要作用，本章旨在帮助加深理解。

参考文献

1. Arun, K. S., Huang, T. S., & Blostein, S. D. (1987). Least-squares fitting of two 3-D point sets. *IEEE Transactions on Pattern Analysis and Machine Intelligence, 9*(5), 698–700.
2. Bartoli, A., & Sturm, P. (2004). Nonlinear estimation of fundamental matrix with minimal parameters. *IEEE Transactions on Pattern Analysis and Machine Intelligence, 26*(3), 426–432.
3. Básaca-Preciado, L. C., Sergiyenko, O. Y., Rodríguez-Quinonez, J. C., García, X., Tyrsa, V. V., Rivas-Lopez, M., & et al. (2014). Optical 3D laser measurement system for navigation of autonomous mobile robot. *Optics and Lasers in Engineering, 54*, 159–169.
4. Benhimane, S., & Malis, E. (2007). Homography-based 2D Visual tracking and servoing. *International Journal of Robotics Research, 26*(7), 661–676.
5. Chatterjee, A., & Govindu, V. M. (2018). Robust relative rotation averaging. *IEEE Transactions on Pattern Analysis and Machine Intelligence, 40*(4), 958–972.
6. Drummond, T., & Cipolla, R. (2000). Application of Lie Algebra to visual servoing. *International Journal of Computer Vision, 37*(1), 65–78.

7. Govindu, V. M. (2018). Motion averaging in 3D reconstruction problems. In P. K. Turaga & A. Srivastava (Eds.), *Riemannian computing in computer vision*, (pp. 145–186). Cham: Springer.
8. Hartley, R. (1997). In defense of the eight-point algorithm. *IEEE Transactions on Pattern Analysis and Machine Intelligence, 19*(6), 580–593
9. Hartley, R., & Zisserman, A. (2003). *Multiple view geometry in computer vision* (2nd ed.). Cambridge: Cambridge University Press.
10. Horn, B. K. P. (1987). Closed-form solution of absolute orientation using unit quaternions. *Journal of the Optical Society of America A, 4*(4), 629–642.
11. Kanatani, K. (1990). *Group-theoretical methods in image understanding*. Berlin: Springer.
12. Kanatani, K. (1994). Analysis of 3-D rotation fitting. *IEEE Transactions on Pattern Analysis and Machine Intelligence, 16*(5), 543–549.
13. Kanatani, K. (1996). *Statistical optimization for geometric computation: Theory and practice*. Amsterdam: Elsevier. Reprinted Dover, New York, 2005.
14. Kanatani, K. (2015). *Understanding geometric algebra: Hamilton, Grasmann, and Clifford for computer vision and graphics*. CRC: Boca Raton
15. Kanatani, K., & Matsunaga, C. (2013). Computing internally constrained motion of 3-D sensor data for motion interpretation. *Pattern Recognition, 46*(6), 1700–1709.
16. Kanatani, K., Sugaya, Y., & Kanazawa, Y. (2016). *Guide to 3D vision computation: Geometric analysis and implementation*. Springer: Cham.
17. Lourakis, M. I. A., & Argyros, A. A. (2009). SBA: A software package for generic sparse bundle adjustment. *ACM Transactions on Mathematical Software, 36*(1), 21–30.
18. Ohta, N., & Kanatani, K. (1998). Optimal estimation of three-dimensional rotation and reliability evaluation. *IEICE Transactions on Information and Systems, E81-D*(11), 1243–1252.
19. Press, W. H., Teukolsky, S. A., Vetterling, W. T., & Flannery, B. P. (2007). *Numerical recipes: The art of scientific computing* (3rd ed.). Cambridge: Cambridge University Press.
20. Rodriguez-Quinonez, J. C., Sergiyenko, O., Gonzalez-Navarro, F. F., Basaca-Preciado, L., Tyrsa, V. (2013). Surface recognition improvement in 3D medical laser scanner using Levenberg Marquardt method. *Signal Processing, 93*(2), 378–386.
21. Rodríguez-Quiñonez, J. C., Sergiyenko, O., Flores-Fuentes, W., Rivas-lopez, M., Hernandez-Balbuena, D., Rascón, R., & Mercorelli, P. (2017). Improve a 3D distance measurement accuracy in stereo vision systems using optimization methods' approach. *Opto-Electronics Review, 25*(1), 24–32.
22. Sakamoto, M., Sugaya, Y., & Kanatani, K. (2006). Homography optimization for consistent circular panorama generation. In *Proceeding 2006 IEEE Pacific-Rim Symposium Image Video Technology, Hsinchu, Taiwan* (pp. 1195–1205)
23. Snavely, N., Seitz, S., & Szeliski, R. (1995). Photo tourism: Exploring photo collections in 3D. *ACM Transactions on Graphics, 25*(8), 835–846.
24. Snavely, N., Seitz, S., & Szeliski, R. (2008). Modeling the world from internet photo collections. *International Journal of Computer Vision, 80*(22), 189–210
25. Sugaya, Y., & Kanatani, K. (2007). High accuracy computation of rank-constrained fundamental matrix. In *Proceeding 18th British Machine Vision Conference, Coventry, U.K.* (vol. 1, pp. 282–291).
26. Triggs, B., McLauchlan, P. F., Hartley, R. I., & Fitzgibbon, A. (2000). Bundle adjustment—A modern synthesis. In B. Triggs, A. Zisserman, & R. Szeliski (Eds), *Vision algorithms: Theory and practice* (pp. 298–375). Berlin: Springer.
27. Tron, R. & Daniilidis, K. (2017). The space of essential matrices as a Riemannian quotient manifold. *SIAM Journal on Imaging Sciences, 10*(3), 1416–1445.

第 11 章

基于非标定视觉的大尺度任意曲面的封闭轨迹优化

Emilio J. Gonzalez – Galvan, Ambrocio Loredo – Flores,
Isela Bonilla – Gutierrez,
Marco O. Mendoza – Gutierrez, Cesar Chavez – Olivares,
Luis A. Raygoza, Sergio Rolando Cruz – Ramirez[①]

11.1 引言

大量相关的机器人制造应用要求在几何形状事先未知的大表面上精确跟踪已知轨迹。这类复杂的任务包括在大型容器表面进行切割和焊接,这是为了安装诸如人孔或法兰等附件所必需的。此外,还包括在大面积商用板材上切割任意形状,以及在磨损表面覆盖熔化的金属[24]。在典型的工业机器人应用[17]中,与示教阶段自动化问题相关的贡献依赖于待处理零件的精确几何描述。然而,在上述情况下,对工件几何形状的如此精确的了解并不是可行的。因此,变形弯曲、表面磨损轮廓的不确定性或公差范围内的尺寸变化,导致商用板材的几何形状有相当大的差异。在制造比放置切割或焊接工具所允许的更大的大

---

① E. J. Gonzalez – Galvan (_) · A. Loredo – Flores · I. Bonilla – Gutierrez · M. O. Mendoza – Gutierrez
Autonomous University of San Luis Potosi (UASLP), San Luis Potosi, SLP, Mexico
e – mail:egonzale@ uaslp. mx; ambrocio. loredo@ uaslp. mx; isela. bonilla@ uaslp. mx;
marco. mendoza@ uaslp. mx

C. Chavez – Olivares
Campus Sur, UAA, Av. Universidad 940. Aguascalientes, AGS, Mexico
e – mail:cesar. chavez@ edu. uaa. mx

L. A. Raygoza
Centro de Ciencias Basicas, UAA, Av. Universidad 940. Aguascalientes, AGS, Mexico

S. R. Cruz – Ramírez
SLP Campus, ITESM, Eugenio Garza Sada 300, San Luis Potosi, SLP, Mexico
e – mail:rolando. cruz@ tec. mx

型容器时,需要一个高精度的机器人编制程序,即不同的机器人进行不同的编程任务。以切割机器人为例,相对于表面,工具(切割喷嘴)在表面上定位所需的定向精度约为1°,1mm(Cisneros,2003,工程经理,Yaskawa - Motoman Mexico,个人通信)。这里提出的想法可以用来降低机器人编程过程中的复杂性。

在自主移动机器人使用中,发现了在大表面上跟踪给定路径的问题,这些机器人预计在无人监管的、未知环境中工作[8]。这种跟踪的能力一般是基于视觉的技术来实现的,如视觉同步定位和映射的技术[2]。当然,这个技术还有其他应用,如列车前部驾驶室的清洁[13],要求机器人在未知几何形状的大表面上精确定位。尽管机器人在大工作空间区域的精确定位是一项具有挑战性的操作,相对在较小的工作空间内进行轨迹规划和操作,也是一项和大表面规划相关的任务,如文献[10]所示。

与本文提出的想法相关,当在大表面上执行时,基于机器人视觉的操纵的精度取决于几个因素:一方面是单元物理属性如相机分辨率;另一方面如在任意曲面上已经预绘制计划好的路径,但在加工过程中曲面发生了变形等,就会导致实际的路径并没有达成想要的效果。例如,想要形成一个跟踪闭合路径时,这种变形可能会限制机器人实现闭合。对于上面提到的情况,特别是切割作业,实现闭合是至关重要的要求。已有文献[4]表明,成功实现了一种基于相机使用的方法,用于解决在任意曲面上生成和跟踪路径的问题。这种方法考虑了应用测地线映射的想法,目的是在曲面上传输存储为CAD模型的已知轨迹。使用这种方法成功地开发一款工业机器人,并在实践中进行了验证,在可展曲面上实现了闭合路径。还介绍了在不可展曲面上追踪闭合路径的初步结果[6]。在不可展曲面追踪闭合路径的实际操作中,碰到了如下几个问题。当在这种表面上追踪时,在虚拟平面(在案例中使用的计算机绘制的模型)和不可展曲面之间寻求映射时,所提出的测地线映射不能实现闭合[11,15]。此外,随着路径的推进,映射过程中涉及的集成过程会导致错误累积。为了减少这些负面影响,本文在后续部分提出了两种算法。为了面对与相机分辨率相关的问题,可以考虑几种解决方案。例如,在文献[12]中,提出了一种将少量传感器与镜子结合使用的应用方法。还有其他解决方案[3]考虑多个摄像头并在其上安装多个平移/倾斜[25]校准传感器,应用于交通监控[26]。在本章中,应用了多个固定传感器,以便在大尺寸表面上执行路径跟踪任务。

值得一提的是,上述一些操作往往会在工件中产生热诱导变形。这种效应可能会影响加工操作,并在执行任务时限制视觉控制策略的使用,主要是因为焊接或切割过程中产生大量的烟雾和光线。在这种情况下,确定实际执行工业操作之前最佳机器人轨迹的相关性可能被低估。然而,有些市场上机器人不仅要考虑热量产生的变形,还要考虑烟雾的影响以及在任务执行过程中发射的光对轨迹的影响问题。例如，Fanuc Robotics 开发了自适应焊接工具（https://www.fanucamerica.com/products/robots/other-robot-options 2018 年访问）。关于这种特殊装置的细节还不清楚，然而，已知该工具使用激光接头扫描仪来调节焊接参数，如行进速度、电压和焊丝进给速度，目的是填充待焊接的接头。这些商用工具需要预先定义的机器人路径，并根据符合焊接工艺要求。这样的产品，应用了本文提出的方法。因此，本文所提出的技术能够预先规划路径，并且根据任务执行期间工件几何形状的变化，校正机器人实际路径。此外，所提出的策略可以作为机器人轨迹生成库的一部分，如文献[16]中针对特定品牌机器人提出的，不同于用作我们实验平台的机器人。

11.2 路径生成和轨迹跟踪综述

本文提出的视觉控制方法要求路径生成和路径跟踪过程同时进行。图 11.1 描述了一个预先已知并存储为 CAD 文件的轨迹仅遵循一次的事件。

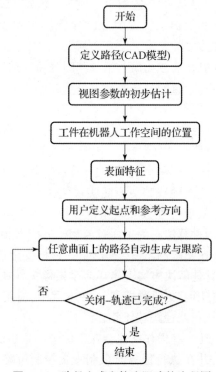

图 11.1 路径生成和轨迹跟踪的流程图

一旦所描述的算法完成，就获得了能够成功执行机动的机器人配置序列。在执行程序之前，必须首先定义一组视觉参数。这些参数与相机模型相关，该模型将机械臂的配置与相机传感器获取的图像中固定在机器人工具上的一系列视觉标记的存在联系起来。这些标记很容易通过使用图像分析算法来识别特征。这种关系称为相机空间运动学,将在下一节中介绍。

接下来,工件被放置在机器人工作空间内的任意位置和方向。这些相机用来控制机械臂末端的运动并且能在工件的不同区域都进行控制,如图 11.2 所示。

以下各节将讨论与图 11.1 流程图所示的跟踪路径操作相关的其他方面。

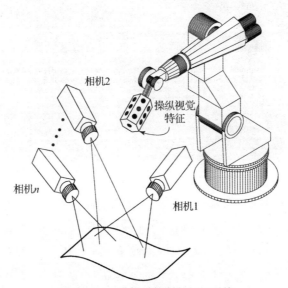

图 11.2　面向操纵控制的相机系统

11.3　相机空间运动学

相机空间操纵(CSM)方法是基于使用未校准的相机作为主要传感器的方法。该方法已应用于高精度的机器人定位和路径跟踪任务,是从传感器获得的图像中定义机动目标,这些图像在探测到目标的瞬间开始直到识别完对象之后一直保持不变。机器人布局和从相机图像中提取的视觉特征位置之间的相关性,被称为相机空间运动学,如图 11.3 所示。这种关系是通过确定包含在以下相机模型中的 7 个参数来实现的,即

$$f_x(x,y,z,x_c;\boldsymbol{C}) = \mathcal{O}_x(x,y,z;\boldsymbol{C}) - \mathcal{P}_x(x,y,z,x_c;\boldsymbol{C})$$
$$f_y(x,y,z,y_c;\boldsymbol{C}) = \mathcal{O}_y(x,y,z;\boldsymbol{C}) - \mathcal{P}_y(x,y,z,y_c;\boldsymbol{C})$$
(11.1)

式中:(f_x, f_y) 表示坐标 (x,y,z) 点的透视投影。每个表达式 f_x 由两部分组成。第一个分量是 $\mathcal{O}_x(x,y,z;\boldsymbol{C})$ 和 $\mathcal{O}_y(x,y,z;\boldsymbol{C})$ 构成正投影,而第二个分量 $\mathcal{P}_x =$

$(x,y,z,x_c;\boldsymbol{C})$ 和 $\mathcal{P}_y=(x,y,z,y_c;\boldsymbol{C})$ 构成正投影组件的校正，完成透视投影，如下所示：

图 11.3　验证本文方法的工业机器人

$$\begin{aligned}
\mathcal{O}_x(x,y,z;\boldsymbol{C}) &= g_1(\boldsymbol{C})x + g_2(\boldsymbol{C})y + g_3(\boldsymbol{C})z + g_4(\boldsymbol{C}) \\
\mathcal{P}_x(x,y,z,x_c;\boldsymbol{C}) &= g_9(\boldsymbol{C})xx_c + g_{10}(\boldsymbol{C})yx_c + g_{11}(\boldsymbol{C})zx_c \\
\mathcal{O}_y(x,y,z;\boldsymbol{C}) &= g_5(\boldsymbol{C})x + g_6(\boldsymbol{C})y + g_7(\boldsymbol{C})z + g_8(\boldsymbol{C}) \\
\mathcal{P}_y(x,y,z,y_c;\boldsymbol{C}) &= g_9(\boldsymbol{C})xy_c + g_{10}(\boldsymbol{C})yy_c + g_{11}(\boldsymbol{C})zy_c
\end{aligned} \tag{11.2}$$

式中：$g_1,g_2,\cdots,g_{11}$ 依赖于 $\boldsymbol{C}$，$\boldsymbol{C}$ 包含 7 个独立参数的向量，如下所示：

$$\begin{aligned}
g_1(\boldsymbol{C}) &= C_1^2 + C_2^2 - C_3^2 - C_4^2 \\
g_2(\boldsymbol{C}) &= 2(C_2 C_3 + C_1 C_4) \\
g_3(\boldsymbol{C}) &= 2(C_2 C_4 - C_1 C_3) \\
g_4(\boldsymbol{C}) &= C_5 \\
g_5(\boldsymbol{C}) &= 2(C_2 C_3 - C_1 C_4) \\
g_6(\boldsymbol{C}) &= C_1^2 - C_2^2 + C_3^2 - C_4^2 \\
g_7(\boldsymbol{C}) &= 2(C_1 C_2 + C_3 C_4) \\
g_8(\boldsymbol{C}) &= C_6 \\
g_9(\boldsymbol{C}) &= 2C_7(C_2 C_4 + C_1 C_3) \\
g_{10}(\boldsymbol{C}) &= 2C_7(C_3 C_4 - C_1 C_2) \\
g_{11}(\boldsymbol{C}) &= C_7(C_1^2 - C_2^2 - C_3^2 + C_4^2)
\end{aligned} \tag{11.3}$$

$\boldsymbol{C}$ 中的参数定义如下：

第11章 基于非标定视觉的大尺度任意曲面的封闭轨迹优化

$$C_i^2 = \frac{f}{Z_0}e_i^2, i=1,2,\cdots,4$$

$$C_5 = f\frac{X_0}{Z_0}, C_6 = f\frac{Y_0}{Z_0}, C_7 = -\frac{1}{f}$$

(11.4)

其中,如图11.4所示,xyz 是与机器人基座相关联的坐标框架,其原点附着在相机的坐标系是 (X_0, Y_0, Z_0);$e_1, e_2, \cdots, e_4$ 是欧拉参数,由两个坐标系之间相对方向来确定。最后,f 代表相机的焦距。坐标系的关系如下:

$$[X \quad Y \quad Z \quad 1]^T = \boldsymbol{T}(e_1, e_2, e_3, e_4, X_0, Y_0, Z_0)[x \quad y \quad z \quad 1]^T \quad (11.5)$$

其中

$$\boldsymbol{T}(e_1, e_2, e_3, e_4, X_0, Y_0, Z_0) = \begin{bmatrix} t_{11} & t_{12} & t_{13} & X_0 \\ t_{21} & t_{22} & t_{23} & Y_0 \\ t_{31} & t_{32} & t_{33} & Z_0 \\ 0 & 0 & 0 & 1 \end{bmatrix} \quad (11.6)$$

并且

$$\begin{aligned}
t_{11} &= e_1^2 + e_2^2 - e_3^2 - e_4^2 & t_{23} &= 2(e_1e_2 + e_3e_4) \\
t_{12} &= 2(e_2e_3 + e_1e_4) & t_{31} &= 2(e_2e_4 + e_1e_3) \\
t_{13} &= 2(e_2e_4 - e_1e_3) & t_{32} &= 2(e_3e_4 - e_1e_2) \\
t_{21} &= 2(e_2e_3 - e_1e_4) & t_{33} &= e_1^2 - e_2^2 - e_3^2 + e_4^2 \\
t_{22} &= e_1^2 - e_2^2 + e_3^2 - e_4^2
\end{aligned} \quad (11.7)$$

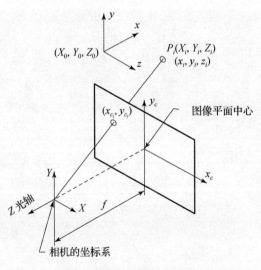

图11.4　与相机模型相关的参考坐标系

用以下标量函数 J 最小的方式计算相机参数：

$$J(C) = \sum_{i=1}^{m} \{[x_{ci} - f_x(x_i,y_i,z_i,x_{ci};C)]^2 + [y_{ci} - f_y(x_i,y_i,z_i,y_{ci};C)]^2\}$$

(11.8)

对于 m 个相机空间样本(x_{ci},y_{ci})，其3D位置相对于相关机器人基座的坐标系是(x_i,y_i,z_i)。这些坐标是通过机器人的运动学模型来确定的；在式(11.1)中的$f_x(\cdots)$与$f_y(\cdots)$。W_i是每个样本的权重。值得一提的是，通过考虑任务执行期间获得的样本，相机模型内的参数会不断更新。分配给每个样本的权重随着机器人接近机动顶点而增加。应用该措施是为了确保相机模型在任务结束的区域中是局部有效的。通过使用最新的参数来估计机器人的配置。文献[19]中介绍了估算视图参数的程序。

11.4 表面特征

除其他方面外，表面特征需要使用结构化照明作为激光束的矩阵阵列。使用激光的优点之一是：可以通过简单的图像分析算法(如文献[14,23]中所示的算法)检测从传感器获得的图像中的激光点的中心。图11.5展示了用于表面特征的结构化照明的图片。基于文献[27]中提出的思想，从结构化照明的投影中获得的图像平面信息受到限制，如文献[4]所示。图11.6描述了在用户定义的区域内投射的检测到的激光点，该区域对应于感兴趣的表面。

图11.5 激光点矩阵阵列的投影

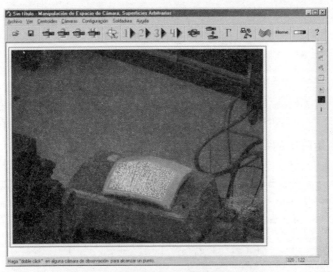

图11.6 定义界定感兴趣表面的多边形

如前所述,本文提到的实验用到了透视相机模型。通过考虑该模型以及与每个控制摄像头相关的参数,对投射在表面上的激光光斑的3D位置进行估算。由于表面的几何形状先前是未知的,所以投影在工件上的视觉特征被用于确定这样的几何形状。精确测量3D距离的方法[21]已经开发出来,并成功应用于表面测量[22]。基于给定的表面特征,可获取近似定位信息,其精度与当前任务位置附近斑点相关联。这是因为在执行任务时,用于估计3D坐标的与控制相机相关联的参数会连续更新,并且在执行机动的位置附近具有局部有效性。

激光点已被用作视觉特征[3],因为它们具有非永久性的优点,同时能够通过使用相对简单的图像分析过程进行检测。当一个激光光斑被至少两个相机看到时,式(11.1)中的模型可用于产生激光光斑的质心的标称3D坐标,相对于附着在机器人的坐标系的线性估计。在文献[20]中详细介绍了用于在从相机获得的不同图像中匹配给定激光点位置的方法。3D坐标的线性估计包括最小化以下标量函数:

$$\psi = \sum_{i=1}^{n_d} [x_c^{(i)} - f_x(x,y,z,x_c^{(i)};C^{(i)})]^2 + [y_c^{(i)} - f_y(x,y,z,y_c^{(i)};C^{(i)})]^2 \tag{11.9}$$

其考虑检测单个激光点的 $n_d(n_d \geq 2)$ 控制相机,其3D坐标为 (x,y,z)。式(11.1)中给出了 f_x 和 f_y 的定义。对第 i 个相机,光斑相应的2D位置是 $(x_c^{(i)}, y_c^{(i)})$,而相关参数是 $c^{(i)}$。当控制相机的数量为2个时,该过程相当于三角测量法,然而,当定位任务中涉及两个以上的相机时,它具有可以容易地确定激光点的3D坐标的优点。ψ 最小化的必要条件为 (x,y,z) 产生以下解:

$$\begin{bmatrix} x \\ y \\ z \end{bmatrix} = A^{-1} B \tag{11.10}$$

$$A = \begin{bmatrix} a_{11} & a_{12} & a_{13} \\ a_{12} & a_{22} & a_{23} \\ a_{13} & a_{23} & a_{33} \end{bmatrix}, B = \begin{bmatrix} b_1 \\ b_2 \\ b_3 \end{bmatrix} \tag{11.11}$$

这两个矩阵中的每个项由下式给出：

$$a_{11} = \sum_{i=1}^{n_d} (g_1^{(i)} + g_9^{(i)} x_c^{(i)})^2 + (g_5^{(i)} + g_9^{(i)} y_c^{(i)})^2$$

$$a_{12} = \sum_{i=1}^{n_d} (g_1^{(i)} + g_9^{(i)} x_c^{(i)})(g_2^{(i)} + g_{10}^{(i)} x_c^{(i)})$$
$$\quad + (g_5^{(i)} + g_9^{(i)} y_c^{(i)})(g_6^{(i)} + g_{10}^{(i)} y_c^{(i)})$$

$$a_{13} = \sum_{i=1}^{n_d} (g_1^{(i)} + g_9^{(i)} x_c^{(i)})(g_3^{(i)} + g_{11}^{(i)} x_c^{(i)})$$
$$\quad + (g_5^{(i)} + g_9^{(i)} y_c^{(i)})(g_7^{(i)} + g_{11}^{(i)} y_c^{(i)})$$

$$a_{22} = \sum_{i=1}^{n_d} (g_2^{(i)} + g_{10}^{(i)} x_c^{(i)})^2 + (g_6^{(i)} + g_{10}^{(i)} y_c^{(i)})^2$$

$$a_{23} = \sum_{i=1}^{n_d} (g_2^{(i)} + g_{10}^{(i)} x_c^{(i)})(g_3^{(i)} + g_{11}^{(i)} x_c^{(i)})$$
$$\quad + (g_6^{(i)} + g_{10}^{(i)} y_c^{(i)})(g_7^{(i)} + g_{11}^{(i)} y_c^{(i)})$$

$$a_{33} = \sum_{i=1}^{n_d} (g_3^{(i)} + g_{11}^{(i)} x_c^{(i)})^2 + (g_7^{(i)} + g_{11}^{(i)} y_c^{(i)})^2 \tag{11.12}$$

$$b_1 = \sum_{i=1}^{n_d} (x_c^{(i)} - g_4^{(i)})(g_1^{(i)} + g_9^{(i)} x_c^{(i)})$$
$$\quad + (y_c^{(i)} - g_8^{(i)})(g_5^{(i)} + g_9^{(i)} y_c^{(i)})$$

$$b_2 = \sum_{i=1}^{n_d} (x_c^{(i)} - g_4^{(i)})(g_2^{(i)} + g_{10}^{(i)} x_c^{(i)})$$
$$\quad + (y_c^{(i)} - g_8^{(i)})(g_6^{(i)} + g_{10}^{(i)} y_c^{(i)})$$

$$b_3 = \sum_{i=1}^{n_d} (x_c^{(i)} - g_4^{(i)})(g_3^{(i)} + g_{11}^{(i)} x_c^{(i)})$$
$$\quad + (y_c^{(i)} - g_8^{(i)})(g_7^{(i)} + g_{11}^{(i)} y_c^{(i)}) \tag{11.13}$$

在这些表达式中，对第 i 个相机的参数包含在 $g_1^{(i)}, g_2^{(i)}, \cdots, g_{11}^{(i)}$ 中，如式(11.3)所示。对投射在表面上的每个激光点执行这样的估计过程。如文献[5]所述，机器人定位的准确性取决于表面几何形状的详细信息，而这又是通过将大量这些视觉特征投影到表面上来实现的。

11.5 路径跟踪

在给定工作空间大小和分辨率的情况下,用多个相机是十分有效的方法。在所提出的方法中,相机在运行期间唯一的限制就是要保持静止,必须用至少2个相机观察到机器人工作空间的所有区域。为了考虑几个相机所覆盖大区域的图像中的机动目标,定义下面的标量函数:

$$J(\Theta) = \sum_{i=1}^{n_c} \sum_{j=1}^{n_t(i)} \{ [x_{t_i}^{(j)} - f_x(t_{x_i}^{(j)}(\Theta), r_{y_i}^{(j)}(\Theta), r_{z_i}^{(j)}(\Theta), x_{t_i}^{(j)}; C^{(i)})]^2 $$
$$+ [y_{t_i}^{(j)} - f_y(r_{x_i}^{(j)}(\Theta), r_{y_i}^{(j)}(\Theta), r_{z_i}^{(j)}(\Theta), y_{t_i}^{(j)}; C^{(i)})]^2 \} \delta_i^j \quad (11.14)$$

对于包含在 Θ 之内的机器人关节坐标,可以最小化这个函数,δ_i^j 的定义如下:

$$\delta_i^j = \begin{cases} 1, & \text{如果要在第 } i \text{ 相机中实现第 } j \text{ 个目标} \\ 0, & \text{其他} \end{cases} \quad (11.15)$$

如文献[4]中所详述的,通过在表面投射激光点,能够在每个控制相机中定义机动目标的程序。在这种情况下,我们提前定义投影到任意表面上的路径为数据库,数据库中的信息如图 11.7 所示。在该图中,投影的路径被分割成一系列直线段,这些直线段相对于前一段直线段的相关坐标为 (r_i, θ_i, z_i)。此外,与路径的每段相关的是刀具速度和用来确定加工工艺(如切割、焊接等)的信号等是否在该段中执行。

一旦在预测阶段已完成表面特征的描述,用户就可以根据相机获得的图像选择表面上的起点和参考方向。这种选择可以通过图形用户界面进行,如图 11.8 所示。这样起点和方向与数据库中存储的一致,如图 11.7 所示。

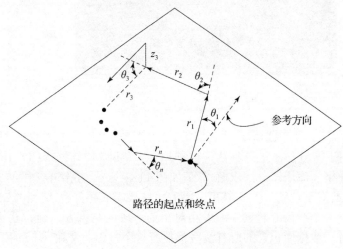

图 11.7 数据库存储的路径结构(计算机辅助设计模型)

在任意待加工曲面上路径规划都是基于测地线投影的。它可以被认为是最优的,因为它满足一条线必须满足的最优条件和限制,才能被认为是测地线。在这种情况下,图 11.7 中的每一条直线都被投影为沿任意曲面的测地线。如文献[1]中所讨论的,如果曲面的方程以 $f=f(x,y)$ 的形式给出,则测地线的微分方程表示为

$$(1+s^2+t^2)\frac{d^2y}{dx^2}=sw\left(\frac{dy}{dx}\right)^3+(2sv-tw)\left(\frac{dy}{dx}\right)^2+(su-2tv)\frac{dy}{dx}-tu \qquad (11.16)$$

其中

$$s=\frac{\partial z}{\partial x}, t=\frac{\partial z}{\partial y}, u=\frac{\partial^2 z}{\partial x^2}, v=\frac{\partial^2 z}{\partial x \partial y}, w=\frac{\partial^2 z}{\partial y^2} \qquad (11.17)$$

函数 $z=f(x,y)$ 被局部定义为二阶多项式,如下所示:

$$z=p_0+p_1x+p_2y+p_3x^2+p_4xy+p_5y^2 \qquad (11.18)$$

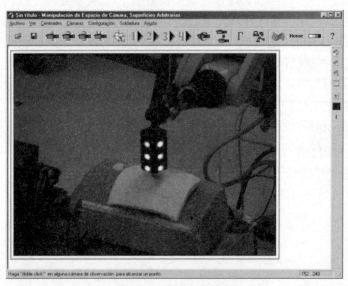

图 11.8 图形用户界面

其中,参数 $p_0 \sim p_5$ 是根据最适合它们的位于限制区域内的激光点的 3D 坐标来估计的,如图 11.6 所示。一旦达到这种拟合,二阶微分方程式(11.16)就可以利用四阶龙格-库塔积分法求解[18]。如图 11.7 所示,沿着第 i 段的方向对线段进行积分,直至达到长度 r_i 结束。沿着该线段完成积分后,终点的 3D 坐标位置将成为下一个线段的起点。沿着相对于前一段的结束方向旋转 θ_i 角度执行下一次积分。数据库包含的所有线段都执行这个过程。文献[6]介绍了评估机器人配置的程序,这个程序可以使机器人执行机构沿上述测地线精确定位。这

个程序需要选择附加在工作表面和机器人夹持工具上的坐标系,如图 11.9 所示。

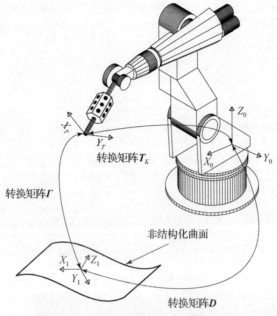

图 11.9 与路径跟踪任务相关的坐标系

在数据库中,存储的预先定义的闭合轨迹在任意表面上的映射的基本要求是必须完成闭合。在金属切割等加工方面,这一要求尤为重要。这里提出的用于实现这种闭合限制的解决方案在于在表面上映射两个不同的路径。一个是在 CAD 模型中指示方向,如图 11.7 所示;第二个是在相反的方向,如图 11.10 所示。第二条反向路径通过下面递归公式来定义:

$$r'_i = r_{n-i+1}, i = 1, 2, \cdots, n$$
$$z'_i = z_{n-i+1}, i = 1, 2, \cdots, n$$
$$\theta'_1 = \sum_{j=1}^{n} \theta_j - 180°$$
$$\theta'_i = 360° - \theta_{n-i+2}, i = 2, 3, \cdots, n \tag{11.19}$$

这些公式中的每一个元素都对应于第 i 段,如图 11.7 所示,而( )′值对应于相反方向的第二轨迹。因为曲面是不可展的,所以两条轨迹不会重叠。使用与每个轨迹的相同点相关联的顶点的插值来生成第三路径。例如,图 11.10 显示了顶点 A 和 A',B 和 B' 等之间的插值点。如果 (X_i, Y_i, Z_i) 是第一轨迹中给定顶点的 3D 坐标,而 $(X'_i, 'Y_i, Z'_i)$ 第二轨迹中对应顶点的坐标,线性插值建议如下:

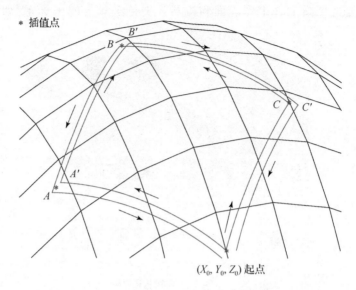

图 11.10　相反方向两条路径之间的插值(见彩插)

$$X_{p_i} = X_i + K_i(X'_i - X_i)$$
$$Y_{p_i} = Y_i + K_i(Y'_i - Y_i) \quad (11.20)$$
$$Z_{p_i} = Z_i + K_i(Z'_i - Z_i)$$

顶点的空间坐标通过最小化式(11.9)获得,这是在机器人空间坐标系的位置。在前面的公式中(X_{pi},Y_{pi},Z_{pi})表示插值顶点的坐标。插值因子K_i与第i段相关,并考虑了随着测地线的积分而累积的误差。在本章中,定义了一种简单的方法,计算插值因子,如下所示:

$$K_i = \frac{i-1}{n} \quad (11.21)$$

式中:n是路径的段数。本质上,这个因子考虑了插值顶点更接近轨迹的相应位置,积分误差累积更小。一般认为,这种误差增长与沿轨迹的第i段成正比。

一旦计算出内插顶点,通过式(11.16)将测地线投影作为边界值问题求解,来评估曲面上的最终路径。从起点(X_0,Y_0,Z_0)开始积分,如图 11.10 所示。使用拍摄方法[18]的目的是尽可能接近第一个插值点(X_{p1},Y_{p1},Z_{p1})。通过考虑积分过程的开始位置,即前一段的结束点,积分继续进行下一段路径。最后,考虑终点作为初始位置(X_0,Y_0,Z_0),对最后一段进行积分,这个过程保证了路径的闭合,同时,在最终的闭合路径中保持减少的失真量。通过这个过程,图 11.11 显示了如何产生简单路径的模拟。

第11章 基于非标定视觉的大尺度任意曲面的封闭轨迹优化

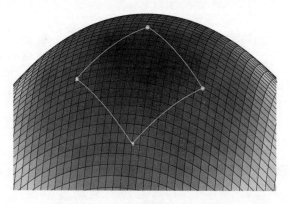

图 11.11 插值点模拟路径(见彩插)

除了测地线投影之外,考虑虚拟投影的映射过程用于将先前定义的路径映射到任意表面上。图 11.12 中示意性地显示了这样一个过程,该过程使用最小二乘估计确定一个与放置在表面上的激光点的位置相匹配的平面。投射到表面上的激光点的 3D 坐标如解释表面特征过程的部分所示。在数据库中存储的路径的每个顶点都被投影,并且获得的映射路径为任意表面的交点,其方程通过等式(11.18)在部分区域获得。每个顶点处的假想线,其方向垂直于估计平面。

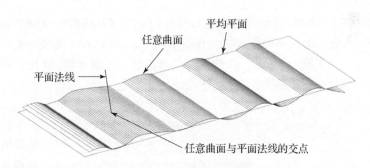

图 11.12 虚拟投影映射的图形

11.6 实验验证

为了验证本章提出的方法,用一台工业 Fanuc M16iB 20T 机器人验证。这个装置具有已知几何形状的工具,可用于促进图像分析处理的操作特征,如图 11.13 所示。

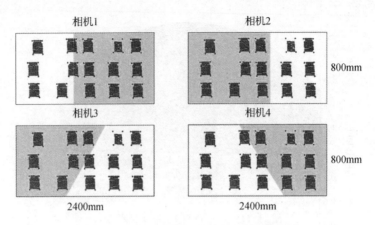

图 11.13 每个控制相机包含的区域(见彩插)

机械手有 6 个关节:第一个是棱柱形的,能够移动 3.6m,其余关节允许机器人在垂直于第一轴的平面内达到 1.5m。采用这种配置,机器人的大工作空间大致为直径 3m、长度 3.6m 的圆柱体。

机器人与计算机控制之间的通信协议是基于 TCP/IP 协议的。本文介绍的实验,需要这样的通信链路来获得机器人接近其目的地时的姿态样本。通过最小化式(11.14)中的标量函数 J 来估计并命令机器人的配置是机器人控制中的一个重要环节。

在距离测试表面约 5m 的位置处放置 4 个 uEye UI–1540–C 来控制相机。此外,为了在表面上投射用于表征工作表面的标记,还使用了 5mW 和 635nm 的激光二极管,如文献[4]所述。这种激光器与衍射头一起工作,衍射头将激光束分成 7×7 个激光束的矩阵。这种结构化照明的方法为在表面上放置大量激光点提供了解决方案。然而,在文献中存在利用连续激光扫描的其他方法[7,9]。这种技术具有提高与表面特征相关的分辨率的优点,然而,这可作为本文所述实验的后续研究。

为了测试多个固定相机传感器的使用,总共执行了 150 个定位任务,以覆盖机器人工作空间的大部分区域。一般来说,这些传感器位于这样的距离,至少有一个摄像头可以视觉接触到表面的特定区域。这个表面呈长方形,长 2400mm、宽 800mm,由黏土制成。摄像机覆盖的大致区域在图 11.13 中用阴影区域表示。在该图中,测试机器人定位的 150 个激光点被视为点。在这种情况下,任务的目标包括到达每个投射激光点的质心。机动的结果如图 11.14 所示,该图显示了每个定位任务中位于机器人手持工具末端的针尖和激光质心之间的欧几里得距离。在实验中,我们获得了 0.62mm 的平均误差和 0.34mm 的标准偏差。

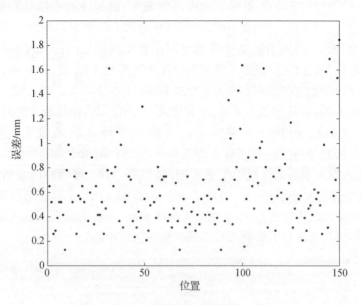

图 11.14 机动定位过程中测量的定位误差

为了验证所提出的方法在大的任意表面上跟踪给定路径的能力,设定了长2000mm、宽400mm 的矩形路径,这样的路径由数据库中 24020mm 长的直线段组成。考虑运动中存在的测量误差,使用了周长 4800mm 的路径。该路径首先在先前用于定位任务的黏土表面上被追踪。然后,修改曲面的几何形状,使其不再平坦,曲面顶部和底部之间的差异约为 60mm。在这两种情况下,仅使用简单的测地线映射进行跟踪,路径的起点和终点的拐角如图 11.15 所示,在左侧显示了平面上的轨迹,在右侧显示了曲面上的轨迹。从图中可以明显看出,没有实现闭合,并且在非平坦表面的情况下,闭合中的误差加大。

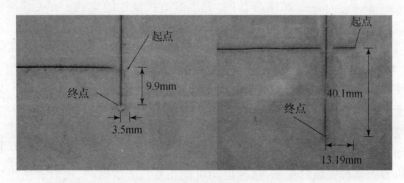

图 11.15 柔软表面上追踪的测试路径(左侧平面,右侧曲面)

这一结果与在不可展曲面上出现的情况下,测地线的应用是一致的。此外,它还说明了在追踪大曲面上的路径时,积分误差的影响在增加。相比之下,如图11.16所示,当采用测地线映射与两个相反路径之间的加权插值相结合时,路径可以实现闭合。在虚拟投影的情况下也实现了闭合。使用非闭合简单测地线映射时,通过在变形表面上追踪总共20条路径验证了该结果,实现了平均周长4814.7m和标准偏差4.0m。相比之下,当使用内插路径方法时,每次尝试都实现了闭合,平均周长为4808.9m,标准偏差为5.4m。在虚拟投影的情况下,平均周长为4811.2m,标准偏差为3.8m。从这些测试中可以看出,内插路径与测地线映射方法的结合获得了更精确的结果。然而,尽管精确度稍低,虚拟投影方法更容易实现。值得一提的是,在报道的实验中,变形表面的最小曲率半径约为30cm。还观察到,当考虑更大的曲率时,弯曲表面后面的区域对于相机是不可见的,这是可能限制所提出的视觉方法应用的一个方面。

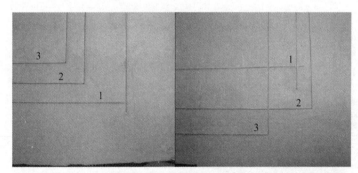

图11.16 简单测地线映射

1—插值测地线映射;2—虚拟投影;3—追踪的闭合路径比较。

作为测试,跟踪大曲面上《最后的晚餐》画作的轮廓版本(http://www.coloringpages101.com/religions – coloring – pages/4450 – jesus – is – talking – at – last – supper – coloring – page. 2018年访问)是非常有挑战性的尝试。有关该测试的详细说明,请参见(https://youtu.be/AxvLrqkl2Hg,2018年11月),分成10mm直线段的画如图11.17所示,长2400mm、宽800mm的黏土面,标高约60mm,如图11.18所示;在完成表征过程后,获得了表面描述。对于这个机动,使用了虚拟投影方法,以便在表面上投影图形,结果如图11.19和图11.20所示。从相机参数的初始计算、表面表征等,直到"最后的晚餐"绘图完全转移到大曲面上,共花费大约5h。

如此长时间,与编程这种机动所花费的时间对比可能看起来太长了,根据工业机器人编程领域的专家,这种机动可能花费几天的时间,而没有这里提出的方法所能够实现的具有减少失真的最佳跟踪的优点。

第 11 章 基于非标定视觉的大尺度任意曲面的封闭轨迹优化

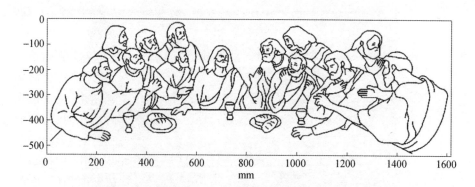

图 11.17 《最后的晚餐》的计算机辅助设计

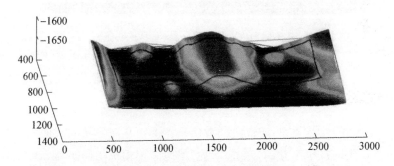

图 11.18 曲面的近似表达(见彩插)

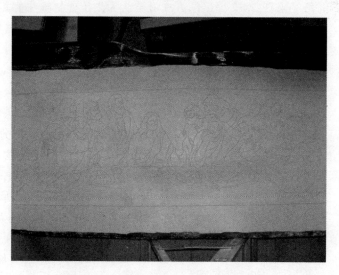

图 11.19 绘制的《最后的晚餐》(见彩插)

图 11.20　从不同角度获得的另一幅《最后的晚餐》(见彩插)

11.7　结论

本章介绍的实验表明,所提出的方法是在未知几何形状的大曲面上投影任意闭合路径的可行替代方案。如前所述,使用固定相机指向机器人大工作范围的不同区域,也能实现闭合路径精确定位和路径跟踪操作。

从更广的角度来看,本文提出的方法可被认为是工业机械手自编程的可行替代方案。在这种情况下,这里提出的方法便于机器人的编程,并且动作可以重复一次或多次。这一事实与大多数工业机器人的应用形成鲜明对比,在大多数工业机器人中,即使在机器人的整个使用寿命期间,单个任务也会在许多场合重复出现。

最后,一旦定义了一组能够实现闭合路径的初始机器人配置,预计随后将进行类似焊接或切割金属板的工业操作。这种机动可以通过预先定义适当的过程参数如行进速度、电压等来执行。在以下情况下,这一点尤为重要:用户没有机器人技术或特定工业任务方面的专业知识,但仍能成功完成操作。

参考文献

1. Bronshtein, I. N., Semendyayev, K. A., Musiol, G., & Muehlig, H. (2007). *Handbook of mathematics* (5th ed.). Berlin: Springer.
2. Deng, X., Zhang, Z., Sintov, A., Huang, J., & Bretl, T. (2018). Feature-constrained active visual SLAM for mobile robot navigation. In *IEEE International Conference on Robotics and Automation (ICRA)*, May 2018 (pp. 7233–7238).

3. Gonzáalez-Gálvan, E. J., Cruz-Ramírez, S. R., Seelinger, M. J., & Cervantes-Sanchez, J. J. (2003). An efficient multi-camera, multi-target scheme for the three-dimensional control of robots using uncalibrated vision. *Robotics and Computer-Integrated Manufacturing, 19*(5), 387–400.
4. González-Gálvan, E. J., Loredo-Flores, A., Pazos-Flores, F., & Cervantes-Sánchez, J. (2005). An optimal path-tracking algorithm for unstructured environment based on uncalibrated vision. In *IEEE International Conference on Robotics and Automation*, April 2005 (pp. 2547–2552).
5. González-Gálvan, E. J., Loredo-Flores, A., Cervantes-Sánchez, J. J., Aguilera-Cortés, L. A., & Skaar, S. B. (2008). An optimal path-generation algorithm for surface manufacturing of arbitrarily curved surfaces using uncalibrated vision. *Robotics and Computer-Integrated Manufacturing, 24*(1), 77–91.
6. González-Gálvan, E. J., Chavez, C. A., Bonilla, I., Mendoza, M., Raygoza, L. A., Loredo Flores, A., et al. (2011). Precise industrial robot positioning and path-tracking over large surfaces using non-calibrated vision. In *IEEE International Conference on Robotics and Automation*, May 2011 (pp. 5160–5166).
7. Ivanov, M., Lindner, L., Sergiyenko, O., Rodríguez-Quiñonez, J. C., Flores-Fuentes, W., & Rivas-Lopez, M. (2019). Mobile robot path planning using continuous laser scanning. In *Optoelectronics in machine vision-based theories and applications* (pp. 338–372). Hershey: IGI Global.
8. Kalla, P., Koona, R., Ravindranath, P., & Sudhakar, I. (2018). Coordinate reference frame technique for robotic planar path planning. *Materials Today: Proceedings, 5*(9), Part 3, 19073–19079.
9. Lindner, L., Sergiyenko, O., Rodríguez-Quiñonez, J. C., Rivas-Lopez, M., Hernandez-Balbuena, D., Flores-Fuentes, W., et al. (2016). Mobile robot vision system using continuous laser scanning for industrial application. *Industrial Robot: An International Journal, 43*(4), 360–369.
10. Lu, B., Chu, H. K., Huang, K. C., & Cheng, L. (2018). Vision-Based Surgical Suture Looping Through Trajectory Planning for Wound Suturing. *IEEE Transactions on Automation Science and Engineering, 16*(2), 542–556.
11. McInerney, A. (2013). *First steps in differential geometry: Riemannian, contact, symplectic. Undergraduate texts in mathematics*. New York: Springer.
12. Mouaddib, E. M., Sagawa, R., Echigo, T., & Yagi, Y. (2005). Stereovision with a single camera and multiple mirror. In *Proceedings of the 2005 IEEE International Conference on Robotics and Automation* (pp. 800–805).
13. Moura, J., McColl, W., Taykaldiranian, G., Tomiyama, T., & Erden, M. S. (2018). Automation of train cab front cleaning with a robot manipulator. *IEEE Robotics and Automation Letters, 3*(4), 3058–3065.
14. O'Gorman, L., Sammon, M. J., & Seul, M. (2008). *Practical algorithms for image analysis: Description, examples programs and projects* (2nd ed.). Cambridge: Cambridge University Press.
15. O'Neill, B. (2006). *Elementary differential geometry* (Revised 2nd ed.). Cambridge/Amsterdam: Academic/Elsevier.
16. Palenta, K., & Babiarz, A. (2014). KUKA robot motion planning using the 1742 smart camera. In A. Guca et al. (Eds.), *Man-Machine Interactions 3. Advances in intelligent systems and computing* (Vol. 242, pp. 115–122). Basil: Springer.
17. Perrollaz, M., Khorbotly, S., Cool, A., Yoder, J.-D., & Baumgartner, E. (2012). Teachless teach-repeat: Toward vision-based programming of industrial robots. In *Proceedings of the 2012 IEEE International Conference on Robotics and Automation (ICRA)*, May 2012 (pp. 409,414, 14–18).
18. Press, W. H., Teukolsky, S. A., Vetterling, W. T., & Flannery, B. P. (2007). *Numerical recipes: The art of scientific computing* (3rd ed.). Cambridge: Cambridge University Press.
19. Raygoza-Perez, L. A., González-Gálvan, E. J., Loredo-Flores, A., Pastor, J. J., & Baumgartner, E. (2010). An enabling vision-based approach for non-calibrated, robot positioning task. *International Review of Automatic Control. Theory and Applications, 3*(6), 710–722.
20. Robinson, M. L. (2001). A structured lighting approach to image analysis for robotic applications using camera-space manipulation (Ph.D. Dissertation, University of Notre Dame)

21. Rodríuez-Quinonez, J. C., Sergiyenko, O., Flores-Fuentes, W., Rivas-lopez, M., Hernandez-Balbuena, D., Rascón, R., et al. (2017). Improve a 3D distance measurement accuracy in stereo vision systems using optimization methods' approach. *Opto-Electronics Review, 25*(1), 24–32.
22. Real, O. R., Castro-Toscano, M. J., Rodríguez-Quiñonez, J. C., Serginyenko, O., Hernández-Balbuena, D., Rivas-Lopez, M., et al. (2019) Surface measurement techniques in machine vision: Operation, applications, and trends. In *Optoelectronics in machine vision-based theories and applications* (pp. 79–104). Hershey: IGI Global.
23. Russ, J. C. (2007). *The image processing handbook* (5th ed.). Boca Raton: CRC Press.
24. Seelinger, M., Gonzalez-Galvan, E., Robinson, M., & Skaar, S. B. (1998). Towards a robotic plasma spraying operation using vision. *IEEE Robotics and Automation (Special Issue on Visual Servoing), 5*(4), 33–36.
25. Senior, A. W., & Hampapur, M. L. (2005). Acquiring multi-scale images by Pan-Tilt-Zoom control and automatic multi-camera calibration. In *Proceedings of the Seventh IEEE Workshop on Applications of Computer Vision (WACV/MOTION'05)* (pp. 1–6).
26. Song, K.-T., & Tai, J.-C. (2006). Dynamic calibration of Pan-Tilt-Zoom cameras for traffic monitoring. *IEEE Transactions on Systems, Man and Cybernetics, 36*(5), 1091–1103.
27. Stücker, D. (1999). *Elementary geometric methods: Line segment intersection and inclusion in a polygon*. Technical Report, Department of Computer Science, University of Oldenburg.

第 12 章

运动目标跟踪的统一无源视觉控制

Flavio Roberti, Juan Marcos Toibero, Jorge A. Sarapura,
Victor Andaluz, Ricardo Carelli, Jose Maria Sebastian[①]

12.1 引言

机器人是能够以自主或半自主的方式在工作空间中执行一些特定任务的机械设备。机器人的自主性与某些外部感知传感器获取环境信息的能力有关,这些外部传感器包括接近传感器、测距仪或视觉系统等。目前,机器人控制领域的研究方向是将外部传感器与先进的控制算法相结合,使机器人能够在未知或半结构化的环境中执行不同的任务,从而扩展可能的应用。虽然激光测距仪是最常用的传感器[1-3],但在过去几年视觉传感也大量增加,因为图像可以带来大量高质量的信息[4-6]。

根据 Weiss 等[7]提出的分类,当在图像平面上定义控制时,视觉伺服系统为基于图像的[8-10];当在 3D 笛卡儿空间上定义控制误差时,视觉伺服系统为基于位置的[6,11]。视觉伺服系统的另一种分类是基于视觉系统的位置:一种称为"机载的",相机位于机器人上[2,5,11-12];或者相机位于工作空间中的固定位置[8,13-14]。关于控制算法设计,视觉伺服系统被分类为基于运动学的或基于动

---

① F. Roberti, J. M. Toibero, J. A. Sarapura, R. Carelli
Instituto de Automática, UNSJ – CONICET, San Juan, Argentina
e – mail:froberti@ inaut. unsj. edu. ar; mtoibero@ inaut. unsj. edu. ar; jsarapura@ inaut. unsj. edu. ar;
rcarelli@ inaut. unsj. edu. ar

V. Andaluz
Universidad de las Fuerzas Armadas, Sangolquí, Ecuador
e – mail:vhandaluz1@ espe. edu. ec

J. M. Sebastián
Centro de Automática y Robótica, Universidad Politécnica de Madrid, Madrid, Spain
e – mail:jsebas@ etsii. upm. es

力学的;当控制算法设计仅考虑运动学模型[2,5,10,15]时,视觉伺服系统为基于运动学的;当控制算法还考虑机器人的动力学模型时,视觉伺服系统为基于动力学的[8,13,16]。即使基于运动学的控制算法通常具有足够的性能,动力学模型也必须包含在控制算法设计中,以便在高速运动任务或重负载运输中达到设计规范。

通常,视觉伺服系统的稳定性分析是在李亚普诺夫理论的背景下进行的[16-18]。基于无源特性的分析代表了一种替代的可能性,通常用于机械手控制的分析[19-22]。然而,在文献[23]中,一个有趣的类似独轮车移动机器人动力学模型的无源性已经被证明。此外,一些文章提出了基于无源性的移动机器人控制算法[24-25]。目前已经提出了路径跟随控制问题[26]、姿态问题[27]、多机器人协调问题[28-30]和双足机器人运动问题[31]的解决方案。关于移动机器人应用人工视觉的例子,如Fujita等[32]和Kawai等[33]提出了一种用于移动平台控制系统的基于无源性的视觉运动观测器。

文献[19]是基于无源性理论的视觉伺服控制中最有价值的文章之一。然而,即使当稳定性分析使用系统无源性时,它也在李亚普诺夫理论框架中得到解决。在移动机器人领域,文献[26]中解决了路径规划控制问题。这项工作的一个主要缺点是:它只表示了圆形路径的解决方案,并且只能通过数值模拟进行验证。如上所述,Igarashi等[29]提出了一个有趣的多机器人系统三维姿态协调解决方案,提出了一种航向速度控制,允许机器人在三维空间中达到期望的相对方位,通过真实实验和数值模拟进行了验证。Kawai等[33]报告了在应用于移动机器人的视觉传感领域的重大贡献。尽管视觉运动观测器是其主要贡献,但也报告了一种带有折反射式车载相机的移动机器人的姿态控制律。稳定性分析是在李亚普诺夫理论的背景下通过假设一个静态目标进行的,结论仅由视觉观察者的实验数据支持。

本章提出了一种统一的基于无源性的车载摄像机机器人视觉控制结构。所提出的控制律使得机器人能够在其工作空间内进行运动目标跟踪。本章介绍的控制结构不仅适用于机械臂,也适用于移动机器人和移动机械手。考虑到目标速度的精确知识,利用控制的无源性,证明了控制误差的渐近收敛性。随后,执行基于 L_2 增益性能的鲁棒性分析,从而证明即使在目标速度的估计中存在有界误差时,控制误差最终也是有界的。本章的一个关键方面是:在投入产出系统的背景下进行完整的理论分析,而不是使用李亚普诺夫框架中的被动性。此外,所提出的控制系统由真实跟踪器代替鲁棒位置控制律组成;因此,在整个系统分析中考虑了目标的速度。最后,在机器人控制设计中,包含机器人的动态模型,使所提出的控制结构适合于高性能需求的机器人应用。

本章的其余部分组织如下:12.2节介绍了本章使用的运动学和动力学模

型;12.3节描述了推荐的统一控制结构,其中包括稳定性和可靠性分析;12.4节给出了所考虑的机器人系统的数值模拟和实验结果;12.5节为本章结论。

12.2 系统模型

本节介绍机器人系统的动力学模型,以及安装在机器人上的视觉系统的运动学模型。

本节开始部分定义了后续章节中使用的主要变量,如表12.1所列,给出了这些主要变量的符号列表。

表12.1 主要变量术语

符号	变量表述
ξ	图像特征向量
J	总图像雅可比矩阵
μ	机器人速度向量
J_T	目标雅可比矩阵
V_T	目标笛卡儿速度
$\tilde{\xi}$	图像特征误差 $\tilde{\xi}(t)=\xi(t)-\xi_d$
$J^\dagger$	J 的逆或伪逆
v_ξ	辅助变量 $v_\xi = J^T \xi$
$v_{\tilde{\xi}}$	辅助变量 $v_{\tilde{\xi}} = J^T K(\tilde{\xi})\tilde{\xi}$
μ_r^c	运动控制法则
$\tilde{\mu}$	机器人速度误差 $\tilde{\mu} = \mu - \mu_r^c$
w	外部扰动
$\hat{v}_T$	$\hat{v}_T$ 评估
$\tilde{v}_T$	$\tilde{v}_T$ 评估误差

12.2.1 机器人机械手的动力学模型

如果不考虑摩擦或任何其他干扰,n 连杆刚性机器人机械手的动力学模型可以写成

$$M(q)\ddot{q} + C(q,\dot{q})\dot{q} + g(q) = \tau_r \qquad (12.1)$$

式中：$M(q) \in \mathbb{R}^{n \times n}$ 是惯性矩阵；$C(q,\dot{q}) \in \mathbb{R}^{n \times 1}$ 是向心力矩和科氏力矩的向量；$q \in \mathbb{R}^{n \times 1}$ 是关节位移的向量；$g(q) \in \mathbb{R}^{n \times 1}$ 是重力力矩的向量；$\tau_r \in \mathbb{R}^{n \times 1}$ 是施加的关节力矩的向量。

12.2.2 移动机器人的动力学模型

移动机器人动力学的数学模型[23]：

$$H\dot{u} + C(u)u + F(u)u = u_r \tag{12.2}$$

式中：$u \in \mathbb{R}^{2 \times 1}$ 是包含移动机器人的线速度和旋转速度的向量；$u_r \in \mathbb{R}^{2 \times 1}$ 表示速度输入信号的向量；$H \in \mathbb{R}^{2 \times 2}$ 是对角常数正定矩阵；$C(u) \in \mathbb{R}^{2 \times 2}$ 是斜对称矩阵；$F(u) \in \mathbb{R}^{2 \times 2}$（考虑现实假设[23]）是对称下限的正定矩阵。此外，$u_r \to u$ 映射严格来说是被动输出。有关模型式(12.2)的更多细节，读者可以参考文献[23]。

12.2.3 移动机械手的动力学模型

本章使用的移动机械手动力学的数学表示来源于文献[34]中给出的动力学模型，但包括用于致动器的低级控制器。这些控制由类 PD 速度控制组成，从而获得速度参考作为新动力学模型的输入[35]：

$$M(q)\dot{u} + C(q,u)u + g(q) = u_r \tag{12.3}$$

式中：$u \in \mathbb{R}^n$ 是移动机械手的速度向量（包括移动平台的线速度和角速度以及手臂的关节速度）；$M(q) \in \mathbb{R}^{n \times n}$ 是正定矩阵；$C(q,u)u \in \mathbb{R}^n$，$g(q) \in \mathbb{R}^n$，$u_r \in \mathbb{R}^n$ 是输入信号（速度参考）的向量；$q = [q_1 \ q_2 \ \cdots \ q_m]^T = [q_p^T \ q_a^T]^T \in \mathbb{R}^m$ 表示移动机械手的广义坐标，其中 $q_p \in \mathbb{R}^{m_p}$ 表示移动平台的广义坐标，$q_a \in \mathbb{R}^{m_a}$ 表示机械臂的广义坐标。有关模型式(12.3)的更多细节，读者可以参考文献[35]。

12.2.4 视觉系统的运动模型

单相将3D空间投影到放置视觉传感器2D图像平面上。研究人员提出了许多代表图像形成过程的投影模型[36]。透视投影模型是最常用的模型之一。在这个投影模型中，定义与相机相关联的3D正交坐标系，使得 X_{mc} 和 Y_{mc} 轴线是图像平面的基础，Z_{mc} 轴线与光轴重合，如图12.1所示。相机镜头焦点为正交笛卡儿坐标系的原点，因此，在视觉相机相关联的坐标系中，由 $P = [x_{mc}, y_{mc}, z_{mc}]$ 描述的3D空间中的点 P，映射到图像平面上，成为具有坐标 (x_m, y_m) 的2D点，根据文献[36]中的方法得

$$x_m = f\frac{x_{mc}}{z_{mc}}, y_m = f\frac{y_{mc}}{z_{mc}} \tag{12.4}$$

式中：f 是相机的焦距，用像素表示。

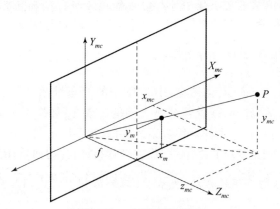

图 12.1　相机投影模型

因此,如果我们考虑车载视觉系统,考虑针孔相机模型式(12.4)和机器人的运动学模型,并定义一些实用的图像特征集合 $\boldsymbol{\xi}$,那么这些随时间变化的图像特征可以表示为目标和机器人运动的函数,如下所示:

$$\dot{\boldsymbol{\xi}} = \boldsymbol{J}\boldsymbol{\mu} + \boldsymbol{J}_\mathrm{T}\boldsymbol{v}_\mathrm{T} \tag{12.5}$$

式中:$\boldsymbol{\mu}$ 代表机器人速度的向量(移动平台的线速度和角速度;和/或机械臂的关节速度);$\boldsymbol{v}_\mathrm{T}$ 表示目标的笛卡儿速度;$\boldsymbol{J}$ 是总雅可比矩阵;$\boldsymbol{J}_\mathrm{T}$ 是目标雅可比矩阵。值得注意的是,$\boldsymbol{J}$ 不仅包括视觉相机的图像雅可比,还包括机器人的运动学模型(及其相应的非完整或完整约束)。例如,附录1显示了获得带有车载相机的移动机器人的运动学模型式(12.5)的数学推导。

12.3　无源性的视觉控制设计

本章这部分讨论了基于图像特征误差(基于图像的控制)的视觉控制的设计,以使带有车载相机的机器人能够在3D工作空间上执行运动目标跟踪任务,同时图像特征误差 $\tilde{\boldsymbol{\xi}}(t)$ 渐近收敛到零。因此,控制目标定义为

$$\lim_{t \to \infty} \tilde{\boldsymbol{\xi}}(t) = 0 \tag{12.6}$$

首先,设计了基于运动学模型的视觉控制,并通过假设运动物体的速度是完全已知的和完美的速度跟踪,证明了图像特征误差渐近收敛于零。接下来,完全速度跟踪的假设被忽略,并且基于动力学的控制的新条件被获得,以证明在这种现实的考虑下,图像特征误差也渐近收敛到零。

如前所述,所提出的控制的完整设计是在输入输出系统理论的框架内进行的,特别是利用了系统的无源性。这些无源性特性通常用于非线性系统稳定性分析[37],主要用于互联和级联结构系统[38-40],并代表李亚普诺夫理论的替代

分析。附录 2 给出了本章中使用的与输入输出系统理论和函数空间算子的无源性相关的形式定义。

12.3.1 视觉系统的无源性

先前的工作已经证明,当考虑 3D 空间中的静态目标时[19],放置在机械臂末端执行器处的透视投影视觉系统是无源的。现在,如果考虑运动目标,也就是说,通过如式(12.5)中那样对视觉系统建模,也可以证明视觉系统的无源性。

命题 1 映射 $(\boldsymbol{\mu} + \boldsymbol{J}^{\dagger}\boldsymbol{J}_{\mathrm{T}}\boldsymbol{v}_{\mathrm{T}}) \rightarrow \boldsymbol{v}_{\boldsymbol{\xi}}$ 代表视觉系统式(12.5),无源的。

证明:令正函数 $V_{\boldsymbol{\xi}} = \dfrac{1}{2}\boldsymbol{\xi}^{\mathrm{T}}\boldsymbol{\xi}$。然后,计算导数并引入式(12.5),得到以下表达式:

$$\dot{V}_{\boldsymbol{\xi}} = \frac{1}{2}\boldsymbol{\xi}^{\mathrm{T}}\dot{\boldsymbol{\xi}} = \boldsymbol{\xi}^{\mathrm{T}}(\boldsymbol{J}\boldsymbol{\mu} + \boldsymbol{J}_{\mathrm{T}}\boldsymbol{v}_{\mathrm{T}}) \tag{12.7}$$

现在,在 $[0,T]$ 上积分式(12.7)得

$$\begin{aligned}\int_0^T \dot{V}_{\boldsymbol{\xi}}\mathrm{d}t &= \int_0^T (\boldsymbol{\xi}^{\mathrm{T}}(\boldsymbol{J}\boldsymbol{\mu} + \boldsymbol{J}_{\mathrm{T}}\boldsymbol{v}_{\mathrm{T}}))\mathrm{d}t \\ \int_0^T (\boldsymbol{J}^{\mathrm{T}}\boldsymbol{\xi})^{\mathrm{T}}(\boldsymbol{\mu} + \boldsymbol{J}^{\dagger}\boldsymbol{J}_{\mathrm{T}}\boldsymbol{v}_{\mathrm{T}})\mathrm{d}t &= V_{\boldsymbol{\xi}}(T) - V_{\boldsymbol{\xi}}(0) \geqslant -V_{\boldsymbol{\xi}}(0)\end{aligned} \tag{12.8}$$

式中: $\boldsymbol{J}^{\dagger}$ 代表 $\boldsymbol{J}$ 的逆或伪逆。根据命题 6 定义 $\boldsymbol{v}_{\boldsymbol{\xi}} = \boldsymbol{J}^{\mathrm{T}}\boldsymbol{\xi}$,可以得出 $\boldsymbol{\mu} + \boldsymbol{J}^{\dagger}\boldsymbol{J}_{\mathrm{T}}\boldsymbol{v}_{\mathrm{T}} \rightarrow \boldsymbol{v}_{\boldsymbol{\xi}}$ 映射是无源的。

12.3.2 基于运动学的控制器设计

鉴于图像平面的调节问题,图像特征误差的向量被定义为 $\widetilde{\boldsymbol{\xi}}(t) = \boldsymbol{\xi}(t) - \boldsymbol{\xi}_{\mathrm{d}}$,其中 $\boldsymbol{\xi}_{\mathrm{d}}$ 表示图像平面上的期望特征向量。在这种情况下,所提出的运动控制结构如图 12.2 的方框图所示。

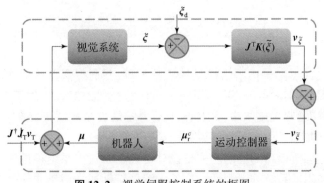

图 12.2 视觉伺服控制系统的框图

命题 2 令图 12.2 中的框图表示运动控制系统,其中"视觉系统"块被建模为式(12.5)并假设机器人进行最优的速度跟踪,即 $\boldsymbol{\mu} \equiv \boldsymbol{\mu}_r^c$(基于运动学的控制器)。如果对图像特征的任何值 $\boldsymbol{v}_{\tilde{\xi}} \in L_\infty$ 设计 $\boldsymbol{K}(\tilde{\boldsymbol{\xi}})$ 是正定增益矩阵,并且在 $K_c > 0$ 时满足 $\boldsymbol{\mu}_r^c = -\boldsymbol{K}_c \boldsymbol{v}_{\tilde{\xi}} - \boldsymbol{J}^\dagger \boldsymbol{J}_T \boldsymbol{v}_T = -\boldsymbol{K}_c \boldsymbol{J}_T \boldsymbol{K}(\tilde{\boldsymbol{\xi}})\tilde{\boldsymbol{\xi}} - \boldsymbol{J}^\dagger \boldsymbol{J}_T \boldsymbol{v}_T$,然后,$(\boldsymbol{\mu} + \boldsymbol{J}^\dagger \boldsymbol{J}_T \boldsymbol{v}_T) \to \boldsymbol{v}_{\tilde{\xi}}$(表示图 12.2 上层子系统)映射是无源的,映射 $-\boldsymbol{v}_{\tilde{\xi}} \to (\boldsymbol{\mu} + \boldsymbol{J}^\dagger \boldsymbol{J}_T \boldsymbol{v}_T)$(表示图 12.2 下部子系统)严格来说是输入无源。

证明:首先,视觉系统在考虑图像平面调节问题时得到解决。有了这个目标,取下面的正定函数:

$$V_{\tilde{\xi}} = \int_0^{\tilde{\xi}^T} \boldsymbol{\eta}^T \boldsymbol{K}(\boldsymbol{\eta}) \mathrm{d}\boldsymbol{\eta} \tag{12.9}$$

然后,函数 $V_{\tilde{\xi}}$ 的时间导数是 $\dot{V}_{\tilde{\xi}} = (\tilde{\boldsymbol{\xi}})^T \boldsymbol{K}(\tilde{\boldsymbol{\xi}})(\dot{\tilde{\boldsymbol{\xi}}}) = (\tilde{\boldsymbol{\xi}})^T \boldsymbol{K}(\tilde{\boldsymbol{\xi}})(\boldsymbol{J}_\mu + \boldsymbol{J}_T \boldsymbol{v}_T)$。在区间 $[0,T]$ 上积分 $\dot{V}_{\tilde{\xi}}$ 得

$$\int_0^T \dot{V}_{\tilde{\xi}} \mathrm{d}t = \int_0^T \tilde{\boldsymbol{\xi}}^T \boldsymbol{K}(\tilde{\boldsymbol{\xi}})(\boldsymbol{J}_\mu + \boldsymbol{J}_T \boldsymbol{v}_T) \mathrm{d}t \tag{12.10}$$

然后定义

$$\boldsymbol{v}_{\tilde{\xi}} = \boldsymbol{J}^T \boldsymbol{K}(\tilde{\boldsymbol{\xi}})\tilde{\boldsymbol{\xi}} \tag{12.11}$$

获得以下表达式:

$$\int_0^T \boldsymbol{v}_{\tilde{\xi}}(\boldsymbol{\mu} + \boldsymbol{J}^\dagger \boldsymbol{J}_T \boldsymbol{v}_T) \mathrm{d}t \geq -V_{\tilde{\xi}}(0) \tag{12.12}$$

得出结论:映射 $(\boldsymbol{\mu} + \boldsymbol{J}^\dagger \boldsymbol{J}_T \boldsymbol{v}_T) \to \boldsymbol{v}_{\tilde{\xi}}$ 是无源的。

现在,回顾最优速度跟踪假设,即 $\boldsymbol{\mu} \equiv \boldsymbol{\mu}_r^c$,以及控制律的定义

$$\boldsymbol{\mu}_r^c = -\boldsymbol{K}_c \boldsymbol{v}_{\tilde{\xi}} - \boldsymbol{J}^\dagger \boldsymbol{J}_T \boldsymbol{v}_T = -\boldsymbol{K}_c \boldsymbol{J}^T \boldsymbol{K}(\tilde{\boldsymbol{\xi}})\tilde{\boldsymbol{\xi}} - \boldsymbol{J}^\dagger \boldsymbol{J}_T \boldsymbol{v}_T; K_c > 0 \tag{12.13}$$

并将式(12.13)代入式(12.12),得到以下表达式:

$$\int_0^T \boldsymbol{v}_{\tilde{\xi}}^T (\boldsymbol{\mu} + \boldsymbol{J}^\dagger \boldsymbol{J}_T \boldsymbol{v}_T) \mathrm{d}t = \int_0^T \boldsymbol{v}_{\tilde{\xi}}^T (-\boldsymbol{K}_c \boldsymbol{v}_{\tilde{\xi}} - \boldsymbol{J}^\dagger \boldsymbol{J}_T \boldsymbol{v}_T + \boldsymbol{J}^\dagger \boldsymbol{J}_T \boldsymbol{v}_T) \mathrm{d}t$$

$$= -\int_0^T \boldsymbol{v}_{\tilde{\xi}}^T \boldsymbol{K}_c \boldsymbol{v}_{\tilde{\xi}} \mathrm{d}t \leq -\lambda_{\min}(\boldsymbol{K}_c) \int_0^T \boldsymbol{v}_{\tilde{\xi}}^T \boldsymbol{v}_{\tilde{\xi}} \mathrm{d}t \tag{12.14}$$

$$\int_0^T -\boldsymbol{v}_{\tilde{\xi}}^T (\boldsymbol{\mu} + \boldsymbol{J}^\dagger \boldsymbol{J}_T \boldsymbol{v}_T) \mathrm{d}t \geq \lambda_{\min}(\boldsymbol{K}_c) \|\boldsymbol{v}_{\tilde{\xi}}\|_{2,T}^2 \tag{12.15}$$

得出结论,映射 $-\boldsymbol{v}_{\tilde{\xi}} \to (\boldsymbol{\mu} + \boldsymbol{J}^\dagger \boldsymbol{J}_T \boldsymbol{v}_T)$ 即式(12.13)中定义的控制律,严格来说是输入无源的(见命题 7)。

因此,如图 12.2 所示,提出的控制系统由无源子系统的互联组成。

12.3.2.1 运动控制系统分析

为了分析运动控制系统,增加了其定义无源性的表达式(12.12)和

式(12.15),并且

$$0 \geqslant -V_{\tilde{\xi}}(0) + \lambda_{\min}(K_c) \| v_{\tilde{\xi}} \|_{2,T}^2$$

$$\| v_{\tilde{\xi}} \|_{2,T}^2 \leqslant \frac{V_{\tilde{\xi}}(0)}{\lambda_{\min}(K_c)} \tag{12.16}$$

这意味着,$v_{\tilde{\xi}} \in L_{2e}$。还有,回顾 $K(\tilde{\xi})$,因为机器人速度也是有界的(根据控制律式(12.13)的定义),所以被设计成使得 $v_{\tilde{\xi}} \in L_{\infty}$ 和 $\dot{v}_{\tilde{\xi}} \in L_{\infty}$。然后,Barbalat's 的引理[41]允许得出结论:

$$v_{\tilde{\xi}} \to 0, t \to \infty \tag{12.17}$$

那么,假设目标不在任何奇异位置,并回忆 $v_{\tilde{\xi}} = J^T K(\tilde{\xi}) \tilde{\xi}$,条件式(12.17)意味着

$$\tilde{\xi} \to 0, t \to \infty \tag{12.18}$$

从而实现控制目标。

12.3.2.2 移动机械手的特殊考虑

在考虑移动机械手的情况下,可以在运动学控制律式(12.13)中增加一个额外的项,而不改变以前的分析,因为 $J(I - J^{\dagger}J) = 0$,所以有

$$\mu_r^c = -K_c v_{\tilde{\xi}} - J^{\dagger} J_T v_T + (I - J^{\dagger}J) k_1 \tanh(k_2 \Lambda) \tag{12.19}$$

因此,利用移动机械手的冗余性,可以成功地获得额外的性能,即避障、奇异配置避免、将图像特征保持在视场中,或者优化若干性能标准。

为了说明前面的概念,本章考虑了两个独立的次要目标:移动平台的避障和通过控制系统的可操作性来防止奇异配置[42]。因此,适用于 Λ 的定义为[35]

$$\Lambda = [-u_{\text{obs}} \quad \omega_{\text{obs}} \quad f_1(\tilde{\theta}_1) \quad \cdots \quad f_{na}(\tilde{\theta}_{na})]^T \tag{12.20}$$

当障碍物不干扰机械臂时,u_{obs} 和 ω_{obs} 是移动平台的线速度和旋转速度,使机器人能够实现避障目标。因此,手臂可以处理主要目标,而平台通过向零空间配置提供资源来处理避障。u_{obs} 和 ω_{obs} 是根据虚拟斥力计算的[35]。这个虚拟力由机器人和障碍物 d 之间的相对距离和障碍物的入射角 α 定义。因此,控制律被定义为[35]

$$u_{\text{obs}} = Z^{-1} \left(k_{u_{\text{obs}}} (d_0 - d) \left[\frac{\pi}{2} - |\alpha| \right] \right)$$

$$\omega_{\text{obs}} = Z^{-1} \left(k_{\omega_{\text{obs}}} (d_0 - d) \text{sgn}(\alpha) \left[\frac{\pi}{2} - |\alpha| \right] \right) \tag{12.21}$$

式中:d 代表机器人到障碍物的相对距离;d_0 是开始避开障碍物的距离;$k_{u_{\text{obs}}}$ 和 $k_{\omega_{\text{obs}}}$ 是正设计常数;Z 是定义机器人与环境相互作用的机械阻抗;α 是与障碍物

的入射角。

12.3.3 动态补偿控制

以前的运动学控制系统的无源性是通过假设最优的速度跟踪(即$\boldsymbol{\mu} \equiv \boldsymbol{\mu}_r^c$)获得的。然而,当机器人任务不能忽略动态效应,如高速运动或运输重负载时,则以前的假设无效。在这种情况下,控制系统设计中必须考虑机器人动力学,以获得可接受的性能。因此,这种新控制律的主要目标是补偿机器人动力学,以减小期望速度和机器人真实速度之间的差异。该动态控制律的输入是由运动学控制律产生的期望速度,它计算要发送给机器人的新控制动作(图12.3)。

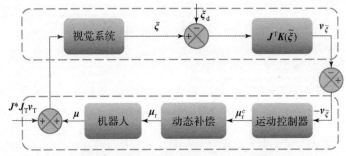

图 12.3 动态补偿的伺服控制系统的框图

因此,不考虑理想的速度跟踪假设,将存在速度误差,表示为$\tilde{\boldsymbol{\mu}}(t) = \boldsymbol{\mu}(t) - \boldsymbol{\mu}_r^c(t)$,这促使设计动态补偿控制律。

动态补偿控制$\boldsymbol{\mu}_r$被设计用于$\tilde{\boldsymbol{\mu}} \in L_2 \cap L_\infty$,这意味着,$\boldsymbol{\mu} \in L_\infty$,因为$\boldsymbol{\mu}_r^c \in L_\infty$已经被证明。例如,可以使用基于反馈线性化的控制,这样可以轻松证明$\tilde{\boldsymbol{\mu}}$的条件。

然后,应该研究控制误差$\tilde{\boldsymbol{\xi}}$的行为。为此,将先前定义的误差$\tilde{\boldsymbol{\mu}}(t)$和运动控制律式(12.13)引入式(12.14),得到以下表达式:

$$-\int_0^T \boldsymbol{v}_{\tilde{\xi}}^T (\boldsymbol{\mu} + \boldsymbol{J}^\dagger \boldsymbol{J}_T \boldsymbol{v}_T) \, dt = \int_0^T \boldsymbol{v}_{\tilde{\xi}}^T \boldsymbol{K}_c \boldsymbol{v}_{\tilde{\xi}} \, dt - \int_0^T \boldsymbol{v}_{\tilde{\xi}}^T \tilde{\boldsymbol{\mu}} \, dt \quad (12.22)$$

然后,通过将式(12.22)与式(12.12)相加,并经过一些数学运算,得到

$$\lambda_{\min}(\boldsymbol{K}_c) \int_0^T \boldsymbol{v}_{\tilde{\xi}}^T \boldsymbol{v}_{\tilde{\xi}} \, dt \leq V_{\tilde{\xi}}(0) + \int_0^T \boldsymbol{v}_{\tilde{\xi}}^T \tilde{\boldsymbol{\mu}} \, dt \quad (12.23)$$

$$\lambda_{\min}(\boldsymbol{K}_c) \| \boldsymbol{v}_{\tilde{\xi}} \|_{2,T}^2 \leq V_{\tilde{\xi}}(0) + \| \boldsymbol{v}_{\tilde{\xi}} \|_{2,T} \| \tilde{\boldsymbol{\mu}} \|_{2,T}, \forall T \in [0,\infty)$$
$$(12.24)$$

通过回顾施加在动态补偿控制上的限制$\tilde{\boldsymbol{\mu}} \in L_2$,不等式(12.24)仅适用于

$\|v_{\tilde{\xi}}\|_{2,T} < \infty$,这意味着 $v_{\tilde{\xi}} \in L_2$。这一结果表明,包含动态控制后,性质 $v_{\tilde{\xi}} \in L_2$ 成立。因此,回想起 $v_{\tilde{\xi}} \in L_\infty$ 和 $\dot{v}_{\tilde{\xi}} \in L_\infty$,控制目标实现,即

$$\tilde{\xi} \to 0, t \to \infty \tag{12.25}$$

12.3.4 鲁棒性分析

运动学控制式(12.13)假设目标速度 v_T 的精确知识;然而,实际情况并非如此,应该通过使用 α–β 滤波器等对目标进行视觉感知来估计。v_T 的这种估计会对控制误差行为产生不良影响。因此,有必要在 L_2 增益性能标准的背景下进行稳定性分析。外部扰动 w 被定义为估计误差 $\tilde{v}_T$ 和速度误差 $\tilde{\mu}$ 的函数,并且必须证明[44]:

$$\int_0^T \|\tilde{\xi}\|^2 dt \le \gamma^2 \int_0^T \|w\|^2 dt, \forall T > 0 \tag{12.26}$$

这意味着,从 w 到 $\tilde{\xi}$ 的映射是有限的 L_2 增益。

定义 $w = \tilde{\mu} + J^\dagger J_T v_T$,其中 $\tilde{v}_T = v_T - \hat{v}_T$,假设 w 是有界的。现在考虑到控制律式(12.13)是用目标速度 $\hat{v}_T$ 的估计值计算的,因此,式(12.22)修改如下:

$$\int_0^T v_{\tilde{\xi}}^T (\mu + J^\dagger J_T v_T) dt = \int_0^T v_{\tilde{\xi}}^T (\tilde{\mu}(t) + \mu_r^c(t) + J^\dagger J_T v_T) dt$$

$$= \int_0^T v_{\tilde{\xi}}^T \tilde{\mu} dt - \int_0^T v_{\tilde{\xi}}^T K_c v_{\tilde{\xi}} dt + \int_0^T v_{\tilde{\xi}}^T (-J^\dagger J_T \hat{v}_T + J^\dagger J_T v_T) dt \tag{12.27}$$

$$\int_0^T v_{\tilde{\xi}}^T (\mu + J^\dagger J_T v_T) dt = -\int_0^T v_{\tilde{\xi}}^T K_c v_{\tilde{\xi}} dt + \int_0^T v_{\tilde{\xi}}^T \tilde{\mu} dt + \int_0^T \tilde{v}_T^T J^\dagger J_T \tilde{v}_T dt \tag{12.28}$$

$$\int_0^T v_{\tilde{\xi}}^T (\mu + J^\dagger J_T v_T) dt = -\int_0^T v_{\tilde{\xi}}^T K_c v_{\tilde{\xi}} + \int_0^T v_{\tilde{\xi}}^T w dt \tag{12.29}$$

通过从定义视觉系统式(12.12)无源性的表达式中减去式(12.29),我们得到

$$0 \ge -V_{\tilde{\xi}}(0) + \int_0^T v_{\tilde{\xi}}^T K_c v_{\tilde{\xi}} dt - \int_0^T v_{\tilde{\xi}}^T w dt \tag{12.30}$$

$$\lambda_{\min}(K_c) \int_0^T v_{\tilde{\xi}}^T v_{\tilde{\xi}} dt \le V_{\tilde{\xi}}(0) + \int_0^T v_{\tilde{\xi}}^T w dt \tag{12.31}$$

或者通过定义 $\varepsilon = \lambda_{\min}(K_c)$ 并提醒空间 L_{2e} 中的内积(定义5),得到

$$\varepsilon \|v_{\tilde{\xi}}\|_{2,T}^2 \le \langle v_{\tilde{\xi}}, w \rangle_T + V_{\tilde{\xi}}(0)$$

$$\lambda_{\min}(K_c) \int_0^T v_{\tilde{\xi}}^T v_{\tilde{\xi}} dt \le V_{\tilde{\xi}}(0) + \int_0^T v_{\tilde{\xi}}^T w dt \tag{12.32}$$

现在,通过将 $\frac{1}{2}\langle \frac{1}{\sqrt{\varepsilon}}w - \sqrt{\varepsilon}v_{\tilde{\xi}}^{\mathrm{T}}, \frac{1}{\sqrt{\varepsilon}}w - \sqrt{\varepsilon}v_{\tilde{\xi}}^{\mathrm{T}} \rangle_{\mathrm{T}}$ 正项加到式(12.32)的第二个成员上,不等式成立。经过一些数学运算,得到以下表达式:

$$\varepsilon \parallel v_{\tilde{\xi}} \parallel_{2,\mathrm{T}}^{2} \leqslant \langle v_{\tilde{\xi}}^{\mathrm{T}}, w \rangle_{\mathrm{T}} + \frac{1}{2}\frac{1}{\varepsilon}\langle w, w \rangle_{\mathrm{T}} + \frac{\varepsilon}{2}\langle v_{\tilde{\xi}}^{\mathrm{T}}, v_{\tilde{\xi}}^{\mathrm{T}} \rangle_{\mathrm{T}} - \langle v_{\tilde{\xi}}^{\mathrm{T}}, w \rangle_{\mathrm{T}} + V_{\tilde{\xi}}(0) \tag{12.33}$$

$$\parallel v_{\tilde{\xi}} \parallel_{2,\mathrm{T}}^{2} \leqslant \frac{1}{\varepsilon^{2}} \parallel w \parallel_{2,\mathrm{T}}^{2} + V_{\tilde{\xi}}(0) \tag{12.34}$$

现在,为了 $\parallel w \parallel_{2}^{2}$ 到达 $\parallel v_{\tilde{\xi}} \parallel_{2}^{2}$ 远离其饱和值,在引入(12.11)到(12.34)中之后,可以得出结论

$$\parallel \tilde{\xi}^{\mathrm{T}} \parallel_{2,\mathrm{T}}^{2} \leqslant \frac{1}{\lambda_{\min}(M)\varepsilon^{2}} \parallel w \parallel_{2,\mathrm{T}}^{2} + V_{\tilde{\xi}}(0) \tag{12.35}$$

其中

$$M = K^{\mathrm{T}}(\tilde{\xi})JJ^{\mathrm{T}}K(\tilde{\xi})$$

最后,在区间 $[0,T]$ 上积分式(12.35)后,可以得出映射 $w \to \tilde{\xi}$,有限的 L_2 - gain $\leqslant \gamma$,其中 $\gamma = \dfrac{1}{\varepsilon\sqrt{\lambda_{\min}(M)}}$。也就是说,根据 L_2 性能准则(L_2 增益范数下的扰动衰减或能量衰减),所提出的控制系统对扰动 w 是鲁棒的。在这种情况下,当存在估计误差时,参数 γ 可以理解为所提出的控制系统的定量性能指标。

12.4 仿真和实验结果

通过对 3 种不同机器人的仿真和实验,对本章所示的基于无源性的控制结构进行了评估。第一个机器人系统是 MobileRobots Inc. 制造的移动机器人先锋 3DX,搭载了单目视觉系统($f=850$ 像素)。移动目标放置在另一个移动机器人 Pioneer 3AT 上的圆柱形目标组成。实验设备如图 12.4(a)所示。然后,用移动机械手进行了一些实验。它由一个移动机器人 Pioneer 3AT 和一个 7 自由度(DOF)的机械臂 CYTON Alpha 组成(实验中只使用了 3 个 DOF)。移动基座有 1 个仅用于检测障碍物的激光测距仪,一个 JMK 迷你摄像机(型号:JK-805)放置在机械臂的末端执行器上。要移动的对象履带被放置在另一个移动机器人 Pioneer 3AT 上。实验设备如图 12.4(b)所示。

最后,考虑了带有手眼立体视觉系统的 Bosch SR-800 机器人机械手(图 12.4(b))的动力学和运动学模型。

图 12.4 实验设置

（a）12.4.1 节中使用的实验室机器人；（b）12.4.2 节中使用的实验室机器人；
（c）12.4.3 节中考虑的机器人机械手 Bosch SR-800。

12.4.1 移动机器人

为了在移动机器人中实现和评估基于无源性的控制,使用附录 1 中描述的特征选择。在所有实验中,控制系统的 V_T 是未知的,其估计由 $\alpha-\beta$ 滤波器进行[43]。然而,可以使用任何其他适当的估计算法。

矩阵 $K(\tilde{\xi})$ 被定义为使得 $v_{\tilde{\xi}} \in L_\infty$,即

$$K(\tilde{\xi}) = \mathrm{diag}\left(\frac{k_1}{a_1 + |\tilde{\xi}_1|(b_1 + d_m)(c_1 + |x_m|^2)}, \frac{k_2}{(a_2 + |\tilde{\xi}_2|)(b_2 + d_m^2)(c_2 + |x_m|)} \right)$$

(12.36)

$$k_i, a_i, b_i, c_i > 0$$

注意:矩阵 $K(\tilde{\xi})$ 的定义和与图像特征定义相关联的雅可比矩阵有关。

控制律的设计常数为 $k_1 = 0.25, k_1 = 15, a_1 = 70, b_1 = 20, c_1 = 30, a_2 = 100, b_2 = 30, c_2 = 20, K_c = \mathrm{diag}(70,4)$；在第一次实验中,所需的图像特征表示为 $\xi_d = [0 \ 270]^T$,而在第二次和第三次实验中所需的图像特征表示为 $\xi_d = [0 \ 170]^T$。注意:这些所需的图像特征可以转换为机器人-目标相对姿态,获得 $d = 0.63\mathrm{m}$ 和 $\varphi = 0°$ 为第一个实验；对于第二个和第三个, $d = 1\mathrm{m}$ 和 $\varphi = 0°$。尽管控制律中不需要相对姿态值,但它们对于解释实验结果是有用的。

实验 12.4.1.1 在这个实验中,移动机器人必须相对于目标从初始位置导航到最终目的地,因为考虑了静态物体。该最终位置由图像特征定义。实验结果如图 12.5~图 12.8 所示。图 12.5 说明了控制误差,就图像特征而言,图 12.6 表示发送给移动机器人的速度命令,图 12.7 显示了实验期间的机器人轨迹,最后,图 12.8 描述了机器人-目标的相对位置。

第12章 运动目标跟踪的统一无源视觉控制

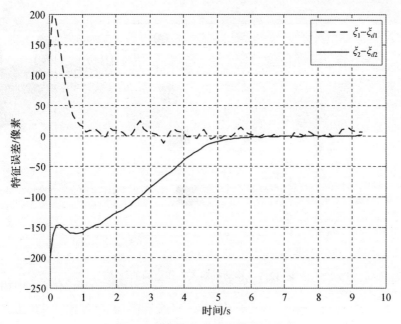

图 12.5 随时间变化的图像特征误差

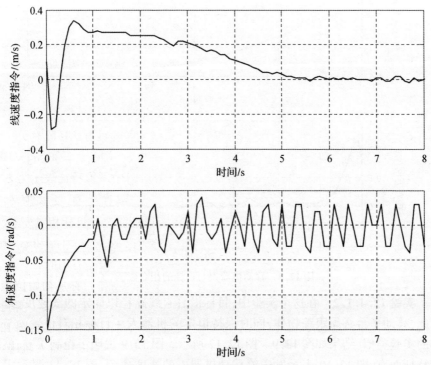

图 12.6 随时间变化的控制指令

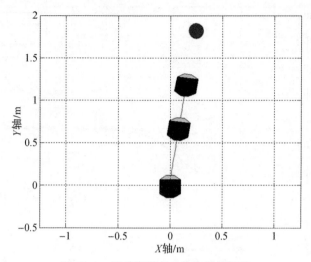

图 12.7 移动机器人工作空间的轨迹

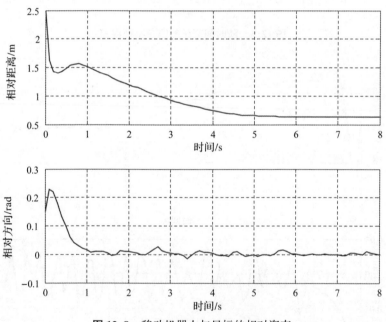

图 12.8 移动机器人与目标的相对姿态

实验 12.4.1.2 在这个实验中，目标沿着直线路径以固定的线速度移动。因此，移动平台必须跟踪物体，同时保持恒定的机器人 - 目标相对位置。与之前的实验类似，结果如图 12.9～图 12.12 所示。图 12.9 说明了控制误差，就图像特征而言，图 12.10 表示发送给移动机器人的速度命令，图 12.11 显示了实验期间的机器人轨迹，最后，图 12.12 描述了机器人 - 目标的相对位置。

第12章 运动目标跟踪的统一无源视觉控制

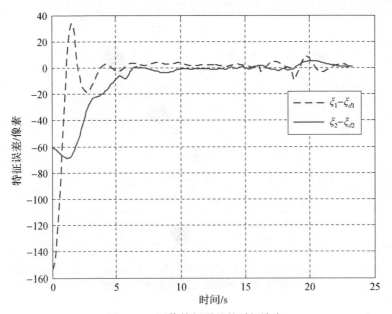

图12.9 图像特征误差的时间演变

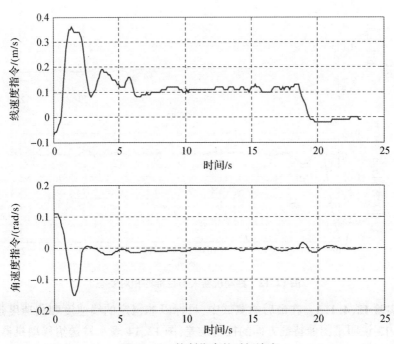

图12.10 控制指令的时间演变

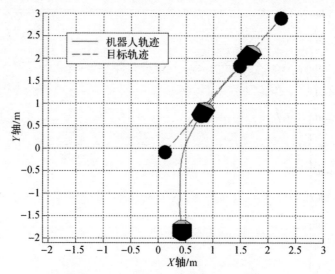

图 12.11 移动机器人的工作空间轨迹

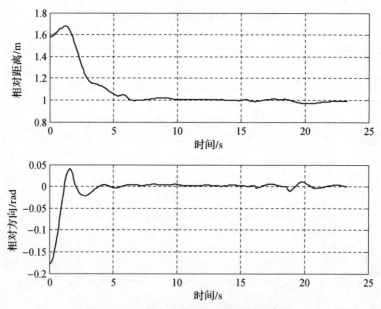

图 12.12 移动机器人与目标的相对姿态

实验 12.4.1.3 在最后的测试中,目标以非恒定的线速度和角速度运动。图 12.13 说明了图像特征方面的控制误差,图 12.14 表示发送给移动机器人的速度指令,图 12.15 表示实验过程中的机器人轨迹,最后,图 12.16 描述了机器人-目标的相对位置。

第12章 运动目标跟踪的统一无源视觉控制

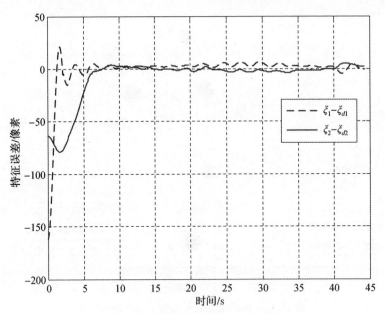

图 12.13 图像特征误差的时间演变

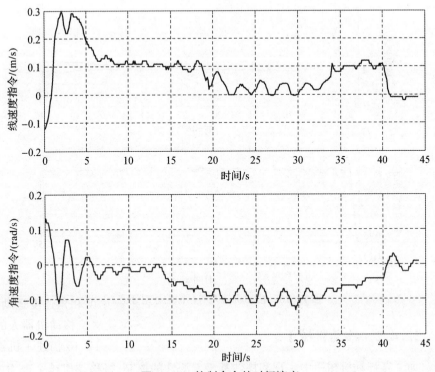

图 12.14 控制命令的时间演变

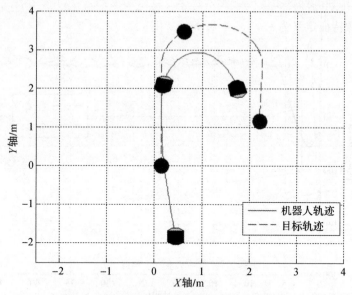

图 12.15 移动机器人在工作空间描述的轨迹

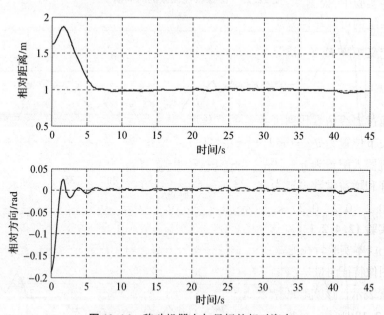

图 12.16 移动机器人与目标的相对姿态

12.4.2 移动机械手

为了在移动机械手中实现和评估基于无源性的控制,将移动机械手视为由两个垂直排列的球体组成的被跟踪对象。这些球体的直径是已知的,表示为 d。另外,图像特征定义为 $\boldsymbol{\xi} = [u_1 \quad v_1 \quad v_2]^T$(图 12.17)。

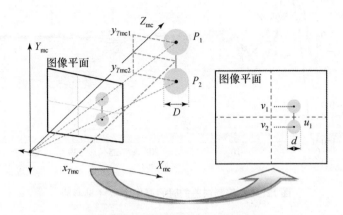

图 12.17　移动机械手的特征选择

在所有实验中,控制系统的 $\boldsymbol{v}_T$ 是未知的,其估计由 $\alpha - \beta$ 滤波器执行[43]。在这些实验中,控制器式(12.19)考虑了两个次要目标:移动基地的避障和通过控制系统的可操作性来防止奇异构型。

定义矩阵 $\boldsymbol{K}(\tilde{\boldsymbol{\xi}})$ 满足 $\boldsymbol{v}_{\tilde{\xi}} \in L_\infty$,即

$$\boldsymbol{K}(\tilde{\boldsymbol{\xi}}) = \mathrm{diag}\left(\frac{k_i}{1 + |\tilde{\xi}_i|}\right) \quad (12.37)$$

通过离线仿真找到了手臂关节角度,最大化了手臂的可操作性。因此,所需的关节位置为 $\theta_{1d} = 0\mathrm{rad}, \theta_{2d} = 0.6065\mathrm{rad}$ 与 $\theta_{3d} = 1.2346\mathrm{rad}$。对于所有实验,初始机器人配置为 $\boldsymbol{q} = [0\mathrm{m} \quad 0\mathrm{m} \quad 0\mathrm{rad} \quad 0\mathrm{rad} \quad 0\mathrm{rad} \quad 0\mathrm{rad}]^T$。最后,控制的增益矩阵和增益常数设置为 $\boldsymbol{K}_c = \boldsymbol{I}, k_{Ai} = 1, k_{u_{\mathrm{obs}}} = 0.5, k_{\omega_{\mathrm{obs}}} = 0.9, \boldsymbol{k}_2 = \mathrm{diag}(0.2 \quad 0.2 \quad 0.2 \quad 0.2 \quad 0.2), \boldsymbol{k}_1 = \mathrm{diag}(0.7 \quad 1 \quad 0.1 \quad 0.1 \quad 0.1)$ 与 $k_i = 0.15$。

实验 12.4.2.1　在这个实验中,目标移动来描述直线路径大约 20s,然后突然停止。本实验旨在测试当 $\boldsymbol{v}_T$ 估计存在较大误差时的控制系统性能。初始和期望的图像特征向量是 $\boldsymbol{\xi}(0) = [-150 \quad 20 \quad -100]^T$ 和 $\boldsymbol{\xi}_d = [0 \quad 60 \quad -60]^T$,分别以像素表示。该实验的结果如图 12.18 ~ 图 12.21 所示。控制行为误差 $\tilde{\boldsymbol{\xi}}(t)$ 如图 12.18 所示。可见,$\tilde{\boldsymbol{\xi}}(t)$ 最终是有界的,达到最大值($|\tilde{\xi}_i|$) < 8。图 12.19 和图 12.20 说明了移动平台和机械臂的速度指令;最后,图 12.21 显示了估计物体速度的范数。重要的是,要强调即使当速度估计中存在高误差时,图像特征误差也保持有界,如当实验开始时可以理解的估计误差。

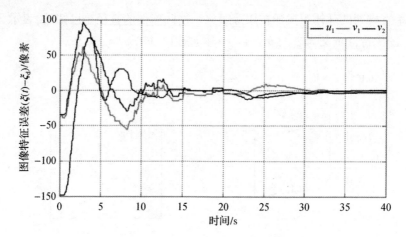

图 12.18 控制误差的时间演化 $\tilde{\xi}(t)$（见彩插）

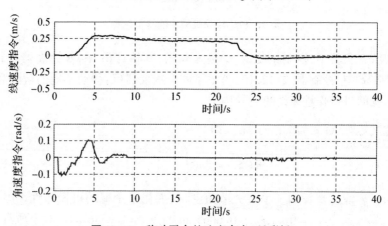

图 12.19 移动平台的速度命令（见彩插）

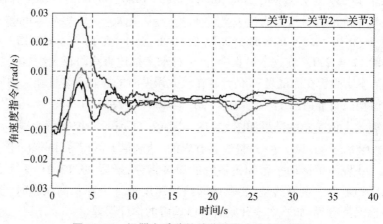

图 12.20 机器人手臂的关节速度命令（见彩插）

第12章 运动目标跟踪的统一无源视觉控制

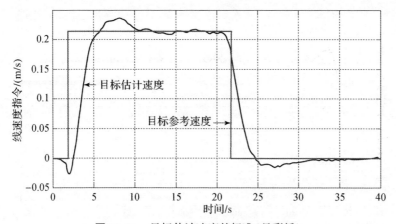

图 12.21　目标估计速度的标准(见彩插)

实验 12.4.2.2 实验的复杂性现在增加了。物体移动是为了描述一条非直线路径,移动平台必须避开一个意想不到的静态障碍物。障碍物不限制视觉感知;因此当移动基座避开障碍物时,机械臂能够继续执行物体跟踪。初始和期望的图像特征向量是 $\boldsymbol{\xi}(0) = \begin{bmatrix} -150 & 20 & -115 \end{bmatrix}^T$ 和 $\boldsymbol{\xi}_d = \begin{bmatrix} 0 & 60 & -60 \end{bmatrix}^T$,分别以像素表示。实验结果如图 12.22~图 12.25 所示。控制误差 $\tilde{\boldsymbol{\xi}}(t)$ 的行为如图 12.22 所示。图 12.23 和图 12.24 显示了移动平台和机械臂的速度指令。图 12.25 显示了机器人和目标描述的轨迹工作区。图 12.22、图 12.23 和图 12.24(大约 $17s<t<32s$)显示了控制系统相关信号的演变,这些信号使机器人在跟随物体时避开障碍物。在图 12.25 中标记为 3 的位置,也可以观察到避障动作。重要的是,当障碍物被超越时,机器人机械手将再次达到最大可操作性配置,从而实现这一特定的次要目标。图 12.22 还允许观察到,即使在避障任务期间,尽管存在 v_T 的估计误差,图像特征误差也保持有界。

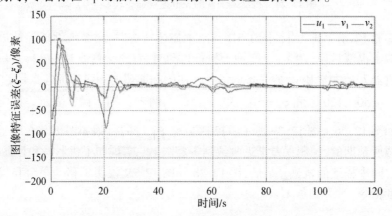

图 12.22　控制误差的时间演化 $\tilde{\boldsymbol{\xi}}(t)$ (见彩插)

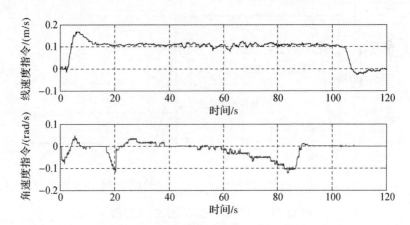

图 12.23 移动平台的速度命令(见彩插)

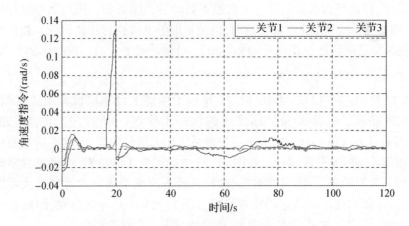

图 12.24 机器人手臂的关节速度命令(见彩插)

实验 12.4.2.3 当目标在 3D 空间中描述轨迹时,对系统性能评估进行数值模拟。也就是说,在 $X-Y$ 平面上执行移动时,它还会修改其 z 坐标。仿真考虑了机器人动力学和 v_T 的完备的信息。初始和期望的图像特征向量是 $\xi(0) = [212 \quad -50 \quad 120]^T$ 和 $\xi_d = [0 \quad 50 \quad -50]^T$,两者分别用像素表示。该实验的结果如图 12.26~图 12.29 所示。控制误差 $\tilde{\xi}(t)$ 的行为如图 12.26 所示。正如模拟所预期的,控制误差渐近收敛到零。图 12.27 说明了机器人和目标在 3D 工作空间中描述的轨迹。最后,图 12.28 和图 12.29 说明了移动平台和机械臂的速度指令。

第 12 章 运动目标跟踪的统一无源视觉控制

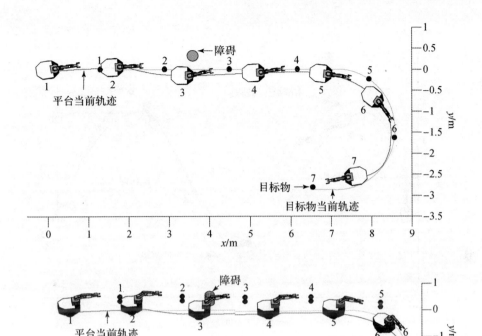

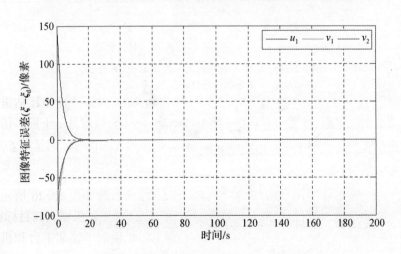

图 12.25 7 个不同的时刻移动机械手和目标物的轨迹和位置

图 12.26 控制误差 $\tilde{\xi}(t)$ 的时间演化

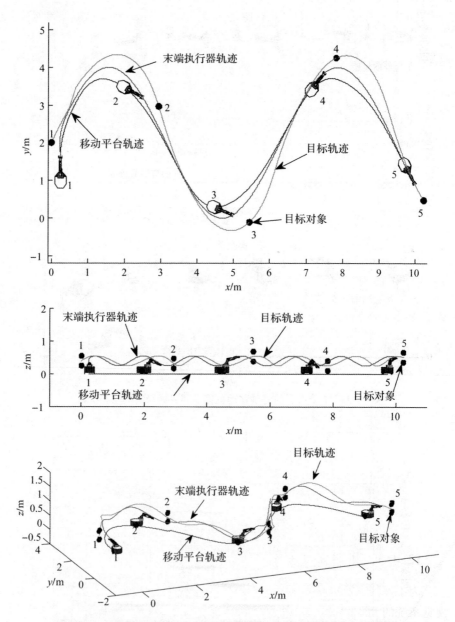

图 12.27　移动机械手和目标在 5 个不同时刻的轨迹和位置(见彩插)

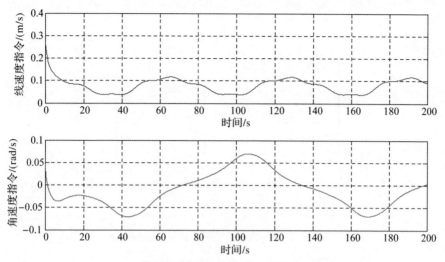

图 12.28 移动平台的速度命令

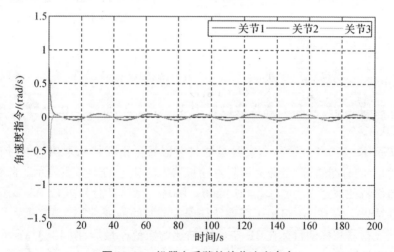

图 12.29 机器人手臂的关节速度命令

12.4.3 机器人机械手

为了评估工业机械手中基于无源性的控制,已经进行了考虑具有手眼立体视觉系统的 Bosch SR-800 机器人机械手(图 12.4(c))的动力学和运动学模型的仿真。另外,考虑由单个球体形成的运动目标;因此图像特征向量定义为 $\xi = [u_1 \quad u_r \quad v_1]^T$(图 12.30)。在所有实验中,控制系统的 v_T 是未知的,其估计由 $\alpha - \beta$ 滤波器进行[43]。

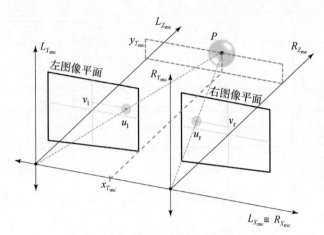

图 12.30 机器人机械手的特征选择

对于实验,初始机器人配置为 $q = \begin{bmatrix} 0.1396\text{rad} \\ 1.117\text{rad} \\ -0.01\text{rad} \end{bmatrix}^T$,矩阵 $K(\tilde{\xi})$ 被定义为使得 $v_{\tilde{\xi}} \in L_\infty$,即

$$K(\tilde{\xi}) = \text{diag}\left(\frac{k_i}{a + |\tilde{\xi}_i|}\right); \quad a, k_i > 0; \quad i = 1, 2, 3 \tag{12.38}$$

控制的增益矩阵和增益常数设置为 $K_c = I, a = 100, k_1 = 0.16, k_2 = 0.16, k_3 = 0.008$。

实验 12.4.3.1 第一个实验是通过考虑目标正在移动来执行的,描述了 3D 空间中的直线轨迹,定义为用附着在机器人底座上的坐标系表示。此外,期望的图像特征被定义为 $\xi_d = [400 \quad 240 \quad 160]^T$。图 12.31~图 12.33 显示了本实验的结果。图 12.31 显示了图像特征误差的时间演变,图 12.32 显示了机器人末端执行器和移动目标在 3D 空间中描述的轨迹。最后,图 12.33 显示了立体视觉系统图像平面中图像特征的演变,即

$$P(0) = [2\text{m} \quad 0.2\text{m} \quad 0.57\text{m}]^T$$
$$\dot{P} = \begin{bmatrix} -0.025\,\frac{\text{m}}{\text{s}} & -0.035\,\frac{\text{m}}{\text{s}} & -0.0071\,\frac{\text{m}}{\text{s}} \end{bmatrix} \tag{12.39}$$

实验 12.4.3.2 在这个实验中,考虑了一个复杂的场景。目标正在 3D 空间中以螺旋轨迹移动,该螺旋轨迹定义为

$$P(0) = [2\text{m} \quad 0.1\text{m} \quad 0.57\text{m}]^T$$
$$\dot{P} = \begin{bmatrix} -0.225 \times \sin(1.5t)\,0.025\,\frac{\text{m}}{\text{s}} & 0.225 \times \cos(1.5t)\,\frac{\text{m}}{\text{s}} & -0.007\,\frac{\text{m}}{\text{s}} \end{bmatrix}$$
$$\tag{12.40}$$

第 12 章 运动目标跟踪的统一无源视觉控制

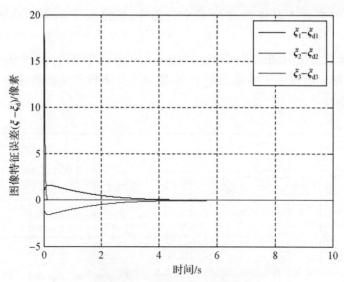

图 12.31　特征误差的时间演变

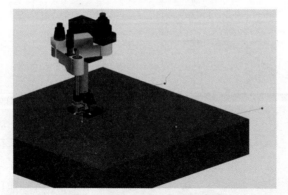

图 12.32　机器人末端执行器和目标在 3D 空间中的轨迹

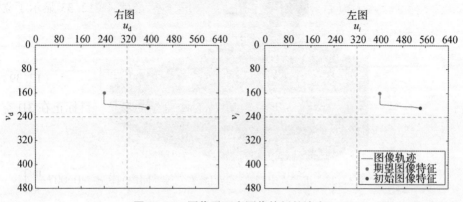

图 12.33　图像平面中图像特征的演变

表示附加到机器人基座的坐标系中。此外,还定义了期望图像特征 $\boldsymbol{\xi}_d = [400 \quad 240 \quad 160]^T$。图 12.34 ~ 图 12.36 显示了本实验的结果。图 12.34 显示了图像特征误差的时间演变,图 12.35 显示了机器人末端执行器和移动目标在 3D 空间中描述的轨迹。最后,图 12.36 显示了立体视觉系统图像平面中图像特征的演变。

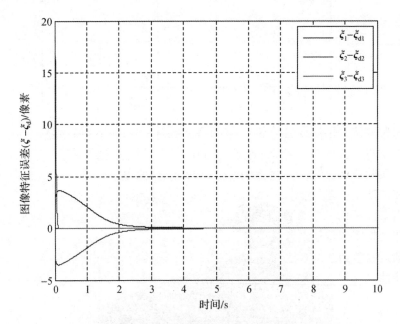

图 12.34 特征误差的时间演变

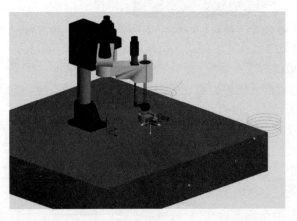

图 12.35 机器人末端执行器目标在三维空间中的轨迹

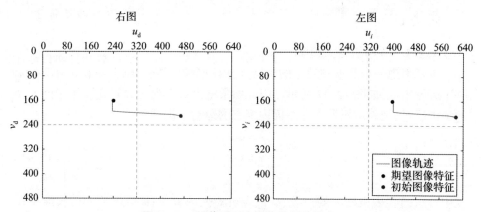

图 12.36 图像平面中图像特征的演变

实验和仿真结果证明了基于无源性理论实现所提出的控制结构的可行性，并且不仅对于两种不同类型的移动机器人，而且对于机械手也显示了其良好的性能。实验数据表明，所提出的控制系统使得机器人能够实现并保持相对于运动物体的期望姿态，达到高性能，即使当运动物体的速度不恒定时。

需要注意的一个重要问题是，尽管运动目标的速度未知，但基于无源性的控制律会将图像特征误差减小到接近 0 的值。这些结果不仅证实关于控制误差渐近收敛到 0 的理论，而且证实了所提出的控制系统对目标速度估计误差的鲁棒性。

12.5 结论

本章在无源性理论的背景下，通过设计一个基于图像的视觉控制，解决了车载视觉系统机器人的运动目标跟踪问题。整个控制系统设计基于两个级联的子系统。最初，通过仅考虑机器人系统的运动学模型，提出了一种控制律，这意味着考虑了最优的速度跟踪，证明了控制误差的渐近收敛到零。

然后，鉴于动力学模型不可忽略，并在某些条件下再次证明了控制误差收敛到零是由动态补偿控制完成的。控制系统的分析完全是在输入输出的背景下进行的系统理论，特别是利用其无源性。最后，由于运动物体的速度通常是未知的，在鲁棒性分析中已经考虑了该速度的估计误差，得出图像特征误差最终是有界的结论。更重要的是，通过将目标的速度视为外部扰动，鲁棒性分析可以得出控制系统在有限时间后具有 L_2 增益的结论。因此，在有限时间之后，所提出的控制系统将遵循 L_2 增益性能标准，对这种外部干扰具有鲁棒性。通过对 3 种不同类型机器人的实际实验数据和数值仿真，证明了该控制系统的良好性能。

附录1

A.1.1 移动机器人模型

本章考虑一个类似独轮车的机器人,由两个位于同一轴上的自驱动车轮和一个脚轮组成,如图12.37所示。因此如果将机器人视为放置在轮轴中间 C 点的集中质量,则表示机器人在平面内姿态的运动学模型为

$$\dot{x} = u\cos\phi$$
$$\dot{y} = u\sin\phi \qquad (12.41)$$
$$\dot{\phi} = \omega$$

式中:(x,y) 代表机器人的位置;ϕ 代表机器人的方位;u 是机器人的线速度;ω 是机器人的角速度。

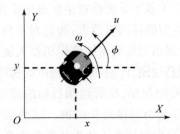

图12.37 移动机器人的几何描述

这种类型的机器人具有由下式给出的非完全约束,即

$$\dot{y}\cos\phi - \dot{x}\sin\phi = 0 \qquad (12.42)$$

这种限制表示机器人不能横向移动,但只能在垂直于轮轴的方向上导航。

A.1.2 功能选择

在不失本章提出的控制律的一般性的情况下,选择圆柱形物体,将图像特征向量定义为 $\boldsymbol{\xi} = [\boldsymbol{\xi}_1 \quad \boldsymbol{\xi}_2]^T = [x_m \quad d_m]^T$,其中 x_m 是柱面中点 x 坐标在像平面上的投影;d_m 表示圆柱体的实际宽度 D 在图像平面上的投影[25]。这个特征定义如图12.38所示。根据相机投影模型(12.4),图像特征直接获得为

$$x_m = f\frac{x_{\text{Tmc}}}{z_{\text{Tmc}}}, d_m = f\frac{D}{z_{\text{Tmc}}} \qquad (12.43)$$

现在,问题包括获得视觉系统模型。该模型必须将图像特征的时间变化描述为机器人运动的函数 $[u \quad \omega]^T$ 和目标速度 v_T。为此,$X_{mc} - Z_{mc}$ 水平上目标相对于视觉系统的姿态可以写成距离 d 和角度 ϕ 的函数,如图12.39所示,定义如下:

第12章 运动目标跟踪的统一无源视觉控制

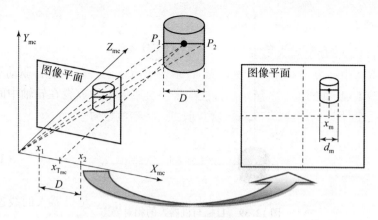

图 12.38 图像特征

$$x_{\text{Tmc}} = d\sin\varphi$$
$$z_{\text{Tmc}} = d\cos\varphi \tag{12.44}$$

将式(12.44)替换为式(12.43),图像特征向量表示为目标和摄像机之间相对姿态的函数,即

$$\boldsymbol{\xi} = \left[f\tan\varphi \quad f\frac{D}{d\cos\varphi} \right]^{\text{T}} \tag{12.45}$$

式(12.45)的时间导数为

$$\dot{\boldsymbol{\xi}} = \frac{\partial(\boldsymbol{\xi}_1, \boldsymbol{\xi}_2)}{\partial(\varphi, d)} [\dot{\varphi} \ \dot{d}]^{\text{T}} = \boldsymbol{J}_1 [\dot{\varphi} \ \dot{d}]^{\text{T}} \tag{12.46}$$

$$\boldsymbol{J}_1 = \begin{bmatrix} f\sec^2\varphi & 0 \\ \dfrac{fD}{d}\sec\varphi\tan\varphi & -\dfrac{fD}{d^2}\sec\varphi \end{bmatrix} \tag{12.47}$$

机器人和目标之间相对位置的变化是由机器人运动和目标运动引起的: $[\dot{\varphi}\dot{d}]^{\text{T}} = [\dot{\varphi}\dot{d}]^{\text{T}}_R + [\dot{\varphi}\dot{d}]^{\text{T}}_T$。移动机器人在极坐标下的运动学模型(图12.39)首先考虑一个静止物体,目标和机器人之间相对姿态的时间变化(d 和 ϕ 的时间变化)作为机器人线速度和角速度 $\boldsymbol{\mu} = [u \ \omega]^{\text{T}}$ 如下:

$$\begin{bmatrix} \dot{\varphi} \\ \dot{d} \end{bmatrix}_R = \begin{bmatrix} \dfrac{\sin\varphi}{d} & 1 \\ -\cos\varphi & 0 \end{bmatrix} \begin{bmatrix} u \\ \omega \end{bmatrix} = \boldsymbol{J}_2 \boldsymbol{\mu} \tag{12.48}$$

现在考虑机器人的静态位置,即 x、y、ϕ 的常数值;获得式(12.44)的时间导数,目标速度 $\boldsymbol{v}_{\text{T}} = [\dot{x}_{\text{Tmc}} \dot{z}_{\text{Tmc}}]^{\text{T}} = \boldsymbol{A}[\dot{\varphi} \ \dot{d}]^{\text{T}}_T$ 表示为

$$\boldsymbol{v}_{\text{T}} = \begin{bmatrix} d\cos\varphi & \sin\varphi \\ -d\sin\varphi & \cos\varphi \end{bmatrix} \begin{bmatrix} \dot{\varphi} \\ \dot{d} \end{bmatrix}_T \tag{12.49}$$

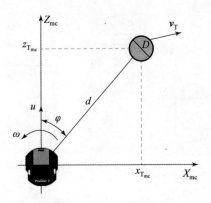

图 12.39 目标与机器人的相对姿态

然后,由于 A 是可逆的,可以得到下面的表达式:

$$\begin{bmatrix} \dot{\varphi} \\ \dot{d} \end{bmatrix}_T = \begin{bmatrix} \dfrac{1}{d}\cos\varphi & -\dfrac{1}{d}\sin\varphi \\ \sin\varphi & \cos\varphi \end{bmatrix} \quad (12.50)$$

$$\begin{bmatrix} \dot{\varphi} \\ \dot{d} \end{bmatrix}_T = J_0 v_T$$

最后,通过将机器人式(12.48)和目标式(12.50)的运动引入式(12.46),获得视觉系统的模型为

$$\dot{\xi} = J_1 (J_2 \mu + J_0 v_t) \quad (12.51)$$

定义

$$\begin{aligned} J &= J_1 J_2 \\ J_T &= J_1 J_0 \end{aligned} \quad (12.52)$$

获得视觉系统模型的紧凑形式

$$\dot{\xi} = J\mu + J_T v_t \quad (12.53)$$

其中

$$J = \begin{bmatrix} \dfrac{x_m d_m}{fD} & \dfrac{f^2 + x_m^2}{f} \\ \dfrac{d_m^2}{fD} & \dfrac{x_m d_m}{f} \end{bmatrix} \quad (12.54)$$

$$J_T = \begin{bmatrix} \dfrac{d_m}{D} & -\dfrac{x_m d_m}{fD} \\ 0 & -\dfrac{d_m^2}{fD} \end{bmatrix} \quad (12.55)$$

附录 2

本工作中使用的与功能空间相关算子的无源性的正式定义如下[44]。

命题 1 信号空间。

对于所有 $p \in [1, \infty)$,L_∞ 信号空间定义为

$$L_p = \{f: \mathbb{R}_+ \to \mathbb{R} / \int_0^\infty |f(t)|^p \mathrm{d}t < \infty\}$$

关于范数的巴拿赫空间 L_p,有

$$\|f\|_p = \left(\int_0^\infty |f(t)|^p \mathrm{d}t\right)^{\frac{1}{p}}$$

命题 2 L_∞ 信号空间。

L_∞ 信号空间定义为

$$L_\infty = \{f: \mathbb{R}_+ \to \mathbb{R} / \sup_{t \in \mathbb{R}_+} |f(t)| < \infty\}$$

L_∞ 是关于范数的巴拿赫空间,即

$$\|f\|_\infty = \sup_{t \in \mathbb{R}_+} |f(t)|$$

命题 3 截断函数。

令 f 为: $\mathbb{R}_+ \to \mathbb{R}$,则对于每一个 $T \in \mathbb{R}_+$,函数 $f_T: \mathbb{R}_+ \to \mathbb{R}$ 被定义为

$$f_T(t) = \begin{cases} f(t), & 0 \leq t < T \\ 0, & t \geq T \end{cases}$$

命题 4 扩展的 L_p 信号空间。

扩展的 L_p 空间被定义为

$$L_{pe} = \{f/f_T \in L_p, \forall T < \infty\}$$

命题 5 给定 $g, h \in L_{2e}$,内积和范数 $\|\cdot\|_{2e}$ 在集合 L_{2e} 中的定义为

$$\langle g, h \rangle_T = \int_0^T g(t)h(t)\mathrm{d}t, \forall T \in [0, \infty)$$

$$\|g\|_{2,T} = \langle g, g \rangle_T^{\frac{1}{2}} = \left(\int_0^T g(t)g(t)\mathrm{d}t\right)^{\frac{1}{2}}$$

命题 6 令 $G: L_{2e} \to L_{2e}$ 是一个输入输出映射。那么,如果存在某个常数 β,G 是无源的

$$\langle Gx, x \rangle_T \geq \beta, \forall x \in L_{2e}, \forall T \in [0, \infty)$$

命题 7 令 $G: L_{2e} \to L_{2e}$ 是一个输入输出映射。那么,如果存在一些常数 $\beta \in \mathbb{R}$ 和 $\delta > 0$,那么,严格来说,G 是无源输入的

$$\langle Gx, x \rangle_T \geq \beta + \delta \|x\|_{2,T}^2, \forall x \in L_{2e}$$

命题 8 令 $G: L_{2e} \to L_{2e}$ 是一个输入输出映射。那么,如果存在一些常数 $\beta \in \mathbb{R}$ 和 $\delta > 0$,那么,G 是严格输出无源的

$$\langle Gx, x \rangle_T \geq \beta + \delta \|Gx\|_{2,T}^2, \forall x \in L_{2e}$$

参考文献

1. Basaca-Preciado, L. C., Sergiyenko, O. Y., Rodríguez-Quinonez, J. C., Garcia, X., Tyrsa, V. V., Rivas-Lopez, M., Hernandez-Balbuena, D., Mercorelli, P., Podrygalo, M., Gurko, A., Tabakova, I., & Starostenko, O. (2014). Optical 3D laser measurement system for navigation of autonomous mobile robot. *Optics and Lasers in Engineering, 54*, 159–169.
2. Toibero, J. M., Roberti, F., & Carelli, R. (2009). Stable contour-following control of wheeled mobile robots. *Robotica, 27*(1), 1–12.
3. Toibero, J. M., Roberti, F., Carelli, R., & Fiorini, P. (2011). Switching control approach for stable navigation of mobile robots in unknown environments. *Robotics and Computer Integrated Manufacturing, 27*(3), 558–568.
4. Rodríguez-Quiñonez, J. C., Sergiyenko, O., Flores-Fuentes, W., Rivas-Lopez, M., Hernandez-Balbuena, D., Rascón, R., & Mercorelli, P. (2017). Improve a 3D distance measurement accuracy in stereo vision systems using optimization methods' approach. *Opto-Electronics Review, 25*(1), 24–32.
5. Toibero, J. M., Soria, C., Roberti, F., Carelli, R., & Fiorini, P. (2009). Switching visual servoing approach for stable corridor navigation. In *Proceedings of the International Conference on Advanced Robotics, Munich, Germany*, 22–26 June 2009.
6. Traslosheros, A., Sebastián, J. M., Torrijos, J., Carelli, R., & Roberti, F. (2014). Using a 3DOF parallel robot and a spherical bat to hit a Ping-Pong ball. *International Journal of Advanced Robotic Systems, 11*(5). https://doi.org/10.5772/58526.
7. Weiss, L. E., Sanderson, A., & Neuman, P. (1987). Dynamic sensor-based control of robots with visual feedback. *IEEE Journal of Robotics and Automation, 3*(9), 404–417.
8. Carelli, R., De la Cruz, C., & Roberti, F. (2006). Centralized formation control of non-holonomic mobile robots. *Latin American Applied Research, 36*(2), 63–69.
9. Gong, Z., Tao, B., Yang, H., Yin, Z., & Ding, H. (2018). An uncalibrated visual servo method based on projective homography. *IEEE Transactions on Automation Science and Engineering, 15*(2), 806–817.
10. López-Nicolás, G., Guerrero, J. J., & Sagüés, C. (2010). Visual control of vehicles using two-view geometry. *Mechatronics, 20*(2), 315–325.
11. Carelli, R., Kelly, R., Nasisi, O. H., Soria, C., & Mut, V. (2006). Control based on perspective lines of a nonholonomic mobile robot with camera-on-board. *International Journal of Control, 79*, 362–371.
12. Wang, H., Guo, D., Xu, H., Chen, W., Liu, T., & Leang, K. K. (2017). Eye-in-hand tracking control of a free-floating space manipulator. *IEEE Transactions on Aerospace and Electronic Systems, 53*(4), 1855–1865.
13. Carelli, R., Santos-Victor, J., Roberti, F., & Tosetti, S. (2006). Direct visual tracking control of remote cellular robots. *Robotics and Autonomous Systems, 54*(10), 805–814.
14. Taryudi, & Wang, M. S. (2017). 3D object pose estimation using stereo vision for object manipulation system. In *Proceedings of the IEEE International Conference on Applied System Innovation, Sapporo, Japan*, 13–17 May 2017.
15. López-Nicolás, G., Guerrero, J. J., & Sagüés, C. (2010). Visual control through the trifocal tensor for nonholonomic robots. *Robotics and Autonomous Systems, 58*(2), 216–226.
16. Andaluz, V., Carelli, R., Salinas, L., Toibero, J. M., & Roberti, F. (2012). Visual control with adaptive dynamical compensation for 3D target tracking by mobile manipulators. *Mechatronics, 22*(4), 491–502.
17. Roberti, F., Toibero, J. M., Soria, C., Vassallo, R., & Carelli, R. (2009). Hybrid collaborative stereo vision system for mobile robots formation. *International Journal of Advanced Robotic Systems, 6*(4), 257–266.
18. Zhang, K., Chen, J., Li, Y., & Gao, Y. (2018). Unified visual servoing tracking and regulation of wheeled mobile robots with an uncalibrated camera. *IEEE/ASME Transactions on Mechatronics, 23*(4), 1728–1739.

19. Fujita, M., Kawai, H., & Spong, M. W. (2007). Passivity-based dynamic visual feedback control for three dimensional target tracking: Stability and L2-gain perfomance analysis. *IEEE Transactions on Control Systems Technology, 15*(1), 40–52.
20. Kawai, H., Toshiyuki, M., & Fujita, M. (2006). Image-based dynamic visual feedback control via passivity approach. In *Proceedings of the IEEE International Conference on Control Applications, Munich, Germany*, 4–6 October 2006.
21. Murao, T., Kawai, H., & Fujita, M. (2005). Passivity-based dynamic visual feedback control with a movable camera. In *Proceedings of the 44th IEEE International Conference on Decision and Control, Sevilla, Spain*, 12–15 December 2005.
22. Soria, C., Roberti, F., Carelli, R., & Sebastián, J. M. (2008). Control Servo-visual de un robot manipulador planar basado en pasividad. *Revista Iberoamericana de Automática e Informática Industrial, 5*(4), 54–61.
23. Martins, F., Sarcinelli, M., Freire Bastos, T., & Carelli, R. (2008). Dynamic modeling and trajectory tracking control for unicycle-like mobile robots. In *Proceedings of the 3rd International Symposium on Multibody Systems and Mechatronics, San Juan, Argentina*, 8–12 April 2008.
24. Andaluz, V., Roberti, F., Salinas, L., Toibero, J. M., & Carelli, R. (2015). Passivity-based visual feedback control with dynamic compensation of mobile manipulators: Stability and L2-gain performance analysis. *Robotics and Autonomous Systems, 66*, 64–74.
25. Morales, B., Roberti, F., Toibero, J. M., & Carelli, R. (2012). Passivity based visual servoing of mobile robots with dynamics compensation. *Mechatronics, 22*(4), 481–490.
26. El-Hawwary, M. I., & Maggiore, M. (2008). Global path following for the unicycle and other results. In *Proceedings of the American Control Conference, Seattle, Washington*, 11–13 June 2008.
27. Lee, D. (2007). Passivity-based switching control for stabilization of wheeled mobile robots. In *Proceedings of the Robotics: Science and Systems, Atlanta, Georgia*, 27–30 June 2007.
28. Arcak, M. (2007). Passivity as a design tool for group coordination. *IEEE Transactions on Automatic Control, 52*(8), 1380–1390.
29. Igarashi, Y., Hatanaka, T., Fujita, M., & Spong, M. W. (2007). Passivity-based 3D attitude coordination: Convergence and connectivity. In *Proceedings of the IEEE Conference on Decision and Control, New Orleans, LA*, 10–11 December 2007.
30. Ihle, I., Arcak, M., & Fossen, T. (2007). Passivity-based designs for synchronized path-following. *Automatica, 43*(9), 1508–1518.
31. Spong, M. W., Holm, J. K., & Lee, D. J. (2007). Passivity-based control of biped locomotion. *IEEE Robotics & Automation Magazine, 14*(2), 30–40.
32. Fujita, M., Hatanaka, T., Kobayashi, N., Ibuki, T., & Spong, M. (2009). Visual motion observer-based pose synchronization: A passivity approach. In *Proceedings of the IEEE International Conference on Decision and Control, Shanghai, China*, 16–18 December 2009.
33. Kawai, H., Murao, T., & Fujita, M. (2011). Passivity-based visual motion observer with panoramic camera for pose control. *Journal of Intelligent & Robotic Systems, 64*(3–4), 561–583.
34. Hu, Y. M., & Guo, B. H. (2004). Modeling and motion planning of a three-link wheeled mobile manipulator. In *Proceedings of the International Conference on Control, Automation, Robotics and Vision, Kunming, China*, 6–9 December 2004.
35. Andaluz, V., Roberti, F., Toibero, J. M., & Carelli, R. (2012). Adaptive unified motion control of mobile manipulators. *Control Engineering Practice, 20*(12), 1337–1352.
36. Hutchinson, S., Hager, G., & Corke, P. (1996). A tutorial on visual servo control. *IEEE Transactions on Robotics and Automation, 12*(5), 651–670.
37. Hill, D., & Moylan, P. (1976). Stability results for nonlinear feedback systems. *Automatica, 13*, 373–382.
38. Bynes, C. I., Isidori, A., & Willems, J. C. (1991). Passivity, feedback equivalence, and the global stabilization of minimun phase nonlinear systems. *IEEE Transactions on Automatic Control, 36*(11), 1228–1240.

39. Ortega, R., Loria, A., Nelly, R., & Praly, L. (1995). On passivity based output feedback global stabilization of Euler-Lagrange systems. *International Journal of Robust and Nonlinear Control, 5*, 313–324.
40. Vidyasagar, M. (1979). New passivity-type criteria for large-scale interconnected systems. *IEEE Transactions on Automat. Control, 24*, 575–579.
41. Vidyasagar, M. (1978). *Nonlinear systems analysis*. Englewood Cliffs, NJ: Prentice Hall International Editions.
42. Bayle, B., & Fourquet, J. Y. (2001). Manipulability analysis for mobile manipulators. In *Proceedings of the IEEE International Conference on Robotics and Automation, Seoul, Korea*, May 2001.
43. Kalata, P. (1994). The tracking index: A generalized parameter for α-β and α-β-γ target trackers. *IEEE Transactions on Aerospace and Electronic Systems, 20*(2), 174–182.
44. Van der Schaft, A. (2000). *L2 gain and passivity techniques in nonlinear control*. London: Springer.

第 13 章

机器人群体的数据交互与导航任务

Mikhail Ivanov, Oleg Sergiyenko, Vera Tyrsa,
Lars Lindner, Miguel Reyes – Garcia,
Julio Cesar Rodriguez – Quinonez, Wendy Flores – Fuentes,
Jesus Elias Miranda – Vega, Moises Rivas – Lopez,
Daniel Hernandez – Balbuena[①]

13.1 引言

如今,在与民用任务相关的研究论文中可以发现群体智能系统的应用,如自动驾驶汽车、无人机等。在科学研究的推动下,群体智能系统得到了普及,并专门用一组机器人覆盖不同类型未知环境(杂乱或崎岖地形、室内场所等)的多用途任务。在文章中,这类机器人群称为群体机器人[1-3]。

群体机器人技术是一项前景广阔的技术,可以深入人类的日常生活。例如,谷歌[4]、特斯拉、优步等公司都在使用智能自动驾驶汽车。现在,它们还不是那么经济实惠,但在未来,它们将成为社会生活的重要组成部分。个人移动车辆[5]到智能楼宇中简单的清洁工,它们都将成为社会生活的重要组成部分。

在这些事务中,有两项主要任务——导航和通信。第一项任务是避开障碍

---

① M. Ivanov, O. Sergiyenko, L. Lindner, M. Reyes – García, J. E. Miranda – Vega, M. Rivas – Lopez
Universidad Autonoma de Baja California (UABC), Instituto de Ingeniería, Mexicali, BC, Mexico
e – mail:ivanovm@ uabc. edu. mx; srgnk@ uabc. edu. mx; lindner. lars@ uabc. edu. mx;
reyes. miguel73@ uabc. edu. mx; elias. miranda@ uabc. edu. mx; mrivas@ uabc. edu. mx
V. Tyrsa, J. C. Rodríguez – Quinonez, W. Flores – Fuentes, D. Hernández – Balbuena
Universidad Autonoma de Baja California (UABC), Facultad de Ingeniería, Mexicali, BC, Mexico
e – mail:vtyrsa@ uabc. edu. mx; julio. rodriguez81@ uabc. edu. mx; flores. wendy@ uabc. edu. mx; dhernan
@ uabc. edu. mx

物并移动到目标位置,第二项任务是为机器人提供"交谈"的工具。通信有助于机器人群获得更完整、更有条理的周围环境信息,并改善它们作为个体的导航能力。

本章将探讨此类问题的解决方案,并回顾数据交换对未知环境下路径规划的影响。

13.2 机器人集群

分布式人工智能的发展[6-7]是与多代理系统[8]相关的许多复杂研究的主题。这些系统中使用的行为模型起源于社会动物群体活动。在细菌群、鱼群、动物群、蚂蚁群等(图13.1)中,个体具有原始的能力,但在群居时,它们会成为一个复杂的组织,改进周围的互动、信号交流和数据传输[9]。这种自然集群以每个个体使用的一套简单规则为基础。通过共同努力,同质群体可以完成复杂的任务。这种行为的转移创造了集群智能的原理[10-11]。

图13.1 自然群:鱼群、蚁群、鸟群和人(见彩插)

13.2.1 自然群体适应

灵长类动物通常在群体内部有复杂的协作,它们可以有不同类型的社会互动[12],识别它们的亲戚[13],甚至一些物种还能使用人类语言的一些方面。

细菌及其菌落通常起生物膜的作用。它们有细胞通信能力[14],并有任务分配、集体防御等优势。菌落对抗菌剂的耐药性高于同类型单个细菌[15]。

鸟群在迁移过程中可以根据内部交互感知、地标等来定位自己的目的地点[16]。

蚁群和蜂群在这种类型的群体的交流主要基于信息素[17]。蚂蚁能够通过留下信息素踪迹来进行路径规划，在确定最优路径的情况下，越来越多的蚂蚁会使用最优路径[18]。根据文献[19]中的建议，蚂蚁在觅食过程中会根据自己以前的表现实施角色分配。

蝗虫在群体内昆虫数量不断增加的同时，会根据快速传递方向信息的能力，在混乱的运动中转换自己的类型。

鱼群通过分析相邻鱼的运动，每条鱼可以避免在方阵中游泳时发生碰撞[21]。鱼群更擅长觅食[22]和躲避捕食者。

人类 Dyer 等在文献[24]中已经表明，在人类群体中，可以在没有任何语言交流或其他明显信号的情况下产生领导力。这种行为主义显示了具有角色分配的等级结构。如果群体数量不断减少，群体内部的协作就会变得更加复杂，每个角色也会变得更加重要。在这种情况下，一群个体可以轻松解决复杂的任务，而单个个体则不能。

根据对自然群体的简要回顾，可以发现机器人群体能够完成的任务列表，如聚集、群集、觅食、对象聚类和排序、导航、路径规划等。下一节将对它们进行更详细的描述。

13.2.2 机器人集群的任务

群体机器人有各种各样的任务可以完成。下面根据它们的递归性以降序形式列表给出了一些例子。

导航是一项机器人需要利用自己的感知能力和其他机器人的帮助来找到目标位置的任务。在这类应用中，研究考虑的是单个机器人而不是一个群体能够到达的目标。

觅食是群体机器人研究中以群体寻找食物来源为目的的另一种应用。它起源于蚁群中蚂蚁的行为。进化中的机器人[25]是这种行为实现的完美示例。

多重觅食是一种更复杂的觅食任务。机器人群体在执行任务期间需要寻找和收集不同类型的物体，并在将它们带到特定的地点后寻找这种类型的物体。这些任务适用于在仓库、救援任务、危险地形清理等方面。

气味源定位旨在解决气味源搜索问题。在文献[26]中，描述了一个机器人使用二进制气味传感器的项目。

集体决策是对文献[27]（作者提出了基于多数规则模型的决策）、文献[28]（偏好劳动力的收费）、文献[29]（选址）等许多应用的研究，是群体机器人在蜂拥、路径规划、集群等过程中的集体决策。

对象聚类和排序类似于觅食任务,但在这种情况下,目的是找到环境中的对象并将对象放置在彼此靠近的位置。

物体装配是一项与构造问题与集群有关的任务。但在这种情况下,它侧重于物体之间的关系和物理连接(机器人必须创建一个预定义形状的对象)。在文献[30]中描述了一个由机器人建造墙壁的例子,在文献[31]中,机器人试图弄清楚他们使用的模块是否可以通过本地通信连接,在文献[32]中,机器人模拟了使用带有 LED 的模块进行构建的过程。

协同操作指的是机器人群必须与物体互动的任务。为了完成这一任务并避免集中协调(控制),机器人可以使用简单的行为规则。蚁群就是一个例子。

自组装是群体内局部交互的任务,其中机器人需要彼此建立物理连接。这些例子可以在文献[33](群机器人项目)中找到,文献[34]的作者使用 s–bots 来决定谁将使用它的抓地力来连接其他 s–bots。在避开洞口[35]和在危险地形中航行[36]期间,自组装也会发挥作用。

人群交互任务致力于提高机器人群的性能。这项任务可以用以下方式来描述:如果人类的操作有可以帮助机器人群体实现其目标的信息,可以分享这些信息,但不能将其解释为直接控制。在文献[37]中,作者提出了一种方法,即通过开始直接控制一个机器人来改变机器人的行为,从而对群体产生影响。文献[38]中也使用了类似的方法,但使用的是领导者系统。Kolling 等[39]提出了机器人行为切换的方法,其中第二种方法涉及对环境的操纵,迫使机器人改变其行为。

部署是一组机器人必须自主进入环境的场景。任务对于未知地形的测绘非常有用。

路径规划是指从一点到另一点的集体移动规划,同时将到达目的地的时间最小化的过程。这项任务通常发生在觅食和成链期间。

协调运动是在模块化机器人结构中使用协调运动来实现共同方向。

集群是群体的一项任务,目的是"待在一起"基于群体内部的局部互动。机器人的传感系统(视觉、激光测距、声呐、红外或触觉传感器)和通信能力用来保持群体紧凑。这种行为主义从鸟类、鱼群等中被采纳。

形态发生是自我组装的延伸。在形态发生的情况下,机器人的任务是创造一个特定的形状。如文献[40],连接到结构上的机器人使用发光二极管进行通信,以告知其他机器人应该如何连接。

聚集是将单个机器人分组到一个专用位置的任务。这个行为模型是基于动物物种观察。

任务分配是群体内部的一个分工过程。这种能力有助于提高群体的工作效率。

群体规模估计是群体机器人不同应用的"子任务",用于协调运动、自组装、形态发生等。作者在文献[41]中描述在群体内不可能直接通信的情况下,使用信息传播的方法。

对上述任务及其解决方案的更详细的综述可以在文献[42]中找到。

13.2.3 机器人集群项目

过去10年间,小型移动计算设备能力的增长提高了人们对群体机器人研究课题的兴趣。然而,许多群体机器人项目仍处于开发甚至建模阶段[43],早在20世纪80年代,就有人尝试创建机器人群,如 SWARMS[44] 和 ACTRESS[45]。本节将回顾一些现有项目及其设计。

Pheromone 机器人项目(图13.2(a))始于2000年[46]。该项目的想法是通过实现群体行为主义,使用大量小型机器人执行不同的任务[47]。通过使用安装在机器人上的信标和传感器,在机器人中实现信息素的想法。

iRobot 集群项目(图13.2(b))由麻省理工学院完成。集群包括100多个协作机器人[48-49]。其主要思想是为群体的优雅退化创建解决方案。

E-Puck 教育机器人是一组小型机器人(图13.2(c)),为教育目的而制造,如编程、人机交互、信号和图像处理。它们价格低廉,结构简单,并且有可能使用扩展[50]。

Kobot 项目(图13.2(d))由配备了红外测距仪系统的移动机器人平台组成,用于障碍物检测[51]。

Kilobot 项目(图13.2(e))旨在创建数百或更多个体的集体行为主义[52]。机器人易于组装,能够进行充电、移动、更新程序等简单操作。

I-Swarm(图13.2(f))来自德国卡尔斯鲁厄大学[53]。集群由具有"集体思维"和识别其亲属能力的微型机器人组成。

多机器人系统(图13.2(g))[54]最初是在加拿大埃德蒙顿的阿尔伯塔大学开发的以研究机器人的集体行为。该机构有几个机器人系统(多机器人系统,MRS)正在开发中。这个项目致力于解决集体决策问题。

SwarmBot 项目 iRobot 公司进行了一个名为"集群机器人"的项目(图13.2)。集群使用可以协同工作的小型机器人来执行某些动作。预计 SwarmBot 机器人可以加入一个多达10000人的小组,并执行搜索地雷、研究未知领土(包括在其他星球上)、检测有害物质等任务。

Centibots 项目(图13.2(i))使用的小型机器人可以成组自主工作[56],它们没有使用集中式管理系统。目标是绘制封闭空间的地图并执行一些任务。机器人正在使用基于交互和环境的角色分配系统。

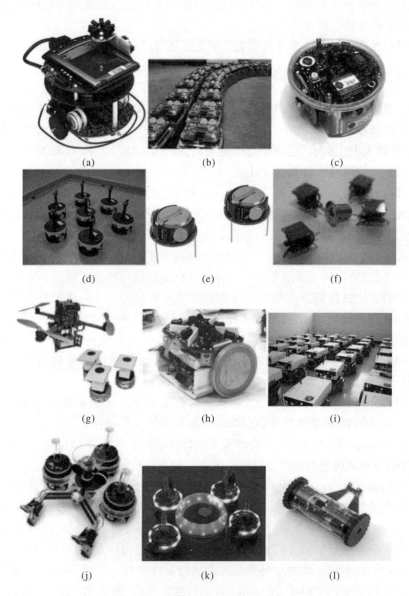

图 13.2 群体机器人项目(见彩插)

(a) Pheromone 机器人;(b) iRobot 群体;(c) E – Puck 教育机器人;(d) Kobot 项目;
(e) Kilobot 项目;(f) I – Swarm;(g) 多机器人系统;(h) SwarmBot 项目;
(i) Centibots 工程;(j) Swarmanoid 工程;(k) 机器人进化;(l) 机器人侦察。

Swarmanoid项目(图13.2(j))研究非均匀机器人群体的行为[57]。考虑的任务是由一组轮式机器人、一个飞行机器人间谍和搬运机器人共同发现并操纵物体(书)。

机器人进化(图13.2(k))是瑞士智能系统实验室(洛桑理工学院)在研究机器人的"进化"过程中创造的[25]。机器人正在进化决定行为的基因。一组10个机器人争夺食物,挑战是找到机器人的"食物源",即竞技场一端的发光环。机器人之间可以通过光信号进行"交流"。机器人在实验中的进化有时会导致机器人被教导欺骗对手,让"错误"的光线靠近食槽在机器人上的信标和传感器,在机器人中实现了信息素理念。

机器人侦察(图13.2(l))是为智能而设计的[58]。项目是在美国明尼苏达大学机器人配送中心开发的,从技术角度来看,机器人是一种非常高质量的设备。机器人可以在一个团队中工作。它的设计允许你使用类似自动榴弹发射器的装置"射击"。该机器人旨在帮助警察和救援部门执行危险的行动。有一个中央控制单元,它接收机器人获得的信息,以及控制机器人的信息,基本的操作模式是控制机器人操作员。

根据上述工程,文献[9]和文献[59]可以描述群体机器人以下优势。

(1)并行处理。群体可以同时执行各种任务(每个群体都可以执行其计划的任务),这将为实现共同目标节省时间。

(2)可扩展的群体。无须对软件或硬件进行任何修改,即可将新的个体纳入群。

(3)任务扩展。群体机器人系统可以解决个人无法完成的任务。

(4)容错(适度降级)。即使群体的某个部分无法工作,群也可以继续执行任务。在危险环境中执行任务时非常有用。

(5)分布式传感和行动。分布在地形上的群体机器人系统可以用作数据积累和行动执行系统的传感网络。

然而,可以分配一些需要解决的具体问题。其中包括以下几方面。

(1)不可预测的环境动态。
(2)不完善和不一致的环境知识。
(3)实现目标的多种选择、团队结构、角色等。
(4)团队合作的复杂行为模式。
(5)与蜂群的地域分布及其定位有关的问题。
(6)通信问题或数据交换(网络架构、协议等)。
(7)数据丢失和存储冗余。

接下来的部分将包含每个问题的可能解决方案,并根据机器视觉选择、数据传输(通信)方法和导航来回顾它们的实现。

13.3 机器人视觉系统

自主机器人传统算法中的每个数学/计算单元(图 13.3)在工作过程中都是以传感器获得的数据为基础。

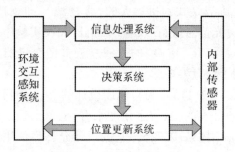

图 13.3 自主机器人系统

导航任务通常使用声呐作为基本解决方案,激光测距仪作为声呐更精确的替代方案,激光雷达(可返回详细的周围环境,但取决于其外形尺寸),基于摄像头的机器人[60-61]和无人机[62]或更昂贵的设备,如 ToF(飞行时间)摄像头[63]。对于某些任务,可以只使用惯性导航系统[64]。如前所述,障碍物检测和导航领域的大量研究和解决方案都是基于摄像机和激光系统的。随着进步,一些工作将会重新出现。

如前所述,障碍物探测和导航领域的大量研究和解决方案都是基于照相机和激光系统的。作为一种进步,我们将重温一些作品。

在文献[65]中,作者提出了一种轻便、廉价的基于昆虫的立体视觉系统。他们使用了两个与蜜蜂眼睛非常相似的摄像头,接收到的视场角约为 280°×150°。在文献[66]中,作者利用摄像头视觉对双足机器人进行实时避障。文献[67]介绍了基于立体摄像头数据的袖珍无人机避障。文献[68]中的解决方案使用带有像素摄像头的 Arduino 和轮式机器人进行任务线跟踪和避障。文献[69]中提到的解决方案可应用于自动驾驶汽车,并展示了一种基于立体视觉传感器的车辆检测系统设计方法。

文献[70]介绍了在火灾环境中结合使用长波红外立体视觉和 3D 激光雷达的好处。另一份出版物[71]介绍了一种用于自动驾驶汽车的基于 MEMS 的激光雷达系统。文献[72]提出了实时激光雷达测距和测绘方法及其在无人机和汽车上的应用。

此类系统还可用于其他领域的类似任务。文献[73]的作者使用安装了基于 3D 摄像头的视觉系统的工业机器人手进行物体扫描,文献[74]中与他们类似,使用带有摄像头的工业机器人跟踪第二个机器人的运动,文献[75]中通过LED 跟踪标记控制机器人的位置,文献[76]中提出使用摄像头立体视觉和 3D 模型匹配进行人体姿势跟踪和分类。此外,还可以提及文献[77]基于立体视觉的自动化垃圾桶拣选解决方案。

由此可见,激光系统更适用于汽车导航。这是因为其对环境周围描述规范有助于避免像在相机中那样进行长时间的后期处理。

下一节将详细介绍当前解决方案所使用的实时视觉系统。

13.3.1 技术视觉系统

13.3.1.1 历史背景

所有解决方案都基于作者采用动态三角测量原理的新型技术视觉系统(TVS)[78]。文献[79]提出了提高 3D TVS 分辨率的方法,并将其用于表面识别在作品[80]中,这种障碍物识别方法被用于单个机器人导航。作者的 3D TVS 在文献[82]和文献[83]中得到了进一步的应用和发展。该系统的内部结构发生了变化,并被用作无人机的机器视觉系统。尽管这些文章介绍了所有的研究和成果,但仍然存在一个共性问题:所有这些文章都是针对一个问题的。因此,本文旨在提出一种联合解决方案,同时考虑到机器视觉、路径规划和数据传输等问题,并使用前面提到的 3D TVS。

13.3.1.2 结构和工作原则

根据目前的任务,机器人群组在光线不足的条件下移动,并伴有大量障碍物,上述视觉系统在后处理过程中不一定总能给出正确的结果。因此,在这种困难条件下工作时,作者的 TVS [78] 可以满足其精度和数据表示。3D TVS(图 13.4(a))能够在完全黑暗的环境中工作,并能获得激光射线在真实的、无法想象的表面上突出显示的任意点的真实三维坐标。其理论基础是动态三角测量法。TVS 的主要组成部分是定位激光器(PL)和扫描孔(SA)(图 13.4(b))。

该系统的工作原理如下:激光器向一个固定的 45°反射镜发射光束,然后在步进电机的驱动下将光束正交转向一个旋转的 45°反射镜。为了保证激光方向的定位,PL 由步进电机驱动。SA 接收到反射的激光,这表明系统检测到了障碍物。然而,步进电机有一个弱点:在长距离扫描时,相邻两个扫描点之间会出现死区。该问题的解决方案见文献[84]和文献[85]。

动态三角测量[86-87]包括基于检测到的两个角度 B_{ij} 和 C_{ij} 以及投影仪与接收器之间的固定距离,即时检测激光高亮显示的点坐标。这里,ij 表示水平和垂直扫描步数。在这样的三角形中(图13.4(b)),如果已知3个参数,则可以计算所有其他参数。角度计算 B_{ij} 为两个计数器代码的简单比率:两个原始脉冲之间的时钟脉冲数和间隔"原始脉冲－点脉冲"(图13.4(c))为

$$B_{ij} = \frac{2\pi N_A}{N_{2\pi}} \tag{13.1}$$

式中:N_A 是停止传感器检测到激光射线时的参考脉冲数;$N_{2\pi}$ 是45°反射镜完成零传感器检测到的360°转弯时的参考脉冲数。为了计算 x、y 和 z 坐标,使用下面的等式:

$$x_{ij} = a \frac{\sin B_{ij} \cdot \sin C_{ij} \cdot \cos \sum_{j=1}^{j} \beta_j}{\sin[180° - (B_{ij} + C_{ij})]} \tag{13.2}$$

$$y_{ij} = a \left(\frac{1}{2} - \frac{\sin B_{ij} \cdot \sin C_{ij}}{\sin[180° - (B_{ij} + C_{ij})]} \right), B_{ij} \leqslant 90° \tag{13.3}$$

$$y_{ij} = -a \left(\frac{1}{2} + \frac{\sin B_{ij} \cdot \sin C_{ij}}{\sin[180° - (B_{ij} + C_{ij})]} \right), B_{ij} \geqslant 90° \tag{13.4}$$

$$z_{ij} = a \frac{\sin B_{ij} \cdot \sin C_{ij} \cdot \cos \sum_{j=1}^{j} \beta_j}{\sin[180° - (B_{ij} + C_{ij})]} \tag{13.5}$$

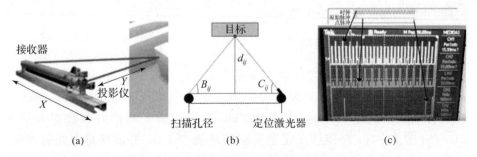

图13.4 (a)技术视觉系统;(b)动态三角测量法;(c)激光扫描 TVS 中编码 N 的形成原理(见彩插)

13.3.1.3 数据简化

根据所提出的具体情况,TVS 将以点云形式返回扫描的表面(图13.5)。在短距离上,TVS 能给出高度细节的物体,而在一定距离上,它会根据每一步扫描的开启角度而失去分辨率。

在机器人的记忆中,TVS 获得的每个点都用3个变量表示——笛卡儿坐标系的 x、y、z。它们中的每一个都使用双数据类型存储,即每个数字等于64位,

因此,为了存储一个环境点,使用了192位的内存。在环境的移动和映射过程中,需要处理的数据可达千兆字节。对于导航,机器人需要最少的点来描述一个物体。这就是为什么需要实施航位推算的低密度扫描方法和按需使用高密度扫描的原因。

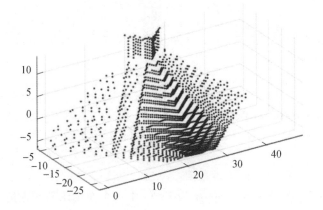

图13.5 扫描目标的示例(扫描"玛雅金字塔",两侧的点云密度小于一部分带有阶梯的云,存储这个目标用了75.14kB的内存)

在先前的文献[88]中描述了机器人运动期间实时数据缩减的方法。根据分配的精度区域(图13.6),我们确定了一个相当于在探测到的障碍物上存储点的开度角[89]。

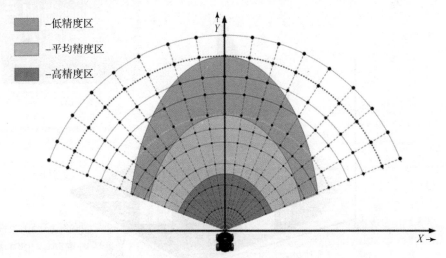

图13.6 视场碎片(见彩插)

根据 TVS 可能的160°FOV,将使用1m的弧度作为起点。使用文献[80]中描述的研究数据和机器人类型,图像的浊点密度(ρ)为每米11点,即

$$\rho = \frac{\lambda}{\beta p} \qquad (13.6)$$

式中：λ 为 FOV 角；β 为等效张角(初始计算为 14.5636°)；p 为弧长(初始计算为 1m)。一般来说，圆弧的长度可以计算如下：

$$p = \frac{\pi r \lambda}{180°} \qquad (13.7)$$

式中：r 是弧的半径(击打距离)。为防止所选分辨率发生变化，将使用下式计算张角度数，即

$$\beta = \frac{180°}{\rho \pi r} \qquad (13.8)$$

每个作用距离区的平均张角为

$$\beta_i = \frac{\sum_{j=0}^{n} \beta_{ij}}{n} \qquad (13.9)$$

式中：β 为每个精度区域的张角；β_{ij} 为区域 i 中每个作用距离的张角。

根据计算，基于初始点云密度(11 点/m)的平均角度为"低精度区"的 10.059°，为"平均精度区"的 3.011°，为"高精度区"的 1.34°。"低精度区"范围的平均角度将给出等于每米 5~6 点的小分辨率。因此，采用了"低精度区域"的张角的低边缘值。这组角度变为 5.209°、3.011°、1.34°(图 13.7)。

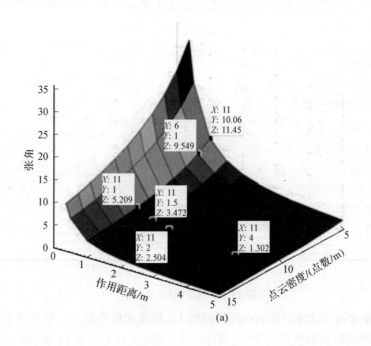

(a)

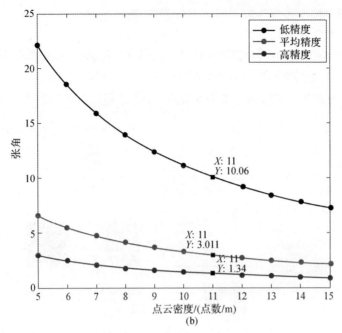

图 13.7 当量张角(见彩插)

(a)张角、作用距离和点云密度的依赖关系;(b)点云密度平均值。

13.4 路径规划方法

运动规划是机器人学的关键任务之一。在数学中,有很好的算法可以在未知或部分已知的环境中找到路径(最优和启发式算法)。为此,通常使用离散数学(图论)和线性规划。图中最短路径搜索的任务是已知和研究过的(如 Dijkstra、Floyd – Warshell、Prim、Kruskal 的算法等)[55,90]。

在路径规划的框架下存在多种类型的研究。例如,文献[91]的作者提出了一种使用运动基元库的方法。在文献[92]中尝试用机器人行为实现动物运动效果,或文献[93]提出了一种机器人无碰撞轨迹算法。这些文章涵盖了某些子任务的某些方面,并广泛描述了一组机器人的特殊行为案例。然而,没有人从相互关联的全局方法的角度来考虑这项任务。因此,它必须将机器人的技术视觉系统与通信和导航规则之间的关联包含在定义的 n – agents 组中。

13.4.1 使用视觉系统的路径规划

路径规划的任务可用以下方式呈现。

(1)机器人部署在未知环境中。

(2)标记当前位置为起点,标记目标位置为终点。
(3)机器人计算启发式路线,并开始向目标移动。
(4)当视觉系统检测到障碍物后,机器人会更新其导航地图并重新计算路线。
(5)持续进行障碍物检测和路径更新过程,直到达到目标。

此外,所获得的路径应该是近似的,以获得连续且节能的轨迹(图13.8)。

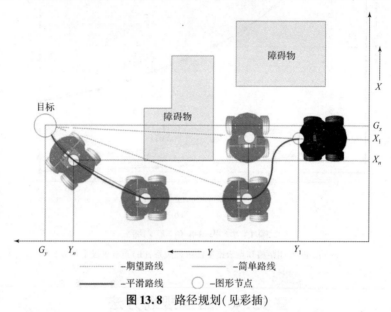

图13.8 路径规划(见彩插)

如上所述,启发式路径的每次迭代都是根据机器人的当前位置及其周围环境来计算的。在路径计算过程中,机器人将放置额外的形状点(移动方向改变的地方)。为了避免碰撞,机器人应该考虑到障碍物的安全距离(图13.9)。

根据TVS的原理和前人的研究[88]决定在本研究中使用算法A*[94]作为避障工具。用矩阵表示地形,其中每个单元的尺寸相当于机器人半对角线。其中单元有两种状态:可达和不可达。最初,矩阵(图)中的所有单元都具有可达状态。当检测到障碍物后,相应的单元将其自身状态更改为不可达。周围所有单元的状态也被设置为不可达,以创建一个安全区域,避免转弯时发生碰撞,如图13.10(a)所示。

A*返回移动过程中必须访问每个单元格,如图13.10(b)所示。为了接收连续轨迹的后处理,第一步从轨迹中移除所有不必要的节点,保留移动方向上改变的节点(图13.10(c))。在后处理的第二步应进行路径近似(图13.10(d)),以选择个体轨迹近似的方法来提高机器人的运动平滑度。这描述了决策之间的一致性、导航系统动作的相互关系以及以足够快的速度预测并向事件提供反馈的能力。

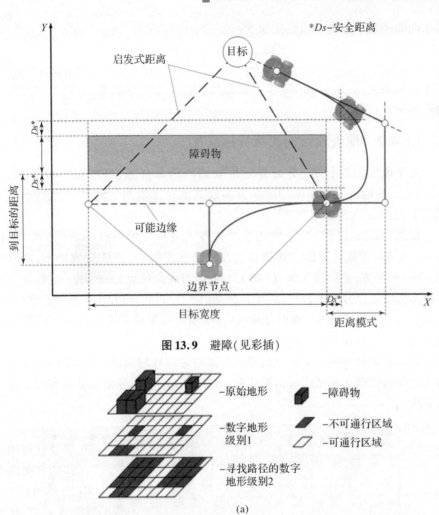

图 13.9 避障(见彩插)

图 13.10 (a)两步后处理的世界表示和航位推算;(b)清除 A * ;(c) 后处理第一步;(d)后处理第二步(见彩插)

其中,实现近似轨迹是解决问题的一个简单的方案,即贝塞尔曲线。这种方法很有用,并在自动驾驶车辆的各种路径规划任务中得到了应用[95-96]。贝塞尔曲线的数学参数表示形式如下：

$$P(t) = \sum_{i=0}^{n} B_i J_{n,i}(t), 0 \leq t \leq 1 \tag{13.10}$$

式中：t 为参数；n 为 Bernstein 多项式基的次数；i 为求和指数；B_i 代表贝塞尔多边形的第 i 个顶点。

13.4.2 地表测绘的次级目标放置

对于地形测绘任务，有必要定位要访问的额外点。可以从使用无人机（UAV）[97]的地表测绘中采用解决方案或其他自主地面车辆[98]。这些解决方案基于 Dubins 汽车原理[99-100]。

根据 Dubins 原理，对于使用单个机器人进行地形测绘的情况（图 13.11(a)），区域由预先计算的轨迹覆盖。在轨迹改变状态（直线变到圆形，圆形变到直线）的位置，会放置次级点（图 13.11 中的浅灰色点）。使用一组机器人进行地形测绘可以分为两种类型：垂直移动（图 13.11(b)）和水平移动（图 13.11(c)）。在这两种类型中，地形分割成扇区（扇区的数量取决于机器人的数量）。地形分区的优势在文献[88]中有所描述。

这些方法群体解决了独立机器人群体的运动规划问题。显而易见，成组机器人之间的数据交换是广义信息获取的良好工具，目的是更完整地实现上述所有方法。

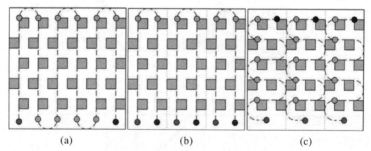

图 13.11　次级目标放置（见彩插）
(a)单个机器人；(b)群体垂直运动；(c)群体水平运动。

13.5　机器人群体的数据交互网络和局部信息交换

机器人群内的通信是群体机器人的主要任务之一。它的实现有助于通过改进集群、觅食、导航等任务来扩展集群的可能性。

在全局交互期间，接收到的消息包含发送者的本地信息。在大多数情况下，这些信息是没有选择的。在群体或群组中，机器人用于局部通信。这种类型的交流起源于自然界(羊群行为就是一个很好的例子,在这种情况下,局部互动通过用动作或声音向它们的亲属发出信号,帮助它们在捕食者的攻击下生存下来)。

首先,局部通信可以是直接的或是间接的。直接的通信是组内的实时数据传输。在这种情况下,机器人向组内发送消息,他们必须立即处理它。对于直接通信,可以使用无线连接、蓝牙或更原始类型的通信,如光和声音。间接通信可以用于后期访问信息存储(邮件服务)。例如,在群体机器人中,它是在SLAM任务期间通过检测到的地标上的活动NFC卡来实现的(蚂蚁使用的信息素的实现)。

本章讨论了两种数据传输模式:集中管理的信息交换(图13.12(a))和集中分级控制的策略(图13.12(b))。

下一节将介绍群体机器人中数据传输任务的解决方案。解决方案受到生成树协议(STP)[101]和最短路径桥接(SPB)[102]的启发。

生成树协议(STP)是一种通道协议。STP的主要任务是消除任意以太网拓扑中的环路,其中有一个或多个网桥通过冗余连接。STP通过自动阻断当前对于交换机全面连通性而言冗余的连接来解决这一问题。

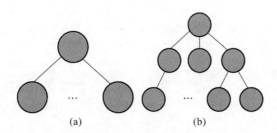

图13.12　数据传输模型

(a)集中管理的信息交流;(b)用集中分级控制战略的信息交流。

最短路径链接是一种标准化的IEEE,因为802.1aq是一种网络技术,它简化了建筑和网络配置,同时利用了多路径路由。

13.5.1　群体机器人的生成树

考虑到群体的一般情况,可以提出一种基于生成树的网络形成方法。算法由7个步骤组成,包括经典方法的使用。机器人群体的动态网络形成步骤如下:

(1)构建全连通网络图。

(2)Kruskal算法构建最小生成树。

(3)Floyd – Warshall算法在生成树中接收网络中所有可能路由的列表。

(4)计算每个节点的平均路由长度。

(5)选择平均长度最低的节点,并将其配置为高级节点。

(6)"一侧"连接的节点配置为低层节点。
(7)配置为中层节点的其他节点。

用这种方法,可以自动获得两种网络类型(取决于机器人的位置、数量和网络信号)。特殊情况下(图13.13),在计算中被认为是没有障碍物的开放空间,因此使用了节点之间的距离。更复杂的情况下,应该用无线网络信号电平来代替距离。

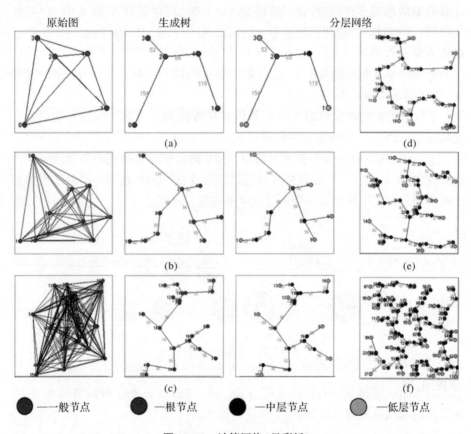

图 13.13　计算网络(见彩插)

(a)5节点网络;(b)10节点网络;(c)20节点网络;(d)30节点网络;(e)40节点网络;(f)50节点网络。

这种方法对于大群体是有用的,但是在小群体的情况下可以使用包括更多行为控制和同时解决几个任务的方法。

13.5.2　中心节点沟通

描述局部交互机器人组织的模型之一是静态群[91]。它的特点是没有给定的控制中心,而是某种固定的网络一组代理。静态群体的基本属性是活动、局部交互和功能异构。机器人将基于选择领导者的任务来看待角色分配的方法。在术语"领导者"下,我们将理解数据交换的中心节点(机器人短时间内将成为存储和合并数据的服务器)。在选择领导人时,机器人将采用投票程序。每个机器人可以描述为一组参数:

$$R = (I, L, E, N) \tag{13.11}$$

式中:I 为机器人的标识符;L 为投票领导者的标识符;E 为领导者的评价 L(领导者必须给出的声音数量);N 为机器人(其邻居)可用的关联列表。

第一步的投票过程如下:根据之前定义的特征集,每个机器人评估其相邻机器人是否扮演领导角色;这些特征都有自己的权重;根据隶属度函数,机器人选择具有最高值的邻居。对于投票,值可以用语言变量 e = "机器人评估" 表示,值可以基于 M = "很低""低""中""高""很高" 的标准,或者用 M = 1、2、3、4、5 的数字表示。经过投票,会产生很多 E 的备选方案,所以会有以下形式:

$$E = \{e_1, e_2, \cdots, e_n\} \tag{13.12}$$

式中:e_i 是可代替的"候选";n 是可见邻居的数量。对机器人评估,提供以下特征。①环境:c_1 = "候选人可评估的邻居数量"。②地域:c_2 = "到邻居的距离或信号等级"。③状态:c_3 = "机器人的物理状态。"这些特征中的每一个 $E = \{e_1, e_2, \cdots, e_n\}$ 都是由投票机器人为其每个邻居估计的:

$$C_i = \{c_{i1}, c_{i2}, \cdots, c_{ik}\} \tag{13.13}$$

式中:C_i 是第 i 个"候选"的特征值,$i = 1, 2, \cdots, k$,每个特征都有其权重:

$$W = \{\omega_1, \omega_2, \cdots, \omega_k\} \tag{13.14}$$

其中,第 j 个特征权重 $\sum \omega_i = 1$ 时,第 i 个邻居的评估使用以下公式:

$$e_i = \sum_{j=1}^{k} \omega_j c_{ij} \tag{13.15}$$

为了确定语言变量的值,我们用 3 种类型的隶属函数,图 13.14 给出了总体视图,即

$$f_{vl}(e_i) = \begin{cases} 1, x < \text{vle} \\ \frac{1}{2} + \frac{1}{2}\cos\left(\frac{e_i - \text{vle}}{\text{vl} - \text{vle}}\right), \text{vle} \leqslant x \leqslant \text{vl} \\ 0, x > \text{vl} \end{cases} \tag{13.16}$$

式中:vle 为隶属函数等于"1"的阈值;vl 为隶属函数等于"0"的阈值,即

$$f_{vh}(e_i) = \begin{cases} 1, e_i > \text{vhs} \\ \frac{1}{2} + \frac{1}{2}\cos\left(\frac{e_i - \text{vhs}}{\text{vhs} - \text{vh}}\pi\right), \text{vh} \leqslant e_i \leqslant \text{vhs} \\ 0, e_i < \text{vh} \end{cases} \tag{13.17}$$

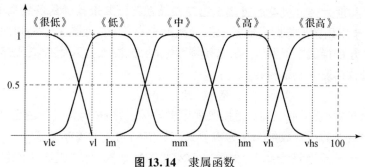

图 13.14 隶属函数

类似于式(13.16),vhs 为"1"的阈值,vh 为"0"的阈值,可得

$$f_{gb}(e_i) = \frac{1}{1 + \left|\frac{e_i - c}{a}\right|^{2b}} \tag{13.18}$$

式中:c 为隶属函数的中间部分,$f_{gb}(c+a) = 1$ 且 $f_{gb}(c-a) = 1$ 时的值;b 为函数平滑调节的值。

13.5.3 反馈实施

如果组内所有机器人之间需要传输某些信息,则必须通知其中某些机器人传输已完成。这个任务就是信息反馈的传播(PIF——有反馈的信息传播),其表述如下:由已知传播信息 M(所有机器人都一样)的机器人组成一个子集,也就是说,所有机器人都必须接收信息 M,必须通知某些进程传输完成,必须进行特殊的事件通知,并且只有当所有进程都已经收到了 M 时才能进行。PIF 算法中的警报可以视为返回(OK)事件。

PIF 算法可以使用任何波算法。例如,令 A 为一个波算法,要将 A 用作 PIF 算法,我们以机器人为例,假设最初知道 M 是 A 的发起者。信息 M 被添加到每条消息 A 中。这是有可能的,因为根据构造,A 的发起者最初知道 M,并且跟随者直到它们接收到至少一个消息之前,即它们得到 M 之前,才发送消息。当返回(OK)事件发生时,每个进程都知道 M,并且返回事件(OK)可以被认为是 PIF 算法中所需的通知事件。

之前回顾了两种数据传输模式:集中管理的信息交换(图 13.12(a))和集中分级控制的策略(图 13.12(b))。当使用机器人组 R 的集中管理策略时,每个机器人 $r_i(i=1,2,\cdots,N)$ 发送其状态数据和在中央控制设备(由估计过程选择的机器人)中获得的环境信息。

机器人之间集中管理网络的分层策略可采用层表示。层可以分为 3 种类型:顶层是合并数据并发起反向传播的单个中央控制设备;中间层是一组控制设备,用现有的将其数据和数据从较低级别(层)发送到顶层;低层只能与中间层的元素通信,合并后发送数据和接收数据。

对于组内的层分布,可以简化引线更换方法。定义网络角色将实现语言变量 p = "层的模式",采用了 M = "下层""中层""顶层"3 个级别的标准。相应地,P 的许多替代物可以用以下形式表示:

$$f_{\text{low}} = \begin{cases} 1, & e_i \leq a \\ \dfrac{b-e_i}{b-a}, & a < x \leq b \\ 0, & x > b \end{cases} \tag{13.19}$$

$$f_{\text{top}} = \begin{cases} 0, & e_i \leq c \\ \dfrac{e_i-a}{b-a}, & c < e_i \leq d \\ 1, & x > d \end{cases} \tag{13.20}$$

$$f_{\text{mid}} = \begin{cases} 0, & e_i \leq a \\ \dfrac{e_i-a}{b-a}, & a < e_i \leq b \\ 1, & b < e_i \leq c \\ \dfrac{d-e_i}{d-c}, & c < e_i \leq d \\ 0, & e_i > d \end{cases} \tag{13.21}$$

为了确定语言变量的值(图 13.15),我们使用 3 种类型的隶属函数[103],其中值("低级"和"高级")将确定 Z 形(31)和 S 形(32)函数,属于"中级"值的程度基于梯形隶属函数(33)(表示通用公式)。

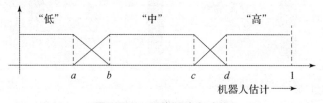

图 13.15 网络层确定功能

其中,e_i 对第一个机器人的评估采用以下形式:

$$e_i = \sum_{j=1}^{k} w_j c_{ij} \tag{13.22}$$

就模糊逻辑而言,可以使用下一个 IF – THEN 规则类型来描述:

如果机器人评估为顶级,则网络级等于主机;

如果机器人评估为中级,则网络级等于 1 级;

如果机器人评估为低级,则网络级等于 2 级。

其中,"NET HOST"为机器人成为数据传输的主机(顶层)、"NET LVL 1"和"NET LVL 2"用于确定通信的网络级别(中低层)以及 n 为固定语句。

当前情况下,PIF 的示意图如图 13.16 所示。

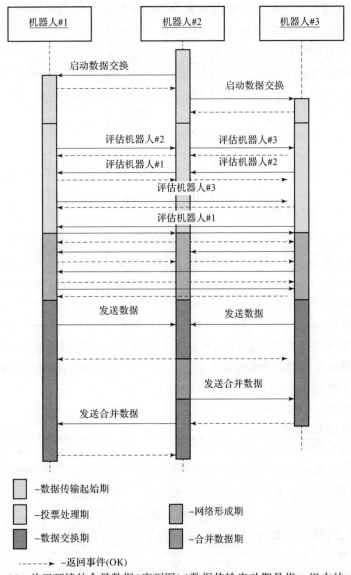

图 13.16　关于环境的余量数据(序列图)(数据传输启动期是指一组中的一个机器人向其他机器人发送消息开始数据传输的状态,发生在①机器人需要额外的数据进行进一步导航;②机器人已经从电视监控系统(TVS)中收集了足够多的信息片段,这些信息似乎要传输给组中的其他机器人。投票过程周期用于评估组中的每个机器人。数据传输通道的编译发生在网络形成期。数据交换周期用于根据网络的拓扑结构交换积累的数据。在这之后,时间周期有浮动时间,取决于每个机器人积累的数据量)

所提出的动态数据交换网络形成方法扩展了我们新型电视监控系统(TVS)的潜力。它将单个机器人导航的能力与机器人组内类似云的公共知识库相重叠,以提高航位推算的效率。

所提出的方法允许在一组机器人中消除数据网络中的拓扑环路。真实网络的全连通图很大概率会导致同一消息在一个组中无休止地重复,而网络带宽几乎完全被这些无用的重放所占用。在这些条件下,网络可以继续运行,但实际上它的性能变得很低,可能会导致完全的网络故障。因此所提出的方法确保了信息在组内的充分传播,并通过交换关于缺失扇区的信息来帮助改善机器人组的运动协调。

13.6 三维重构

13.6.1 仿真系统

每个复杂的机械系统在实际运行前都必须经历两个阶段:理论论证和仿真模拟。创建整个系统的数字模型会明显地影响项目的整体效率。仿真过程提供了一个机会,可以减少开发过程中的错误,根据环境条件的变化优化系统的输出,并降低技术问题的成本。仿真的好处还包括以下几方面。

(1) 降低制造机器人的成本。
(2) 资源管理和源代码诊断。
(3) 模拟不同的替代方案。
(4) 在机器人实施之前,可以对其组件进行验证。
(5) 建模可以分阶段进行,对复杂项目有利。
(6) 确定系统的可行性。
(7) 与各种编程语言的兼容性。

然而,仿真也存在一些缺点。应用程序只能使用预定义的规则来模拟机器人行为模型,而不能模拟开发阶段未考虑的因素。现实世界的体验可以提供比计算模型更多的场景。

如今,模拟平台涵盖了许多工具和功能,可以提供接近现实生活的模拟。它们大多使用不同的 C/C++,如算法语言、LabVIEW、Matlab 等。本节总结了几种常用的仿真平台。

Player/Stage[104]是一个目前正在开发 3 个机器人相关的软件平台的项目。它由 Player 网络机器人服务器、Stage-2D 机器人仿真环境和 Gazebo-3D 机器人仿真环境组成。这个项目由洛杉矶南加州大学的 Brian Gerkey、Richard Vaughan 和 Nathan Koenig 于 2000 年创建,广泛用于机器人领域的研究和培训。

The UberSim[105]是设计一个用在将程序上传到足球机器人之前进行快速测试的模拟器。UberSim使用ODE物理引擎,软件支持定制机器人和传感器。

USARSim[106]是对城市搜索和救援的模拟。它基于Unreal Engine 2.0。USARSim,可以与Player接口,在Windows、Linux和Mac OS操作系统上运行。

Breve[107]是一个用于分布式人工生命系统的3D模拟环境。行为模型用Python定义。与UberSim一样,Breve使用ODE物理引擎和OpenGL进行3D图形表示。

V-REP[108]是一款适用于教育过程模拟的3D模拟器,可以对复杂系统、单个传感器、机制等进行建模。

Webots[109]是瑞士Cyberbotics公司的软件产品。它支持不同的编程语言,如C/C++、Java、Python、URBI和MATLAB等。此外,通过TCP/IP兼容第三方软件。

Gazebo[110]可以模拟复杂系统和各种传感器组件的仿真平台。它有助于机器人的开发,实现机器人在交互、提升或抓取物体、推动以及在空间识别和定位的能力。

ARGoS[111]是一种用于异构群体机器人的模块化多引擎模拟器。在模拟过程中,系统能够实时使用大约10000个轮式机器人。

TeamBots[112]是一个面向机器人的多智能体仿真程序,允许在动态环境中创建具有可视化的多智能体控制系统。用户可以开发自己的控制系统并在仿真程序中实现,然后在一个真正的移动机器人中测试控制系统。

13.6.2 系统建模

为了证明所提问题的理论基础,开发了用于仿真和机器人群体协作的软件。所提出的框架在Unity 5[59,113]中已经开发出来,这是一个多平台引擎,提供了不同的功能和工具。软件是在Windows 10的Mono Develop集成开发环境(IDE)中用C#编程语言开发的。软件(图13.17)有3种操作模式,即无常识、已知领域、有常识。前两者仅使用部分决策系统进行路径规划和避障。第三个实现了全栈的决策过程。最后,系统实时返回每个机器人的环境和状态数据。

系统的主要对象是机器人,可以用一组变量(旋转速度、移动速度、当前位置和空间方向)、目标位置和决策系统来描述(图13.18)。

模拟中使用了图13.19所示的4种不同的随机场景,下一节将介绍其建模结果。

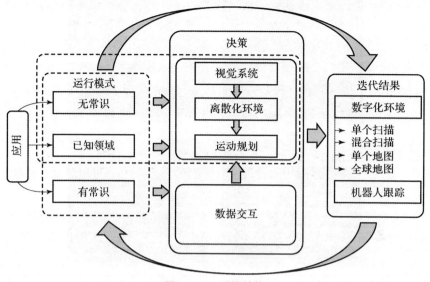

图 13.17　系统结构

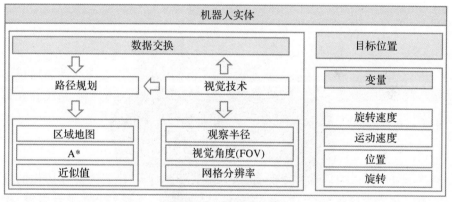

图 13.18　机器人实体

13.6.3　数据交换对路径规划的影响

为了获得每个场景的结果,我们制作了 3 个建模场景。第一种情况,机器人彼此独立移动(没有知识共享和数据交换)。第二种情况,3 个机器人用已知的地形知识结合获取的信息进行路径规划(实现数据交换方法)。在最后一个场景中,机器人在预先已知的地形中移动。在每种情况下,机器人都必须达到它们的个体目标,然后实现共同目标。

用 Pioneer 3 – AT 和 TVS 的 3 个机器人组进行建模(图 13.20)。文献[80]回顾了这种机器人平台之前的工作,本文也描述了它的运动学。

347

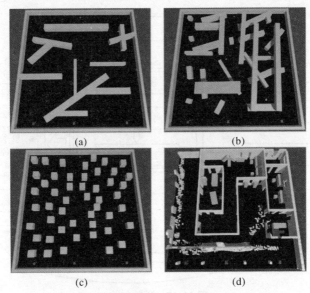

图 13.19 建模场景

(a)场景1;(b)场景2;(c)场景3;(d)场景4。

图 13.20 Pioneer 3 – AT 移动机器人平台

对每个场景中的所有场景,都进行了 100 次模拟。建模和汇总数据的结果如图 13.21 ~ 图 13.24 所示。在图形显示上的第一件事是"无常识"和"有常识"的轨迹长度偏差。

在"有常识"的情况下,偏差的减小意味着轨迹形式力求最优(不考虑已经发生的个别异常)。

图 13.25 对建模进行了总结。从建模期间获得的平均距离比较来看,在所有场景中运用常识库都有优势。结果表明,实施数据交换系统的机器人群体与自主机器人移动距离(群体外)相比,平均群体轨迹长度提高了 6.2% ~ 10%。按比例缩放组中单个机器人的结果,轨迹的改善可达 21.3%。

第13章 机器人群体的数据交互与导航任务

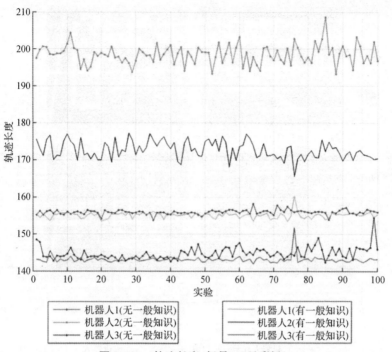

图 13.21 轨迹长度：场景#1（见彩插）

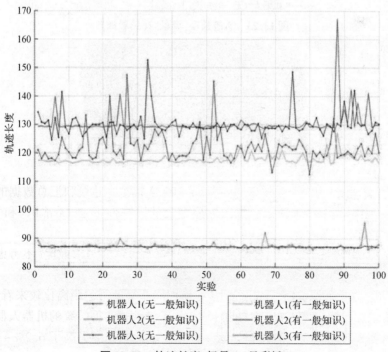

图 13.22 轨迹长度：场景#2（见彩插）

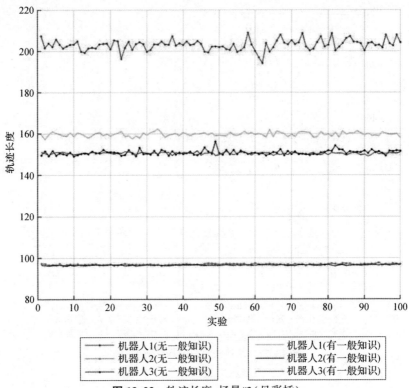

图 13.23 轨迹长度:场景#3(见彩插)

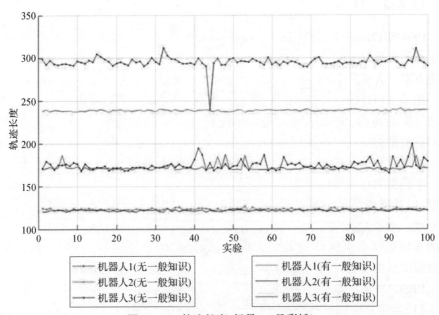

图 13.24 轨迹长度:场景#4(见彩插)

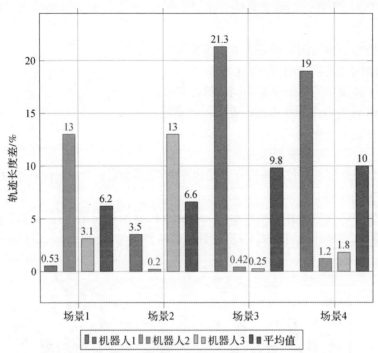

图 13.25　比较每个场景的轨迹长度(百分比)(见彩插)

13.6.4　目标提取

1996 年,Martin Esther、Hans – Peter Kriegel 及其同事提出了基于密度噪声应用空间聚类(DBSCAN)算法[114],将(初始空间)数据分割成任意形状聚类的解决方案。大多数生成平面分区的算法都会创建形状接近球形的簇,因为它们最小化了文档到簇中心的距离。基于密度噪声应用空间聚类(DBSCAN)的作者通过实验证明,他们的算法能够识别各种形状的聚类。

这个算法的思想是:在每个聚类内部有一个典型的点密度明显高于聚类外部的密度,以及噪声区域的密度低于任何聚类的密度。对于聚类中的每个点,其给定半径的邻域必须至少包含一定数量的点,这些数量的点由阈值指定(图 13.26)。

DBSCAN 算法如下所示。

(1)给定数据集。

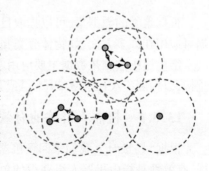

图 13.26　DBSCAN 聚类图解

(2)标记所有核心点或非核心点。

(3)访问完所有核心点:

①添加未被访问的核心点 P 到新集群;

②访问完集群中的所有点:

对于群集中的每个未被访问的核心点 P:

——将 P 边界内的所有核心点添加到集群中;

——标记 P 为已访问。

(4)访问所有非核心点之前:

①如果有核心点在非核心点 P 的边界内,就添加它到对应于核心点的簇中;

②否则忽略。

图 13.27 给出了算法实现示例。这里可以看到用机器人组和 TVS 的扫描环境(图 13.27(a))。DBSCAN 实现后可以看到聚类目标(图 13.27(b))。

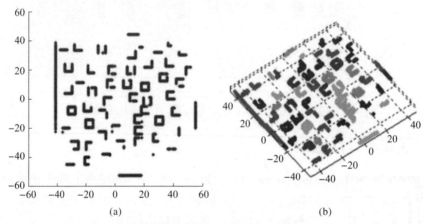

图 13.27 DBSCAN 实现示例(见彩插)

(a)场景的原始点云;(b)聚集场景。

根据聚类的数据集,可以提取目标进行进一步分析(图 13.28)。获得的数据可应用在许多方面,如物体分类和识别、曲面重构等。

结构健康监测是数据主要应用之一。扫描曲面(图 13.29(a))进行分析和重构,以检测裂纹(图 13.29(b))或其他可能出现的问题。

13.6.5 机器人群体的有效性

根据"场景#4",我们来回顾机器人的有效性(图 13.29)。正如所理解的那样,有效性是指由机器人组获得的单独数据量与普通数据融合之比。图 13.30 中显示了 4 个不同的二进制地图,这些地图最终为机器人组所知(机器人个体的 3 张地图和 1 张融合地图)。

第13章 机器人群体的数据交互与导航任务

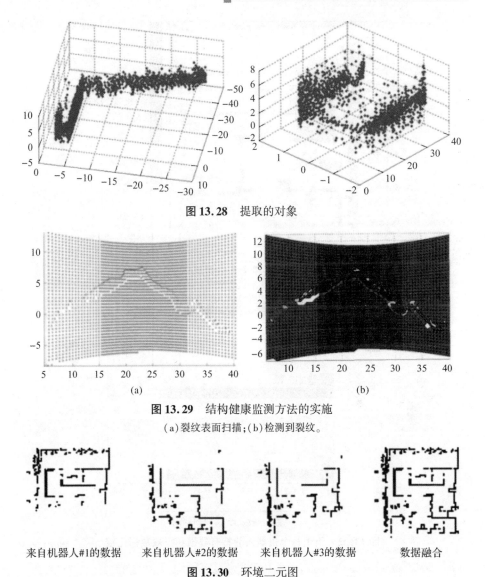

图 13.28 提取的对象

（a） （b）

图 13.29 结构健康监测方法的实施

（a）裂纹表面扫描；（b）检测到裂纹。

来自机器人#1的数据　　来自机器人#2的数据　　来自机器人#3的数据　　数据融合

图 13.30 环境二元图

独立数字地图叠加构建，即地图各区域分别由不同的机器人构建（图 13.31）。

除了重叠的数据之外，这种方法还可以获得另一个特征——机器人获得的单个数据与总数据的比率。

从每个单独的扫描中减去重叠的数据会返回组中每个机器人的唯一数据。在这种情况下，机器人#1 的比率等于 0.58，机器人#2 的比率等于 0.486，机器人#3 的比率等于 0.486。将其与融合数据进行比较将给出每个机器人的有效性。这里，第一至第三机器人的结果分别为 0.332、0.153 和 0.14（图 13.32）。

353

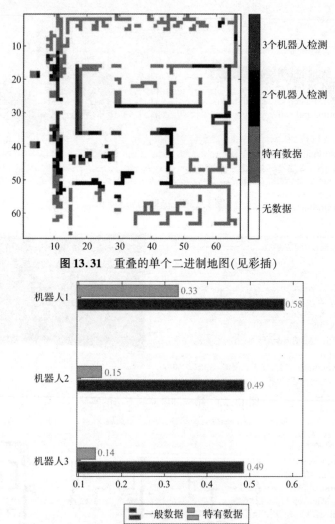

图 13.31　重叠的单个二进制地图(见彩插)

图 13.32　组中每个机器人的特有数据和一般数据比较

13.7　结论

　　本章提供了改善机器人群体协作的原创解决方案。作为结果,在组内通信的实施减少了个体导航的轨迹长度(高达 21.3%)。本章介绍的其他优势是视场扇区划分。它提供一种可能性,即实时释放单个机器人的大部分内存,用于补充任务解决方案,并只使用所需的数据执行导航任务。仿真结果表明,将上述改进应用于机器人组的行为,可以在较低的运动能量成本(弯曲能量)和减少轨迹长度的情况下,实现组的稳定运行。所提出的方法可以应用于各种任务,如天灾人祸后的周边环境测绘、室内导航等,而这重构的 3D 图像可用于结构健康监测。

参考文献

1. Atyabi, A., Phon-Amnuaisuk, S., & Ho, C. K. (2010). Navigating a robotic swarm in an uncharted 2d landscape. *Applied Soft Computing, 10*(1), 149–169.
2. Levi, P., Meister, E., & Schlachter, F. (2014). Reconfigurable swarm robots produce self-assembling and self-repairing organisms. *Robotics and Autonomous Systems, 62*(10), 1371–1376.
3. de Sá, A. O., Nedjah, N., & de Macedo Mourelle, L. (2017). Distributed and resilient localization algorithm for swarm robotic systems. *Applied Soft Computing, 57*, 738–750.
4. Teoh, E. R., & Kidd, D. G. (2017). Rage against the machine? Google's self-driving cars versus human drivers. *Journal of Safety Research, 63*, 57–60.
5. Morales, Y., Watanabe, A., Ferreri, F., Even, J., Shinozawa, K., & Hagita, N. (2018). Passenger discomfort map for autonomous navigation in a robotic wheelchair. *Robotics and Autonomous Systems, 103*, 13–26.
6. Bond, A. H., & Gasser, L. (1992). A subject-indexed bibliography of distributed artificial intelligence. *IEEE Transactions on Systems, Man, and Cybernetics, 22*(6), 1260–1281.
7. Bond, A. H., & Gasser, L. (2014). *Readings in distributed artificial intelligence.* San Mateo, CA: Morgan Kaufmann.
8. Boes, J., & Migeon, F. (2017). Self-organizing multi-agent systems for the control of complex systems. *Journal of Systems and Software, 134*, 12–28.
9. Tan, Y., & Zheng, Z.-y. (2013). Research advance in swarm robotics. *Defence Technology, 9*(1), 18–39.
10. Nebti, S., & Boukerram, A. (2017). Swarm intelligence inspired classifiers for facial recognition. *Swarm and Evolutionary Computation, 32*, 150–166.
11. Mavrovouniotis, M., Li, C., & Yang, S. (2017). A survey of swarm intelligence for dynamic optimization: Algorithms and applications. *Swarm and Evolutionary Computation, 33*, 1–17.
12. Parr, L. A., Winslow, J. T., Hopkins, W. D., & de Waal, F. (2000). Recognizing facial cues: Individual discrimination by chimpanzees (pan troglodytes) and rhesus monkeys (Macaca mulatta). *Journal of Comparative Psychology, 114*(1), 47.
13. Parr, L. A., & de Waal, F. B. (1999). Visual kin recognition in chimpanzees. *Nature, 399*(6737), 647.
14. Shapiro, J. A. (1998). Thinking about bacterial populations as multicellular organisms. *Annual Reviews in Microbiology, 52*(1), 81–104.
15. Costerton, J. W., Lewandowski, Z., Caldwell, D. E., Korber, D. R., & Lappin-Scott, H. M. (1995). Microbial biofilms. *Annual Reviews in Microbiology,49*(1), 711–745.
16. Wallraff, H. G., & Wallraff, H. G. (2005). *Avian navigation: Pigeon homing as a paradigm.* New York: Springer.
17. Jackson, D. E., & Ratnieks, F. L. (2006). Communication in ants.' *Current Biology, 16*(15), R570–R574.
18. Goss, S., Aron, S., Deneubourg, J.-L., & Pasteels, J. M. (1989). Self-organized shortcuts in the argentine ant. *Naturwissenschaften, 76*(12), 579–581.
19. Ravary, F., Lecoutey, E., Kaminski, G., Châline, N., & Jaisson, P. (2007). Individual experience alone can generate lasting division of labor in ants. *Current Biology, 17*(15), 1308–1312.
20. Buhl, J., Sumpter, D. J., Couzin, I. D., Hale, J. J., Despland, E., Miller, E. R., et al. (2006). From disorder to order in marching locusts. *Science, 312*(5778), 1402–1406.
21. Bone, Q., & Moore, R. (2008). *Biology of fishes.* New York: Taylor & Francis.
22. Pitcher, T., Magurran, A., & Winfield, I. (1982). Fish in larger shoals find food faster. *Behavioral Ecology and Sociobiology, 10*(2), 149–151.
23. Moyle, P. B., & Cech, J. J. (2004). *Fishes: an introduction to ichthyology.* No. 597. Upper Saddle River, NJ: Pearson Prentice Hall.
24. Dyer, J. R., Ioannou, C. C., Morrell, L. J., Croft, D. P., Couzin, I. D., Waters, D. A., et al. (2008). Consensus decision making in human crowds. *Animal Behaviour, 75*(2), 461–470.

25. Marocco, D., & Nolfi, S. (2006). Origins of communication in evolving robots. In *International Conference on Simulation of Adaptive Behavior* (pp. 789–803). Heidelberg: Springer.
26. Hayes, A. T., Martinoli, A., & Goodman, R. M. (2003). Swarm robotic odor localization: Off-line optimization and validation with real robots. *Robotica, 21*(4), 427–441.
27. de Oca, M. A. M., Ferrante, E., Scheidler, A., Pinciroli, C., Birattari, M., & Dorigo, M. (2011). Majority-rule opinion dynamics with differential latency: A mechanism for self-organized collective decision-making. *Swarm Intelligence, 5*(3–4), 305–327.
28. Scheidler, A., Brutschy, A., Ferrante, E., & Dorigo, M. (2016). The k-unanimity rule for self-organized decision-making in swarms of robots. *IEEE Transactions on Cybernetics, 46*(5), 1175–1188.
29. Valentini, G., Hamann, H., & Dorigo, M. (2015). Efficient decision-making in a self-organizing robot swarm: On the speed versus accuracy trade-off. In *Proceedings of the 2015 International Conference on Autonomous Agents and Multiagent Systems, AAMAS '15, (Richland, SC)* (pp. 1305–1314). International Foundation for Autonomous Agents and Multiagent Systems.
30. Wawerla, J., Sukhatme, G. S., & Mataric, M. J. (2002). Collective construction with multiple robots. In *2002 IEEE/RSJ International Conference on Intelligent Robots and Systems* (Vol. 3, pp. 2696–2701). Piscataway: IEEE.
31. Werfel, J., Bar-Yam, Y., & Nagpal, R. (2005). Building patterned structures with robot swarms. In *Proceedings of the IJCAI* (pp. 1495–1504).
32. Allwright, M., Bhalla, N., El-faham, H., Antoun, A., Pinciroli, C., & Dorigo, M. (2014). Srocs: Leveraging stigmergy on a multi-robot construction platform for unknown environments. In *International Conference on Swarm Intelligence* (pp. 158–169). Berlin: Springer.
33. Groß, R., Bonani, M., Mondada, F., & Dorigo, M. (2006). Autonomous self-assembly in a swarm-bot. In *Proceedings of the 3rd International Symposium on Autonomous Minirobots for Research and Edutainment (AMiRE 2005)* (pp. 314–322). Berlin: Springer.
34. Tuci, E., Ampatzis, C., Trianni, V., Christensen, A. L., & Dorigo, M. (2008). Self-assembly in physical autonomous robots-the evolutionary robotics approach. In *Proceedings of the ALIFE* (pp. 616–623).
35. Trianni, V., Nolfi, S., & Dorigo, M. Cooperative hole avoidance in a swarm-bot. *Robotics and Autonomous Systems, 54*(2), 97–103 (2006)
36. O'Grady, R., Groß, R., Christensen, A. L., Dorigo, M. (2010). Self-assembly strategies in a group of autonomous mobile robots," *Autonomous Robots, 28*(4), 439–455.
37. Bashyal, S., & Venayagamoorthy, G. K. (2008, Sept) Human swarm interaction for radiation source search and localization. In *2008 IEEE Swarm Intelligence Symposium* (pp. 1–8).
38. Walker, P., Amraii, S. A., Chakraborty, N., Lewis, M., & Sycara, K. (Sept 2014). Human control of robot swarms with dynamic leaders. In *2014 IEEE/RSJ International Conference on Intelligent Robots and Systems* (pp. 1108–1113).
39. Kolling, A., Sycara, K., Nunnally, S., & Lewis, M. (June 2013). Human-swarm interaction: An experimental study of two types of interaction with foraging swarms. *Journal of Human-Robot Interaction, 2*, 103–129.
40. O'Grady, R., Christensen, A. L., & Dorigo, M. (2009). Swarmorph: Multirobot morphogenesis using directional self-assembly. *IEEE Transactions on Robotics, 25*(3), 738–743.
41. Brambilla, M., Pinciroli, C., Birattari, M., & Dorigo, M. (2009). A reliable distributed algorithm for group size estimation with minimal communication requirements. In *International Conference on Advanced Robotics, 2009. ICAR 2009.* (pp. 1–6). Piscataway: IEEE.
42. Bayındır, L. (2016). A review of swarm robotics tasks. *Neurocomputing,172*, 292–321.
43. Chen, S., & Fang, H. (2005). Modeling and behavior analysis of large-scale social foraging swarm. *Control and Decision, 20*(12), 1392.
44. Beni, G. (1988). The concept of cellular robotic system. In *IEEE International Symposium on Intelligent Control, 1988. Proceedings* (pp. 57–62). Piscataway: IEEE.
45. Asama, H., Matsumoto, A., & Ishida, Y. (1989). Design of an autonomous and distributed robot system: Actress. In *Proceedings of the IROS* (vol. 89, pp. 283–290).
46. Payton, D., Daily, M., Estowski, R., Howard, M., & Lee, C. (2001). Pheromone robotics. *Autonomous Robots, 11*(3), 319–324.

47. Payton, D., Estkowski, R., & Howard, M. (2003). Compound behaviors in pheromone robotics. *Robotics and Autonomous Systems, 44*(3–4), 229–240.
48. Şahin, E. (2004). Swarm robotics: From sources of inspiration to domains of application. In *International Workshop on Swarm Robotics* (pp. 10–20). Heidelberg: Springer.
49. McLurkin, J., & Smith, J. (2004). Distributed algorithms for dispersion in indoor environments using a swarm of autonomous mobile robots. In *7th International Symposium on Distributed Autonomous Robotic Systems (DARS), Citeseer.*
50. Mondada, F., Bonani, M., Raemy, X., Pugh, J., Cianci, C., Klaptocz, A., et al. (2009). The e-puck, a robot designed for education in engineering. In *Proceedings of the 9th Conference on Autonomous Robot Systems and Competitions* (Vol. 1, pp. 59–65). IPCB: Instituto Politécnico de Castelo Branco.
51. Turgut, A. E., Çelikkanat, H., Gökçe, F., & Şahin, E. (2008). Self-organized flocking in mobile robot swarms. *Swarm Intelligence, 2*(2–4), 97–120.
52. Rubenstein, M., Ahler, C., & Nagpal, R. (2012). Kilobot: A low cost scalable robot system for collective behaviors. In *2012 IEEE International Conference on Robotics and Automation (ICRA)* (pp. 3293–3298). Piscataway: IEEE.
53. Seyfried, J., Szymanski, M., Bender, N., Estaña, R., Thiel, M., & Wörn, H. (2004). The i-swarm project: Intelligent small world autonomous robots for micro-manipulation. In *International Workshop on Swarm Robotics* (pp. 70–83). Berlin: Springer.
54. Beshers, S. N., & Fewell, J. H. (2001). Models of division of labor in social Insects. *Annual Review of Entomology, 46*(1), 413–440.
55. Trianni, V., Tuci, E., Ampatzis, C., & Dorigo, M. (2014). Evolutionary swarm robotics: A theoretical and methodological itinerary from individual neuro-controllers to collective behaviours. *The Horizons of Evolutionary Robotics* (pp. 153–160). New York: ACM.
56. Konolige, K., Fox, D., Ortiz, C., Agno, A., Eriksen, M., Limketkai, B., et al. (2008). Centibots: Very large scale distributed robotic teams. In *Experimental Robotics IX* (pp. 131–140). Springer.
57. Dorigo, M., Floreano, D., Gambardella, L. M., Mondada, F., Nolfi, S., Baaboura, T., et al. (2013). Swarmanoid: A novel concept for the study of heterogeneous robotic swarms. *IEEE Robotics & Automation Magazine, 20*(4), 60–71.
58. Rybski, P. E., Burt, I., Dahlin, T., Gini, M., Hougen, D. F., Krantz, D. G., et al. (2001). System architecture for versatile autonomous and teleoperated control of multiple miniature robots. In *Proceedings 2001 ICRA. IEEE International Conference on Robotics and Automation, 2001* (Vol. 3, pp. 2917-2922). Piscataway: IEEE.
59. Suárez, P., Iglesias, A., & Gálvez, A. (2018). Make robots be bats: Specializing robotic swarms to the bat algorithm. *Swarm and Evolutionary Computation, 44*, 113–129.
60. Vilão, C. O., Perico, D. H., Silva, I. J., Homem, T. P., Tonidandel, F., & Bianchi, R. A. (2014). A single camera vision system for a humanoid robot. In *2014 Joint Conference on Robotics: SBR-LARS Robotics Symposium and Robocontrol (SBR LARS Robocontrol)* (pp. 181–186). Piscataway: IEEE.
61. Gryaznov, N., & Lopota, A. (2015). Computer vision for mobile on-ground robotics *Procedia Engineering, 100*, 1376–1380.
62. Scaramuzza, D., Achtelik, M. C., Doitsidis, L., Friedrich, F., Kosmatopoulos, E., Martinelli, A., et al. (2014). Vision-controlled micro flying robots: From system design to autonomous navigation and mapping in GPS-denied environments. *IEEE Robotics and Automation Magazine, 21*(3), 26–40.
63. Alenyà, G., Foix, S., & Torras, C. (2014). ToF cameras for active vision in robotics. *Sensors and Actuators A: Physical, 218*, 10–22.
64. Fan, Q., Sun, B., Sun, Y. Wu, Y., & Zhuang, X. (2017). Data fusion for indoor mobile robot positioning based on tightly coupled INS/UWB. *The Journal of Navigation, 70*(5), 1079–1097.
65. Sabo, C., Chisholm, R., Petterson, A., & Cope, A. (2017). A lightweight, inexpensive robotic system for insect vision. *Arthropod Structure and Development, 46*(5), 689–702.

66. Wahrmann, D., Hildebrandt, A.-C., Wittmann, R., Sygulla, F., Rixen, D., & Buschmann, T. (2016). Fast object approximation for real-time 3d obstacle avoidance with biped robots. In *2016 IEEE International Conference on Advanced Intelligent Mechatronics (AIM)* (pp. 38–45). Piscataway: IEEE.
67. McGuire, K., de Croon, G., De Wagter, C., Tuyls, K., & Kappen, H. J. (2017). Efficient optical flow and stereo vision for velocity estimation and obstacle avoidance on an autonomous pocket drone. *IEEE Robotics and Automation Letters, 2*(2), 1070–1076.
68. Li, J.-H., Ho, Y.-S., & Huang, J.-J. (2018). Line tracking with pixy cameras on a wheeled robot prototype. In *2018 IEEE International Conference on Consumer Electronics-Taiwan (ICCE-TW)* (pp. 1–2). Piscataway: IEEE.
69. Huang, A. S., Bachrach, A., Henry, P., Krainin, M., Maturana, D., Fox, D., et al. (2017). Visual odometry and mapping for autonomous flight using an RGB-D camera. In *Robotics Research* (pp. 235–252). Cham: Springer.
70. Starr, J. W., & Lattimer, B. (2017). Evidential sensor fusion of long-wavelength infrared stereo vision and 3D-lidar for rangefinding in fire environments. *Fire Technology, 53*(6), 1961–1983.
71. Yoo, H. W., Druml, N., Brunner, D., Schwarzl, C., Thurner, T., Hennecke, M., et al. (2018). MEMS-based lidar for autonomous driving. *E & I Elektrotechnik und Informationstechnik* (pp. 1–8).
72. Zhang, J., & Singh, S. (2017). Low-drift and real-time lidar odometry and mapping. *Autonomous Robots, 41*(2), 401–416.
73. Kinnell, P., Rymer, T., Hodgson, J., Justham, L., & Jackson, M. (2017). Autonomous metrology for robot mounted 3D vision systems. *CIRP Annals, 66*(1), 483–486.
74. Šuligoj, F., Šekoranja, B., Švaco, M., & Jerbić, B. (2014). Object tracking with a multiagent robot system and a stereo vision camera. *Procedia Engineering, 69*, 968–973.
75. Ferreira, M., Costa, P., Rocha, L., & Moreira, A. P. (2016). Stereo-based real-time 6-D of work tool tracking for robot programing by demonstration. *The International Journal of Advanced Manufacturing Technology, 85*(1–4), 57–69.
76. Pellegrini, S., & Iocchi, L. (2007, Dec) Human posture tracking and classification through stereo vision and 3D model matching. *EURASIP Journal on Image and Video Processing, 2008*, 476151.
77. Radhakrishnamurthy, H. C., Murugesapandian, P., Ramachandran, N., & Yaacob, S. (2017). Stereo vision system for a bin picking adept robot. *Malaysian Journal of Computer Science, 20*(1), 91–98.
78. Sergiyenko, O. Y. (2010). Optoelectronic system for mobile robot navigation. *Optoelectronics, Instrumentation and Data Processing, 46*(5), 414–428.
79. Rodriguez-Quinonez, J. C., Sergiyenko, O., Gonzalez-Navarro, F. F., Basaca-Preciado, L., & Tyrsa, V. (2013). Surface recognition improvement in 3D medical laser scanner using Levenberg–Marquardt method. *Signal Processing, 93*(2), 378–386.
80. Basaca-Preciado, L. C., Sergiyenko, O. Y., Rodríguez-Quinonez, J. C., Garcia, X., Tyrsa, V. V., Rivas-Lopez, M., et al. (2014). Optical 3D laser measurement system for navigation of autonomous mobile robot. *Optics and Lasers in Engineering, 54*, 159–169.
81. Sergiyenko, O. Y., Ivanov, M. V., Tyrsa, V., Kartashov, V. M., Rivas-López, M., Hernández-Balbuena, D., et al. (2016). Data transferring model determination in robotic group. *Robotics and Autonomous Systems, 83*, 251–260.
82. Lindner, L., Sergiyenko, O., Rivas-López, M., Valdez-Salas, B., Rodríguez-Quiñonez, J. C., Hernández-Balbuena, D., et al. (2016). Machine vision system for UAV navigation. In *International Conference on Electrical Systems for Aircraft, Railway, Ship Propulsion and Road Vehicles & International Transportation Electrification Conference (ESARS-ITEC)* (pp. 1–6). Piscataway: IEEE.
83. Lindner, L., Sergiyenko, O., Rivas-López, M., Hernández-Balbuena, D., Flores-Fuentes, W., Rodríguez-Quiñonez, J. C., et al. (2017). Exact laser beam positioning for measurement of vegetation vitality. *Industrial Robot: An International Journal, 44*(4), 532–541.

84. Lindner, L., Sergiyenko, O., Rodríguez-Quiñonez, J. C., Tyrsa, V., Mercorelli, P., Fuentes, W. F., et al. (2015). Continuous 3D scanning mode using servomotors instead of stepping motors in dynamic laser triangulation. In *2015 IEEE 24th International Symposium on Industrial Electronics (ISIE)* (pp. 944–949). Piscataway: IEEE.
85. Lindner, L., Sergiyenko, O., Rodríguez-Quiñonez, J. C., Rivas-Lopez, M., Hernandez-Balbuena, D., Flores-Fuentes, W., et al. (2016). Mobile robot vision system using continuous laser scanning for industrial application. *Industrial Robot: An International Journal, 43*(4), 360–369.
86. Sergiyenko, O., Hernandez, W., Tyrsa, V., Cruz, L. F. D., Starostenko, O., & Peña-Cabrera, M. (2009). Remote sensor for spatial measurements by using optical scanning. *Sensors, 9*(7), 5477–5492.
87. Básaca, L. C., Rodríguez, J., Sergiyenko, O. Y., Tyrsa, V. V., Hernández, W., Hipólito, J. I. N., et al. (2010). Resolution improvement of dynamic triangulation method for 3D vision system in robot navigation task. In *IECON 2010-36th Annual Conference on IEEE Industrial Electronics Society* (pp. 2886–2891). Piscataway: IEEE.
88. Ivanov, M., Lindner, L., Sergiyenko, O., Rodríguez-Quiñonez, J. C., Flores-Fuentes, W., & Rivas-Lopez, M. (2019). Mobile robot path planning using continuous laser scanning. In *Optoelectronics in Machine Vision-Based Theories and Applications* (pp. 338–372). Hershey: IGI Global.
89. Garcia-Cruz, X., Sergiyenko, O. Y., Tyrsa, V., Rivas-Lopez, M., Hernandez-Balbuena, D., Rodriguez-Quiñonez, J., et al. (2014). Optimization of 3D laser scanning speed by use of combined variable step. *Optics and Lasers in Engineering, 54*, 141–151.
90. Vincent, R., Morisset, B., Agno, A., Eriksen, M., & Ortiz, C. (2008). Centibots: Large-scale autonomous robotic search and rescue experiment. In *2nd International Joint Topical Meeting on Emergency Preparedness & Response and Robotics & Remote Systems*.
91. Grymin, D. J., Neas, C. B., & Farhood, M. (2014). A hierarchical approach for primitive-based motion planning and control of autonomous vehicles. *Robotics and Autonomous Systems, 62*(2), 214–228.
92. Kovács, B., Szayer, G., Tajti, F., Burdelis, M., & Korondi, P. (2016). A novel potential field method for path planning of mobile robots by adapting animal motion attributes. *Robotics and Autonomous Systems, 82*, 24–34.
93. Ali, A. A., Rashid, A. T., Frasca, M., & Fortuna, L. (2016). An algorithm for multi-robot collision-free navigation based on shortest distance. *Robotics and Autonomous Systems, 75*, 119–128.
94. Duchoň, F., Babinec, A., Kajan, M., Beňo, P., Florek, M., Fico, T., et al. (2014). Path planning with modified a star algorithm for a mobile robot. *Procedia Engineering, 96*, 59–69.
95. Kawabata, K., Ma, L., Xue, J., Zhu, C., & Zheng, N. (2015). A path generation for automated vehicle based on Bézier curve and via-points. *Robotics and Autonomous Systems, 74*, 243–252.
96. Han, L., Yashiro, H., Nejad, H. T. N., Do, Q. H., & Mita, S. (2010, June). Bézier curve based path planning for autonomous vehicle in urban environment. In *2010 IEEE Intelligent Vehicles Symposium* (pp. 1036–1042).
97. Lugo-Cárdenas, I., Flores, G., Salazar, S., & Lozano, R. (2014). Dubins path generation for a fixed wing UAV. In *2014 International Conference on Unmanned Aircraft Systems (ICUAS)* (pp. 339–346). Piscataway: IEEE.
98. Karapetyan, N., Moulton, J., Lewis, J. S., Li, A. Q., O'Kane, J. M., & Rekleitis, I. (2018). Multi-robot Dubins coverage with autonomous surface vehicles. In *2018 IEEE International Conference on Robotics and Automation (ICRA)* (pp. 2373–2379). Piscataway: IEEE.
99. Jha, B., Turetsky, V., & Shima, T. (2018). Robust path tracking by a Dubins ground vehicle. *IEEE Transactions on Control Systems Technology, 99*, 1–8.
100. Wang, Z., Liu, L., Long, T., Yu, C., & Kou, J. (2014). Enhanced sparse a* search for UAV path planning using Dubins path estimation. In *2014 33rd Chinese Control Conference (CCC)* (pp. 738–742). Piscataway: IEEE.

101. Braem, B., Latre, B., Moerman, I., Blondia, C., & Demeester, P. (2006). The wireless autonomous spanning tree protocol for multihop wireless body area networks. In *2006 Third Annual International Conference on Mobile and Ubiquitous Systems: Networking & Services* (pp. 1–8). Piscataway: IEEE.
102. Fedyk, D., Ashwood-Smith, P., Allan, D., Bragg, A., & Unbehagen, P. (2012). IS-IS extensions supporting IEEE 802.1aq shortest path bridging. Technical Report.
103. Nguyen, H. T., & Walker, E. A. (2005). *A first course in fuzzy logic*. Boca Raton: CRC Press.
104. Duarte, M., Silva, F., Rodrigues, T., Oliveira, S. M., & Christensen, A. L. (2014). Jbotevolver: A versatile simulation platform for evolutionary robotics. In *Proceedings of the 14th International Conference on the Synthesis & Simulation of Living Systems. MIT Press, Cambridge, MA* (pp. 210–211). Citeseer.
105. Browning, B., & Tryzelaar, E. (2003). Übersim: A multi-robot simulator for robot soccer. In *Proceedings of the Second International Joint Conference on Autonomous Agents and Multiagent Systems* (pp. 948–949). New York, ACM.
106. Zhibao, S., Haojie, Z., & Sen, Z. (2017). A robotic simulation system combined USARSIM and RCS library. In *2017 2nd Asia-Pacific Conference on Intelligent Robot Systems (ACIRS)* (pp. 240–243). New York, IEEE.
107. Klein, J., & Spector, L. (2009). 3D multi-agent simulations in the breve simulation environment. In *Artificial Life Models in Software* (pp. 79–106). New York: Springer.
108. Rohmer, E., Singh, S. P., & Freese, M. (2013). V-rep: A versatile and scalable robot simulation framework. In *2013 IEEE/RSJ International Conference on Intelligent Robots and Systems (IROS)* (pp. 1321–1326). Piscataway: IEEE.
109. Michel, O. (2004). Cyberbotics ltd. webots: Professional mobile robot simulation. *International Journal of Advanced Robotic Systems, 1*(1), 5.
110. Furrer, F., Burri, M., Achtelik, M., & Siegwart, R. (2016). Rotors' a modular gazebo MAV simulator framework. In *Robot operating system (ROS)* (pp. 595–625). Berlin: Springer.
111. Pinciroli, C., Trianni, V., O'Grady, R., Pini, G., Brutschy, A., Brambilla, M., et al. (2011). Argos: A modular, multi-engine simulator for heterogeneous swarm robotics. In *2011 IEEE/RSJ International Conference on Intelligent Robots and Systems (IROS)* (pp. 5027–5034). Piscataway: IEEE.
112. Aşık, O., & Akın, H. L. (2013). Solving multi-agent decision problems modeled as Dec-POMDP: A robot soccer case study. In *RoboCup 2012: Robot Soccer World Cup XVI* (pp. 130–140). Berlin: Springer.
113. Wang, S., Mao, Z., Zeng, C., Gong, H., Li, S., & Chen, B. (2010). A new method of virtual reality based on Unity3D. In *2010 18th International Conference on Geoinformatics* (pp. 1–5). IEEE.
114. Schubert, E., Sander, J., Ester, M., Kriegel, H. P., & Xu, X. (2017). DBSCAN revisited, revisited: Why and how you should (still) use DBSCAN. *ACM Transactions on Database Systems (TODS), 42*(3), 19.

第 14 章

基于 3D 传感的自中心实时导航

Justin S. Smith，Shiyu Feng，Fanzhe Lyu，Patricio A. Vela[①]

14.1 引言

　　导航是自主移动机器人必不可少的计算组件，保证机器人在空间上从一个点运动到另一点。实际应用中，导航通常由两个时间尺度的解决方案来实现，并对决策进行实时约束的规划。较长（或较慢）的时间尺度过程旨在找到机器人从当前位置到目标位置的全局路径，并依赖于有效或足够完整的世界地图来导航。更短（或更快）的时间尺度过程在全局范围内操纵机器人避开障碍物，同时努力遵循全局路径。由于全局地图的不确定性，全局路径大致实现是很常见的。由于移动、引入或移除对象而导致的地图数据丢失或世界结构修改会导致不确定性。在动态环境中，机器人运行应避开其他移动物体，如人、动物、汽车或机器人等，具体取决于应用情况。更快的过程响应局部感知的世界几何形状和假定的全局地图几何形状之间的偏差来检测和调整轨迹，特别是当全局轨迹违反基于局部传感器数据的无碰撞轨迹约束时。考虑到所使用的地图数据的领域和来源，较慢和较快的规划过程通常称为全局和局部规划。导航系统调节和协调两个规划过程之间的信息流。图 14.1 描述了一个示例场景，机器人从左边（黑点）开始，任务是向右移动（红点）。全局路径规划基于可用的地图信息在开始时生成候选轨迹（绿色实线）。在这种情况下，只有墙已知。局部规划努力匹配全局路径，但必须在识别未知的障碍时绕行。描

[①] J. S. Smith，F. Lyu · P. A. Vela
Georgia Tech，School of Electrical and Computer Engineering，Atlanta，GA，USA
e - mail：jssmith@ gatech. edu；fanzhe@ gatech. edu；pvela@ gatech. edu
S. Feng
Georgia Tech，School of Mechanical Engineering，Atlanta，GA，USA
e - mail：shiyufeng@ gatech. edu

绘了两条路径,其中一条可由更少的机器人实现(蓝色实线),另一条可由更多的机器人实现(黄色实现)。更多的机器人在陷入僵局之前不会意识到这个计划的不可行性。然后,全局重新规划将根据导航过程中获得的额外地图信息,提供一条新的、潜在可行的路径。随着潜在碰撞点的识别和避免,将遵循和修改这条新路径。

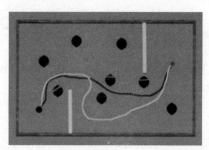

图 14.1 导航系统中的全局规划(绿色)和局部规划(蓝色和黄色)(见彩插)

与导航系统相关联的重要考虑因素包括基于局部感知信息或状态触发重新计算全局路径的速率、两个过程之间共享什么信息、选择了什么样的全局规划表示,以及全局和局部规划采用了什么样的规划策略。本章总结了全局规划和局部规划相关的研究和发现。对于后者,与应用于经典规划算法和许多局部规划中的 2D 激光扫描测量技术相比较,重点讨论当代 3D 世界结构的密集视觉测量可行性的相关发展。基于深度或距离信息的图像测量将需要处理的数据基数增加了两个数量级或更多。当从平面测量到空间测量(2D 到 3D)时,传统的激光扫描方法不能转化或不能良好地适应增加的感觉数据。本章介绍了替代数据表示、轨迹评分和碰撞检测方案,这些方案改进了经典方法的弱点,同时努力尽可能与经典方法兼容。在这样做的时候,我们预计许多经典和现代导航方法可以进行修改,以与提供深度或距离信息的现代密集成像系统配合使用。

本章首先介绍涵盖全局规划方法(14.2 节)和局部规划方法(14.3 节)。局部规划法的综述讨论了从激光扫描仪到基于密集 3D 测距传感器的机器人传感技术的进步,以及实施的改进。由于深度信息的丢失,这些方法无法保证机器人在视场内行驶时避免碰撞,因此排除了纯单目彩色相机传感。14.4 节介绍了从神经系统科学中激发出的混合方法解决方案,其中全局表示和局部表示不同。特别是局部表示最低限度地处理感知数据,并在 Marr 的中级视觉表示中运行。14.5 节中描述了一个感知空间局部规划的设计和与全局规划的集成,并与文献中描述的现有策略进行对比。在实施和评估 PiPS 方法之前,14.6 节描述了用于评估移动机器人导航算法的导航基准。14.7 节进行了基于距离导航策略的两个移动机器人平台和多种环境的实验和结果分析。Monte-Carlo 实验的运行量化了这些方法相对于传统方法的成功。14.8 节总结了本章内容,并给出了结论性意见。

14.2 全局规划

通过计算机合理表达[1-3],实现机器人的轨迹规划或引导机器人跟踪的控制信号合成。最初,策略表达可以分为保持底层连续性的策略或者易于处理的将全局离散化的策略。通常,后者会考虑离散化带来的简化。

14.2.1 离散空间中路径规划

地图的普通离散化是转换成网格结构或图形结构。占用图或占用网格是一种常见的基于网格的数据结构。然而,最终对网格状结构的规划被简化为对具有空间确定的连通性(如邻域连通性)的等效图结构的规划。A^*[4]是一种常见的离散规划方法,它是 Dijkastra 算法的启发式扩展[5],平衡了基于深度和宽度的搜索。如果环境的任何部分发生变化,则必须重新开始搜索。从以前的调用中允许重新规划的想法发展了动态 A^* 算法(也称为 D^*)[6],这通过对过去的搜索进行局部修改来降低重新规划的成本。D^* Lite[7]是一个更简单、更高效的版本,而 Anytime D^*(AD^*)[8]则兼具了随时性和增量性。图 14.2(a)描述了一个使用了 4 个邻域(上、下、左、右)的基于网格的规划方案和相关的 Manhattan 世界路径。当基于网格的方法受到维数灾难的约束时,搜索空间随维度呈指数增长。与使用粗略的表示相比,处理世界中的细节需要成倍增加的内存,和更长的规划时间。网格的粒度隐式地离散了障碍物和机器人的尺寸,这可能会使可行的轨迹变得不可行。自适应网格结构和图形处理单元(GPU)计算克服了固定网格世界模型的限制,加快了规划时间[9]。

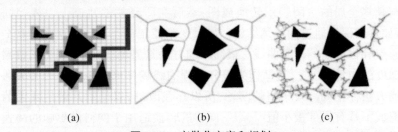

图 14.2 离散化方案和规划

(a)网格世界和路径;(b)Voronoi 图形世界;(c)带路径的 RRT 图。

网格世界方法的另一种策略是采用稀疏图结构[10]。稀疏图结构的代表是 Voronoi 图。广义 Voronoi 图(GVD)是自由空间的表示,自由空间由与障碍物边界等距点的轨迹组成,如图 14.2(b)所示。图搜索式算法和启发式算法可用于找到通过 GVD 的最短路径[11]。考虑到 GVD 的计算可能在计算上十分复杂,另一种图形创建方法是概率路线图(PRM)。PRM 算法在预处理阶段构建可行路径图,并使用该图来寻找期望点之间的路径。它在概率上是完整的,具有确定的性能界限[2,12]。Lazy PRM 通过在搜索查询的最短解时仅执行冲突检查来减少算法的运行时间[13],使得规划更适合单个查询。通过结合 Lazy PRM 和 AD*[14-15]的概念,PRM 已经扩展到动态环境中进行有效的重新规划。

PRM 是基于样本的规划的例子,其中采样是提前完成的。与花时间生成 PRM 不同,快速探索随机树(RRT)同样在概率上是完整的,但具有很强的探索性,有助于快速高效的规划[16]。这些特性是通过将图形创建与计划搜索相结合来实现的,通过随机采样和启发式或贪婪(到达目标)采样相结合,以目标导向的方式构建图形。图 14.2(c)描述了一个 RRT 规划实例。基础 RRT 方法的扩展包括双向搜索[17]和持续搜索以提高最优性[18]。通常情况下,由于从随机步骤获得的路径可能存在锯齿,因此在确定解后需要进行路径的平滑。RRT 已应用于自动驾驶车辆的路径规划[19],也扩展到更有效的置换动力学环境[20-22]。最近提出的 RRTX,在整个导航过程中维护和更新单个搜索图,并且不区分局部和全局规划[23]。

运动规划也可以基于运动图元,包含基于样本的动态约束的规划,如 Kino-dynamic 规划通过可行性控制或满足轨迹的约束,可达到连接节点[24-27]。在文献[28]中,飞行器借助这种规划在茂密的森林中飞行。基于一个图元通过不断地控制输入来连接空间中的任意两点,并用另一个图元来执行急转弯。由于图元考虑了飞行器的动力学,路径规划只需找到飞行器要经过的点序列,然后使用适当的图元即可。

14.2.2 连续空间中的路径规划

与其将全局的空间表示转换成图,然后在所寻找的轨迹上引入相同的表示,不如寻求保持轨迹的连续结构。如果忽略控制动态,那么,这些策略会寻找连接起点和目标点的连续曲线。最简单的方法是势场法,它利用势函数来定义基于梯度的向量场[29]。遵循作为微分方程的势场梯度产生要遵循的轨迹。由于势场方法存在局部极小值的问题,所以存在改进,以得到其解是真正的全局极小值或不具有局部极小值[30-32]。同样的转换适用于网格世界中的快速行进方法[33-34],与底层网格上的等效 Dijkstra 实现相比,这种方法提供了更连续的轨迹。

更复杂的方法通过优化轨迹函数空间来寻找实际轨迹。轨迹的无限维特性要求使用曲线的有限维参数表示[35-36]。如果要寻求实际的控制信号,那么,问题就变成了最优控制问题,对此有许多解决策略[37-42]。这些方法的主要缺点是与寻找可行轨迹相关的计算成本,尤其是当有许多障碍物时。为了提高计算效率,这些方法本质上通常是迭代的或基于梯度的。它们受益于通过离散规划方法对初始条件进行预处理。如果总体问题与之前的调用没有显著变化,那么,之前的解决方案可以很好地初始化迭代求解器[40]。

对所有全局规划来说,一个主要问题是感知数据融入全局地图的速度。对于缓慢的全局规划来说,全局地图更新不是主要瓶颈。然而,对于主张实时操作的全局规划来说,通常将传感器数据传输到内部表示以及更新任何重要地图数据结构或代价函数的成本远远超过规划更新速率(1~3个数量级)。局部规划通过限制在快速路径更新中考虑什么数据来加速这个过程。根据快速更新的局部规划,全局规划有时间根据新整合的信息生成更新。

14.3 局部规划

由于全局规划无法与输入的传感数据和底层轨迹跟踪控制兼容的速度重新规划,因此需要用局部规划来增强全局规划。局部规划以实现全局规划的实时更新为目的,通常以控制反馈速率或近似控制反馈速率来补偿地图误差、新对象或移动对象。一种常见的方法是分层规划,其中全局规划层和局部规划层用相同的全局表示,但不一定用相同的数据结构。这意味着,一种方法可能起两个作用,但是它要求感知数据到世界模型的转换比感知速率发生得更快。

关于导航的早期研究主要侧重于超声波和激光扫描方法,因为这些传感器提供了外部环境的直接测量,而当时基于视觉的方法需要复杂的处理才能将原始视觉信号转换成关于局部环境的空间数据。从激光扫描仪提供的密集1D测量信号足以在结构化世界中导航,其中扫描平面提供关于碰撞的准确信息。随着计算和传感硬件的改进,带有2D范围或数字图像信号的导航开始成为常态。然而,直接地转换激光扫描来获得密集图像是有局限性的。许多现有的解决方案无法随数据基数而扩展。本节介绍了上述历史背景和相关主题。

1. 响应法

响应法是一种局部感知空间障碍物和识别当前目标点的即时应用的控制策略。地面车辆的控制由速度和转向指令组成,不过有些方法是采用等速模型和简单转向。前面描述的势场法[29]是一种根据梯度跟踪计算的反应方法。虚拟力场方法就是这样一种实现方式[43],传感器读数更新障碍物的全局确定性网格,然后计算障碍物的排斥力。

向量场直方图(VFH)[44]方法在全局地图中是使用局部极坐标(直方图)表示相对于当前机器人姿态的局部点,而不是在局部笛卡儿网格中使用点表示。极坐标直方图的处理生成新的转向命令,并通过另外的处理步骤来确定速度变化。转向命令的目标是与当前目标点一致的最佳自由空间选项。改进反应策略的方法包括VFH*[45],使用带有A*的短时前瞻时间搜索来执行前瞻性验证。根据全局地图假设未来的极坐标直方图,将VFH+作为局部策略集成到导航的分层规划中[46],通过直接对向量中的传感器数据进行处理,VFH方法被修改为适用于密集激光扫描传感器极坐标直方图法(VPH)[47-48];在确定转向方向和速度更新之前,它将行驶方向分为受阻和未受阻。

由于单一策略反应方法产生的特定问题,接近图导航(ND)方法[49-51]首先将极坐标数据按不同的环境条件分类。每个类别都分配了一个响应式或传感器驱动的反馈方法,以实现鲁棒性一致的导航。目的是避免局部极小和不稳定的运动,有时表现为单一策略的反应方法。ND导航方法在推理中考虑了机器人的宽度。实现全局规划的分层导航[52]。ND导航是基于间隙导航的早期实例之一。其他基于间隙的方法包括[53-55]考虑机器人形状和运动学的约束[56]。

2. 速度或其他可控参量法

到目前为止,考虑的方法还没涉及飞行器的动力学。在速度空间运行的方法能够适应非完整运动学约束。例如,转向角场[57]算法不是看瞬时角度或相对于机器人的径向方向,而是评估由转向角离散的前向综合圆形路径。检查这些采样路径是否有冲突,前进速度由可行路径是否存在来调节。这种方法与分层导航系统[58]相结合。类似地,文献[59]通过考虑各种圆形轨迹并选择一个最大化平移速度、最小化到目标点的角度、满足机器人的动力学并避免碰撞至少2s的轨迹来执行局部反应性避障。后来的一种操作称为动态窗口方法(DWA)[60],从当前控制或速度的一组离散相对控制或速度变化中取样。它在2D占位网格模型上运行,能够将平面机器人几何形状纳入碰撞检查。和VFH一样,DWA也扩展到前瞻性搜索[61],最适合动态障碍物,是一种可以和全局规划或分层导航策略集成的方法[62-63]。

类似的速度空间法是曲率速度法(CVM)[64]。这种方法将避障处理为速度空间中的约束优化。这样可以同时解决速度和航向问题,并且可以轻松添加约束。这些包括机器人速度和加速度以及任何特定的应用限制(安全与速度等)。路径曲率法[65]解决了CVM的一些缺点,基于无碰撞距离和宽度选择车道,并计算局部航向来引导机器人进入车道。然后,使用CVM来产生必要的平移和旋转速度。由于开口是根据车道的宽度而不是开口的角度宽度来选择的(如在VFH),因此,由LCM生成的路径可能更安全。

3. 轨迹融合优化法

弥补响应式规划和速度空间规划之间的差距是在局部地图上的连续轨迹合成实现。在足够小的领域,当能够使用基于网格的成本图进行成本和约束评估时,它们可以实时运行。弹性带(EB)[66]规划在C-空间中生成自由路径(弹性)。这种弹性变形基于障碍物产生的外部排斥力以及内部收缩力,以实现路径长度最小化。电子束方法有处理运动约束的扩展[67]。定时弹性带(TEB)[68]增加了动态约束。TEB 也被扩展到维护和优化不同拓扑的多个候选轨迹[69]。

14.3.1 3D 环境表示

当传感器数据的主要来源是平面时,2D 环境表示就足够了[70-71],如使用声纳、固定(水平)激光扫描传感器或其他激光测距方法。密集的 3D 点源提供了检测和避免与平面传感器可能错过的障碍物碰撞的机会,如从侧面突出或从上面垂下的障碍物。因此,针对性地利用密集的 3D 传感器数据。常见的 3D 密集数据源包括飞行时间测距(ToF)相机、深度相机、激光雷达和三角扫描仪[72]。立体视觉传感器也可以通过简单地生成密集的深度或视差图来应用。

将 3D 数据与经典规划方法结合使用的一种方法是将数据向下投影到 2D 表示,并按常规运行规划[63,73],或者对平面世界信息的深度图像执行逐列最小运算[74]。一般来说,过滤点是为了只考虑机器人高度范围内的点。尽管实现和计算效率很高,但环境呈现方式却有所不同。除非机器人的横截面几何形状随高度保持不变,否则简化表示将过于保守,可以将有效的配置检测为与环境冲突。

另一种方法是维护用于规划的 3D 模型。然而,这样做有几个挑战。首先,并不是所有的局部规划方法都能以这种方式轻易地适应。例如,间隙瞄准(定向)方法[53]被明确设计成处理 1D 测量列表(如来自激光扫描)。事实上,直到最近,才明确考虑非点非完整机器人的间隙瞄准方法[56]。另一方面,基于采样的方法具有显式的轨迹评分步骤,可以修改 3D 环境表示执行碰撞检查。采用这种策略时,要对照过滤后的点云模型检查转向方向。同样,文献[76]将一组固定的样本轨迹与局部点云进行比较。空中机器人可以使用立体视觉检测给定范围内的点,并及时传播这些点,形成更丰富的模型。距离过滤测量保持点云模型足够稀疏,以便在轻量级计算平台上进行实时操作。

另一个挑战是选择环境表示。其中最简单的是体素网格(3D 笛卡儿占位网格),然而,由于维数灾难,体素网格的内存要求很高。可变分辨率结构可以显著减少使用八叉树等数据结构所需的内存量[77]。对于飞行器,可以对体积图进行高度过滤,以便进行更有效的处理[78]。与其采用高效的占用率数据结构,不如考虑具有高效查询时间的替代点云数据结构。点可以存储在排序的数据结构中,如 kd-tree,以允许更快的最近邻查询[79]。当传感器数据基数较低,局部体积受限,机器人模型为点时,这个方法非常有效。构建和维护这些数据结构会增加计算成本。

即使规划算法本身可以实时运行,更新世界表示的过程也会在感知和规划之间引入延迟。另一种方法是避免重建过程,并在较早的视觉表示中执行规划。对于使用立体相机系统的导航策略,这包括直接在视差空间中进行规划[80-82]或使用光流和立体视差的组合进行规划[83-84]。在从传感器收集密集数据后,这些方法探索感知空间中的 C – Space 轨迹采样和碰撞检查。局部路径选项被映射到图像空间中进行评估[85-86],其中目标是遵循由全局规划(如 A*)生成的路径,同时避免未建模的障碍物。感知空间方法通过减少与填充和维护内存数据结构相关的延迟来提高时间性能。

14.4 基于神经科学的导航

机器人导航算法的划分结构与也在人脑中的反映类似。尽管与工程系统不同,认知和行为神经科学家和研究人员已经通过控制实验确定了关于导航的不同处理区域和特征[87-93]。研究结果表明,导航的感知既包括以自我为中心(或以观察者为中心)的决策模型,也涉及以物为中心(或以空间为中心)的模型,有时也被称为非自我中心模型。前者对应于以人为参照系的视觉理解,后者通常对应于受关注物体的外部参照系。Marr 在描述视觉的代表性框架[94]及其计算方面时,提出了类似的计算结构差异。特别是从低级到高级,他描述了 4 个主要组成部分,如图 14.3 所示。第一个是输入图像,即与感测场景相关的原始信息。第二个是原始草图,由基本的信号处理、变形、提取几何体积图元组成图像本身(线条、区域、斑点等)。第三个是 2.5D 草图,反映了低层次的特征。信息的表示仍处于图像级别,然而,深度数据或依赖于深度的信息作为分层表示存在。分层图像包含关于场景相对于观看者的远端排序的信息。使用基于图像的数据结构在内部表示,这 3 个初始级别以观察者为中心。最后一层重建

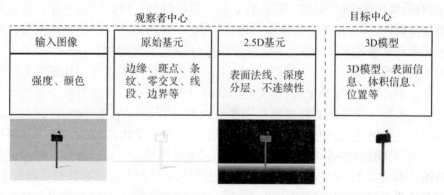

图 14.3　Marr 视觉处理的表征框架(4 个阶段中,前 3 个以观察者为中心的表示,第 4 个是以目标为中心的表示)

或生成场景内感知对象的更丰富的 3D 模型。在这个级别上,参照系或视点从观察者处移开,并移到全局参考帧或以目标为中心的参考帧。以这种方式,重建的模型独立于用户的视场,并且可以随着其响应于观察者和物体之间的相对运动而改变时,持续存在。当然,这段描述中缺少的是代理对过去场景或地点的记忆。然而,可以合理地想象,以自我为中心和以非自我为中心的存储与预测模型都是存在的[87-88]。

尽管已经发现了不同的区域和参考帧处理范例,但它们之间仍然存在耦合。研究表明,早期计算可能主要依赖自我中心模型,并受到同种中心模型的一些影响[90-91]。同样,与自我为中心导航的相关信息对于检测或估计重要的非自我中心状态或碰撞信息属性似乎很重要[87,95]。因此,在神经处理层次结构中,以自我为中心处理发生得比非自我为中心的处理更早,但可能会受到预期持续到不久的将来的早期非自我中心结果的影响。关于目标,Marr 的框架预测物体信息将主要以非自我中心方式编码。然而,由于物体的证据来源于较低层次的证据,我们应该预期到一些关于物体信息以自我为中心的表示存在。确实有证据表明,以自我为中心的表示用于确定目标位置[96]以及目标导航状态[97]。也有对在两种表征之间转换的大脑区域的支持,如从自我为中心到非自我中心的表征(例如,根据当前视图,我在这张地图上的当前位置是什么),反之亦然(例如,为了向西走,我需要左转)[98]。对老鼠的研究表明,相同的刺激会根据自我为中心或非自我为中心的特性影响不同的脑部区域[99]。

研究表明,这两种工作空间模型的表达形式都应该存在于导航系统中。特别是,在分层导航结构的所有级别中,只用工作空间为中心模型的方法可能会出现错误导航。许多导航体系都有这个特性。相反,应纳入以观察者为中心模型,在需要快速决策和从感知输入到受控响应的低延迟的组件中,按照优先级排序。此外,以目标为中心的模型应优先考虑速度较慢的模型,超出局部框架或需要外部框架来简化处理的决策和推理。此外,这两个过程以与导航决策一致的速率相耦合。

14.5 感知空间规划:自中心导航

本节主要介绍感知空间(PiPS)的局部规划[100]。相对于 Marr 的视觉框架,PiPS 工作在 2.5D 中间空间,但假定全局规划方法运行于工作环境的表达空间。本节首先介绍结构导航系统的,包括有关全局规划和局部规划如何集成的一般详细信息。随后介绍了 PiPS 的碰撞检查过程,并将用于碰撞检查的各种数据结构的时间成本与局部 3D 环境模型进行了比较。其余部分介绍了集成到分层导航系统中的 PiPS 扩展。特别是,原始的无内存 PiPS 使用内存和局部成本映射组件进行了扩充。这些增强的数据结构称为自我圆柱体和自我圆。它们分别提供执行碰撞检查和轨迹计分的方法。基于 PiPS 的集成导航系统形成了一种混合表示的导航方案,在数据基数和实时避障特性方面具有线性缩放特性。用 Gazebo 和 RViz 可实现导航模拟和可视化。

1. Move Base 导航

ROS Move Base 软件包为平面机器人的分层目标定向导航提供了 API。这个设计融合了不同的全局和局部规划。这些轨迹合成模块和几个评估系统相连接,评分系统影响局部轨迹的最终选择。

像许多其他导航框架一样,Move Base 在假设全局和局部规划表示相同的情况下运行,如基于网格。因此,评分机制基本上依赖于代价地图。

代价地图是用出行成本或其他标量值填充的 2D 网格,为每个网格单元分配成本。这些成本会告知 Move Base 的规划。成本有几个不同的来源,其中之一是占用网格。占用网格跟踪与障碍物相关联的可导航空间和不可导航空间(或占用空间)。障碍物是从传感器数据(如激光扫描或点云)添加到占用网格中的。传感器位置和检测到的障碍物之间的网格点通过光线追踪标记为未被占用。为了考虑机器人的半径,通过膨胀技术对每个被占用的单元格进行膨胀,产生一个膨胀的占据网格(如果机器人不是圆形的,通常是较小的半径)。生成的障碍物距离图需要将每个未占用单元的距离分配到最近的已占用网格单元。障碍距离图为路径代价地图的创建提供信息。全局规划有全局代价地图,涵盖了规划发生的已知空间的整个区域。如果先前的模型对全局环境是可用的,那么,它可以被初始化为全局代价图;否则,整个代价地图初始化为未知,认为可用于全局规划。此外,还有一个局部占用网格,用于跟踪以机器人为中心的局部笛卡儿网格中的占用信息,网格的方向相对于机器人的初始方向是固定的。图 14.4 描述了初始机器人方向不同于当前机器人定位和工作空间方向,因此局部地图旋转投影到世界坐标系。网格的局部性意味着从局部占用网格生成的代价地图只为以原点为中心的固定笛卡儿域定义。在尺寸上设置域尺寸与机器人的感知区域相当(如果需要,它们可以被设置得更小)。局部代价图是局部规划的关键,更新速度必须快于传感器速度,以允许实时合成新的局部路径。图 14.5 描述了与局部规划相关的关键代价图。低成本区域为红色,而高成本区域倾向于蓝色/紫色。障碍物成本会惩罚距离障碍物太近的机器人轨迹图。局部目标成本惩罚样本机器人姿态位置,其基于到局部目标点的最小行进距离。局部目标点是全局轨迹(在成本地图中标记为黑色曲线)在局部地图边界的点。基本上,它会惩罚偏离局部目标的轨迹。路径成本根据机器人姿态点到最近的全局路径点的距离来惩罚机器人姿态点。较高的成本与偏离全局路径的轨迹有关。占用网格从 $O(n)$ 到 $O(n\log n)$ 的填充时间成本不等,其中 n 是网格面积[33,101]。

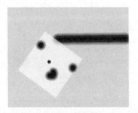

图 14.4　移动机器人导航,局部地图可视化为以机器人为中心的正方形

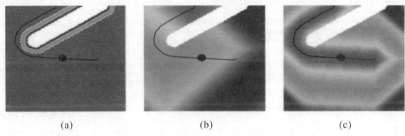

图 14.5　轨迹评分的可视化,作为在占用网格上计算的成本图
(低成本是红色,高成本是蓝色/紫色。黑色曲线是要遵循的全局路径)(见彩插)
(a)障碍代价;(b)局部目标代价;(c)路径代价。

Move Base 中的全局规划用 Dijkstra's 算法的变体来寻找从机器人的当前姿态到指定目标的路径,而局部规划生成速度命令引导机器人沿着路径行走。Move Base 提供的默认局部规划是 DWA 局部规划(DLP),调用 DWA[60]来采样速度命令。为创建轨迹正向模拟采样速度。每个轨迹都是基于所述代价函数的成本加权总和来评分的:障碍物成本、目标成本和路径成本。局部和全局规划以特定的频率工作。如果局部规划程序找不到有效的速度命令,将触发全局规划重新计划。如果局部或全局规划失败的时间超过其指定的时间限制,恢复行为会旋转机器人,以清除局部成本图中的障碍。如果所有恢复行为都已运行,并且计划程序仍然不成功,导航将中止。

2. 改进 PiPS 到 Move Base

Move Base 的主要组件如图 14.6 的数据流程图所示。未描述的是里程计或定位过程产生的机器人姿态信息,该信息需要在过去的测量中向前传播。g_{move} 表示为估计姿态的更新。传统的 DLP 实现包括蓝色块、黑色块和虚线块。我们将修改局部规划,以基于障碍物和全局路径点的远端信息的以自我为中心的世界空间为基础,并保持在 2D 或 1D 阵列中,从而在感知空间而不是世界空间中运行。这些标记为"自我 – 圆环"和"自我 – 圆柱"的红色块,对应于感知记忆关于所占空间的局部自我中心表现的感知记忆的传播。其他重要模块包括碰撞检查和路径评分,这两个都是局部规划的一部分。使用混合表示需要对现有的编码方法进行大量修改,尤其是将局部路径链接到全局路径的那些。

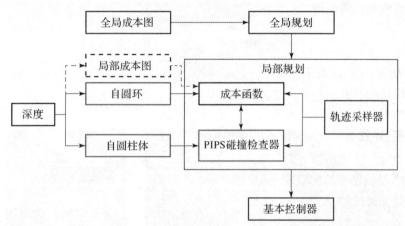

图 14.6 处理和数据流的框图(本节介绍关键组件的设计考虑事项。蓝色部分没有变化,红色部分是 PiPS 增强。虚线组件仅由传统的移动基础管线使用。"代价函数"块也针对 PiPS 进行了修改)(见彩插)

14.5.1 感知空间中的碰撞检查

PiPS 不是将局部坐标下的传感器数据映射到以环境为中心的表示中,而是将保持传感器数据在以观察者为中心的表示中。碰撞检查需要将机器人模型映射到相同的以观察者为中心的表示中,并将机器人模型的远端属性与周围环境的属性进行比较。因此,我们不是使用 2D 或 3D 世界地图来评估碰撞,而是使用 2D 图像来评估碰撞。当机器人模型映射到距离给定空间区域中的感知世界深度层更远的深度层时,就会发生碰撞。在相反的情况下,如果测试姿态的机器人几何图形映射到障碍物深度层比机器人深度层更远的图像区域,则认为测试姿是安全的。以这种方式,PiPS 将主要的碰撞检查计算从依赖感知数据到环境数据的转换来进行机器人在工作空间中的碰撞检查,切换到依赖机器人世界模型的转换来进行图像空间中的碰撞检查的传感器表示。

机器人到传感器表示的映射需要修改图形 z 缓冲渲染区。为了渲染目标模型,传统的图形方法考虑投射到图像的所有对象点,然后,在每个对象点处仅选择投影到图像最近点作为测量源。将忽略掉在该像素投射到相机的其余点。这是最近点模型。在工作空间内给定所有对象的最近网格模型,可以真实地投影到相机的投影点集合是那些外法线指向相机的网格点。对于碰撞检查,我们希望合成的不是离摄像机最近的点,而是离摄像机最远的点(法线向量指向与摄像机光轴向量一致)。

给定机器人的曲面网格模型,在虚拟世界中选择最远的点合成虚拟机器人的碰撞深度图像。设具有相关外法线的机器人点的集合$\{(q^i, \hat{n}^i)\}$是在像素r处投影到相机的那些点。然后,合成深度图像的所选点是具有指数的点:

$$i^* = \arg\max_i D(q^i) \text{ 满足于 } \begin{bmatrix} \hat{n}^i \\ 0 \end{bmatrix} \cdot q^i > 0 \wedge z > 0 \qquad (14.1)$$

其中$D: \mathbb{R}^3 \rightarrow \mathbb{R}^+$映射指向深度。点$q^{i^*}$的深度放置在像素$r$处,虚拟机器人图像中无投影的所有点都被简单地设置为0。

当出现虚拟的机器人姿态$g \in SE(3)$改变时,曲面点和法线的集合将在g下改变,导致不同的深度图像。如果传感器图像D_m的值小于虚拟机器人图像$D_H = D \circ g(\mathcal{M}^R)$的值,则该机器人姿态与现实世界中的实际物体发生碰撞,其中$\mathcal{M}^R$是机器人的网格模型(简化为一组点和外法线)。简而言之,虚拟机器人姿态是无碰撞的,如果

$$D_m(r) > D_H(r) \; \forall r \in \mathcal{I} \qquad (14.2)$$

式中:$\mathcal{I}$是图像坐标域。无碰撞、虚拟机器人姿态称为安全姿态。

图14.7描述了刚刚工作的过程。从左向右看,最上面一行是姿态测试场景的世界视图。设想真实的机器人(黑色)处于不安全的未来轨迹姿态(红色)。碰撞检查不是用更复杂的真实模型而是简化成圆柱(第二列中的红色圆柱体)操作的。在深度空间的碰撞,只有机器人的远端是重要的(第三列中的青色表面)。机器人的一部分与现实世界中的墙壁碰撞(第四列中的黄色表面)。蓝色体表示与测试机器人姿态相关联的投影圆锥体。在圆锥体内的世界点的图像深度值暗示机器人在虚拟机器人姿态下发生碰撞。在工作空间(或第三人称视角)中,PiPS不进行碰撞检查,相反,在以观察者为中心的感知空间(或从第一人称视角)中,执行碰撞检查,如第二行所示。如图14.7所示,从左到右可

图14.7 每一列都说明了PIP的概念步骤(上图从第三人称视角描绘场景,下图从机器人的第一人称视角描绘场景。从左到右:虚拟为倒卵形(红色);替换简化几何表示法(红色);找到机器人的远表面(浅蓝色);检测碰撞(黄色))(见彩插)

视化第一人称视图,最右边的一列实际上包括两个深度图像的叠加,由机器人远柱面对应的灰度深度值确定。黄色区域包含大于测量深度图像值的机器人深度值。

感知空间碰撞检测的效率如下。

文献[100]中的 PiPS 局部规划从相对于机器人当前视角保留在视场中的一组预定轨迹中采样,然后选择最长的非碰撞轨迹。它能够在嵌入式处理器上以大约 2014 年手机的计算能力进行实时操作,从而展示了良好的处理性能。它可以在当今的嵌入式片上系统处理器上实时运行,如使用最新 Arm Cortex 芯片的处理器。在这里,我们更深入地探讨了 PiPS 的计算成本。感知空间方法在碰撞检查中的价值在于,将感知数据转换为可选的世界表示会产生时间成本,这决定了局部导航策略的最小响应延迟。本节对几种世界模型数据结构和碰撞查询策略进行碰撞检查时间成本比较。选择用于比较的数据结构是深度图像(PiPS)、点云、八叉树和 k-d 树。参考图 14.6,后一种数据结构将需要用适当的冲突检查实现替换掉"PiPS 冲突检查器"块,并且将涉及对 Ego-Circle 和 Ego-Cylinder 块的替代编程。感兴趣的第一个评估指标是从新传感器输入初始化数据结构的时间成本。这个值非常重要,因为它代表了接收环境信息和能够对其采取行动之间的最小延迟。第二个评估指标是对给定的机器人姿态执行碰撞检查的时间成本。这些因素共同影响了碰撞检查单个轨迹或一组轨迹的时间成本。定时实验是在 Intel Xeon E5-2640@2.50 GHz 处理器,单线程得分为 1468,多线程得分为 9512。所有报告的时间都用于单线程碰撞检查。

所研究的数据结构需要不同的处理量来从传感器数据初始化。对于 PiPS 深度图像处理,执行的唯一操作是输入深度图像的转置,以便在碰撞检查期间进行更有效的像素比较。点云方法需要将传入的点云传感器消息转换为点云库(PCL)[102]数据结构。k-d 树和八叉树方法还需要将输入深度图像转换为点云,以填充数据结构。k-d 树实现来自点云库(PCL)[102]。八叉树的实现是八叉图[77]。一个 5cm 分辨率的八叉树是使用从八叉树地图构建包中派生的代码从点云创建的[103]。

表 14.1 列出了执行预备转换所需的时间。转换使用激光扫描深度成像、深度图像处理和图像处理包中的删除执行。来自 ROS/Gazebo 模拟环境的深度图像通过抽取节点传递到点云和激光扫描节点。自定义定时小节点记录转换所需的时间,并且一次只能为一个转换小节点启用。收集测量值,直到平均值稳定在至少两位有效数字。

表 14.1 数据准备/转换为必要输入格式的平均时间(单位:ms)

解决	640×480	320×240	160×120
深度图像到点云	2.2	0.61	0.21
深度图像到激光扫描	0.66	0.35	0.22
消亡	0.084	0.31	0.20

总体来说,深度图像抽取时间仍然低于其他转换策略。640×480 抽取方法的非零成本代表了在没有任何处理的情况下传递图像的开销。

我们还测量了从几个不同分辨率的新传感器输入填充每个数据结构所需的平均时间,并将结果报告在表 14.2 中。每帧和每姿态的计算成本是使用机器人在 ROS/Gazebo 模拟环境中漫游时捕获的 791 张深度图像的集合来计算的。还生成了代表一组轨迹的一组 200 个姿势。为了评估计算需求如何随着传感器数据的大小而扩展,每组测试都重复进行,深度图像被抽取为以下大小:640×480、640×240、320×240、320×120、160×120。所有的碰撞使用完全相同的一系列传感器数据和候选姿态来测试跳棋。碰撞检查器一个接一个地离线评估,每个检查器测试所有图像上的所有姿势。

表 14.2 从输入端初始化数据结构的平均时间(单位:ms)

解决	640×480	320×240	160×120
深度图像	0.64	0.14	0.048
点云	6.67	2.74	0.59
k-d 树	34.0	7.8	3.7
Oc 树	245	88	42.7

从表 14.2 中可以看出,当增加要处理的数据量时,数据结构的伸缩性较差。实时操作需要对输入数据进行大量抽取,从而丢失局部环境的重要结构知识。虽然抽取能够为小型计算平台实现实时处理,就像部署在重量受限的机器人(如四轴飞行器)上一样,但如果没有这些限制,它对于移动机器人来说无法很好地扩展。在全分辨率下,转换的时间成本可能会超过以典型帧速率(假定为 30Hz 左右)工作的传感器的数据到达时间。

下一个性能指标是对机器人的单个候选姿态进行碰撞检查所需的平均时间。在其他条件相同的情况下,较小的值将允许在给定的时间范围内测试更多的姿势。为了这些测试的目的,我们假设一个圆柱形机器人。深度图像碰撞检查使用14.5.1节描述的方法。点云方法简单的迭代点云中的点,检查是否有任何点位于指定的圆柱形区域内。k-d树方法首先查询树中位于包围候选机器人姿势圆柱体的球体内的任何点,然后检查这些点是否在圆柱体内。八叉树方法使用灵活的碰撞库(FCL)[104]来检查填充的八叉图和圆柱体之间的碰撞。我们测量了几个候选分辨率下碰撞检查候选机器人姿态所需的平均时间,并将结果报告在表14.3中。这个表说明了为什么一些研究人员选择使用专门的数据结构,因为他们的碰撞检查时间成本可能相当低,并且与图像分辨率相比几乎不变。一旦数据结构被填充,碰撞检查是最低的成本,与准备时间相比,实际上可以忽略不计。另一方面,PiPS深度图像方法具有更大的分辨率相关时间成本。PiPS方法的价值在于总成本。

表14.3 碰撞检查姿势的平均时间(单位:μs)

解决	640×480	320×240	160×120
深度图像	55	31.6	19.6
点云	882	450	118
k-d树	8.9	7.4	6.9
Oc树	11.4	11.6	11.6

表格中的结果表明,使用深度图像方法可以显著节省时间,只要测试的碰撞数量可以保持足够低。虽然深度图像方法的每次碰撞检查时间不如k-d树的时间短,但深度图像数据结构的初始化时间远低于k-d树。例如,使用640×480传感器数据,深度图像方法可以初始化其数据结构,然后在k-d树刚刚初始化的时间内执行600多次冲突检查。图14.8中的图表比较了不同方法中初始化数据结构和执行给定数量的冲突检查的总时间。两个轴都有对数间距。k-d树和八叉树方法的价值在于不到100次碰撞检查的接近平坦的曲线,以及之后相对较低的斜率。相比之下,PiPS深度图像方法具有基本上线性的曲线,就像点云方法一样,尽管基础成本有所提高。当碰撞检查的预期数量相对较低时,深度图像方法明显更快。识别深度图像曲线在比较策略中的交叉位置指示应执行多少碰撞检查以实现相等的计算时间。类似的发现应该适用于不同几何形状的机器人,但是斜率可能不同。

重要的是,在实际部署过程中,机器人不会在每一帧都评估新的轨迹。相反,这个过程的第一步是测试当前局部路径的可行性。如果可行,则导航系统继续沿着局部路径行驶。当沿着当前局部路径检测到障碍物或者机器人接近给定路径的终点时,就会发生新的路径采样、评分和测试。评估碰撞检查当前

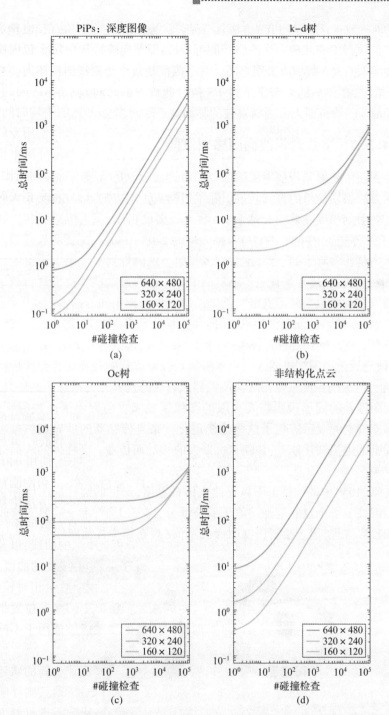

图14.8 传感器输入初始化数据结构和执行 N 次碰撞检查的总时间的半对数图

(a)深度图像；(b)k-d树；(c)Oc树；(d)非结构化点云。

路径的时间成本,很明显 PiPS 方法具有显著优势,因为它可以在任何其他方法初始化之前执行检查并确定当前路径的可行性,即使比较是在全分辨率 PiPS 实现和替代实现的大多数抽取级别之间。对于当前轨迹中要测试的机器人姿态数为 100 的情况,在评估的分辨率下,PiPS 执行此检查的时间成本为 6.2ms、3.6ms 和 1.3ms。随着机器人沿当前轨迹的移动这个时间将会减少。

14.5.2 增强意识的椭圆感知空间

尽管使用映射到当前感测图像域的轨迹通过 PiPS 导航是无冲突的[100],但公开的方法采用简单的直线轨迹。除了机器人正前方的地面空间,采样轨迹将机器人映射到深度图像中。然而,与激光扫描仪相比,视觉传感器的视野有限(通常在水平方向的 60°~90°与水平方向的 270°~330°),因此将轨迹限制在视野范围内是非常有限的。DWA 和许多其他当地的规划采样了更丰富的轨迹空间,其中一些轨迹离开了视觉传感器的 FOV。不考虑这些轨迹段进行轨迹评分或碰撞检查会导致导航不安全。就像局部成本图累积和传播占用点一样,局部 IPS 模块需要足够的能力来累积、传播和保留位于当前 FOV 之外的先前看到的感知信息。这将使用圆柱形图像空间[105]来完成,这是另一个 2.5D 图像空间表示,其理论域范围围绕机器人。由于摄像机投影方程的性质要求摄像机帧中的 z 值为正,传统的深度图像无法保留机器人背后的世界几何信息。此外,传统针孔模型中涉及的同形投影需要无限的图像区域来将前向半平面映射到图像。圆柱形感知空间表示避免了这些建模退化。来自传感器的世界点被投影到机器人周围的虚拟圆柱体上,并随着机器人的移动而传播。圆柱体的表面被离散成 2D 网格。

文献[105]中的圆柱形图像存储立体视差值,这里的圆柱形图像存储对应于虚拟圆柱上每个点的范围。关于前一部分,14.5.1 节,唯一需要的修改是图像域和投影方程,用于绘制深度图像测量值(现在作为柱面图像)。图 14.9 的

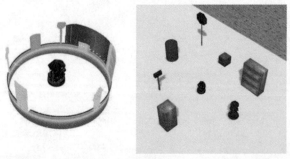

图 14.9 Gazebo/RViz 虚拟圆柱体(左)及其所代表环境的可视化
(从近到远映射的范围颜色从红色到蓝色/紫色)(见彩插)

左侧可视化了自我圆柱(图像或感知)表示。颜色编码表示世界点距离传感器光学原点的距离。右侧提供了场景的第三人称视图,使用 ROS/Gazebo 进行模拟。在这种情况下,模拟传感器的正面视野为 60°。

当传感器是深度传感器时,像素深度数据基于从该像素投射出的光线。将深度值映射到范围值需要考虑光线信息。使用具有单位 z 坐标的均匀图像射线表示,柱面范围为

$$\rho = D_{\mathrm{m}}(r_{\mathrm{im}}) \left\| \begin{bmatrix} x_{\mathrm{ray}}(r_{\mathrm{im}}) \\ y_{\mathrm{ray}}(r_{\mathrm{im}}) \\ 1 \end{bmatrix} \right\| = D_{\mathrm{m}}(r_{\mathrm{im}}) \rho_{\mathrm{ray}}(r_{\mathrm{im}}) \tag{14.3}$$

式中:$(x_{\mathrm{ray}}, y_{\mathrm{ray}})$ 是从图像像素坐标 r_{im} 获得的重要射线坐标;ρ_{ray} 是作为向量处理时射线的相应长度。为了提高效率,函数值 $\rho_{\mathrm{ray}} : \mathcal{I} \mapsto \mathbb{R}^+$ 应预先计算并存储在尺寸与深度图像相同的图像中,以便直接查找。注意:相机通常是 z 坐标指向光轴,x 坐标水平,y 坐标向下。

深度值到柱面坐标的映射包括计算角度坐标 θ 和高度值 z_{cyl},如下所示:

$$\begin{aligned} \theta &= \mathrm{Arg}(x_{\mathrm{ray}}(r_{\mathrm{im}}) + j) = \theta_{\mathrm{im}}(r_{\mathrm{im}}) \\ z_{\mathrm{cyl}} &= D_{\mathrm{m}}(r_{\mathrm{im}}) y_{\mathrm{ray}}(r_{\mathrm{im}}) \end{aligned} \tag{14.4}$$

式中:常数虚项 j 是由于射线表示中的单位 z 坐标。如上所述,为了计算效率,$\theta_{\mathrm{im}} : \mathcal{I} \mapsto \mathbb{R}$ 和 $y_{\mathrm{im}} : \mathcal{I} \mapsto \mathbb{R}$ 函数应在图像域上预计算。如果传感器是距离传感器,光线将具有单位长度,而不是单位 z 坐标。需要对上述方程进行适当的修改。

这些点然后被映射到电子柱图像坐标 $r_{\mathrm{cyl}} \in \mathcal{I}_{\mathrm{cyl}}$,使用均匀电子柱投影矩阵 $\boldsymbol{K}_{\mathrm{cyl}}$,即

$$\boldsymbol{r}_{\mathrm{cyl}} = \boldsymbol{K}_{\mathrm{cyl}} \begin{bmatrix} \theta \\ z_{\mathrm{cyl}} \\ 1 \end{bmatrix}, \boldsymbol{K}_{\mathrm{cyl}} = \begin{bmatrix} f_{\mathrm{h}} & 0 & h_{\mathrm{c}} \\ 0 & f_{\mathrm{v}} & v_{\mathrm{c}} \end{bmatrix} \tag{14.5}$$

对于 $f_{\mathrm{h}} = f_{\mathrm{v}} = \cot(2\pi/n_{\mathrm{cols}})$,$h_{\mathrm{c}} = n_{\mathrm{cols}}/2$,$v_{\mathrm{c}} = n_{\mathrm{rows}}/2$,其中 $n_{\mathrm{rows}} \times n_{\mathrm{cols}}$ 是圆柱形图像的尺寸(注意:如果域向上或向下偏置,v_{c} 可以移动)。为了确定要将点映射到的适当箱子,应将十进制坐标 r_{cyl} 离散为整数。点的笛卡儿坐标存储在离散坐标位置包含的 $\mathcal{B} = \mathcal{B}_{\mathrm{ego}}(r_{\mathrm{cyl}})$ 中 $\lfloor r_{\mathrm{cyl}} \rfloor$,其中 $\mathcal{B}_{\mathrm{ego}}$ 包含由离散坐标位置索引的圆柱形地图表示中的所有面元。

用柱面表示生成距离图,计算每个面元中的点的距离就足够了。为了方便记忆,我们写成

$$D_{\mathrm{m}}(r_{\mathrm{cyl}}) = \rho(\mathcal{B}_{\mathrm{ego}}(r_{\mathrm{cyl}})) \tag{14.6}$$

然后,其呈现存储在存储器中的所有点的柱面范围图像。当用最近感测到的深度或距离信息更新柱面表示时,新数据会覆盖存储的数据。

合成一个虚拟的圆柱形图像使用的是圆柱形投影方程,而不是标准的针孔

投影方程。碰撞检查涉及14.5.1节中描述的相同概念程序,但使用圆柱范围值而不是深度值。用柱面图像进行碰撞检查的时间成本接近传统深度图像,因此柱面碰撞时间成本曲线类似于图14.8中的曲线。

自我圆柱传播如下。

存储点的传播包括在运动引起的姿态变化 $g_{\text{move}} \in SE(2) \subset SE(3)$ 下将它们从一个时间点变换到下一个时间点,其中 g_{move} 给出了机器人旧姿态相对于机器人新姿态的坐标框架。定义圆柱坐标向量 $\boldsymbol{p}_{\text{cyl}} = (\rho, \theta, z_{\text{cyl}})^{\text{T}}$ 和笛卡儿坐标向量 $\boldsymbol{p} = (x, y, z)^{\text{T}}$,考虑从圆柱坐标到笛卡儿坐标 $\boldsymbol{T}_{\text{e2c}}$ 的映射,反之亦然 $\boldsymbol{T}_{\text{c2e}}$,即

$$\boldsymbol{p} = \boldsymbol{T}_{\text{e2c}}(\boldsymbol{p}_{\text{cyl}}) = \begin{bmatrix} \rho\cos(\theta) \\ \rho\sin(\theta) \\ z_{\text{cyl}} \end{bmatrix} \quad \text{和} \quad \boldsymbol{p}_{\text{cyl}} = \boldsymbol{T}_{\text{c2e}}(\boldsymbol{p}) = \begin{bmatrix} \sqrt{x^2 + z^2} \\ \text{Arg}(x + jz) \\ y \end{bmatrix} \quad (14.7)$$

两者都是参照观察者/摄像机框架。存储点 $\boldsymbol{p}'_{\text{cyl}}$ 的新圆柱坐标 $\boldsymbol{p}_{\text{cyl}}$ 为

$$\boldsymbol{p}'_{\text{cyl}} = \boldsymbol{T}_{\text{c2e}} \circ g_{\text{move}} \circ \boldsymbol{T}_{\text{e2c}}(\boldsymbol{p}_{\text{cyl}}) \quad (14.8)$$

识别该点应移动到的新面元包括将投影矩阵 $\boldsymbol{K}_{\text{cyl}}$ 去应用于 $\boldsymbol{p}_{\text{cyl}}$ 映射到齐次形式的最后两个坐标,然后离散化结果坐标输出。如果多个点映射到同一个面元,则只保留范围最小的点。为了加快计算速度,我们的实现只跟踪 p,用 $\boldsymbol{p}_{\text{cyl}}$ 以确定 p 存储在哪个面元中。

利用传播的和深度图像更新的柱面数据,柱面距离图像的合成包含关于局部环境的历史知识,从而减轻深度图像的FOV问题。在执行急转弯和绕过障碍物时,自我圆柱体图像增强了碰撞检测和无碰撞导航能力。图14.10描述了一个场景,其中移动机器人靠近路标,路标在视野之外,正如深度相机图像中缺少路标所指出的。然而,圆柱形数据结构不包含点。这是图14.10(c)中机器人附近的蓝色小点云。该点云是根据圆柱形数据(使用 $\boldsymbol{T}_{\text{e2c}}$)生成的。不能保证圆柱形表示是正确的,因为从未见过的世界几何不存在于模型中,也不会传播。

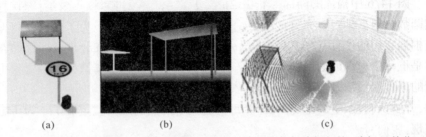

(a) (b) (c)

图14.10 以外障碍物场景的可视化(机器人需要右转以避免与路标相撞,路标目前位于深度传感器的FOV之外。因为路标以前对深度传感器是可见的,并且在自我圆柱中,所以可以避免)

(a)Gazebo模型;(b)深度相机;(c)自我圆柱点。

因此,可以得出结论,一个轨迹是安全的,尽管它可能不是。向前导航的移动机器人通常在全局轨迹的开始会表现出这个问题,而在随后的时间里,由于向前行进将把看到的世界传播到圆柱形图像的未看到的部分,这个问题就不那么严重了。主要的危险在于执行高角度转弯进入未设定的世界区域时。全局路径和局部规划评分函数的作用是通过优先考虑更安全的轨迹来防止这些情况发生。

14.5.3　圆形表示和轨迹评分

基于当前和先前的感知空间测量(如深度、范围或差异),柱面感知空间表示提供了一种有效的查看中心方式来进行碰撞检查。然而,为了碰撞评估的目的,对轨迹进行评分并不是一种有效的方法。PiPS 碰撞检查成本相对较高的斜率意味着只有一小部分轨迹需要进行碰撞检查测试。因此,在基于样本的方法中采样的典型的大轨迹集应该被评估。此外,PiPS 方法只能给出安全或不安全的指示。它不能根据接近障碍物或其他相关几何或目标信息进行评分。在传统的局部规划中,基于传感器的障碍物几何结构转换为占用网格是因为距离或空间很容易改变可以生成邻近信息(尽管如果占用网格是 3D 的,会有很大的时间成本)。距离信息对于采样轨迹的评分和排序至关重要。

对快速轨迹计分,需要更紧凑和高效地表示局部碰撞空间。为此,我们用了一个被认为是一个展平的自我圆柱图像模型的 1D 空间或激光扫描仪类型的空间自我圆形;真实的计算会有所不同,但概念上的想法是正确的。圆形是一个以自我为中心的极坐标障碍数据结构,让人想起基于极坐标的方法中使用的数据结构[44-45,47-48]。其目的是填充、传播和存储相对于障碍物接近度、目标点接近度和全局路径跟踪近似且有效地对候选轨迹进行评分所必需的局部环境历程。根据这些分数进行采样轨迹的排序。

图 14.6 中描述的局部规划块,从最初对一组丰富的轨迹进行采样,使用自我圆数据根据预定标准对它们进行评分,然后使用自我圆形表示和 PiPS 碰撞检查根据它们的评分等级对它们进行碰撞检查。通过碰撞检查模块的第一个样本是下一个局部计划周期要遵循的轨迹。因为碰撞检查是使用自我圆表示进行的,所以自我圆评分不需要是严格或保守的评分方法。相反,它可以是自由的,并承认碰撞诱导轨迹。它的设计旨在提供高效的评分、数据存储和传播实现。

圆形测量、存储和传播如下。

由于圆形表示将 3D 信息压缩为 2D 信息(角度和范围),因此,圆形测量模块的数据格式与激光扫描兼容。激光扫描信息填充到圆形数据结构中,其内容随着机器人的移动而传播和更新。类似于激光扫描仪,圆形将角度空间平均划

分为 n_{cir} 小格子或小桶,每个单元包含一个属于该单元角度范围的 2D 点列表。从存储的数据生成圆形映射需要对所有圆形存储体分别执行一个最小操作。为了快速记忆,我们写为

$$L_m(r_{cir}) = \min(\rho(\mathcal{L}_{ego}(r_{cir}))) \tag{14.9}$$

式中:r_{cir} 是进入圆形结构的坐标索引;$\mathcal{L}_{ego}$ 是桶的集合。上述过程从存储在存储器中的所有点渲染 1D 测量"图像"L_m。它相当于一个角度分辨率为 $n_{circ}/(2\pi)$ 的 360°激光扫描传感器读数。

按照 14.5.2 节,存储点的传播包括在运动引起的姿态变化 $g_{move} \in SE(2)$ 下将它们从一个时间点变换到下一个时间点,其中 g_{move} 给出了旧机器人姿态相对于新机器人姿态的坐标框架。定义自我圆坐标向量 $\boldsymbol{p}_{cir} = (\rho,\theta)^T$ 和笛卡儿坐标向量 $\boldsymbol{p} = (x,y)^T$。考虑从自我圆坐标到平面笛卡儿坐标 $\boldsymbol{T}_{l2p}$ 的映射,反之亦然 $\boldsymbol{T}_{p2l}$,即

$$\boldsymbol{p} = \boldsymbol{T}_{l2p}(\boldsymbol{p}_{cir}) = \begin{bmatrix} \rho\cos\theta \\ \rho\sin\theta \end{bmatrix} \quad \text{和} \quad \boldsymbol{p}_{circ} = \boldsymbol{T}_{p2l}(\boldsymbol{p}) = \begin{bmatrix} \sqrt{x^2+y^2} \\ \arg(x+jy) \end{bmatrix} \tag{14.10}$$

两者都参考建模为 SE(2) 帧的观众/摄像机帧。新的存储点 $\boldsymbol{p}'_{cir}$ 的新自我圆柱坐标 $\boldsymbol{p}_{cir}$ 为

$$\boldsymbol{p}'_{cir} = \boldsymbol{T}_{l2p} \circ g_{move} \circ \boldsymbol{T}_{p2l}(\boldsymbol{p}_{cir}) \tag{14.11}$$

识别该点应该移动到的新桶涉及根据自我圆的角度分辨率划分角度值。为了加快计算速度,我们的实现使用笛卡儿坐标存储点,并跟踪每个单元的最小范围。一旦点位于与局部自我圆映射相关联的半径 ρ_{max} 之外,就将其移除。当结合来自最新深度图像的新测量值时,基于距离的清除会对存储的自我圆数据进行。

这种设计允许自我圆在每个方向上跟踪多个点,并在每个方向上快速返回到最近的障碍物的距离。利用传播和深度图像更新的圆形数据,根据等式合成 1D 距离图像。式(14.9)包含关于当地环境的历史知识。图 14.11 描述了一个模拟的海龟移动机器人的导航场景。

机器人相对于最下面一排的俯视图向上移动,向右转,然后向右前进。圆形生成的测量结果的可视化显示在最上面一行(但坐标系方向与世界大致匹配)。红线描绘了移动机器人的 FOV。机器人感应到的历史数据包含在 FOV 外的圆形测量中。注意:在最右边的圆形测量中,墙的上表面的一部分(机器人的正下方和左侧)不存在于自我圆数据结构中。当机器人向右转弯时,FOV 限制意味着这一小部分障碍永远不会被感知,因此会丢失数据。通过在平面空间中保持一个局部的近似成本图,自我圆提供了一种快速给候选机器人轨迹打分的方法。以下小节描述了评估的不同代价函数以及对候选轨迹总分的贡献。

第 14 章 基于 3D 传感的自中心实时导航

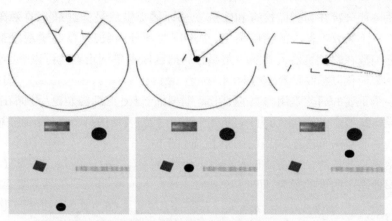

图 14.11 基于存储数据的自我循环测量预测的可视化(最上面一行描述了自我圆测量,其中只绘制了激光扫描仪可见的点(遮挡点不可见)。原点与相机原点相对应,但自我圆测量的方向已被调整为与底部行的全局俯视图大致对齐。红线是 FOV 极限)(见彩插)

14.5.3.1 圆形轨迹的代价函数

圆形表示的目的是取代 DLP 和许多其他非感知空间方法所使用的基于网格的代价函数。图 14.12 描述了一个导航场景,其中包含全局轨迹(绿色)、实际导航轨迹(红色)和候选未来轨迹(黄色)。应该对该候选轨迹进行评分,以便识别相对于遵循所建立的轨迹和避免约束的适当适合度碰撞。局部圆形地图仅包含在所描绘的半径内的世界感知信息。它根据信息(蓝色)生成一个局部环形范围扫描,用于计算一些轨迹成本。功能移动基础实现所需的特定代价包括障碍代价函数、达到目标代价函数和路径比较代价函数。这些代价在图 14.5 中根据局部占用网格进行了描述。下面将给出这些代价的描述和类似的圆形轨迹实现表示。

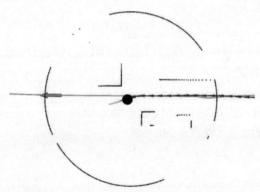

图 14.12 全局路径(绿色)、局部路径(黄色)、局部目标(橙色箭头)和里程计(红色箭头)的局部自我循环表示(机器人向左移动)(见彩插)

轨迹评分旨在为碰撞检查和轨迹安全评估提供从最佳到最差的采样轨迹排序。它不需要机器人的精确模型，也不需要评分函数，只要模型近似正确并且评分函数在移动机器人周围的大部分局部区域上单调正确就可以。因此，进行了一些简化以提高计算运行时间。

一个重要的简化是用膨胀的圆形范围扫描，以便将机器人视为某些任务的一个点。从概念上讲，半径为 r_{ins} 的圆放置在由 L_m 表示的每个点的位置，并且基于这些膨胀点的范围生成新的圆形扫描（图 14.13）。机器人的内切半径用于确保结果是开放的。这需要首先在给定姿势 $\boldsymbol{p}_s = (\rho_s, \theta_s)^T$ 的指定距离 d_s 内找到圆形地图中的点的子集，即

$$\beta(p_s, d_s) = \{p_b \in L_m \mid (\theta_s - \theta_d) \leq \theta_b \leq (\theta_s + \theta_d)\} \tag{14.12}$$

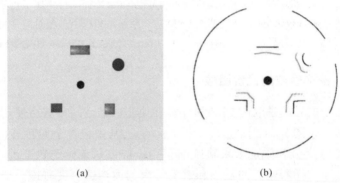

图 14.13　显示模拟环境的俯视图（左）和圆形表示（右）。原始的圆形显示为黑色，而膨胀的圆形显示为青色（模拟环境，原始和膨胀的圆形）（见彩插）

其中

$$\theta_d = d_s / \rho_s$$

让 $T_{m2p}(L, i)$ 将圆形范围扫描 L 的第 I 个元素映射到圆形坐标。膨胀的自我循环可以表达如下：

$$L_{infl}(i) = \min_{j \in B(i)} L_m(j) - r_{ins}$$
$$B(i) = \{j \in n_{circ} \mid T_{m2p}(L_m, i) \in \beta(T_{m2p}(L_m, j), r_{ins})\} \tag{14.13}$$

1）障碍代价函数

障碍代价函数反映了接近障碍的出行成本。轨迹的障碍是轨迹中姿态的障碍代价函数。查询点 p 的障碍代价是到最近障碍点的距离的函数，表示为 $d_{min}(p)$。障碍代价 c_{obs} 可以表示为

$$c_{obs}(p) = c_{obs} \circ d_{min}(p)$$
$$= \begin{cases} -1, & d < r_{ins} \\ \bar{c}_{obs} \exp^{-\omega(d - r_{ins})}, & r_{ins} \leq d < r_{max} \\ 0, & 其他 \end{cases} \tag{14.14}$$

式中：$d = d_{\min}(p)$，$\bar{c}_{obs}$是一个预定的常数代价；r_{ins}和r_{max}的值分别代表最近的允许距离和障碍物无代价距离。障碍代价 -1 意味着一个姿势肯定会碰撞。根据机器人的几何形状（如果它是细长的或不是圆形的），碰撞可能会产生非致命的障碍代价。如果轨迹中的任何姿态发生碰撞，就指定 -1 为轨迹的致命代价；否则，指定轨迹为轨迹中最后一个姿态的障碍代价。

基于标准代价图的障碍代价函数用距离地图来实现$d_{\min}$。计算距离图，使得每个像元包含到占用网格中最近的被占用像元的欧几里得距离。圆形表达不允许这样的计算，因为它是基于边界的3D空间极坐标模型（它不根据离散化的面积或体积来测量空间）。相反，$d_{\min}$是在查询姿势和圆形的局部子集之间强力计算，如下所示：

$$d_{\min}(p) = \min_{b \in B} \text{dist}_p(p, b) \quad (14.15)$$

式中：$B = \beta(p, r_{\max})$；dist_p使用余弦定律返回极点p和b之间的距离。

为了理解这种基于距离的代价函数，最好检查图14.14中成局部图图像的第一列。红色区域对应于0值，因为这些位置远离障碍物，这是图像中的黑色区域。随着从查询位置到最近的障碍点下降到区间$[r_{ins}, r_{max}]$内。黑色障碍物区域将给出 -1 值。这些应该是非常大或无限大代价，但是移动基础实现会检查并拒绝得分为负的轨迹。图14.14（a）是基于网格的代价图，而图14.14（d）是使用等式评估的圆形代价图。式(14.14)在与代价地图相同的网格上，其中2D网格中的每个点都被转换为极坐标表示。这两个函数在被占用区域之外具有相似的分数。每个测试姿势的圆形实现的成对计算是二次的，但是基于两个

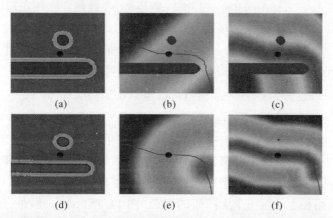

图14.14 轨迹评分的可视化，作为在占用网格（顶行）和从圆形（底行）计算的代价图（网格点被转换为极坐标表示，并根据描述的评分函数进行评分。低代价是红色，高代价是蓝色/紫色。接近障碍物的致命点在占领格子中为黑色，在圆形中为紫色。棕色曲线是全局应该遵循的路径）（见彩插）

(a)、(d)障碍代价；(b)、(e)局部目标代价；(c)、(f)路径代价。

低基数点集。基于网格的距离计算方案在局部占用网格区域[101]中是线性的,因此,它在时间成本上也是二次的,但是具有更大的基值。一旦计算出来,基于网格的轨迹代价在测试的每个机器人姿态下都是恒定的。与碰撞检查一样,感知空间方法的数据准备时间成本接近零,但每个姿势的评分时间具有很高的斜率。以世界为中心的模型有一个不可忽略的时间成本来构建评分地图,每个姿势有一个小的恒定成本来评分。感知空间方法将比基于网格的方法更快,直到足够多的姿态被采样。要评分的姿势数量与要评分的轨迹数量成线性增长。

2) 目标点代价函数

代价目的是奖励终点接近局部目标点的候选轨迹。在基于网格的评分策略中,局部目标被选为退出局部代价图的全局路径上的第一个姿势。到达目标代价的距离图在障碍物周围扭曲,如果占用图是正确的,则反映真实的到达代价(图14.14(b))。在圆形表示下,会出现两个缺陷:①当评估点 $p_{cir,i}$ 和局部目标 p_{loc}^* 之间存在障碍时的成本-收益比计算;②当机器人的摄像机(位于原点)和局部目标之间存在障碍物时,无法确定真正的行驶成本。对于第一种情况,我们简单地计算了物质,尽管没有障碍物。我们通过选择局部目标作为位于圆形的全局路径上的最后一个无障碍姿势来避免第二种情况。通过使用扩展的圆圈标记,姿势被分类为障碍或无障碍 $r_{inflated}$。

定义集合 J 如下:

$$J = \{j \in N \mid g_j^* = g^*(t_j), t_j \in \mathbb{R}^+\} \quad (14.16)$$

式中:$g^*(t)$ 是全局路径,t_j 指数进入其中以创建一组全局路径航路点。

如果 $\rho_{loc} < r_{inflated}(\text{Angle}(p_{loc}))$ 相关,则姿势 ρ_{loc} 通畅。充气点后面小于 $2*r_{ins}$ 的姿态肯定会发生碰撞,但后面更远的姿态可能会被遮挡。因此,我们将每个姿势分为安全、碰撞或遮挡。如果 g^*t_j 是安全的,并且 g^*t_{j+1} 发生冲突,则全局路径会导致冲突,并触发重新计划;否则,局部目标选择如下:

$$p_{loc}^* = g^*(t_j) \max_{j \in J} j \mid \text{dist}(g_{robot}, g^*(t_j)) < \rho_{circ}$$

$$L_m \circ L_{infl}(\text{Angle}(g_{robot}^{-1} g^*(t_j))) > \text{dist}(g_{robot}, g^*(t_j)) \quad (14.17)$$

式中:g^* 是全局路径;g_{robot} 是机器人在世界框架中的 SE(2) 姿态。

图14.15 总结了确定局部目标的不同方法。如果没有遮挡障碍物,局部目标是位于外圆半径内的全局路径上的最后一个姿态(图14.15(a));否则,局部目标是全局路径上最后一个无障碍的姿态(图14.15(b))。但是,如果全局路径肯定冲突(图14.15(c)),局部规划就会中止,全局重新规划就会发生。

这个代价函数适用于与当前机器人姿态相关联的星形自由空间区域和局部环境,如 L_m 所捕捉的。它利用光线可见性,从机器人位置(圆形的原点)到目标点,开始计分。

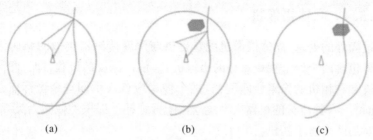

图 14.15 目标代价函数局部目标的选择

(a)无障碍物;(b)遮挡障碍物;(c)全局路径碰撞。

图 14.14 的第二列给出了基于网格的方法(上图)和提议的启发式方法(下图)的目标代价函数的可视化。网格点值将是与该点相关联的分数 $p_{\text{cir},i}$,如果它位于这些网格点。注意:两种方法的目标点 p^* 的位置不同。重要的特征是,所提出的启发式算法近似匹配等价占用网格成本的目标成本的单调增加(见图 14.5(b)与图 14.5(e)对比)。成本水平集形状的差异是由于使用曼哈顿距离而不是欧几里得距离的基于网格的方法。

3)路径代价函数

除了达到目标的代价之外,还有另一个与全局路径相关的代价。这个将样本轨迹的终点与全局路径进行评分,以确定它离所述路径上的一个点有多远。再次依赖于由极坐标自圆估计 L_m 描述的自由空间区域的星形属性,全局路径上被圆上的点遮挡的任何点都认为不可以从候选轨迹的终点到达。如式(14.16)定义的索引集 J,全局路径上可见点的局部集合是子集:

$$J_{\text{local}} = \{ j \in J \mid \text{dist}(g_{\text{robot}}, g^*(t_j)) < \rho_{\text{circ}}$$
$$L_m \circ r_{\text{inflated}}(\text{Angle}(g_{\text{robot}}^{-1} g^*(t_j))) > \text{dist}(g_{\text{robot}}, g^*(t_j))\} \quad (14.18)$$

式中:g_{robot} 是机器人在工作空间框架中的 SE(2)姿态。这个集合由圆形域内无障碍全局路径姿态的索引组成。在目标代价函数中评估姿势障碍。路径代价为

$$C_{\text{path}}(p, J_{\text{local}}) = \min_{j \in J_{\text{local}}} \text{dist}(p, \text{Pos}(g_{\text{robot}}^{-1} g^*(t_j))) \quad (14.19)$$

式中:Pos(g)获取 SE(2)元素 g 的平移坐标,用余弦定律计算上式中的距离,使用点位置的极坐标表示来生成距离。代价成本基本上是由 $\text{Pos}(g_{\text{robot}}^{-1} g^*(t_j))$ 从给定的机器人框架中由 P 给出的从目标到终点直线路径长度。障碍物遮挡的全局路径航路点不计入成本。图 14.14 的第三列描述了传统的基于网格的路径代价(上图)和启发式的极坐标路径代价(下图)。对于后者,被障碍物遮挡和缺乏视线的区域具有基于最近可见路径点的代价。与前面的代价比较一样,自由空间区域中的两个参数之间的总体趋势是匹配的,由于所使用的距离度量不同,级别合集再次具有不同的形状。

14.5.4 立体摄像机

通过额外的处理,立体摄像机配置提供与深度传感器类似的结构信息(多摄像机组包含两个以上视场重叠的摄像机)。估计深度的过程,即三角测量,需要左相机和右相机的像素相匹配(这两个像素应该表示同一个坐标点,通常在物体表面)。一种流行的机器人系统立体配置弥补了提供类似于人类双目视觉的图像对的两个水平相机(图14.16)。

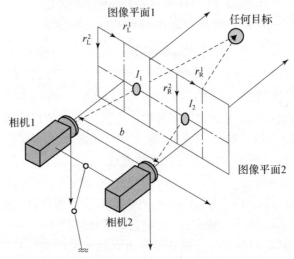

图14.16 立体相机模型[106](两个图像的坐标(r_L^1, r_L^2)和(r_R^1, r_R^2))

在平行立体配置中,核线是图像平面中的水平线(如图中的点划线)。对于左图像中的每个像素,右图像中的对应像素在核线上。将搜索限制在核线附近限制了像素匹配搜索空间,以实现更有效的立体匹配。可以首先应用图像校正,将它们转换成一个公共图像平面,这样就可以使图像水平。校正时,匹配像素在左右校正图像之间水平位移。视差测量像素水平距离,通常在r^1坐标中,在左图(L)和右图(R)的两个对应点之间,$\delta = r_L^1 - r_R^1$。深度值z是视差和相机模型参数的函数,即

$$z = \frac{bf^1}{\delta} \tag{14.20}$$

式中:b是表示两个相机中心之间距离的基线;f^1是水平坐标的焦距;δ是视差。

根据立体匹配算法的分类[107],方法分为局部方法和全局方法。传统的块匹配算法是局部方法之一。这个算法首先在左图像的像素周围提取一个小块,并在右图像中按照候选距离值(在预定义的视差范围内)沿核线水平移动该小块。估计的视差是最小化左图像中的补片和右图像中的移位补片区域之间的

差异的视差。这种差异可以用代价函数来表示。传统的代价是平方差之和(固态硬盘),即

$$\sum_{(\zeta^1,\zeta^2)\in\mathcal{N}(r^1,r^2)} (I_1(\zeta^1,\zeta^2) - I_2(\zeta^1+\delta,\zeta^2))^2 \qquad (14.21)$$

式中:$I_1(\zeta^1,\zeta^2)$是左图像中的像素值;$I_2(\zeta^1+\delta,\zeta^2)$是右图像中的像素值。为优化匹配,可选择几种代价函数,如归一化互相关、绝对差和、绝对差均值等[107]。Hirschmuller[108]还引入了集成了局部像素匹配和全局平滑度约束半全局块匹配算法。这种方法在处理各种光照、遮挡和低纹理表面时有更好的性能。此外,为了降低计算复杂度并获得更平滑的视差,集成了一些优化和细化技术[107]。实时视差估计实现基于专门的硬件方法,如通过板载FPGA[109,110]或图形处理单元[111]。在估计了视差图像后,使用式(14.20)生成深度图像是即时的,可以在PiPS局部规划程序中使用。虽然文献[105]采用视差空间进行导航,但我们主张将其转换为深度空间,因为等效笛卡儿点表示的计算在圆柱形和圆形表示中传播点更有效(并且更容易写成一组操作)。

14.6 基准导航方法

为了帮助评估和比较导航框架和策略,本节介绍了一组基于ROS/Gazebo的环境和相关的生成可重复导航的起点/终点合成方法的场景。虽然最好在现实场景中部署,但这样做无疑是困难,因为需要机器人导航系统的其他组件完美工作,创建和维护环境的设施和不动产成本,缺乏配置灵活性[112]。此外,其他研究人员在这些实际环境中进行更一般的评估是困难的。ROS/Gazebo的价值在于,在不同的世界中可进行高度可重复的实验。同样的实验可以由任何能够访问配置ROS/Gazebo的系统以及我们公开可用的基准世界和测试配置的人都可以进行相同的实验[113]。此外,在开发原始局部PiPS算法[100]的经验中我们发现,在设计良好的Gazebo世界中部署与在实际办公环境中部署在性能上几乎没有区别。

基准场景的测试协议包括使用多个点对点导航实例的蒙特卡罗运行,这些实例生成用于比较的统计结果模型。重要指标包括完成率、路径长度和行驶时间。虽然Gazebo模拟不是完全确定的,但结果应该足够接近,最终的Monte Carlo统计数据的变化较小(即实验间的差异很小)。

14.6.1 场景综合

由于导航是移动机器人的通用功能,因此机器人可能部署的环境在规模、结构和障碍物密度方面会有所不同。所提出的基准由几个模拟环境的合成世

界,这些模拟环境是在大学校园中观察到的。这些合成场景称为区段场景、校园场景和办公场景。

(1)区段场景(图14.17(a))。区段场景由一个大房间组成,中间由一堵从左到右的墙部分隔开。它旨在代表基本上大的开放区域,点缀着各种各样的障碍物。缺乏已知障碍物意味着全局规划器将生成从起始姿势到目标姿势的简单分段线路径。

(2)校园场景(图14.17(b))。校园场景主要是模拟大学校园的户外自由空间,其中相邻的结构和景观使人们按照特定的路径行走。因此,这由几个相对较大的开阔区域组成,这些区域由较窄的走廊连接。狭窄的走廊轮廓分明,总体上看有各种各样的障碍。有多种用途的开放区域(如开放四边形),包含着随机分类的障碍物。当考虑具体的全局规划或场景建模策略时,这个场景的一些区域最好通过基于图的空间模型或拓扑模型(如连接开放空间的走廊)来简化,而其他区域受益于空间场景模型。

(3)办公场景(图14.17(c))。办公场景是基于数字建筑为基础实验室所在大楼四楼的平面图,由这座建筑物改建后的室内设计师提供。这是一个办公室场景的例子,实际的办公室,长走廊连接着公共休息室、封闭式办公室、较大的会议室和实验室空间。如果大厅道路狭窄到容易堵塞,通常可获得备用路线,通常关闭的门已由墙取代。

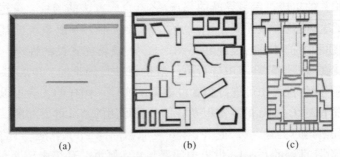

(a)   (b)   (c)

图14.17 基准场景的俯视图(10m黄条提供了一种评估3个场景比例的方法。办公场景是旋转的)(见彩插)
(a)区段场景;(b)校园场景;(c)办公场景。

这些场景中的每个元素都有一个相关联的全局地图,其中包含永久结构元素(墙)。由于未建模的障碍,从地图生成的全局路径通常是不可行的。如果有物体(随机)放置在其中,一些路径可能会因通道较窄而被堵塞。14.6.2节将描述如何配置特定的导航场景和实例化。

14.6.2 场景配置

蒙特卡罗方法对大样本数据的性能结果进行统计分析。每次运用蒙特卡罗方法,由随机种子确定一个或多个实验特征。随机种子保证了实验条件是可变的和可重复。场景配置的一个重要方面是障碍物的类型和位置。我们把障碍物分为两大类:激光可靠检测障碍物和激光不可靠检测障碍物。能被激光可靠检测的障碍物具有垂直的立面或在高度方向上保持轮廓不变的属性。这个属性保证了恒定的横截面几何形状,并满足基于激光扫描的规划方法成功避免碰撞的空间几何形状的假设。激光扫描方法应该能够安全地避开激光可靠检测的障碍物,但可能无法避开激光不可靠检测的障碍物。图14.18 描述了场景中一些可靠检测的障碍物和不可靠检测的障碍物,可通过 Gazebo 模型数据库获得。每个场景的具体随机配置如下。

图 14.18 左侧区域描绘激光安全障碍物,右侧区域描绘激光不安全障碍物
(右上角的障碍物是一个定制的盒子,高度非常短,激光扫描无法检测到)

(1) 区段场景(图 14.19(a))。起始姿势是从一条线(红色)中取样的,这条线平行北墙并在场景内部,机器人朝内放置。这区域坐标为 $x \in [-9,9]$ 和 $y = -9$。目标姿态从南墙内的一条平行线(绿色)采样,其坐标为 $x \in [-0,9]$ 和 $y = 9$。所有的导航任务都需要从场景的一边走到另一边。起点和终点线之间的区域被场景上固定位置的激光可靠检测的障碍物占据。存在低密度和中密度配置。人工放置障碍物的目的是在障碍物之间形成一个大致均匀的分布,并有适度的间隙。如果需要,激光不可靠检测的障碍物也可以随机放置在环境的同一区域。

(2) 校园场景(图 14.19(b))。对于校园场景,设 1 个起始位姿(红点)和 7 个候选目标位姿。给定的场景将随机选择这些预定义的目标位姿之一。特定数量的障碍物均匀分布在场景中主要开阔区域(随机位置和方向)。随机选择障碍物类型为蓝色圆柱体(激光可靠检测障碍物)或者一个红色的小盒子(激光不可靠检测障碍物)。当放置障碍物时,最小障碍物间距阈值要保证导航任务持续可行性。

(3) 办公场景(图 14.19(c))。在办公室场景里,有一组固定的位置(点)。起点位姿和终点位姿可从办公室环境位姿列表中随机选择。为了在这个明显更大的场景中减少实验的持续时间,终点位姿仅从最接近起点位姿的 3 个位姿中随机选择。使用与"校园场景"相同的方法,将障碍物随机放置在指定区域(起点/终点位姿和走廊之间的自由空间)。

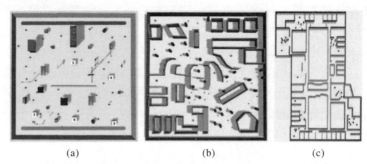

图14.19 起点(红色)和目标(绿色)点或区域标注的场景(对于区段场景,起点和终点从区域中选择。校园场景有一个单一的起点(较大的红色圆圈)和多个目标点(绿色圆圈)。办公场景的起点和终点是从地图上的红色圆圈中随机选择的,还展示了充满障碍物的随机位置的例子。蓝色物体是随机放置的激光可靠检测的障碍物。较小的红点是激光不可靠检测的障碍物)(见彩插)

(a)区段场景;(b)校园场景;(c)办公场景。

14.6.3 基准

对特定导航策略进行基准测试涉及预定义的随机种子集进行多次运行。与另一种导航方法相比,需要使用相同的随机种子集。一个实验实例经历4个阶段。

(1)场景设置。加载测 Gazebo 场景,并在其中放置给定的机器人模型。

(2)任务设置。机器人移动到起点位姿,在场景中添加所有的障碍物。然后初始化给定的机器人导航方法。

(3)导航。目标设定为机器人控制器,时间开始。实验将保持在此阶段,满足以下条件之一。

①成功。机器人无碰撞地到达目标。

②保险杠碰撞。机器人在前往终点的途中撞上障碍物。

③中止。控制报告规划失败。

④超时。计时器达到 10min。

在导航场景的执行过程中,会根据需要维护或累积相关的评分指标。

(4)结束。计时器的值保存为"路径时间"。最终路径长度也将与结束导航条件一起保存,控制器关闭。

为了比较性能,计算并存储了几个指标的每个实验实例。评估机器人导航框架的通用指标包括成功率,成功率为成功运行的次数除以运行总数;路径距离,定义为机器人从起点到终点的路径长度;路径时间,定义为机器人达到目标点所需的时间。后两个统计数据是根据成功运行的子集计算的。这些指标从不同的角度衡量计划的执行情况,包括鲁棒性、效率和最优性。一个好的路径规划应该在这些指标上有良好的表现。要考虑或配置的潜在导航参数包括重新规划率、恢复行为和局部地图半径。

14.7 导航实验

所描述的感知空间导航方法(PiPS DLP)的评估将包括对基准导航场景的蒙特卡罗测试。将与为激光扫描仪设计的标准 Move Base 实施(基线 DLP)进行比较。第一种情况在区段场景进行测试,包括激光扫描友好型和激光扫描不友好型的区段场景实例。友好型的实例中不添加激光不可靠检测的障碍,而不友好型的实例中添加 30 个激光不可靠检测的障碍。实验的目的是表明在适合于激光扫描仪的环境条件下,感知空间方法的性能与经典方法相匹配,并且在更一般的条件下优于经典方法。第二种情况,在另外两个基准场景——校园场景和办公场景进行,测试感知空间和经典导航算法。

另一个实验变量是移动机器人类型,其中机器人的几何形状将有所不同。这两个机器人是 Turtlebot 机器人(图 14.20(a))和 Pioneer 移动机器人(图 14.20(b))。Turtlebot 是一个两轮差动驱动机器人平台,具有圆柱形机器人配置和圆形底座。出于碰撞检查的目的,将其建模为半径为 0.2m 的圆柱体。Turtlebot 上的深度图像由 Kinect 相机捕捉。Pioneer 移动机器人是一个四轮滑移转向驱动机器人平台,具有非圆形底座和非圆柱形配置。把这个机器人建模为 0.56m×0.5m 的矩形盒子,并配置 Realsense R200 深度相机。因为我们只是评估控制处理改变的几何形状的能力,把 Pioneer 模拟成 Turtlebot 的基座有 Pioneer 的底盘几何形状。由于这两个机器人都没有配备激光扫描仪,我们用深度图像激光扫描 ROS 包[114]基于离光学中心最近的 10 行像素创建虚拟扫描深度相机。为每个局部规划和机器人模型,每个场景进行 50 次蒙特卡罗实验。

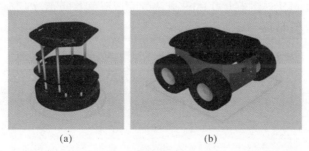

(a)   (b)

图 14.20 实验中使用的机器人模型(绿色边界是机器人的脚印)(见彩插)
(a)Turtlebot;(b)Pioneer。

全局重新规划和恢复行为(参见"使用移动基础导航"一节)在所有实验中都已启用。恢复行为的时间阈值由控制者的耐心来定义。基线 DLP 恢复行为的目的是清除局部成本图中的空间。由于 PiPS DLP 不使用局部成本图,因此,它的恢复行为会改变,以 90°的增量旋转机器人,试图将机器人指向远离阻碍它的任何物体。如果规划失去耐心而找不到有效的全局计划,也会使用恢复行为。局部规划时考虑的局部区域的大小也是一个重要参数。基线 DLP 中使用了一个 5m×5m 的 5cm 分辨率的正方形成本图,而 PiPS DLP 中使用了一个 512 个像元、半径为 3m 的圆形。表 14.4 给出了常用参数值。前向 sim 时间值不同:基线 DLP 为 1s,PiPS DLP 为 2s。虽然 PiPS DLP 可以以接近 30Hz 的局部规划频率运行,但这里我们使用基线 DLP 的默认频率值(5Hz)进行所有实验。使用上述虚拟激光扫描来填充两种方法的全局成本图。PiPS DLP 的全局成本图还填充了碰撞检测到的碰撞位置。所有定制参数的值可在文献[113]的配置文件中获得。

表 14.4　常见参数

全局位置容差	全局定向容差	全局重新规划容差	控制器能力
1m	2π	1	3
规划能力	局部规划频次	#v 样本	#ω 样本
5	5	6	20

14.7.1　有激光可靠检测和不可靠检测障碍物的区段场景

在有激光可靠检测障碍的中密度区段场景中,基线激光扫描仪 DLP 和以自我为中心的感知空间规划都有接近 100% 的成功率(表 14.5),这表明,我们的方法在正常环境下具有相似的性能。故障案例缩写为保险杠碰撞(BC)、中止(AB)和超时(TO)。Pioneer 机器人和 Turtlebot 机器人每 50 次运行中只有一次 AB,其余的都是成功的。所有机器人的路径长度都在彼此的 2% 以内,这表明它们都找到了可比较的路径。PiPS 方法的完成时间接近激光扫描基线,但比激光扫描基线多几秒钟。

表 14.5　带有激光可靠检测的障碍物的区段场景的结果

有激光可靠检测障碍物的区段场景				
方法	成功率	完成时间	路径长度	失败(BC/AB/TO)
Turtlebot				
DLP 基线	100%	40.98s	19.62m	0%/0%0%
PiPS DLP	98%	42.96s	19.47m	0%/2%/0%

续表

有激光可靠检测障碍物的区段场景				
方法	成功率	完成时间	路径长度	失败(BC/AB/TO)
Pioneer				
DLP 基线	100%	43.42s	20.03m	0%/0%/0%
PiPS DLP	98%	46.36s	19.74m	0%/2%/0%

在分别为 Turtlebot 和 Pioneer 机器人随机添加 30 个最小间距分别为 1m 和 1.2m 的激光不可靠检测障碍物后,基线激光扫描仪 DLP 的成功率下降到 40% 和 24%。以自我为中心的 PiPS 方法仍然具有良好的性能,成功率为 94% 和 84%,如表 14.6 所列。同样,这两种方法的平均路径长度和完成时间是相似的,除了 PiPS 方法与 Pioneer 机器人。为避开激光不可靠检测障碍物所必需的额外运动降低了 PiPS 的前进速度,使完成时间比基线长 30%。Pioneer 机器人的 PiPS DLP 的成功率低于 Turtlebot。大多数额外的故障情况是由保险杠碰撞引起的。由于 Pioneer 的几何形状和恢复行为的编程,它在执行恢复行为时可能与障碍物碰撞。

表 14.6 有激光可靠检测障碍和随机放置激光不可靠检测障碍的区段场景的结果

有激光不可靠检测障碍的区段场景				
方法	成功率	完成时间	路径长度	失败(BC/AB/TO)
Turtlebot				
DLP 基线	40%	43.62s	19.68m	58%/2%/0%
PiPS DLP	94%	46.37s	19.68m	0%/6%/0%
Pioneer				
DLP 基线	24%	43.45s	19.76m	76%/0%/0%
PiPS DLP	84%	56.64s	20.51m	8%/8%/0%

14.7.2 校园场景和办公场景

在校园场景和办公场景中,从激光可靠检测和不可靠检测障碍物中随机选择 50 个障碍物,其最小距离偏移与区段场景相同。在所有情况下,与同等的基线实施相比,PiPS 修改提高了成功率(表 14.7 和表 14.8)。此外,当从圆柱形机器人切换到矩形盒机器人时,基线导航方案的成功率降低,而 PiPS DLP 的成功率没有降低。PiPS 的完成时间继续延长几秒钟,正如在区段场景案例中所看到的那样,而路径长度仍然与基线案例相似。具有大致相当的路径长度表明,圆形表示的评分系统能够提供类似于基线局部规划的采样轨迹的排序。在校园场景中,Pioneer 机器人 PiPS DLP 的完成率要比 Turtlebot 大。一个原因可能是障碍物之间的最小距离不同(个体间 1.2m,组员间 1m)。虽然设计这些距离为两个机器人相似的间距,但更大的间距可能不成比例地减少 Pioneer 的局部极小问题(见 14.7.3 节)。还应该注意的是,大多数故障是由于导航中断而不是碰撞造成的。PiPS 方法在避免碰撞方面是成功的。中止结果揭示了分层规划的故障模式。

表 14.7　随机放置激光可靠检测和不可靠检测障碍物的校园场景的结果

随机选择激光可靠检测和不可靠检测障碍物的校园场景				
方法	成功率	完成时间	路径长度	失败(BC/AB/TO)
Turtlebot				
DLP 基线	68%	38.82s	18.44m	30%2%/0%
PiPS DLP	80%	50.03s	20.37m	0%20%/0%
Pioneer				
DLP 基线	50%	40.17s	19.26m	48%/2%/0%
PiPS DLP	88%	49.27s	21.43m	8%/4%/0%

表 14.8　随机放置激光可靠检测和不可靠检测障碍物的办公场景实验结果

随机选择激光可靠检测和不可靠检测障碍物的办公场景				
方法	成功率	完成时间	路径长度	失败(BC/AB/TO)
Turtlebot				
DLP 基线	72%	100.93s	51.03m	28%0%/0%
DLP PiPS	92%	103.54s	48.70m	0%8%/0%
Pioneer				
DLP 基线	66%	98.18s	64.25m	34%/0%/0%
DLP PiPS	96%	104.96s	61.21m	2%/2%/0%

14.7.3　结果讨论

在这里,我们更仔细地研究两种不同的分层导航方法,并回顾失败案例的原因。首先,我们回顾了基线导航方法和 PiPS 导航方法的比较情况。与这两种实现方式相关的导航信息如图 14.21 所示。最上面一行提供了移动机器人在导航经过和绕过障碍时的俯视图,还绘制了全局路径的局部线段。由于机器人半径扩大占用网格,占用区域比真实占用区域略多。图上的蓝色曲线段是来自传感器信息(激光扫描或圆形),表示障碍物表面的真实位置。所描绘的占用网格传达了基线 DLP 系统在规划期间拥有的信息,同时,对红色和品红色点进行采样并对机器人位姿进行评分。洋红色姿态为碰撞轨迹,而红色姿态为安全轨迹。绿色粗曲线是选择的局部路径。这是最低的障碍代价加权和的轨迹,局部达到目标代价和路径代价。在使用 PiPS 方法的情况下,它也被认为是基于圆柱模型的无碰撞方法。基线 DLP 系统由左侧图像描述,而 PiPS DLP 系统由右侧图像描述。对于 PiPS 方法,用包含历史深度信息的记忆的圆柱形图像来增强可视化,降低传感器的有限视场的影响。机器人左侧的墙壁数据点被涂成红色,表示离机器人很近。机器人前面、右边和后面的其他障碍物是绿色到蓝色的,表示距离机器人更远。还描绘了圆形区域(蓝色),其显示导航系统对局部环境有很好的了解,用于通知局部规划的路径评分组件。

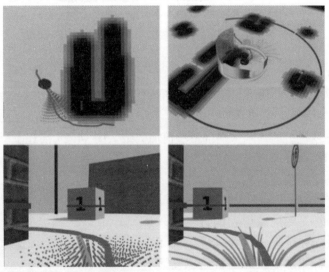

图 14.21 基线 DLP(左)和感知空间 DLP(右)导航过程的可视化(最上面一行显示了来自外部参考框架的 3D 场景空间。最下面一行是覆盖在机器人摄像机视图上的相同信息的可视化)(见彩插)

失败案例如下。

接下来,我们探讨 PiPS DLP 导航方法的失败案例。两种故障类型是保险杠碰撞和中止。

Pioneer 机器人保险杠碰撞比 Turtlebot 号更频繁。与 Pioneer 发生保险杠碰撞的主要原因是在障碍物附近原地旋转,因为与 Turtlebot 不同,这可能会导致 Pioneer 从非碰撞状态进入碰撞状态。如果激光不可靠检测障碍物直接位于全局路径上,这种情况最常见。这种障碍表现在圆柱形模型中,但不在圆形模型中。因此,对代价函数的评估优先考虑接近全局路径的轨迹(图 14.22(a))。碰撞检查所接受的轨迹将是使机器人尽可能靠近障碍物的轨迹。Turtlebot 也表现出类似的行为,但是 Turtlebot 能够安全地原地旋转,以遵循重新规划的全局路径,而 Pioneer 则不能(图 14.22(b))。即使局部的规划正确地断定它不能安全转弯,这可能会导致执行恢复行为,但仍会导致冲突。将碰撞检查信息纳入圆形区域应该有助于防止路径规划将机器人带到离障碍物非常近的位置。另一种选择可能是允许机器人在无法前进或原地转弯时向后行驶。

(a)   (b)

图 14.22 (a)与网格上每个点结束的轨迹相关的大致总成本的可视化(红色 = 低,蓝色 = 高);(b)在机器人前面可以看到一个激光不可靠检测障碍物(红色),短时间后机器人状态的可视化,试图转弯会导致碰撞(见彩插)

局部规划也可能因陷入局部最小值而失败。图 14.23 描述了一个场景,在这个场景中,为了遵循全局路径(棕色),Turtlebot 必须通过两个障碍物之间。如彩色编码的总成本值所示(红色 = 低,蓝色 = 高),障碍物的近侧有一个局部最小值,阻止机器人进入间隙。由于间隙足够宽,Turtlebot 可以安全进入,因此,全局重新规划不会提供替代路径,导航最终会中止。调整代价函数参数只是部分解决方案,因为不同的情况可能需要不同的参数集来实现期望的行为[61]。结合基于间隙的方法的概念可能有助于防止与局部最小值相关的问题。

图 14.23 具有局部最小值的场景的近似总成本值(红色 = 低,蓝色 = 高),也可视化:局部目标(棕色箭头),全局路径(棕色曲线),圆形(黑点)(见彩插)

14.7.4 立体相机实现

我们现在探索使用立体相机时 PiPS DLP 的性能。如 14.5.4 节所述，PiPS 系统所需的深度图像可以通过立体匹配算法产生。对于这些实验，在 Turtlebot 上的 Kinect 前面 20cm 处连接了一个立体摄像机，并且与 Pioneer 上的 Realsense 处于相同的位置。用 gazeborosmulticamera Gazebo 插件模拟立体摄像机，这个插件有 7cm 基线、视场 60°、640×480 分辨率和 30Hz 帧速率。

ROS 立体图像处理包[115]从立体图像对生成视差图。根据式(14.20)，从这些视差图中可以轻易地计算出深度图像。传统的块匹配(BM)和半全局块匹配(SGBM)都在 ROS 包中实现。图 14.24 显示了参数调整后这些方法在模拟场景中的结果。第一列(图 14.24(a)、(d))描绘了模拟场景。为了提高在立体匹配中的性能，纹理被添加到实验中使用的基准平面和随机放置的障碍物上。中间一栏(图 14.24(b)、(e))显示了来自 BM 的图 14.24(a)场景的立体匹配结果。右边一栏(图 14.24(c)、(f))显示了来自 SGBM 的相同场景的结果。BM 和 SGBM 代表了立体相机处理中速度和精度之间的不同权衡。BMI 明显比 GBM 更快(启动测试机时间：大约 25ms、120s)，而且有可能实现更快的计划速度。然而，SGBM 执行的附加处理导致更平滑、更高质量的深度估计。当查看图 14.24(a)中每个算法对白色立方体的深度估计时，差异尤其明显，BM 只能估计立方体边缘的深度和上面印的数字"1"，而 SGBM 能够对立方体的大部分表面产生精确的估计。由于先前实验中使用的局部规划率仅为 5 Hz，SGBM 深度图像的卓越质量超过了其更长的处理时间。

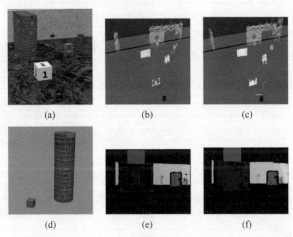

图 14.24 立体实施的可视化((a)一个模拟世界,有纹理基准平面和套头机器人；实验中使用的纹理盒和圆柱体障碍物；用传统的块匹配方法生成的点云和深度图像；(c)和(f)用半全局块匹配(SGBM)方法生成的点云和深度图像)

除了深度图像(以及由此产生的虚拟激光扫描)是从立体匹配而不是深度相机中导出之外,立体实施实验与之前的实验是完全相同的。实验结果如表14.9~表14.12所示。在所有情况下,立体实施的成功率等于或略低于相应深度图像实现的成功率。除了与立体相关的故障源(噪声、遮挡、无特征表面等)之外,立体实施容易受到第14.7.3节中描述的所有故障情况的影响。)

表14.9 立体实施的激光可靠检测障碍物区段场景的结果

激光可靠检测障碍物的区段场景				
方法	成功率	完成时间	路径长度	失败(BC/AB/TO)
Turtlebot				
DLP 基线	100%	41.90s	19.63m	0%/0%/0%
DLP PiPS	90%	44.85s	19.53m	0%/10%/0%
Pioneer				
DLP 基线	100%	44.04s	20.00m	0%/0%/0%
DLP PiPS	82%	46.49s	19.74m	4%/14%/0%

表14.10 立体实施激光可靠检测和随机放置激光不可靠检测障碍物的区段场景的结果

激光可靠检测障碍物的区段场景				
方法	成功率	完成时间	路径长度	失败(BC/AB/TO)
Turtlebot				
DLP 基线	34%	41.90s	19.63m	66%/0%/0%
DLP PiPS	72%	51.58s	1983m	6%/22%/0%
Pioneer				
DLP 基线	22%	443.45s	20.44m	76%/2%/0%
DLP PiPS	74%	56.69s	20.61m	8%/18%/0%

表 14.11　立体实施随机放置激光可靠检测和不可靠检测障碍物的校园场景的结果

随机选择激光可靠检测和不可靠检测障碍物的校园场景				
方法	成功率	完成时间	路径长度	失败（BC/AB/TO）
Turtlebot				
DLP 基线	64%	38.58s	18.43m	34%/2%/0%
DLP PiPS	84%	49.83s	20.67m	8%/8%/0%
Pioneer				
DLP 基线	46%	41.09s	19.50m	76%/2%/0%
DLP PiPS	86%	48.10s	20.88m	8%/18%/0%

表 14.12　立体实施随机放置激光可靠检测和不可靠检测障碍物的办公场景的结果

随机选择激光可靠检测和不可靠检测障碍物的办公场景				
方法	成功率	完成时间	路径长度	失败（BC/AB/TO）
Turtlebot				
DLP 基线	72%	101.09s	60.50m	28%/2%/0%
DLP PiPS	88%	115.52s	48.38m	4%/8%/0%
Pioneer				
DLP 基线	66%	100.55s	75.94m	34%/0%/0%
DLP PiPS	90%	104.33s	70.63m	4%/4%/2%

14.8　结论

因为处理当前传感器产生的深度或距离图像的计算成本，现代分层导航方法主要依赖于激光扫描传感器测量。解决该问题的方法依赖于数据结构，这些数据结构对于低分辨率图像是有效的，但对于高分辨率图像则不能很好地扩展。将局部规划的内部场景表达修改为以观察者为中心或感知空间的场景表示，避免了将数据映射到缩放性较差的数据结构的代价，并根据图像分辨率获得线性缩放属性。使用感知空间进行轨迹评分和碰撞检查的局部规划方案有可能取代现有的激光扫描策略，同时保持实时操作。本章描述了利用感知空间改进的经典分层导航系统。当在所描述的导航基准上评估时,感知空间导航系统具有与原始激光扫描实现相当或更好的性能。这个系统的缺陷是局部规划评分系统发现的结果,而不是感知空间修改的结果。评分功能和恢复行为的分析和改进应解决已发现的问题。探索其他局部规划策略的感知空间实现可能会提高性能。这是未来工作的发展方向。

参考文献

1. Choset, H., Lynch, K. M., Hutchinson, S., Kantor, G., Burgard, W., Kavraki, L. E., et al. (2005). *Principles of robot motion: Theory, algorithms, and implementation*. Cambridge: MIT Press.
2. LaValle, S. (2006). *Planning algorithms*. Cambridge: Cambridge University Press.
3. Ivanov, M., Lindner, L., Sergiyenko, O., Rodríguez-Quiñonez, J. C., Flores-Fuentes, W., & Rivas-Lopez, M. (2019). *Mobile robot path planning using continuous laser scanning* (pp. 338–372). Hershey: IGI Global.
4. Hart, P. E., Nilsson, N. J., & Raphael, B. (1968, July). A formal basis for the heuristic determination of minimum cost paths. *IEEE Transactions on Systems Science and Cybernetics, 4*(2), 100–107.
5. Dijkstra, E. W. (1959). A note on two problems in connexion with graphs. *Numerische Mathematik, 1*(1), 269–271. Available: http://dx.doi.org/10.1007/BF01386390.
6. Stentz, A. T. (1994, May). Optimal and efficient path planning for partially-known environments. In *Proceedings of the IEEE International Conference on Robotics and Automation (ICRA '94)* (Vol. 4, pp. 3310–3317).
7. Koenig, S., & Likhachev, M. (2005, June). Fast replanning for navigation in unknown terrain. *IEEE Transactions on Robotics, 21*(3), 354–363.
8. Likhachev, M., Ferguson, D., Gordon, G., Stentz, A., & Thrun, S. (2008). Anytime search in dynamic graphs. *Artificial Intelligence, 172*(14), 1613–1643. Available: http://www.sciencedirect.com/science/article/pii/S000437020800060X.
9. García, F. M., Kapadia, M., & Badler, N. I. (2014, May). Gpu-based dynamic search on adaptive resolution grids. In *2014 IEEE International Conference on Robotics and Automation (ICRA)* (pp. 1631–1638).
10. Tsardoulias, E. G., Iliakopoulou, A., Kargakos, A., & Petrou, L. (2016, December). A review of global path planning methods for occupancy grid maps regardless of obstacle density. *Journal of Intelligent & Robotic Systems, 84*(1), 829–858.
11. Takahashi, O., & Schilling, R. J. (1989, April). Motion planning in a plane using generalized Voronoi diagrams. *IEEE Transactions on Robotics and Automation, 5*(2), 143–150.
12. Kavraki, L. E., Kolountzakis, M. N., & Latombe, J. (1998, February). Analysis of probabilistic roadmaps for path planning. *IEEE Transactions on Robotics and Automation, 14*(1), 166–171.
13. Bohlin, R., & Kavraki, L. E. (2000, April). Path planning using lazy PRM. In *Proceedings 2000 ICRA. Millennium Conference. IEEE International Conference on Robotics and Automation. Symposia Proceedings (Cat. No. 00CH37065)* (Vol. 1, pp. 521–528).
14. Belghith, K., Kabanza, F., Hartman, L., & Nkambou, R. (2006, May). Anytime dynamic path-planning with flexible probabilistic roadmaps. In *Proceedings 2006 IEEE International Conference on Robotics and Automation, 2006. ICRA 2006* (pp. 2372–2377).
15. van den Berg, J., Ferguson, D., & Kuffner, J. (2006, May). Anytime path planning and replanning in dynamic environments. In *Proceedings 2006 IEEE International Conference on Robotics and Automation, 2006. ICRA 2006* (pp. 2366–2371).
16. Frazzoli, E., Dahleh, M. A., & Feron, E. (2002). Real-time motion planning for agile autonomous vehicles. *Journal of Guidance, Control, and Dynamics, 25*(1), 116–129. http://arc.aiaa.org/doi/abs/10.2514/2.4856.

17. Kuffner, J. J., & LaValle, S. M. (2000, April). RRT-connect: An efficient approach to single-query path planning. In *Proceedings 2000 ICRA. Millennium Conference. IEEE International Conference on Robotics and Automation. Symposia Proceedings (Cat. No. 00CH37065)* (Vol. 2, pp. 995–1001).
18. Karaman, S., & Frazzoli, E. (2011). Sampling-based algorithms for optimal motion planning. *The International Journal of Robotics Research, 30*(7), 846–894. Available: http://ijr.sagepub.com/content/30/7/846.abstract.
19. Kuwata, Y., Fiore, G. A., Teo, J., Frazzoli, E., & How, J. P. (2008, September). Motion planning for urban driving using RRT. In *2008 IEEE/RSJ International Conference on Intelligent Robots and Systems* (pp. 1681–1686).
20. Ferguson, D., Kalra, N., & Stentz, A. (2006, May). Replanning with RRTs. In *Proceedings 2006 IEEE International Conference on Robotics and Automation, 2006. ICRA 2006* (pp. 1243–1248).
21. Zucker, M., Kuffner, J., & Branicky, M. (2007, April). Multipartite RRTs for rapid replanning in dynamic environments. In *Proceedings 2007 IEEE International Conference on Robotics and Automation* (pp. 1603–1609).
22. Bruce, J., & Veloso, M. (2002, September). Real-time randomized path planning for robot navigation. In *IEEE/RSJ International Conference on Intelligent Robots and Systems* (Vol. 3, pp. 2383–2388).
23. Otte, M., & Frazzoli, E. (2015). *RRT X: Real-time motion planning/replanning for environments with unpredictable obstacles* (pp. 461–478). Cham: Springer International Publishing. Available: http://dx.doi.org/10.1007/978-3-319-16595-0_27.
24. Pivtoraiko, M., & Kelly, A. (2011). Kinodynamic motion planning with state lattice motion primitives. In *Proceedings of the IEEE International Conference on Intelligent Robotic and Systems*.
25. Hauser, K., Bretl, T., Harada, K., & Latombe, J.-C. (2008). Using motion primitives in probabilistic sample-based planning for humanoid robots. In S. Akella, N. Amato, W. Huang, & B. Mishra (Eds.), *Algorithmic foundation of robotics VII. Springer Tracts in Advanced Robotics* (Vol. 47, pp. 507–522). Berlin: Springer.
26. Frazzoli, E., Dahleh, M., & Feron, E. (2005). Maneuver-based motion planning for nonlinear systems with symmetries. *IEEE Transactions on Robotics, 21*(6), 1077–1091.
27. Şucan, I. A., Moll, M., & Kavraki, L. (2012, December). The open motion planning library. *IEEE Robotics & Automation Magazine, 19*, 72–82. http://ompl.kavrakilab.org.
28. Paranjape, A. A., Meier, K. C., Shi, X., Chung, S., & Hutchinson, S. (2013, November). Motion primitives and 3-d path planning for fast flight through a forest. In *2013 IEEE/RSJ International Conference on Intelligent Robots and Systems* (pp. 2940–2947).
29. Khatib, O. (1985, March). Real-time obstacle avoidance for manipulators and mobile robots. In *Proceedings. 1985 IEEE International Conference on Robotics and Automation* (Vol. 2, pp. 500–505).
30. Rimon, E., & Koditschek, D. E. (1992). Exact robot navigation using artificial potential functions. *IEEE Transactions on Robotics and Automation, 8*(5), 501–518.
31. Arslan, O., & Koditschek, D. (2016). Exact robot navigation using power diagrams. In *IEEE International Conference on Robotics and Automation* (pp. 1–8).
32. Hyun, N. P., Verriest, E. I., & Vela, P. A. (2015). Optimal obstacle avoidance trajectory generation using the root locus principle. In *IEEE Conference on Decision and Control* (pp. 626–631).
33. Sethian, J. (1999). *Level sets methods and fast marching methods*. Cambridge: Cambridge University Press.
34. Osher, S., & Fedkiw, R. (2003). *Level set methods and dynamic implicit surfaces*. Berlin: Springer.
35. Kelly, M. (2017). An introduction to trajectory optimization: How to do your own direct collocation. *SIAM Review, 59*(4), 849–904.
36. Ross, I. M., & Karpenko, M. (2012). A review of pseudospectral optimal control: From theory to flight. *Annual Reviews in Control, 36*(2), 182–197.

37. Andersson, J., Gillis, J., Horn, G., Rawlings, J., & Diehl, M. (2018, July). CasADi: A software framework for nonlinear optimization and optimal control. *Mathematical Programming Computation*.
38. Deits, R., & Tedrake, R. (2015). Efficient mixed-integer planning for UAVs in cluttered environments. In *IEEE International Conference on Robotics and Automation* (pp. 42–49).
39. Hyun, N., Vela, P., & Verriest, E. (2017). A new framework for optimal path planning of rectangular robots using a weighted l_p norm. *IEEE Robotics and Automation Letters, 2*(3), 1460–1465.
40. Mukadam, M., Dong, J., Yan, X., Dellaert, F., & Boots, B. (2018). Continuous-time Gaussian process motion planning via probabilistic inference. *The International Journal of Robotics Research, 37*(11), 1319–1340.
41. Pham, Q. (2014). A general, fast, and robust implementation of the time-optimal path parameterization algorithm. *IEEE Transactions on Robotics, 30*(6), 1533–1540.
42. Schulman, J., Ho, J., Lee, A. X., Awwal, I., Bradlow, H., & Abbeel, P. (2013). Finding locally optimal, collision-free trajectories with sequential convex optimization. In *Robotics: Science and Systems, 9*(1), 1–10 (Citeseer).
43. Borenstein, J., & Koren, Y. (1989, September). Real-time obstacle avoidance for fast mobile robots. *IEEE Transactions on Systems, Man, and Cybernetics, 19*(5), 1179–1187.
44. Borenstein, J., & Koren, Y. (1991, June). The vector field histogram-fast obstacle avoidance for mobile robots. *IEEE Transactions on Robotics and Automation, 7*(3), 278–288.
45. Ulrich, I., & Borenstein, J. (2000, April). Vfh/sup */: Local obstacle avoidance with look-ahead verification. In *Proceedings 2000 ICRA. Millennium Conference. IEEE International Conference on Robotics and Automation. Symposia Proceedings (Cat. No. 00CH37065)* (Vol. 3, pp. 2505–2511).
46. Nepal, K., Fine, A., Imam, N., Pietrocola, D., Robertson, N., & Ahlgren, D. J. (2009). Combining a modified vector field histogram algorithm and real-time image processing for unknown environment navigation. In *Intelligent Robots and Computer Vision XXVI: Algorithms and Techniques* (Vol. 7252, p. 72520G). Bellingham: International Society for Optics and Photonics.
47. An, D., & Wang, H. (2004, June). VPH: A new laser radar based obstacle avoidance method for intelligent mobile robots. In *Fifth World Congress on Intelligent Control and Automation (IEEE Cat. No. 04EX788)* (Vol. 5, pp. 4681–4685).
48. Gong, J., Duan, Y., Man, Y., & Xiong, G. (2007, August). VPH+: An enhanced vector polar histogram method for mobile robot obstacle avoidance. In *2007 International Conference on Mechatronics and Automation* (pp. 2784–2788).
49. Minguez, J., & Montano, L. (2000, October). Nearness diagram navigation (ND): A new real time collision avoidance approach. In *Proceedings. 2000 IEEE/RSJ International Conference on Intelligent Robots and Systems (IROS 2000) (Cat. No. 00CH37113)* (Vol. 3, pp. 2094–2100).
50. Minguez, J., & Montano, L. (2004, February). Nearness diagram (ND) navigation: Collision avoidance in troublesome scenarios. *IEEE Transactions on Robotics and Automation, 20*(1), 45–59.
51. Durham, J. W., & Bullo, F. (2008, September). Smooth nearness-diagram navigation. In *2008 IEEE/RSJ International Conference on Intelligent Robots and Systems* (pp. 690–695).
52. Minguez, J., Montano, L., Simeon, T., & Alami, R. (2001, May). Global nearness diagram navigation (GND). In *Proceedings 2001 ICRA. IEEE International Conference on Robotics and Automation (Cat. No. 01CH37164)* (Vol. 1, pp. 33–39).
53. Mujahad, M., Fischer, D., Mertsching, B., & Jaddu, H. (2010, October). Closest Gap based (CG) reactive obstacle avoidance Navigation for highly cluttered environments. In *2010 IEEE/RSJ International Conference on Intelligent Robots and Systems* (pp. 1805–1812).
54. Mujahed, M., Fischer, D., & Mertsching, B. (2013, September). Safe Gap based (SG) reactive navigation for mobile robots. In *2013 European Conference on Mobile Robots (ECMR)* (pp. 325–330).
55. Sezer, V., & Gokasan, M. (2012). A novel obstacle avoidance algorithm: "Follow the Gap Method". *Robotics and Autonomous Systems, 60*(9), 1123–1134. Available: http://www.sciencedirect.com/science/article/pii/S0921889012000838.

56. Mujahed, M., & Mertsching, B. (2017, May). The admissible gap (AG) method for reactive collision avoidance. In *2017 IEEE International Conference on Robotics and Automation (ICRA)* (pp. 1916–1921).
57. Bauer, R., Feiten, W., & Lawitzky, G. (1994). Steer angle fields: An approach to robust manoeuvring in cluttered, unknown environments. *Robotics and Autonomous Systems, 12*(3), 209–212.
58. Feiten, W., Bauer, R., & Lawitzky, G. (1994, May). Robust obstacle avoidance in unknown and cramped environments. In *Proceedings of the 1994 IEEE International Conference on Robotics and Automation* (Vol.3, pp. 2412–2417).
59. Buhmann, J., Burgard, W., Cremers, A., Fox, D., Hofmann, T., Schneider, F., et al. (1995). The Mobile Robot RHINO. *AI Magazine, 16*(1), 31–38.
60. Fox, D., Burgard, W., & Thrun, S. (1997, March). The dynamic window approach to collision avoidance. *IEEE Robotics Automation Magazine, 4*(1), 23–33.
61. Stachniss, C., & Burgard, W. (2002). An integrated approach to goal-directed obstacle avoidance under dynamic constraints for dynamic environments. In *IEEE/RSJ International Conference on Intelligent Robots and Systems* (Vol. 1, pp. 508–513).
62. Brock, O., & Khatib, O. (1999). High-speed navigation using the global dynamic window approach. In *Proceedings 1999 IEEE International Conference on Robotics and Automation (Cat. No. 99CH36288C)* (Vol. 1, pp. 341–346).
63. Marder-Eppstein, E., Berger, E., Foote, T., Gerkey, B., & Konolige, K. (2010). The Office Marathon: Robust navigation in an indoor office environment. In *IEEE International Conference on Robotics and Automation* (pp. 300–307).
64. Simmons, R. (1996, April). The curvature-velocity method for local obstacle avoidance. In *Proceedings of IEEE International Conference on Robotics and Automation* (Vol. 4, pp. 3375–3382).
65. Ko, N. Y., & Simmons, R. (1998, October). The lane-curvature method for local obstacle avoidance. In *Proceedings. 1998 IEEE/RSJ International Conference on Intelligent Robots and Systems. Innovations in Theory, Practice and Applications (Cat. No. 98CH36190)* (Vol. 3, pp. 1615–1621).
66. Quinlan, S., & Khatib, O. (1993, May). Elastic bands: Connecting path planning and control. In *[1993] Proceedings IEEE International Conference on Robotics and Automation* (Vol. 2, pp. 802–807).
67. Khatib, M. (1996). *Sensor-based motion control for mobile robots*. Toulouse: LAAS-CNRS.
68. Roesmann, C., Feiten, W., Woesch, T., Hoffmann, F., & Bertram, T. (2012, May). Trajectory modification considering dynamic constraints of autonomous robots. In *ROBOTIK 2012; 7th German Conference on Robotics* (pp. 1–6).
69. Rösmann, C., Hoffmann, F., & Bertram, T. (2017). Integrated online trajectory planning and optimization in distinctive topologies. *Robotics and Autonomous Systems, 88*, 142–153. http://www.sciencedirect.com/science/article/pii/S0921889016300495.
70. Lindner, L., Sergiyenko, O., Rivas-López, M., Hernández-Balbuena, D., Flores-Fuentes, W., Rodríguez-Quiñonez, J. C., et al. (2017). Exact laser beam positioning for measurement of vegetation vitality. *Industrial Robot: The International Journal of Robotics Research and Application, 44*(4), 532–541.
71. Sergiyenko, O., Ivanov, M., Tyrsa, V., Kartashov, V., Rivas-López, M., Hernández-Balbuena, D., et al. (2016). Data transferring model determination in robotic group. *Robotics and Autonomous Systems, 83*, 251–260.
72. Ivanov, M., Sergiyenko, O., Tyrsa, V., Mercorelli, P., Kartashov, V., Perdomo, W., et al. (2018, October). Individual scans fusion in virtual knowledge base for navigation of mobile robotic group with 3D TVS. In *IECON 2018-44th Annual Conference of the IEEE Industrial Electronics Society* (pp. 3187–3192).
73. Maier, D., Hornung, A., & Bennewitz, M. (2012, November). Real-time navigation in 3D environments based on depth camera data. In *2012 12th IEEE-RAS International Conference on Humanoid Robots (Humanoids 2012)* (pp. 692–697).

74. Murray, D., & Jennings, C. (1997, May). Stereo vision based mapping and navigation for mobile robots. In *IEEE International Conference on Robotics Automation* (Vol. 2, pp. 1694–1699).
75. Biswas, J., & Veloso, M. (2012, May). Depth camera based indoor mobile robot localization and navigation. In *2012 IEEE International Conference on Robotics and Automation* (pp. 1697–1702).
76. Barry, A. J., Florence, P. R., & Tedrake, R. (2017). High-speed autonomous obstacle avoidance with pushbroom stereo. *Journal of Field Robotics, 35*(1), 52–68. https://onlinelibrary.wiley.com/doi/abs/10.1002/rob.21741.
77. Wurm, K. M., Hornung, A., Bennewitz, M., Stachniss, C., & Burgard, W. (2010). OctoMap: A probabilistic, flexible, and compact 3D map representation for robotic systems. In *Proceedings of the ICRA 2010 workshop*.
78. Schmid, K., Tomic, T., Ruess, F., Hirschmuller, H., & Suppa, M. (2013). Stereo vision based indoor/outdoor navigation for flying robots. In *IEEE International Conference on Intelligent Robots and Systems* (pp. 3955–3962).
79. Lopez, B. T., & How, J. P. (2017, May). Aggressive 3-D collision avoidance for high-speed navigation. In *2017 IEEE International Conference on Robotics and Automation (ICRA)* (pp. 5759–5765).
80. Matthies, L., Brockers, R., Kuwata, Y., & Weiss, S. (2014, May). Stereo vision-based obstacle avoidance for micro air vehicles using disparity space. In *2014 IEEE International Conference on Robotics and Automation (ICRA)* (pp. 3242–3249).
81. Cao, T., Xiang, Z., & Liu, J. (2015, October). Perception in disparity: An efficient navigation framework for autonomous vehicles with stereo cameras. *IEEE Transactions on Intelligent Transportation Systems, 16*(5), 2935–2948.
82. Matthies, L., Brockers, R., Kuwata, Y., & Weiss, S. (2014, May). Stereo vision-based obstacle avoidance for micro air vehicles using disparity space. In *2014 IEEE International Conference on Robotics and Automation (ICRA)* (pp. 3242–3249).
83. McGuire, K., de Croon, G., De Wagter, C., Tuyls, K., & Kappen, H. (2017, April). Efficient optical flow and stereo vision for velocity estimation and obstacle avoidance on an autonomous pocket drone. *IEEE Robotics and Automation Letters, 2*(2), 1070–1076.
84. Hrabar, S., Sukhatme, G. S., Corke, P., Usher, K., & Roberts, J. (2005, August). Combined optic-flow and stereo-based navigation of urban canyons for a UAV. In *2005 IEEE/RSJ International Conference on Intelligent Robots and Systems* (pp. 3309–3316).
85. Cao, T., Xiang, Z., & Liu, J. (2015, October). Perception in disparity: An efficient navigation framework for autonomous vehicles with stereo cameras. *IEEE Transactions on Intelligent Transportation Systems, 16*(5), 2935–2948.
86. Otte, M. W., Richardson, S. G., Mulligan, J., & Grudic, G. (2007, October). Local path planning in image space for autonomous robot navigation in unstructured environments. In *2007 IEEE/RSJ International Conference on Intelligent Robots and Systems* (pp. 2819–2826).
87. Cutting, J., Vishton, P., & Braren, P. (1995, October). How we avoid collisions with stationary and moving obstacles. *Psychological Review, 102*(4), 627–651.
88. Fajen, B. R. (2013, July). Guiding locomotion in complex, dynamic environments. *Frontiers in Behavioral Neuroscience, 7*, 85.
89. Vallar, G., Lobel, E., Galati, G., Berthoz, A., Pizzamiglio, L., & Le Bihan, D. (1999, January). A fronto-parietal system for computing the egocentric spatial frame of reference in humans. *Experimental Brain Research, 124*(3), 281–286. https://doi.org/10.1007/s002210050624.
90. Dillon, M. R., Persichetti, A. S., Spelke, E. S., & Dilks, D. D. (2018). Places in the brain: Bridging layout and object geometry in scene-selective cortex. *Cerebral Cortex, 28*(7), 2365–2374.
91. Dilks, D. D., Julian, J. B., Paunov, A. M., & Kanwisher, N. (2013). The occipital place area is causally and selectively involved in scene perception. *Journal of Neuroscience, 33*(4), 1331–1336.
92. Greene, M. R., & Oliva, A. (2009). Recognition of natural scenes from global properties: Seeing the forest without representing the trees. *Cognitive Psychology, 58*(2), 137–176.

93. Bonner, M., & Epstein, R. A. (2017). Coding of navigational affordances in the human visual system. *Proceedings of the National Academy of Sciences, 114*(18), 4793–4798.
94. Marr, D. (1982). *Vision: A computational investigation into the human representation and processing of visual information*. Cambridge: MIT Press.
95. Galati, G., Lobel, E., Vallar, G., Berthoz, A., Pizzamiglio, L., & Le Bihan, D. (2000, July). The neural basis of egocentric and allocentric coding of space in humans: A functional magnetic resonance study. *Experimental Brain Research, 133*(2), 156–164. https://doi.org/10.1007/s002210000375.
96. Wang, R. F., & Spelke, E. S. (2000). Updating egocentric representations in human navigation. *Cognition, 77*(3), 215–250. http://www.sciencedirect.com/science/article/pii/S0010027700001050.
97. Spiers, H. J., & Maguire, E. A. (2007). A navigational guidance system in the human brain. *Hippocampus, 17*(8), 618–626. https://onlinelibrary.wiley.com/doi/abs/10.1002/hipo.20298.
98. Epstein, R. A. (2008). Parahippocampal and retrosplenial contributions to human spatial navigation. *Trends in Cognitive Sciences, 12*(10), 388–396. http://www.sciencedirect.com/science/article/pii/S136466130800199X.
99. Wilber, A. A., Clark, B. J., Forster, T. C., Tatsuno, M., & McNaughton, B. L. (2014). Interaction of egocentric and world-centered reference frames in the rat posterior parietal cortex. *Journal of Neuroscience, 34*(16), 5431–5446. http://www.jneurosci.org/content/34/16/5431.
100. Smith, J., & Vela, P. (2017). Planning in perception space. In *IEEE International Conference on Robotics and Automation* (pp. 6204–6209).
101. Felzenszwalb, P., & Huttenlocher, D. (2012). Distance transforms of sampled functions. *Theory of Computing, 8*(19), 415–428.
102. Rusu, R. B., & Cousins, S. (2011). 3D is here: Point Cloud Library (PCL). In *IEEE International Conference on Robotics and Automation (ICRA)*, Shanghai, China, 9–13 May 2011.
103. OctoMap, Github - octomap/octomap_mapping, Oct 2017. https://github.com/OctoMap/octomap_mapping.
104. Pan, J., Chitta, S., & Manocha, D. (2012, May). FCL: A general purpose library for collision and proximity queries. In *2012 IEEE International Conference on Robotics and Automation* (pp. 3859–3866).
105. Brockers, R., Fragoso, A., Matthies, L. (2016). Stereo vision-based obstacle avoidance for micro air vehicles using an egocylindrical image space representation. In *Micro- and Nanotechnology Sensors, Systems, and Applications VIII* (Vol. 9836). http://dx.doi.org/10.1117/12.2224695.
106. Asada, M., Tanaka, T., & Hosoda, K. (2016, April). Adaptive binocular visual servoing for independently moving target tracking. In *Proceedings 2000 ICRA. Millennium Conference. IEEE International Conference on Robotics and Automation. Symposia Proceedings (Cat. No.00CH37065)* (Vol. 3, pp. 2076–2081. http://ieeexplore.ieee.org/document/846335/.
107. Scharstein, D., & Szeliski, R. (2002). A taxonomy and evaluation of dense two-frame stereo correspondence algorithms. *International Journal of Computer Vision, 47*(1), 7–42. http://dx.doi.org/10.1023/A:1014573219977.
108. Hirschmuller, H. (2005, June). Accurate and efficient stereo processing by semi-global matching and mutual information. In *2005 IEEE Computer Society Conference on Computer Vision and Pattern Recognition (CVPR'05)* (Vol. 2, pp. 807–814).
109. Jin, S., Cho, J., Pham, X. D., Lee, K. M., Park, S. Kim, M., et al. (2010, January). FPGA design and implementation of a real-time stereo vision system. *IEEE Transactions on Circuits and Systems for Video Technology, 20*(1), 15–26.
110. Li, Y., Yang, C., Zhong, W., Li, Z., & Chen, S. (2017, January). High throughput hardware architecture for accurate semi-global matching. In *2017 22nd Asia and South Pacific Design Automation Conference (ASP-DAC)* (pp. 641–646).
111. Hernandez-Juarez, D., Chacón, A., Espinosa, A., Vázquez, D., Moure, J. C., & López, A. M. (2016). Embedded real-time stereo estimation via semi-global matching on the GPU. *Procedia Computer Science, 80*, 143–153.

112. Sprunk, C., Röwekämper, J., Parent, G., Spinello, L., Tipaldi, G. D., Burgard, W., et al. (2016). An experimental protocol for benchmarking robotic indoor navigation. In *Experimental Robotics* (pp. 487–504). Berlin: Springer.
113. Smith, J., Hwang, J., & Vela, P. (2018). Benchmark worlds for testing autonomous navigation algorithms. [Repository]. http://github.com/ivalab/NavBench.
114. Rockey, C. (2014). depthimage_to_laserscan. [Repository]. https://github.com/ros-perception/depthimage_to_laserscan.
115. Mihelich, P., Konolige, K., & Leibs, J. Github - ros-perception/image_pipeline/stereo_image_proc. https://github.com/ros-perception/image_pipeline.git.

第15章

轮式地面自主移动车辆系统概述

Luis Carlos Basaca – Preciado, Nestor Aaron Orozco – Garcia,
Oscar A. Rosete – Beas, Miguel A. Ponce – Camacho,
Kevin B. Ruiz – Lopez, Veronica A. Rojas – Mendizabal,
Cristobal Capiz – Gomez, Julio Francisco Hurtado – Campa,
Juan Manuel Terrazas – Gaynor[①]

15.1 引言

我们正处于一个不断变化的时代[1],市场的脆弱性依赖于新生代的意志力。在2020年左右出生甚至已经出生的"后千禧年一代"将伴随着5G、物联网和增强现实技术以及其他未知的颠覆性技术的发展而成长。在创新时代,产品主要是基于价值主张[4]的服务[2-3],这些价值主张符合颠覆性技术市场的特征。自动驾驶电动汽车的使用取决于基于开放服务的商业模式的演变。显然,随着5G技术的到来,颠覆性技术将定义未来的市场趋势。其中一项颠覆性技术将是自动驾驶电动汽车。

为什么是自动驾驶电动汽车? 首先是因为自动驾驶汽车具有商业趋势的所有特征。这些业务将受到信息技术平台和市场消费者特征的制约。创新正在改变成功商业模式的未来。Z世代之后的下一代,将选择在线购买或租赁产品和服务。基于IT平台的业务将位自动驾驶电动汽车提供便利,大型昂贵的

---

① L. C. Básaca – Preciado, N. A. Orozco – García, O. A. Rosete – Beas, M. A. Ponce – Camacho
K. B. Ruiz – López · V. A. Rojas – Mendizabal · C. Capiz – Gómez · J. F. Hurtado – Campa
J. M. Terrazas – Gaynor
CETYS Universidad, Mexicali, Mexico
e – mail: luis. basaca@ cetys. mx; nestor. orozco@ cetys. mx; oscar. rosete@ cetys. mx;
miguel. ponce@ cetys. mx; kevinbennett. ruiz@ cetys. edu. mx; veronica. rojas@ cetys. mx;
cristobal. capiz@ cetys. mx; juan. terrazas@ cetys. mx

汽车将被时代淘汰。也许像亚马逊这样无工厂的标志性企业，可以教我们新一代个体运输实践之路。我们理解为什么人们更喜欢网上购物，因为它更容易、更便宜、更快，甚至更实用，有更多的选择。

根据未来司机的自然时间线，个人交通服务将在未来 15 年发生变化。根据 H. Chesbrough 的说法，下一代企业家将拥抱新的模式来发展业务。因此，对汽车未来的承诺是几代人、百年和百年后的结合，以及基于 IT 平台的商业模式的使用。这家创新型企业致力于满足客户的需求，他们过去经常在网上购买或租赁，但由于 5G 技术，他们的速度比上一代产品快 1000 倍。在不久的将来，产品即服务的创新将成为一种常规做法，因此自动驾驶电动汽车将成为趋势。产品即服务是很多公司商业模式的一个趋势。如今，企业的大部分收入来自服务，而不是产品。当然，技术很重要，但传递价值主张的方式更重要。

因此，归根结底，在变革的时代，有一件产品并不重要，但服务交付却很重要。也许在不久的将来，颠覆性的商业模式将改变人们每天运输或获取物品的方式，将汽油车作为博物馆沉重、巨大和污染性文物的疯狂抛在脑后。这一天并不遥远，未来的司机将在 2020 年左右出生，甚至已经出生，现在正准备通过 5G 物联网石墨烯设备请求自动驾驶电动汽车的帮助。

因此，本章介绍了什么是自动驾驶汽车及其主要组成部分和应用。之后，更多地讨论了更深入的主题，如感知(传感器)、自我定位、环境映射、轨迹规划，以及目前正在墨西哥 CETYS 大学墨西哥校区开发的用于在校园内运送人员的电动自动驾驶汽车的案例研究。最后，我们对创新商业模式将如何改变汽车和交通的未来进行了展望，并给出了本章结论。

15.2 自主移动车辆基本原理

15.2.1 自主级别

2014 年，汽车工程师学会(SAE International)发布了 J3016 标准，并于 2016 年和 2018 年进行修订[5]；目前根据这个标准对机动车辆自动化程度进行分类和定义，这形成一个由 6 个不同级别组成的分类系统(图 15.1)。

第 0 级，无自动化。在这个级别中，机动车辆完全由人类驾驶员管理，这包括所有与驾驶相关的任务，如转向、加速/减速操纵、监控和感知驾驶环境，以及后退动态驾驶任务的性能，这是驾驶汽车的操作和技术方面，而不是诸如选择目的地战略方面。大多数商用机动车辆都属于完全由人类驾驶的类别。

图 15.1 美国汽车工程师学会的驾驶自动化水平[5]

第1级,驾驶员辅助。在这种自动化水平下,机动车辆的整个性能仍然属于人类驾驶员的权限,但在某些情况下,利用驾驶环境的信息,集成辅助系统可以帮助人类驾驶员完成某些任务,如转向或加速/减速,前提是驾驶员会处理驾驶的其余操作。必须注意的是,根据系统能力或驾驶模式的数量,机动车辆可以具有由所述系统辅助的一个或多个任务。

第2级,部分自动化。在这种自动化级别中,驾驶模式执行转向的特定任务,以及加速/减速 ADAS 功能。在这个级别中,某些部分驾驶体验的可以实现自动化,如自动停车、保持一定车距跟车和在车道上行驶。司机总是控制着汽车。

第3级,条件自动化。在这个自动化水平中,有一种自动驾驶模式,通过使用一系列高级传感器(通常是超声波、雷达、激光雷达和机器视觉)获得的驾驶环境数据。这些汽车可以做出决策,执行与前一级相同且更高级的任务。然而,即便如此,这个级别仍然不是完全安全的,如果情况需要,驾驶员必须随时准备接管车辆的控制权。

第4级,高度自动化。在这个自动化级别中,前一级的所有功能都是可用的,不同之处在于这些系统拥有更先进的技术,即冗余系统,允许车辆自行处理任何情况或系统故障。乘客无需监督,但可根据需要或意愿控制车辆。这些功能仅限于某些区域或条件,如果不满足要求的条件,自主功能将受到限制或无法使用。

第5级,完全自动化。这个自动化级别(最高),与第4级类似,乘客不需要监管,车辆可以在任何条件下完全自动驾驶,同时适应任何驾驶情况,并保证乘客、行人和其他驾驶员的安全。这些特征不受特定的区域或条件限制。这些车辆可以在任何地方行驶,同时为车上的乘客提供更灵敏、更精致的体验。

目前,还没有第 5 级的自动驾驶汽车,但谷歌 Waymo 和特斯拉等公司(以及其他公司)正在致力于达到这一水平,这只是时间问题。关于商业自动驾驶汽车应用,如谷歌 Waymo 的自动驾驶出租车,参见 15.2.3 节。

15.2.2 主要部件

自动驾驶车辆的部件会因车辆的应用而有所不同;然而,为了实现一定程度的自主性,车辆内部有一些不可或缺的主要部件。

中央主计算机:这台计算机可以是微控制器或现场可编程门阵列(FPGA),也可以是完整的计算机或微型计算机。应该提到的是,根据车辆中实现的设计架构,可能会发现不止一台计算机连接并为中央计算机工作。此外,中央主计算机还负责电子设备之间的通信、传感器读取、数据处理、轨迹计算、车辆执行器的控制等功能。

一些正在开发的自动低端和低成本汽车的设计可以使用小型或微型计算机,如树莓派[6]或 zini[7]。然而,大多数工业或商业自动驾驶汽车的设计都使用搭载多核处理器和专用显卡的全能计算机。

传感器是自动驾驶车辆不可或缺和最重要的组件,因为传感器测量物理变量或所需参数,如角位置、速度、温度、加速度、位置、距离等。对这些参数的测量和对这些信息的分析被称为感知,基本上是车辆感知自身和周围发生的事情的能力,这是迈向自主的第一步。

自动驾驶车辆中最重要的传感器如下。

里程传感器可以是光学或磁性编码器,用于测量车轮的角位置和速度,以便能够实时计算车辆的位移。

惯性测量单元(IMU)是一种最多可以同时容纳 3 个 3D 传感器的设备,通常称为 DoF。这些传感器包含一个三轴陀螺仪、一个三轴加速度计和一个三轴磁力计。这些传感器提供的信号用来计算车辆的角位置和方向。

激光雷达是一种先进的测距传感器,用于创建车辆周围环境的数字地图,这些传感器是复杂的光电系统,使用移动的机械部件来控制设备内 1~128 个激光器的旋转和速度。激光信号由设备视野内的障碍物表面或物体发射和反射;随后,检测反射,并通过飞行时间或 ToF 技术,计算从发射设备到激光反射点(物体表面)的距离,从而有效地利用这些信息创建激光雷达周围环境的数字地图或点云(图 15.2)。随后,在本章的感知部分,研究了激光雷达在自动驾驶汽车行业中的用途、优势、最常见的模型及其特点。

第15章 轮式地面自主移动车辆系统概述

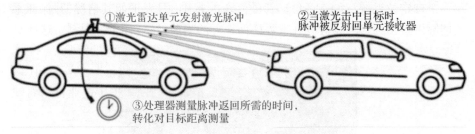

图15.2 汽车激光雷达工作原理简图

摄像机类似于激光雷达,用于感知车辆周围的环境;然而,由于摄像机的工作性质不同,从其数据中提取的信息也大相径庭,虽然有一些技术可以计算图像的某些特征的深度,如立体视觉[8],但要完成创建环境数字地图任务,激光雷达是最合适、最快捷的工具。摄像机的主要功能是检测视频中捕获的图像的特征和模式,以及感兴趣的对象或图形的识别、定位和分类,如人、其他车辆和动态对象、街道或高速公路中划分车道的线、交通信号或车辆用于校正其位置的地标等。

超声波传感器主要用于测量距离或检测视觉范围内物体是否存在。这些传感器使用一个发射器、一个超声波振动接收器和一个传感器。它的主要优点是视野开阔,这使得这种类型的传感器能够检测车辆附近的障碍物。

红外传感器有各种各样的应用,但它们的主要功能是使用发射器或发射器检测预定距离处物体的存在,以及检测作为信号的光的反射。图15.3 显示了操作的基本原理。

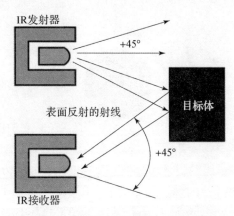

图15.3 红外传感器基本工作原理

与超声波传感器不同,这些传感器的缺点是视觉范围有限。不过,它们也有一个很大的优点,那就是与其他传感器(如基于电阻传导原理的传感器)相比,反应速度快。因此,这些类型的传感器是在有限的视觉范围内快速检测障碍物的可行选择。

全球定位系统(GPS)是自动驾驶汽车的基础,因为正如其名称所示,该系统能够以卫星为参考计算其在世界任何地方的当前位置(图15.4)。

图15.4 2018年发射的卫星 GPS III[9]

装有全球定位系统的设备接收来自卫星群的信号,该卫星群包含不少于24颗运行中的卫星,在大约20000km的高度在中地球轨道上飞行(图15.5)。

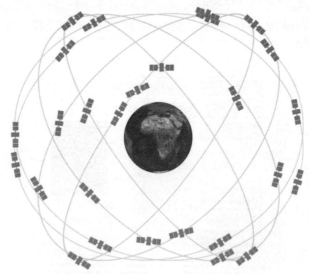

图15.5 全球定位系统性能标准[9]中定义的四时隙卫星星座

截至2019年1月9日,全球定位系统星座中共有31颗运行卫星。结果,全球定位系统卫星的扩展改善了世界大部分地区的覆盖范围[9]。

全球定位系统一词属于美国;然而,还有其他使用自己卫星星座的卫星导航系统,如中国的北斗导航卫星系统[10]、印度区域导航卫星系统[11]、欧盟的伽利略[12]等。

无线电探测和测距(雷达)是一项广为人知的研究技术,最初是在第二次世界大战期间为军事应用而开发的。在自动驾驶车辆中,雷达是有源射频设备,用于确定其覆盖区域内目标或障碍物的位置、速度和方向[13]。

雷达的工作原理类似于激光雷达传感器,这些系统的主要区别在于雷达使用无线电波而不是激光;然而,它们之间也有优点和缺点。激光雷达可以探测到更小的物体,并可以建立一个物体的三维模型,而雷达则不能。另一方面,雷达可以在多云天气条件下工作,并且工作距离更远,而激光雷达在这些条件下工作就比较困难[14]。在图 15.6 中,显示了自动驾驶车辆的双雷达配置;这种配置将两个雷达合二为一,具有一些优势,如覆盖范围更广、故障检测能力更强,以及由于两个传感器的重叠而使信号处理能力得到改善[15](图 15.7)。

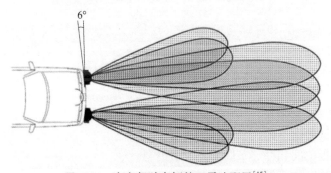

图 15.6 自主驾驶车辆的双雷达配置[15]

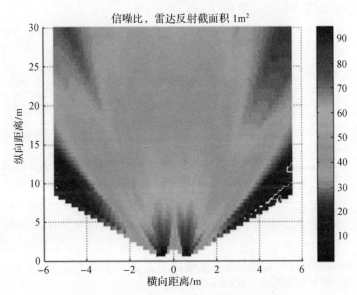

图 15.7 双雷达配置的探测范围[15](见彩插)

在任何想要实现高度自主的自动驾驶汽车开发中,上述组件都是最重要或不可或缺的;然而,它们并不是唯一的解决方案和新的解决方案,自动驾驶汽车的技术也在不断发展。在本章的下一节中,您将找到关于这些组件功能的更详细、更深入的信息。

15.2.3 应用

由于自动驾驶车辆是轮式移动平台,因此,它们与汽车、拖车、起重机和手推车等传统陆地车辆具有相同的应用,同时,还具有自动化在特定场景中带来的额外优势,如更高的精度、耐久性、工人安全性和效率等。本节将探讨不同行业中常见的现代自动驾驶汽车应用。

15.2.3.1 自动存储和检索系统

成组装运(UL)和存储与检索(S/R)系统是全球市场供应链的关键环节。起重机和绞车技术的引入,使得自动化车辆系统得以引入 UL 的 S/R 系统配置,如图 15.8 所示,在 1994 年后建造或翻新的现代存储设施中得到广泛应用,在这一年,AS/RS 系统在美国配送环境中的应用显著增加[17]。自动化立体仓库相对于传统 UL 自动化立体仓库系统的主要优势如下。

(1)劳动力成本的大幅节省。
(2)地板空间和存储布局配置效率更高。
(3)提高工作可靠性。
(4)降低错误率和产品浪费。

图 15.8　实施自动化立体仓库的配送中心[16]

不过,必须指出的是,由于 AS/RS 系统的技术集成度高于传统的 UL R/S 系统,因此成本往往要高得多,因为要建立所需的自动化水平和适当的闭环控制系统,需要高额投资;同样,由于系统的方法这种自动化要求,它往往比传统的、非自动化的系统更不灵活[17-18]。

15.2.3.2 移动工业机器人

移动工业机器人是专门为在工业环境中工作而编程的协作机器人(图 15.9)。它们的主要功能集中在提高工业流程和低价值物流任务的效率,通过使用自动化和深度学习提高内部运输的速度,以及通过使用一组非常强大和精确的传感器来提高工业环境的整体可靠性,提供经济高效的解决方案。

图 15.9 工业用 MiR500 移动机器人[16]

15.2.3.3 商用自动驾驶汽车

作为自动驾驶汽车最常见的应用之一,"自动驾驶汽车"是一种现代解决方案,可在一定程度上实现自动化,并已投入商用。大多数商用自动驾驶车辆都处于第二和第三自动化水平之间,一些第四自动化水平的车辆目前正在进行试验[19](图 15.10)。由于这些车辆工作环境的敏感性,即人的生命受到威胁,这些系统的试用期比其他自主陆地车辆应用要严格得多,这是为了提高乘客的安全性,当驾驶员必须控制自动驾驶系统时,减少脱离事件发生的数量。由于目前商用自动驾驶车辆的自动化水平,必须注意的是,出于安全原因,驾驶员必须在整个驾驶过程中保持警惕,以防发生脱离事故。

图 15.10 谷歌 Waymo 的自动驾驶出租车于 2018 年 12 月在亚利桑那州投入使用[19]

15.2.3.4 自主扫地机器人

自主扫地机器人,如 iRobot 的 Roomba i7(图 15.11),已经从简单的闭环系统发展到成熟的深度学习自主系统。这些自主扫地机器人系统使用集成的专用传感器阵列,使它们能够在清洁环境中导航,专注于避开家具等障碍物,同时,最大限度地提高表面清洁的效率。现代化自动真空清洁机器人包括智能绘图功能,可以自动生成清洁环境的布局,并为未来的清洁任务进行相应的标记;这些系统通常以应用程序的形式或通过与专用个人家庭助理(如 Google Home 或亚马逊的 Alexa)的通信进行某种程度的 IoT 集成。

图 15.11　iRobot Roomba i7,自主扫地机器人[20]

必须指出的是,本节探讨的应用程序是根据相关性和在公众中的显著性来选择的。随着自动化水平的提高,自主系统将会出现更多相关的应用;因此,在农业、物流、娱乐和医疗保健等领域,自动驾驶陆地车辆还有其他相关应用正在开发中。

15.3　感知

15.3.1　环境感知

一般来说,根据传感器的功能,对其进行分组。状态传感器,安装在车辆内部,提供有关车辆当前运行和状态的信息,包括发动机运行等低级功能和车辆运动和位置等高级状态。外部环境传感器提供关于车辆外部世界的信息,可能包括道路和车道信息、其他车辆的运动和位置以及外部世界静止的实际物体。最后,驾驶员状态和意图传感器提供关于驾驶员状态或意图的信息。这些传感器可以包括座位占用和乘客重量(压力或红外传感器)、音频传感器、内部摄像头、眼睛跟踪器、呼气酒精传感器和触觉传感器[21]。

在为自动驾驶汽车设计外部环境传感组件时,需要考虑许多问题。系统目标和需求显然对设计过程有直接影响。例如,与越野驾驶相比,高速公路驾驶环境的结构性要强得多,在传感器和控制系统设计中可以利用这种结构性。另一方面,城市环境可能由不规则和不断变化的道路网络以及行为不可预测的车辆和行人组成,其结构远不如高速公路驾驶,可能需要更多的传感能力。对于越野驾驶和非公路用汽车来说,硬件和软件的鲁棒性与安全性能显然是必需的。传感模式的冗余也是一个非常需要的功能,尤其是在结构性较差、不确定性较高的环境中,但是研究车辆上使用的许多传感器的成本对于商业乘用车应用来说过于高昂。相对于人类驾驶员的自主水平也是乘用车系统中的一个重要设计问题。驾驶员参与传感和控制回路的程度是受技术和非技术(即市场和法律)因素影响的设计决策。

已经开发了许多不同的传感器来感知自动驾驶车辆的外部环境。许多传感器最初是为安全预警或安全增强系统而开发的,现在已安装到一些高端车辆上。在建立环境传感系统的一系列不同传感器中,以下几种值得一提。

15.3.1.1 激光雷达传感器

原则上,激光雷达由发射器和接收器组成。激光产生短光脉冲,其长度为几纳秒到几百纳秒,并具有特定的光谱特性。许多系统在发射器中应用扩束器在光束被发射到大气中之前减少光束发散的装置。在接收器端,望远镜收集从大气反向散射的光子。随后通常会有一个光学分析系统,根据不同的应用,从收集到的光线中选择特定的波长或偏振态。选择的辐射被引导到检测器上,在那里接收的光信号被转换成电信号。该信号的强度取决于激光脉冲传输后经过的时间,用电子学方法确定并存储在计算机[22]中。

激光雷达利用自身发出的光进行传感,因此对环境光照不敏感。依靠这种传感器的道路检测系统原则上可以在日常驾驶的所有光照条件下提供相同水平的精确度;因此它们特别适合实现更高水平的驾驶自动化[23]。

在现有的商用激光雷达中,下面的设备值得关注。

(1) Velodyne VLP – 16 LiDAR。能提供最精确的实时 3D 数据,包括创建完整的 360°环境点云视图(图 15.12)。

图 15.12　威力登 VLP – 16 激光雷达[24]

(2) Velodyne HDL-64E。HDL-64E 激光雷达传感器包括 64 个通道,精度为 2cm,范围为 100~120m,设计用于自主地面车辆和船舶的障碍物检测和导航(图 15.13)。

图 15.13　威力登 HDL-64E 激光雷达[25]

最近,出现了一种新型激光雷达技术,固态激光雷达,其优点是体积更小,更重要的是,它们取消了光学机构中涉及的运动部件,如图 15.14 所示,这不仅可实现大规模制造,而且降低制造了成本[27]。

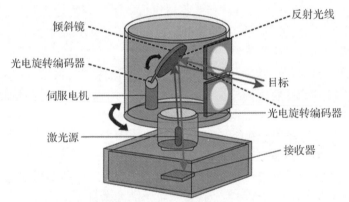

图 15.14　激光雷达光学系统和编码器的示意图[26](见彩插)

InnovizOne 是最出色的固态激光雷达之一,探测范围为 250m,水平视场为 120°,垂直视场为 25°,其成本仅为同等机电解决方案的一小部分(图 15.15)。

图 15.15　InnovizOne 固态激光雷达[28]

15.3.1.2 Kinect 传感器

Kinect 设备是一个由多个传感器组成的水平杆,这些传感器通过电动支点连接到基座上。从正面看 Kinect 传感器,外部布置了红外辐射(IR)投影仪、RGB 相机和深度相机。塑料外壳内部布置了 4 个话筒阵列、三轴加速度计和倾斜电机(图 15.16)。

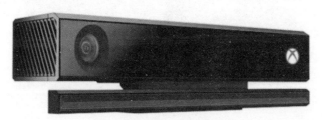

图 15.16 Kinect 传感器[29]

Kinect 设备通过 USB 2.0 电缆连接到计算机,但不能借助 USB 端口供电,力需要外接电源才能工作。红外投影仪是 Kinect 用来计算投射深度数据的红外线的设备。红外投影仪从外观上看与普通相机无异,但它是一个激光发射器,它不断地以大约 830nm 的波长投射结构化的红外点图案。

15.3.2 障碍物检测和跟踪

障碍物检测是自动驾驶车辆的主要控制系统之一,因为对真实环境的可靠感知是动态环境中任何障碍物检测系统的关键特征。近年来,文献中的大多数已有方法都在立体视觉和其他 3D 感知技术(如激光雷达)的框架下进行了重新调整,并通过在自主地面车辆上的几次实验提供了重要结果。

为了获得良好的性能,大多数 OD 算法,如基于立体视觉和其他 2D/3D 传感器的算法,都对地面或其上近似自由空间进行了假设。每个障碍检测系统都专注于特定的曲面细分或聚类策略,因此,它们被分为 4 种主要模式[31]。

15.3.2.1 概率占位图

在假设机器人姿态已知的情况下,占位栅格地图解决了从有噪声和不确定的测量数据生成一致地图的问题。占位栅格的基本思想是将地图表示为一个随机变量的场,这些随机变量排列在均匀间隔的网格中[32]。如图 15.17 所示,每个随机变量都是二进制的,与所覆盖位置的占用率相对应。

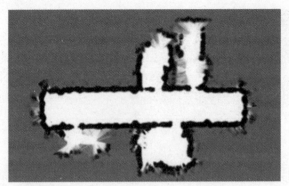

图 15.17　从超声数据获得的占位网格图[33]

15.3.2.2　数字高程图

数字地形模型的概念被定义为地形的数字(数值)表示。这个术语的其他替代词如数字高程模型、数字高度模型、数字地面模型以及数字地形高程模型[34]等。图 15.18 显示了特定数字高程模型的情况,该模型是指特定高度(尤其是海平面)以上的地形的数字表示。

图 15.18　景观数字高程图[35]

15.3.2.3　场景流分割

场景流估计是同时计算几何和运动的一个技术难题。如果只考虑来自一个视点的图像,场景流估计确定性会出现不足。此外,移动的摄影机仍然会在摄影机和场景运动之间产生歧义。只有在引入额外的摄像机后,这种情况才能得到解决,系统的鲁棒性同样得以提高[36]。图 15.19 显示了场景分割技术在车辆检测中的应用。

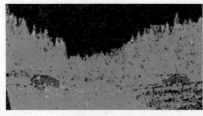

图 15.19　场景流分割障碍检测[37]（见彩插）

15.3.2.4　基于几何的集群

这些算法基于一种搜索方法，利用特定的几何模型（如双锥模型[38]）对传感器测量值进行聚类。如图 15.20 所示，基于几何的聚类技术可用于城市障碍物检测。

图 15.20　基于极线几何的聚类应用于城市交通场景[39]（见彩插）

15.3.3　交通标志

交通标志是设置在道路两旁的标记，用于告知驾驶员道路状况和限制条件或前进方向。它们传达了大量信息，但在设计上却力求高效、一目了然。这也意味着，它们在设计上通常会从周围环境中脱颖而出，使得探测任务相当明确。交通标志的设计是通过法律实现标准化的，但在世界各地却各不相同。在欧洲，许多标志都是通过《维也纳公约》标准化的。在欧盟成员国，交通标志由统一交通控制设备手册（MUTCD）规定。

虽然通过法律对标志进行了很好的定义，并且设计得很容易识别，但是交通标志识别系统仍然面临很多挑战[40]。

(1) 类别内或类别间的符号相似。

(2) 标志可能已经褪色或变脏，因此不再是原来的颜色。

(3) 标志杆可能会弯曲，因此标志不再垂直于道路。

(4) 照明条件可能会使颜色检测不可靠。

(5) 低对比度可能会使形状检测变得困难。

(6) 在杂乱的城市环境中,其他物体看起来可能与标志非常相似。

(7) 可能会有不同的天气状况。

为了充分检测交通标志,必须考虑的挑战包括照明、视点和环境。这些考虑表明,仅仅依靠颜色是有问题的;因此,形状信息对于符号检测是有用的。在文献[41]中可以看到一个使用形状信息的例子。交通标志检测方法包括以下几种[40]。

(1) 基于学习的交通标志检测器。

(2) 分割方法。

(3) 霍夫变换导数。

15.3.4 地标

地标是环境或风景的特征,可以很容易识别,因此,可以使某人在给定的位置内定位他或她的空间位置。城市环境中的地标往往是人造地貌,包括但不限于:

(1) 街道名称标志;

(2) 门牌号;

(3) 人行道符号;

(4) 交通标志;

(5) 广告牌;

(6) 建筑物;

(7) 遗迹;

(8) 其他容易辨认的城市特征。

这是因为在城市中,人造地貌往往比自然地貌更持久、更易识别[42]。

自动驾驶汽车通常包括基于地标的导航系统。基于地标的导航系统用于补充从主动感知和环境感知系统获得的数据,以确定已知环境内的车辆定位或确定到达特定地标的最有效路线;这可以通过建立空间关系及其相应的约束来实现。可以通过测量已知地标和车辆本身之间的空间关系,或者通过共线或共面等几何关系来建立约束[42-43]。

视觉系统通常可以识别城市中的地标,使用如 Bag - of - words 模型算法来从数据资源中进行特征提取。然后,可以从视觉系统获得的数据与基于云的数据库服务器中的图像进行比较,以识别特定的地标。通过传感器系统的集成,可以进一步提高向服务器报告的方法和集成的可靠性;一个例子是通过使用激光雷达点云进行校正来验证视觉系统提供的轮廓[43-44]。

必须注意的是,使用基于地标的系统的自主导航的主要局限性在于缺乏一个包含城市中每一个地标的全面且随时可用的数据库,并且其查询准确性仅依赖于数据库中条目的有效性和真实性。虽然谷歌和瓦泽等公司借助用户提供的数据库不断进行更新,但需要注意,由于人为错误、恶意故意输入虚假数据、地标更新时间或是城市的地标数量庞大等因素,这些数据库只能在一定程度上满足即时准确性[44]。

15.4 定位与地图构建

在自动驾驶汽车中,感知是从能够描述环境的传感器中提取不同特征或元素的过程,以便我们可以制作模型(地图)。但是,如果我们从知识库中获得了与机器人所在位置地图相关的其他信息,就可以利用这些来自传感器和地图的信息来确定机器人的真实位置。因此,我们可以将移动机器人定位描述为用于计算机器人姿态的过程;机器人的姿态是相对于环境模型的位置和方向,这个过程也称为位置估计或位置跟踪[28]。

移动机器人具有通常受噪声影响的传感器,这也是为什么机器人必须能够处理受不确定性影响的数据,并且由于噪声而在传感器读数中检测到的误差在统计上不是独立的。实际上,随着测量次数的增加,这些误差也会随之增加,并且对应问题和数据关联问题提出了所采取的测量是否来自同一个地方或物体的问题。环境或传感器范围限制的相似性会产生对应问题[45]。

机器人状态的概念被用来描述它的姿态以及一些其他的量值,如机器人速度、传感器偏差和校准。地图描述了机器人移动环境中的地标位置和障碍物等不同物理限制等重要特征[46]。

定位过程的第一步是为地图分配一个坐标系,该坐标系称为全局坐标系,则另一个坐标系分配给移动机器人,其位置和方向随机器人的姿态移动,称为局部坐标系。我们必须在局部坐标系和全局坐标系之间建立一种关系,该关系表示为一个变换矩阵。如果我们知道这个坐标变换,就可以定位不同物体的位置,如地标和障碍物相对于机器人局部框架或全局框架的位置,这是机器人导航的必要任务。

如果我们知道移动机器人相对于全局坐标的姿态,则可以很容易地获得该变换矩阵,如下式所示。等式是坐标 x、y 和方向 θ 的函数,即

$$M_L^G = (x, y, \theta)^T \tag{15.1}$$

问题在于,机器人的姿态无法直接从传感器中获取,而必须从环境中获取的数据测量结果中进行估计[28]。这是因为所有的测量都受到传感器噪声、混叠以及携带一些噪声和不准确性的致动器的影响。

图 15.21 给出了移动机器人定位的一般示意图。位置估计是通过概率算法实现的,这些类型的过程在过去几年中受到了极大的研究关注[47]。

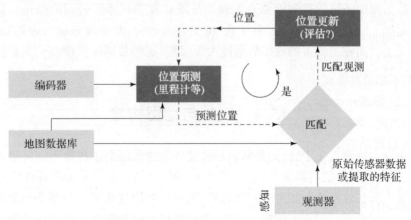

图 15.21　移动机器人定位过程示意图[47]

定位是通过一系列地图表示来实现的,其中包括以下几方面。[28]

(1)基于特征的地图。指定特定位置的环境形状,即地图中包含的对象的位置。

(2)基于位置的地图。这些是体积图,它们为环境中的任何位置提供一个标签,也有关于地图中包含的对象和缺少的对象的信息。

(3)占用网格图。这是一种基于位置的地图,他们给相关的 $x-y$ 坐标网格分配一个二进制值,以便知道它是否被一个对象占据。图 15.22 显示了这种表示所使用的一些实例:在图(a)处的 2D 度量图,图(b)处的图形拓扑图,以及在图(c)处的天花板图像镶嵌图。

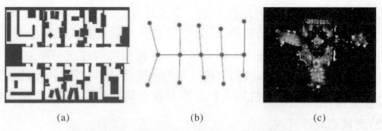

图 15.22　用于机器人定位过程的地图示例
(a)2D 地图;(b)图形拓扑地图;(c)顶部镶嵌图。[28]

有许多类型的地图用于定位和导航算法。定位问题假设有准确的地图可用。

定位问题的挑战可根据环境的性质和机器人对其定位所拥有的初始知识进行分类。因此,我们提出了解决定位问题的四种不同标准[28]。

(1)局部和全局定位。定位问题可按最初或导航过程中可获得的信息类型进行分类。

①局部定位。假设机器人的初始姿态已知,因此,真实机器人姿态与计算姿态之间的差异很小。

②全局定位。机器人的初始姿态未知。机器人被放置在环境中的某个地方,但不知道在哪里。

(2)静态和动态环境。如果机器人是环境中唯一运动的物体,则称为静态环境;因此,动态环境由机器人导航期间移动的多个物体组成。

(3)被动和主动定位方法。

①被动定位方法包括机器人导航,其目的不是改进定位算法。

②主动定位方法控制机器人导航以最小化定位误差,但是在实践中这些算法将指定任务的完成与定位目标相结合。

(4)单机器人和多机器人定位。

15.4.1 测绘传感器

15.4.1.1 激光雷达传感器

如15.3.1节所述,激光雷达(也称为光学雷达)也称为ToF传感器,是由一个发射器和一个接收器组成,发射器用激光束照射目标,接收器则能够探测与发射光同轴的返回光分量[47]。发射器产生瞄准环境的光脉冲;如果有目标,脉冲的一个分量返回,机械反射镜系统被实现来扫描光束并扫描所需的空间,该空间可以是平面的或三维的。光源和目标之间的范围可以通过不同的方法来测量。

(1)ToF,这是发送脉冲光束,并检测反射和转向其他接收器所需的时间,即[48]

$$R = \frac{1}{2}c\Delta t \tag{15.2}$$

式中:c 是光速;Δt 是 ToF 的脉冲。

(2)测量调频连续波(FMCW)及其接收反射之间的拍频[47]。

(3)测量反射光的相移。相移激光扫描仪更精确,但范围更短[48]。

相移测量传感器传输已知频率的光的幅度调制,调制信号的波长与光速有下一个关系,用下式表示[47]:

$$c = f \cdot \lambda \tag{15.3}$$

式中:c 为光速;λ 为调制信号的波长;f 是调制频率。

发射光所覆盖的总距离由下式给出:

$$D' = L + 2D = L + \frac{\theta}{2\pi}\lambda \tag{15.4}$$

式中:D'为发射光覆盖的总距离;L为发射器和相位测量传感器之间的距离;D为离分束器和目标的距离;θ为电子测量的相位差。

分束器和目标之间所需的光束距离由下式给出:

$$D = \frac{\lambda}{4\pi}\theta \tag{15.5}$$

图 15.23 显示了使用相移方法的激光测距系统的示意图;光束被准直并从发射器发射,击中环境中的目标点 P,被反射回接收器。

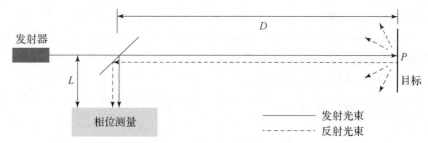

图 15.23 相移测量[47]

多光束激光扫描仪用于机器人移动应用;这些系统使用应用 ToF 测量方法的传感器阵列,这种激光光束阵列可以同时测量和生成平行坐标点阵列,这种坐标点阵列称为点云,并且高保真地表示环境。因此,多光束激光扫描仪被用于捕捉广阔的区域和风景,并用于测绘应用。激光脉冲重复率(RRR)与扫描镜偏转模式相结合,决定了激光雷达数据采集速率[48]。

15.4.1.2 Kinect 传感器

激光扫描仪在制作环境的 3D 模型方面具有重要意义。激光扫描仪的一些参数对于区分一个系统或另一个系统非常重要,该任务需要考虑测量速率、范围和精度等参数。自主移动车辆使用激光扫描仪来获得环境模型。由于该任务是实时执行的,因此它们需要高扫描速度,还需要中等范围(最大 30m)和低精度(3~5cm)的能力。电子游戏业为自主机器人做出了贡献,因为他们开发出了所谓的游戏传感器,这是一种具有高测量速度和中距离(1~5m)的设备[49]。

华硕和微软公司分别开发了 Xtion 和 Kinect 系统;两者都使用三角测量方法来测量目标,已经变得非常流行,因为大量的开发人员已经使用这些系统完成了项目,并且已经将他们的应用潜力扩展到其他领域不同于娱乐,如面部识别、虚拟学习、法医学,当然,还有自动驾驶汽车的导航[49]。

"距离传感器"提供了一种从移动机器人的环境中获取空间和物体测量值的方法。选择这种类型的传感器必须考虑一些重要的要求,即尺寸、重量、分辨率、刷新率、视野以及对外部光线条件的鲁棒性。

Kinect 是一种用于 3D 测量应用的高速传感器,具有相当精确的分辨率,在机器人和导航领域有许多应用。第一代 Kinect 使用三角测量技术进行测量;然而,这种技术的基本结构不适合阳光条件,这限制了其仅用于室内应用的范围[50]。

第二代传感器是随着 Kinect v2 的出现而出现的,Kinect v2 基于 ToF 测量原理(如激光雷达),允许它在户外和阳光下使用。与第一代相比,它提供了更高的分辨率和更大的视野。

Kinect v2 深度传感器有一个红外光闪光灯,可以照亮场景并被障碍物反射,每个像素的 ToF 由红外相机记录。图 15.24 显示了整个系统,包括照明、传感器光学器件、传感器芯片和采用片上系统技术的相机。SoC 的功能是与计算机或 Xbox 进行游戏应用的通信。ToF 测量系统向光源驱动器发送调制方波信号,以测量从二极管光学器件传输到目标并返回传感器光学器件所需的时间,

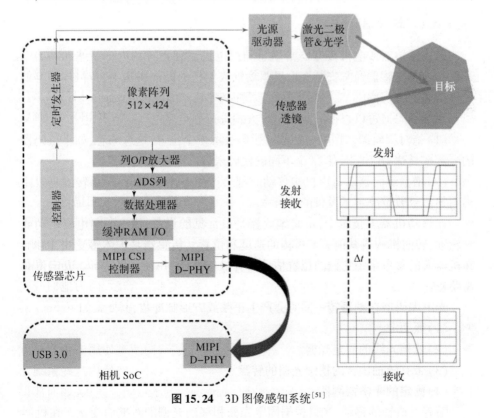

图 15.24 3D 图像感知系统[51]

该时间用于计算距离。定时发生器产生调制方波信号,用于同步光源驱动器发射器产生和像素阵列接收器检测。光线击中物体并在 Δt 内回到传感器光学系统,系统计算 Δt 来估计每个像素的接收光信号和已知同步信号之间的相移(间接 ToF)[51]。由于发出的信号强度决定了 ToF,因此该传感器可以在室外使用。

噪声的数学模型能被获取,该模型可以用于任何应用的深度图像滤波阶段的后处理任务。可以分析不同的测量特征参数来确定 Kinect v2 在机器人导航中的质量,如系统和非系统误差、短程测量能力以及环境光对室内、多云和阳光直射应用的影响。噪声模型可以是测量距离和观察图形角度的函数;然而,模型应该包括极端太阳光度、阴天和室内条件[50]。

为了将 Kinect v2 集成到机器人系统中,有必要根据描述环境的全局坐标框架或与机器人姿态相关联的局部坐标框架,将坐标框架系统与深度测量相关联。收集的测量值经过处理后,可以呈现为健壮的地图,其中包含大量描述周围环境和对象的数据。

15.4.2 定位传感器

15.4.2.1 轮式编码器

轮式传感器或电机传感器常用于测量电机驱动系统的内部状态和动力学特性。这类传感器通常安装在电机驱动轴或电机的转向机构上,价格低廉且能提供良好的分辨率。

光学编码器可以根据其数据呈现方式进行分类。

(1)绝对编码器。用唯一的数字代码表示一个位置,这意味着,如果编码器的分辨率高达 16 位,则有 2^{16} 个不同的代码来表示一个物理位置。

(2)增量编码器。每次机构移动时都会产生一个输出信号,每转或每段距离内的信号数量决定了设备的分辨率。

在移动机器人技术中,增量编码器是最常见的设备,用于测量电机驱动或车轮轴、转向机构或其他关节机构的速度和位置。传感器是本体感受的,因此,在机器人的参考系中它们的位置估计具有最佳性能,并且在移动机器人定位时需要校正。

光电编码器在轴每转一圈时会产生正弦或方形脉冲数,其要素如下。

(1)照明源。

(2)遮挡光线的固定光栅。

(3)带有随轴旋转的精细光栅的转盘。

(4)固定的光学探测器。

随着电机轴的移动,光量根据固定光栅和移动光栅的对准而变化。在机器人技术中,产生的正弦波被转换成方波。

随着电机轴的移动,到达光学检测器的光量根据固定和移动栅格的对准而变化。在机器人技术中,使用阈值将产生的正弦波转换成方波,以区分代表亮状态和暗状态的值[47]。

分辨率以每转脉冲数(PPR)或每转周期数(CPR)来衡量。移动机器人应用中的典型编码器可能有 2000 个 PPR,而光学编码器可以达到 10000 个 PPR 传感器。此外,商业编码器可以轻松实现检测轴旋转速度所需的采样率,因此移动机器人应用没有带宽限制。

正交编码器作为另一种改进版本,目的是从增量式编码器中获取更多数据。这个装置由两对发射探测器组成,且两个探测器相对于旋转圆盘栅格彼此偏移 90°。如图 15.25 所示,输出信号为一对 90°移频方波,称为通道 A 和通道 B。另外,还可增加第三对发射器–检测器,用以指示参考点的唯一位置,该信号用作计算转数或寻零参考。从图 15.25 中可以看出,该传感器对应的外部轨道中仅有一个间隙,故在整圈上仅输出一个脉冲。通道 A 和通道 B 信号可获取更多信息,如旋转方向(如果我们检测信号先上升沿的先后)。此外,通道状态的不同组合可获取不同的状态,分辨率可提高 4 倍。即意味着具有 2000PPR 的传感器可正交产生 8000PPR。

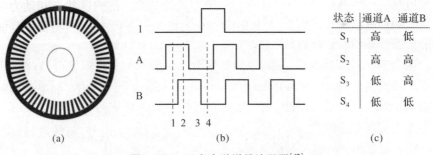

图 15.25 正交光学增量编码器[47]

编码器固有的系统误差和交叉灵敏度可以通过使用工程工具(如滤波器和概率方法)来消除。对于移动机器人应用,光学编码器的精度通常被认为是 100%,相对于电机轴或执行器件引起的误差,光学编码器故障引起的任何误差已经最小化了。

15.4.2.2 全球定位系统(GPS)

历史上,人类使用像星星、山脉、导柱和灯塔这样的信标进行导航,现代方法包括使用远离位于移动车辆上的接收器的发射器。这种感知装置可进行精确的室外定位,但由于所用技术的性质,存在一些限制。

GPS 是一种现代信标系统仪器,现在用于户外导航和空中和陆地车辆的定位。有 24 颗卫星可用于免费的 GPS 服务,它们每 12h 运行一次。4 颗卫星分别位于相对于赤道平面 55°的 6 个倾斜平面上[47],如图 15.26 所示。

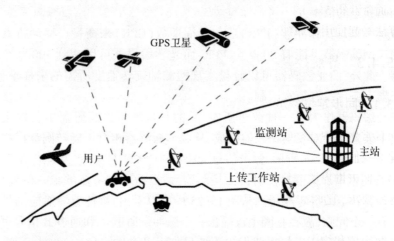

图 15.26　基于 GPS 计算位置和方向通常需要 3 颗以上的卫星[47]

GPS 是被动的外部传感器。具有 GPS 服务的卫星是同步的,因此,它们的传输信号是同时发送的。GPS 接收器读取两个或更多卫星的传输,这些传输之间的时间差可以用作接收器与每个卫星相对距离的指示器。通过结合每颗卫星的位置信息和到达时间延迟,接收机可以计算出自己的位置。

这个操作只需要 3 颗卫星,但是只要有更多的发射到接收器,位置演算就变得更加精确。到达时间延迟范围为纳秒量级,这就是为什么来自卫星的信号必须完全同步。为了实现这一点,地面站定期刷新卫星定时寄存器,并且在卫星电路上实现原子钟[47]。

GPS 接收机的时钟计时是基于石英晶体的,这就是为什么经常需要 3 颗以上的卫星才能有一个可接受的位置读数,这也是 GPS 限制在狭窄空间的主要原因,如那些被高楼、大树或山脉包围的地方,在这些地方不可能同时读取 3 个以上的信号,位置计算也不准确,这也是为什么 GPS 的室内应用无法提供可靠的位置感应。

GPS 的性能还受到其他不同因素的影响,如轨道路径不是直线,而是曲线,因此,在所有地球区域的分辨率并不一致,在远离地球赤道的地方有很多变化和不确定性。

GPS 卫星信息可以通过实施不同的技术来获得,以获得更好的分辨率。其中一些技术是伪距技术,分辨率通常为 15m;另一种技术是所谓的差分全球定位系统(DGPS),它使用位于参考位置的第二个接收器来校正位置,分辨率可以低于1m;最后一种技术用于测量载波信号从卫星传输的相位,这种GPS接收器对于点位置具有1cm的分辨率[47]。

在自动移动机器人上使用GNSS接收器时,必须考虑的最后一个因素是更新率。通常获得5Hz的GNSS更新速率,这就是GNSS与其他类型的传感器和导航算法一起使用的原因。

15.4.3 导航控制

15.4.3.1 同步定位和测绘

在日常生活中,当我们开车或在学校或建筑物内导航时,会使用导航控制。但是除非我们有地图,否则必须在此之前进行探索。如今,我们有应用程序可以指引我们去世界上的任何地方(如谷歌地图和Waze)。因此,自动驾驶车也存在这些要求,它们需要预先确定工作区域的地图,或者在探索环境时绘制地图。

同时定位和绘图(SLAM)的过程有时称为并发映射与定位(CML)过程。这是地图的连续构建和机器人在其环境中状态的计算[46]。

地图不仅能为人类操作员提供直观的环境感知,还能为自主机器人的导航控制绘制位置图[28]。这些可以用于路线规划和校正由估计机器人状态产生的计算误差。当硬件和软件更复杂时,机器人甚至可以被编程来实时做出自己的决定,以避免任何碰撞或路径规划。如果我们没有地图,导航估计将失去路径,车辆将漂移。但是如果我们有地图,机器人可以通过回到相同的区域来纠正它的位置错误,这个过程也称为循环闭合[46]。

SLAM可用于没有地图且需要创建地图的应用中,也就是说,在SLAM中,车辆的轨迹和所有地标的位置都是在线估计的,而不需要任何位置的先验知识[52]。有时可能不需要SLAM,如在提供描述环境的固定物理约束的精确预建地图的应用中,即在室内设施中运行的自动驾驶车辆具有手动构建的地图,以及在机器人可以访问全球定位系统的应用中(全球定位系统卫星可以被认为是已知位置的移动信标)[46]。

大多数项目都使用了不同类型的传感器,以尽可能覆盖最广泛的可见度和范围,包括超声波传感器到RGB-D相机、激光雷达和惯性测量单元以及加速度计、编码器和全球定位系统。除了拥有算法来表示车辆的3D和6D地图之外,所有这些对于能够在导航控制中为机器人绘制地图和做出决策都是必要的。

机器人的自主导航是一项复杂的任务,需要解决几个问题。如今,有关这一主题的项目或进展的文章更加针对并发问题,在如何将硬件应用于软件以大幅提高性能方面也更加多样化。因此,我们将看到一些与自主机器人导航控制同样重要的领域相关的案例项目。

在大多数关于自主机器人导航的研究中,使用的 SLAM 是由激光雷达制造的(图15.27)。它的使用可以分为两类:第一,为机器人使用的区域绘制初始地图样本;第二,在机器人与环境互动的同时,还可以在机器人上继续绘制地图[53],从而更好地应对某些情况。其他项目为他们想要解决的特定任务生成不同类型的映射,这些映射具有不同的分辨率。例如,在文献[53]中,为了保持高性能和低内存消耗,他们使用了多分辨率地图,如基于八叉树(Octomap)的地图,这是3D中多种存储分辨率的信息结构,如图15.28所示。

图 15.27　停车库的对齐扫描[53]

图 15.28　(a)太空机器人杯的探测器、沙德勒团队机器人(左上图);
(b)太空机器人杯竞技场(右上图);(c)沙德勒拍摄的竞技场三维扫描图(下图)[53]

在其他自主机器人中,除了激光雷达外,我们还能找到[54]相机和 IMU(气压计、陀螺仪、加速度计和全球导航卫星系统(GNSS))。摄像头可以旋转,以实现全向视觉,或者根据其在车辆中的位置采用立体配置,如图 15.29 所示。所有这些工作都是为了能够根据 SLAM 中的地图获得 6D 地图。在无法使用 GNSS 的环境中,所有其他组件都可以提供估计的位置坐标,以便进行 6D 映射(图 15.30)。

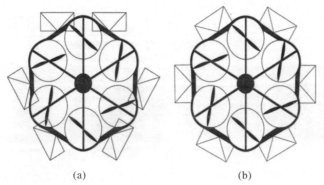

图 15.29　微型飞行器(MAV)中摄像机的安装
(a)三重立体配置;(b)全方位配置。[54]

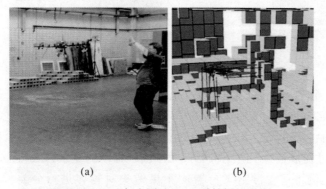

图 15.30　(a)与人测试 MAV 时拍摄的照片;
(b)从 MAV 进行扫描,MAV 被推离接近人员的位置[54]

一旦确定了测试和活动要进行的区域的映射,以及具备了 SLAM 技术,自主机器人将面临一个大问题,即预先建立的地图将与实时路径进行比较。因此,可能会出现障碍物或不确定的情况,在这种情况下,机器人具备导航控制非常重要,以避开上述障碍物并选择其他时间更短或更清晰的路线。决策的制定会使用各种算法和逻辑,并配合硬件输入反馈数据。因此,所有这些都可以用各种方式使用。例如,在 2D 地图中,3D 和 6D 是主要的地图模式。这意味着,为机器人设计的方程式是不同的。它们的流程图设计也会产生影响,这两者将决定它们所有的模型决策。目前,有这样一个项目[55],其机器人的摄像头捕捉到的图像经过滤波器处理,可以看到机器人的每一步。通过应用方程,可以预测前方的自由区域。此外,该项目还会生成一个2D地图,其中图层是完全连接的。因此,他们的决策是基于价值相互作用的网络,并进一步与神经网络相结合(图15.31)。

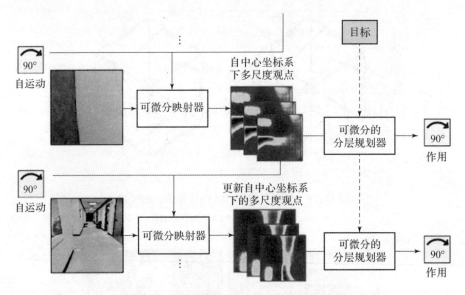

图15.31 古普塔公司的整体网络架构[55]

在另一个案例[55]中,他们生成SLAM来实时查看环境,从而了解环境是否存在变化,如临时或永久性障碍、工作环境的变化、预定映射或与之前旅程的互动。此外,他们还制作二维单元格(网格单元),并对其进行分组,以评估可驾驶区域,所有过程都是为了避免机器人无法最佳移动的复杂区域(图15.32)。在最后一种案例下[54],自主飞行器使用摄像头对物体进行分类,同时还使用SLAM(3D激光)绘制3D地图。此外,利用这两项技术,他们还可以创建6D环境,从而识别障碍物,重走新路线到达目的地。除此之外,全球导航卫星系统用于室外环境,而在室内使用时,则可使用视觉里程计(VO)以及集成了IMU的组件,以了解其在3D和6D平面上的位置(状态估计和飞行控制)所有这些信息都通过usb hub 3.0和2.0,在车内的计算机中心进行处理,并通过WiFi将信息发送到另一台计算机进行监控(图15.33),图中显示了整体示意图。

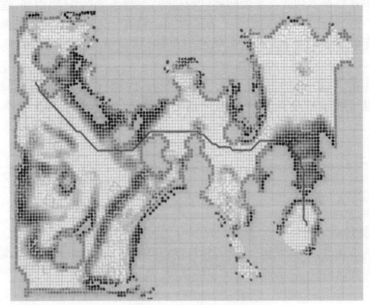

图 15.32　导航规划[53]

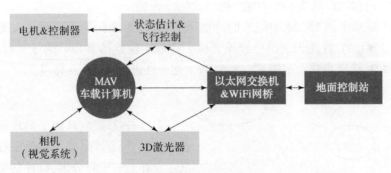

图 15.33　MAV 总体示意图[54]

15.5　路径规划

当我们说到任何与自主交通相关的话题时,往往会产生许多疑问,这是因为要成功到达我们期望的目的地,必须考虑到几个因素,运动或路径规划就是其中之一,而这正是本节要讨论的内容。

作为人类,大多数时候,我们甚至不需要担心如何从 A 点到 B 点,因为我们有能力识别以下问题的答案,即我在哪里？我想去哪里？我怎么去那里？在实现我的目标的道路上有哪些障碍或危险？

为了让机器人回答上述的问题,可以在其中集成某种智能,因此,人们在制图、定位和路径规划等方面进行了大量研究。最后一个课题的目标是最大限度地减少车辆行驶的距离,而要实现这一目标,就必须有一种高效的路径规划算法。

几年前,计算机的计算能力无法满足实时在线路径规划算法的要求,研究人员选择了在室内受控环境中基于规则的算法,得出良好的在线路径规划结果[56]。

15.5.1 算法

15.5.1.1 A*算法

A*算法属于图搜索组,是解决路径规划问题的最有效算法之一,与Dijkstra算法有几个相似之处;然而,在障碍物密度很高的场景中,由于在处理难以处理的情况时耗时较长,它可能不是理想的算法,即

$$f(n) = g(n) + h(n) \tag{15.6}$$

其中$g(n)$是从当前节点到节点n的距离;$h(n)$是从我们的目标位置到节点n的距离,通常可以称为"成本"或"启发式"。

A*是基于图15.34中给出的评估函数,工作原理简单而精妙。该算法以图15.34为例,首先识别出已经能直接到达起始位置的节点。这些节点是F、E、B和D,然后算法会根据式(15.6)对上述节点进行评估(表15.1)。

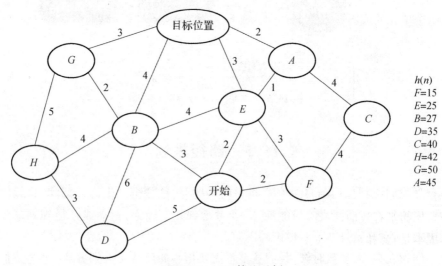

图15.34 A*算法示例

表 15.1　A^* 算法节点评估示例

$f(F)=2+15=17$
$f(E)=2+25=27$
$f(B)=3+27=30$
$f(D)=5+35=40$

15.5.1.2　场域 D^* 算法

在移动机器人导航过程中,需要环境的表示,一般以划分的单元形式表示。根据环境的不同,表示可以是二进制的、有障碍的或自由的,也可能每个单元都有相关的成本 $g(s)$。像 Dijkstra、A^* 或 D^* 这样的大多数算法都受到可能跃迁的小集合的限制;它们从一个单元的中心到另一个单元的中心进行规划,导致路径不是最佳的,并且在实践中很难遵循[57]。

传统算法在计算路径成本时,假设从一个单元到另一个单元的唯一可能路径是从该单元到其邻近单元的一条直线。如果放宽该限制,并且路径可以从一个单元到相邻单元边界中的任何点,则可以计算最小成本轨迹。不幸的是,点的数量是无限的,因此,不可能计算出所有可能的轨迹。

通过插值可以为每个边界点提供一个近似值。为了做到这一点,有必要将节点分配给每个单元的角,这样,遍历一条边的两个等长线段的成本将是相同的,如图 15.35 所示。这就解决了当一个线段穿过两个单元时的成本问题,而每个单元的成本各不相同。图中的节点用作连续成本域的样本点。从一个节点开始的最佳路径必须通过连接两个相邻节点的边。

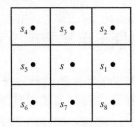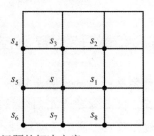

图 15.35　代价问题的解决方案

为了有效地计算成本,假设位于节点 s_1 和 s_2 之间边缘上任意点 s_y 的路径成本是它们的线性组合,即

$$g(s_y) = yg(s_1) + (1-y)g(s_2) \tag{15.7}$$

式(15.7)并不完美,路径成本可能不是 $g(s_1)$ 和 $g(s_2)$ 的线性组合,但它足够精确,切实可行。

给定 s_1 和 s_2 以及单元成本 b 和 c,路径成本可以通过下式计算:

$$\min[bx + c\,\mathrm{sqrt}((1-x)^2 + y^2) + yg(s_2) + (1-y)g(s_1)] \quad (15.8)$$

式中:x 是沿单元 s 底部移动的距离,然后转过中心单元到达右侧的距离 y。

由于使用的是线性插值,因此穿过单元的成本比沿着边界切割的成本要低。如果成本最低的算法中有一个分量穿过单元的中心,那么,它将尽可能地使 $x=0,y=1$。如果没有穿过中心的分量,则 $y=0$。

假设最优路径如图 15.36(a)所示,它沿 x 轴行进到某一点,然后对角交叉到 y 点,最后到达右上节点。显然,这条路径比一直水平到右下节点,然后向上到右上节点要短。缩放得到的三角形,使得上顶点现在位于右上节点,保持斜率将比前面的路径更短,如图 15.36(b)所示。

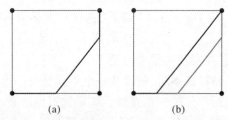

图 15.36　(a)最优最短路径解;(b)具有相同斜率解的简化路径

因此,路径将在 x 轴上行进一段距离,然后直接到达右上节点,或者根据成本 b 和 c,它可以直接从原点节点对角地到达右边缘上的某个点,然后到达右上节点。

一旦计算了从初始位置到目标的路径成本,就通过交互计算到下一个的单元边界点来确定路径。由于插值技术,可以计算单元内任何点的成本,而不仅仅是角。

15.6　案例研究:智慧校园自主车辆智能交通方案

如今,各种各样的自动驾驶车辆设计被用来辅助各种日常任务,如智能农业、智能工业等。自动驾驶汽车对经济和环境以及高效完成任务产生积极影响。同样,在智能校园中使用自动驾驶汽车可以提高学生和工作人员对大学的满意度,就像 CETYS 大学的自动驾驶汽车智能运输计划一样[58]。

首先,了解一下这个案例的研究背景。CETYS 大学墨西哥校区位于墨西哥下加利福尼亚州的首府,这是一个美墨边境城市。墨西哥城气候夏季温暖干燥,时有热浪发生;因此,户外散步可能非常危险。根据国家生态研究所的数据,墨西哥热浪造成的死亡率在墨西卡利呈上升趋势[58]。同样,墨西哥综合医院报告了 72 名有热浪症状的患者,其中 23 人在 2006 年至 2010 年期间死亡[59]。

因此,校园内的自动驾驶汽车将可能成为减少热浪对学生、教师和行政人员在校内活动时造成影响的一种解决方案。此外,在全部校园人口中,有相当一部分是老年人,研究表明,考虑到前面提到的统计数据,老年人更容易受到热浪和高温的影响[60,64]。

此外,为了校园内行动不便或视力障碍者的福祉,自动驾驶车辆能改善他们在大学内的交通情况。由于校园内的停车场和建筑相隔很远,拥有合格交通系统的可能性提高了校园内的生活质量和包容性。

前面的背景描述说明了实现智能交通系统开发的目的,这个系统将安装在汽车中,可以在校园的建筑物之间以及从停车场到建筑物之间运送乘客。车辆的设计应巧妙地避开障碍物(即路上行走的行人)。因此,设计车辆应包括三维视觉系统开发[61],能够检测道路、潜在的静态和动态障碍物(或危险状况)以及其他变量。然后,利用3D视觉系统的数据,设计一个能够安全穿越从A点到B点的路径的自主导航系统,并在必要时重新规划车辆路线,以达到目标位置。此外,还要为车辆建立一个可持续的电力系统,其电池能够通过太阳能自我充电。最后,设计一个网络基础设施,以满足整个通信方案和智能校园的要求。

所谓"智能校园",是指大学校园能够保存所有数据基础设施,"智能校园"还可以为学生和校园内的所有人提供不同服务。因此,为了在智能网络中开发智能代理,应该采用一些技术作为标准,如传感器的采样速率、数据通信方案、系统如何相互交互、所有微控制器如何根据网络本身作为主控制器和从控制器等。自动驾驶汽车是智能校园中的互动代理之一。为了在系统内部实现有效的交互,车辆必须能够响应用户的请求,导航以避开障碍物,并将乘客留在他们选择的终点。下文将从整体上介绍自动驾驶汽车的设计步骤。

15.6.1 同步定位和绘图

为了精确地绘制周围环境的地图,并正确地沿着不同的路径移动,必须实现一种称为SLAM(同步定位和绘图)的高效映射算法(图15.37)。采用这种算法可以使车辆具有自主性。

如图15.37所示,这个设计包括一些传感器输入,如LIDAR(激光探测和测距)和Kinect Frame,这两者在前面的章节中都有介绍。里程计更新算法会处理这些变化带来的不确定性。重新观察过程对地图构建至关重要。所有的元素都提高了车辆运动的准确性。

图15.38显示了自动驾驶汽车的控制流程。车辆在获得当前位置和初始轨迹的演算后开始运动。传感器用于探测障碍物。如果检测到障碍物,车辆会减速或停止。扫描环境和分析数据的地图绘制过程在整个跟踪过程中进行,该过程可以根据障碍物的位置通过修正地图从而控制正确的导航。全球定位

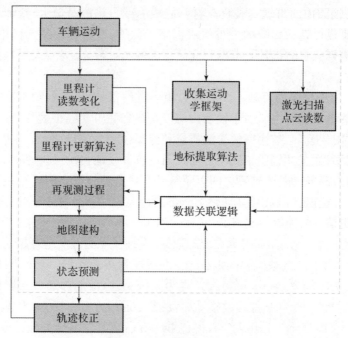

图 15.37　SLAM 算法图[58]

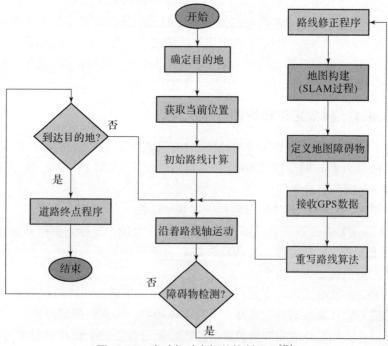

图 15.38　自动驾驶车辆的控制流程[58]

系统可提供车辆位置信息,并在必要时修正初始轨迹或重新确定路线。下述传感器应同步运行,以保持整个方案的一致性,并使系统选择最佳路线,以及如何在考虑车辆视线中的所有障碍物的情况下正确地重新布线。

15.6.2 机械设计和运动模型

我们的机械设计考虑了车辆的底盘、变速箱、电机、车轮、传感器、电池、计算机、以太网开关、电缆管理和气流影响。整个自主系统(视觉和控制)安装在4in的铝制底盘上。底盘上有4个全向车轮,以承受施加在车辆底座的载荷,因此,所有的力都可以消散和抑制。这种类型的驱动允许在空间中进行线性运动和旋转运动,这提供了无须操控车轮的情况下,在所有方向上进行操纵的优势,从而实现更精确的控制和更精确的运动(图15.39)。

图15.39 自动车辆比例原型[58]

我们提出的架构方案如图15.40所示,这个设计实现了自动化目标。所有元件之间的通信已经建立,完整的自动化和控制方案可实现闭合回路。

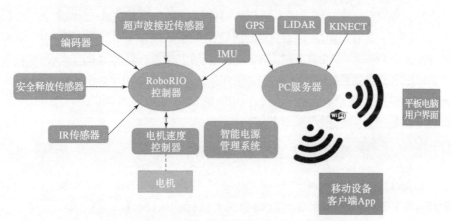

图15.40 自动驾驶车辆系统的通用互联方案[58]

这个案例的研究，说明技术如何有助于改善大学学生、教师和行政人员的福祉。自动驾驶汽车必须满足 Mexicali 的需求，那里的天气状况影响着许多人的健康。

15.7　商业模式的创新将如何改变汽车的未来

众所周知，电动汽车是未来的发展趋势。在我们日常生活中，这个话题引起了广泛共鸣。但是电动车没有汽油车那样的功能，汽油车动力更强、更大、更重、更贵。过去 100 年的几代人见证了汽车的进化，从福特的 T 车型到最新的特斯拉车型。但是，从经历婴儿潮一代、X 世代、千禧一代，最后是 Z 世代的沉默一代，变化主要体现在商业模式上，这些商业模式由最大细分市场的消费者特征所主导。如今，创新正在改变商业模式的规则。人们有机会在网上选择不同的服务，亚马逊、谷歌、Airbnb 和 HostaPet 都是如此。新业务基于信息技术平台，创新允许在世界各地的人们之间在线提供服务。我们这一代人正处于开放创新的时代[3,62]。这是亚马逊没有工厂、爱彼迎没有酒店、优步没有汽车的时代，但是人们可以获得来自它们更好的服务，因为互联网和智能手机让交易变得更容易。

在开放创新[3,62]的时代，汽车的未来取决于 Z 世代的整体趋势。像柯达这样的企业耗费 100 年的时间才经历了商业模式的转变，却在 21 世纪初的数码相机之战[62]中败下阵来，但像宝洁这样的另一些企业理解了市场趋势，为了保持竞争力而改变商业模式。从这个意义上说，Henry Chesbrough 把汽车的使用看作是一个机会。

15.7.1　滥用豪华车辆

想一想，您的汽车在一天中的任何时间带您到任何地方需要多少小时。例如，每天大约使用 2.5h。这意味着，您使用汽车的时间只占 10% 多一点，但您却为真正需要汽车的时间支付了 100% 的费用。假设一辆汽车的平均成本约为 15000 美元。这就意味着，因为您只有 10% 的时间需要用车，所以您支付了 10 倍的用车费用。从商业角度来看，在 10% 的使用时间和 15000 美元之间，有机会利用这笔额外的费用开展业务。

15.7.2　Z 世代消费者概况和汽车的未来

Alexander Osterwalder 和 Yves Pigneur[4]的商业模式围绕着一个细分市场的价值主张展开。通过观察 Z 世代的消费者特征，可以发现 Z 世代或新千年一代是千禧一代的升级版。他们是数字原住民，不知道没有互联网的世界。2020

年,Z 世代的购买力将占世界人口的 30% 左右(表 15.2)。一代人的定义确实很模糊,但这一代人位于 1995 年至 2010 年。对于 Z 世代来说,价值是消费者的第一需求。这就意味着,他们有很多选择,不是一个品牌的拥趸。因此,对他们来说,产品或服务的价值才是最重要的。新千年一代更相信 YouTuber,而不是名人,因为 YouTuber 就像他们一样没有化妆。这意味着,他们更相信真实性而不是外表。Z 世代过去常常在社交媒体上观看评论,会与之交流他们的朋友、家人以及品牌等。

表 15.2 2017 年美国常住人口[63]

世代名称	人口/百万	百分率/%	时间范围
最伟大的一代	2.57	1	1928 年前
沉默的一代	25.68	8	1928—1945
婴儿潮一代	73.47	23	1946—1964
X 世代	65.71	20	1965—1980
千禧一代	71.86	22	1981—1996
世纪一代	86.43	27	1997—2016
	325.72	100	

分析 Alexander Osterwalder 定义的消费者档案的 3 个核心概念,可以预期新千年一代的消费者画像,他们欣赏价值,期望产品或服务实现其目的。因此,如果他们不忠于某个品牌,也不欣赏真实性,那么他们的消费者形象是实用型。因此,当他们花钱时,他们承诺那些有利于实现功能性的产品和服务,而不是那些能满足情感或社会需求的产品和服务。这意味着,尽管同样作为千禧一代,财产并不是他们最关心的问题,而功能是新千年一代和千禧一代买车时最重要的事情。因此,在这个阶段,Alexander Ostwalder 为《消费者简介》提供的价值主张画布定义中的两个相关概念,即 Z 世代的"疼痛缓解者"和"收益创造者"的消费者特征,变得越来越重要。从商业模式的角度来看所有这些世代行为和趋势,可以预见的是,在未来几年内,随着电动汽车的使用,新型创新商业模式和围绕消费者特征驱动因素的也将出现。

15.7.3 汽车出行的商业模式画布

2008 年,戴姆勒克莱斯勒公司推出了他们的 Car2Go 计划(www.car2go.com)。他们细分市场的价值主张(表 15.3)如下:①按分钟计费,使用 car2go,驾驶者对每一英里和每一分钟完全掌控,不同于其他汽车共享服务,驾驶者只需支付实际使用汽车的时间费用;②单程出行,从 A 点出发,到达 B 点而无需将汽车还回 A 点,随时可在街上找到并出发;③按需使用,驾驶者可以随时出发而无须提前预订,驾驶者可以使用他们的智能手机即时找到并驾驶车辆,或在开始前最长预留 30min(免费)。

表 15.3 价值定位画布[4]

价值定位	目标客户
收益创造 易于本地化电动汽车 使用车辆的快速说明 谷歌地图上注册的车辆	收益 快速找到车辆 只想按分钟付款 方便找到车辆 智能手机本地化
痛点缓释方案 使用谷歌地图简单快捷找到 公司所有的车辆 电池已充电 充电站	痛点 找不到靠近该区域的汽车 车辆使用方便 低电池电动汽车 消毒车辆
产品和服务 电动汽车易于使用,按分钟分级,并在谷歌地图上注册	客户工作 仅在客户需要的时间内使用汽车

15.7.4 创新商业模式下的自动驾驶汽车

近年来,由千禧一代和世纪一代的消费者特征形成的市场趋势为使用自动驾驶汽车打开了可能性。5G 技术时代基于开放服务创新的商业模式的演变,可能在不久的将来为自动驾驶电动汽车的使用奠定基础。显然,技术已经达到了新的水平。商业模式的创新,主要是开放式服务的创新,正在成为经济的一个非常重要的组成部分。在这个阶段,可能会有新一代人通过他们的 5G 技术智能手机在线购买服务,包括自动驾驶电动汽车。

分析 Car2Go 商业模式的价值主张,自动驾驶汽车的规模化可能是自然演进的结果。在第一种方法中,自动驾驶汽车的商业模式满足了客户的所有任务,更重要的是,它超出了被定义为 Car2Go 模式价值主张的收益创造者的预期。自动驾驶汽车无需对车辆进行简单的本地化,也无须了解如何使用车辆的需求,就可以去接客户,而且只需要一个按钮就能知道客户要去哪里。当然,智能手机中的 5G 技术使客户更容易将任务指挥到车辆上。可以发现,自动驾驶汽车还可以对充电时间进行编程。

最后,可以得出结论,开放服务的最新技术和商业模式的演变符合新一代客户群的特征。

15.8 结论

本章回顾了自动驾驶汽车的基本原理，从自动化概念到由自动动力工程师协会定义的公路车辆标准，包括其他商业产品在内的新型传感器和图像处理技术，即工业用移动机器人和其他小型设备如移动真空吸尘器。现代化提供了大量的技术，除了自动驾驶电动汽车本身，定期使用的自动驾驶电动汽车更多地取决于未来它服务的司机甚至用户。

新一代已经脱离了消费者的典型特征。因此，个体运输业务下一步将更多地考虑未来驾驶员或用户的需求。对于人口密度高的城市来说，从一个地方到另一个地方仍然有新的创新方法。百年后的几代人将使用更快的技术，并定义市场趋势。在不久的将来，当颠覆性技术与满足客户需求的颠覆性的个体运输模式相遇时，自动驾驶电动汽车的应用将成为现实。自动电动汽车将成为IT平台主导的商业趋势的中心，这将催化自动驾驶电动汽车成为常规交通工具。服务创新将使自动驾驶电动汽车的使用更上一层楼。

未来的驾驶者或新千年一代用户将享受自动驾驶电动汽车的价值。他们不需要寻找停车位，也不需要支付停车费。自动驾驶汽车将在用户需要的时间和地点满足用户的需求。据估计，和千禧一代一样，对于新千年一代和下一代来说，财产并不是首要需求，而在年轻一代购买或租借服务时，服务所提供的内容才是最重要的。因此，对于未来一代的驾驶者来说，那些按分钟付费的自动驾驶电动车将成为现实。

参考文献

1. Bauman, Z. (2000). *Liquid modernity*. Cambridge, UK: Polity Press.
2. Chesbrough, H. W. (2003). *Open innovation: The new imperative for creating and profiting from technology*. Boston: Harvard Business School Press.
3. Chesbrough, H. W. (2003). The era of open innovation. *MIT Sloan Management Review, 44*(3), 35–41.
4. Alexander, O., & Pigneur, Y. (2010). *Business model generation*. Hoboken, NJ: Wiley.
5. Taxonomy and definitions for terms related to driving automation systems for on-road motor vehicles J3016_201806. (2018). Retrieved February 5, 2019, from https://www.sae.org/standards/content/j3016_201806/
6. Raspberry Pi. (2019). Retrieved February 5, 2019, from https://www.raspberrypi.org/
7. Zini 1880. (2019). Retrieved February 5, 2019, from https://zareason.com/zini-1880.html
8. Al-Muteb, K., Faisal, M., Emaduddin, M., et al. (2016). An autonomous stereovision-based navigation system (ASNS) for mobile robots. *Intelligent Service Robotics, 9*, 187. https://doi.org/10.1007/s11370-016-0194-5.
9. What Is GPS? (2019). Retrieved February 5, 2019, from https://www.gps.gov/systems/gps/
10. BeiDou Navigation Satellite System. (2019). Retrieved February 6, 2019, from http://en.beidou.gov.cn/

11. Indian Regional Navigation Satellite System (IRNSS). (2019). Retrieved February 6, 2019, from https://www.isro.gov.in/irnss-programme
12. European Global Satellite-Based Navigation System. (2019). Retrieved February 6, 2019, from https://www.gsa.europa.eu/european-gnss/galileo/galileo-european-global-satellite-based-navigation-system
13. Graham, A. (2010). *Communications, radar and electronic warfare*. Hoboken: Wiley. Available from: ProQuest Ebook Central. [7 February 2019].
14. LIDAR vs RADAR Comparison. Which System is Better for Automotive? (2018). Retrieved February 7, 2019, from https://www.archer-soft.com/en/blog/lidar-vs-radar-comparison-which-system-better-automotive
15. Winner, H. (2016). Automotive RADAR. In H. Winner, S. Hakuli, F. Lotz, & C. Singer (Eds.), *Handbook of driver assistance systems*. Cham: Springer.
16. Mobile Industrial Robots. (2019). Retrieved February 11, 2019, from http://www.jacobsenconstruction.com/projects/dabc-asrs-expansion-warehouse-remodel/
17. Ekren, B. Y., & Heragu, S. S. (2012). A new technology for unit-load automated storage system: Autonomous vehicle storage and retrieval system. In R. Manzini (Ed.), *Warehousing in the global supply chain*. London: Springer. https://doi.org/10.1007/978-1-4471-2274-6_12.
18. Kuo, P.-H., et al. (2007). Design models for unit load storage and retrieval systems using autonomous vehicle technology and resource conserving storage and dwell point policies. *Applied Mathematical Modelling, 31*(10), 2332–2346. https://doi.org/10.1016/j.apm.2006.09.011.
19. Waymo unveils self-driving taxi service in Arizona for paying customers. (2018). Retrieved February 11, 2019, from https://www.reuters.com/article/us-waymo-selfdriving-focus/waymo-unveils-self-driving-taxi-service-in-arizona-for-paying-customers-idUSKBN1O41M2
20. iRobot. (2019). Retrieved February 11, 2019, from https://store.irobot.com/default/home
21. Özgüner, U., Acarman, T., & Redmill, K. (2011). *Autonomous ground vehicles* (pp. 69–106). Boston: Artech House.
22. Weitkamp, C. (2005). *Lidar* (pp. 3–4). New York, NY: Springer.
23. Caltagirone, L., Scheidegger, S., Svensson, L., & Wahde, M. (2017). Fast LIDAR-based road detection using fully convolutional neural networks. In *2017 IEEE Intelligent Vehicles Symposium (IV)*.
24. Velodyne VLP-16. (2019). Retrieved February 27, 2019, from https://velodynelidar.com/vlp-16.html/
25. Velodyne HDL-64E. (2019). Retrieved February 27, 2019, from https://velodynelidar.com/hdl-64e.html/
26. Renishaw plc. Optical Encoders and LiDAR Scanning. (2019). Retrieved February 27, 2019, from https://www.renishaw.it/it/optical-encoders-and-lidar-scanning%2D%2D39244/
27. YeeFen Lim, H. (2018). *Autonomous vehicles and the law: Technology, algorithms and ethics* (p. 28). Edward Elgar Publishing.
28. InnovizOne. (2019). Retrieved February 27, 2019, from https://innoviz.tech/innovizone/
29. Kinect Sensor. (2019). Retrieved February 27, 2019, from Amir, S., Waqar, A., Siddiqui, M. A., et al. (2017). Kinect controlled UGV. *Wireless Personal Communications 95*, 631. https://doi.org/10.1007/s11277-016-3915-3.
30. Giori, C., & Fascinari, M. (2013). *Kinect in motion* (pp. 9–10). Birmingham, UK: Packt Pub..
31. Bernini, N., Bertozzi, M., Castangia, L., Patander, M., & Sabbatelli, M. (2014). Real-time obstacle detection using stereo vision for autonomous ground vehicles: A survey. In *17th International IEEE Conference on Intelligent Transportation Systems (ITSC)*.
32. Thrun, S., Burgard, W., & Fox, D. (2006). *Probabilistic robotics* (p. 221). Cambridge, MA: MIT Press.
33. Siciliano, B., & Khatib, O. (2008). *Springer handbook of robotics* (p. 857). Berlin: Springer.
34. Li, Z., Zhu, Q., & Gold, C. (2004). *Digital terrain modeling* (p. 7). Boca Raton: CRC Press.
35. Mach, R., & Petschek, P. (2007). *Visualization of digital terrain and landscape data* (p. 38). Berlin: Springer.
36. Hernandez-Aceituno, J., Arnay, R., Toledo, J., & Acosta, L. (2016). Using Kinect on an autonomous vehicle for outdoors obstacle detection. *IEEE Sensors Journal, 16*(10), 3603–3610.

37. Wedel, A., & Cremers, D. (2011). *Stereo scene flow for 3D motion analysis* (p. 89). Springer.
38. Plemenos, D., & Miaoulis, G. (2013). *Intelligent computer graphics 2012* (pp. 243–263). Berlin: Springer.
39. Schaub, A. (2017). *Robust perception from optical sensors for reactive behaviors in autonomous robotic vehicles* (p. 161). Springer.
40. Jensen, M., Philipsen, M., Mogelmose, A., Moeslund, T., & Trivedi, M. (2016). Vision for looking at traffic lights: Issues, survey, and perspectives. *IEEE Transactions on Intelligent Transportation Systems, 17*(7), 1800–1815.
41. Mogelmose, A., Trivedi, M., & Moeslund, T. (2012). Vision-based traffic sign detection and analysis for intelligent driver assistance systems: Perspectives and survey. *IEEE Transactions on Intelligent Transportation Systems, 13*(4), 1484–1497.
42. Trepagnier, P., Nagel, J., & McVay Kinney, P. Navigation and control system for autonomous vehicles. US Patent 8,050,863 B2.
43. Cox, I., & Wilfong, G. (1990). *Autonomous robot vehicles*. New York, NY: Springer.
44. Jiang, X., Hornegger, J., & Koch, R. (2014). *Pattern recognition* (p. 4). Cham: Springer.
45. Dhiman, N. K., Deodhare, D., & Khemani, D. (2015). Where am I? Creating Spatial awareness in unmanned ground robots using SLAM: A survey. *Sadhana Academy Proceedings in Engineering Sciences, 40*(5), 1385–1433. https://doi.org/10.1007/s12046-015-0402-6.
46. Cadena, C., Carlone, L., Carrillo, H., Latif, Y., Scaramuzza, D., Neira, J., Reid, I., & Leonard, J. J. (2016). Past, present, and future of simultaneous localization and mapping: Toward the robust perception age. *IEEE Transactions on Robotics, 32*(6), 1309–1332. Retrieved from https://ieeexplore.ieee.org/document/7747236.
47. Siegwart, R., & Nourbakhsh, I. R. (2004). *Introduction to autonomous mobile robots*. Cambridge, MA: MIT Press.
48. Puente, I., González-Jorge, H., Martínez-Sánchez, J., & Arias, P. (2013). Review of mobile mapping and surveying technologies. *Measurement, 46*(7), 2127–2145. Retrieved from https://www.sciencedirect.com/science/article/pii/S0263224113000730.
49. Gonzalez-Jorge, H., Rodríguez-Gonzálvez, P., Martínez-Sánchez, J., González-Aguilera, D., Arias, P., Gesto, M., & Díaz-Vilariño, L. (2015). Metrological comparison between Kinect I and Kinect II sensors. *Measurement, 70*, 21–26.
50. Fankhauser, P., Bloesch, M., Rodriguez, D., Kaestner, R., Hutter, M., & Siegwart, R. (2015, July). Kinect v2 for mobile robot navigation: Evaluation and modeling. In *2015 International Conference on Advanced Robotics (ICAR), Istanbul*, pp. 388–394. Retrieved from https://ieeexplore.ieee.org/document/7251485
51. Sell, J., & O'Connor, P. (2014). The Xbox one system on a chip and Kinect sensor. *IEEE Micro, 34*(2), 44–53. Retrieved from https://ieeexplore.ieee.org/document/6756701.
52. Durrant-Whyte, H., & Bailey, T. (2016). Simultaneous localisation and mapping (SLAM): Part I the essential algorithms. *IEEE Robotics and Automation Magazine, 13*(2), 99–110. Retrieved from https://ieeexplore.ieee.org/document/1638022.
53. Schadler, M., Stückler, J., & Behnke, S. (2014). Rough terrain 3D mapping and navigation using a continuously rotating 2D laser scanner. *Künstliche Intelligenz, 28*(2), 93–99. https://doi.org/10.1007/s13218-014-0301-8.
54. Beul, M., Krombach, N., Zhong, Y., Droeschel, D., Nieuwenhuisen, M., & Behnke, S. (2015, July). A high-performance MAV for autonomous navigation in complex 3D environments. In *2015 International Conference on Unmanned Aircraft Systems (ICUAS), Denver, CO*. https://ieeexplore.ieee.org/document/7152417
55. Gupta, S., Davidson, J., Levine, S., Sukthankar, R., & Malik, J. (2017, November). Cognitive mapping and planning for visual navigation. In *2017 IEEE Conference on Computer Vision and Pattern Recognition (CVPR), Honolulu, HI*. Retrieved from https://ieeexplore.ieee.org/document/8100252
56. Lacaze, A., Moscovitz, Y., DeClaris, N., & Murphy, K. Path planning for autonomous vehicles driving over rough terrain. In *Proceedings of the 1998 IEEE International Symposium on Intelligent Control (ISIC) held jointly with IEEE International Symposium on Computational Intelligence in Robotics and Automation (CIRA) Intell.*

57. Ferguson, D., & Stentz, A. *The Field D_* algorithm for improved path planning and replanning in uniform and non-uniform cost environments*. Technical Report CMU-TR-RI-05-19, Carnegie Mellon University.
58. Básaca-Preciado, L. C., Orozco-Garcia, N. A., & Terrazas-Gaynor, J. M., et al. (2018). *Intelligent transportation scheme for autonomous vehicle in smart campus*. IEEE, pp. 3193–3199.
59. Martinez-Austria, P. F., Bandala, E. R., & Patiño-Gómez, C. (2016). Temperature and heat wave trends in northwest Mexico. *Physics and Chemistry of the Earth, Parts A/B/C, 91*, 20–26.
60. Åström, D. O., Bertil, F., & Joacim, R. (2011). Heat wave impact on morbidity and mortality in the elderly population: A review of recent studies. *Maturitas, 69*, 99–105.
61. Básaca-Preciado, L. C., et al. (2014). Optical 3D laser measurement system for navigation of autonomous mobile robot. *Optics and Laser in Engineering, 54*, 159–169. https://doi.org/10.1016/j.optlaseng.2013.08.005.
62. Lucas, H. C., Jr., et al. (2009). Disruptive technology: How Kodak missed the digital photography revolution. *Journal of Strategic Information Systems, 18*, 46–55.
63. Resident population in the United States in 2017, Statista. (2018). *The Statistics Portal*. Retrieved from January 25, 2019, from https://www.statista.com/statistics/797321/us-population-by-generation/
64. Díaz Caravantes, R. E., Castro Luque, A. L., & Aranda Gallegos, P. (2014). Mortality by excessive natural heat in Northwest Mexico: Social conditions associated with this cause of death. *Front Norte, 26*, 155–177.

第四部分

航空图像处理

第 16 章

面向飞行机器人基础装备的辐射与光电高精度导航方法

Oleksandr Sotnikov, Vladimir G. Kartashov, Oleksandr Tymochko,
Oleg Sergiyenko, Vera Tyrsa, Paolo Mercorelli, Wendy Flores – Fuentes[①]

16.1 引言

近年来,机器人技术是世界上最有前途和最广泛发展的领域之一。机器人理论和实践的进步是主要工业国家国家重点发展计划中明显的主流。另一方面,在机器人学中,飞行机器人理论是最新和复杂的高科技分支之一。存在许

---

① O. Sotnikov
Scientific Center of Air Forces, Kharkiv National Air Force University named after Ivan Kozhedub, Kharkiv, Ukraine

V. G. Kartashov
Kharkiv National University of Radioelectronics, Kharkiv, Ukraine
e – mail:volodymyr. kartashov@ nure. ua

O. Tymochko
Kharkiv National Air Force University named after Ivan Kozhedub, Kharkiv, Ukraine

O. Sergiyenko · V. Tyrsa
Universidad Autónoma de Baja California, Mexicali, Mexico
e – mail:srgnk@ uabc. edu. mx; vtyrsa@ uabc. edu. mx

P. Mercorelli
Leuphana University of Lueneburg, Lueneburg, Germany
e – mail:mercorelli@ uni. leuphana. de

W. Flores – Fuentes
Facultad de Ingeniería Mexicali, Universidad Autónoma de Baja California, Mexicali, Baja California, Mexico
e – mail:flores. wendy@ uabc. edu. mx

多不同类型的飞行机器人[1],如 RW – UAV(旋转翼无人机)[2]、仿生[3]和 FW – UAV[4](固定翼无人机)。这些仪器用于多种实际应用,如工业和农业检查[5-6]、搜索和救援[7]、环境监测[7-8]、安全监视[7,9-10]和自动绘图[11-13]。

与其他自动导航机器人相比,飞行机器人(FR)的主要区别在于环境状况的变化速度明显加快,因此,对处理算法的效率和快速性的要求也提高了。

16.1.1 自动降噪 FR 导航系统

现代的 FR 控制系统被设计用于控制复杂环境下运行的多功能复杂对象。FR 飞行控制可以通过使用自主、自动和非自主导航系统来实现。自主导航系统的目的是减少对特定位置物体的最有效检测,对其进行分类(识别)并在已建立的类别中发出相应的命令给执行控制系统[14-15]。

在 FR 自动导航系统中,操作员根据处理和集成系统的信息来解决控制任务[15]。

FR 自主导航系统基于系统信号确定坐标,信号随时间累积误差(惯性、航向多普勒等),随后通过无线电导航系统、机载雷达站和瞄准目标设备的信号对 FR 飞行路径进行修正[15]。

单个飞行机器人面临的核心问题是导航和避障。J. Keller 等在文献[16]中提出了用于固定翼无人机系统的协调路径规划方法,文献[17]使用计算机模拟验证了无线网络系统在飞行机器人中避免碰撞的理论,文献[18]则考虑了自由飞行机器人的精确定位和操纵方面的一些主要问题。

在大多数情况下,飞机自主控制系统的主要用惯性导航系统(INS)。惯性导航系统中导航目标的当前位置是根据其初始定位和加速度向量的双重积分结果或速度向量的积分间接确定的。

实现导航概览和比较方法的系统——相关极值导航系统,在运动轨迹的特定点进行惯性导航系统误差的修正[19]。

导航系统(NS)拥有最高的自主级别,在很大的"超视距"范围内无须操作员参与即可运行。NS 数据分为导航小型的,高对比度目标和 CENS,它能在二维和三维图像中导航飞机的 CEN。

在导航过程中,尤其是在 FR 的情况下,主要任务是确保其按照给定的轨迹进行准确移动,并在约定的时间内准确输出到给定的点,以最有利的方式适应给定条件[1,19]。导航过程的每个阶段都对应于导航模式,可以认为该模式为 FR 飞行方向、速度和高度的保持/维护。导航模式是通过组合一个较大的导航元素数来确定的,该导航元素数表示几何量或机械量,并表征物体的运动和位置。

指定导航元素的定义是基于使用各种技术导航手段(TNM)的测量,基于各种测量导航参数的原理和方法,导航参数是几何值或其导数之一。导航参数要么与导航元素重合,要么通过简单关系与之关联。

最近,自主系统越来越多地用于 FR 导航,其主要原理是通过检查自然地球物理场的信息来确定物体的导航参数,如地形场、光学场、雷达场和辐射对比度场、异常磁场场和地球磁场、重力场等[20],并使用测量的导航参数为粗略导航系统生成校正信号。

导航参数是通过比较当前图像(CI)(系统视图区域中的物理场分布)与一个或多个预先存储的图像副本(称为参考图像(RI))来确定的,该图像副本基于某种统计标准,其中最常使用的是互相关函数。即使在使用不同于相关函数的图像匹配标准的情况下,这种校正系统也称为相关极值导航系统。

根据每个时间点从物理场中移除的信息的数量和性质,CENS 划分为当前在某个点(CENS – I)、线(CENS – II)和区域(框架)(CENS – III)移除信息的系统[19]。第一种类型的系统可以使用地面场(起伏场、光学、无线电定位和辐射对比场,此类系统属于 TNM 类型 2)和空间场(TNM 类型 1 的异常磁场和重力场)。CENS – II 和 CENS – III 只能在表面场上工作,因为与空间场的相关半径相比,FR 通常较小。这些系统与图像识别系统和图像合成系统紧密相连。通过扫描场传感器或使用飞机速度的水平分量,形成 CENS – II 中的图像线或 CENS – III 中的帧。

根据先验信息和工作信息的存储和处理方法,可以进一步划分 CENS 子类。从这个角度来看,它们分为模拟(连续)、数字和模拟数字(混合)。

根据确定偏离极值的方法,将 CENS 图像的比较标准分为搜索、免搜索和组合搜索。

免搜索 CENS 是一种跟踪系统,需要在每个校正会话中使用一份参考图像(RI)副本,并且要确保当前图像(CI)相对于参考图像(RI)的不匹配(偏移)不超过表面场的相关间隔[15]。在这样的系统中,相关处理是在表面场的均匀性和遍历性条件下进行的,并且传感器的视场尺寸必须显著地超过场相关间隔。无搜索的 CENS 适用于在地面目标捕获模式(导航指南)中满足这些条件时使用。假设在此模式下,缺少导航地标的概率很小,系统质量的主要特征是受控对象(FR 导航)在给定轨迹上的精度。

在搜索 ACS[19]中,通过搜索图像匹配标准的极值位置来进行操作,这与跟踪系统不同,需要进行必要的测试动作以确定移动到极限位置的方向。这是通过改变传感器的视野来实现的。在 CENS 中,在比较测试运动时,使用 RI 集中剪切力不同的不同片段更为方便。因此,与 CI 最大程度相对应的 RI 片段会被识别出来,而移动向量的值与地面上的图像采样间隔同时确定,这是由现场传感器的脉冲空间特性决定的。在这一阶段,系统质量的主要特征是正确识别地面目标的概率,而确定导航参数的准确性起着次要作用。

组合搜索(递归搜索)[19]是一种自动控制系统(ACS),它将卡尔曼滤波原理与统计解理论相结合,更准确地说,是其分支检验统计假设。RI 选择的实例作为一个假设,其差异在于一定的偏移。作为 CI 和 RI 的比较标准,出现了移位参数和假设的条件相对观测联合概率密度。

根据所使用的物理场类型,CENS 分为雷达、光电、辐射测量、基于地形等。

根据使用的物理场形成方法,CENS 可以是主动的、被动的和半主动(被动 - 主动)的。

16.1.2　具有 CENS、辐射和光电传感器的 FR 基本模型

我们将其理解为系统的一些理想化模型,它描述了可解决任务所产生的转换信号模式,但没有考虑辐射接收或光电传感器接收的干扰特性。假设接收信号的唯一干扰是接收器的内部噪声,并且不存在扭曲 CI 结构的各种不稳定因素(天气条件、下垫面条件等的变化)。

16.1.2.1　RM 信道 CENS 中信号处理的主要目标和模型

根据辐射测量(RM)信道中的热辐射理论,绑定对象(OB)信息的选择基于材料和下垫面发射率的差异。因此,用于检测、识别、识别、映射等的记录(信息)信号参数是接收信号的强度。

RM 通道在绑定轨迹的每个阶段要解决的主要问题是基于视场 $S \subset R^2$ 中的热释压 $T(x,y)$ 的处理来估计 OB 特征点 (X_{OB}, Y_{OB}) 的坐标,并使用 RI 形式的先验信息来显示其中一个视场部分,即表达形式为 $S \to (X_{OB}, Y_{OB})$。此任务分为多个子任务。

(1)审查 OB 区域的下垫面。

(2)在与 FR 坐标系相关的某个主题平面上形成视野内区域的射电热浮雕,即辐射成像(RMI)。

(3)进行 RMI 分析,以便根据其与 RI 的比较,确定由于 OB 的存在而产生的异常,确定所选异常特征点的坐标,并发出 CS 的目标指示。

根据这些数据以及从测高仪接收到的帧拾取时的高度信息,计算 FR 质心坐标和 FR 速度向量与 OB 方向的失配角。该信息以目标指示的形式进入控制系统,用于修正 FR 轨迹。

在地球表面的坐标系 (x,y) 中,给定热(射电)热释放场 $T(x,y)$。多径天线将强度为 $T(x,y)$ 的放射热辐射转换为具有双面光谱功率密度的过程组合 $\{us_{i,j}(t)\}_{i=1,j=1}^{N_1, N_2}$,即

$$S_{s_{ij}}(f) = kT_{s_{ij}}/2, \tag{16.1}$$

每个信道的天线温度 $T_{s_{ij}}$ 由表达式确定,即

$$T_{s_{ij}} = \int_{-\infty}^{\infty}\int_{-\infty}^{\infty} T(x,y) G(x_{ij}-x, y_{ij}-y) \mathrm{d}x\mathrm{d}y, \quad i \in \overline{1,N_1}, \quad j \in \overline{1,N_2} \quad (16.2)$$

式中:$G(x_{ij}-x, y_{ij}-y)$ 是描述第 ij 部分天线方向图的函数,转换为地球表面上的坐标系,其中轴在某一点 (x_{ij}, y_{ij}) 与地球表面相交。

因此,由于图像离散化处理通道数的精细化和每个部分 ADD 最终宽度的"模糊化",热辐射热分布会出现信息损失。这导致定位的精度和可靠性降低。

让更多的信号由多通道矩阵辐射计处理,该辐射计使用独立的辐射通道。在每个通道中,信号在放大路径中放大到二次检测器正常工作所需的水平。在放大前,信号与天线噪声、输入电路和放大路径固有噪声造成的干扰相加。假设频率路径响应为矩形,带宽为 Δf,中心频率为 f_0,则其输出处的信号可表示为

$$u_{ij}(t) = u_{s_{ij}}(t) + u_{n_{ij}}(t) \quad (16.3)$$

式中:$u_{s_{ij}}(t)$、$u_{n_{ij}}(t)$ 是具有谱功率密度的带高斯随机过程,即

$$S_{s_{ij}}(f) = kT_{s_{ij}}[\mathrm{rect}(f+f_0,\Delta f) + \mathrm{rect}(f-f_0,\Delta f)]/2$$
$$S_{n_{ij}}(f) = kT_{n_{ij}}[\mathrm{rect}(f+f_0,\Delta f) + \mathrm{rect}(f-f_0,\Delta f)]/2 \quad (16.4)$$

式中:$k = 1.38 \times 10^{-23} \mathrm{J \cdot K^{-1}}$ 是波耳兹曼常数,即

$$\mathrm{rect}(f,\Delta f) = \begin{cases} 1, & |f| \leqslant \Delta f/2 \\ 0, & |f| > \Delta f/2 \end{cases} \quad (16.5)$$

式中:$T_{n_{ij}}$ 是内部噪声的等效温度。

例如,理想补偿矩阵辐射计中的信号处理算法如下:

$$\{u_{ij}(t) \mapsto \hat{T}_{s_{ij}}\}; \quad \hat{T}_{s_{ij}} = \frac{1}{k\Delta f \tau} \int_0^\tau u_{ij}^2(t)\mathrm{d}t - T_{n_{ij}}; \quad i \in \overline{1,N_1}, \quad j \in \overline{1,N_2} \quad (16.6)$$

式中:$\hat{T}_{s_{ij}}$ 是第 ij 个信道的天线的温度估计值。

在具有波动噪声的信号最佳接收理论中,通常使用天线温度 $\hat{T}_{s_{ij}}$ 的测量值(估计值)与其真实值的均方偏差的平方根作为噪声抗扰度 $T_{s_{ij}}$ 的指标,即

$$\delta T_{ij} = [\boldsymbol{M}(\hat{T}_{s_{ij}} - T_{s_{ij}})^2]^{1/2} \quad (16.7)$$

通过表达式(16.6)的直接平均,我们可以验证估计值 $\hat{T}_{s_{ij}}$ 是无偏的,即 $\boldsymbol{M}\hat{T}_{s_{ij}} = T_{s_{ij}}$。然后,抗扰度指数式(16.7)与标准偏差 $\hat{T}_{s_{ij}}$ 一致,即

$$\delta T_{ij} = (\boldsymbol{D}\hat{T}_{s_{ij}})^{1/2} \quad (16.8)$$

用式(16.6),直接计算可得

$$\delta T_{ij} = \frac{T_{s_{ij}} + T_{n_{ij}}}{\sqrt{\Delta f \tau}} \quad (16.9)$$

因此,辐射测量信道输出处的信号可以表示为

$$\hat{T}_{s_{ij}} = T_{s_{ij}} + n_{ij} \qquad (16.10)$$

式中:n_{ij}是输出信号的波动分量。由于式(16.6)中的积分器是一个低通滤波器,根据著名的窄带滤波器输出端随机过程归一化定理,n_{ij}是一个平均值和标准偏差为零的高斯随机变量式(16.9)。

辐射测量通道的输出信号集是 $N_1 \times N_2$ 的 CI 矩阵 $\{\hat{T}_{s_{ij}}\}$,在将分块与 RI 矩阵 $E = [e_{i,j}], i \in \overline{1, M_1}, j \in \overline{1, M_2}, M_1 < N_1, M_2 < N_1$ 进行比较的基础上,在二级处理设备中使用适当的算法,并决定通过搜索与 RI 最相关的 CI 片段来定位 OB。

作者将这一片段称为片段 CI,它实际上与片段 RI 相对应。对于这个片段,关系式(16.10)的形式如下:

$$\hat{T}_{s_{ij}}^{kl} = e_{ij} + n_{ij}^{kl} \qquad (16.11)$$

式中:(k, l) 是作者片段的坐标。

作者片段的坐标值决定了当前图像在地球表面锚定区域平面上的位置。只要锚定区域(对象)的参考图像是预先形成的,坐标就是已知的。

因此,RM 通道的二级处理系统将 CI 矩阵得 $\{\hat{T}_{s_{ij}}\} \to (\hat{k}, \hat{l})$ 映射转换为作者片段的坐标估计值。

作为二级处理设备抗噪性的指标,我们将使用 OB 正确定位的概率 P_{CL}。让我们揭示这个概念的含义。

在轨迹绑定的第 i 个环节($i \in \overline{1, N_t}$,N_t 是绑定环节(帧)的总数)上,获得相对于 CI 的 RI 估计位置 $\hat{k}_i$、$\hat{l}_i$,并且真值等于 k_i、l_i ($k_i \in \overline{1, N_1 - M_1 + 1}, l_i \in \overline{1, N_2 - M_2 + 1}$)。让我们通过 A_i 事件表示第 i 个绑定环节的绝对误差($\Delta k_i = \hat{k}_i - k_i, \Delta l_i = \hat{l}_i - l_i$)满足条件

$$|\Delta k_i| < 1, \quad |\Delta l_i| < 1 \qquad (16.12)$$

然后,这个事件将称为在轨道绑定的第 i 个环节中 OB 的正确定位。当执行此事件时,轨迹参考的精度将不低于地面上的分辨率元素,该分辨率元素由光束的宽度、放炮时 FR 的高度和 OB 视角确定。

对于第一个绑定环节,我们有 $P_{CL_1} = P(A_1)$。在第二环节中,正确 OB 的正确定位概率是组合事件 A_1 和 A_2 的概率,其由概率的乘法规则确定,即

$$P_{CL_2} = P(A_1 \cap A_2) = P(A_1)P(A_2 | A_1)$$

同样,在第 i 个环节上,有

$$P_{CL_i} = P(\bigcap_{j=1}^{i} A_j) = P(A_1)P(A_2 | A_1) \cdots P\left(A_i \bigg| \bigcap_{j=1}^{i-1} A_j\right)$$

然后,正确 OB 定位的最终概率将由以下表达式确定:

$$P_{CL} = P_{CL_{N_t}} = P(\bigcap_{j=1}^{N_t} A_j) = P(A_1)P(A_2 | A_1) \cdots P\left(A_{N_t} \bigg| \bigcap_{j=1}^{N_t - 1} A_j\right) \qquad (16.13)$$

让我们估计图像式(16.10)中的信号影响和干扰分量对正确 OB 定位概率的影响。为了简单起见,我们将考虑事件独立性。然后,式(16.13)采取以下形式:

$$P_{CL} = \prod_{i=1}^{N_t} P(A_i) \qquad (16.14)$$

我们将接受以下假定和假设。

(1) RI 是均值和方差 σ_e^2 为零的一维高斯遍历过程的样本。

(2) 应用了一种具有噪声式(16.11)的 CI 相互作用的加性模型,即

$$z_i = e_i + n_i$$

(3) 噪声 n_i 具有与 RI 相同的特性,除了色散,它等于 σ_n^2,并且对于所有信道都是相同的。

(4) 进程 z 和 n 是独立的。

(5) 为了比较 RI 和 CI 的片段,使用了平均绝对差分算法,其标准函数为

$$D_j = \frac{1}{N} \sum_{i=1}^{N} |e_{i+j} - z_i| \qquad (16.15)$$

式中:N 是元素 CI 的数量。

对于这些假设和假设,对象绑定的单个动作期间正确 ± B 定位的概率将由以下表达式确定:

$$P_{CL} = \frac{1}{2^M \sqrt{\pi}} \int_{-\infty}^{\infty} e^{-x^2} \left[1 + \mathrm{erf}\left(\frac{x + \sqrt{\frac{N}{\pi-2}}(\sqrt{2q+1}-1)}{\sqrt{2q+1}} \right) \right]^M dx \quad (16.16)$$

式中:M 是准则函数的独立样本数为独立图像样本数;$q = \sigma_e^2/\sigma_n^2$ 是信噪比,并且

$$\mathrm{erf}(x) = \frac{2}{\sqrt{\pi}} \int_0^x e^{-t^2} dt$$

从表达式(16.16)可以看出:

(1) OB 正确定位的概率随着信噪比的增加而增加;

(2) OB 的正确定位的概率随着 N 的增加而增加,随 M 的增加而减少。

然而,表达式(16.16)没有考虑到会导致正确 OB 定位概率降低的许多因素。

16.1.3 分析影响相关极值导航系统的决策函数失真的因素

使用组合 CENS 的高精度 FR 自主定位任务解决方案应主要在"不同物理性质 CI 传感器上物体的三维形状(SDPN) – FR 的几何位置,考虑到其随机变化"系统的信息参数束中执行。

(1)各种类型的 CI 干扰和失真,可能是自然的或人为的。

(2)无线电波传播介质(PM)和对导航系统状态的干扰影响(NS)。

CENS FR 效率函数由决定性函数(空间 FR 位置校正的术语)确定,并由精度参数和定位概率估计[21]。

在绑定的第 k 个环节中使用 CEN 的 FR 定位概率由以下表达式确定:

$$P_{m_i} = P_{CL_i} \cdot P_{C_i} \qquad (16.17)$$

式中:P_{CL_i} 是 CI 上正确 OB 定位的概率。

$P_{CL_i} = P_W \cdot P_{IP} \cdot P_{CS}$ 是在绑定的第 k 个环节执行 FR 航迹修正的概率,由以下参数确定:

P_W 是天气条件对控制系统(CS)LR 的影响概率;

P_{IP} 是 FR(CS)功能上的干扰可能性;

P_{CS} 是 FR CS 的无故障运行概率。

CENS 的精度指数(定位误差)的特征是:在对给定坐标进行第 k 次校正后,实际 FR 坐标的标准偏差(SD)[19,21]。

精度指数 CENS FR 可用以下表达式表示:

$$\sigma_k = \sqrt{\sigma_{CL_i}^2 + \sigma_{C_k}^2 + \sigma_{CS_k}^2} \qquad (16.18)$$

式中:$\sigma_{CL_i} = f(\sigma_{CI}, \sigma_{x_i, y_i, z_i})$ 是在第 k 次绑定环节时,在 CI 上 OB 定位的 SD,这取决于 RI 制造精度 σ_r 和在随机因素影响下确定 FR 空间位置的误差 σ_{x_i, y_i, z_i};σ_{C_k} 是在参考 CEN 的 k 环节中执行校正后的坐标偏差;σ_{CS_k} 是修正 FR 飞行轨迹后测试控制信号的 SD。

由于随机因素的影响,在确定前沿阵地空间位置时会出现误差,这就需要对 CENS DF 的形成和前沿阵地的定位制定适当的方法。

概率 σ_{CL_i} 由许多因素决定,如 SS 物体的三维形状、FR 空间位置不稳定性的影响,这些因素决定了 SI 的质量,并且由 CENS 的传感器形成[22]。

需要考虑 SS 对象的三维形状,特别是在视线几何变化的情况下,是由 SS 对象饱和图像引起的。这类图像的特点是基础设施发达、阴影和轮廓模糊。这些因素,以及阵风、气孔和气流导致 FR 空间位置的快速变化,也会导致 DF 失真,进而导致 CENS 运行效率降低。

16.1.4　FR 空间位置的变化对 CI 的影响分析

为了保持推理的完整性,我们将改进"CI"模型,该模型由组合 CEN 的通道使用 RM 通道的示例形成,该通道具有一个信息参数——辐射亮度温度,然后推广到光电通道[23]。

CI 模型构建将考虑以下条件。

(1) FR 以与垂直方向成一定角度 φ 的速度 V 匀速直线飞行。
(2) ADD 近似于高斯曲面。
(3) CI 帧的形成由多路径(矩阵)系统执行。
(4) 在加性噪声的影响下,每个通道中的 CI 根据式(16.11)形成。
(5) 改变 FR 空间位置对 CI 的影响通过偏航角 $\psi' = \psi + \Delta\psi$ 来实现。
(6) 俯仰角和侧倾角不变。

当前图像建模的第一个条件表明,飞行机器人在形成图像帧时不进行机动。因此,横滚角和俯仰角不会立即改变。此外,提供恒定横滚角和俯仰角的定向系统是飞行机器人捷联惯性参考系统的一部分。所以,滚动和俯仰角度不影响图像帧形成。因此,关于横摇角和俯仰角一致性的第六个条件反映了现实。

假设 FR 在与 SS 相关的 x、y、z 坐标系的 xz 平面内移动(图 16.1(a))。每个部分加法的位置由角度 β 和 α 表示。半功率级 ADD 的孔径角为沿仰角平面的 θ_x 和方位平面的 θ_y。对于 ADD 高斯近似,其在 yx 平面的截面为椭圆。

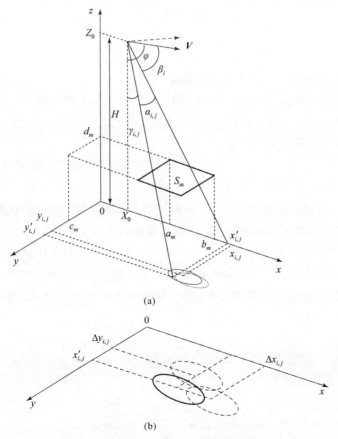

图 16.1 形成 CENS CI 的几何条件

CI 形成 M 行和 N 列的矩阵。ADD 所在平面沿轴的倾斜度由角度 $\beta_{i,j} \in \overline{1,M}$ 给出相对于速度向量 V,行中每个 ADD 的轴的位置由角度表示 $\alpha_{i,j}$。

CI 帧的畸变可以从 ADD 的每个梁的半幂椭圆的中心和主半轴尺寸的运动方程中找到。

根据运动方向(图 16.1),t 时刻的 FR 空间位置表示为

$$\begin{cases} x(t) = x_0 + V \cdot (t - t_0)\sin\phi \\ y(t) = 0 \\ z(t) = z_0 - V \cdot (t - t_0)\sin\phi \end{cases} \quad (16.19)$$

在式(16.19)视图中,第 ij 部分 ADD 的椭圆中心的运动方程如下所示:

$$\begin{cases} x_{ij}(t) = k_{ij}x'_{ij}(t) \\ y_{ij}(t) = k_{ij}y'_{ij}(t) \end{cases} \quad (16.20)$$

其中

$$x'_{ij}(t) = x_0 + z_0\tan(\phi - \beta_i) + V \cdot (t - t_0)\sin\beta_i\sec(\phi - \beta_i)$$

$$y'_{ij}(t) = z(t)\tan(\alpha_{ij})\sec(\phi - \beta_i), [0,1]$$

$$k_{ij} = \left\{1 - \left[\frac{\sin(\theta_{x_{ij}}/2)}{\cos\alpha_{ij}\cos(\phi - \beta_i)}\right]^2\right\}^{-1}$$

主椭圆半轴的尺寸由以下关系确定。

(1)在通过点$(x_0, 0, z_0), (x_0, 0, 0), (x_{ij}, y_{ij}, 0)$的平面中,有

$$\Delta x_{i,j}(t) = z(t)(k_{i,j}(t) - 1)\cot(\theta_{x_{i,j}}/2) \quad (16.21)$$

(2)在正交平面上,有

$$\Delta y_{ij}(t) = z(t)\tan\frac{\theta_{y_{ij}}}{2}\sqrt{(k_{ij} - 1)\left(k_{ij}\cot^2\frac{\theta_{x_{ij}}}{2} - 1\right)} \quad (16.22)$$

假设半幂椭圆的主轴平行于 x、y 轴。对于这些条件,轴与 xz 平面相交于点 (x_{ij}^0, y_{ij}^0),点 $(x_0, 0, z_0)$ 处的归一化 ADD 可表示如下[19]:

$$G(x, y, x_{ij}^0, y_{ij}^0) = \frac{1}{2\pi\delta_{x_{ij}}\delta_{y_{ij}}}\exp\left\{-\left[\frac{(x - x_{ij}^0)^2}{2\delta_{x_{ij}}^2} + \frac{(y - y_{ij}^0)^2}{2\delta_{y_{ij}}^2}\right]\right\} \quad (16.23)$$

选择参数 $\delta_{x_{ij}}, \delta_{y_{ij}}$,以便加法半幂的主椭圆半轴尺寸与式(16.21)和式(16.22)确定的尺寸一致:

$$\frac{(x - x_{ij}^0)^2}{2\ln 2\delta_{x_{ij}}^2} + \frac{(y - y_{ij}^0)^2}{2\ln 2\delta_{y_{ij}}^2} = 1 \quad (16.24)$$

于是,我们得到了

$$\delta_{x_{ij}} = \frac{\Delta x_{ij}}{\sqrt{2\ln 2}}, \quad \delta_{y_{ij}} = \frac{\Delta y_{ij}}{\sqrt{2\ln 2}} \quad (16.25)$$

为了找出在单独 RM 通道输出时亮度温度随时间的依赖关系,假设 CI 上有

亮度温度为 T_m 的 K 区域分布在温度为 B 的均匀背景上。然后，在 XY 平面中，将出现以下亮度分布温度：

$$T_{Br}(x,y) = \begin{cases} T_m, & x,y \in S_m, m \in \overline{1,K} \\ T_B, & x,y \notin S_m = \bigcup_{m=1}^{K} S_m \end{cases} \quad (16.26)$$

式中：$S_m \cap S_n = \emptyset, m \neq n$。

考虑辐射计低通滤波器（LPF）具有脉冲响应 $h_{ij}(t) = \dfrac{1}{\tau_{ij}} \exp(-t/\tau_{ij})$。然后，RM 通道输出处的信号表示为

$$T_{S_{i,j}}^r = e^{-(t-t_0)/\tau_{i,j}} \left[T_{S_{\text{eff}}}(t_0) + \frac{1}{\tau_{ij}} \int_{t_0}^{t} e^{\eta/\tau_{ij}} T_{S_{\text{eff}} ij}(\eta - t_0) d\eta \right] \quad (16.27)$$

式中：$T_{S_{\text{eff}}} ij$ 是第 ij 个输入的天线温度；τ_{ij} 是第 ij 个通道的时间常数。

考虑到天线系统参数 $T_{S_{ij}}$ 可以表示如下[19]：

$$T_{S_{ij}}(t) = \int_{R^2} T_{S_{\text{eff}}}(x,y) G(x,y,x_{i,j}(t),y_{i,j}(t)) dx dy \quad (16.28)$$

考虑到式（16.26），我们写式（16.28）如下：

$$T_{S_{ij}}(t) = T_\phi + \sum_{m=1}^{R} (T_m - T_\phi) \int_{S_m} G(x,y,x_{i,j}(t),y_{i,j}(t)) dx dy \quad (16.29)$$

考虑到式（16.23）、式（16.27）和式（16.28），在 $t_0 = t - 3\tau$ 到 t 范围内积分后，我们得到：

$$T_{S_{ij}}^r(t) = T_\phi + \sum_{m=1}^{K} (T_m - T_\phi) \Phi\left(\frac{x - y_{ij}(t_0)}{dy}\right)\bigg|_{x=c_m}^{d_m}$$

$$\left[\Phi\left(\frac{x - x_{ij}(t)}{dx}\right) - B_{ij}(t,x) \right]\bigg|_{x=a_m}^{b_m} \quad (16.30)$$

其中

$$B_{ij}(t,x) = \exp\left(\frac{r_{ij}^2}{2} + \frac{x - x_{ij}(t_0)}{dx} r_{ij} - \frac{t - t_0}{t_{ij}}\right) \left[\Phi\left(\frac{x - x_{ij}(h)}{dx} + r_{ij}\right) \right]_{h=t_0}^{t}$$

$$r_{ij} = \frac{\delta_{x_{ij}}}{V_{x_{ij}} \tau_{ij}}$$

$$\Phi(\xi) = \frac{1}{\sqrt{2\pi}} \int_{-\infty}^{\xi} e^{-\theta^2/2} d\theta$$

$$i \in \overline{1,M}; j \in \overline{1,N}$$

式（16.30）是信号模型，由一个独立的 RM 通道根据 FR 的空间位置及其方向形成，而不考虑通道噪声。

考虑到辐射测量信道中的噪声，描述 CI 模型的表达式可表示为[23]

$$S_{\text{RM}} = \left\| S_{\text{RM}_{i,j}} \right\|_{\substack{i=\overline{1,2,\cdots,M} \\ j=\overline{1,2,\cdots,N}}}, \qquad (16.31)$$

其中

$$S_{\text{RM}}(i,j) = T_b + \sum_{m=1}^{K}(T_m - T_b)\Phi\left(\frac{\xi - y_{ij}(t_0)}{\delta y}\right)$$

$$\left|\begin{matrix}d_m \\ \xi = c_m\end{matrix}\right.\left[\Phi\left(\frac{\xi - x_{ij}(t)}{\delta x}\right) - B_{ij}(t,\xi)\right]\left|\begin{matrix}b_m \\ \xi = a_m\end{matrix}\right. + n(t)$$

根据式(16.31)的光电通道中的 CI 模型可表示为

$$S_{\text{OE}} = \left\| S_{\text{OE}_{i,j}} \right\|_{\substack{i=\overline{1,2,\cdots,M} \\ j=\overline{1,2,\cdots,N}}}, \qquad (16.32)$$

$$S_{\text{OE}}(i,j) = B_b + \sum_{m=1}^{K}(B_{\text{Br}_m} - B_{\text{Br}_b})\Phi\left(\frac{\xi - y_{i,j}(t_0)}{\delta y}\right)$$

其中

$$\left|\begin{matrix}d_m \\ \xi = c_m\end{matrix}\right.\left[\Phi\left(\frac{\xi - x_{i,j}(t_0)}{\delta x}\right) - B_{i,j}(t,\xi)\right]\left|\begin{matrix}b_m \\ \xi = a_m\end{matrix}\right. + n(t)$$

CENS OE 传感器在时间点(i,j)从 SS 元件接收到的信号亮度$B_{\text{Br}}(i,j,t,\varepsilon,\mu,\varpi)$由表达式[6]描述为

$$B_{\text{Br}}(i,j,t,\varepsilon,\mu,\varpi) = E(i,j,t,\varepsilon,\mu,\varpi)r_{\text{Br}}(i,j,t,\varepsilon,\mu,\varpi) \qquad (16.33)$$

式中:$E(i,j,t,\varepsilon,\mu,\varpi)$是光谱照明场,由图像元素$(i,j)$产生;$r_{\text{Br}}(i,j,t,\varepsilon,\mu,\varpi)$是光谱亮度系数,是观测和照明条件向量;$\varpi$是观察和照明条件向量,即

$$\varpi = \left\| \phi \quad \varphi \quad \omega \quad \psi \quad E_{\text{dir}}/E_{\text{dif}} \right\| \qquad (16.34)$$

Φ 和 φ 是 SS 元件观察的角度;E_{dir} 和 E_{dif} 是由直接和漫反射辐射创建的随机照明场。

考虑到式(16.33),OE 传感器形成的 SS 图像模型可以表示为

$$S_{\text{SS}_{\text{OE}}}(i,j) = B_{\text{Br}}(i,j,t,\varepsilon,\mu,\phi,\phi,\omega,\psi,E_{\text{dir}},E_{\text{dif}}) \qquad (16.35)$$

式中:ε、μ 为外壳和不锈钢材料的介电与磁导率。

PM 失真效应导致信息场(IF)参数的调制,可由函数[20]描述为

$$S_{\text{PM}_k}(t) = B_{\text{PM}}(S_{\text{SS}_k}(t)) \qquad (16.36)$$

式中:$B_{\text{PM}_k}(S_{\text{SS}_k}(t))$是 EMW 传播介质的图像转换运算符。

FR 可暴露于自然噪声、有意干扰和高功率电磁辐射(EMR)中。

结果,具有不同物理性质(SDPN)S_{SDPN_k}的传感器的输入第 k 个信道信号可表示为以下形式:

$$S_{\text{SDPN}_k}(t) = S_{\text{PM}_k}(t) + N_{\text{FR}_k}(t) \qquad (16.37)$$

其中

$$N_{FR_k}(t) = n_k(t) + N_{IN_k}(t) + N_{EMR_k}(t) \tag{16.38}$$

式中：$N_{FR_k}(t)$ 是第 k 个接收信道上的 FR 加性效应矩阵；$n_k(t)$ 是接收机自身的噪声矩阵和第 k 个接收信道中的人工噪声；$N_{IN_k}(t)$ 在 SDPN 的第 k 个信道中，影响接收器路径的主干扰和被动干扰是否存在；$N_{EMR_k}(t)$ 是对渠道的 EMR 影响。

CENS 中主要信息处理的结果，包括 CI 集形成、噪声滤波以及噪声补偿，一般而言，可通过以下关系表示：

$$S_{CI_k} = F_{pre_k}(S_{SDPN_k}(t)) \tag{16.39}$$

式中：F_{pre_k} 是一个运算符，用于描述对第 k 个 SDPN 中的信息字段进行预处理的过程。

提前考虑每个 SDPN 的 RI 存在设置，即 $S_{RI_1}, S_{RI_2}, \cdots, S_{RI_G} \in S_{RI}$，一般形式的 DF CEN 可以表示为 SDPN$(S'_{RI_1}, S'_{RI_2}, \cdots, S'_{RI_K})$ 形成的聚合与 CI 的 RI 相关性比较 S_{RI_g} 的结果，即

$$R_{DF}(t,r) = F_{sp}(S'_{RI_1}(t), S'_{RI_2}(t), \cdots, S'_{RI_K}(t); S_{RI}) \tag{16.40}$$

式中：F_{sp} 是二级处理系统操作。

由于上述原因，如图 16.2 所示呈现算子形式的 DF 形成过程模型的框图。

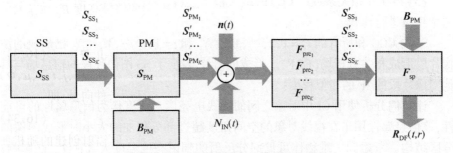

图 16.2 DF 形成的广义模型的块图

通过顺序使用 CENS 传感器，DF 由在给定时间点运行的其中一个传感器确定。这意味着，DF 对应于由单独 CI 通道形成的一个专用 DF，即

$$R_{DF}(t,r) = F_{sp_k}(S'_{CI_k}(t), S_{RI_k}) \tag{16.41}$$

16.2 基于 3D 实体映射的低空飞行的 FR 辐射 CENS 关键函数的组成特征

在基础设施发达的条件下使用 CENS 解决低空飞行机器人的自主导航问题时，有必要明确 RI 集和 CI 三维物体的描述。这是因为实体 OB 角度可以显著超过部分 ADD 的大小。结果取决于 OB 内的观测几何结构，亮度温度可能发生各种差异，这反过来将导致形成非平稳 CI。因此，RI 和 CI 之间出现了结构上

的差异,这就需要使用其他不变的 OB 图像特征。在这方面,确保确定 OB 坐标所需的精度需要制定适当的信息验证方法。应考虑的是,利用信息特征构建 RI 的原则必须符合 CI。

CI 质量还可能受到各种干扰、季节性因素和不利天气条件的影响,从而导致图像结构的变化。

16.2.1　三维实体映射参考图像的形成

开发形成三维视觉对象参考图像的方法和算法的任务将在以下假设条件下解决[24-26]。

(1)畸变因子对观测面目标的影响是不存在的。

(2)观察面源像尺寸(SI):$M_1 \times M_2$,滑动窗口尺寸 $S_{SW} \in S_{SI} - N_1 \times N_2$ 与上角的坐标(i,j)。

(3)CI 的第 i,j 个元素都是一个正态分布的震级,其色散 σ_{ij}^2 和平均辐射亮度温度(i,j)。

(4)不考虑 CENS 信道的噪声。

(5)将在互相关系数(CCC)的最大值 $K_{max}(i,j)$ 处对 SSSSI 的 SI 与形成的图像片段进行比较。

SI 的 CCC 和所有的 $i_1 = 1, 2, \cdots, M_1 - N_1$ 和 $j = 1, 2, \cdots, M_2 - N_2$ 已形成的图像片段形成相关分析场(CAF)。形成的 CAF 表征了 SS 图像片段的信息场与其他图像片段的 IF 的相似程度。

让我们分析使用 CI 中对象之间的无线电亮度对比度作为信息属性的可能性,该信息属性用于在视线对象的空间角度超过部分相加的大小时形成图像的分区结构。考虑到三维物体可见部分反射的辐射亮度温度大气柱 T_{atm} 的影响,观察物体 T_m 式(16.26)的辐射亮度温度将由其各个可见表面的温度确定。从这一点出发,用于确定复杂三维形状物体的辐射亮度温度的表达式可以表示为[23]

$$T_m = \frac{T_0 \sum \chi_i S_{i(\chi)} + T_{atm} \sum k_j S_{i(k)}}{S_0} \quad (16.42)$$

式中:$S_0 = \sum_{i=1}^{n} S_{i(c)} + \sum_{j=1}^{m} S_{j(k)}$ 是以发射率和反射率为特征的观察对象表面可见部分的面积;k_j 是反射系数;T_0 是物体的热力学温度。

式(16.42)使我们能够计算出瞄准目标的各个元素的辐射亮度温度值,并考虑到其结构。

为此,根据图 16.3 所示三维物体的视角,对物体元素之间的辐射亮度温度分布进行仿真。

第16章 面向飞行机器人基础装备的辐射与光电高精度导航方法

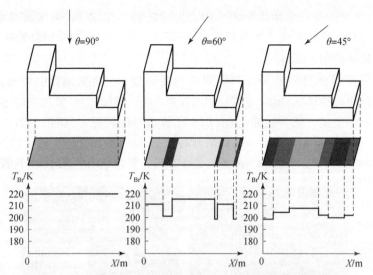

图 16.3 根据观察角度,物体元素之间的辐射亮度温度分布

仿真条件如下[23]。

(1)观察高度:500m。

(2)天空的辐射亮度温度:50K。

(3)热力学温度:300K。

(4)辐射计开启角度加:30°×40°。

(5)部分添加的宽度:1°。

(6)工作波长:3.2mm(频率94kHz)。

(7)视野角:90°,60°,45°。

(8)图像中的像素尺寸:8×8m。

目标视线的参数如下。

(1)复杂形状的三维物体(图16.1)。

(2)观察物体的尺寸(在最低点)为10×30m。

(3)单个物体元素的面积根据观察角度而变化。

(4)组成物体元素的发射率。

①水平平台(混凝土):0.76。

②垂直平台(砖):0.82。

背景参数:

(1)材料:沥青。

(2)发射率:0.85。

根据模拟结果发现,在不同的瞄准角下,同一物体内可以观察到不同的辐射亮度温度梯度。这些梯度导致现有的辐射亮度对比消失和新的辐射亮度对

467

比出现,并相应地导致物体图像中的边界和轮廓。在发达的基础设施条件下,使用边界和等高线作为不变量形成 RI 是不合适的。因此,有必要为 SS RI 的形成寻找额外的信息属性。

建议使用 SS 最明亮静止对象集的几何属性作为此类属性。为此,有必要引入几何连接物体的概念,通过它们的轮廓和随后对此类等效物体的平均辐射亮度温度的定义。该方法使得在与 CI 片段进行比较时,可以拒绝对大量移位和翻转的 RI 进行参考空间中的相似性转换,以选择与所比较片段最接近的 RI。

图 16.4 显示 SI 片段和为形成等效或基于地形三个明亮区域而定义的对象。

图 16.4 (a)源图像:全尺寸图像;(b)SI 片段和为形成等效 OR 而定义目标

让我们使用辐射测量通道的平均辐射亮度温度作为以这种方式引入的 OR 的信息属性。轮廓物体及其选择图像如图 16.5 所示。

图 16.5 SI 片段图像
(a)具有 OR 轮廓的物体;(b)轮廓内的平均辐射亮度温度

在辐射亮度温度 $T_{Br}(i,j)$ 下形成轮廓物体的 CAF 和 SI。

根据的经典相关算法中的表达式[26],对每个 (k,l) 计算与所选图像相对应的 CCC,$K_{max}(i,j)$ 的最大值:

$$K_{i,j}(k,l) = \frac{1}{N_1 N_2} \sum_{m=1}^{N_1} \sum_{n=1}^{N_2} S_{CO_{ij}}(m,n) \times S_{OI}(m+k-1, n+l-1) \quad (16.43)$$

其中

$$\boldsymbol{K}_{ij} = \| K_{ij}(k,l) \|, k=1,2,\cdots,M_1-N_1; \quad l=1,2,\cdots,M_2-N_2 \quad (16.44)$$

每个结果 K_{ij} 矩阵的最大值是在 $S_{CO_{ij}}$ 和 S_{OI} 完全一致的情况下确定的：

$$K_{\max}(i,j) = \max_{kl} \| K_{ij}(k,l) \| \quad (16.45)$$

其中

$$i = 1, 2, \cdots, M_1 - N_1; j = 1, 2, \cdots, M_2 - N_2$$
$$S_{CO_{i,j}}(m,n) \in S_{PM}, S_{OI}(m+k-1, n+l-1) \in S_{OI}$$

表征 $K_{\max}(i,j)$ 分布的维数为 $(M_1 - N_1) \times (M_2 - N_2)$ 的矩阵是具有亮度的 CAF(CAF_{Br})。

图 16.6[4] 中示出了源图像和图像片段与等效 OR 的比较所产生的 CCC。

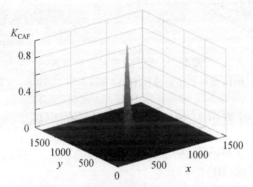

图 16.6 CCC 形成的等效 OR 和 SI(见彩插)

根据经典相关算法，将 RI 与源图像进行比较。在 SI 模拟过程中，拍摄了辐射测量图像。它是在海拔 1000m、瞄准角 60°的情况下，通过辐射测量通道获得的。

已经确定，在使用等效 OR 的情况下，DF 是单峰的。同时，RI 片段与 SI 完全一致，确保 SS 对象的比例和透视失真不会对比较结果产生影响。这通过移位、比例变化、透视畸变和 SI 转弯的几何结构得到了证实，图 16.7 中显示了相对于 RI 的等效 OB。

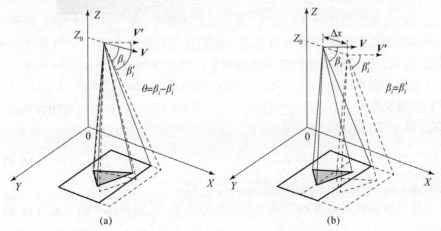

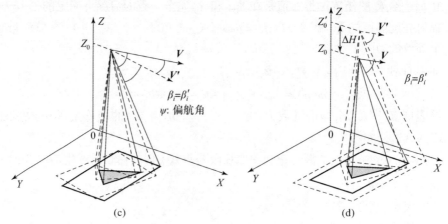

图 16.7 影响上位精度的因素

(a)透视畸变;(b)CI 相对于 RI 的偏差;(c)CI 相对于 RI 的转折;(d)CI 的比例变化。

16.2.2 辐射测量 CEN 单峰决策函数的形成

为了形成单峰分布函数(DF),需要对当前图像(CI)进行预处理,以便将其转换为接近参考图像(RI)的形式。

基于辐射测量的当前图像,其处理的核心在于精准识别出图像中辐射亮度温度 $T_{Br}(i,j)_{max}$ 值达到最高水平的对象集合。在集合的基础上,我们将构建出等效的关联对象(OB),正如前例所展示,我们将生成一幅全新的、经过更新的图像。

为此,需要确定图像背景部分的平均辐射亮度温度值,即 T_{Brav},并在考虑辐射计灵敏度 ΔT 和动态范围 $T_{Br}(i,j)_{max} \sim T_{Br}(i,j)_{min}$ 的情况下,对当前图像中的物体进行辐射亮度温度的量化。在量化过程中,所选灰度级的值将由所选区间数 k 决定。

图像上辐射增亮物体的温度(即辐射亮度温度)进行量化处理时,并不会影响辐射通道的分辨率和运行速度。这种量化处理主要取决于辐射计的灵敏度,它使我们能够依据辐射增亮温度点以及这些点与背景之间的相对关系有序地排列图像中的物体。为了对当前图像(CI)的辐射亮度温度进行量化,我们将温度范围 $T_{Br}(i,j)_{max} \sim T_{Br}(i,j)_{min}$ 均匀地划分为若干个等间隔的区间 ΔT_{Br},即

$$\Delta T_{Br} = \frac{T_{Br}(i,j)_{max} - T_{Brav}}{k} \tag{16.46}$$

式中:$k = 10 \sim 20$ 是量化级别的数量;$\Delta T_{Br} > \Delta T$。

基于物体辐射亮度的定义所设定的最大值,我们构建了当前的 $S_{CI}(M_1,$

M_2)图像,此图像将作为后续处理的源图像。随后,我们计算了一组高亮物体的辐射亮度温度的平均值,并以几何相关的方式在图像中整合这些物体,形成一个等效的 OB(对象块),其亮度值是在该对象块平面内平均得出的。这一过程标志着对当前图像初步处理完成。

接下来,根据文献[20, 23]中的规则,把 $S_{CI}(M_1, M_2)$ 的当前图像转换为二值图像 H,即

$$H_i = \begin{cases} 1, & S_i \in S_{\max} \\ 0, & S_i \leq S_\rho \end{cases}, i \in \overline{1, F_0} \qquad (16.47)$$

式中:i 为 OB 占用的 CI 片段数;ρ 为背景占用的 CI 片段数;F_0 为形成两类样本 ω_i 的大小,这两类样本互不交叠,分别对应于参考对象 ω_u 和背景 ω_ρ 的信号。在二值图像中解决 OB 选择的问题如下。根据所选的辐射亮度温度阈值,将分层当前图像中的片段 $H^i \subset H$ 与参考图像进行比较,并找出与参考图像具有最多一致性的 CI 片段。

定义决策函数(DF)的决策规则包含以下内容:

$$R_j = \sup_{i \in \overline{0, M}} R_i \qquad (16.48)$$

因此,将形成一个辐射测量 CENS 的单峰 DF $R(x, y, t)$。

下标 i 会取尽可能多的 M 值,因为帧 H 中的设定配置允许片段相对于彼此进行移动。如果规则式(16.48)同时适用于多个片段,那么,关于 OR 的准确定位将无法确定。

在采用规则式(16.48)[20, 27] 对 OB 定位时,其正确性的概率将通过以下步骤进行确定:

$$P_{CL} = \sum_{j=1}^{F_u} C_{F_u}^j (1-\alpha)^j \alpha^{F_u - j} \left[\sum_{m=0}^{j-1} C_{F_u}^m \beta^m (1-\beta)^{F_u - m} \right]^M \qquad (16.49)$$

式中:α、β 是第一类和第二类误差,由信噪比值确定的;F_u 为 OB 对应的样本量;$m \in \overline{0, M}$。

图 16.8 清晰地展示了基于亮度平均的等效 OB 方法,在考虑一组几何相关对象的情况下,对正确 OB 定位概率的估算结果。这些结果所呈现的依赖关系,针对那些占据图像总面积 5% ~ 50%[23] 的 OB 进行了构建与分析。

为了验证所提出方法的有效性,我们选取了一组几何相关的对象来构建 RI,并以此为基础,对辐射测量 CENS 的生成算法进行了统计测试。测试的结果令人鼓舞,充分证实了该算法的高效与可靠性。图 16.9 详尽地描绘了辐射度 CENS 判别函数生成算法的具体步骤,如需深入了解,请参考相关文献[23]。

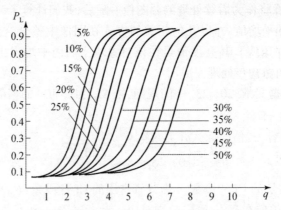

图 16.8 不同尺寸等效 OB 的正确 OB 定位概率与信噪比的关系

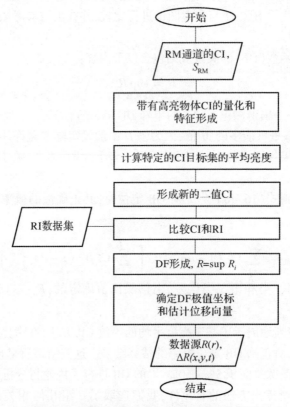

图 16.9 辐射(RM)CENS 测向形成算法框图

在模拟中采用了以下假设。

(1)SS 场景是以天底点视角拍摄。

(2)完成 OB 和背景灰度级的量化。

(3) CI 和 RI 之间不存在相互转换、几何畸变和尺度畸变。
(4) CI 和 RI 矩阵的节点重合。
(5) OB 位于 RI 的中心。
模拟算法的源数据如下。
RI(参考图像)矩阵:
(1)尺寸:8×8 元素。
(2)信息内容:二值图像,OB 为"1",背景为"0"。
(3)OB 尺寸:3×3 元素。
(4)OB 形状:方形。
CI(当前图像)矩阵:
(1)尺寸:16×16 元素。
(2)灰度量化级数:OB:5 级,背景:0~7 级。
(3)OB 尺寸:9 个元素。
(4)OB 形状:内接一个边长为 3×3 的方形。
模拟结果如图 16.10 和图 16.11 所示[23]。

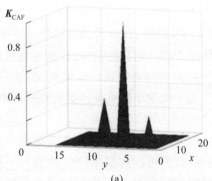

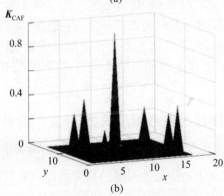

图 16.10　CCC 的 CI 和 RI
(a)信噪比 =10;(b)信噪比 =5。

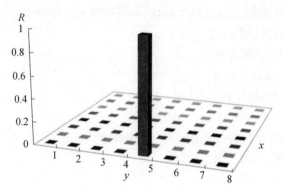

图 16.11 信噪比为 5～10 时测向形成的结果

因此,可以确定,在 CI 中使用辅助几何属性可以在信噪比为 3～4 的情况下,确保 OB 定位的概率接近 1。在这种情况下,OB 的面积不得超过整个 CI 面积的 30%。

16.3 飞行机器人导航中虚假目标下的 CENS 决策函数特征

当飞行机器人搭载 CESN 系统,在执行涉及高物体密度的地形区域导航任务时,如果遇到与目标体相近的其他高亮物体,且这些物体的参数(几何尺寸和亮度)相近,那么,根据当前的观测角度和几何关系,CI 上可能会错误地识别出虚假目标。这种情况下,由于构建单峰决策函数的复杂性增加,CESN 系统的效率可能会受到影响。

在许多实际场景中,研究人员普遍推荐在图像处理中引入动态滤波技术。关于这一技术的具体实现,我们可以在文献[28]中找到一种解决方案,即利用主成分分析加速图像滤波过程;文献[29]则采用了基于块坐标下降法的算法;此外,文献[30]和文献[31]共同提出了一种 SD(静态/动态)滤波器。

然而,值得注意的是,尽管这些方法在处理标准化或转换后的计算机格式图像时表现出色,但在直接处理相机输出的自然图像时,我们仍需不断探索和优化新的处理思路。

16.3.1 当前图像与参考图像模型:开发图像对象绑定定位方法

S_{CI} 为 CI 的模型。为了描述一个场景(SS),我们引入了一个模型,该模型通过解析每个分辨率元素中对应被检对象的亮度值以及场景的背景信息,构建出未失真的初始图像(SII)[20,25]:

$$S_{CI} = S_{OI} = \| S(i,j) \| \tag{16.50}$$

式中：$S(i,j) = \begin{cases} S_v(i,j), & S(i,j) \in S_v \\ S_w(i,j), & S(i,j) \in S_w \end{cases}$；$S_v(i,j)$ 是 S_v 的第 w 个目标的图像亮度；$S_w(i,j)$ 是 S_w 的第 w 个背景的图像亮度；v 和 w 分别代表在未失真图像中，具有不同亮度和形状的被检对象和背景的数量。

根据式(16.50)，我们针对视像表面模型提出以下假设。

(1) 当前图像和初始图像大小相同，均为 $N_1 \times N_2$ 像素。

(2) 场景中的被检对象相对于背景具有显著的亮度值，CENS 的被检对象 (OB) 具有最大的亮度。

(3) 在分辨率元素内 OB 和背景的亮度一致。

(4) CI 中的第 i、j 个元素为正态分布值，方差为 σ_{ij}^2 和平均亮度值 $S(i,j)$。在没有干扰的情况下，$S(i,j)$ 可以取两个值之一：$S_v(i,j)$ 或 $S_w(i,j)$。OB 相对于环境背景的对比度定义为 $\Delta S = S_v(i,j) - S_w(i,j)$。

(5) CENS 接收通道的噪声分散是相同的，即

$$\sigma_{ij}^2 = \sigma^2, i \in \overline{1,N_1}, \quad j \in \overline{1,N_2}$$

(6) 对于属于 S_w 集合的背景元素数量和属于 S_v 集合的被检对象数量，有效的关系是 $v \ll w$。

考虑到所做的假设，背景元素和被检对象元素的亮度 S 的密度分布由以下式确定：

$$w_w(S) = \frac{1}{\sqrt{2\pi}\sigma} \exp[-(S-S_w)^2/2\sigma^2] \tag{16.51}$$

$$w_v(S) = \frac{1}{\sqrt{2\pi}\sigma} \exp[-(S-S_v)^2/2\sigma^2] \tag{16.52}$$

关于亮度接近且可与参考对象相比较的 S_ρ 的其他对象的信号，以下称为假对象(FO)，我们做出以下假设：关于亮度接近且能够作为参考对象进行比较的 S_ρ 值所对应的其他对象的信号，通常称为"假对象"(FO)。基于这一描述，我们可以做出以下假设。

(1) S_ρ 的最大尺寸不超过地面上分辨率元素的直径 D_e；否则，可以认为这样的假对象(FO)是稳定的，并且与参考对象一样可用。

(2) S_ρ 的等效直径分布遵循指数定律。

后一个假设极大地简化了问题表述的复杂性，因为它仅要求关注一个关键的分布参数：平均直径 $S_\rho D_0$。可以合理地推测，在给定平均值的条件下，最大熵的状态将通过以下的指数分布来呈现，即

$$w(D) = \begin{cases} \dfrac{1}{D_0} \exp(-D/D_0), & D \leq D_e \\ 0, & D > D_e \end{cases} \tag{16.53}$$

考虑到图像分辨率元素的填充因子,具有等效直径 D_e 的 S_ρ 信号,可以根据以下表达式确定的亮度值:

$$S(i,j) = S_\rho \frac{D}{D_e} + S_w(i,j)\left(1 - \frac{D}{D_e}\right) = S_w(i,j) - \frac{D}{D_e}(S_w(i,j) - S_\rho)$$

式中:S_ρ 为 FO 的平均亮度。

考虑到式(16.53)的分布,则假对象(FO)的信号的概率密度分布形式为

$$\omega_\rho(S) = \begin{cases} \lambda e^{\lambda(S_\omega - S_\rho)}, & S \leq S_\rho \\ 0, & S > S_\rho \end{cases} \tag{16.54}$$

其中

$$\lambda = \frac{D_e}{D_0(S_w - S_\rho)}$$

我们假设在 CI 帧区域内的假对象信号是随机分布的,并以泊松流的形式表示,该泊松流具有平稳性和普通性,且没有后发效应。

RI 的描述:由于 SS 中单个元素的亮度绝对值和被检对象与背景的对比度都具有不稳定性,我们将假设 RI 由对比度的符号和被检对象的几何形状给出。也就是说,我们将 RI 表示为二值图像。其中,被检对象的元素值为 1,背景元素的值为 0。

问题描述:在考虑包含多个与 OB(被检对象)在亮度和几何形状上相近的对象的 CI 模型时,我们需要解决定位参考对象的问题。

我们用 F_ρ 表示帧中具有来自 F_0 信号的单元数[20],即

$$F_\rho + F_v + F_w = F_0 \tag{16.55}$$

式中:F_0 是进入相机视场的元素总帧数;F_v 和 F_w 分别是参考对象和背景所占的帧数元素数量。$\sigma \ll \Delta S, F_v/F_0 > 0.5$ 的前提下,可以将 CI 中 OB 的定位问题分解为几个阶段。第一阶段是检测对象,而第二阶段则是在 FO 的背景下对其进行初步筛选。第三阶段是从集合 $R_j = \sum_{\zeta=1}^{L} R_i(i,j)$ 中找到 R_j 的最大 DF 值,这需要通过逐层分析 DF 横截面 ζ 的数量,并寻找与最大值相对应的唯一值来实现。

16.3.2 当前图像中目标对象的检测问题及多阈值选择

按照式(16.55)逐行展开的当前图像表示尺寸为 F_0 的向量。因此,我们有体积样本 F_0,这形成了 3 个不相交的 ω_i 类,对应于来自背景信号 ω_w、FO_{ω_ρ} 和 OB_{ω_v},样本分布的密度由表达式[20]给出:

$$w(S) = \sum_{i=1}^{3} p_i w_i(S) \tag{16.56}$$

式中：$p_i = \dfrac{F_i}{F_0}$，$i=1,2,3$ 是类的先验概率 $w_i(S) = w(S|\omega_i)$，即指随机变量在服从类 ω_i 的条件下的条件概率密度，由式(16.51)、式(16.52)和式(16.54)定义。

为了从背景信号中分离出 OB 信号，我们根据质量指数将由三类元素组成的样本分成两类，质量指数将进一步定义。

我们为样本设置两个类别的量化阈值 l，根据这个阈值，我们将目标对象的信号分配给其中一个类别，将假对象的信号分配给第二个类别。在这种情况下，第一类和第二类错误的概率由下式确定：

$$\alpha = \int_{S_w - l}^{\infty} w_v(S) \, \mathrm{d}S \tag{16.57}$$

$$\beta = \frac{1}{1+K} \int_{-\infty}^{S_\omega - l} [w_\rho(S) + K\omega_\omega(S)] \, \mathrm{d}S \tag{16.58}$$

其中

$$K = \frac{F_\rho}{F_w}$$

在第二阶段，我们可以通过概率 α 和 β 来确定目标对象正确定位的概率。根据式(16.57)和式(16.58)，这个概率可以看作是阈值 l 的函数，并且可以通过选择相应的阈值 $l = l_{opt}$ 来最大化。由于式(16.57)的分布参数未知，第一步是估计未知参数，包括 ΔS、S_w、p_w；参数 λ 由式(16.56)唯一确定；目标对象(OB)的元素数量 F_v 是已知的，因此，概率 $p_v = \dfrac{F_0}{F_v}$，$p_\rho = 1 - p_w - p_v$ 也是已知的。

通过对原始样本应用非线性变换，我们可以构建变换后随机变量的分布直方图。这种非线性变换最能够突出背景分布的"中心" $W_w(S)$。通过比较直方图的中心部分和理论概率密度，我们可以确定背景 $\hat{S_w}$ 的平均值。

在变换过程中，将 ΔS 的动态范围划分为 σ 间隔的区间，并将样本值数量最多的区间的中心作为 S_w 平均值的粗略估计。通过执行适当的变换并将参数估计值代入式(16.57)和式(16.58)，可以得到错误概率 $\hat{\alpha}$、$\hat{\beta}$[20] 的估计值，即

$$\hat{\alpha} = \int_{\hat{S}_w - l}^{\infty} w_v(S | \hat{S}_w) \, \mathrm{d}S \tag{16.59}$$

$$\widehat{\beta} = \frac{1}{1+\widehat{K}} \int_{-\infty}^{\widehat{S}_w - l} (w_w(S\mid \widehat{S}_w) + \widehat{K} w_\rho(S\mid \widehat{S}_w)) \, dS \qquad (16.60)$$

其中

$$\widehat{K} = \widehat{p}_\rho / \widehat{p}_w, \widehat{p}_v = 1 - \widehat{p}_w - \widehat{p}_\rho$$

对于给定的阈值 l,我们根据规则式(16.47)将 S_{CI} 的初始值 CI 转换为二值图像 H。

量化阈值直接影响了第一类 α 错误和第二类 β 错误的发生概率。相应地,α 和 β 的具体数值则决定了信噪比参数最小阈值 $q = q_{\min}$,只有当信噪比达到或超过这个阈值时,我们才能以所需的概率准确地定位目标对象,即

$$q_{\min} = \Phi^{-1}(1-\alpha) + \Phi^{-1}(1-\beta)$$

式中:$\Phi(x) = \frac{1}{\sqrt{2\pi}} \int_0^x e^{-t^2/2} dt$ 是概率积分。

现在,我们需要解决在 MO 背景下使用二进制 RI 形式的先验信息来选择二进制 CI 中的对象的任务。

为了解决选择 OB 的问题而处理二进制 CI 的算法如下。对于 CI 中的每个片段 $H^i \subset H$,该片段具有特定形状和大小的对象,我们将其与完全由单个单元组成的 RI 进行比较。二值图像的比较操作包括添加"根据模块 2"图像元素,并用下式形成 DF:

$$R_i = \sum_{k=1}^{F_\rho} (S_{RIm} \underset{\mathrm{mod}2}{\oplus} H_m^i) \qquad (16.61)$$

式中:H_m^i 是 CI 的第 i 个片段中的第 m 个元素;S_{RIm} 是参考图像 S_{RI} 的第 m 个元素。

决策规则是对片段 $H^j \subset H$[20],其中

$$R_j = \inf_i R_i \qquad (16.62)$$

与 RI 一致。索引 i 会取 M 的多个值,这是因为在帧 H 中,所有可能的片段在给定的配置下都相对于彼此发生了位置移动。如果多个片段都满足属性式(16.62),那么,我们就无法确定 OB 的确切位置。

为了将 H^i 与由单元组成的 RI 进行比较,使用数字进行计算更为便捷:

$$z_i = F_\rho - s_i, \quad i \in \overline{0, M}$$

其中,每一个数字都代表 H^i 片段中的单元数量。那么,决策规则就是针对片段 $H^j \subset H$,满足以下条件[20]:

$$z_j = \sup_{i \in \overline{0, M}} z_i \qquad (16.63)$$

与 RI 一致。

为了估计物体正确定位的概率,我们按以下步骤进行。设物体的大小为 $T_1 \times T_2$ 单元格。我们将 CI 矩阵划分为矩形 $T_1 \times T_2$ 子矩阵。

如果子矩阵数量不是整数,则需要增加帧的大小,这样得到适合的整数个数的子矩阵(标记 $M+1$)。

在这种情况下,由于帧的增加,OB 的正确定位的概率的估计将会偏低。假设对象的真实位置位于其中一个子矩阵中,那么,我们用 $H^0 \subset H$ 表示对应于 RI 的 CI 片段,并用 $H^i, i \in \overline{1,M}$ 表示放置在其余子矩阵中的片段。

设在 H^i 中出现 1 的概率为 r_i,那么,z_i 的数量遵循二项式定律分布[19-20]:

$$P(z_i) = C_{F_v}^{z_i} r_i^{z_i} (1-r_i)^{F_v - z_i}, \quad z_i \in \overline{0, F_v} \quad (16.64)$$

使用决策规则式(16.64)对 OB 进行正确定位的概率等于 z_0 中单元数的概率,其中 z_0 对应于 RI 与物体的重合,该概率会超过其他所有 z_i 中的单元数,其中 $i \in \overline{1,M}$。

我们用 A_0^j 表示 H^0 中出现 $z_0 = j \in \overline{1, F_v}$ 单位的事件;用 $A_i^j, i \in \overline{1,M}$ 表示 z_i 中单位数不超过 $j-1$ 的事件。因为 $H^i \cap H^m = \varnothing \ \forall i, m \in \overline{0,M}$,事件 $A_i^j, i \in \overline{1,M}$ 在总体上是独立的。根据式(16.64),事件 A_i^j 的概率由下式确定:

$$P(A_i^j) = \begin{cases} C_{F_v}^j r_0^j (1-r_0)^{F_v - j}, & i = 0 \\ \sum_{m=1}^{j-1} C_{F_v}^m r_i^m (1-r_i)^{F_v - m}, & i \in \overline{1,M} \end{cases} \quad (16.65)$$

然后,根据概率乘法定理,事件 $L_j = \bigcap_{i=0}^{M} A_i^j$ 的概率为

$$P(L_j) = \prod_{i=0}^{M} P(A_i^j), \quad j \in \overline{1, F_v}$$

由于总体中各个事件是不兼容的,因此,H^0 中单元数超过所有其他 H^i 片段中的单元数的概率,可以通过计算正确定位概率的表达式[2]得出:

$$P_{CL} = \sum_{j=1}^{F_v} P(L_j) = \sum_{j=1}^{F_v} \prod_{i=0}^{M} P(A_i^j) \quad (16.66)$$

其中,概率由式(16.66)确定。

考虑到

$$r_i = \begin{cases} 1-\alpha, & i=0 \\ \beta, & i \in \overline{1,M} \end{cases}$$

式中:概率 α 和 β 分别由关系式(16.57)和式(16.58)给出;对于物体正确定位的概率,我们可以推导出最终表达式[2]:

$$P_{CL} = \sum_{j=1}^{F_v} C_{F_v}^j (1-\alpha)^j \alpha^{F_v - j} \left[\sum_{m=0}^{j-1} C_{F_v}^m \beta^m (1-\beta)^{F_v - m} \right]^M \quad (16.67)$$

为了确保的决策明确无误,有必要开发一种算法,该算法在执行单次求解之前,会采用不同阈值进行迭代处理过程。

这种算法的一个可能变体如下。在计算平均值估计 $\hat{S}_w$ 后,设置阈值的初始值 $l^0 = \alpha\sigma$(算法测试表明,选择 $\alpha \in 1.8,\cdots,2.2$ 是合适的),针对此阈值,其中

$$S_{CI} = \| S(i,j) \|$$

将计算结果转换为二值图像,表示为 H^0。根据标准式(16.63),将图像与 RI 进行比较,通过这一过程计算出决策函数矩阵 $\| z_{ij}^0 \|$,其集合如下所示:

$$M^0 = \{ (k,l) \in \overline{1,N_1} \times \overline{1,N_2} \mid z_{kl} = \max_{i,j} z_{ij} \}$$

此外,决策函数的最大值 $z_{\max}^0$ 不一定等于 F_v,但 $z_{\max}^0$ 有可能小于 F_v。如果 M^0 包含一个元素,即 $M^0 = \{1(m,l)\}$,则确定对象的参考元素相对于 CI 的坐标为 m,l。

16.3.3 构建单峰决策函数问题的解决方案

式(16.67)作为物体正确定位概率的量化指标,其适用性在于评估在特定 SS 区域内,当存在明确的参考对象时,采用特定且唯一的系统来实施 CENS 的有效性。在这种情况下,系统会形成一个单峰决策函数(DF)。如果参考的是包含多个与 OB 参数相当的物体的 SS,则有必要细化参考结果。为此,在第三阶段,会搜索与 RI 完全一致的 CI,所对应的最大 DF 值。

这个方法的核心在于构建一系列决策函数的 G_i,并随后确定在 DF 的总表示中单元数最大值,记为 $\sum_{i=1}^{U} G_i$。

决策规则是片段 $G_j \subset G$ 其中[2]

$$G_j = \sup_{i \in \overline{0,U}} G_i \tag{16.68}$$

与 RI 一致。

在确定以最大单位数划分时,角标 i 会取多个值,这些值的数量与通过划分片段 $G_j \subset G$ 得到的分割 U 的数量相同。

作为 RO 定位的准则,我们选择相对亮度的积分指标,其值作为 DF 矩阵 G_i 元素中以 Q 的独立样本形式形成。所有得到的矩阵 G_i 按元素逐一相加。结果矩阵 G_i 由元素 $G_j(i,j)$ 组成,这些元素的独立样本值以积分亮度指数的形式表示。矩阵 G_i 的最大单位数为 $\left(\sum_{i=1}^{U} G_i = \max \right)$,作为所需参考对象定位的结果。

根据所描述的算法,RO 正确定位的概率由下式[2,4]确定:

$$P_{CL} = 1 - \left(1 - \sum_{j=1}^{F_v} C_{F_v}^j (1-\alpha)^j \alpha^{F_v-j} \left[\sum_{m=0}^{j-1} C_{F_v}^m \beta^m (1-\beta)^{F_v-m}\right]^Q\right)^U \quad (16.69)$$

信噪比的两个值对应的正确定位概率估计和决策函数形成结果如图 16.12 ~ 图 16.15 所示。

通过对使用包含 FO 的 SS 进行的 RO 正确定位概率估计(图 16.12 和图 16.14)及 DF 形成结果(图 16.13 和图 16.15)的深入分析,我们得出结论:在图像分析中采用检测程序与 RO 的多阈值筛选策略,能够确保物体被正确定位的概率接近理想值 1。尤为重要的是,即便 SS 图像中存在与 RO 参数相近的假对象,它们也不会对单峰 DF 的生成造成干扰。这充分证明了所开发方法的算法具有高度抗畸变特性,因此,在面临复杂背景与对象交织的情境下,该方法能够确保 CENS 的有效运行。

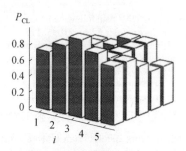

图 16.12 以信噪比 q 估计 CI 中 RO 定位概率的结果 $q \approx 10$

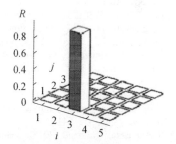

图 16.13 具有信噪比 Q 的 DF 格式的结果 $q \approx 10$

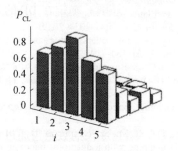

图 16.14 以信噪比 q 估计 CI 中 RO 定位概率的结果 $q \approx 20$

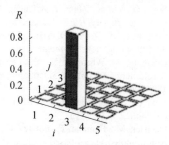

图 16.15 具有信噪比的测向形成的结果 $q \approx 20$

16.4 结论

综上所述,可以得出结论,采用被动式综合相关 – 极值系统,通过实现基于机器视觉的帧读取器(FR)图像识别与分析的对比调查法,可以显著提高图像中物体的正确定位率。这个过程有可能提高 FR 导航期间控制决策的质量。需要注意的是，这个方法仅需通过对框架支承面的附加约束进行小的修正，就可以针对地面移动设备的各种新型应用机器人和平台[5,32-48]。已执行的仿真结果表明，在稍作修改和同化后，这些模拟结果可以与公认的机器人仿真框架兼容[47-49]。

参考文献

1. Leutenegger, S., et al. (2016). Flying robots. In B. Siciliano & O. Khatib (Eds.), *Springer handbook of robotics. Springer handbooks* (pp. 623–670). Cham: Springer.
2. Basset, P. M., Tremolet, A., & Lefebvre, T. (2014). Rotary wing UAV pre-sizing: Past and present methodological approaches at onera. *AerospaceLab*, 1–12.
3. Taha, H., Kiani, M., & Navarro, J. (2018). Experimental demonstration of the vibrational stabilization phenomenon in bio-inspired flying robots. *IEEE Robotics and Automation Letters, 3*(2), 643–647.
4. Beard, R. W., Ferrin, J., & Humpherys, J. (2014). Fixed wing UAV path following in wind with input constraints. *IEEE Transactions on Control Systems Technology, 22*(6), 2103–2117.
5. Lindner, L., Sergiyenko, O., Rodríguez-Quiñonez, J., Rivas-López, M., Hernández-Balbuena, D., Flores-Fuentes, W., Murrieta-Rico, F. N., & Tyrsa, V. (2016). Mobile robot vision system using continuous laser scanning for industrial application. *Industrial Robot, 43*(4), 360–369.
6. Lindner, L., Sergiyenko, O., Rivas-Lopez, M., Hernandez-Balbuena, D., Flores-Fuentes, W., Rodríguez-Quiñonez, J., Murrieta-Rico, F., Ivanov, M., Tyrsa, V., & Basaca, L. (2017). Exact laser beam positioning for measurement of vegetation vitality. *Industrial Robot: An International Journal, 44*(4), 532–541.
7. Scaramuzza, D., et al. (2014). Vision-controlled micro flying robots: From system design to autonomous navigation and mapping in GPS-denied environments. *IEEE Robotics & Automation Magazine, 21*(3), 26–40.
8. Dunbabin, M., & Marques, L. (2012). Robots for environmental monitoring: Significant advancements and applications. *IEEE Robotics & Automation Magazine, 19*(1), 24–39.
9. Song, G., Yin, K., Zhou, Y., & Cheng, X. (2009). A surveillance robot with hopping capabilities for home security. *IEEE Transactions on Consumer Electronics, 55*(4), 2034–2039.
10. Finn, R. L., & Wright, D. (2012). Unmanned aircraft systems: Surveillance, ethics and privacy in civil applications. *Computer Law & Security Review, 28*(2), 184–194.
11. Hornung, A., Wurm, K. M., Bennewitz, M., Stachniss, C., & Burgard, W. (2013). OctoMap: An efficient probabilistic 3D mapping framework based on octrees. *Autonomous Robots, 34*(3), 189–206.
12. Nex, F., & Remondino, F. (2014). UAV for 3D mapping applications: A review. *Applied Geomatics, 6*(1), 1–15.
13. Faessler, M., Fontana, F., Forster, C., Mueggler, E., Pizzoli, M., & Scaramuzza, D. (2016). Autonomous, vision-based flight and live dense 3D mapping with a quadrotor micro aerial vehicle. *Journal of Field Robotics, 33*(4), 431–450.
14. Sotnikov, A. M., & Tarshin, V. A. (2013). Problemy i perspektivy razvitiya navigatsionnoy podderzhki vozdushnykh sudov. *Zbirnyk naukovykh prats' Kharkivs'koho universytetu Povitryanykh Syl, 3*(36), 57–63. [In Russian].
15. Sotnikov, O. M., Tarshin, V. A., & Otkryto, P. V. (2013). Problemy i pryamoye razvitiye yadrospetsificheskikh ekstremal'nykh sistem, nalozhennykh kerovanami apparaturu. *Sovremennyye informatsionnyye tekhnologii v sfere oborony bez oborony, 3*(18), 93–96. [In Russian].
16. Keller, J., Thakur, D., Likhachev, M., Gallier, J., & Kumar, V. (2017). Coordinated path planning for fixed-wing UAS conducting persistent surveillance missions. *IEEE Transactions on Automation Science and Engineering, 14*(1), 17–24.

17. Li, H., & Savkin, A. V. (2018). Wireless sensor network based navigation of micro flying robots in the industrial internet of things. *IEEE Transactions on Industrial Informatics, 14*(8), 3524–3533.
18. Somov, Y., Butyrin, S., Somov, S., & Somova, T. (2017). In-flight calibration, alignment and verification of an astroinertial attitude determination system for free-flying robots and land-survey satellites. In *2017 IEEE International Workshop on Metrology for AeroSpace (MetroAeroSpace), Padua*, pp. 474–478.
19. Sotnikov, A. M., Antyufeyev, V. I., Bykov, V. N., Grichanyuk, A. M. et al. (2014). Matrichnyye radiometricheskiye korrelyatsionno-ekstremal'nyye sistemy navigatsii letatel'nykh apparatov. Book: Ministerstvo obrazovaniya i nauki Ukrainy. KHNU imeni V.N. Karazina. 372p. [In Russian].
20. Sotnikov, A., Tarshyn, V., Yeromina, N., Petrov, S., & Antonenko, N. (2017). A method for localizing a reference object in a current image with several bright objects. *Eastern-European Journal of Enterprise Technologies, 3*(87), 68–74.
21. Sotnikov, A. M., & Tarshin, V. A. (2012). Obosnovaniye printsipov postroyeniya i razvitiya modeli korrelyatsionno-ekstremal'noy sistemy navedeniya kombinirovannogo tipa. *Sistema Upravleniya Navigatsiyey ta Zvozdku. K., 4*(24), 7–11. [In Russian].
22. Sotnikov, A. M., Tantsiura, A. B., & Lavrov, O. Y. (2018). Calculating method of error calculations of the object coordinating platform free inertial navigation systems of unmanned aerial vehicle. *Advanced Information Systems, 2*(1), 32–41.
23. Sotníkov, O. M., Vorobey, O. M., & Tantsyura, O. B. (2018). Modeí potochnikh zobrazhen', shcho formuyut'sya kanalami kombínovanoíí korelyatsíyno-yekstremal'noíí sistemi navígatsíí bezpílotnogo lítal'nogo aparatu. *Suchasní ínformatsíyní Tekhnologíí u Sferí Bezpeki ta Oboroni, 2*(32), 29–38. [In Ukrainian].
24. Tarshin, V. A., Sotnikov, A. M., Sidorenko, R. G., & Mezentsev, A. V. (2015). Metodologiya otsenki informativnosti iskhodnykh izobrazheniy dlya vysokotochnykh korrelyatsionno-ekstremal'nykh navigatsionnykh system. *Sistemy obrabotki informatsii, 10*, 60–63. [In Russian].
25. Tarshin, V. A., Sotnikov, A. M., Sidorenko, R. G., & Megel'bey, V. V. (2015). Podgotovka etalonnykh izobrazheniy dlya vysokotochnykh korrelyatsionno-ekstremal'nykh sistem navigatsii na osnove formirovaniya polya fraktal'nykh razmernostey. *Sistemi ozbroênnya í víys'kova tekhníka, 2*, 142–144. [In Russian].
26. Tarshin, V. A., Sotnikov, A. M., & Sidorenko, R. G. (2015). Podgotovka etalonnykh izobrazheniy dlya vysokotochnykh korrelyatsionno-ekstremal'nykh sistem navigatsii na osnove ispol'zovaniya pryamogo korrelyatsionnogo analiza. *Nauka í tekhníka povítryanikh sil zbroynikh sil ukraííni, 2*, 69–73. [In Russian].
27. Smelyakov, K. S., Ruban, I. V., Smelyakov, S. V., & Tymochko, O. I. (2005). Segmentation of small-sized irregular images. In *Proceeding of IEEE East-West Design & Test Workshop (EWDTW'05), Odessa*, pp. 235–241.
28. Hernandez, W., & Mendez, A. (2018). Application of principal component analysis to image compression. In *Statistics-Growing Data Sets and Growing Demand for Statistics*. IntechOpen.
29. Shen, Z., & Song, E. (2018). Dynamic filtering of sparse signals via L1 minimization with variant parameters. In *2018 37th Chinese Control Conference (CCC), Wuhan*, pp. 4409–4414.
30. Ham, B., Cho, M., & Ponce, J. (2018). Robust guided image filtering using nonconvex potentials. *IEEE Transactions on Pattern Analysis and Machine Intelligence, 40*(1), 192–207.
31. Tymochko, O. I., & Podorozhnyak, A. O. (2007). Lokalizatsiya ob'ektu poshuku na potochnomu zobrazhenni navigatsiynoy systemy z raiometrychnymy datchykamy. *Zbirnyk naukovykh prats Kharkivskoho universytetu Povitryanykh Syl, 1*(13), 47–50. [In Ukrainian].
32. Sergiyenko, O., Hernandez, W., Tyrsa, V., Devia Cruz, L., Starostenko, O., & Pena-Cabrera, M. (2009). Remote sensor for spatial measurements by using optical scanning. *Sensors, 9*(7), 5477–5492.
33. Sergiyenko, O. Y. (2010). Optoelectronic system for mobile robot navigation. *Optoelectronics, Instrumentation and Data Processing, 46*(5), 414–428.
34. Garcia-Cruz, X. M., Sergiyenko, O. Y., Tyrsa, V., Rivas-Lopez, M., Hernandez-Balbuena, D., Rodriguez-Quiñonez, J. C., Basaca-Preciado, L. C., & Mercorelli, P. (2014). Optimization of

3D laser scanning speed by use of combined variable step. *Optics and Lasers in Engineering, 54*, 141–151.
35. Básaca-Preciado, L. C., Sergiyenko, O. Y., Rodríguez-Quinonez, J. C., García, X., Tyrsa, V., Rivas-Lopez, M., Hernandez-Balbuena, D., Mercorelli, P., Podrygalo, M., Gurko, A., Tabakova, I., & Starostenko, O. (2014). Optical 3D laser measurement system for navigation of autonomous mobile robot. *Optics and Lasers in Engineering, 54*, 159–169.
36. Cañas, N., Hernandez, W., González, G., & Sergiyenko, O. (2014). Controladores multivariables para un vehiculo autonomo terrestre: Comparación basada en la fiabilidad de software. *RIAI-Revista Iberoamericana de Automática e Informática Industrial, 11*(2), 179–190. [In Spanish].
37. Straßberger, D., Mercorelli, P., Sergiyenko, O., & Decoupled, A. (2015). MPC for motion control in robotino using a geometric approach. *Journal of Physics: Conference Series, 659*, 1–10.
38. Sergiyenko, O. Y., Ivanov, M. V., Tyrsa, V. V., Kartashov, V. M., Rivas-López, M., Hernández-Balbuena, D., Flores-Fuentes, W., Rodríguez-Quiñonez, J. C., Nieto- Hipólito, J. I., Hernandez, W., & Tchernykh, A. (2016). Data transferring model determination in robotic group. *Robotics and Autonomous Systems, 83*, 251–260.
39. Rodríguez-Quiñonez, J. C., Sergiyenko, O., Flores-Fuentes, W., Rivas-lopez, M., Hernandez-Balbuena, D., Rascón, R., & Mercorelli, P. (2017). Improve a 3D distance measurement accuracy in stereo vision systems using optimization methods' approach. *Opto-Electronics Review, 25*(1), 24–32.
40. Sergiyenko, O., Tyrsa, V., Flores-Fuentes, W., Rodriguez-Quiñonez, J., & Mercorelli, P. (2018). Machine vision sensors. *Journal of Sensors, 2018*, 3202761.
41. Sergiyenko, O., Flores-Fuentes, W., & Tyrsa, V. (2017). *Methods to improve resolution of 3D laser scanning* (p. 132). LAP LAMBERT Academic Publishing.
42. Sergiyenko, O., & Rodriguez-Quiñonez, J. C. (Eds.). (2016). *Developing and applying optoelectronics in machine vision* (p. 341). Hershey, PA: IGI Global.
43. Ivanov, M., Lindner, L., Sergiyenko, O., Rodríguez-Quiñonez, J. C., Flores-Fuentes, W., & Rivas-López, M. (2019). Mobile robot path planning using continuous laser scanning. In *Optoelectronics in machine vision-based theories and applications* (pp. 338–372). IGI Global. https://doi.org/10.4018/978-1-5225-5751-7.ch012.
44. Sergiyenko, O. Y., Tyrsa, V. V., Devia, L. F., Hernandez, W., Starostenko, O., & Rivas Lopez, M. (2009). Dynamic laser scanning method for mobile robot navigation. In *Proceedings of ICCAS-SICE 2009, ICROS-SICE International Joint Conference, Fukuoka, Japan*, 18–21 August 2009, pp. 4884–4889.
45. Rivas, M., Sergiyenko, O., Aguirre, M., Devia, L., Tyrsa, V., & Rendón, I. Spatial data acquisition by laser scanning for robot or SHM task. In *IEEE-IES Proceedings "International Symposium on Industrial Electronics" (ISIE-2008), Cambridge, UK*, 30 of June–2 of July, 2008, pp. 1458–1463.
46. Básaca, L. C., Rodríguez, J. C., Sergiyenko, O., Tyrsa, V. V., Hernández, W., Nieto Hipólito, J. I., & Starostenko, O. (2010). Resolution improvement of dynamic triangulation method for 3D vision system in robot navigation task. In *Proceedings of IEEE-36th Annual Conference of IEEE Industrial Electronics (IECON-2010), Glendale-Phoenix, AZ*, 7–10 November 2010, pp. 2880–2885.
47. Rohmer, E., Singh, S. P., & Freese, M. (2013). V-rep: A versatile and scalable robot simulation framework. In *Intelligent Robots and Systems (IROS), 2013 IEEE/RSJ International Conference on*. IEEE, pp. 1321–1326.
48. Michel, O. (2004). Cyberbotics Ltd—WebotsTM: Professional mobile robot simulation. *International Journal of Advanced Robotic Systems, 1*(1), 5, pp. 39–42.
49. Furrer, F., Burri, M., Achtelik, M., & Siegwart, R. (2016). RotorS—A modular gazebo MAV simulator framework. *Robot Operating System (ROS)*, 595–625.

第17章

基于解析单应模型的方位传感器的机载稳像

Hadi Aliakbarpour, Kannappan Palaniappan, Guna Seetharaman[①]

17.1 引言

广域运动图像（WAMI），也称为广域空中监视（WAAS）、广域持续监视（WAPS）或宽视场（WFOV）成像，是一种不断发展的成像能力，能够以几十厘米的分辨率持续覆盖几到几十平方英里[1]范围的地理区域，或使用相同的传感器包从更近的距离，非常小的区域，以非常高的分辨率，如桥梁和建筑项目。因为传感器技术、计算硬件、电池性能的提高以及这些组件的尺寸、重量和成本的降低，WAMI变得更加流行。WAMI传感器可安装在多种机载平台上，包括固定翼或多旋翼无人机（UAV）——固定翼和多旋翼无人机、小型（载人）飞机和直升机[2]。根据成像传感器特性和飞机高度，这些系统可以覆盖一个小城市大小的区域，地面采样距离（GSD）为每像素10~30cm，焦平面上的数千万到数亿像素使用单或多个光学系统（如6600×4400RGB颜色），帧速率为1~10Hz。

检测场景中的小型和远处移动物体，如汽车或行人，由本身正在运动和抖动的相机来观察场景，这是具有挑战性的。考虑到像汽车这样可能只有10~25个像素的小物体，为了改进中的检测和跟踪空中图像，其中视频是在移动平台上拍摄的，对图像进行稳定（注册），以保持移动平台和场景固定之间的相对运动。在这种情况下，准确的图像稳定对于更高级别的视频分析和可视化都很重要。传统上，航空图像配准方法是通过在图像空间中应用二维单应变换来实现

---

① H. Aliakbarpour, K. Palaniappan
Computational Imaging and VisAnalysis (CIVA) Lab, EECS, University of Missouri,
Columbia, MO, USA
e-mail: akbarpour@missouri.edu

G. Seetharaman
Advanced Computing Concepts, U. S. Naval Research Laboratory, Washington, DC, USA

的[6-8]。航空图像配准对于城市场景来说是一项挑战,因为城市场景中有大型3D结构(高层建筑),会造成大量遮挡和视差。在这种情况下,当使用图像间2D配准方法时,视差的存在可能导致重大错误[9]。

本文提出了一种航空图像配准方法,利用来自机载平台的可用(噪声或近似)GPS和IMU测量值,并通过使用基于单应性的代价函数优化摄像机的三维姿态来稳定图像。与大多数现有方法不同,我们的方法不使用任何图像到图像的估算技术,而是直接从3D相机姿势导出为闭合形式的解析表达式。在我们之前的工作中,利用快速运动结构化(SfM)技术(BA4S[10,11])推导出一种新的地理配准方法,不需要估计基于局部面片的同形图,并使用了一种既准确又快速的分析模型[12]。尽管该方法快速且全局精确,但其代价函数是在整个3D空间上定义的,以便按照大多数SfM下游应用程序(如密集3D重建[13-16])的要求优化整个3D场景中的纵向平面重投影像素误差。然而,作为完全基于SfM的地理配准的替代方案,我们建议稳定图像序列或消除抖动,目的是在图像序列上导出平滑的运动轨迹,从而稳定基准平面,最小化基于2D度量距离的误差函数。因此,在本文中,我们提出了一种用于参数优化的替代方法,重点是通过定义单个主导二维欧氏世界平面上的代价函数来稳定地质投影航空图像。不在其上的要点在优化过程中,占主导地位的部分会自动边缘化。在实验中,我们将证明本文提出的方法在摄像机传感器姿态测量非常不准确的情况下更具鲁棒性。

17.1.1 相关工作

大多数图像稳定方法都使用配对和组合匹配和扭曲变换来稳定基准平面,然后再进行移动物体检测[6-8,17-26]。航空图像配准对于城市场景来说是一项挑战,因为城市场景中有大型3D结构和高层建筑,会造成大量遮挡和视差[9,12,27]。文献[6,28]中提出了一种航空图像配准方法,使用多层(从粗到细)单应估计方法来处理视差和遮挡。尽管使用分层单应估计有助于减少错误配准,但他们的方法仍然存在强视差,因为它无法完全无缝地配准数据集中的所有图像。通过观察他们论文[6]中的表1,我们可以看到,由于无法忠实地处理强视差,每个数据集在注册过程中被分成了几个部分。Molina和Zhu[17]提出了一种配准最低点航空图像的方法,其中使用基于金字塔块的相关方法来估计帧间仿射参数。他们指出无法使用可用的GPS/INS测量[1,29-31],只能依靠图像本身;GPS/INS设备所做的测量由于硬件的原因会产生误差,如果直接使用会产生具有较大明显误差和不连续性的全景图。他们的方法需要持续(多次)循环视频数据采集才能工作。此外,他们的方法仅在视差问题可以忽略的最低点图像上进行了测试,而在倾斜图像(WAMI)中,视差明显更强。

文献[32]讨论了直接地理参考高分辨率无人机(UAV)图像,同时评估了不同软件(Photoscan[33]、Pix4D[34]和Bundler[35-36])的性能。Pritt[37]提出了一种快速正射校正方法,用于注册数千张航空图像(从小型无人机获取)。作者认为,BA无法处理数百张航空图像,因此无法扩展。注意:文献[37]中给出的结果似乎是在相对平坦的地形上进行测试的,视差可以忽略不计。在文献[38]中,IMU用于将激光距离测量值记录到立体相机拍摄的图像中。Crispell等引入了一种图像配准技术来处理视差,假设场景具有密集的3D重建模型[9]。在文献[39]中,GPS和IMU用于对航空视频中的每个图像执行初始(粗略)正射校正和地理参考。然后,使用基于RANSAC的方法在二维图像空间中找到最佳仿射变换。文献[7]中提出了一种对多摄像机图像进行配准和镶嵌的方法。

这个方法使用控制点和投影图像对图像进行配准转换(使用RANSAC的变体)。在重叠图像中找到的相应控制点,使用最满足投影约束的控制点来配准图像。最近,文献[40]中提出了一种称为局部线性变换(LLT)优化特征匹配的技术,试图利用邻域内局部特征的一致性来处理异常值。开发了一种局部几何约束,可以保持相邻特征点之间的局部结构,对大量异常点也具有鲁棒性。它具有相对较高的复杂性,并且还使用穷举迭代方法;我们在所提出的方法中避免了在SfM流水线的特征匹配阶段的两个缺点。文献[41]中提出了一种称为受限空间顺序约束(RSOC)类似的算法,用于处理航空图像配准中的异常值。RSOC同时考虑了局部结构和全局信息,假设经过刚性变换和仿射变换后,邻域空间秩序保持不变,并在此基础上定义了仿射不变描述子。然而,由于存在高视差,城市场景的倾斜航空图像的这种假设不成立。最近,文献[42-44]介绍了一些基于图像的长航空视频序列鲁棒配准(镶嵌)方法。

17.2 特征点跟踪

在持续的航空图像中,图像是按顺序获取的,这意味着,人们知道哪一帧与哪一帧相邻。通过利用图像的时间一致性并将其用作先验信息,匹配的时间复杂度也可以降低到 $O(n)$。使用适当的特征提取方法从每个图像中提取兴趣点。从第一帧、前两个后续图像帧开始,比较它们的兴趣点描述符。在沿序列连续匹配时,会生成一组特征轨迹。轨迹基本上指示在一组图像帧中已经观察到场景中潜在的唯一3D点。

17.3 图像建模

图17.1给出了世界坐标系 W 和通过 X 和 Y 轴的基准平面 π。在场景中布

置 n 个机载相机 $C_1, C_2, \cdots, C_n$。为了使符号简洁,除非另有说明;否则,从现在起我们将省略相机标记。投影在相机图像平面上的世界坐标系的 3D 点 $X = [x \ y \ z]^T$ 的图像齐次坐标如下所示:

$$\tilde{x} = K(RX + t) \tag{17.1}$$

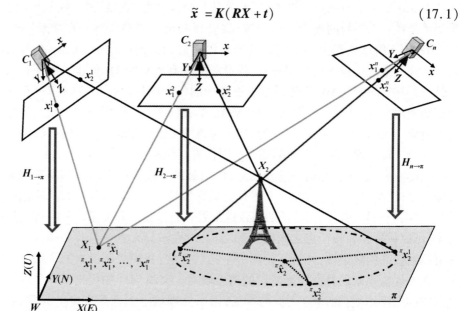

图 17.1 A 场景及其基准平面 π 由 n 个机载相机观测。对于平面上的 3D 点(如 X_1),其从每个相机的图像平面到 π 的单应变换都合并收敛到相同的 3D 点 X_1,而对于平面外的 3D 点(如 X_2),其单应变换是展开的(发散的)

式中:K 为校准矩阵(本质);R 和 t 分别为从 W 到 C 的旋转矩阵和平移向量。对于平面 π 上的 3D 点,其 Z 分量为零:

$$\tilde{x} = K\left(\begin{bmatrix} r_1 & r_2 & r_3 \end{bmatrix} \begin{bmatrix} x \\ y \\ 0 \end{bmatrix} + t \right) \tag{17.2}$$

r_1、r_2 和 r_3 分别为 R 的第一列、第二列和第三列。经过简化后,则有

$$\tilde{x} = K[r_1 \ r_2 \ t]\,^\pi\tilde{x} \tag{17.3}$$

式中:$^\pi\tilde{x} = [x \ y \ 1]^T$ 表示 π 上 3D 点 x 的二维齐次坐标。可以考虑 $K[r_1 \ r_2 \ t]$ 作为一个 3×3 单应变换矩阵,它将任意 2D 点从 π 映射到相机图像平面上:

$$\tilde{x} = H_{\pi \to c}\,^\pi\tilde{x} \tag{17.4}$$

同样,齐次像点 $\tilde{x}$ 可以映射到 π 上,如下所示:

$$^{\pi}\tilde{x} = H_{\pi \to c} \tilde{x} \tag{17.5}$$

式中:$H_{c\to\pi}\tilde{x}$ 是 $H_{\pi\to c}$ 的逆矩阵,等于

$$H_{c\to\pi} = \begin{bmatrix} r_1 & r_2 & t \end{bmatrix}^{-1} K^{-1} \tag{17.6}$$

假设 $T = \begin{bmatrix} r_1 & r_2 & t \end{bmatrix}$,$f$ 是以像素为单位的焦距,(u,v) 是相机图像的基准点,式 (17.6) 可以表示为

$$H_{c\to\pi} = T^{-1} \begin{bmatrix} f & 0 & u \\ 0 & f & v \\ 0 & 0 & 1 \end{bmatrix}^{-1} \tag{17.7}$$

$$H_{c\to\pi} = \frac{1}{\lambda} \begin{bmatrix} m_{11} & -m_{21} & [-m_{11} \quad m_{21} \quad m_{31}]v \\ -m_{12} & m_{22} & [m_{12} \quad -m_{21} \quad -m_{31}]v \\ r_{13} & r_{23} & -r_3^T v \end{bmatrix} \tag{17.8}$$

式中:$v = \begin{bmatrix} u & v & f \end{bmatrix}^T$ 和 λ 定义为

$$\lambda = f r_3^T t \tag{17.9}$$

m_{ij} 是矩阵 T 的次 (i,j)。在式(17.8)中可以约去 λ,因为单应矩阵是按比例定义的,则有

$$H_{c\to\pi} = \begin{bmatrix} m_{11} & -m_{21} & [-m_{11} \quad m_{21} \quad m_{31}]v \\ -m_{12} & m_{22} & [m_{12} \quad -m_{21} \quad -m_{31}]v \\ r_{13} & r_{23} & -r_3^T v \end{bmatrix} \tag{17.10}$$

17.4 优化

假设图 17.1 中的全局参考系 W 与东北方向(NEU)对齐。注意:π 是场景中起主导作用的基准平面,有 n 个相机(或一个相机 n 种不同姿态)观察场景。每个相机 C_i 的位置由旋转矩阵 R_i 和 t_i 定义;旋转矩阵 R_i 和 t_i 从全局坐标系到摄影机局部坐标系定义。还假设场景中有 m 个特征轨迹。特征轨迹基本上是在图像帧序列上匹配的特征点序列。轨迹中的所有特征都是与场景中假设相同的 3D 点相对应的观测值。相机图像平面 C_i 上的 3D 点 X_j 的齐次图像坐标表示为 $\tilde{x}_j^i$,它可以从图像平面映射到欧几里得平面 π,如图 17.1 所示:

$$^{\pi}\tilde{x}_j^i = H_{i\to\pi} \tilde{x}_j^i \tag{17.11}$$

理想情况下,如果 3D 点都位于平面 π 上,然后将所有对应的图像点($\tilde{x}_j^1$,$\tilde{x}_j^2$,…,$\tilde{x}_j^n$)映射到平面,必须用式(17.11)合并到平面 π 上相同的 2D 点,这个点也与 3D 点 $\tilde{x}_j$ 自身重合(图 17.1):

$$^{\pi}\tilde{x}_j^1 = {}^{\pi}\tilde{x}_j^2 = \cdots = {}^{\pi}\tilde{x}_j^n \simeq X_j \tag{17.12}$$

然而，由于不同的误差来源，如测量的相机姿态不准确（如来自 GPS/IMU），实际场景中并非如此。因此，映射的 2D 点集，$\{^{\pi}\tilde{x}_j^i | i=1,2,\cdots,n\}$ 与 3D 点 X_j 相对应，将分散在实际点 $\pi \sim {}^{\pi}\tilde{x}_j$ 周围。人们可以考虑 $^{\pi}\tilde{x}_j$，2D 投影点分布的质心，作为实际点的估计：

$$^{\pi}\hat{x}_j = \frac{1}{n}\sum_{i=1}^{n} {}^{\pi}\tilde{x}_j^i \tag{17.13}$$

每个映射点 $^{\pi}\tilde{x}_j$ 和估计质心之间的 Euclidean 距离被认为是一个误差度量：

$$e_j = \sum_{i=1}^{n} \| \mathcal{F}(H_{i\to\pi}\tilde{x}_j^i) - \mathcal{F}(^{\pi}\hat{x}_j) \|^2 \tag{17.14}$$

所有点和相机的总体误差可作为优化 R_i、t_i 和 $^{\pi}\tilde{x}_j$ 的代价函数（图 17.2）：

$$E = \min_{R_i, t_i, {}^{\pi}\hat{x}_j} \sum_{i=1}^{n} \sum_{j=1}^{m} \| \mathcal{F}(H_{i\to\pi}\tilde{x}_j^i) - \mathcal{F}(^{\pi}\hat{x}_j) \|^2 \tag{17.15}$$

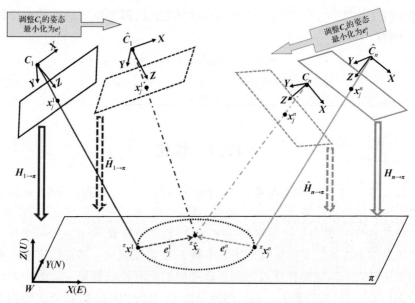

图 17.2 优化方案：特征跟踪 j 与 x_j^1 中的两个匹配图像点和可用作场景中假设相同的 3D 点对应的观测值。特征点使用式（17.10）中定义的分析同调投影到 π 上，其中 π 是场景的基准平面。如果 3D 点 X_j 位于平面 π 上，则其对应的映射单应点应彼此靠近。事实上，在相机姿态精确的理想情况下，平面 π 上的所有此类映射点必须合并与单个点重合，但由于 IMU 和 GPS 测量中的噪声源不同，情况并不经常如此。这里，我们使用平面上的单应变换的平均值作为初始化优化的估计。e_j^1 和 e_j^n 每个投影点与平均值之间的欧几里得距离。在式（17.15）中定义的优化旨在通过调整相机姿态来最小化这些距离误差

式中:$\mathcal{F}(\cdot)$指定一个函数,从二维齐次坐标返回 Euclidean 坐标。这种最小化可以通过使用各种迭代优化技术来实现,其中 Levenberg – Marquardt 方法在文献[45]中是广为人知的。这里,要优化的视图数和轨迹数参数总数是 $6n+2m$。基本上,每个视图包含 6 个参数,其中 3 个旋转参数,3 个平移参数。同样,每个轨迹由 2D 平均位置向量 ${}^\pi \bar{x}_j$ 表示,如式(17.13)所示。观测空间中的参数总数 $\leqslant 2 \times n \times m$。注意:每条轨迹的长度 $\leqslant n$。

注意:如果 3D 点 X_j 不在 π 上,由于使用了鲁棒函数,其误差值在优化过程中会自动边缘化仅当所有要成像的 3D 点位于参考基准平面 π 上(假设具有完美的特征对应)时,才保持引入的图像配准数学模型。然而,在 WAMI 中,特别是在城市场景中,人们对 3D 结构/建筑物的存在寄予厚望。从这些结构中观察到的 3D 点一旦成像并映射到平面 π 上,对应的 2D 点会分散,不会在平面 π 上重合,这种现象称为视差。随着 3D 点离平面(π)的距离越来越远,视差变得越来越小,从而导致单应性。例如,在图 17.1 中,将 X_2 视为离开平面的 3D 点,以 x_2^1、x_2^2 和 x_2^n 的形式在相机 C_1、C_2 和 C_n 的图像平面上成像。使用单应变换将这些点映射到平面 π 上,将得到 ${}^\pi x_2^1$、${}^\pi x_2^2$ 和 ${}^\pi x_2^n$,如图 17.1 所示。这些映射点都分布在平面 π 上,分布半径与视差大小成正比。

沿图像序列的特征对应轨迹中可能存在另一种类型的噪声。这种噪声的来源可能是特征提取算法的精度或特征匹配中的错误,可能导致许多不匹配或异常值的算法。在实际场景中,可以预期有相当大比例的异常值。为了处理异常值,文献中主要使用 RANSAC(或其变体)。在这种情况下,基于 RANSAC 的方法尝试(联合)估计单应模型,同时通过数百次迭代循环消除异常值。在 RANSAC 的每次迭代中,随机选择对应候选子集,估计所选总体的单应模型,然后使用估计模型测量整个对应总体的适合度。在这个随机穷举的过程中,将选择提供最一致结果的模型,同时,在阈值内不符合估计模型的特征匹配将被识别为异常值。注意:在我们的工作中,单应性是通过解析推导出来的,没有使用 RANSAC 估计,而是直接将来自平台的不准确传感器测量纳入其中。不使用 RANSAC 可以避免模型估计中的任何不利随机行为。然而,由于消除了 RANSAC,现有的异常值无法明确识别。为了解决这个问题,我们建议在问题的适当公式中使用鲁棒误差函数。

鲁棒函数也称为 M – 估计,在鲁棒统计中很通用,可以减少估计问题中异常值的影响。我们已经观察到,并不是每一个鲁棒函数的选择都能很好地工作[46],当初始参数过于嘈杂且未事先明确消除异常值时,适当的鲁棒函数对于实现重投影误差的鲁棒最小化至关重要。两种常用的鲁棒统计函数是 Cauchy(或 Lorentz)和 Huber[45]测度。

(1) Cauchy 或 Lorentzian 代价函数：
$$\rho(s) = b^2 \log(1 + s^2/b^2) \tag{17.16}$$

(2) Huber 代价函数：
$$\rho(s) = \begin{cases} s^2, & |s| < b \\ 2b|s| - b^2, & \text{其他} \end{cases} \tag{17.17}$$

式中：s 为式（17.15）的残差（即重投影误差）；b 通常为一个固定的用户定义值。鉴于 Cauchy 鲁棒函数更严格地降低了残差的权重[47]，我们选择了 Cauchy 鲁棒函数。Cauchy 的这一特性适用于我们的目的，特别是预计因为大量的由于场景中的潜在视差而产生残差。人们可以考虑使用其他类型的鲁棒函数，如 Cauchy/Lorentzian、GemanMcClure、Welsch 和广义 Charbonnier 损失函数[48]。

所提出的优化方法在算法 1 中以伪代码形式呈现。这是参数优化的一种替代方法，其重点是通过在单主导 2D 欧几里得世界平面上定义代价函数来稳定地质投影的航空图像。由于使用了鲁棒函数，而不是使用基于 RANSAC 的异常值消除方法，在优化过程中，不在基准平面上的点会自动边缘化。

算法 1：分析机载视频稳定性

输入：从不准确平台传感器获取的相机参数：如 IMU 和 GPS：$(R_i, t_i, f), i=1,2,\cdots,n$，$n$ 是相机/图像的数量。
　　　按顺序输入跟踪特征 m 数据集。
输出：鲁棒稳定图像优化单应矩阵

1: $v \leftarrow [u \quad v \quad f]^T$
2: **for** $i = 1$ to n **do**
3: $\quad T_i \leftarrow [r_{1,i} \quad r_{2,i} \quad t_i]$
4: $\quad$取矩阵 $T_i(b,c)$ 中的小值赋值 $m_{bc,i}$
5: $\quad H_{i \to \pi} \leftarrow \begin{bmatrix} m_{11,i} & -m_{21,i} & [-m_{11,i} \quad m_{21,i} \quad m_{31,i}]v \\ -m_{12,i} & m_{22,i} & [m_{12,i} \quad -m_{22,i} \quad -m_{32,i}]v \\ r_{13,i} & r_{23,i} & -r_{3,i}^T v \end{bmatrix}$
6: **end for**
7: **for** $j = 1$ to m **do**
8: $\quad$**for** $i = 1$ to n **do**
9: $\quad\quad {}^\pi \tilde{x}_j^i \leftarrow H_{i \to \pi} \tilde{x}_j^i$
10: $\quad$**end for**
11: $\quad {}^\pi \hat{x}_j \leftarrow \frac{1}{n} \sum_{i=1}^{n} {}^\pi \tilde{x}_j^i$
12: **end for**
13: $E \leftarrow \sum_{i=1}^{n} \sum_{j=1}^{m} \| \mathcal{F}(H_{i \to \pi} \tilde{x}_j^i) - \mathcal{F}({}^\pi \hat{x}_j) \|^2$
14: 优化 R_i, t_i 和 ${}^\pi \hat{x}_j$ 以最小化成本函数 E
15: **for** $i = 1$ to n **do**

第17章 基于解析单应模型的方位传感器的机载稳像

16: $\hat{T}_i \leftarrow [\hat{r}_{1,i} \quad \hat{r}_{2,i} \quad \hat{t}_i]$

17: 取矩阵 $\hat{T}_i$ 的 (b,c) 中的小值赋值 $\hat{m}_{bc,i}$

18: $\hat{H}_{i \to \pi} \leftarrow \begin{bmatrix} \hat{m}_{11,i} & -\hat{m}_{21,i} & [-\hat{m}_{11,i} \quad \hat{m}_{21,i} \quad \hat{m}_{31,i}]v \\ -\hat{m}_{12,i} & \hat{m}_{22,i} & [\hat{m}_{12,i} \quad -\hat{m}_{22,i} \quad -\hat{m}_{32,i}]v \\ \hat{r}_{13,i} & \hat{r}_{23,i} & -\hat{r}_{3,i}^{T}v \end{bmatrix}$

19: **end for**

20: **return** 优化单应矩阵 $\hat{H}_{i \to \pi}, i = 1, 2, \cdots, n$

17.5 实验

本章所提出的方法已应用到 DARPA 视频和图像检索与分析工具(VIRAT)数据集及 TransparentSky 的几个 WAMI 数据集(http://www.transparentsky.net)。引入的序列特征跟踪方法用于跟踪每个视频序列上已识别的 SIFT 特征,然后应用所提出方法进行优化。图 17.3 中顶部的图像是 VIRAT 数据集序列"flight2Tape1_2"中快照的一些示例帧,这个数据集包含 2400 幅图像。图像附带的元数据是非常不准确。据我们所知,这些元数据尚未在任何 SfM、稳定和地质投影项目中使用。然而,我们的方法成功地无缝地记录了完整的视频拍摄,平滑无抖动或无跳跃。与第一行的图像帧对应结果如图 17.3 底部所示。

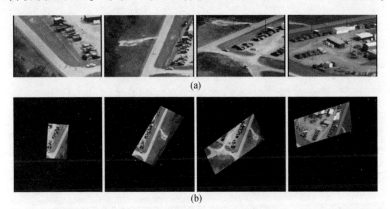

图 17.3 使用所提出的方法对 VIRAT 数据集进行稳定序列分析。我们使用了来自"flight2Tape1_2"的完整镜头,其中包含 2400 帧 720×480 像素。所有 VIRAT 数据集中的摄像机元数据都极不准确。我们的方法成功地在这个长序列上执行了地理注册和稳定,结果中没有任何跳跃或抖动

(a)原始图像(帧编号:3615、4610、5351 和 5901);

(b)稳定图像和地质投影图像(帧编号:3615、4610、5351 和 5901)。

图 17.4 显示了在 WAMI 航空图像的运行结果。元数据和图像是通过驾驶固定翼飞机飞越加利福尼亚州伯克利市中心获得的,由 Transparent – Sky 提供 (http://www.transparentsky.net)。两个示例图像,沿视角方向约有 45°的差异 (沿序列相隔 200 帧),如图 17.4 的上图所示。图 17.4 的中间图绘制了相应的地理坐标系框架。缩放两帧的感兴趣区域的边界框如图 17.4 的下图所示。校正后的极线(黄虚线)显示了稳定后两帧中一对典型对应点(红色)的校准。

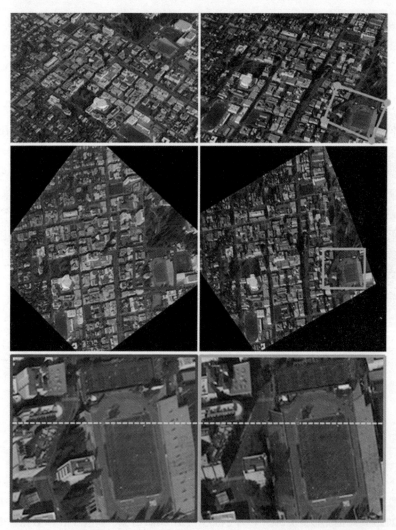

图 17.4 伯克利数据集的稳定结果。上图:两幅原始 WAMI 图像,大小为 6600×4400 像素 (左为 0 帧,右为 200 帧)。中间图:使用拟定方法稳定后原始框架的地质投影。下图:中间图的放大版本,对应于由紫色、绿色边界框标记的区域。校正后的极线(黄虚线)描绘了稳定后一对对应点(红色)的对齐(见彩插)

ABQ(阿尔伯克基市中心地区)WAMI 数据集也进行了类似的评估,如图 17.5 所示。图 17.6 描述了来自另一个 WAMI 数据集洛杉矶市区的原始和稳定图像。正如人们所看到的,基准平面的所有东西都在两个匹配视图之间很好地对齐,只有建筑物和离地物体由于视差的存在而抖动。尽管存在强视差,这个方法还是成功地无缝稳定了图像,没有任何抖动。值得注意的是,在提出的方案中未使用 RANSAC 或任何其他基于随机的方法。

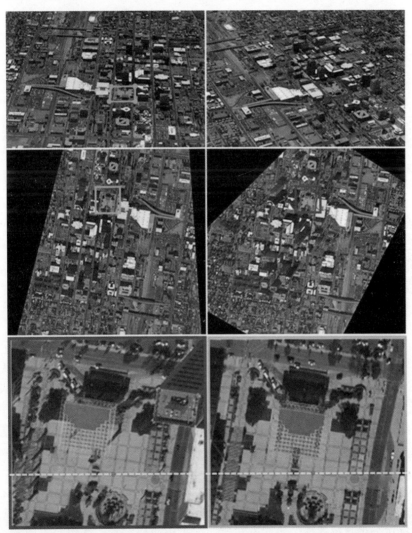

图 17.5 阿尔伯克基数据集的稳定结果。上图:两幅原始的 WAMI 图像,大小为 6600×4400 像素(左侧为 0 帧,右侧为 100 帧)。中间图:使用拟定方法稳定后原始帧的地质投影。下图:中间行的放大版本,对应于由紫色、绿色边界框标记的区域。校正后的极线(黄虚线)描绘了稳定后一对对应点(红色)的对齐(见彩插)

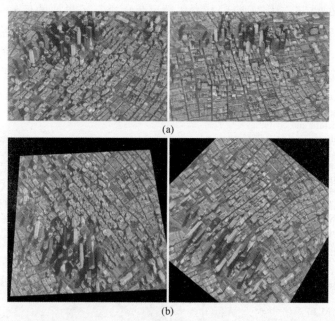

图 17.6 使用所提出的方法对洛杉矶(加利福尼亚)数据集的序列进行稳定。透明天空提供了高分辨率 WAMI 图像(图像大小为 6600×4400)和初始元数据(http://www.transparentsky.net)。尽管高层建筑引起了强烈的视差,我们的方法还是成功地稳定了 WAMI 图像(见彩插)

(a)原始图像(第 0 帧和第 100 帧);(b)稳定图像和地质投影图像(帧 0 和帧 100)。

17.6 结论

本章提出了一种稳定法和地质投影方法,其能够使用可用的传感器元数据(即 GPS 和 IMU)以鲁棒无缝的方式记录机载视频。通过推导一组解析单应变换,定义场景中占主导地位的 2D 欧几里得的平面上的代价函数。与大多数现有方法相反,这个解决方案不使用 RANSAC(任何基于随机的迭代技术)的公式,通过定义适当的(鲁棒性)代价函数,鲁棒性在工作中得以实现的,这个函数允许在优化过程中自动隐式地边缘化异常值。我们的做法是:在 DARPA 的一个非常具有挑战性的数据集(称为 VIRAT)上进行测试。不同于该数据集的图像成分非常丰富,并且已经被几个知名研究小组频繁地用于不同的算法中,其元数据成分极具挑战性。我们不知道任何小组或研究工作会依赖于此数据集中的元数据,并将其用于 SfM 或稳定方法,因为可用的传感器测量非常不准确。尽管如此,我们的方法已经在这个数据集上进行了测试,其中直接利用具有挑战性的元数据对视频序列进行平滑无缝的稳定。除了 VIRAT 数据集外,我们的实验还成功测试并稳定了两个对应于伯克利和洛杉矶市区的高分辨率 WAMI 数据集。

参考文献

1. Palaniappan, K., Rao, R., & Seetharaman, G. (2011). Wide-area persistent airborne video: Architecture and challenges. In *Distributed video sensor networks: Research challenges and future directions* (pp. 349–371). London: Springer.
2. Porter, R., Fraser, A. M., & Hush, D. (2010). Wide-area motion imagery. *IEEE Signal Processing Magazine, 27*(5), 56–65.
3. Poostchi, M., Aliakbarpour, H., Viguier, R., Bunyak, F., Palaniappan, K., & Seetharaman, G. (2016). Semantic depth map fusion for moving vehicle detection in aerial video. In *IEEE Computer Society Conference on Computer Vision and Pattern Recognition Workshops* (pp. 1575–1583).
4. Palaniappan, K., Poostchi, M., Aliakbarpour, H., Viguier, R., Fraser, J., Bunyak, F., et al. (2016). Moving object detection for vehicle tracking in wide area motion imagery using 4D filtering. In *IEEE International Conference on Pattern Recognition (ICPR)*.
5. Nilosek, D. R., Walvoord, D. J., & Salvaggio, C. (2014). Assessing geoaccuracy of structure from motion point clouds from long-range image collections. *Optical Engineering, 53*(11), 1–10.
6. Linger, M. E., & Goshtasby, A. (2015). Aerial image registration for tracking. *IEEE Transactions on Geoscience and Remote Sensing, 53*(4), 2137–2145.
7. Holtkamp, D. J., & Goshtasby, A. A. (2009). Precision registration and mosaicking of multicamera images. *IEEE Transactions on Geoscience and Remote Sensing, 47*, 3446–3455.
8. Lee, J., Cai, X., Schonlieb, C.-B., & Coomes, D. A. (2015). Nonparametric image registration of airborne LiDAR, hyperspectral and photographic imagery of wooded landscapes. *IEEE Transactions on Geoscience and Remote Sensing, PP*(99), 1–12.
9. Crispell, D., Mundy, J. L., & Taubin, G. (2008). Parallax-free registration of aerial video. In *Proceedings of the British Machine Vision Conference* (pp. 1–4).
10. Aliakbarpour, H., Palaniappan, K., & Seetharaman, G. (2015). Fast structure from motion for sequential and wide area motion imagery. In *The IEEE International Conference on Computer Vision (ICCV) Workshops*.
11. Aliakbarpour, H., Palaniappan, K., & Seetharaman, G. (2015). Robust camera pose refinement and rapid SfM for multiview aerial imagery - without RANSAC. *IEEE Geoscience and Remote Sensing Letters, 12*(11), 2203–2207.
12. Aliakbarpour, H., Palaniappan, K., & Seetharaman, G. (2017). Parallax-tolerant aerial image georegistration and efficient camera pose refinement- without piecewise homographies. *IEEE Transactions on Geoscience and Remote Sensing, 55*(8), 4618–4637.
13. Aliakbarpour, H., Prasath, V. B. S., Palaniappan, K., Seetharaman, G., & Dias, J. (2016). Heterogeneous multi-view information fusion: Review of 3-D reconstruction methods and a new registration with uncertainty modeling. *IEEE Access, 4*, 8264–8285.
14. Aliakbarpour, H., & Dias, J. (2012). Three-dimensional reconstruction based on multiple virtual planes by using fusion-based camera network. *IET Computer Vision, 6*(4), 355.
15. Aliakbarpour, H., Almeida, L., Menezes, P., & Dias, J. (2011). Multi-sensor 3D volumetric reconstruction using CUDA. *3D Research, 2*(4), 1–14.
16. Aliakbarpour, H., & Dias, J. (2011). PhD forum: Volumetric 3D reconstruction without planar ground assumption. In *Fifth ACM/IEEE International Conference on Distributed Smart Cameras (ICDSC)* (pp. 1–2). Piscataway: IEEE.
17. Molina, E., & Zhu, Z. (2014). Persistent aerial video registration and fast multi-view mosaicing. *IEEE Transactions on Image Processing, 23*(5), 2184–2192.

18. Saleemi, I., & Shah, M. (2013). Multiframe many-many point correspondence for vehicle tracking in high density wide area aerial videos. *International Journal of Computer Vision, 104*(2), 198–219.
19. Medioni, G., Cohen, I., Bremond, F., Hongeng, S. & Nevatia, R. (2001). Event detection and analysis from video streams. *IEEE Transactions on Pattern Analysis and Machine Intelligence, 23*(8), 873–889.
20. Lin, Y., Yu, Q., & Medioni, G. (2010). Efficient detection and tracking of moving objects in geo-coordinates. *Machine Vision and Applications, 22*, 505–520.
21. Chellappa, V. M., & Govindu, R. (2011). Feature-based image to image registration. In *Image Registration for Remote Sensing* (pp. 215–239). Cambridge: Cambridge University Press.
22. Taylor, C. N. (2013). Improved evaluation of geo-registration algorithms for airborne EO/IR imagery. In *SPIE, Geospatial Infofusion III* (Vol. 8747, p. 874709).
23. Vasquez, J., Hytla, P., Asari, V., Jackovitz, K., & Balster, E. (2012). Registration of region of interest for object tracking applications in wide area motion imagery. In *The IEEE Applied Imagery Pattern Recognition Workshop (AIPR)* (pp. 1–8).
24. Stone, H. S., Orchard, M. T., Chang, E. C., & Martucci, S. A. (2001). A fast direct Fourier-based algorithm for subpixel registration of images. *IEEE Transactions on Geoscience and Remote Sensing, 39*(10), 2235–2243.
25. Hafiane, A., Palaniappan, K., & Seetharaman, G. (2008). UAV-video registration using block-based features. In *IGARSS 2008 - 2008 IEEE International Geoscience and Remote Sensing Symposium* (Vol. 2, no. 1, pp. II–1104–II–1107)
26. Seetharaman, G., Gasperas, G., & Palaniappan, K. (2000). A piecewise affine model for image registration in nonrigid motion analysis. In *Proceedings of the International Conference on Image Processing, 2000* (pp. 561–564).
27. Zhu, Z., Hanson, A. R., & Riseman, E. M. (2004). Generalized parallel-perspective stereo mosaics from airborne video. *IEEE Transactions on Pattern Analysis and Machine Intelligence, 26*(2), 226–237.
28. Jackson, B. P., & Goshtasby, A. (2014). Adaptive registration of very large images. In *IEEE Computer Society Conference on Computer Vision and Pattern Recognition Workshops* (pp. 351–356).
29. Castro-Toscano, M. J., Rodríguez-Quiñonez, J. C., Hernández-Balbuena, D., Lindner, L., Sergiyenko, O., Rivas-Lopez, M., & Flores-Fuentes, W. (June 2017). A methodological use of inertial navigation systems for strapdown navigation task. In *2017 IEEE 26th International Symposium on Industrial Electronics (ISIE)* (pp. 1589–1595).
30. Lindner, L., Sergiyenko, O., Rivas-López, O., Ivanov, M., Rodríguez-Quiñonez, J. C., Hernández-Balbuena, D., et al. (June 2017). Machine vision system errors for unmanned aerial vehicle navigation. In *2017 IEEE 26th International Symposium on Industrial Electronics (ISIE)* (pp. 1615–1620).
31. Lindner, L., Sergiyenko, O., Rivas-Lõpez, M., Hernández-Balbuena, D., Flores-Fuentes, W., Rodríguez-Quiñonez, J. C., et al. (2017). Exact laser beam positioning for measurement of vegetation vitality. In *Industrial Robot: the International Journal of Robotics Research and Application, 44*(4), 532–541.
32. Turner, D., Lucieer, A., & Wallace, L. (2014). Direct georeferencing of ultrahigh-resolution UAV imagery. *IEEE Transactions on Geoscience and Remote Sensing, 52*(5), 2738–2745.
33. *Agisoft, agisoft photoscan professional.* http://www.agisoft.com
34. *Pix4D.* http://pix4d.com
35. Snavely, N. *Bundler: Structure from motion (SfM) for unordered image collections.* http://phototour.cs.washington.edu/bundler
36. Snavely, N., Seitz, S. M., & Szeliski, R. (2008). Modeling the world from Internet photo collections. *International Journal of Computer Vision, 80*, 189–210.
37. Pritt, M. D. (2014). Fast orthorectified mosaics of thousands of aerial photographs from small UAVs. In *Applied Imagery Pattern Recognition Workshop (AIPR)*. Piscataway: IEEE.
38. Aliakbarpour, H., Nuez, H. P., Prado, J., Khoshhal, K., & Dias, J. (2009). An efficient algorithm for extrinsic calibration between a 3D laser range finder and a stereo camera for surveillance. In *2009 International Conference on Advanced Robotics*.

39. Redmill, K. A., Martin, J. I., & Ozguner, U. (2009). Aerial image registration incorporating GPS/IMU data. *Proceedings of SPIE, 7347*(1), 73470H–73470H–15.
40. Ma, J., Zhou, H., Zhao, J., Gao, Y., Jiang, J., & Tian, J. (2015). Robust feature matching for remote sensing image registration via locally linear transforming. *IEEE Transactions on Geoscience and Remote Sensing, PP*(99), 1–13.
41. Liu, Z., An, J., & Jing, Y. (2012). A simple and robust feature point matching algorithm based on restricted spatial order constraints for aerial image registration. *IEEE Transactions on Geoscience and Remote Sensing, 50*(2), 514–527.
42. Aktar, R., Aliakbarpour, H., Bunyak, F., Kazic, T., Seetharaman, G., & Palaniappan, K. (2018). Geospatial content summarization of UAV aerial imagery using mosaicking. In *Proceedings of SPIE - The International Society for Optical Engineering* (Vol. 10645).
43. Viguier, R., Lin, C. C., AliAkbarpour, H., Bunyak, F., Pankanti, S., Seetharaman, G., et al. (2015). Automatic video content summarization using geospatial mosaics of aerial imagery. In *2015 IEEE International Symposium on Multimedia (ISM)* (pp. 249–253).
44. Viguier, R., Lin, C. C., Swaminathan, K., Vega, A., Buyuktosunoglu, A., Pankanti, S., et al. (2015). Resilient mobile cognition: Algorithms, innovations, and architectures. In *Proceedings of the 33rd IEEE International Conference on Computer Design, ICCD 2015* (pp. 728–731).
45. Triggs, B., Mclauchlan, P. F., Hartley, R. I., & Fitzgibbon, A. W. (2000). Bundle adjustment : A modern synthesis. *Vision algorithms: theory and practice. S, 34099*, 298–372.
46. Aliakbarpour, H., Palaniappan, K., & Seetharaman, G. (2015). Robust camera pose refinement and rapid SfM for multi-view aerial imagery without RANSAC. *IEEE Journal of Geoscience and Remote Sensing Letters, 12*(11), 2203–2207.
47. Johan, A. A., Suykens, A. K., & Signoretto, M. (2014). *Regularization, optimization, kernels, and support vector machines*. London/Boca Raton: Chapman and Hall/CRC Press.
48. Barron, J. T. (2017). A more general robust loss function. *Arxiv, 1*(5), 2–5. https://arxiv.org/abs/1701.03077

第 18 章

UAV 跟踪植物路径的视觉伺服控制器

Jorge A. Sarapura, Flavio Roberti, Juan Marcos Toibero,
Jose Maria Sebastian, Ricardo Carelli[①]

18.1 引言

近年来，由于计算机技术和机器人技术的进步，无人驾驶飞行器(UAV)得到了广泛的应用，如搜索救援、森林火灾监测、监视、远程检查和精准农业。最后，这是一项即将问世的技术，对农业现代化具有重大价值，其目的不仅是将机器人技术应用于农业领域，还在于开发新技术和系统，以适应农业现代化的应用和挑战。由于大多数农业环境都有大型的半结构化开放空间，自动驾驶汽车引起了人们的极大兴趣，因为自动驾驶机器人技术的进步促进了无人驾驶汽车在这些大区域运行的可能性[2]。

一般来说，空中机器人用全球定位系统(GPS)或惯性测量单元(IMU)作为传感器，以测量内部控制器所需的车辆位置和速度，用于自主飞行期间的轨迹规划。但是，GPS 不能在一些环境中使用，如室内环境或建筑物和树木附近，因为它由于不同的来源而具有大的误差，如信号受阻、拥挤环境中具有多条路线的信号以及干扰或拒绝接收。另一方面，用作导航位置传感器的 IMU 使用加速计和陀螺仪来查找从起点开始的线性和角运动；但它们的测量值会随着时间的推移而累积误差，即使有很小的漂移误差，也会随着时间的推移而累积到一个

---

① J. A. Sarapura, F. Roberti, J. M. Toibero, R. Carelli
Instituto de Automática, UNSJ – CONICET, San Juan, Argentina
e – mail: jsarapura@ inaut. unsj. edu. ar; froberti@ inaut. unsj. edu. ar; mtoibero@ inaut. unsj. edu. ar; rcarelli@ inaut. unsj. edu. ar

J. M. Sebastián
Centro de Automática y Robótica, Universidad Politécnica de Madrid, Madrid, Spain
e – mail: jsebas@ etsii. upm. es

较大的值[1,21]。

在实际的农业场景中,当 UAV 在植被附近飞行时,基于人工视觉的传感器和技术可以克服上述问题,由于其具有捕捉环境信息的巨大能力,因此,可以改善导航过程中车辆位置的估计[4,6]。许多研究已经提出了仅使用视觉信息信息来控制自动驾驶飞行器的控制系统[3,18]。

基于相机的人工视觉系统作为其他工作的补充设备。文献[10-11]中介绍了基于激光的扫描系统,可分别精确测量到被观测物体的距离或农业植被的活力。视觉系统与激光的互补使用可以在处理非冗余量的信息时能够快速测量。

视觉伺服的一个主要主题是作物自动检测的图像处理[5,7-8,13-14]。在这项工作中,使用了植被指数,因为它强调了一种特定的颜色,如植物的绿色,这对人类的比较是直观的,并且对光照变化以及不同的背景不太敏感[12]。基于植被指数获得的图像,开发了一种简单快速的算法,能够检测作物线,并为四旋翼机的自主导航提供参考。

精准农业所处理的农业任务之一是在作物种植园的结构化行中进行检查和数据收集,在待检查对象上方的低空航行。在这一领域,发现了基于人工视觉的工作,如文献[18]使用 UAV 视觉控制系统,使用定向纹理的概念沿着作物田的行导航;或者文献[3]中提出了一种运动学伺服视觉控制器,用于跟踪通过人工视觉算法提取的参考路径。

为了获得高性能的控制器,其设计应考虑无人机的动力学,并通过稳定性证明进行理论验证。在文献[17]中,作者根据视觉和控制器系统的无源性,提出了跟踪直线路径的视觉伺服控制器的第一个版本。

除了鲁棒性和稳定性外,控制器还应满足响应速度和控制动作幅度方面的良好性能。为此,我们在这项工作中提出了 3 种基于不同设计原理的视觉伺服控制器(包括基于无源性的视觉伺服控制器),并比较了它们应用于遵循植物路线的无人机时的性能。

这项工作的主要贡献是利用系统的无源性开发了基于图像的控制器,进行了稳定性和鲁棒性分析,并与其他控制器进行了性能比较。本研究对无人机视觉伺服系统的设计具有一定的实用价值。

18.2 无人机模型

现在介绍四旋翼无人机的运动学和简化动力学模型,如图 18.1 所示。这些模型已用于控制器设计。

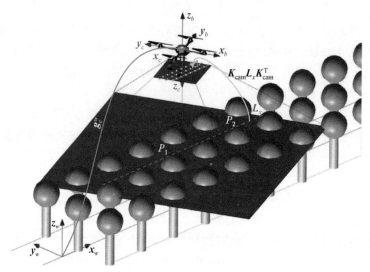

图 18.1 系统参考框架

18.2.1 运动学模型

这个模型表示为 4 种速度 $\dot{x}^b = [\dot{x}^b, \dot{y}^b, \dot{z}^b, \dot{\psi}^b]^T$ 压入车辆的车架 $\langle b \rangle$，通过矩阵 $F(\psi)$ [16] 在惯性车架 $\langle \omega \rangle$ 中转换。每个线速度 $(\dot{x}^b, \dot{y}^b, \dot{z}^b)$ 在 $\langle b \rangle$ 轴上产生位移，角速度 $\dot{\psi}$ 围绕轴 z_b 旋转。因此，UAV 运动可通过下式描述：

$$\dot{x}^\omega = F\dot{x}^b \tag{18.1}$$

式中：$\dot{x}^\omega = [\dot{x}, \dot{y}, \dot{z}, \dot{\psi}]^T$ 是在 $\langle \omega \rangle$ 的速度，由 $F(\psi)$ 矩阵给出：

$$F(\psi) = \begin{bmatrix} R(z^\omega, \psi) & 0 \\ 0 & 1 \end{bmatrix} = \begin{bmatrix} c_\psi & -s_\psi & 0 & 0 \\ s_\psi & c_\psi & 0 & 0 \\ 0 & 0 & 1 & 0 \\ 0 & 0 & 0 & 1 \end{bmatrix} \tag{18.2}$$

式中：$R(z^w, \psi)$ 和 ψ 分别表示绕轴 z_ω 的旋转矩阵与偏航角；z^ω 表示轴 z_ω 单位向量。在这种 $c_* \doteq \cos(*), s_* \doteq \sin(*)$ 变换中，x 轴和 y 轴周围的旋转角被忽略，对于平滑导航条件而言，旋转角被认为很小。

18.2.2 动态模型

此处考虑的简化动力学模型为[15]

$$u^b = A\ddot{x}^\omega + B\dot{x}^\omega \tag{18.3}$$

式中：$\dot{x}^\omega = [\dot{x}, \dot{y}, \dot{z}, \dot{\psi}]^T$ 与 $\ddot{x}^\omega = [\ddot{x}, \ddot{y}, \ddot{z}, \ddot{\psi}]^T$ 是 UAV 在 $\langle \omega \rangle$ 中的速度和加速度；$u^b = [u_x, u_y, u_z, u_\psi]^T$ 是 $\langle b \rangle$ 中的控制行为。矩阵 A 和 B 由下式给出：

$$A = (FK_u)^{-1} \tag{18.4}$$

$$B = AK_v \tag{18.5}$$

对于 ArDrone 四旋翼机,包含动力学参数的正定对角矩阵已识别为

$$K_u = \begin{bmatrix} 4.72 & 0 & 0 & 0 \\ 0 & 6.23 & 0 & 0 \\ 0 & 0 & 2.65 & 0 \\ 0 & 0 & 0 & 2.38 \end{bmatrix} \tag{18.6}$$

$$K_v = \begin{bmatrix} 0.28 & 0 & 0 & 0 \\ 0 & 0.53 & 0 & 0 \\ 0 & 0 & 2.58 & 0 \\ 0 & 0 & 0 & 1.52 \end{bmatrix} \tag{18.7}$$

模型式(18.3)可以在$\langle b \rangle$中重写为

$$u^b = H\ddot{x}^b + C\dot{x}^b \tag{18.8}$$

式中:$H = K_u^{-1}$ 和 $C = K_u^{-1}K_v$ 都是正定的对称矩阵且 $\dot{x}^b = [\dot{x}^b, \dot{y}^b, \dot{z}^b, \dot{\psi}^b]^T y \ddot{x}^b = [\ddot{x}^b, \ddot{y}^b, \ddot{z}^b, \ddot{\psi}^b]^T$ 是 UAV 在$\langle b \rangle$中的速度和加速度。

18.3 视觉系统

视觉系统的建模提供了与 UAV 在 3D 空间中遵循的直线及其在图像平面中的相应投影相关的方程式。我们认为,摄像机及其相关的帧 <c>,安装在万向节式稳定器装置上的四旋翼机基座上,以便其始终平行于基准平面拍摄图像,如图 18.1 所示。

18.3.1 图像处理

视觉系统是使用带有 Raspicam 相机的单板计算机 Raspberry Pi II 实现的。相机以每秒 30 帧的速度拍摄 640×480px RGB 格式的彩色图像。视觉系统获取的图像的处理是通过 OpenCV 图像处理库完成,可以分 5 个阶段进行描述,如图 18.2 所示,包括处理时间。

在第一阶段,捕获作物行的 RGB 彩色图像,如图 18.3(a)所示。然后,通过选择颜色空间和最佳植被指数,对图像进行分割,通过颜色将植物和土壤的其他部分区分开来[12]。这个阶段的结果是一个几乎二进制的灰色图像,如图 18.3(b)所示。

在第三阶段,由于选择了改进的过量绿色减去过量红色植被指数(ExG - ExR),因此使用简单的零值对获得的灰度图像进行阈值化。在第四阶段,将执行二进制图像的过滤器通过一些形态转换和形状分析技术,完成了树梢和土壤之间的区分,如图 18.3(c)所示。

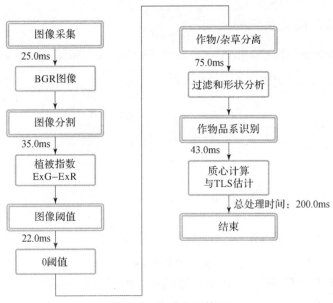

图 18.2　图像处理算法

在最后阶段,找到检测到的树的质心,并使用总体最小二乘算法,将通过它们的最佳线估计为描述树行的线,如图 18.3(d)所示。此外,在估计中,施加连续性约束来区分相邻行中的树梢。

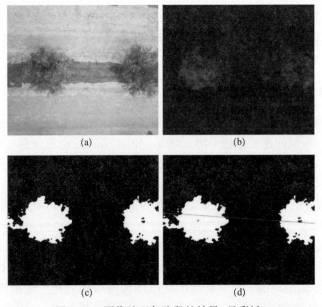

图 18.3　图像处理各阶段的结果(见彩插)

(a)真实形象;(b)近似二进制图像;(c)二进制图像;(d)质心与估计线。

18.3.2 视觉系统的运动学

UAV 的前进方向是一条直线 L_x 与 3D 空间的 x^ω 轴(在 $<\omega>$,直线 $y_\omega = 0$)重合,而不会失去通用性,由斜对称矩阵 Plücker[9] 给出:

$$L_x = P_1 P_2^T - P_2 P_1^T = (x_1 - x_2)\begin{bmatrix} 0 & y & 0 & 1 \\ -y & 0 & 0 & 0 \\ 0 & 0 & 0 & 0 \\ -1 & y & 0 & 1 \end{bmatrix} \quad (18.9)$$

式中:$P_1 = [x_1, y, 0, 1]^T$ 和 $P_2 = [x_2, y, 0, 1]^T$ 是直线 L_x 上任意两点的齐次坐标,和坐标 $y = 0$ 作为直线 $y^\omega = 0$ 考虑。鉴于帧 $\langle c \rangle$ 的中心与 UAV 框架的中心相匹配,因为已在两个框架之间进行了运动学校准,并且获得了与 UAV 导航高度相关的可忽略值。相机矩阵 $K_{cam} = KH_0 g_w^c$,在未知深度和度量坐标中具有归一化图像坐标,由相机固有参数矩阵、透视投影 H_0 和帧 $\langle \omega \rangle$ 到帧 $\langle c \rangle$ 的齐次变换 g_w^c 的乘积给出。

$$K_{cam} = f\begin{bmatrix} s_\psi & -c_\psi & 0 & c_\psi y_{ob} - s_\psi x_{ob} \\ -c_\psi & -s_\psi & 0 & c_\psi x_{ob} + s_\psi y_{ob} \\ 0 & 0 & -1/f & z_{ob}/f \end{bmatrix} \quad (18.10)$$

式中:f 表示相机的焦距;x_{ob}、y_{ob} 和 z_{ob} 表示 $x-y-z$ 用帧 $\langle \omega \rangle$ 表示的框架中心 $\langle b \rangle$ 的坐标。

通过式(18.10),线 L_x 被映射到线上的图像平面,即

$$I = K_{cam} L_x K_{cam}^T \quad (18.11)$$

图平面上 I 的笛卡儿表达式($I: ax + by + c = 0$)由 3×1 矩阵笛卡儿 $I = [a, b, c]^T$ 给出:

$$I_{cartesian} = f(x_1 - x_2)[c_\psi z_{ob}, s_\psi z_{ob}, -f(y_{ob} - y)]^T \quad (18.12)$$

利用表达式(18.12)和坐标系之间的变换,提出了以下图像特征向量:

$$x^l = \begin{bmatrix} d \\ \psi_1 \end{bmatrix} = \begin{bmatrix} x_v c_\psi \\ \psi \end{bmatrix} = \begin{bmatrix} \dfrac{f y_{ob}}{z_{ob}} \\ \psi \end{bmatrix} \quad (18.13)$$

式中:d 是从直线 l 到成像平面原点的距离;ψ_1 是直线与平面 Y 轴之间的角度。注意:$\psi_1 = \psi$ 和 d 是一个有符号距离,当计算它时,以确定 3D 空间中实线的哪一侧是四角机,其中 x_v 是线 l 与图像平面轴的交点,如图 18.4 所示。

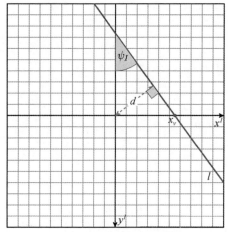

图 18.4　图像平面中的线条和特征

考虑到无人机的高度(z_{ob})由于独立控制器($\dot{z}_{ob} \approx 0$)的作用,向量 $\boldsymbol{x}^I$ 的时间导数由下式给出:

$$\dot{\boldsymbol{x}}^I = \begin{bmatrix} \dot{d} \\ \dot{\psi}_I \end{bmatrix} = \begin{bmatrix} \dfrac{f}{z_{ob}} & 0 \\ 0 & 1 \end{bmatrix} \begin{bmatrix} \dot{y}_{ob} \\ \dot{\psi} \end{bmatrix} = \boldsymbol{J}\dot{\boldsymbol{x}}_T^w \tag{18.14}$$

其中

$$\boldsymbol{J} = \begin{bmatrix} \dfrac{f}{z_{ob}} & 0 \\ 0 & 1 \end{bmatrix} \tag{18.15}$$

表示雅可比图像矩阵,$\dot{\boldsymbol{x}}_T^w = [\dot{y}_{ob}, \dot{\psi}]^T$ 表示 UAV 在 $\langle \omega \rangle$ 中的截断速度向量。

18.4　运动视觉伺服控制器

本节介绍 3 种不同的视觉伺服控制器,第一种是基于位置的控制器,另两种是基于图像的控制器。值得注意的是,最后一种控制器是基于系统的无源性设计的[17]。

18.4.1　位置控制器

设计这个控制器,控制误差定义为

$$\tilde{\boldsymbol{x}}^{\omega} = \boldsymbol{x}_d^{\omega} - \boldsymbol{x}^{\omega} = [\tilde{x}^{\omega}, \tilde{y}^{\omega}, \tilde{z}^{\omega}, \tilde{\psi}^{\omega}]^T = [x_d^{\omega} - x^{\omega}, y_d^{\omega} - y^{\omega}, z_d^w - z^w, \psi_d^{\omega} - \psi^{\omega}]^T$$

其中向量 $\tilde{\boldsymbol{x}}^{\omega}$ 的分量 $\tilde{x}^{\omega}$ 为零,因为它是路径控制器,如图 18.5 所示。

第18章 UAV 跟踪植物路径的视觉伺服控制器

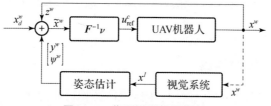

图 18.5 位置视觉伺服控制

为了满足控制目标,当 $t\rightarrow\infty$, $\tilde{x}^w(t)=[0,\tilde{y}^w,\tilde{z}^w,\tilde{\psi}^w]^T\rightarrow 0$ 提出了基于视觉位置的伺服控制律,即

$$u_{ref}^c = F^{-1}[\dot{x}_d^\omega + f(\tilde{x}^\omega)] = F^{-1}v \tag{18.16}$$

式中:$\dot{x}_d^\omega = [\dot{x}_{max}^\omega c_{\tilde{\psi}^\omega}/(1+|\tilde{y}^\omega|),0,0,0]^T$ 是沿着控制误差限定的路径,沿着直线,$c_{\tilde{\psi}^\omega} \doteq \cos(\tilde{\psi}^\omega)$ 达到最大值的期望速度和 $f(*)$ 是控制误差的函数。那么,辅助控制函数 v 的形式为

$$v = \begin{bmatrix} \dfrac{\dot{x}_{max}^\omega C_{\tilde{\psi}^\omega}^* \omega}{1+|\tilde{y}^\omega|} \\ K_y\tanh(\tilde{y}^\omega) \\ K_z\tanh(\tilde{z}^\omega) \\ K_\psi\tanh(\tilde{\psi}^\omega) \end{bmatrix} \tag{18.17}$$

式中:$K_* > 0$ 是控制器的增益。

18.4.1.1 控制器分析

考虑到完美的速度跟踪,即 $\dot{x}^\omega = Fu_{ref}^c$,系统的闭环方程得到

$$\dot{x}^\omega = F(F^{-1}v) = v \tag{18.18}$$

例如

$$\dot{\tilde{x}}^\omega - f(\tilde{x}^\omega) = 0 \tag{18.19}$$

考虑到速度的完美跟踪,即 $\tilde{x}_t^w = [\tilde{y}^w,\tilde{z}^w,\tilde{\psi}^w]^T$,定义了候选函数 Lyapunov,即

$$V = \frac{1}{2}\tilde{x}_t^{\omega T}\tilde{x}_t^\omega = \frac{1}{2}(\tilde{y}^\omega + \tilde{z}^{\omega 2} + \tilde{\psi}^{\omega 2}) \tag{18.20}$$

其时间导数由

$$\dot{V} = -\tilde{y}^\omega K_y\tanh(\tilde{y}^\omega) - \tilde{z}^\omega K_z\tanh(\tilde{z}^\omega) -$$
$$- \tilde{\psi}^\omega K_\psi\tanh(\tilde{\psi}^\omega) \tag{18.21}$$

函数 $\dot{V}$ 是负定的,因为它是小于或等于零的项和。结论是:当 $t\to\infty$,$\tilde{x}_t^w(t)\to 0$ 时,平衡点 $\tilde{x}_t^w = 0$ 是渐近稳定的。

18.4.2 图像控制器

设计图像控制器,在式(18.13)中定义的图像特征向量

$\tilde{x}^I = x_d^I - x^I = [\tilde{d}, \tilde{\psi}_I]^T = [-d, -\psi_I]^T$ 和控制误差被定义为 $\dot{x}_d^I = 0$ 图像特征的参考向量,因为为无人机定义的任务是以其相同方向在线路上导航,如图18.6所示:

$$\dot{x}_{T_{\text{ref}}}^\omega = J^{-1}[\dot{x}_d^I + K_I \tilde{x}^I] = J^{-1} K_I \tilde{x}^I \tag{18.22}$$

式中:$K_I = \text{diag}(k_d, k_\psi)$ 是一个正定增益矩阵;$\dot{x}_d^I = 0$ 是向量 x_d^I 的时间导数;J 是式(18.15)中定义的雅可比图像矩阵。

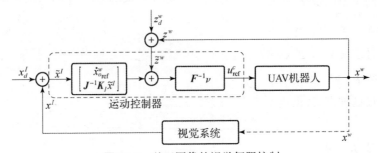

图18.6 基于图像的视觉伺服控制

UAVX 和 ZAX 的控制行动建议如下:

$$\dot{x}_{o_{\text{ref}}}^\omega = \frac{\dot{x}_{\max}^\omega c_{\tilde{\psi}_I}}{1 + |\tilde{x}_v|} + K_y \tilde{y}_I \tag{18.23}$$

$$\dot{z}_{o_{\text{ref}}}^\omega = K_z \tanh(\tilde{z}^\omega) \tag{18.24}$$

式中:$\tilde{x}_v = 0 - x_v$ 是线 l 与成像平面轴 x^I 相交的误差;$\tilde{z}^w = z_d^w - z^w$ 是 UAV 的高度误差,$K_y \tilde{y}_I = 0$,因为它是一个路径控制器。

将方程式(18.22)和式(18.23)发送给无人机的最终控制动作由下式给出:

$$u_{\text{ref}}^c = F^{-1} v \tag{18.25}$$

其中,辅助控制功能 v 的形式为

$$\boldsymbol{\nu} = \begin{bmatrix} \dfrac{\dot{x}_{\max}^{\omega} c_{\tilde{\psi}_I}}{1+|\tilde{x}_v|} \\ \dfrac{z_{ob}^{\omega}}{f} k_d \tilde{d} \\ K_z \tanh(\tilde{z}^{\omega}) \\ k_{\psi} \tilde{\psi}_I \end{bmatrix} \qquad (18.26)$$

按照与基于位置的控制器类似的程序,可以证明图像误差收敛到零,从而 UAV 的位置误差收敛到零。

18.4.3 无源控制器

在本节中,建议使用图 18.7 中的控制系统来考虑图像平面中的调节问题,其中控制误差的定义方式与 18.4.2 节中基于图像的控制器的定义方式相同,即 $\tilde{\boldsymbol{x}}^I = \boldsymbol{x}_d^I - \boldsymbol{x}^I$,其中 $\boldsymbol{x}_d^I = \boldsymbol{0}$。

通过定义 $\boldsymbol{\nu}_{\tilde{x}^I} = \boldsymbol{J}^T \boldsymbol{K}(\tilde{\boldsymbol{x}}^I) \tilde{\boldsymbol{x}}^I$,表明映射 $\dot{\boldsymbol{x}}_T^w \to \boldsymbol{\nu}_{\tilde{x}^I}$ 是无源的,可以通过设计正定增益矩阵 $\boldsymbol{K}(\tilde{\boldsymbol{x}}^I)$,使得 $\boldsymbol{\nu}_{\tilde{x}^I} \in L_{\infty}$ 对于图像特征的任何值有关,参见附录。

通过这种方式,提出了遵循直线路径的以下控制律:

$$\dot{\boldsymbol{x}}_{\text{ref}}^{\omega} = -\boldsymbol{K}_c \boldsymbol{\nu}_{\tilde{x}^I} = -\boldsymbol{K}_c \boldsymbol{J}^T \boldsymbol{K}(\tilde{\boldsymbol{x}}^I) \tilde{\boldsymbol{x}}^I \qquad (18.27)$$

同时,$\boldsymbol{K}_c > \boldsymbol{0}$。

此外,假设目前完美的速度跟踪 ($\dot{\boldsymbol{x}}_T^{\omega} = \dot{\boldsymbol{x}}_{\text{ref}}^{\omega}$),可以证明,映射 $\boldsymbol{\nu}_{\tilde{x}^I} \to -\dot{\boldsymbol{x}}_T^{\omega}$(控制器)是严格的无源输入,见附录。

然后,如图 18.7 所示,通过无源系统的互连形成所提议的控制系统。

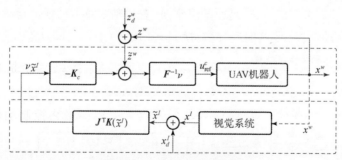

图 18.7 无源视觉伺服控制

18.4.3.1 控制器分析

添加附录中的式(18.53)和式(18.55),即

$$0 \geqslant -V(0) + \lambda_{\min}(\boldsymbol{K}_c) \int_0^T \|\boldsymbol{v}_{\tilde{x}^I}\|^2 \mathrm{d}t \quad (18.28)$$

$$\int_0^T \|\boldsymbol{v}_{\tilde{x}^I}\|^2 \mathrm{d}t \leqslant \frac{V(0)}{\lambda_{\min}(\boldsymbol{K}_c)} \quad (18.29)$$

这意味着,$\boldsymbol{v}_{\tilde{x}^I} \in L_{2e}$。还记得 $\boldsymbol{K}(\tilde{x}^I)$ 是这样设计的 $\boldsymbol{v}_{\tilde{x}^I} \in L_{\infty}$,并且 $\boldsymbol{v}_{\tilde{x}^I} \in L_{\infty}$ 因为机器人的速度是有界的(根据控制器的定义),所以可以由 Barbalat 引理[20]得出结论:

$$v_{\tilde{x}^I}(t) \to 0, \quad t \to \infty \quad (18.30)$$

现在,假设描述路径的线在任何奇异点之外,并且记住 $\boldsymbol{v}_{\tilde{x}^I} = \boldsymbol{J}^T \boldsymbol{K}(\tilde{x}^I)\tilde{x}^I$,先验条件意味着

$$\tilde{x}^I(t) \to 0, \quad t \to \infty \quad (18.31)$$

这样,实现了在图像平面中的控制目标。

18.5 UAV 动态补偿

忽略完美速度跟踪的假设,考虑到无人机的简化动力学,设计了速度控制器,并将其包含在每个拟定控制系统中,如图 18.8 所示。这个动态控制器使空中机器人达到运动学控制器计算的参考速度,性能良好,对提高控制系统的整体性能具有重要意义。

控制律如下所示:

$$\boldsymbol{u}_r^b = \boldsymbol{H}(\ddot{\boldsymbol{x}}_{\mathrm{ref}}^c + \boldsymbol{K}_d \dot{\tilde{\boldsymbol{x}}}) + \boldsymbol{C}\dot{\boldsymbol{x}}^b \quad (18.32)$$

式中:$\ddot{\boldsymbol{x}}_{\mathrm{ref}}^c = \dot{\boldsymbol{u}}_{\mathrm{ref}}^c$,$\dot{\tilde{\boldsymbol{x}}} = \boldsymbol{u}_{\mathrm{ref}}^c - \dot{\boldsymbol{x}}^b$ 是速度误差;$\boldsymbol{u}_{\mathrm{ref}}^c$ 是由前面章节的任何运动学控制器生成的控制动作;$\dot{\boldsymbol{u}}_{\mathrm{ref}}^c$ 是其时间导数;$\boldsymbol{H}$ 是式(18.8)中定义的动态模型矩阵;$\boldsymbol{K}_d$ 是增益正定对称矩阵。

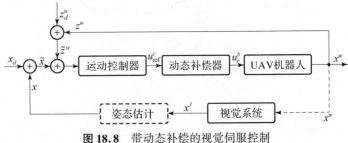

图 18.8 带动态补偿的视觉伺服控制

18.5.1 控制器分析

动力学模型产生系统的闭环方程：

$$\ddot{\tilde{x}} + K_d \dot{\tilde{x}} = 0 \tag{18.33}$$

由于 K_d 是正定对称的，因此得出结论：

$$\dot{\tilde{x}}(t) \to 0, \quad t \to \infty \tag{18.34}$$

现在，考虑下列正定函数：

$$V = \frac{1}{2} \dot{\tilde{x}}^T H \dot{\tilde{x}} \tag{18.35}$$

以及它在系统轨迹中的时间导数：

$$\dot{V} = \dot{\tilde{x}}^T H \ddot{\tilde{x}} = -\dot{\tilde{x}}^T H K_d \dot{\tilde{x}} = -\dot{\tilde{x}}^T K_d' \dot{\tilde{x}} \tag{18.36}$$

这一项 $-\dot{\tilde{x}}^T K_d' \dot{\tilde{x}}$ 是负定的，因此 $\dot{V} < 0$。然后，得出结论：$\dot{\tilde{x}} \in L_\infty$。

另一方面，积分 $\dot{V}$ 在区间 $[0,T]$ 上，即

$$V(T) - V(0) = -\int_0^T \dot{\tilde{x}}^T K_d' \dot{\tilde{x}} \, dt \tag{18.37}$$

$$-V(0) \leq -\lambda_{\min}(K_d') \int_0^T \dot{\tilde{x}}^T \dot{\tilde{x}} \, dt \tag{18.38}$$

$$\int_0^T \| \dot{\tilde{x}} \|^2 dt \leq \frac{V(0)}{\lambda_{\min}(K_d')}, \quad \forall T \in [0, \infty) \tag{18.39}$$

然后，还得出结论，$\dot{\tilde{x}} \in L_2$。在证明 $\dot{\tilde{x}} \in (L_2 \cap L_\infty)$ 时，可以注意到，$\dot{\tilde{x}}^w = \dot{x}_{\text{ref}}^w - \dot{x}_T^w = F \dot{\tilde{x}}$ 也属于 $(L_2 \cap L_\infty)$，因为 F 是一个齐次变换矩阵。

现在，消除完美速度跟踪的假设，即考虑不同于零的速度误差 $\dot{\tilde{x}} = \dot{u}_{\text{ref}}^c - \dot{x}^b$，必须分析控制误差 $\tilde{x}^I(t)$。本文介绍了这种速度误差和运动控制器：

$$-\int_0^T v_{\tilde{x}^I}^T \dot{x}_T^\omega dt = -\int_0^T v_{\tilde{x}^I}^T (\dot{x}_{\text{ref}}^\omega - \dot{\tilde{x}}^\omega) dt$$

$$= -\int_0^T v_{\tilde{x}^I}^T \dot{x}_{\text{ref}}^\omega dt + \int_0^T v_{\tilde{x}^I}^T \dot{\tilde{x}}^\omega dt$$

$$= -\int_0^T v_{\tilde{x}^I}^T K_c v_{\tilde{x}^I} dt + \int_0^T v_{\tilde{x}^I}^T \dot{\tilde{x}}^\omega dt \tag{18.40}$$

令上个表达式为

$$\int_0^T v_{\tilde{x}^I}^T \dot{x}_T^w dt \geq -V(0) \tag{18.41}$$

获得

$$\lambda_{\min}(K_c) \int_0^T v_{\tilde{x}^I}^T v_{\tilde{x}^I} dt \leq V(0) + \int_0^T v_{\tilde{x}^I}^T \dot{\tilde{x}}^\omega dt \tag{18.42}$$

或者

$$\lambda_{\min}(\boldsymbol{K}_c)\|\boldsymbol{v}_{\tilde{x}^l}\|_{2,\mathrm{T}}^2 \leq V(0) + \|\boldsymbol{v}_{\tilde{x}^l}\|_{2,\mathrm{T}}\|\dot{\tilde{\boldsymbol{x}}}^w\|_{2,\mathrm{T}}, \forall T \in [0,\infty) \quad (18.43)$$

然后，记住 $\dot{\tilde{x}}^w \in L_2$，前一个不等式仅存在，若 $\|\boldsymbol{v}_{\tilde{x}^l}\|_{2,\mathrm{T}} < \infty$，这意味着，$\boldsymbol{v}_{\tilde{x}^l} \in L_2$。当消除了理想跟踪速度的假设时，在包含动态速度控制器后，这一结论意味着 $\boldsymbol{v}_{\tilde{x}^l} \in L_2$ 仍然有效。$\boldsymbol{v}_{\tilde{x}^l} \in L_\infty$ 和 $\dot{\boldsymbol{v}}_{\tilde{x}^l} \in L_\infty$，就达到了控制的目的，就是

$$\tilde{x}^l(t) \to \mathbf{0}, \quad t \to \infty \quad (18.44)$$

18.6 仿真结果

本节进行了不同的仿真实验，来评估所提出控制器的性能。基于位置、图像和无源性的控制方案分别用蓝色、红色和黑色曲线表示在不同的图中。路径跟踪任务从 UAV 在特定姿态静止开始，并希望以最大速度（$\dot{x}_{\max}^\omega = 2.5\mathrm{m/s}$）跟踪作物线。通过实验调整运动学控制器的增益，使 UAV 在任务期间的响应轨迹尽可能快，而不会产生实际 UAV 速度的饱和（表 18.1）。

表 18.1 带补偿的运动控制器增益

位置	图像	被动性
$K_y = 0.76$	$K_I = \begin{bmatrix} 0.245 & 0 \\ 0 & 2.3 \end{bmatrix}$	$K(\tilde{x}^l) = \begin{bmatrix} \dfrac{1.0}{0.1+\|\tilde{d}\|} & 0 \\ 0 & \dfrac{1.0}{0.1+\|\tilde{\psi}\|} \end{bmatrix}$
$K_z = 0.6$	$K_z = 0.6$	$K_c = \begin{bmatrix} 4.0 & 0 \\ 0 & 1.8 \end{bmatrix}$
$K_\psi = 2.8$		$K_z = 0.6$

图 18.9 显示了在使用运动学控制器而不补偿动力学的情况下，进行路径跟踪时 UAV 的轨迹；图 18.10、图 18.11、图 18.12 显示了受控姿态变量。

当 UAV 的动力学未得到补偿时，会产生较大的振荡，并且由于这些误差，跟踪直线的任务会遭受较大的延迟，如图 18.9、图 18.10、图 18.11 和图 18.12 所示。基于位置的控制器是三者中较慢的。如图 18.13、图 18.14 和图 18.15 所示，通过产生大的控制动作试图纠正控制误差中的振荡，这些影响更加突出。在这些图中，应注意的是，尽管基于图像的控制器在校正无人机姿态方面的响应速度更快，但其产生的最大控制动作和辅助动作与基于位置的控制

器的动作相当。还需要强调的是,3个控制器(设计时仅考虑空中机器人运动学)最终能够将实际机器人的控制误差降至非常接近零的值;尽管用于动态模型不同于其设计所用的机器人,但在实际应用中仍表现出很强的鲁棒性,以满足控制目标。

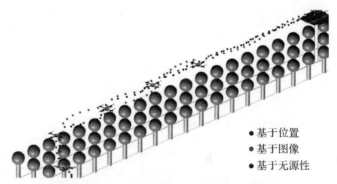

图 18.9　无动态补偿的 UAV 弹道(见彩插)

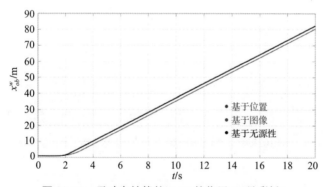

图 18.10　无动态补偿的 UAV 的位置 X(见彩插)

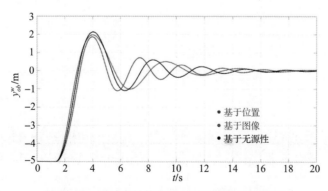

图 18.11　无动态补偿的 UAV 的位置 Y(见彩插)

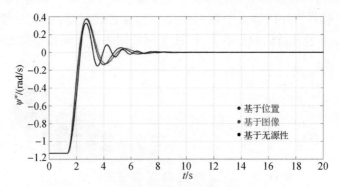

图 18.12　无动态补偿的 UAV 方向 ψ（见彩插）

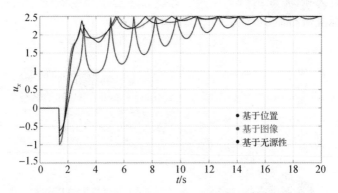

图 18.13　无动态补偿的 UAV 变桨指令（见彩插）

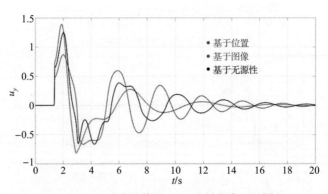

图 18.14　无动态补偿的 UAV 滚转指令（见彩插）

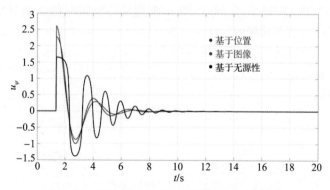

图18.15 无动态补偿的UAV偏航指令(见彩插)

另一方面,当将动态补偿器与任何运动学控制器串联插入时,可获得更快的轨迹且无振荡,如图18.16所示,其中,运动学控制器的增益使用之前运用的相同标准进行调整,动态补偿器的增益调整为 $K_d = 10\,\mathrm{diag}(1,1,1,1)$ 的值 (表18.2)。

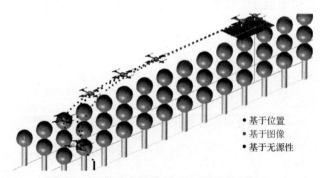

图18.16 带动态补偿的UAV弹道(见彩插)

表18.2 带补偿的运动控制器增益

位置	图像	被动性
$K_y = 3.35$	$K_l = \begin{bmatrix} 0.67 & 0 \\ 0 & 1.15 \end{bmatrix}$	$K(\tilde{x}^l) = \begin{bmatrix} \dfrac{1.27}{0.01 + \lvert \tilde{d} \rvert} & 0 \\ 0 & \dfrac{0.135}{0.05 + \lvert \tilde{\psi} \rvert} \end{bmatrix}$
$K_z = 1.0$	$K_z = 1.0$	$K_c = \begin{bmatrix} 10.0 & 0 \\ 0 & 10.0 \end{bmatrix}$
$K_\psi = 1.59$		$K_z = 1.0$

图 18.17、图 18.18 和图 18.19 显示车辆动态补偿时的姿态演变。在这些图中，可以看出，动态软件的正确补偿如何能够改善运动控制器的性能，使其能够生成正确的控制动作，从而实现控制目标，因为由动态补偿器和 UAV 的动态模型构成的系统在运动学控制器前面表现为具有运动学模型及其动力学补偿的空中机器人。

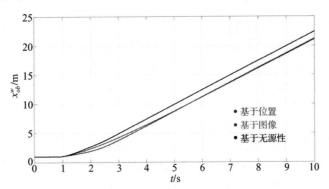

图 18.17　带有动态补偿的 UAV 的位置 X（见彩插）

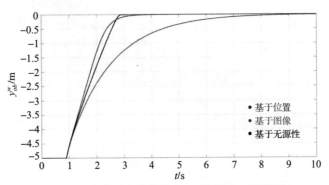

图 18.18　带有动态补偿的 UAV 的位置 Y（见彩插）

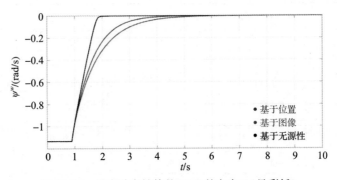

图 18.19　具有动态补偿的 UAV 的方向 ψ（见彩插）

进一步可以看出,基于图像的控制器在机器人姿态变量校正中表现出最慢的响应,而与基于位置的控制器相比,采用无源性技术设计的控制器在类似控制动作下产生更高的响应速度,基于位置的控制器表现出最小的控制动作,如图 18.20、图 18.21、图 18.22 所示。

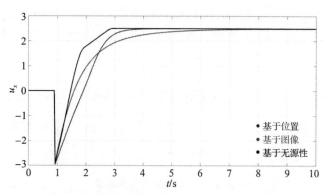

图 18.20　带动态补偿的 UAV 变桨指令(见彩插)

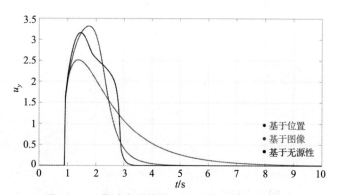

图 18.21　带动态补偿的 UAV 滚转指令(见彩插)

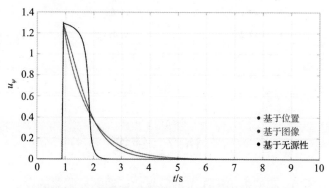

图 18.22　带动态补偿的 UAV 偏航指令(见彩插)

观察结果表明,与其他控制器相比,当需要快速校正车辆姿态以从起飞时定位和导航作物时,基于无源性的控制器在跟踪树形线的任务中表现出更好的性能(即使 UAV 的动态未得到补偿)。此外,在面临直接影响机器人的环境干扰(如风力或照明变化下的视觉系统)时,纠正与植物线相关的位置,可能会导致树木相对于土壤其余部分的检测和识别错误。最后一个基于无源性的驱动器特性通过鲁棒性分析得到验证,见附录。这种设计的另一个显著特点是,它具有适度的控制作用,在移动机器人领域,降低机器人在执行任务时所消耗的能量并实现更大的飞行自主性是非常理想的。

表 18.3 显示有补偿和无动态补偿系统中姿态变量的均方根误差(RMSE)和控制动作的能量 $\left(\int_0^T u^2(t)\,\mathrm{d}t\right)$。RMSE 表明,在稳态下,所有方案的性能非常相似。然而,在基于图像的控制器中,动态补偿降低了能耗。

表 18.3 均方根误差和能量

类型	基于位置	基于图像	基于无源性
无补偿	$\mathrm{RMSE}_y = 1.75$ $\mathrm{RMSE}_z = 0.95$ $\mathrm{RMSE}_\psi = 0.34$ $E_{u_x} = 74.89$ $E_{u_y} = 1.99$ $E_{u_z} = 1.42$ $E_{u_\psi} = 3.17$	$\mathrm{RMSE}_\psi = 1.72$ $\mathrm{RMSE}_z = 0.95$ $\mathrm{RMSE}_\psi = 0.34$ $E_{u_x} = 99.26$ $E_{u_y} = 1.77$ $E_{u_z} = 1.42$ $E_{u_\psi} = 3.13$	$\mathrm{RMSE}_y = 1.75$ $\mathrm{RMSE}_z = 0.95$ $\mathrm{RMSE}_\psi = 0.34$ $E_{u_x} = 99.35$ $E_{u_y} = 1.83$ $E_{u_z} = 1.42$ $E_{u_\psi} = 4.47$
有补偿	$\mathrm{RMSE}_y = 1.86$ $\mathrm{RMSE}_z = 1.13$ $\mathrm{RMSE}_\psi = 0.40$ $E_{u_x} = 49.02$ $E_{u_y} = 12.51$ $E_{u_z} = 2.98$ $E_{u_\psi} = 0.85$	$\mathrm{RMSE}_y = 2.03$ $\mathrm{RMSE}_z = 1.13$ $\mathrm{RMSE}_\psi = 0.41$ $E_{u_x} = 44.65$ $E_{u_y} = 9.03$ $E_{u_z} = 2.98$ $E_{u_\psi} = 0.73$	$\mathrm{RMSE}_y = 1.90$ $\mathrm{RMSE}_z = 1.13$ $\mathrm{RMSE}_\psi = 0.39$ $E_{u_x} = 51.37$ $E_{u_y} = 12.57$ $E_{u_z} = 2.98$ $E_{u_\psi} = 1.30$

18.7 结论

在这项工作中,我们提出了 3 个伺服视觉运动学控制器的设计,1 个基于位置和 2 个基于图像,这些控制器面向精确农业领域的任务,包括蔬菜生产线。

第18章 UAV跟踪植物路径的视觉伺服控制器

这一发展的主要贡献集中在一种基于图像的控制器的设计上,其中使用了无源性理论概念,并展示了它们相对于其他设计的最佳性能。此外,还设计了一个动态补偿器,以提高运动学控制器在实际控制空中机器人时的性能其动态的影响不容忽视。在所有控制器的设计中,包括了稳定性分析,表明控制目标已经实现。同时,对基于无源性的控制器进行了鲁棒性分析,与其他控制器相比,该控制器在抑制干扰、非建模动态和估计误差的影响时具有更好的性能。此外,在执行树线跟踪任务期间,还描述了作为姿态传感器和生成所设计控制器参考的视觉系统的操作。

比较了3种运动视觉伺服控制器在农业任务中的性能,即沿植物行导航和跟踪轨迹,补偿和不补偿车辆动力学。比较结果清楚地表明,当补偿了空中机器人的动态效应时,系统具有优越的性能。此外,当任务的性质优先考虑快速响应速度来校正无人机姿态,同时保持适度的控制动作以降低能耗时,结果表明,与基于更传统技术的其他设计相比,即使机器人的动力学没有得到补偿的情况下,基于无源性的控制器也具有更高的性能和鲁棒性,但能耗略高。因此,在精准农业领域为特定任务(如以下蔬菜生产线)选择最合适的控制器时,这项工作开发的结果可能会更有意义。

附录

本附录显示了系统的一些无源性特性和对一些控制器的鲁棒性分析。

1. UAV动力学模型的被动特性

考虑以下正定函数:

$$V = \frac{1}{2}\dot{\boldsymbol{x}}^{b\mathrm{T}}\boldsymbol{H}\dot{\boldsymbol{x}}^{b} \tag{18.45}$$

以及它的时间导数:

$$\dot{V} = \dot{\boldsymbol{x}}^{b\mathrm{T}}\boldsymbol{H}\ddot{\boldsymbol{x}}^{b} = \dot{\boldsymbol{x}}^{b\mathrm{T}}\boldsymbol{u}^{b} - \dot{\boldsymbol{x}}^{b\mathrm{T}}\boldsymbol{C}\dot{\boldsymbol{x}}^{b} \tag{18.46}$$

整数 $\dot{V}$ 在 $[0,T]$ 内

$$V(T) - V(0) = \int_0^T \dot{\boldsymbol{x}}^{b\mathrm{T}}\boldsymbol{u}^{b}\mathrm{d}t - \int_0^T \dot{\boldsymbol{x}}^{b\mathrm{T}}\boldsymbol{C}\dot{\boldsymbol{x}}^{b}\mathrm{d}t \tag{18.47}$$

忽略 $V(T)$

$$-V(0) \leqslant \int_0^T \dot{\boldsymbol{x}}^{b\mathrm{T}}\boldsymbol{u}^{b}\mathrm{d}t - \lambda_{\min}(\boldsymbol{C})\int_0^T \|\dot{\boldsymbol{x}}^{b}\|^2 \mathrm{d}t \tag{18.48}$$

$$\int_0^T \dot{\boldsymbol{x}}^{b\mathrm{T}}\boldsymbol{u}^{b}\mathrm{d}t = \langle \dot{\boldsymbol{x}}^{b}, \boldsymbol{u}^{b}\rangle \geqslant -V(0) + \lambda_{\min}(\boldsymbol{C})\|\dot{\boldsymbol{x}}^{b}\|_{2T}^2 \tag{18.49}$$

式中: $\lambda_{\min}(\boldsymbol{C})$ 是 $\boldsymbol{C}$ 的最小特征值。

然后,可以得出结论,映射 $\boldsymbol{u}^b \to \dot{\boldsymbol{x}}^b$ 是严格被动输出的。

2. 视觉系统的无源性

结果表明，考虑正定函数，保持了视觉系统的无源性：

$$V = \int_0^{\tilde{x}^{IT}} \boldsymbol{\eta}^T \boldsymbol{K}(\boldsymbol{\eta}) \mathrm{d}\boldsymbol{\eta} \tag{18.50}$$

式中：$\boldsymbol{K}(\tilde{x}^I)$ 是一个正定对称增益矩阵，定义为避免饱和。那么，V 函数的时间导数为

$$\dot{V} = \tilde{\boldsymbol{x}}^{IT} \boldsymbol{K}(\tilde{\boldsymbol{x}}^I) \dot{\tilde{\boldsymbol{x}}}^I = \tilde{\boldsymbol{x}}^{IT} \boldsymbol{K}(\tilde{\boldsymbol{x}}^I)(\boldsymbol{J}\dot{\boldsymbol{x}}_T^\omega) \tag{18.51}$$

整数 $\dot{V}$ 在 $[0, T]$ 内

$$\int_0^T \dot{V} \mathrm{d}t = \int_0^T \tilde{\boldsymbol{x}}^{IT} \boldsymbol{K}(\tilde{\boldsymbol{x}}^I)(\boldsymbol{J}\dot{\boldsymbol{x}}_T^\omega) \mathrm{d}t \tag{18.52}$$

并定义 $\boldsymbol{v}_{\tilde{x}^I} = \boldsymbol{J}^T \boldsymbol{K}(\tilde{\boldsymbol{x}}^I) \tilde{\boldsymbol{x}}^I$，得到以下表达式：

$$\int_0^T \boldsymbol{v}_{\tilde{x}^I}^T \dot{\boldsymbol{x}}_T^\omega \mathrm{d}t \geq -V(0) \tag{18.53}$$

由此得出结论，$\dot{\boldsymbol{x}}_T^\omega \to \boldsymbol{v}_{\tilde{x}^I}$ 映射是被动的。矩阵 $\boldsymbol{K}(\tilde{\boldsymbol{x}}^I)$ 对于图像特征的任何值，应该被设计为 $\boldsymbol{v}_{\tilde{x}^I} \in L_\infty$。

3. 基于运动学无源性的控制器的被动特性

考虑到理想的速度跟踪，即 $\dot{\boldsymbol{x}}_T^w = \dot{\boldsymbol{x}}_{\mathrm{ref}}^w$（控制器仅基于车辆的运动学），可得

$$\int_0^T \boldsymbol{v}_{\tilde{x}^I}^T \dot{\boldsymbol{x}}_T^\omega \mathrm{d}t = -\int_0^T \boldsymbol{v}_{\tilde{x}^I}^T \boldsymbol{K}_c \boldsymbol{v}_{\tilde{x}^I} \mathrm{d}t$$

$$\leq -\lambda_{\min}(\boldsymbol{K}_c) \int_0^T \boldsymbol{v}_{\tilde{x}^I}^T \boldsymbol{v}_{\tilde{x}^I} \mathrm{d}t \tag{18.54}$$

或

$$\int_0^T \boldsymbol{v}_{\tilde{x}^I}^T(-\dot{\boldsymbol{x}}_T^\omega) \mathrm{d}t \geq \lambda_{\min}(\boldsymbol{K}_c) \int_0^T \|\boldsymbol{v}_{\tilde{x}^I}\|^2 \mathrm{d}t \tag{18.55}$$

然后，可以得出映射 $\boldsymbol{v}_{\tilde{x}^I} \to -\dot{\boldsymbol{x}}_T^\omega$，即控制器是严格输入的无源[19]。

4. 基于无源性的控制器的鲁棒性分析

控制器计算假设对机器人的速度完全了解，但在实际中，这个速度将由传感器测量或估计。从这个估计中，分析对控制误差的影响的问题立即出现了。

在此分析中，我们将使用利润绩效 L_2 准则。速度误差 $\tilde{\dot{\boldsymbol{x}}}^\omega$ 将被认为是外部扰动 $\boldsymbol{W}$ 的一部分，并将证明映射 $\boldsymbol{w} \to \tilde{\boldsymbol{x}}^I$ 具有有限的 L_2 增益，即

$$\int_0^T \|\tilde{\boldsymbol{x}}^I\|^2 \mathrm{d}t < \gamma^2 \int_0^T \|\boldsymbol{w}\|^2 \mathrm{d}t \quad \forall T > 0 \tag{18.56}$$

考虑外部扰动为 $\boldsymbol{w} = \tilde{\dot{\boldsymbol{x}}}^\omega$，并假设它是有界的。然后，考虑到速度并不完全

知道,则将控制器的表达式修改为

$$\int_0^T \boldsymbol{v}_{\tilde{x}^I}^{\mathrm{T}} \dot{\boldsymbol{x}}_{\mathrm{T}}^{\omega} \mathrm{d}t = \int_0^T \boldsymbol{v}_{\tilde{x}^I}^{\mathrm{T}} (\dot{\boldsymbol{x}}_{\mathrm{ref}}^{\omega} + \dot{\tilde{\boldsymbol{x}}}^{\omega}) \mathrm{d}t$$

$$= \int_0^T \boldsymbol{v}_{\tilde{x}^I}^{\mathrm{T}} \dot{\tilde{\boldsymbol{x}}}^{\omega} \mathrm{d}t - \int_0^T \boldsymbol{v}_{\tilde{x}^I}^{\mathrm{T}} \boldsymbol{K}_c \boldsymbol{v}_{\tilde{x}^I} \mathrm{d}t \quad (18.57)$$

即

$$\int_0^T \boldsymbol{v}_{\tilde{x}^I}^{\mathrm{T}} \dot{\boldsymbol{x}}_{\mathrm{T}}^{\omega} \mathrm{d}t = -\int_0^T \boldsymbol{v}_{\tilde{x}^I}^{\mathrm{T}} \boldsymbol{K}_c \boldsymbol{v}_{\tilde{x}^I} \mathrm{d}t + \int_0^T \boldsymbol{v}_{\tilde{x}^I}^{\mathrm{T}} \boldsymbol{w} \mathrm{d}t \quad (18.58)$$

从中减去上一个表达式 $\int_0^T \boldsymbol{v}_{\tilde{x}^I}^{\mathrm{T}} \dot{\boldsymbol{x}}_{\mathrm{T}}^{\omega} \mathrm{d}t \geq -V(0)$,即

$$\boldsymbol{0} \geq -V(0) + \int_0^T \boldsymbol{v}_{\tilde{x}^I}^{\mathrm{T}} \boldsymbol{K}_c \boldsymbol{v}_{\tilde{x}^I} \mathrm{d}t - \int_0^T \boldsymbol{v}_{\tilde{x}^I}^{\mathrm{T}} \boldsymbol{w} \mathrm{d}t \quad (18.59)$$

然后,有

$$\lambda_{\min}(\boldsymbol{K}_c) \int_0^T \boldsymbol{v}_{\tilde{x}^I}^{\mathrm{T}} \boldsymbol{v}_{\tilde{x}^I} \leq V(0) + \int_0^T \boldsymbol{v}_{\tilde{x}^I}^{\mathrm{T}} \boldsymbol{w} \mathrm{d}t \quad (18.60)$$

或者定义 $\epsilon = \lambda_{\min}(\boldsymbol{K}_c)$,并记住 L_{2e} 中产品的定义,即

$$\epsilon \| \boldsymbol{v}_{\tilde{x}^I} \|_{2,\mathrm{T}}^2 \leq \langle \boldsymbol{v}_{\tilde{x}^I}, \boldsymbol{w}_{\mathrm{T}} \rangle + V(0) \quad (18.61)$$

加上前面表达式的第二项,正项 $\frac{1}{2}\langle \frac{1}{\sqrt{\epsilon}} \boldsymbol{w} - \sqrt{\epsilon} \boldsymbol{v}_{\tilde{x}^I}^{\mathrm{T}}, \frac{1}{\sqrt{\epsilon}} \boldsymbol{w} - \sqrt{\epsilon} \boldsymbol{v}_{\tilde{x}^I}^{\mathrm{T}} \rangle_{\mathrm{T}}$。经过一些代数运算之后,有

$$\epsilon \| \boldsymbol{v}_{\tilde{x}^I} \|_{2,\mathrm{T}}^2 \leq \langle \boldsymbol{v}_{\tilde{x}^I}^{\mathrm{T}}, \boldsymbol{w} \rangle_{\mathrm{T}} + \frac{1}{2\epsilon} \langle \boldsymbol{w}, \boldsymbol{w} \rangle_{\mathrm{T}} + \frac{\epsilon}{2} \langle \boldsymbol{v}_{\tilde{x}^I}^{\mathrm{T}}, \boldsymbol{v}_{\tilde{x}^I}^{\mathrm{T}} \rangle_{\mathrm{T}} - \langle \boldsymbol{v}_{\tilde{x}^I}^{\mathrm{T}}, \boldsymbol{w} \rangle_{\mathrm{T}} + V(0)$$

$$(18.62)$$

$$\| \boldsymbol{v}_{\tilde{x}^I} \|_{2,\mathrm{T}}^2 \leq \frac{1}{\epsilon^2} \| \boldsymbol{w} \|_{2,\mathrm{T}}^2 + V(0) \quad (18.63)$$

现在,对于 $\| \boldsymbol{w} \|_2^2$,使 $\| \boldsymbol{v}_{\tilde{x}^I} \|_2^2$ 以其饱和值为界,并在前面的表达式中替换 $\boldsymbol{v}_{\tilde{x}^I} = \boldsymbol{J}^{\mathrm{T}} \boldsymbol{K}(\tilde{\boldsymbol{x}}^I) \tilde{\boldsymbol{x}}^I$ 在前面的表达式,即

$$\| \tilde{\boldsymbol{x}}^I \|_{2,\mathrm{T}}^2 \leq \frac{1}{\lambda_{\min}(\boldsymbol{M})\epsilon^2} \| \boldsymbol{w} \|_{2,\mathrm{T}}^2 + V(0) \quad (18.64)$$

其中

$$\boldsymbol{M} = \boldsymbol{K}^{\mathrm{T}}(\tilde{\boldsymbol{x}}^I) \boldsymbol{J} \boldsymbol{J}^{\mathrm{T}} \boldsymbol{K}(\tilde{\boldsymbol{x}}^I)$$

对区间上的表达式$[0, T]$进行积分,可以得出结论,$w \to \tilde{\boldsymbol{x}}^I$ 有限 L_2 增益小于或等于 $\gamma = \frac{1}{\lambda_{\min}(\boldsymbol{M})\epsilon^2}$。也就是说,根据性能 L_2 准则(L_2 增益标准中的干扰衰减或能量衰减),所提出的控制系统对 W 具有鲁棒性。在这种情况下,参数 γ 可以被认为是存在估计误差时系统性能的一个指标。

参考文献

1. Balamurugan, G., Valarmathi, J., & Naidu, V. P. S. (2016). Survey on UAV navigation in GPS denied environments. In: *2016 International Conference on Signal Processing, Communication, Power and Embedded System (SCOPES)* (pp. 198–204). Piscataway: IEEE.
2. Billingsley, J., Oetomo, D., & Reid, J. (2009). Agricultural robotics [TC spotlight]. *IEEE Robotics Automation Magazine, 16*(4), 16–16, 19. pISBN: 1070-9932
3. Brandão, A. S., Martins, F. N., & Soneguetti, H. B. (2015). A vision-based line following strategy for an autonomous UAV. In *2015 12th International Conference on Informatics in Control, Automation and Robotics (ICINCO)* (Vol. 2, pp. 314–319). Piscataway: IEEE. eISBN: 978-9-8975-8149-6
4. Brandao, A. S., Sarapura, J. A., Eliete, M. D. O., Sarcinelli-Filho, M., & Carelli, R. (2010). Decentralized control of a formation involving a miniature helicopter and a team of ground robots based on artificial vision. In *2010 Latin American Robotics Symposium and Intelligent Robotic Meeting (LARS)* (pp. 126–131). Piscataway: IEEE. pISBN: 978-1-4244-8639-7
5. Burgos-Artizzu, X. P., Ribeiro, A., Tellaeche, A., Pajares, G., & Fernández-Quintanilla, C. (2010). Analysis of natural images processing for the extraction of agricultural elements. *Image and Vision Computing, 28*(1). 138–149.
6. Carelli, R., Kelly, R., Nasisi, O. H., Soria, C., & Mut, V. (2006). Control based on perspective lines of a non-holonomic mobile robot with camera-on-board. *International Journal of Control, 79*(4), 362–371.
7. Guijarro, M., Pajares, G., Riomoros, I., Herrera, P. J., Burgos-Artizzu, X. P., & Ribeiro, A. (2011). Automatic segmentation of relevant textures in agricultural images. *Computers and Electronics in Agriculture, 75*(1), 75–83.
8. Hamuda, E., Glavin, M., & Jones, E. (2016). A survey of image processing techniques for plant extraction and segmentation in the field. *Computers and Electronics in Agriculture, 125*, 184–199.
9. Hartley, R. I., & Zisserman, A. (2004). *Multiple view geometry in computer vision* (2nd ed.). Cambridge: Cambridge University Press. ISBN: 0521540518
10. Lindner, L., Sergiyenko, O., Rivas-López, M,, Valdez-Salas, B, Rodríguez-Quiñonez, J. C., Hernández-Balbuena, D., et al. (2016). Machine vision system for UAV navigation. In *2016 International Conference on Electrical Systems for Aircraft, Railway, Ship Propulsion and Road Vehicles International Transportation Electrification Conference (ESARS-ITEC)* (pp. 1–6). Piscataway: IEEE.
11. Lindner, L., Sergiyenko, O., Lopez, M., Hernandez-Balbuena, D., Flores-Fuentes, W., Rodríguez-Quiñonez, J. C., et al. (2017) Exact laser beam positioning for measurement of vegetation vitality. *Industrial Robot: An International Journal, 44*(4), 532–541.
12. Meyer, G. E., & Camargo Neto, J. (2008). Verification of color vegetation indices for automated crop imaging applications. *Computers and Electronics in Agriculture, 63*(2), 282–293.
13. Montalvo, M., Pajares, G., Guerrero, J. M., Romeo, J., Guijarro, M., Ribeiro, A., et al. (2012). Automatic detection of crop rows in maize fields with high weeds pressure. *Expert Systems with Applications, 39*(15), 11889–11897.
14. Moorthy, S., Boigelot, B., & Mercatoris, B. C. N. (2015). Effective segmentation of green vegetation for resource-constrained real-time applications. In *Precision agriculture* (pp. 93–98). Wageningen: Wageningen Academic Publishers.
15. Santana, L. V., Brandão, A. S., Sarcinelli-Filho, M., & Carelli, R. (2014). A trajectory tracking and 3D positioning controller for the AR.Drone quadrotor. In *2014 International Conference on Unmanned Aircraft Systems (ICUAS)* (pp. 756–767). Piscataway: IEEE. eISBN: 978-1-4799-2376-2
16. Santos, M., Rosales, C., Sarapura, J., Sarcinelli-Filho, M., & Carelli, R. (2018). Adaptive dynamic control for trajectory tracking with a quadrotor. *Journal of Intelligent and Robotic Systems, 1*(10846), 1–12. ISSN: 0921-0296.

17. Sarapura JA, Roberti F, Rosales C, & Carelli R (2017) Control servovisual basado en pasividad de un uav para el seguimiento de líneas de cultivo. In *XVII Reunión de trabajo en Procesamiento de la Información y Control (RPIC), 2017* (pp. 1–6).
18. Sotomayor, J. F., Gómez, A. P., & Castillo, A. (2014). Visual control of an autonomous aerial vehicle for crop inspection. *Revista Politécnica, 33*(1), 1–8. ISSN: 1390-0129
19. Van Der Schaft, A. (2000) L_2-*Gain and passivity techniques in nonlinear control* (2nd ed.). Berlin: Springer London. ISBN: 1852330732
20. Vidyasagar, M. (1978). *Nonlinear systems analysis* (1st ed.). Englewood Cliffs, NJ: Prentice Hall. ISBN: 1852330732
21. Wu, A., Johnson, E., Kaess, M., Dellaert, F., & Chowdhary, G. (2013). Autonomous flight in GPS-denied environments using monocular vision and inertial sensors. *Journal of Aerospace Information Systems, 10*(4), 172–186. https://doi.org/10.2514/1.I010023

第五部分

图像和信号传感器

第 19 章

基于小波变换和中心凹的图像和视频压缩研究进展

Juan C. Galan – Hernandez,
Vicente Alarcon – Aquino, Oleg Starostenko,
Juan Manuel Ramirez – Cortes, Pilar Gomez – Gil[①]

19.1 引言

随着以视觉信息形式捕获和表示数据的设备出现,图像存储问题也随之产生。随着图像扫描仪(1950)和图形处理单元(1984)等设备以及图形处理软件的出现,在计算机上以数字图像的形式拍摄、创建和显示图像成为可能。数字图像即拍摄或软件创建的图像的数字表示,这种数字表示形式是由数字扫描仪生成的离散值,可以表示为2D数字矩阵。矩阵的每个元素代表一个小的图片元素(像素),此类图像也称为光栅图像。AdobePhotoshop[②]或 Gimp[③]等计算机软件可以创建光栅图像,此外,大多数图像处理设备(如相机和图像扫描仪)将图像处理为光栅图像[38-39]。

压缩算法与数字图像格式的解压缩算法封装在一起。数字图像格式或标

[①] J. C. Galan – Hernandez · V. Alarcon – Aquino(_) · O. Starostenko
Department of Computing, Electronics and Mechatronics, Universidad de las Americas Puebla, Cholula, Puebla, Mexico
e – mail: juan. galan@ udlap. mx; vicente. alarcon@ udlap. mx; oleg. starostenko@ udlap. mx
J. M. Ramirez – Cortes · P. Gomez – Gil
Department of Electronics and Computer Science, Instituto Nacional de Astrofisica, Tonantzintla, Puebla, Mexico
e – mail: jmram@ inaoep. mx; pgomez@ inaoep. mx

[②] http://www.adobe.com。

[③] http://www.gimp.org。

准规定了以下内容:压缩算法、解压缩算法、表示图像的颜色空间、数据如何存储在二进制文件中以及用于图像软件的元数据的标头[28]。仅使用一个二维矩阵的数字图像格式用于存储黑白图像或灰度图像,另一方面,数字彩色图像需要不止一个矩阵来表示颜色。通常,对于红绿蓝颜色空间(RGB)[20]、亮度色度颜色空间($Y'C_BC_R$)[33],所使用的矩阵数目是3个,对于青紫红黄黑色颜色空间(CMYK)[47],所使用的矩阵的数目是4个,每个矩阵称为一个颜色通道。使用整数表示的常见做法是使用32位元素的一个矩阵,每个32位元素被分成4组8位,每个8位集合与一个颜色通道相关。当使用三通道色彩空间时,通常采用RGB(或(BGR)[62])中那样的方法,丢弃4个最高有效位集,或者像在标准红绿蓝色彩空间(sRGB)[20]中那样,将其用作透明度信息。还存在其他的数字图像表示方法,如向量图像[48,57]。然而,本章只针对栅格类型的图像,除非特别说明,否则文章中"图像"专指数字栅格图像。通常,图像质量会随着每英寸像素量(ppi)的增加而增加。

无损压缩是减少存储高质量图像所需空间的最佳方式,个人计算机交换(PCX)文件格式和图形交换格式(GIF)文件格式就是两种无损压缩算法的例子。然而,研究表明,理想的无损压缩算法的上限约为30%[28],随着图像尺寸的增大,基于无损压缩算法的图像文件格式就会显得不太方便。因此,设计了一种利用有损压缩算法的新文件格式。有损压缩算法考虑了人类视觉系统(HVS)的敏感性,以便在压缩时丢弃图像的一些细节,这种算法重建的图像不是原始图像,而是其近似表示。有损压缩的目的是建立一种算法,当使用压缩流重建图像时,重建的图像对于用户来说看起来几乎是相同的。已经有学者提出了几种用于图像的有损压缩算法,然而,大多数算法都是基于数学变换,将图像的颜色强度矩阵映射到不同的空间。最常用的空间是频率空间,也称为频域,当使用频域时,表示图像的每个像素的强度矩阵被认为是在空间域中。

Joint Photographic Experts Group(JPEG)和JPEG2000标准是两个使用变换函数的图像有损压缩示例[1,50,59]。基于离散余弦变换(DCT)的混合编解码器旨在通过结合有损和无损压缩算法来获得更高的压缩比。在H.264/AVC(高级视频编码)和H.265/HEVC(高效视频编码)标准[6,60,63]中使用了DCT的修改版本。在JPEG文件格式[59]和在WebP文件格式的有损定义中使用了基于DCT的算法。因为DCT算法的低计算复杂性和用于有损压缩时的高质量性,DCT算法被广泛使用。然而,在有损压缩时,小波变换(WT)图像重建质量[5,30]更好。通过使用基于中央凹的人眼视觉系统,编码重建的质量可以提高[12,24,40-41]。目前,很少有图像格式使用小波变换进行图像压缩。这些格式的一个例子是JPEG2000文件格式[1]。

对于当前基于小波的图像压缩方法,有几个改进经典算法的方法,如文献

[13,25]中提出的那些。然而,在任何给定的应用程序中,对于任何类型的图像都没有产生最佳图像重建质量的理想算法[3]。因为在进行有损压缩时,算法必须选择丢弃一些细节才能达到给定的压缩比,而去掉哪些细节,成了主要问题所在。对于视频压缩,问题在于存储,因为数字视频是几帧图像的集合,这些图像表示在特定时刻拍摄的状态。此外,视频文件格式必须存储声音的信息,这增加了对图像的有效有损压缩算法的需求,即使声音也被压缩。由于声音压缩是一个与图像压缩相关但又不同的问题,本章其余部分将使用的术语"视频压缩"仅指视觉信息或帧的压缩。

19.2 数据压缩

无损压缩算法利用要压缩的数据的统计行为。解压后可完美恢复原始数据。无损压缩是通用数据压缩,不管数据代表的是图像、声音、文本等内容,都可以进行压缩。当前使用无损压缩算法的数据文件压缩格式有.Zip 文件格式(ZIP)[44]和 RoshalArchive 文件格式(RAR)[45]。无损压缩有两种主要分类:字典方法和统计法。这些方法需要数据信息,信息是一个直观的概念,涉及知识的获取。这种获取可以通过多种方式完成,如通过学习、过去事件的经验或者数据整理的形式[3]。其中,需要考虑的一个重要方面是如何测量数据。量化信息是基于对给定消息内容的观察,并评估从先前的知识库中学到了多少,获得多少信息的价值取决于上下文。信息论的先驱 ClaudeShannon[18]提出了一种衡量传输一串字符后传输或获得多少信息的方法。给定一个字母 Σ,字符串 s 的信息量 H(熵)用每个符号的概率表示,其中每个符号都可以看作是一个随机变量的值。信息量表示一组数据(在本例中为给定字符串)可以被压缩的难易程度。该熵表示为

$$H(s) = -\sum_{i=1}^{n} P_i \log_2 P_i \qquad (19.1)$$

式中:n 是 s 字母表中的符号数量,$n = |\Sigma|$;P_i 是第 i 个符号的概率。

式(19.1)可以解释为从字符串中获得的信息量,这就是所谓的数据熵,熵这个术语是由 ClaudeShannon[45]创造的。选择熵这个名称是因为在热力学中使用相同的术语来表示物理系统中的无序量,热力学领域中的含义可以通过将从字符串 s 获得的信息表示为字符串 s 上每个字母符号出现在字符串 s 上的不同频率而与信息论领域相关。通过式(19.1),数据中 R 的冗余度由符号集的最大熵与其实际熵[44]之间的差来定义:

$$R(s) = \log_2 n + H(s) \qquad (19.2)$$

数据流可以压缩多少是根据其冗余度 R 定义的。如果数据流的冗余度 $R = $

0,则无法进一步压缩数据。因此,无损压缩算法的目标是,从 $R>0$ 的给定数据流,创建其冗余 $R=0$ 的压缩数据流。信源编码的 Shannon 定理指出[45],数据不能在没有无损的情况下进一步压缩到极限。本章由 ρ 表示的无损压缩极限(LCL),是用式(19.1)定义的,如下所示:

$$\rho(s) = mH(s) \tag{19.3}$$

式中:m 是出现在字符串 s 上的不同符号的数量。

字典和统计编码算法使用不同的方法来减少数据流的冗余。字典法通过选择字符串并使用标记对数据进行编码,每个标记都存储在字典中并与特定字符串相关联。例如,为字典中的每个词使用数字索引,对于长度为 N 的字典,将需要一个大小接近 $\lceil \log_2 N \rceil$ 位的索引。当要压缩的数据流的大小趋于无穷大时,字典方法执行得更好[46]。有一些通用的字典源编码方法,如 LZ77、LZ78 和 LZW 等[43]。LZ77 是 Unix 操作系统经常使用的 DEFLATE 算法。压缩的统计方法使用要压缩的数据的统计模型,它为数据流的每个可能的符号分配一个代码,算法的性能取决于这些代码的分配方式。这些代码的大小是可变的,并且通常将最短的一个分配给数据流上具有较高频率的符号。存在不同的可变大小代码,其允许无歧义地将代码分配给每个符号。最流行的方法之一是霍夫曼编码,霍夫曼码使用数据的统计模型,以便为每个符号分配唯一的可变大小代码。当前标准使用的是霍夫曼码,如 JPEG 和可移植网络图形(PNG)。然而,只有当每个符号的概率是 2 的负幂[45]时,霍夫曼码才能产生理想大小的码。另一方面,算术编码以其相对于霍夫曼码更好的性能而闻名[44]。

无损编码的主要缺点是受 Shannon 定理的限制(参见式(19.3))。然而,Shannon 定理的一个结果是:如果数据流被压缩到超出 LCL,新的数据流开始丢失信息,并且无法重建原始数据[46]。因此,必须设计有损算法,以便选择在压缩中将丢失哪些数据以及如何使用压缩数据流获得原始数据的近似表示。被丢弃的数据通常是包含关于数据流的尽可能少的信息的数据。其中,有损编码算法被设计用于特定的数据集,以便能够选择哪些数据是重要的以及哪些数据将被丢弃。有几种方法可以设计有损压缩算法。在给定数据流的原始数学域上操作的有损算法,如图像的游程编码(RLE)。然而,已知的最好的算法是在使用数学变换时计算其输出的算法。

数学变换是将一个集合映射到另一个集合或其自身的函数。有损压缩中使用的数学变换,特别是声音和图像压缩,是从一个空间到另一个空间的投影。所选变换的逆必须是可逆的,才能重建原始数据的近似值。使用数学变换进行压缩也称为变换编码。变换编码被广泛应用于多媒体压缩中,被称为感知编码。感知编码的首选变换是那些呈现优雅退化的变换[3],该属性允许丢弃投影空间上的一些数据,而变换的逆可以重建原始数据的近似。感知编码最常见的函数是与傅里叶变换相关的函数,当使用傅里叶相关变换时,据说该变换将原始数据从空间或时间域转换到频域。它是频域上的数据,允许丢弃人类感知不到的一些频率,知觉编码因此而得名。此外,当某些系数的小数精度丢失时,与傅里叶相关的变换会优雅地退化。这允许降低某些系数的算术精度,从而减少其表示所需的位数,同时保留原始数据的大部分信息,这个过程称为量化。量化方法取决于频域上的变换如何表示数据。对于给定的变换,有几种量化算法。有损压缩算法的性能取决于其变换和量化方法。研究人员已经提出了几种用于多媒体编码的变换,如前面讨论的 DCT 或离散小波变换(DWT)。

有损压缩中另一种常见方法是在不同压缩比下选择感兴趣区域(ROI)。此功能通过保存特定区域的详细信息来减轻此类损失。压缩流的大小和未压缩流的大小之间的比率称为压缩比[44]。在诸如 MPEG4 和 JPEG2000 等标准中,文献[1,19]定义了 ROI。基于 ROI 的算法通常用于图像和视频压缩,其主要目的是将更多的屏幕资源分配给特定区域[10]。ROI 是在由给定特征选择的图像上定义的区域。ROI 压缩是指使用不同的期望质量来分离图像的区域[19]。

19.2.1 中央凹

人眼结构(图 19.1)也可用于压缩。在隔离 ROI 的应用中,人眼选定部分称为中央凹,用来提高 ROI 区域周围人眼的图像质量[49]。人眼组织层上有两个主体,特别是视锥体和视杆体。每只眼睛的视锥细胞数量在 600 万 ~ 700 万个,它们主要位于组织层的中央部分,对颜色高度敏感,称为中央凹。视杆的数量要大得多,75 ~ 1500 万分布在视网膜表面。在图 19.1 中,点 b' 和 c' 之间的圆圈标记了视锥体所在的位置,这个区域称为中央凹。更大的分布区域以及多个视杆连接到单个神经的事实减少了这些受体可辨别的细节量。图 19.1 中的距离 x 是用户感知最敏锐的区域,其中 x 的大小由观察者与图像之间的距离 d,以及视网膜与视锥细胞所在的眼球后部之间的距离 d' 决定。在这一区域之外的任何东西都会被感知到更少的细节,这种混叠在中央凹压缩中被利用。具有 ROI 的图像可用中央凹压缩;在定义的 ROI 周围使用中央凹可以提高人眼的图像质量[15-16,24]。

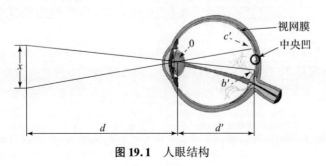

图 19.1 人眼结构

19.3 小波变换

傅里叶分析是一种常用的信号分析工具,是对使用傅里叶变换表示的一般函数的研究[34]。分析是通过将任何周期函数表示为一系列谐波相关的正弦曲线来完成的。它在许多领域都很有用,但是也有一些局限性[14]。这些局限中的许多来自傅里叶基元素不在空间中局部化的事实。据说,当变换的能量集中在给定点周围时,变换的基础就局限在空间中。相应地,超出一定半径的基元素将取值为 0 或接近 0。非局部化的基数不会提供有关频率如何相对于其在时间或空间中的位置变化的信息。有一些改进的工具可以扩展傅里叶变换的能力,以掩盖其弱点,如加窗傅里叶变换[27]。小波变换[2]是一种能够分析不同大小的信号和信号结构的数学工具,它能够得到与其在时间或空间位置有关的频率变化的信息。时频原子是一种数学结构,有助于分析多种尺寸的信号,时频原子是集中在时间和频率上的波形,用于分析信号的时频原子集被称为原子字典,由 $\mathcal{D}$ 表示。小波变换从函数 $\psi(t) \in L^2(\mathbb{R})$ 构建这个字典,其中 L^2 是 2 的幂的勒贝格空间,$\mathbb{R}$ 是实数集,$\psi(t)$ 表示小波函数。ψ 有几个属性,它的平均值为零[27]:

$$\int_{-\infty}^{\infty} \psi(t) \mathrm{d}t = 0 \tag{19.4}$$

归一化 $\|\psi\| = 1$ 并以 $t=0$ 为中心。ψ 称为母小波。为了创建字典 $\mathcal{D}$,ψ 由 ℓ 缩放,由 u 翻译,即[27]

$$\mathcal{D} = \left\{ \psi_{\ell,u}(t) = \frac{1}{\sqrt{\ell}} \psi\left(\frac{t-u}{\ell}\right) \right\}_{u \in \mathbb{R}, \ell > 0} \tag{19.5}$$

原子保持归一化 $\|\psi_{\ell,u}\| = 1$。常数 $\frac{1}{\sqrt{\ell}}$ 用于能量归一化。$f(t) \in L^2(\mathbb{R})$ 在时间 u 和尺度 ℓ 的连续小波变换(CWT)ω 为

$$\omega_{\ell,u}(f) = \langle f, \psi_{\ell,u} \rangle = \int_{-\infty}^{\infty} f(t) \frac{1}{\sqrt{\ell}} \psi^*\left(\frac{t-u}{\ell}\right) \mathrm{d}t \tag{19.6}$$

式中:ψ^* 是母小波 ψ 和 $\langle \cdot, \cdot \rangle$ 的复共轭,表示一种内积。

由于图像是 2D 信号,需要对其进行二维小波变换。令 $\overline{\psi}_{\ell,u}$ 为

$$\overline{\psi}_{\ell,u}(t) = \frac{1}{\sqrt{\ell}} \psi^*\left(\frac{t-u}{\ell}\right) \tag{19.7}$$

将式(19.6)推广到二维,$f(t,x) \in L^2(\mathbb{R}^2)$ 在参数 u_v、ℓ_v、u_h、ℓ_h 处的小波变换为

$$\omega^2_{\ell_v,u_v,\ell_h,u_h}(f) = \langle \langle f, \overline{\psi}_{\ell_v,u_v} \rangle, \overline{\psi}_{\ell_h,u_h} \rangle$$
$$= \int_{-\infty}^{\infty} \int_{-\infty}^{\infty} f(t,x) \overline{\psi}_{\ell_v,u_v} \overline{\psi}_{\ell_h,u_h} \mathrm{d}t \mathrm{d}x \quad (19.8)$$

式中:ω 是小波运算符。此外,由于存储数字图像为离散有限信号,因此需要 CWT 的离散形式。设 $f[n]$ 是由定义在区间 $[0,1]$ 上的连续函数 f 通过低通滤波和以区间 N^{-1} 均匀采样获得的离散信号。离散小波变换只能以 $N^{-1} < \ell < 1$ 的尺度来计算。此外,设 $\psi(n)$ 是包含在 $[-K/2, K/2]$ 中的小波。对于 $1 \leq \ell = a^j \leq NK^{-1}$,由 a^j 缩放的离散小波由文献[27]定义,即

$$\psi_j[n] = \frac{1}{\sqrt{a^j}} \psi\left(\frac{n}{a^j}\right) \quad (19.9)$$

由圆形卷积定义 DWT,其中 $\overline{\psi}_j[n]$ 定义为 $\overline{\psi}_j[n] = \psi_j^*[-n]$,DWT 描述为

$$\omega_{a^j} f[n] = \sum_{m=0}^{N-1} f[m] \psi_j^*[m-n] = f * \overline{\psi}_j[n] \quad (19.10)$$

式中:$*$ 是卷积运算符。此外,为了避免边界问题,假设信号 f 长度为 N 的周期信号。

为了提高小波系数的计算速度,第二种简化离散小波变换的方法称为提升方案。提升方案[32,51]是看待离散小波变换的另一种方式,其中所有操作都在时间域[1]中执行。利用提升步长计算小波变换由几个阶段组成。其思想是计算平凡的小波变换(惰性小波),然后通过交替对偶提升或预测步骤和原始提升或更新步骤来改善其性质[44]。惰性小波仅将信号分割成其偶数和奇数索引样本,即

$$(\mathrm{even}[n-1], \mathrm{odd}[n-1]) = \mathrm{Split}(f[n]) \quad (19.11)$$

式中:$f[n]$ 是给定的离散信号;even 和 odd 是惰性小波的偶数和奇数信号;Split 是分裂函数。双提升步骤包括将滤波器应用于偶数样本并从奇数样本中减去结果。这是基于这样一个事实,即奇数集中下一个分解级别的每个值 $f[n]_{2\ell+1}$ 都与偶数集中的相应值 $f[n]_{2\ell}$ 相邻,其中 ℓ 是分解级别。因此,这两个值是相关的,任何一个值都可以用来预测另一个值。预测步骤由下式给出:

$$d[n-1] = \mathrm{odd}[n-1] - P(\mathrm{even}[n-1]) \quad (19.12)$$

式中:d 是提升小波奇数部分的差分信号与应用于惰性小波偶数部分的预测 P 算子的结果。原始提升步骤相反:对奇数样本应用过滤器,并将结果添加到偶数样本。更新操作 U 遵循预测步骤。它计算 $2[n-1]$ 个平均值 $s[n-1]_\ell$ 作为总和:

$$s[n-1] = \mathrm{even}[n-1] + v(d[n-1]) \quad (19.13)$$

其中,U 由定义

$$s[n-1]_\ell = f[n]_{2\ell} + \frac{d[n-1]_\ell}{2} \quad (19.14)$$

根据需要多次重复应用预测和更新运算符的过程。每个小波滤波器组按其自己的 U 算子和过程的轮数进行分类。U 的计算过程见文献[26]。与基于卷积的 DWT 相比,这个方案通常需要更少的计算,并且其计算复杂度可以降低50%[1,11,53]。因此,JPEG2000① 标准中建议采用这种提升方法来实现 DWT。

19.4　图像压缩

图像数据压缩涉及对数据进行编码,以最小化表示图像的位数。当前的图像压缩标准是使用无损和有损算法的组合。因为这两种算法都利用了图像的不同特性,所以这些算法可以在相同的数据集上使用。一方面,无损压缩利用了数据冗余;另一方面,有损压缩利用了其变换特性和量化特性。图像编码中最简单的量化方程定义为[4,17]

$$C^q = \left\lfloor \frac{1}{\Delta q} C \right\rfloor \quad (19.15)$$

式中:$\lfloor . \rfloor$ 是场内运算;$\Delta q > 1$ 称为量化增量;C 是对给定图像应用变换获得的系数矩阵;C^q 是量化系数矩阵。空间冗余在图像中有多种不同的形式,例如,它包括图像背景中的强相关重复图案,以及图像中相关的重复基本形状、颜色和图案。有损压缩和无损压缩的组合可实现较低的压缩比。图 19.2 显示了经典有损/无损图像编码方案[4,17]的框图。

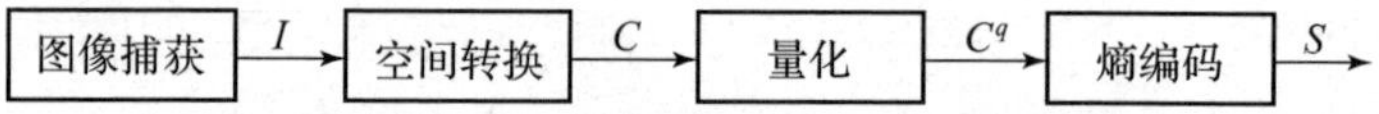

图像捕获 —I→ 空间转换 —C→ 量化 —C^q→ 熵编码 —S→

图 19.2　经典图像编码方案[17]的框图

在图 19.2 中,图像被解释为矩阵 I,然后计算所选变换的系数矩阵 C。随后,计算量化系数矩阵 C^q,并在熵编码块上计算最终无损压缩流 S。用于图像压缩的颜色空间通常是 $Y'C_BC_R$ 颜色空间。之所以选择该颜色空间,是因为已经发现人眼对亮度通道(Y')上的变化比颜色通道(C_BC_R)上的变化更敏感[33],这允许以比亮度通道更低的比率压缩颜色通道。因此,仅在亮度通道上对压缩算法进行评估。其中,本章提出的所有算法的分析都在亮度信道上进行了评估。根据文献[17]中建议的其他常见颜色空间 RGB 计算 $Y'C_BC_R$ 的公式如下:

$$\begin{bmatrix} Y' \\ C_R \\ C_B \end{bmatrix} = \begin{bmatrix} 0.299 & 0.587 & 0.114 \\ -0.147 & -0.289 & 0.436 \\ 0.615 & 0.515 & 0.100 \end{bmatrix} \begin{bmatrix} R \\ G \\ B \end{bmatrix} \quad (19.16)$$

式中:R、G、B 是给定像素的 RGB 颜色空间上每个通道的值。由式(19.16)可

---

① JPEG2000 文稿参考此网址 http://www.jpeg.org/public/fcd15444-1.pdf。

知,计算亮度为

$$Y' = 0.299R + 0.587G + 0.114B \qquad (19.17)$$

最重要的图像压缩算法之一是 JPEG 图像编码标准(图 19.3)。如文献[59]所述,JPEG 框架定义了一种有损压缩和一种同时使用的无损压缩算法。JPEG 的有损压缩算法使用 DCT。然而,为了降低算法[4]的复杂度,将图像分割为 8×8 像素的非重叠块,每个块称为宏块。处理宏块需要较少的计算,并允许算法通过在处理其余图像的同时,发送已处理宏块的数据来优化传输[19]。

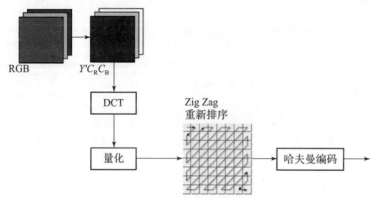

图 19.3 JPEG2000 标准[59]的框图

在图 19.3 中,RGB 图像被转换到 $Y'C_BC_R$ 颜色空间。然后,图像被分成宏块。然后,DCT 宏块将变换单独应用于每个宏块。在计算出宏块的变换后,将系数按固定比率进行量化。JPEG 标准定义了量化矩阵。由于每个系数对图像的重建具有不同的意义,因此,量化矩阵存储了宏块的每个系数的量化比。该标准提供了量化矩阵的值。然而,一些制造商为了提高算法的质量,定义了自己的量化矩阵。量化之后,下一步是将每个宏块整理成锯齿形顺序。这允许利用宏块[1]的下对角线的熵。算法的最后一个块对量化的排序系数应用无损压缩。该算法的早期版本将 RLE 和霍夫曼编码定义为 JPEG 的无损算法。然而,JPEG[45]的最后一个版本还包括算术编码,以降低压缩率。JPEG 的最终整体质量主要由量化矩阵给出,但是不可能预先计算最终压缩率[43]。

众所周知,在压缩应用中,基于小波的方法优于块 DCT 方法[22,35]。这是因为基于小波的方法可以减少块效应,由于小波基的多分辨率特性提供更好的能量压缩,并且与 HVS 系统有更好的对应关系[58]。因此,JPEG2000 标准推荐使用基于小波的压缩算法[17,45]。

19.4.1 注视点图像

在图像和视频压缩中使用的具有非均匀分辨率的图像称为注视点图像。

方程(19.18)给出了注视点图像[9]的表示,即

$$I_x^0 = \int I_x c^{-1}(x) s\left(\frac{t-x}{\omega(x)}\right) dt \quad (19.18)$$

式中:$c(x) = \left\| s\left(\frac{-x}{\omega(x)}\right) \right\|$;$I_x$是给定图像位置$x$的像素;$\omega(x)$是权函数;$I_x^0$是凹陷图像。函数$s$称为$s$乘以$x$乘以$x$的加权平移[24]。文献[7]定义了在小波变换上完成的一种快速小波变换(FWT)的变体。对于图像I,其注视点是由下式给出的,即

$$I^0 = \langle I, \Phi_{\ell_0,0,0} \rangle + \sum_{u_v, \ell_v, u_h, \ell_h} c_j^k[\ell_v, u_h] \langle I, \Psi_{\ell_v, u_h, \ell_h}^{u_v} \rangle \Psi_{\ell_v, u_h, \ell_h}^{u_v} \quad (19.19)$$

式中:$\Phi_{\ell_0,0,0}$是父子波;$\Psi_{\ell_v, u_h, \ell_h}^{u_v}$是用$u_v = \{h, v, d\}$缩放和平移的母子波;运算符$\langle \cdot, \cdot \rangle$是卷积运算符。$c_j^k[\ell_v, u_h]$的定义为

$$c_j^k[\ell_v, u_h] = \langle T\Psi_{0,\ell_v, u_h}^{u_v}, \Psi_{0,\ell_v, u_h}^{u_e} \rangle$$

$$= \int_{-\infty}^{\infty} dy \int_{-\infty}^{\infty} dx \Psi_{0,\ell, u_h}^{u_v}(x,y) \int_{-\infty}^{\infty} dt \int_{-\infty}^{\infty} ds \Psi_{0,\ell, u_h}^{u_v}(s,t) g_{\omega(x,y)}(s,t)$$

$$(19.20)$$

式中:T是中心凹集中算子,而$g_{\omega(x,y)}(s,t)$定义为

$$g_{\omega(x,y)}(s,t) := \frac{1}{\omega(x,y)^2} g\left(\frac{s-x}{\omega(x,y)}, \frac{t-y}{\omega(x,y)}\right) \quad (19.21)$$

式中:权函数$\omega(x,y)$由下式定义:

$$\omega(x,y) = \alpha \|(x,y) - (\gamma_1, \gamma_2)\|_2 + \beta \quad (19.22)$$

式中:α是心率;$\gamma = (\gamma_1, \gamma_2)$是中央凹;$\beta$是中央凹分辨率[7]。

19.5 视频压缩

由于视频只是若干帧图像的序列,因此,视频编码算法或视频编解码器广泛使用图像压缩。为了实现高压缩比,适合将有损和无损压缩算法结合应用。经典的视频编码框架有3种主要算法(图19.4),即帧内编码(空间变换和逆空间变换)、帧间编码(运动估计和补偿)和变长编码(变长编码器)。

帧内编码中使用先前或未来帧的信息,视频流的帧通常使用有损算法进行压缩。编码器应该计算出预期帧和原始帧之间的变化(预测误差)。运动补偿视频编码器的第一步是创建宏块的运动补偿预测误差。该计算只需要在接收器中存储单个帧。注意:对于彩色图像,仅对图像的亮度分量执行运动补偿。然后利用针对亮度获得的抽取运动矢量来形成运动补偿色度分量。每个分量的结果误差信号使用DCT进行变换,由自适应量化器量化,使用可变长度编码

第19章 基于小波变换和中心凹的图像和视频压缩研究进展

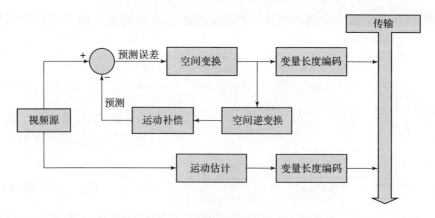

图 19.4　经典视频编码框架[6]的框图

器进行熵编码,并被缓冲以通过固定速率信道传输,块匹配运动补偿的主要问题是其计算复杂度高。

大多数视频编码标准,如 H.264[36]或最新提出的标准 H.265/HEVC 编解码器[52],都依赖应用于 4×4 维度的宏块的有损帧内编码 DCT。宏块允许减少重建图像上的伪影[37]。然而,为了提高算法的速度,使用整数离散余弦变换(IDCT)[8]。IDCT 是 JPEG 标准中的 DCT 的近似值。不是计算卷积,而是定义了两个不同的矩阵,它们是 DCT 的基数的近似值。

19.6　基于 ROI 和中央凹的图像压缩方法

在基于实值系数的频域内,通过系数量化进行图像压缩,在该量化过程中,这些系数变为整数值,使用可变量化算法 RLE 或算术编码算法进行进一步压缩。可变量化算法利用了基于中心凹窗口的视觉系统的中心凹结果,中心凹窗口聚焦于给定的固定点,以寻找量化每个小波系数[15]。采用一种改进的分层树集合分割(SPIHT)算法对这些系数进行量化和压缩。

图 19.5 显示了基于 ROI 和中央凹的压缩方法的框图,称为中央凹分级树(FVHT)算法。假设视频流具有帧 F_i,应用的块可以描述如下[15]。在运动估计块中,使用视频帧 F_i 和 F_{i-1} 估计中央凹点。ROI 估计块输出一组中央凹点作为 ROI_i,其中每个不为 0 的像素被视为中央凹,中央凹截止窗口在文献[15]中有描述。提升小波变换(LWT)模块生成的系数表示为 $C(\cdot)_i$(参见 19.3 节)。量化块使用压缩的固定量化将系数 $C(\cdot)_i$ 映射到整数 $C(\cdot)_i^q$。最后,FVHT 块使用估计的中央凹中心点 ROI_i 的信息,输出量化系数 $C(\cdot)_i^q$ 的压缩流。

注意:中央凹点 ROI_i 是 FVHT 的输入参数,而不是运动估计块。只要有注视点[15,24],就计算窗口参数和截止窗口。这个方法允许在保持最佳质量的注视点周围定义可变尺度的 ROI。关于此处描述的方法的更多细节可以在文献[15]中找到。

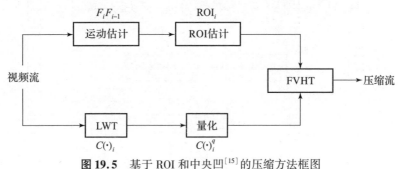

图 19.5　基于 ROI 和中央凹[15]的压缩方法框图

19.6.1　FVHT 算法

如在 FVHT 算法[15]中所提出的那样，压缩比特率可以通过在每个系数坐标处评估每个算法通过的衰减窗函数来计算。首先，对当前码率低于小波子带的系数进行编码，其他的丢弃。为了根据系数到缩放的中央凹和截止窗的距离对系数进行分类，对分类过程进行了修改，每次尝试将系数添加到有效像素列表(LSP)时，计算分配的每像素位(bpp)，并对该系数进行分类。然而，值得注意的是，在重要性阶段，系数的位置从不重要像素列表(LIP)中丢弃，而在精细化阶段中，它们从 LSP 中丢弃。不重要集合的列表(LIS)将保持与 SPIHT 算法一致[15,42]。采用 O 记法对算法的执行时间进行了分析，结果表明，算法的复杂度是线性的 $O(n)$ [15]。还分析了内存使用情况，得出的大小为 $\frac{71}{64}n$。与不需要额外存储即可计算的基于 DCT 变换的经典方法相比，FVHT 是内存密集型的。

19.6.2　仿真结果

FVHT 算法使用标准的非压缩 512×512 图像进行评估。中央凹用两个参数定义在中心像素(256,256)处，即 ROI 的半径和幂律函数(斜坡函数)，定义见文献[15]。正如 JPEG2000 标准中所述，为了进行公平比较，双正交 Cohen - Daubechies - Feauveau (CDF) 9/7 被认为使用四级分解[1]。报告的结果与 SPIHT 算法进行了比较。图 19.6 和图 19.7 分别显示了使用 SPIHT 算法和 FVHT 算法以每像素位重建摄像机图像的小波系数。图 19.7 显示了在较高压缩比为 1bpp 和较低压缩比为 0.06bpp 时相同的重构小波系数。实验结果表明，FVHT 算法比 SPIHT 算法具有更好的性能，特别是在中央凹周围的小区域或靠近注视点的区域。关于这种方法的更多细节可以在文献[15]中找到。

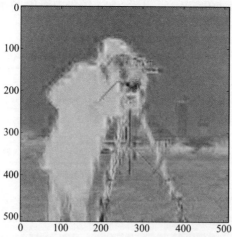

图 19.6 在 1bpp 压缩比[15]下使用 SPIHT 算法重构图像("cameraman")

图 19.7 采用 FVHT 压缩算法在 0.06~1bpp 压缩比[15]下重构图像("cameraman"),中央凹(256,256)

19.7 基于小波的编码方法:分区嵌入式编解码器与自适应小波/中央凹编解码器

本节描述了两种基于 LWT[27]的小波编码方法[16]。第一种称为基于集合分割嵌入式块(SPECK)的编解码器(SP - Codec),如图 19.8[31]所示。在 Z 阶块中,所有系数的位置被组织起来,并使用 Z 变换从 2D 映射到 1D。对 LWT 和 SPECK 块执行量化步骤。作为无损压缩算法的自适应二进制算术编码(ABAC)块允许压缩数据流,同时计算统计模型(见 19.7.1 节)[31]。将逆 LWT

(ILWT)和逆 SPECK(ISPECK)应用于 SPECK 块中产生的压缩流,最后运动补偿和估计块基于块匹配算法计算每一帧的运动矢量。

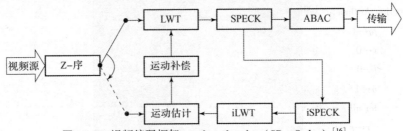

图 19.8　视频编码框架 specbased codec（SP – Codec）[16]

在文献[16]中所述的第二个方法称为基于中心凹/小波的自适应编解码器（A WFV – Codec），旨在进一步提高解码帧的质量（图 19.9）。之前的自适应中心凹 SPECK(AFV – SPECK)算法定义了中心、ROI 区域半径和衰减窗[15-16]，因此,可以考虑不同的压缩比。假设外部子系统计算一个观测者的中心凹中心点,该中心凹中心点随后被提供给 AFV – SPECK 编码算法。

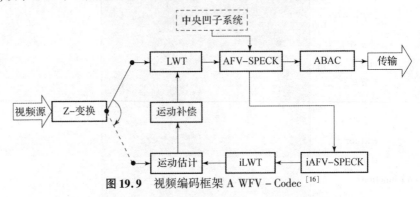

图 19.9　视频编码框架 A WFV – Codec[16]

19.7.1　自适应二进制算术编码

自适应二进制算术编码(ABAC)是应用于仅具有两个元素 $\Sigma=0,1$ 的字母表[64]的算术编码算法的一种形式。此应用程序通常用于双色调图像[23]。此外,它不需要先前计算的统计模型。每次读取符号时,都会更新统计模型。与静态方法相比,该算法的自适应部分降低了其性能。然而,主要的优点是输入数据不需要进行预处理。由于不需要等待统计模型的计算,因此提高了压缩流的传输效率。在处理黑白图像时,ABAC 有几个应用程序,如 JPEG 和联合二值图像组(JBIG)①。但是,由于 SPECK 是按位编码的,所以 ABAC 适合于压缩 SPECK 的输出。为了提高该框架的计算时间性能,在其可变长度编码器中加入

---

① http://jpeg.org/jbig/index.html。

了 ABAC。列表 19.1 显示了自适应二进制算术编码的伪代码。

列表 19.1 ABAC 算法

```
Fuction ArithmeticCoding(s)
    fq←1
    r←0
    l←0
    u←1
    for all s ∈ s do
        r←r+1
        If s = 0 then
            l'←0
            u'← P/r
            fq←fq+1
        else
            l'← fq/r
            u'←1
        end if
        d = u - l
        u = l + d · u'
        l = l + d · l'
    end for
    return l
end function
```

在经典算术编码中,算术压缩的间隔是 $[0,1)$。这个函数接收要压缩的字符串 s。变量 fq 将存储下标为 0 的频率。因为字母表上只有两个符号,所以只需要存储其中一个频率并计算另一个频率,即

$$P_1 = 1 - P_0 \tag{19.23}$$

式中:P_1 是符号 i 的概率。下标 0 的概率由下式给出:

$$P_0 = \frac{fq}{r} \tag{19.24}$$

式中:r 是读取标记的数量。这个算法将主区间的下界存储在 l 上,将上界存储在 u 上。每次读取一个符号时,计数器 r 增加 1,并使用存储在 fq 上的标记 0 的频率更新输入标记的间隔。如果读取 0,则频率 fq 增加 1。更新统计模型后,计算新的主区间并读取下一个标记。当 s 和统计模型 P 上没有更多标记可供读取时,该过程停止。P 是一个包含 s 字母表中所有不同符号 s 概率的集合。

19.7.2 AFV-SPECK 算法

在 AFV-SPECK 算法中,每次新系数被归类为重要系数时,还将使用每个小波分解子带的截止窗来测试其单独的压缩比[16](图 19.10)。注意:主循环与 SPECK 保持相同。输入是量化系数集,而输出存储在 S 上(由函数处理评估重要性),并且还添加了对 LSP 集的排序。如果 S 是有效的并且只有一个元素(x, y),则量化系数的标记存储在上,并且从 LIS 中移除该集合。函数 Process I 计算 I 的重要性。与 FVHT 算法一样,AFV-SPECK 的计算复杂度将用 $\mathcal{O}$ 符号表示,AFV-SPECK 算法的计算复杂度为 $\mathcal{O}(n)$。对内存使用情况的分析表明,当按照文献[31]中的方法实现时,AFV-SPECK 使用了更多的内存,更多细节可以在文献[16]中找到。

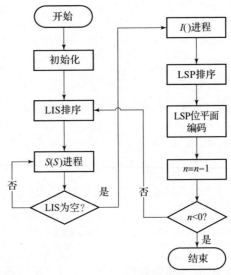

图 19.10 AFV-SPECK 主算法环路[16]流程图

19.7.3 仿真结果

为了评估所检查的视频编码框架,使用了 SP-Codec 和 AWFV-Codec 标准测试图像与视频序列①[16]。对于帧内编码,将基于 4×4 像素块大小的 IDCT 的 H.265 标准与 SPECK 和 AFV-SPECK 算法进行了比较。ABAC 算法进一步压缩了两个二进制流行。设置量化的增量为 $\Delta = 40$,如文献[52]。注意:因为 H.265 的压缩比不能预先指定,所选择的量化增量和其他参数被用作 SPECK 和 AFV-SPECK 算法的输入[16]。

---

① https://media.xiph.org/video/derf/。

众所周知,没有分析方法来表示 HVS 的准确感知[56]。因此,图像质量度量有不同的标准[55]。在这项工作中,峰值信噪比(PSNR)用作性能指标[37]。PSNR 是根据等式给出的均方误差(MSE)定义的,即

$$MSE(I,K) = \frac{1}{mn}\sum_{i=0}^{m-1}\sum_{j=0}^{n-1}[I_{i,j} - K_{i,j}]^2 \quad (19.25)$$

式中:m 表示原始图像矩阵的行和 n 表示原始图像矩阵的列;I 表示原始图像的矩阵;K 表示重建图像矩阵。由式(19.25)可知,PSNR 得

$$PSNR(I,K) = 10\lg\left[\frac{MAX_I^2}{MSE(I,K)}\right] \quad (19.26)$$

式中:MAX_I^2 是可以拍摄的图像像素的最大值的平方。这样的值取决于每个通道使用的比特量。通常,每通道 8 位的图像具有 $MAX_I^2 = 255^2$。峰值信噪比以分贝(dB)为单位测量。通常,人们认为,PSNR 为 40dB 或更高的重建图像,对于普通用户而言质量良好[44]。然而,经过训练的用户应该需要更高的 PSNR 值。40dB 的阈值只是一种惯例,尚未得到证实。良好重建的期望值在 20~50dB[44]。

正如标准 JPEG2000 中所述,为了公平比较,我们使用具有四级分解的双正交 CDF9/7[1]。两个指标评估报告算法的性能,即 PSNR 和结构相似性指数(SSIM)[54,61]。这个指标表明高质量的重建图像应提供更接近 1 的 SSIM 指数。表 19.1 描述了使用 H.265、SPECK 和 AFVSPECK 算法的各种视频序列的图像比较,其中 CIF 代表通用中间格式。该表显示 SPECK 算法具有高 PSNR(参见文献[29])。它还观察到,由于报告的 AFV - SPECK 算法基于 ROI 和中央凹,预计这些指标的结果等于或低于 SPECK 算法。有关这些比较和其他序列的更多详细信息,请参见文献[16]。

表 19.1 SPECK、AFV - SPECK 和 H.265 之间的比较(参见文献[16])

名称	BPP	H.265		SPECK		AFV - SPECK	
		PSNR	SSIM	PSNR	SSIM	PSNR	SSIM
Lena 灰 512	1.32	29.37	0.83	37.07	0.96	35.00	0.95
Lake	1.33	29.24	0.83	32.93	0.93	31.56	0.91
Peppers 灰	1.27	29.31	0.81	34.04	0.92	32.77	0.90
摄影师	1.28	28.93	0.75	40.07	0.97	34.59	0.94
Akiyo cif	1.19	28.96	0.78	35.42	0.94	33.12	0.92
Paris cif	1.28	28.79	0.76	30.45	0.85	29.53	0.83
Soccer cif	1.37	29.33	0.74	34.89	0.93	32.23	0.92

19.8 结论

本章回顾了两种基于小波的算法,即 FVHT 和 AFV-SPECK。这些算法利用人眼视觉系统来提高观察者重建图像的质量。这些算法针对经典的压缩算法进行了评估,如基于 JPEG 的算法和 H.265 标准的算法。简单小波压缩在压缩图像时,能够保持良好的视觉质量的情况下,达到 0.06bpp 的压缩比,表现出更好的性能。已报道的算法在提高指定区域的压缩图像质量的同时显示出类似的行为。然而,当评估整体质量时,报告的算法表现出比非中心凹对应的算法更差的性能。这就需要一个外部子系统来计算观察者的注视点。此外,还研究了两种基于小波的视频编码框架,即 SP-Codec 和 AWFV-Codec[16]。修改后的视频框架增加了基于小波压缩的关键帧重建,该压缩也应用于运动补偿重建。与 WFVCodec 一样,中心凹编码还提高了重建视频的质量,在某些情况下,相对于 SP-Codec 等非基于中心凹的框架,还提高了重建帧的质量。据报道,AWFV-Codec 是快速视频流的可行选择,但它也降低了录制时视频流的效用。这是因为视频将被记录下来,而不可能恢复被丢弃在中央凹外的信息。然而,当需要视频流记录时,SP-Codec 比诸如 H.265/HEVC 视频编码框架[15-16]的经典方法产生更好的重建质量。已报道的图像压缩算法 FVHT 和空间变换 AFV-SPECK 除了需要小波系数外,还需要额外的存储空间。将研究用于量化的原位计算的方法,以减少所报道的两种算法的内存使用以及诸如在文献[21]中的自动保存。

致谢 作者非常感谢墨西哥 CONACYT 的财政支持。

参考文献

1. Acharya, T., & Tsai, P. S. (2004). *JPEG2000 standard for image compression*. Hoboken, NJ: Wiley.
2. Alarcon-Aquino, V., & Barria, J. A. (2006). Multiresolution FIR neural-network-based learning algorithm applied to network traffic prediction. *IEEE Transactions on Systems, Man, and Cybernetics, Part C (Applications and Reviews), 36*(2), 208–220. https://doi.org/10.1109/TSMCC.2004.843217
3. Bocharova, I. (2010). *Compression for multimedia*. Cambridge: Cambridge University Press. http://books.google.com/books?id=9UXBxPT5vuUC&pgis=1
4. Böck, A. (2009). *Video compression systems: From first principles to concatenated codecs. IET telecommunications series*. Stevenage: Institution of Engineering and Technology. http://books.google.com.mx/books?id=zJyOx08p42IC
5. Boopathi, G., & Arockiasamy, S. (2012). Image compression: Wavelet transform using radial basis function (RBF) neural network. In: *2012 Annual IEEE India Conference (INDICON)* (pp. 340–344). Piscataway: IEEE. https://doi.org/10.1109/INDCON.2012.6420640
6. Bovik, A. C. (2009). *The essential guide to video processing* (1st ed.). London: Academic Press.

7. Chang, E., Mallat, S., & Yap, C. (2000). Wavelet foveation. *Applied and Computational Harmonic Analysis, 9*(3), 312–335.
8. Cintra, R., Bayer, F., & Tablada, C. (2014). Low-complexity 8-point DCT approximations based on integer functions. *Signal Processing, 99*, 201–214. https://doi.org/10.1016/j.sigpro.2013.12.027. http://www.sciencedirect.com/science/article/pii/S0165168413005161
9. Ciocoiu, I. B. (2009). ECG signal compression using 2D wavelet foveation. In *Proceedings of the 2009 International Conference on Hybrid Information Technology - ICHIT '09* (Vol. 13, pp. 576–580)
10. Ciubotaru, B., Ghinea, G., & Muntean, G. M. (2014) Subjective assessment of region of interest-aware adaptive multimedia streaming quality. *IEEE Transactions on Broadcasting, 60*(1), 50–60. https://doi.org/10.1109/TBC.2013.2290238. http://ieeexplore.ieee.org/lpdocs/epic03/wrapper.htm?arnumber=6755558
11. Daubechies, I., & Sweldens, W. (1998). Factoring wavelet transforms into lifting steps. *The Journal of Fourier Analysis and Applications, 4*(3), 247–269. https://doi.org/10.1007/BF02476026. http://link.springer.com/10.1007/BF02476026
12. Dempsey, P. (2016). The teardown: HTC vive VR headset. *Engineering Technology, 11*(7–8), 80–81. https://doi.org/10.1049/et.2016.0731
13. Ding, J. J., Chen, H. H., & Wei, W. Y. (2013) Adaptive Golomb code for joint geometrically distributed data and its application in image coding. *IEEE Transactions on Circuits and Systems for Video Technology, 23*(4), 661–670. https://doi.org/10.1109/TCSVT.2012.2211952. http://ieeexplore.ieee.org/lpdocs/epic03/wrapper.htm?arnumber=6261530
14. Frazier, M. (1999). *An introduction to wavelets through linear algebra*. Berlin: Springer. http://books.google.com/books?id=IlRdY9nUTZgC&pgis=1
15. Galan-Hernandez, J., Alarcon-Aquino, V., Ramirez-Cortes, J., & Starostenko, O. (2013). Region-of-interest coding based on fovea and hierarchical tress. *Information Technology and Control, 42*, 127–352. http://dx.doi.org/10.5755/j01.itc.42.4.3076. http://www.itc.ktu.lt/index.php/ITC/article/view/3076
16. Galan-Hernandez, J., Alarcon-Aquino, V., Starostenko, O., Ramirez-Cortes, J., & Gomez-Gil, P. (2018). Wavelet-based frame video coding algorithms using fovea and speck. *Engineering Applications of Artificial Intelligence, 69*, 127–136. https://doi.org/10.1016/j.engappai.2017.12.008. http://www.sciencedirect.com/science/article/pii/S0952197617303032
17. Gonzalez, R. C., & Woods, R. E. (2006). *Digital image processing* (3rd ed.). Upper Saddle River, NJ: Prentice-Hall.
18. Gray, R. M. (2011). *Entropy and information theory (Google eBook)*. Berlin: Springer. http://books.google.com/books?id=wdSOqgVbdRcC&pgis=1
19. Hanzo, L., Cherriman, P. J., & Streit, J. (2007). *Video compression and communications*. Chichester, UK: Wiley.
20. Homann, J. P. (2008). *Digital color management: Principles and strategies for the standardized print production (Google eBook)*. Berlin: Springer. http://books.google.com/books?id=LatEFg5VBZ4C&pgis=1
21. Itti, L. (2004). Automatic foveation for video compression using a neurobiological model of visual attention. *IEEE Transactions on Image Processing, 13*(10), 1304–1318. http://dx.doi.org/10.1109/TIP.2004.834657
22. Kondo, H., & Oishi, Y. (2000). Digital image compression using directional sub-block DCT. In *WCC 2000 - ICCT 2000. 2000 International Conference on Communication Technology Proceedings (Cat. No.00EX420)* (Vol. 1, pp. 985–992). Piscataway: IEEE. http://dx.doi.org/10.1109/ICCT.2000.889357. http://ieeexplore.ieee.org/articleDetails.jsp?arnumber=889357
23. Lakhani, G. (2013). Modifying JPEG binary arithmetic codec for exploiting inter/intra-block and DCT coefficient sign redundancies. *IEEE transactions on Image Processing: A Publication of the IEEE Signal Processing Society, 22*(5), 1326–39. http://dx.doi.org/10.1109/TIP.2012.2228492. http://www.ncbi.nlm.nih.gov/pubmed/23192556
24. Lee, S., & Bovik, A. C. (2003). Fast algorithms for foveated video processing. *IEEE Transactions on Circuits and Systems for Video Technology, 13*(2), 149–162. http://dx.doi.org/10.1109/TCSVT.2002.808441
25. Li, J. (2013). An improved wavelet image lossless compression algorithm. *International Journal*

for *Light and Electron Optics, 124*(11), 1041–1044. http://dx.doi.org/10.1109/10.1016/j.ijleo.
2013.01.012. http://www.sciencedirect.com/science/article/pii/S0030402613001447
26. Liu, L. (2008). On filter bank and transform design with the lifting scheme. Baltimore, MD: Johns Hopkins University. http://books.google.com/books?id=f0IxpHYF0pAC&pgis=1
27. Mallat, S. (2008). *A wavelet tour of signal processing, third edition: The sparse way* (3rd ed.). New York: Academic Press.
28. Miano, J. (1999). *Compressed image file formats: JPEG, PNG, GIF, XBM, BMP* (Vol. 757). Reading, MA: Addison-Wesley. http://books.google.com/books?id=_nJLvY757dQC&pgis=1
29. Mohanty, B., & Mohanty, M. N. (2013). A novel speck algorithm for faster image compression. In *2013 International Conference on Machine Intelligence and Research Advancement* (pp. 479–482). http://dx.doi.org/10.1109/ICMIRA.2013.101
30. Ozenli, D. (2016). Dirac video codec and its performance analysis in different wavelet bases. In *24th Signal Processing and Communication Application Conference (SIU)* (pp. 1565–1568). http://dx.doi.org/10.1109/SIU.2016.7496052
31. Pearlman, W., Islam, A., Nagaraj, N., & Said, A. (2004) Efficient, low-complexity image coding with a set-partitioning embedded block coder. *IEEE Transactions on Circuits and Systems for Video Technology, 14*(11), 1219–1235. http://dx.doi.org/10.1109/TCSVT.2004.835150
32. Peter, S., & Win, S. (2000). *Wavelets in the geosciences*. Lecture Notes in Earth Sciences (Vol. 90). Berlin: Springer. http://dx.doi.org/10.1007/BFb0011093. http://www.springerlink.com/index/10.1007/BFb0011091, http://link.springer.com/10.1007/BFb0011091
33. Poynton, C. (2012). *Digital video and HD: Algorithms and interfaces (Google eBook)*. Amsterdam: Elsevier. http://books.google.com/books?id=dSCEGFt47NkC&pgis=1
34. Rao, K. R., Kim, D. N., & Hwang, J. J. (2011). *Fast Fourier transform—algorithms and applications: Algorithms and applications (Google eBook)*. Berlin: Springer. http://books.google.com/books?id=48rQQ8v2rKEC&pgis=1
35. Rehna, V. (2012). Wavelet based image coding schemes: A recent survey. *International Journal on Soft Computing, 3*(3), 101–118. http://dx.doi.org/10.5121/ijsc.2012.3308. http://www.airccse.org/journal/ijsc/papers/3312ijsc08.pdf
36. Richardson, I. E. (2004). *H.264 and MPEG-4 video compression: Video coding for next-generation multimedia (Google eBook)*. London: Wiley. http://books.google.com/books?id=n9YVhx2zgz4C&pgis=1
37. Richardson, I. E. G. (2002). Video codec design. Chichester, UK: Wiley. http://dx.doi.org/10.1002/0470847832, http://doi.wiley.com/10.1002/0470847832
38. Rivas-Lopez, M., Sergiyenko, O., & Tyrsa, V. (2008). Machine vision: Approaches and limitations. In: Zhihui, X. (ed.) *Chapter 22: Computer vision*. Rijeka: IntechOpen. https://doi.org/10.5772/6156
39. Rivas-Lopez, M., Sergiyenko, O., Flores-Fuentes, W., & Rodriguez-Quinonez, J. C. (2019). *Optoelectronics in machine vision-based theories and applications* (Vol. 4018). Hershey, PA: IGI Global. ISBN: 978-1-5225-5751-7.
40. Ross, D., & Lenton, D. (2016). The graphic: Oculus rift. *Engineering Technology, 11*(1). 16–16. http://dx.doi.org/10.1049/et.2016.0119
41. Sacha, D., Zhang, L., Sedlmair, M., Lee, J. A., Peltonen, J., Weiskopf, D., et al. (2017). Visual interaction with dimensionality reduction: A structured literature analysis. *IEEE Transactions on Visualization and Computer Graphics, 23*(1), 241–250. http://dx.doi.org/10.1109/TVCG.2016.2598495
42. Said, A., & Pearlman, W. (1996). A new, fast, and efficient image codec based on set partitioning in hierarchical trees. *IEEE Transactions on Circuits and Systems for Video Technology, 6*(3), 243–250.
43. Salomon, D. (2006). *Coding for data and computer communications (Google eBook)*. Berlin: Springer. http://books.google.com/books?id=Zr9bjEpXKnIC&pgis=1
44. Salomon, D. (2006). *Data compression: The complete reference*. New York, NY: Springer.
45. Salomon, D., Bryant, D., & Motta, G. (2010). *Handbook of data compression (Google eBook)*. Berlin: Springer. http://books.google.com/books?id=LHCY4VbiFqAC&pgis=1
46. Sayood, K. (2012). *Introduction to data compression*. Amsterdam: Elsevier. http://dx.doi.org/10.1016/B978-0-12-415796-5.00003-X. http://www.sciencedirect.com/science/article/pii/

B978012415796500003X
47. Schanda, J. (2007). *Colorimetry: Understanding the CIE system (Google eBook)*. London: Wiley. http://books.google.com/books?id=uZadszSGe9MC&pgis=1
48. Sergiyenko, O., & Rodriguez-Quinonez, J. C. (2017). *Developing and applying optoelectronics in machine vision* (Vol. 4018). Hershey, PA: IGI Global. ISBN: 978-1-5225-0632-4.
49. Silverstein, L. D. (2008). Foundations of vision. *Color Research & Application, 21*(2), 142–144.
50. Song, E. C., Cuff, P., & Poor, H. V. (2016). The likelihood encoder for lossy compression. *IEEE Transactions on Information Theory, 62*(4), 1836–1849. http://dx.doi.org/10.1109/TIT.2016.2529657
51. Stollnitz, E., DeRose, A., & Salesin, D. (1995). Wavelets for computer graphics: A primer.1. *IEEE Computer Graphics and Applications, 15*(3), 76–84. http://dx.doi.org/10.1109/38.376616. http://ieeexplore.ieee.org/lpdocs/epic03/wrapper.htm?arnumber=376616
52. Sullivan, G. J., Ohm, J. R., Han, W. J., & Wiegand, T. (2012). Overview of the high efficiency video coding (HEVC) standard. *IEEE Transactions on Circuits and Systems for Video Technology, 22*(12), 1649–1668. http://dx.doi.org/10.1109/TCSVT.2012.2221191
53. Sweldens, W. (1996). The lifting scheme: A custom-design construction of biorthogonal wavelets. *Applied and Computational Harmonic Analysis, 3*(2), 186–200. http://dx.doi.org/10.1006/acha.1996.0015. http://www.sciencedirect.com/science/article/pii/S1063520396900159
54. Tan, T. K., Weerakkody, R., Mrak, M., Ramzan, N., Baroncini, V., Ohm, J. R., et al. (2016). Video quality evaluation methodology and verification testing of HEVC compression performance. *IEEE Transactions on Circuits and Systems for Video Technology, 26*(1), 76–90. http://dx.doi.org/10.1109/TCSVT.2015.2477916
55. Tanchenko, A. (2014). Visual-PSNR measure of image quality. *Journal of Visual Communication and Image Representation, 25*(5), 874–878. http://dx.doi.org/10.1016/j.jvcir.2014.01.008. http://www.sciencedirect.com/science/article/pii/S1047320314000091
56. Theodoridis, S. (2013). *Academic press library in signal processing: Image, video processing and analysis, hardware, audio, acoustic and speech processing (Google eBook)*. London: Academic Press. http://books.google.com/books?id=QJ3HqmLG8gIC&pgis=1
57. Viction Workshop L. (2011). *Vectorism: Vector graphics today*. Victionary. http://books.google.com/books?id=dHaeZwEACAAJ&pgis=1
58. Wallace, G. (1992). The JPEG still picture compression standard. *IEEE Transactions on Consumer Electronics, 38*(1), xviii–xxxiv. http://dx.doi.org/10.1109/30.125072. http://ieeexplore.ieee.org/articleDetails.jsp?arnumber=125072
59. Wallace, G. K. (1991). The JPEG still picture compression standard. *Communications of the ACM, 34*(4), 30–44. http://dx.doi.org/10.1145/103085.103089. http://dl.acm.org/citation.cfm?id=103085.103089
60. Walls, F. G., & MacInnis, A. S. (2016). VESA display stream compression for television and cinema applications. *IEEE Journal on Emerging and Selected Topics in Circuits and Systems, 6*(4), 460–470. http://dx.doi.org/10.1109/JETCAS.2016.2602009
61. Wang, Z., Bovik, A. C., Sheikh, H. R., & Simoncelli, E. P. (2004). Image quality assessment: From error visibility to structural similarity. *IEEE Transactions on Image Processing, 13*(4), 600–612. http://dx.doi.org/10.1109/TIP.2003.819861
62. Werner, J. S., & Backhaus, W. G. K. (1998). *Color vision: Perspectives from different disciplines*. New York, NY: Walter de Gruyter. http://books.google.com/books?id=gN0UaSUTbnUC&pgis=1
63. Wien, M. (2015). *High efficiency video coding— coding tools and specification*. Berlin: Springer.
64. Zhang, L., Wang, D. &, Zheng, D. (2012). Segmentation of source symbols for adaptive arithmetic coding. *IEEE Transactions on Broadcasting, 58*(2), 228–235. http://dx.doi.org/10.1109/TBC.2012.2186728. http://ieeexplore.ieee.org/lpdocs/epic03/wrapper.htm?arnumber=6166502

第 20 章

基于单目立体运动的盲人与视障者楼梯检测

Javier E. Sanchez – Galan, Kang – Hyun Jo,
Danilo Caceres – Hernandez[①]

20.1 引言

在图像处理领域楼梯检测得到了广泛的研究。在这方面,这一系列研究解决了不同类型的问题,如楼梯的上升或下降问题,以解决灾难情况以及个人和辅助应用等问题。这种应用的例子包括探索和监视的无人地面车辆,以及为盲人和视障人士设计的被动警报系统。

楼梯定位识别应用的发展对于解决盲人或视障人士面临的问题具有重要意义。为了解决当前的问题,研究人员建议将该问题分为室外和室内两个部分分别解决。此外,在大多数情况下,通常在预定义的感兴趣区域中评估楼梯所在的区域[1-8]。

在文献[1]中,作者利用几何性质和垂直消失点来解决检测问题。然而,该

---

① J. E. Sanchez – Galan

Grupo de Investigación en Biotecnología, Bioinformática y Biología de Sistemas, Centro de Producción e Investigaciones Agroindustriales (CEPIA), Universidad Tecnológica de Panamá, Panama, Republic of Panama

Institute of Advanced Scientific Research and High Technology, Panama, Republic of Panama

e – mail: javier. sanchezgalan@ utp. ac. pa

K. – H. Jo

Intelligent Systems Laboratory, Graduate School of Electrical Engineering, University of Ulsan, Ulsan, South Korea

e – mail: acejo@ ulsan. ac. kr

D. Cáceres – Hernández

Grupo de Sistemas Inteligentes, Facultad de Ingeniería Eléctrica, Universidad Tecnológica de Panamá, Panamá, Republic of Panama

e – mail: danilo. caceres@ utp. ac. pa

算法在处理室外环境时可能会遇到困难，而且需要满足某些标准，如摄像机坐标位置和摄像机与楼梯之间的距离，才能成功测试该算法。在文献[2]中，作者提出了利用立体视觉的思想，他们提出了一种更新楼梯模型的轻量级方法。虽然这个方法表现出了良好的性能，但当楼梯距离摄像机较远时，该算法会遇到问题。研究人员在文献[3]中提出了一种利用深度信息和监督学习模型进行楼梯检测的方法。这种方法利用深度数据来提高检测的准确性。

近年来，卷积神经网络（CNN）已成为一种适合于机器人和视障人士在室内环境探索中进行目标检测的方法，并采用了如利用 CNN 进行图像分割、Faster R – CNN 和预训练的深度卷积神经网络（CNN）等不同方法[9-12]。Bashiri 等引入了 MCIndoor 数据集，这个数据集包含了门、楼梯和医院标志的大规模全标记图像，并使用预先训练的深度卷积神经网络（CNN）模型 AlexNet 进行了实验，并对其图像数据集进行了微调，进一步将其结果与支持向量机（SVM）、k – 最近邻算法（KNN）和朴素贝叶斯分类器等经典技术进行了比较[13-14]。

在本章中，介绍了针对室内和室外楼梯的楼梯识别研究的初步结果。这是一项重要的任务，因为有许多不同类型的楼梯存在着照明、遮挡、形状和设计等问题。基于这些考虑，有人提议开发一种使用深度学习进行楼梯图像分析的系统，以在室内、室外、非楼梯或结构类别中进行分类。考虑到所提出的想法是一项正在进行的研究，下一步将处理从楼梯边缘给出的楼梯特征。

20.2 算法表述

在本节中，所提出的用于确定楼梯认知特性的算法有两个主要阶段：①卷积神经网络模型描述；②楼梯的特征提取（图 20.1）。

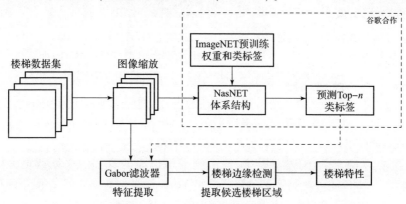

图 20.1 楼梯识别算法流程图（图像的右上卷积神经网络方法，底部特征提取方法。虚线箭头连接两种方法描述集成方法，将在未来的工作中考虑）

20.2.1　卷积神经网络模型描述

根据最先进的深度学习模型 Nasnet – Large[15]，对来自室内、室外和结构数据集(图 20.2)的图像进行了查询。Nasnet 是由 Google 开发的 Auto – ML CNN 模型，包括区分为正常层和简化层的 1041 个卷积层与在大规模视觉识别挑战 2012 (ILSVRC2012) 图像分类 Imagenet 数据集[16]上预先训练的 8890 万个参数。

ImageNet 数据集由 120 万张图片组成，代表了 1000 个类别的图片或标签。就分类挑战而言，ImageNet 没有为楼梯、梯子或楼梯提供高级描述符；但是，它提供了一个标签"n02788148"，对应于楼梯中的突出特征，代表"栏杆、栏杆和扶手"。因此，预测任务包括将图像通过预训练网络的卷积层，然后评估在所得到的预测类别标签中，类别栏杆是否在前 n 个结果中。

图 20.2　图像数据集(第一行室内楼梯类别；第二行户外类别；
第三行其他结构数据集)

20.2.2　楼梯检测

由于工作重点是帮助行动不便的盲人或视障人士，因此，楼梯是在指定的区域内检测到的，这种楼梯检测算法可以总结如下。

首先，从给定的图像[17-18]中，检测到平坦地面的真实地平线或最大距离(MDPG)。这是通过找到像素位置来完成的，该像素位置可以丢弃位于图像内的地平线视野中的区域。地平线是根据以下公式计算的：

$$d = \frac{h}{\tan\delta + \alpha} \tag{20.1}$$

$$\alpha = \arctan\left(\frac{y - y_c}{f}\right) \quad (20.2)$$

$$f_p = \frac{f_{mm} - \mathrm{Im}g_p}{\mathrm{CCD}_{mm}} \quad (20.3)$$

式中:d 为相机与目标物体的距离;h 为相机距地面的高度;δ 为相机光轴与水平投影的夹角;α 为以图像中心点为底,从顶部扫描图像形成的夹角;y 为目标在 y 轴上的像素位置;y_c 为图像中心的像素位置;f_p 是以像素为单位的焦距;f_{mm} 是以毫米为单位的焦距;$\mathrm{Im}g_p$ 是以像素为单位的图像宽度;CDD_{mm} 是以毫米为单位的传感器宽度。

图 20.3 显示了测试图像集中 MDGP 阶段的结果。这些图像是相机在距基准平面上方 3 个不同高度拍摄的,分别为 1.00m、0.75m 和 0.50m。输入图像中

(a)   (b)

图 20.3 测试不同相机高度值的 MDGP 图像集
(从上到下高度值分别为距基准平面 1m、0.75m、0.50m)(见彩插)
(a)输入图像,红线表示 MDGP 的本地化位置;(b)去除水平线以上信息后输出图像。

的红线是从上到下扫描图像后不连续区域的位置。最后,完成此步骤是为了获得更高效的系统,从而减少所有计算过程所需的时间,这在主要由提取地面基准平面周围的信息组成的实时应用中至关重要。

其次,通过使用 Gabor 滤波器[19-22],估计与楼梯相关的信息:

$$G_{(x,y,\lambda,\theta,\phi,\sigma,\gamma)} = \exp\left(\frac{x'^2+\gamma^2+y'^2}{2\sigma}\right)\cos2\pi\frac{x'}{y}+\phi \quad (20.4)$$

$$x' = x\cos\theta + y\sin\theta \quad (20.5)$$

$$y' = -x\sin\theta + y\cos\theta \quad (20.6)$$

式中:x 和 y 指定沿图像的位置强度值;λ 表示正弦因子的波长;q 表示方向;θ 表示相移;ϕ 是沿 x 和 y 轴的高斯包络的标准偏差。此外,γ 是空间纵横比,它规定了支持 Gabor 函数的椭圆度。图 20.4 显示了 Gabor 滤波器在合成图像集中的结果。

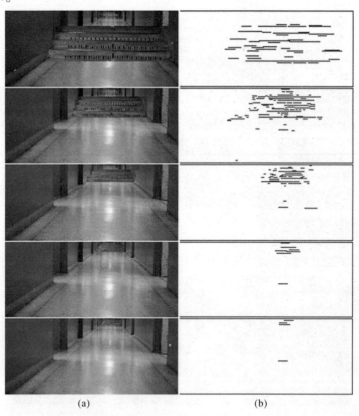

(a)　　　　　　　　　　(b)

图 20.4　不同相机位置到楼梯间距离值的合成图像集的 Gabor 滤波器结果(从上到下的近距值分别为 4.25m、6m、9m、13m、15m)。注意:大部分线段是从楼梯所在的区域提取的

(a)源图像;(b)二值化后的 Gabor 滤波器结果。

第三,利用三链式法则提取图像内的线段,表示为

$$T = f(x+1, y \pm d\phi), g(x,y) = \begin{cases} 0, f(x,y) = T \\ 1, f(x,y) \neq T \end{cases} \quad (20.7)$$

式中:x 和 y 指定沿图像 f 的位置强度值;T 是位于实际位置像素的像素值;$d\phi$ 表示像素方向;$g(x,y)$ 表示基于领域信息的新图像。通过应用边缘图像的水平和垂直直方图来提取候选集。

水平直方图(HH)确定候选的数量,垂直直方图(VH)确定从 HH 中提取的候选中的线数。该算法能够确定属于每个线段的线和像素的数量。其次,基于概率分析,所提出的方法评估了候选区域(PA)以及每个区域中的行数(PL)和像素数(PP)。估计的概率定义如下:

$$P_E = \frac{N_E}{N} \quad (20.8)$$

式中:N_E 是 E 中区域、线段和像素的数量;E 是图像中区域、线段和像素的总数。图 20.5 显示了在一组合成图像中应用此步骤的结果,其中通过在水平和垂直位置应用统计分析,楼梯位于与相机不同的距离。

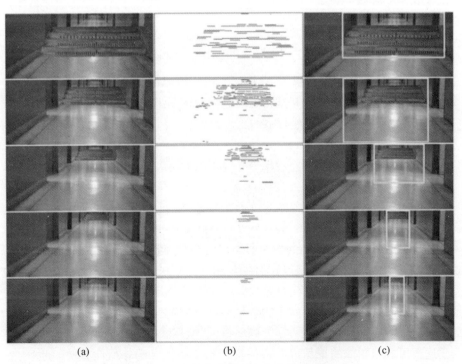

图 20.5 合成图像楼梯:楼梯与摄像机的距离不同
(a)输入图像;(b) Gabor 滤波结果;(c)楼梯候选区。

第四,利用归一化互相关来计算两幅连续图像之间的对应关系,表示如下:

$$r_s = \frac{\sum_i (x_i - m_x)(y_i - m_y)}{\sqrt{\sum_i (x_i - m_x)^2 \sum_i (y_i - m_y)^2}} \quad (20.9)$$

式中:r_s 是互相关系数;x_i 是 t 帧图像中第 i 个像素的强度;y_i 是 $t+1$ 帧图像中第 i 个像素的强度;m_x 和 m_y 是相应图像的强度的平均值。对于区域之间的每个位移计算相关系数矩阵。由该算法得到楼梯候选区域后,计算区域间每个位移的相关系数矩阵,根据估计的轨迹推断出楼梯的实际位置,此阶段的目标是估计楼梯在3D平面中的位置。在上一步的基础上,递归重复既定过程,直至完成目标集的提取。为了根据相机系统的配置计算最底线段(BLS)距离,将测量极限视为距相机中心1.30m。在图像平面上,这个距离在最底部像素位置的 y 轴上发现的,大约等于240像素。根据上述信息,当最下面的线段位于 y 轴上的230像素时,这个过程将停止。从最后一步开始,用户可以定义楼梯属性。

所提出的算法需要计算垂直视角(vAOV)如下:

$$\text{vAOV} = 2\arctan\left(\frac{\text{CCD}_{mm}}{2f_{mm}}\right) \quad (20.10)$$

$$\text{BSL} = \arctan\left(\frac{h}{\delta + \text{vAOV}}\right) \quad (20.11)$$

式中:vAOV 是相机的垂直视角,它描述了由相机成像的给定场景的角度范围,f_{mm} 是以 mm 为单位的焦距;h 是相机离地面的高度;CDD_{mm} 是以 mm 为单位的传感器宽度;BSL 是根据相机坐标系的盲点距离。

20.3 实验结果

在卷积神经网络模型描述的第一个实验中,使用了 GoogleColboratory 云。根据 Python 编程语言编写的 Kera 和 TensorFlow 模型直接在具有 13GB GDDR5 VRAM 的 NVIDIA4 ® Tesla ® K80GPU 上的云实例中运行。对照 Nasnet 查询室内、室外和结构图像集,获得分别在表20.1、表20.2 和表20.3 中描述的平均类别标签。正如预期的那样,室内数据集的结果是最准确的,在大多数情况下,网络成功地将图像分类到"扶手"类,推断的概率至少为70%。

值得注意的例外情况是,尽管概率很低,但算法存在推断出"监狱"类的情况,这很可能与图像的视角以及金属栏杆和监狱栏杆的相似性有关。此外,一个有趣的结果是:当算法推断出楼梯的特征为"鞘"类,主要是考虑了图像的高级特征,如粗糙度或类似剑鞘的表面的楼梯表面。

表 20.1 室内数据集楼梯候选结果的定位

D	NIS	L	LF	AP
第1组	47	栏杆	47	0.81
第2组	23	栏杆	23	0.70
第3组	57	栏杆	57	0.79
第4组	50	栏杆	47	0.73
		监狱	3	0.46

注:D 代表数据集;NIS 代表集合中图像的数量;L 代表标签(前1);LF 代表标签频率;AP 代表平均概率。第1组中的数据集是在日光下拍摄楼梯位于相机前方的图像。第2组中的图像是在夜间拍摄的,楼梯位于相机前面。第3组的图像是在相机右侧拍摄的,第4组的图像是楼梯位于相机左侧的图像

表 20.2 室外数据集楼梯候选结果的定位

D	NI	L	LF	AP
室外	62	栏杆	18	0.70
		图书馆	10	0.77
		小钟楼	7	0.81
		露台	7	0.47
		悬索桥	4	0.86
		迷宫	4	0.62
		天文馆	3	0.88
		拱门	3	0.33
		公园长椅	3	0.30
		湖边	3	0.42
		宫殿	3	0.31
		书店	2	0.59
		方尖塔	2	0.49
		乐器	2	0.27
		独轮车	2	0.37
		管风琴	2	0.38

续表

D	NI	L	LF	AP
室外	62	栏杆	18	0.70
		豪华轿车	2	0.11
		摩托车	2	0.42
		佛塔	2	0.13

注:D 代表数据集;NIS 代表集合中图像的数量;L 代表标签(Top-1);LF 代表标签频率;AP 代表平均概率

表 20.3 结构数据集楼梯候选结果的定位

数据集	NI	L	LF	AP
结构数据集	5	栏杆	1	0.18
		迷宫	2	0.58
		豪华轿车	1	0.17
		单杠	1	0.15

对于室外数据集,结果喜忧参半,在 29% 的类别示例上以 70% 的概率推断栏杆类别。其他标签也有出现,但大多是暗示图像中出现了其他物体,包括建筑物("天文馆""宫殿""拱门"),甚至车辆("独轮车""豪华轿车""摩托车")。

在结构案例中,推算出栏杆的边际概率为 0.18。此外,在预测中还发现了其他不相关的标签类别,如结构元素(水平杆和迷宫)和车辆(豪华轿车)。综合考虑,室外和结构数据集的结果表明,将图像通过 NASnet 预训练网络的卷积层并比较得到的预测标签的方法效果不是很好。更重要的是,对于当前的任务,平均而言,预测室内数据集的标签"bannister"的概率远远超过 70%。

为了充分评估所提出的特征提取阶梯算法的性能,创建了 4 个不同的图像数据集。这些数据由分辨率为 320×240 的 75 幅彩色图像组成。这个数据集是通过拍摄白天和夜间都有照明条件的楼梯而形成的。可以观察到不同的属性,如相对于相机位置的方向和照明条件。下面是 3 个第一循环的阶梯算法的一些示例结果(图 20.6、图 20.7、图 20.8 和图 20.9)。表 20.4 显示了使用该算法的各个结果。

表 20.4 表明,本文中提出的方法在找到图像平面中的楼梯定位方面具有良好的性能。然而,距离估计阶段的困难是由于前向运动的限制造成的。因此,通过添加有关 3D 世界中相机旋转的信息(此类信息很重要,因为非平面曲面会影响结果),对性能进行了改进。

第20章 基于单目立体运动的盲人与视障者楼梯检测

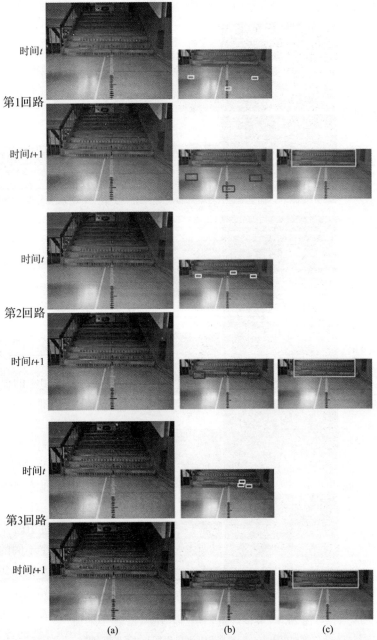

图 20.6 白天时正面图像数据集(见彩插)

(a) t 时刻和 $t+1$ 时刻的源图像;(b)提取 ROI_1 和 ROI_2 的感兴趣面积。白色的块表示 ROI_1,对 t 时刻提取的每个块使用 20×10 像素大小;数字显示了提取的顺序。蓝色的块代表 ROI_2,在 $t+1$ 时刻提取的每个块使用 40×20 像素大小;(c)黄色方块显示楼梯候选区域。

机器视觉与导航

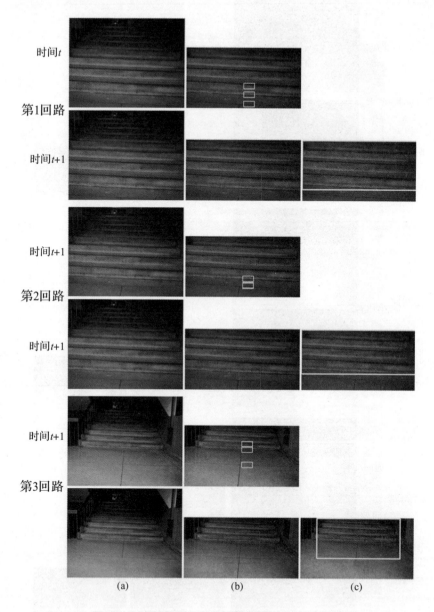

图 20.7 夜间灯光下的正面图像数据集(见彩插)

(a) t 时刻和 $t+1$ 时刻的源图像;(b) 提取 ROI_1 和 ROI_2 的感兴趣面积。白色的块表示 ROI_1,对 t 时刻提取的每个块使用 20×10 像素大小;数字显示了提取的顺序。蓝色的块代表 ROI_2,在 $t+1$ 时刻提取的每个块使用 40×20 像素大小;(c) 黄色方块显示楼梯候选区域。

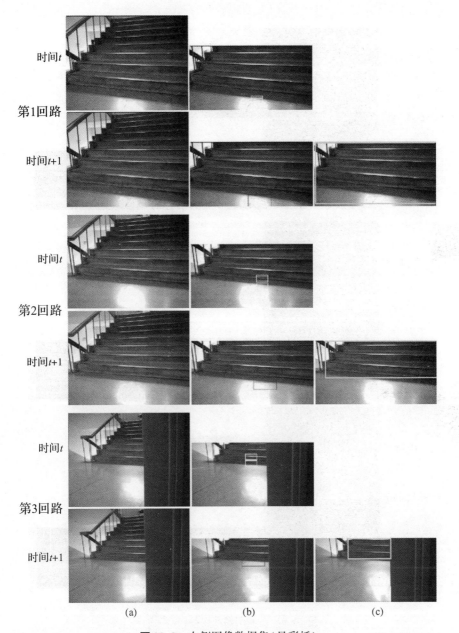

(a)   (b)   (c)

图 20.8　右侧图像数据集(见彩插)

(a) t 时刻和 $t+1$ 时刻的源图像；(b) 提取 ROI_1 和 ROI_2 的感兴趣面积。白色的块表示 ROI_1，对 t 时刻提取的每个块使用 20×10 像素大小；数字显示了提取的顺序。蓝色的块代表 ROI_2，在 $t+1$ 时刻提取的每个块使用 40×20 像素大小；(c) 黄色方块显示楼梯候选区域。

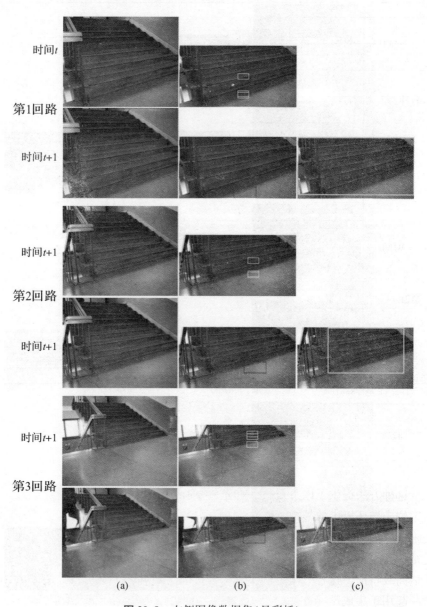

图 20.9 左侧图像数据集（见彩插）

（a）t 时刻和 $t+1$ 时刻的源图像；（b）提取 ROI_1 和 ROI_2 的感兴趣面积。白色的块表示 ROI_1，对 t 时刻提取的每个块使用 20×10 像素大小；数字显示了提取的顺序。蓝色的块代表 ROI_2，在 $t+1$ 时刻提取的每个块使用 40×20 像素大小；（c）黄色方块显示楼梯候选区域。

表20.4　表20.1中使用的候选楼梯的本地化

数据	环路	RD/m	DE/m	RE/%	T/ms
第1组	1	3.80	3.68	3.16	30
第2组	2	3.75	3.74	0.27	30
	3	3.70	3.55	4.05	30
	1	2.20	1.94	11.95	30
第3组	2	2.15	1.92	10.74	40
	3	2.10	1.86	11.43	30
	1	4.30	4.26	0.93	30
第4组	2	4.25	3.95	7.06	30
	3	4.20	3.88	7.64	30
	1	4.30	3.67	14.65	20
	2	4.15	3.80	8.43	20
	3	4.20	3.74	−10.95	20

注:信息是通过使用相机的坐标系来获得的。RD是以m为单位的真实距离;DE是距离估计;RE是相对误差;T是计算时间

20.4　结论

　　这种方法提供了以下贡献。首先,这项研究有助于确定楼梯检测方法。为了定位未知环境中的楼梯,此信息是重要且必要的。这也是为盲人和视障人士实施自主爬楼梯导航和被动报警系统的根本步骤。其次,我们使用CNN方法的结果远远超过了70%的识别率,这表明,有可能通过推断类别标签"栏杆"来评估高级特征。这种方法可以用于高级特征的鲁棒实时识别,也可以与传统方法一起用于集成学习方法。第三,这些发现可以为案例研究提供支持,以评估该方法在实时实施中的适用性。

　　还可以通过使用楼梯的训练实例对网络的最后几层进行微调,从而进一步改变实现方法,这通常会提高概率精度。此外,还可以探索其他方向,如利用针对人脸特征[23]提出的多任务级联卷积网络,检测楼梯的特定高级特征。

　　此外,还考虑将卷积神经网络模型描述和特征提取相结合的方法用于下一

步的工作。

最后，本章的主要贡献在于，所提出的算法给出了关于楼梯的信息的估计，如相对于摄像机坐标系的定位。为了定位未知环境中的楼梯，这些信息是必不可少的，也是绝对必要的。

致谢　巴拿马国家科学、技术和创新局（SENACYT），巴拿马国家调查研究所（SNI）（SNI 合同 168–2017 和 SNI 合同 129–2018）以及巴拿马科技大学的行政支持和贡献。

参考文献

1. Khalinluzzaman, M., & Deb, K. (2018). Stairways detection based on approach evaluation and vertical vanishing point. *International Journal of Computational Vision and Robotics, 8*(2), 168–189.
2. Schwarse, T., & Zhong, Z. (2015). Stair detection and tracking from egocentric stereo vision. In *IEEE International Conference on Image Processing (ICIP)*.
3. Wang, S., Pan, H., Zhang, C., & Tian, Y. (2014). RGB-D image-based detection of stairs, pedestrian crosswalks and traffic signs. *Journal of Visual Communication and Image Representation, 25*(2), 263–272.
4. Yang, C., Li, X., Liu, J., & Tang, Y. (2008). A stairway detection algorithm based on vision for UGV stair climbing. In *2008 IEEE International Conference on Networking, Sensing and Control*.
5. Lu, X., & Manduchi, R. (2005). Detection and localization of curbs and stairways using stereo vision. In *International Conference on Robots and Automation*.
6. Gutmann, J.-S., Fucuchi, M., & Fujita, M. (2004). Stair climbing for humanoid robots using stereo vision. In *International Conference on Intelligent Robots and System*.
7. Se, S., & Brady, M. (2000). Vision-based detection of stair-cases. In *Fourth Asian Conference on Computer Vision ACCV 2000*, Vol. 1, pp. 535–540.
8. Ferraz, J., & Ventura, R. (2009). Robust autonomous stair climbing by a tracked robot using accelerometer sensors. In *Proceedings of the Twelfth International Conference on Climbing and Walking Robots and the Support Technologies for Mobile Machines*.
9. Contreras, S., & De La Rosa, F. (2016). Using deep learning for exploration and recognition of objects based on images. In *2016 XIII Latin American Robotics Symposium and IV Brazilian Robotics Symposium (LARS/SBR)*. https://doi.org/10.1109/lars-sbr.2016.8.
10. Poggi, M., & Mattoccia, S. (2016). A wearable mobility aid for the visually impaired based on embedded 3D vision and deep learning. In *2016 IEEE Symposium on Computers and Communication (ISCC)*. https://doi.org/10.1109/iscc.2016.7543741.
11. Lin, B.-S., Lee, C.-C., & Chiang, P.-Y. (2017). Simple smartphone-based guiding system for visually impaired people. *Sensors, 17*(6), 1371. https://doi.org/10.3390/s17061371.
12. Yang, K., Wang, K., Bergasa, L., Romera, E., Hu, W., Sun, D., et al. (2018). Unifying terrain awareness for the visually impaired through real-time semantic segmentation. *Sensors, 18*(5), 1506. https://doi.org/10.3390/s18051506.
13. Bashiri, F. S., LaRose, E., Peissig, P., & Tafti, A. P. (2018). MCIndoor20000: A fully-labeled image dataset to advance indoor objects detection. *Data in Brief, 17*, 71–75. https://doi.org/10.1016/j.dib.2017.12.047.
14. Bashiri, F. S., LaRose, E., Badger, J. C., D'Souza, R. M., Yu, Z., & Peissig, P. (2018). Object detection to assist visually impaired people: A deep neural network adventure. In: Bebis G. et al. (eds) Advances in Visual Computing. ISVC 2018. Lecture notes in computer science, vol 11241. Springer, Cham, 500–510. doi:https://doi.org/10.1007/978-3-030-03801-4_44.
15. B. Zoph, V. Vasudevan, J. Shlens, and Q. Le, *Learning transferable architectures for scalable*

image recognition. arXiv.org. Retrieved from https://arxiv.org/abs/1707.07012.2019
16. Krizhevsky, A., Sutskever, I. S., & Hinton, G. E. (2017). ImageNet classification with deep convolutional neural networks. *Communications of the ACM, 60*(6), 84–90. https://doi.org/10.1145/3065386.
17. Hernández, D. C., & Jo, K.-H. (2010). Outdoor stairway segmentation using vertical vanishing point and directional filter. In *The 5th International Forum on Strategic Technology*.
18. Hernández, D. C., Kim, T., & Jo, K.-H. Stairway Detection Based on Single Camera by Motion Stereo. In *International Conference on Industrial, Engineering and Other Applications of Applied Intelligent Systems*, Vol. 2, p. 11.
19. Barnard, S. T. (1983). Interpreting perspective images. *Artificial Intelligence, 21*(4), 435–462.
20. Weldon, T. P., Higgins, W. E., & Dunn, D. F. (1996). Efficient Gabor filter design for texture segmentation. *Pattern Recognition, 29*, 2005–2015.
21. Lee, T. S. (1996). Image representation using 2D Gabor wavelets. *IEEE Transactions on Pattern Analysis and Machine Intelligence, 18*(10).
22. Basca, C. A., Brad, R., & Blaga, L. (2007). Texture segmentation. Gabor filter bank optimization using genetic algorithms. In *The International Conference on Computer Tool*.
23. Zhang, K., Zhang, Z., Li, Z., & Qiao, Y. (2016). Joint face detection and alignment using multi-task cascaded convolutional networks. *IEEE Signal Processing Letters, 23*(10), 1499–1503. https://doi.org/10.1109/lsp.2016.2603342.

# 第 21 章

科学和工业应用中 3D 形状测量的相位三角测量方法

Sergey Vladimirovich Dvoynishnikov,
Ivan Konstantinovich Kabardin, Vladimir Genrievich Meledin[①]

21.1 引言

利用相位三角测量和结构光的三角测量原理测量复杂 3D 物体几何形状的方法正在积极发展和改进[1]。这些方法在机械工程、医学、生物学、考古和建模等领域得到了广泛的实际应用[2-8],这是因为系统的光电元件成本低且可靠性高。

同时,相位三角测量方法的现代发展集中在不同的领域,包括减少测量时间[9-10]以实现测量运动物体的几何形状[11-12]、开发快速方便的校准方法[13-15],以及运用各种方法和途径来提高测量精度[16]。

然而,在变化的环境光、窄的光辐射源和接收器的动态范围、光电探测器的有限景深图像以及被测物体表面属性的任意光散射的情况下,使用现有的相位三角测量方法进行高精度测量存在许多问题。本章对相位三角测量的新方法进行了综述。这些方法可以在任意测量对象表面光散射特性、改变测量设置外部照明以及光学元件限制光辐射源和接收器的景深的条件下测量三维几何形状。本章共分 5 节:21.2 节介绍了利用任意相移的相位图像进行稳定解码的方法;21.3 节介绍了基于相位三角测量的三维测量中光辐射源-接收器光路非线性补偿方法;21.4 节对光辐射源-接收器路径非线性条件下的结构图像解码方法进行了比较;21.5 节介绍了扩大相位三角测量动态范围的方法;21.6 节介绍

---

① S. V. Dvoynishnikov(_) · I. K. Kabardin · V. G. Meledin
Kutateladze Institute of Thermophysics SB RAS, Novosibirsk, Russia
e-mail:kabardin@itp.nsc.ru;meledin@itp.nsc.ru

了相位三角测量中空间调制最佳频率的估计方法。

21.2 任意相移相位图像稳态法解码方法

在实施相位三角测量方法时观察到的图像的强度可以通过以下表达式来描述：

$$I(x,y) = A(x,y)(1 + V(x,y)\cos\varphi(x,y)) \tag{21.1}$$

式中：$I(x,y)$ 是相位图像强度分布；$A(x,y)$ 是背景强度分布；$V(x,y)$ 是平均能见度；$\varphi(x,y)$ 是波前相位差的期望分布。结构化图像的每个点的照明强度是 3 个未知参数的函数：背景强度 $A(x,y)$、平均能见度 $V(x,y)$ 和波前相位差 $\varphi(x,y)$。

为了解码具有任意增量偏移的相位图像，有几种已知的基于求解超越方程组[17-18]方法。向量形式的表达式如下：

$$\boldsymbol{I} = A\boldsymbol{R} + (AV\cos\phi)\boldsymbol{C} + (AV\sin\phi)\boldsymbol{S} \tag{21.2}$$

其中

$\boldsymbol{R} = (1,1\cdots,1)^T, \boldsymbol{C} = (\cos\delta_0, \cos\delta_1, \cdots, \cos\delta_{N-1})^T, \boldsymbol{S} = (\sin\delta_0, \sin\delta_1, \cdots, \sin\delta_{N-1})^T$

向量尺寸可由相移量确定。可以看出

$$AV\sin\phi = \frac{\boldsymbol{I} \cdot \boldsymbol{C}^\perp}{\boldsymbol{S} \cdot \boldsymbol{C}^\perp} \tag{21.3}$$

$$AV\cos\phi = \frac{\boldsymbol{I} \cdot \boldsymbol{C}^\perp}{\boldsymbol{C} \cdot \boldsymbol{S}^\perp} \tag{21.4}$$

式中：$\boldsymbol{S}^\perp$ 和 $\boldsymbol{C}^\perp$ 分别是与向量 $\boldsymbol{S}$、$\boldsymbol{R}$ 和 $\boldsymbol{C}$、$\boldsymbol{R}$ 正交的向量。给定标量积的性质，我们得到 $\boldsymbol{S} \cdot \boldsymbol{C}^\perp = \boldsymbol{C} \cdot \boldsymbol{S}^\perp$。然后，有

$$\phi = \arctan\frac{\boldsymbol{I} \cdot \boldsymbol{C}^\perp}{\boldsymbol{I} \cdot \boldsymbol{S}^\perp} \tag{21.5}$$

或者

$$\phi = \arctan\frac{\boldsymbol{I}^\perp \cdot \boldsymbol{C}}{\boldsymbol{I}^\perp \cdot \boldsymbol{S}} \tag{21.6}$$

在后一种情况下，只需要向量 $\boldsymbol{I}^\perp$。在这种情况下，矩阵运算符 $\boldsymbol{I}^\perp = \boldsymbol{M} \cdot \boldsymbol{I}$ 是一个合适的用法。变换矩阵 $\boldsymbol{M}$ 必须满足以下要求：$(\boldsymbol{M} \cdot \boldsymbol{I})\boldsymbol{I} = 0$ 和 $\boldsymbol{M} \cdot \boldsymbol{R} = 0$。

例如，对于 3 个相移，斜对称矩阵满足以下条件：

$$\boldsymbol{M} = \begin{bmatrix} 0 & 1 & -1 \\ -1 & 0 & 1 \\ 1 & -1 & 0 \end{bmatrix} \tag{21.7}$$

然后,从式(21.6)中得到以下解码算法:

$$\phi = \arctan\frac{(\boldsymbol{MI})\cdot\boldsymbol{C}}{(\boldsymbol{MI})\cdot\boldsymbol{S}} = \arctan\frac{(I_1-I_2)c_0+(I_2-I_0)c_1+(I_0-I_1)c_2}{(I_1-I_2)s_0+(I_2-I_0)s_1+(I_0-I_1)s_2} \qquad (21.8)$$

式中:$c_i = \cos\delta_i$、$s_i = \sin\delta_i$ 是向量 $\boldsymbol{C}$ 和 $\boldsymbol{S}$ 的相应分量。

矩阵 $\boldsymbol{M}$ 是通过对大于 3 的奇数个相移对称地连续矩阵式(21.8)而获得:

$$\boldsymbol{M} = \begin{bmatrix} 0 & 1 & -1 & \vdots & 1 & -1 & 1 \\ -1 & 0 & 1 & \vdots & -1 & 1 & -1 \\ 1 & -1 & 0 & \vdots & 1 & -1 & 1 \\ \cdots & \cdots & \cdots & \cdots & \cdots & \cdots & \cdots \\ -1 & 1 & -1 & \vdots & 0 & 1 & -1 \\ 1 & -1 & 1 & \vdots & -1 & 0 & 1 \\ -1 & 1 & -1 & \vdots & 1 & -1 & 0 \end{bmatrix} \qquad (21.9)$$

对于偶数个相移,矩阵 $\boldsymbol{M}$ 可以表示为

$$\boldsymbol{M} = \begin{bmatrix} 0 & \boldsymbol{B} \\ -\boldsymbol{B} & 0 \end{bmatrix}, \boldsymbol{B} = \begin{bmatrix} -1 & 1 & \vdots & -1 & 1 \\ 1 & -1 & \vdots & 1 & -1 \\ \cdots & \cdots & & \cdots & \cdots \\ -1 & 1 & \vdots & -1 & 1 \\ 1 & -1 & \vdots & 1 & -1 \end{bmatrix} \qquad (21.10)$$

在 4 个相移的情况下,可以得到以下算法:

$$\phi = \arctan\frac{(I_2-I_3)(c_1-c_0)+(I_1-I_0)(c_2-c_3)}{(I_2-I_3)(s_1-s_0)+(I_1-I_0)(s_2-s_3)} \qquad (21.11)$$

对具有逐步移位的相位图像进行解码的算法,为处于任意相移的相位图像提供了解释。然而,这个方法没有充分考虑相图中的加性和乘性噪声。因此,当分析图像中存在噪声的情况下,这种方法不能最大限度地减小相位确定误差。对于这种方法的实际应用,作者通常使用初始相位图像的初步滤波,或者将这种方法用于有限类别的对象。

为了解决利用结构光三角测量法测量大型物体的三维几何形状的科学技术难题,有必要开发一种处理和解码结构化图像的鲁棒方法。作者提出了一种新的相位图像解码方法,以最大限度地减少结构化图像中相位计算的不准确度。

式(21.1)可以写成以下形式:

$$I_i = A + B \cdot \sin(\delta_i) + C \cdot \cos(\delta_i) \qquad (21.12)$$

$$\varphi = -\arctan\left(\frac{B}{C}\right) \qquad (21.13)$$

$$V = \frac{\sqrt{B^2+C^2}}{A} \qquad (21.14)$$

系数 A、B 和 C 可以通过找到实验数据和理论数据 $S(A, B, C)$ 之间的差异的函数最小值来计算：

$$S(A,B,C) = \sum_{i=1}^{N} (I_i - A - B \cdot \sin(\delta_i) - C \cdot \cos(\delta_i))^2 \qquad (21.15)$$

$S(A,B,C)$ 的最小化条件是所有偏导数等于零：

$$\frac{\partial S}{\partial A} = 0, \frac{\partial S}{\partial B} = 0, \frac{\partial S}{\partial C} = 0 \qquad (21.16)$$

因此，可以得到由 3 个线性方程组成的系统：

$$\begin{cases} k_1 \cdot A + k_2 \cdot B + k_3 \cdot C = k_7 \\ k_2 \cdot A + k_4 \cdot B + k_5 \cdot C = k_8 \\ k_3 \cdot A + k_5 \cdot B + k_6 \cdot C = k_9 \end{cases} \qquad (21.17)$$

其中，$k_1, k_2, \cdots, k_9$ 可以从以下方程式中确定：

$$k_1 = N$$

$$k_2 = \sum_{i=1}^{N} \cos(\delta_i)$$

$$k_3 = \sum_{i=1}^{N} \sin(\delta_i)$$

$$k_4 = \sum_{i=1}^{N} \cos^2(\delta_i)$$

$$k_5 = \sum_{i=1}^{N} \cos(\delta_i) \cdot \sin(\delta_i) \qquad (21.18)$$

$$k_6 = \sum_{i=1}^{N} \sin^2(\delta_i)$$

$$k_7 = \sum_{i=1}^{N} I_i$$

$$k_8 = \sum_{i=1}^{N} I_i \cdot \cos(\delta_i)$$

$$k_9 = \sum_{i=1}^{N} I_i \cdot \sin(\delta_i)$$

解线性方程组(21.17)，可以得到关于 A、B 和 C 的以下表达式：

$$A = -\frac{k_5^2 \cdot k_7 - k_4 \cdot k_6 \cdot k_7 - k_3 \cdot k_5 \cdot k_8 + k_2 \cdot k_6 \cdot k_8 + k_3 \cdot k_4 \cdot k_9 - k_2 \cdot k_5 \cdot k_9}{-k_3^2 \cdot k_4 + 2 \cdot k_2 \cdot k_3 \cdot k_5 - k_1 \cdot k_5^2 - k_2^2 \cdot k_6 + k_1 \cdot k_4 \cdot k_6}$$

$$(21.19)$$

$$B = -\frac{k_3 \cdot k_5 \cdot k_7 - k_2 \cdot k_6 \cdot k_7 - k_3^2 \cdot k_8 + k_1 \cdot k_6 \cdot k_8 + k_2 \cdot k_3 \cdot k_9 - k_1 \cdot k_5 \cdot k_9}{k_3^2 \cdot k_4 - 2 \cdot k_2 \cdot k_3 \cdot k_5 + k_1 \cdot k_5^2 + k_2^2 \cdot k_6 - k_1 \cdot k_4 \cdot k_6}$$
(21.20)

$$C = -\frac{-k_3 \cdot k_4 \cdot k_7 - k_2 \cdot k_5 \cdot k_7 - k_2 \cdot k_3 \cdot k_8 + k_1 \cdot k_5 \cdot k_8 + k_2^2 \cdot k_9 - k_1 \cdot k_4 \cdot k_9}{k_3^2 \cdot k_4 - 2 \cdot k_2 \cdot k_3 \cdot k_5 + k_1 \cdot k_5^2 + k_2^2 \cdot k_6 - k_1 \cdot k_4 \cdot k_6}$$
(21.21)

其中，根据式(21.13)计算得出 φ。测量强度 $S(A,B,C)$ 和相位 $\sigma(A,B,C)$ 的标准偏差可由下列公式估计：

$$S(A,B,C) = \frac{1}{N}\sqrt{\sum_{i=1}^{N}(I_i - A - B \cdot \sin(\delta_i) - C \cdot \cos(\delta_i))^2} \quad (21.22)$$

$$\sigma(A,B,C) = \frac{1}{N}\sqrt{\sum_{i=1}^{N}\left(\arccos\left(\frac{I_i - A}{\sqrt{A^2 + B^2}}\right) + \arctan\left(\frac{B}{C}\right) - \delta_i\right)^2}$$
(21.23)

确定相移的方法是基于经典的谐波回归。谐波回归是最小二乘法的一种变形。最小二乘法的基础是通过在有限的可能值范围内改变期望参数来最小化实验数据和理论数据之间差异的泛函。因此，所提出的确定相移的方法给出了方程组(21.3)的稳定解。也就是说，即使存在噪声的情况下，它也保证了相位计算误差的最小化。噪声在对应于特定坐标(x,y)的样本中具有零期望M和恒定方差D：

$$M(x,y) = M(\{I_i(x,y)\}, i \in 1,2,\cdots,N) = 0 \quad (21.24)$$
$$D(x,y) = D(\{I_i(x,y)\}, i \in 1,2,\cdots,N) = \text{const} \quad (21.25)$$

从式(21.13)可以看出，相位 φ 不依赖于背景强度 A 的分布。这就是为什么所提出的方法在恒定期望和方差的噪声的情况下，最小化确定误差 φ 的原因。

确定相位 φ 的一个充要条件是线性方程组(21.17)的非退化性：

$$\text{rank}\begin{pmatrix} N & \sum_{i=1}^{N}\cos(\delta_i) & \sum_{i=1}^{N}\sin(\delta_i) \\ \sum_{i=1}^{N}\cos(\delta_i) & \sum_{i=1}^{N}\cos^2(\delta_i) & \sum_{i=1}^{N}\cos(\delta_i)\cdot\sin(\delta_i) \\ \sum_{i=1}^{N}\sin(\delta_i) & \sum_{i=1}^{N}\cos(\delta_i)\cdot\sin(\delta_i) & \sum_{i=1}^{N}\sin^2(\delta_i) \end{pmatrix} = 3$$
(21.26)

由于表达式(21.26)仅依赖于 δ_i 和 N，因此，它确定了求解方程组(21.3)的充要条件。根据所提出的方法，取决于引入的移位 δ_i 的值和及其数量 N。

所提出的根据参数 N 确定相移的方法的算法复杂度,是确定相位的所有步骤的复杂度的总和。考虑到系数公式中存在对 N 的线性依赖关系,则整个方法的复杂度可以估计为 $O(N)$。

接下来,我们对提出的方法进行了验证。为此,我们比较了所提出的基于谐波回归的相移确定方法和基于表达式(21.3)[19]的向量表示的广义相位图像解码算法的结果。基于相位测量值与已知初始值的偏差的结果可以表示为

$$\varepsilon = \psi - \varphi \tag{21.27}$$

式中:ε 是测量相位与原始相位之间的差异;ψ 是使用相应方法获得的相位值;φ 是初始相位。通过模拟相位图中典型的光强分布来设定初始相位。相位图生成中偏移与一组在区间$[0,2\pi)$内均匀分布的随机变量一样计算。在背景强度 $A=10$ 和能见度 $V=0.5$ 情况下,相位图是首次出现的。根据添加了噪声的式(21.2)来设置相位图强度分布(图 21.1 和图 21.2)。噪声服从高斯分布,噪声水平用背景强度标准差来表示。

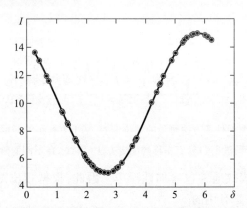

图 21.1 不添加噪声的情况下,相位图像的强度与相移的关系

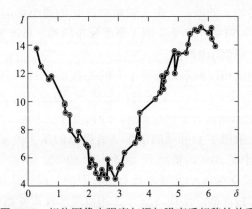

图 21.2 相位图像中强度与添加噪声后相移的关系

让我们看看这两种方法的误差是否依赖于恒定噪声和相同数目的相位图 N 的情况下,所找到的相位 φ 的值。为此,我们建立了测量的相位值与初始相位之间的偏差 ε 对在 $[0,2\pi]$ 区间中给定的不同值的 φ 的依赖关系。相位图样的数目 $N=50$。噪声的标准偏差是表达式(21.2)中的背景强度 A 值的 1%。

为了减少图形的随机性,使用了 200 组不同的相位模式。被测相位最大值的计算偏差记录在图表中。图 21.3 显示了 ε 对 φ 的依赖关系。可以看出,所提出的稳定方法使所获得相位减少至少一个数量级的较小偏差,而与初始相位 φ 的测量值无关。

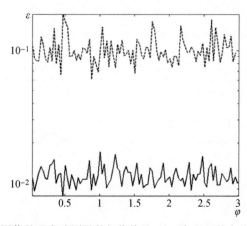

图 21.3 相位图像处理方法测量的相位偏差,基于方程组的向量表示(虚线)和基于谐波回归确定相移的稳定方法(实线)在不同的阶段 φ

实际上,相位模式通常包含加性噪声。因此,根据相位图中加性噪声的大小来估计相位误差是有用的。

根据叠加在具有恒定偏移数的相位模式中的强度分布上的噪声水平,估计测量的相位值与初始 ε 的偏差。由于初始相位 φ 的值不影响 ε,因此选择等于 0.5rad。相位图 $N=50$ 数。H 是应用于强度分布的噪声标准偏差。H 取背景强度 $A(2)$ 的 0~100% 范围内的值。

由此得到的测量相位偏差与噪声水平的关系如图 21.4 所示。对于相位图像处理方法,基于方程式(21.3)系统的向量表示,误差超过 100%,噪声方差超过 10%。当噪声色散超过背景强度的 10% 时,基于方程组(21.3)的向量表示的相位图处理方法给出了不可靠的结果。所提出的基于谐波回归的相移确定方法,在噪声方差小于 20% 的情况下,误差小于 50%。

在实验中,相位图像 N 的实现次数总是有限的。解码具有给定误差的相位模式需要的最佳实现次数。在从一组 N 个相位图实现恢复相位的情况中,我们对这两种方法进行了比较分析。分析了确定相位 ψ 的误差与数字 N 的关系,加性噪声水平以5%的背景强度的标准差设置为常数。待确定的相位值不变,设置为0.5rad。

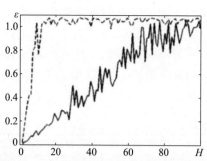

图21.4 实测相位偏差:基于方程组(21.3)向量表示的图像处理方法(虚线)和基于谐波回归确定相移的稳态方法(实线)

分析方法的结果如图21.5所示。基于超越方程组的向量表示的算法确定相位的误差不随N的增加而定性地减小。

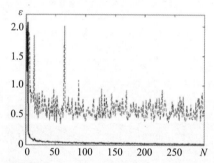

图21.5 测量相位与位移数的偏差:基于方程组(21.3)向量表示的图像处理方法(虚线)和基于谐波回归确定相移的稳态方法(实线)

即使对于较小的$N(N>5)$,基于方程组(21.3)的向量表示的相位图解码方法的误差也比基于谐波回归的稳态法高出数倍。仿真结果总体上证明了这个方法对噪声的稳定性,在处理有限的相位图像时误差较小,具有一定的实用价值。

因此,所提出的一种稳定的结构化图像解码方法,使分析图像中存在噪声的情况下的三维几何测量误差最小化。考虑一种广义算法,允许我们得到具有任意相移的探测信号的超越方程组(21.3)的解。

在具有方差和数学期望的一系列结构化图像强度测量中,证明了在噪声存在的情况下,这个方法的稳定性。给出了观测图像的标准偏差和测量偏差的估计,以评估结果的可靠性。给出了用该方法求解该问题的充要条件。算法的复杂性是根据包含各种结构图像的照片的数量来估计的。将本文提出的方法与基于超越方程组向量表示的广义相图位像解码算法进行了比较分析。分析结果表明,在处理有限的图像集时,测量误差降低了数倍。

所提出的具有空间调制相位照明的图像处理方法允许最小化确定探测正弦波的初始相位偏移时的误差。接收到的被测量对象的图像具有探测正弦的初始相位的逐步移位的相位图像的形式。稳定的结构化图像解码方法允许通过三角法使三维几何的测量误差最小化,其中物体表面的任意光散射特性是在相位不均匀的介质中测量的。

21.3 基于相位三角测量的三维光辐射源 – 接收器路径非线性补偿方法

许多输入设备、打印或图像可视化的功率特性对应幂律:

$$s = cr^\gamma \tag{21.28}$$

式中:c 和 γ 是正常数,通常,式(21.28)写成

$$s = c(r + \varepsilon)^\gamma \tag{21.29}$$

为了在光电探测器输入接收到零光信号时引入移位,即初始亮度,作者使用的器件作为光辐射的光源和接收器也具有功率类型的能量特性。对于不同的值,S 对 γ 的依赖关系图如图 21.6 所示。

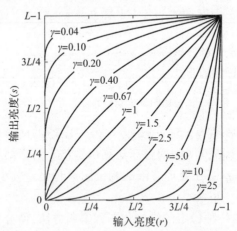

图 21.6 对于不同的 γ 值,$s = cr$ 方程的曲线图($\hat{O} = 1$)

大多数现代成像设备都具有功率依赖性,其指数范围从 1.8 到 2.5。这一趋势起源于阴极射线管显示器,其中亮度与电压具有功率依赖关系。图 21.7 显示了馈送到显示器输入的线性半色调楔子的图像。监视器屏幕上的图像比应有的颜色暗。

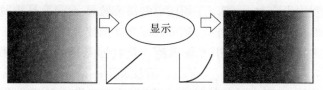

图 21.7　带线性楔形的半色调图像(左)和监视器对线性楔形的响应(右)

显然,在使用基于相位三角测量的方法时,需要控制光辐射源和图像接收器之间的接收－传输路径的线性度。空间调制照明的源和接收器之间路径的非线性接收－传输特性的存在可能导致难以预测的系统误差,这将取决于相移的大小(图21.8)。

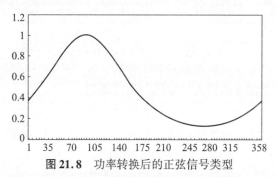

图 21.8　功率转换后的正弦信号类型

现有的补偿方法有基于串联或并联补偿的非线性包含法、引入补偿的非线性反馈和基于不变性理论综合的线性校正装置等。

补偿非线性方法的顺序或并行包含的优点是实现简单。然而,该方法假设关于接收－传输路径特性的非线性的信息的可用性,在我们的情况下,这取决于测量的对象反射属性、外部照明以及光辐射源和接收器的内部参数。因此,基于顺序或并行包含补偿非线性的非线性补偿方法在我们的情况下是不适用的。

基于补偿非线性反馈的非线性补偿方法不适合我们的问题。这个反馈意味着存在关于接收到的图像中的结构化照明的分布的信息。光照的定义是光学三角法的首要任务。

针对三维相位三角测量中光辐射源－接收器路径非线性的补偿问题,提出了附加修正的方法。

在图像中观察到的强度对光源发射的强度的依赖性可以由如下的一些非线性函数 K 来表示:

$$I = K(U) \tag{21.30}$$

式中:U 是发射到被调查对象的小区域的空间调制光强度;I 是小区域的中心投射到的图像的像素强度。

如果物体光散射特性、环境照明参数以及结构光调制器和接收器的内部参数在测量过程中没有改变,则对于图像中的每个像素,K 函数是相同的。如果 K 在可接受值的范围内光滑且连续,则可以计算反函数 K^{-1}。

考虑三维相位三角测量中光辐射源 – 接收器路径的非线性补偿方法,首先,对指定路进行校准。然后,为了确定函数 K,用一系列平行的半色调正弦带来照亮被测物体,所研究的物体被持续照射,从而提供辐射源的均匀空间调制(照明强度在散热器的整个区域上是均匀的)。照明强度是线性变化的:

$$U^0(i) = U_0^0 + (i-1)\mathrm{d}U^0 \tag{21.31}$$

式中:i 是均匀照明的序列号,$i = 1, 2, \cdots, M$;U_0^0 是第一次实现照明的强度;$\mathrm{d}U^0$ 是照明强度的递增步长。

对于接收到的图像上的每个点,构造光学辐射源的强度对这样的图像中观测强度的依赖关系:

$$I(x,y) = K(x,y,U) \tag{21.32}$$

得到了表征光辐射源 – 接收器路径非线性的函数。然后,构建反函数 K^{-1},通过该点的图像的配准强度的值来恢复辐射强度真值:

$$U = K^{-1}(x,y,I(x,y)) \tag{21.33}$$

在获得由平行正弦带照射的研究对象图像之后,可以基于函数 K^{-1} 来恢复调制的光辐射的强度:

$$Y(x,y) = K^{-1}(x,y,I(x,y)) \tag{21.34}$$

式中:$Y(x,y)$ 是投射到被测物体上的光强分布。采用 $Y(x,y)$ 函数代替 $I(x,y)$ 数进行相位三角测量,消除了测试正弦信号的系统相位测量误差。

为了验证该方法的有效性,我们比较了有无光辐射源——接收器路径补偿的稳态解码位相镜像法的结果。对测量的与已知初始相位的相位偏差的结果进行估计:

$$\varepsilon = |\psi - \varphi| \tag{21.35}$$

式中:ψ 是由补偿法找到的相位。

考虑到相位图像中的典型光强分布,我们将相位 φ 设置在初始位置。由于比较的方法可以在任意 δ_t 下工作,因此,相位图像生成中的偏移位将具有在区间 $[0, 2\pi)$ 中偶然集的格式。在背景强度 $A = 10$ 和能见度 $V = 0.5$ 的情况下形成相位图。

在添加噪声的情况下,根据式(21.28)设置位相图像中的强度分布。噪声具有正态分布的随机性。噪声水平将通过与背景强度的均方差(RMS)来估计。我们引入了一个新参数 T:窗口宽度,我们将在 $[0, 2\pi)$ 间隔内设置不同的相移。在 $T = 2\pi$ 时,相移可以取所有可能的值。参数 T 的引入是由于光电探测器范围的限制,在不可切换的硬件和软件自适应自动机的情况下,这可能导致在形成的相移值的某些区域中强度测量的不确定结果(图21.9)。

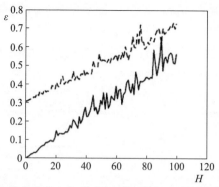

图 21.9 相位值在强度分布上与噪声水平的偏差:光辐射源-接收路径非线性补偿的图像解码方法(虚线)和有非线性补偿的图像解码方法(实线)

实际上,相位图像通常包含由记录光电探测器和接收路径的元件施加的加性噪声。因此,根据加性噪声的大小来估计相位确定的精度是有用的。

我们试着找出相位与初始相位的偏差 ε,这取决于施加在已知偏移数和 $T = 0.875\pi$ 的记录相位图像中强度分布上的噪声水平。记录的相位图数 $N = 50$,参数 $\gamma = 1.5$,均方根噪声 H 对强度分布的影响为背景强度的 $0 \sim 100\%$。为了减少图形的随机性,我们使用了 200 组不同的记录相位图像,并将测量相位的最大获取误差放在图形上。在下面描述的所有实验中都遵循这样的程序。

图 21.9 所示的结果表明,在这两种情况下,相位误差的增长特性依赖于干涉图中的噪声水平 $\varepsilon(H)$ 呈线性趋势。然而,在较小的噪声水平下,考虑路径非线性补偿的误差趋于零,而不考虑补偿的相位定义误差。如果我们不补偿光辐射源-接收器路径的非线性,那么,在 $T < 2\pi$ 时,具有任意步进偏移的相位图像的解码方法可能给出不可靠的估计。

不同的光辐射源和接收器具有不同的参数 γ,根据式(21.28)确定设备的能量特性。我们根据在恒定偏移数 $N = 50$、噪声水平 $H = 10\%$ 和参数 $T = 0.875\pi$ 时的水平 γ 来估计偏差 ε。

依赖 $\varepsilon(\gamma)$(图 21.10)表明,应用路径非线性补偿的方法允许在任何 γ 获得被测相位的可靠值。此外,从图 21.11 可以推断,在 $\gamma = 1$ 附近,不能使用补偿方法,因为在此处,功率转换后的信号类型保持不变(图 21.12)。

在实验中,相位图的实现次数 N 总是有限的。重要的是,要知道以给定精度解码相位图所需的数目 N。我们对从有限数量的图 N 中恢复相位的方法进行了比较分析。我们分析了依赖于 N 的相位确定的准确性(图 21.10)。噪声水平等于标准偏差的背景强度的 10%、相位窗口 $T = 0.875\pi$ 和参数 $\gamma = 1.5$ 的恒定变量。从图 21.10 中的图表可以看出,当使用不补偿光辐射源-接收器路

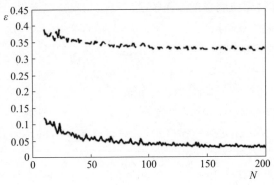

图 21.10　不同位移次数下的相位偏差：无非线性补偿的图像解码方法（虚线）和有源 – 接收机光辐射路径非线性补偿的图像解码方法（实线）

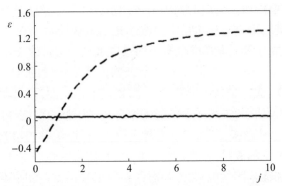

图 21.11　相位与 γ 值的偏差：光学辐射源 – 接收路径的无非线性补偿的图像解码方法（实线）和非线性补偿的图像解码方法（虚线）

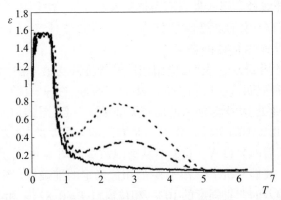

图 21.12　不同窗口大小下的相位测量偏差 T：路径非线性 $\gamma_1 = 1.5$（大虚线）、$\gamma_2 = 2.5$（小虚线）和光辐射源 – 接收路径非线性补偿（实线）相位图像的无补偿解码方法

径的非线性而解码相位图像的方法时,相位测量误差(即偏差 ε)随着 N 的增加而减小,但收敛到约 0.34rad 的值,这在测量范围的 10% 以上。当补偿路径非线性时,ε 收敛到约 0.05rad 的值或测量范围的 1.5%。

我们估计了不同窗口大小 T 和常数 $\gamma_1 = 1.5$,$\gamma_2 = 2.5$,$H = 10\%$,$N = 50$ 的相位测量误差。估算结果如图 21.10 所示。当 $T < 1$rad 时,ε 趋于 50% 的测量范围,有无非线性补偿。当给定参数 H、N 和 $T < 1$ 时,方程组(21.3)退化且没有稳定解。在 $T > 4.8$rad 时,有补偿和无补偿确定相位的误差几乎相同。当 $2 < T < 5$ 时,无非线性补偿的译码相位图法会产生显著的系统误差。

因此,在基于结构光和相位三角测量的三维光学测量中,提出的辐射源-接收器路径的非线性补偿方法使得在有噪声和接收-传输设备的功率特性的情况下,具有任意阶跃移位的相位测量的误差最小化。实验结果表明,在 $2 < T < 5$ 的范围内,非线性补偿提高了偶然相移和随机噪声情况下的相位三角测量精度。这种非线性补偿方法可以将误差减小几倍,并显著提高基于结构光相位三角测量结果的可靠性。这允许使用现代经济的家用设备作为信号源和接收器,包括那些配备了不可切换的硬件和软件适配器的设备。

21.4 光辐射源-接收路径非线性条件下结构图像解码方法的比较

在利用图像中的相位三角测量三维轮廓时,经常存在加性噪声。此外,大多数用于生成和输入图像的现代设备都具有与幂律相对应的幅度特性,通常称为"伽马校正"(式(21.28))。

在基于相位三角测量的三维测量中,有几种方法可以用来补偿光辐射源-接收器路径的非线性。第一种是使用光学辐射源和接收器的匹配对,对于这种匹配对,显然不存在传递函数的非线性,即在式(21.28)中 $\gamma = 1$。这种方法可以在使用三维设置的单帧解码的专用光电设备中找到。

另一种更常用的方法是基于四步相位三角测量法的应用。这个方法的工作原理如下:4 种照明被投射到被测物体的表面上,相邻图像的线性相移为 $\pi/2$。在不考虑功率传递函数的情况下,我们得到:

$$I_n(x,y) = I_b(x,y) + I_m(x,y) \cdot \cos\left(\varphi(x,y) + (n-1)\frac{\pi}{2}\right), n = 1,2,3,4$$

(21.36)

相位 $\varphi(x,y)$ 可以通过以下公式计算:

$$\varphi(x,y) = \arctan\left(\frac{I_4 - I_2}{I_1 - I_3}\right)$$

(21.37)

接下来,我们考虑二次多项式形式的功率传递函数:

$$I_n(x,y) = a_0 + a_1 S_n(x,y) + a_2 S_n^2(x,y) + \alpha \tag{21.38}$$

式中:a_0、a_1、a_2 和 α 是系数;S 是根据表达式(21.28)进行亮度幂校正的相位图像的接收强度。给定三角函数的性质,从式(21.35)、式(21.37)、式(21.38)可以得到以下结果:

$$\varphi(x,y) = \arctan\left(\frac{S_4 - S_2}{S_1 - S_3}\right) \tag{21.39}$$

这个方法能抑制加性噪声,并能自动补偿测量结果中的非线性失真。缺点是需要所有4个测量值都在光辐射接收器的动态范围内,这并不总是可能的。例如,在测量具有复杂轮廓和任意光散射特性的物体的情况下,在很大的范围内,几乎不可能匹配辐射源和接收器。在实际应用中,使用的相移次数往往大于4个。在这种情况下,将所获得的相移图像分成4个相移间隔为 π/2 的相移图像进行分析,并对测得的相移结果进行平均。其结果将是一种相当准确可靠的测量方法。

第三种方法更具普遍性。它基于相位图像解码方法,该方法允许舍弃不可靠的测量值,并在探测相位图像[20]的任意相移集合的图像中执行相位恢复。相位值 $\phi(x,y)$ 可以表示为

$$\phi(x,y) = \varphi(x,y) + \delta(x,y) \tag{21.40}$$

式中:$\delta(x,y)$ 是形成的空间照明处的初始相移。表达式(21.2)可以表示为

$$I(x,y) = I_b(x,y) + I_{\cos}(x,y)\cos\delta + I_{\sin}(x,y)\sin\delta \tag{21.41}$$

$$\varphi(x,y) = -\arctan\left(\frac{I_{\sin}(x,y)}{I_{\cos}(x,y)}\right) \tag{21.42}$$

相位 $\phi(x,y)$ 的值由理论数据和实验数据之间的残差函数最小化的条件确定:

$$S(I_b, I_{\sin}, I_{\cos}) = \sum_{i=1}^{N} I_i - I_b - I_{\cos}\cos\delta_i + I_{\sin}\sin\delta_i \tag{21.43}$$

$$\frac{\partial S}{\partial I_b} = 0; \frac{\partial S}{\partial I_{\sin}} = 0; \frac{\partial S}{\partial I_{\cos}} = 0 \tag{21.44}$$

这种方法需要对光辐射的源-接收器路径的非线性进行直接补偿;否则,它的应用将导致测量相位的系统偏差[21]。借助对光辐射的源-接收器路径的校准,以依赖的形式设置传递函数:

$$Y(x,y) = K^{-1}(x,y,I(x,y)) \tag{21.45}$$

式中:$Y(x,y)$ 是投射到测量物体上的光强度分布。用函数 $Y(x,y)$ 代替 $I(x,y)$ 可以排除探测正弦波相位的系统测量误差。由于依赖 $Y(x,y)$ 自动补偿背景照明 $I_b(x,y)$,因此,式(21.43)和式(21.44)的简化表达形式如下:

第21章 科学和工业应用中3D形状测量的相位三角测量方法

$$S(I_{\sin}, I_{\cos}) = \sum_{i=1}^{N} (K^{-1}(x, y, I_i(x, y)) - I_{\cos}(x, y)\cos\delta_i + I_{\sin}(x, y)\sin\delta_i)$$

(21.46)

$$\frac{\partial S}{\partial I_{\sin}} = 0; \frac{\partial S}{\partial I_{\cos}} = 0 \quad (21.47)$$

这种方法要费力得多,因为它需要额外的光辐射源-接收器路径校准程序,但与四步法相比,它更通用、更可靠。

为了证实这一点,需要对相位图像解码时的相位确定误差进行分析,采用迭代四步法和稳态法解码相位图像,并补偿光辐射源-接收器路径的非线性。

相位三角法测量误差的主要来源是相位图上的噪声和光辐射接收器动态范围不足。由于在辐射强度不在动态范围内的情况下,相位图像中记录的强度是不可靠的,这样的数据将被丢弃,并且相移将从其余可靠的测量集合中计算出来。

如文献[22]所示,相位确定误差可以估计为

$$\theta = \frac{\Delta I}{\sqrt{N \cdot I}} \quad (21.48)$$

式中:N 是相移次数;$\Delta I / I$ 是光辐射接收器测量强度的相对误差。

以下是基于迭代四步法和补偿光辐射源-接收器路径非线性的稳态法相位图像解码中相位测量误差的分析结果。分析是在不同的相位图像噪声水平、不同的伽马校正系数值、不同的光辐射源和接收器灵敏度的一致性参数下进行的。

使散布在被测物体表面上的辐射源的强度在相对无量纲单位的范围[0…1]内变化。光辐射接收器的工作范围是[a, b]。参数 a 采用值[-1…1],参数 b 采用值[0…2]。图21.13 给出了接收图像上不同参数 a 和 b 的值以及噪声水平为5%时的源强度(a)和观测到的接收器强度(b、c、d)的示例。所有参数的改变允许估计在被测物体表面的不同光散射特性处的测量误差。

图21.14 显示了在相位图像中无噪声的情况下相位测量的理论误差。很明显,在理想条件下,测量误差为零。此外,该图显示,在执行不等式 $a > b$ 的区域中,由于辐射接收器的动态范围采用了不正确的值,测量结果失去了物理意义。

图21.15 ~ 图21.18 显示了相位图像和图21.19 ~ 图21.22 给出了在噪声水平为为5%时的相位确定误差的估计值。每个图表显示了四步法(较暗的表面)和解码相位图像的稳定方法(较亮表面)的测量误差。纵轴和表面颜色表示被测相位的标准偏差,横轴表示参数 A 和 B 的值,反映了测量点的光辐射源和接收器的一致性特征。当参数 $\gamma = 0.25, \gamma = 0.5, \gamma = 1, \gamma = 2$ 时,测量结果表明,

在光辐射接收器的工作范围与发射强度范围一致的区域,两种方法的误差基本相同。当离开一致性区域时,四步法的误差增加明显快于稳态法解码相位图像的误差。

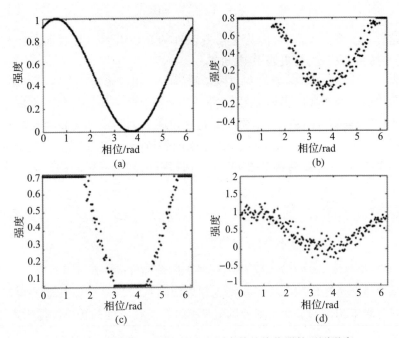

图 21.13　光源强度示例:具有不同参数的接收器的观测强度

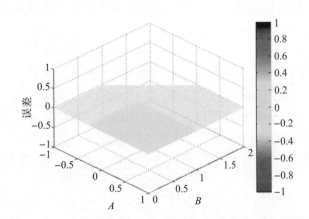

图 21.14　无噪声的情况下,由接收器和辐射源 A 与 B 的一致性参数确定的相位误差(见彩插)

第21章 科学和工业应用中3D形状测量的相位三角测量方法

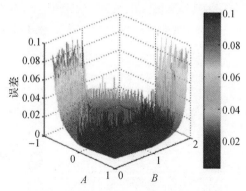

图21.15 噪声级5%,$\gamma=0.25$,由接收器和辐射源 A 与 B 的一致性参数确定的相位误差(见彩插)

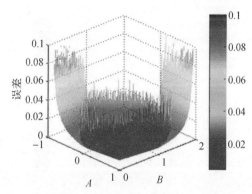

图21.16 噪声级5%,$\gamma=0.5$,由接收器和辐射源 A 与 B 的一致性参数确定的相位误差(见彩插)

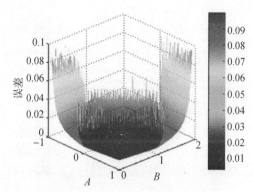

图21.17 噪声级5%,$\gamma=1$,由接收器和辐射源 A 与 B 的一致性参数确定的相位误差(见彩插)

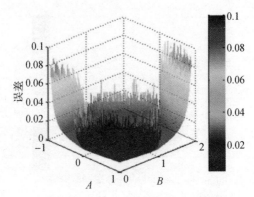

图 21.18　噪声级 5%，$\gamma=2$，由接收器和辐射源 A 与 B 的一致性参数确定的相位误差（见彩插）

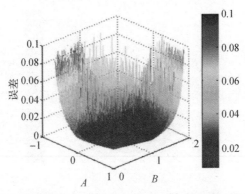

图 21.19　噪声级 10%，$\gamma=0.25$，由接收器和辐射源 A 与 B 的一致性参数确定的相位误差（见彩插）

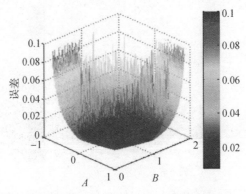

图 21.20　噪声级 10%，$\gamma=0.5$，由接收器和辐射源 A 与 B 的一致性参数确定的相位误差（见彩插）

第21章 科学和工业应用中3D形状测量的相位三角测量方法

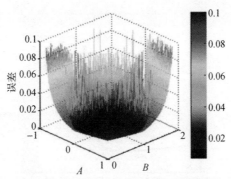

图21.21 噪声级10%,$\gamma=1$,由接收器和辐射源 A 与 B 的一致性参数确定的相位误差(见彩插)

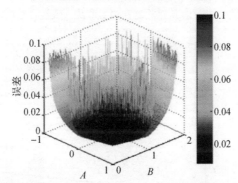

图21.22 噪声级10%,$\gamma=2$,由接收器和辐射源 A 与 B 的一致性参数确定的相位误差(见彩插)

图21.23~图21.26 显示了三维截面(图21.22)在 $\gamma=2$ 和相位图中噪声水平为10%。图中的结果表明,对于接收机和辐射源的所有一致性参数值,基于相位图稳定解码的方法所提供的测量误差至少不比四步法差。

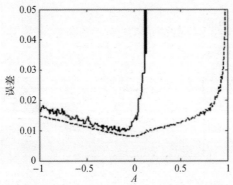

图21.23 噪声级别位10%,$\gamma=2$,$B=1$,通过四步辐射法(实线)和相位图稳定解码法(虚线)从接收器和辐射源的一致性参数确定相位的误差

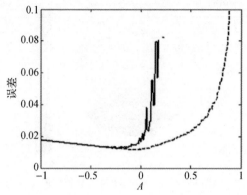

图 21.24 噪声级为 10%, $\gamma=2, B=1.5$,通过四步辐射法(实线)和相位图稳定解码法(虚线)从接收器和辐射源的一致性参数确定相位的误差

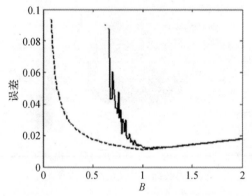

图 21.25 噪声级为 10%, $\gamma=2, A=0$,通过四步辐射法(实线)和相位图稳定解码法(虚线)从接收器与辐射源的一致性参数确定相位的误差

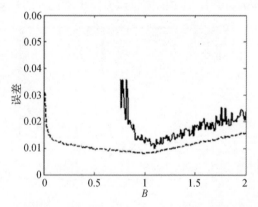

图 21.26 噪声级为 10%, $\gamma=2, A=-0.5$,通过四步辐射法(实线)和相位图稳定解码法(虚线)从接收器与辐射源的一致性参数确定相位的误差

图21.27 和图21.28 显示了在相位图中噪声为2%与10%的较小值下,在接收器和辐射源 A 与 B 的不同一致性参数下,用四步法和稳态法进行相位图像解码的准确性。这些曲线图表明,测量相位的误差取决于相位图中的噪声水平。此外,在一致性领域,两种方法的误差水平几乎相同。图21.3 和图21.4 中的图表证实了这一点。

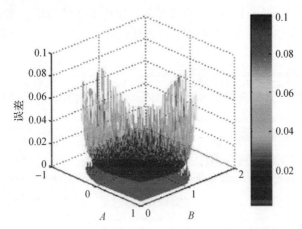

图21.27 噪声水平为2%的辐射 A 和 B 的接收器与源的一致性参数的相位图解码的四步法(实线)和稳态法(虚线)的相位确定误差(见彩插)

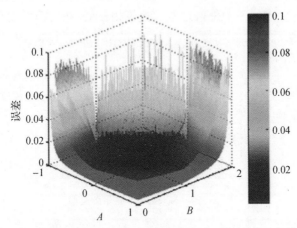

图21.28 噪声水平为10%的辐射 A 和 B 的接收器与源的一致性参数的相位图像解码的四步法(实线)和稳态法(虚线)的相位确定误差(见彩插)

根据所获得的结果和所进行的实验,可以得出以下结论:当在接收器的有限动态范围内进行相位三角测量,且具有被测物体表面任意光散射特性进行测量时,有必要通过一组可靠的测量来计算初始相移。

21.5 扩大相位三角测量动态范围的方法

相位整周估计法的缺点之一是测量坐标范围有限。图像上的相位值只能在周期内明确地恢复。

目前,相位模糊问题还没有得到解决。有许多已知的相位场扩展算法[23],使用所研究的相位场上的已知数据来计算全相位,即对应于波程差的全周期数,例如:

(1)通过周期变换中的相位变化的符号;

(2)从其他测量源获得的全相位的近似值和被测波前的类型(平滑度、导数的连续性);

(3)具有相同波路的干涉仪中的波段颜色的变化、波段对比度的变化等;

(4)从具有变化的波段值的一个对象的多次测量中获得的相位的差异。

大多数相位模糊消除算法都是基于对相位场空间结构的分析。全相位由其展开确定,也就是说,如果它们之间的差超过某一阈值,则在相邻点的相位值上连续加或减 2π(图 21.29)。此过程基于这样的假设,即在整个周期的过渡点没有急剧跳跃(超过一段时间)。为了跟踪过渡边界,周期的数量必须比探测器阵列中的点的数量小一个数量级。这仅在分析平滑相位前沿时才有可能。2π 的加法可以看作是一个外推过程。在该相移处,在先前恢复点处的相移被考虑用于确定随后点处的相位移。相位场的某个点存在相变的假设取决于相场附近的分析结果。

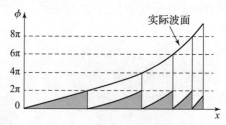

图 21.29 模块 2π 上测量的波面

存在一种使用等效波长测量干涉图上的相移的已知方法。关于光源波长的信息是先验使用的。

场 (x, y) 的任意点的波程光学差由表达式确定:

$$\Phi_a + 2\pi n = \frac{2\pi}{\lambda_a} \text{OPX} \tag{21.49}$$

在波长 λ_a 处,有

$$\Phi_\mathrm{b} + 2\pi n = \frac{2\pi}{\lambda_\mathrm{b}} \mathrm{OPX} \tag{21.50}$$

在波长 λ_b 处，从式(21.49)中减去式(21.50)，选择波路的光学差，得到：

$$\mathrm{OPX} = \frac{\Phi_\mathrm{a} - \Phi_\mathrm{b}}{2\pi}\lambda_\mathrm{eq} + (n_\mathrm{a} - n_\mathrm{b})\lambda_\mathrm{eq} \tag{21.51}$$

其中

$$\lambda_\mathrm{eq} = \frac{\lambda_\mathrm{a}\lambda_\mathrm{b}}{|\lambda_\mathrm{a} - \lambda_\mathrm{b}|} \tag{21.52}$$

因此，可以确定具有等于等效波长 λ_eq 的周期的相位前沿。

上述增加测量范围的方法不适合于基于光辐射源的时空调制来测量大型物体的3D几何形状的问题，因为没有关于被测量物体的3D几何形状的先验信息。

下面我们考虑使用整数分析的全相位恢复方法，这个方法不使用测量物体的先验信息。基于在不同干扰带值下的一系列测量，频带值由光路中的差决定，其中干涉频带随周期变化。频带值取决于干涉光束之间的角度、介质的透射率或光源的波长。

这项工作应用了整数分析对全相位恢复方法进行了改进。

这个改进基于这样一个事实，即被测量物体由具有相位周期倍数的相位图像连续照亮，相变只在一个周期内进行。然后，在存在具有多个周期的一组相位图像和相位偏移不经过该周期的图像(这由测量设置的深度确定)的情况下，可以恢复具有最小周期的相位图像中的相位偏移值。

测量相位图像，并且相位值被解码用于多个周期 $N_1, N_2, \cdots, N_5$ 的5个场的相位值进行解码：

$$N_2 = 2N_1, N_3 = 2N_2, N_4 = 2N_3, N_5 = 2N_4 \tag{21.53}$$

设 $\varphi_1, \varphi_2, \cdots, \varphi_5$ 是对应于探测正弦信号 $N_1, N_2, \cdots, N_5$ 的不同周期的5个场中的一点的相位值。然后，可以通过以下算法计算得到相位 ϕ_res 的值：

$$\phi_2 = \varphi_2 + 2\pi \cdot \mathrm{INT}\left(\frac{(2\cdot\varphi_1) - \varphi_2}{2\pi}\right) \tag{21.54}$$

$$\phi_3 = \varphi_3 + 2\pi \cdot \mathrm{INT}\left(\frac{(2\cdot\phi_2) - \varphi_3}{2\pi}\right) \tag{21.55}$$

$$\phi_4 = \varphi_4 + 2\pi \cdot \mathrm{INT}\left(\frac{(2\cdot\phi_3) - \varphi_4}{2\pi}\right) \tag{21.56}$$

$$\phi_\mathrm{res} = \varphi_5 + 2\pi \cdot \mathrm{INT}\left(\frac{(2\cdot\phi_4) - \varphi_5}{2\pi}\right) \tag{21.57}$$

其中，函数 $\mathrm{INT}(x)$ 采用下列值：

$$\begin{cases} \text{INT}(x) = 1, 0.5 \leqslant x < 1 \\ \text{INT}(x) = 0, -0.5 < x < 0.5 \\ \text{INT}(x) = 1, -0.5 > x \geqslant -1 \end{cases} \tag{21.58}$$

所获得的相位场 ϕ_{res} 重新提供对应于探测正弦 N_5 的周期的测量范围和对应于周期 N_1 的灵敏度。

所提出的扩展相位测量动态范围的方法将动态范围增加到由空间调制光辐射源和接收器的分辨率所致的极限。

21.6 相位三角测量中空间调制最优频率估计方法

在相位三角测量法中,相位误差取决于相位图像的个数 N 和光电探测器的误差 $\Delta I/I$。根据文献[24], Z 坐标(设置深度)的测量误差可以估计如下:

$$\Delta z = \frac{\Delta \varphi \cdot p}{2\pi \cdot \tan\theta} = \frac{\Delta I \cdot p}{2\pi \cdot I \cdot \sqrt{N} \cdot \tan\theta} \tag{21.59}$$

式中: p 是辐射的空间调制周期; θ 是三角测量的角度。

根据式(21.59),确定 z 坐标的误差与辐射的空间调制周期成正比。为了减小相位三角法的测量误差,必须减小光辐射的空间调制周期。

很明显,随着辐射空间调制周期的减小,测量深度的范围也随之减小。在图像上,只能在一个周期内明确地恢复相位值。为了扩大相位三角法的测量范围,在干涉测量中活跃地使用了各种相场展开方法。已知的相位场扩展算法是使用所研究对象的先验数据来确定全相位,即全周期的数目[18]。当物体被具有不同辐射空间调制倍数的相位图像序列照射时,也有一些已知算法使用整数分析来恢复全相位[19]。最新的三角测量方法是使用结构光照明扩大范围的3D测量,即用相位周期法和像素的二进制编码得方法[25-26]。当投影最少数量的结构化照明时,这些方法提供了最佳的测量精度。

由测量系统的光学元件形成的图像的分辨率存在根本限制。由于测量系统光学元件的非线性畸变,以及系统光学元件的有限景深,不可能获得绝对清晰的图像。因此,有必要基于以下考虑来选择辐射的空间调制频率。首先,接收图像中空间调制的最大频率必须小于等效低通滤波器的频率,低通滤波器是光学仪表系统。其次,为了达到最小的测量误差,应将频率最大化。

由测量系统的光学元件形成的图像的分辨率存在根本限制。由于测量系统光学元件的非线性畸变,以及系统光学元件的有限景深,不可能获得绝对清晰的图像。因此,有必要基于以下考虑来选择辐射的空间调制频率。首先,接收图像中空间调制的最大频率必须小于等效低通滤波器的频率,该低通滤波器是仪表的光学系统。其次,为了达到最小的测量误差,应将频率最大化。

第21章 科学和工业应用中3D形状测量的相位三角测量方法

本章提出了一种基于相位三角测量的三维测量最佳辐射空间调制频率的估计方法,在测量给定深度 z 时提供最小的误差。

光电探测器上的图像对由辐射源在物体表面上形成的强度分布的依赖性可以表示为系统的脉冲响应函数和由辐射源在被测物体表面上形成的图像的强度分布函数的卷积:

$$g(x,y) = \iint h(x-x_1, y-y_1) f(x_1, y_1) \mathrm{d}x_1 \mathrm{d}y_1 + n(x,y) \quad (21.60)$$

式中,在光电探测器上形成的图像是光学系统的脉冲响应或点源的散射函数,f辐射源在被测物体表面形成的图像强度的分布函数,n 是图像中的噪声。除了光电检测器的噪声之外,图像中的噪声函数 n 还包括测量对象的背景亮度分布。由于所产生的照明的强度显著高于被测量物体的背景亮度,尤其高于光电检测器的噪声,因此,有

$$\iiint h(x-x_1, y-y_1) f(x_1, y_1) \mathrm{d}x_1 \mathrm{d}y_1 \mathrm{d}x \mathrm{d}y \gg \iint n(x,y) \mathrm{d}x \mathrm{d}y \quad (21.61)$$

其中,在整个映像中进行积分。在频率空间中,式(21.60)采用以下形式:

$$G(u,v) = H(u,v) F(u,v) + N(u,v) \quad (21.62)$$

由于所形成的结构化照明具有明显的调制方向(辐射强度通常沿着所选择的水平坐标进行调制),因此,我们仅考虑一维情况。

可以使用标准方法通过实验确定光学系统的脉冲响应函数。空间低频二进制网格以几条宽白光线的形式投射在物体表面。光电检测器检测亮度分布函数 $G_0(u)$。函数 $F_0(u)$ 表征在没有噪声和任何光学失真的情况下被测物体表面上的强度分布。函数 $F_0(u)$ 的值是使用所获得的函数 $G_0(u)$ 从关于在被测物体的表面上形成的照明的先验信息中获得。

例如,函数 $F_0(u)$ 可以如下获得:

$$F_0(u) = \mathrm{sign}(\phi_{\mathrm{Low}}(G_0(u))) \quad (21.63)$$

其中,如果值为正,则函数符号为1,如果不为正,则为 -1。函数 ϕ_{Low} 是线性低频滤波器,其截止频率明显高于观测到的二元网格的空间频率,投影到被测物体表面。

函数 H 可以定义为

$$H(u) = \frac{G_0(u) - N(u)}{F_0(u)} \quad (21.64)$$

根据式(21.59),辐射调制的最佳空间周期将处于最小值 (p/I) 或 $(1/wI)$,其中 w 是辐射的空间调制频率,I 是接收图像中的信号幅度。由于频率表示中的理想无限次谐波信号由 δ 函数表示,则

$$G_w(u) = H(u) \delta_w(u) = H(w) \quad (21.65)$$

$\delta_w(u)$是在w点处等于1的δ函数,$G_w(u)$是在照明时以频率w的谐波信号的形式在光电探测器上形成的强度依赖关系,那么,在图像中观察到的频率w的谐波信号的幅度将与$N(w)$的值成正比。确定辐射调制的最佳空间频率的问题归结为确定频率w,在该频率下$H(w) \cdot w \to \max$。

由于噪声频率分布$N(w)$未知,因此,无法用式(21.64)计算函数$H(w)$。在这种情况下忽略噪声是不可能的,因为在划分为"理想"信号$F_0(u)$的高频分量时,高频分量不可避免地会增加。

以下方法用于估计函数$H(w)$。描述相关性$H(w)$的点模糊函数必须足够准确地重复正态分布:

$$H(u) = Ae^{-\frac{u^2}{\sigma^2}} \tag{21.66}$$

然后,表达式$H(w) \cdot w \to \max$,即

$$w = \frac{\sigma}{\sqrt{2}} \tag{21.67}$$

从式(21.64)中,可以得到:

$$\frac{G_0(u)}{F_0(u)} = Ae^{-\frac{u^2}{\sigma^2}} + \frac{N(u)}{F_0(u)} \tag{21.68}$$

进一步假设噪声分布$N(u)$具有比$H(u)$小得多的幅度。那么,低频区域中的表达式$\frac{N(u)}{F_0(u)}$将明显小于$H(w)$。因此,在低频域中,可以用函数$\frac{N(u)}{F_0(u)}$来估计$H(u)$。

假设式(21.66)中的参数A等于$H(0)$,由最小二乘法,我们得到:

$$\sigma = \frac{\int \sqrt{\log\left(\frac{G_0(0)}{F_0(0)}\right) - \log\left(\frac{G_0(u)}{F_0(u)}\right)} \cdot du}{\int u \cdot du} \tag{21.69}$$

这里只对频谱的低频部分进行积分。根据式(21.67)和式(21.69),我们可以得到谐波信号的最佳频率的估计。

通过实验对所提出的基于结构化照明的3D测量的自适应相位三角测量方法进行了实验和验证。空间分辨率为1024×768的NEC VT570数字投影仪用作空间调制辐射源。分辨率为1920×1080的罗技C910数码相机作为光辐射的接收器。投影仪在被测物体表面形成一组在平面上等距的光线形式的照明。实验的目的是基于自适应相位三角测量法来确定投影信号的最佳空间频率。

通过对被测物体表面记录图像的分析,得到了函数$G(u)/F(u)$,并找到了点模糊函数$H(u)$(图21.30)。在我们的实验中,这种测量配置的探测信号的最佳周期是38个像素。

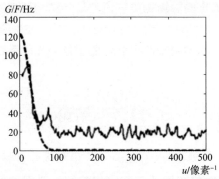

图21.30 依赖于频率表示(实线)中的 $G(u)/F(u)$ 和系统点的模糊函数(虚线)

然后,进行了类似的实验,但光学记录系统的清晰度特别低。第一次和第二次实验中分析的信号如图 21.31 所示。可以看出,在第二个实验中,图像中沿水平方向的亮度信号前沿基本上下降。对于这种配置的光学测量电路,谐波信号的最佳周期应该明显长于第一种情况。

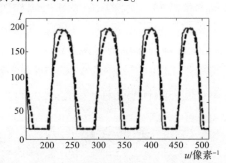

图 21.31 在聚焦好的系统(实线)和散焦系统(虚线)之间的强度依赖关系

获得的函数 $G(u)/F(u)$ 和找到的点模糊函数 $H(u)$ 如图 21.32 所示。对于这种配置的光学系统,光电检测器观察到的谐波信号的最佳周期是 105 像素。

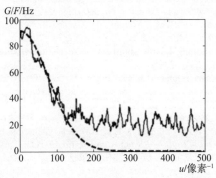

图 21.32 在离焦光学系统的情况下,频率表示(实线)中的依赖 $G(u)/F(u)$ 和系统点的模糊函数(虚线)

结果表明,本文提出的利用相位三角测量和结构辐射测量三维几何形状的最佳辐射调制频率估计方法是有效的和可用的。在测量系统光学元件散焦的情况下,辐射的最佳空间调制频率将显著低于仪表光学系统协调和聚焦良好的情况。

21.7 结论

本章介绍相位三角测量方法,提高了测量系统计量特性,扩展了光学系统在生产条件下进行几何控制的功能和应用范围。使用稳定的相位图像解码方法将通过使用结构化照明的相位三角测量来最小化三维几何的测量误差。这种非线性补偿方法将误差降低了几倍,显著提高了基于相位三角测量的 3D 测量结果的可靠性,并允许使用现代经济的家用设备,包括那些配备了不可切换的硬件和软件适配机的设备,作为辐射源和接收器。所提出的扩展相位测量动态范围的方法将动态范围增加到由空间调制光辐射源和接收器的分辨率所限定的极限。提出的基于相位三角测量和结构光的三维测量空间辐射调制最佳频率估计方法,使所用光电元件的相位确定误差最小。

致谢 这项研究得到了 RFBR(项目编号 18 – 08 – 00910)的部分支持,并且根据与 IT SB RAS 签订的国家合同进行。

参考文献

1. Gorthi, S. S., & Rastogi, P. (2010). Fringe projection techniques: Whither we are? *Optics and Lasers in Engineering, 48*, 133–140.
2. D'Apuzzo, N. (2006). Overview of 3D surface digitization technologies in Europe. In *Proc. SPIE*, pp. 1–13.
3. Zhang, S. (2010). Recent progresses on real-time 3-D shape measurement using digital fringe projection techniques. *Optics and Lasers in Engineering, 48*(2), 149–158.
4. Lindner, L., Sergiyenko, O., Rivas-Lopez, M., Hernandez-Balbuena, D., Flores-Fuentes, W., Rodriguez-Quinonez, J. C., Murrieta-Rico, F. N., Ivanov, M., Tyrsa, V., & Basaca, L. C. (2017). Exact laser beam positioning for measurement of vegetation vitality. *Industrial Robot: An International Journal, 44*(4), 532–541.
5. Lindner, L. (2016). Laser scanners. In O. Sergiyenko & J. C. Rodriguez-Quinonez (Eds.), *Developing and applying optoelectronics in machine vision*. Hershey, PA: IGI Global. 38.
6. Lindner, L., Sergiyenko, O., Rivas-Lopez, M., Ivanov, M., Rodriguez-Quinonez, J., Hernandez-Balbuena, D., Flores-Fuentes, W., Tyrsa, V., Muerrieta-Rico, F. N., & Mercorelli, P. (2017). Machine vision system errors for unmanned aerial vehicle navigation. In *Industrial Electronics (ISIE), 2017 IEEE 26th International Symposium on, Edinburgh*.
7. Lindner, L., Sergiyenko, O., Rivas-Lopez, M., Valdez-Salas, B., Rodriguez-Quinonez, J. C., Hernandez-Balbuena, D., Flores-Fuentes, W., Tyrsa, V., Medina Barrera, M., Muerrieta-Rico F., & Mercorelli, P. (2016). UAV remote laser scanner improvement by continuous scanning using DC motors. In *Industrial Electronics Society, IECON 2016, Florence*.
8. Lindner, L., Sergiyenko, O., Rivas-Lopez, M., Valdez-Salas, B., Rodriguez-Quinonez, J.

C., Hernandez-Balbuena, D., Flores-Fuentes, W., Tyrsa, V., Medina, M., Murietta-Rico, F., Mercorelli, P., Gurko, A., & Kartashov, V. (2016). Machine vision system for UAV navigation. In *Electrical Systems for Aircraft, Railway, Ship Propulsion and Road Vehicles & International Transportation Electrification Conference (ESARS-ITEC), International Conference on, Toulouse*.
9. Chen, L., Liang, C., Nguyen, X., Shu, Y., & Wu, H.-W. (2010). High-speed 3D surface profilometry employing trapezoidal phase-shifting method with multi-band calibration for colour surface reconstruction. *Measurement Science and Technology, 21*(10), 105309.
10. Lohry, W., & Zhang, S. (2014). High-speed absolute three-dimensional shape measurement using three binary dithered patterns. *Optics Express, 22*, 26752–26762.
11. Wissmann, P., Schmitt, R., & Forster, F. (2011). Fast and accurate 3D scanning using coded phase shifting and high speed pattern projection. In *Proceedings of the IEEE Conference on 3D Imaging, Modeling, Processing, Visualization and Transmission*, pp. 108–115. IEEE.
12. Zuo, C., et al. (2013). High-speed three-dimensional shape measurement for dynamic settings using bi-frequency tripolar pulse-width-modulation fringe projection. *Optics and Lasers in Engineering, 51*(8), 953–960.
13. Zhang, S., & Yau, S.-T. (2007). Generic nonsinusoidal phase error correction for threedimensional shape measurement using a digital video projector. *Applied Optics, 46*(1), 36–43.
14. Zhang, S., & Huang, P. S. (2007). Phase error compensation for a 3-D shape measurement system based on the phase-shifting method. *Optical Engineering, 46*(6), 063601–063601-9.
15. Song, L., et al. (2015). Phase unwrapping method based on multiple fringe patterns without use of equivalent wavelengths. *Optics Communication, 355*, 213–224.
16. Armangue, X., Salvi, J., & Battle, J. (2002). A comparative review of camera calibrating methods with accuracy evaluation. *Pattern Recognition, 35*(7), 1617–1635.
17. Guzhov, V. I. (1995). Practical aspects of phase measurement in interferometry. *Avtometria, 5*, 25–31.
18. Guzhov, V. I., & Solodkin, Y. N. (1992). Accuracy analysis of determination of phase total difference in integer interferometers. *Avtometria*, (6), 24–30.
19. Indebetouw, G. (1978). Profile measurement using projection of running fringes. *Applied Optics, 17*, 2930–2933.
20. Takeda, M., & Mutoh, K. (1983). Fourier transform profilometry for the automatic measurement of 3-D object shapes. *Applied Optics, 22*(24), 3977–3982.
21. Bruning, J. H., Herriott, D. R., Gallagher, J. E., Rosenfeld, D. P., White, A. D., & Brangaccio, D. J. (1974). Digital wave-front measuring for testing optical surfaces and lenses. *Applied Optics, 13*, 2693–2703.
22. Dvoynishnikov, S. V., Kulikov, D. V., & Meledin, V. G. (2010). Optoelectronic method of contactless reconstruction of the surface profile of complexly shaped three-dimensional objects. *Measurement Techniques, 53*(6), 648–656.
23. Takeda, M., & Yamamoto, H. (1994). Fourier-transform speckle profilometry: Three-dimensional shape measurements of diffuse objects with large height steps and/or spatially isolated surfaces. *Applied Optics, 33*(34), 7829–7837.
24. Gruber, M., & Hausler, G. (1992). Simple, robust and accurate phase-measuring triangulation. *Optik, 3*, 118–122.
25. Inokuchi, S., & Sato, K., et al. (1984). Range-imaging system for 3-D object recognition. In *Proceeding of 7th International Conference Pattern Recognition, Montreal, Canada*, pp. 806–808.
26. Stahs, T., & Wahl, F. (1992). Fast and versatile range data acquisition. In *IEEE/RSJ International Conference Intelligent Robots and Systems, Raleigh, NC*, pp. 1169–1174.

第22章

基于红外图像数据的喷粉沉积熔池的检测与跟踪

Sreekar Karnati，Frank F. Liou[①]

22.1 引言

增材制造（AM）是一种制造实体零件的技术，通过有选择地逐渐累加材料的方式来构建所需的实体几何形状。这种方法是对传统的减材制造方法的补充，在传统的减材制造方法中，通过从待加工零件中去除材料来加工成所需的几何形状。从理论上讲，AM 制造复杂的几何形状的成本很低，否则，这些复杂的几何形状零件很难通过传统工艺生产。通过多方的努力，增材制造工艺正在被不断开发并商业化，可用于多种材料，如塑料、金属、陶瓷，甚至有机材料的加工。增材制造法经常会取得令人兴奋和开创性的成果。

增材制造有很多种形式，其中基于金属的增材制造，引起了生物医学[1]、航空航天[2]、国防[3]、汽车[4]和建筑业[5]等行业的极大兴趣。众所周知，AM 增材制造是一种成本效益很高的制造方法，具有较低的购买与飞行比率和较短的交货期。AM 制造复杂几何形状的能力可以减少装配，从而提高制造和运行效率。AM 还可用于维修、修复和再制造现有部件[6]。这种可修复性极大地延长了单个零件的寿命，减少了其维护费用，节约了成本，从而促进行业的发展[7]。

虽然 AM 的好处是显而易见的，但实现过程非常复杂，加工结果取决于各种因素。根据形式的不同，影响因素可能会发生变化。金属基的增材制造，由于耗材因电源、原料的形式、过程变量的类型和可靠性方面的不同而导致加工

[①] S. Karnati(_) · F. F. Liou
Department of Mechanical and Aerospace Engineering, Missouri University of Science and Technology, Rolla, MO, USA
e‑mail: skw92@ mst. edu；liou@ mst. edu

方式不通用[8]。为清楚和简洁起见,本章的讨论将仅限于吹粉沉积。

吹粉沉积(BPD)是激光金属沉积的一种变体加工形式[8]。在此过程中,通过使用激光器和电动工作台在基板材料上形成移动熔池。将粉末流通过进料管进入熔池中;这些粉末被熔化,然后固在基材上。通过以预先计划的方式移动熔池,材料以逐层顺序沉积。在成功沉积这些层之后,制造出所需几何形状的组件。BPD示意图如图22.1所示。

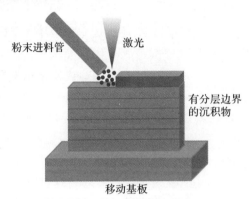

图22.1 BPD工艺的正视图示意图(指示激光束、粉末进料管和基板的相对位置。红线表示来自预先规划的沉积路径的层边界)(见彩插)

通过BPD获得的零件的质量和性能取决于工艺变量,如激光功率、扫描速度、送粉量和涂层厚度[9-11]。创造和维持一个熔池,能够生产出具有所需性能的材料,同时确保成功制造出所需的几何形状,这是一个具有挑战性的难题[12]。研究人员主要依靠实验和随后的测试[10],了解工艺参数对材料性能的影响。材料的组成也会影响工艺参数的相互作用和影响。这迫使研究人员对每一种新材料进行类似的重复性研究。

通过对沉积物进行破坏性测试分析,仅能得出材料的屈服性,并将过程中的现象留给猜测。为了实现沉积过程中的现象,研究人员经常借助数值分析,如有限元建模[13]、元胞自动机[14]、分子动力学[15]和相场建模[16]。研究人员已经使用这样的技术来建模,如冷却速度[17]、熔池特性[18]、温度分布微观结构[19-20]、残余应力[21]等。为了让这些模型的有效性提升,使用了诸如熔池尺寸、微结构特征、残余应变和沉积过程中的温度等沉积属性。虽然这样的方法是可行的,然而大规模使用这些方法是不可行的。通常情况下,这些研究方法的使用范围受到限制,是因为为了促进成功计算所必需的假设、设置更改造成的相关性损失或计算资源的限制。

基于视觉对沉积过程实时监控和闭环控制,是实现识别过程中现象和执行控沉积过程的潜在解决方案。AM过程的实时监控和潜在的闭环控制一直是研究的主题。宋教授等已成功开发出由3个CCD相机和1个高温计组成,能实时跟踪和控制沉积高度的系统。在这样做的同时,他们还能够测量和控制熔池温度[22]。通过在沉积过程中操纵功率值来进行控制。同样地,已经为另一种局部加热加工(即焊接)开发了类似的过程监控技术。实现了等离子焊接和激光焊接过程中的实时监测和校正,以便于研究熔池直径、熔池表面、焊缝尺寸等。Kovacevic等利用CCD相机捕捉激光照射的熔池,以获取有关表面细节的信息。通过研究,他们能够在加工过程中进行实时校正[23]。该相机被配置为捕获特定波长范围内的激光。对电弧电流、保护气体流量和进给速度的操纵来控制加工过程。Zhang等利用光谱仪分析等离子体开发的激光搭接焊。同时,使用CCD摄像机同轴监测熔池的形状[24]。观察与组成元素有关的特征峰的强度以了解焊接情况。通过集成图像处理和边缘检测方法,他们识别了过程中的潜在缺陷。Huang等利用红外摄像头获取温度信息并对其混合激光和TIG焊接系统进行干扰分析。通过这样做,他们成功地在加工过程中跟踪了焊缝[25]。同样,使用高温计、CCD相机、声学传感器等开发了多个系统来监控过程[26-29]。上述控制和监测装置专门用于观察加工时表象特征,例如熔体或熔池的大小、温度、焊缝的形状等。基于这些信息的决策标准是通过迭代实验建立的。然而,该分析并不涉及将监测数据解耦以了解凝固过程。这些设置通过最终几何形状的鉴定得到验证。不过,在本章中,讨论了一种典型的凝固加工方法,还介绍了反馈系统的影响和能力。

22.2 反馈系统的影响

作者从理论上论证、控制和维持一个固定的熔池大小,并确保持续的材料沉积是建立鲁棒性沉积过程的核心。采用反馈机制来补偿制造过程中的不一致性,并确保均匀层厚度可能是可靠制造的一种方法。Pan和他的同事在密苏里州科技公司开发了一套有两个反馈系统的BPD系统,旨在管理矿藏中的能量,并确保持续性的材料积累[30]。

由于BPD的局部加热,熔池内部和周围存在陡峭的温度梯度。此外,由于大多数金属的熔点很高,熔池明显是热的和可辨别的。这使得结合基于可见光和红外摄像机的基于视觉的过程监控系统成为可能。这类相机是收集空间和热信息的绝佳选择。然而,这些摄像机会产生大量数据。基于相机数据的反馈系统由于需要大量数据处理而产生的计算开销通常很慢。对于像BPD这样快速动态过程,整合基于摄像机的反馈系统仍然是一个具有挑战性的问题。然而,利用光电二极管和高温计等模拟高速传感器,基于视觉的传感仍然是可行的。由于这些传感器的低分辨率,解耦复杂的并发现象可能是具有挑战性的。

需要在各种已知条件下捕获这样的传感器数据以建立过程特征。

在这部分中,讨论了在两个闭环反馈系统的影响下,用 BPD 制造 AISI316 不锈钢薄壁结构。采用粒度为 -100/+325 目的不锈钢粉末进行沉积。使用波长为 1064nm 的 1kW 光纤激光器与数控工作台相结合进行这些沉积。数控沉积系统使用步进电机来实现驱动控制。采用微步进工艺使得沉积过程变得平滑。

采用 AFLIRA615 热红外相机对沉积过程进行监测。A615 是一种长波红外相机,使用微测辐射热计作为传感器,对 7.5~13.5μm 的光谱范围内的红外光很敏感,最高分辨率为 640×480 像素。在校准条件下,相机能够感测高达 50mK 的分辨率的温度,当前分析集的镜头的视场为 25°。这台相机能够达到每秒 200 帧的帧频。

在沉积过程中,Pan 使用了反馈系统。这些系统可分为能量管理系统和高度控制系统。这些系统已成功地制造出满足设计要求的薄壁结构[30]。结合优秀的控制系统有助于获得接近恒定的胎圈厚度、可靠的材料制造和良好的表面质量。在这些控制系统影响下和不受这些控制系统影响下制造的沉积物如图 22.2 所示。在控制系统的影响下制作的镀层外观更好,几何特征更一致。在控制系统的影响下加工时,表面粗糙度也较好。下面几节将讨论这些控制系统的逻辑和设置。

图 22.2 制成的薄壁沉积物:无反馈系统(左)和有反馈系统(右)

22.2.1 能量管理系统

根据普朗克定律,可以对恒温下黑体的光谱辐射进行解析建模。在给定波长下,黑体光谱辐射可以从下式中计算出来,即

$$B_\lambda(\lambda, T) = \frac{2hc^2}{\lambda^5} \frac{1}{e^{\frac{hc}{\lambda k_B T}} - 1} \qquad (22.1)$$

式中:$B_\lambda(\lambda, T)$ 是在波长 λ 下观测到的光谱辐射度;T 是黑体的绝对温度;k_B 是

玻耳兹曼常数;h是普朗克常数;c是介质中的光速。根据韦恩定律,光谱辐射曲线的峰值出现在与黑体温度成反比的波长。从这些定律可以推断,对于固定的形状和固定的热梯度,在给定的光谱范围内的总光谱辐射应该是固定的。能量管理系统监视并尝试控制这种辐射。这种控制预计会与熔池间接相关。为了保持相同的阻尼值,系统在沉积过程中控制输入功率。如果测量到的辐射值较高,则控制系统会降低电源,反之亦然。能量管理系统的逻辑流程如图22.3所示。

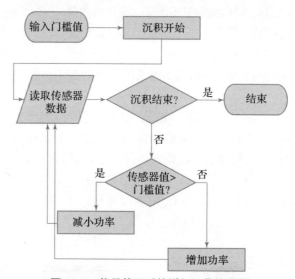

图 22.3 能量管理系统详细工作流程图

虽然对沉积点的辐射情况进行了监测,但本研究并不分析这个数值的意义。理解每个因素(即熔融材料和刚凝固的材料)的影响是十分重要的。然而,这需要更专业的调查,超出了这项工作的范围。在本研究中,通过试验和误差对能量管理系统的优化设置进行了实验评估。根据沉积期间高温区域的大小来选择最佳工艺条件。还检查了产品的材料质量,以确保连续层之间的良好结合和无孔隙。

22.2.2 高度控制系统

为了测量距离,三角测量方法通常用在自动化和基于视觉传感的工业环境中[31-32]。这一过程通常根据激光和光传感器来计算两点之间的距离。这个方法甚至用来创建2D和3D地形剖面。在增材制造中使用这种实现方式是有好处的。监控构建高度可提高零件制造的可靠性和在加工过程中校正[33-34]。在当前设置中也使用了类似的实现方式,即使用温度传感器代替激光的设置,进行三角测量。

高度控制系统用于监测和控制BPD期间的形成层总高度。反馈系统采用非接触式温度传感器来跟踪沉积物的顶部。这个传感器是从WilliamsonIR采购的双色高温计,能够测量900℃以上的温度。由于采用了双色,高温计可以避免发射率变化的问题。这个系统使用温度阈值来评估材料积聚,采用 go/no go 的策略以确保沉积过程中所需的单层高度。当达到预期积料高度时,控制系统操纵运动系统进给,当物料积料低于要求时,控制系统控制进给减慢或直接停止。这些决策是沿着整个沉积加工路径做出的。图22.4详细说明高度控制系统的工作流程。

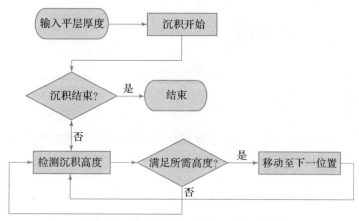

图 22.4　高度控制系统详细工作流程图

能量管理系统和高度控制系统协同工作,提高了在 BPD 期间沉积的可靠性。在 BPD 中,对沉积过程影响最大的是捕获效率。为了保持均匀的层厚度,熔池的捕获效率必须保持恒定。当效率大于额定效率时,积料将大于层厚。如果效率低于额定效率,则积料将低于标准层厚。这些因素的叠加将导致沉积过程的失败。在合适的条件下,当捕获效率接近标称,并且设置了正确的功率、进给速度和扫描速度时,沉积达到稳定状态,不需要任何额外干预。

通常,评估合适的沉积条件的过程漫长且需要花费巨额资金来进行实验。但是,在这种情况下,可以使用能量管理系统和高度控制系统来调整机器运行参数并获得合适的沉积效果。虽然识别可行参数设置的域很容易,但通过目视检查沉积质量来选择最佳设置并不是最优的。能量管理系统和高度控制系统之间的复杂关系可能导致热条件的巨大变化,从而可能导致材料性能的不均匀性[10,35-36]。虽然影响材料性能的因素很多,但热历史可以认为是影响最大的因素之一。使用热像仪来捕捉和分析沉积过程中的热历史可以作为选择适当工艺参数的评估工具。

图 22.5 是沉积装置的示意图。红外相机的方向垂直于沉积面,以便从正视角度捕捉沉积过程。在该方向上,相机能够在沉积期间记录有源区的纵向视图。红外热像仪是一种表面测量技术,不能深入了解这些测量值沿沉积物厚度

的变化。在表面之下的温度梯度不能用这种技术测量。

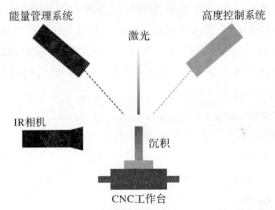

图 22.5 在 BPD 系统中反馈系统设置的示意性侧视图

高温区域总面积的变化用作衡量指标,以评价控制系统参数的变化而产生的影响和差异。高温区域被定义为辐射强度高于阈值的区域。所选择的阈值设置 50°相对应的值低于 316 型不锈钢固相线温度。这意味着,矿床上符合阈值标准的区域将构成刚刚凝固的物质。然而,事实并非如此。上述有关辐射的方程式和讨论仅限于黑体的辐射。实际上,大多数材质的性能都不像黑体。它们在给定温度下的辐射度是类似与在相同温度下黑体辐射度的一部分。这些物体被称为灰体。灰体在温度 T 下,其周围温度为 T_c 时,所产生的辐射功率 W 可以定义为下式(22.2)。这个方程就是 Stefan – Boltzmann 定律,是通过对所有波长的普朗克定律进行积分而得到的。ε 用于说明灰体的较低辐射值。灰体的发射率值为 0～1。σ 是 Stefan – Boltzmann 常数,即

$$W = \varepsilon \sigma A (T^4 - T_c^4) \tag{22.2}$$

红外相机测量灰体或黑体发出的辐射能量。在正确的设置条件和校准下,这些功率值可以被处理并解释为温度。红外相机(W_{camera})测量的总辐射功率值由多个源构成。图 22.6 显示了红外相机测量的总辐射功率中不同来源的细分。感兴趣的主体、热体,显示为红色。热体的温度是 T_{HB}。热体的发射率为 ε。来自热体的黑体辐射功率是 W_{HB}。反射温度为 T_{RT},辐射分量为 W_{RT}。大气

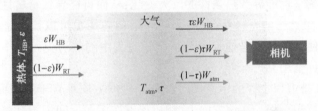

图 22.6 演示红外相机测量的总辐射粉末分解的图示

温度为 T_{atm}，辐射功率分量为 W_{atm}。大气的透过率是 τ。红外相机测量的总辐射功率的组成用下式表示。发射率和透射率值用来解耦相机测量的辐射功率值。解耦后的功率分量用来估计绝对温度值，即

$$W_{camera} = \varepsilon\tau W_{HB} + (1-\varepsilon)\tau W_{RT} + (1-\tau)W_{atm} \qquad (22.3)$$

这些功率测量还受设置条件的影响，并且对所研究的温度范围很敏感。因此，相机和测量设置的校准对于获得真实的温度测量至关重要。校准和设置过程的复杂性和敏感性，给获取真实温度值的工作带来了挑战。然而，当使用差热成像时，这些挑战被最小化了。本章讨论的分析涉及使用差热成像，而不是绝对温度测量。在测量温度范围小且发射率值也已知的情况下，校准设置是可行的。但是，给定材料的发射率值会随温度、波长和相变而变化。通常，当相变从固态变为液态时，金属的发射率会下降。这是因为熔融物质反射率的提高。316 不锈钢也是如此，在 BPD 的情况下，温度变化范围很大，这个过程也涉及金属相变。根据预设置的不同，目标区域会随视场一起移动，这增加了系统的复杂性。根据以上所述中为高温区域设置的定义，这个区域可以包括部分熔池或全部熔池。本章的下一节将进一步讨论高温区域的构成。

22.2.3 高温区域的变化

在反馈系统控制下，利用红外热像仪对 25mm×25mm 的 316 不锈钢薄壁结构不同输粉方式下的沉积过程进行了监测。对于能量管理系统上的固定阈值和层厚度，在 3 种不同的输粉设置下进行沉积。采用 10g/min、30g/min 和 50g/min 的进粉速度进行沉积。用氩气保护沉积不被氧化。

图 22.7 显示了在制造薄壁 316 不锈钢结构期间的 BPD 工艺的快照。这是使用伪彩色渲染来实现温度变化生成的，其中紫色表示数据的低温区，黄色表示数据的较高温区。在图中可以看到沉淀物和粉末进料管。通过对热值数据进行处理，来识别满足高温区阈值标准的像素。对应的高温区以绿色突出显示，如图 22.7 所示。

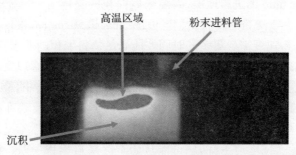

图 22.7 从正面视角拍摄的 316 不锈钢 BPD 的红外热像图（绿色表示高温区域）（见彩插）

在沉积过程中,高度控制系统会反复检查,以确保堆积足够的材料。如果未达到要求的高度,控制系统会减速或停止移动。这样就能在相同的位置继续进行材料沉积,并且当达到所需高度时,沉积进给控制系统,会驱动刀具沿着加工路径移动到下一个位置。在工作台减速或停止的情况下,激光在同一位置持续加热保持温度恒定。这可能会导致冷却速度较慢,进而导致成型后材料强度较弱。这些问题应该通过能量管理系统来解决。在热量不断在同一区域积聚的情况下,能量管理系统会降低激光器的功率,并试图减少热量产生。虽然这是控制系统的预期结果,但最终结果还需要实验研究。通常,采用破坏性测试来估算沉积过程中的冷却速率和保温率。然而,随着红外摄像机的加入,可以监测高温区域的大小,以更可靠地可视化和优化沉积过程。每种粉末进料设置的高温区域尺寸的演变如图22.8所示。

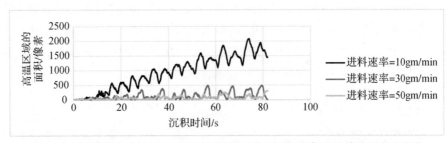

图22.8 随着粉末进料(P.F.)速率的变化,BPD过程中高温区域总面积的变化

从图22.8可以看出,随着粉末进料速度的变化,高温区域的总面积有一定的变化。在10gm/min的最低送粉速度下,高温区域的整体趋势在增加。然而,随着粉末进料速率的增加,到达30gm/min,高温区域面积的整体值显著下降。然而,类似于在10gm/min的情况,同样存在面积的急剧上升和下降情况。进一步将粉末进料速率提高到50gm/min后,总面积值保持更一致,并且值的增加/下降也减少了。在考虑的粉末进料速率中,50gm/min对高温区域的面积产生了最一致的值。

对于10gm/min的进料速度,高温区域面积的整体上升可能是由高度控制系统引起的。由于送粉速度较低,与30gm/min和50gm/min的送粉速度相比,10gm/min的送粉速度需要更多的时间才能满足物料堆积的要求。这意味着,当高度控制系统减缓沉积时,保温能力就会上升。虽然能量管理系统确实降低了激光功率,但它的干预不足以避免高温区面积的全面增加。随着送粉速度增加到30gm/min,高度控制系统的干预似乎减少了,这种影响反映在高温区总面积数据图像中。然而,能量管理系统在消除保温问题方面仍然不是完全成功。这表明,在粉末输送速度值下,问题可能从始至终来自累积误差。控制系统可能无法感知材料堆积中的细微差别。这些差异可能会层层叠加,最终需要高度控制系统进行干预。在这种情况下,虽然高温区的总面积有所上升,但能量管理系统的干预成功地降低了整体值。其中 50gm/min 的输送速度似乎接近最佳。控制系统设法使高温区的面积保持接近一致。因此,在 3 种设置中,最佳输粉速度设置为 50gm/min。

如果没有红外线相机的监控,所有输粉参数设置和沉积物特性都符合要求的几何标准,控制系统的影响将很难分析。对高温区面积的分析使我们对这一过程有了更深的认识。然而,对热值数据的进一步分析是可能的。相变引起的发射率值变化有助于将热值数据分解为刚凝固区和熔池区。

22.3 熔池识别

固体 316 不锈钢的发射率高于液相的发射率[23,37]。此外,表面经过氧化处理的 316 不锈钢的发射率比表面有光泽的金属表面的发射率要高。因此,从式(22.3)中可以看出,在固相线温度下,BPD 加工过程中,熔池的辐射将低于固体金属的辐射。如果没有在图像中识别与固体和液体相对应的像素,并且没有指定适当的发射率值,则红外相机的温度测量可能会产生很大的误差。例如,如果图 22.7 中整个视场的发射率设置为 0.95,那么,在图像中对应于熔池的像素将比固相线温度下看起来更冷。虽然在加工中并不是这样的,但可以利用这一特殊现象在图像中识别构成熔池的像素。

在图像中,由于细节差异而在两边区域产生的强烈对比差异,我们将两区域的交界线称为边缘。通过采用边缘检测技术,可以识别出红外图像中与熔池相对应的区域。因为 316 不锈钢不是共晶成分,因此它具有凝固范围。在这个温度范围内,材料逐渐从固体转变为液体,这称为糊状区。在 BPD 中,可以看到完全液相和完全固相之间的模糊边界,但在当前设置下,红外相机(640×120)的倍率和分辨率都很低,解决这个模糊边界预计是不可行的。因此,从固体到液体的阶梯式转变,反之亦然。由于没有区分熔池和糊状区,从这里开始,熔池和糊状区域统称为熔池,即

$$e_{刚沉积固体区域} > e_{熔化池\ 糊状区} > e_{周围区域} \quad (22.4)$$
$$W_{刚沉积固体区域} > W_{熔化池\ 糊状区} > W_{周围区域} \quad (22.5)$$

图 22.9 显示了沉积过程中形成的边界的示意图以及发射率值的比较。图 22.9 中的边界表示由于发射率差异而可能出现的边缘。由于发射率值的变化,有效辐射功率值以及由此计算的温度值也会发生变化,并遵循相同的趋势。有效辐射功率是摄像机测量的功率值。发射率和辐射功率值的降序如式(22.4)和式(22.5)所示。通过边缘检测,可以识别出刚凝固区域(JSR)和熔池等特征区域。这些差异的存在可以通过在温度计的水平和垂直方向上执行离散

热梯度分析来实现。在这些梯度中观察到的峰值预计与材料发射率值的转变相关。沉积过程中评估的垂直和水平温度梯度(图 22.7)如图 22.10 和图 22.11 所示。用于计算离散梯度的方程如下式所示,$x_{i,j}$表示图像的(i,j)位置中的像素值,即

$$离散梯度\ y = x_{i,j} - x_{i,j-1} \tag{22.6}$$

$$离散梯度\ x = x_{i,j} - x_{i-1,j} \tag{22.7}$$

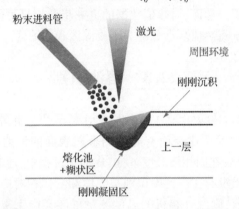

图 22.9　不同感兴趣区域之间的边界以及发射率的相应差异

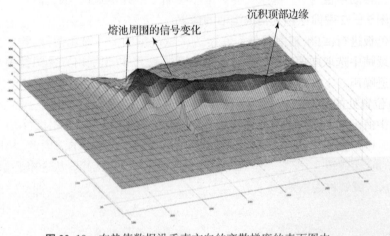

图 22.10　在热值数据沿垂直方向的离散梯度的表面图中,熔池和沉积物顶部边缘周围出现峰值

图 22.10 显示了来自图 22.7 的热值数据的离散垂直梯度中的峰值位置;这些峰值表示从周围区域到沉积物的垂直转变。熔池周围的峰值区域同样也能被检测到。图 22.11 描绘了来自图 22.7 的热值数据的离散水平梯度。此图中的峰值预计将显示从周围区域到沉积的水平转换,反之亦然。在这个梯度图

中也可以看到熔池周围的变化。利用拉普拉斯边缘检测技术分离出加工过程中这些发生变化的位置。通过使用来自 Python 库的标准函数来识别这些边缘。通过一系列的平滑、梯度和边缘检测操作,捕捉到预测的边缘。处理的详细实现如图 22.10 所示。

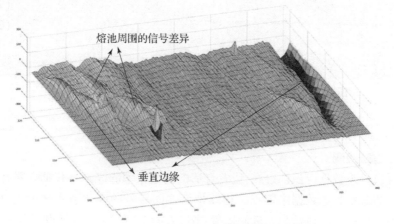

图 22.11　在热数据沿水平方向的离散梯度的表面图中,
熔池和沉积物顶部边缘周围出现峰值

1. 移动中值

图 22.12 显示了应用移动中值滤波后生成的输出的伪彩色渲染。选择铁色调色板进行渲染,其中黑色是最低值,白色是最高值。移动中值是通过在每 5 个连续帧中选取中值来执行的。移动中位数操作预计将去除粉尘、氧化闪光和约翰逊噪声。下式详细说明了移动中值运算。$x_{i,j,t}$ 是在时间 t 获取的图像中的 (i,j) 位置处的像素值。$mx_{i,j,t}$ 是在 5 个连续时间步长上经过相同位置的像素收集的中值。这个中位数数据被用于进一步的处理,即

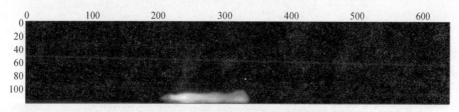

图 22.12　移动中值运算后的伪彩色图像(见彩插)

$$mx_{i,j,t} = \text{Median}(x_{i,j,t-5}, x_{i,j,t}) \tag{22.8}$$

2. 高斯模糊和拉普拉斯变换

执行高斯模糊和拉普拉斯变换的函数(参见下式)对上一步输出的数据进行处理。高斯模糊将图像像素上的空间噪声降至最低。由于二阶偏导数运算

对噪声非常敏感,因此该运算是必要的。通常,这些运算是通过与预先计算的核进行卷积运算来实现的。输出图像如图 22.13 所示。从这里开始,这个数据被称为 LoG(高斯的拉普拉斯),即

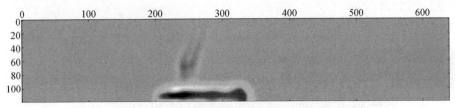

图 22.13　图 22.12 热数据双离散偏差的空间变化(见彩插)

$$L(x,y) = \frac{\partial^2 I(x,y)}{\partial x^2} + \frac{\partial^2 I(x,y)}{\partial y^2} \tag{22.9}$$

3. 边缘检测

分析日志数据以识别边缘,设置合适的阈值来消除噪声并仅捕获最显著的变化。边缘是日志数据中零点。连续像素之间符号的变化被用来识别这些零点。识别出的边缘显示为二进制图像(图 22.14)。边缘的位置设置为 1,其余位置设置为 0。识别出的边缘是沉淀物和粉末进料管的边界。虽然沉积边界很容易识别,但熔池边界不易获得,与熔池边界相对应的变化不足以达到设定的阈值。因此,在这个阶段没有捕捉到熔池边界。

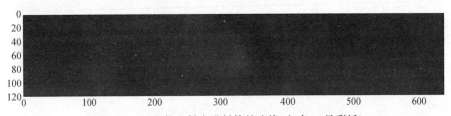

图 22.14　沉积物和粉末进料管的边缘(红色)(见彩插)

通过将搜索域限制到沉积边界内的区域来执行更局部化的搜索。寻找阈值较低的边缘,得到熔池边界凝固区域。处理后的图像具有熔池(红色)、刚凝固区域(黄色)和沉积边界(蓝色)3 个区域,如图 22.15 所示。

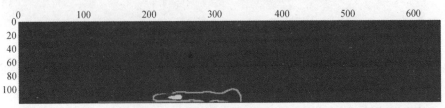

图 22.15　熔池(红色)和沉积物刚刚凝固的区域(黄色)边界(天蓝色)(见彩插)

通过执行上述图像处理步骤,生成了如图 22.16 所示的数据,便于更好地理解。图 22.16 显示了获得稳定状态之前的第一层沉积。正如上一节所讨论的,在达到稳定状态之前,刚凝固区域的变化是显著的。这是由于控制系统的干预。图 22.17 显示了实现稳定状态后沉积过程中的快照。在稳定状态后,熔池和刚凝固区域的大小几乎保持不变。

图 22.16 沉积的第一层、熔池(白色)、刚刚凝固的区域(黄色)和沉积边界(红色),沉积从左到右进行(见彩插)

图 22.17 熔池(白色)、刚刚凝固的区域(黄色)和沉积边界(红色),在控制系统实现稳定状态后,沉积从左到右进行(见彩插)

22.3.1 灵敏度和重复性

为了评估这项技术的灵敏度,分析了加工基板上的沉积对薄壁结构形状的影响。这些基板被加工成不同长度和高度的薄壁结构。这些薄壁基板的形状如图 22.18 所示。这些实验包括在每个基板上进行四层端到端的沉积。这些沉积是用红外相机监测的,以捕捉热历史。为了简化过程的复杂性,这些沉积是在没有反馈系统控制的情况下进行的。

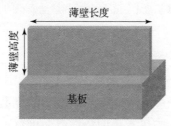

图 22.18 线扫描沉积的薄壁基板示意图

通过对这些沉积物的 IR 数据的分析表明,基板长度和薄壁高度有一定的影响。理论上,这种影响是不同保温程度的结果。保温率的差异归因于这些薄壁的尺寸差异以及由此产生的传导损失差异。在较小长度的基板上看到较大尺寸的高温区域。由于轨道长度小,保温性很突出。另一方面,薄壁高度低的沉积物显示出非常小的熔池尺寸和刚凝固的区域。由于薄壁的高度小,熔池与基体的接近导致保温水平低,并且在延伸范围内熔池和刚凝固的区域尺寸小。对具有较高薄壁的基板上沉积物的热值数据的分析也与该结论一致。由于大的薄壁高度和距基板的距离,观察到热保持性是显著的。因此,熔池和刚凝固区域的总面积要大得多。使用这种监测方法记录和识别了熔池大小的这些细微差异。对这些沉积的重复分析可靠地得出了类似的结论[38]。

如图 22.8 所示,高温区域总面积的上升和下降归因于保温率的上升。这些波动可能是薄壁几何形状的结果。在薄壁边缘处,观察到熔池总面积增加。可以看出,这一现象随着保温率的增加而变得更加明显。在边缘处,由于 BPD 的局部加热,熔池尺寸的增加导致刚凝固区域的尺寸相应减小。然而,总体高温区域有所增加。此前,仅从温度数据监测高温区并不明显。识别熔池数据对于了解 BPD 期间的完整情况是必要的。目标区域的面积变化如图 22.19 所示。

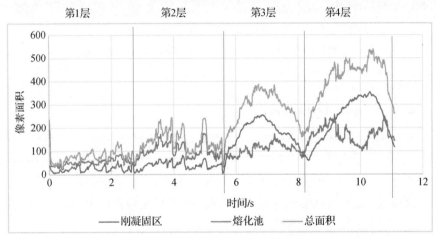

图 22.19　薄壁基板上刚凝固区域和熔池面积的变化(见彩插)

22.4　结论

通过红外相机获取热历史被认为是监测吹塑粉末沉积过程的一种可行的方法。提出了一种对红外相机采集的热像数据进行定性分析的方法。监测满足基于温度标准的材料的总面积有助于评估闭环反馈系统的影响。

开发了一种基于边缘检测的红外图像处理方法。金属固相和液相的发射率值的差异,导致红外光谱数据发生急剧变化。边缘检测技术成功地识别出这些相变。这些工作促成了熔池的成功识别。

致谢　美国国家科学基金资助#CMMI1625736 和密苏里州科技智能系统中心(ISC)的资助。

参考文献

1. Murr, L. E., Gaytan, S. M., Medina, F., et al. (2010). Next-generation biomedical implants using additive manufacturing of complex, cellular and functional mesh arrays. *Philosophical Transactions. Series A, Mathematical, Physical, and Engineering Sciences, 368*, 1999–2032. https://doi.org/10.1098/rsta.2010.0010.
2. Vishnu Prashant Reddy, K., Meera Mirzana, I., & Koti Reddy, A. (2018). Application of additive manufacturing technology to an aerospace component better trade-off's. *Materials Today: Proceedings, 5*, 3895–3902. https://doi.org/10.1016/J.MATPR.2017.11.644.
3. Busachi, A., Erkoyuncu, J., Colegrove, P., et al. (2017). A review of additive manufacturing technology and cost estimation techniques for the defence sector. *CIRP Journal of Manufacturing Science and Technology, 19*, 117–128. https://doi.org/10.1016/J.CIRPJ.2017.07.001.
4. Kumar Dama, K., Kumar Malyala, S., Suresh Babu, V., et al. (2017). Development of automotive FlexBody chassis structure in conceptual design phase using additive manufacturing. *Materials Today: Proceedings, 4*, 9919–9923. https://doi.org/10.1016/J.MATPR.2017.06.294.
5. Delgado Camacho, D., Clayton, P., O'Brien, W. J., et al. (2018). Applications of additive manufacturing in the construction industry—A forward-looking review. *Automation in Construction, 89*, 110–119. https://doi.org/10.1016/J.AUTCON.2017.12.031.
6. Oter, Z. C., Coskun, M., Akca, Y., et al. (2019). Benefits of laser beam based additive manufacturing in die production. *Optik (Stuttgart), 176*, 175–184. https://doi.org/10.1016/J.IJLEO.2018.09.079.
7. Ford, S., & Despeisse, M. (2016). Additive manufacturing and sustainability: An exploratory study of the advantages and challenges. *Journal of Cleaner Production, 137*, 1573–1587. https://doi.org/10.1016/J.JCLEPRO.2016.04.150.
8. (10AD) Standard Terminology for Additive Manufacturing Technologies BT—Standard Terminology for Additive Manufacturing Technologies.
9. Lewis, G. K., & Schlienger, E. (2000). Practical considerations and capabilities for laser assisted direct metal deposition. *Materials and Design, 21*, 417–423. https://doi.org/10.1016/S0261-3069(99)00078-3.
10. Shamsaei, N., Yadollahi, A., Bian, L., & Thompson, S. M. (2015). An overview of direct laser deposition for additive manufacturing; Part II: Mechanical behavior, process parameter optimization and control. *Additive Manufacturing, 8*, 12–35. https://doi.org/10.1016/j.addma.2015.07.002.
11. Dinda, G. P., Dasgupta, A. K., & Mazumder, J. (2009). Laser aided direct metal deposition of Inconel 625 superalloy: Microstructural evolution and thermal stability. *Materials Science and Engineering A, 509*, 98–104. https://doi.org/10.1016/J.MSEA.2009.01.009.
12. Mazumder, J., Dutta, D., Kikuchi, N., & Ghosh, A. (2000). Closed loop direct metal deposition: Art to part. *Optics and Lasers in Engineering, 34*, 397–414. https://doi.org/10.1016/S0143-8166(00)00072-5.
13. Peyre, P., Aubry, P., Fabbro, R., et al. (2008). Analytical and numerical modelling of the direct metal deposition laser process. *Journal of Physics D: Applied Physics, 41*, 025403. https://doi.org/10.1088/0022-3727/41/2/025403.
14. Javaid, M., & Haleem, A. (2017). Additive manufacturing applications in medical cases: A literature based review. *Alexandria Journal of Medicine, 54*(4), 411–422. https://doi.org/10.1016/J.AJME.2017.09.003.
15. Wang, Y., Wei, Q., Pan, F., et al. (2014). Molecular dynamics simulations for the examination of mechanical properties of hydroxyapatite/poly α-n-butyl cyanoacrylate under additive manufacturing. *Bio-medical Materials and Engineering, 24*, 825–833. https://doi.org/10.3233/BME-130874.
16. Sahoo, S., & Chou, K. (2016). Phase-field simulation of microstructure evolution of Ti–6Al–4V in electron beam additive manufacturing process. *Additive Manufacturing, 9*, 14–24. https://doi.org/10.1016/J.ADDMA.2015.12.005.

17. Amine, T., Newkirk, J. W., & Liou, F. (2014). An investigation of the effect of direct metal deposition parameters on the characteristics of the deposited layers. *Case Studies in Thermal Engineering, 3*, 21–34. https://doi.org/10.1016/J.CSITE.2014.02.002.
18. Qi, H., Mazumder, J., & Ki, H. (2006). Numerical simulation of heat transfer and fluid flow in coaxial laser cladding process for direct metal deposition. *Journal of Applied Physics, 100*, 024903. https://doi.org/10.1063/1.2209807.
19. Zheng, B., Zhou, Y., Smugeresky, J. E., et al. (2008). Thermal behavior and microstructure evolution during laser deposition with laser-engineered net shaping: Part II. Experimental investigation and discussion. *Metallurgical and Materials Transactions A: Physical Metallurgy and Materials Science, 39*, 2237–2245. https://doi.org/10.1007/s11661-008-9566-6.
20. Zheng, B., Zhou, Y., Smugeresky, J. E., et al. (2008). Thermal behavior and microstructural evolution during laser deposition with laser-engineered net shaping: Part I. Numerical calculations. *Metallurgical and Materials Transactions A: Physical Metallurgy and Materials Science, 39*, 2228–2236. https://doi.org/10.1007/s11661-008-9557-7.
21. Mazumder, J., Choi, J., Nagarathnam, K., et al. (1997). The direct metal deposition of H13 tool steel for 3-D components. *JOM, 49*, 55–60. https://doi.org/10.1007/BF02914687.
22. Song, L., Bagavath-Singh, V., Dutta, B., & Mazumder, J. (2012). Control of melt pool temperature and deposition height during direct metal deposition process. *International Journal of Advanced Manufacturing Technology, 58*, 247–256. https://doi.org/10.1007/s00170-011-3395-2.
23. Kovacevic, R., & Zhang, Y. M. (1997). Real-time image processing for monitoring of free weld pool surface. *Journal of Manufacturing Science and Engineering, 119*, 161. https://doi.org/10.1115/1.2831091.
24. Zhang, Y., Zhang, C., Tan, L., & Li, S. (2013). Coaxial monitoring of the fibre laser lap welding of Zn-coated steel sheets using an auxiliary illuminant. *Optics and Laser Technology, 50*, 167–175. https://doi.org/10.1016/j.optlastec.2013.03.001.
25. Huang, R.-S., Liu, L.-M., & Song, G. (2007). Infrared temperature measurement and interference analysis of magnesium alloys in hybrid laser-TIG welding process. *Materials Science and Engineering A, 447*, 239–243. https://doi.org/10.1016/J.MSEA.2006.10.069.
26. Li, L. (2002). A comparative study of ultrasound emission characteristics in laser processing. *Applied Surface Science, 186*, 604–610.
27. Gao, J., Qin, G., Yang, J., et al. (2011). Image processing of weld pool and keyhole in Nd:YAG laser welding of stainless steel based on visual sensing. *Transactions of the Nonferrous Metals Society of China, 21*, 423–428. https://doi.org/10.1016/S1003-6326(11)60731-0.
28. Saeed, G., & Zhang, Y. M. (2007). Weld pool surface depth measurement using a calibrated camera and structured light. *Measurement Science and Technology, 18*, 2570–2578. https://doi.org/10.1088/0957-0233/18/8/033.
29. Luo, M., & Shin, Y. C. (2015). Vision-based weld pool boundary extraction and width measurement during keyhole fiber laser welding. *Optics and Lasers in Engineering, 64*, 59–70. https://doi.org/10.1016/J.OPTLASENG.2014.07.004.
30. Pan, Y. (2013). *Part height control of laser metal additive manufacturing process*. Missouri University of Science and Technology.
31. Garcia-Cruz, X. M., Sergiyenko, O. Y., Tyrsa, V., et al. (2014). Optimization of 3D laser scanning speed by use of combined variable step. *Optics and Lasers in Engineering, 54*, 141–151. https://doi.org/10.1016/J.OPTLASENG.2013.08.011.
32. Lindner, L., Sergiyenko, O., Rodríguez-Quiñonez, J. C., et al. (2016). Mobile robot vision system using continuous laser scanning for industrial application. *Industrial Robot: An International Journal, 43*, 360–369. https://doi.org/10.1108/IR-01-2016-0048.
33. Donadello, S., Motta, M., Demir, A. G., & Previtali, B. (2018). Coaxial laser triangulation for height monitoring in laser metal deposition. *Procedia CIRP, 74*, 144–148. https://doi.org/10.1016/J.PROCIR.2018.08.066.
34. Donadello, S., Motta, M., Demir, A. G., & Previtali, B. (2019). Monitoring of laser metal deposition height by means of coaxial laser triangulation. *Optics and Lasers in Engineering, 112*, 136–144. https://doi.org/10.1016/J.OPTLASENG.2018.09.012.

35. Lewandowski, J. J., & Seifi, M. (2016). Metal additive manufacturing: A review of mechanical properties. *Annual Review of Materials Research, 46*, 151–186. https://doi.org/10.1146/annurev-matsci-070115-032024.
36. Carroll, B. E., Palmer, T. A., & Beese, A. M. (2015). Anisotropic tensile behavior of Ti-6Al-4V components fabricated with directed energy deposition additive manufacturing. *Acta Materialia, 87*, 309–320. https://doi.org/10.1016/J.ACTAMAT.2014.12.054.
37. Roger, C. R., Yen, S. H., & Ramanathan, K. G. (1979). Temperature variation of total hemispherical emissivity of stainless steel AISI 304. *Journal of the Optical Society of America, 69*, 1384. https://doi.org/10.1364/JOSA.69.001384.
38. Karnati, S. (2015). *Thermographic investigation of laser metal deposition*. Missouri University of Science and Technology.

第23章

机器故障检测与分离的图像滤波

Ranjan Ganguli[①]

23.1 引言

故障检测和隔离（FDI）通常将测量数据和机器视觉与识别、优化或柔性算法结合使用[1-3]。故障一般分为两大类：单一故障和渐变故障。单一故障通常在信号急剧变化之前出现。渐变故障导致信号的缓慢变化，这可以近似为线性变化。这些信号可以看作通过机器视觉获取的图像。例如，立体视觉系统[4]和噪声去除系统[5]在系统的结构和状况监测中发挥着重要作用。Mohan和Poobal[6]对图像处理中的裂纹检测进行了最新的综述。通常，这种方法用图像以及优化方法和模式识别工具来隔离系统故障。

燃气轮机是一种应用广泛的发电机器。作为航空发动机，检测和隔离机器故障的自动化过程非常有意义。本章讨论了基于图像处理滤波器为这类机器的FDI开发的算法。这些算法适用于传感器数据以1D图像形式可用的所有机器。

用于燃气轮机诊断的典型信号废气温度（EGT）、燃油流量（WF）、高转速（N1）和低转速（N2），这4种基本传感器几乎存在于所有喷气发动机中。燃气轮机诊断的信号称为"测量增量"，即"损坏"发动机与"良好"发动机的传感器测量结果之间的偏差。对于理想的未损坏发动机，测量增量为零。从工作机器获得的测量增量通常是非零的，并且也被噪声污染。故障检测和隔离（FDI）算

[①] R. Ganguli(✉)
Department of Aerospace Engineering, Indian Institute of Science (IISc), Bangalore, Karnataka, India
e-mail: ganguli@iisc.ac.in

法用于检测和隔离机器故障。这里的"检测"是识别故障是否存在的过程。检测错误可能会导致错误警报。此外,"隔离"是识别故障类型的过程。通常,故障隔离指纹表将产生的测量增量与机器状态的变化相关联。例如,表 23.1 显示了发动机模块效率下降 2% 的指纹图表[7]。

指纹图表示在选定的发动机工作点评估的线性化模型。这些表是从热力学中获得的,也可以从飞机发动机制造商买到。

表 23.1 $\eta = -2\%$ 燃气轮机故障特征

模块故障/测量增量	ΔEGT/℃	ΔWF/%	ΔN2/%	ΔN1/%
高压压缩机(HPC)	13.60	1.60	-0.11	0.10
高压涡轮机(HPT)	21.77	2.58	-1.13	0.15
低压压缩机(LPC)	9.09	1.32	0.57	0.28
低压涡轮机(LPT)	2.38	-1.92	1.27	-1.96
风扇	-7.72	-1.40	-0.59	1.35

图 23.1 显示了典型涡扇发动机的发动机模块和基本测量值。在最基本的层面上,故障隔离将指示故障是否存在于风扇、高压压缩机、低压压缩机、高压涡轮或低压涡轮模块中。这些主要是发动机模块内的耦合故障。其他系统故障,例如处理和 ECS(环境控制系统)泄放泄漏和故障、可变定子叶片故障、TCC (涡轮箱冷却)故障以及某些仪表故障,也可以视为单一故障[2]。在本研究中,我们将只考虑模块故障来为损坏的发动机创建理想的信号。此类故障可能来自不同的物理过程,但其特征是通过传感器测量增量显示的。一旦将故障隔离到模块级别,维护工程师就可以只关注这些模块进行维修工作。

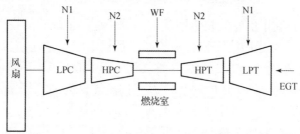

图 23.1 喷气发动机及其 4 个关键测量值的示意图

如果从气路测量信号中去除噪声,同时保留指示单一故障的特征(如急剧趋势偏移[8-9]),则 FDI 算法的精确度会提高。典型的线性滤波器,如滑动平均滤波器和指数平均滤波器,可以作为燃气轮机信号的平滑器。移动平均滤波器是等权简单的有限脉冲响应(FIR)滤波器,指数平均是无限脉冲响应(IIR)滤波器。虽然线性滤波器可以去除噪声,但它们平滑了可以指示单一故障事件的急剧趋势漂移。因此,机器信号比典型的 1D 信号更类似于图像,因为需要边缘保持和平滑滤波器。

因此,为了去除燃气轮机信号中的噪声,人们提出了源于图像处理领域的非线性滤波器,如中值滤波器[8]。从喷气发动机信号中去除噪声的其他计算体系结构包括自联想神经网络[10]、径向基神经网络[9]、无数滤波器[11]和递归中值(RM)滤波器[12]。与简单的中值(SM)滤波器相比,RM 滤波器是中值滤波器的有效替代,并且快速收敛到根信号。SM 滤波器在收敛到根信号之前可以经过多次传递。然而,RM 滤波器可能会导致一种称为"条纹"的现象,即在信号中产生人造阶梯状伪影。这个问题可以通过引入权重来解决,从而产生加权递归中值(WRM)滤波器。

WRM 滤波器具有整数权重,对于给定应用,这些权重的最佳计算是滤波器设计中的一个重要问题。WRM 滤波器权重的设计空间是多模态的(显示存在多个局部最小值),可以使用设计空间的详尽搜索来找到权重[7]。然而,这种详尽的搜索方法计算量很大,需要更有效的算法来解决这个滤波器权重优化问题。在本章中,用 ACO 设计 WRM 滤波器,作为燃气轮机诊断中的数据平滑预处理器。这个过程的示意图如图 23.2 所示。我们关注燃气轮机诊断的"降噪"方面,如图 23.2 所示。

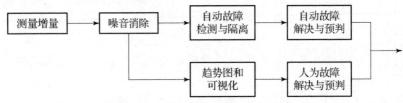

图 23.2　燃气轮机诊断系统示意图

很少有人研究中值滤波权重的优化问题。提出了计算加权中值滤波器整数权重的算法[13]。递归滤波和非递归滤波都被考虑了,但研究重点放在中心权重上。Arce 和 Paredes[14]提出了一种优化递归中值滤波器的数值方法。Uday 和 Ganguli[7]在低整数空间(1、2 和 3)上寻找最优权重,他们发现,较高的整数权重会导致滤波器重复,而低整数空间对于给定问题是足够的。

滤波器设计空间通常是多峰的,这意味着,可以有多个最小值点。因此,基于梯度的数值优化会导致局部极小值点。为了解决这个问题,全局优化方法在滤波器设计中的应用已经大幅增长。粒子群优化方法求解非线性动态有理滤波器的参数估计问题[15]。遗传算法用均方根误差范数来优化堆栈滤波器[16]。蚁群优化算法用来设计 IIR 滤波器[17]。由于 IIR 滤波器的误差面通常是多模态的,因此,可以采用 ACO 等全局优化方法进行设计。ACO 是一种相对较新的解决组合优化问题的方法。ACO 算法主要具有正反馈、分布式计算和富有建设性贪婪启发式等特点[18]。注意:启发式方法是一种解决问题的方法,它采用实际的步骤序列,这些步骤不能保证是最佳的,但足以为应用程序获得有用的结果。启发式可以称为经验法则或有根据的猜测。由于 ACO 启发式方法,为许多困难的优化问题提供了令人满意的解决方案,但这些解决方案可能无法在数学意义上证明是最优的。此外,启发式方法不能保证有收敛性。

本章基于 Raikar 和 Ganguli 的早期工作[19],讨论了用 ACO 算法设计一个实用的图像处理滤波器,求解 WRM 滤波器的整数权值的问题。对模拟喷气发动机单一故障(突发性)和渐进性故障的信号进行了验证。接下来讨论了几种图像处理滤波器。这些滤波器广泛应用于 2D 图像处理,并且可以方便地用于 1D 图像处理。

23.2 图像处理中值滤波器

均值和中位数表示中心倾向的简单度量。一组数字的均值是具有均匀权重的 FIR 滤波器。基于中值运算的中值滤波器,通常在奇数样本上执行。窗口长度为 $N=2n+1$ 的 SM(简单中值)滤波器可以表示为[20]

$$y_k = 中值(x_{k-n}, x_{k-n+1}, \cdots, x_k, \cdots, x_{k+n-1}, x_{k+n}) \tag{23.1}$$

式中:x_k 和 y_k 分别是输入和输出序列的第 k 个样本;n 表示确保窗口长度 N 为奇数的整数,以便于计算中位数。中位数的计算需要将这些数字从低到高排序,然后选择中心数作为中位数输出。SM 滤波器需要大量迭代才能收敛到期望的输出。由于 $N=5 \Rightarrow n=2$,5 点 SM 滤波器可以写为 $y_k = 中值(x_{k-2}, x_{k-1}, x_k, x_{k+1}, x_{k+2})$。5 点 SM 滤波器的窗口长度为 5,需要在 $k+1$ 和 $k+2$ 时间点进行测量以预测 k 处的输出。由于当前大多数喷气式发动机在每次飞行期间都有许多数据点可用,所以两点时间延迟用于图像处理是可以接受的。

由于中值滤波器需要多次迭代才能收敛,研究人员提出了具有记忆功能的递归中值滤波器。窗口长度 $N=2n+1$ 的递归中值(RM)滤波器可以表示为

$$y_k = 中值(y_{k-n}, y_{k-n+1}, \cdots, x_k, \cdots, x_{k+n-1}, x_{k+n}) \tag{23.2}$$

与 SM 滤波器相比,RM 滤波器收敛速度更快。5 点 RM 滤波器可以写为 $y_k = 中值(y_{k-2}, y_{k-1}, x_k, x_{k+1}, x_{k+2})$,其中使用先前滤波的输出值 y_{k-1} 和 y_{k-2} 指向该滤波器的递归性质。同样,该滤波器有两点时间延迟。然而,RM 滤波器受到信号中条纹或引入阶跃状伪影的影响。

WRM 过滤器是 RM 过滤器的改进版本,其中整数权重被分配给过滤器窗口中的每个数据点。窗口长度为 $N=2n+1$ 的加权递归中值滤波的输出由下式给出:

$$y_k = 中值(w_{-n} \circ y_{k-n}, w_{-n+1} \circ y_{k-n+1}, \cdots, w_0 \circ x_k, \cdots, w_{n-1} \circ x_{k+n-1}, w_n \circ x_{k+n})$$
(23.3)

式中：∘ 代表重复；w 代表整数权重。重复意味着特定样本 x_k 在取阵列的中值之前重复 w_k 次。例如，$(4 \circ x_1)$ 与 (x_1, x_2, x_3, x_4) 相同，即值 x_1 重复 4 次。例如，考虑一个给定为 $y_k = 中值(2 \circ y_{k-2}, y_{k-1}, 3 \circ x_k, x_{k+1}, 2 \circ x_{k+2})$ 的 5 点 WRM 滤波器，这等同于 $y_k = 中值(y_{k-2}, y_{k-2}, y_{k-1}, x_k, x_k, x_k, x_{k+1}, x_{k+2}, x_{k+2})$。同样，此过滤器将有两点时间延迟。式 (23.3) 中的过滤器具有权重集 $(w_{-n}, w_{-n+1}, \cdots, w_0, \cdots, w_{n-1}, w_n)$，其中有 $N = 2n + 1$ 个权重。对于 5 点滤波器，权重设置为 $(w_{-2}, w_{-1}, w_0, w_1, w_2)$。权值往往对滤波器的性能有相当大的影响。

23.3 气路测量图像

涡扇喷气发动机一般由 5 个模块组成：风扇（风扇）、低压压缩机（LPC）、高压压缩机（HPC）、高压涡轮（HPT）和低压涡轮（LPT），如图 23.1 所示。吸入发动机的空气在风扇、LPC 和 HPC 模块中压缩，在燃烧器中燃烧，然后通过 HPT 和 LPT 模块膨胀以产生动力。这种动力是燃气轮机的主要交付产品，需要毫无问题地供应。传感器安装在这台机器上，便于在任何给定时间观察其状态。4 个传感器 N1、N2、WF 和 EGT 分别代表低转子转速、高转子转速、燃油流量和废气温度。这些测量值提供了关于这些模块状况的信息，用于发动机状况监测。在本章中，理想根信号 ΔEGT 植入的 HPC 和/或 HPT 故障的来测试滤波器。类似地，可以导出 ΔN1、ΔN2 和 ΔWF 的根信号。这里的"Δ"指的是与基准"良好"发动机的偏差。

喷气发动机故障的测试信号用于证明最优的 WRM 滤波器[7]。对于新的未损坏发动机，测量增量为零。对于投入使用的典型发动机，测量增量随时间缓慢增加，这是因为随着飞行次数的增加，测量增量会变差。虽然随着飞行时间测距和周期的积累，劣化程度逐渐增加，但单一故障会导致信号的突变或阶跃变化。在这项研究中，测量增量的阶跃变化为 2% 或以上被视为警报，足以解释为单一故障事件[2]。使用 ΔEGT 的典型标准偏差（废气温度与良好的基线发动机的偏差）作为 4.23℃，将高斯噪声添加到模拟测量增量中。这些值是通过对典型发动机测量增量的研究而获得的。测量增量可用以下公式计算：$z = z^0 + \theta$，其中 θ 是噪声，z^0 是没有任何故障的基线测量增量（理想信号）。因此，z 是模拟的噪声信号。因此，需要滤波器 φ 来消除数据中的噪声，并返回经过滤波的信号 $\hat{z}$ 以进行精确的状态监控：$\hat{z} = \phi(z) = \phi(z^0 + \theta)$。

使用蚁群算法设计 WRM 滤波器时，考虑了 3 种不同类型的信号。虽然这些信号是诊断燃气轮机的,但它们也适用于任何一般机器的 FDI 问题,因为状态监测的所有信号都具有突发性故障和长期恶化的特点。这些信号是:

(1) 阶跃信号(突变故障或单一故障);

(2) 斜坡信号(渐变故障);

(3) 组合信号(包括突变故障和渐变故障)。

每个信号包含 200 个数据点,这些数据点表示信号处理的发动机数据的时间序列。数据在每个历元 k 进入(图 23.3),并使用 N 点 WRM 滤波器计算滤波值。因此,图 23.3 表示单一故障的图像。

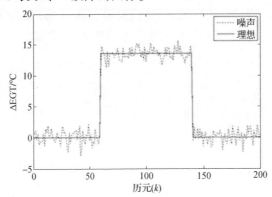

图 23.3　单一故障及其修复的图像的描述

窗口长度为 N 的过滤器在数据进入信息处理系统时处理数据,时间延迟为 n(式(23.3))。在本章中,我们使用 5 点滤波器。因此,WRM 过滤器在 200 个数据点 $(x_1, x_2, x_3, \cdots, x_{198}, x_{199}, x_{200})$ 的流上工作,以产生过滤器输出 $(y_1, y_2, y_3, \cdots, y_{198}, y_{199}, y_{200})$,如下所示:

$k=1, y_1 = x_1$

$k=2, y_2 = x_2$

$k=3, y_3 = \text{Median}(w_{-2} \circ y_1, w_{-1} \circ y_2, w_0 \circ x_3, w_1 \circ x_4, w_2 \circ x_5)$

　　⋮

$k=4, y_4 = \text{Median}(w_{-2} \circ y_2, w_{-1} \circ y_3, w_0 \circ x_4, w_1 \circ x_5, w_2 \circ x_6)$

$k=100, y_{100} = \text{Median}(w_{-2} \circ 98, w_{-1} \circ y_{99}, w_0 \circ x_{100}, w_1 \circ x_{101}, w_2 \circ x_{102})$

$k=198, y_{198} = \text{Median}(w_{-2} \circ y_{196}, w_{-1} \circ y_{197}, w_0 \circ x_{198}, w_1 \circ x_{199}, w_2 \circ x_{200})$

　　⋮

$k=199, y_{199} = x_{199}$

$k=200, y_{200} = x_{200}$

(23.4)

我们看到,当 $k=3$ 时,需要知道 x_4 和 x_5 才能得到 y_3。所以滤波器有两点的时间延迟。此外,对于时间序列的最后两个点,我们使用数据的输入值。然而,在正常运行中,随着飞机发动机继续增加航班,数据点继续源源不断地涌入。因此,要处理用于故障检测的数据点具有两点时间延迟。这些数据点通常可用于基于导数的趋势检测算法[12]。因此,对于 5 点滤波器,故障检测仅在两点时间延迟的情况下发生。

图 23.3 中的理想信号表示可能由任何损坏引起的单一故障。数据点 $k=60$ 表示这个故障的起始点。造成的损坏被确定为 HPC 效率下降 2%,并且 HPC 模块在 $k=140$ 点被修复。这个信号是根据表 23.1 中给出的指纹图创建的。在图 23.4 中,利用斜坡信号说明了 HPT 故障的发展,图像对应于渐变故障。

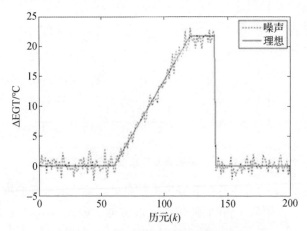

图 23.4 渐进故障及修复图像的描述

此故障不同于 HPC 故障,因为它不会在发动机恶化时突然发生。同样,此处 EGT 的最大值对应于 HPT 效率下降 2%。这里,增长是渐进的,并且与 $k=40\sim120$ 点的线性函数近似。从 $k=120$ 开始,HPT 故障保持稳定,并在 $k=140$ 时最终修复。阶跃和斜坡信号分别表示两种类型的故障。

现在,图 23.5 显示了一个组合信号,其中两种类型的故障可能会相继发生。这是一个更实际的情况,因为任何喷气发动机都容易受到这两种故障的影响。

数值结果采用的信噪比为 1.5。考虑了一种 5 点 WRM 滤波器,这个滤波器处理具有 5 点窗口和 2 点时延的 200 点测量增量信号。

23.3.1 目标函数

为了得到降噪的定量概念,考虑每个信号($\bar{N}=200$)的平均绝对误差(MAE),并使用 $M=1000$ 个随机数来估计误差。这些随机数可以被认为是噪声数据的模拟信号。对每种情况，通过将不同的噪声样本添加到理想测量中，而获得的这些随机信号 $z = z^0 + \theta$。这些噪声信号是通过 Matlab 生成的，这 Matlab 也适用于本章的所有结果。我们解释了窗口长度为 5 的滤波器的 ACO 算法。为了找到这个滤波器的最佳权重，我们必须最小化目标函数：

$$f(w) = f(w_{-2}, w_{-1}, w_0, w_1, w_2) = \frac{1}{M} \sum_{i=1}^{M} \frac{1}{N} \sum_{j=1}^{\bar{N}} |\hat{z}_j - z_j^0| \quad (23.5)$$

由于权重 $w = (w_{-2}, w_{-1}, w_0, w_1, w_2)$ 为整数设计变量，因此，这是一个组合优化问题。另外，在式 (23.5) 中 $\hat{z}$ 是 WRM 滤波信号，z^0 是理想信号或根信号。通过最小化式(23.5)中的函数，我们希望在大量噪声点上，确定使理想信号和噪声信号之间的差异最小化的权重。注意：创建具有 1000 个随机样本的目标函数只是为了寻找最优滤波器权重。一旦找到滤波器权重，就可以在新的随机样本上测试和使用滤波器。

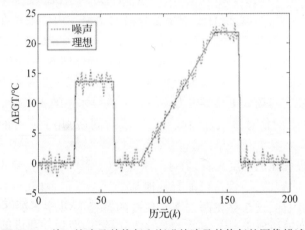

图 23.5 单一故障及其修复和渐进故障及其修复的图像描述

23.4 蚁群优化算法

蚁群算法是一种受生物启发的随机方法，非常适合于组合优化问题[21]。这类问题有限数量离散设计变量的解。蚂蚁能够通过隐式交互找到从巢穴到食物来源所需的最短路径，这是一种通过改变环境进行的间接交流形式。蚂蚁使用基于符号的隐式交互，即单个蚂蚁在路径上留下标记。虽然这些标记本身不能解决问题，但它们会修改其他蚂蚁的行为，从而帮助它们解决问题。

蚁群算法的灵感来自于在阿根廷蚂蚁身上进行的一些实验，这些实验揭开了它们寻找最佳路径能力的背后的科学原理。一项创新实验是在蚂蚁的巢穴和食物来源之间建一个双重桥。这里每座桥的长度如图23.6所示。

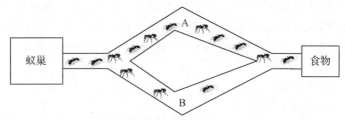

图23.6 等长桥梁的蚂蚁双桥实验

如果两座桥的长度相等，一段时间后，蚂蚁就会开始走其中一座桥到食物源。如果重复实验几次，就会发现任何一座桥被选中的概率都在0.5左右。对蚂蚁行为的生物学解释如下。一旦蚂蚁离开巢穴，它们就会在起点附近随机移动，直到一些蚂蚁找到桥为止。一些蚂蚁会随机从A桥开始，而另一些蚂蚁会随机从B桥开始。现在，蚂蚁在沿着一条小路行进时会沉积一种名为信息素的化学物质。它们更喜欢走信息素积累量较高的道路。由于最初在桥A或桥B上都没有信息素，蚂蚁选择任一桥的概率为0.5。一旦蚂蚁发现食物来源，它们就会捡起一些食物，然后回到巢中。这个过程将导致蚂蚁在两座桥上行进，直到通过随机的机会；更多的蚂蚁走上桥A。在这一点之后，桥A上的信息素踪迹将会加强，使它对蚂蚁更具吸引力。另一个值得注意的要点是信息素不断蒸发，因此，桥B上的信息素痕迹会减弱。一段时间后，几乎所有的蚂蚁都会走A桥。

当然，从最优化的角度来看，当有两座等长的桥梁可用时，只走一座桥到食物来源是不太明智的，尽管这可能有其他基于社会学的原因。然而，蚂蚁是它们群体智能的囚徒，这在存在两条不同长度的路径的情况下变得非常有用，如图23.7中的两座桥所示。

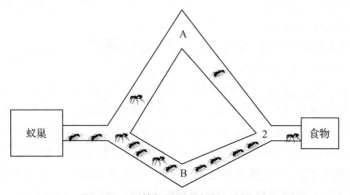

图23.7 不等长桥梁的蚂蚁双桥实验

在这种情况下,最初蚂蚁再次以随机的方式出发,假设桥的长度太大,它们的视觉无法估计,则以相等的概率拿下两座桥。选择较短桥 B 的蚂蚁首先到达食物源。当蚂蚁想要返回它的巢穴时,它来到了点2,发现桥 B 的信息素水平更高,因为蒸发更少。因此,选择桥 B 的概率变得更大。随着这一过程的继续,正反馈效应意味着更多的信息素被放在桥 B 上,而信息素的蒸发在桥 B 上发生的更少。一个正反馈循环就产生了,一段时间后,大多数蚂蚁将通过桥 B 到达食物源。我们可以看到,利用隐式交互原理,蚂蚁有高度的自组织能力。通过使用信息素改变环境,它们可以共同执行复杂的功能,尽管它们的视力很差。事实上,有些种类的蚂蚁完全失明,但仍能找到最短的路径。

蚂蚁的行为可以用于优化算法,包括通过图找到好的路径[18,22]。在蚁群算法中,几代人工蚂蚁都在寻找好的解决方案。注意:"好"可能不是数学意义上的"最佳",但将是一个切实可行的有用结果。在进一步的讨论中,我们用"蚂蚁"一词来指代 ACO 算法中的"人工蚂蚁"。每一代蚂蚁在经历几个概率决策的同时,都会一步一步地构建解决方案。一般来说,找到好的解决方案的蚂蚁会在路径的边缘放置一定量的信息素来标记它们在决策空间中的路径。下一代蚂蚁被早期蚂蚁留下的信息素踪迹所吸引,因此,它们搜索好解的附近解空间。除了信息素值,蚂蚁还受到一些特定问题的启发(一种特定的正在解决的问题的经验法则)。ACO 算法将关于有希望的解决方案的先验信息与关于先前获得的好的解解决方案的后验信息合并。

ACO 算法用于解决组合优化问题[21,23]。分配问题是一个组合优化问题,其中一组项目或对象被分配给一组资源或位置。这样的赋值可以表示为从集合 I 到集合 J 的映射。要最小化的目标函数是所完成赋值的函数。考虑对 (i, j),其中 i 是项,j 是资源。信息素踪迹 τ_{ij} 是将 i 分配给 j 的符合期望的。

我们可以看到,WRM 滤波器优化是一个分配问题,其中整数权重被分配给 WRM 滤波器的特定数据点,目标函数是最小化 M 个样本上的平均绝对误差。我们找到最小化方程式(23.5)的权重向量 w。考虑权重 $w = (w_{-2}, w_{-1}, w_0, w_1, w_2)$ 的 5 点 WRM 滤波器。我们希望从整数集合(1,2,3,4)中分配权重,以使式(23.5)中的误差最小化。

23.4.1 蚁群算法

本节介绍 ACO 算法的各个组成部分。

初始解决方案集:这个解决方案集是使用不重复的解决方案创建的,并且其中任何两个解决方案都不能通过交换元素相互转换。

信息素踪迹矩阵:蚁群算法的一个重要特点是对信息素踪迹的管理。与目标函数一起,信息素跟踪值被用来从现有的解中构造新的解。信息素踪迹值衡量溶液中含有元素的可取性。这些被保持在具有元素 τ_{ij} 的信息素矩阵 T 中。

23.4.2 滤波器权重优化

这部分讨论了蚁群算法在 WRM 滤波器优化问题中的应用。

解的初始化：最初，每个蚂蚁 k 被分配一个随机选择的解 w^k，使得没有两个蚂蚁具有相同的初始解。总共用了 m 只蚂蚁。利用局部搜索过程对每个初始蚂蚁解进行改进，并将最优解标记为 w^*。

信息素跟踪初始化：信息素矩阵分量 τ_{ij} 测量在 N 点过滤器中的第 j 个数据点分配权重的合意性。在权重分配问题中，T 矩阵的大小为 $N \times \text{Max}$，其中 N 是 WRM 滤波器中的点数，Max 是可以分配权重的最大正整数值。这里考虑 Max = 4 和 $N = 5$，通过将所有信息素踪迹 τ_{ij} 设置为相同的初始值 τ_0 来创建信息素矩阵 T。信息素踪迹决定了所获得解决方案的质量，因此，τ_0 必须取值取决于溶液的值。我们选择设置 $\tau_0 = Q/f(w^*)$，其中 w^* 表示最佳初始解，Q 是可以从数值实验中找到的常数。

解的构建：每只蚂蚁对自己的解 w^k 进行基于信息素踪迹的修改。它包括以下步骤：选择 N 点滤波器的任意滤波器数据点 r，然后选择第二点 s，使得 $s \neq r$，并且在当前解决方案 w 中交换权重 w_r 和 w_s。选择第二索引 s，使得 $\tau_{rw_s} + \tau_{sw_r}$ 的值最大。通过利用信息素轨迹，为每只蚂蚁得到一个新的解 $\hat{w}^k$，它给出了信息素值最高的最理想路径。

局部搜索改进：局部搜索涉及探索当前解 $\hat{w}^k$ 的邻域。它包括改变权重 w_r，同时保持其他权重不变，以产生 $\hat{w}^k$。改进被记录为 $\Delta(\hat{w}^k, r, s)$ 这是当权重 w_r 随 s 变化时目标函数 $f = (w)$ 的差值，其中 s 可以是除 w_r 之外的任何整数权重。对过滤器的所有数据点重复此过程。以目标函数为度量，求出最优解 $\tilde{w}^k$。如果没有发现改进，则不改变蚂蚁获得的早期解 $\hat{w}^k$。

信息素跟踪改进：信息素有几种不同的更新规则。针对目前的问题，我们采用蚁群系统（ACS）信息素更新算法。每只蚂蚁都会应用此更新：

$$\tau_{ij} = (1-\alpha)\tau_{ij} + \alpha\tau_0 \tag{23.6}$$

式中：α 是控制信息素蒸发的参数，称为信息素蒸发速率（$0 < \alpha < 1$）。

终止条件：当预定义数量的蚂蚁在生成（niter）解空间中完成搜索时，即达到终止条件。

算法的不同步骤在下面列举为伪代码。

Generate m ants with each ant being given different weight permutation w^k.
/ * Initialization * /

Generate all possible different non-arranged permutations and randomly assign them to m ants.

Improve the weights $w^1, w^2, w^3, \cdots, w^m$ by the local search procedure. Let w^* be the best solution.

Initialize the pheromone matrix T

/* main loop */

For $i = 1$ to niter

/* solution construction */

For each permutation $w^k(i) (1 \leq k \leq m)$ do

Apply r pheromone trail swaps to $w^k(i)$ to obtain $\hat{w}^k(i)$

Apply the local search procedure to $\hat{w}^k(i)$ to obtain $\tilde{w}^k$

End For

/* pheromone trail updating */

Update the pheromone trail matrix

End for if /* terminating condition */

参数 Q、niter、m 和 α 是通过数值实验得到的。

23.5 数值实验

用不同的参数设置 Q、迭代次数、蚂蚁个数 m 和信息素挥发率 α 对 100 个噪声斜坡输入信号的蚁群算法进行了测试。当迭代次数为 1~10 次时，蚂蚁数 m 在 2~10 变化；蒸发速率在 0.1~0.9 变化，以 0.4 为宜。

蚂蚁数量是高质量解决方案的主要参数。解决方案随着蚂蚁数量的增加而改进，如表 23.2 所列，一个有 3 次迭代的情况。蚂蚁的最佳数目为 8~10 只，因此，选择 10 只蚂蚁作为迭代次数的最佳值。

根据解质量和模拟时间，最佳迭代次数为 3 次，如表 23.3 所列。最终的参数设置为 $\alpha = 0.4, Q = 0.1$, niter $= 3, m = 10$。数值实验表明，所获得的参数与所用噪声信号的类型无关。最后将蚁群算法应用于 3 种不同类型的含噪测试信号。

使用蚁群算法获得的最佳滤波器权重如表 23.4 所列。WRM 滤波器的性能与 SM 和 RM 滤波器的性能在表 23.5 中进行了比较。这些比较是针对 1000 个噪声数据点的不同集合，与用于寻找滤波器最优权重的数据点相比。

表 23.2　目标函数随蚂蚁数量的变化（niter = 3）

蚂蚁数量	MAE 值	最优权重
1	0.3209	[1 4 3 1 3]
2	0.2899	[3 3 2 2 4]
3	0.3206	[3 1 3 4 1]
4	0.2854	[3 1 2 1 3]
5	0.2854	[4 1 2 1 4]
6	0.2854	[3 1 2 1 3]
7	0.3206	[3 1 3 4 1]
8	0.2817	[4 1 2 2 3]
9	0.2854	[4 1 2 1 4]
10	0.2771	[4 1 2 2 3]

表 23.3　目标函数随迭代次数的变化（$m=10$）

迭代次数	MAE 值	权重
2	0.2795	[3 1 2 1 3]
3	0.2771	[4 1 2 2 3]
4	0.2771	[4 1 2 2 3]
5	0.2795	[3 1 2 1 3]

表 23.4　最优 WRM 滤波器权重

信号类型	w_{-2}	w_{-1}	w_0	w_1	w_2
阶跃信号	4	2	3	1	4
斜坡信号	4	1	2	2	3
组合信号	3	1	2	1	3

表 23.5　滤波器的平均绝对误差

信号类型	SM 滤波	RM 滤波	WRM 滤波
阶跃信号	0.3638	0.3031	0.2426
斜坡信号	0.3856	0.3739	0.2773
组合信号	0.3999	0.3930	0.3027

为了量化使用最优 WRM 滤波器处理噪声数据的优势，我们定义了如下降噪措施：

$$\rho = 100\, \frac{\text{MAE}^{\text{噪声}} - \text{MAE}^{\text{滤波}}}{\text{MAE}^{\text{噪声}}} \tag{23.7}$$

表 23.5 显示了 WRM 滤波器的改进情况。具有表 23.4 中给出的权重的 WRM 滤波器提供了 52%~64% 的噪声降低。相比之下，RM 滤波器的降噪效果为 41%~55%，而 SM 滤波器的降噪效果仅为 40%~46%。注意：RM 滤波器可以被认为是具有单位权重的 WRM 滤波器。SM 滤波器和 RM 滤波器结果之间的改善是由于在 RM 滤波器中引入了递归。由于使用蚁群算法获得的最优权重，RM 和 WRM 结果之间发生了改进。如燃气轮机诊断的模拟信号所示，表 23.6 中的降噪值清楚地证明了 WRM 滤波器比 SM 和 RM 滤波器性能更好。

表 23.6　简单中值、递归中值和蚁群设计的加权递归中值滤波器的降噪

信号类型	ρ^{SM}	ρ^{RM}	ρ^{WRM}
阶跃信号	45.87	54.90	63.90
斜坡信号	42.49	44.23	55.13
组合信号	40.04	41.07	51.94

WRM 滤波器提供了 52%~64% 的噪声降低。特别地，与噪声信号相比，阶跃信号、斜坡信号和组合信号的降噪效果分别为 64%、55% 和 52%。因此，蚁群算法是研制 WRM 滤波器的有效途径。

23.6　结论

在对燃气轮机测量信号进行故障检测和隔离之前，对其进行去噪处理是机器诊断的重要组成部分。诸如 WRM 滤波器之类的非线性滤波器对这些问题很

有吸引力,因为它们不能平滑信号中的阶跃变化,这些阶跃变化通常指示单一故障的开始。然而,建议用于燃气轮机诊断的 WRM 等过滤器需要针对具体应用进行优化。

本章研究了用蚁群算法求解 WRM 滤波器的最优整数权重的问题。发现了 WRM 滤波器权重优化问题和二次分配问题之间的相似性。模拟突变和渐进故障的图像进行噪声污染,然后,找出噪声最小的 WRM 滤波器权重值。通过数值实验,找出了蚁群算法应用所需的最佳参数。与使用单位权重的 RM 滤波器相比,本文提出的 WRM 滤波器的噪声降低了 52%~64%,而使用单位权重的 RM 滤波器的噪声降低了 41%~55%。对于所考虑的阶跃、斜坡和组合图像,由于使用了蚁群算法得到的权重,通过滤波器优化获得了约 9%、11% 和 10% 的降噪增益。

致谢 作者感谢印度理工学院孟买本科生 ChintanRaikar 先生运行本章中的模拟。

参考文献

1. Chauhan, V., & Surgenor, B. (2015). A comparative study of machine vision based methods for fault detection in an automated assembly machine. *Procedia Manufacturing, 1*, 416–428.
2. Volponi, A. J., Depold, H., Ganguli, R., & Daguang, C. (2003). The use of Kalman filter and neural network methodologies in gas turbine performance diagnostics: A comparative study. *Journal of Engineering for Gas Turbine and Power, 125*(4), 917–924.
3. Lu, P. J., Zhang, M. C., Hsu, T. C., & Zhang, J. (2001). An evaluation of engine fault diagnostics using artificial neural networks. *Journal of Engineering for Gas Turbine and Power, 123*(2), 340–346.
4. Rodríguez-Quiñonez, J. C., Sergiyenko, O., Flores-Fuentes, W., Rivas-lopez, M., Hernandez-Balbuena, D., Rascón, R., & Mercorelli, P. (2017). Improve a 3D distance measurement accuracy in stereo vision systems using optimization methods' approach. *Opto-Electronics Review, 25*(1), 24–32.
5. Miranda-Vega, J. E., Rivas-Lopez, M., Flores-Fuentes, W., Sergiyenko, O., Rodríguez-Quiñonez, J. C., & Lindner, L. (2019). Methods to reduce the optical noise in a real-world environment of an optical scanning system for structural health monitoring. In *Optoelectronics in machine vision-based theories and applications* (pp. 301–336). IGI Global.
6. Mohan, A., & Poobal, S. (2018). Crack detection using image processing: A critical review and analysis. *Alexandria Engineering Journal, 57*(2), 787–798.
7. Uday, P., & Ganguli, R. (2010). Jet engine health signal denoising using optimally weighted recursive median filters. *Journal for Engineering in Gas Turbine and Power, 132*(4), 41601–41608.
8. Ganguli, R. (2002). Fuzzy logic intelligent system for gas turbine module and system fault isolation. *Journal of Propulsion and Power, 18*(2), 440–447.
9. Ganguli, R. (2012). *Gas turbine diagnostics*. Boca Raton, FL: CRC Press.
10. Lu, P. J., & Hsu, T. C. (2002). Application of autoassociative neural network on gas-path sensor data validation. *Journal of Propulsion and Power, 18*(4), 879–888.
11. Surender, V. P., & Ganguli, R. (2004). Adaptive myriad filter for improved gas turbine condition monitoring using transient data. *ASME Journal of Engineering for Gas Turbines and Power, 127*(2), 329–339.

12. Ganguli, R., & Dan, B. (2004). Trend shift detection in jet engine gas path measurements using cascaded recursive median filter with gradient and laplacian edge detector. *ASME Journal of Engineering for Gas Turbine and Power, 126*, 55–61.
13. Yang, R., Gabbouj, M., & Neuvo, Y. (1995). Fast algorithms for analyzing and designing weighted median filters. *Signal Processing, 41*(2), 135–152.
14. Arce, G. R., & Paredes, J. L. (2000). Recursive weighted median filter admitting negative weights and their optimization. *IEEE Transactions in Signal Processing, 483*(3), 768–779.
15. Lin, Y. L., Chang, W. D., & Hsieh, J. G. (2008). A particle swarm approach to nonlinear rational filter modeling. *Expert Systems with Applications, 34*(2), 1194–1199.
16. Zhao, C., & Zhang, W. (2005). Using genetic algorithm optimizing stack filters based on MMSE criterion. *Image and Vision Computing, 23*(10), 853–860.
17. Karaboga, N., Kalinli, A., & Karaboga, D. (2004). Designing digital IIR filters using ant colony optimization algorithm. *Engineering Applications of Artificial Intelligence, 17*(3), 301–309.
18. Dorigo, M., Maniezzo, V., & Colorni, A. (1996). Ant system: Optimization by a colony of cooperating agents. *IEEE Transaction on Systems, Man and Cybernetics Part B Cybernetics, 26*(1), 29–41.
19. Raikar, C., & Ganguli, R. (2017). Denoising signals used in gas turbine diagnostics with ant colony optimized weighted recursive median filters. *INAE Letters, 2*(3), 133–143.
20. Brownrigg, D. R. K. (1984). The weighted median filter. *Communications of the ACM, 27*(8), 807–818.
21. Dorigo, M., & Stutzle, T. (2005). *Ant colony optimization*. New Delhi: Prentice Hall of India Private Limited.
22. Boryczka, U., & Kozak, J. (2015). Enhancing the effectiveness of ant colony decision tree algorithms by co-learning. *Applied Soft Computing, 30*, 166–178.
23. Gambardella, L. M., Taillard, E. D., & Dorigo, M. (1999). Ant colonies for the quadratic assignment problem. *The Journal of the Operational Research Society, 50*(2), 167–176.

第 24 章

小型化微波 GSG 纳米探针的控制与自动化

Alaa Taleb, Denis Pomorski, Christophe Boyaval,
Steve Arscott, Gilles Dambrine, Kamel Haddadi[①]

24.1 引言

24.1.1 背景

为了推动电子电路小型化的发展,必须解决与纳米电子器件的尺寸和电学特性相关的新的计量问题[1]。此外,微波条件下高阻抗 1D 或 2D 纳米器件的电学特性仍然具有挑战性[2]。典型的高频(HF)器件表征采用向量网络分析仪,探针站配备一对微波 GSG 探头,通过显微镜或摄像系统手动对准到校准基板和

---

① A. Taleb
Univ. Lille, CNRS, Centrale Lille, UMR 9189—CRIStAL—Centre de Recherche en Informatique, Signal et Automatique de Lille, Lille, France

D. Pomorski
Univ. Lille, CNRS, Centrale Lille, UMR 9189—CRIStAL—Centre de Recherche en Informatique, Signal et Automatique de Lille, Lille, France
Univ. Lille, IUT A—Département GEII, Lille, France
e‑mail: denis.pomorski@univ‑lille.fr

C. Boyaval · S. Arscott · G. Dambrine
Univ. Lille, CNRS, Centrale Lille, ISEN, Univ. Valenciennes, UMR 8520—IEMN, Lille, France
e‑mail: christophe.boyaval@univ‑lille.fr; steve.arscott@univ‑lille.fr;
gilles.dambrine@univ‑lille.fr

K. Haddadi
Univ. Lille, CNRS, Centrale Lille, ISEN, Univ. Valenciennes, UMR 8520—IEMN, Lille, France
Univ. Lille, IUT A—Département GEII, Lille, France
e‑mail: kamel.haddadi@univ‑lille.fr

测试设备上[3-4]。传统的 HF 测试结构需要大约 $50 \times 50\ \mu m^2$ 的探测垫来适应探针尖端的几何形状(中心到中心间距为 100μm,接触面积为 $20\mu m \times 20\mu m$)。因此,在 50fF 范围内与焊盘相关的非本征寄生电容不兼容于解决纳米器件的计量问题。此外,实际的可视化和位移/定位技术不够精确,无法确保微米和纳米级的探头尖端和焊盘之间的可重复接触。

文献中描述了针对纳米级射频计量的深入研究。2005 年,首次测量了电阻低于 $200k\Omega$ 的金属单壁纳米管(SWNT)的高频电导。插入共面波导(CPW)传输线的频率高达 10GHz[5]。2008 年,开发了一种用于宽带的晶圆上技术和校准方法高达 40GHz 的 GaN 纳米线的电学特性[6]。2010 年,为了提高向量网络分析仪(VNA)的灵敏度,在特定的高阻抗 Wheaston 电桥中插入了单个 SWNT,以降低向量网络分析仪和高阻抗纳米器件之间的阻抗不匹配[7]。还提出了其他间接测量方法,包括用作谐振器或微波探测器的纳米管晶体管[8],文献[9]证明它们的 GHz 工作。尽管有这些开创性的工作,但在 GSG 探测结构不断缩小的时代,商业上可用的探针与典型的纳米器件所需的探针之间仍然存在差距。

这项工作的目标是开发新一代晶圆上探测仪器,专门用于微纳器件的 HF 定量表征。在这种规模下,可视化、对准精度、定位和重复性都需要合适的技术。在所提出的解决方案中,探针安装在纳米定向器上,通过扫描电子显微镜(SEM)而不是光学来确保可视化。这种方法存在测量重复性和准确性问题。因此,我们开发了一种独特的仪器,它是传统的晶圆上探针站和显微镜工具之间的折中。我们制造了基于微机电系统(MEMS)技术的小型化微波地-信号-地(GSG)探针[10]。与传统的宏观晶片上探测结构相比,微米 CPW 共面波导测试结构被设计和制造来容纳小型化的探针,并确保准横向电磁(准TEM)模式传播到嵌入在测试结构中的纳米级器件[11]。探针安装在纳米定向器上,扫描电镜确保成像。在文献[12]中,对纳米机器人晶圆上探针站的发展进行了详细的研究。

24.1.2 扫描电镜(SEM)的简介

扫描电镜[13](图 24.1)包括观察表面(衬底)的地形。其操作基本上依赖于在扫描表面的一次电子束(3)的冲击下观测表面(2)出现的二次电子(1)的检测。从基片(图 24.2)获得的分离功率通常小于 5nm 和很大的景深。

无须详细介绍扫描电镜的内部功能,这项工作的总体思路是将一个由 3 个对齐点组成的探针(图 24.2)定位在基底的一个元件(图案)上。因此,这是一个 4 个自由度的系统,需要控制 3 个纳米定位器 SmarAct™(图 24.3)[14]在 X、Y 和 Z 方向上的位移,以及一个纳米定位器围绕旋转轴转角 θ。

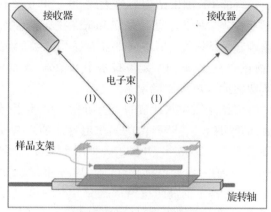

图 24.1　SEM 示意图

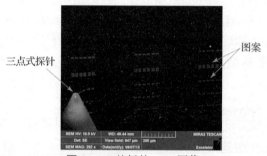

图 24.2　基板的 SEM 图像

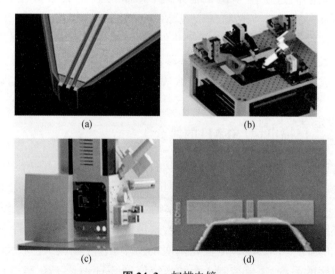

图 24.3　扫描电镜

(a)探针的 SEM 图像；(b)探针纳米定位平台；
(c)扫描电子显微镜 Tescan Mira XMU；(d)接触测试结构探针的 SEM 图像。

24.1.3 使用说明

产品的使用说明如下。

首先,我们建议对任何线性纳米定向器进行建模和控制。在这项研究中,我们关注 3 个线性纳米分子 X、Y 和 Z(24.2 节)。

线性纳米定向器 X 和 Y 都可以通过考虑最小响应时间来控制。线性纳米定位器 Z 必须在不超过设定点的情况下进行控制(以避免 DUT 上的探针尖端崩溃)。

24.3 节介绍了一种用于控制 θ 中的纳米定位器以便在图像上对准探针的方法。

最后,一种检测兴趣点的简单方法(Harris 方法)允许确定每个纳米定位器在 X、Y 和 Z 的设定值(24.4 节)。

通过整个过程,我们可以将探针精确定位在基板的任何位置。

24.2 基于 LabVIEW™ 的线性纳米定位器的建模与控制

24.2.1 这项研究的中心思想

本研究的主要思想是使用 LabVIEW™(图 24.4)[15-16] 从两个基本模块完全掌握纳米操纵器控制链:

图 24.4 与 LabVIEW™ 一起使用的块

(a)设定点块;(b)位置采集块。

(1)设定点或控制块。
(2)用于获取纳米定位器的实际位置的块。

这两个元件允许与纳米定位器实时相互作用(图 24.5)。

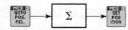

图 24.5 LabVIEW™ 控制纳米定位器

因此,我们可以使用传统的控制回路来控制纳米操纵器(图 24.6),执行硬件在环(Hardware-in-the-Loop)测试。

为了实现对纳米操纵器的精确控制,必须对其传递函数进行辨识。我们认为系统是线性的。这一假设与实验并不矛盾。

图 24.6 纳米定位器的控制回路($e(t)$表示纳米定位器的所需位置——设定点；$s(t)$是其测量/实际位置；PID控制器根据误差值$\varepsilon(t)$的比例项、积分项和导数项连续进行校正；ε是所需位置(设定点$e(t)$)和测量/实际位置$s(t)$之间的差值)

我们建议使用一种(或某些)基本辨识方法来辨识其线性传递函数。

24.2.2 建模

在测试了两种开环辨识方法后,提出了一种更精确的闭环辨识方法。

24.2.2.1 纳米定位器开环传递函数的辨识

首先,让我们试着确定纳米定位器的开环传递函数(图24.7)。

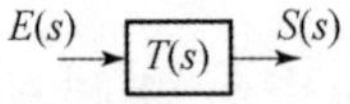

$$E(s) \rightarrow \boxed{T(s)} \rightarrow S(s)$$

图 24.7 纳米定位器的开环传递函数(其中$E(s)$是所需(期望)位置$E(t)$的拉普拉斯变换；$S(s)$是实际位置$s(t)$的拉普拉斯变换；$T(s)$是纳米定位器的传递函数；$T(s)$表示纳米定位器的脉冲响应的拉普拉斯变换)

例如,设定点值固定在1000nm。图24.8显示了纳米定位器相对于时间的所需位置(红色)和实际位置(蓝色)。为使曲线更清晰,X轴以1/10s为刻度单位(1单位=1/10s)表示测量位置的采样周期。

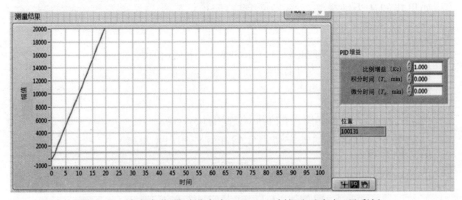

图 24.8 纳米定位器对设定点1000nm时的开环响应(见彩插)

纳米定位器作为一个纯粹的整合子在全球范围内起作用。此属性允许我们假设闭环永久误差($t\rightarrow\infty$时恒定设定点的输出与设置点之间的差值)为零。没有PID控制器(或有增益因子等于1的比例控制器)的实际闭环响应(图24.9)证实了这一点。

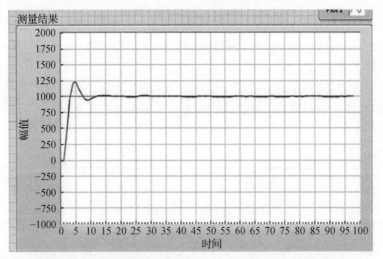

图 24.9 纳米定位器对设定点 1000nm 时的闭环响应(见彩插)

比例修正似乎足够了(图 24.10)。

图 24.10 纳米定位器的比例修正

纳米定位器传递函数的识别只能通过数学表达式的假设来执行。

第一种假设：

如果我们认为纳米定位器表现为纯积分器，则其传递函数如下：

$$T(s) = \frac{K}{s} \tag{24.1}$$

从辨识中，我们得到 $K = 1.05$。

然而，闭环纳米定位器显示，对于 K_c 的某些值，存在设定点值的超调(如图 24.9)。

因此，必须摒弃第一种假设，至少支持二阶模型。

第二种假设：

传递函数如下：

$$T(s) = \frac{K}{s(1+\tau s)} \tag{24.2}$$

表达式"$(1+\tau s)$"只有在 $t \to 0$ 时才具有优势作用，并且它可以被视为时间延迟(dead time τ)，用泰勒级数展开：$e^{-\tau s} \sim \dfrac{1}{1+\tau s}$。

根据先前的标识，$\tau = 1$ 单位 $= 100$ ms。因此，传递函数变为

$$T(s) = \frac{1.05}{s(1+s)} \quad (24.3)$$

然而,模型(图 24.11)和实际系统(图 24.9)的闭环响应相差较多,不能认为模型是正确的。

在采样周期为 100ms 的情况下,开环传递函数的辨识方法是不准确的。因此,我们选择使用闭环传递函数的识别来分别识别参数 K 和 τ。

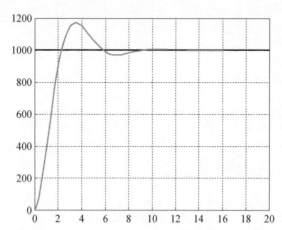

图 24.11　模型(式(24.3))对设定点 1000nm 的闭环响应

24.2.2.2　闭环纳米定位

考虑开环传递函数 $T(s) = \dfrac{K}{s(1+\tau s)}$ 和具有等于 K_c 的增益因子的比例控制器的第二种假设,纳米定位器的闭环传递函数如下:

$$H(s) = \frac{S(s)}{E(s)} = \frac{1}{1 + \dfrac{1}{KK_c}s + \dfrac{\tau}{KK_c}s^2} \quad (24.4)$$

我们可以依靠线性系统自动控制的众所周知的方程:

(1) 二阶传递函数的标准形为

$$H(s) = \frac{S(s)}{E(s)} = \frac{K}{1 + \dfrac{2z}{\omega_n}s + \dfrac{1}{\omega_n^2}s^2} \quad (24.5)$$

式中:K 是增益;z 是阻尼因子;ω 是无阻尼的固有频率。

(2) 关于阻尼系数的第一个超调为

$$D = e^{\frac{-\pi z}{\sqrt{1-z^2}}} \quad (24.6)$$

(3) 相对于阻尼因子和无阻尼固有频率的伪振荡周期为

$$T = \frac{2\pi}{\omega_n \sqrt{1-z^2}} \qquad (24.7)$$

从式(24.4)到式(24.7),参数 τ 和 K 可以确定为 T 和 D 的函数。

比较式(24.4)和式(24.5),可以得到

$$K = 1, \quad \omega_n = \sqrt{\frac{KK_c}{\tau}}, \quad z = \frac{1}{2\sqrt{\tau KK_c}} \qquad (24.8)$$

通过将 ω_n 乘以 z 得出 τ,即

$$\tau = \frac{1}{2\omega_n z} \qquad (24.9)$$

由式(24.7)和式(24.9),可得

$$\tau = \frac{1}{2\dfrac{2\pi}{T\sqrt{1-z^2}}z} \qquad (24.10)$$

并且由式(24.6)得

$$\tau = \frac{-T}{4\ln D} \qquad (24.11)$$

由上式可确定 τ。

式(24.8)中 ω_n 除以 z,可得

$$KK_c = \frac{\omega_n}{2z} \qquad (24.12)$$

根据式(24.7)中 $\omega_n = \dfrac{2\pi}{T\sqrt{1-z^2}}$ 和式(24.6)中 $z = -\dfrac{1}{\pi}\sqrt{1-z^2}\ln D$,可得

$$\frac{\omega_n}{z} = -\frac{2\pi^2}{T(1-z^2)\ln D} \qquad (24.13)$$

由式(24.6)可得

$$z^2 = \frac{(\ln D)^2}{\pi^2 + (\ln D)^2} \qquad (24.14)$$

将 z^2 代入式(24.13)得

$$\frac{\omega_n}{z} = -\frac{2(\pi^2 + (\ln D)^2)}{T\ln D} \qquad (24.15)$$

因此,由式(24.12)得

$$KK_c = -\frac{\pi^2 + (\ln D)^2}{T\ln D} \qquad (24.16)$$

总而言之,式(24.11)和式(24.16)可以确定参数 K 和 τ。

(1)闭环纳米定位器阶跃响应的参数 T 和 D 的识别。
(2)用户安装的控制器的 K_c 的知识。

在实验上,闭环纳米定位器的增益 $K_c = 1$。我们确定了以下参数:超调 $D = 25\%$,振荡周期 $T = 800\text{ms}$(即 8 个单位)。由式(24.11)和式(24.16),我们得到

$$\tau = 1.443 \text{ 单位} = 144.3\text{ms} \quad \text{和} \quad K = 1.0632 \tag{24.17}$$

因此,开环纳米定位器的传递函数

$$T(s) = \frac{1.0632}{s(1 + 1.443s)} \tag{24.18}$$

最后,模型的闭环响应(图 24.12)和实际纳米定位器(图 24.9)是完全相同的。

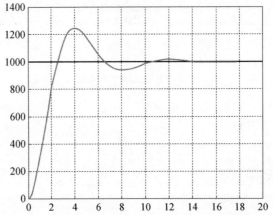

图 24.12 模型式(24.18)对设定点 1000nm 的闭环响应

24.2.3 LabVIEW™实现控件

对于所有的 K_c 测试值,模型和纳米定位器的闭环响应是完全相同的。K_c 的一些值如下。

(1)当 $K_c = 0.33$ 时,纳米定位器具有最小的响应时间,即闭环纳米定位器的阻尼因子为 $z = \frac{1}{\sqrt{2}}$(图 24.13(a))。

(2)当 $K_c = 0.163$,没有纳米定位器的超调,即 $z = 1$(图.24.13(b))。

无论设定点和增益 K_c 如何,在纳米定位器的物理极限内,实际的纳米定位器(图 24.14(a))和模型(图 24.14(b))的闭环响应都是严格相同的。作为示例,下面给出了对 2000nm 的设定点和 $K_c = 1$ 的响应。

我们可以得出结论,纳米定位器的建模是正确的。当 $K_c = 0.33$ 时,得到了该模型的最小响应时间。

根据 Z 轴的不同,纳米定位器不能超过设定点值;否则,探针可能会压碎(从而破裂)到基板上。只需设置 $K_c = 0.163$ 即可。X 和 Y 的控制可以在最短的响应时间内实现($K_c = 0.33$)。

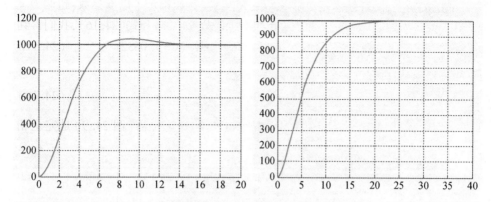

图 24.13 纳米定位器的控制

(a) $K_c = 0.33$; (b) $K_c = 0.163$。

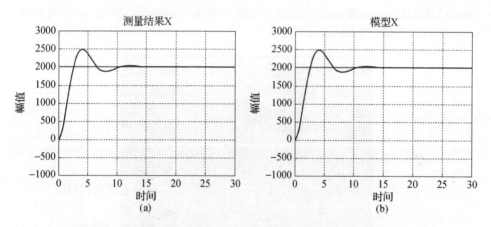

图 24.14 (a) 纳米定位器响应; (b) 模型响应: 设定点 = 2000nm, $K_c = 1$

24.3 角度控制:基于 Matlab 的可行性分析

本节提出一种简单的实时方法,通过使用样品支架的角度控制,使 3 个探针尖端在一条假想线(图 24.15 中的横线)上对齐基底图案。

这个可行性研究基于简单高效的图像处理技术,可以在 Matlab™ 语言的环境下实现。

图 24.15 显示了像素为灰度级的深度图像(0 表示黑色,对应于较远的像素;255 表示白色,对应于最近的像素)。

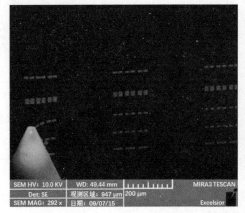 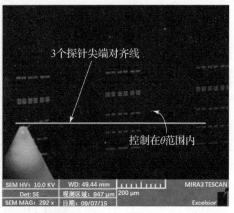

图 24.15　探针头与图案对齐的原理

一个详尽的解决方案包括扫描图像的所有可能旋转(Matlab™下的函数不旋转(IMAGE,θ)),并保留虚构横线上灰度之和最大的一个。因此,这条线上有最多的白色像素(图 24.16)。

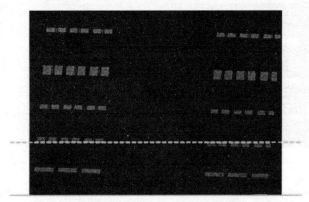

图 24.16　探针尖端与图案对齐

另一种解决方案是用梯度方法来获得对应于局部最优角度的局部最大值。这个方法的总体思想是:只要灰度级总和高于前一次迭代,就执行旋转。

这些解决方案(穷举法和梯度法)的实现不成问题,并且允许实时控制样品保持器。

24.4　纳米定向器设定点三坐标轴的确定

本节我们提出了一种简单的图像处理:一方面可以检测表单;另一方面可以检测兴趣点。这些兴趣点的坐标将表示 3 个线性纳米定向器 X、Y 和 Z 的设定值。

24.4.1 检测模式

其总体思想是将灰度图像转换为二值图像。灰度级的阈值允许获得黑白图像。该阈值可以被确定为初始图像的灰度级的中值。

如果所得到的二进制图像噪声太大,则可以通过忽略,例如,由少于 P 个像素组成的所有实心形状(Matlab^{TM} 下的函数 bwareaopen(bw_image,P))来执行滤波。

P 是一个参数,它必须比图案的尺寸(像素数)小得多,这样在此过滤操作中就不会删除它们。P 也必须足够大以提供有效的过滤。

图 24.17 显示了用这个简单的方法从图 24.16 的图像中获得的结果。

图 24.17　图案检测

24.4.2 检测要到达的点

为了检测灰度图像中的感兴趣区域,可以容易地使用 Harris 方法[17-18](如 Matlab^{TM} 下的函数角(bw_image,NB_corners))。

例如,这种方法用于提取轮廓的角点,它基于灰度级的导数来定位强度在一个或多个方向上强烈变化的点。

对于给定的像素(u,v),让我们考虑:

(1)其像素强度 $I(u,v)$;

(2)其邻域 $w(u,v)$——Harris 和 Stephens 建议使用平滑圆形窗口作为高斯滤波器 $w(u,v) = \exp(-(u^2+v^2)/(2\sigma^2))$。

小位移(x,y)的平均强度变化为

$$E(x,y) = \sum_{u,v} w(u,v) \cdot (I(x+u, y+v) - I(u,v))^2 \quad (24.19)$$

考虑强度函数 I 在面积 (u,v) 的泰勒展开式：

$$I(x+u, y+v) = I(u,v) + x\frac{\delta I}{\delta x} + y\frac{\delta I}{\delta y} + o(x^2, y^2) \quad (24.20)$$

式中：$\frac{\delta I}{\delta x}$ 和 $\frac{\delta I}{\delta y}$ 是 I 的偏导数。

可以得到如下关系式：

$$E(x,y) = \sum_{u,v} w(u,v) \cdot \left(x\frac{\delta I}{\delta x} + y\frac{\delta I}{\delta y} + o(x^2, y^2)\right)^2 \quad (24.21)$$

通过忽略小位移项 $o(x^2, y^2)$，可以表示为

$$E(x,y) = Ax^2 + 2Cxy + By^2 \quad (24.22)$$

式中：$A = \frac{\delta I^2}{\delta x} \otimes w$；$B = \frac{\delta I^2}{\delta y} \otimes w$；$C = \frac{\delta I \delta I}{\delta x \delta y} \otimes w$，其中 $\otimes$ 为卷积函数。

$E(x,y)$ 也可以表示为

$$E(x,y) = (x,y) M (x,y)^t \quad (24.23)$$

式中：M 称为结构张量 $M = \begin{pmatrix} A & C \\ C & B \end{pmatrix}$，是对称正矩阵。

矩阵 M 表征函数 E 的局部行为。

实际上，这个矩阵的特征值对应于与 E 相关的主曲率。

(1) 若这两个特征值都很大，则强度在所有方向上都会变化较大，就存在一个角点。

(2) 若两个特征值较小，则强度在所关注的区域近似恒定，就得到一个均匀的区域。

(3) 若两个特征值完全不同，则处于轮廓状态。

Harris 和 Stephen 建议基于以下公式检测角点，而不是用特征值：

$$R = \mathrm{Det}(M) - k \cdot \mathrm{trace}(M)^2 = \lambda_1 \lambda_2 - k(\lambda_1 + \lambda_2)^2 \quad (24.24)$$

式中：$\mathrm{Det}(M) = AB - C^2$ 和 $\mathrm{trace}(M) = A + B$。

k 是由经验确定的常数，$k \in [0.04; 0.06]$。

R 值在角点附近为正值，在等高线附近为负值，在恒定强度的区域中为弱值。

因此，在图像中寻找角点包括寻找 R 的局部最大值。

这种方法在 SEM 图像上给出了很好的结果（图 24.18）。

这些兴趣点的坐标表示纳米定位器 X、Y 和 Z 的设置点值。

第24章 小型化微波 GSG 纳米探针的控制与自动化

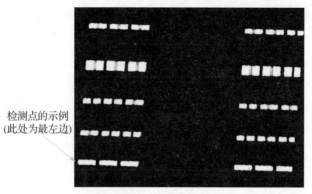

图 24.18　检测目标点

24.5　结论

本章介绍了一种控制纳米机械手的跨学科方法。首先,我们运用经典的自动线性工具来识别沿 X、Y 和 Z 轴的 3 个纳米定向器系统的传递函数。这个器件允许精确控制 Labview™ 中的任何纳米操纵器,具有所需设置点的超调(根据 X 和 Y 的最小响应时间)或无超调(以避免在 Z 方向压碎基板上的探头尖端)。其次,我们设计了一种角度控制方法(在 Matlab™ 下)来使探头尖端与部件对准。最后,通过检测兴趣点(使用 Harris 探测器),可以在 X、Y 和 Z 方向上确定每个纳米定位器的设定值。

致谢　这项工作得到了法国国家研究机构(ANR)的支持,该机构隶属于 EquipExExcelsior(www.excelsior-ncc.eu)。

参考文献

1. The International Technology Roadmap for Semiconductors (ITRS). (2013). Retrieved from http://www.itrs.net/Links/2013ITRS/2013Chapters/2013ERD.pdf.
2. Happy, H., Haddadi, K., Théron, D., Lasri, T., & Dambrine, G. (2014). Measurement techniques for RF nanoelectronic devices: New equipment to overcome the problems of impedance and scale mismatch. *IEEE Microwave Magazine, 15*(1), 30–39.
3. Rumiantsev, A., & Doerner, R. (2013). RF Probe Technology. *IEEE Microwave Magazine, 14*, 46–58.
4. Daffé, K., Dambrine, G., Von Kleist-Retzow, F., & Haddadi, K. (2016). RF wafer probing with improved contact repeatability using nanometer positioning. In *87th ARFTG Microwave Measurement Conference Dig, San Francisco, CA*, pp. 1–4.
5. Yu, Z., & Burke, P. J. (2005). Microwave transport in single-walled carbon nanotubes. *Nano Letters, 5*(7), 1403–1406.
6. Wallis, T., Imtiaz, A., Nembach, H., Bertness, K. A., Sanford, N. A., Blanchard, P. T., & Kabos, P. (2008). Calibrated broadband electrical characterization of nanowires. In *2008 Conference on Precision Electromagnetic Measurements Digest, Broomfield, CO*, pp. 684–685.
7. Nougaret, L., Dambrine, G., Lepilliet, S., Happy, H., Chimot, N., Derycke, V., & Bourgoin,

J.-P. (2010). Gigahertz characterization of a single carbon nanotube. *Applied Physics Letters, 96*(4), 042109-1–042109-3.
8. Li, S., Yu, Z., Yen, S.-F., Tang, W. C., & Burke, P. J. (2004). Carbon nanotube transistor operation at 2.6 GHz. *Nano Letters, 4*(4), 753–756.
9. Rosenblatt, S., Lin, H., Sazonova, V., Tiwari, S., & McEuen, P. L. (2005). Mixing at 50 GHz using a single-walled carbon nanotube transistor. *Applied Physics Letters, 87*(15), 153111.
10. El Fellahi, A., Haddadi, K., Marzouk, J., Arscott, S., Boyaval, C., Lasri, T., & Dambrine, G. (2015). Integrated MEMS RF probe for SEM station—Pad size and parasitic capacitance reduction. *IEEE Microwave and Wireless Components Letters, 25*(10), 693–695.
11. Marzouk, J., Arscott, S., El Fellahi, A., Haddadi, K., Lasri, T., Boyaval, C., & Dambrine, G. (2015). MEMS probes for on-wafer RF microwave characterization of future microelectronics: design, fabrication and characterization. *Journal of Micromechanics and Microengineering—IOPscience, 25*(7).
12. El Fellahi, A., Haddadi, K., Marzouk, J., Arscott, S., Boyaval, C., Lasri, T., & Dambrine, G. (2015, September). Nanorobotic RF probe station for calibrated on-wafer measurements. In *45th European Microwave Conference, Paris, France*, pp. 1–4.
13. Reichelt, R. (2007). Scanning electron microscopy. In *Science of microscopy* (pp. 133–272). New-York: Springer.
14. https://www.smaract.com/SmarAct_Catalog_v16.pdf
15. National instruments NI. *LabVIEW control design user manual.*
16. Halvorsen, H.-P., Department of Electrical Engineering, Information Technology and Cybernetics. *Control and simulation in LabVIEW.*
17. Harris, C., & Stephens, M. (1988). A combined corner and edge detector. In *4th Alvey Vision Conference*, pp. 147–151.
18. Mikolajczyk, K., & Schmid, C. (2002). An affine invariant interest point detector. In A. Heyden et al. (Eds.), *ECCV 2002, LNCS 2350* (pp. 128–142). Berlin; Heidelberg: Springer.

第25章

深度卷积神经网络与支持向量机的设计开发与训练

Fusaomi Nagata, Kenta Tokuno, Akimasa Otsuka, Hiroaki Ochi, Takeshi Ikeda, Keigo Watanabe, Maki K. Habib[①]

25.1 引言

近年来,深度学习技术因其优于传统浅层神经网络的高性能而受到国内外研究人员和工程技术人员的广泛关注。在这10年中,一些深度神经网络(DNN)的软件开发环境,如 Caffe[1]和 TensorFlow[2],已经被介绍给研究人员和工程师。C++或 Python 被很好地用于深度神经网络开发环境中。深度卷积神经网络(DCNN)是基于 DNN 概念的典型应用,被认为是图像识别中最强大的结构之一。然而,对于学生和初级工程师来说,可能使用 C++或 Python 等编程语言开发和实现实用的 DCNN,并将其用于实际生产系统中的异常检测有一定难度。一般来说,在不使用 C++或 Python 等编程语言技能的情况下,方便此类应用程序的用户友好软件的可用性,似乎还没有得到充分开发。

因此,本文介绍了基于 MATLAB 系统[3-4]的用户友好的应用开发环境。这

---

① F. Nagata(_) · K. Tokuno · A. Otsuka · H. Ochi · T. Ikeda
Sanyo – Onoda City University,Sanyo – onoda,Japan
e – mail:nagata@ rs. socu. ac. jp;otsuka_a@ rs. socu. ac. jp;ochi@ rs. socu. ac. jp;t – ikeda@ rs. socu. ac. jp

K. Watanabe
Okayama University,Okayama,Japan
e – mail:watanabe@ sys. okayama – u. ac. jp

M. K. Habib
The American University in Cairo,Cairo,Egypt
e – mail:maki@ aucegypt. edu

个环境支持 DCNN 和支持向量机(SVMs)两种应用。针对树脂模塑制品生产过程中出现的裂纹、毛刺、凸起、碎裂、斑点和断裂等不良缺陷,开发并训练了 DCNN 在异常检测中的应用。许多不同类型的工业领域对视觉检查过程的自动化提出了要求,因为要减少与连续工作时间长度相关的不良人为错误的增加并不容易。

除了 DCNN,支持向量机(SVM)是具有相关学习算法的监督学习模型,用于分析分类和回归分析的数据集。支持向量机(SVM)不仅具有基于裕度最大化超平面思想的线性分类能力,而且还具有通过隐式地将输入数据映射到高维特征空间,使用所谓的核技巧有效地执行非线性分类的良好特性[5]。

例如,在测量系统领域,Flores – Fuentes 等提出了一种功率谱质心和支持向量机(SVM)相结合的方法来提高光学扫描系统的测量能力[6]。在功率谱质心中找到能量信号中心,采用支持向量机(SVM)回归方法进行数字校正,提高了光学扫描系统的测量精度。然后,详细介绍了一种用于三维测量的光机系统的技术研究,该系统采用多元离群点分析来检测和去除异常值,以提高人工智能回归算法的精度[7]。此外,尽管这个体系结构不是深层次结构,但 Rodriguez – Quinonez 等调查了主流的激光扫描仪技术,详细描述了它们的 3D 激光扫描仪,并通过具有 Widrow – Hoff 权重/偏差学习功能的一次训练的前馈传播(FFBP)神经网络,调整了它们的测量误差[8]。表面测量系统(SMS)可以精确测量表面几何形状以创建 3D 计算模型。有些情况下需要避免接触;这些技术称为非接触表面测量技术。要进行非接触式表面测量,有不同的操作模式和技术,如激光、数码相机以及两者的集成。每条短信根据其操作模式进行分类,以获取数据,因此,可以将其分为 3 个基本组:基于点的技术、基于线的技术和基于区域的技术。雷亚尔等提供了关于不同类型的非接触表面测量技术、理论、基本方程、系统实现、实际研究课题、工程应用和未来趋势的实用主题[9]。对于想要实现某种视觉检查系统的学生、教师、研究人员和工程师来说,这种描述似乎特别有用。

本文将两种支持向量机(SVM)分别与两种训练好的 DCNN 相结合,将识别率较高的样本图像分类为 Accept as OK 和 Reject as NG 两类,其中从 DCNN 获得的压缩特征作为 SVM 的输入。用于生成特征向量的两种 DCNN 是我们设计的 sssNet 和著名的 AlexNet[10-11]。讲述了支持向量机(SVM)的设计应用及其评价。通过设计、训练和分类实验,验证了所提出的 DCNN 和支持向量机(SVM)的设计与训练应用的可用性和可操作性。

25.2 深度卷积神经网络和支持向量机 SVM 的设计与训练

为了构建一个可靠的、具有泛化能力的基于 DCNN 的异常检测系统,需要大量具有不同类型缺陷特征的图像文件及其成对的标签进行分类。为了满足这一迫切的需求,首先开发了一个基于对话的应用程序——相似图像生成器,它可以很容易地从一幅原始图像中生成大量具有序列号的相似图像用于训练。例如,通过旋转、平移、缩放原始图像、改变亮度、分辨率或诸如 JPG、BMP、PNG 等文件格式,可以生成如图 25.1 所示的具有裂纹缺陷的类似图像。

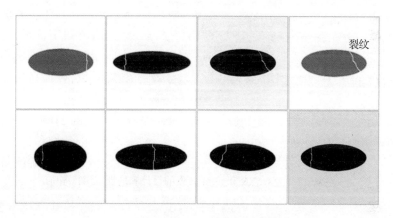

图 25.1 训练用的有裂纹缺陷的生成图像示例

然后,使用 Matlab 提供的 AppDesigner 开发了如图 25.2 所示的 DCNN 和 SVM 设计应用程序。在 Matlab 平台上可选择安装深度学习工具箱(神经网络工具箱)、统计与机器学习工具箱、并行计算工具箱、计算机视觉系统工具箱和图像处理工具箱。DCNN 的主要设计参数,如层数、滤光片大小、合并大小、填充大小和步长宽度,都可以通过与用户友好的对话方便地给出。例如,图 25.3 给出了由 3 个卷积层组成的设计的 DCNN。第 1 层用于由零中心归一化矩阵给出的 $200 \times 200 \times 1$ 分辨率的输入图像。第 2 层、第 5 层和第 8 层是卷积层,分别具有 32 个滤光片。众所周知,卷积层执行计算机视觉所需的平移不变性和合成性。在卷积图层中,滤镜应用于每个图像,同时根据步幅的值从图像的左上角滑动到右下角。请注意,每个过滤器的通道数量与上一层中的要素地图数量相同,称为整流线性单元(ReLU)的激活功能位于第 3 层、第 6 层、第 9 层和第 12 层。ReLU 由以下方式提供:

机器视觉与导航

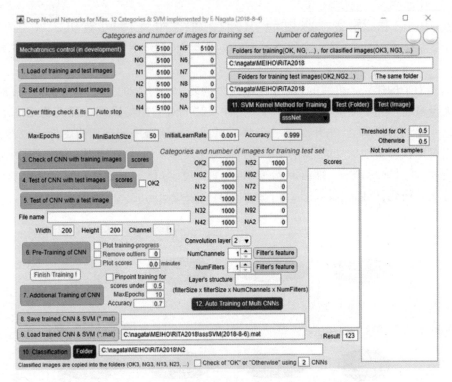

图 25.2 为 DCNN 和 SVM 开发的设计和培训应用程序

$$f(u) = \max(0, u) \tag{25.1}$$

$$f'(u) = \begin{cases} 1, u > 0 \\ 0, u \leqslant 0 \end{cases} \tag{25.2}$$

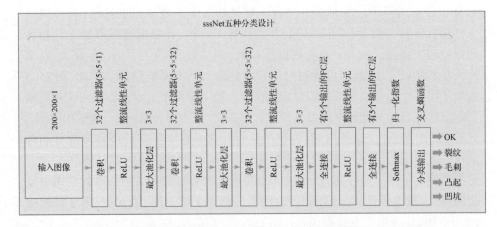

图 25.3 用图 25.2 所示的应用程序设计的 5 种分类的 DCNN 示例

在深度神经网络中,ReLU 作为最有效的激活函数之一被广泛用作反向传播算法中。第 4 层、第 7 层和第 10 层是最大汇聚层,用于降低功能映射的维度以提高计算效率。池化层大小、步长大小和填充大小分别为 [3 3]、[2 2] 和 [0 0 0]。如果第 n 个用于训练的图像被提供给输入层,则第 14 个 Softmax 层产生概率 $p_{ni}(i=1,2,\cdots,5)$ 称为 5 个类别得分,从第 14 个 Softmax 层生成的概率 $p_{ni}(i=1,2,\cdots,5)$ 由下式计算:

$$p_{ni} = \frac{e^{y_{ni}}}{\sum_{k=1}^{5} e^{y_{nk}}} \tag{25.3}$$

式中:$\boldsymbol{y}_n = [y_{n1}\ y_{n2}\ y_{n3}\ y_{n4}\ y_{n5}]^T$ 是来自对应于第二输入图像的第 13 全连接层的输出向量。在这种情况下,称为交叉熵的损失函数由下式计算:

$$\bar{E} = -\frac{1}{N}\sum_{n=1}^{N}\sum_{k=1}^{5} t_{nk}\log(y_{nk}) \tag{25.4}$$

式中:$\boldsymbol{t}_n = [t_{n1}\ t_{n2}\ t_{n3}\ t_{n4}\ t_{n5}]^T$ 表示 5 个类别的第 n 个期望输出向量,即([1 0 0 0 0]^T、[0 1 0 0 0]^T、[0 0 1 0 0]^T、[0 0 0 1 0]^T、[0 0 0 0 1]^T;N 是训练集中图像样本的总数。在迭代训练过程中,还利用交叉熵来调整反向传播算法中各个滤波器的值。

25.3 反向传播算法实现综述

本章的作者已经在一些系统中实现了反向传播算法[12-15]。第一个为前馈力控制器设计的系统学习了机器人手臂顶端的接触运动,即接触力和速度之间的关系[12]。第二个系统是为具有柔顺运动能力的台式数控机床开发的有效刚度估计器。估计器最终允许机床产生稳定的力控制系统所需的所需阻尼,而不会出现不必要的大超调和振荡[13-14]。在此基础上,考虑了第三个系统来解决大规模教学信号的学习性能问题,从而提出了一种简单、自适应的 Sigmoid 函数学习方法。通过对 PUMA560 六自由度机械手动力学模型的仿真实验,验证了这个学习方法的有效性和控制效果。在本节中,为了便于在软件开发中使用具有两个输入和两个输出的简单三层神经网络(图 25.4)进行训练的重要反向传播(BP)算法进行了回顾,其中标准 Sigmoid 函数被应用为每个神经元的激活函数。众所周知,BP 算法也被应用于 CNN 中滤波器的训练。Sigmoid 函数及其导数通常由下式给出:

$$f(s) = \frac{1}{1+e^{-s}} \tag{25.5}$$

$$f'(s) = f(s)\{1-f(s)\} \tag{25.6}$$

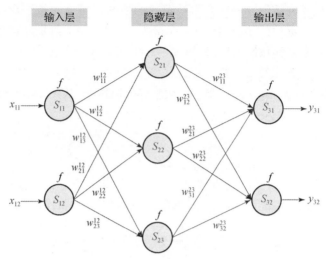

图 25.4 三层神经网络的反向传播算法

式中:S 是神经元的状态。最后一个隐藏层和输出层之间的权重通过基于广义增量规则的计算来更新。此示例中的权重实际上是根据编写的规则进行更新的,即

$$e_{31} = d_1 - y_{31} \tag{25.7}$$

$$e_{32} = d_1 - y_{32} \tag{25.8}$$

$$\omega_{11}^{23} = \omega_{11}^{23} + \eta f(s_{21})f(s_{31})\{1 - f(s_{31})\}e_{31} \tag{25.9}$$

$$\omega_{12}^{23} = \omega_{12}^{23} + \eta f(s_{21})f(s_{32})\{1 - f(s_{32})\}e_{32} \tag{25.10}$$

$$\omega_{21}^{23} = \omega_{21}^{23} + \eta f(s_{22})f(s_{31})\{1 - f(s_{31})\}e_{31} \tag{25.11}$$

$$\omega_{22}^{23} = \omega_{22}^{23} + \eta f(s_{22})f(s_{32})\{1 - f(s_{32})\}e_{32} \tag{25.12}$$

$$\omega_{31}^{23} = \omega_{31}^{23} + \eta f(s_{23})f(s_{31})\{1 - f(s_{31})\}e_{31} \tag{25.13}$$

$$\omega_{32}^{23} = \omega_{32}^{23} + \eta f(s_{23})f(s_{32})\{1 - f(s_{32})\}e_{32} \tag{25.14}$$

式中:d_1 和 d_2 是要训练的期望输出向量中的分量;$\mathbf{y}_3 = [y_{31}\ y_{32}]^T$ 是来自网络的输出向量;$\mathbf{e}_3 = [e_{31}\ e_{32}]^T$ 是期望输出和实际输出之间的误差向量;w_{ij}^{pq} 是第 i 层中的第 i 个单元与第 q 层中的第 j 个单元之间的权重;$\mathbf{x}_1 = [x_{11}\ x_{12}]^T$ 是要直接作为 $\mathbf{s}_1 = [s_{11}\ s_{12}]^T$ 的输入向量;η 为学习率。此外,状态 s_{31} 和 s_{32} 由下式线性计算:

$$s_{31} = \omega_{11}^{23}f(s_{21}) + \omega_{11}^{23}f(s_{22}) + \omega_{31}^{23}f(s_{23}) \tag{25.15}$$

$$s_{32} = \omega_{12}^{23}f(s_{21}) + \omega_{22}^{23}f(s_{22}) + \omega_{32}^{23}f(s_{23}) \tag{25.16}$$

接着,说明了隐含层和输入层之间权重的更新过程。对于第 p 层,即隐层中的第 i 个单元,其误差表观的计算要稍微复杂一些。例如,e_{21}、e_{22} 和 e_{23} 通过以下方式获得:

$$e_{21} = \omega_{11}^{23} f(s_{31})\{1-f(s_{31})\}e_{31} + \omega_{12}^{23} f(s_{32})\{1-f(s_{32})\}e_{32} \quad (25.17)$$

$$e_{22} = \omega_{21}^{23} f(s_{31})\{1-f(s_{31})\}e_{31} + \omega_{22}^{23} f(s_{32})\{1-f(s_{32})\}e_{32} \quad (25.18)$$

$$e_{23} = \omega_{31}^{23} f(s_{31})\{1-f(s_{31})\}e_{31} + \omega_{32}^{23} f(s_{32})\{1-f(s_{32})\}e_{32} \quad (25.19)$$

因此,权重 ω_{11}^{12}、ω_{12}^{12}、ω_{13}^{12}、ω_{21}^{12}、ω_{22}^{12} 和 ω_{23}^{12} 由下式计算:

$$\omega_{11}^{12} = \omega_{11}^{12} + \eta f(s_{11})f(s_{21})\{1-f(s_{21})\}e_{21} \quad (25.20)$$

$$\omega_{12}^{12} = \omega_{12}^{12} + \eta f(s_{11})f(s_{22})\{1-f(s_{22})\}e_{22} \quad (25.21)$$

$$\omega_{13}^{12} = \omega_{13}^{12} + \eta f(s_{11})f(s_{23})\{1-f(s_{23})\}e_{23} \quad (25.22)$$

$$\omega_{21}^{12} = \omega_{21}^{12} + \eta f(s_{12})f(s_{21})\{1-f(s_{21})\}e_{21} \quad (25.23)$$

$$\omega_{22}^{12} = \omega_{22}^{12} + \eta f(s_{12})f(s_{22})\{1-f(s_{22})\}e_{22} \quad (25.24)$$

$$\omega_{23}^{12} = \omega_{23}^{12} + \eta f(s_{12})f(s_{23})\{1-f(s_{23})\}e_{23} \quad (25.25)$$

25.4 深度神经网络的设计与训练

25.4.1 二进制分类器DCNN的设计与训练试验

表25.3列出了两种情况下DCNN的主要参数,即无缺陷产品和有缺陷产品,分别命名为OK和NG。有缺陷的产品包括毛刺缺陷、凸起缺陷和裂纹缺陷。培训使用配备酷睿i7CPU和GPU(NVIDIA GeForceGTX1060)的单台PC进行的。在DCNN的这次训练中,起初要使用大约几分钟的时间,使分类准确率达到0.95。准确度是通过将正确分类的图像的数量除以整个数据集中的图像的数量而获得的判别分析的结果。然后,DCNN接受了额外的精细训练,将准确率提高到1,也花了几分钟的时间才完成。在对DCNN进行训练后,根据Softmax层的得分检查训练集的分类结果。图25.5显示了使用训练集中的所有图像(图像总数为2040张)进行OK和NG分类的分数。

表25.3 DCNN训练的参数设计

卷积层中的滤波器大小	5×5×1
卷积层的填充	[2 2 2 2]
卷积层的步进	[1 1]
池化层大小	[3 3]
最大池化层的填充	[0 0 0 0]
最大池化层的步进	[2 2]

续表

最高次数	30
小批量	200
学习率	0.0001~0.002
期望的分类准确性	0.999
OK 图像数量	1020
NG 图像数量	1020

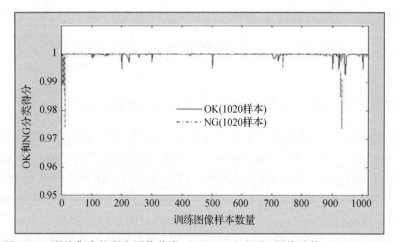

图 25.5　训练集中的所有图像分类 OK 和 NG 的得分（图像总数 = 1020 + 1020）

可以看出，训练集中的所有 2040 幅图像都可以得到很好的区分，每幅图像的得分都在 0.97 以上。接下来，使用如图 25.6 所示的不包括在训练集中的具有毛刺、凸起或裂纹特征的测试图像来简单地评估训练的 DCNN 的泛化。图 25.7 显示了使用包括缺陷特征的评估评估的分类分数，其中观察到"image2.jpg"和"image9.jpg"没有很好地分类。针对这一问题，我们考虑有针对性地提高对这两类缺陷的识别能力。图 25.8 显示了从图 25.6 中的"image2.jpg"稍微变形的另外 10 个训练图像。

为了进一步增强对图 25.6 和图 25.8 中所示图像的分类能力，使用由原始 2040 个图像、附加的 20 个 OK 图像、图 25.6 中的 10 个 NG 图像和图 25.8 中的 10 个 NG 图像组成的重新组织的训练集，对预先训练的 DCNN 进行额外的再训练。在附加训练之后，使用重新组织的训练集中的图像（图像总数 = 1040 + 1040）（包括图 25.6 和图 25.8 中的图像），基于分类 OK 和 NG 的分数检查训练情况。图 25.9 显示了结果。实验结果表明，该方法能有效且有针对性地提高对附加图像的识别能力。当训练测试过程中发现错误分类的图像时,本节介绍的附加训练功能可以有效地重建更新后的DCNN。

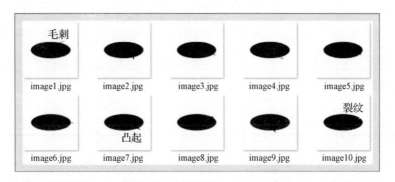

图25.6 训练图像中未包含的有NG特征的测试图像

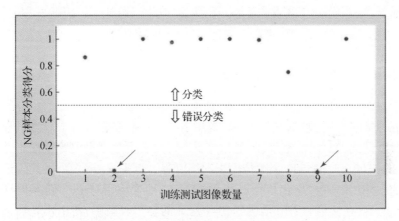

图25.7 NG测试图像分类得分如图25.6所示

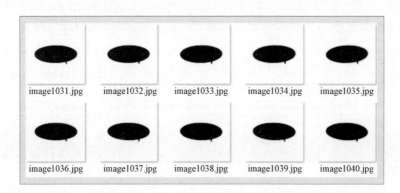

图25.8 图25.6所示的"image2.jpg"中有点变形的凸起的额外10张训练图像

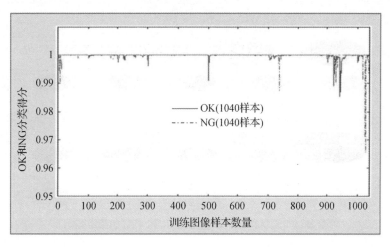

图25.9 训练集中的图像检查分类 OK 和 NG 的得分(图像总数 = 1040 + 1040),其中包括图 25.6 和图 25.8 所示的图像

25.4.2 五大类设计培训试行

针对树脂模塑的二元分类设计的 DCNN 被扩展并应用于将图像分类为典型的五种缺陷类别,如图 25.3 所示,其中 NG 类别被细分为树脂成型过程中出现的典型缺陷,如裂纹、毛刺、凸起和碎屑。历元表示对整个训练数据集的完整遍历,即 $5100 \times 5 = 25500$ 个图像用于训练过程。首先,在第一个历元到第六个历元期间使用随机初始化权重进行预训练,其中期望的分类准确率被设置为 0.999。然后,在从第 7 个历元到第 10 个历元的整个时段中,使用预先训练的权重连续地进行精细训练,其中期望的分类准确率提高到 0.9999。经过精细训练,实验证实,图 25.3 所示的 15 层的 DCNN 通过使用 25500 个分辨率为 200×200 的灰度图像样本的训练过程,可以很好地训练把树脂模塑制品分类为 5 类。

最后,在将 300 幅具有不同特征的图像进一步添加到每个训练集之后,对训练好的 DCNN 进行附加训练,即使用 $5400 \times 5 = 27000$ 张图像。然后,为了简单地检验训练好的 DCNN 的泛化能力,我们准备了一个由 100 幅图像 × 5 个类别组成的训练测试集。图 25.10 显示了训练测试集中的一些图像。测试结果表明,对测试图像的分类正确率为 $492/500 = 98\%$,说明所得到的 DCNN 具有令人满意的泛化能力。

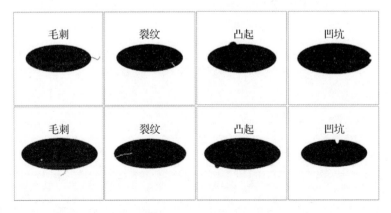

图 25.10 树脂模塑制品生产过程中常见的 4 种缺陷实例

25.5 基于深度卷积神经网络的支持向量机

在 25.4 节中，使用提出的 DCNN 设计应用程序，设计、训练和评估了 2 种或 5 种分类的 DCNN。在本节中，我们将介绍另一种使用 2 种类型的支持向量机(SVM)的方法。期望 25.4 节设计的 DCNN 能够给支持向量机提供更多特征化的特征向量。事实上，缺陷检测系统最重要的功能是从所有产品中剔除缺陷产品。不允许将任何缺陷产品混入大量无缺陷产品中。为了满足这一严峻需求，尝试使用图 25.2 所示的建议应用程序进行设计和训练，图 25.11 和图 25.12 下部所示的 2 种类型的支持向量机。期望训练的支持向量机能够将输入图像分类为 OK 或 NG 类别，包括诸如裂纹、毛刺、突出、碎裂、斑点和裂纹等小缺陷。

第一种支持向量机，使用我们设计的 DCNN(sssNet)从每幅输入图像中提取特征向量 $x = [x_1, x_2, x_3, \cdots, x_{32}]^T$。图 25.11 说明了设计的二进制分类支持向量机，它输入了从 sssNet 的第一个完全连接层(第 11 层)生成的特征向量。采用高斯核函数对支持向量机进行一类无监督训练，其中重用了 25.4.2 节预训练中使用的 5100 张 OK 图像。采用序列最小优化(SMO)算法[16]求解支持向量机的二次规划(QP)问题。训练支持向量机花了大约几分钟的时间。在训练好支持向量机后，对未学习的 NG 图像进行了分类实验，以检验其泛化能力。图 25.13 显示了使用图 25.11 所示的支持向量机的分类结果。水平轴和垂直轴分别表示用我们设计的 sssNet 训练的支持向量机的输出值和图像样本的数量。从图 25.13 可以看出，支持向量机能够区分 NG 图像和 OK 图像。

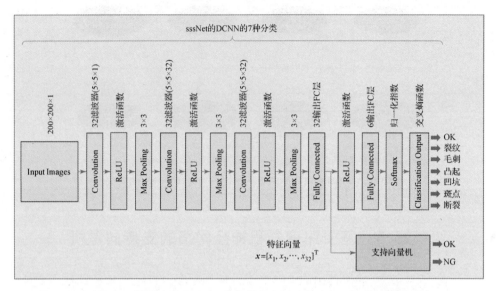

图 25.11 SVM 的二进制分类,其中给出 sssNet 的 DCNN 生成的特征向量

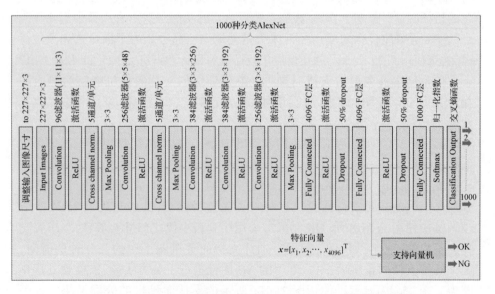

图 25.12 SVM 的二进制分类,其中给出 AlexNet 生成的特征向量

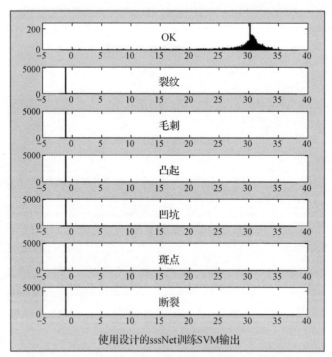

图25.13 使用SVM的分类结果如图25.11所示,其中水平轴和垂直轴分别表示使用sssNet训练的SVM的输出和图像样本的数量(见彩插)

第二种支持向量机,使用著名的DCNNAlexNet从每幅输入图像中提取特征向量 $x=[x_1,x_2,x_3,\cdots,x_{4096}]^T$。使用100万幅图像训练的AleNnet可以将测试图像分类为1000个对象类别,如键盘、马克杯、铅笔、多种动物等。众所周知,AlexNet学习了覆盖广泛对象的图像的丰富特征表示。如果训练的AlexNet接收到分辨率为 $227 \times 227 \times 3$ 的图像,则产生图像中特征对象的标签和分类对象的概率,即得分。图25.12说明了另一个二进制类SVM,其输入是从AlexNet中的第二个完全连接层(第20层)生成的特征向量。同样,在25.4.2节的预训练中使用的5100张OK图像被重用于支持向量机的一类无监督训练。它也花了大约几分钟的时间进行培训。在训练好支持向量机后,对未学习的NG图像进行了分类实验,以检验其泛化能力。图25.14显示了使用图25.12所示的支持向量机的分类结果。从图25.14可以看出,使用AlexNet的支持向量机也可以区分NG图像和OK图像,其可靠性几乎与使用sssNet的支持向量机相同。实际上,sssNet和AlexNet生成的特征向量的长度相差很大,分别为32和4096,但却可以获得几乎相同的鉴别能力。在如图25.1、图25.6、图25.8和图25.10所示的目标特征的情况下,给予SVM的具有4096个分量的特征向量似乎有点冗余。

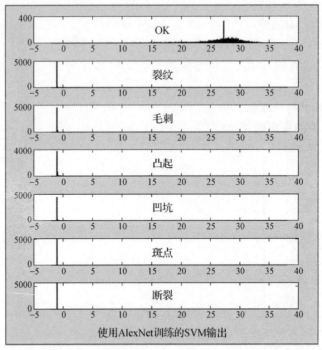

图 25.14　使用 SVM 的分类结果如图 25.12 所示，其中水平轴和垂直轴分别表示使用 AlexNet 训练的 SVM 的输出和图像样本的数量（见彩插）

25.6　结论

近十年来，深度学习尤其是 DCNN 受到了研究者和工程师们的热切关注，以期应用于各种检测系统。然而，在不使用 C ++ 和 Python 等编程语言的前提下，似乎还没有用户友好的设计和培训工具。在本章中，提出了一个多重分类 DCNN 和二进制分类支持向量机的设计和训练应用程序。作为第一次应用测试试验，DCNN 是使用程序设计，检测树脂模塑制品制造过程中出现的裂纹、毛刺、凸起、凹坑和断裂现象等缺陷。文中还提出了一种相似图像生成器，通过旋转、缩放、改变亮度等方法有效地生成大量的原始图像。利用这些图像对所设计的 DCNN 进行预训练后，为了简单地检验其泛化程度，使用测试图像进行了分类实验。在此基础上，应用和评估了一种附加的精细训练方法来处理误分类图像，从而可以有效和有针对性地将分类能力提高到期望的分类精度水平。一般而言，机器学习的训练目标是增强对未知环境的泛化能力。本章介绍的附加培训可能会与培训目标背道而驰，或导致不同类型的问题。但是，在日常生产过程中，构建实用的视觉检测系统是行之有效的。在这里，实用性意味着额外

第25章 深度卷积神经网络与支持向量机的设计开发与训练

训练的 DCNN 永远不会错过曾经被误认的缺陷。作为第二次应用测试，我们设计、训练和评估了两种用于二进制分类的支持向量机，即我们设计的 sssNet 和著名的 AlexNet，用于区分 NG 和 OK 样本图像，从而证实了尽管特征向量要短得多，但我们设计的 sssNet 支持向量机的识别能力几乎与 AlexNet 的识别能力相同。

最后，由于与一家联合研发公司的保密义务，本章不能展示包括有缺陷的塑料部件在内的真实照片，作者对此深表歉意。

参考文献

1. Cengil, E., Cnar, A., & Ozbay, E. (2017). Image classification with caffe deep learning framework. In *Proceedings of 2017 International Conference on Computer Science and Engineering (UBMK)*, Antalya (pp. 440–444).
2. Yuan, L., Qu, Z., Zhao, Y., Zhang, H., & Nian, Q. (2017). A convolutional neural network based on tensorflow for face recognition. In *Proceedings of 2017 IEEE 2nd Advanced Information Technology, Electronic and Automation Control Conference (IAEAC)*, Chongqing (pp. 525–529).
3. Nagata, F., Tokuno, K., Tamano, H., Nakamura, H, Tamura, M., Kato, K., et al. (2018). Basic application of deep convolutional neural network to visual inspection. In *Proceedings of International Conference on Industrial Application Engineering (ICIAE2018)*, Okinawa (pp. 4–8).
4. Nagata, F., Tokuno, K., Otsuka, A., Ikeda, T., Ochi, H., Tamano, H., et al. (2018) Design tool of deep convolutional neural network for visual inspection. In *Proceedings of The Third International Conference on Data Mining and Big Data (DMBD2018), Springer-Nature LNCS Conference Proceedings 10943*, Shanghai (pp. 604–613).
5. Cristianini, N., & Shawe-Taylor, J. (2000) *An introduction to support vector machines and other kernel-based learning methods*. Cambridge: Cambridge University Press.
6. Flores-Fuentes, W., Rivas-Lopez, M., Sergiyenko, O., Gonzalez-Navarro, F. F., Rivera-Castillo, J., Hernandez-Balbuena, D., et al. (2014). Combined application of power spectrum centroid and support vector machines for measurement improvement in optical scanning systems. *Signal Processing, 98*, 37–51.
7. Flores-Fuentes, W., Sergiyenko, O., Gonzalez-Navarro, F. F., Rivas-Lopez, M., Rodriguez-Quinonez, J. C., Hernandez-Balbuena, D., et al. (2016). Multivariate outlier mining and regression feedback for 3D measurement improvement in opto-mechanical system. *Optical and Quantum Electronics, 48*(8), 403.
8. Rodriguez-Quinonez, J. C., Sergiyenko, O., Hernandez-Balbuena, D., Rivas-Lopez, M., Flores-Fuentes, W., & Basaca-Preciado, L. C. (2014). Improve 3D laser scanner measurements accuracy using a FFBP neural network with Widrow-Hoff weight/bias learning function. *Opto-Electronics Review, 22*(4), 224–235.
9. Real, O. R., Castro-Toscano, M. J., Rodriguez-Quinonez, J. C., Serginyenko, O., Hernandez-Balbuena, D., Rivas-Lopez, M., et al. (2019). Surface measurement techniques in machine vision: Operation, applications, and trends. In *Optoelectronics in machine vision-based theories and applications* (pp. 79–104). Hershey: IGI Global.
10. Krizhevsky, A., Sutskever, I., & Hinton, G. E. (2012). ImageNet classification with deep convolutional neural networks. In *Proceedings of the 25th International Conference on Neural Information Processing Systems*, Lake Tahoe, NV (pp. 1097–1105).
11. Krizhevsky, A., Sutskever, I., & Hinton, G. E. (2017). ImageNet classification with deep convolutional neural networks. *Communications of the ACM, 60*(6), 84–90.
12. Nagata, F., & Watanabe, K. (2002). Learning of contact motion using a neural network and its

application for force control. In *Proceedings of the 4th Asian Control Conference (ASCC2002)* (pp. 420–424).
13. Nagata, F., Mizobuchi, T., Tani, S., Watanabe, K., Hase, T., & Haga, Z. (2009). Impedance model force control using neural networks-based effective stiffness estimator for a desktop NC machine tool. *Journal of Manufacturing Systems, 28*(2/3), 78–87.
14. Nagata, F., Mizobuchi, T., Hase, T., Haga, Z., Watanabe, K., & Habib, M. K. (2010). CAD/CAM-based force controller using a neural network-based effective stiffness estimator. *Artificial Life and Robotics, 15*(1), 101–105.
15. Nagata, F., & Watanabe, K. (2011). Adaptive learning with large variability of teaching signals for neural networks and its application to motion control of an industrial robot. *International Journal of Automation and Computing, 8*(1), 54–61.
16. Platt, J. (1998). Sequential minimal optimization: A fast algorithm for training support vector machines. Technical Report MSR-TR-98-14 (pp. 1–24).

第 26 章

基于计算机视觉的桥梁碰撞风险评估的船舶导航监控

Xiao‑Wei Ye, Tao Jin, Peng‑Peng Ang[①]

26.1 引言

20世纪90年代以来,船舶吨位越来越大,同一条航道上的船舶越来越多。因此,桥墩被船只撞击的可能性增加。发达的水运在促进经济发展的同时,也带来了严重的桥梁碰撞问题。目前,由于跨江大桥的大规模建设,通航船舶的规模,加之桥梁环境(如流速、风速、曲线、冲刷、淤积等)的变化,造成桥船相撞事故,往往带来巨大的生命财产损失。世界各地的学者和工程师都在进行桥梁保护方面的研究。

桥梁加固是提高桥梁生存能力的途径之一,尤其是对于年代久远的桥梁。Vu 和 Stewart[1]提出了氯离子腐蚀的电流密度经验公式,并对氯离子腐蚀下钢筋混凝土桥梁的全生命周期可靠性进行了研究。Choe 等[2]建立了氯离子腐蚀下钢筋混凝土桥梁承载能力的概率退化模型,并研究了该模型的地震易损性。Li 等[3]开展了锈蚀对钢筋混凝土桥墩影响的试验研究。Simon 等[4]研究了氯离子腐蚀对钢筋混凝土桥梁地震反应和易损性的影响。Alipour 等[5]进行了氯离子腐蚀对不同跨度、墩高、直径的钢筋混凝土连续梁桥抗震性能影响的试验研究。

目前,桥梁应对船舶碰撞的措施主要是被动防撞,即设计人员在设计桥梁结构时,应合理考虑桥梁抵御船舶撞击的能力,或采取被动防撞措施,减少船舶碰撞对桥梁的直接影响。被动防撞措施成本高昂。许多专家都在进行桥墩的

---

① X.‑W. Ye, T. Jin · P.‑P. Ang
Department of Civil Engineering, Zhejiang University, Hangzhou, China
e‑mail: cexwye@zju.edu.cn; cetaojin@zju.edu.cn; cepengpengang@zju.edu.cn

防撞设计,桥墩防撞设计的目的是防止由于船舶过大的冲击力而损坏桥墩,保证桥梁结构的安全。通过采用不同类型的防撞设施,可以有效地减小或防止船舶对桥墩的受力,从而最终保护桥梁。近年来,许多国家的研究人员都在研究桥墩的防撞维修设备,如盾构系统、支撑桩系统、漂浮系绳系统、人工岛礁保护系统、漂浮保护系统等。但这些方法只能减少桥墩被船舶撞毁的程度,并不能从根本上解决桥墩被船舶撞毁的问题。通过研究发现,人为失误是船舶碰撞事故的主要原因,包括操作失误、缺乏必要的航行信息(非通航孔)、缺乏技能和管制员不当行为。

船桥碰撞问题的仿真或试验研究已被多个研究小组广泛开展。Zhu 等[6]提出了一种创新的泡沫填充格子复合保险杠系统,采用纤维增强聚合物蒙皮和泡沫腹板芯材作为桥墩的船舶防撞保护结构。Guo 等[7]研究了桥梁碰撞损伤检测的传感器优化布置问题,提出了一种针对桥梁碰撞后损伤检测的传感器优化布置方法。Fang 等[8]提出了一种创新的桥墩船舶防撞大型复合保险杠系统。Liu 和 Gu[9]采用非线性动力有限元方法对全船撞桥过程进行了模拟,设计了 4 万吨油轮与长江大桥相撞的场景进行模拟。Minorsky[10]以一艘核电船撞桥事故为基础,通过多船撞桥试验,研究了钢结构变形与能量转换的关系。Meir – Dornberg[11]进行了比例碰撞试验,得到了船头的冲击力、冲击能和变形。Sha 和 Hao[12]建立了驳船的详细有限元模型,模拟了与单墩相撞过程中的损伤特征,讨论了船速、质量、码头尺寸和撞击位置等因素对其损伤特性的影响。Fan 和 Yuan[13]在模拟中考虑了桩土相互作用,并研究了材料和初始应力的影响。Wan 等[14]对简化船头模型进行数值模拟和准静态压缩试验,研究船头静刚度特性,进行对比分析。Jiang 和 Chorzepa[15]评估了几座桥梁上由纤维增强塑料制成的漂浮防撞装置的能量吸收能力。全球更多的组织对模拟或预防措施或能源进行了调查[16-21]。

防撞桥墩或类似的被动措施可能会花费很高的人力或金钱来保护桥梁,保护桥梁的最好方法是降低碰撞概率。随着计算机视觉技术和图像采集设备的发展,基于视觉的技术得到了发展,并在实际应用中得到了应用[22-28]。计算机视觉技术以其射程远、非接触、精度高、省时、低成本、多功能等优点越来越受到学者和工程技术人员的青睐,计算机视觉技术更容易与信号处理、自动化、人工智能等其他技术深度融合。此外,它更容易在其他平台上进行,如潜水器、车辆、飞机或卫星。计算机视觉技术将通过摄像机拍摄所需区域的照片或视频,并应用图像处理技术(IPT)或深度学习(DL)方法来跟踪或识别目标的特定参数,如位移、位置、大小等。由于可能的大视野,以成本效益的方式实现大范围的跟踪目的在经济上是可行的。基于视觉的技术已被应用于各种桥梁结构健康监测(SHM)任务,包括挠度测量[29]、桥梁线形测量[30]、承载能力评估[31]、有限元模型校准[32]、模态分析[33]、损伤识别[34]、缆索张力监测[26]以及动态称重系统辅助[35]。

几个小组已经在探索利用 IPTS 探测舰船的方法。焦立中等[36]开发了一种用于船舶检测的紧密连接多尺度神经网络,通过特征映射紧密连接,实现了简单示例的权重降低。Liu 等[37]建立了一种基于形状和上下文信息的近岸舰船检测方法,建立了用于水陆目标分割的活动轮廓模型。Li 等[38]提出了一种基于船头和船体信息的近岸舰船检测方法,通过极坐标变换域获取船头特征,利用方向梯度的显著性来检测舰船边界。Liu 等[39]针对具有方位角信息的舰船包围盒预测问题,提出了一种基于卷积神经网络的舰船检测框架。Liu 等[40]提出了一种船舶目标自动检测的两阶段检测方法,两阶段分别采用均值漂移平滑算法和分层检测算法。Lin 等[41]在全卷积网络中加入任务划分模型,解决近岸舰船检测问题,并建立了舰船检测框架,提高了检测的鲁棒性。建立主动防撞系统,主动提醒船舶违法作业,实时评估船舶碰撞风险,主动预警船舶碰撞危险,可以最大限度地避免船舶碰撞事故的发生或降低船舶碰撞事故的严重程度。

本章介绍了一种基于计算机视觉的跨越京杭大运河古拱桥的船桥防撞系统。对拱桥的结构状况进行了分析,对过往船舶进行了调查,并将其划分为 3 个等级。采用 IPTS 对进港船舶进行跟踪,得到速度、方向等目标参数,采用多因素综合评价方法对船舶与桥梁碰撞风险进行评估。古桥施工前先对一条河流进行预试,严格控制附近施工,以保护桥梁和周边风景名胜区。

26.2 工程背景

26.2.1 桥梁介绍

拱宸桥建于明朝 1631 年,是京杭大运河目的地的标志,如图 26.1 所示。

(a) (b)

图 26.1 拱宸桥

(a)侧视图;(b)正视图。

它是一座连接大运河东西岸的拱形人行天桥,全长92m,跨三跨,高16m,承重结构为拱圈,桥内填土。主跨15.8m,其余两跨11.9m,跨中宽5.9m,两端宽12.8m。主体结构由现已少见的巨石条构成,维修或更换难度较大,基础为溢流石。由于珍贵的历史价值和社会价值,这座桥于2005年被授予省级文物保护,并于2013年被提升为国家重点保护遗址。这座桥附近的地方被定为风景名胜区,每年吸引数以千计的游客。

26.2.2 通航条件

自古以来,大运河就是一条重要的客货运输通道。虽然它现在的地位不能与过去相比,但它仍然是当地商业货物运输或参观的重要通道。拱宸桥所在航道为Ⅴ级航道,300t以下船舶通行。桥下航行的船只大致可分为3类:货运船300t左右,旅游观光船100t左右,其他小型船舶包括公务船或私人拥有的渔船等。货船可能长达45m,宽达11m,在实际装载中,它们可能会更重。毋庸置疑,小船不会威胁大桥的安全。这两艘典型大船的船型如图26.2所示。

图 26.2 运河中的典型船只
(a)观光船;(b)货船。

26.2.3 碰撞事件分析

由于著名的观光旅游地位和当地交通运输的重要作用,无论是旅游还是货运,通道上的交通都非常繁忙。然而,主跨只有15.8m,与船或桥梁的大小相比,拱圈相当细长。货轮司机在驾驶时必须相当谨慎,他们需要排队通过大桥。如图26.3所示,与货船相比,这座珍贵的大桥既小又脆弱。如图26.3(b)所示,当货船通过主跨时,拱环与船舶之间的距离太近,以至于不小心驾驶或不规则水流可能会导致碰撞事件。

第26章 基于计算机视觉的桥梁碰撞风险评估的船舶导航监控

图 26.3　繁忙的桥下交通

(a)货运船队；(b)过往情况。

近年来发生的碰撞事故很多，其中有几起相对严重的事故，表明了情况是怎样的。1996年8月，主跨的拱圈被两次击中，导致石圈出现裂缝。1998年10月，主跨东南角遭受重创，一条长3m、宽0.65m、重1.4t的石条被劈成3半。2007年6月，为了保护大桥，建造了4个防撞桥墩。然而，2005年9月26日和11月23日，东北角的同一个地方被两次击中，导致一条石带被摧毁。2008年，一艘货轮撞上东南防撞码头并将其倾斜。2008年8月31日，一艘货轮撞上东南防撞码头，险些撞毁。2016年1月6日，东北角被撞，一块石条被劈成两半，导致修桥施工。图26.4显示了被过往船只多次撞击的拱环，宽阔的裂缝降低了结构强度，大量的磨损痕迹代表了经常发生的许多小碰撞事件。防撞桥墩确实起到了保护桥梁的作用，但为了维持保护能力，它们必须经常维修。水下施工成本较高，可靠性较差，可能会干扰航行。

图 26.4　破坏的拱环

26.2.4　系统的重要意义

由于大桥具有重要的历史价值、社会价值和旅游价值，因此，有必要建立防撞系统对其进行保护。防撞桥墩作为一种被动的防护措施已被广泛应用于桥梁的防护，但并不能有效地减少撞击事故的发生。每次撞船后，码头都要维修，甚至重建，耗费大量金钱和人力，甚至堵塞航道达数小时或数天之久。基于计算机视觉的系统是通过对进港船舶进行监测和主动报警，将被动防御状态转变为主动防御状态的一种主动措施。一方面，通过减少碰撞事件，桥梁将得到更好的保护。另一方面，通过减少因船东的粗心大意造成的事故，船东有可能省去处罚罚款。同时，基于计算机视觉的防撞系统的开发和实施经验也可以为桥梁防撞行动中的其他情况提供借鉴。

26.3 船桥防撞系统

基于计算机视觉的船桥防撞系统主要由监控跟踪系统、风险评估预警系统和事后记录系统组成，如图26.5所示。跟踪系统将跟踪进港船舶，以获得船型、速度和方向，以便进行风险评估。风险评估和预警系统将评估风险级别并发出相应的警告。后期记录和评估系统用于记录可能发生的碰撞和评估后测量的强度。通过这3个系统的结合，建立了一个主动的防撞系统，以降低碰撞的概率。基于计算机视觉的船桥防撞系统的工作流程如图26.5所示。桥船防撞监测预警系统的设计目标包括：①对桥梁上游一定范围内的航行船舶（包括通航区域和非通航区域）进行24h连续监测；②识别监测范围内船舶的大小、位置、航速、方向、航迹和数量，并根据识别结果进行桥船防撞预警；③预警事件发生后，可以通过声、光等多种方式对船舶进行通信和报警；④用户界面简洁、易用、

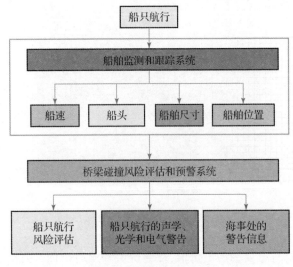

图26.5 系统工作流程图

人性化;⑤积累一定数据后,进行船舶瞬变预报预警和主动预警;⑥向海事部门提供预警信息,配合海事部门处置非法航行船舶。

26.3.1 监控和跟踪系统

基于计算机视觉的船舶航行监控桥梁碰撞风险评估方法的理论核心是船舶跟踪方法,包括图像预处理和目标跟踪方法。图像预处理方法主要包括图像灰度化、图像增强、图像二进制化、图像滤波等步骤。其总体步骤如下:对输入图像进行灰度化处理,便于后续图像处理;通过灰度拉伸增强图像对比度;对图像进行二进制化,分割背景和目标;应用中值滤波,消除图像干扰和噪声。

目标跟踪方法包括帧间差分法和背景建模法。帧间差分法的基本原理是对图像进行预处理后,得到相邻时间步长上两幅图像对应像素的灰度值。在运动目标的连续跟踪过程中,通过帧间差分法得到运动目标连续图像灰度值的动态变化。然后通过灰度的变化实现对运动目标的跟踪。

首先,采集连续时间段的序列图像 f_1、f_2、$\cdots$、f_t,用于背景提取。假设 $f_k(x, y)$、$f_{k+1}(x,y)$ 和 $f_{k+2}(x,y)$ 是相邻的三帧序列图像($1 \leqslant k+2 \leqslant t$),并且 (x,y) 是相应帧图像的坐标,如图 26.6 所示。采用第 k 帧作为背景图像。用第 $(k+1)$ 帧减去第 k 帧,可以得到相邻图像的差值图像,并将图像中心标记为 M_1,如图 26.7(a) 所示。用第 $(k+2)$ 帧减去第 k 帧,可以得到相邻图像的差值图像,并将图像中心标记为 M_2,如图 26.7(b) 所示。因此,通过帧间差分法连续得到连续的差分图像,并得到差分图像的连续质心,从而实现对运动目标的连续跟踪。

质心点 M_1、M_2 坐标 $(\bar{X}, \bar{Y})$ 的计算方法为

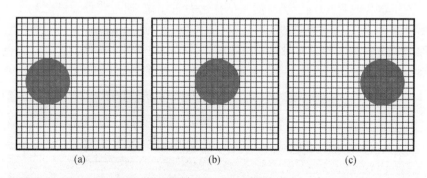

图 26.6 相邻图像

(a)第 k 帧;(b)第 $(k+1)$ 帧;(c)第 $(k+2)$ 帧。

$$\bar{X} = \frac{\sum x \sum y \cdot X \cdot f(x,y)}{\sum x \sum y \cdot f(x,y)} \qquad (26.1)$$

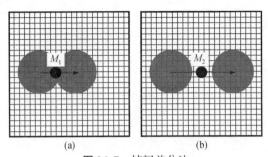

图 26.7 帧间差分法

(a)第 k 帧和第$(k+1)$帧;(b)第 k 帧和第$(k+2)$帧。

$$\bar{Y} = \frac{\sum x \sum y \cdot Y \cdot f(x,y)}{\sum x \sum y \cdot f(x,y)} \tag{26.2}$$

背景建模法的基本思想是对图像的背景建模。在建立背景模型时,将当前图像与背景模型进行比较,并根据比较结果检测出运动目标。本系统使用的背景模型为单高斯背景模型。

单高斯背景模型的基本思想是:将图像中每个像素的灰度值视为一个随机过程,该点的像素灰度值服从高斯分布的概率。设 $I(x,y,t)$ 表示时间 t 的像素点(x,y,t)的像素灰度值,则

$$P(I(x,y,t)) = \frac{1}{\sqrt{2\pi}\sigma_t} e^{\frac{-(x-\mu_t)^2}{2\sigma_t^2}} \tag{26.3}$$

式中: μ_t 和 σ_t 分别是时间 t 的像素灰度值的高斯分布的期望值与标准差。每个像素的背景模型由期望值 μ_t 和偏差 σ_t 组成。

为了进行说明,以河上场景的图像作为背景图像,通过背景建模法和适当阈值的设置,可以获得对帆船的实时跟踪,如图 26.8 所示。图 26.8(a)是视频监控图像,图 26.8(b)是经过背景建模法处理的目标跟踪图像。有像云和山这样的影响因素,山丘保持静止,而云层会移动,这个系统仍然能够检测到即将到来的船只。

图 26.8 背景学习算法测试结果

(a)原始图像;(b)船的特征提取。

26.3.2 风险评估和预警系统

26.3.2.1 警戒区分区

大桥周围的大运河宽80m,大桥有3个跨度,可以让小船同时向两个方向分两个跨度通过,而货船只能逐个通过主跨。北向最近的桥有650m远,南向最近的桥有450m远。综合考虑桥梁状况、航道状况、船型、船速、计算机视觉系统硬件等因素,确定大桥两侧监控范围为250m。

根据潜在的碰撞危险和航道,将监控区域划分为交通区、危险区、警戒区和跟踪区4个部分。通行区是以航道中心线为中心、宽12.8m的区域。危险区域位于桥梁50m以内,拱圈边缘0.5m以内。警戒区的长度超过危险区150m,距拱圈1.5m。

对于进入跟踪区的船舶,跟踪系统会自动跟踪它们的动态航迹。风险评估和预警系统基于测量数据,包括船舶在桥区域的距离、航速、航向、最近交会点和最近交会时间。此外,跟踪系统将监测船舶是否存在超速、偏航等危险现象,当发现船舶的非法操作行为时,系统将主动发出提醒,避免船舶非法作业造成的船舶碰撞事故。

对于进入警戒区的船舶,风险评估和预警系统将实时评估船舶碰撞风险。船舶碰撞风险模型由最小安全相遇距离和最短机动时间组成。最小安全相遇距离和最短机动时间取决于船速、船型、吨位、规模和船周环境条件。风险评估预警系统接收跟踪系统在桥梁区域的距离、速度、航向、最近交会点、最近交会时间等实测数据,将持续计算最小安全交会距离和达到最小安全的时间,实时动态判断是否存在船舶碰撞危险。

对进入有碰撞危险区域的船舶,将主动发布船舶碰撞预警,通知船舶采取规避措施,最大限度避免船舶碰撞事故发生。船舶的非法提醒或船舶碰撞警告将通过对讲机或喇叭发布。当然,要完全避免撞船事故是极其困难的。在船舶碰撞事故不可避免的情况下,桥船碰撞风险评估预警系统自动发出船舶碰撞预警,力争桥上人员和桥下船舶尽可能避免人员伤亡。

26.3.2.2 系统告警触发方法

当船舶进入警戒区时,系统会自动发出瞬态预报警报。瞬态预测预警是根据船舶当前的航行状态和过去短时间的航迹,在短时间内对船舶的行为状态和运动位置进行预测,并根据预测结果,确定当前的预警级别是否需要提高,从而获得更多的报警响应时间。主动预测预警是根据监测区域内船舶的航行轨迹、航速、航向等信息,提取船舶的航行特征,主动预测船舶碰撞概率并提供预警。系统报警触发分类如图26.9所示。

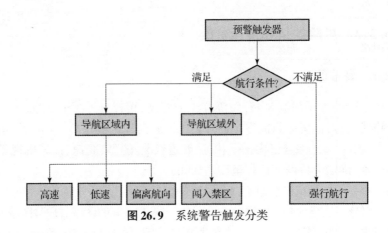

图 26.9 系统警告触发分类

26.3.2.3 预警事件风险评估

桥船碰撞预警应考虑桥船碰撞的可能性和危险性。桥梁与船舶相撞的可能性是通过船舶与桥梁的相对位置来考虑的。桥船相撞的风险与船的重量、速度和特定结构的撞击方向有关。通过视觉监控很难获得准确的船舶重量数据，因此用船舶的长度代替船舶的重量来评估船舶碰撞的风险。

当预警事件发生时，系统会根据预警事件发生的地点、船舶大小、航速、航向等信息获取相应的风险评估分值，然后进行加权求和，计算出预警分值，并在短时间内确定预警级别。

系统根据船舶位置、船舶大小、航速、航向等信息得到相应的风险评估分数，然后进行加权求和，计算出预警分数。监测区域、船舶大小、航行速度、船舶航行方向的风险分值如表 26.1 所列。具体公式如下：

$$Q = \sum_{i=1}^{4} A_i \cdot \omega_i \quad (26.4)$$

式中：Q 是警告分数；A_i 是警告事件行为的特征风险分数，如表 26.1 所列，$\omega_i \omega_i$ 是警告事件行为的特征权重，如表 26.2 所列。

然后，根据上述船舶预警得分，确定桥船碰撞预警等级，并采取相应预警措施，如表 26.3 所列。

表 26.1 风险评分

危险状况	风险评分		预警分属校准
监测区域	A_1	1	主要区域
		0.5	次要区域
		0.25	第三系区域

续表

危险状况	风险评分	预警分属校准		
		定义船舶尺寸	船舶吨位	船舶长度
船舶尺寸	A_2	1 大	>1000t	>61m
		0.5 中	500~1000t	47~61m
		0.25 小	50~500t	20~47m
		0 很小	<5t	<20m
		定义船舶速度	船舶速度	
航行速度	A_3	1 快	≥5km	
		0.5 慢	<5km	
		定义船头	船头	
航行方向	A_4	1 在桥附近	±71.5°(船向前的方向)	
		0.5 远离大桥	其他方向	

表26.2 不同因素的权重

序列号	监测区域	船舶尺寸	航行速度	航行方向
权重 ω_i	0.3	0.3	0.1	0.3

表26.3 警告分数和警告措施

序列号	警告分数间隔	警告级别
1	[0,0.7]	无警告
2	(0.7,0.8]	主要警告
3	(0.8,0.9]	中间警告
4	(0.9,1]	紧急警告

26.3.3 触发记录系统

触发记录系统与智能视频监控系统相结合,帮助记录潜在的碰撞过程。桥上安装摄像机,当跟踪系统检测到异常轨迹时,触发记录系统录制现场发生的情况。这有助于保留碰撞证据。

根据录制的目的,录制系统的硬盘大小应可以恢复2周左右视频。摄像机的分辨率应在1920×1080像素左右,以便在发生碰撞事件时显示清晰的船舶和桥梁细节。因此,带以太网接口的摄像头因其传输速度快而被采用。此外,由于室外环境的原因,相机应足够的坚固,且能够适应温度的变化,工作温度为 $-20 \sim +65$℃,以适应夏季和冬季的环境温度。

26.4 现场测试

由于拱宸桥周围风景名胜区的保护法律严格,在古桥上实施该系统之前,在另一个地区进行了现场测试,以验证该系统的有效性。测试的大桥位于中国台州的船舶进出口主通道上。桥区附近潮汐急,船流大,船型复杂。码头泊位多,通航环境复杂。桥区宽1700m,主航道宽900m。根据海事部门的实测交通量,桥区水域每天有272艘船。由于航行环境的复杂性,此次选址可以更好地验证主动船舶防撞系统的有效性。

26.4.1 系统概述

这个系统是一个基于计算机视觉技术和IPT的桥船防撞智能视频监控系统。硬件平台采用视频监控技术,主要包括多台工业摄像机、变焦镜头和一台计算机。采用先进的数字智能功率管IPT作为视频信号分析理论的核心。建立基于计算机视觉的船桥防撞系统,实现静态和动态识别、实时数据显示、航迹描述、数据库保存、多级智能报警等主要目标,如图26.10所示。

(a) (b)

图 26.10 系统现场测试

(a)相机;(b)计算机和软件。

26.4.2 监控界面

跟踪系统是多级主动防撞系统的一部分,其系统软件具有船舶实时监控、船舶航行描绘、监控数据显示、报警信息显示、数据存储、报表生成、即时帮助、系统参数配置等功能。

3台摄像机的监控图像可以同时实时显示,如图26.11所示。画面中可以显示出黄、红线分隔的三级监测区,如果识别出的船舶可见,静态和动态船舶可以用矩形框实时锁定。此外,还可以缩放3个监控画面窗口,如图26.11所示。

图26.11 实时监控界面(见彩插)

这3个摄像头可以实时显示船舶移动的航线轨迹,航迹图的背景色还显示了三级监控区域。此外,轨迹图具有坐标显示功能,可根据实际值对坐标值范围进行标定和输入。如图26.12所示,这3个摄像头可以跟踪识别出的船舶数量,并可实时显示每艘船舶的大小、坐标、速度和方向数据。

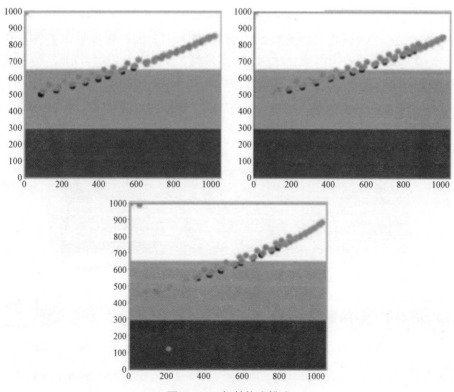

图26.12 船舶轨迹描述

26.4.3 警示系统

根据3个摄像头监测到的船舶大小、航速、航向、监控区域，采用加权求和的方法获得预警分值，并实时显示预警分值。同时，预警分值分为三级（初级预警、中级预警、紧急预警），通过相应的阈值分别点亮不同颜色的灯，如下图所示。当为紧急报警时，自动触发报警铃声报警，如图26.13所示。

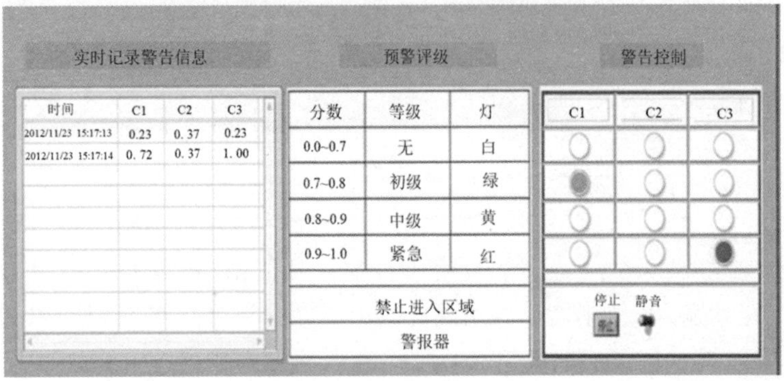

图26.13　警告信息显示

如图26.13所示，对摄像机1识别的数据进行加权，得到最终预警得分0.72，在初级预警范围内，则绿灯亮；对摄像机3识别的数据进行加权，得到最终预警得分1，处于紧急预警范围内，则红灯亮。如图26.14的蓝色矩形所示，可以在3个摄像头监控屏幕中人工定义限制区域。当监测船进入禁区时，它会自动亮起红灯，并直接触发警报声。

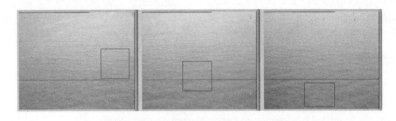

图26.14　限制区域设置（见彩插）

26.4.4 船舶识别

校准船的尺寸约为3m×20m，航速约为2m/s，基本保持恒速，视频图片如图26.15所示。系统需要校准和测试，便于静态和动态识别。

第26章 基于计算机视觉的桥梁碰撞风险评估的船舶导航监控

图 26.15 校准船

根据现场环境,调试好的摄像头对停靠在河面上的船舶进行监控,软件系统可以识别多艘系泊船舶,如图 26.16 所示。静止的船离桥很远,但系统仍然可以检测到它们的存在。这样就有足够的时间来识别即将到来的目标,并及时发出潜在的警告。

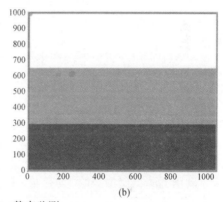

(a)   (b)

图 26.16 静态监测
(a) 监测区域;(b) 鉴定结果。

根据现场环境,调试好的摄像头监控在河上航行的船只,软件系统可以识别多艘正在航行的船只,如图 26.17 所示。结果表明,这个系统可以实现对江面上多船的稳定跟踪,在进站船舶较多的情况下具有重要的实际应用价值。

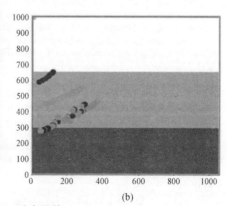

(a)   (b)

图 26.17 动态监控
(a) 监测区域;(b) 鉴定结果。

26.5 结论

本章开发了一种基于计算机视觉的船桥碰撞防护系统。这个系统的特点主要体现在以下几方面:①将智能视频监控引入桥梁工程领域,主动监控桥域水域的航行情况,对船舶违法作业主动提醒,对船舶危险主动预警,最大限度地避免船舶碰撞事故的发生;②当船舶发生碰撞事故时,及时报警,主动疏散人员,可提前警示桥上人员和桥下船舶,避免人员伤亡;③当船舶发生碰撞事故时,利用摄像系统记录船舶碰撞事故的全过程,使驾驶人或管理人员在船舶碰撞事故索赔中发挥积极作用。此外,该系统还具有多级警戒区、船舶违章作业主动提醒、船舶碰撞风险实时评估、船舶碰撞风险主动预警、船舶碰撞事故自动报警等功能。

这个系统利用全方位监测和主动预警,最大限度地避免船舶碰撞事故或降低船舶碰撞事故的严重程度。避免或减少潜在的船舶碰撞事故给经济和社会造成的直接或间接损失,取得经济和社会效益。主动防撞系统比被动防撞系统具有显著的成本优势。因此,多级主动防撞系统不仅可以减少直接或间接损失,还可以节省桥梁避撞成本。随着跨河大桥的建设和航运业务的发展,潜在碰撞事故的风险将增加。借助这种基于计算机视觉的船桥防撞系统,可以采取积极主动措施降低碰撞风险,具有显著的社会效益和经济效益。

致谢 本章的工作得到了中国国家自然科学基金(批准号:51822810,51778574)、浙江省自然科学基金(批准号:LR19E080002)和中央高校基础研究基金(批准号:2019XZZX004 - 01)。

参考文献

1. Vu, K. A. T., & Stewart, M. G. (2000). Structural reliability of concrete bridges including improved chloride-induced corrosion models. *Structural Safety, 22*(4), 313–333.
2. Choe, D. E., Gardoni, P., Rosowsky, D., & Haukaas, T. (2008). Probabilistic capacity models and seismic fragility estimates for RC columns subject to corrosion. *Reliability Engineering & System Safety, 93*(3), 383–393.
3. Li, J. B., Gong, J. X., & Wang, L. C. (2009). Seismic behavior of corrosion-damaged reinforced concrete columns strengthened using combined carbon fiber-reinforced polymer and steel jacket. *Construction and Building Materials, 23*(7), 2653–2663.
4. Simon, J., Bracci, J. M., & Gardoni, P. (2010). Seismic response and fragility of deteriorated reinforced concrete bridges. *Journal of Structural Engineering, 136*(10), 1273–1281.
5. Alipour, A., Shafei, B., & Shinozuka, M. (2011). Performance evaluation of deteriorating highway bridges located in high seismic areas. *Journal of Bridge Engineering, 16*(5), 597–611.
6. Zhu, L., Liu, W. Q., Fang, H., Chen, J. Y., Zhuang, Y., & Han, J. (2019). Design and simulation of innovative foam-filled lattice composite bumper system for bridge protection in ship collisions. *Composites Part B: Engineering, 157*, 24–35.

7. Guo, Y. L., Ni, Y. Q., & Chen, S. K. (2017). Optimal sensor placement for damage detection of bridges subject to ship collision. *Structural Control & Health Monitoring, 24*(9). https://doi.org/10.1002/stc.1963.
8. Fang, H., Mao, Y. F., Liu, W. Q., Zhu, L., & Zhang, B. (2016). Manufacturing and evaluation of large-scale composite bumper system for bridge pier protection against ship collision. *Composite Structures, 158*, 187–198.
9. Liu, J. C., & Gu, Y. N. (2002). Simulation of the whole process of ship-bridge collision. *China Ocean Engineering, 16*(3), 369–382.
10. Minorsky, V. U. (1958). An analysis of ship collisions with reference to protection of nuclear power plants (No. NP-7475). *Journal of Ship Research, 3*(2), 1–4.
11. Meir-Dornberg, K. E. (1983). Ship collisions, safety zones, and loading assumptions for structures in inland waterways. *VDI-Berichte, 496*(1), 1–9.
12. Sha, Y. Y., & Hao, H. (2012). Nonlinear finite element analysis of barge collision with a single bridge pier. *Engineering Structures, 41*, 63–76.
13. Fan, W., & Yuan, W. C. (2014). Numerical simulation and analytical modeling of pile-supported structures subjected to ship collisions including soil-structure interaction. *Ocean Engineering, 91*, 11–27.
14. Wan, Y. L., Zhu, L., Fang, H., Liu, W. Q., & Mao, Y. F. (2019). Experimental testing and numerical simulations of ship impact on axially loaded reinforced concrete piers. *International Journal of Impact Engineering, 125*, 246–262.
15. Jiang, H., & Chorzepa, M. G. (2015). Evaluation of a new FRP fender system for bridge pier protection against vessel collision. *Journal of Bridge Engineering, 20*(2). https://doi.org/10.1061/(ASCE)BE.1943-5592.0000658.
16. Fu, T. S., Garcia-Palencia, A. J., Bell, E. S., Adams, T., Wells, A., & Zhang, R. (2016). Analyzing prerepair and postrepair vibration data from the Sarah Mildred Long Bridge after ship collision. *Journal of Bridge Engineering, 21*(3). https://doi.org/10.1061/(ASCE)BE.1943-5592.0000856.
17. Consolazio, G. R., & Cowan, D. R. (2005). Numerically efficient dynamic analysis of barge collisions with bridge piers. *Journal of Structural Engineering, 131*(8), 1256–1266.
18. Davidson, M. T., Consolazio, G. R., & Getter, D. J. (2010). Dynamic amplification of pier column internal forces due to barge-bridge collision. *Transportation Research Record, 2172*, 11–22.
19. Consolazio, G. R., Davidson, M. T., & Cowan, D. R. (2009). Barge bow force-deformation relationships for barge-bridge collision analysis. *Transportation Research Record, 2131*, 3–14.
20. Yuan, P., & Harik, I. E. (2008). One-dimensional model for multi-barge flotillas impacting bridge piers. *Computer-Aided Civil and Infrastructure Engineering, 23*(6), 437–447.
21. Zhu, B., Chen, R. P., Chen, Y. M., & Zhang, Z. H. (2012). Impact model tests and simplified analysis for flexible pile-supported protective structures withstanding vessel collisions. *Journal of Waterway, Port, Coastal, and Ocean Engineering, 138*(2), 86–96.
22. Xu, Y., & Brownjohn, J. M. W. (2018). Review of machine-vision based methodologies for displacement measurement in civil structures. *Journal of Civil Structural Health Monitoring, 8*(1), 91–110.
23. Feng, D. M., Feng, M. Q., Ozer, E., & Fukuda, Y. (2015). A vision-based sensor for noncontact structural displacement measurement. *Sensors-Basel, 15*(7), 16557–16575.
24. Feng, D. M., & Feng, M. Q. (2017). Identification of structural stiffness and excitation forces in time domain using noncontact vision-based displacement measurement. *Journal of Sound and Vibration, 406*, 15–28.
25. Feng, D. M., & Feng, M. Q. (2017). Experimental validation of cost-effective vision-based structural health monitoring. *Mechanical Systems and Signal Processing, 88*, 199–211.
26. Feng, D. M., Scarangello, T., Feng, M. Q., & Ye, Q. (2017). Cable tension force estimate using novel noncontact vision-based sensor. *Measurement, 99*, 44–52.
27. Dong, C. Z., Ye, X. W., & Jin, T. (2018). Identification of structural dynamic characteristics based on machine vision technology. *Measurement, 126*, 405–416.
28. Wu, L. J., Casciati, F., & Casciati, S. (2014). Dynamic testing of a laboratory model via vision-based sensing. *Engineering Structures, 60*, 113–125.
29. Khuc, T., & Catbas, F. N. (2017). Computer vision-based displacement and vibration monitoring

without using physical target on structures. *Structure and Infrastructure Engineering, 13*(4), 505–516.

30. Tian, L., & Pan, B. (2016). Remote bridge deflection measurement using an advanced video deflectometer and actively illuminated LED targets. *Sensors-Basel, 16*(9), 1344.
31. Lee, J. J., Cho, S., Shinozuka, M., Yun, C. B., Lee, C. G., & Lee, W. T. (2006). Evaluation of bridge load carrying capacity based on dynamic displacement measurement using real-time image processing techniques. *International Journal of Streel Structures, 6*(5), 377–385.
32. Feng, D. M., & Feng, M. Q. (2015). Model updating of railway bridge using in situ dynamic displacement measurement under trainloads. *Journal of Bridge Engineering, 20*(12). https://doi.org/10.1061/(ASCE)BE.1943-5592.0000765.
33. Chen, J. G., Adams, T. M., Sun, H., Bell, E. S., & Buyukozturk, O. (2018). Camera-based vibration measurement of the World War I memorial bridge in Portsmouth, New Hampshire. *Journal of Structural Engineering, 144*(11). https://doi.org/10.1061/(ASCE)ST.1943-541X.0002203.
34. Khuc, T., & Catbas, F. N. (2018). Structural identification using computer vision-based bridge health monitoring. *Journal of Structural Engineering, 144*(2). https://doi.org/10.1061/(ASCE)ST.1943-541X.0001925.
35. Ojio, T., Carey, C. H., OBrien, E. J., Doherty, C., & Taylor, S. E. (2016). Contactless bridge weigh-in-motion. *Journal of Bridge Engineering, 21*(7). https://doi.org/10.1061/(ASCE)BE.1943-5592.0000776.
36. Jiao, J., Zhang, Y., Sun, H., Yang, X., Gao, X., Hong, W., Fu, K., & Sun, X. (2018). A densely connected end-to-end neural network for multiscale and multiscene SAI ship detection. *IEEE Access, 6*, 20881–20892.
37. Liu, G., Zhang, Y. S., Zheng, X. W., Sun, X., Fu, K., & Wang, H. Q. (2014). A new method on inshore ship detection in high-resolution satellite images using shape and context information. *IEEE Geoscience and Remote Sensing Letters, 11*(3), 617–621.
38. Li, S., Zhou, Z. Q., Wang, B., & Wu, F. (2016). A novel inshore ship detection via ship head classification and body boundary determination. *IEEE Geoscience and Remote Sensing Letters, 13*(12), 1920–1924.
39. Liu, W. C., Ma, L., & Chen, H. (2018). Arbitrary-oriented ship detection framework in optical remote-sensing images. *IEEE Geoscience and Remote Sensing Letters, 15*(6), 937–941.
40. Liu, Z. Y., Zhou, F. G., Bai, X. Z., & Yu, X. Y. (2013). Automatic detection of ship target and motion direction in visual images. *International Journal of Electronics, 100*(1), 94–111.
41. Lin, H. N., Shi, Z. W., & Zou, Z. X. (2017). Fully convolutional network with task partitioning for inshore ship detection in optical remote sensing images. *IEEE Geoscience and Remote Sensing Letters, 14*(10), 1665–1669.

缩略语

缩略语	英文	中文
2D	Two – dimensional	二维
3D	Three – dimensional	三维
4WDDMR	Four – wheeled differential drive mobile robot	四轮差速驱动移动机器人
AAM	Auto – associative memory	自动联想记忆
AB	Aborted	中止
ABAC	Adaptive binary arithmetic coding	自适应二进制算术编码
ABC	Analog – digital basic cell	模拟数字基本单元
ACO	Ant colony optimization	蚁群优化
ACS	Automated control systems ((Meaning in Chap. 16)	自动控制系统(第16章)
ACS	Ant colony system (Meaning in Chap. 23)	蚁群系统(第23章)
AD *	Anytime D *	任意时间 D *
ADC	Analog to digital converter	模数转换器
ADD	Antenna directivity diagram	天线方向图
AFV – SPECK	Adaptive fovea centralis set partitioned embedded block codec	自适应中央凹集合分裂嵌入式块编码器
AlexNet	A well – known convolutional neural network designed by Alex Krizhevsky	亚历克斯·克里日夫斯基设计的著名卷积神经网络
AM	Associative memory (in Chap. 4)	联想式记忆(第4章)
AM	AM Additive manufacturing (in Chap. 22)	增材制造(第22章)
AMCW	Amplitude modulated continuous wave	调幅连续波
AO	Absolute orientation	绝对定向

续表

缩略语	英文	中文
AP	Antenna pattern	天线模式
APD	Avalanche photo diode	雪崩光电二极管
API	Application programming interface	编程接口
AS/RS	Automated storage and retrieval system	自动仓储系统
ASCII	American standard code for information interchange	美国标准信息交换码
ASIC	Application-specific integrated circuit	专用集成电路
AVC	Advance video coding	高级视频编码
AWFV-Codec	Adaptive wavelet/fovea centralis-based codec	基于自适应小波/中央凹的编码器
BA	Bundle adjustment	光束平差法
BC	Basic cell (Meaning in Chap. 4)	基本单元
BC	Bumper collision (Meaning in Chap. 14)	保险杠碰撞
BDS	BeiDou navigation satellite system	北斗卫星导航系统
Bel	Degree of belief	置信度
BGR	Blue green red color space	蓝绿红颜色空间
BIA	Binary image algebra	二值图像代数
BLS	Bottommost line segments	最底部线段
BM	Block matching	块匹配
BP	Back propagation algorithm	反向传播算法
BPD	Blown powder deposition	喷粉沉积
bpp	Bits per pixel	位数/像素
CAD	Computer-aided design	计算机辅助设计
CAF	Correlation analysis field	相关性分析字段
Caffe	Convolutional architecture for fast feature embedding	快速特征嵌入的卷积结构
CAS	Computer-assisted surgery	计算机辅助外科手术
CCC	Coefficient of cross correlation	互相关系数

续表

缩略语	英文	中文
CCCA	Current-controlled current amplifiers on current mirror multipliers	电流镜乘法器上的电流控制电流放大器
CCD	Charge-coupled device	电荷耦合器件
CDF9/7	Cohen-Daubechies-Feauveau wavelet	CDF 小波
CDNE	Complementary double NE	互补型双神经网络单元
CENS	Channel extreme correlation navigation systems	信道相关极值导航系统
CENS-Ⅰ	CENS in which information is currently removed at a point	CENS 中被删除得当前信息
CENS-Ⅱ	CENS in which information is currently removed from a line	当前从行中删除信息的 CENS
CENS-Ⅲ	CENS in which information is currently removed from an area (frame)	当前从区域中删除信息的 CENS(框架)
CFA	Color filter array	颜色滤波阵列
CI	Current image	当前图像
CIF	Common intermediate format	公共交互格式
CIS	Cmos image sensors	CMOS 图像传感器
CL	Continuous logic	连续逻辑
CLC	Continuous logic cell	连续逻辑单元
CLEM	Continuous logical equivalence model	连续逻辑等效模型
CLF	Continuous logic function	连续逻辑函数
CM	Current mirror	电流镜
CML	Concurrent mapping and localization	并行映射和定位
CMM	Current multiplier mirror	电流乘法镜
CMOS	Complementary metal-oxide semiconductor	互补金属氧化物半导体
CMYK	Cyan, magenta, yellow, black color space	青色、品红色、黄色、黑色空间

续表

缩略语	英文	中文
CNC	Computer numerical control	计算机数字控制
CNN	Convolutional neural network	卷积神经网络
CNN-CRF	Convolutional neural network - conditional random field	卷积神经网络条件随机场
Cov	Covariance	协方差
CPR	Cycles per revolution	循环次数/转
CPU	Central processing unit	中央处理器
CPW	Coplanar waveguide	共面波导
CQD	Colloidal quantum dots	胶态量子点
CS	Control systems	控制系统
CSM	Camera-space manipulation	相机操作空间
C-Space	Configuration space	配置空间
CUDA	Compute unified device architecture	统一计算设备架构
CVM	Curvature velocity method	曲率速度法
CWT	Continuous wavelet transform	连续小波变换
$D*$	Specific detectivity (in Chap. 1)	比探测率
$D*$	Dynamic $a*$ (in Chap. 14)	动力学 $a*$
D/A	Donor-acceptor	供体-受体
DAC	Digital-to-analog converter	数模转换器
dB	Decibel	分贝
DBSCAN	Density-based spatial clustering of applications with noise	基于密度的噪声应用空间聚类
DC	Digital-analog cell	数字模拟单元
DCF	Decision function	决策函数
DCT	Discrete cosine transform	离散余弦变换
DF	Decision function	决策函数

续表

缩略语	英文	中文
DGPS	Differential global positioning system	差分全球定位系统
DL	Deep learning	深度学习
DLP	Dwa local planner	Dwa 局部规划
DOEP	Digital optoelectronic processor	数字光电处理器
DOF	Degree of freedom	自由度
DoG	Difference of gradient	梯度差异
DSSC	Dye–sensitized solar cells	染料敏化太阳能电池
DUT	Device under test	被测设备
DWA	Dynamic window approach	动态窗口法
DWT	Discrete wavelet transform	离散小波变换
EB	Elastic bands	弹性带
ECS	Environment cooling system	环境冷却系统
EDM	Electronic distance measurement	电子测距
EGT	Exhaust gas temperature	排气温度
EKF	Extended Kalman filter	扩展卡尔曼滤波
EM	Equivalence model	等效模型
EMR	Electromagnetic radiation	电磁辐射
EMW	Electromagnetic waves	电磁波
EO	Exterior orientation	外定向
EQ_CL	Equivalent continuous–logical	等效连续逻辑
EQE	External quantum efficiency	外量子效率
ExG–ExR	Excess green minus excess red vegetation index	过量绿色减去过量红色植被指数
FCL	Flexible collision library	柔性碰撞库

续表

缩略语	英文	中文
FDI	Fault detection and isolation	故障检测和隔离
FET	Field–effect transistor	场效应晶体管
FIP	Focus–induced photoluminescence	聚焦诱导光致发光
FIR	Finite impulse response	有限脉冲响应
FIT	Frame interline transfer	行间帧转移
FMCW	Frequency–modulated continuous wave	调频连续波
FNS	Fundamental numerical scheme	基本数值格式
FO	False object	伪目标
FoV	Field of vision	视场
FPGA	Field programmable gate array	现场可编程门阵列
FPS	Frames per second	帧数/秒
FR	Flying robots	飞行机器人
FT	Frame transfer	帧转移
FVHT	Fovea centralis hierarchical trees	中央凹层次
FW	Fixed window	固定窗
FWHM	Full width at half maximum	半峰宽
FWT	Fast wavelet transform	快速小波变换
FW–UAV	Fixed wings unmanned aerial vehicle	固定翼无人机
G	Gray	灰度
GaN nanowires	Gallium nitride nanowires	氮化镓纳米线
GIF	Graphics interchange format	图形交换格式
GNSS	Global navigation satellite system	全球卫星导航系统
GPGPU	General purpose graphics processing unit	通用图形处理单元
GPS	Global positioning system	全球定位系统
GPU	Graphics processing unit	图形处理器

续表

缩略语	英文	中文
GRV	Gaussian random variable	高斯随机变量
GSD	Ground sampling distance	地面采样距离
GSG	Ground signal ground	地-信号-地
GVD	Generalized Voronoi diagram	广义 Vronoi 图
HAM	Hetero-associative memory	异联想记忆
HD	High definition	高清晰度
HEVC	High efficiency video coding	高效视频编码
HF	High frequency	高频
HH	Horizontal histogram	水平直方图
HIL	Hardware-in-the-loop	半实物仿真
HPC	High pressure compressor	高压压缩机
HPT	High pressure turbine	高压涡轮机
HSV	Hue-saturation-value (color model)	色调饱和度值(颜色模型)
HVS	Human visual system	人类视觉系统
Hz	Horizontal	水平
IATS	Image-assisted total station	图像辅助全站仪
ICP	Integrated color pixel	集成彩色像素
ID	Identification	识别
iDCT	Integer discrete cosine transform	集成离散余弦变换
IDE	Integrated development environment	集成开发环境
IEEE	Institute of electrical and electronics engineers	电气和电子工程师协会
IF	Informational field	信息字段
IIR	Infinite impulse response	无限脉冲响应
iLWT	Inverse LWT	提升小波逆变换
IMU	Inertial measurement units	惯性测量单元

续表

缩略语	英文	中文
INS	Inertial navigation system	惯性导航系统
IO	Interior orientation	内定向
IoT	Internet of things	物联网
IP	Image processor	图像处理器
IPT	Image process technology	图像处理技术
IR	Infrared	红外线
IRNSS	Indian regional navigation satellite system	印度区域卫星导航系统
iSPECK	Inverse SPECK	逆向SPECK算法
IT	Information technologies	信息技术
IT SB RAS	Institute of Thermophysics Siberian branch of Russian academy of Science	俄罗斯科学院西伯利亚分院热物理研究所
JBIG	Joint bi-level image group	联合双层图像组
Jd	Dark current	暗电流
JPEG	Joint photographic experts group	联合图像专家组
JPEG2000	Joint photographic experts group 2000	联合图像专家组2000
Jph	Photocurrent	光电流
JSR	Just solidified region	刚凝固区域
k-d tree	k-dimensional tree	k维树
KF	Standard Kalman filter	标准卡尔曼滤波器
KI	Integral gain	积分增益
K-nn	K-nearest neighbors	K近邻法
KP	Proportional gain	比例增益
ILSVRC2012	Large-scale visual recognition challenge 2012	2012年大型视觉识别挑战赛
CL	Lossless compression limit	无损压缩极限
LCM	Lane curvature method	路径曲率法

续表

缩略语	英文	中文
LDR	Linear dynamic range	线性动态范围
LED	Light-emitting diode	发光二极管
LIDAR	Light detection and ranging	光探测和测距
LIP	List of insignificant pixels	不重要像素列表
LIS	List of insignificant sets	不重要集合列表
LoG	Laplacian of Gaussian	高斯-拉普拉斯算子
LPC	Low-pressure compressor	低压压缩机
LPF	Low-pass filter	低通滤波器
LPT	High-pressure compressor	高压压缩机
LSP	List of significant pixels	有效像素列表
LWT	Lifting wavelet transform	提升小波变换
MAAM	Multi-port AAM	多端口自联想记忆
MAD	Mean of Absolute Differences	绝对差分均值
MAE	Mean absolute error	绝对误差均值
MAP	Maximize the Posterior estimation	后验估计最大化
MAR	Mobile autonomous robots	移动自主机器人
MATLAB	A high performance computing environment provided by MathWorks	MathWorks提供的高性能计算环境
MAV	Micro aerial vehicle	微型飞行器
MDPG	Maximum distance of plane ground	基准面最大距离
MEMS	Microelectromechanical systems	微机电系统
MEO	Medium earth orbit	地球轨道
MHAM	Multi-port hetero-associative memory	多端口异联想存储器
MIMO	Multi input and multi output	多输入多输出
MIPI	Mobile industry processor interface	通信行业处理器接口

续表

缩略语	英文	中文
MIS	Minimally invasive surgery	微创手术
MIT	Massachusetts Institute of Technology	麻省理工学院
MLA	Array of microlenses	微透镜阵列
MLE	Maximum likelihood estimator	最大似然估计
MPEG	Moving picture experts group	运动图像专家组
MPixel	Mega pixel	百万像素
MRS	Multi-robot systems	多机器人系统
MSCA	M-estimator Sample Consensus	M估计样本一致性
MSE	Mean squared error	均方误差
MUTCD	Manual on uniform traffic control devices	统一交通控制设备手册
MVS	Machine vision systems	机器视觉系统
N1	High rotor speed	高速转子
N2	Low rotor speed	低速转子
NCC	Normalized cross correlation	归一化互相关
ND	Nearness diagram	接近图
NE	Neural element	神经元
NEP	Noise equivalent power	噪声等效功率
Neq	Normalized equivalence	等效归一化
Neqs	Neuron-equivalentors	神经元等效物
NEU	North-east-up	北东天
NIR	Near infrared	近红外光
NN	Neural network	神经网络
NnEq	Normalized nonequivalence	非等效归一化
NS	Navigation system	导航系统
NSEqF	Normalized spatial equivalence function	等效空间函数归一化

续表

缩略语	英文	中文
PA	Candidate area	候选区域
PE	Number of areas	区域数
PL	Number of line	线数
PP	Number of pixels	像素数
OB	Object of binding	关联对象
OC	Opposite cathetus	相对直角边
OD	Obstacle detection	障碍物检测
OE–VLSI	Optoelectronic very large–scale integration	超大规模光电子集成
OFET	Organic field–effect transistor	有机场效应晶体管
OHP	Organohalide perovskite	有机卤化物钙钛矿
OLED	Organic light–emitting diode	有机发光二极管
OPD	Organic photodiode	有机光电二极管
OPT	Organic phototransistor	有机光电晶体管
OR	Object of binding	关联对象
ORB	Oriented FAST and Rotated BRIEF	面向FAST和旋转的BRIEF
OSC	Organic semiconductor	有机半导体
PC	Personal computer	个人计算机
PCL	Point cloud library	点云库
PCX	Personal computer exchange	个人计算机交换
pdf	Probability density function	概率密度函数
PI	Proportional–plus–integral	比例积分
PIDcontroller	Proportional–integral–derivative controller	比例积分微分控制器
PiPS	Planning in perception space	感知空间规划
pixel	Picture element	图像元素
PL	Positioning laser	定位激光器

续表

缩略语	英文	中文
PM	Propagation medium	传播介质
PNG	Portable network graphics	便携式网络图片
ppi	Pixels per inch	像素/英寸
PPR	Pulses per revolution	脉冲数/转
PRM	Probabilistic road map	概率路线图
PSNR	Peak signal–to–noise ratio	峰值信噪比
PT	Phototransistor	光电晶体管
QR	Code–quick response matrix code	快速响应矩阵码
RADAR	Radio detection and ranging	无线电探测和测距
RANSAC	Random sample consensus	随机样本一致性
RAR	Roshal archive file format	Roshal 文档文件格式
RCS	Radar cross section	雷达横截面
ReLU	A rectified linear unit function	整流线性单元函数
RF	Radio frequency	无线电频率
RFBR	Russian fund of basic research	俄罗斯基础研究基金
RGB	Red, green, blue	红绿蓝
RGB–D	Red, green, blue depth	红绿蓝–深度
RI	Reference image	参考图像
RLE	Run length encoding	运行长度编码
RM	Radiometric (in Chap. 16)	辐射测量学
RM	Recursive median (in Chap. 23)	递归中值
RMI	Radiometric imaging	辐射成像
RMS	Root mean square	均方根
RMSE	Root mean square error	均方根误差
RO	Relative orientation	相对定向

续表

缩略语	英文	中文
ROI	Region of interest	感兴趣区域
ROIC	Read-out integrated circuitry	读取集成电路
ROS	Robot operating system	机器人操作系统
ROV	Remotely operated vehicle	遥控潜水器
RRT	Rapidly exploring random tree	快速探索随机树
RTS	Robotic total station	机器人全站仪
RW-UAV	Rotary wings unmanned aerial vehicle	旋转翼无人机
S/R	Storage and retrieval	存储和检索
SA	Scanning aperture	扫描孔径
SAD	Sum of absolute differences	绝对差分之和
SAE	Society of automotive engineers	美国汽车工程师学会
SD	Standard deviation	标准偏差
SD_NEF	Spatially dependent normalized equivalence function	空间相关归一化等效函数
SDPN	Sensors of different physical nature	不同物理性质的传感器
SE(2)	Special Euclidean group for two-dimensional space	二维空间的特殊欧氏群
SE(3)	Special Euclidean group for three-dimensional space	三维空间的特殊欧氏群
SEM	Scanning electron microscope	扫描电子显微镜
SfM	Structure from motion	运动结构
SGBM	Semi-global block matching	半全局块匹配
SHD	Sample and hold device	取样和保持装置
SHM	Structural health monitoring	结构健康监测
SI	Source image	源图像
SI AM LM	Spatially invariant equivalence model associative memory	空间不变等效模型联想记忆
SIFT	Scale invariant feature transform	尺度不变特征变换

续表

缩略语	英文	中文
SLAM	Simultaneous localization and mapping	即时定位与构图
SLECNS	Self-learning equivalent-convolutional neural structure	自学习等效卷积神经结构
SM	Simple median	单纯中值
SMC_ADC	Multi-channel sensory analog-to-digital converter	多通道传感模数转换器
SMO	Sequential minimal optimization algorithm	最小序列优化算法
SoC	System on a chip	片上系统
SPAD	Single-photon avalanche diodes	单光子雪崩二极管
SPECK	Set partitioned embedded block codec	集合分裂嵌入块编码
SPIHT	Set partitioning in hierarchical tree	多级树集合分裂
sRGB	Standard Red, Green, Blue color space	标准红绿蓝颜色空间
SS	Sighting surface	观察面
SSD	Sum of squared differences	差方和
SSIM	Structural similarity index	结构相似性指数
STP	Spanning tree protocol	生成树
SURF	Speeded-up robust feature	加速鲁棒特征
SVD	Singular value decomposition	奇异值分解
SVM	Support vector machine	支持向量机
SWNT	Single walled nanotube	单壁纳米管
TC	Transfer characteristics	转换特性
TCC	Turbine cooling casing	涡轮机冷却外壳
TCP/IP	Transmission control protocol/Internet protocol	传输控制协议/互联网协议
TEB	Timed elastic bands	定时弹性带
TensorFlow	An open source software library which can be used for the development of machine learning software such as neural networks	开源软件库,可用于开发机器学习软件,如神经网络

续表

缩略语	英文	中文
TFD	Transverse field detector	横向场探测器
TFLOPS	Tera floating point operations per second	万亿次浮点运算/秒
TLS	Total least squares algorithm	全局最小二乘法
TM	Trademark	商标
TNM	Technical navigation means	导航技术手段
TO	Time–out	超时
ToF	Time of flight	飞行时间
TPCA	Time–pulse–coded architecture	时间脉冲编码结构
TSR	Traffic sign recognition	交通标志识别
TVS	Technical vision system	专业视觉系统
UABC	Universidad Autonoma de Baja California	下加利福尼亚自治大学
UAV	Unmanned aerial vehicle	无人机
UGV	Unmanned ground vehicle	无人地面车辆
UKF	Unscented Kalman filter	无迹卡尔曼滤波器
UL	Unit load	单位负荷
ULE	Universal (multifunctional) logical element	通用(多功能)逻辑元件
USB	Universal serial bus	通用串行总线
V	Vertical	垂直
vAOV	Vertical angle of view	垂直视角
Var	Variance	方差
VFH	Vector field histogram	向量场直方图
VH	Vertical histogram	垂直直方图
VIRAT DARPA	video and image retrieval and analysis tool	视频和图像检索与分析工具
VMO	Vector or matrix organization	向量或矩阵结构

续表

缩略语	英文	中文
VNA	Vector network analyzer	向量网络分析仪
VO	Visual odometry	视觉里程计
VPH	Vector polar histogram	向量极性直方图
VSLAM	Visual simultaneous localization and mapping	视觉同步定位和映射
WAAS	Wide area aerial surveillance	广域空中监视
WAMI	Wide area motion imagery	广域运动图像
WAPS	Wide–area persistent surveillance	广域持续监视
WebP	Webp	网页
WF	Fuel flow	燃油流量
WFOV	Wide field of view	宽视场
WRM	Weighted recursive median	加权递归中值
WT	Wavelet transform	小波变换
$Y'C_BC_R$	Luma Chrominance color space	Luma 色度颜色空间
ZIP	.ZIP file format	.ZIP 文件格式

关于作者

　　Hadi Aliakbarpour 博士毕业于葡萄牙科英布拉市科英布拉大学,专业为自动化与机器人专业,导师为 J. Dias 教授。在 2007 年至 2013 年,Aliakbarpour 博士担任科英布拉系统与机器人研究所的研究员。目前,Aliakbarpour 博士是美国密苏里州哥伦比亚市密苏里大学电气工程与计算机科学系(EECS)的助理教授,也是密苏里大学 EECS 计算成像与可视化分析(CIVA)实验室的教员。Aliakbarpour 博士的研究方向包括计算机视觉、视频分析、遥感、大尺度的多视图 3D 重建和运动结构、低功耗嵌入式系统的计算机视觉算法开发和机器人技术等。在国际期刊、书籍和会议上发表过多篇文章。Aliakbarpour 博士拥有一项与他的研究领域相关的美国专利和一些(临时)专利申请,并且积极参与了欧洲和美国的几个研究和工业(技术转移)项目。

　　Vicente Alarcon Aquino 获得韦拉克鲁斯理工学院理学学士学位;在墨西哥国家天体物理、光学和电子学研究所(INAOE)获得硕士学位;在帝国理工学院、伦敦大学获得博士、硕士学位,他一直从事电气工程专业。他现在是墨西哥普埃布拉美洲大学(UDLAP)计算机、电子和机电一体化系的全职教授。此前,从 2006 年到 2018 年,Aquino 博士担任 UDLAP 的研究生辅导员、系主任以及多个学术、研究和咨询委员会的成员。Aquino 博士在权威期刊、书籍和会议中撰写了多篇研究文章,在 MPLS 网络上写了一本书,他的研究文章多次被引用。Aquino 博士是墨西哥国家研究系统(SNI)一级成员,并当选为墨西哥科学院(AMC)成员。他的主要研究方向包括网络安全与监控、网络异常检测、基于小波的信号处理和多分辨率技术。

　　Etezaz Abo Al-Izam 出生于 1992 年,在叙利亚阿勒颇大学学习计算机工程专业,于 2016 年获得理学学士学位,攻读理学硕士研究生。她的研究方向是智能系统、立体视觉、嵌入式系统、SLAM、卡尔曼滤波、移动机器人和深度学习等。她是一名经验丰富的 Android 开发人员,在计算机软件公司(Beetronix、Automata4Group)工作过,熟练使用 C#、WPF、Microsoft SQL Server、HTML5、CSS、Java Script 和 Java。

　　Brice Allen 是爱达荷州南帕西北拿撒勒大学物理与工程系的实验室经理和讲师。Brice 也是机器人视觉实验室的研究人员,目前正致力于利用人工智能估算水果产量。在搬到西北拿撒勒大学之前，Brice 曾在德事隆国防系统公司工作。Brice 在马萨诸塞州昆西的东拿撒勒学院获得物理学和数学学士学位。

Víctor Andaluz 1984 年出生于厄瓜多尔的安巴托，2008 年毕业于厄瓜多尔国家政治学院电子与控制工程专业，并于 2011 年获得圣胡安国家大学控制系统工程博士学位。目前，Andaluz 博士是厄瓜多尔拉塔孔加阿玛达斯 ESPE 大学的教授和研究员。他的研究领域是应用于生产系统、移动机器人和残疾人康复的智能控制领域。

Peng-Peng Ang 目前是中国浙江大学土木工程系的硕士。他目前主修桥梁工程专业，研究的课题是结构健康监测方向。他于 2018 年在合肥工业大学土木工程学院获得学士学位，于 2017 年获合肥市全国青年科技创新实验及作品大赛三等奖。他参与了大学生创新测试，实验主题是抗污染渗透混凝土的开发（2017 年）。2018 年被评为安徽省优秀毕业生。

Steve Arscott 出生于英国普利茅斯。于 1994 年获得英国曼彻斯特大学博士学位。在英国利兹大学（University of Leeds）和法国里尔大学（University of Lille）的电子、微电子和纳米技术研究所（Institute of Electronics, Microelectronics, and Nanotechnologies）（IEMN））获得博士后职位后，他加入了国家科学研究中心（CNRS），并担任 IEMN 的研究科学家。主要研究方向为微纳米技术及其应用方向。他在半导体缺陷、太赫兹电子、压电材料、铁电材料、频率本体声波器件、聚合物材料、微流体、电喷涂、电喷雾尖端技术、电润湿、表面润湿和去湿等广泛领域做出了贡献。也从事研究微滴蒸发、表面图案和光刻、液体薄膜和气泡、毛细管效应、微型燃料电池、微和纳米技术制造技术、微和纳米机电系统、用于质谱的微型组件、柔性可伸缩的电子系统、薄膜的开裂研究、半导体的压电电阻和压电阻抗研究，还包括用于片上地面信号-地面微波测量和尖端增强拉曼光谱（TERS）的微型探针的研究，纳米粒子的制备，以及用于基础自旋研究的器件等领域。

Daniel Hernández-Balbuena 出生于 1971 年 7 月 25 日。他于 1996 年在墨西哥普埃布拉自治大学获得学士学位、1999 年在墨西哥下加利福尼亚州恩塞纳达科学研究和高等教育中心获得硕士学位、2010 年在下加利福尼亚自治大学获得博士学位。他的研究兴趣包括时间和频率计量、微波设备和系统射频测量的设计和表征、无人机的研究应用和图像数字处理等方面。

Isela Bonilla Gutierrez 于 2003 年毕业于墨西哥科利马大学通信与电子工程专业、2006 年获得墨西哥普埃布拉自治大学电子学硕士、2011 年获得圣·路易斯·波托斯自治大学电气工程系博士学位。她于 2011 年成为墨西哥索诺拉大学的副教授。她于 2012 年加入了墨西哥圣路易斯波托斯自治大学理学院，目前是电子工程和仪器仪表专业教授。她在科学期刊和大会上发表了 50 多篇论文。她目前的研究兴趣包括阻抗/力控制、基于视觉的控制和康复机器人等方面。

Christophe Boyaval 出生于法国里尔。他于 1995 年加入电子、微电子和纳米技术研究所(IEMN)。他目前是一名工程师,主要从事微纳器件的技术制造和包括扫描电子显微镜(SEM)在内的显微镜技术表征。最近,他参与了一种新型晶圆探针的开发,该探针在 SEM 中工作,专门用于纳米器件的微波表征。

Duke M. Bulanon 是爱达荷州南帕西北拿撒勒大学物理与工程系的副教授、同时也是机器人视觉实验室的负责人,Duke 目前正在开发一个针对特殊作物的作物监测平台。在搬到爱达荷州之前,Duke 在佛罗里达大学(University of Florida)从事机器人橙子采集系统的开发工作。他还开发了在实验室和现场应用中使用的多光谱和高光谱成像检测柑橘疾病的自动化系统。他还作为日本北海道大学科学促进协会院士在精密农业领域工作。Duke 在日本岩手大学获得农业工程硕士和博士学位,并在菲律宾圣卡洛斯大学获得机械工程学士学位。

Julio Francisco Hurtado Campa 于 1998 年 6 月 28 日出生在墨西哥下加利福尼亚州的墨西卡利。他是一名机电一体化工程专业的学生,目前就读于 CETYS 大学,作为 2020 届毕业生攻读学士学位。他作为一名大学生参与了水下机器人、生物工程、航空电子、电信和空间系统等领域的众多创新和设计项目。他参与了有关工程和人文学科的地区和国家竞赛,在许多竞赛中获得了顶级名次。他目前专注于空间系统和卫星通信技术的研究和开发。

Cristobal Capiz – Gómez 是墨西哥墨西卡利校区 CETYS 大学的全职教授。他拥有墨西哥 CETYS 大学控制论电子工程理学士学位和美国亚利桑那州立大学理学硕士学位。Capiz 教授目前在数字电子设计、计算机架构、数字信号处理和自动化领域任教,他同时也是机电一体化工程项目的协调员。

Ricardo Carelli 出生于阿根廷圣胡安。他毕业于阿根廷圣·胡安国立大学工程系,并获得墨西哥国立大学(UNAM)的电气工程博士学位。他是圣胡安国立大学的正式教授,也是阿根廷国家科学技术研究委员会(CONICET)的高级研究员。Carelli 教授是圣胡安国立大学(阿根廷)自主研究所所长。他的研究兴趣是机器人技术、制造系统、自适应控制和应用于自动控制的人工智能等方面。Carelli 教授是 IEEE 高级成员和 AADECA – IFAC 成员。

Moisés J. Castro Toscano 于 2011 年获得墨西哥 Tecnológico de Mexicali 学院的机电工程学士学位,于 2015 年获得墨西哥下加利福尼亚大学 Ingeniería 学院的硕士学位。他是墨西哥 Tecnológico 学院的教授,教授工科学生基础科学。他目前是下加利福尼亚大学电子与仪器系 Ingeniería 学院四年级的全日制博士生,致力于通过惯性导航系统开发导航应用。此外,他还撰写了不同主题的论文和书籍章节,如立体视觉系统、激光视觉系统和惯性导航系统。他在苏格兰爱丁堡举行的 ISIE 2017 国际会议上发表了他的成果,并在美国华盛顿哥伦比亚特区的 IECON 2018 国际会议上发表了他的成果。

Cesar Chavez - Olivares 于 2006 年获得阿瓜斯卡连特斯自治大学(México)电子工程学士学位,于 2009 年和 2014 年分别获得圣路易斯自治大学(Potosí, México)电子工程硕士和博士学位。从 2014 年到 2015 年,他是阿瓜斯卡连特斯技术研究所(México)的 CONACYT 研究员。他于 2015 年加入阿瓜斯卡连特斯自治大学工程科学中心,目前他是该大学机器人操纵器专业的全职教授。他目前的研究兴趣包括生物机器人、触觉设备、识别和机器人操纵器控制等方面。

Jason Colwell 是爱达荷州南帕西北拿撒勒大学数学和计算机科学系的副教授。他拥有加州理工大学数学博士学位,目前他的研究方向包括图像处理和有机化学的应用方面。

Sergio Rolando Cruz - Ramírez 是圣路易斯波托西校区蒙特雷技术逻辑学院的助理教授。2009 年,他在日本大阪大学获得工程学博士学位。他的论文项目与机器人拆卸系统有关,该系统包含机器人手臂、机器视觉和人工智能等,可以很好地辅助建筑工人完成任务。Cruz - Ramírez 博士拥有超过 15 年的学术经验,教授过各种课程,包括机器人学、自动控制、顶点项目、视觉和编程等。他一直致力于学生的学术发展,而且,他一直在寻找比较好的策略来和学生分享知识,并提出和实施教育创新项目,让学生参与现实生活中的挑战活动。此外,他还与公司合作,协调不同的项目,如温室自动化、Domaintics 和工业机器人编程等。例如,在全国性竞赛当中,Cruz - Ramírez 博士凭借其硕士论文赢得了多项奖项。在墨西哥和日本获得了研究生奖学金,并在国家和国际大会上发表了论文,还在机器人领域的期刊发表文章。

Gilles Dambrine 在法国里尔大学于 1986 年获得了工程学位证书、1989 年获得了博士学位和 1996 年获得了"康复博士学位"。1989 年至 1999 年,他是 CNRS 的永久研究员。自 1999 年以来,他是里尔大学的电子学教授。他的主要研究方向是毫米波和亚毫米波范围内应用的终极低噪声器件的特性和建模领域。在这期间,他的研究方向是纳米器件的微波特性和应用与研究。在微波设备领域,他以作者和合著者的身份发表 180 余篇论文和 11 章书籍。自 2010 年起,他担任电子学、微电子学和纳米技术研究所(IEMN)副所长,聚集了约 500 名研究人员和博士生。自 2017 年起,他担任 CNRS 总部科学代表,主要负责产业合作和创新方面。他是纳米科学表征中心"ExCELSiOR"(www. ExCELSiOR - ncc.eu)的科学协调员,同时也是薄膜材料微波纳米表征欧洲 H2020 项目(www. mmama. eu)的领导者。他在 2016 年获得 IEEE 院士等级。

Sergey Vladimirovich Dvoynishnikov 毕业于新西伯利亚州立大学物理系,是

技术科学的博士,同时他也是俄罗斯科学院西伯利亚分校 Kutateladze 热物理研究所反应堆设备安全和有效使用基础实验室主任。他还获得了俄罗斯联邦青年科学家科学技术领域政府奖。他以作者和合著者的身份发表 145 余篇科学论文,还包括两部专著和 14 项专利。他的研究方向是光电诊断方法、数字信号处理、激光多普勒测速和光学三角测量等。他提出并实施了新的复杂的参数化三角测量方法,该方法基于光源的调制和对实验数据的空间和时间集合的多维回归分析。这种方法保证了在相位不均匀介质中测量静态和动态物体的几何参数时误差很小。已经创建了一些实施参数化三角测量方法的信息诊断系统。他建立的系统适用于相不均匀介质的特性和国内生产实况。该系统成功地通过了工业试验,并引入俄罗斯的冶金和机械制造企业。

冯世玉是佐治亚理工学院机械工程学院的博士生。他获得了加州大学伯克利分校工程硕士学位。他目前是 Patricio Vela 博士指导的智能视觉和自动化实验室(IVALab)的研究助理。他的研究工作是通过立体视觉系统探索感知空间中的导航解决方案,该系统可以根据不同的计算资源实现可伸缩性和自适应性。他还将机器学习技术引入传统导航系统,以促进和提高性能。作为 ME 项目的博士生,他拥有系统动力学、控制和基于视觉的感官处理方面的知识。他还是 ME2110(创造性决策和设计)课程的研究生助教,旨在培训和指导学生有关机器人技术和机器设计方面的知识。2018 年的夏天,他在旧金山汽车公司实习,担任自主驾驶感知工程师。

Wendy Flores - Fuentes 在 1978 年 1 月出生于墨西哥下加利福尼亚州的墨西卡利。她于 2001 年从加利福尼亚巴哈自治大学获得电子工程学士学位。在 2006 年,攻读墨西卡利理工学院的工学硕士学位,并在理学、应用物理专业获得博士学位。她重点研究 SHM 的光电扫描系统,她于 2014 年 6 月从下加利福尼亚自治大学毕业。到目前为止,她是爱思唯尔、IEEE Emerald、Hindawi、Wiley 和 Springer 等多家影响力杂志文章的作者;她在 InTech、Nova Science 出版社、Lambert 学术出版社、IGI Global 和 Springer 等期刊出版 8 本书章节和 4 本书;并在 IEEE ISIE(2014 - 2017)、IECON(2014 和 2018)、世界工程和计算机科学大会(IAENG 2013)、IEEE 墨西哥分会 IEEE ROCC211 和 2014 年第七届工业工程国际会议上发表 30 余篇论文。最近,她组织并参加了 IEEE ISIE(2015、2016 和 2017)和 IECON(2018)的"机器视觉、控制和导航"特别会议。她曾在 Taylor 和 Francis、IEEE、Elsevier、Sensors MDPI 和 EEMJ 上发表多篇文章。目前,她是下加利福尼亚大学工程学院的全职教授研究员,也是基础科学系物理领域的协调员。自 2015 年起,她被纳入国家研究系统委员会。

Juan C. Galan - Hernandez 在 1980 年出生于墨西哥的普埃布拉。他获得了墨西哥普埃布拉自治大学的计算机科学硕士学位,以及墨西哥普埃布拉美洲大学的计算机科学博士学位。2012年,他在英国伦敦帝国理工学院进行了为期6个月的学习研究。2014年,他与墨西哥普埃布拉的国家天体物理、光学和电子学研究所(INAOE)进行了合作研究。他目前的研究方向包括信号处理、音频和视频压缩、计算机安全、分布式系统和深度学习等。

自2000年以来,Ranjan Ganguli担任印度班加罗尔印度科学研究所航空航天工程系教授。他的研究领域是计算工程。他于1989年底从印度克勒格布尔理工学院获得了BTEC学位、于1991年在美国大学帕克分校的航空航天工程系获得硕士学位、于1994年在马里兰大学获得博士学位。他还在通用电气和普惠公司工作了3年。他发表了205余篇期刊论文、128余篇会议论文和6本书。他的著作包括CRC出版社出版的《工程优化和燃气轮机诊断》。他还发表了施普林格出版的《智能直升机旋翼》《旋转梁的有限元分析》和《利用遗传模糊系统的结构健康监测》。他是美国机械工程师学会会员、美国航空航天研究所副研究员、印度国家工程院院士和英国皇家航空学会院士。他是IEEE的资深成员。他于2007年获得洪堡奖学金,2011年获得富布赖特高级研究奖学金,2019年获得皇家工程学院杰出访问奖学金。他的研究出版物被引用了5500多次,他的h指数在Google Scholar中为44。

Néstor AaróN Orozco García于1975年8月12日出生于墨西哥下加利福尼亚州的墨西卡利。他是一名教授,也是机器人学和自动化的热心学者,致力于教学、研究和系统集成。他于1996年在墨西哥的"恩塞尼安扎·泰克尼卡和苏必利尔中心"校园获得电子控制论工程学位。Néstor在制造业工作了7年,后来在一家致力于自动化系统工业集成开发和控制设备设计的公司担任项目经理。在2009年,他获得墨西哥技术学院电子工程硕士学位。几乎在同一时间,他进入学术界,在CETYS大学墨西哥校区教授控制论和机电一体化工程专业的课程;此外,他还在一家自动化和控制系统解决方案开发公司工作。最终,他获得了控制论电子工程项目职业生涯协调员的职位,目前他在该项目工作。他参与了一些研究项目,如为该机构设施使用的自动驾驶汽车构建智能交通方案。

Juan Manuel Terrazas Gaynor于2002年毕业于CETYS大学电子控制论工程专业,并在加利福尼亚州下加利福尼亚大学工程学院于2007年获得半导体工程硕士学位、在2009年获得博士学位。自2002年至今,他一直致力于半导体电子器件的材料表征、电气分析、可靠性和失效分析等。他目前是CETYS大学工程学院的全职教授,也是CETYS大学创新与设计中心(CEID)的研究员。他的主要兴趣领域是工业电子、先进制造、自动化和工业物联网等。

Pilar Gomez-Gil出生于墨西哥的普埃布拉。在1983年,她在墨西哥拉斯美洲大学获得理学学士学位;在1991年,获得美国得克萨斯理工大学理学硕士学位;在1998年,在同一所大学获得博士学位,她一直学的都是计算机科学专业。她目前是墨西哥国家天体物理、光学和电子研究所(INAOE)计算机科学系的名义研究员。她是墨西哥国家研究系统(SNI)一级成员。她的研究方向包括人工神经网络、时间序列预测、信号和图像处理以及模式识别等。

Emilio J. Gonzalez-Galvan 分别于 1990 和 1991 年从墨西哥瓜纳华托大学获得机械工程学士学位和硕士学位。1991 年至 1996 年,他是圣母大学的富布赖特学者,在 1995 获得机械工程博士学位。在 1996 年,他在同一所大学担任博士后研究员。同年,他加入了墨西哥圣路易斯自治大学工程学院,担任教授和研究员。从 2003 年到 2005 年,他被任命为墨西哥机器人协会主席。2007 年 8 月至 2008 年 8 月,他是麻省理工学院的访问学者。目前,Gonzalez 博士是 UASLP 工程学院的学术秘书。他在科学期刊和大会上发表了 120 多篇经评审的论文。他的研究和专业方向包括基于视觉的机器人控制、人机交互和康复机器人等。

Maki K. Habib 在日本筑波大学获得了智能和自主机器人博士学位。他曾与日本理研实验室(RIKEN Japan)和日本 RISO 实验室(RISO Laboratories)合作,并在瑞士 EPFL 担任访问研究员。他是亚洲开发银行的访问专家、马来西亚 UTM 副教授;以及马来西亚 MCRIA 的一名高级经理。他是日本 GMD 的高级研究科学家,莫纳什大学的副教授。之后,他被任命为斯文伯恩大学的教授。他应邀担任韩国 KAIST 教授和日本佐贺大学客座教授。他目前是埃及开罗美洲大学的全职教授。他编辑了 6 本书,在国际公认的期刊和会议上发表了 230 多篇论文。他的研究方向包括人类适应性和友好的机电一体化、自主导航、人道主义排雷、智能控制、远程合作、分布式远程操作和协作控制、无线传感器网络和环境智能以及仿生机器人等。

Kamel Haddadi 是里尔大学电子与电气工程的副教授。他的主要研究方向是开发用于无损评估(NDE)和电纳米计量的微波测量技术。他负责法国 PIA Equipex Excelsior 和欧洲 H2020 项目(www.mmama.eu)框架内的微波方面。他是 IEEE TC-25 RF 纳米技术的成员,也是 IEEE TIM 和 IET SMT 的副主编。他定期担任几家国际期刊和会议的评论员。此外,他以作者和合著者的身份撰写了 100 多篇期刊和会议论文。

Dalia Kass Hanna 出生于 1987 年。她在叙利亚阿勒颇大学学习控制工程和自动化专业。于 2016 年获得硕士学位。自 2011 年起,她在机电工程系机电一体化系统实验室担任研究助理。她的研究方向是先进智能机电一体化系统、嵌入式系统、卡尔曼滤波、计算机视觉系统、SLAM、智能运动方法、机器人动力学和现代控制系统等领域。

Danilo Cáceres-Hernández 出生于 1975 年 11 月 9 日。在 1994 年 3 月 11 日,他从帕纳马市帕纳马的何塞·多洛雷斯·莫斯科特高中毕业。他于 2004

年获得美国泛美理工大学电气与电子工程学士学位。2002年1月1日至2005年3月14日,他在电气工程系计算机实验室工作。从2005年3月到现在,他是帕拿马理工大学电气工程系的一名教员。2011年,他在蔚山大学获得了电气工程理学硕士学位。在2017年2月,他从韩国蔚山大学获得电气工程博士学位。自2017年以来,他的研究方向集中在智能系统、机器人、自主导航和计算机视觉等。他目前是巴拿马Tecnológica大学电气系的全职教授。

Tyler Hestand是西北拿撒勒大学机器人视觉实验室的学生研究员,自2018年1月以来一直致力于水果产量估算项目。Tyler目前正在攻读工学(电气工程专业)和(数学)理学双学士学位。他目前是CTA建筑工程师事务所博伊西办公室的电气实习生。

Takeshi Ikeda目前是三洋小野田城市大学工程学院机械工程系的初级副教授。他于2000年获得学士学位、2002年获得硕士学位、2006年获得福井大学工程博士学位。2006年至2014年,他担任九州大学助理教授。他的研究领域是移动机器人和移动机械手的动力学和建模,其中,移动机器人的RGB-D传感器用于识别行驶环境,自主农业机器人的视觉识别和收获机制,遥控机器人的运动规划,用于残疾人控制福利机器人中的设备或机器人的接口,屈肌肌腱康复支架的开发,用于抓取、处理或拾取软目标的机器人手的开发,以及使用微型计算机、摄像头和RGB-D传感器控制机器人。同时,他也是IEEE、JSME和RSJ的成员。

Mikhail Ivanov在1989年7月18日出生于乌克兰哈尔科夫。在乌克兰哈尔科夫,他分别于2010年和2012年在哈尔科夫国立航空航天大学(KhAI)获得学士和硕士学位。Mikhail Ivanov于2013年10月入职哈尔科夫国立航空航天大学,担任飞机控制系统学院教授助理和副院长。从2012年至今,他在美国和英国的多个IEEE国际大会以及乌克兰和俄罗斯的国际会议上发表其研究工作。他在国际期刊上发表了2篇具有一定影响的论文,在国内发表了9篇论文,在国际会议上发表了4篇论文。在2016年,他获得墨西哥加利福尼亚巴哈自治大学工程学院博士学位,主题是"利用光学三维技术视觉系统对移动机器人群体行为进行物体识别的分布式扫描"。

Tao Jin目前是中国浙江大学土木工程系的博士生。在宁波大学建筑、土木工程与环境学院,他于2011年获得学士学位,在2014年获得硕士学位。他的研究方向主要包括基于计算机视觉和人工神经网络的结构健康监测技术,如位移监测、结构动态特性识别、裂纹检测等。在攻读博士学位之前,他曾在一家桥梁和隧道维修公司担任为期两年的技术员,负责不同类型城市桥梁的结构评估和几座大跨度桥梁的结构健康监测系统维护工作。

Kang-Hyun Jo在1997年毕业于日本大阪大学计算机控制机械专业,获博士学位。在 EtRI 做了一年博士后研究员之后,他加入了韩国蔚山大学电气工程学院。他是控制、机器人和系统研究所、仪表和控制工程师学会以及 IEEE IES 人为因素技术委员会主席的主任或 AdCom 成员。他还参与组织了许多国际会议,如计算机视觉前沿国际研讨会、智能计算国际会议、工业技术国际会议、人类系统交互国际会议 和 IEEE 工业电子学会年会。他目前在 IEEE IES 管理委员会任职,是国际期刊的编辑委员会成员,如《国际控制、自动化和系统杂志》和《计算集体智能交易》。他的研究方向包括计算机视觉、机器人、自动驾驶汽车和环境智能等。

Abdulkader Joukhadar 在 1968 年出生。他于 2004 年在英国阿伯丁大学获的博士学位。目前,他是阿勒颇大学电气与电子工程学院机电工程系的副教授。他研究方向是机器人学、机器人控制、概率机器人学和智能控制系统等。

Ivan Konstantinovich Kabardin 是毕业于新西伯利亚州立大学物理系的技术科学哲学博士。他是俄罗斯科学院西伯利亚分院库塔特拉泽热物理研究所物理过程建模实验室副主任。同时,他也是俄罗斯联邦政府青年科学家科学技术奖的获得者。而且,他也是 118 篇科学论文的作者和合著者,其中包括 4 项专利。他的研究方向是通过光学方法诊断热和质量过程、激光多普勒测速和粒子图像测速。Ivan Konstantinovich Kabardin 的博士论文"提高风力发电机效率的光学激光技术的开发和应用"致力于利用现代非接触式光学激光诊断方法研究风力发电机转子模型后的涡尾,并开发用于诊断其叶片结冰的光学激光方法。他用光学激光方法对风力涡轮机转子尾迹中的涡旋结构进行了实验研究和诊断。基于 LDA 和 PIV 测量技术的综合应用,发展了非定常涡流的光学激光诊断技术。提出了一种基于全内反射的光学激光方法来诊断冰的几何尺寸。

Kenichi Kanatani 在东京大学应用数学系于 1972 年获得学士学位,于 1974 年获得硕士,于 1979 年获得博士学位。之后担任日本群马大学和冈山大学的计算机科学教授,他于 2013 年退休,现在是冈山大学的名誉教授。他是美国马里兰大学、丹麦哥本哈根大学、英国牛津大学和瑞典林克平大学的访问研究员。他的著作包括:K. Kanatani,《图像理解中的群论方法》(Springer,1990);K. Kanatani,《机器视觉的几何计算》(牛津大学出版社,1993);K. Kanatani,《几何计算的统计优化》(Elsevier,1996;多佛,2005 年再版);K. Kanatani,《理解几何代数》(华润出版社,2015);K. Kanatani,Y. Sugaya 和 Y. Kanazawa,《计算机视觉椭圆拟合》(Morgan&Claypool,2016);K. Kanatani、Y. Sugaya 和 Y. Kanazawa,《三维视觉计算指南》(Springer,2016)。此外,他获得了许多奖项,包括 IPSJ (1987)、IEICE(2005)和 PSIVT(2009)颁发的最佳论文奖。同时,他也是 IEICE 和 IEEE 的研究员。

Sreekar Karnati 目前是 GE Global research 的研究工程师。他在印度哈拉格

布尔技术学院获得了制造科学和工程学士学位。之后,他获得了密苏里科技大学的机械和制造工程硕士和博士学位。作为密苏里科技大学 LAMP 实验室的研究员,他曾协助多项工业和学术项目。他为美国宇航局、能源部和海军赞助的几个项目做出了贡献。他在制造和表征几种航空航天和先进材料方面拥有丰富的经验。他开发了制造无缺陷材料的优化工艺方法。他的工作涉及先进材料的制造,如功能梯度材料、高熵合金和金属基复合材料。他还在密苏里州科技公司开发了微型拉伸试验设备。Karnati 博士在商业级和研究级添加剂制造机器的规划、操作和维护方面拥有丰富的经验。他已经发表了十多篇以添加剂为主题的期刊和会议出版物,这些主题与粉体和粉床方法有关。

Vladimir G. Kartashov 出生于 1958 年 7 月 3 日。他在 1980 年毕业于乌克兰哈尔科夫的哈尔科夫无线电电子学研究所,主修"无线电工程"。在 1990 年,他获得了"雷达和无线电导航"专业的博士学位。在 2006 年,他被授予教授头衔。在 2003 年,他在乌克兰哈尔科夫国立无线电大学获得了"无线电工程和电视系统"专业的 DSC(博士后)。他著有 6 部专著和 47 篇文章,在 SCOPUS(H–index 4)中编入索引,并且拥有 4 份苏联作者证书和 25 项乌克兰专利。他是该大学多个科技版编辑学院的成员。目前,他是哈尔科夫乌克兰无线电电子大学媒体工程和信息无线电电子学系的负责人,同时也是几位博士和博士后论文的负责人。他在国际会议(IECON 2015、ESARS – ITEC 2016、IECON 2018)和地方会议上发表了报告。同时,他也是乌克兰科学技术和专门委员会的成员,和乌克兰、俄罗斯和白俄罗斯应用无线电电子学科学院的成员(由相应成员担任)。

Gabriel Kerekes 于 2014 年在罗马尼亚布加勒斯特土木工程技术大学获得大地测量工程学硕士学位。毕业前,他于 2013 年在西班牙马拉加的 Estudio Pereda 担任了 3 个月的技术助理。在此期间,他协调并进行了现场测量,如水利工程的水准测量和测量。在 2014 年初,他与德国斯图加特大学工程测量学会合作编写硕士学位论文。毕业后不久,他开始在德国林堡市的 Intermetric GmbH 工作,担任测量工程师。他参与的几乎所有项目都涉及全站仪或全球导航卫星系统仪器的高精度测量、大地测量网调整或铁路和基础设施工程的 CAD 规划。2017 年春,他在斯图加特大学工程测量研究所获得研究助理一职。除了指导本科生和研究生的实践练习、研讨会和硕士论文外,加布里埃尔·克里克斯(Gabriel Kerekes)还在地面激光扫描领域进行研究,从而实现监测目的。作为 Regardshis 的出版人,他撰写的论文集中在基于机器人全站仪的增强测量系统方面。

Marina Kolendovska 出生于 1974 年 11 月 21 日。她于乌克兰哈尔科夫的无线电哈尔科夫国立大学在 1998 年获得了理学学士学位、在 2004 年硕士学位(LaURIUS)。在 1998 年,她在哈尔科夫国立理工大学获得"医疗设备、系统和综合设施"专业博士学位。她完成了大量论文,拥有乌克兰的五项专利。从2004年到现在,她的研究作品在多个国际会议上发表。哈尔科夫国立无线电电子学大学邀请 Kolendovska 博士于2017年9月担任媒体工程和信息无线电电子系统系副教授。她目前是媒体工程和信息无线电电子系统系副教授、STC成员。

Vladimir G. Krasilenko 在1953年7月20日出生于乌克兰文尼察地区。他在1975年获得无线电工程师文凭;于1988年成为文尼萨州立技术大学信息系统科学学位(博士)候选人。他担任工程师职位;1975年至1982年,任研究院和企业部主任;1982年至1988年,他是博士生和讲师助理;1988年至2001年,担任高级领导科研人员,文尼察国立技术大学特殊设计和技术局局长和视频技术科学研究所企业"注入器"首席科学家;2001年至2015年,他是乌克兰大学 Vinina 社会经济研究所信息技术系教授。他以作者和合著者的身份完成了400多部科学著作,还包括188项发明,在科学期刊和《间谍学报》上发表了约80篇文章,由 InTech 出版了2章,以及5本教程。在1985年 Krasilenko 被评为乌克兰最佳青年发明家。于1995年成为 SPIE 成员,在2012年成为 SPIE 高级成员。他的研究方向包括用于并行图像处理、计算的光电器件和多功能逻辑元件、神经网络、多值连续矩阵逻辑、认出密码学、信息保护以及模数转换。

Alexander A. Lazarev 是乌克兰文尼茨亚国立技术大学(VNTU)的助理教授。于1998年,在越南国立交通大学获得电子工程硕士学位。在2003年,他在越南国立交通大学获得博士学位。他以作者和合著者的身份完成了250多种出版物。他的研究方向包括用于图像处理和计算的设备和逻辑元件、神经网络、多值连续矩阵逻辑、认出密码学、信息保护以及模数转换。

Otto Lerke 于2008年毕业于斯图加特大学,获得了斯图加特大学文凭和地理信息学学位。在2009年至2013年,他在斯图加特的建筑公司 Klinger and Partner GmbH 担任工程师,通过使用 GIS 和 CAD 工具,在垃圾填埋行业承担规划任务。目前,他是斯图加特大学工程测量研究所的研究员。他的研究课题是机器制导和多传感器系统方向。他的主要方向包括将测速仪测量技术集成到控制闭环系统之中。他的科学活动包括多篇技术出版物,其中一篇在2018年国际机器导航会议(MCG)期间荣获最佳论文奖。

Lars Lindner 于1981年7月20日出生于德国德累斯顿。在2009年1月,他获得德累斯顿技术大学机电工程硕士学位。他在德累斯顿弗劳恩霍夫集成电路研究所学习期间担任研究生助理,并在那里完成了硕士论文,题目是"通过将分层状态机图转换为可编程逻辑控制器的 IEC 1131 代码,支持机器控制的快速控制原型"。在完成他的学术生涯后,他移居墨西哥并开始在墨西卡利的不同大学教授工程类课程,目前在墨西卡利巴哈加利福尼亚大学自治学院的工程系，在 2017 年 1 月获得博士学位。他完成了在德累斯顿弗劳恩霍夫研究所的研究。于 2015 年 6 月/7 月参与"2D 激光扫描仪软件驱动程序开发"项目。其学术成果包括各种原创研究文章，发表在具有一定影响力的国际专业期刊上，在国家和国际大会上发表文章，以及各种书籍章节。在 2017 年，他的研究文章"移动机器人视觉系统采用连续激光扫描用于工业应用"的国际期刊《工业机器人》的社论获得了"杰出论文"的殊荣，他被国家研究系统委员会任命为 2018 年至 2020 年期间的一级国家研究人员。他目前在加利福尼亚巴哈自治大学工程学院全职从事应用物理系的工作，同时也是"光电子和自动测量"研究小组的积极成员。

Frank F. Liou 是密苏里科技大学机械工程系的教授，自 1999 年初担任密苏里科技大学制造工程部主任以来，先后出版了一本关于快速成型和工程应用的书籍，以及 300 多本技术论文。Liou 博士的研究一直专注于加性制造，包括混合加性和减性过程集成、路径规划、多尺度多物理过程建模和 AM 过程监控。他的研究得到了 AFRL、DOE、NASA、NAVAIR、NSF 和许多工业合作伙伴的资助。几个相关的论文被评为各种会议的最佳论文（1997 年、2005 年、2009 年、2010 年、2015 年），也包括发表在《自然：科学报告》上的一些。相关工作被选为密苏里州科技部 2013 年和 2015 年最佳创新。刘博士获得了多项教学、研究和服务奖。Liou 博士也是美国机械工程师学会（ASME）的会员。

Ambrocio Loredo Flores 于 1999 年毕业于墨西哥圣·路易斯·波托斯技术研究所，获电气工程学士学位，他在圣路易斯波托西自治大学在 2002 年获得电气工程硕士学位，在 2007 年获得博士学位。并加入了 UASLP 工程学院担任研究助理。在 2009 年，他加入了位于墨西哥马特瓦拉校园 UASLP，目前在那里担任机电工程教授。他在科学期刊和大会上发表了 20 多篇参考论文。他的研究和专业方向包括机器人、编程和电子设计等。

Fanzhe Lyu 是佐治亚理工学院电气和计算机工程学院计算机工程理学学士三年级候选人。他目前是在 Patricio Vela 博士指导下的智能视觉和自动化实验室（IVALab）的本科生研究助理。他的研究方向包括使用感知空间技术在动态环境下进行机器人导航和传感器限制下的障碍记忆。他还曾在 NCR 公司实习，并担任软件工程师，在那里他获得了移动应用程序开发和分布式系统设计方面的经验，作为计算机工程专业的学生，他还具备信号处理、计算机系统和体系结构、计算机视觉和机器学习方面的基础。

Vladimir Genrievich Meledin 是俄罗斯科学院西伯利亚分校热物理研究所的技术科学博士和首席科学研究员。他是俄罗斯联邦政府科学技术奖的获得者。他是光电诊断和监测运动学以及气体和凝聚态物质结构的复杂技术系统和信息控制领域的专家。他是 300 余篇论文的作者和合著者，包括 3 部专著和 65 项专利。主要科学成果与半导体激光多普勒风速测量的基本新方法的创建有关，该方法使用自然光漫射器对多相流进行测量，这是一系列测量信息和控制系统的基础。他创建了 formi 的新方法在光子限制条件下，对复杂的光电和声光信号和图像进行采集、接收和处理，以及对物体三维几何结构的处理方法和动态信息监控方法。为科学、国防和工业创造了创新的进口替代系统，包括在能源和运输、冶金、核、工程、石油和其他行业的最大企业进行了修订，经验证确保了数十亿美元的经济效益，并显著提高了俄罗斯实体经济部门的效率和安全性。

Marco O. Mendoza Gutierrez 于 2003 年获得了来自墨西哥 Culia 大学的电子工程通信和安全的学士学位；在 2006 年获得普埃布拉墨西哥自治大学电子学硕士学位；同年，获得墨西哥圣路易斯波托斯自治大学电气工程博士学位。2011 年至 2012 年，他是墨西哥索诺拉大学的副教授。2012 年至 2014 年，他在墨西哥圣路易斯波托斯自治大学加入了生物医学工程学院。目前是生物医学工程教授。他在科学期刊和大会上发表了 50 多篇参考论文。他目前的研究方向包括基于视觉的控制、机器人控制和生物机器人学等。

Paolo Mercorelli 于 1992 年获得了意大利佛罗伦萨佛罗伦萨大学电子工程学位，在 1998 年获得意大利博洛尼亚波罗尼亚大学系统工程博士学位。在 1997 年，他是一个圣巴巴拉加利福尼亚大学机械和环境工程的访问研究员。1998 年至 2001 年，他是德国海德堡的博士后研究员。2002 年至 2005 年，他是德国 Wernigerode 自动化和信息学研究所的高级研究员，在该研究所担任控制组组长。2005 年至 2011 年，他是德国沃尔夫斯堡应用科学学院过程信息学副教授。2010 年，他接到开罗（埃及）德国大学的电话，要求在机电一体化领域担任全职教授（主席），但他拒绝了。在 2011 年，他是美国费城维拉诺瓦大学的客座教授。自 2012 年起，他一直担任德国大学的产品和过程创新研究所的控制和驱动系统全职教授（主席）。他目前的研究方向包括机电一体化、自动控制、信号处理、小波、无传感器控制、卡尔曼滤波器、无凸轮控制、爆震控制、lambda 控制和机器人学等。

Fabián N. Murrieta – Rico 在墨西哥理工学院（ITM）于 2004 年获得理学学士学位，于 2013 年获得理学硕士学位。在 2017 年，他在恩塞纳达科学研究和高等教育中心（CICESE）获得材料物理学博士学位。他曾担任自动化工程师、系统设计师和大学教授。目前，他是加利福尼亚大学（UABC）的工程、建筑和设计学院博士后研究员。自 2009 年以来，他的研究成果已在不同的期刊上发表，并在国际会议上发表。他曾担任不同期刊的评审员，其中包括 IEEE 工业电子学报、IEEE 仪器和测量学报以及传感器评论。他的研究方向集中在该领域时间和频率计量、无线传感器网络、自动化系统和高度化学探测器的设计。他目前参与开发新的频率测量系统和用于检测化合物的高灵敏度传感器。

机器视觉与导航

　　Fusaomi Nagata 于 1985 年获得九州理工学院电子工程系的工学学士学位，并于 1999 年获得佐贺大学工程系统与技术学院的工学学士学位。1985 年至 1988 年，他是九州松下电器公司的研究工程师；1988 年至 2006 年，他是福冈工业技术中心的特别研究员。目前，他是一名日本山口东京理工大学工学院教授，也是工程学院院长，主要研究内容包括：深度卷积神经网络用于树脂成型制品的视觉检测和工业机器人的智能控制及其在机械加工中的应用成型工艺（如机器人砂光机、模具抛光机器人、具有合规控制能力的台式数控机床、具有机器人 CAM 系统的加工机器人），以及用于木材、铝 PET 瓶吹塑模具、LED 透镜模具、发泡聚苯乙烯等加工机器人开发的 3D 打印机式数据接口等。

　　Diana V. Nikitovich 是乌克兰维尼茨亚国立技术大学（VNTU）无线电工程、电信和电子仪器工程系的调度员。她于 2012 年毕业于文尼萨社会和经济学院（Vinnitsa Social and Economic Institute），获得文件管理和信息活动学士和硕士学位。她以作者/合著者的身份出版约 50 种出版物。她的研究方向包括用于图像处理、连续矩阵逻辑、识别、信息保护、密码学和模数转换的神经网络、设备和逻辑元件等。

　　Connor Nogales 是西北拿撒勒大学机器人视觉实验室的学生研究员。康纳目前正在攻读工程理学学士学位（电气工程专业）。

　　Hiroaki Ochi 分别于 2011 年和 2013 年在福冈理工学院工程学院智能机械工程系获得学士学位和硕士学位，2016 年在福冈理工学院工程学院材料科学与生产工程系获得博士学位。他目前是日本三洋小野田城市大学工程学院机械工程系的助理教授。他的研究方向包括冗余驱动系统的控制和特性分析，如肌肉骨骼结构机器人和线驱动机器人。在肌肉骨骼结构机器人的研究中，他研究了肌肉之间产生内力的稳定性分析、利用稳定性的前馈控制方法以及稳定内力的结构条件分析。在另一项研究中，他检查了平行线驱动机器人近似逆运动学的误差评估和张拉整体结构机器人张力平衡的确定方法。

　　Akimasa Otsuka 于 2002 年从东京理工学院机械工程系获得学士学位。他于 2004 年获得东京理工学院机械与环境信息学系的硕士学位，2009 年获得博士学位。他是日本山口东京理工大学 2011 年至 2015 年的助理教授。他是日本山口东京理工大学机械工程系的初级副教授。他目前是日本三洋小野田城市大学工程学院机械工程系的初级副教授。他的研究方向包括质量工程、工业工程、公差以及机械设计和群机器人学中的几何建模。他的技能包括批量生产仿真软件开发、统计仿真、优化技术、计算机图形学、Matlab、多机器人仿真、神经网络、统计分析、表面形状和粗糙度测量等。

　　Kannapan Palaniappan 是电气工程和计算机科学系的教授。他获得了多项著名奖项，包括美国国家科学院杰斐逊科学奖学金（密苏里州首创）、美国宇航局公共服务奖章,表彰其对 PB 级档案的科学可视化(大数据)做出的开创性贡献、空军暑期教员奖学金、波音韦利弗暑期教员奖学金、以及 MU 的 William T. Kemper 卓越教学奖学金。在美国宇航局戈达德航天飞行中心,他与人共同创建了可视化和分析实验室,该实验室已经制作了大量壮观的数字地球可视化图像,供搜索引擎(蓝色大理石)、博物馆、杂志和广播电视使用。他是处理大型多光谱图像的交互式图像电子表格的共同发明人,并利用地球静止卫星图像开发了第一个大规模并行半流体云运动分析算法。在 2014 年,他的团队在 IEEE 计算机视觉和模式识别(CVPR)变化检测研讨会视频分析挑战赛中获得第一名。在 2015 年,该团队在 CVPR 视频对象跟踪挑战赛中入围决赛,在 2016 年,该团队在 CVPR 自动交通监控研讨会上获得最佳论文奖,并在 IEEE 医学和生物工程学会会议(EMBC 2016)上被选为最佳学生论文奖的入围者。他拥有多项美国专利,其中一项是使用通量张量分裂高斯模型进行运动目标检测,另一项是快速光束调整以准确估计机载相机传感器系统的姿态。研究项目由国家卫生研究院、空军研究实验室、陆军研究实验室、美国国家航空航天局、国家科学基金会等资助。他目前在计算机视觉、高性能计算、数据科学和生物医学图像分析方面的多学科方向范围从分子水平的亚细胞显微镜到宏观水平的航空和卫星遥感成像。

Ajay K. Pandey 是昆士兰科技大学电气工程与计算机科学学院(QUT)的机器人与自主系统高级讲师。他在有机光电子学上获得了物理学博士学位,并提到了法国安格斯大学的特雷斯。他拥有激光科学与应用的技术硕士学位和物理学的理学硕士学位,专门研究原子、分子和激光光谱学。他的研究方向是光子学、化学物理、分子电子学、神经科学和机器人学的交叉学科。他曾获得过著名的奖学金,包括昆士兰大学校长高级研究奖学金和澳大利亚可再生能源机构(AREA)研究奖学金。他发表了 50 多篇研究文章,涉及与光检测、能量转换和能量上转换电致发光相关的高级主题。他领导着昆士兰科技大学的一个跨学科研究小组,专门研究先进材料的技术应用,这些材料应用于神经科学、智能仿生学、软机器人、能量转换和夜视。他还担任斯普林格自然集团杂志《科学报告》的编辑委员会成员。

Oleksandr Poliarus 于 1950 年 2 月 18 日出生于乌克兰波尔塔瓦地区的哈佳奇镇。1967 年到 1973 年,他在以 M. E. Bauman 命名的莫斯科高等技术学校学习,之后他在一家研究所做了一年的工程师。1974 年到 1999 年,他先后在苏联和乌克兰的武装部队服役。1980 年,他毕业于哈尔科夫军事无线电工程防空学院,并于 1985 年为其博士论文进行答辩。他在该学院担任教学职务,自 1996 年起担任天线馈线装置系主任。1994 年,他为自己的博士论文进行了答辩,1999 年,他从乌克兰军队退役。自 2007 年 9 月起,他担任哈尔科夫国立汽车和公路大学计量和生命安全系主任。他已婚,有两个儿子,住在乌克兰的哈尔科夫。他的研究方向包括信号处理、远程测量、非线性惯性系统的识别和测量逆问题。

　　Yevhen Poliakov 于 1985 年出生于乌克兰第聂伯罗彼得罗夫斯克地区的帕夫洛格勒。2003 年,他从帕夫洛格勒第九中学毕业,进入哈尔科夫国家汽车和公路大学。2008 年,他毕业于哈尔科夫国立汽车和公路大学,并接受了"工艺过程自动控制"专业的完整高等教育。2008 年至 2012 年,他是哈尔科夫国立汽车和公路大学计量和生命安全系的研究生。2012 年至今,他在哈尔科夫国立汽车和公路大学担任计量和生命安全系副教授。2014 年,他为其博士论文"改进传感器动态误差降低方法"(专业 05.01.02 "标准化、认证和计量支持")进行了答辩。他已婚,有一个女儿,住在乌克兰的哈尔科夫。他的研究方向包括测量反问题、快速变化过程参数的估计、技术对象动态特性的识别以及动态测量误差的校正。

　　Denis Pomorski 于 1991 年 12 月从里尔大学获得自动控制和工业计算的博士学位。1992 年 10 月至 2001 年 8 月,他在同一所大学担任讲师。1999 年 12 月,他获得了里尔理工大学的"促进康复研究"学位(认可监督研究工作)。在 1999 到 2000 学年,他在 CNRS 担任代表团职务。自 2001 年 9 月以来,他是 UMR 9189 CRIStAL 实验室的全职教授。他的研究方向集中在容错多传感器数据融合、检测、信息论、香农熵和贝叶斯滤波器以及在协作移动机器人中的应用等。

　　Miguel A. Ponce Camacho 是墨西哥墨西卡利 CETYS 大学的全职教授,拥有蒙特雷理工学院(墨西哥)的物理工程学士学位;墨西哥恩塞纳达科学研究中心的科学硕士学位;以及墨西哥下加利福尼亚大学纳米技术博士学位。Ponce 博士目前在 CETYS 大学工程学院工程与创新硕士和工业电子与电磁理论专业为本科生教授研究生创新与发展课程。他最近的一些作品包括"光物质实验光学原型的制作""基于马尔可夫链理论的设计思维创新方法的数学建模"等"使用商业现成解决方案的高性能量子密钥分发原型系统:实验和仿真演示"和"基于设计思维框架中使用的传统系统工程工具的缺点和优点的新型空间系统管理方法"。

　　Luis Carlos Básaca-Preciado 出生于 1985 年 10 月 25 日。于 2007 毕业于墨西哥下加利福尼亚州墨西卡利席特斯大学,获控制科学和电子工程学学士学位。2013 年,他从加利福尼亚巴哈自治大学工程学院获得了博士学位。2014 年,他成为墨西哥 CETYS 大学工程学院墨西卡利校区的全职教授,从事教学工作自动化,机器人和仪器仪表的研究以及工程学院的电子与机电一体化专业。2015 年到 2018 年,他协调控制论电子工程专业程序。他目前专注于三维视觉系统研究,自动驾驶汽车智能交通,自主无人机、水下 rov、VR/AR 等也参与了应用与工业相关的工程项目。自 2012 年以来,他还一直是学生机器人团队的导师,在年轻人中推广科学和工程。他写了 3 本书的章节、9 篇期刊文章和 14 篇会议文件,包括 IEEE ISIE、IECON、EEEIC、ROC&C、PAHCE 和 IPC,在美国、意大利、巴西和墨西哥,他持有的专利 3D 视觉系统。

Juan Manuel Ramirez Cortes 在墨西哥国家理工学院获得理学学士学位;在国家天体物理、光学和电子学研究所(INAOE),墨西哥得克萨斯理工大学获得电气工程专业博士学位。1982 年至 2007 年,他在美洲、普埃布拉、墨西哥等大学担任过几次学术和行政职务,担任教员、系主任、工程学院院长。自 2007 年以来,他一直在普埃布拉、墨西哥等地担任电子工程师、系主任、研究主任,目前是电子系的名义研究员。Ramirez 博士是 IEEE 管理委员会的指定成员。

Luis Roberto Ramirez Hernández 获得了墨西哥下加利福尼亚大学工程学院机电工程学位,2010 年和 2015 年在墨西哥下加利福尼亚大学工程学院获得硕士学位。在他读研期间,他从事人工智能领域的工作,为图形处理单元(GPU卡)创建矩阵计算库。实际上,他是墨西哥下加利福尼亚大学的教授,是下加利福尼亚大学电子和仪器系第二年工程学院博士学位的全日制学生。他目前的研究方向是仪器和控制的应用。

Luis A. Raygoza 先生于 2002 年获得墨西哥阿瓜斯卡连特斯自治大学(UAA)电子和数字通信工程学士学位;于 2004 年获得来自阿瓜斯卡连特斯墨西哥技术学院美国电机工程硕士学位;于 2010 在墨西哥圣路易斯波托斯自治大学获得电气工程学博士学位。现为 UAA 教授和研究员。他致力于开发应用研究项目。自 2014 年起通过国家科学技术委员会(CONACYT)与墨西哥工业相联系。在 2017 年,他加入墨西哥 INFOTEC Aguascalientes 担任讲师。他最重要的发展与自动生产控制机器电子平台的设计有关。他的研究方向包括 3D 建模、多摄像头环境、移动机器人和自动控制电子嵌入式系统等。

Miguel Reyes-García 于 1989 年 9 月 29 日出生于墨西哥伊达尔戈州,获英国加利福尼亚巴哈理工大学机电工程学士学位。目前,他在美国加利福尼亚巴哈自治大学(UABC)工程学院的工程物理领域获得了硕士学位,题目是:"使用嵌入式数字控制器和直流电机降低扫描激光系统定位误差的理论方法"与开发原型"技术视觉系统"一起工作利用激光三角法确定观测对象的三维坐标,由 UABC 工程学院应用物理系成员开发,他还发表了一篇国际会议论文。

Moisés Rivas-López 于 1960 年 6 月 1 日出生,他在巴胡自治大学于 1985 年获得学士学位、于 1991 年获得硕士学位。在墨西哥加利福尼亚州获得博士学位,专业为"结构健康监测的光学扫描"。2010 年,他担任 2 本书的编辑,撰写了 5 本书,48 篇期刊和会议论文。自 1992 年至今,他在美国、英国、日本、土耳其和墨西哥的 IEEE、ICOS、SICE 和 AMMAC 国际会议上发表了不同的作品。1997 年至 2005 年,他担任巴哈加利福尼亚自治学院 NG 学院工程学院院长;2006 年至 2010 年,他是加利福尼亚巴哈理工大学的校长。自 2013 年至今,他是国家研究系统的成员,现为英国巴哈加利福尼亚自治大学工程学院物理工程系主任。

Flavio Roberti 于 1978 年出生于阿根廷的布宜诺斯艾利斯。他于 2004 年毕业于阿根廷圣胡安国立大学工程系,并于 2009 年获得阿根廷圣胡安国立大学控制系统工程博士学位。他目前是圣胡安国立大学自动化研究所(INUT)的副教授,也是国家科学技术研究委员会(阿根廷科尼塞特)的副研究员。他的研究方向是机器人学、轮式移动机器人、移动机械手、视觉伺服、被动视觉控制和辅助机器人等。

Julio Cesar Rodríguez – Quiñonez 出生于 1985 年 10 月。2007 年,他在墨西哥西提斯大学获得学士学位。2013 年,他在墨西哥下加利福尼亚自治大学获得博士学位。他目前是加利福尼亚巴哈自治大学工程系电气工程系主任。自 2016 年以来,他是 IEEE 的高级成员。他在应用物理系参与光学扫描原型的开发,并在新立体视觉系统原型的开发中担任研究领导者。他拥有 2 项涉及动态三角测量方法的专利,曾主编 2 本书,撰写了 50 多篇论文和 8 个图书章节,并曾担任 IEEE 传感器杂志、工程中的光学和激光、IEEE 机电交易以及 Springer 的神经计算和应用的评审员;他作为评审员和会议主席参加了 2014 年(土耳其)、2015 年(巴西)、2016 年(美国)、2017 年(英国)和 2018 年(美国)的 IEEE ISIE 会议。他目前的研究方向包括自动计量、立体视觉系统、控制系统、机器人导航和 3D 激光扫描仪。

Veronica A. Rojas Mendizabal 在墨西哥下加利福尼亚州的 CICESE 研究中心获得了电子和电信博士学位。她获得了玻利维亚天主教大学(UCB)在玻利维亚拉巴斯的电信和远程信息处理硕士学位。她与位于墨西哥普埃布拉的联合国空间教育中心拉丁美洲和加勒比空间科学和技术教育区域中心(CRECTE-ALC)一起参加了卫星通信研究生课程。她目前是墨西哥下加利福尼亚州墨西卡利的 CETYS 大学的教授和研究员。

Veronica A. Rojas – Mendizabal 于 1992 年 7 月 7 日出生于墨西哥下加利福尼亚州的蒂华纳,是西提斯大学墨西哥分校的兼职教授。2015 年,他在墨西哥下加利福尼亚大学获得机电工程学士学位,目前正在 CETYS 攻读硕士学位。2013 年,他开始在制造业工作。在过去的几年里,他的工作重点是开发机器人和工业自动化系统,同时在墨西哥 CETYS 大学校园教授控制论和机电一体化工程专业的课程。Oscar A. Rosete – Beas 先生曾合作撰写关于机器人技术和工业自动化的同行评审文章,目前参与研究项目,例如,为该机构设施使用的自主车辆构建智能交通方案,以及为预测性维护实施物联网,包括 Lambda 架构和

OPC UA。

Marta Rostkowska 于 2013 年毕业于波茨纳科技大学，获得自动控制和机器人学理学士学位和理学硕士学位。她目前是同一所大学的博士生。她目前的研究方向包括计算机视觉应用、嵌入式系统软件工程和移动机器人。

Kevin B. Ruiz – López 目前正在 CETYS 大学攻读创新与工程硕士学位。在 2016 年，他以优异的成绩从同一所大学毕业，并获得了一枚学术奖章。从毕业到开始攻读硕士学位期间，他与 AISEC 进行了一次交流旅行，前往希腊雅典，在那里他作为一家旅游业初创公司的工程师工作。在希腊期间，他作为后端开发人员工作，并获得了物联网（IoT）的经验。Kevin 热衷于开发有助于医疗行业社会和提高其生活质量的技术。他的梦想是能够为有需要的人制造舒适的假肢，让他们感觉就像是自己的延伸，这样每个人都能在日常生活中尽可能少的受到限制。凯文是来自墨西哥索诺拉的一名获得奖牌的弓箭手，你通常会发现他在他的大学里从事项目工作。

Javier E. Sanchez – Galan 于 2006 年在巴拿马技术大学（UTP）获得计算机系统工程学士学位。2007 年，他获得巴拿马政府全额奖学金（IFARHU – SENACYT），在加拿大蒙特利尔的麦吉尔大学攻读研究生。2010 年，他在麦吉尔生物信息学中心完成了计算机科学（生物信息学）硕士学位，专注于计算基因调控。2015 年，他在麦吉尔医学院完成了实验医学博士学位，并完成了将化学信息学应用于母婴健康的工作。自 2013 年起，他在 UTP 生产和农产工业研究中心担任研究科学家，是生物技术、生物信息学和系统/合成生物学（GIBBS）研究小组的协调员。他还担任 UTP 计算机系统工程系的研究生和本科生教授。自 2015 年 2 月起，他还担任科学研究和高技术服务 AIP 研究所（Indicatasat – AIP）的兼职研究员。他的研究方向集中于开发创新方法，应用计算数据分析来自生物、医学、环境和农业领域的海量数据集。

Jorge A. Sarapura 出生于阿根廷萨尔塔的奥兰。2006 年，他以优异成绩毕业于阿根廷图库曼国立大学电子工程师学位。2013 年，他在阿根廷圣胡安国立大学（UNSJ）获得了控制系统工程硕士学位。自 2006 年以来，他一直在圣胡安国立大学自动化研究所（INUT）工作，目前在那里担任模拟电子的研究员和助理教授，并完成了学业，获得了控制系统工程博士学位。2011 年至 2014 年，他还在圣胡安国立大学机电系工作，担任电机和电气测量助理教授。他的研究方向包括非线性和自适应控制、机器人学、精确农业、基于人工视觉的控制以及应用于机械手机器人、无人机和移动机器人的系统识别等。

Volker Schwieger 于德国汉诺威大学莱布尼茨大学获得大地测量学博士学位。经过大约 2 年的文职服务，他被聘为斯图加特大学大地测量研究所的研究员。1998 年，他在同一所大学攻读了"GPS 监测测量的基本误差模型"博士学位。2000年，他以博士后身份转到德国地球科学研究中心，致力于GPS和低轨道卫星的轨道确定。2002年，他接受了博士后职位在应用研究所的大地测量工程学在斯图加特大学。2003年，他被任命为该研究所"测量技术"系主任。2004年，他就"以运动物体为例的非线性灵敏度分析"这一主题进行了训练。2010年，他被任命为斯图加特大学大地测量工程应用研究所的教授和所长，他转到斯图加特大学工程学院，并将其更名为斯图加特学院工程测量学(IIGS)。2010年至2015年，他当选为斯图加特大学交通研究中心(FoVUS)的发言人。自2011年起，他担任德国测量协会(DVW)第三工作组"测量方法和系统"负责人，并于2015年被任命为国际测量师联合会第5委员会"定位和测量"主席。此外，自2017年起，他担任航空航天工程和大地测量学院院长。他发表了170多篇论文，涵盖了工程大地测量学的整个领域。

José María Sebastián 于1959年出生于西班牙马德里。他在马德里政治大学于1979年获得电气工程学士学位、于1982年获得控制工程硕士学位和于1987年获得计算机视觉博士学位。他目前是马德里政治大学工业工程学院控制系的教师，自1982年以来一直在该校任教。他教授计算机视觉和控制工程课程。他的研究方向包括远程学习、远程操作和计算机视觉。Sebastián博士是国际光学工程师学会和国际自动控制联合会的成员。

2015年6月，Guna Seetharaman 被任命为高级计算概念高级科学家(ST)和计算首席科学家。在成功任职后，2008年至2015年，他加入了NRL计算科学中心，在纽约州罗马空军研究实验室信息董事会担任计算架构和视频开发首席工程师。2015年，由于对机载应用的高性能计算机视觉算法的贡献，他被提升为IEEE研究员。作为计算科学中心的首席科学家，他领导高性能计算、新型体系结构、高吞吐量低延迟网络计算、视频分析、自治和C^4ISR领域的高影响力研究等。他在电气和计算机系担任研究和学术终身职位，2003年至2008年，在俄亥俄州代顿赖特帕特森空军基地空军技术学院工作；1988年至2003年，在洛杉矶拉菲特路易斯安那大学高级计算机研究中心工作。1980年，他获得来自马德拉斯大学的电子与通信工程学士学位；1982年，在马德拉斯印度理工学院获得电气工程MTech学位；1988年，获得了迈阿密大学的电气和计算机工程博士学位。他最近的工作集中于视频开发的高性能计算：计算机视觉、机器学习、基于内容的图像检索、持续监视以及计算科学与工程等。他是AFIT核心团队的成员，该团队负责演示和转换广域持续成像和监视系统。在AFRT，他领导了一个C^4ISR Enterprise to the Edge(CETE)项目，旨在将处理过程推向传感器附近，并成功演示了用于机载视频分析的高性能计算算法：用于3D映射、跟踪和开发。他还启动了一个名为内容和上下文感知可信路由器(C2TR)的新项目，作为跨大型网络的敏捷高性能计算的强大机制。他的团队在IEEE CVPR 2014视频变化检测挑战赛中获得最佳算法奖。他们在IEEE自动交通监控研讨会（IEEE CVPR–2016）上获得最佳论文奖。他的团队是2015年IEEE ICCV竞赛中高性能视频跟踪器的顶尖团队之一。他与他人共同创建了CajunBot团队，该团队是DARPA大挑战赛的参与者，该挑战赛以两辆无人驾驶车辆为特色。在2005年和2007年DARPA大挑战中，他领导了卡琼博特团队的激光雷达数据处理和障碍物探测工作。他在计算机视觉、低空航空图像、并行计算、数据包路由、VLSI信号处理、3D显示、纳米技术、微光学和3D视频分析等领域发表了180多篇同行评议文章。2006年12月，他客座编辑了IEEE计算机专刊，专门讨论无人智能自主车辆。他还以智能车辆为主题，客座编辑了《EURASIP嵌入式系统杂志》的一期专刊。他是ACM计算调查的副主编。他曾担任2003计算机体系结构研讨会的总主席，并担任IEEE AIPR2014技术项目委员会的联合主席。他是Tau Beta Pi、Eta Kappa Nu、Upsilon Pi Epsilon和Phi Beta Delta学术荣誉协会的成员。他曾担任IEEE Mohawk Valley部门1区的当选主席，和国际扶轮的保罗·哈里斯研究员。

Oleg Sergiyenko出生于1969年2月9日。他在乌克兰哈尔科夫大学汽车与公路大学于1991年获得了理学学士学位，于1993年获得理学硕士学位，于1997年在哈尔科夫国立理工大学获得博士学位，其专业是"无损控制工具和方法"，2018年在KARKIV国立电子大学获得DSC（博士后）学位。他撰写了1本书，编辑了5本书，撰写了23本书的章节和111篇论文，并在SCOPUS（h–index 12）中编入索引，拥有两项乌克兰专利和一项墨西哥专利。自1994年至今，他的研究工作代表了IEEE、Micros、SICE、IMEKO等多个国际会议。巴加加利福尼亚自治大学工程研究所于2004年12月邀请了Sergiyenko博士担任研究员。他目前是墨西哥下加利福尼亚自治大学工程研究所应用物理系主任，并撰写了多篇硕士和博士论文。他是各种国际和地方会议的项目委员会成员，在2014年至2019年期间担任IEEE ISIE和IECON会议的会议主席（ISIE2014、IECON2014、ISIE2015、IECON2016、ISIE2017、IECON2018、ISIE2019）。他是加利福尼亚巴哈自治大学电气工程科学学院院士和工程院院士。他是乌克兰、俄罗斯和白俄罗斯应用无线电电子学研究院的成员（院士）。他确实在美国达拉斯的IECON2014和意大利佛罗伦萨的IECON2016中获得了"最佳会议演示"奖。他以合著者身份获得了"2017年翡翠文人网络卓越奖杰出论文"奖。

Ali Shahnewaz获得了意大利米兰理工大学计算机工程硕士学位。他是澳大利亚布里斯班昆士兰科技大学的一名博士生，他正在研究片上系统（SOC）和片上网络（NOC）级的机器人视觉智能成像系统。他热衷于问题制定和解决空间探索，并发表了5篇技术论文。鲁棒机器人视觉、三维重建、同质和异质图像的数据融合以及自动分割是他当前研究的主要重点领域。

Piotr Skrzypczyński 在1997年于波兹纳科技大学获得了博士学位，在2007年获得DSC(博士后)学位。自2010年以来，他是PUT控制、机器人和信息工程研究所(ICRIE)的副教授，也是ICRIE移动机器人实验室的负责人。他目前的研究方向包括自主移动机器人、同步定位和映射、多传感器融合以及机器人领域的人工智能。

Justin S. Smith 是佐治亚理工学院电气和计算机工程学院的博士生。智能视觉和自动化实验室(IVALab)主任帕特里西奥·贝拉博士为他提供建议。他的研究方向集中在移动机器人在3D环境中的自主导航。他的重点是利用感知空间和深度学习来改善计算资源有限的机器人的导航。他的背景包括计算机架构、控制理论、计算机视觉和机器学习。他曾在空军研究实验室实习，教授本科生电路基础知识，并指导学生进行机器人项目。

Oleksandr Sotnikov 出生于1958年6月12日。1980年，他毕业于由苏联元帅N. I. Krylov命名的哈尔科夫火箭部队高级军事指挥学校，主修乌克兰哈尔科夫综合设施的专业无线电工程系统。1986年，他获得了专业装备和军事技术博士学位。2014年，他被授予教授称号。2007年，他在乌克兰伊万·科哲杜布·哈尔科夫国家空军大学获得"武器与军事技术"专业的DSc(博士后)学位。他是SCOPUS(H – index 6) 4部专著、180个推论和索引的作者，拥有4份苏联作者证书和25项乌克兰专利。他是该大学多个科技版编辑学院的成员。目前，他是乌克兰伊万·科哲杜布·哈尔科夫国家空军大学的主要研究人员，并拥有多个博士学位和博士后论文。他在国际会议(MSMW"2004、UWBUS 2004、MRF 2005、2016)和地方会议上发表了报告。他是乌克兰科学技术和专门委员会的成员。他是乌克兰、俄罗斯和白俄罗斯应用无线电电子学科学院的成员(由相应成员担任)。

Oleg Starostenko 于1982获得乌克兰利沃夫州立大学计算机科学理学学士学位和硕士学位，并于1996在墨西哥普埃布拉自治大学获得数学和物理博士学位。他目前是墨西哥普埃布拉美洲大学计算机、电子和机电一体化系的全职教授。他在多家权威期刊、书籍和会议记录中撰写了215多篇研究文章。他目前的研究领域是分布式环境中多媒体信息的访问、检索、传输和处理。他属于墨西哥国家研究人员体系(一级)。

Alaa Taleb 于2015年获得黎巴嫩贝鲁特阿拉伯大学电气工程学士学位。2016年，她获得了黎巴嫩黎巴嫩大学医学和工业系统技术硕士和法国里尔大学硕士。她的研究工作由IEMN实验室的Kamel Haddadi和CRIStAL实验室的Denis Pomorski监督。除了硕士学位外，Alaa Taleb还在黎巴嫩的几家公司完成了能源领域的各种实习项目。自2017年起，她目前在迪拜的Jung Middle East担任技术工程师。

关于作者

Oleksandr Tymochko 生于 1964 年 8 月 12 日。1985 年,他毕业于乌克兰哈尔科夫的哈尔科夫高级军事航空无线电电子学校,获得了自动化控制系统学位。1996 年,他在乌克兰哈尔科夫军事大学获得了"军事控制论、计算机科学、系统分析、建模系统和作战行动"专业的博士学位,2013 年,他在乌克兰伊万·科哲杜布·哈尔科夫国家空军大学获得了"导航和交通控制"专业的 DSc(博士后)学位。2014 年,他被授予教授称号。他是 SCOPUS 索引(H 索引 4)中 4 部专著和 23 篇文章的作者,拥有 8 项乌克兰专利。他是《信息处理系统》杂志的编辑。目前,他是乌克兰伊万·科哲杜布·哈尔科夫国家空军大学的教授。他是多个博士和博士后论文的主任。他在国际会议和地方会议上发表报告。他是伊万·科哲杜布·哈尔科夫国家空军大学科学技术委员会成员。他是伊万·科哲杜布哈尔科夫国家空军大学和东北朱科夫斯基·哈尔科夫国家航空航天大学"KhAI"专门委员会的成员。

Juan Marcos Toibero 于 2002 年从阿根廷国家技术学院获得电子工程学士学位,2007 年获阿根廷圣胡安国立大学自动化研究所控制系统博士学位。他的主要工作涉及机器人平台的非线性控制和机器人应用方面。自 2011 年以来,他一直担任阿根廷国家科学技术研究委员会的兼职研究员。他领导不同的技术项目,目前在阿根廷圣胡安自动化研究所从事科学研究。他的研究方向包括轮式移动机器人,机械手力/阻抗,用于自动控制的切换、混合、非线性控制方法,视觉伺服,图像处理应用,人机交互等。他目前正致力于 ASV 的自主控制,以及使用深度相机对运动动作进行监督和分析。

Kenta Tokuno 是三洋小野田城市大学科学与技术研究生院的一年级学生。他目前的研究方向包括"深度卷积神经网络设计工具的开发"和"DCNN 设计工具在视觉检测系统中的应用"。他是日本机械工程师学会(JSME)的学生会员。

Vera Tyrsa 出生于 1971 年 7 月 26 日。她在哈尔科夫国立汽车与公路大学于 1991 获得了学士学位,于 1993 年获得硕士学位。1996 年,她在哈尔科夫国立理工大学获得"电机、系统和网络、元件和计算机技术设备"专业博士学位。她撰写了 3 本书的章节和 50 多篇论文,拥有墨西哥和乌克兰的 2 项专利。从 1994 年至今,她在美国、英国、意大利、日本、乌克兰和墨西哥的多个国际会议上作为代表,为她的研究工作发言。1996 年 4 月,她加入了哈尔科夫国立汽车与公路大学,在那里担任电气工程系副教授(1998 年—2006 年)。2006 年至 2011 年,她被墨西哥加利福尼亚巴哈理工大学邀请,担任教授和研究员职位。目前,她是下加利福尼亚自治大学工程系教授。她目前的研究方向包括自动计量、机器视觉系统、快速电气测量、控制系统、机器人导航和 3D 激光扫描仪等。

Jesús Elías Miranda – Vega 出生于 1984 年,2007 年在墨西哥锡那罗亚洛斯莫基技术学院获得电气和电子工程学士学位,2014 年在墨西哥墨西卡利技术学院获得电子工程硕士学位。2016年8月,作为博士生的他加入了墨西哥墨西卡利的巴哈加利福尼亚自治大学(UABC)光电子学实验室的工程学研究所。他目前的研究方向包括机器视觉、数据信号处理、理论和光电子器件及其应用等。

Patricio A. Vela是美国佐治亚理工学院电气和计算机工程学院以及机器人和智能机器研究所的副教授。Vela教授在加利福尼亚理工学院,于1998年获得理学学士学位,并于2003年获得控制和动力系统博士学位,他在那里进行几何非线性控制和机器人学的研究生研究。2004年,Vela博士在佐治亚理工大学欧洲经委会学院担任计算机视觉博士后研究员。2005年,他加入佐治亚理工大学欧洲经委会教员。他的研究方向在于控制理论和计算机视觉的几何观点。最近,他一直从事对计算机视觉在实现(半)自治系统的控制理论目标中所起的作用感方向。他的研究还包括非线性系统(通常是机器人系统)的控制和机器学习等。

Ross D. Jansen – van Vuuren于2012年在昆士兰大学获得有机化学博士学位。他的研究重点是开发无滤光片、颜色选择性有机光电探测器,以取代传统图像传感器中的硅。他花了8个月的时间调查发达国家的高等教育工作者如何与资源不足、低收入国家的科学家合作并分享资源。他被任命为昆士兰大学博士后研究员,在有机光电子与电子(COPE)中心,他研究的(聚)树枝状聚合物的有机发光二极管应用在大灵活的照明模块。自2017年11月以来,Ross一直在加拿大皇后大学担任Philip Jessop教授的博士后研究员。他的研究重点是开发用于正渗透的吸引剂,这是一种高效节能的水净化技术。他对机器视觉应用中的光探测领域保持着兴趣。

2012年,Marek Wasik毕业于波兹纳科技大学,获得BSC和自动控制和机器人学硕士学位。他目前是该校的博士生。他的研究方向包括腿式机器人、机电系统设计和多传感器融合等。

Keigo Watanabe在德岛大学于1976年获得机械工程专业的学士学位,于1978年获得硕士学位,1984年获得九州大学航空工程博士学位。从1980年到1985年,他是九州大学的研究助理。1985年至1990年,他是静冈大学工程学院的副教授。1990年4月至1993年3月,他担任副教授;1993年4月至1998年3月,他担任萨加大学机械工程系的教授。1998年4月起,他在萨加大学科学与工程研究生院高级系统控制工程系工作。目前,他在日本冈山大学自然科学与技术研究生院智能机械系统系工作。他的研究方向包括使用软计算的智能信号处理和控制、仿生机器人和非完整系统等。

Xiao – Wei Ye目前是浙江大学土木工程系教授。他的研究方向包括结构健康监测、钢结构疲劳和结构可靠性。Ye博士于2010年毕业于香港理工大学土木与环境工程系并获得博士学位。他曾担任多家SCI索引国际期刊的客座编辑,并应邀担任30多家SCI索引国际期刊的同行评论员。他因"巨型结构诊断和预测系统"的发明获得了日内瓦第37届国际发明展览会(2009年)的金奖,并因该系统的"智能船桥防撞监控系统"发明获得了日内瓦第41届国际发明展览会(2013年)的金奖。Ye博士曾担任20多个研究项目的PI或co PI。他发表了100多篇论文,包括60多篇同行评议的期刊文章。他还拥有10项中国专利和4项中国计算机软件版权。

拓展阅读

López, M. R., & Flores-Fuentes, W. (2016). *Robust control-theoretical models and case studies*. ISBN: 978-953-51-2424-5, Print ISBN: 978-953-51-2423-8. Retrieved from http://www.intechopen.com/books/robust-control-theoretical-models-and-case-studies

Rivas-Lopez, M., Flores, W., & Sergiyenko, O. (Eds.). (2017). *Structural health monitoring: Measurement methods and practical applications*. BoD–Books on Demand. ISBN: 978-953-51-3254-7, Print ISBN: 978-953-51-3253-0. Retrieved from https://www.intechopen.com/books/structural-health-monitoring-measurement-methods-and-practical-applications

Rivas-Lopez, M., Sergiyenko, O., Flores-Fuentes, W., & Rodríguez-Quiñonez, J. C. (Eds.). (2019). *Optoelectronics in machine vision-based theories and applications*. IGI Global. ISBN10: 1522557512, ISBN13: 9781522557517. Retrieved from https://www.igi-global.com/book/optoelectronics-machine-vision-based-theories/192034

Sergiyenko, O., Flores-Fuentes, W., & Tyrsa, V. (2017). *Methods to improve resolution of 3D laser scanning*. Lambert Academic Publisher. Managed by OmniScriptum AraPers GmbH Bahnhofstraße 28, D-66111 Saarbrücken. ISBN-10: 6202007559, ISBN-13: 978-620-2-00755-9. Retrieved from https://www.lap-publishing.com/catalog/details/store/tr/book/978-620-2-00755-9/methods-to-improve-resolution-of-3d-laser-scanning?search=Methods%20to%20improve%20resolution%20of%203D%20Laser%20Scanning

Sergiyenko, O., & Rodríguez-Quiñonez, J. C. (Eds.). (2016). *Developing and applying optoelectronics in machine vision*. IGI Global. ISBN-10: 1522506322, ISBN-13: 978-1522506324. Retrieved from https://www.igi-global.com/book/developing-applying-optoelectronics-machine-vision/147652

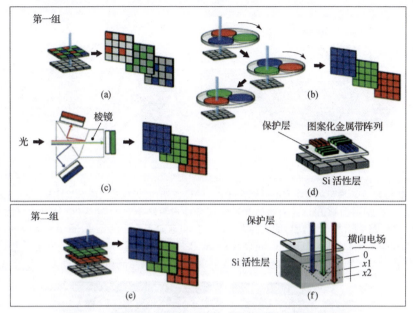

图 1.2 宽带无机半导体光电传感器的两种主要分色方法

第一组：(a) 镶嵌 Bayer 滤纸；(b) 用 R、G 和 B 滤光片连续三次曝光；(c) 棱镜分离系统和 3 个传感器阵列（3MOS 或 3CCD）；(d) 集成彩色像素（ICP）。

第二组为通过内部机制实现分色的图像传感器：(e) Foveon X3 图像传感器；(f) 横向场探测器（TFD）（经 Jansen van Vuuren RD、Armin A、Pandey AK、Burn PL 和 Meredith PM（2016）许可使用有机光电二极管：全色检测和图像传感的未来。先进材料,284766 - 4802,版权所有（2018）美国化学学会,摘自文献[39]的图2）。

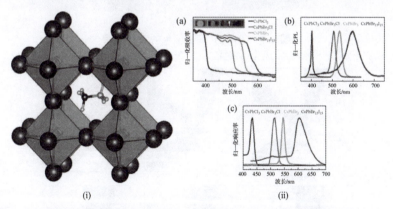

图 1.6 （ⅰ）甲基铵阳离子（$CH_3NH_3^+$）占据中心"A"位,在角落共享 $[PbI_6]^{4-}$ 中被 12 个最近邻碘离子包围——八面体（取自文献[116],图 1；通过知识共享署名 4.0 国际许可证使用）。（ⅱ）基于 MHP：CsPbX 卤化物成分的带隙可调谐性,通过（a）薄膜器件内 MHP 的可调谐吸收证明（插图：器件照片）；（b）$CsPBX_3$ 薄膜的光致发光光谱和（c）$CsPBX_3$ 光电探测器的归一化响应。经 J. Xue、Z. Zhu、X. Xu、S. Wang、L. Xu、Y. Zou、J. Song 和 Q. Chen（2018）许可改编,基于窄带钙钛矿光电探测器的图像阵列,用于人工视觉的潜在应用（Nano Letters, 18 (12)：7628 - 7634。美国化学学会版权所有（2018））

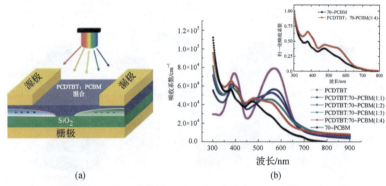

图1.7 (a)典型的有机光电晶体管(OPT)的设备架构,光吸收层混合聚脂钎维与[6,6] – 苯基C61丁酸甲酯(PCBM);(b)吸收光谱纯聚合物多氯联苯双酯、70 – PCBM 和多氯联苯双酯/70 – PCBM 混合物(即薄膜)的比例为1∶1~1∶4 玻璃基板上的比率(重量)(经 A. K. Pandey、M. Aljada、A. Pivrikas、M. Velusamy、P. L. Burn、P. Meredith 和 E. B. Namdas (2014)许可,使用光电场效应晶体管架构阐明了聚合物 – 富勒烯混合物中电荷生成和传输的动力学[105])

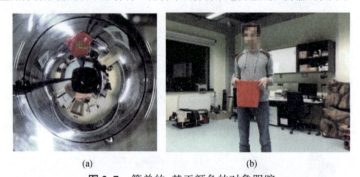

图2.7 简单的、基于颜色的对象跟踪
(a)在原始图像中检测到的对象(红色桶);(b)聚焦该对象位置后拍摄的透视相机图像。

图2.10 在传感器中生成的栅格地图,同时计算到目标的一系列转向方向

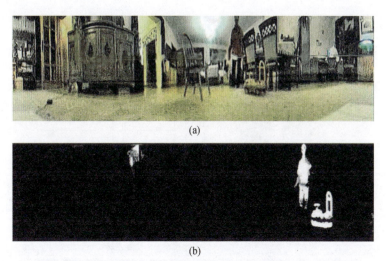

图 2.11 通过 SigmaDeltaBGS 方法从背景中分割出的动态对象
(a)全景图像;(b)白色像素表示的检测对象,橙色矩形圈出一些错误识别的像素。

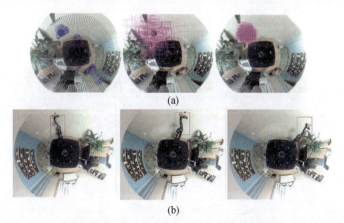

图 2.12 (a)粒子过滤器跟踪球和(b)边界框表示的玩具的跟踪位置

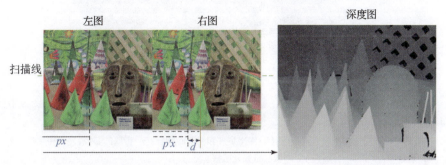

图 3.2 双目立体视觉系统概述:左右摄像机拍摄相同的场景图像,然后进行立体匹配以找到对应点;根据对应点提供关于左图像的视差信息;根据视差计算深度图

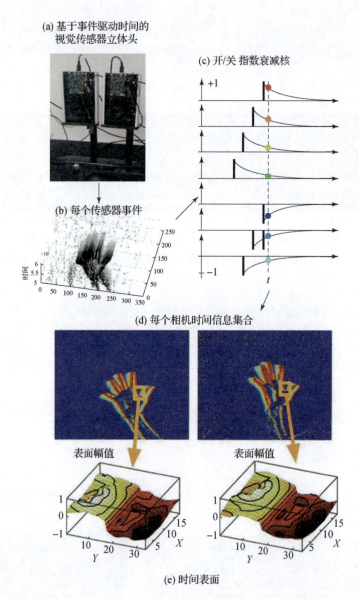

图 3.5 基于事件的动态视觉(通过动态视觉摄像机捕捉场景中的事件,并从图像中获得深度构造。图取自 Ieng 等[62])

(a)基于动态视觉相机的立体系统;(b)输出事件和捕获的场景;(c)提取的邻域,允许构建事件上下文;(d)最近事件的时间背景;(e)空间域的指数衰减核。

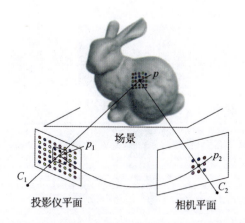

图3.6 动态的视觉与结构化光（在两个视图 p_1 和 p_2 之间进行匹配，通过已知的三角测量法从光学中心 C_1 和 C_2 中恢复深度。图取自 T. Leroux 等的文献[64]）

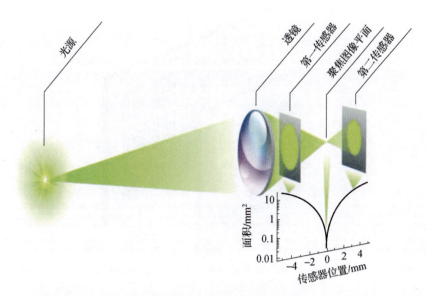

图3.10 基于距离的测量技术[84]

彩5

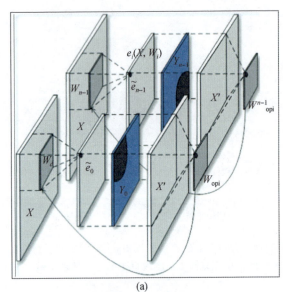

(a)

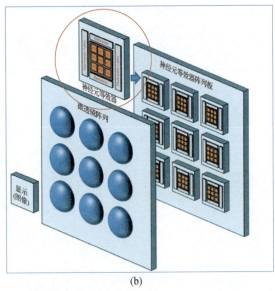

(b)

图 4.1 SLECNS 的基本单元(结构)
(a)基于多端口存储器学习神经网络模型以查找质心簇元素的功能原理;
(b)使用神经元等效器阵列的基本单元。

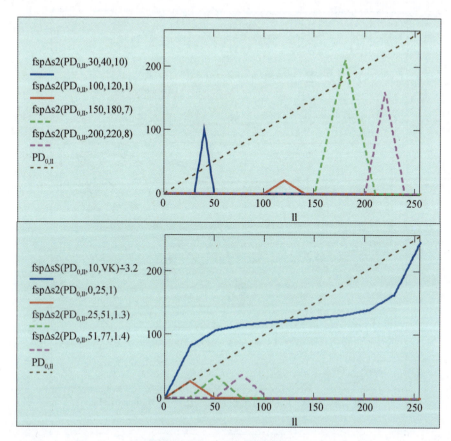

图 4.2　合成变换函数图

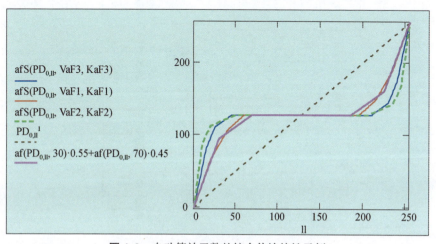

图 4.3　自动等效函数的综合传输特性示例

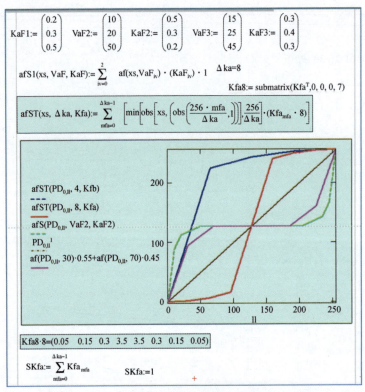

图 4.4 包含合成变换函数公式和图形的 Mathcad 窗口

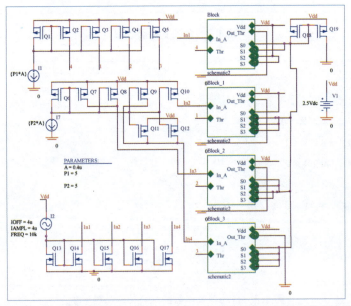

图 4.6 基于 4 段线性近似和 4 个子节点的非线性变换器单元仿真电路

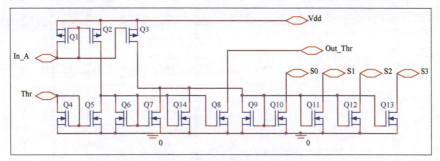

图 4.7　4 段线性近似的基础子节点电路(示意图 2)

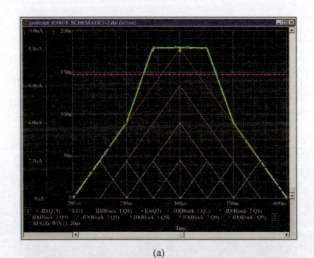

(a)

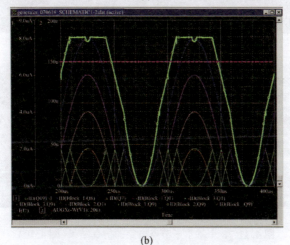

(b)

图 4.8　图 4.6 中电路的模拟结果
(a)输入线性上升信号；(b)输入正弦信号。

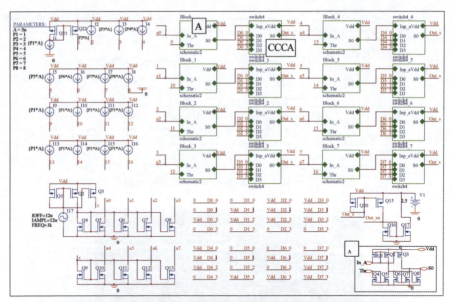

图 4.10 基于 8 段线性近似和 8 个基本子节点的非线性变换器单元仿真电路

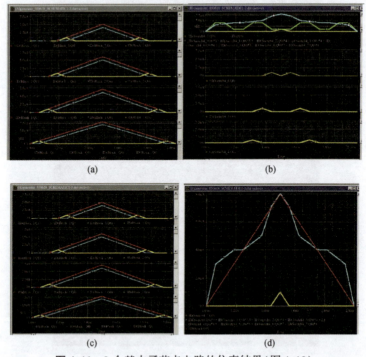

图 4.11 8 个基本子节点电路的仿真结果(图 4.10)

(a)形成用于线性上升输入信号的三角形信号(红线),输出信号(黄线)(前 4 个信号);(b)形成三角形信号(红线),输出信号(黄线)(第二个 4 个信号)和 2 特性输出(蓝线和绿线);(c)形成用于线性上升输入信号的三角形信号(红线),输出信号(黄线)(前 4 个信号);(d)输入信号(红线),输出信号(蓝线))。

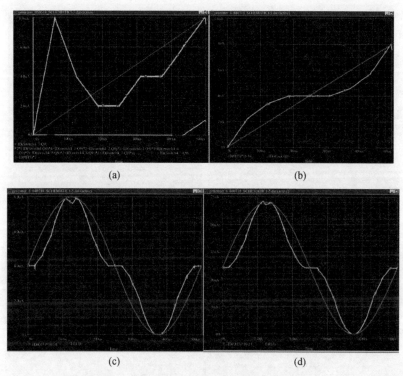

图4.12 8个子节点电路的仿真结果(图4.10)

(输入信号红色、输出信号绿色)

(a)N形转换特性;(b)自动等效传输特性;(c)输入电流范围 0~8μA、周期 500μs 的自动等效传输特性;(d)输入电流范围 0~24μA 和周期 1ms 的自动等效传输特性。

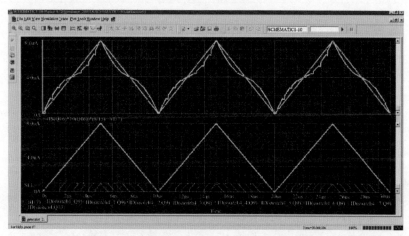

图4.13 具有阶跃信号和输入电流信号八电平近似的电路的仿真结果

(输入信号(绿线)、输出信号(蓝线)和其他信号(彩色线))

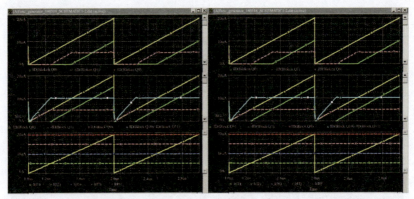

图 4.14 四级近似的模拟结果,实现的非线性变换是自学习卷积网络($I_{max}=20\mu A$, $T=1\mu s$)的归一化自等效函数 A

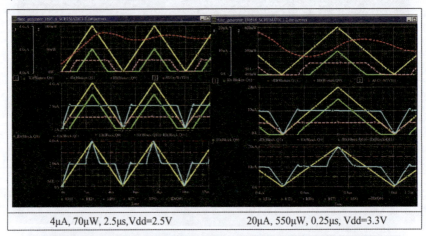

4μA, 70μW, 2.5μs, Vdd=2.5V   20μA, 550μW, 0.25μs, Vdd=3.3V

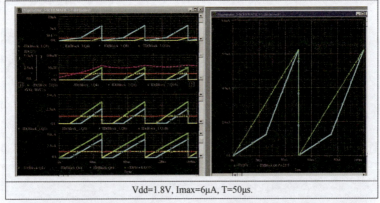

Vdd=1.8V, Imax=6μA, T=50μs.

图 4.15 四级近似的仿真结果,实现的非线性变换是自学习卷积网络(对于不同的输入电流和变换周期)的归一化自等价函数:输入信号(黄线)、输出信号(蓝线)和功耗(红线)

彩12

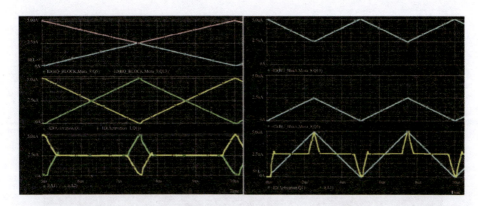

图 4.17 电流 $I_{max}=5\mu A$ 和周期 $T=2.5\mu s$ 的线性上升(下降)电流的 64 输入 Eq 建模结果(左侧,上面两个信号(粉红色,最大;蓝色,两个输入电流的最小值);绿色,等效信号;黄色,非等效,低于非线性转换后的信号;右侧,上面的两个信号是最大值和最小值,下面的蓝色是归一化等效值,黄色是非线性归一化等效值)

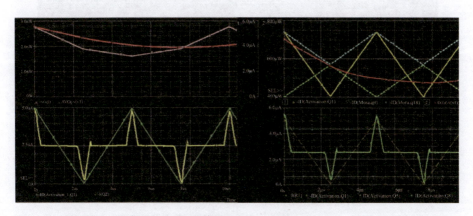

图 4.18 电流 $I_{max}=5\mu A$ 和周期 $T=2.5\mu s$ 的电流线性上升(下降)的
64 输入 Eq 建模的结果

(左侧:对线性(绿色)和非线性归一化 NEX(黄色)的形成;在上图上:峰值以及平均消耗功率;右边:形成过程建模的结果线性(在上迹线上为黄色)和非线性归一化的 NEX(在下迹线上的绿色),红线表示消耗的功率。蓝色,最多两个信号;绿色,至少两个 $V=3.3V$ 的信号)

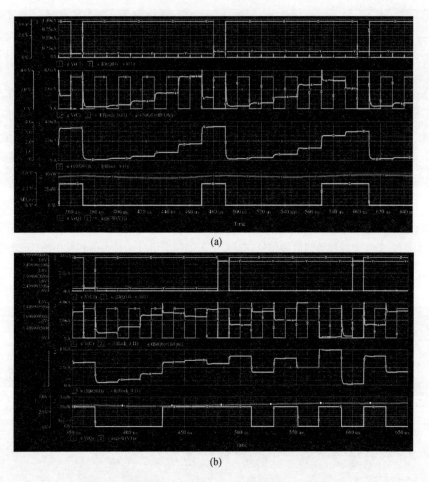

图 4.21 两个输入电流 100mA 和 150mA 的仿真结果

(a)两个输入电流 100mA 和 150mA 的仿真结果,对应的输出格雷码{000001}和{000011}(第三道中的蓝线是 6 位 ADC 模块的输出电流,紫线是阈值电流;第 4 条记录道中的黄线是对应于输出代码块的输出电压(第一个代码 370~490μs 的时间间隔(6 位数乘以 20μs),第二个代码 490~610μs 的时间间隔;红线是约 40μW 的功耗);(b)两种输入电流和相应的输出格雷码{000111}和{010101}的仿真结果,功耗约为 40μW。

彩14

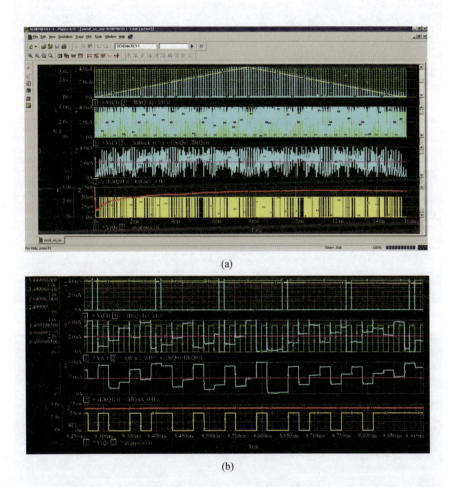

图 4.22 三角形电流信号(第一道中的黄线)的 6 位 ADC 仿真结果

(a)整个时间间隔;(b)对于输入电流减小的 5 个时间间隔和相应的输出格雷码{100101},{100100},{100100},{101101},{101111}(第四道中的黄线),红线是大约 70μW 的功耗。

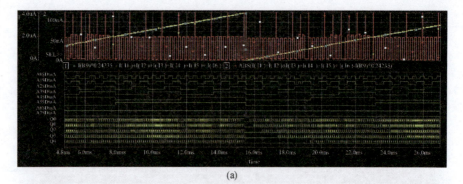

(a)

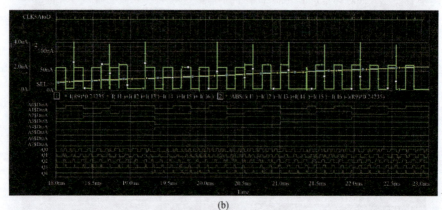

(b)

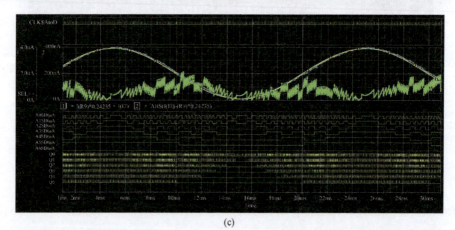

(c)

图 4.24 具有格雷码到二进制码转换和串行/并行输出的 8 位 ADC 的仿真结果

(a) 蓝色线为 DAC 输出电流, 黄色线为 8 位 ADC 输入电流, 红色线为 ADC 电流误差 (<70nA); $Q_0 \sim Q_7$ 移位寄存器的输出数字信号, $A_0 \sim A_7$ 锁存寄存器处输出二进制并行码的数字信号; (b) 蓝色线是 DAC 输出电流, 黄色线是 ADC 输入电流, 绿色线是 ADC 电流误差 (<70nA), $A_0 \sim A_7$ 二进制并行码的输出数字信号, $Q_0 \sim Q_4$ 移位寄存器的部分输出数字信号; (c) 蓝线为 DAC 输出电流, 黄线为 ADC 输入电流, 绿色线为 ADC 电流误差 (<200nA), $A_0 \sim A_6$ 部分输出 8 位二进制并行码的数字信号, $Q_0 \sim Q_5$ 移位寄存器 8 个数字信号的部分输出。

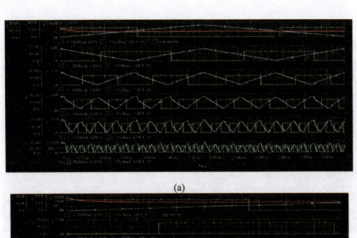

(a)

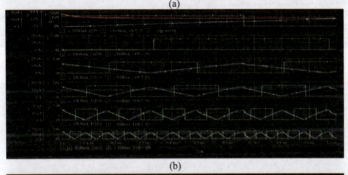

(b)

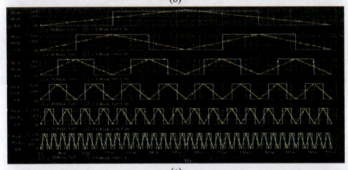

(c)

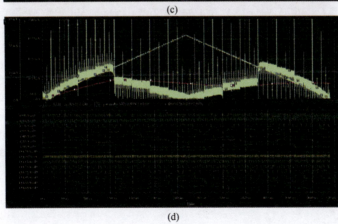

(d)

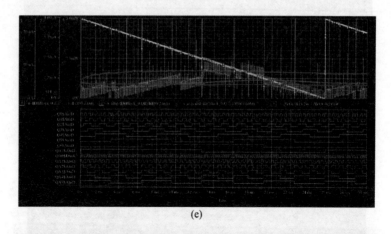

(e)

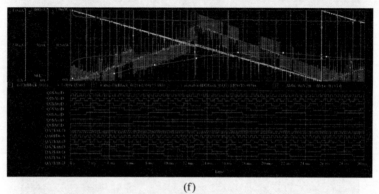

(f)

图 4.26 多通道 8 位 ADC(1D 阵列 8 位 CL_ADC)的结构和仿真结果

(a)6 位 CL_ADC 数字转换单元模式下的信号时序图(转换频率 $F=50\text{MHz}$,输入电流 $I_{max}=16\mu\text{A}$, Vdd=3.3V,耗电功率 $P\approx 1\text{mW}$);(b)6 位 CL_ADC 数字转换单元模式下的信号时序图(转换频率 $F=50\text{kHz}$,输入电流 $I_{max}=64\text{nA}$,Vdd=1.5V,耗电功率 $P\approx 2\mu\text{W}$);(c)8 位 ADC 的数字转换单元(显示了 8 个单元中的 6 个单元)模式下的信号时序图(转换频率 $F=1\text{MHz}$,输入电流 $I_{max}=24\mu\text{A}$,Vdd=3.3V);(d)模拟 $I_{input\_max}=24\mu\text{A}$,ADC 转换时间为 $1\mu\text{s}$ 时,8 位并行 CL_ADC 信号的时序图(蓝色线为 DAC 输出电流,黄色线为 ADC 输入电流,紫色线为平均 ADC 电流误差(<250nA),绿色线为 ADC 电流误差;QA0~QA7 二进制并行码的输出数字信号,Q0~Q7(Q7=QA7) 格雷并行码的输出数字信号);(e)模拟 $I_{input\_max}=24\mu\text{A}$ 时 8 位并行 CL_ADC 信号的时序图(蓝色线是 DAC 输出电流,黄色线是 ADC 输入电流,紫色线为平均 ADC 电流误差(<250nA),绿色线是 ADC 电流误差,蓝色线是功耗(3mW));(f)模拟 $I_{input\_max}=4\mu\text{A}$,转换频率为 10kHz 时,8 位并行 CL_ADC 信号的时序图(蓝色线是 DAC 输出电流,黄色线是 ADC 输入电流,紫色线为平均 ADC 电流误差(<40nA),绿色线是 ADC 电流误差,蓝色线是功耗(1.3mW)。

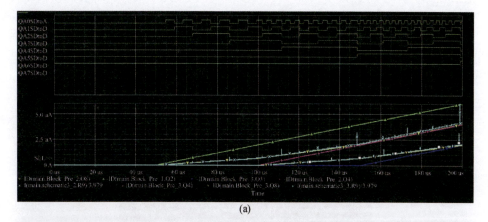

(a)

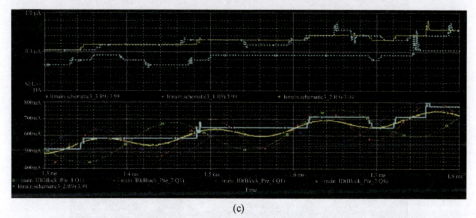

(b)

(c)

图 4.28 模拟信号预处理的多通道 8 位 ADC(1D 阵列 8 位 CL_ADC)结构

(a)模拟信号预处理仿真结果(选择 3 个相邻通道信号中的平均信号,绿线、蓝线、紫线为 3 个输入信号,黄线为输出信号);(b)模拟信号预处理仿真结果(选择 3 个相邻通道信号中的平均信号,绿线、蓝线、红线为 3 个输入信号,黄线为输出信号);(c)模拟信号预处理仿真结果(选择 3 个相邻通道信号中的平均信号,绿线、蓝线、紫线为 3 个输入信号,黄线为输出信号,浅蓝色为 DAC 输出信号)。

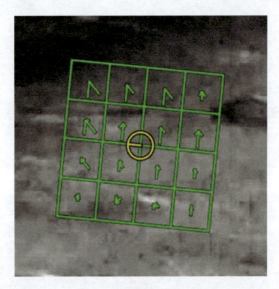

图 5.18 特征描述符(黄色:方向 R_{ij};幅值:M_{ij})

图 5.21 参考图像中检测和提取的特征(绿色圆圈)

图 5.22　检测和提取测试图像中的特征(绿色圆圈)

图 5.23　MSAC 过滤前的匹配结果(左:参考图像;右:测试图像)

图 5.24　MSAC 过滤后的匹配结果(左:参考图像;右:测试图像)

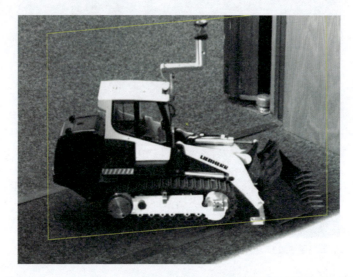

图 5.25 测试图像中识别的目标

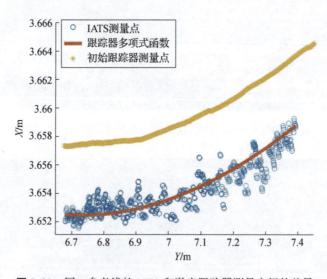

图 5.32 同一参考线的 IATS 和激光跟踪器测量之间的差异

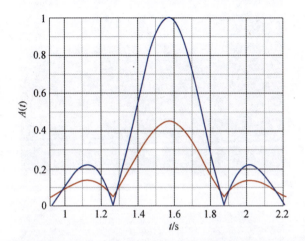

图6.9 从平坦粗糙表面反射的信号的归一化幅度的时间依赖性的例子(红线:第一频率信道;蓝色:第二频率信道)

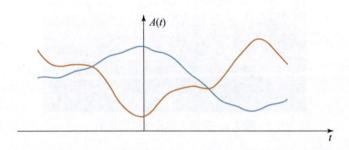

图6.10 有3个镜像点的粗糙表面反射的信号幅度的时间依赖性的例子(棕色:第一频率信号通道;蓝色:第二频率信号通道)

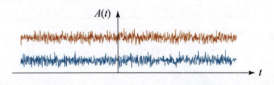

图6.11 粗糙表面反射的信号幅度随时间变化的例子(红色:第一频道的信号幅度;蓝色:第二频率的信号幅度)

彩23

图7.5 高密度果园开花苹果树样图

图7.6 标准果园开花桃树样图

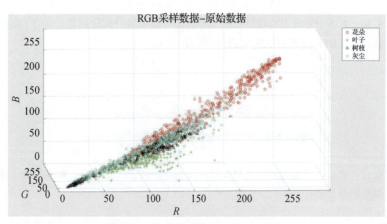

图7.7 苹果园物体的 RGB 样本值

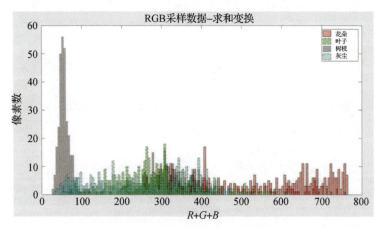

图7.8 RGB样本值求和变换直方图

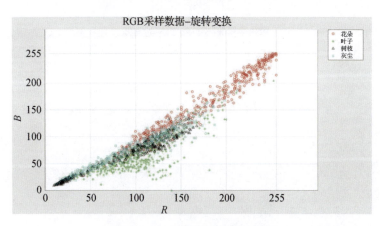

图7.9 RGB样本值的旋转变换

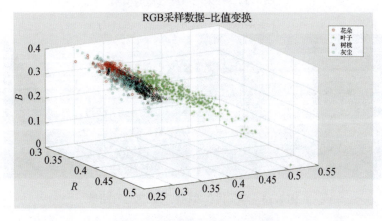

图7.10 RGB样本值的比值变换

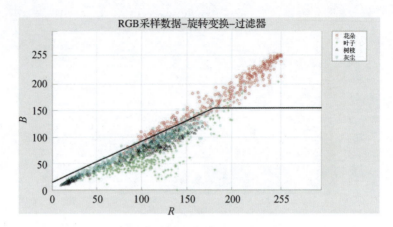

图7.11 旋转变换中的开花隔离

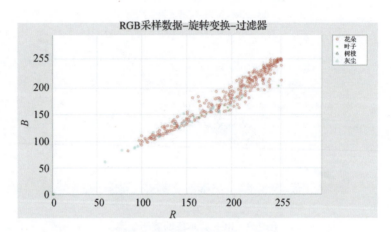

图7.12 花朵隔离滤色器的结果

图7.13 苹果树和桃树的树隔离过程结果

图7.14 应用于苹果树图像的滤色器

图7.15 应用于苹果树图像的大小过滤器

图7.16 覆盖在原始图像上的已识别花朵的边界框

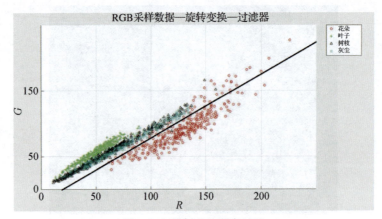

图7.17 桃树花朵隔离过程

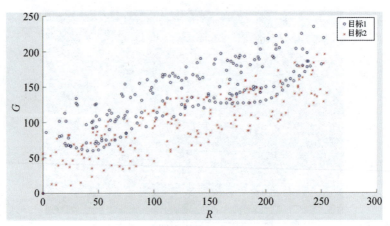

图7.21 假设情况的样本数据集

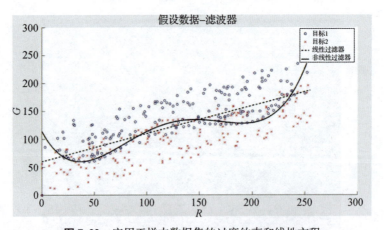

图7.22 应用于样本数据集的过度约束和线性方程

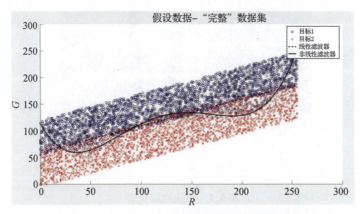

图 7.23 "完整"数据集的过度约束和线性方程

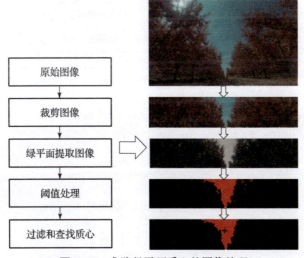

图 7.28 求路径平面质心的图像处理

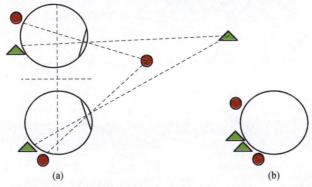

图 8.1 (a)生物 SVS 在 3D 场景的不同视角观察物体和(b)双眼图像重叠

图 9.1 特征对应提取

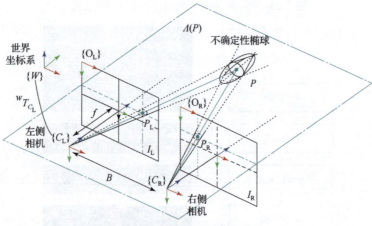

图 9.6 立体视觉不确定性

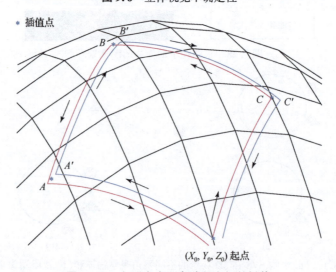

图 11.10 相反方向两条路径之间的插值

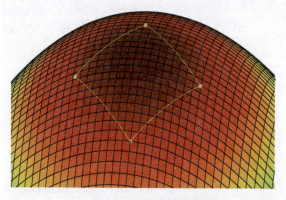

图 11.11　插值点模拟路径

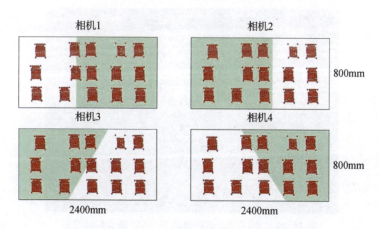

图 11.13　每个控制相机包含的区域

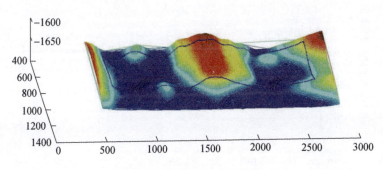

图 11.18　曲面的近似表达

图 11.19　绘制的《最后的晚餐》

图 11.20　从不同角度获得的另一幅《最后的晚餐》

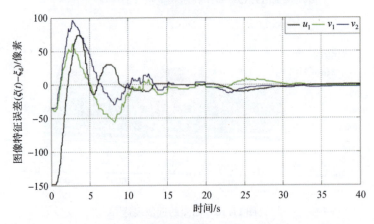

图 12.18　控制误差的时间演化 $\tilde{\xi}(t)$

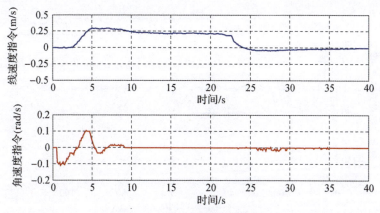

图 12.19 移动平台的速度命令

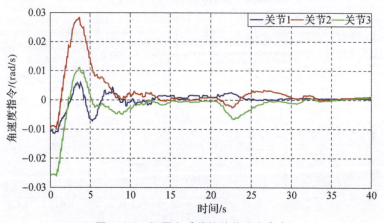

图 12.20 机器人手臂的关节速度命令

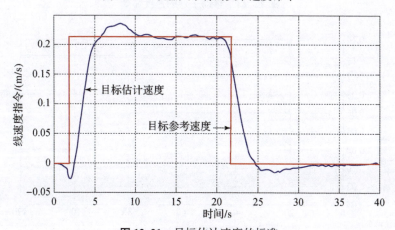

图 12.21 目标估计速度的标准

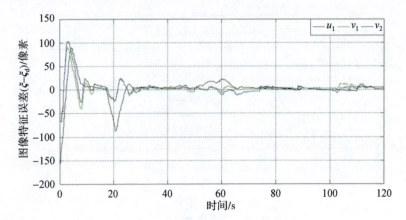

图 12.22 控制误差的时间演化 $\tilde{\boldsymbol{\xi}}(t)$

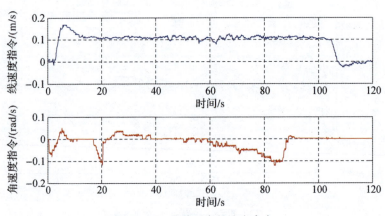

图 12.23 移动平台的速度命令

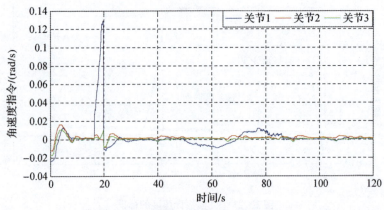

图 12.24 机器人手臂的关节速度命令

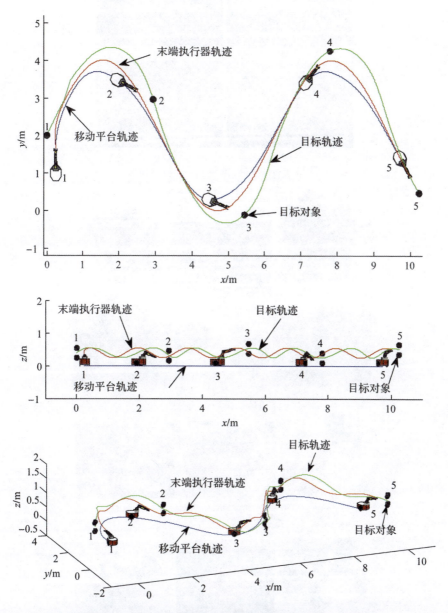

图 12.27 移动机械手和目标在 5 个不同时刻的轨迹和位置

图 13.1　自然群:鱼群、蚁群、鸟群和人

图 13.2　群体机器人项目
(a)Pheromone 机器人;(b)iRobot 群体 ;(c) E – Puck 教育机器人;(d) Kobot 项目;(e)Kilobot 项目;
(f)I – Swarm;(g)多机器人系统;(h)SwarmBot 项目;(i)Centibots 工程;(j)Swarmanoid 工程;
(k)机器人进化;(l)机器人侦察。

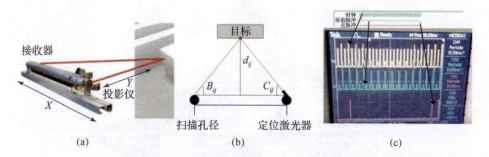

图 13.4 (a)技术视觉系统;(b)动态三角测量法;(c)激光扫描 TVS 中编码 N 的形成原理

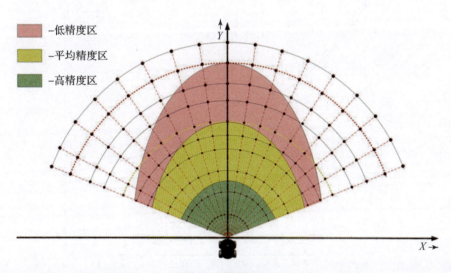

图 13.6 视场碎片

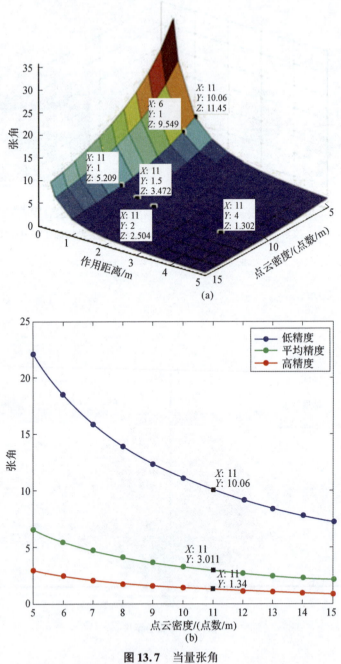

图 13.7 当量张角
(a) 张角、作用距离和点云密度的依赖关系;(b) 点云密度平均值。

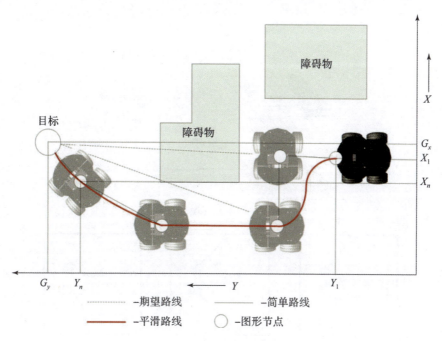

图 13.8 路径规划

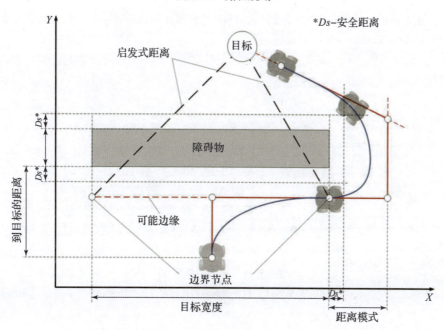

图 13.9 避障

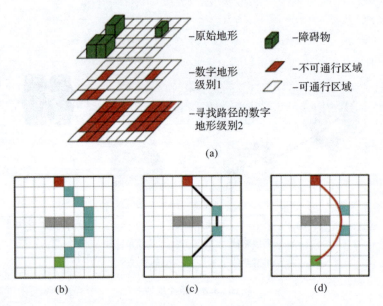

图 13.10 (a)两步后处理的世界表示和航位推算;(b)清除 A * ;(c) 后处理第一步;(d)后处理第二步

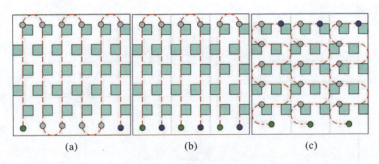

图 13.11 次级目标放置
(a)单个机器人;(b)群体垂直运动;(c)群体水平运动。

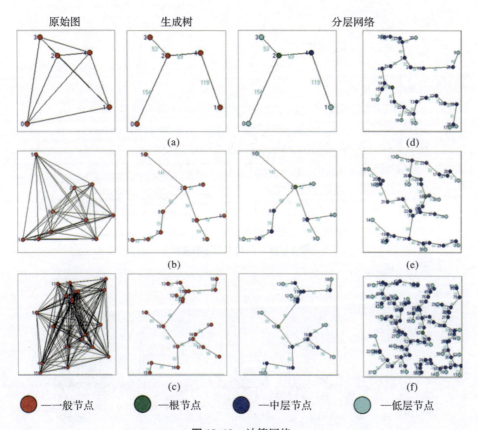

图 13.13 计算网络

(a) 5 节点网络;(b) 10 节点网络;(c) 20 节点网络;
(d) 30 节点网络;(e) 40 节点网络;(f) 50 节点网络。

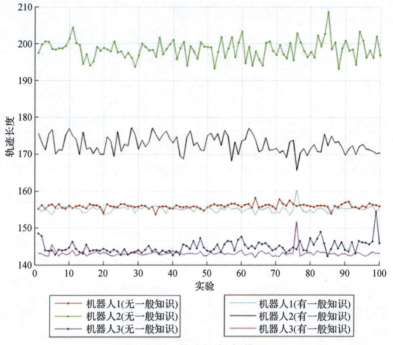

图 13.21 轨迹长度：场景#1

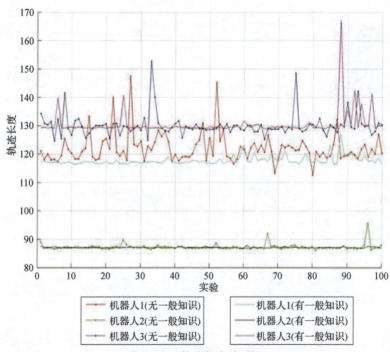

图 13.22 轨迹长度：场景#2

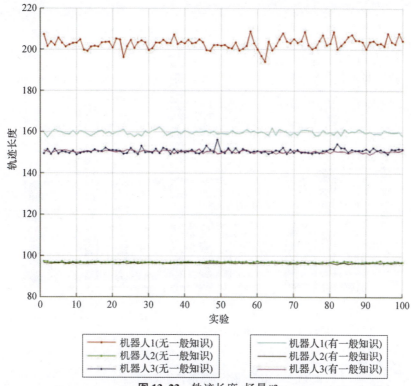

图 13.23 轨迹长度：场景#3

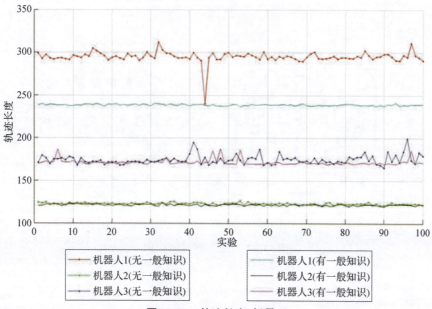

图 13.24 轨迹长度：场景#4

彩43

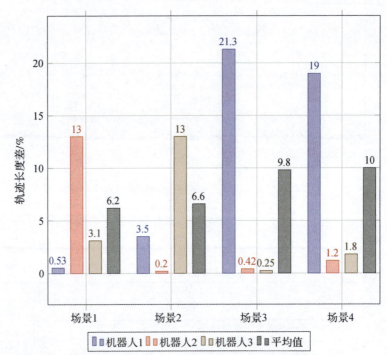

图 13.25 比较每个场景的轨迹长度(百分比)

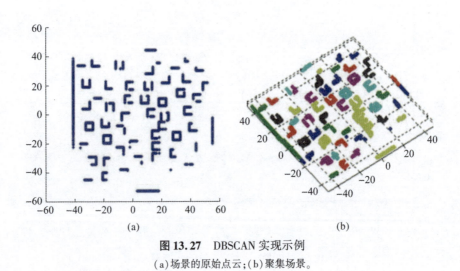

图 13.27 DBSCAN 实现示例
(a)场景的原始点云;(b)聚集场景。

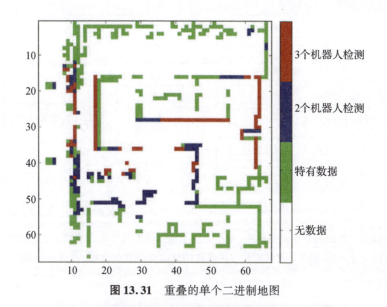

图13.31 重叠的单个二进制地图

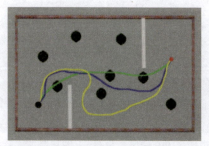

图14.1 导航系统中的全局规划(绿色)和局部规划(蓝色和黄色)

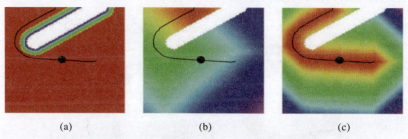

图14.5 轨迹评分的可视化,作为在占用网格上计算的成本图(低成本是红色,高成本是蓝色/紫色。黑色曲线是要遵循的全局路径)
(a)障碍代价;(b)局部目标代价;(c)路径代价。

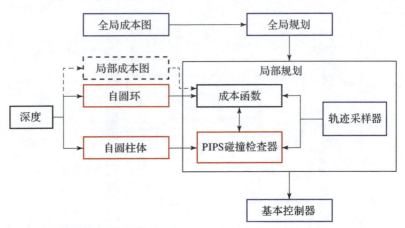

图14.6 处理和数据流的框图(本节介绍关键组件的设计考虑事项。蓝色部分没有变化,红色部分是 PiPS 增强。虚线组件仅由传统的移动基础管线使用。"代价函数"块也针对 PiPS 进行了修改)

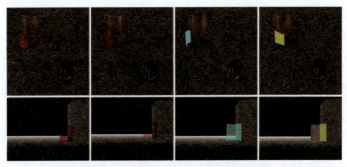

图14.7 每一列都说明了 PIP 的概念步骤(上图从第三人称视角描绘场景,下图从机器人的第一人称视角描绘场景。从左到右:虚拟为倒卵形(红色);替换简化几何表示法(红色);找到机器人的远表面(浅蓝色);检测碰撞(黄色))

图14.9 Gazebo/RViz 虚拟圆柱体(左)及其所代表环境的可视化
(从近到远映射的范围颜色从红色到蓝色/紫色)

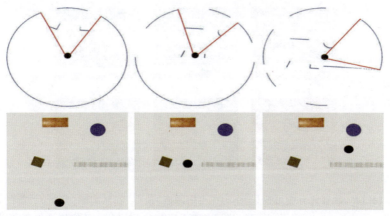

图 14.11 基于存储数据的自我循环测量预测的可视化(最上面一行描述了自我圆测量,其中只绘制了激光扫描仪可见的点(遮挡点不可见)。原点与相机原点相对应,但自我圆测量的方向已被调整为与底部行的全局俯视图大致对齐。红线是 FOV 极限)

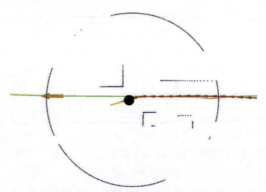

图 14.12 全局路径(绿色)、局部路径(黄色)、局部目标(橙色箭头)和里程计(红色箭头)的局部自我循环表示(机器人向左移动)

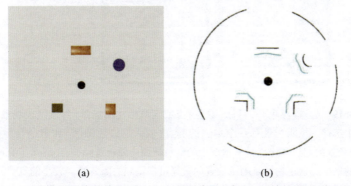

图 14.13 显示模拟环境的俯视图(左)和圆形表示(右)。原始的圆形显示为黑色,而膨胀的圆形显示为青色(模拟环境,原始和膨胀的圆形)

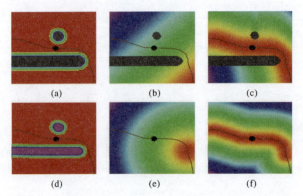

图 14.14 轨迹评分的可视化,作为在占用网格(顶行)和从圆形(底行)计算的代价图(网格点被转换为极坐标表示,并根据描述的评分函数进行评分。低代价是红色,高代价是蓝色/紫色。接近障碍物的致命点在占领格子中为黑色,在圆形中为紫色。棕色曲线是全局应该遵循的路径)

(a)、(d)障碍代价;(b)、(e)局部目标代价;(c)、(f)路径代价。

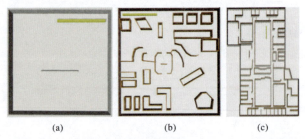

图 14.17 基准场景的俯视图(10m 黄条提供了一种评估 3 个场景比例的方法。办公场景是旋转的)

(a)区段场景;(b)校园场景;(c)办公场景。

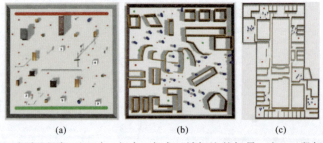

图 14.19 起点(红色)和目标(绿色)点或区域标注的场景(对于区段场景,起点和终点从区域中选择。校园场景有一个单一的起点(较大的红色圆圈)和多个目标点(绿色圆圈)。办公场景的起点和终点是从地图上的红色圆圈中随机选择的,还展示了充满障碍物的随机位置的例子。蓝色物体是随机放置的激光可靠检测的障碍物。较小的红点是激光不可靠检测的障碍物)

(a)区段场景;(b)校园场景;(c)办公场景。

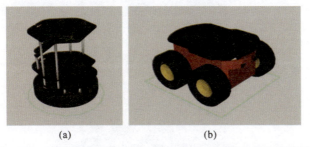

图 14.20 实验中使用的机器人模型(绿色边界是机器人的脚印)
(a) Turtlebot;(b) Pioneer。

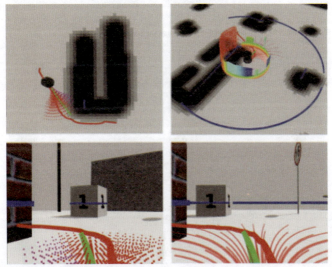

图 14.21 基线 DLP(左)和感知空间 DLP(右)导航过程的可视化(最上面一行显示了来自外部参考框架的 3D 场景空间。最下面一行是覆盖在机器人摄像机视图上的相同信息的可视化)

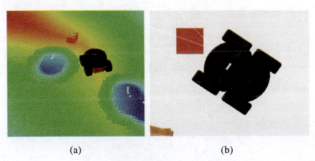

图 14.22 (a)与网格上每个点结束的轨迹相关的大致总成本的可视化(红色 = 低,蓝色 = 高);(b)在机器人前面可以看到一个激光不可靠检测障碍物(红色),短时间后机器人状态的可视化,试图转弯会导致碰撞

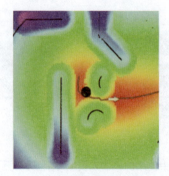

图14.23 具有局部最小值的场景的近似总成本值(红色=低,蓝色=高),也可视化:局部目标(棕色箭头),全局路径(棕色曲线),圆形(黑点)

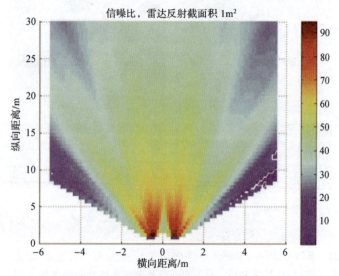

图15.7 双雷达配置的探测范围[15]

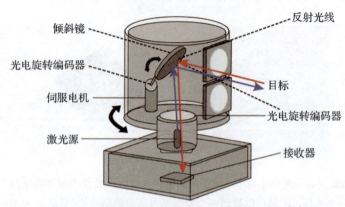

图15.14 激光雷达光学系统和编码器的示意图[26]

图 15.19　场景流分割障碍检测[37]

图 15.20　基于极线几何的聚类应用于城市交通场景[39]

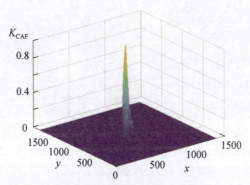

图 16.6　CCC 形成的等效 OR 和 SI

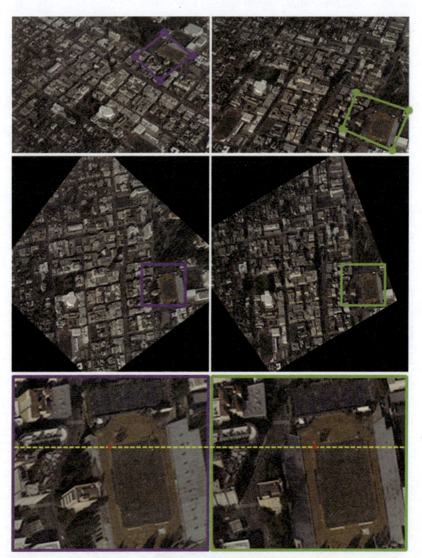

图 17.4 伯克利数据集的稳定结果。上图:两幅原始 WAMI 图像,大小为 6600×4400 像素(左为 0 帧,右为 200 帧)。中间图:使用拟定方法稳定后原始框架的地质投影。下图:中间图的放大版本,对应于由紫色、绿色边界框标记的区域。校正后的极线(黄虚线)描绘了稳定后一对对应点(红色)的对齐

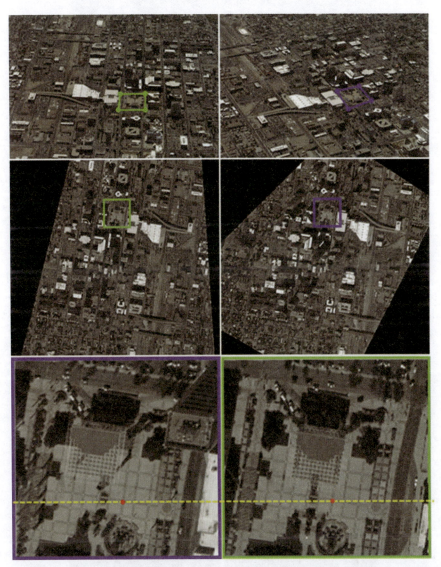

图 17.5 阿尔伯克基数据集的稳定结果。上图：两幅原始的 WAMI 图像，大小为 6600 × 4400 像素（左侧为 0 帧，右侧为 100 帧）。中间图：使用拟定方法稳定后原始帧的地质投影。下图：中间行的放大版本，对应于由紫色、绿色边界框标记的区域。校正后的极线（黄虚线）描绘了稳定后一对对应点（红色）的对齐

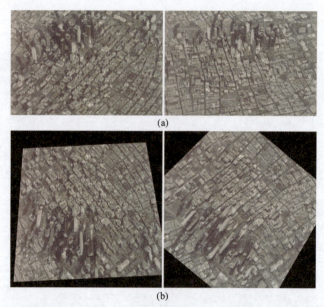

图17.6 使用所提出的方法对洛杉矶(加利福尼亚)数据集的序列进行稳定。透明天空提供了高分辨率WAMI图像(图像大小为6600×4400)和初始元数据(http://www.transparentsky.net)。尽管高层建筑引起了强烈的视差,我们的方法还是成功地稳定了WAMI图像

(a)原始图像(第0帧和第100帧);(b)稳定图像和地质投影图像(帧0和帧100)。

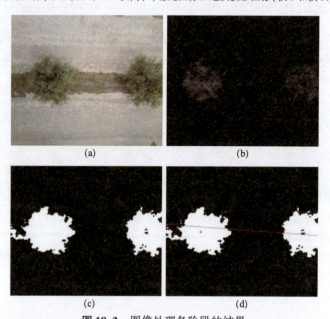

图18.3 图像处理各阶段的结果
(a)真实形象;(b)近似二进制图像;(c)二进制图像;(d)质心与估计线。

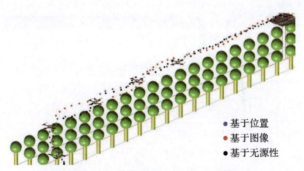

图 18.9 无动态补偿的 UAV 弹道

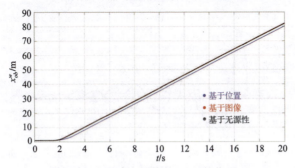

图 18.10 无动态补偿的 UAV 的位置 X

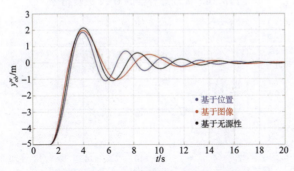

图 18.11 无动态补偿的 UAV 的位置 Y

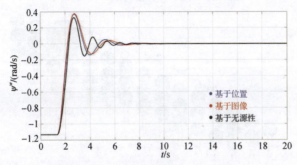

图 18.12 无动态补偿的 UAV 方向 ψ

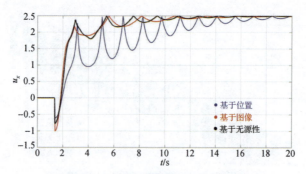

图 18.13　无动态补偿的 UAV 变桨指令

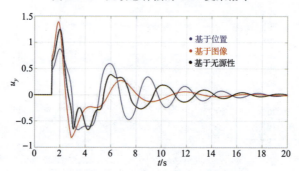

图 18.14　无动态补偿的 UAV 滚转指令

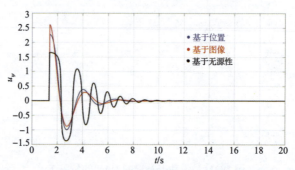

图 18.15　无动态补偿的 UAV 偏航指令

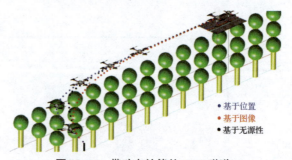

图 18.16　带动态补偿的 UAV 弹道

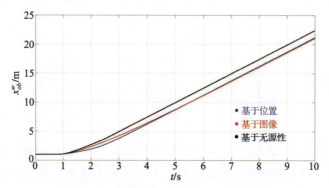

图 18.17　带有动态补偿的 UAV 的位置 X

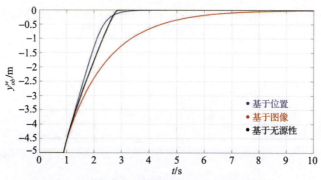

图 18.18　带有动态补偿的 UAV 的位置 Y

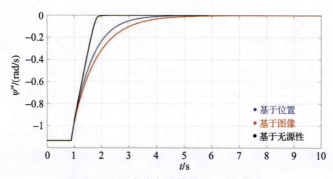

图 18.19　具有动态补偿的 UAV 的方向 ψ

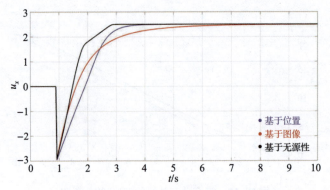

图 18.20　带动态补偿的 UAV 变桨指令

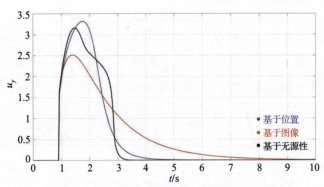

图 18.21　带动态补偿的 UAV 滚转指令

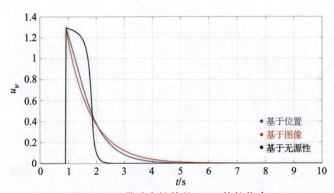

图 18.22　带动态补偿的 UAV 偏航指令

(a)　　　　　　　　　　　　(b)

图 20.3　测试不同相机高度值的 MDGP 图像集

（从上到下高度值分别为距基准平面 1m、0.75m、0.50m）

(a)输入图像,红线表示 MDGP 的本地化位置;(b)去除水平线以上信息后输出图像。

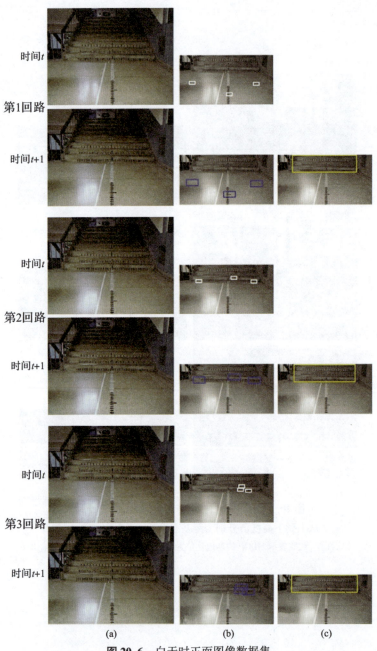

图 20.6 白天时正面图像数据集

(a) t 时刻和 $t+1$ 时刻的源图像;(b)提取 ROI_1 和 ROI_2 的感兴趣面积。白色的块表示 ROI_1,对 t 时刻提取的每个块使用 20×10 像素大小;数字显示了提取的顺序。蓝色的块代表 ROI_2,在 $t+1$ 时刻提取的每个块使用 40×20 像素大小;(c)黄色方块显示楼梯候选区域。

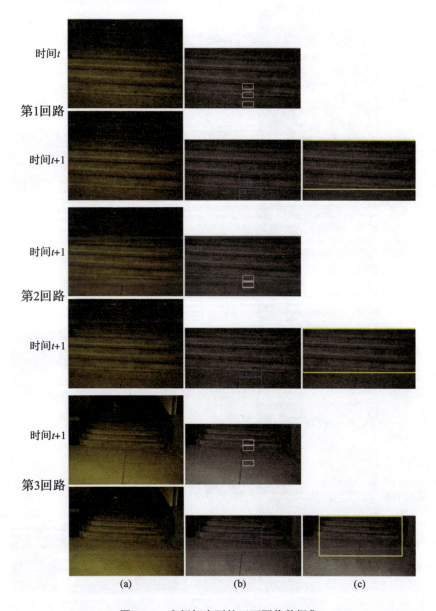

图 20.7 夜间灯光下的正面图像数据集

（a）t 时刻和 $t+1$ 时刻的源图像；（b）提取 ROI_1 和 ROI_2 的感兴趣面积。白色的块表示 ROI_1，对 t 时刻提取的每个块使用 20×10 像素大小；数字显示了提取的顺序。蓝色的块代表 ROI_2，在 $t+1$ 时刻提取的每个块使用 40×20 像素大小；（c）黄色方块显示楼梯候选区域。

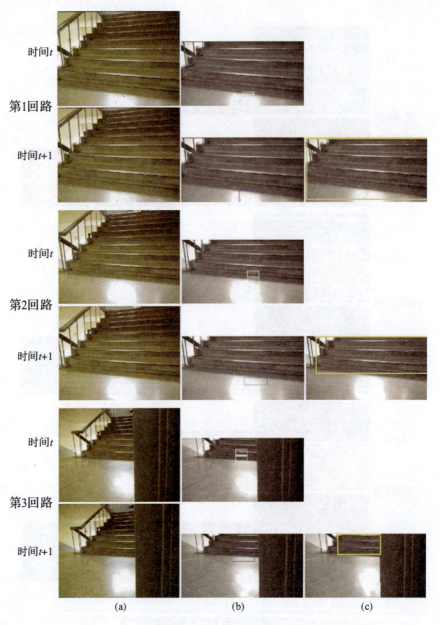

图 20.8 右侧图像数据集

(a) t 时刻和 $t+1$ 时刻的源图像;(b) 提取 ROI_1 和 ROI_2 的感兴趣面积。白色的块表示 ROI_1,对 t 时刻提取的每个块使用 20×10 像素大小;数字显示了提取的顺序。蓝色的块代表 ROI_2,在 $t+1$ 时刻提取的每个块使用 40×20 像素大小;(c) 黄色方块显示楼梯候选区域。

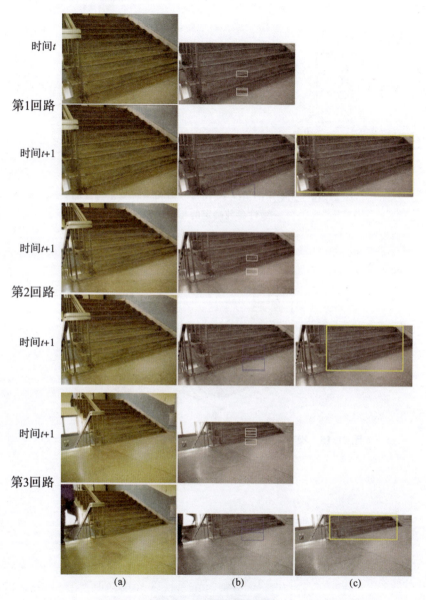

图 20.9　左侧图像数据集

（a）t 时刻和 $t+1$ 时刻的源图像；（b）提取 ROI_1 和 ROI_2 的感兴趣面积。白色的块表示 ROI_1，对 t 时刻提取的每个块使用 20×10 像素大小；数字显示了提取的顺序。蓝色的块代表 ROI_2，在 $t+1$ 时刻提取的每个块使用 40×20 像素大小；（c）黄色方块显示楼梯候选区域。

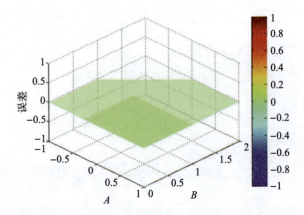

图 21.14 无噪声的情况下,由接收器和辐射源 A 与 B 的一致性参数确定的相位误差

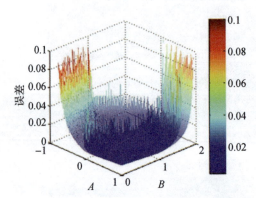

图 21.15 噪声级 5%,$\gamma=0.25$,由接收器和辐射源 A 与 B 的一致性参数确定的相位误差

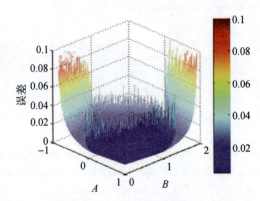

图 21.16 噪声级 5%,$\gamma=0.5$,由接收器和辐射源 A 与 B 的一致性参数确定的相位误差

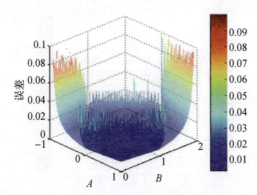

图 21.17 噪声级 5%,$\gamma=1$,由接收器和辐射源 A 与 B 的一致性参数确定的相位误差

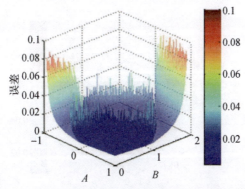

图 21.18 噪声级 5%,$\gamma=2$,由接收器和辐射源 A 与 B 的一致性参数确定的相位误差

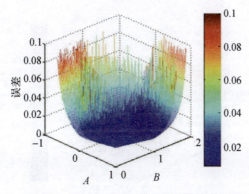

图 21.19 噪声级 10%,$\gamma=0.25$,由接收器和辐射源 A 与 B 的一致性参数确定的相位误差

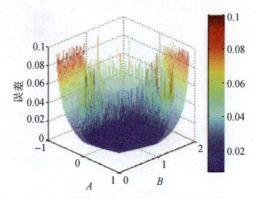

图 21.20 噪声级 10%，$\gamma=0.5$，由接收器和辐射源 A 与 B 的一致性参数确定的相位误差

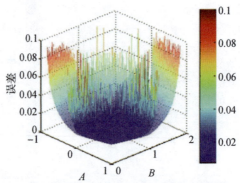

图 21.21 噪声级 10%，$\gamma=1$，由接收器和辐射源 A 与 B 的一致性参数确定的相位误差

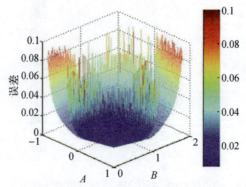

图 21.22 噪声级 10%，$\gamma=2$，由接收器和辐射源 A 与 B 的一致性参数确定的相位误差

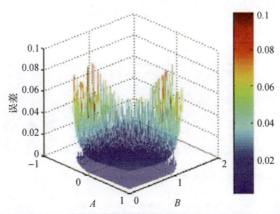

图 21.27 噪声水平为 2% 的辐射 A 和 B 的接收器与源的一致性参数的相位图解码的四步法(实线)和稳态法(虚线)的相位确定误差

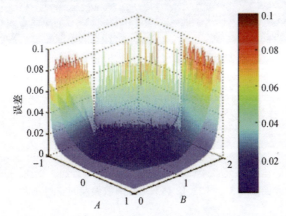

图 21.28 噪声水平为 10% 的辐射 A 和 B 的接收器与源的一致性参数的相位图像解码的四步法(实线)和稳态法(虚线)的相位确定误差

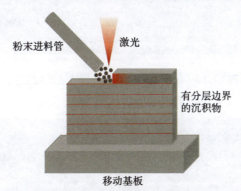

图 22.1 BPD 工艺的正视图示意图(指示激光束、粉末进料管和基板的相对位置。红线表示来自预先规划的沉积路径的层边界)

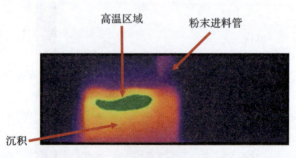

图 22.7　从正面视角拍摄的 316 不锈钢 BPD 的红外热像图（绿色表示高温区域）

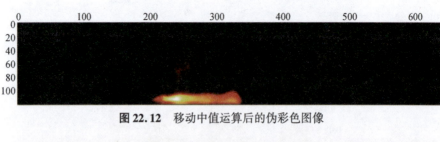

图 22.12　移动中值运算后的伪彩色图像

图 22.13　图 22.12 热数据双离散偏差的空间变化

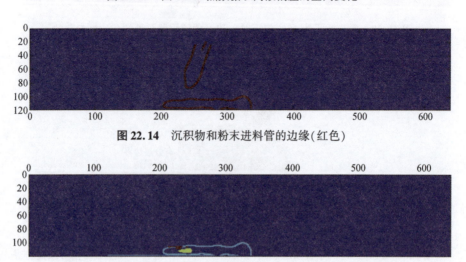

图 22.14　沉积物和粉末进料管的边缘（红色）

图 22.15　熔池（红色）和沉积物刚刚凝固的区域（黄色）边界（天蓝色）

彩68

图 22.16 沉积的第一层、熔池(白色)、刚刚凝固的区域(黄色)和沉积边界(红色),沉积从左到右进行

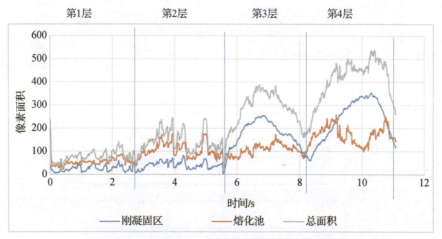

图 22.17 熔池(白色)、刚刚凝固的区域(黄色)和沉积边界(红色),在控制系统实现稳定状态后,沉积从左到右进行

图 22.19 薄壁基板上刚凝固区域和熔池面积的变化

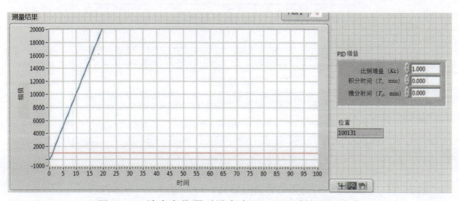

图 24.8 纳米定位器对设定点 1000nm 时的开环响应

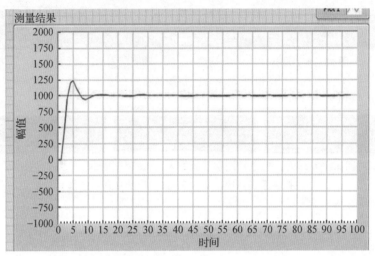

图 24.9　纳米定位器对设定点 1000nm 时的闭环响应

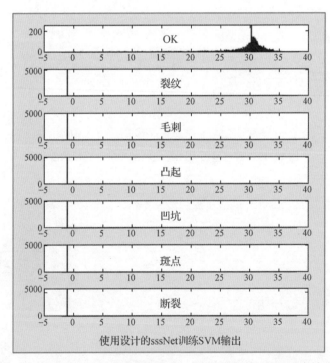

图 25.13　使用 SVM 的分类结果如图 25.11 所示,其中水平轴和垂直轴分别表示使用 sssNet 训练的 SVM 的输出和图像样本的数量

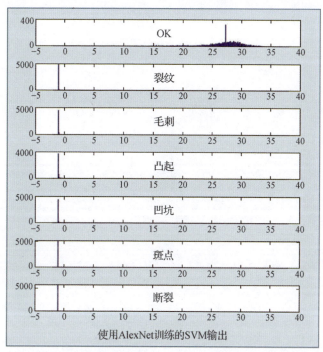

图 25.14 使用 SVM 的分类结果如图 25.12 所示,其中水平轴和垂直轴分别表示使用 AlexNet 训练的 SVM 的输出和图像样本的数量

图 26.11 实时监控界面

图 26.14 限制区域设置